危险化学品目录使用手册

国家安全生产监督管理总局
国家安全生产监督管理总局化学品登记中心
组织编写

化学工业出版社
·北京·

为配合《危险化学品目录（2015版）》和《危险化学品目录（2015版）实施指南（试行）》，保障危险化学品从业人员的安全和健康，方便公众了解危险化学品的危险性，国家安全生产监督管理总局、国家安全生产监督管理总局化学品登记中心组织编写了《危险化学品目录使用手册》。

本书主要内容包括绪论、危险化学品目录和实施指南解读、危险化学品分类和标签信息表等。危险化学品分类和标签信息表包括2828种化学品的品名、别名、CAS号、UN号、危险性类别、危险性说明代码、象形图代码、警示词、防范说明代码、风险提示和备注。附录有危险类别与标签信息对应表、危险类别与危险货物分类对应表、象形图与代码、危险性说明与代码、防范说明与代码、《危险化学品目录（2015版）》解读、《危险化学品目录》中剧毒化学品名单等。书末附有CAS号索引。

《危险化学品目录使用手册》可供危险化学品生产、经营、使用、运输、储存及其废弃物处置的生产经营单位的技术人员和管理人员，以及危险化学品管理、监督的部门和人员参考使用。

图书在版编目（CIP）数据

危险化学品目录使用手册/国家安全生产监督管理总局，国家安全生产监督管理总局化学品登记中心组织编写．—北京：化学工业出版社，2017.5（2023.2重印）
ISBN 978-7-122-23551-0

Ⅰ.①危…　Ⅱ.①国…②国…　Ⅲ.①化工产品-危险品-工业产品目录-中国-指南　Ⅳ.①TQ086.5-63

中国版本图书馆CIP数据核字（2015）第069439号

责任编辑：杜进祥　高　震　　　装帧设计：韩　飞
责任校对：吴　静

出版发行：化学工业出版社（北京市东城区青年湖南街13号　邮政编码100011）
印　　装：涿州市般润文化传播有限公司
880mm×1230mm　1/16　印张39　字数1281千字　　2023年2月北京第1版第5次印刷

购书咨询：010-64518888　　　售后服务：010-64518899
网　　址：http://www.cip.com.cn
凡购买本书，如有缺损质量问题，本社销售中心负责调换。

定　　价：198.00元　

《危险化学品目录使用手册》编写人员

主　　编　孙万付

副 主 编　郭秀云　李运才

参编人员　翟良云　陈金合　陈　军　慕晶霞　郭宗舟
郭　帅　石燕燕　李　菁　李永兴　纪国峰
孙吉胜　姜　迎　陈晶晶　牟善军　曹永友
白永忠

前　言

化学工业是国民经济的重要基础产业，在国民经济发展中具有举足轻重的地位。然而，化学品特别是危险化学品，由于其具有的毒害、腐蚀、爆炸、燃烧、助燃等性质，在给我们生产、生活带来便利的同时，也会给对人体、设施、环境造成危害。

我国政府非常重视危险化学品的安全管理，自 1994 年批准《作业场所安全使用化学品公约》（国际 170 号公约）以来，相继制定了一系列的法律法规。2002 年联合国可持续发展世界首脑会议鼓励各国 2008 年前执行《全球化学品统一分类和标签制度》，2011 年 3 月 2 日，国务院签署发布了修订的《危险化学品安全管理条例》（国务院令第 591 号），对危险化学品定义进行了调整，完善了危险化学品目录制修订制度。2015 年 2 月 27 日，国家安全生产监督管理总局会同各部委发布了《危险化学品目录（2015 版）》。

为配合《危险化学品目录（2015 版）》的实施，国家安全生产监督管理总局随后发布了《危险化学品目录（2015 版）实施指南（试行）》，通过“危险化学品分类信息表”给出了统一的“全球化学品统一分类和标签制度”（GHS）分类信息，同时要求企业根据该分类信息，科学准确地确定本企业化学品的危险性说明、警示词、象形图等信息。《危险化学品目录使用手册》对“危险化学品分类信息表”进一步补充完善形成了“危险化学品分类和标签信息表”，给出了化学品的象形图、警示词、危险性说明、防范说明等信息，为企业和安全监管人员提供了一份方便实用的工具书。

在本书的编写过程中，得到了国内很多危险化学品安全管理专家的支持和帮助，中国石油与化学工业联合会嵇建军、中国化学品安全协会路念明、国际化学品制造商协会何燕、中国化工信息中心周厚云、河北安全生产监督管理局王平霞、辽宁省安全生产监督管理局牛胜军、中国石化燕山石化公司方文林、河南省化工医药安全生产协会徐晓航以及本书责任编辑等提出了很多意见和建议，在此一并表示衷心感谢。限于作者的水平，书中存在的疏漏和不足，敬请批评指正。

编者

2017 年 6 月

目　　录

绪 论

本手册对《危险化学品目录（2015 版）》、《危险化学品目录（2015 版）实施指南（试行）》在实际使用过程中可能遇到的问题做了进一步的说明，新增加了化学品的象形图、警示词、危险性说明、防范说明等标签要素信息。该部分内容来源于《全球化学品统一分类和标签制度》（Globally Harmonized System of Classification and Labeling of Chemicals，GHS，又称“紫皮书”）。标签要素内容可作为化学品安全技术说明书（safety data sheet，SDS）的一部分。

一、GHS 简介

《全球化学品统一分类和标签制度》（GHS）由国际劳工组织（ILO）、经济合作与发展组织（OECD）、联合国危险物品运输专家委员会（UNCETDG）联合制定，指导各国控制化学品危害和保护人类健康与环境的规范性文件，旨在统一各国化学品分类和标签制度。联合国经济和社会理事会的全球协调制度专家分委员会（SCEGHS）2003 年发布第一版，以后每两年修订一次，截至目前，已发布第六次修订版（2015 年版）。GHS 的目标是识别化学物质和混合物的危害和在供应链中向下游传递这些危害信息，包含两大部分内容：一是分类制度，二是危害信息公示。

GHS 指南文本链接：http：//www. unece. org/trans/danger/publi/ghs/ghs _ rev06/06files _ e. html。

1. 分类制度

GHS 将化学品的危害分为 3 大类 28 项。

(1) 物理危险（如，易燃液体、氧化性固体等 16 项）。

(2) 健康危害（如，急性毒性、皮肤腐蚀/刺激等 10 项）。

(3) 环境危害（如，危害水生环境、臭氧层危害等 2 项）。

我国已将其等效转化为《化学品分类和标签规范》（GB 30000. 2～GB 30000. 29）系列 28 项国家标准（如《化学品分类和标签规范 第 2 部分：爆炸物》（GB 30000. 2—2013）、《化学品分类和标签规范 第 23 部分：致癌性》（GB 30000. 23—2013））。

2. 危害信息公示

GHS 制度采用两种方式公示化学品的危害信息：化学品安全技术说明书和安全标签（简称“一书一签”）。

(1) 安全标签　GHS 的标签包含以下几种要素：象形图、警示词、危险性说明、防范说明、产品标示、供应商标示等。安全标签编写需参考《化学品安全标签编写规定》（GB 15258—2009）。

(2) 化学品安全技术说明书　化学品安全技术说明书（safety data sheet，SDS），包括下面 16 大项内容：第 1 部分化学品及企业标识、第 2 部分 危险性概述、第 3 部分 成分/组成信息、第 4 部分 急救措施、第 5 部分 消防措施、第 6 部分 泄漏应急处理、第 7 部分 操作处置与储存、第 8 部分 接触控制/个体防护、第 9 部分 理化特性、第 10 部分稳定性和反应性、第 11 部分 毒理学信息、第 12 部分 生态学信息、第 13 部分 废弃处置、第 14 部分 运输信息、第 15 部分 法规信息、第 16 部分 其他信息。

SDS 编写需参考《化学品安全技术说明书内容和项目顺序》（GB/T 16483—2008）、《化学品安全技术说明书编写指南》（GB/T 17519—2013）两项国家标准，GB/T 17519 对 SDS 中每一项信息的编写都做了指导并附有样例，标准最后附有查询资料的数据源链接。化学品安全技术说明书样例参见附录 1。

二、危险化学品和危险类别定义

危险化学品：具有毒害、腐蚀、爆炸、燃烧、助燃等性质，对人体、设施、环境具有危害的剧毒化学品和其他化学品。

确定原则：根据化学品分类和标签系列国家标准，从化学品 28 类 95 个危险类别中，选取了其中危险性较大的 81 个类别作为危险化学品的确定原则。符合确定原则的化学品即为危险化学品，未列入《危险化学品目录》的化学品并不表明其不符合危险化学品确定原则。

为执行联合国GHS对危险化学品危险性分类及公示的要求，我国于2009年6月将《常用危险化学品分类及标志》（GB 13690—92）修订为《化学品分类和危险性公示 通则》（GB 13690—2009），并于2013年发布了《化学品分类和标签规范》GB 30000.2～GB 30000.29系列国家标准。这些标准把化学品危险性分为28类，同时将化学品的危害分为三大部分，即物理危险（16类）、健康危害（10类）和环境危害（2类）。其相关定义如下。

1. 物理危险

化学品所具有的爆炸性、燃烧性（易燃或可燃性、自燃性、遇湿易燃性）、自反应性、氧化性、高压气体危险性、金属腐蚀性等危险性。

（1）爆炸物：包括爆炸性物质和爆炸性物品。

爆炸性物质指一种固态或液态物质（或混合物），本身能够通过化学反应产生气体，而产生气体的温度、压力和速度之大，能对周围环境造成破坏。其中也包括烟火物质，即使它们不放出气体。

爆炸性物品指含一种或多种爆炸性物质的物品。

（2）易燃气体：指在20℃和101.3kPa标准压力下，与空气混合有易燃范围的气体；

化学不稳定性气体：指即使在没有空气或氧气的条件下仍能发生爆炸反应的易燃气体。

（3）气溶胶：指气溶胶喷雾罐，系任何不可重新罐装的容器，该容器由金属、玻璃或塑料制成，内装强制压缩、液化或溶解的气体，包含或不包含液体、膏剂或粉末，配有释放装置，可使所装物质喷射出来，形成在气体中悬浮的固态或液态微粒或形成泡沫、膏剂或粉末或处于液态或气态。

（4）氧化性气体：指一般通过提供氧气，比空气更能引起或促进其他物质燃烧的任何气体。

（5）加压气体：指高压气体在压力≥200kPa下装入容器的气体，或是液化气体或冷冻液化气体。包括压缩气体、液化气体、溶解气体、冷冻液化气体。

① 压缩气体：指加压包装在－50℃时完全是气态的气体，包括临界温度≤－50℃的所有气体。

② 液化气体：指加压包装在－50℃以上温度时呈部分液态的气体。分为以下两种情况，a. 高压液化气体，临界温度介于－50℃至＋65℃之间的气体；b. 低压液化气体，临界温度在＋65℃以上的气体。

③ 冷冻液化气体：指包装后由于低温而呈部分液态的气体。

④ 溶解气体：指加压包装时溶解在液相溶剂中的气体。

（6）易燃液体：指闪点不超过93℃的液体。

（7）易燃固体：指易于燃烧或通过磨擦可能引起燃烧或助燃的固体。

（8）自反应物质和混合物：指即使在无氧气（空气）参与下也能产生强烈放热分解的热不稳定液态或固态物质。不包括分类为爆炸物、有机过氧化物或氧化性物质的物质和混合物。

（9）自燃液体：指即使数量小也能在与空气接触后5min之内引燃的液体。

（10）自燃固体：指即使数量小也能在与空气接触后5min之内引燃的固体。

（11）自热物质和混合物：指自燃物质以外通过与空气发生反应，无需外来能源即可自行发热的固态或液态物质或混合物；不同于自燃液体或固体，这类物质或混合物只能在数量较大（以千克计）并经过较长时间（几小时或几天）后才会燃烧。

（12）遇水放出易燃气体的物质和混合物：指与水相互作用后可能自燃或释放危险数量易燃气体的固态或液态物质或混合物。

（13）氧化性液体：指本身未必可燃，但通常会释放出氧气，引起或有助于其他物质燃烧的液体。

（14）氧化性固体：指本身未必可燃，但通常会释放出氧气，引起或有助于其他物质燃烧的固体。

（15）有机过氧化物：指含有二价—O—O—结构的液态或固态有机物质，可以看做是一个或两个氢原子被有机基替代的过氧化氢衍生物。也包括有机过氧化物混合物。

（16）金属腐蚀物：指由于化学反应会严重损害甚至毁坏金属的物质或混合物。

2. 健康危害

根据已确定的科学方法进行研究，由得到的统计资料证实，接触某种化学品对人员健康造成的急性或慢性危害。

（1）急性毒性：指在单剂量或在24h内多剂量口服或皮肤接触一种物质，或吸入接触4h之后出现的有害效应。

（2）皮肤腐蚀/刺激：皮肤腐蚀指对皮肤造成不可逆损伤，即施用试验物质达到4h后，可观察到表皮和真皮坏死；皮肤刺激指施用试验物质达到4h后对皮肤造成可逆损伤。

（3）严重眼损伤/眼刺激：严重眼损伤指眼前部表面施加试验物质之后，在眼部产生在施用21d内完全可逆的变化；眼刺激指在眼前部表面施加试验物质之后，在眼部产生在施用21d内完全可逆的变化。

（4）呼吸道或皮肤致敏：呼吸过敏物是吸入后会导致器官超过敏反应的物质；皮肤过敏物是皮肤接触后会导致过敏反应的物质。

（5）生殖细胞致突变性：指可能导致人类生殖细胞发生可传播给后代的突变的化学品。

（6）致癌性：可导致癌症或增加癌症发生率的化学物质或化学物质混合物。

（7）生殖毒性：指包括对成年雄性和雌性性功能和生育能力的有害影响，以及在后代中的发育毒性。

（8）特异性靶器官毒性—一次接触：指一次接触物质和混合物引起的特异性、非致死性的靶器官毒性作用，包括所有明显的健康效应，可逆的和不可逆的、即时的和迟发的功能损害。

（9）特异性靶器官毒性-反复接触：指反复接触物质和混合物引起的特异性、非致死性的靶器官毒性作用，包括所有明显的健康效应，可逆的和不可逆的、即时的和迟发的功能损害。

（10）吸入危害：吸入指液态或固态化学品通过口腔或鼻腔直接进入或者因呕吐间接进入气管和下呼吸系统；吸入危害包括化学性肺炎、不同程度的肺损伤或吸入后死亡等严重急性效应。

3. 环境危害

化学品进入环境后通过环境蓄积、生物累积、生物转化或化学反应等方式，对环境产生的危害。

（1）危害水生环境，包括急性水生毒性和慢性水生毒性。

急性水生毒性指对在水中短时间接触该物质的生物体造成伤害，是物质本身的性质；慢性水生毒性指对水中接触该物质的生物体造成有害影响，接触时间根据生物体的生命周期确定，是物质本身的性质。

（2）危害臭氧层，通过臭氧消耗潜能值表示。

臭氧消耗潜能值指某种化学物的差量排放相对于同等质量的三氯氟甲烷而言，对整个臭氧层的综合扰动的比值。

三、其他名词术语

（1）危险性分类：根据物质或混合物的物理、健康、环境危害特性，按GHS的分类标准，对物质的危险性进行的分类。

（2）标签：用于标示化学品所具有的危险性和安全注意事项的一组文字、象形图和编码组合，它可粘贴、挂栓或喷印在化学品的外包装或容器上。

（3）标签要素：安全标签上用于表示化学品危险性的一类信息，包括象形图、警示词、危险性说明、防范说明等。

（4）警示词：是指用于表明化学品危险性相对严重程度和提醒接触者注意潜在危险的词语。

（5）象形图：由图形符号及其他图形要素，如边框、背景图案和颜色组成，表述特定信息的图形组合。

（6）危险性说明：是指对化学品危险性类别的说明，描述某种化学品的固有危险，必要时包括危险程度。

（7）防范说明：是指说明建议采取措施以最大限度地减少或防止因接触某种危险物质或因对它存储或搬运不当而产生不利效应的短语。

四、危险化学品分类和标签信息表的用途

《危险化学品目录（2015版）实施指南（试行）》中的“危险化学品分类信息表”是各级安全监管部门判定危险化学品危险特性的重要依据。各级安全监管部门可根据《危险化学品目录（2015版）实施指南（试行）》中列出的各种危险化学品分类信息，有针对性的指导企业按照其所涉及的危险化学品危险特性采取有效防范措施，加强安全生产工作。

危险化学品生产和进口企业要依据“危险化学品分类信息表”列出的各种危险化学品分类信息，按照《化学品分类和标签规范》系列标准（GB 30000.2～GB 30000.29）及《化学品安全标签编写规定》（GB 15258）等国家标准规范要求，科学准确地确定本企业化学品的危险性说明、警示词、象形图和防范说明，编制或更新化学品安全技术说明书、安全标签等危险化学品登记信息，做好化学品危害告知和信息传递工作。

为更好地贯彻落实《危险化学品目录（2015 版）》及《危险化学品目录（2015 版）实施指南（试行）》，方便安全监管人员和危险化学品从业人员掌握化学品的危险特性，本手册列出“危险化学品分类和标签信息表”，包括了《危险化学品目录（2015 版）》中危险化学品的象形图、警示词、危险性说明、防范说明等标签要素内容。同时，给出了危险类别与标签信息对应表、危险类别与危险货物分类对应表（详见附录 2、附录 3），供大家参考。

五、使用说明

按照《危险化学品目录（2015 版）》顺序号或者 CAS 号可以检索到需要查询的危险化学品，在“分类和标签信息表”中可以查询到该化学品的象形图代码、警示词、危险性说明代码、防范说明代码、UN 号等信息。在附录中根据代码与象形图或短语的对应关系，可以得出化学品的标签要素信息。查询举例如下。

（1）已知氨，CAS：7664-41-7。按 CAS 号索引或按《危险化学品目录（2015 版）》序号查询氨在“危险化学品分类和标签信息表”中的信息。可得到以下内容（表 1-1）。

表 1-1 氨的分类和标签信息

危险性类别	危险性说明代码	象形图代码	警示词	防范说明代码
易燃气体，类别 2 加压气体 急性毒性-吸入，类别 3* 皮肤腐蚀/刺激，类别 1B 严重眼损伤/眼刺激，类别 1 危害水生环境-急性危害，类别 1	H221 H280 或 H281 H331 H314 H318 H400	GHS04 GHS05 GHS06 GHS09	危险	预防措施：P210、P260、P261、P264、P271、P273、P280 事故响应：P310、P311、P321、P363、P377、P381、P391、P304＋P340、P301＋P330＋P331、P303＋P361＋P353、P305＋P351＋P338 安全储存：P410＋P403、P233＋P403、P405 废弃处置：P501

（2）查询附录 4 象形图与代码，可得到氨对应的象形图信息（表 1-2）。

表 1-2 氨的象形图信息

象形图	 高压气瓶	 腐蚀	 骷髅和交叉骨	 环境
代码	GHS04	GHS05	GHS06	GHS09

（3）查询附录 5 危险性说明与代码，可得到氨对应的危险性说明信息（表 1-3）。

表 1-3 氨的危险性说明

代码	危险性说明短语
H221	易燃气体
H280	内装加压气体；遇热可能爆炸
H281	内装冷冻气体；可能造成低温灼伤或损伤
H331	吸入会中毒
H314	造成严重皮肤灼伤和眼损伤
H318	造成严重眼损伤
H400	对水生生物毒性极大

（4）查询附录 6 防范说明与代码，可得到氨对应的防范说明信息（表 1-4）。

表 1-4　氨的防范说明

代码	防范说明短语
预防措施：	预防措施：
P210	远离热源/火花/明火/热表面。禁止吸烟
P260	不要吸入粉尘/烟/气体/烟雾/蒸气/喷雾
P261	避免吸入粉尘/烟/气体/烟雾/蒸气/喷雾
P264	作业后彻底清洗 ……
P271	只能在室外或通风良好之处使用
P273	避免释放到环境中
P280	戴防护手套/穿防护服/戴防护眼罩/戴防护面具
事故响应：	事故响应：
P310	立即呼叫急救中心/医生/……
P311	呼叫急救中心/医生/……
P321	具体治疗(见本标签上的 ……)
P363	沾染的衣服清洗后方可重新使用
P377	漏气着火：除非漏气能够安全地制止，否则不要灭火
P381	除去一切点火源，如果这么做没有危险
P391	收集溢出物
P304＋P340	如误吸入：将人转移到空气新鲜处，保持呼吸舒适体位
P301＋P330＋P331	如误吞咽：漱口。不要诱导呕吐
P303＋P361＋P353	如皮肤(或头发)沾染：立即脱掉所有沾染的衣服。用水清洗皮肤/淋浴
P305＋P351＋P338	如进入眼睛：用水小心冲洗几分钟。如戴隐形眼镜并可方便地取出，取出隐形眼镜。继续冲洗
安全储存：	安全储存：
P410＋P403	防日晒。存放在通风良好的地方
P233＋P403	存放在通风良好的地方。保持低温
P405	存放处须加锁
废弃处置：	废弃处置：
P501	处置内装物/容器……

(5) 结合警示词信息，即为氨的标签要素信息。详情如下。

标签要素：

象形图：

警示词：危险

危险性说明：易燃气体，内装冷冻气体：可能造成低温灼伤或损伤，吸入会中毒，造成严重皮肤灼伤和眼损伤，可引起遗传性缺陷，长期或反复接触引起器官损伤，吞咽并进入呼吸道可能致命，对水生生物毒性极大。

防范说明：

- 预防措施：远离热源/火花/明火/热表面。禁止吸烟；只能在室外或通风良好之处使用；不要吸入气体；作业后彻底清洗；戴防护手套/穿防护服/戴防护眼罩/戴防护面具；避免释放到环境中。
- 事故响应：漏气着火：除非漏气能够安全地制止，否则不要灭火；除去一切点火源，如果这么做没有危险；如误吸入：将受害人转移到空气新鲜处，保持呼吸舒适体位；呼叫急救中心；如误吞咽：漱口。不要诱导呕吐；如皮肤（或头发）沾染：立即脱掉所有沾染的衣服。用水清洗皮肤/淋浴；如进入眼睛：用水小心冲洗几分钟。如戴隐形眼镜并可方便地取出，取出隐形眼镜。继续冲洗；立即呼叫急救中心；沾染的衣服清洗后方可重新使用；收集溢出物。
- 安全储存：防日晒。存放在通风良好的地方。保持容器密闭；存放处须加锁。
- 废弃处置：本品及内装物、容器依据国家和地方法规处置。

注：企业在实际制作标签时，最终标签中不得出现省略号。

有些危险性说明短语或防范说明短语可根据具体情况判断合并。如 H314“造成严重皮肤灼伤和眼损伤”、H318“造成严重眼损伤”同时出现，保留 H314；P260“不要吸入粉尘/烟/气体/烟雾/蒸气/喷雾”、P261“避免吸入粉尘/烟/气体/烟雾/蒸气/喷雾”同时出现，保留P260。

对于“不要吸入粉尘/烟/气体/烟雾/蒸气/喷雾”等短语，要根据每种化学品的特性，做出具体选择。如氨气，最终表述为“不要吸入气体”。

“处置内装物/容器……”此类短语可转换成“本品及内装物、容器依据国家和地方法规处置”。

危险化学品目录和实施指南解读

《危险化学品目录（2015 版）》（以下简称《目录》）和《危险化学品目录（2015 版）实施指南（试行）》（以下简称《指南》）是判定企业是否落实危险化学品安全管理主体责任，以及相关部门实施监督管理的重要依据。为有效实施《目录》及《指南》，本手册针对在实际使用过程中可能遇到的问题做了进一步的说明。

一、危险化学品定义和范围

定义：具有毒害、腐蚀、爆炸、燃烧、助燃等性质，对人体、设施、环境具有危害的剧毒化学品和其他化学品。

确定原则：根据化学品分类和标签系列国家标准，从化学品 28 类 95 个危险类别中，选取了其中危险性较大的 81 个类别作为危险化学品的确定原则（见表 2-1）。未列入《目录》的化学品并不表明其不符合危险化学品确定原则。

解释：化学品危险类别如果包含在这 81 个类别范围内，即为危险化学品。简单来说，危险化学品包括两种类型，一种为列入《目录》的危险化学品，需办理相关安全行政许可；一种为未列入《目录》但符合确定原则的化学品，其生产或进口企业应当编制化学品安全技术说明书和安全标签，根据《危险化学品登记管理办法》办理危险化学品登记，按照有关危险化学品的法律、法规和标准的要求，加强安全管理。

表 2-1　危险化学品的确定原则

危险和危害种类		类别						
物理危险	爆炸物	不稳定爆炸物	1.1	1.2	1.3	1.4	1.5	1.6
	易燃气体	1	2	A(化学不稳定性气体)	B(化学不稳定性气体)			
	气溶胶	1	2	3				
	氧化性气体	1						
	加压气体	压缩气体	液化气体	冷冻液化气体	溶解气体			
	易燃液体	1	2	3	4			
	易燃固体	1	2					
	自反应物质和混合物	A	B	C	D	E	F	G
	自热物质和混合物	1	2					
	自燃液体	1						
	自燃固体	1						
	遇水放出易燃气体的物质和混合物	1	2	3				
	金属腐蚀物	1						
	氧化性液体	1	2	3				
	氧化性固体	1	2	3				
	有机过氧化物	A	B	C	D	E	F	G

续表

危险和危害种类		类别						
健康危害	急性毒性	1	2	3	4	5		
	皮肤腐蚀/刺激	1A	1B	1C	2	3		
	严重眼损伤/眼刺激	1	2A	2B				
	呼吸道或皮肤致敏	呼吸道致敏物 1A	呼吸道致敏物 1B	皮肤致敏物 1A	皮肤致敏物 1B			
	生殖细胞致突变性	1A	1B	2				
	致癌性	1A	1B	2				
	生殖毒性	1A	1B	2	附加类别（哺乳效应）			
	特异性靶器官毒性-一次接触	1	2	3				
	特异性靶器官毒性-反复接触	1	2					
	吸入危害	1	2					
环境危害	危害水生环境	急性 1	急性 2	急性 3	长期 1	长期 2	长期 3	长期 4
	危害臭氧层	1						

注：深色背景的是作为危险化学品的确定原则类别。

二、关于《目录》和《指南》的几点说明

（1）《目录》中除混合物之外无含量说明的条目，是指该条目的工业产品或者纯度高于工业产品的化学品，用作农药用途时，是指其原药。《目录》所列化学品是指达到国家、行业、地方和企业的产品标准的危险化学品（国家明令禁止生产、经营、使用的化学品除外）。

主要成分均为列入《目录》的危险化学品，并且主要成分质量比或体积比之和不小于70%的混合物（经鉴定不属于危险化学品确定原则的除外），可视其为危险化学品并按危险化学品进行管理，安全监管部门在办理相关安全行政许可时，应注明混合物的商品名称及其主要成分含量。对于主要成分均为列入《目录》的危险化学品，并且主要成分质量比或体积比之和小于70%的混合物或危险特性尚未确定的化学品，生产或进口企业应根据《化学品物理危险性鉴定与分类管理办法》（国家安全监管总局令第60号）及其他相关规定进行鉴定分类，经过鉴定分类属于危险化学品确定原则的，应根据《危险化学品登记管理办法》（国家安全监管总局令第53号）进行危险化学品登记，但不需要办理相关安全行政许可手续。

解释：这两段话说明了两种情况。首先，《目录》中没有标明浓度范围的化学品，是指工业产品或者说符合产品标准的产品。其次，含有列入《目录》的成分质量比或体积比之和不小于70%的混合物属于列入《目录》的危险化学品。

（2）工业产品的CAS号与《目录》所列危险化学品CAS号相同时（不论其中文名称是否一致），即可认为是同一危险化学品。《目录》中除列明的条目外，无机盐类同时包括无水和含有结晶水的化合物。

解释：危险化学品在实际生产流通时，可能采用不同的商品名，用商品名判断是否属于列入《目录》存在困难，此时可考虑用CAS号来判断。无机盐类由于其不同的水合物CAS号不同，统一明确不同的水合物均属于列入《目录》。

举例说明，已知重铬酸钠（CAS：10588-01-9）列入《目录》，则二水合重铬酸钠（CAS：7789-12-0）也属于列入《目录》。

（3）序号2828（“含易燃溶剂的合成树脂、油漆、辅助材料、涂料等制品［闭杯闪点≤60℃］”）是类属条目，《目录》中除列明的条目外，符合相应条件的，属于危险化学品。条目2828，闪点高于35℃，但不超过60℃的液体如果在鉴别分类持续燃烧性试验中得到否定结果，不作为易燃液体管理。

化学品只要满足《目录》中序号第2828项闪点判定标准即属于第2828项危险化学品。为方便查阅，“危险化学品分类信息表”中列举部分品名。其列举的涂料、油漆产品以成膜物为基础确定。例如，条目“酚醛树脂漆（涂料）”，是指以酚醛树脂、改性酚醛树脂等为成膜物的各种油漆涂料。各油漆涂料对应的成膜物详见国家标准《涂料产品分类和命名》（GB/T 2705）。胶粘剂以粘料为基础确定。例如，条目“酚醛树脂类胶粘剂”，是指以酚醛树脂、间苯二酚甲醛树脂等为粘料的各种胶粘剂。各胶粘剂对应的粘

料详见国家标准《胶粘剂分类》(GB/T 13553)。

解释：条目2828包含如下两个条件，首先，该条目为含易燃溶剂的制品，即混合物；其次，满足如下两个要求，一是闭杯闪点≤60℃，二是可持续燃烧。

举例说明：新型燃料油是否属于列入《目录》？答：闭杯闪点小于等于60℃的“新型燃料油”，满足《目录》中序号第2828项危险化学品的判定标准，属于列入《目录》的危险化学品。

(4) 其他说明

问：《目录》和“危险化学品分类信息表”是否有更新机制？

答：按照《危险化学品安全管理条例》第三条的有关规定，随着新化学品的不断出现、化学品危险性鉴别分类工作的深入开展，以及人们对化学品物理等危险性认识的提高，国家安全监管总局等10部门将适时对《目录》进行调整，国家安全监管总局也将会适时对”危险化学品分类信息表”进行补充和完善。

三、企业的责任与义务

我国对危险化学品的管理实行目录管理制度，列入《目录》的危险化学品将依据国家的有关法律法规采取行政许可等手段进行重点管理。对于混合物和未列入《目录》的危险化学品，为了全面掌握我国境内危险化学品的危险特性，我国实行危险化学品登记制度和鉴别分类制度，企业应该根据《化学品物理危险性鉴定与分类管理办法》(国家安全监管总局60号令)及其他相关规定进行鉴定分类，如果经鉴定分类属于危险化学品的，应该根据《危险化学品登记管理办法》(国家安全监管总局令第53号)进行危险化学品登记，从源头上全面掌握化学品的危险性，保证危险化学品的安全使用。通过目录管理与鉴别分类等管理方式的结合，形成对危险化学品安全管理的全覆盖。

解释：用列表的方式说明列入《目录》的化学品和未列入《目录》但是满足判定原则的化学品的企业责任。见表2-2。

表2-2 危险化学品的企业责任

企业责任	列入《目录》的化学品	未列入《目录》的化学品
危险性鉴定与分类	按《指南》分类	《化学品物理危险性鉴定与分类管理办法》(安全监管总局令第60号)，健康危害、环境危害鉴定
危险化学品登记	危险化学品登记(安全监管总局令第53号)	经过鉴定分类为危险化学品的需进行登记
许可①②	安全生产许可(安全监管总局令第41号)，危险化学品建设项目安全条件审查、安全设施的设计审查(国家安全监管总局令第45号)，经营许可(安全监管总局令第55号)，安全使用许可(安全监管总局令第57号)	根据《指南》：列入《目录》的危险化学品含量≥70%的应许可，<70%的不许可
一书一签	按《指南》分类，制作一书一签	按《化学品分类和标签规范》系列标准(GB 30000.2～GB 30000.29)自分类，符合危险化学品确定原则的制作一书一签

① 企业将《目录》中同一品名的危险化学品在改变物质状态后进行销售的，应取得危险化学品经营许可证。

② 对生产、经营柴油的企业(每批次柴油的闭杯闪点均大于60℃的除外)按危险化学品企业进行管理。

四、危险性分类说明

(1) 根据《化学品分类和标签规范》系列标准(GB 30000.2～GB 30000.29)和现有数据，对化学品进行物理危险、健康危害和环境危害分类，限于目前掌握的数据资源，“危险化学品分类信息表”中难以包括该化学品所有危险和危害特性类别，企业可以根据实际掌握的数据补充化学品的其他危险性类别。

(2) 化学品的危险性分类限定在《目录》危险化学品确定原则规定的危险和危害特性类别内，化学品还可能具有确定原则之外的危险和危害特性类别。

(3) 分类信息表中标记“*”的类别，是指在有充分依据的条件下，该化学品可以采用更严格的类别。例如，序号498“1,3-二氯-2-丙醇”，分类为“急性毒性-经口，类别3*”，如果有充分依据，可分类为更严格的“急性毒性-经口，类别2”。

(4) 对于危险性类别为“加压气体”的危险化学品，根据充装方式选择液化气体、压缩气体、冷冻液化气体(危险性说明代码H280)或溶解气体(危险性说明代码H281)。

解释：《指南》采用了不完全分类和最低分类原则。不完全分类是指企业如果有充分数据表明化学品有其他危险性，企业可以根据自己掌握的资料补充其他危险性类别。比如条目2828，《指南》中只给出了易燃液体的分类，很多涂料、胶粘剂等会有健康危害和环境危害，但是不能一一列出，需要企业根据产品的实际情况补充。最低分类是指企业可以采用比指导分类更严格的类别(仅限标记“*”的类别)。

危险化学品分类和标签信息表

“危险化学品分类和标签信息表”按照《危险化学品目录（2015 版）实施指南（试行）》给出的危险性类别、象形图代码、警示词、危险性说明代码等内容，增加了防范说明代码、风险提示。“危险化学品分类和标签信息表”有关栏目说明如下。

（1）“序号”是指《目录》中化学品的顺序号。

（2）“品名”是指根据“化学命名原则”确定的名称。

（3）“别名”是指除“品名”以外的其他名称，包括通用名、俗名等。

（4）“CAS 号”是指美国化学文摘社对化学品的唯一登记号。

（5）“UN 号”是指危险货物编号，根据《联合国危险货物运输的建议书 规章范本》（第 19 修订版）危险货物品名表中的单一条目，以及自反应物质一览表和有机过氧化物一览表，确定化学品的 UN 编号。

（6）“危险性类别”是指按照《指南》中“危险化学品分类信息表”给出的每种化学品的危险性分类。

（7）“象形图代码” 象形图是指由图形符号及其他图形要素，如边框、背景图案和颜色组成，表述特定信息的图形组合。象形图代码由三个英文字母 GHS 和两个阿拉伯数字组成。各象形图代码与象形图的对应关系见附录 4。

（8）“警示词”是指用于表明化学品危险性相对严重程度和提醒接触者注意潜在危险的词语。包括“危险”和“警告”。

（9）“危险性说明代码” 危险性说明是指对化学品危险性类别的说明，描述某种化学品的固有危险，必要时包括危险程度。危险性说明短语取自《化学品分类和标签规范》系列标准（GB 30000.2～GB 30000.29）。危险性说明代码由一个英文字母 H 和三个阿拉伯数字组成，与危险性说明一一对应。各危险性说明代码与危险性说明的对应关系见附录 5。

（10）“防范说明代码” 防范说明是指说明建议采取措施以最大限度地减少或防止因接触某种危险物质或因对它存储或搬运不当而产生不利效应的短语。防范说明代码由一个英文字母 P 和三个阿拉伯数字组成，与防范说明一一对应。各防范说明代码与防范说明的对应关系见附录 6。

（11）“风险提示”描述在事故状态下化学品可能立即引发的严重危害，以及可能具有严重后果需要紧急识别的危害，对部分化学品提出了注意事项，为化学事故现场救援人员处置时提供参考。

（12）“备注”标注了五种种情况。“剧毒”表示剧毒化学品，共有 148 种；“重点”表示重点监管的危险化学品，共有 74 种；“制毒”表示易制毒化学品，共有三类 26 种；“重大”表示危险化学品重大危险源辨识 GB 18218 表 1 中的化学品，共有 78 种；“制爆”表示易制爆危险化学品，共有 9 类 74 种。

危险化学品分类和标签信息表

序号	品名	别名	CAS号	UN号	危险性类别	危险性说明代码	象形图代码	警示词	防范说明代码	风险提示	备注
1	阿片	鸦片	8008-60-4		特异性靶器官毒性-反复接触,类别 2	H373	GHS08	警告	预防措施:P260 事故响应:P314 安全储存: 废弃处置:P501	有成瘾性,长期接触有害	
2	氨	液氨;氨气	7664-41-7	1005	易燃气体,类别 2 加压气体 急性毒性-吸入,类别 3* 皮肤腐蚀/刺激,类别 1B 严重眼损伤/眼刺激,类别 1 危害水生环境-急性危害,类别 1	H221 H280 或 H281 H331 H314 H318 H400	GHS04 GHS05 GHS06 GHS09	危险	预防措施:P210、P261、P271、P260、P264、P280、P273 事故响应:P377、P381、P304+P340、P311、P321、P301+P330+P331、P303+P361+P353、P305+P351+P338、P310、P363、P391 安全储存:P410+P403、P233+P403、P405 废弃处置:P501	易燃气体,内装加压气体:遇热可能爆炸,吸入会中毒,可引起皮肤腐蚀	重点,重大
3	5-氨基-1,3,3-三甲基环己甲胺	异佛尔酮二胺;3,3,5-三甲基-4,6-二氨基-2-烯环己酮;1-氨基-3-氨基甲基-3,5,5-三甲基环己烷	2855-13-2	2289	皮肤腐蚀/刺激,类别 1B 严重眼损伤/眼刺激,类别 1 皮肤致敏物,类别 1 危害水生环境-长期危害,类别 3	H314 H318 H317 H412	GHS05 GHS07	危险	预防措施:P260、P264、P280、P261、P272、P273 事故响应:P301+P330+P331、P303+P361+P353、P304+P340、P305+P351+P338、P310、P321、P363、P302+P352、P333+P313、P362+P364 安全储存:P405 废弃处置:P501	可引起皮肤腐蚀,可能引起皮肤过敏	
4	5-氨基-3-苯基-1-[双(*N*,*N*-二甲基氨基氧膦基)]-1,2,4-三唑[含量>20%]	威菌磷	1031-47-6		急性毒性-经口,类别 2* 急性毒性-经皮,类别 1	H300 H310	GHS06	危险	预防措施:P264、P270、P262、P280 事故响应:P301+P310、P321、P330、P302+P352、P361+P364 安全储存:P405 废弃处置:P501	吞咽致命,皮肤接触会致命	剧毒
5	4-[3-氨基-5-(1-甲基胍基)戊酰氨基]-1-[4-氨基-2-氧代-1(2*H*)-嘧啶基]-1,2,3,4-四脱氧-*β*,D赤己-2-烯吡喃糖醛酸	灰瘟素	2079-00-7		急性毒性-经口,类别 2*	H300	GHS06	危险	预防措施:P264、P270 事故响应:P301+P310、P321、P330 安全储存:P405 废弃处置:P501	吞咽致命	

续表

序号	品名	别名	CAS号	UN号	危险性类别	危险性说明代码	象形图代码	警示词	防范说明代码	风险提示	备注
6	4-氨基-*N*,*N*-二甲基苯胺	*N*,*N*-二甲基对苯二胺；对氨基-*N*,*N*-二甲基苯胺	99-98-9		急性毒性-经口,类别 3* 急性毒性-经皮,类别 3* 急性毒性-吸入,类别 3*	H301 H311 H331	GHS06	危险	预防措施:P264、P270、P280、P261、P271 事故响应:P301+P310、P321、P330、P302+P352、P312、P361+P364、P304+P340、P311 安全储存:P405、P233+P403 废弃处置:P501	吞咽会中毒,皮肤接触会中毒,吸入会中毒	
7	2-氨基苯酚	邻氨基苯酚	95-55-6	2512	生殖细胞致突变性,类别 2	H341	GHS08	警告	预防措施:P201、P202、P280 事故响应:P308+P313 安全储存:P405 废弃处置:P501		
8	3-氨基苯酚	间氨基苯酚	591-27-5	2512	危害水生环境-急性危害,类别 2 危害水生环境-长期危害,类别 2	H401 H411	GHS09	警告	预防措施:P273 事故响应:P391 安全储存: 废弃处置:P501		
9	4-氨基苯酚	对氨基苯酚	123-30-8	2512	生殖细胞致突变性,类别 2 危害水生环境-急性危害,类别 1 危害水生环境-长期危害,类别 1	H341 H400 H410	GHS08 GHS09	警告	预防措施:P201、P202、P280、P273 事故响应:P308+P313、P391 安全储存:P405 废弃处置:P501		
10	3-氨基苯甲腈	间氨基苯甲腈；氰化氨基苯	2237-30-1		皮肤致敏物,类别 1	H317	GHS07	警告	预防措施:P261、P272、P280 事故响应:P302+P352、P321、P333+P313、P362+P364 安全储存: 废弃处置:P501	可能引起皮肤过敏	
11	2-氨基苯胂酸	邻氨基苯胂酸	2045-00-3		急性毒性-经口,类别 3* 急性毒性-吸入,类别 3* 危害水生环境-急性危害,类别 1 危害水生环境-长期危害,类别 1	H301 H331 H400 H410	GHS06 GHS09	危险	预防措施:P264、P270、P261、P271、P273 事故响应:P301+P310、P321、P330、P304+P340、P311、P391 安全储存:P405、P233+P403 废弃处置:P501	吞咽会中毒,吸入会中毒	
12	3-氨基苯胂酸	间氨基苯胂酸	2038-72-4		急性毒性-经口,类别 3* 急性毒性-吸入,类别 3* 危害水生环境-急性危害,类别 1 危害水生环境-长期危害,类别 1	H301 H331 H400 H410	GHS06 GHS09	危险	预防措施:P264、P270、P261、P271、P273 事故响应:P301+P310、P321、P330、P304+P340、P311、P391 安全储存:P405、P233+P403 废弃处置:P501	吞咽会中毒,吸入会中毒	
13	4-氨基苯胂酸	对氨基苯胂酸	98-50-0		急性毒性-经口,类别 3* 急性毒性-吸入,类别 3* 危害水生环境-急性危害,类别 1 危害水生环境-长期危害,类别 1	H301 H331 H400 H410	GHS06 GHS09	危险	预防措施:P264、P270、P261、P271、P273 事故响应:P301+P310、P321、P330、P304+P340、P311、P391 安全储存:P405、P233+P403 废弃处置:P501	吞咽会中毒,吸入会中毒	

续表

序号	品名	别名	CAS号	UN号	危险性类别	危险性说明代码	象形图代码	警示词	防范说明代码	风险提示	备注
14	4-氨基苯胂酸钠	对氨基苯胂酸钠	127-85-5	2473	急性毒性-经口,类别3* 急性毒性-吸入,类别3* 危害水生环境-急性危害,类别1 危害水生环境-长期危害,类别1	H301 H331 H400 H410	GHS06 GHS09	危险	预防措施:P264、P270、P261、P271、P273 事故响应:P301+P310、P321、P330、P304+P340、P311、P391 安全储存:P405、P233+P403 废弃处置:P501	吞咽会中毒,吸入会中毒	
15	2-氨基吡啶	邻氨基吡啶	504-29-0	2671	急性毒性-经口,类别3 急性毒性-经皮,类别3 严重眼损伤/眼刺激,类别2B 特异性靶器官毒性-一次接触,类别1 危害水生环境-急性危害,类别2 危害水生环境-长期危害,类别2	H301 H311 H320 H370 H401 H411	GHS06 GHS08 GHS09	危险	预防措施:P264、P270、P280、P260、P273 事故响应:P301+P310、P321、P330、P302+P352、P312、P361+P364、P305+P351+P338、P337+P313、P308+P311、P391 安全储存:P405 废弃处置:P501	吞咽会中毒,皮肤接触会中毒	
16	3-氨基吡啶	间氨基吡啶	462-08-8	2671	急性毒性-经口,类别2 危害水生环境-急性危害,类别2 危害水生环境-长期危害,类别2	H300 H401 H411	GHS06 GHS09	危险	预防措施:P264、P270、P273 事故响应:P301+P310、P321、P330、P391 安全储存:P405 废弃处置:P501	吞咽致命	
17	4-氨基吡啶	对氨基吡啶;4-氨基氮杂苯;对氨基氮苯;γ-吡啶胺	504-24-5	2671	急性毒性-经口,类别2 危害水生环境-急性危害,类别2 危害水生环境-长期危害,类别2	H300 H401 H411	GHS06 GHS09	危险	预防措施:P264、P270、P273 事故响应:P301+P310、P321、P330、P391 安全储存:P405 废弃处置:P501	吞咽致命	
18	1-氨基丙烷	正丙胺	107-10-8	1277	易燃液体,类别2 急性毒性-经皮,类别3 急性毒性-吸入,类别3 皮肤腐蚀/刺激,类别1 严重眼损伤/眼刺激,类别1	H225 H311 H331 H314 H318	GHS02 GHS05 GHS06	危险	预防措施:P210、P233、P240、P241、P242、P243、P280、P261、P271、P260、P264 事故响应:P303+P361+P353、P370+P378、P302+P352、P312、P321、P361+P364、P304+P340、P311、P301+P330+P331、P305+P351+P338、P310、P363 安全储存:P403+P235、P405、P233+P403 废弃处置:P501	高度易燃液体,皮肤接触会中毒,吸入会中毒,可引起皮肤腐蚀	
19	2-氨基丙烷	异丙胺	75-31-0	1221	易燃液体,类别1 皮肤腐蚀/刺激,类别2 严重眼损伤/眼刺激,类别2 特异性靶器官毒性-一次接触,类别3(呼吸道刺激)	H224 H315 H319 H335	GHS02 GHS07	危险	预防措施:P210、P233、P240、P241、P242、P243、P280、P264、P261、P271 事故响应:P303+P361+P353、P370+P378、P302+P352、P321、P332+P313、P362+P364、P305+P351+P338、P337+P313、P304+P340、P312 安全储存:P403+P235、P403+P233、P405 废弃处置:P501	极易燃液体	

续表

序号	品名	别名	CAS号	UN号	危险性类别	危险性说明代码	象形图代码	警示词	防范说明代码	风险提示	备注
20	3-氨基丙烯	烯丙胺	107-11-9	2334	易燃液体,类别 2 急性毒性-经口,类别 3 * 急性毒性-经皮,类别 1 急性毒性-吸入,类别 3 * 危害水生环境-急性危害,类别 2 危害水生环境-长期危害,类别 2	H225 H301 H310 H331 H401 H411	GHS02 GHS06 GHS09	危险	预防措施：P210、P233、P240、P241、P242、P243、P280、P264、P270、P262、P261、P271、P273 事故响应：P303＋P361＋P353、P370＋P378、P301＋P310、P321、P330、P302＋P352、P361＋P364、P304＋P340、P311、P391 安全储存：P403＋P235、P405、P233＋P403 废弃处置：P501	高度易燃液体，吞咽会中毒，皮肤接触会致命，吸入会中毒	剧毒，重点，制爆
21	4-氨基二苯胺	对氨基二苯胺	101-54-2		严重眼损伤/眼刺激,类别 2 皮肤致敏物,类别 1 危害水生环境-急性危害,类别 1 危害水生环境-长期危害,类别 1	H319 H317 H400 H410	GHS07 GHS09	警告	预防措施：P264、P280、P261、P272、P273 事故响应：P305＋P351＋P338、P337＋P313、P302＋P352、P321、P333＋P313、P362＋P364、P391 安全储存： 废弃处置：P501	可能引起皮肤过敏	
22	氨基胍重碳酸盐		2582-30-1		易燃固体,类别 2 呼吸道致敏物,类别 1 危害水生环境-长期危害,类别 3	H228 H334 H412	GHS02 GHS08	危险	预防措施：P210、P240、P241、P280、P261、P284、P273 事故响应：P370＋P378、P304＋P340、P342＋P311 安全储存： 废弃处置：P501	易燃固体，吸入可能导致过敏	
23	氨基化钙	氨基钙	23321-74-6		遇水放出易燃气体的物质和混合物,类别 2	H261	GHS02	危险	预防措施：P223、P231＋P232、P280 事故响应：P335＋P334、P370＋P378 安全储存：P402＋P404 废弃处置：P501	遇水放出易燃气体	
24	氨基化锂	氨基锂	7782-89-0		遇水放出易燃气体的物质和混合物,类别 2	H261	GHS02	危险	预防措施：P223、P231＋P232、P280 事故响应：P335＋P334、P370＋P378 安全储存：P402＋P404 废弃处置：P501	遇水放出易燃气体	
25	氨基磺酸		5329-14-6	2967	皮肤腐蚀/刺激,类别 2 严重眼损伤/眼刺激,类别 2 危害水生环境-长期危害,类别 3	H315 H319 H412	GHS07	警告	预防措施：P264、P280、P273 事故响应：P302＋P352、P321、P332＋P313、P362＋P364、P305＋P351＋P338、P337＋P313 安全储存： 废弃处置：P501		
26	5-(氨基甲基)-3-异噁唑醇	3-羟基-5-氨基甲基异噁唑；蝇蕈醇	2763-96-4		急性毒性-经口,类别 2	H300	GHS06	危险	预防措施：P264、P270 事故响应：P301＋P310、P321、P330 安全储存：P405 废弃处置：P501	吞咽致命	

续表

序号	品名	别名	CAS号	UN号	危险性类别	危险性说明代码	象形图代码	警示词	防范说明代码	风险提示	备注
27	氨基甲酸胺		1111-78-0		皮肤腐蚀/刺激,类别 2 严重眼损伤/眼刺激,类别 1	H315 H318	GHS05	危险	预防措施:P264、P280 事故响应:P302＋P352、P321、P332＋P313、P362＋P364、P305＋P351＋P338、P310 安全储存: 废弃处置:	造成严重眼损伤	
28	(2-氨基甲酰氧乙基)三甲基氯化铵	氯化氨甲酰胆碱;卡巴考	51-83-2		急性毒性-经口,类别 2	H300	GHS06	危险	预防措施:P264、P270 事故响应:P301＋P310、P321、P330 安全储存:P405 废弃处置:P501	吞咽致命	
29	3-氨基喹啉		580-17-6		皮肤腐蚀/刺激,类别 2 严重眼损伤/眼刺激,类别 2	H315 H319	GHS07	警告	预防措施:P264、P280 事故响应:P302＋P352、P321、P332＋P313、P362＋P364、P305＋P351＋P338、P337＋P313 安全储存: 废弃处置:		
30	2-氨基联苯	邻氨基联苯;邻苯基苯胺	90-41-5		危害水生环境-长期危害,类别 3	H412			预防措施:P273 事故响应: 安全储存: 废弃处置:P501		
31	4-氨基联苯	对氨基联苯;对苯基苯胺	92-67-1		致癌性,类别 1A	H350	GHS08	危险	预防措施:P201、P202、P280 事故响应:P308＋P313 安全储存:P405 废弃处置:P501	可能致癌	
32	1-氨基乙醇	乙醛合氨	75-39-8	1841	皮肤腐蚀/刺激,类别 2 严重眼损伤/眼刺激,类别 2	H315 H319	GHS07	警告	预防措施:P264、P280 事故响应:P302＋P352、P321、P332＋P313、P362＋P364、P305＋P351＋P338、P337＋P313 安全储存: 废弃处置:		
33	2-氨基乙醇	乙醇胺;2-羟基乙胺	141-43-5	2491	皮肤腐蚀/刺激,类别 1B 严重眼损伤/眼刺激,类别 1 特异性靶器官毒性-一次接触,类别 3(呼吸道刺激) 危害水生环境-急性危害,类别 2	H314 H318 H335 H401	GHS05 GHS07	危险	预防措施:P260、P264、P280、P261、P271、P273 事故响应:P301＋P330＋P331、P303＋P361＋P353、P304＋P340、P305＋P351＋P338、P310、P321、P363、P312 安全储存:P405、P403＋P233 废弃处置:P501	可引起皮肤腐蚀	

续表

序号	品名	别名	CAS号	UN号	危险性类别	危险性说明代码	象形图代码	警示词	防范说明代码	风险提示	备注
34	2-(2-氨基乙氧基)乙醇		929-06-6	3055	皮肤腐蚀/刺激,类别1 严重眼损伤/眼刺激,类别1	H314 H318	GHS05	危险	预防措施:P260、P264、P280 事故响应:P301+P330+P331、P303+P361+P353、P304+P340、P305+P351+P338、P310、P321、P363 安全储存:P405 废弃处置:P501	可引起皮肤腐蚀	
35	氨溶液[含氨>10%]	氨水	1336-21-6	2672(10%<C≤35%) 2073(35%<C≤50%) 3318(C>50%)	皮肤腐蚀/刺激,类别1B 严重眼损伤/眼刺激,类别1 特异性靶器官毒性-一次接触,类别3(呼吸道刺激) 危害水生环境-急性危害,类别1	H314 H318 H335 H400	GHS05 GHS07 GHS09	危险	预防措施:P260、P264、P280、P261、P271、P273 事故响应:P301+P330+P331、P303+P361+P353、P304+P340、P305+P351+P338、P310、P321、P363、P312、P391 安全储存:P405、P403+P233 废弃处置:P501	可引起皮肤腐蚀	
36	*N*-氨基乙基哌嗪	1-哌嗪乙胺;*N*-(2-氨基乙基)哌嗪;2-(1-哌嗪基)乙胺	140-31-8		皮肤腐蚀/刺激,类别1B 严重眼损伤/眼刺激,类别1 皮肤致敏物,类别1 危害水生环境-长期危害,类别3	H314 H318 H317 H412	GHS05 GHS07	危险	预防措施:P260、P264、P280、P261、P272、P273 事故响应:P301+P330+P331、P303+P361+P353、P304+P340、P305+P351+P338、P310、P321、P363、P302+P352、P333+P313、P362+P364 安全储存:P405 废弃处置:P501	可引起皮肤腐蚀,可能引起皮肤过敏	
37	八氟-2-丁烯	全氟-2-丁烯	360-89-4	2422	加压气体	H280或H281	GHS04	警告	预防措施: 事故响应: 安全储存:P410+P403 废弃处置:	内装加压气体:遇热可能爆炸	
38	八氟丙烷	全氟丙烷	76-19-7	2424	加压气体	H280或H281	GHS04	警告	预防措施: 事故响应: 安全储存:P410+P403 废弃处置:	内装加压气体:遇热可能爆炸	
39	八氟环丁烷	RC318	115-25-3	1976	加压气体	H280或H281	GHS04	警告	预防措施: 事故响应: 安全储存:P410+P403 废弃处置:	内装加压气体:遇热可能爆炸	

续表

序号	品名	别名	CAS号	UN号	危险性类别	危险性说明代码	象形图代码	警示词	防范说明代码	风险提示	备注
40	八氟异丁烯	全氟异丁烯;1,1,3,3,3-五氟-2-(三氟甲基)-1-丙烯	382-21-8		加压气体 急性毒性-吸入,类别1 特异性靶器官毒性-一次接触,类别1 特异性靶器官毒性-反复接触,类别1	H280或H281 H330 H370 H372	GHS04 GHS06 GHS08	危险	预防措施:P260、P271、P284、P264、P270 事故响应:P304＋P340、P310、P320、P308＋P311、P321、P314 安全储存:P410＋P403、P233＋P403、P405 废弃处置:P501	内装加压气体:遇热可能爆炸,吸入致命	剧毒
41	八甲基焦磷酰胺	八甲磷	152-16-9		急性毒性-经口,类别2* 急性毒性-经皮,类别1 危害水生环境-长期危害,类别3	H300 H310 H412	GHS06	危险	预防措施:P264、P270、P262、P280、P273 事故响应:P301＋P310、P321、P330、P302＋P352、P361＋P364 安全储存:P405 废弃处置:P501	吞咽致命,皮肤接触会致命	剧毒
42	1,3,4,5,6,7,8,8-八氯-1,3,3a,4,7,7a-六氢-4,7-甲撑异苯并呋喃[含量>1%]	八氯六氢亚甲基苯并呋喃;碳氯灵	297-78-9		急性毒性-经口,类别2* 急性毒性-经皮,类别1 危害水生环境-急性危害,类别1 危害水生环境-长期危害,类别1	H300 H310 H400 H410	GHS06 GHS09	危险	预防措施:P264、P270、P262、P280、P273 事故响应:P301＋P310、P321、P330、P302＋P352、P361＋P364、P391 安全储存:P405 废弃处置:P501	吞咽致命,皮肤接触会致命	剧毒
43	1,2,4,5,6,7,8,8-八氯-2,3,3a,4,7,7a-六氢-4,7-亚甲基茚	氯丹	57-74-9		急性毒性-经皮,类别3 致癌性,类别2 危害水生环境-急性危害,类别1 危害水生环境-长期危害,类别1	H311 H351 H400 H410	GHS06 GHS08 GHS09	警告	预防措施:P280、P201、P202、P273 事故响应:P302＋P352、P312、P321、P361＋P364、P308＋P313、P391 安全储存:P405 废弃处置:P501	皮肤接触会中毒	
44	八氯莰烯	毒杀芬	8001-35-2		急性毒性-经口,类别3* 皮肤腐蚀/刺激,类别2 致癌性,类别2 特异性靶器官毒性-一次接触,类别3(呼吸道刺激) 危害水生环境-急性危害,类别1 危害水生环境-长期危害,类别1	H301 H315 H351 H335 H400 H410	GHS06 GHS08 GHS09	危险	预防措施:P264、P270、P280、P201、P202、P261、P271、P273 事故响应:P301＋P310、P321、P330、P302＋P352、P332＋P313、P362＋P364、P308＋P313、P304＋P340、P312、P391 安全储存:P405、P403＋P233 废弃处置:P501	吞咽会中毒	
45	八溴联苯		27858-07-7		皮肤腐蚀/刺激,类别2 致癌性,类别1B 生殖毒性,类别2	H315 H350 H361	GHS07 GHS08	危险	预防措施:P264、P280、P201、P202 事故响应:P302＋P352、P321、P332＋P313、P362＋P364、P308＋P313 安全储存:P405 废弃处置:P501	可能致癌	

续表

序号	品名	别名	CAS号	UN号	危险性类别	危险性说明代码	象形图代码	警示词	防范说明代码	风险提示	备注
46	白磷	黄磷	12185-10-3	1381；2447（熔融）	自燃固体,类别 1 急性毒性-经口,类别 2* 急性毒性-吸入,类别 2* 皮肤腐蚀/刺激,类别 1A 严重眼损伤/眼刺激,类别 1 危害水生环境-急性危害,类别 1	H250 H300 H330 H314 H318 H400	GHS02 GHS05 GHS06 GHS09	危险	预防措施：P210、P222、P280、P264、P270、P260、P271、P284、P273 事故响应：P335＋P334、P370＋P378、P301＋P310、P321、P304＋P340、P320、P301＋P330＋P331、P303＋P361＋P353、P305＋P351＋P338、P363、P391 安全储存：P422、P405、P233＋P403 废弃处置：P501	暴露在空气中自燃，吞咽致命，吸入致命，可引起皮肤腐蚀	重大
47	钡	金属钡	7440-39-3	1400	遇水放出易燃气体的物质和混合物,类别 2 皮肤腐蚀/刺激,类别 2 严重眼损伤/眼刺激,类别 2 危害水生环境-长期危害,类别 3	H261 H315 H319 H412	GHS02 GHS07	危险	预防措施：P223、P231＋P232、P280、P264、P273 事故响应：P335＋P334、P370＋P378、P302＋P352、P321、P332＋P313、P362＋P364、P305＋P351＋P338、P337＋P313 安全储存：P402＋P404 废弃处置：P501	遇水放出易燃气体	
48	钡合金			1854（自燃的）	(1)非自燃的： 遇水放出易燃气体的物质和混合物,类别 2 (2)自燃的： 自燃固体,类别 1 遇水放出易燃气体的物质和混合物,类别 2	(1) H261 (2) H250 H261	GHS02	危险	预防措施：P223、P231＋P232、P280、P210、P222 事故响应：P335＋P334、P370＋P378 安全储存：P402＋P404、P422 废弃处置：P501	(1)遇水放出易燃气体 (2)暴露在空气中自燃，遇水放出易燃气体	
49	苯	纯苯	71-43-2	1114	易燃液体,类别 2 皮肤腐蚀/刺激,类别 2 严重眼损伤/眼刺激,类别 2 生殖细胞致突变性,类别 1B 致癌性,类别 1A 特异性靶器官毒性-反复接触,类别 1 吸入危害,类别 1 危害水生环境-急性危害,类别 2 危害水生环境-长期危害,类别 3	H225 H315 H319 H340 H350 H372 H304 H401 H412	GHS02 GHS07 GHS08	危险	预防措施：P210、P233、P240、P241、P242、P243、P280、P264、P201、P202、P260、P270、P273 事故响应：P303＋P361＋P353、P370＋P378、P302＋P352、P321、P332＋P313、P362＋P364、P305＋P351＋P338、P337＋P313、P308＋P313、P314、P301＋P310、P331 安全储存：P403＋P235、P405 废弃处置：P501	高度易燃液体，可能致癌，禁止催吐	重点，重大
50	苯-1,3-二磺酰肼［糊状，浓度 52%］		4547-70-0	3226	自反应物质和混合物,D 型	H242	GHS02	危险	预防措施：P210、P220、P234、P280 事故响应：P370＋P378 安全储存：P403＋P235、P411、P420 废弃处置：P501	加热可能起火	

续表

序号	品名	别名	CAS号	UN号	危险性类别	危险性说明代码	象形图代码	警示词	防范说明代码	风险提示	备注
51	苯胺	氨基苯	62-53-3	1547	急性毒性-经口,类别 3 * 急性毒性-经皮,类别 3 * 急性毒性-吸入,类别 3 * 严重眼损伤/眼刺激,类别 1 皮肤致敏物,类别 1 生殖细胞致突变性,类别 2 特异性靶器官毒性-反复接触,类别 1 危害水生环境-急性危害,类别 1 危害水生环境-长期危害,类别 2	H301 H311 H331 H318 H317 H341 H372 H400 H411	GHS05 GHS06 GHS08 GHS09	危险	预防措施：P264、P270、P280、P261、P271、P272、P201、P202、P260、P273 事故响应：P301 + P310、P321、P330、P302 + P352、P312、P361 + P364、P304 + P340、P311、P305+P351+P338、P333+P313、P362+P364、P308+P313、P314、P391 安全储存：P405、P233+P403 废弃处置：P501	吞咽会中毒，皮肤接触会中毒，吸入会中毒，造成严重眼损伤，可能引起皮肤过敏	重点
52	苯并呋喃	氧茚；香豆酮；古马隆	271-89-6		易燃液体,类别 3 致癌性,类别 2 特异性靶器官毒性-反复接触,类别 2 危害水生环境-长期危害,类别 3	H226 H351 H373 H412	GHS02 GHS08	警告	预防措施：P210、P233、P240、P241、P242、P243、P280、P201、P202、P260、P273 事故响应：P303 + P361 + P353、P370 + P378、P308+P313、P314 安全储存：P403+P235、P405 废弃处置：P501	易燃液体	
53	1,2-苯二胺	邻苯二胺；1,2-二氨基苯	95-54-5	1673	急性毒性-经口,类别 3 * 严重眼损伤/眼刺激,类别 2 皮肤致敏物,类别 1 生殖细胞致突变性,类别 2 危害水生环境-急性危害,类别 1 危害水生环境-长期危害,类别 1	H301 H319 H317 H341 H400 H410	GHS06 GHS08 GHS09	危险	预防措施：P264、P270、P280、P261、P272、P201、P202、P273 事故响应：P301 + P310、P321、P330、P305 + P351+P338、P337+P313、P302+P352、P333+P313、P362+P364、P308+P313、P391 安全储存：P405 废弃处置：P501	吞咽会中毒，可能引起皮肤过敏	
54	1,3-苯二胺	间苯二胺；1,3-二氨基苯	108-45-2	1673	急性毒性-经口,类别 3 * 急性毒性-经皮,类别 3 * 急性毒性-吸入,类别 3 * 严重眼损伤/眼刺激,类别 2 皮肤致敏物,类别 1 生殖细胞致突变性,类别 2 危害水生环境-急性危害,类别 1 危害水生环境-长期危害,类别 1	H301 H311 H331 H319 H317 H341 H400 H410	GHS06 GHS08 GHS09	危险	预防措施：P264、P270、P280、P261、P271、P272、P201、P202、P273 事故响应：P301 + P310、P321、P330、P302 + P352、P312、P361 + P364、P304 + P340、P311、P305+P351+P338、P337+P313、P333+P313、P362+P364、P308+P313、P391 安全储存：P405、P233+P403 废弃处置：P501	吞咽会中毒，皮肤接触会中毒，吸入会中毒，可能引起皮肤过敏	
55	1,4-苯二胺	对苯二胺；1,4-二氨基苯；乌尔丝 D	106-50-3	1673	急性毒性-经口,类别 3 * 急性毒性-经皮,类别 3 * 急性毒性-吸入,类别 3 * 严重眼损伤/眼刺激,类别 2 皮肤致敏物,类别 1 危害水生环境-急性危害,类别 1 危害水生环境-长期危害,类别 1	H301 H311 H331 H319 H317 H400 H410	GHS06 GHS09	危险	预防措施：P264、P270、P280、P261、P271、P272、P273 事故响应：P301 + P310、P321、P330、P302 + P352、P312、P361 + P364、P304 + P340、P311、P305+P351+P338、P337+P313、P333+P313、P362+P364、P391 安全储存：P405、P233+P403 废弃处置：P501	吞咽会中毒，皮肤接触会中毒，吸入会中毒，可能引起皮肤过敏	

续表

序号	品名	别名	CAS号	UN号	危险性类别	危险性说明代码	象形图代码	警示词	防范说明代码	风险提示	备注
56	1,2-苯二酚	邻苯二酚	120-80-9		皮肤腐蚀/刺激,类别 2 严重眼损伤/眼刺激,类别 2 致癌性,类别 2 危害水生环境-急性危害,类别 2	H315 H319 H351 H401	GHS07 GHS08	警告	预防措施:P264、P280、P201、P202、P273 事故响应:P302＋P352、P321、P332＋P313、P362＋P364、P305＋P351＋P338、P337＋P313、P308＋P313 安全储存:P405 废弃处置:P501		
57	1,3-苯二酚	间苯二酚;雷琐酚	108-46-3	2876	皮肤腐蚀/刺激,类别 2 严重眼损伤/眼刺激,类别 2 危害水生环境-急性危害,类别 1	H315 H319 H400	GHS07 GHS09	警告	预防措施:P264、P280、P273 事故响应:P302＋P352、P321、P332＋P313、P362＋P364、P305＋P351＋P338、P337＋P313、P391 安全储存: 废弃处置:P501		
58	1,4-苯二酚	对苯二酚;氢醌	123-31-9		严重眼损伤/眼刺激,类别 1 皮肤致敏物,类别 1 生殖细胞致突变性,类别 2 危害水生环境-急性危害,类别 1 危害水生环境-长期危害,类别 1	H318 H317 H341 H400 H410	GHS05 GHS07 GHS08 GHS09	危险	预防措施:P280、P261、P272、P201、P202、P273 事故响应:P305＋P351＋P338、P310、P302＋P352、P321、P333＋P313、P362＋P364、P308＋P313、P391 安全储存:P405 废弃处置:P501	造成严重眼损伤,可能引起皮肤过敏	
59	1,3-苯二磺酸溶液		98-48-6		皮肤腐蚀/刺激,类别 1C 严重眼损伤/眼刺激,类别 1	H314 H318	GHS05	危险	预防措施:P260、P264、P280 事故响应:P301＋P330＋P331、P303＋P361＋P353、P304＋P340、P305＋P351＋P338、P310、P321、P363 安全储存:P405 废弃处置:P501	可引起皮肤腐蚀	
60	苯酚	酚;石炭酸	108-95-2	1671(固态);2312(熔融)	急性毒性-经口,类别 3* 急性毒性-经皮,类别 3* 急性毒性-吸入,类别 3* 皮肤腐蚀/刺激,类别 1B 严重眼损伤/眼刺激,类别 1 生殖细胞致突变性,类别 2 特异性靶器官毒性-反复接触,类别 2* 危害水生环境-急性危害,类别 2 危害水生环境-长期危害,类别 2	H301 H311 H331 H314 H318 H341 H373 H401 H411	GHS05 GHS06 GHS08 GHS09	危险	预防措施:P264、P270、P280、P261、P271、P260、P201、P202、P273 事故响应:P301＋P310、P321、P302＋P352、P312、P361＋P364、P304＋P340、P311、P301＋P330＋P331、P303＋P361＋P353、P305＋P351＋P338、P363、P308＋P313、P314、P391 安全储存:P405、P233＋P403 废弃处置:P501	吞咽会中毒,皮肤接触会中毒,吸入会中毒,可引起皮肤腐蚀	重点
	苯酚溶液			2821	皮肤腐蚀/刺激,类别 2* 严重眼损伤/眼刺激,类别 2* 生殖细胞致突变性,类别 2 特异性靶器官毒性-反复接触,类别 2 危害水生环境-长期危害,类别 3	H315 H319 H341 H373 H412	GHS07 GHS08	警告	预防措施:P264、P280、P201、P202、P260、P273 事故响应:P302＋P352、P321、P332＋P313、P362＋P364、P305＋P351＋P338、P337＋P313、P308＋P313、P314 安全储存:P405 废弃处置:P501		

续表

序号	品名	别名	CAS号	UN号	危险性类别	危险性说明代码	象形图代码	警示词	防范说明代码	风险提示	备注
61	苯酚二磺酸硫酸溶液				皮肤腐蚀/刺激,类别1B 严重眼损伤/眼刺激,类别1	H314 H318	GHS05	危险	预防措施:P260、P264、P280 事故响应:P301+P330+P331、P303+P361+P353、P304+P340、P305+P351+P338、P310、P321、P363 安全储存:P405 废弃处置:P501	可引起皮肤腐蚀	
62	苯酚磺酸		1333-39-7	1803	皮肤腐蚀/刺激,类别1 严重眼损伤/眼刺激,类别1	H314 H318	GHS05	危险	预防措施:P260、P264、P280 事故响应:P301+P330+P331、P303+P361+P353、P304+P340、P305+P351+P338、P310、P321、P363 安全储存:P405 废弃处置:P501	可引起皮肤腐蚀	
63	苯酚钠	苯氧基钠	139-02-6		皮肤腐蚀/刺激,类别1 严重眼损伤/眼刺激,类别1	H314 H318	GHS05	危险	预防措施:P260、P264、P280 事故响应:P301+P330+P331、P303+P361+P353、P304+P340、P305+P351+P338、P310、P321、P363 安全储存:P405 废弃处置:P501	可引起皮肤腐蚀	
64	苯磺酰肼	发泡剂BSH	80-17-1	3226	自反应物质和混合物,D型	H242	GHS02	危险	预防措施:P210、P220、P234、P280 事故响应:P370+P378 安全储存:P403+P235、P411、P420 废弃处置:P501	加热可能起火	
65	苯磺酰氯	氯化苯磺酰	98-09-9	2225	皮肤腐蚀/刺激,类别1A 严重眼损伤/眼刺激,类别1 危害水生环境-急性危害,类别2	H314 H318 H401	GHS05	危险	预防措施:P260、P264、P280、P273 事故响应:P301+P330+P331、P303+P361+P353、P304+P340、P305+P351+P338、P310、P321、P363 安全储存:P405 废弃处置:P501	可引起皮肤腐蚀	
66	4-苯基-1-丁烯		768-56-9		皮肤腐蚀/刺激,类别2 危害水生环境-急性危害,类别2 危害水生环境-长期危害,类别2	H315 H401 H411	GHS07 GHS09	警告	预防措施:P264、P280、P273 事故响应:P302+P352、P321、P332+P313、P362+P364、P391 安全储存: 废弃处置:P501		
67	*N*-苯基-2-萘胺	防老剂D	135-88-6		皮肤腐蚀/刺激,类别2 严重眼损伤/眼刺激,类别2 皮肤致敏物,类别1 危害水生环境-急性危害,类别2 危害水生环境-长期危害,类别2	H315 H319 H317 H401 H411	GHS07 GHS09	警告	预防措施:P264、P280、P261、P272、P273 事故响应:P302+P352、P321、P332+P313、P362+P364、P305+P351+P338、P337+P313、P333+P313、P391 安全储存: 废弃处置:P501	可能引起皮肤过敏	

续表

序号	品名	别名	CAS号	UN号	危险性类别	危险性说明代码	象形图代码	警示词	防范说明代码	风险提示	备注
68	2-苯基丙烯	异丙烯基苯;α-甲基苯乙烯	98-83-9	2303	易燃液体,类别3 严重眼损伤/眼刺激,类别2 特异性靶器官毒性-一次接触,类别3(呼吸道刺激) 危害水生环境-急性危害,类别2 危害水生环境-长期危害,类别2	H226 H319 H335 H401 H411	GHS02 GHS07 GHS09	警告	预防措施:P210、P233、P240、P241、P242、P243、P280、P264、P261、P271、P273 事故响应:P303+P361+P353、P370+P378、P305+P351+P338、P337+P313、P304+P340、P312、P391 安全储存:P403+P235、P403+P233、P405 废弃处置:P501	易燃液体	
69	2-苯基苯酚	邻苯基苯酚	90-43-7		皮肤腐蚀/刺激,类别2 严重眼损伤/眼刺激,类别2 特异性靶器官毒性-一次接触,类别3(呼吸道刺激) 危害水生环境-急性危害,类别1	H315 H319 H335 H400	GHS07 GHS09	警告	预防措施:P264、P280、P261、P271、P273 事故响应:P302+P352、P321、P332+P313、P362+P364、P305+P351+P338、P337+P313、P304+P340、P312、P391 安全储存:P403+P233、P405 废弃处置:P501		
70	苯基二氯硅烷	二氯苯基硅烷	1631-84-1		易燃液体,类别3 皮肤腐蚀/刺激,类别1 严重眼损伤/眼刺激,类别1	H226 H314 H318	GHS02 GHS05	危险	预防措施:P210、P233、P240、P241、P242、P243、P280、P260、P264 事故响应:P303+P361+P353、P370+P378、P301+P330+P331、P304+P340、P305+P351+P338、P310、P321、P363 安全储存:P403+P235、P405 废弃处置:P501	易燃液体,可引起皮肤腐蚀	
71	苯基硫醇	苯硫酚;巯基苯;硫代苯酚	108-98-5	2337	易燃液体,类别3 急性毒性-经口,类别2 急性毒性-经皮,类别2 急性毒性-吸入,类别1 皮肤腐蚀/刺激,类别2 严重眼损伤/眼刺激,类别2A 生殖毒性,类别2 特异性靶器官毒性-一次接触,类别2 特异性靶器官毒性-一次接触,类别3(呼吸道刺激) 特异性靶器官毒性-反复接触,类别1 危害水生环境-急性危害,类别1 危害水生环境-长期危害,类别1	H226 H300 H310 H330 H315 H319 H361 H371 H335 H372 H400 H410	GHS02 GHS06 GHS08 GHS09	危险	预防措施:P210、P233、P240、P241、P242、P243、P280、P264、P270、P262、P260、P271、P284、P201、P202、P261、P273 事故响应:P303+P361+P353、P370+P378、P301+P310、P321、P330、P302+P352、P361+P364、P304+P340、P320、P332+P313、P362+P364、P305+P351+P338、P337+P313、P308+P313、P308+P311、P312、P314、P391 安全储存:P403+P235、P405、P233+P403、P403+P233 废弃处置:P501	易燃液体,吞咽致命,皮肤接触会致命,吸入致命	剧毒

续表

序号	品名	别名	CAS号	UN号	危险性类别	危险性说明代码	象形图代码	警示词	防范说明代码	风险提示	备注
72	苯基氢氧化汞	氢氧化苯汞	100-57-2	1894	急性毒性-经口，类别 3 * 皮肤腐蚀/刺激，类别 1B 严重眼损伤/眼刺激，类别 1 特异性靶器官毒性-反复接触，类别 1 危害水生环境-急性危害，类别 1 危害水生环境-长期危害，类别 1	H301 H314 H318 H372 H400 H410	GHS05 GHS06 GHS08 GHS09	危险	预防措施：P264、P270、P260、P280、P273 事故响应：P301＋P310、P321、P301＋P330＋P331、P303＋P361＋P353、P304＋P340、P305＋P351＋P338、P363、P314、P391 安全储存：P405 废弃处置：P501	吞咽会中毒，可引起皮肤腐蚀	
73	苯基三氯硅烷	苯代三氯硅烷	98-13-5	1804	皮肤腐蚀/刺激，类别 1A 严重眼损伤/眼刺激，类别 1	H314 H318	GHS05	危险	预防措施：P260、P264、P280 事故响应：P301＋P330＋P331、P303＋P361＋P353、P304＋P340、P305＋P351＋P338、P310、P321、P363 安全储存：P405 废弃处置：P501	可引起皮肤腐蚀	
74	苯基溴化镁[浸在乙醚中的]		100-58-3		遇水放出易燃气体的物质和混合物，类别 1	H260	GHS02	危险	预防措施：P223、P231＋P232、P280 事故响应：P335＋P334、P370＋P378 安全储存：P402＋P404 废弃处置：P501	遇水放出可自燃的易燃气体	
75	苯基氧氯化膦	苯磷酰二氯	824-72-6		皮肤腐蚀/刺激，类别 1B 严重眼损伤/眼刺激，类别 1	H314 H318	GHS05	危险	预防措施：P260、P264、P280 事故响应：P301＋P330＋P331、P303＋P361＋P353、P304＋P340、P305＋P351＋P338、P310、P321、P363 安全储存：P405 废弃处置：P501	可引起皮肤腐蚀	
76	*N*-苯基乙酰胺	乙酰苯胺；退热冰	103-84-4		皮肤腐蚀/刺激，类别 2 严重眼损伤/眼刺激，类别 2	H315 H319	GHS07	警告	预防措施：P264、P280 事故响应：P302＋P352、P321、P332＋P313、P362＋P364、P305＋P351＋P338、P337＋P313 安全储存： 废弃处置：		
77	*N*-苯甲基-*N*-(3,4-二氯基本)-DL-丙氨酸乙酯	新燕灵	22212-55-1		危害水生环境-急性危害，类别 1 危害水生环境-长期危害，类别 1	H400 H410	GHS09	警告	预防措施：P273 事故响应：P391 安全储存： 废弃处置：P501		
78	苯甲腈	氰化苯；苯基氰；氰基苯；苄腈	100-47-0	2224	急性毒性-吸入，类别 3	H331	GHS06	危险	预防措施：P261、P271 事故响应：P304＋P340、P311、P321 安全储存：P233＋P403、P405 废弃处置：P501	吸入会中毒	

续表

序号	品名	别名	CAS号	UN号	危险性类别	危险性说明代码	象形图代码	警示词	防范说明代码	风险提示	备注
79	苯甲醚	茴香醚；甲氧基苯	100-66-3	2222	易燃液体,类别 3	H226	GHS02	警告	预防措施：P210、P233、P240、P241、P242、P243、P280 事故响应：P303＋P361＋P353、P370＋P378 安全储存：P403＋P235 废弃处置：P501	易燃液体	
80	苯甲酸汞	安息香酸汞	583-15-3	1631	急性毒性-经口,类别 2* 急性毒性-经皮,类别 1 急性毒性-吸入,类别 2* 特异性靶器官毒性-反复接触,类别 2* 危害水生环境-急性危害,类别 1 危害水生环境-长期危害,类别 1	H300 H310 H330 H373 H400 H410	GHS06 GHS08 GHS09	危险	预防措施：P264、P270、P262、P280、P260、P271、P284、P273 事故响应：P301＋P310、P321、P330、P302＋P352、P361＋P364、P304＋P340、P320、P314、P391 安全储存：P405、P233＋P403 废弃处置：P501	吞咽致命，皮肤接触会致命，吸入致命	
81	苯甲酸甲酯	尼哦油	93-58-3		严重眼损伤/眼刺激,类别 2	H319	GHS07	警告	预防措施：P264、P280 事故响应：P305＋P351＋P338、P337＋P313 安全储存： 废弃处置：		
82	苯甲酰氯	氯化苯甲酰	98-88-4	1736	皮肤腐蚀/刺激,类别 1B 严重眼损伤/眼刺激,类别 1 皮肤致敏物,类别 1 危害水生环境-急性危害,类别 1	H314 H318 H317 H400	GHS05 GHS07 GHS09	危险	预防措施：P260、P264、P280、P261、P272、P273 事故响应：P301＋P330＋P331、P303＋P361＋P353、P304＋P340、P305＋P351＋P338、P310、P321、P363、P302＋P352、P333＋P313、P362＋P364、P391 安全储存：P405 废弃处置：P501	可引起皮肤腐蚀，可能引起皮肤过敏	
83	苯甲氧基磺酰氯				皮肤腐蚀/刺激,类别 1C 严重眼损伤/眼刺激,类别 1	H314 H318	GHS05	危险	预防措施：P260、P264、P280 事故响应：P301＋P330＋P331、P303＋P361＋P353、P304＋P340、P305＋P351＋P338、P310、P321、P363 安全储存：P405 废弃处置：P501	可引起皮肤腐蚀	
84	苯肼	苯基联胺	100-63-0	2572	急性毒性-经口,类别 3* 急性毒性-经皮,类别 3* 急性毒性-吸入,类别 3* 皮肤腐蚀/刺激,类别 2 严重眼损伤/眼刺激,类别 2 皮肤致敏物,类别 1 生殖细胞致突变性,类别 2 特异性靶器官毒性-反复接触,类别 1 危害水生环境-急性危害,类别 1	H301 H311 H331 H315 H319 H317 H341 H372 H400	GHS06 GHS08 GHS09	危险	预防措施：P264、P270、P280、P261、P271、P272、P201、P202、P260、P273 事故响应：P301＋P310、P321、P330、P302＋P352、P312、P361＋P364、P304＋P340、P311、P332＋P313、P362＋P364、P305＋P351＋P338、P337＋P313、P333＋P313、P308＋P313、P314、P391 安全储存：P405、P233＋P403 废弃处置：P501	吞咽会中毒，皮肤接触会中毒，吸入会中毒，可能引起皮肤过敏	

续表

序号	品名	别名	CAS号	UN号	危险性类别	危险性说明代码	象形图代码	警示词	防范说明代码	风险提示	备注
85	苯胩化二氯	苯胩化氯;二氯化苯胩	622-44-6	1672	急性毒性-吸入,类别 2 皮肤腐蚀/刺激,类别 2 严重眼损伤/眼刺激,类别 2	H330 H315 H319	GHS06	危险	预防措施:P260、P271、P284、P264、P280 事故响应:P304＋P340、P310、P320、P302＋P352、P321、P332＋P313、P362＋P364、P305＋P351＋P338、P337＋P313 安全储存:P233＋P403、P405 废弃处置:P501	吸入致命	
86	苯醌		106-51-4	2587	急性毒性-经口,类别 3* 急性毒性-吸入,类别 3* 皮肤腐蚀/刺激,类别 2 严重眼损伤/眼刺激,类别 2 特异性靶器官毒性-一次接触,类别 3(呼吸道刺激) 危害水生环境-急性危害,类别 1	H301 H331 H315 H319 H335 H400	GHS06 GHS09	危险	预防措施:P264、P270、P261、P271、P280、P273 事故响应:P301＋P310、P321、P330、P304＋P340、P311、P302＋P352、P332＋P313、P362＋P364、P305＋P351＋P338、P337＋P313、P312、P391 安全储存:P405、P233＋P403、P403＋P233 废弃处置:P501	吞咽会中毒,吸入会中毒	
87	苯硫代二氯化膦	苯硫代磷酰二氯;硫代二氯化膦苯	3497-00-5	2799	皮肤腐蚀/刺激,类别 1 严重眼损伤/眼刺激,类别 1	H314 H318	GHS05	危险	预防措施:P260、P264、P280 事故响应:P301＋P330＋P331、P303＋P361＋P353、P304＋P340、P305＋P351＋P338、P310、P321、P363 安全储存:P405 废弃处置:P501	可引起皮肤腐蚀	
88	苯胂化二氯	二氯化苯胂;二氯苯胂	696-28-6		急性毒性-经皮,类别 1 危害水生环境-急性危害,类别 1 危害水生环境-长期危害,类别 1	H310 H400 H410	GHS06 GHS09	危险	预防措施:P262、P264、P270、P280、P273 事故响应:P302＋P352、P310、P321、P361＋P364、P391 安全储存:P405 废弃处置:P501	皮肤接触会致命	剧毒
89	苯胂酸		98-05-5		急性毒性-经口,类别 3* 急性毒性-吸入,类别 3* 危害水生环境-急性危害,类别 1 危害水生环境-长期危害,类别 1	H301 H331 H400 H410	GHS06 GHS09	危险	预防措施:P264、P270、P261、P271、P273 事故响应:P301＋P310、P321、P330、P304＋P340、P311、P391 安全储存:P405、P233＋P403 废弃处置:P501	吞咽会中毒,吸入会中毒	
90	苯四甲酸酐	均苯四甲酸酐	89-32-7		严重眼损伤/眼刺激,类别 1 呼吸道致敏物,类别 1 皮肤致敏物,类别 1	H318 H334 H317	GHS05 GHS08	危险	预防措施:P280、P261、P284、P272 事故响应:P305＋P351＋P338、P310、P304＋P340、P342＋P311、P302＋P352、P321、P333＋P313、P362＋P364 安全储存: 废弃处置:P501	造成严重眼损伤,吸入可能导致过敏,可能引起皮肤过敏	

续表

序号	品名	别名	CAS号	UN号	危险性类别	危险性说明代码	象形图代码	警示词	防范说明代码	风险提示	备注
91	苯乙醇腈	苯甲氰醇；扁桃腈	532-28-5		急性毒性-经口,类别3 急性毒性-经皮,类别3 急性毒性-吸入,类别3	H301 H311 H331	GHS06	危险	预防措施:P264、P270、P280、P261、P271 事故响应:P301+P310、P321、P330、P302+P352、P312、P361+P364、P304+P340、P311 安全储存:P405、P233+P403 废弃处置:P501	吞咽会中毒,皮肤接触会中毒,吸入会中毒	
92	N-(苯乙基-4-哌啶基)丙酰胺柠檬酸盐	枸橼酸芬太尼	990-73-8		急性毒性-经口,类别2	H300	GHS06	危险	预防措施:P264、P270 事故响应:P301+P310、P321、P330 安全储存:P405 废弃处置:P501	吞咽致命	
93	2-苯乙基异氰酸酯		1943-82-4		急性毒性-吸入,类别3* 皮肤腐蚀/刺激,类别1A 严重眼损伤/眼刺激,类别1 呼吸道致敏物,类别1 皮肤致敏物,类别1 危害水生环境-急性危害,类别2 危害水生环境-长期危害,类别2	H331 H314 H318 H334 H317 H401 H411	GHS05 GHS06 GHS08 GHS09	危险	预防措施:P261、P271、P260、P264、P280、P284、P272、P273 事故响应:P304+P340、P321、P301+P330+P331、P303+P361+P353、P305+P351+P338、P310、P363、P342+P311、P302+P352、P333+P313、P362+P364、P391 安全储存:P233+P403、P405 废弃处置:P501	吸入会中毒,可引起皮肤腐蚀,吸入可能导致过敏,可能引起皮肤过敏	
94	苯乙腈	氰化苄;苄基氰	140-29-4	2470	急性毒性-经口,类别3 急性毒性-经皮,类别3 急性毒性-吸入,类别1 严重眼损伤/眼刺激,类别2 特异性靶器官毒性-反复接触,类别1	H301 H311 H330 H319 H372	GHS06 GHS08	危险	预防措施:P264、P270、P280、P260、P271、P284 事故响应:P301+P310、P321、P330、P302+P352、P312、P361+P364、P304+P340、P320、P305+P351+P338、P337+P313、P314 安全储存:P405、P233+P403 废弃处置:P501	吞咽会中毒,皮肤接触会中毒,吸入致命	
95	苯乙炔	乙炔苯	536-74-3		易燃液体,类别3	H226	GHS02	警告	预防措施:P210、P233、P240、P241、P242、P243、P280 事故响应:P303+P361+P353、P370+P378 安全储存:P403+P235 废弃处置:P501	易燃液体	
96	苯乙烯[稳定的]	乙烯苯	100-42-5	2055	易燃液体,类别3 皮肤腐蚀/刺激,类别2 严重眼损伤/眼刺激,类别2 致癌性,类别2 生殖毒性,类别2 特异性靶器官毒性-反复接触,类别1 危害水生环境-急性危害,类别2	H226 H315 H319 H351 H361 H372 H401	GHS02 GHS07 GHS08	危险	预防措施:P210、P233、P240、P241、P242、P243、P280、P264、P201、P202、P260、P270、P273 事故响应:P303+P361+P353、P370+P378、P302+P352、P321、P332+P313、P362+P364、P305+P351+P338、P337+P313、P308+P313、P314 安全储存:P403+P235、P405 废弃处置:P501	易燃液体	重点,重大

续表

序号	品名	别名	CAS号	UN号	危险性类别	危险性说明代码	象形图代码	警示词	防范说明代码	风险提示	备注
97	苯乙酰氯		103-80-0	2577	皮肤腐蚀/刺激,类别1 严重眼损伤/眼刺激,类别1	H314 H318	GHS05	危险	预防措施:P260、P264、P280 事故响应:P301+P330+P331、P303+P361+P353、P304+P340、P305+P351+P338、P310、P321、P363 安全储存:P405 废弃处置:P501	可引起皮肤腐蚀	
98	吡啶	氮杂苯	110-86-1	1282	易燃液体,类别2	H225	GHS02	危险	预防措施:P210、P233、P240、P241、P242、P243、P280 事故响应:P303+P361+P353、P370+P378 安全储存:P403+P235 废弃处置:P501	高度易燃液体	
99	1-(3-吡啶甲基)-3-(4-硝基苯基)脲	1-(4-硝基苯基)-3-(3-吡啶基甲基)脲;灭鼠优	53558-25-1		急性毒性-经口,类别1 特异性靶器官毒性-一次接触,类别2	H300 H371	GHS06 GHS08	危险	预防措施:P264、P270、P260 事故响应:P301+P310、P321、P330、P308+P311 安全储存:P405 废弃处置:P501	吞咽致命	剧毒
100	吡咯	一氮二烯五环;氮杂茂	109-97-7		易燃液体,类别3	H226	GHS02	警告	预防措施:P210、P233、P240、P241、P242、P243、P280 事故响应:P303+P361+P353、P370+P378 安全储存:P403+P235 废弃处置:P501	易燃液体	
101	2-吡咯酮		616-45-5		严重眼损伤/眼刺激,类别2	H319	GHS07	警告	预防措施:P264、P280 事故响应:P305+P351+P338、P337+P313 安全储存: 废弃处置:		
102	4-[苄基(乙基)氨基]-3-乙氧基苯重氮氯化锌盐				自反应物质和混合物,D型	H242	GHS02	危险	预防措施:P210、P220、P234、P280 事故响应:P370+P378 安全储存:P403+P235、P411、P420 废弃处置:P501	加热可能起火	
103	*N*-苄基-*N*-乙基苯胺	*N*-乙基-*N*-苄基苯胺;苄乙基苯胺	92-59-1	2274	急性毒性-经口,类别3 危害水生环境-长期危害,类别3	H301 H412	GHS06	危险	预防措施:P264、P270、P273 事故响应:P301+P310、P321、P330 安全储存:P405 废弃处置:P501	吞咽会中毒	
104	2-苄基吡啶	2-苯甲基吡啶	101-82-6		严重眼损伤/眼刺激,类别2	H319	GHS07	警告	预防措施:P264、P280 事故响应:P305+P351+P338、P337+P313 安全储存: 废弃处置:		

续表

序号	品名	别名	CAS号	UN号	危险性类别	危险性说明代码	象形图代码	警示词	防范说明代码	风险提示	备注
105	4-苄基吡啶	4-苯甲基吡啶	2116-65-6		皮肤腐蚀/刺激,类别 2 严重眼损伤/眼刺激,类别 2 特异性靶器官毒性—一次接触,类别 3(呼吸道刺激)	H315 H319 H335	GHS07	警告	预防措施:P264、P280、P261、P271 事故响应:P302＋P352、P321、P332＋P313、P362＋P364、P305＋P351＋P338、P337＋P313、P304＋P340、P312 安全储存:P403＋P233、P405 废弃处置:P501		
106	苄硫醇	α-甲苯硫醇	100-53-8		严重眼损伤/眼刺激,类别 2 危害水生环境-急性危害,类别 1	H319 H400	GHS07 GHS09	警告	预防措施:P264、P280、P273 事故响应:P305＋P351＋P338、P337＋P313、P391 安全储存: 废弃处置:P501		
107	变性乙醇	变性酒精			易燃液体,类别 2	H225	GHS02	危险	预防措施:P210、P233、P240、P241、P242、P243、P280 事故响应:P303＋P361＋P353、P370＋P378 安全储存:P403＋P235 废弃处置:P501	高度易燃液体	
108	(1R,2R,4R)-冰片-2-硫氰基醋酸酯	敌稻瘟	115-31-1		危害水生环境-急性危害,类别 1 危害水生环境-长期危害,类别 1	H400 H410	GHS09	警告	预防措施:P273 事故响应:P391 安全储存: 废弃处置:P501		
109	丙胺氟磷	N,N'-氟磷酰二异丙胺;双(二异丙氨基)磷酰氟	371-86-8		特异性靶器官毒性—一次接触,类别 1	H370	GHS08	危险	预防措施:P260、P264、P270 事故响应:P308＋P311、P321 安全储存:P405 废弃处置:P501		
110	1-丙醇	正丙醇	71-23-8	1274	易燃液体,类别 2 严重眼损伤/眼刺激,类别 1 特异性靶器官毒性—一次接触,类别 3(麻醉效应)	H225 H318 H336	GHS02 GHS05 GHS07	危险	预防措施:P210、P233、P240、P241、P242、P243、P280、P261、P271 事故响应:P303＋P361＋P353、P370＋P378、P305＋P351＋P338、P310、P304＋P340、P312 安全储存:P403＋P235、P403＋P233、P405 废弃处置:P501	高度易燃液体,造成严重眼损伤	
111	2-丙醇	异丙醇	67-63-0	1219	易燃液体,类别 2 严重眼损伤/眼刺激,类别 2 特异性靶器官毒性—一次接触,类别 3(麻醉效应)	H225 H319 H336	GHS02 GHS07	危险	预防措施:P210、P233、P240、P241、P242、P243、P280、P264、P261、P271 事故响应:P303＋P361＋P353、P370＋P378、P305＋P351＋P338、P337＋P313、P304＋P340、P312 安全储存:P403＋P235、P403＋P233、P405 废弃处置:P501	高度易燃液体	

续表

序号	品名	别名	CAS号	UN号	危险性类别	危险性说明代码	象形图代码	警示词	防范说明代码	风险提示	备注
112	1,2-丙二胺	1,2-二氨基丙烷;丙邻二胺	78-90-0	2258	易燃液体,类别3 皮肤腐蚀/刺激,类别1A 严重眼损伤/眼刺激,类别1	H226 H314 H318	GHS02 GHS05	危险	预防措施：P210、P233、P240、P241、P242、P243、P280、P260、P264 事故响应：P303＋P361＋P353、P370＋P378、P301＋P330＋P331、P304＋P340、P305＋P351＋P338、P310、P321、P363 安全储存：P403＋P235、P405 废弃处置：P501	易燃液体，可引起皮肤腐蚀	
113	1,3-丙二胺	1,3-二氨基丙烷	109-76-2		易燃液体,类别3 急性毒性-经口,类别3 急性毒性-经皮,类别2 皮肤腐蚀/刺激,类别1 严重眼损伤/眼刺激,类别1	H226 H301 H310 H314 H318	GHS02 GHS05 GHS06	危险	预防措施：P210、P233、P240、P241、P242、P243、P280、P264、P270、P262、P260 事故响应：P303＋P361＋P353、P370＋P378、P301＋P310、P321、P302＋P352、P361＋P364、P301＋P330＋P331、P304＋P340、P305＋P351＋P338、P363 安全储存：P403＋P235、P405 废弃处置：P501	易燃液体，吞咽会中毒，皮肤接触会致命，可引起皮肤腐蚀	
114	丙二醇乙醚	1-乙氧基-2-丙醇	1569-02-4		易燃液体,类别3 特异性靶器官毒性-一次接触,类别3(麻醉效应)	H226 H336	GHS02 GHS07	警告	预防措施：P210、P233、P240、P241、P242、P243、P280、P261、P271 事故响应：P303＋P361＋P353、P370＋P378、P304＋P340、P312 安全储存：P403＋P235、P403＋P233、P405 废弃处置：P501	易燃液体	
115	丙二腈	二氰甲烷;氰化亚甲基;缩苹果腈	109-77-3	2647	急性毒性-经口,类别3* 急性毒性-经皮,类别3* 急性毒性-吸入,类别3* 危害水生环境-急性危害,类别1 危害水生环境-长期危害,类别1	H301 H311 H331 H400 H410	GHS06 GHS09	危险	预防措施：P264、P270、P280、P261、P271、P273 事故响应：P301＋P310、P321、P330、P302＋P352、P312、P361＋P364、P304＋P340、P311、P391 安全储存：P405、P233＋P403 废弃处置：P501	吞咽会中毒，皮肤接触会中毒，吸入会中毒	
116	丙二酸铊	丙二酸亚铊	2757-18-8		急性毒性-经口,类别2 急性毒性-吸入,类别2 特异性靶器官毒性-反复接触,类别2* 危害水生环境-急性危害,类别2 危害水生环境-长期危害,类别2	H300 H330 H373 H401 H411	GHS06 GHS08 GHS09	危险	预防措施：P264、P270、P260、P271、P284、P273 事故响应：P301＋P310、P321、P330、P304＋P340、P320、P314、P391 安全储存：P405、P233＋P403 废弃处置：P501	吞咽致命，吸入致命	
117	丙二烯[稳定的]		463-49-0	2200	易燃气体,类别1 加压气体 特异性靶器官毒性-一次接触,类别3(麻醉效应)	H220 H280或H281 H336	GHS02 GHS04 GHS07	危险	预防措施：P210、P261、P271 事故响应：P377、P381、P304＋P340、P312 安全储存：P410＋P403、P403＋P233、P405 废弃处置：P501	极易燃气体，内装加压气体：遇热可能爆炸	

续表

序号	品名	别名	CAS号	UN号	危险性类别	危险性说明代码	象形图代码	警示词	防范说明代码	风险提示	备注
118	丙二酰氯	缩苹果酰氯	1663-67-8		易燃液体,类别 3 皮肤腐蚀/刺激,类别 1 严重眼损伤/眼刺激,类别 1	H226 H314 H318	GHS02 GHS05	危险	预防措施：P210、P233、P240、P241、P242、P243、P280、P260、P264 事故响应：P303＋P361＋P353、P370＋P378、P301＋P330＋P331、P304＋P340、P305＋P351＋P338、P310、P321、P363 安全储存：P403＋P235、P405 废弃处置：P501	易燃液体，可引起皮肤腐蚀	
119	丙基三氯硅烷		141-57-1	1816	易燃液体,类别 2 急性毒性-吸入,类别 3 皮肤腐蚀/刺激,类别 1A 严重眼损伤/眼刺激,类别 1	H225 H331 H314 H318	GHS02 GHS05 GHS06	危险	预防措施：P210、P233、P240、P241、P242、P243、P280、P261、P271、P260、P264 事故响应：P303＋P361＋P353、P370＋P378、P304＋P340、P311、P321、P301＋P330＋P331、P305＋P351＋P338、P310、P363 安全储存：P403＋P235、P233＋P403、P405 废弃处置：P501	高度易燃液体，吸入会中毒，可引起皮肤腐蚀	
120	丙基胂酸	丙胂酸	107-34-6		急性毒性-经口,类别 3 * 急性毒性-吸入,类别 3 * 危害水生环境-急性危害,类别 1 危害水生环境-长期危害,类别 1	H301 H331 H400 H410	GHS06 GHS09	危险	预防措施：P264、P270、P261、P271、P273 事故响应：P301＋P310、P321、P330、P304＋P340、P311、P391 安全储存：P405、P233＋P403 废弃处置：P501	吞咽会中毒，吸入会中毒	
121	丙腈	乙基氰	107-12-0	2404	易燃液体,类别 2 急性毒性-经口,类别 2 急性毒性-经皮,类别 1 急性毒性-吸入,类别 2 严重眼损伤/眼刺激,类别 2A	H225 H300 H310 H330 H319	GHS02 GHS06	危险	预防措施：P210、P233、P240、P241、P242、P243、P280、P264、P270、P262、P260、P271、P284 事故响应：P303＋P361＋P353、P370＋P378、P301＋P310、P321、P330、P302＋P352、P361＋P364、P304＋P340、P320、P305＋P351＋P338、P337＋P313 安全储存：P403＋P235、P405、P233＋P403 废弃处置：P501	高度易燃液体，吞咽致命，皮肤接触会致命，吸入致命	剧毒
122	丙醛		123-38-6	1275	易燃液体,类别 2 皮肤腐蚀/刺激,类别 2 严重眼损伤/眼刺激,类别 2 特异性靶器官毒性-一次接触,类别 3(呼吸道刺激)	H225 H315 H319 H335	GHS02 GHS07	危险	预防措施：P210、P233、P240、P241、P242、P243、P280、P264、P261、P271 事故响应：P303＋P361＋P353、P370＋P378、P302＋P352、P321、P332＋P313、P362＋P364、P305＋P351＋P338、P337＋P313、P304＋P340、P312 安全储存：P403＋P235、P403＋P233、P405 废弃处置：P501	高度易燃液体	

续表

序号	品名	别名	CAS号	UN号	危险性类别	危险性说明代码	象形图代码	警示词	防范说明代码	风险提示	备注
123	2-丙炔-1-醇	丙炔醇;炔丙醇	107-19-7		易燃液体,类别 3 急性毒性-经口,类别 2 急性毒性-经皮,类别 1 急性毒性-吸入,类别 2 皮肤腐蚀/刺激,类别 1B 严重眼损伤/眼刺激,类别 1 危害水生环境-急性危害,类别 2 危害水生环境-长期危害,类别 2	H226 H300 H310 H330 H314 H318 H401 H411	GHS02 GHS05 GHS06 GHS09	危险	预防措施：P210、P233、P240、P241、P242、P243、P280、P264、P270、P262、P260、P271、P284、P273 事故响应：P303＋P361＋P353、P370＋P378、P301＋P310、P321、P302＋P352、P361＋P364、P304＋P340、P320、P301＋P330＋P331、P305＋P351＋P338、P363、P391 安全储存：P403＋P235、P405、P233＋P403 废弃处置：P501	易燃液体，吞咽致命，皮肤接触会致命，吸入致命，可引起皮肤腐蚀	剧毒
124	丙炔和丙二烯混合物[稳定的]	甲基乙炔和丙二烯混合物	59355-75-8	1060	易燃气体,类别 1 加压气体 特异性靶器官毒性-一次接触,类别 3(麻醉效应)	H220 H280 或 H281 H336	GHS02 GHS04 GHS07	危险	预防措施：P210、P261、P271 事故响应：P377、P381、P304＋P340、P312 安全储存：P410＋P403、P403＋P233、P405 废弃处置：P501	极易燃气体，内装加压气体：遇热可能爆炸	
125	丙炔酸		471-25-0		易燃液体,类别 3 急性毒性-经口,类别 3 急性毒性-经皮,类别 2 皮肤腐蚀/刺激,类别 1 严重眼损伤/眼刺激,类别 1	H226 H301 H310 H314 H318	GHS02 GHS05 GHS06	危险	预防措施：P210、P233、P240、P241、P242、P243、P280、P264、P270、P262、P260 事故响应：P303＋P361＋P353、P370＋P378、P301＋P310、P321、P302＋P352、P361＋P364、P301＋P330＋P331、P304＋P340、P305＋P351＋P338、P363 安全储存：P403＋P235、P405 废弃处置：P501	易燃液体，吞咽会中毒，皮肤接触会致命，可引起皮肤腐蚀	
126	丙酸		79-09-4	1848	皮肤腐蚀/刺激,类别 1B 严重眼损伤/眼刺激,类别 1 特异性靶器官毒性-一次接触,类别 3(呼吸道刺激)	H314 H318 H335	GHS05 GHS07	危险	预防措施：P260、P264、P280、P261、P271 事故响应：P301＋P330＋P331、P303＋P361＋P353、P304＋P340、P305＋P351＋P338、P310、P321、P363、P312 安全储存：P405、P403＋P233 废弃处置：P501	可引起皮肤腐蚀	
127	丙酸酐	丙酐	123-62-6	2496	皮肤腐蚀/刺激,类别 1B 严重眼损伤/眼刺激,类别 1	H314 H318	GHS05	危险	预防措施：P260、P264、P280 事故响应：P301＋P330＋P331、P303＋P361＋P353、P304＋P340、P305＋P351＋P338、P310、P321、P363 安全储存：P405 废弃处置：P501	可引起皮肤腐蚀	

续表

序号	品名	别名	CAS号	UN号	危险性类别	危险性说明代码	象形图代码	警示词	防范说明代码	风险提示	备注
128	丙酸甲酯		554-12-1	1248	易燃液体,类别2	H225	GHS02	危险	预防措施：P210、P233、P240、P241、P242、P243、P280 事故响应:P303+P361+P353、P370+P378 安全储存:P403+P235 废弃处置:P501	高度易燃液体	
129	丙酸烯丙酯		2408-20-0		易燃液体,类别2	H225	GHS02	危险	预防措施：P210、P233、P240、P241、P242、P243、P280 事故响应:P303+P361+P353、P370+P378 安全储存:P403+P235 废弃处置:P501	高度易燃液体	
130	丙酸乙酯		105-37-3	1195	易燃液体,类别2	H225	GHS02	危险	预防措施：P210、P233、P240、P241、P242、P243、P280 事故响应:P303+P361+P353、P370+P378 安全储存:P403+P235 废弃处置:P501	高度易燃液体	
131	丙酸异丙酯	丙酸-1-甲基乙基酯	637-78-5	2409	易燃液体,类别2	H225	GHS02	危险	预防措施：P210、P233、P240、P241、P242、P243、P280 事故响应:P303+P361+P353、P370+P378 安全储存:P403+P235 废弃处置:P501	高度易燃液体	
132	丙酸异丁酯	丙酸-2-甲基丙酯	540-42-1	2394	易燃液体,类别3	H226	GHS02	警告	预防措施：P210、P233、P240、P241、P242、P243、P280 事故响应:P303+P361+P353、P370+P378 安全储存:P403+P235 废弃处置:P501	易燃液体	
133	丙酸异戊酯		105-68-0		易燃液体,类别3	H226	GHS02	警告	预防措施：P210、P233、P240、P241、P242、P243、P280 事故响应:P303+P361+P353、P370+P378 安全储存:P403+P235 废弃处置:P501	易燃液体	
134	丙酸正丁酯		590-01-2	1914	易燃液体,类别3	H226	GHS02	警告	预防措施：P210、P233、P240、P241、P242、P243、P280 事故响应:P303+P361+P353、P370+P378 安全储存:P403+P235 废弃处置:P501	易燃液体	

续表

序号	品名	别名	CAS号	UN号	危险性类别	危险性说明代码	象形图代码	警示词	防范说明代码	风险提示	备注
135	丙酸正戊酯		624-54-4		易燃液体,类别 3	H226	GHS02	警告	预防措施：P210、P233、P240、P241、P242、P243、P280 事故响应:P303+P361+P353、P370+P378 安全储存:P403+P235 废弃处置:P501	易燃液体	
136	丙酸仲丁酯		591-34-4	1914	易燃液体,类别 3	H226	GHS02	警告	预防措施：P210、P233、P240、P241、P242、P243、P280 事故响应:P303+P361+P353、P370+P378 安全储存:P403+P235 废弃处置:P501	易燃液体	
137	丙酮	二甲基酮	67-64-1	1090	易燃液体,类别 2 严重眼损伤/眼刺激,类别 2 特异性靶器官毒性-一次接触,类别 3(麻醉效应)	H225 H319 H336	GHS02 GHS07	危险	预防措施：P210、P233、P240、P241、P242、P243、P280、P264、P261、P271 事故响应:P303+P361+P353、P370+P378、P305+P351+P338、P337+P313、P304+P340、P312 安全储存:P403+P235、P403+P233、P405 废弃处置:P501	高度易燃液体	制毒，重大
138	丙酮氰醇	丙酮合氰化氢;2-羟基异丁腈;氰丙醇	75-86-5	1541	急性毒性-经口,类别 2* 急性毒性-经皮,类别 1 急性毒性-吸入,类别 2* 危害水生环境-急性危害,类别 1 危害水生环境-长期危害,类别 1	H300 H310 H330 H400 H410	GHS06 GHS09	危险	预防措施：P264、P270、P262、P280、P260、P271、P284、P273 事故响应:P301+P310、P321、P330、P302+P352、P361+P364、P304+P340、P320、P391 安全储存:P405、P233+P403 废弃处置:P501	吞咽致命，皮肤接触会致命，吸入致命	剧毒，重点，重大
139	丙烷		74-98-6	1978	易燃气体,类别 1 加压气体	H220 H280 或 H281	GHS02 GHS04	危险	预防措施:P210 事故响应:P377、P381 安全储存:P410+P403 废弃处置:	极易燃气体，内装加压气体：遇热可能爆炸	
140	丙烯		115-07-1	1077	易燃气体,类别 1 加压气体	H220 H280 或 H281	GHS02 GHS04	危险	预防措施:P210 事故响应:P377、P381 安全储存:P410+P403 废弃处置:	极易燃气体，内装加压气体：遇热可能爆炸	重点

续表

序号	品名	别名	CAS号	UN号	危险性类别	危险性说明代码	象形图代码	警示词	防范说明代码	风险提示	备注
141	2-丙烯-1-醇	烯丙醇;蒜醇;乙烯甲醇	107-18-6	1098	易燃液体,类别 2 急性毒性-经口,类别 3 急性毒性-经皮,类别 1 急性毒性-吸入,类别 2 皮肤腐蚀/刺激,类别 2 严重眼损伤/眼刺激,类别 2 特异性靶器官毒性-一次接触,类别 3(呼吸道刺激) 危害水生环境-急性危害,类别 1	H225 H301 H310 H330 H315 H319 H335 H400	GHS02 GHS06 GHS09	危险	预防措施：P210、P233、P240、P241、P242、P243、P280、P264、P270、P262、P260、P271、P284、P261、P273 事故响应:P303＋P361＋P353、P370＋P378、P301＋P310、P321、P330、P302＋P352、P361＋P364、P304＋P340、P320、P332＋P313、P362＋P364、P305＋P351＋P338、P337＋P313、P312、P391 安全储存:P403＋P235、P405、P233＋P403、P403＋P233 废弃处置:P501	高度易燃液体,吞咽会中毒,皮肤接触会致命,吸入致命	剧毒
142	2-丙烯-1-硫醇	烯丙基硫醇	870-23-5		易燃液体,类别 2 皮肤腐蚀/刺激,类别 2 严重眼损伤/眼刺激,类别 2A 特异性靶器官毒性-一次接触,类别 3(麻醉效应)	H225 H315 H319 H336	GHS02 GHS07	危险	预防措施：P210、P233、P240、P241、P242、P243、P280、P264、P261、P271 事故响应:P303＋P361＋P353、P370＋P378、P302＋P352、P321、P332＋P313、P362＋P364、P305＋P351＋P338、P337＋P313、P304＋P340、P312 安全储存:P403＋P235、P403＋P233、P405 废弃处置:P501	高度易燃液体	
143	2-丙烯腈[稳定的]	丙烯腈;乙烯基氰;氰基乙烯	107-13-1	1093	易燃液体,类别 2 急性毒性-经口,类别 3 * 急性毒性-经皮,类别 3 急性毒性-吸入,类别 3 皮肤腐蚀/刺激,类别 2 严重眼损伤/眼刺激,类别 1 皮肤致敏物,类别 1 致癌性,类别 2 特异性靶器官毒性-一次接触,类别 3(呼吸道刺激) 危害水生环境-急性危害,类别 2 危害水生环境-长期危害,类别 2	H225 H301 H311 H331 H315 H318 H317 H351 H335 H401 H411	GHS02 GHS05 GHS06 GHS08 GHS09	危险	预防措施：P210、P233、P240、P241、P242、P243、P280、P264、P270、P261、P271、P272、P201、P202、P273 事故响应:P303＋P361＋P353、P370＋P378、P301＋P310、P321、P330、P302＋P352、P312、P361＋P364、P304＋P340、P311、P332＋P313、P362＋P364、P305＋P351＋P338、P333＋P313、P308＋P313、P391 安全储存:P403＋P235、P405、P233＋P403、P403＋P233 废弃处置:P501	高度易燃液体,吞咽会中毒,皮肤接触会中毒,吸入会中毒,造成严重眼损伤,可能引起皮肤过敏	重点,重大

续表

序号	品名	别名	CAS号	UN号	危险性类别	危险性说明代码	象形图代码	警示词	防范说明代码	风险提示	备注
144	丙烯醛[稳定的]	烯丙醛;败脂醛	107-02-8	1092	易燃液体,类别 2 急性毒性-经口,类别 2 急性毒性-经皮,类别 3 急性毒性-吸入,类别 1 皮肤腐蚀/刺激,类别 1B 严重眼损伤/眼刺激,类别 1 危害水生环境-急性危害,类别 1 危害水生环境-长期危害,类别 1	H225 H300 H311 H330 H314 H318 H400 H410	GHS02 GHS05 GHS06 GHS09	危险	预防措施：P210、P233、P240、P241、P242、P243、P280、P264、P270、P260、P271、P284、P273 事故响应：P303＋P361＋P353、P370＋P378、P301＋P310、P321、P302＋P352、P312、P361＋P364、P304＋P340、P320、P301＋P330＋P331、P305＋P351＋P338、P363、P391 安全储存：P403＋P235、P405、P233＋P403 废弃处置：P501	高度易燃液体，吞咽致命，皮肤接触会中毒，吸入致命，可引起皮肤腐蚀	重点，重大
145	丙烯酸[稳定的]		79-10-7	2218	易燃液体,类别 3 急性毒性-经皮,类别 3 急性毒性-吸入,类别 3 皮肤腐蚀/刺激,类别 1A 严重眼损伤/眼刺激,类别 1 特异性靶器官毒性-一次接触,类别 3(呼吸道刺激) 危害水生环境-急性危害,类别 1	H226 H311 H331 H314 H318 H335 H400	GHS02 GHS05 GHS06 GHS09	危险	预防措施：P210、P233、P240、P241、P242、P243、P280、P261、P271、P260、P264、P273 事故响应：P303＋P361＋P353、P370＋P378、P302＋P352、P312、P321、P361＋P364、P304＋P340、P311、P301＋P330＋P331、P305＋P351＋P338、P310、P363、P391 安全储存：P403＋P235、P405、P233＋P403、P403＋P233 废弃处置：P501	易燃液体，皮肤接触会中毒，吸入会中毒，可引起皮肤腐蚀	重点
146	丙烯酸-2-硝基丁酯		5390-54-5		易燃液体,类别 3	H226	GHS02	警告	预防措施：P210、P233、P240、P241、P242、P243、P280 事故响应：P303＋P361＋P353、P370＋P378 安全储存：P403＋P235 废弃处置：P501	易燃液体	
147	丙烯酸甲酯[稳定的]		96-33-3	1919	易燃液体,类别 2 皮肤腐蚀/刺激,类别 2 严重眼损伤/眼刺激,类别 2 皮肤致敏物,类别 1 特异性靶器官毒性-一次接触,类别 3(呼吸道刺激) 危害水生环境-急性危害,类别 2 危害水生环境-长期危害,类别 3	H225 H315 H319 H317 H335 H401 H412	GHS02 GHS07	危险	预防措施：P210、P233、P240、P241、P242、P243、P280、P264、P261、P272、P271、P273 事故响应：P303＋P361＋P353、P370＋P378、P302＋P352、P321、P332＋P313、P362＋P364、P305＋P351＋P338、P337＋P313、P333＋P313、P304＋P340、P312 安全储存：P403＋P235、P403＋P233、P405 废弃处置：P501	高度易燃液体，可能引起皮肤过敏	

续表

序号	品名	别名	CAS号	UN号	危险性类别	危险性说明代码	象形图代码	警示词	防范说明代码	风险提示	备注
148	丙烯酸羟丙酯		2918-23-2		急性毒性-经口,类别 3* 急性毒性-经皮,类别 3* 急性毒性-吸入,类别 3* 皮肤腐蚀/刺激,类别 1B 严重眼损伤/眼刺激,类别 1 皮肤致敏物,类别 1	H301 H311 H331 H314 H318 H317	GHS05 GHS06	危险	预防措施:P264、P270、P280、P261、P271、P260、P272 事故响应:P301+P310、P321、P302+P352、P312、P361+P364、P304+P340、P311、P301+P330+P331、P303+P361+P353、P305+P351+P338、P363、P333+P313、P362+P364 安全储存:P405、P233+P403 废弃处置:P501	吞咽会中毒,皮肤接触会中毒,吸入会中毒,可引起皮肤腐蚀,可能引起皮肤过敏	
149	2-丙烯酸-1,1-二甲基乙基酯	丙烯酸叔丁酯	1663-39-4		易燃液体,类别 2 皮肤腐蚀/刺激,类别 2 皮肤致敏物,类别 1 特异性靶器官毒性-一次接触,类别 3(呼吸道刺激) 危害水生环境-急性危害,类别 2 危害水生环境-长期危害,类别 2	H225 H315 H317 H335 H401 H411	GHS02 GHS07 GHS09	危险	预防措施:P210、P233、P240、P241、P242、P243、P280、P264、P261、P272、P271、P273 事故响应:P303+P361+P353、P370+P378、P302+P352、P321、P332+P313、P362+P364、P333+P313、P304+P340、P312、P391 安全储存:P403+P235、P403+P233、P405 废弃处置:P501	高度易燃液体,可能引起皮肤过敏	
150	丙烯酸乙酯[稳定的]		140-88-5	1917	易燃液体,类别 2 皮肤腐蚀/刺激,类别 2 严重眼损伤/眼刺激,类别 2 皮肤致敏物,类别 1 致癌性,类别 2 特异性靶器官毒性-一次接触,类别 3(呼吸道刺激) 危害水生环境-急性危害,类别 2 危害水生环境-长期危害,类别 3	H225 H315 H319 H317 H351 H335 H401 H412	GHS02 GHS07 GHS08	危险	预防措施:P210、P233、P240、P241、P242、P243、P280、P264、P261、P272、P201、P202、P271、P273 事故响应:P303+P361+P353、P370+P378、P302+P352、P321、P332+P313、P362+P364、P305+P351+P338、P337+P313、P333+P313、P308+P313、P304+P340、P312 安全储存:P403+P235、P405、P403+P233 废弃处置:P501	高度易燃液体,可能引起皮肤过敏	
151	丙烯酸异丁酯[稳定的]		106-63-8	2527	易燃液体,类别 3 皮肤腐蚀/刺激,类别 2 皮肤致敏物,类别 1 危害水生环境-急性危害,类别 2 危害水生环境-长期危害,类别 3	H226 H315 H317 H401 H412	GHS02 GHS07	警告	预防措施:P210、P233、P240、P241、P242、P243、P280、P264、P261、P272、P273 事故响应:P303+P361+P353、P370+P378、P302+P352、P321、P332+P313、P362+P364、P333+P313 安全储存:P403+P235 废弃处置:P501	易燃液体,可能引起皮肤过敏	

续表

序号	品名	别名	CAS号	UN号	危险性类别	危险性说明代码	象形图代码	警示词	防范说明代码	风险提示	备注
152	2-丙烯酸异辛酯		29590-42-9		皮肤腐蚀/刺激,类别 2 严重眼损伤/眼刺激,类别 2 特异性靶器官毒性-一次接触,类别 3(呼吸道刺激) 危害水生环境-急性危害,类别 1 危害水生环境-长期危害,类别 1	H315 H319 H335 H400 H410	GHS07 GHS09	警告	预防措施:P264、P280、P261、P271、P273 事故响应:P302 + P352、P321、P332 + P313、P362+P364、P305+P351+P338、P337+P313、P304+P340、P312、P391 安全储存:P403+P233、P405 废弃处置:P501		
153	丙烯酸正丁酯[稳定的]		141-32-2	2348	易燃液体,类别 3 皮肤腐蚀/刺激,类别 2 严重眼损伤/眼刺激,类别 2 皮肤致敏物,类别 1 特异性靶器官毒性-一次接触,类别 3(呼吸道刺激) 危害水生环境-急性危害,类别 2 危害水生环境-长期危害,类别 3	H226 H315 H319 H317 H335 H401 H412	GHS02 GHS07	警告	预防措施:P210、P233、P240、P241、P242、P243、P280、P264、P261、P272、P271、P273 事故响应:P303+P361+P353、P370+P378、P302+P352、P321、P332+P313、P362+P364、P305+P351+P338、P337+P313、P333+P313、P304+P340、P312 安全储存:P403+P235、P403+P233、P405 废弃处置:P501	易燃液体,可能引起皮肤过敏	
154	丙烯酰胺		79-06-1	2074(固体) 3426(溶液)	急性毒性-经口,类别 3* 皮肤腐蚀/刺激,类别 2 严重眼损伤/眼刺激,类别 2 皮肤致敏物,类别 1 生殖细胞致突变性,类别 1B 致癌性,类别 1B 生殖毒性,类别 2 特异性靶器官毒性-反复接触,类别 1	H301 H315 H319 H317 H340 H350 H361 H372	GHS06 GHS08	危险	预防措施:P264、P270、P280、P261、P272、P201、P202、P260 事故响应:P301+P310、P321、P330、P302+P352、P332+P313、P362+P364、P305+P351+P338、P337+P313、P333+P313、P308+P313、P314 安全储存:P405 废弃处置:P501	吞咽会中毒,可能引起皮肤过敏,可能致癌	
155	丙烯亚胺	2-甲基氮丙啶;2-甲基乙撑亚胺;丙撑亚胺	75-55-8	1921	易燃液体,类别 2 急性毒性-经口,类别 2* 急性毒性-经皮,类别 1 急性毒性-吸入,类别 2* 严重眼损伤/眼刺激,类别 1 致癌性,类别 2 危害水生环境-急性危害,类别 2 危害水生环境-长期危害,类别 2	H225 H300 H310 H330 H318 H351 H401 H411	GHS02 GHS05 GHS06 GHS08 GHS09	危险	预防措施:P210、P233、P240、P241、P242、P243、P280、P264、P270、P262、P260、P271、P284、P201、P202、P273 事故响应:P303+P361+P353、P370+P378、P301+P310、P321、P330、P302+P352、P361+P364、P304+P340、P320、P305+P351+P338、P308+P313、P391 安全储存:P403+P235、P405、P233+P403 废弃处置:P501	高度易燃液体,吞咽致命,皮肤接触会致命,吸入致命,造成严重眼损伤	剧毒

续表

序号	品名	别名	CAS号	UN号	危险性类别	危险性说明代码	象形图代码	警示词	防范说明代码	风险提示	备注
156	丙酰氯	氯化丙酰	79-03-8	1815	易燃液体,类别 2 皮肤腐蚀/刺激,类别 1B 严重眼损伤/眼刺激,类别 1	H225 H314 H318	GHS02 GHS05	危险	预防措施：P210、P233、P240、P241、P242、P243、P280、P260、P264 事故响应：P303＋P361＋P353、P370＋P378、P301＋P330＋P331、P304＋P340、P305＋P351＋P338、P310、P321、P363 安全储存：P403＋P235、P405 废弃处置：P501	高度易燃液体，可引起皮肤腐蚀	
157	草酸-4-氨基-*N*,*N*-二甲基苯胺	*N*,*N*-二甲基对苯二胺草酸；对氨基-*N*,*N*-二甲基苯胺草酸	24631-29-6		急性毒性-经口,类别 3＊ 急性毒性-经皮,类别 3＊ 急性毒性-吸入,类别 3＊ 特异性靶器官毒性-反复接触,类别 2 危害水生环境-急性危害,类别 2 危害水生环境-长期危害,类别 2	H301 H311 H331 H373 H401 H411	GHS06 GHS08 GHS09	危险	预防措施：P264、P270、P280、P261、P271、P260、P273 事故响应：P301＋P310、P321、P330、P302＋P352、P312、P361＋P364、P304＋P340、P311、P314、P391 安全储存：P405、P233＋P403 废弃处置：P501	吞咽会中毒，皮肤接触会中毒，吸入会中毒	
158	草酸汞		3444-13-1		急性毒性-经口,类别 2＊ 急性毒性-经皮,类别 1 急性毒性-吸入,类别 2＊ 特异性靶器官毒性-反复接触,类别 2＊ 危害水生环境-急性危害,类别 1 危害水生环境-长期危害,类别 1	H300 H310 H330 H373 H400 H410	GHS06 GHS08 GHS09	危险	预防措施：P264、P270、P262、P280、P260、P271、P284、P273 事故响应：P301＋P310、P321、P330、P302＋P352、P361＋P364、P304＋P340、P320、P314、P391 安全储存：P405、P233＋P403 废弃处置：P501	吞咽致命，皮肤接触会致命，吸入致命	
159	超氧化钾		12030-88-5	2466	氧化性固体,类别 1	H271	GHS03	危险	预防措施：P210、P220、P221、P280、P283 事故响应：P306＋P360、P370＋P378、P371＋P380＋P375 安全储存： 废弃处置：P501	可引起燃烧或爆炸，强氧化剂	制爆
160	超氧化钠		12034-12-7	2547	氧化性固体,类别 1	H271	GHS03	危险	预防措施：P210、P220、P221、P280、P283 事故响应：P306＋P360、P370＋P378、P371＋P380＋P375 安全储存： 废弃处置：P501	可引起燃烧或爆炸，强氧化剂	制爆

续表

序号	品名	别名	CAS号	UN号	危险性类别	危险性说明代码	象形图代码	警示词	防范说明代码	风险提示	备注
161	次磷酸		6303-21-5		皮肤腐蚀/刺激,类别 1 严重眼损伤/眼刺激,类别 1	H314 H318	GHS05	危险	预防措施:P260、P264、P280 事故响应:P301+P330+P331、P303+P361+P353、P304+P340、P305+P351+P338、P310、P321、P363 安全储存:P405 废弃处置:P501	可引起皮肤腐蚀	
162	次氯酸钡[含有效氯>22%]		13477-10-6	2741	氧化性固体,类别 2 皮肤腐蚀/刺激,类别 1B 严重眼损伤/眼刺激,类别 1 危害水生环境-急性危害,类别 1 危害水生环境-长期危害,类别 1	H272 H314 H318 H400 H410	GHS03 GHS05 GHS09	危险	预防措施:P210、P220、P221、P280、P260、P264、P273 事故响应:P370+P378、P301+P330+P331、P303+P361+P353、P304+P340、P305+P351+P338、P310、P321、P363、P391 安全储存:P405 废弃处置:P501	可加剧燃烧,氧化剂,可引起皮肤腐蚀	
163	次氯酸钙		7778-54-3	3485(腐蚀);1748(无腐蚀)	氧化性固体,类别 2 皮肤腐蚀/刺激,类别 1B 严重眼损伤/眼刺激,类别 1 特异性靶器官毒性-一次接触,类别 3(呼吸道刺激) 危害水生环境-急性危害,类别 1 危害水生环境-长期危害,类别 1	H272 H314 H318 H335 H400 H410	GHS03 GHS05 GHS07 GHS09	危险	预防措施:P210、P220、P221、P280、P260、P264、P261、P271、P273 事故响应:P370+P378、P301+P330+P331、P303+P361+P353、P304+P340、P305+P351+P338、P310、P321、P363、P312、P391 安全储存:P405、P403+P233 废弃处置:P501	可加剧燃烧,氧化剂,可引起皮肤腐蚀	
164	次氯酸钾溶液[含有效氯>5%]		7778-66-7		皮肤腐蚀/刺激,类别 1B 严重眼损伤/眼刺激,类别 1 危害水生环境-急性危害,类别 1 危害水生环境-长期危害,类别 1	H314 H318 H400 H410	GHS05 GHS09	危险	预防措施:P260、P264、P280、P273 事故响应:P301+P330+P331、P303+P361+P353、P304+P340、P305+P351+P338、P310、P321、P363、P391 安全储存:P405 废弃处置:P501	可引起皮肤腐蚀	
165	次氯酸锂		13840-33-0	1471	氧化性固体,类别 2 生殖毒性,类别 2 危害水生环境-急性危害,类别 1 危害水生环境-长期危害,类别 1	H272 H361 H400 H410	GHS03 GHS08 GHS09	危险	预防措施:P210、P220、P221、P280、P201、P202、P273 事故响应:P370+P378、P308+P313、P391 安全储存:P405 废弃处置:P501	可加剧燃烧,氧化剂	
166	次氯酸钠溶液[含有效氯>5%]		7681-52-9	1791	皮肤腐蚀/刺激,类别 1B 严重眼损伤/眼刺激,类别 1 危害水生环境-急性危害,类别 1 危害水生环境-长期危害,类别 1	H314 H318 H400 H410	GHS05 GHS09	危险	预防措施:P260、P264、P280、P273 事故响应:P301+P330+P331、P303+P361+P353、P304+P340、P305+P351+P338、P310、P321、P363、P391 安全储存:P405 废弃处置:P501	可引起皮肤腐蚀	

续表

序号	品名	别名	CAS号	UN号	危险性类别	危险性说明代码	象形图代码	警示词	防范说明代码	风险提示	备注
167	粗苯	动力苯;混合苯			易燃液体,类别2 皮肤腐蚀/刺激,类别2 严重眼损伤/眼刺激,类别2 生殖细胞致突变性,类别1B 致癌性,类别1A 特异性靶器官毒性-反复接触,类别1 吸入危害,类别1 危害水生环境-急性危害,类别2 危害水生环境-长期危害,类别3	H225 H315 H319 H340 H350 H372 H304 H401 H412	GHS02 GHS07 GHS08	危险	预防措施:P210、P233、P240、P241、P242、P243、P280、P264、P201、P202、P260、P270、P273 事故响应:P303+P361+P353、P370+P378、P302+P352、P321、P332+P313、P362+P364、P305+P351+P338、P337+P313、P308+P313、P314、P301+P310、P331 安全储存:P403+P235、P405 废弃处置:P501	高度易燃液体,可能致癌,禁止催吐	重点,重大
168	粗蒽				严重眼损伤/眼刺激,类别2 皮肤致敏物,类别1 特异性靶器官毒性-一次接触,类别3(呼吸道刺激) 危害水生环境-急性危害,类别1 危害水生环境-长期危害,类别1	H319 H317 H335 H400 H410	GHS07 GHS09	警告	预防措施:P264、P280、P261、P272、P271、P273 事故响应:P305+P351+P338、P337+P313、P302+P352、P321、P333+P313、P362+P364、P304+P340、P312、P391 安全储存:P403+P233、P405 废弃处置:P501	可能引起皮肤过敏	
169	醋酸三丁基锡		56-36-0		急性毒性-经口,类别3 严重眼损伤/眼刺激,类别2 生殖毒性,类别2 特异性靶器官毒性-一次接触,类别1 特异性靶器官毒性-一次接触,类别3(呼吸道刺激) 特异性靶器官毒性-反复接触,类别1 危害水生环境-急性危害,类别1 危害水生环境-长期危害,类别1	H301 H319 H361 H370 H335 H372 H400 H410	GHS06 GHS08 GHS09	危险	预防措施:P264、P270、P280、P201、P202、P260、P261、P271、P273 事故响应:P301+P310、P321、P330、P305+P351+P338、P337+P313、P308+P313、P308+P311、P304+P340、P312、P314、P391 安全储存:P405、P403+P233 废弃处置:P501	吞咽会中毒	
170	代森锰		12427-38-2	2210	自热物质和混合物,类别2 遇水放出易燃气体的物质和混合物,类别3 严重眼损伤/眼刺激,类别2 皮肤致敏物,类别1 生殖毒性,类别2 危害水生环境-急性危害,类别1 危害水生环境-长期危害,类别1	H252 H261 H319 H317 H361 H400 H410	GHS02 GHS07 GHS08 GHS09	警告	预防措施:P235+P410、P280、P231+P232、P264、P261、P272、P201、P202、P273 事故响应:P370+P378、P305+P351+P338、P337+P313、P302+P352、P321、P333+P313、P362+P364、P308+P313、P391 安全储存:P407、P413、P420、P402+P404、P405 废弃处置:P501	数量大时自热,可能燃烧,遇水放出易燃气体,可能引起皮肤过敏	

续表

序号	品名	别名	CAS号	UN号	危险性类别	危险性说明代码	象形图代码	警示词	防范说明代码	风险提示	备注
171	单过氧马来酸叔丁酯[含量>52%]		1931-62-0	3102	有机过氧化物,B型	H241	GHS01 GHS02	危险	预防措施:P210、P220、P234、P280 事故响应: 安全储存:P235+P411、P410、P420 废弃处置:P501	加热可引起燃烧或爆炸	
	单过氧马来酸叔丁酯[含量≤52%,惰性固体含量≥48%]			3108	有机过氧化物,E型	H242	GHS02	警告	预防措施:P210、P220、P234、P280 事故响应: 安全储存:P235、P410、P411、P420 废弃处置:P501	加热可引起燃烧	
	单过氧马来酸叔丁酯[含量≤52%,含A型稀释剂≥48%]			3103	有机过氧化物,C型	H242	GHS02	危险	预防措施:P210、P220、P234、P280 事故响应: 安全储存:P235+P411、P410、P420 废弃处置:P501	加热可引起燃烧	
	单过氧马来酸叔丁酯[含量≤52%,糊状物]			3108	有机过氧化物,E型	H242	GHS02	警告	预防措施:P210、P220、P234、P280 事故响应: 安全储存:P235、P410、P411、P420 废弃处置:P501	加热可引起燃烧	
172	氮[压缩的或液化的]		7727-37-9	1066(压缩的) 1977(冷冻液化的)	加压气体	H280或H281	GHS04	警告	预防措施: 事故响应: 安全储存:P410+P403 废弃处置:	内装加压气体:遇热可能爆炸	
173	氮化锂		26134-62-3	2806	遇水放出易燃气体的物质和混合物,类别1	H260	GHS02	危险	预防措施:P223、P231+P232、P280 事故响应:P335+P334、P370+P378 安全储存:P402+P404 废弃处置:P501	遇水放出可自燃的易燃气体	
174	氮化镁		12057-71-5		易燃固体,类别1 皮肤腐蚀/刺激,类别2 严重眼损伤/眼刺激,类别2 特异性靶器官毒性-一次接触,类别3(呼吸道刺激)	H228 H315 H319 H335	GHS02 GHS07	危险	预防措施:P210、P240、P241、P280、P264、P261、P271 事故响应:P370+P378、P302+P352、P321、P332+P313、P362+P364、P305+P351+P338、P337+P313、P304+P340、P312 安全储存:P403+P233、P405 废弃处置:P501	易燃固体	

续表

序号	品名	别名	CAS号	UN号	危险性类别	危险性说明代码	象形图代码	警示词	防范说明代码	风险提示	备注
175	10-氮杂蒽	吖啶	260-94-6	2713	危害水生环境-急性危害,类别1 危害水生环境-长期危害,类别1	H400 H410	GHS09	警告	预防措施:P273 事故响应:P391 安全储存: 废弃处置:P501		
176	氘	重氢	7782-39-0	1957	易燃气体,类别1 加压气体	H220 H280或 H281	GHS02 GHS04	危险	预防措施:P210 事故响应:P377、P381 安全储存:P410+P403 废弃处置:	极易燃气体,内装加压气体:遇热可能爆炸	
177	地高辛	地戈辛;毛地黄叶毒苷	20830-75-5		急性毒性-经口,类别2	H300	GHS06	危险	预防措施:P264、P270 事故响应:P301+P310、P321、P330 安全储存:P405 废弃处置:P501	吞咽致命	
178	碲化镉		1306-25-8	2570	致癌性,类别1A 危害水生环境-急性危害,类别1 危害水生环境-长期危害,类别1	H350 H400 H410	GHS08 GHS09	危险	预防措施:P201、P202、P280、P273 事故响应:P308+P313、P391 安全储存:P405 废弃处置:P501	可能致癌	
179	3-碘-1-丙烯	3-碘丙烯;烯丙基碘;碘代烯丙基	556-56-9	1723	易燃液体,类别2 皮肤腐蚀/刺激,类别1B 严重眼损伤/眼刺激,类别1	H225 H314 H318	GHS02 GHS05	危险	预防措施:P210、P233、P240、P241、P242、P243、P280、P260、P264 事故响应:P303+P361+P353、P370+P378、P301+P330+P331、P304+P340、P305+P351+P338、P310、P321、P363 安全储存:P403+P235、P405 废弃处置:P501	高度易燃液体,可引起皮肤腐蚀	
180	1-碘-2-甲基丙烷	异丁基碘;碘代异丁烷	513-38-2	2391	易燃液体,类别2 急性毒性-吸入,类别3	H225 H331	GHS02 GHS06	危险	预防措施:P210、P233、P240、P241、P242、P243、P280、P261、P271 事故响应:P303+P361+P353、P370+P378、P304+P340、P311、P321 安全储存:P403+P235、P233+P403、P405 废弃处置:P501	高度易燃液体,吸入会中毒	
181	2-碘-2-甲基丙烷	叔丁基碘;碘代叔丁烷	558-17-8	2391	易燃液体,类别2	H225	GHS02	危险	预防措施:P210、P233、P240、P241、P242、P243、P280 事故响应:P303+P361+P353、P370+P378 安全储存:P403+P235 废弃处置:P501	高度易燃液体	

续表

序号	品名	别名	CAS号	UN号	危险性类别	危险性说明代码	象形图代码	警示词	防范说明代码	风险提示	备注
182	1-碘-3-甲基丁烷	异戊基碘;碘代异戊烷	541-28-6		易燃液体,类别 2 危害水生环境-急性危害,类别 2 危害水生环境-长期危害,类别 2	H225 H401 H411	GHS02 GHS09	危险	预防措施：P210、P233、P240、P241、P242、P243、P280、P273 事故响应：P303＋P361＋P353、P370＋P378、P391 安全储存：P403＋P235 废弃处置：P501	高度易燃液体	
183	4-碘苯酚	4-碘酚；对碘苯酚	540-38-5		危害水生环境-急性危害,类别 2 危害水生环境-长期危害,类别 2	H401 H411	GHS09	警告	预防措施：P273 事故响应：P391 安全储存： 废弃处置：P501		
184	1-碘丙烷	正丙基碘;碘代正丙烷	107-08-4	2392	易燃液体,类别 3	H226	GHS02	警告	预防措施：P210、P233、P240、P241、P242、P243、P280 事故响应：P303＋P361＋P353、P370＋P378 安全储存：P403＋P235 废弃处置：P501	易燃液体	
185	2-碘丙烷	异丙基碘;碘代异丙烷	75-30-9	2392	易燃液体,类别 3	H226	GHS02	警告	预防措施：P210、P233、P240、P241、P242、P243、P280 事故响应：P303＋P361＋P353、P370＋P378 安全储存：P403＋P235 废弃处置：P501	易燃液体	
186	1-碘丁烷	正丁基碘;碘代正丁烷	542-69-8		易燃液体,类别 3 急性毒性-吸入,类别 3	H226 H331	GHS02 GHS06	危险	预防措施：P210、P233、P240、P241、P242、P243、P280、P261、P271 事故响应：P303＋P361＋P353、P370＋P378、P304＋P340、P311、P321 安全储存：P403＋P235、P233＋P403、P405 废弃处置：P501	易燃液体，吸入会中毒	
187	2-碘丁烷	仲丁基碘;碘代仲丁烷	513-48-4	2390	易燃液体,类别 2	H225	GHS02	危险	预防措施：P210、P233、P240、P241、P242、P243、P280 事故响应：P303＋P361＋P353、P370＋P378 安全储存：P403＋P235 废弃处置：P501	高度易燃液体	
188	碘化钾汞	碘化汞钾	7783-33-7		急性毒性-经口,类别 2* 急性毒性-经皮,类别 1 急性毒性-吸入,类别 2* 特异性靶器官毒性-反复接触,类别 2* 危害水生环境-急性危害,类别 1 危害水生环境-长期危害,类别 1	H300 H310 H330 H373 H400 H410	GHS06 GHS08 GHS09	危险	预防措施：P264、P270、P262、P280、P260、P271、P284、P273 事故响应：P301＋P310、P321、P330、P302＋P352、P361＋P364、P304＋P340、P320、P314、P391 安全储存：P405、P233＋P403 废弃处置：P501	吞咽致命，皮肤接触会致命，吸入致命	

续表

序号	品名	别名	CAS号	UN号	危险性类别	危险性说明代码	象形图代码	警示词	防范说明代码	风险提示	备注
189	碘化氢[无水]		10034-85-2	2197	加压气体 皮肤腐蚀/刺激,类别1A 严重眼损伤/眼刺激,类别1 特异性靶器官毒性-一次接触,类别3(呼吸道刺激)	H280或H281 H314 H318 H335	GHS04 GHS05 GHS07	危险	预防措施:P260、P264、P280、P261、P271 事故响应:P301+P330+P331、P303+P361+P353、P304+P340、P305+P351+P338、P310、P321、P363、P312 安全储存:P410+P403、P405、P403+P233 废弃处置:P501	内装加压气体:遇热可能爆炸,可引起皮肤腐蚀	
190	碘化亚汞	一碘化汞	15385-57-6		急性毒性-经口,类别2* 急性毒性-经皮,类别1 急性毒性-吸入,类别2* 特异性靶器官毒性-反复接触,类别2* 危害水生环境-急性危害,类别1 危害水生环境-长期危害,类别1	H300 H310 H330 H373 H400 H410	GHS06 GHS08 GHS09	危险	预防措施:P264、P270、P262、P280、P260、P271、P284、P273 事故响应:P301+P310、P321、P330、P302+P352、P361+P364、P304+P340、P320、P314、P391 安全储存:P405、P233+P403 废弃处置:P501	吞咽致命,皮肤接触会致命,吸入致命	
191	碘化亚铊	一碘化铊	7790-30-9		急性毒性-经口,类别2 急性毒性-吸入,类别2* 特异性靶器官毒性-反复接触,类别2* 危害水生环境-急性危害,类别2 危害水生环境-长期危害,类别2	H300 H330 H373 H401 H411	GHS06 GHS08 GHS09	危险	预防措施:P264、P270、P260、P271、P284、P273 事故响应:P301+P310、P321、P330、P304+P340、P320、P314、P391 安全储存:P405、P233+P403 废弃处置:P501	吞咽致命,吸入致命	
192	碘化乙酰	碘乙酰;乙酰碘	507-02-8	1898	皮肤腐蚀/刺激,类别1 严重眼损伤/眼刺激,类别1	H314 H318	GHS05	危险	预防措施:P260、P264、P280 事故响应:P301+P330+P331、P303+P361+P353、P304+P340、P305+P351+P338、P310、P321、P363 安全储存:P405 废弃处置:P501	可引起皮肤腐蚀	
193	碘甲烷	甲基碘	74-88-4	2644	急性毒性-经口,类别3 急性毒性-经皮,类别3 急性毒性-吸入,类别2 皮肤腐蚀/刺激,类别2 特异性靶器官毒性-一次接触,类别3(呼吸道刺激) 危害水生环境-急性危害,类别2 危害水生环境-长期危害,类别3	H301 H311 H330 H315 H335 H401 H412	GHS06	危险	预防措施:P264、P270、P280、P260、P271、P284、P261、P273 事故响应:P301+P310、P321、P330、P302+P352、P312、P361+P364、P304+P340、P320、P332+P313、P362+P364 安全储存:P405、P233+P403、P403+P233 废弃处置:P501	吞咽会中毒,皮肤接触会中毒,吸入致命	

续表

序号	品名	别名	CAS号	UN号	危险性类别	危险性说明代码	象形图代码	警示词	防范说明代码	风险提示	备注
194	碘酸		7782-68-5		氧化性固体,类别 2 皮肤腐蚀/刺激,类别 1 严重眼损伤/眼刺激,类别 1	H272 H314 H318	GHS03 GHS05	危险	预防措施:P210、P220、P221、P280、P260、P264 事故响应:P370＋P378、P301＋P330＋P331、P303＋P361＋P353、P304＋P340、P305＋P351＋P338、P310、P321、P363 安全储存:P405 废弃处置:P501	可加剧燃烧,氧化剂,可引起皮肤腐蚀	
195	碘酸铵		13446-09-8		氧化性固体,类别 2	H272	GHS03	危险	预防措施:P210、P220、P221、P280 事故响应:P370＋P378 安全储存: 废弃处置:P501	可加剧燃烧,氧化剂	
196	碘酸钡		10567-69-8		氧化性固体,类别 2	H272	GHS03	危险	预防措施:P210、P220、P221、P280 事故响应:P370＋P378 安全储存: 废弃处置:P501	可加剧燃烧,氧化剂	
197	碘酸钙	碘钙石	7789-80-2		氧化性固体,类别 2	H272	GHS03	危险	预防措施:P210、P220、P221、P280 事故响应:P370＋P378 安全储存: 废弃处置:P501	可加剧燃烧,氧化剂	
198	碘酸镉		7790-81-0		氧化性固体,类别 2 致癌性,类别 1A 危害水生环境-急性危害,类别 1 危害水生环境-长期危害,类别 1	H272 H350 H400 H410	GHS03 GHS08 GHS09	危险	预防措施:P210、P220、P221、P280、P201、P202、P273 事故响应:P370＋P378、P308＋P313、P391 安全储存:P405 废弃处置:P501	可加剧燃烧,氧化剂,可能致癌	
199	碘酸钾		7758-05-6		氧化性固体,类别 2	H272	GHS03	危险	预防措施:P210、P220、P221、P280 事故响应:P370＋P378 安全储存: 废弃处置:P501	可加剧燃烧,氧化剂	
200	碘酸钾合一碘酸	碘酸氢钾;重碘酸钾	13455-24-8		氧化性固体,类别 2 皮肤腐蚀/刺激,类别 2	H272 H315	GHS03 GHS07	危险	预防措施:P210、P220、P221、P280、P264 事故响应:P370＋P378、P302＋P352、P321、P332＋P313、P362＋P364 安全储存: 废弃处置:P501	可加剧燃烧,氧化剂	
201	碘酸钾合二碘酸				氧化性固体,类别 2 皮肤腐蚀/刺激,类别 2	H272 H315	GHS03 GHS07	危险	预防措施:P210、P220、P221、P280、P264 事故响应:P370＋P378、P302＋P352、P321、P332＋P313、P362＋P364 安全储存: 废弃处置:P501	可加剧燃烧,氧化剂	

续表

序号	品名	别名	CAS号	UN号	危险性类别	危险性说明代码	象形图代码	警示词	防范说明代码	风险提示	备注
202	碘酸锂		13765-03-2		氧化性固体,类别 2	H272	GHS03	危险	预防措施:P210、P220、P221、P280 事故响应:P370+P378 安全储存: 废弃处置:P501	可加剧燃烧,氧化剂	
203	碘酸锰		25659-29-4		氧化性固体,类别 2	H272	GHS03	危险	预防措施:P210、P220、P221、P280 事故响应:P370+P378 安全储存: 废弃处置:P501	可加剧燃烧,氧化剂	
204	碘酸钠		7681-55-2		氧化性固体,类别 2	H272	GHS03	危险	预防措施:P210、P220、P221、P280 事故响应:P370+P378 安全储存: 废弃处置:P501	可加剧燃烧,氧化剂	
205	碘酸铅		25659-31-8		氧化性固体,类别 2 致癌性,类别 1B 生殖毒性,类别 1A 特异性靶器官毒性-反复接触,类别 2 * 危害水生环境-急性危害,类别 1 危害水生环境-长期危害,类别 1	H272 H350 H360 H373 H400 H410	GHS03 GHS08 GHS09	危险	预防措施:P210、P220、P221、P280、P201、P202、P260、P273 事故响应:P370+P378、P308+P313、P314、P391 安全储存:P405 废弃处置:P501	可加剧燃烧,氧化剂,可能致癌	
206	碘酸锶		13470-01-4		氧化性固体,类别 2	H272	GHS03	危险	预防措施:P210、P220、P221、P280 事故响应:P370+P378 安全储存: 废弃处置:P501	可加剧燃烧,氧化剂	
207	碘酸铁		29515-61-5		氧化性固体,类别 2	H272	GHS03	危险	预防措施:P210、P220、P221、P280 事故响应:P370+P378 安全储存: 废弃处置:P501	可加剧燃烧,氧化剂	
208	碘酸锌		7790-37-6		氧化性固体,类别 2 危害水生环境-急性危害,类别 1 危害水生环境-长期危害,类别 1	H272 H400 H410	GHS03 GHS09	危险	预防措施:P210、P220、P221、P280、P273 事故响应:P370+P378、P391 安全储存: 废弃处置:P501	可加剧燃烧,氧化剂	
209	碘酸银		7783-97-3		氧化性固体,类别 2	H272	GHS03	危险	预防措施:P210、P220、P221、P280 事故响应:P370+P378 安全储存: 废弃处置:P501	可加剧燃烧,氧化剂	

续表

序号	品名	别名	CAS号	UN号	危险性类别	危险性说明代码	象形图代码	警示词	防范说明代码	风险提示	备注
210	1-碘戊烷	正戊基碘;碘代正戊烷	628-17-1		易燃液体,类别 3	H226	GHS02	警告	预防措施：P210、P233、P240、P241、P242、P243、P280 事故响应:P303+P361+P353、P370+P378 安全储存:P403+P235 废弃处置:P501	易燃液体	
211	碘乙酸	碘醋酸	64-69-7		急性毒性-经口,类别 3 * 皮肤腐蚀/刺激,类别 1A 严重眼损伤/眼刺激,类别 1	H301 H314 H318	GHS05 GHS06	危险	预防措施:P264、P270、P260、P280 事故响应:P301+P310、P321、P301+P330+P331、P303+P361+P353、P304+P340、P305+P351+P338、P363 安全储存:P405 废弃处置:P501	吞咽会中毒,可引起皮肤腐蚀	
212	碘乙酸乙酯		623-48-3		急性毒性-经口,类别 2	H300	GHS06	危险	预防措施:P264、P270 事故响应:P301+P310、P321、P330 安全储存:P405 废弃处置:P501	吞咽致命	
213	碘乙烷	乙基碘	75-03-6		易燃液体,类别 3 皮肤腐蚀/刺激,类别 2 严重眼损伤/眼刺激,类别 2	H226 H315 H319	GHS02 GHS07	警告	预防措施：P210、P233、P240、P241、P242、P243、P280、P264 事故响应:P303+P361+P353、P370+P378、P302+P352、P321、P332+P313、P362+P364、P305+P351+P338、P337+P313 安全储存:P403+P235 废弃处置:P501	易燃液体	
214	电池液[酸性的]			2796	皮肤腐蚀/刺激,类别 1 严重眼损伤/眼刺激,类别 1	H314 H318	GHS05	危险	预防措施:P260、P264、P280 事故响应:P301+P330+P331、P303+P361+P353、P304+P340、P305+P351+P338、P310、P321、P363 安全储存:P405 废弃处置:P501	可引起皮肤腐蚀	
215	电池液[碱性的]			2797	皮肤腐蚀/刺激,类别 1B 严重眼损伤/眼刺激,类别 1	H314 H318	GHS05	危险	预防措施:P260、P264、P280 事故响应:P301+P330+P331、P303+P361+P353、P304+P340、P305+P351+P338、P310、P321、P363 安全储存:P405 废弃处置:P501	可引起皮肤腐蚀	

续表

序号	品名	别名	CAS号	UN号	危险性类别	危险性说明代码	象形图代码	警示词	防范说明代码	风险提示	备注
216	叠氮化钡	叠氮钡	18810-58-7	0224	爆炸物,1.1项	H201	GHS01	危险	预防措施:P210、P230、P240、P250、P280 事故响应:P370+P380、P372、P373 安全储存:P401 废弃处置:P501	整体爆炸危险	重大
217	叠氮化钠	三氮化钠	26628-22-8	1687	急性毒性-经口,类别2* 危害水生环境-急性危害,类别1 危害水生环境-长期危害,类别1	H300 H400 H410	GHS06 GHS09	危险	预防措施:P264、P270、P273 事故响应:P301+P310、P321、P330、P391 安全储存:P405 废弃处置:P501	吞咽致命	剧毒
218	叠氮化铅[含水或水加乙醇≥20%]		13424-46-9	0129	爆炸物,1.1项 生殖毒性,类别1A 特异性靶器官毒性-反复接触,类别2* 危害水生环境-急性危害,类别1 危害水生环境-长期危害,类别1	H201 H360 H373 H400 H410	GHS01 GHS08 GHS09	危险	预防措施:P210、P230、P240、P250、P280、P201、P202、P260、P273 事故响应:P370+P380、P372、P373、P308+P313、P314、P391 安全储存:P401、P405 废弃处置:P501	整体爆炸危险	重大
219	2-丁醇	仲丁醇	78-92-2	1120	易燃液体,类别3 严重眼损伤/眼刺激,类别2 特异性靶器官毒性-一次接触,类别3(呼吸道刺激、麻醉效应)	H226 H319 H335 H336	GHS02 GHS07	警告	预防措施:P210、P233、P240、P241、P242、P243、P280、P264、P261、P271 事故响应:P303+P361+P353、P370+P378、P305+P351+P338、P337+P313、P304+P340、P312 安全储存:P403+P235、P403+P233、P405 废弃处置:P501	易燃液体	
220	丁醇钠	丁氧基钠	2372-45-4		皮肤腐蚀/刺激,类别1 严重眼损伤/眼刺激,类别1	H314 H318	GHS05	危险	预防措施:P260、P264、P280 事故响应:P301+P330+P331、P303+P361+P353、P304+P340、P305+P351+P338、P310、P321、P363 安全储存:P405 废弃处置:P501	可引起皮肤腐蚀	
221	1,4-丁二胺	1,4-二氨基丁烷;四亚甲基二胺;腐肉碱	110-60-1		急性毒性-经皮,类别3 急性毒性-吸入,类别2 皮肤腐蚀/刺激,类别1B 严重眼损伤/眼刺激,类别1	H311 H330 H314 H318	GHS05 GHS06	危险	预防措施:P280、P260、P271、P284、P264 事故响应:P302+P352、P312、P321、P361+P364、P304+P340、P310、P320、P301+P330+P331、P303+P361+P353、P305+P351+P338、P363 安全储存:P405、P233+P403 废弃处置:P501	皮肤接触会中毒,吸入致命,可引起皮肤腐蚀	

续表

序号	品名	别名	CAS号	UN号	危险性类别	危险性说明代码	象形图代码	警示词	防范说明代码	风险提示	备注
222	丁二腈	1,2-二氰基乙烷;琥珀腈	110-61-2		皮肤腐蚀/刺激,类别 2 严重眼损伤/眼刺激,类别 2A 特异性靶器官毒性-一次接触,类别 3(呼吸道刺激)	H315 H319 H335 33	GHS07	警告	预防措施:P264、P280、P261、P271 事故响应:P302+P352、P321、P332+P313、P362+P364、P305+P351+P338、P337+P313、P304+P340、P312 安全储存:P403+P233、P405 废弃处置:P501		
223	1,3-丁二烯[稳定的]	联乙烯	106-99-0	1010	易燃气体,类别 1 加压气体 生殖细胞致突变性,类别 1B 致癌性,类别 1A	H220 H280 或 H281 H340 H350	GHS02 GHS04 GHS08	危险	预防措施:P210、P201、P202、P280 事故响应:P377、P381、P308+P313 安全储存:P410+P403、P405 废弃处置:P501	极易燃气体,内装加压气体:遇热可能爆炸,可能致癌	重点,重大
224	丁二酰氯	氯化丁二酰;琥珀酰氯	543-20-4		皮肤腐蚀/刺激,类别 1 严重眼损伤/眼刺激,类别 1	H314 H318	GHS05	危险	预防措施:P260、P264、P280 事故响应:P301+P330+P331、P303+P361+P353、P304+P340、P305+P351+P338、P310、P321、P363 安全储存:P405 废弃处置:P501	可引起皮肤腐蚀	
225	丁基甲苯			2667	易燃液体,类别 3	H226	GHS02	警告	预防措施:P210、P233、P240、P241、P242、P243、P280 事故响应:P303+P361+P353、P370+P378 安全储存:P403+P235 废弃处置:P501	易燃液体	
226	丁基磷酸	酸式磷酸丁酯	12788-93-1	1718	皮肤腐蚀/刺激,类别 1 严重眼损伤/眼刺激,类别 1	H314 H318	GHS05	危险	预防措施:P260、P264、P280 事故响应:P301+P330+P331、P303+P361+P353、P304+P340、P305+P351+P338、P310、P321、P363 安全储存:P405 废弃处置:P501	可引起皮肤腐蚀	
227	2-丁基硫醇	仲丁硫醇	513-53-1		易燃液体,类别 2 严重眼损伤/眼刺激,类别 2 皮肤致敏物,类别 1 特异性靶器官毒性-一次接触,类别 3(呼吸道刺激) 危害水生环境-急性危害,类别 2 危害水生环境-长期危害,类别 2	H225 H319 H317 H335 H401 H411	GHS02 GHS07 GHS09	危险	预防措施:P210、P233、P240、P241、P242、P243、P280、P264、P261、P272、P271、P273 事故响应:P303+P361+P353、P370+P378、P305+P351+P338、P337+P313、P302+P352、P321、P333+P313、P362+P364、P304+P340、P312、P391 安全储存:P403+P235、P403+P233、P405 废弃处置:P501	高度易燃液体,可能引起皮肤过敏	

续表

序号	品名	别名	CAS号	UN号	危险性类别	危险性说明代码	象形图代码	警示词	防范说明代码	风险提示	备注
228	丁基三氯硅烷		7521-80-4	1747	易燃液体,类别 3 皮肤腐蚀/刺激,类别 1 严重眼损伤/眼刺激,类别 1	H226 H314 H318	GHS02 GHS05	危险	预防措施：P210、P233、P240、P241、P242、P243、P280、P260、P264 事故响应：P303＋P361＋P353、P370＋P378、P301＋P330＋P331、P304＋P340、P305＋P351＋P338、P310、P321、P363 安全储存：P403＋P235、P405 废弃处置：P501	易燃液体，可引起皮肤腐蚀	
229	丁醛肟		110-69-0	2840	易燃液体,类别 3 急性毒性-经皮,类别 3 * 严重眼损伤/眼刺激,类别 2	H226 H311 H319	GHS02 GHS06	危险	预防措施：P210、P233、P240、P241、P242、P243、P280、P264 事故响应：P303＋P361＋P353、P370＋P378、P302＋P352、P312、P321、P361＋P364、P305＋P351＋P338、P337＋P313 安全储存：P403＋P235、P405 废弃处置：P501	易燃液体，皮肤接触会中毒	
230	1-丁炔[稳定的]	乙基乙炔	107-00-6	2452	易燃气体,类别 1 加压气体	H220 H280 或 H281	GHS02 GHS04	危险	预防措施：P210 事故响应：P377、P381 安全储存：P410＋P403 废弃处置：	极易燃气体，内装加压气体：遇热可能爆炸	
231	2-丁炔	巴豆炔；二甲基乙炔	503-17-3	1144	易燃液体,类别 1	H224	GHS02	危险	预防措施：P210、P233、P240、P241、P242、P243、P280 事故响应：P303＋P361＋P353、P370＋P378 安全储存：P403＋P235 废弃处置：P501	极易燃液体	
232	1-丁炔-3-醇		2028-63-9		易燃液体,类别 3 急性毒性-经口,类别 3 *	H226 H301	GHS02 GHS06	危险	预防措施：P210、P233、P240、P241、P242、P243、P280、P264、P270 事故响应：P303＋P361＋P353、P370＋P378、P301＋P310、P321、P330 安全储存：P403＋P235、P405 废弃处置：P501	易燃液体，吞咽会中毒	
233	丁酸丙烯酯	丁酸烯丙酯；丁酸-2-丙烯酯	2051-78-7		易燃液体,类别 3 急性毒性-经口,类别 3 急性毒性-经皮,类别 3	H226 H301 H311	GHS02 GHS06	危险	预防措施：P210、P233、P240、P241、P242、P243、P280、P264、P270 事故响应：P303＋P361＋P353、P370＋P378、P301＋P310、P321、P330、P302＋P352、P312、P361＋P364 安全储存：P403＋P235、P405 废弃处置：P501	易燃液体，吞咽会中毒，皮肤接触会中毒	

续表

序号	品名	别名	CAS号	UN号	危险性类别	危险性说明代码	象形图代码	警示词	防范说明代码	风险提示	备注
234	丁酸酐		106-31-0	2739	皮肤腐蚀/刺激,类别1B 严重眼损伤/眼刺激,类别1	H314 H318	GHS05	危险	预防措施:P260、P264、P280 事故响应:P301+P330+P331、P303+P361+P353、P304+P340、P305+P351+P338、P310、P321、P363 安全储存:P405 废弃处置:P501	可引起皮肤腐蚀	
235	丁酸正戊酯	丁酸戊酯	540-18-1	2620	易燃液体,类别3	H226	GHS02	警告	预防措施:P210、P233、P240、P241、P242、P243、P280 事故响应:P303+P361+P353、P370+P378 安全储存:P403+P235 废弃处置:P501	易燃液体	
236	2-丁酮	丁酮;乙基甲基酮;甲乙酮	78-93-3	1193	易燃液体,类别2 严重眼损伤/眼刺激,类别2 特异性靶器官毒性-一次接触,类别3(麻醉效应)	H225 H319 H336	GHS02 GHS07	危险	预防措施:P210、P233、P240、P241、P242、P243、P280、P264、P261、P271 事故响应:P303+P361+P353、P370+P378、P305+P351+P338、P337+P313、P304+P340、P312 安全储存:P403+P235、P403+P233、P405 废弃处置:P501	高度易燃液体	制毒
237	2-丁酮肟		96-29-7		严重眼损伤/眼刺激,类别1 皮肤致敏物,类别1	H318 H317	GHS05 GHS07	危险	预防措施:P280、P261、P272 事故响应:P305+P351+P338、P310、P302+P352、P321、P333+P313、P362+P364 安全储存: 废弃处置:P501	造成严重眼损伤,可能引起皮肤过敏	
238	1-丁烯		106-98-9	1012	易燃气体,类别1 加压气体	H220 H280或 H281	GHS02 GHS04	危险	预防措施:P210 事故响应:P377、P381 安全储存:P410+P403 废弃处置:	极易燃气体,内装加压气体:遇热可能爆炸	
239	2-丁烯		107-01-7	1012	易燃气体,类别1 加压气体	H220 H280或 H281	GHS02 GHS04	危险	预防措施:P210 事故响应:P377、P381 安全储存:P410+P403 废弃处置:	极易燃气体,内装加压气体:遇热可能爆炸	
240	2-丁烯-1-醇	巴豆醇;丁烯醇	6117-91-5		易燃液体,类别3	H226	GHS02	警告	预防措施:P210、P233、P240、P241、P242、P243、P280 事故响应:P303+P361+P353、P370+P378 安全储存:P403+P235 废弃处置:P501	易燃液体	

续表

序号	品名	别名	CAS号	UN号	危险性类别	危险性说明代码	象形图代码	警示词	防范说明代码	风险提示	备注
241	3-丁烯-2-酮	甲基乙烯基酮；丁烯酮	78-94-4	1251	易燃液体,类别 1 急性毒性-经口,类别 2 急性毒性-经皮,类别 1 急性毒性-吸入,类别 1 皮肤腐蚀/刺激,类别 1A 严重眼损伤/眼刺激,类别 1 皮肤致敏物,类别 1 特异性靶器官毒性-一次接触,类别 1 特异性靶器官毒性-一次接触,类别 3(麻醉效应) 特异性靶器官毒性-反复接触,类别 1 危害水生环境-急性危害,类别 1 危害水生环境-长期危害,类别 1	H224 H300 H310 H330 H314 H318 H317 H370 H336 H372 H400 H410	GHS02 GHS05 GHS06 GHS08 GHS09	危险	预防措施：P210、P233、P240、P241、P242、P243、P280、P264、P270、P262、P260、P271、P284、P261、P272、P273 事故响应：P303＋P361＋P353、P370＋P378、P301＋P310、P321、P302＋P352、P361＋P364、P304＋P340、P320、P301＋P330＋P331、P305＋P351＋P338、P363、P333＋P313、P362＋P364、P308＋P311、P312、P314、P391 安全储存：P403＋P235、P405、P233＋P403、P403＋P233 废弃处置：P501	极易燃液体，吞咽致命，皮肤接触会致命，吸入致命，可引起皮肤腐蚀，可能引起皮肤过敏	剧毒
242	丁烯二酰氯[反式]	富马酰氯	627-63-4	1780	皮肤腐蚀/刺激,类别 1 严重眼损伤/眼刺激,类别 1	H314 H318	GHS05	危险	预防措施：P260、P264、P280 事故响应：P301＋P330＋P331、P303＋P361＋P353、P304＋P340、P305＋P351＋P338、P310、P321、P363 安全储存：P405 废弃处置：P501	可引起皮肤腐蚀	
243	3-丁烯腈	烯丙基氰	109-75-1		易燃液体,类别 3 急性毒性-经口,类别 3 急性毒性-吸入,类别 2 严重眼损伤/眼刺激,类别 1 生殖毒性,类别 1B 特异性靶器官毒性-反复接触,类别 2	H226 H301 H330 H318 H360 H373	GHS02 GHS05 GHS06 GHS08	危险	预防措施：P210、P233、P240、P241、P242、P243、P280、P264、P270、P260、P271、P284、P201、P202 事故响应：P303＋P361＋P353、P370＋P378、P301＋P310、P321、P330、P304＋P340、P320、P305＋P351＋P338、P308＋P313、P314 安全储存：P403＋P235、P405、P233＋P403 废弃处置：P501	易燃液体，吞咽会中毒，吸入致命，造成严重眼损伤	
244	2-丁烯腈[反式]	巴豆腈；丙烯基氰	4786-20-3		易燃液体,类别 2	H225	GHS02	危险	预防措施：P210、P233、P240、P241、P242、P243、P280 事故响应：P303＋P361＋P353、P370＋P378 安全储存：P403＋P235 废弃处置：P501	高度易燃液体	

续表

序号	品名	别名	CAS号	UN号	危险性类别	危险性说明代码	象形图代码	警示词	防范说明代码	风险提示	备注
245	2-丁烯醛	巴豆醛;β-甲基丙烯醛	4170-30-3		易燃液体,类别 2 急性毒性-经口,类别 3 * 急性毒性-经皮,类别 3 * 急性毒性-吸入,类别 2 * 皮肤腐蚀/刺激,类别 2 严重眼损伤/眼刺激,类别 1 生殖细胞致突变性,类别 2 特异性靶器官毒性-一次接触,类别 3(呼吸道刺激) 特异性靶器官毒性-反复接触,类别 2 * 危害水生环境-急性危害,类别 1 危害水生环境-长期危害,类别 1	H225 H301 H311 H330 H315 H318 H341 H335 H373 H400 H410	GHS02 GHS05 GHS06 GHS08 GHS09	危险	预防措施：P210、P233、P240、P241、P242、P243、P280、P264、P270、P260、P271、P284、P201、P202、P261、P273 事故响应：P303＋P361＋P353、P370＋P378、P301＋P310、P321、P330、P302＋P352、P312、P361＋P364、P304＋P340、P320、P332＋P313、P362＋P364、P305＋P351＋P338、P308＋P313、P314、P391 安全储存：P403＋P235、P405、P233＋P403、P403＋P233 废弃处置：P501	高度易燃液体，吞咽会中毒，皮肤接触会中毒，吸入致命，造成严重眼损伤	
246	2-丁烯酸	巴豆酸	3724-65-0		急性毒性-经皮,类别 3 皮肤腐蚀/刺激,类别 1 严重眼损伤/眼刺激,类别 1	H311 H314 H318	GHS05 GHS06	危险	预防措施：P280、P260、P264 事故响应：P302＋P352、P312、P321、P361＋P364、P301＋P330＋P331、P303＋P361＋P353、P304＋P340、P305＋P351＋P338、P310、P363 安全储存：P405 废弃处置：P501	皮肤接触会中毒，可引起皮肤腐蚀	
247	丁烯酸甲酯	巴豆酸甲酯	623-43-8		易燃液体,类别 2 皮肤腐蚀/刺激,类别 2	H225 H315	GHS02 GHS07	危险	预防措施：P210、P233、P240、P241、P242、P243、P280、P264 事故响应：P303＋P361＋P353、P370＋P378、P302＋P352、P321、P332＋P313、P362＋P364 安全储存：P403＋P235 废弃处置：P501	高度易燃液体	
248	丁烯酸乙酯	巴豆酸乙酯	623-70-1	1862	易燃液体,类别 2 皮肤腐蚀/刺激,类别 2 严重眼损伤/眼刺激,类别 1	H225 H315 H318	GHS02 GHS05	危险	预防措施：P210、P233、P240、P241、P242、P243、P280、P264 事故响应：P303＋P361＋P353、P370＋P378、P302＋P352、P321、P332＋P313、P362＋P364、P305＋P351＋P338、P310 安全储存：P403＋P235 废弃处置：P501	高度易燃液体，造成严重眼损伤	
249	2-丁氧基乙醇	乙二醇丁醚；丁基溶纤剂	111-76-2		急性毒性-经皮,类别 3 急性毒性-吸入,类别 2 皮肤腐蚀/刺激,类别 2 严重眼损伤/眼刺激,类别 2	H311 H330 H315 H319	GHS06	警告	预防措施：P280、P260、P271、P284、P264 事故响应：P302＋P352、P312、P321、P361＋P364、P304＋P340、P310、P320、P332＋P313、P362＋P364、P305＋P351＋P338、P337＋P313 安全储存：P405、P233＋P403 废弃处置：P501	皮肤接触会中毒，吸入致命	

续表

序号	品名	别名	CAS号	UN号	危险性类别	危险性说明代码	象形图代码	警示词	防范说明代码	风险提示	备注
250	毒毛旋花苷G	羊角拗质	630-60-4		急性毒性-经口,类别3* 急性毒性-吸入,类别3* 特异性靶器官毒性-反复接触,类别2*	H301 H331 H373	GHS06 GHS08	危险	预防措施:P264、P270、P261、P271、P260 事故响应:P301+P310、P321、P330、P304+P340、P311、P314 安全储存:P405、P233+P403 废弃处置:P501	吞咽会中毒,吸入会中毒	
251	毒毛旋花苷K		11005-63-3		急性毒性-经口,类别3* 急性毒性-吸入,类别3* 特异性靶器官毒性-反复接触,类别2*	H301 H331 H373	GHS06 GHS08	危险	预防措施:P264、P270、P261、P271、P260 事故响应:P301+P310、P321、P330、P304+P340、P311、P314 安全储存:P405、P233+P403 废弃处置:P501	吞咽会中毒,吸入会中毒	
252	杜廷	羟基马桑毒内酯;马桑苷	2571-22-4		急性毒性-经口,类别2	H300	GHS06	危险	预防措施:P264、P270 事故响应:P301+P310、P321、P330 安全储存:P405 废弃处置:P501	吞咽致命	
253	短链氯化石蜡(C10-13)	C10-13氯代烃	85535-84-8		致癌性,类别2 危害水生环境-急性危害,类别1 危害水生环境-长期危害,类别1	H351 H400 H410	GHS08 GHS09	警告	预防措施:P201、P202、P280、P273 事故响应:P308+P313、P391 安全储存:P405 废弃处置:P501		
254	对氨基苯磺酸	4-氨基苯磺酸	121-57-3		皮肤腐蚀/刺激,类别2 严重眼损伤/眼刺激,类别2 皮肤致敏物,类别1 危害水生环境-长期危害,类别3	H315 H319 H317 H412	GHS07	警告	预防措施:P264、P280、P261、P272、P273 事故响应:P302+P352、P321、P332+P313、P362+P364、P305+P351+P338、P337+P313、P333+P313 安全储存: 废弃处置:P501	可能引起皮肤过敏	
255	对苯二甲酰氯		100-20-9		急性毒性-吸入,类别3 皮肤腐蚀/刺激,类别1A 严重眼损伤/眼刺激,类别1	H331 H314 H318	GHS05 GHS06	危险	预防措施:P261、P271、P260、P264、P280 事故响应:P304+P340、P311、P321、P301+P330+P331、P303+P361+P353、P305+P351+P338、P310、P363 安全储存:P233+P403、P405 废弃处置:P501	吸入会中毒,可引起皮肤腐蚀	
256	对甲苯磺酰氯		98-59-9		皮肤腐蚀/刺激,类别1C 严重眼损伤/眼刺激,类别1	H314 H318	GHS05	危险	预防措施:P260、P264、P280 事故响应:P301+P330+P331、P303+P361+P353、P304+P340、P305+P351+P338、P310、P321、P363 安全储存:P405 废弃处置:P501	可引起皮肤腐蚀	

续表

序号	品名	别名	CAS号	UN号	危险性类别	危险性说明代码	象形图代码	警示词	防范说明代码	风险提示	备注
257	对硫氰酸苯胺	对硫氰基苯胺；硫氰酸对氨基苯酯	15191-25-0		急性毒性-经口，类别 3	H301	GHS06	危险	预防措施：P264、P270 事故响应：P301+P310、P321、P330 安全储存：P405 废弃处置：P501	吞咽会中毒	
258	1-(对氯苯基)-2,8,9-三氧-5-氮-1-硅双环(3,3,3)十二烷	毒鼠硅；氯硅宁；硅灭鼠	29025-67-0		急性毒性-经口，类别 1	H300	GHS06	危险	预防措施：P264、P270 事故响应：P301+P310、P321、P330 安全储存：P405 废弃处置：P501	吞咽致命	剧毒
259	对氯苯硫醇	4-氯硫酚；对氯硫酚	106-54-7		皮肤腐蚀/刺激，类别 1 严重眼损伤/眼刺激，类别 1	H314 H318	GHS05	危险	预防措施：P260、P264、P280 事故响应：P301+P330+P331、P303+P361+P353、P304+P340、P305+P351+P338、P310、P321、P363 安全储存：P405 废弃处置：P501	可引起皮肤腐蚀	
260	对蓋基化过氧氢[72%＜含量≤100%]	对蓋基过氧化氢	39811-34-2	3105	有机过氧化物，D型 皮肤腐蚀/刺激，类别 1 严重眼损伤/眼刺激，类别 1	H242 H314 H318	GHS02 GHS05	危险	预防措施：P210、P220、P234、P280、P260、P264 事故响应：P301+P330+P331、P303+P361+P353、P304+P340、P305+P351+P338、P310、P321、P363 安全储存：P235+P411、P410、P420、P405 废弃处置：P501	加热可引起燃烧，可引起皮肤腐蚀	
	对蓋基化过氧氢[含量≤72%，含A型稀释剂≥28%]			3109	有机过氧化物，F型 皮肤腐蚀/刺激，类别 1 严重眼损伤/眼刺激，类别 1	H242 H314 H318	GHS02 GHS05	警告	预防措施：P210、P220、P234、P280、P260、P264 事故响应：P301+P330+P331、P303+P361+P353、P304+P340、P305+P351+P338、P310、P321、P363 安全储存：P235、P410、P411、P420、P405 废弃处置：P501	加热可引起燃烧，可引起皮肤腐蚀	
261	对壬基酚		104-40-5		皮肤腐蚀/刺激，类别 1B 严重眼损伤/眼刺激，类别 1 生殖毒性，类别 1B 特异性靶器官毒性-反复接触，类别 2 危害水生环境-急性危害，类别 1 危害水生环境-长期危害，类别 1	H314 H318 H360 H373 H400 H410	GHS05 GHS08 GHS09	危险	预防措施：P260、P264、P280、P201、P202、P273 事故响应：P301+P330+P331、P303+P361+P353、P304+P340、P305+P351+P338、P310、P321、P363、P308+P313、P314、P391 安全储存：P405 废弃处置：P501	可引起皮肤腐蚀	

续表

序号	品名	别名	CAS号	UN号	危险性类别	危险性说明代码	象形图代码	警示词	防范说明代码	风险提示	备注
262	对硝基苯酚钾	对硝基酚钾	1124-31-8		特异性靶器官毒性-一次接触,类别 2 特异性靶器官毒性-反复接触,类别 2	H371 H373	GHS08	警告	预防措施:P260、P264、P270 事故响应:P308+P311、P314 安全储存:P405 废弃处置:P501		
263	对硝基苯酚钠	对硝基酚钠	824-78-2		特异性靶器官毒性-一次接触,类别 2 特异性靶器官毒性-反复接触,类别 2	H371 H373	GHS08	警告	预防措施:P260、P264、P270 事故响应:P308+P311、P314 安全储存:P405 废弃处置:P501		
264	对硝基苯磺酸		138-42-1	2305	皮肤腐蚀/刺激,类别 1B 严重眼损伤/眼刺激,类别 1	H314 H318	GHS05	危险	预防措施:P260、P264、P280 事故响应:P301+P330+P331、P303+P361+P353、P304+P340、P305+P351+P338、P310、P321、P363 安全储存:P405 废弃处置:P501	可引起皮肤腐蚀	
265	对硝基苯甲酰肼		636-97-5		皮肤腐蚀/刺激,类别 2 严重眼损伤/眼刺激,类别 2 特异性靶器官毒性-一次接触,类别 3(呼吸道刺激)	H315 H319 H335	GHS07	警告	预防措施:P264、P280、P261、P271 事故响应:P302+P352、P321、P332+P313、P362+P364、P305+P351+P338、P337+P313、P304+P340、P312 安全储存:P403+P233、P405 废弃处置:P501		
266	对硝基乙苯		100-12-9		皮肤腐蚀/刺激,类别 2 严重眼损伤/眼刺激,类别 2 特异性靶器官毒性-一次接触,类别 3(呼吸道刺激)	H315 H319 H335	GHS07	警告	预防措施:P264、P280、P261、P271 事故响应:P302+P352、P321、P332+P313、P362+P364、P305+P351+P338、P337+P313、P304+P340、P312 安全储存:P403+P233、P405 废弃处置:P501		
267	对异丙基苯酚	对异丙基酚	99-89-8		皮肤腐蚀/刺激,类别 1 严重眼损伤/眼刺激,类别 1	H314 H318	GHS05	危险	预防措施:P260、P264、P280 事故响应:P301+P330+P331、P303+P361+P353、P304+P340、P305+P351+P338、P310、P321、P363 安全储存:P405 废弃处置:P501	可引起皮肤腐蚀	
268	多钒酸铵	聚钒酸铵	12207-63-5	2861	急性毒性-经口,类别 3 急性毒性-吸入,类别 3 严重眼损伤/眼刺激,类别 1	H301 H331 H318	GHS05 GHS06	危险	预防措施:P264、P270、P261、P271、P280 事故响应:P301+P310、P321、P330、P304+P340、P311、P305+P351+P338 安全储存:P405、P233+P403 废弃处置:P501	吞咽会中毒,吸入会中毒,造成严重眼损伤	

续表

序号	品名	别名	CAS号	UN号	危险性类别	危险性说明代码	象形图代码	警示词	防范说明代码	风险提示	备注
269	多聚甲醛	聚蚁醛；聚合甲醛	30525-89-4	2213	易燃固体,类别 2 皮肤腐蚀/刺激,类别 2 严重眼损伤/眼刺激,类别 2A 特异性靶器官毒性-一次接触,类别 1 特异性靶器官毒性-一次接触,类别 3(呼吸道刺激) 危害水生环境-长期危害,类别 3	H228 H315 H319 H370 H335 H412	GHS02 GHS07 GHS08	危险	预防措施：P210、P240、P241、P280、P264、P260、P270、P261、P271、P273 事故响应：P370＋P378、P302＋P352、P321、P332＋P313、P362＋P364、P305＋P351＋P338、P337＋P313、P308＋P311、P304＋P340、P312 安全储存：P405、P403＋P233 废弃处置：P501	易燃固体	
270	多聚磷酸	四磷酸	8017-16-1		皮肤腐蚀/刺激,类别 1 严重眼损伤/眼刺激,类别 1	H314 H318	GHS05	危险	预防措施：P260、P264、P280 事故响应：P301＋P330＋P331、P303＋P361＋P353、P304＋P340、P305＋P351＋P338、P310、P321、P363 安全储存：P405 废弃处置：P501	可引起皮肤腐蚀	
271	多硫化铵溶液		9080-17-5	2818	皮肤腐蚀/刺激,类别 1B 严重眼损伤/眼刺激,类别 1 危害水生环境-急性危害,类别 1	H314 H318 H400	GHS05 GHS09	危险	预防措施：P260、P264、P280、P273 事故响应：P301＋P330＋P331、P303＋P361＋P353、P304＋P340、P305＋P351＋P338、P310、P321、P363、P391 安全储存：P405 废弃处置：P501	可引起皮肤腐蚀	
272	多氯二苯并对二噁英	PCDD			急性毒性-经口,类别 1 急性毒性-经皮,类别 1 皮肤腐蚀/刺激,类别 2 严重眼损伤/眼刺激,类别 2A 生殖细胞致突变性,类别 2 致癌性,类别 1A 生殖毒性,类别 1B 特异性靶器官毒性-一次接触,类别 1 特异性靶器官毒性-反复接触,类别 1 危害水生环境-急性危害,类别 1 危害水生环境-长期危害,类别 1	H300 H310 H315 H319 H341 H350 H360 H370 H372 H400 H410	GHS06 GHS08 GHS09	危险	预防措施：P264、P270、P262、P280、P201、P202、P260、P273 事故响应：P301＋P310、P321、P330、P302＋P352、P361＋P364、P332＋P313、P362＋P364、P305＋P351＋P338、P337＋P313、P308＋P313、P308＋P311、P314、P391 安全储存：P405 废弃处置：P501	吞咽致命，皮肤接触会致命，可能致癌	

续表

序号	品名	别名	CAS号	UN号	危险性类别	危险性说明代码	象形图代码	警示词	防范说明代码	风险提示	备注
273	多氯二苯并呋喃	PCDF			急性毒性-经口,类别1 急性毒性-经皮,类别1 皮肤腐蚀/刺激,类别2 严重眼损伤/眼刺激,类别2A 生殖细胞致突变性,类别2 致癌性,类别1A 生殖毒性,类别1B 特异性靶器官毒性-一次接触,类别1 特异性靶器官毒性-反复接触,类别1 危害水生环境-急性危害,类别1 危害水生环境-长期危害,类别1	H300 H310 H315 H319 H341 H350 H360 H370 H372 H400 H410	GHS06 GHS08 GHS09	危险	预防措施：P264、P270、P262、P280、P201、P202、P260、P273 事故响应：P301＋P310、P321、P330、P302＋P352、P361＋P364、P332＋P313、P362＋P364、P305＋P351＋P338、P337＋P313、P308＋P313、P308＋P311、P314、P391 安全储存：P405 废弃处置：P501	吞咽致命，皮肤接触会致命，可能致癌	
274	多氯联苯	PCBs		2315（液态）；3432（固态）	致癌性，类别1B 特异性靶器官毒性-反复接触，类别2* 危害水生环境-急性危害，类别1 危害水生环境-长期危害，类别1	H350 H373 H400 H410	GHS08 GHS09	危险	预防措施：P201、P202、P280、P260、P273 事故响应：P308＋P313、P314、P391 安全储存：P405 废弃处置：P501	可能致癌	
275	多氯三联苯		61788-33-8		特异性靶器官毒性-反复接触，类别2 危害水生环境-急性危害，类别1 危害水生环境-长期危害，类别1	H373 H400 H410	GHS08 GHS09	警告	预防措施：P260、P273 事故响应：P314、P391 安全储存： 废弃处置：P501		
276	多溴二苯醚混合物				生殖毒性，类别1B 特异性靶器官毒性-反复接触，类别2 危害水生环境-急性危害，类别1 危害水生环境-长期危害，类别1	H360 H373 H400 H410	GHS08 GHS09	危险	预防措施：P201、P202、P280、P260、P273 事故响应：P308＋P313、P314、P391 安全储存：P405 废弃处置：P501		
277	苊	萘乙环	83-32-9		易燃固体，类别2 危害水生环境-急性危害，类别1 危害水生环境-长期危害，类别1	H228 H400 H410	GHS02 GHS09	警告	预防措施：P210、P240、P241、P280、P273 事故响应：P370＋P378、P391 安全储存： 废弃处置：P501	易燃固体	
278	蒽醌-1-胂酸	蒽醌-α-胂酸			急性毒性-经口，类别3* 急性毒性-吸入，类别3* 危害水生环境-急性危害，类别1 危害水生环境-长期危害，类别1	H301 H331 H400 H410	GHS06 GHS09	危险	预防措施：P264、P270、P261、P271、P273 事故响应：P301＋P310、P321、P330、P304＋P340、P311、P391 安全储存：P405、P233＋P403 废弃处置：P501	吞咽会中毒，吸入会中毒	

续表

序号	品名	别名	CAS号	UN号	危险性类别	危险性说明代码	象形图代码	警示词	防范说明代码	风险提示	备注
279	蒽油乳膏				致癌性,类别1B	H350	GHS08	危险	预防措施:P201、P202、P280 事故响应:P308+P313 安全储存:P405 废弃处置:P501	可能致癌	
	蒽油乳剂				致癌性,类别1B	H350	GHS08	危险	预防措施:P201、P202、P280 事故响应:P308+P313 安全储存:P405 废弃处置:P501	可能致癌	
280	二-(1-羟基环己基)过氧化物[含量≤100%]		2407-94-5	3106	有机过氧化物,D型 皮肤腐蚀/刺激,类别1 严重眼损伤/眼刺激,类别1 特异性靶器官毒性-一次接触,类别3(呼吸道刺激)	H242 H314 H318 H335	GHS02 GHS05 GHS07	危险	预防措施:P210、P220、P234、P280、P260、P264、P261、P271 事故响应:P301+P330+P331、P303+P361+P353、P304+P340、P305+P351+P338、P310、P321、P363、P312 安全储存:P235+P411、P410、P420、P405、P403+P233 废弃处置:P501	加热可引起燃烧,可引起皮肤腐蚀	
281	二-(2-苯氧乙基)过氧重碳酸酯[85%<含量≤100%]		41935-39-1	3102	有机过氧化物,B型	H241	GHS01 GHS02	危险	预防措施:P210、P220、P234、P280 事故响应: 安全储存:P235+P411、P410、P420 废弃处置:P501	加热可引起燃烧或爆炸	
	二-(2-苯氧乙基)过氧重碳酸酯[含量≤85%,含水≥15%]			3106	有机过氧化物,D型	H242	GHS02	危险	预防措施:P210、P220、P234、P280 事故响应: 安全储存:P235+P411、P410、P420 废弃处置:P501	加热可引起燃烧	
282	二(2-环氧丙基)醚	二缩水甘油醚;双环氧稀释剂;2,2'-[氧双(亚甲基)]双环氧乙烷;二环氧甘油醚	2238-07-5		急性毒性-经皮,类别3 急性毒性-吸入,类别1 皮肤腐蚀/刺激,类别2 严重眼损伤/眼刺激,类别2A 特异性靶器官毒性-一次接触,类别1 特异性靶器官毒性-反复接触,类别1	H311 H330 H315 H319 H370 H372	GHS06 GHS08	危险	预防措施:P280、P260、P271、P284、P264、P270 事故响应:P302+P352、P312、P321、P361+P364、P304+P340、P310、P320、P332+P313、P362+P364、P305+P351+P338、P337+P313、P308+P311、P314 安全储存:P405、P233+P403 废弃处置:P501	皮肤接触会中毒,吸入致命	
283	二-(2-甲基苯甲酰)过氧化物[含量≤87%]	过氧化二-(2-甲基苯甲酰)	3034-79-5	3112	有机过氧化物,B型	H241	GHS01 GHS02	危险	预防措施:P210、P220、P234、P280 事故响应: 安全储存:P235+P411、P410、P420 废弃处置:P501	加热可引起燃烧或爆炸	

续表

序号	品名	别名	CAS号	UN号	危险性类别	危险性说明代码	象形图代码	警示词	防范说明代码	风险提示	备注
284	二-(2-羟基-3,5,6-三氯苯基)甲烷	2,2'-亚甲基-双(3,4,6-三氯苯酚);毒菌酚	70-30-4		急性毒性-经口,类别3* 急性毒性-经皮,类别3* 危害水生环境-急性危害,类别1 危害水生环境-长期危害,类别1	H301 H311 H400 H410	GHS06 GHS09	危险	预防措施:P264、P270、P280、P273 事故响应:P301+P310、P321、P330、P302+P352、P312、P361+P364、P391 安全储存:P405 废弃处置:P501	吞咽会中毒.皮肤接触会中毒	
285	二-(2-新癸酰过氧异丙基)苯[含量≤52%,含A型稀释剂①≥48%]			3115	有机过氧化物,D型	H242	GHS02	危险	预防措施:P210、P220、P234、P280 事故响应: 安全储存:P235+P411、P410、P420 废弃处置:P501	加热可引起燃烧	
286	二-(2-乙基己基)磷酸酯	2-乙基己基-2'-乙基己基磷酸酯	298-07-7		危害水生环境-长期危害,类别3	H412			预防措施:P273 事故响应: 安全储存: 废弃处置:P501		
287	二-(3,5,5-三甲基己酰)过氧化物[52%<含量≤82%,含A型稀释剂①≥18%]		3851-87-4	3115	有机过氧化物,D型	H242	GHS02	危险	预防措施:P210、P220、P234、P280 事故响应: 安全储存:P235+P411、P410、P420 废弃处置:P501	加热可引起燃烧	
	二-(3,5,5-三甲基己酰)过氧化物[含量≤38%,含A型稀释剂①≥62%]			3119	有机过氧化物,F型	H242	GHS02	警告	预防措施:P210、P220、P234、P280 事故响应: 安全储存:P235、P410、P411、P420 废弃处置:P501	加热可引起燃烧	
	二-(3,5,5-三甲基己酰)过氧化物[38%<含量≤52%,含A型稀释剂①≥48%]			3119	有机过氧化物,F型	H242	GHS02	警告	预防措施:P210、P220、P234、P280 事故响应: 安全储存:P235、P410、P411、P420 废弃处置:P501	加热可引起燃烧	
	二-(3,5,5-三甲基己酰)过氧化物[含量≤52%,在水中稳定弥散]			3119	有机过氧化物,F型	H242	GHS02	警告	预防措施:P210、P220、P234、P280 事故响应: 安全储存:P235、P410、P411、P420 废弃处置:P501	加热可引起燃烧	

续表

序号	品名	别名	CAS号	UN号	危险性类别	危险性说明代码	象形图代码	警示词	防范说明代码	风险提示	备注
288	2,2-二-[4,4-二(叔丁基过氧)环己基]丙烷[含量≤22%,含B型稀释剂[②]≥78%]		1705-60-8	3107	有机过氧化物,E型	H242	GHS02	警告	预防措施:P210、P220、P234、P280 事故响应: 安全储存:P235、P410、P411、P420 废弃处置:P501	加热可引起燃烧	
	2,2-二-[4,4-二(叔丁基过氧)环己基]丙烷[含量≤42%,含惰性固体≥58%]			3106	有机过氧化物,D型	H242	GHS02	危险	预防措施:P210、P220、P234、P280 事故响应: 安全储存:P235+P411、P410、P420 废弃处置:P501	加热可引起燃烧	
289	二-(4-甲基苯甲酰)过氧化物[硅油糊状物,含量≤52%]		895-85-2	3106	有机过氧化物,D型 危害水生环境-急性危害,类别1 危害水生环境-长期危害,类别1	H242 H400 H410	GHS02 GHS09	危险	预防措施:P210、P220、P234、P280、P273 事故响应:P391 安全储存:P235+P411、P410、P420 废弃处置:P501	加热可引起燃烧	
290	二-(4-叔丁基环己基)过氧重碳酸酯[含量≤100%]	过氧化二碳酸-二-(4-叔丁基环己基)酯	15520-11-3	3114	有机过氧化物,C型	H242	GHS02	危险	预防措施:P210、P220、P234、P280 事故响应: 安全储存:P235+P411、P410、P420 废弃处置:P501	加热可引起燃烧	
	二-(4-叔丁基环己基)过氧重碳酸酯[含量≤42%,在水中稳定弥散]		15520-11-3	3119	有机过氧化物,F型	H242	GHS02	警告	预防措施:P210、P220、P234、P280 事故响应: 安全储存:P235、P410、P411、P420 废弃处置:P501	加热可引起燃烧	
291	二(苯磺酰肼)醚	4,4′-氧代双苯磺酰肼	80-51-3		自反应物质和混合物,D型 严重眼损伤/眼刺激,类别2B 特异性靶器官毒性-一次接触,类别2 特异性靶器官毒性-反复接触,类别1 危害水生环境-急性危害,类别2 危害水生环境-长期危害,类别2	H242 H320 H371 H372 H401 H411	GHS02 GHS08 GHS09	危险	预防措施:P210、P220、P234、P280、P264、P260、P270、P273 事故响应:P370+P378、P305+P351+P338、P337+P313、P308+P311、P314、P391 安全储存:P403+P235、P411、P420、P405 废弃处置:P501	加热可能起火	
292	1,6-二-(过氧化叔丁基-羰基氧)己烷[含量≤72%,含A型稀释剂[①]≥28%]	3103	36536-42-2	3103	有机过氧化物,C型	H242	GHS02	危险	预防措施:P210、P220、P234、P280 事故响应: 安全储存:P235+P411、P410、P420 废弃处置:P501	加热可引起燃烧	

续表

序号	品名	别名	CAS号	UN号	危险性类别	危险性说明代码	象形图代码	警示词	防范说明代码	风险提示	备注
293	二(氯甲基)醚	二氯二甲醚;对称二氯二甲醚;氧代二氯甲烷	542-88-1	2249	易燃液体,类别2 急性毒性-经皮,类别3* 急性毒性-吸入,类别2* 致癌性,类别1A	H225 H311 H330 H350	GHS02 GHS06 GHS08	危险	预防措施:P210、P233、P240、P241、P242、P243、P280、P260、P271、P284、P201、P202 事故响应:P303+P361+P353、P370+P378、P302+P352、P312、P321、P361+P364、P304+P340、P310、P320、P308+P313 安全储存:P403+P235、P405、P233+P403 废弃处置:P501	高度易燃液体,皮肤接触会中毒,吸入致命,可能致癌	
294	二(三氯甲基)碳酸酯	三光气	32315-10-9		急性毒性-经口,类别3 急性毒性-经皮,类别3 急性毒性-吸入,类别2 皮肤腐蚀/刺激,类别1 严重眼损伤/眼刺激,类别1	H301 H311 H330 H314 H318	GHS05 GHS06	危险	预防措施:P264、P270、P280、P260、P271、P284 事故响应:P301+P310、P321、P302+P352、P312、P361+P364、P304+P340、P320、P301+P330+P331、P303+P361+P353、P305+P351+P338、P363 安全储存:P405、P233+P403 废弃处置:P501	吞咽会中毒,皮肤接触会中毒,吸入致命,可引起皮肤腐蚀	
295	1,1-二-(叔丁基过氧)-3,3,5-三甲基环己烷[90%<含量≤100%]		6731-36-8	3101	有机过氧化物,B型 特异性靶器官毒性-反复接触,类别2	H241 H373	GHS01 GHS02 GHS08	危险	预防措施:P210、P220、P234、P280、P260 事故响应:P314 安全储存:P235+P411、P410、P420 废弃处置:P501	加热可引起燃烧或爆炸	
	1,1-二-(叔丁基过氧)-3,3,5-三甲基环己烷[57%<含量≤90%,含A型稀释剂①≥10%]			3103	有机过氧化物,C型 特异性靶器官毒性-反复接触,类别2	H242 H373	GHS02 GHS08	危险	预防措施:P210、P220、P234、P280、P260 事故响应:P314 安全储存:P235+P411、P410、P420 废弃处置:P501	加热可引起燃烧	
	1,1-二-(叔丁基过氧)-3,3,5-三甲基环己烷[含量≤32%,含A型稀释剂①≥26%,含B型稀释剂②≥42%]			3107	有机过氧化物,E型 特异性靶器官毒性-反复接触,类别2	H242 H373	GHS02 GHS08	警告	预防措施:P210、P220、P234、P280、P260 事故响应:P314 安全储存:P235、P410、P411、P420 废弃处置:P501	加热可引起燃烧	
	1,1-二-(叔丁基过氧)-3,3,5-三甲基环己烷[含量≤57%,含A型稀释剂①≥43%]			3107	有机过氧化物,E型 特异性靶器官毒性-反复接触,类别2	H242 H373	GHS02 GHS08	警告	预防措施:P210、P220、P234、P280、P260 事故响应:P314 安全储存:P235、P410、P411、P420 废弃处置:P501	加热可引起燃烧	

续表

序号	品名	别名	CAS号	UN号	危险性类别	危险性说明代码	象形图代码	警示词	防范说明代码	风险提示	备注
295	1,1-二-(叔丁基过氧)-3,3,5-三甲基环己烷[含量≤57%,含惰性固体≥43%]		6731-36-8	3110	有机过氧化物,F型 特异性靶器官毒性-反复接触,类别2	H242 H373	GHS02 GHS08	警告	预防措施:P210、P220、P234、P280、P260 事故响应:P314 安全储存:P235、P410、P411、P420 废弃处置:P501	加热可引起燃烧	
	1,1-二-(叔丁基过氧)-3,3,5-三甲基环己烷[含量≤77%,含B型稀释剂②≥23%]			3103	有机过氧化物,C型 特异性靶器官毒性-反复接触,类别2	H242 H373	GHS02 GHS08	危险	预防措施:P210、P220、P234、P280、P260 事故响应:P314 安全储存:P235+P411、P410、P420 废弃处置:P501	加热可引起燃烧	
	1,1-二-(叔丁基过氧)-3,3,5-三甲基环己烷[含量≤90%,含A型稀释剂①≥10%]			3103	有机过氧化物,C型 特异性靶器官毒性-反复接触,类别2	H242 H373	GHS02 GHS08	危险	预防措施:P210、P220、P234、P280、P260 事故响应:P314 安全储存:P235+P411、P410、P420 废弃处置:P501	加热可引起燃烧	
296	2,2-二-(叔丁基过氧)丙烷[含量≤42%,含A型稀释剂①≥13%,惰性固体含量≥45%]		4262-61-7	3106	有机过氧化物,D型	H242	GHS02	危险	预防措施:P210、P220、P234、P280 事故响应: 安全储存:P235+P411、P410、P420 废弃处置:P501	加热可引起燃烧	
	2,2-二-(叔丁基过氧)丙烷[含量≤52%,含A型稀释剂①≥48%]			3105	有机过氧化物,D型	H242	GHS02	危险	预防措施:P210、P220、P234、P280 事故响应: 安全储存:P235+P411、P410、P420 废弃处置:P501	加热可引起燃烧	
297	3,3-二-(叔丁基过氧)丁酸乙酯[77%＜含量≤100%]	3,3-双-(过氧化叔丁基)丁酸乙酯	55794-20-2	3103	有机过氧化物,C型	H242	GHS02	危险	预防措施:P210、P220、P234、P280 事故响应: 安全储存:P235+P411、P410、P420 废弃处置:P501	加热可引起燃烧	
	3,3-二-(叔丁基过氧)丁酸乙酯[含量≤52%]			3106	有机过氧化物,D型	H242	GHS02	危险	预防措施:P210、P220、P234、P280 事故响应: 安全储存:P235+P411、P410、P420 废弃处置:P501	加热可引起燃烧	
	3,3-二-(叔丁基过氧)丁酸乙酯[含量≤77%,含A型稀释剂①≥23%]			3105	有机过氧化物,D型	H242	GHS02	危险	预防措施:P210、P220、P234、P280 事故响应: 安全储存:P235+P411、P410、P420 废弃处置:P501	加热可引起燃烧	

续表

序号	品名	别名	CAS号	UN号	危险性类别	危险性说明代码	象形图代码	警示词	防范说明代码	风险提示	备注
298	2,2-二-(叔丁基过氧)丁烷[含量≤52%,含A型稀释剂①≥48%]		2167-23-9	3103	有机过氧化物,C型	H242	GHS02	危险	预防措施:P210、P220、P234、P280 事故响应: 安全储存:P235+P411、P410、P420 废弃处置:P501	加热可引起燃烧	
299	1,1-二-(叔丁基过氧)环己烷[80%<含量≤100%]	1,1-双-(过氧化叔丁基)环己烷	3006-86-8	3101	有机过氧化物,B型	H241	GHS01 GHS02	危险	预防措施:P210、P220、P234、P280 事故响应: 安全储存:P235+P411、P410、P420 废弃处置:P501	加热可引起燃烧或爆炸	
	1,1-二-(叔丁基过氧)环己烷[52%<含量≤80%,含A型稀释剂①≥20%]			3103	有机过氧化物,C型	H242	GHS02	危险	预防措施:P210、P220、P234、P280 事故响应: 安全储存:P235+P411、P410、P420 废弃处置:P501	加热可引起燃烧	
	1,1-二-(叔丁基过氧)环己烷[42%<含量≤52%,含A型稀释剂①≥48%]			3105	有机过氧化物,D型	H242	GHS02	危险	预防措施:P210、P220、P234、P280 事故响应: 安全储存:P235+P411、P410、P420 废弃处置:P501	加热可引起燃烧	
	1,1-二-(叔丁基过氧)环己烷[含量≤13%,含A型稀释剂①≥13%,含B型稀释剂②≥74%]			3109	有机过氧化物,F型	H242	GHS02	警告	预防措施:P210、P220、P234、P280 事故响应: 安全储存:P235、P410、P411、P420 废弃处置:P501	加热可引起燃烧	
	1,1-二-(叔丁基过氧)环己烷[含量≤27%,含A型稀释剂①≥25%]			3107	有机过氧化物,E型	H242	GHS02	警告	预防措施:P210、P220、P234、P280 事故响应: 安全储存:P235、P410、P411、P420 废弃处置:P501	加热可引起燃烧	
	1,1-二-(叔丁基过氧)环己烷[含量≤42%,含A型稀释剂①≥13%,惰性固体含量≥45%]			3106	有机过氧化物,D型	H242	GHS02	危险	预防措施:P210、P220、P234、P280 事故响应: 安全储存:P235+P411、P410、P420 废弃处置:P501	加热可引起燃烧	
	1,1-二-(叔丁基过氧)环己烷[含量≤42%,含A型稀释剂①≥58%]			3109	有机过氧化物,F型	H242	GHS02	警告	预防措施:P210、P220、P234、P280 事故响应: 安全储存:P235、P410、P411、P420 废弃处置:P501	加热可引起燃烧	
	1,1-二-(叔丁基过氧)环己烷[含量≤72%,含B型稀释剂②≥28%]			3103	有机过氧化物,C型	H242	GHS02	危险	预防措施:P210、P220、P234、P280 事故响应: 安全储存:P235+P411、P410、P420 废弃处置:P501	加热可引起燃烧	

续表

序号	品名	别名	CAS号	UN号	危险性类别	危险性说明代码	象形图代码	警示词	防范说明代码	风险提示	备注
300	1,1-二-(叔丁基过氧)环己烷和过氧化(2-乙基己酸)叔丁酯的混合物[1,1-二-(叔丁基过氧)环己烷含量≤43%,过氧化(2-乙基己酸)叔丁酯含量≤16%,含A型稀释剂①≥41%]			3105	有机过氧化物,D型	H242	GHS02	危险	预防措施:P210、P220、P234、P280 事故响应: 安全储存:P235+P411、P410、P420 废弃处置:P501	加热可引起燃烧	
301	二-(叔丁基过氧)邻苯二甲酸酯[糊状,含量≤52%]			3106	有机过氧化物,D型	H242	GHS02	危险	预防措施:P210、P220、P234、P280 事故响应: 安全储存:P235+P411、P410、P420 废弃处置:P501	加热可引起燃烧	
	二-(叔丁基过氧)邻苯二甲酸酯[42%<含量≤52%,含A型稀释剂①≥48%]			3105	有机过氧化物,D型	H242	GHS02	危险	预防措施:P210、P220、P234、P280 事故响应: 安全储存:P235+P411、P410、P420 废弃处置:P501	加热可引起燃烧	
	二-(叔丁基过氧)邻苯二甲酸酯[含量≤42%,含A型稀释剂①≥58%]			3107	有机过氧化物,E型	H242	GHS02	警告	预防措施:P210、P220、P234、P280 事故响应: 安全储存:P235、P410、P411、P420 废弃处置:P501	加热可引起燃烧	
302	3,3-二-(叔戊基过氧)丁酸乙酯[含量≤67%,含A型稀释剂①≥33%]		67567-23-1	3105	有机过氧化物,D型 易燃液体,类别3 危害水生环境-急性危害,类别2 危害水生环境-长期危害,类别2	H242 H226 H401 H411	GHS02 GHS09	危险	预防措施:P210、P220、P234、P280、P233、P240、P241、P242、P243、P273 事故响应:P303+P361+P353、P370+P378、P391 安全储存:P235+P411、P410、P420、P403+P235 废弃处置:P501	加热可引起燃烧,易燃液体	
303	2,2-二-(叔戊基过氧)丁烷[含量≤57%,含A型稀释剂①≥43%]		13653-62-8	3105	有机过氧化物,D型	H242	GHS02	危险	预防措施:P210、P220、P234、P280 事故响应: 安全储存:P235+P411、P410、P420 废弃处置:P501	加热可引起燃烧	

续表

序号	品名	别名	CAS号	UN号	危险性类别	危险性说明代码	象形图代码	警示词	防范说明代码	风险提示	备注
304	4,4′-二氨基-3,3′-二氯二苯基甲烷		101-14-4		致癌性,类别1A 危害水生环境-急性危害,类别1 危害水生环境-长期危害,类别1	H350 H400 H410	GHS08 GHS09	危险	预防措施:P201、P202、P280、P273 事故响应:P308+P313、P391 安全储存:P405 废弃处置:P501	可能致癌	
305	3,3′-二氨基二丙胺	二丙三胺;3,3′-亚氨基二丙胺;三丙撑三胺	56-18-8	2269	急性毒性-经皮,类别3* 急性毒性-吸入,类别2* 皮肤腐蚀/刺激,类别1A 严重眼损伤/眼刺激,类别1 皮肤致敏物,类别1	H311 H330 H314 H318 H317	GHS05 GHS06	危险	预防措施:P280、P260、P271、P284、P264、P261、P272 事故响应:P302+P352、P312、P321、P361+P364、P304+P340、P310、P320、P301+P330+P331、P303+P361+P353、P305+P351+P338、P363、P333+P313、P362+P364 安全储存:P405、P233+P403 废弃处置:P501	皮肤接触会中毒,吸入致命,可引起皮肤腐蚀,可能引起皮肤过敏	
306	2,4-二氨基甲苯	甲苯-2,4-二胺;2,4-甲苯二胺	95-80-7	1709	急性毒性-经口,类别3* 皮肤致敏物,类别1 生殖细胞致突变性,类别2 致癌性,类别2 生殖毒性,类别2 特异性靶器官毒性-反复接触,类别2* 危害水生环境-急性危害,类别2 危害水生环境-长期危害,类别2	H301 H317 H341 H351 H361 H373 H401 H411	GHS06 GHS08 GHS09	危险	预防措施:P264、P270、P261、P272、P280、P201、P202、P260、P273 事故响应:P301+P310、P321、P330、P302+P352、P333+P313、P362+P364、P308+P313、P314、P391 安全储存:P405 废弃处置:P501	吞咽会中毒,可能引起皮肤过敏	
307	2,5-二氨基甲苯	甲苯-2,5-二胺;2,5-甲苯二胺	95-70-5		急性毒性-经口,类别3* 皮肤致敏物,类别1 危害水生环境-急性危害,类别2 危害水生环境-长期危害,类别2	H301 H317 H401 H411	GHS06 GHS09	危险	预防措施:P264、P270、P261、P272、P280、P273 事故响应:P301+P310、P321、P330、P302+P352、P333+P313、P362+P364、P391 安全储存:P405 废弃处置:P501	吞咽会中毒,可能引起皮肤过敏	
308	2,6-二氨基甲苯	甲苯-2,6-二胺;2,6-甲苯二胺	823-40-5		皮肤致敏物,类别1 生殖毒性,类别2 危害水生环境-急性危害,类别2 危害水生环境-长期危害,类别2	H317 H361 H401 H411	GHS07 GHS08 GHS09	警告	预防措施:P261、P272、P280、P201、P202、P273 事故响应:P302+P352、P321、P333+P313、P362+P364、P308+P313、P391 安全储存:P405 废弃处置:P501	可能引起皮肤过敏	
309	4,4′-二氨基联苯	联苯胺;二氨基联苯	92-87-5	1885	致癌性,类别1A 危害水生环境-急性危害,类别1 危害水生环境-长期危害,类别1	H350 H400 H410	GHS08 GHS09	危险	预防措施:P201、P202、P280、P273 事故响应:P308+P313、P391 安全储存:P405 废弃处置:P501	可能致癌	

续表

序号	品名	别名	CAS号	UN号	危险性类别	危险性说明代码	象形图代码	警示词	防范说明代码	风险提示	备注
310	二氨基镁		7803-54-5	2004	自热物质和混合物,类别1	H251	GHS02	危险	预防措施:P235+P410、P280 事故响应: 安全储存:P407、P413、P420 废弃处置:	自热,可能燃烧	
311	二苯胺		122-39-4		急性毒性-经口,类别3* 急性毒性-经皮,类别3* 急性毒性-吸入,类别3* 特异性靶器官毒性-反复接触,类别2* 危害水生环境-急性危害,类别1 危害水生环境-长期危害,类别1	H301 H311 H331 H373 H400 H410	GHS06 GHS08 GHS09	危险	预防措施:P264、P270、P280、P261、P271、P260、P273 事故响应:P301+P310、P321、P330、P302+P352、P312、P361+P364、P304+P340、P311、P314、P391 安全储存:P405、P233+P403 废弃处置:P501	吞咽会中毒,皮肤接触会中毒,吸入会中毒	
312	二苯胺硫酸溶液				急性毒性-经口,类别3* 急性毒性-经皮,类别3* 急性毒性-吸入,类别3* 皮肤腐蚀/刺激,类别1 严重眼损伤/眼刺激,类别1 特异性靶器官毒性-反复接触,类别2* 危害水生环境-急性危害,类别1 危害水生环境-长期危害,类别1	H301 H311 H331 H314 H318 H373 H400 H410	GHS05 GHS06 GHS08 GHS09	危险	预防措施:P264、P270、P280、P261、P271、P260、P273 事故响应:P301+P310、P321、P302+P352、P312、P361+P364、P304+P340、P311、P301+P330+P331、P303+P361+P353、P305+P351+P338、P363、P314、P391 安全储存:P405、P233+P403 废弃处置:P501	吞咽会中毒,皮肤接触会中毒,吸入会中毒,可引起皮肤腐蚀	
313	二苯基胺氯胂	吩吡嗪化氯;亚当氏气	578-94-9	1698	急性毒性-经口,类别3* 急性毒性-吸入,类别3* 危害水生环境-急性危害,类别1 危害水生环境-长期危害,类别1	H301 H331 H400 H410	GHS06 GHS09	危险	预防措施:P264、P270、P261、P271、P273 事故响应:P301+P310、P321、P330、P304+P340、P311、P391 安全储存:P405、P233+P403 废弃处置:P501	吞咽会中毒,吸入会中毒	
314	二苯基二氯硅烷	二苯二氯硅烷	80-10-4	1769	急性毒性-经皮,类别2 皮肤腐蚀/刺激,类别1 严重眼损伤/眼刺激,类别1 特异性靶器官毒性-一次接触,类别2	H310 H314 H318 H371	GHS05 GHS06 GHS08	危险	预防措施:P262、P264、P270、P280、P260 事故响应:P302+P352、P310、P321、P361+P364、P301+P330+P331、P303+P361+P353、P304+P340、P305+P351+P338、P363、P308+P311 安全储存:P405 废弃处置:P501	皮肤接触会致命,可引起皮肤腐蚀	

续表

序号	品名	别名	CAS号	UN号	危险性类别	危险性说明代码	象形图代码	警示词	防范说明代码	风险提示	备注
315	二苯基二硒		1666-13-3		急性毒性-经口,类别 3 急性毒性-吸入,类别 3 * 特异性靶器官毒性-反复接触,类别 2 危害水生环境-急性危害,类别 1 危害水生环境-长期危害,类别 1	H301 H331 H373 H400 H410	GHS06 GHS08 GHS09	危险	预防措施:P264、P270、P261、P271、P260、P273 事故响应:P301 + P310、P321、P330、P304 + P340、P311、P314、P391 安全储存:P405、P233+P403 废弃处置:P501	吞咽会中毒,吸入会中毒	
316	二苯基汞	二苯汞	587-85-9		急性毒性-经口,类别 2 * 急性毒性-经皮,类别 1 急性毒性-吸入,类别 2 * 特异性靶器官毒性-反复接触,类别 2 * 危害水生环境-急性危害,类别 1 危害水生环境-长期危害,类别 1	H300 H310 H330 H373 H400 H410	GHS06 GHS08 GHS09	危险	预防措施: P264、P270、P262、P280、P260、P271、P284、P273 事故响应:P301 + P310、P321、P330、P302 + P352、P361 + P364、P304 + P340、P320、P314、P391 安全储存:P405、P233+P403 废弃处置:P501	吞咽致命,皮肤接触会致命,吸入致命	
317	二苯基甲烷二异氰酸酯	MDI	26447-40-5		皮肤腐蚀/刺激,类别 2 严重眼损伤/眼刺激,类别 2A 呼吸道致敏物,类别 1 皮肤致敏物,类别 1 致癌性,类别 2 特异性靶器官毒性-一次接触,类别 3(呼吸道刺激) 特异性靶器官毒性-反复接触,类别 2 *	H315 H319 H334 H317 H351 H335 H373	GHS07 GHS08	危险	预防措施: P264、P280、P261、P284、P272、P201、P202、P271、P260 事故响应:P302 + P352、P321、P332 + P313、P362+P364、P305+P351+P338、P337+P313、P304+P340、P342+P311、P333+P313、P308+P313、P312、P314 安全储存:P405、P403+P233 废弃处置:P501	吸入可能导致过敏,可能引起皮肤过敏	
318	二苯基甲烷-4,4′-二异氰酸酯	亚甲基双(4,1-亚苯基)二异氰酸酯;4,4′-二异氰酸二苯甲烷	101-68-8		皮肤腐蚀/刺激,类别 2 严重眼损伤/眼刺激,类别 2 呼吸道致敏物,类别 1 皮肤致敏物,类别 1 特异性靶器官毒性-一次接触,类别 3(呼吸道刺激) 特异性靶器官毒性-反复接触,类别 2 *	H315 H319 H334 H317 H335 H373	GHS07 GHS08	危险	预防措施: P264、P280、P261、P284、P272、P271、P260 事故响应:P302 + P352、P321、P332 + P313、P362+P364、P305+P351+P338、P337+P313、P304 + P340、P342 + P311、P333 + P313、P312、P314 安全储存:P405、P403+P233 废弃处置:P501	吸入可能导致过敏,可能引起皮肤过敏	
319	二苯基氯胂	氯化二苯胂	712-48-1	1699(液态);3450(固态)	急性毒性-经口,类别 3 * 急性毒性-吸入,类别 3 * 危害水生环境-急性危害,类别 1 危害水生环境-长期危害,类别 1	H301 H331 H400 H410	GHS06 GHS09	危险	预防措施:P264、P270、P261、P271、P273 事故响应:P301 + P310、P321、P330、P304 + P340、P311、P391 安全储存:P405、P233+P403 废弃处置:P501	吞咽会中毒,吸入会中毒	

续表

序号	品名	别名	CAS号	UN号	危险性类别	危险性说明代码	象形图代码	警示词	防范说明代码	风险提示	备注
320	二苯基镁		555-54-4		自燃固体,类别 1 遇水放出易燃气体的物质和混合物,类别 1	H250 H260	GHS02	危险	预防措施：P210、P222、P280、P223、P231＋P232 事故响应：P335＋P334、P370＋P378 安全储存：P422、P402＋P404 废弃处置：P501	暴露在空气中自燃,遇水放出可自燃的易燃气体	
321	2-(二苯基乙酰基)-2,3-二氢-1,3-茚二酮	2-(2,2-二苯基乙酰基)-1,3-茚满二酮;敌鼠	82-66-6		急性毒性-经口,类别 2* 特异性靶器官毒性-反复接触,类别 1	H300 H372	GHS06 GHS08	危险	预防措施：P264、P270、P260 事故响应：P301＋P310、P321、P330、P314 安全储存：P405 废弃处置：P501	吞咽致命	剧毒
322	二苯甲基溴	溴二苯甲烷;二苯溴甲烷	776-74-9	1770	皮肤腐蚀/刺激,类别 1 严重眼损伤/眼刺激,类别 1	H314 H318	GHS05	危险	预防措施：P260、P264、P280 事故响应：P301＋P330＋P331、P303＋P361＋P353、P304＋P340、P305＋P351＋P338、P310、P321、P363 安全储存：P405 废弃处置：P501	可引起皮肤腐蚀	
323	1,1-二苯肼	不对称二苯肼	530-50-7		危害水生环境-急性危害,类别 1 危害水生环境-长期危害,类别 1	H400 H410	GHS09	警告	预防措施：P273 事故响应：P391 安全储存： 废弃处置：P501		
324	1,2-二苯肼	对称二苯肼	122-66-7		危害水生环境-急性危害,类别 1 危害水生环境-长期危害,类别 1	H400 H410	GHS09	警告	预防措施：P273 事故响应：P391 安全储存： 废弃处置：P501		
325	二苄基二氯硅烷		18414-36-3	2434	皮肤腐蚀/刺激,类别 1 严重眼损伤/眼刺激,类别 1	H314 H318	GHS05	危险	预防措施：P260、P264、P280 事故响应：P301＋P330＋P331、P303＋P361＋P353、P304＋P340、P305＋P351＋P338、P310、P321、P363 安全储存：P405 废弃处置：P501	可引起皮肤腐蚀	
326	二丙硫醚	正丙硫醚;二丙基硫;硫化二正丙基	111-47-7		易燃液体,类别 3	H226	GHS02	警告	预防措施：P210、P233、P240、P241、P242、P243、P280 事故响应：P303＋P361＋P353、P370＋P378 安全储存：P403＋P235 废弃处置：P501	易燃液体	

续表

序号	品名	别名	CAS号	UN号	危险性类别	危险性说明代码	象形图代码	警示词	防范说明代码	风险提示	备注
327	二碘化苯胂	苯基二碘胂	6380-34-3		急性毒性-经口,类别3* 急性毒性-吸入,类别3* 危害水生环境-急性危害,类别1 危害水生环境-长期危害,类别1	H301 H331 H400 H410	GHS06 GHS09	危险	预防措施:P264、P270、P261、P271、P273 事故响应:P301＋P310、P321、P330、P304＋P340、P311、P391 安全储存:P405、P233＋P403 废弃处置:P501	吞咽会中毒,吸入会中毒	
328	二碘化汞	碘化汞;碘化高汞;红色碘化汞	7774-29-0	1638	急性毒性-经口,类别2 急性毒性-经皮,类别2 皮肤腐蚀/刺激,类别2 严重眼损伤/眼刺激,类别2A 皮肤致敏物,类别1 危害水生环境-急性危害,类别1 危害水生环境-长期危害,类别1	H300 H310 H315 H319 H317 H400 H410	GHS06 GHS09	危险	预防措施:P264、P270、P262、P280、P261、P272、P273 事故响应:P301＋P310、P321、P330、P302＋P352、P361＋P364、P332＋P313、P362＋P364、P305＋P351＋P338、P337＋P313、P333＋P313、P391 安全储存:P405 废弃处置:P501	吞咽致命,皮肤接触会致命,可能引起皮肤过敏	
329	二碘甲烷		75-11-6		皮肤腐蚀/刺激,类别2 严重眼损伤/眼刺激,类别2A 特异性靶器官毒性-一次接触,类别3(呼吸道刺激)	H315 H319 H335	GHS07	警告	预防措施:P264、P280、P261、P271 事故响应:P302＋P352、P321、P332＋P313、P362＋P364、P305＋P351＋P338、P337＋P313、P304＋P340、P312 安全储存:P403＋P233、P405 废弃处置:P501		
330	*N*,*N*-二丁基苯胺		613-29-6		皮肤腐蚀/刺激,类别2 严重眼损伤/眼刺激,类别2 特异性靶器官毒性-一次接触,类别3(呼吸道刺激)	H315 H319 H335	GHS07	警告	预防措施:P264、P280、P261、P271 事故响应:P302＋P352、P321、P332＋P313、P362＋P364、P305＋P351＋P338、P337＋P313、P304＋P340、P312 安全储存:P403＋P233、P405 废弃处置:P501		
331	二丁基二(十二酸)锡	二丁基二月桂酸锡;月桂酸二丁基锡	77-58-7		急性毒性-经口,类别3 急性毒性-吸入,类别2 皮肤腐蚀/刺激,类别2 严重眼损伤/眼刺激,类别2A 生殖毒性,类别1B 特异性靶器官毒性-反复接触,类别1 危害水生环境-急性危害,类别1 危害水生环境-长期危害,类别1	H301 H330 H315 H319 H360 H372 H400 H410	GHS06 GHS08 GHS09	危险	预防措施:P264、P270、P260、P271、P284、P280、P201、P202、P273 事故响应:P301＋P310、P321、P330、P304＋P340、P320、P302＋P352、P332＋P313、P362＋P364、P305＋P351＋P338、P337＋P313、P308＋P313、P314、P391 安全储存:P405、P233＋P403 废弃处置:P501	吞咽会中毒,吸入致命	

续表

序号	品名	别名	CAS号	UN号	危险性类别	危险性说明代码	象形图代码	警示词	防范说明代码	风险提示	备注
332	二丁基二氯化锡		683-18-1		急性毒性-经口，类别3* 急性毒性-吸入，类别2* 皮肤腐蚀/刺激，类别1B 严重眼损伤/眼刺激，类别1 生殖细胞致突变性，类别2 生殖毒性，类别1B 特异性靶器官毒性-反复接触，类别1 危害水生环境-急性危害，类别1 危害水生环境-长期危害，类别1	H301 H330 H314 H318 H341 H360 H372 H400 H410	GHS05 GHS06 GHS08 GHS09	危险	预防措施：P264、P270、P260、P271、P284、P280、P201、P202、P273 事故响应：P301＋P310、P321、P304＋P340、P320、P301＋P330＋P331、P303＋P361＋P353、P305＋P351＋P338、P363、P308＋P313、P314、P391 安全储存：P405、P233＋P403 废弃处置：P501	吞咽会中毒，吸入致命，可引起皮肤腐蚀	
333	二丁基氧化锡	氧化二丁基锡	818-08-6		急性毒性-经口，类别2 严重眼损伤/眼刺激，类别2A 生殖毒性，类别2 特异性靶器官毒性-反复接触，类别1 危害水生环境-急性危害，类别1 危害水生环境-长期危害，类别1	H300 H319 H361 H372 H400 H410	GHS06 GHS08 GHS09	危险	预防措施：P264、P270、P280、P201、P202、P260、P273 事故响应：P301＋P310、P321、P330、P305＋P351＋P338、P337＋P313、P308＋P313、P314、P391 安全储存：P405 废弃处置：P501	吞咽致命	
334	*S*，*S'*-（1，4-二噁烷 2，3-二基）*O*，*O*，*O'*，*O'*-四乙基双（二硫代磷酸酯）	敌噁磷	78-34-2		急性毒性-经口，类别2* 急性毒性-经皮，类别3* 急性毒性-吸入，类别2* 危害水生环境-急性危害，类别1 危害水生环境-长期危害，类别1	H300 H311 H330 H400 H410	GHS06 GHS09	危险	预防措施：P264、P270、P280、P260、P271、P284、P273 事故响应：P301＋P310、P321、P330、P302＋P352、P312、P361＋P364、P304＋P340、P320、P391 安全储存：P405、P233＋P403 废弃处置：P501	吞咽致命，皮肤接触会中毒，吸入致命	
335	1，3-二氟-2-丙醇		453-13-4		急性毒性-经口，类别2	H300	GHS06	危险	预防措施：P264、P270 事故响应：P301＋P310、P321、P330 安全储存：P405 废弃处置：P501	吞咽致命	
336	1，2-二氟苯	邻二氟苯	367-11-3		易燃液体，类别2	H225	GHS02	危险	预防措施：P210、P233、P240、P241、P242、P243、P280 事故响应：P303＋P361＋P353、P370＋P378 安全储存：P403＋P235 废弃处置：P501	高度易燃液体	

续表

序号	品名	别名	CAS号	UN号	危险性类别	危险性说明代码	象形图代码	警示词	防范说明代码	风险提示	备注
337	1,3-二氟苯	间二氟苯	372-18-9		易燃液体,类别 2	H225	GHS02	危险	预防措施：P210、P233、P240、P241、P242、P243、P280 事故响应:P303+P361+P353、P370+P378 安全储存:P403+P235 废弃处置:P501	高度易燃液体	
338	1,4-二氟苯	对二氟苯	540-36-3		易燃液体,类别 2	H225	GHS02	危险	预防措施：P210、P233、P240、P241、P242、P243、P280 事故响应:P303+P361+P353、P370+P378 安全储存:P403+P235 废弃处置:P501	高度易燃液体	
339	1,3-二氟丙-2-醇(Ⅰ)与1-氯-3-氟丙-2-醇(Ⅱ)的混合物	鼠甘伏;甘氟	8065-71-2		急性毒性-经口,类别 2 急性毒性-经皮,类别 2 急性毒性-吸入,类别 2	H300 H310 H330	GHS06	危险	预防措施：P264、P270、P262、P280、P260、P271、P284 事故响应:P301+P310、P321、P330、P302+P352、P361+P364、P304+P340、P320 安全储存:P405、P233+P403 废弃处置:P501	吞咽致命,皮肤接触会致命,吸入致命	剧毒
340	二氟化氧	一氧化二氟	7783-41-7	2190	氧化性气体,类别 1 加压气体 急性毒性-吸入,类别 1 皮肤腐蚀/刺激,类别 1 严重眼损伤/眼刺激,类别 1	H270 H280 或 H281 H330 H314 H318	GHS03 GHS04 GHS05 GHS06	危险	预防措施：P220、P244、P260、P271、P284、P264、P280 事故响应:P370+P376、P304+P340、P310、P320、P301+P330+P331、P303+P361+P353、P305+P351+P338、P321、P363 安全储存:P410+P403、P233+P403、P405 废弃处置:P501	可引起燃烧或加剧燃烧,氧化剂,内装加压气体:遇热可能爆炸,吸入致命,可引起皮肤腐蚀	剧毒,重大
341	二氟甲烷	R32	75-10-5	3252	易燃气体,类别 1 加压气体	H220 H280 或 H281	GHS02 GHS04	危险	预防措施:P210 事故响应:P377、P381 安全储存:P410+P403 废弃处置:	极易燃气体,内装加压气体:遇热可能爆炸	
342	二氟磷酸[无水]	二氟代磷酸	13779-41-4		皮肤腐蚀/刺激,类别 1 严重眼损伤/眼刺激,类别 1	H314 H318	GHS05	危险	预防措施:P260、P264、P280 事故响应:P301+P330+P331、P303+P361+P353、P304+P340、P305+P351+P338、P310、P321、P363 安全储存:P405 废弃处置:P501	可引起皮肤腐蚀	

续表

序号	品名	别名	CAS号	UN号	危险性类别	危险性说明代码	象形图代码	警示词	防范说明代码	风险提示	备注
343	1,1-二氟乙烷	R152a	75-37-6	1030	易燃气体,类别1 加压气体 特异性靶器官毒性-一次接触,类别3(麻醉效应)	H220 H280或 H281 H336	GHS02 GHS04 GHS07	危险	预防措施:P210、P261、P271 事故响应:P377、P381、P304+P340、P312 安全储存:P410+P403、P403+P233、P405 废弃处置:P501	极易燃气体,内装加压气体:遇热可能爆炸	
344	1,1-二氟乙烯	R1132a;偏氟乙烯	75-38-7	1959	易燃气体,类别1 加压气体 特异性靶器官毒性-一次接触,类别3(麻醉效应)	H220 H280或 H281 H336	GHS02 GHS04 GHS07	危险	预防措施:P210、P261、P271 事故响应:P377、P381、P304+P340、P312 安全储存:P410+P403、P403+P233、P405 废弃处置:P501	极易燃气体,内装加压气体:遇热可能爆炸	
345	二甘醇双(碳酸烯丙酯)和过二碳酸二异丙酯的混合物[二甘醇双(碳酸烯丙酯)≥88%,过二碳酸二异丙酯≤12%]			3237	自反应物质和混合物,E型	H242	GHS02	警告	预防措施:P210、P220、P234、P280 事故响应:P370+P378 安全储存:P403+P235、P411、P420 废弃处置:P501	加热可能起火	
346	二环庚二烯	2,5-降冰片二烯	121-46-0	2251	易燃液体,类别2 危害水生环境-长期危害,类别3	H225 H412	GHS02	危险	预防措施:P210、P233、P240、P241、P242、P243、P280、P273 事故响应:P303+P361+P353、P370+P378 安全储存:P403+P235 废弃处置:P501	高度易燃液体	
347	二环己胺		101-83-7	2565	皮肤腐蚀/刺激,类别1B 严重眼损伤/眼刺激,类别1 危害水生环境-急性危害,类别1 危害水生环境-长期危害,类别1	H314 H318 H400 H410	GHS05 GHS09	危险	预防措施:P260、P264、P280、P273 事故响应:P301+P330+P331、P303+P361+P353、P304+P340、P305+P351+P338、P310、P321、P363、P391 安全储存:P405 废弃处置:P501	可引起皮肤腐蚀	
348	1,3-二磺酰肼苯		26747-93-3		自反应物质和混合物,D型	H242	GHS02	危险	预防措施:P210、P220、P234、P280 事故响应:P370+P378 安全储存:P403+P235、P411、P420 废弃处置:P501	加热可能起火	

续表

序号	品名	别名	CAS号	UN号	危险性类别	危险性说明代码	象形图代码	警示词	防范说明代码	风险提示	备注
349	β-二甲氨基丙腈	2-(二甲胺基)乙基氰	1738-25-6		皮肤腐蚀/刺激,类别2	H315	GHS07	警告	预防措施:P264、P280 事故响应:P302+P352、P321、P332+P313、P362+P364 安全储存: 废弃处置:		
350	O-[4-((二甲氨基)磺酰基)苯基]O,O-二甲基硫代磷酸酯	伐灭磷	52-85-7		急性毒性-经口,类别2 皮肤腐蚀/刺激,类别2 严重眼损伤/眼刺激,类别2	H300 H315 H319	GHS06	危险	预防措施:P264、P270、P280 事故响应:P301+P310、P321、P330、P302+P352、P332+P313、P362+P364、P305+P351+P338、P337+P313 安全储存:P405 废弃处置:P501	吞咽致命	
351	二甲氨基二氮硒杂茚				急性毒性-经口,类别3* 急性毒性-吸入,类别3* 特异性靶器官毒性-反复接触,类别2	H301 H331 H373	GHS06 GHS08	危险	预防措施:P264、P270、P261、P271、P260 事故响应:P301+P310、P321、P330、P304+P340、P311、P314 安全储存:P405、P233+P403 废弃处置:P501	吞咽会中毒,吸入会中毒	
352	二甲氨基甲酰氯		79-44-7	2262	急性毒性-吸入,类别3* 皮肤腐蚀/刺激,类别2 严重眼损伤/眼刺激,类别2 致癌性,类别1B 特异性靶器官毒性-一次接触,类别3(呼吸道刺激)	H331 H315 H319 H350 H335	GHS06 GHS08	危险	预防措施:P261、P271、P264、P280、P201、P202 事故响应:P304+P340、P311、P321、P302+P352、P332+P313、P362+P364、P305+P351+P338、P337+P313、P308+P313、P312 安全储存:P233+P403、P405、P403+P233 废弃处置:P501	吸入会中毒,可能致癌	
353	4-二甲氨基偶氮苯-4′-胂酸	锆试剂	622-68-4		急性毒性-经口,类别3* 急性毒性-吸入,类别3* 危害水生环境-急性危害,类别1 危害水生环境-长期危害,类别1	H301 H331 H400 H410	GHS06 GHS09	危险	预防措施:P264、P270、P261、P271、P273 事故响应:P301+P310、P321、P330、P304+P340、P311、P391 安全储存:P405、P233+P403 废弃处置:P501	吞咽会中毒,吸入会中毒	
354	二甲胺[无水]		124-40-3	1032	易燃气体,类别1 加压气体 皮肤腐蚀/刺激,类别2 严重眼损伤/眼刺激,类别1 特异性靶器官毒性-一次接触,类别3(呼吸道刺激)	H220 H280或H281 H315 H318 H335	GHS02 GHS04 GHS05 GHS07	危险	预防措施:P210、P264、P280、P261、P271 事故响应:P377、P381、P302+P352、P321、P332+P313、P362+P364、P305+P351+P338、P310、P304+P340、P312 安全储存:P410+P403、P403+P233、P405 废弃处置:P501	极易燃气体,内装加压气体:遇热可能爆炸,造成严重眼损伤	
	二甲胺溶液		124-40-3	1160	易燃液体,类别1 皮肤腐蚀/刺激,类别1B 严重眼损伤/眼刺激,类别1 特异性靶器官毒性-一次接触,类别3(呼吸道刺激)	H224 H314 H318 H335	GHS02 GHS05 GHS07	危险	预防措施:P210、P233、P240、P241、P242、P243、P280、P260、P264、P261、P271 事故响应:P303+P361+P353、P370+P378、P301+P330+P331、P304+P340、P305+P351+P338、P310、P321、P363、P312 安全储存:P403+P235、P405、P403+P233 废弃处置:P501	极易燃液体,可引起皮肤腐蚀	重点

续表

序号	品名	别名	CAS号	UN号	危险性类别	危险性说明代码	象形图代码	警示词	防范说明代码	风险提示	备注
355	1,2-二甲苯	邻二甲苯	95-47-6	1307	易燃液体,类别3 皮肤腐蚀/刺激,类别2 危害水生环境-急性危害,类别2	H226 H315 H401	GHS02 GHS07	警告	预防措施：P210、P233、P240、P241、P242、P243、P280、P264、P273 事故响应：P303＋P361＋P353、P370＋P378、P302＋P352、P321、P332＋P313、P362＋P364 安全储存：P403＋P235 废弃处置：P501	易燃液体	
356	1,3-二甲苯	间二甲苯	108-38-3	1307	易燃液体,类别3 皮肤腐蚀/刺激,类别2 危害水生环境-急性危害,类别2	H226 H315 H401	GHS02 GHS07	警告	预防措施：P210、P233、P240、P241、P242、P243、P280、P264、P273 事故响应：P303＋P361＋P353、P370＋P378、P302＋P352、P321、P332＋P313、P362＋P364 安全储存：P403＋P235 废弃处置：P501	易燃液体	
357	1,4-二甲苯	对二甲苯	106-42-3	1307	易燃液体,类别3 皮肤腐蚀/刺激,类别2 危害水生环境-急性危害,类别2	H226 H315 H401	GHS02 GHS07	警告	预防措施：P210、P233、P240、P241、P242、P243、P280、P264、P273 事故响应：P303＋P361＋P353、P370＋P378、P302＋P352、P321、P332＋P313、P362＋P364 安全储存：P403＋P235 废弃处置：P501	易燃液体	
358	二甲苯异构体混合物		1330-20-7	1307	易燃液体,类别3 皮肤腐蚀/刺激,类别2 危害水生环境-急性危害,类别2	H226 H315 H401	GHS02 GHS07	警告	预防措施：P210、P233、P240、P241、P242、P243、P280、P264、P273 事故响应：P303＋P361＋P353、P370＋P378、P302＋P352、P321、P332＋P313、P362＋P364 安全储存：P403＋P235 废弃处置：P501	易燃液体	
359	2,3-二甲苯酚	1-羟基-2,3-二甲基苯；2,3-二甲酚	526-75-0	2261	急性毒性-经口,类别3* 急性毒性-经皮,类别3* 皮肤腐蚀/刺激,类别1B 严重眼损伤/眼刺激,类别1 危害水生环境-急性危害,类别2 危害水生环境-长期危害,类别2	H301 H311 H314 H318 H401 H411	GHS05 GHS06 GHS09	危险	预防措施：P264、P270、P280、P260、P273 事故响应：P301＋P310、P321、P302＋P352、P312、P361＋P364、P301＋P330＋P331、P303＋P361＋P353、P304＋P340、P305＋P351＋P338、P363、P391 安全储存：P405 废弃处置：P501	吞咽会中毒，皮肤接触会中毒，可引起皮肤腐蚀	

续表

序号	品名	别名	CAS号	UN号	危险性类别	危险性说明代码	象形图代码	警示词	防范说明代码	风险提示	备注
360	2,4-二甲苯酚	1-羟基-2,4-二甲基苯;2,4-二甲酚	105-67-9	3430(液态) 2261(固态)	急性毒性-经口,类别3* 急性毒性-经皮,类别3* 皮肤腐蚀/刺激,类别1B 严重眼损伤/眼刺激,类别1 危害水生环境-急性危害,类别2 危害水生环境-长期危害,类别2	H301 H311 H314 H318 H401 H411	GHS05 GHS06 GHS09	危险	预防措施:P264、P270、P280、P260、P273 事故响应:P301+P310、P321、P302+P352、P312、P361+P364、P301+P330+P331、P303+P361+P353、P304+P340、P305+P351+P338、P363、P391 安全储存:P405 废弃处置:P501	吞咽会中毒,皮肤接触会中毒,可引起皮肤腐蚀	
361	2,5-二甲苯酚	1-羟基-2,5-二甲基苯;2,5-二甲酚	95-87-4	2261	急性毒性-经口,类别3* 急性毒性-经皮,类别3* 皮肤腐蚀/刺激,类别1B 严重眼损伤/眼刺激,类别1 危害水生环境-急性危害,类别2 危害水生环境-长期危害,类别2	H301 H311 H314 H318 H401 H411	GHS05 GHS06 GHS09	危险	预防措施:P264、P270、P280、P260、P273 事故响应:P301+P310、P321、P302+P352、P312、P361+P364、P301+P330+P331、P303+P361+P353、P304+P340、P305+P351+P338、P363、P391 安全储存:P405 废弃处置:P501	吞咽会中毒,皮肤接触会中毒,可引起皮肤腐蚀	
362	2,6-二甲苯酚	1-羟基-2,6-二甲基苯;2,6-二甲酚	576-26-1	2261	急性毒性-经口,类别3* 急性毒性-经皮,类别3* 皮肤腐蚀/刺激,类别1B 严重眼损伤/眼刺激,类别1 危害水生环境-急性危害,类别2 危害水生环境-长期危害,类别2	H301 H311 H314 H318 H401 H411	GHS05 GHS06 GHS09	危险	预防措施:P264、P270、P280、P260、P273 事故响应:P301+P310、P321、P302+P352、P312、P361+P364、P301+P330+P331、P303+P361+P353、P304+P340、P305+P351+P338、P363、P391 安全储存:P405 废弃处置:P501	吞咽会中毒,皮肤接触会中毒,可引起皮肤腐蚀	
363	3,4-二甲苯酚	1-羟基-3,4-二甲基苯	95-65-8	2261	急性毒性-经口,类别3* 急性毒性-经皮,类别3* 皮肤腐蚀/刺激,类别1B 严重眼损伤/眼刺激,类别1 危害水生环境-急性危害,类别2 危害水生环境-长期危害,类别2	H301 H311 H314 H318 H401 H411	GHS05 GHS06 GHS09	危险	预防措施:P264、P270、P280、P260、P273 事故响应:P301+P310、P321、P302+P352、P312、P361+P364、P301+P330+P331、P303+P361+P353、P304+P340、P305+P351+P338、P363、P391 安全储存:P405 废弃处置:P501	吞咽会中毒,皮肤接触会中毒,可引起皮肤腐蚀	
364	3,5-二甲苯酚	1-羟基-3,5-二甲基苯	108-68-9	2261	急性毒性-经口,类别3* 急性毒性-经皮,类别3* 皮肤腐蚀/刺激,类别1B 严重眼损伤/眼刺激,类别1	H301 H311 H314 H318	GHS05 GHS06	危险	预防措施:P264、P270、P280、P260 事故响应:P301+P310、P321、P302+P352、P312、P361+P364、P301+P330+P331、P303+P361+P353、P304+P340、P305+P351+P338、P363 安全储存:P405 废弃处置:P501	吞咽会中毒,皮肤接触会中毒,可引起皮肤腐蚀	

续表

序号	品名	别名	CAS号	UN号	危险性类别	危险性说明代码	象形图代码	警示词	防范说明代码	风险提示	备注
365	O,O-二甲基-(2,2,2-三氯-1-羟基乙基)膦酸酯	敌百虫	52-68-6		急性毒性-经口,类别3 皮肤致敏物,类别1 危害水生环境-急性危害,类别1 危害水生环境-长期危害,类别1	H301 H317 H400 H410	GHS06 GHS09	危险	预防措施:P264、P270、P261、P272、P280、P273 事故响应:P301+P310、P321、P330、P302+P352、P333+P313、P362+P364、P391 安全储存:P405 废弃处置:P501	吞咽会中毒,可能引起皮肤过敏	
366	O,O-二甲基-O-(2,2-二氯乙烯基)磷酸酯	敌敌畏	62-73-7		急性毒性-经口,类别3* 急性毒性-经皮,类别3* 急性毒性-吸入,类别2* 皮肤致敏物,类别1 致癌性,类别2 危害水生环境-急性危害,类别1 危害水生环境-长期危害,类别1	H301 H311 H330 H317 H351 H400 H410	GHS06 GHS08 GHS09	危险	预防措施:P264、P270、P280、P260、P271、P284、P261、P272、P201、P202、P273 事故响应:P301+P310、P321、P330、P302+P352、P312、P361+P364、P304+P340、P320、P333+P313、P362+P364、P308+P313、P391 安全储存:P405、P233+P403 废弃处置:P501	吞咽会中毒,皮肤接触会中毒,吸入致命,可能引起皮肤过敏	
367	O,O-二甲基-O-(2-甲氧甲酰基-1-甲基)乙烯基磷酸酯[含量>5%]	甲基-3-[(二甲氧基磷酰基)氧代]-2-丁烯酸酯;速灭磷	7786-34-7		急性毒性-经口,类别2* 急性毒性-经皮,类别1 危害水生环境-急性危害,类别1 危害水生环境-长期危害,类别1	H300 H310 H400 H410	GHS06 GHS09	危险	预防措施:P264、P270、P262、P280、P273 事故响应:P301+P310、P321、P330、P302+P352、P361+P364、P391 安全储存:P405 废弃处置:P501	吞咽致命,皮肤接触会致命	剧毒
368	N,N-二甲基-1,3-丙二胺	3-二甲氨基-1-丙胺	109-55-7		易燃液体,类别3 皮肤腐蚀/刺激,类别1B 严重眼损伤/眼刺激,类别1 皮肤致敏物,类别1	H226 H314 H318 H317	GHS02 GHS05 GHS07	危险	预防措施:P210、P233、P240、P241、P242、P243、P280、P260、P264、P261、P272 事故响应:P303+P361+P353、P370+P378、P301+P330+P331、P304+P340、P305+P351+P338、P310、P321、P363、P302+P352、P333+P313、P362+P364 安全储存:P403+P235、P405 废弃处置:P501	易燃液体,可引起皮肤腐蚀,可能引起皮肤过敏	
369	4,4-二甲基-1,3-二噁烷		766-15-4		易燃液体,类别2	H225	GHS02	危险	预防措施:P210、P233、P240、P241、P242、P243、P280 事故响应:P303+P361+P353、P370+P378 安全储存:P403+P235 废弃处置:P501	高度易燃液体	
370	2,5-二甲基-1,4-二噁烷		15176-21-3	2707	易燃液体,类别2	H225	GHS02	危险	预防措施:P210、P233、P240、P241、P242、P243、P280 事故响应:P303+P361+P353、P370+P378 安全储存:P403+P235 废弃处置:P501	高度易燃液体	

续表

序号	品名	别名	CAS号	UN号	危险性类别	危险性说明代码	象形图代码	警示词	防范说明代码	风险提示	备注
371	2,5-二甲基-1,5-己二烯		627-58-7		易燃液体,类别 2 危害水生环境-急性危害,类别 2 危害水生环境-长期危害,类别 2	H225 H401 H411	GHS02 GHS09	危险	预防措施:P210、P233、P240、P241、P242、P243、P280、P273 事故响应:P303+P361+P353、P370+P378、P391 安全储存:P403+P235 废弃处置:P501	高度易燃液体	
372	2,5-二甲基-2,4-己二烯		764-13-6		易燃液体,类别 3 危害水生环境-急性危害,类别 2 危害水生环境-长期危害,类别 2	H226 H401 H411	GHS02 GHS09	警告	预防措施:P210、P233、P240、P241、P242、P243、P280、P273 事故响应:P303+P361+P353、P370+P378、P391 安全储存:P403+P235 废弃处置:P501	易燃液体	
373	2,3-二甲基-1-丁烯		563-78-0		易燃液体,类别 2	H225	GHS02	危险	预防措施:P210、P233、P240、P241、P242、P243、P280 事故响应:P303+P361+P353、P370+P378 安全储存:P403+P235 废弃处置:P501	高度易燃液体	
374	2,5-二甲基-2,5-二-(2-乙基己酰过氧)己烷[含量≤100%]	2,5-二甲基-2,5-双-(过氧化-2-乙基己酰)己烷	13052-09-0	3113	有机过氧化物,C 型	H242	GHS02	危险	预防措施:P210、P220、P234、P280 事故响应: 安全储存:P235+P411、P410、P420 废弃处置:P501	加热可引起燃烧	
375	2,5-二甲基-2,5-二-(3,5,5-三甲基己酰过氧)己烷[含量≤77%,含A型稀释剂[1]≥23%]	2,5-二甲基-2,5-双-(过氧化-3,5,5-三甲基己酰)己烷		3105	有机过氧化物,D 型	H242	GHS02	危险	预防措施:P210、P220、P234、P280 事故响应: 安全储存:P235+P411、P410、P420 废弃处置:P501	加热可引起燃烧	
376	2,5-二甲基-2,5-二(叔丁基过氧)-3-己烷[52%<含量≤86%,含A型稀释剂[1]≥14%]		1068-27-5	3103	有机过氧化物,C 型	H242	GHS02	危险	预防措施:P210、P220、P234、P280 事故响应: 安全储存:P235+P411、P410、P420 废弃处置:P501	加热可引起燃烧	
	2,5-二甲基-2,5-二(叔丁基过氧)-3-己烷[86%<含量≤100%]			3101	有机过氧化物,B 型	H241	GHS01 GHS02	危险	预防措施:P210、P220、P234、P280 事故响应: 安全储存:P235+P411、P410、P420 废弃处置:P501	加热可引起燃烧或爆炸	
	2,5-二甲基-2,5-二(叔丁基过氧)-3-己烷[含量≤52%,含惰性固体≥48%]			3106	有机过氧化物,D 型	H242	GHS02	危险	预防措施:P210、P220、P234、P280 事故响应: 安全储存:P235+P411、P410、P420 废弃处置:P501	加热可引起燃烧	

续表

序号	品名	别名	CAS号	UN号	危险性类别	危险性说明代码	象形图代码	警示词	防范说明代码	风险提示	备注
377	2,5-二甲基-2,5-二(叔丁基过氧)己烷[90%<含量≤100%]	2,5-二甲基-2,5-双-(过氧化叔丁基)己烷	78-63-7	3103	有机过氧化物,C型	H242	GHS02	危险	预防措施:P210、P220、P234、P280 事故响应: 安全储存:P235+P411、P410、P420 废弃处置:P501	加热可引起燃烧	
	2,5-二甲基-2,5-二(叔丁基过氧)己烷[52%<含量≤90%,含A型稀释剂[①]≥10%]			3105	有机过氧化物,D型	H242	GHS02	危险	预防措施:P210、P220、P234、P280 事故响应: 安全储存:P235+P411、P410、P420 废弃处置:P501	加热可引起燃烧	
	2,5-二甲基-2,5-二(叔丁基过氧)己烷[含量≤52%,含A型稀释剂[①]≥48%]			3109	有机过氧化物,F型	H242	GHS02	警告	预防措施:P210、P220、P234、P280 事故响应: 安全储存:P235、P410、P411、P420 废弃处置:P501	加热可引起燃烧	
	2,5-二甲基-2,5-二(叔丁基过氧)己烷[含量≤77%]			3108	有机过氧化物,E型	H242	GHS02	警告	预防措施:P210、P220、P234、P280 事故响应: 安全储存:P235、P410、P411、P420 废弃处置:P501	加热可引起燃烧	
	2,5-二甲基-2,5-二(叔丁基过氧)己烷[糊状物,含量≤47%]			3108	有机过氧化物,E型	H242	GHS02	警告	预防措施:P210、P220、P234、P280 事故响应: 安全储存:P235、P410、P411、P420 废弃处置:P501	加热可引起燃烧	
378	2,5-二甲基-2,5-二氢过氧化己烷[含量≤82%]	2,5-二甲基-2,5-过氧化二氢己烷	3025-88-5	3104	有机过氧化物,C型	H242	GHS02	危险	预防措施:P210、P220、P234、P280 事故响应: 安全储存:P235+P411、P410、P420 废弃处置:P501	加热可引起燃烧	
379	2,5-二甲基-2,5-双(苯甲酰过氧)己烷[82%<含量≤100%]	2,5-二甲基-2,5-双-(过氧化苯甲酰)己烷	2618-77-1	3102	有机过氧化物,B型	H241	GHS01 GHS02	危险	预防措施:P210、P220、P234、P280 事故响应: 安全储存:P235+P411、P410、P420 废弃处置:P501	加热可引起燃烧或爆炸	
	2,5-二甲基-2,5-双(苯甲酰过氧)己烷[含量≤82%,惰性固体含量≥18%]			3106	有机过氧化物,D型	H242	GHS02	危险	预防措施:P210、P220、P234、P280 事故响应: 安全储存:P235+P411、P410、P420 废弃处置:P501	加热可引起燃烧	
	2,5-二甲基-2,5-双(苯甲酰过氧)己烷[含量≤82%,含水≥18%]			3104	有机过氧化物,C型	H242	GHS02	危险	预防措施:P210、P220、P234、P280 事故响应: 安全储存:P235+P411、P410、P420 废弃处置:P501	加热可引起燃烧	

续表

序号	品名	别名	CAS号	UN号	危险性类别	危险性说明代码	象形图代码	警示词	防范说明代码	风险提示	备注
380	2,5-二甲基-2,5-双-(过氧化叔丁基)-3-己炔[86%<含量≤100%]		1068-27-5	3101	易燃液体,类别 3 有机过氧化物,B 型	H226 H241	GHS01 GHS02	危险	预防措施：P210、P233、P240、P241、P242、P243、P280、P220、P234 事故响应：P303+P361+P353、P370+P378 安全储存：P403+P235、P235+P411、P410、P420 废弃处置：P501	易燃液体，加热可引起燃烧或爆炸	
	2,5-二甲基-2,5-双-(过氧化叔丁基)-3-己炔[含量≤52%,含惰性固体≥48%]			3106	有机过氧化物,D 型	H242	GHS02	危险	预防措施：P210、P220、P234、P280 事故响应： 安全储存：P235+P411、P410、P420 废弃处置：P501	加热可引起燃烧	
	2,5-二甲基-2,5-双-(过氧化叔丁基)-3-己炔[52%<含量≤86%,A型稀释剂≥14%]			3103	有机过氧化物,C 型	H242	GHS02	危险	预防措施：P210、P220、P234、P280 事故响应： 安全储存：P235+P411、P410、P420 废弃处置：P501	加热可引起燃烧	
381	2,3-二甲基-2-丁烯	四甲基乙烯	563-79-1		易燃液体,类别 2	H225	GHS02	危险	预防措施：P210、P233、P240、P241、P242、P243、P280 事故响应：P303+P361+P353、P370+P378 安全储存：P403+P235 废弃处置：P501	高度易燃液体	
382	3-[2-(3,5-二甲基-2-氧代环己基)-2-羟基乙基]戊二酰胺	放线菌酮	66-81-9		急性毒性-经口,类别 2* 生殖细胞致突变性,类别 2 生殖毒性,类别 1B 危害水生环境-急性危害,类别 2 危害水生环境-长期危害,类别 2	H300 H341 H360 H401 H411	GHS06 GHS08 GHS09	危险	预防措施：P264、P270、P201、P202、P280、P273 事故响应：P301+P310、P321、P330、P308+P313、P391 安全储存：P405 废弃处置：P501	吞咽致命	
383	2,6-二甲基-3-庚烯		2738-18-3		易燃液体,类别 2	H225	GHS02	危险	预防措施：P210、P233、P240、P241、P242、P243、P280 事故响应：P303+P361+P353、P370+P378 安全储存：P403+P235 废弃处置：P501	高度易燃液体	
384	2,4-二甲基-3-戊酮	二异丙基甲酮	565-80-0		易燃液体,类别 2	H225	GHS02	危险	预防措施：P210、P233、P240、P241、P242、P243、P280 事故响应：P303+P361+P353、P370+P378 安全储存：P403+P235 废弃处置：P501	高度易燃液体	

续表

序号	品名	别名	CAS号	UN号	危险性类别	危险性说明代码	象形图代码	警示词	防范说明代码	风险提示	备注
385	二甲基-4-(甲基硫代)苯基磷酸酯	甲硫磷	3254-63-5		急性毒性-经口,类别2* 急性毒性-经皮,类别1	H300 H310	GHS06	危险	预防措施:P264、P270、P262、P280 事故响应:P301+P310、P321、P330、P302+P352、P361+P364 安全储存:P405 废弃处置:P501	吞咽致命,皮肤接触会致命	剧毒
386	1,1'-二甲基-4,4'-联吡啶阳离子	百草枯	4685-14-7		急性毒性-经口,类别3 急性毒性-经皮,类别2 急性毒性-吸入,类别1 皮肤腐蚀/刺激,类别1 严重眼损伤/眼刺激,类别1 生殖毒性,类别2 特异性靶器官毒性-一次接触,类别1 特异性靶器官毒性-反复接触,类别1 危害水生环境-急性危害,类别1 危害水生环境-长期危害,类别1	H301 H310 H330 H314 H318 H361 H370 H372 H400 H410	GHS05 GHS06 GHS08 GHS09	危险	预防措施:P264、P270、P262、P280、P260、P271、P284、P201、P202、P273 事故响应:P301+P310、P321、P302+P352、P361+P364、P304+P340、P320、P301+P330+P331、P303+P361+P353、P305+P351+P338、P363、P308+P313、P308+P311、P314、P391 安全储存:P405、P233+P403 废弃处置:P501	吞咽会中毒,皮肤接触会致命,吸入致命,可引起皮肤腐蚀	
387	3,3'-二甲基-4,4'-二氨基联苯	邻二氨基二甲基联苯;3,3'-二甲基联苯胺	119-93-7		致癌性,类别2 危害水生环境-急性危害,类别2 危害水生环境-长期危害,类别2	H351 H401 H411	GHS08 GHS09	警告	预防措施:P201、P202、P280、P273 事故响应:P308+P313、P391 安全储存:P405 废弃处置:P501		
388	N',N'-二甲基-N'-苯基-N'-(氟二氯甲硫基)磺酰胺	苯氟磺胺	1085-98-9		严重眼损伤/眼刺激,类别2 皮肤致敏物,类别1 危害水生环境-急性危害,类别1	H319 H317 H400	GHS07 GHS09	警告	预防措施:P264、P280、P261、P272、P273 事故响应:P305+P351+P338、P337+P313、P302+P352、P321、P333+P313、P362+P364、P391 安全储存: 废弃处置:P501	可能引起皮肤过敏	
389	O,O-二甲基-O-(1,2-二溴-2,2-二氯乙基)磷酸酯	二溴磷	300-76-5		皮肤腐蚀/刺激,类别2 严重眼损伤/眼刺激,类别2 危害水生环境-急性危害,类别1	H315 H319 H400	GHS07 GHS09	警告	预防措施:P264、P280、P273 事故响应:P302+P352、P321、P332+P313、P362+P364、P305+P351+P338、P337+P313、P391 安全储存: 废弃处置:P501		

续表

序号	品名	别名	CAS号	UN号	危险性类别	危险性说明代码	象形图代码	警示词	防范说明代码	风险提示	备注
390	O,O-二甲基-O-(4-甲硫基-3-甲基苯基)硫代磷酸酯	倍硫磷	55-38-9		急性毒性-吸入,类别3* 生殖细胞致突变性,类别2 特异性靶器官毒性-反复接触,类别1 危害水生环境-急性危害,类别1 危害水生环境-长期危害,类别1	H331 H341 H372 H400 H410	GHS06 GHS08 GHS09	危险	预防措施：P261、P271、P201、P202、P280、P260、P264、P270、P273 事故响应：P304＋P340、P311、P321、P308＋P313、P314、P391 安全储存：P233＋P403、P405 废弃处置：P501	吸入会中毒	
391	O,O-二甲基-O-(4-硝基苯基)硫代磷酸酯	甲基对硫磷	298-00-0		易燃液体,类别3 急性毒性-经口,类别2* 急性毒性-经皮,类别3* 急性毒性-吸入,类别2* 特异性靶器官毒性-反复接触,类别2* 危害水生环境-急性危害,类别1 危害水生环境-长期危害,类别1	H226 H300 H311 H330 H373 H400 H410	GHS02 GHS06 GHS08 GHS09	危险	预防措施：P210、P233、P240、P241、P242、P243、P280、P264、P270、P260、P271、P284、P273 事故响应：P303＋P361＋P353、P370＋P378、P301＋P310、P321、P330、P302＋P352、P312、P361＋P364、P304＋P340、P320、P314、P391 安全储存：P403＋P235、P405、P233＋P403 废弃处置：P501	易燃液体,吞咽致命,皮肤接触会中毒,吸入致命	
392	(E)-O,O-二甲基-O-[1-甲基-2-(1-苯基-乙氧基甲酰)乙烯基]磷酸酯	巴毒磷	7700-17-6		急性毒性-经口,类别3* 急性毒性-经皮,类别3* 危害水生环境-急性危害,类别1 危害水生环境-长期危害,类别1	H301 H311 H400 H410	GHS06 GHS09	危险	预防措施：P264、P270、P280、P273 事故响应：P301＋P310、P321、P330、P302＋P352、P312、P361＋P364、P391 安全储存：P405 废弃处置：P501	吞咽会中毒,皮肤接触会中毒	
393	(E)-O,O-二甲基-O-[1-甲基-2-(二甲基氨基甲酰)乙烯基]磷酸酯[含量＞25%]	3-二甲氧基磷氧基-N,N-二甲基异丁烯酰胺;百治磷	141-66-2		急性毒性-经口,类别2* 急性毒性-经皮,类别3* 危害水生环境-急性危害,类别1 危害水生环境-长期危害,类别1	H300 H311 H400 H410	GHS06 GHS09	危险	预防措施：P264、P270、P280、P273 事故响应：P301＋P310、P321、P330、P302＋P352、P312、P361＋P364、P391 安全储存：P405 废弃处置：P501	吞咽致命,皮肤接触会中毒	剧毒
394	O,O-二甲基-O-[1-甲基-2-(甲基氨基甲酰)乙烯基]磷酸酯[含量＞0.5%]	久效磷	6923-22-4		急性毒性-经口,类别2* 急性毒性-经皮,类别3* 急性毒性-吸入,类别2* 生殖细胞致突变性,类别2 危害水生环境-急性危害,类别1 危害水生环境-长期危害,类别1	H300 H311 H330 H341 H400 H410	GHS06 GHS08 GHS09	危险	预防措施：P264、P270、P280、P260、P271、P284、P201、P202、P273 事故响应：P301＋P310、P321、P330、P302＋P352、P312、P361＋P364、P304＋P340、P320、P308＋P313、P391 安全储存：P405、P233＋P403 废弃处置：P501	吞咽致命,皮肤接触会中毒,吸入致命	剧毒

续表

序号	品名	别名	CAS号	UN号	危险性类别	危险性说明代码	象形图代码	警示词	防范说明代码	风险提示	备注
395	*O*,*O*-二甲基-*O*-[1-甲基-2-氯-2-(二乙基氨基甲酰)乙烯基]磷酸酯	2-氯-3-(二乙氨基)-1-甲基-3-氧代-1-丙烯二甲基磷酸酯;磷胺	13171-21-6		急性毒性-经口,类别2* 急性毒性-经皮,类别3* 生殖细胞致突变性,类别2 危害水生环境-急性危害,类别1 危害水生环境-长期危害,类别1	H300 H311 H341 H400 H410	GHS06 GHS08 GHS09	危险	预防措施:P264、P270、P280、P201、P202、P273 事故响应:P301+P310、P321、P330、P302+P352、P312、P361+P364、P308+P313、P391 安全储存:P405 废弃处置:P501	吞咽致命,皮肤接触会中毒	
396	*O*,*O*-二甲基-*S*-(2,3-二氢-5-甲氧基-2-氧代-1,3,4-噻二唑-3-基甲基)二硫代磷酸酯	杀扑磷	950-37-8		急性毒性-经口,类别2* 危害水生环境-急性危害,类别1 危害水生环境-长期危害,类别1	H300 H400 H410	GHS06 GHS09	危险	预防措施:P264、P270、P273 事故响应:P301+P310、P321、P330、P391 安全储存:P405 废弃处置:P501	吞咽致命	
397	*O*,*O*-二甲基-*S*-(2-甲硫基乙基)二硫代磷酸酯(Ⅱ)	二硫代田乐磷	2587-90-8		急性毒性-经口,类别2* 急性毒性-经皮,类别3*	H300 H311	GHS06	危险	预防措施:P264、P270、P280 事故响应:P301+P310、P321、P330、P302+P352、P312、P361+P364 安全储存:P405 废弃处置:P501	吞咽致命,皮肤接触会中毒	
398	*O*,*O*-二甲基-*S*-(2-乙硫基乙基)二硫代磷酸酯	甲基乙拌磷	640-15-3		急性毒性-经口,类别3* 危害水生环境-急性危害,类别2	H301 H401	GHS06	危险	预防措施:P264、P270、P273 事故响应:P301+P310、P321、P330 安全储存:P405 废弃处置:P501	吞咽会中毒	
399	*O*,*O*-二甲基-*S*-(3,4-二氢-4-氧代苯并[*d*]-[1,2,3]-三氮苯-3-基甲基)二硫代磷酸酯	保棉磷	86-50-0		急性毒性-经口,类别2* 急性毒性-经皮,类别3* 急性毒性-吸入,类别2* 皮肤致敏物,类别1 危害水生环境-急性危害,类别1 危害水生环境-长期危害,类别1	H300 H311 H330 H317 H400 H410	GHS06 GHS09	危险	预防措施:P264、P270、P280、P260、P271、P284、P261、P272、P273 事故响应:P301+P310、P321、P330、P302+P352、P312、P361+P364、P304+P340、P320、P333+P313、P362+P364、P391 安全储存:P405、P233+P403 废弃处置:P501	吞咽致命,皮肤接触会中毒,吸入致命,可能引起皮肤过敏	
400	*O*,*O*-二甲基-*S*-(*N*-甲基氨基甲酰甲基)硫代磷酸酯	氧乐果	1113-02-6		急性毒性-经口,类别2 危害水生环境-急性危害,类别1	H300 H400	GHS06 GHS09	危险	预防措施:P264、P270、P273 事故响应:P301+P310、P321、P330、P391 安全储存:P405 废弃处置:P501	吞咽致命	

续表

序号	品名	别名	CAS号	UN号	危险性类别	危险性说明代码	象形图代码	警示词	防范说明代码	风险提示	备注
401	*O*,*O*-二甲基-*S*-(吗啉代甲酰甲基)二硫代磷酸酯	茂硫磷	144-41-2		急性毒性-经口,类别3* 急性毒性-经皮,类别3* 急性毒性-吸入,类别3* 危害水生环境-急性危害,类别1 危害水生环境-长期危害,类别1	H301 H311 H331 H400 H410	GHS06 GHS09	危险	预防措施:P264、P270、P280、P261、P271、P273 事故响应:P301+P310、P321、P330、P302+P352、P312、P361+P364、P304+P340、P311、P391 安全储存:P405、P233+P403 废弃处置:P501	吞咽会中毒,皮肤接触会中毒,吸入会中毒	
402	*O*,*O*-二甲基-*S*-(酞酰亚胺基甲基)二硫代磷酸酯	亚胺硫磷	732-11-6		危害水生环境-急性危害,类别1 危害水生环境-长期危害,类别1	H400 H410	GHS09	警告	预防措施:P273 事故响应:P391 安全储存: 废弃处置:P501		
403	*O*,*O*-二甲基-*S*-(乙基氨基甲酰甲基)二硫代磷酸酯	益棉磷	2642-71-9		急性毒性-经口,类别2* 急性毒性-经皮,类别3* 危害水生环境-急性危害,类别1 危害水生环境-长期危害,类别1	H300 H311 H400 H410	GHS06 GHS09	危险	预防措施:P264、P270、P280、P273 事故响应:P301+P310、P321、P330、P302+P352、P312、P361+P364、P391 安全储存:P405 废弃处置:P501	吞咽致命,皮肤接触会中毒	
404	*O*-*O*-二甲基-*S*-[1,2-双(乙氧基甲酰)乙基]二硫代磷酸酯	马拉硫磷	121-75-5		皮肤致敏物,类别1 危害水生环境-急性危害,类别1 危害水生环境-长期危害,类别1	H317 H400 H410	GHS07 GHS09	警告	预防措施:P261、P272、P280、P273 事故响应:P302+P352、P321、P333+P313、P362+P364、P391 安全储存: 废弃处置:P501	可能引起皮肤过敏	
405	4-*N*,*N*-二甲基氨基-3,5-二甲基苯基*N*-甲基氨基甲酸酯	4-二甲氨基-3,5-二甲苯基-*N*-甲基氨基甲酸酯;兹克威	315-18-4		急性毒性-经口,类别2* 危害水生环境-急性危害,类别1 危害水生环境-长期危害,类别1	H300 H400 H410	GHS06 GHS09	危险	预防措施:P264、P270、P273 事故响应:P301+P310、P321、P330、P391 安全储存:P405 废弃处置:P501	吞咽致命	
406	4-*N*,*N*-二甲基氨基-3-甲基苯基*N*-甲基氨基甲酸酯	灭害威	2032-59-9		急性毒性-经口,类别3* 急性毒性-经皮,类别3* 危害水生环境-急性危害,类别1 危害水生环境-长期危害,类别1	H301 H311 H400 H410	GHS06 GHS09	危险	预防措施:P264、P270、P280、P273 事故响应:P301+P310、P321、P330、P302+P352、P312、P361+P364、P391 安全储存:P405 废弃处置:P501	吞咽会中毒,皮肤接触会中毒	
407	4-二甲基氨基-6-(2-二甲基氨乙基氧基)甲苯-2-重氮氯化锌盐		135072-82-1		自反应物质和混合物,D型	H242	GHS02	危险	预防措施:P210、P220、P234、P280 事故响应:P370+P378 安全储存:P403+P235、P411、P420 废弃处置:P501	加热可能起火	
408	8-(二甲基氨基甲基)-7-甲氧基氨基-3-甲基黄酮	二甲弗林	1165-48-6		急性毒性-经口,类别2	H300	GHS06	危险	预防措施:P264、P270 事故响应:P301+P310、P321、P330 安全储存:P405 废弃处置:P501	吞咽致命	

续表

序号	品名	别名	CAS号	UN号	危险性类别	危险性说明代码	象形图代码	警示词	防范说明代码	风险提示	备注
409	3-二甲基氨基亚甲基亚氨基苯基-N-甲基氨基甲酸酯（或其盐酸盐）	伐虫脒	22259-30-9；23422-53-9		急性毒性-经口，类别2* 急性毒性-吸入，类别2* 皮肤致敏物，类别1 危害水生环境-急性危害，类别1 危害水生环境-长期危害，类别1	H300 H330 H317 H400 H410	GHS06 GHS09	危险	预防措施：P264、P270、P260、P271、P284、P261、P272、P280、P273 事故响应：P301＋P310、P321、P330、P304＋P340、P320、P302＋P352、P333＋P313、P362＋P364、P391 安全储存：P405、P233＋P403 废弃处置：P501	吞咽致命，吸入致命，可能引起皮肤过敏	
410	N，N-二甲基氨基乙腈	2-（二甲氨基）乙腈	926-64-7	2378	易燃液体，类别2 急性毒性-经口，类别2 急性毒性-经皮，类别1	H225 H300 H310	GHS02 GHS06	危险	预防措施：P210、P233、P240、P241、P242、P243、P280、P264、P270、P262 事故响应：P303＋P361＋P353、P370＋P378、P301＋P310、P321、P330、P302＋P352、P361＋P364 安全储存：P403＋P235、P405 废弃处置：P501	高度易燃液体，吞咽致命，皮肤接触会致命	剧毒
411	2，3-二甲基苯胺	1-氨基-2，3-二甲基苯	87-59-2	1711（液态） 3452（固态）	急性毒性-经皮，类别3 特异性靶器官毒性-反复接触，类别2 危害水生环境-急性危害，类别2 危害水生环境-长期危害，类别2	H311 H373 H401 H411	GHS06 GHS08 GHS09	危险	预防措施：P280、P260、P273 事故响应：P302＋P352、P312、P321、P361＋P364、P314、P391 安全储存：P405 废弃处置：P501	皮肤接触会中毒	
412	2，4-二甲基苯胺	1-氨基-2，4-二甲基苯	95-68-1	1171	严重眼损伤/眼刺激，类别2 特异性靶器官毒性-一次接触，类别1 特异性靶器官毒性-反复接触，类别1 危害水生环境-急性危害，类别2 危害水生环境-长期危害，类别2	H319 H370 H372 H401 H411	GHS07 GHS08 GHS09	危险	预防措施：P264、P280、P260、P270、P273 事故响应：P305＋P351＋P338、P337＋P313、P308＋P311、P321、P314、P391 安全储存：P405 废弃处置：P501		
413	2，5-二甲基苯胺	1-氨基-2，5-二甲基苯	95-78-3	1711（液态） 3452（固态）	特异性靶器官毒性-反复接触，类别2* 危害水生环境-急性危害，类别2 危害水生环境-长期危害，类别2	H373 H401 H411	GHS08 GHS09	警告	预防措施：P260、P273 事故响应：P314、P391 安全储存： 废弃处置：P501		
414	2，6-二甲基苯胺	1-氨基-2，6-二甲基苯	87-62-7	1711（液态） 3452（固态）	皮肤腐蚀/刺激，类别2 致癌性，类别2 特异性靶器官毒性-一次接触，类别3（呼吸道刺激） 危害水生环境-急性危害，类别2 危害水生环境-长期危害，类别2	H315 H351 H335 H401 H411	GHS07 GHS08 GHS09	警告	预防措施：P264、P280、P201、P202、P261、P271、P273 事故响应：P302＋P352、P321、P332＋P313、P362＋P364、P308＋P313、P304＋P340、P312、P391 安全储存：P405、P403＋P233 废弃处置：P501		

续表

序号	品名	别名	CAS号	UN号	危险性类别	危险性说明代码	象形图代码	警示词	防范说明代码	风险提示	备注
415	3,4-二甲基苯胺	1-氨基-3，4-二甲基苯	95-64-7	3452	特异性靶器官毒性-反复接触,类别 2 危害水生环境-急性危害,类别 2 危害水生环境-长期危害,类别 2	H373 H401 H411	GHS08 GHS09	警告	预防措施:P260、P273 事故响应:P314、P391 安全储存: 废弃处置:P501		
416	3,5-二甲基苯胺	1-氨基-3，5-二甲基苯	108-69-0	1711 (液态) 3452 (固态)	严重眼损伤/眼刺激,类别 2B 特异性靶器官毒性-一次接触,类别 1 特异性靶器官毒性-反复接触,类别 2 危害水生环境-急性危害,类别 2 危害水生环境-长期危害,类别 2	H320 H373 H370 H401 H411	GHS08 GHS09	危险	预防措施:P264、P260、P270、P273 事故响应:P305＋P351＋P338、P337＋P313、P308＋P311、P321、P314、P391 安全储存:P405 废弃处置:P501		
417	*N*，*N*-二甲基苯胺		121-69-7	2253	急性毒性-经口,类别 3* 急性毒性-经皮,类别 3* 急性毒性-吸入,类别 3* 危害水生环境-急性危害,类别 2 危害水生环境-长期危害,类别 2	H301 H311 H331 H401 H411	GHS06 GHS09	危险	预防措施:P264、P270、P280、P261、P271、P273 事故响应:P301＋P310、P321、P330、P302＋P352、P312、P361＋P364、P304＋P340、P311、P391 安全储存:P405、P233＋P403 废弃处置:P501	吞咽会中毒，皮肤接触会中毒，吸入会中毒	
418	二甲基苯胺异构体混合物		1300-73-8		急性毒性-吸入,类别 2 严重眼损伤/眼刺激,类别 2 特异性靶器官毒性-一次接触,类别 2 特异性靶器官毒性-反复接触,类别 2 危害水生环境-急性危害,类别 2 危害水生环境-长期危害,类别 2	H330 H319 H371 H373 H401 H411	GHS06 GHS08 GHS09	危险	预防措施：P260、P271、P284、P264、P280、P270、P273 事故响应:P304＋P340、P310、P320、P305＋P351＋P338、P337＋P313、P308＋P311、P314、P391 安全储存:P233＋P403、P405 废弃处置:P501	吸入致命	
419	3，5-二甲基苯甲酰氯		6613-44-1		皮肤腐蚀/刺激,类别 1B 严重眼损伤/眼刺激,类别 1 皮肤致敏物,类别 1	H314 H318 H317	GHS05 GHS07	危险	预防措施:P260、P264、P280、P261、P272 事故响应:P301＋P330＋P331、P303＋P361＋P353、P304＋P340、P305＋P351＋P338、P310、P321、P363、P302＋P352、P333＋P313、P362＋P364 安全储存:P405 废弃处置:P501	可引起皮肤腐蚀，可能引起皮肤过敏	

续表

序号	品名	别名	CAS号	UN号	危险性类别	危险性说明代码	象形图代码	警示词	防范说明代码	风险提示	备注
420	2,4-二甲基吡啶	2,4-二甲基氮杂苯	108-47-4		易燃液体,类别 3 急性毒性-经口,类别 3	H226 H301	GHS02 GHS06	危险	预防措施：P210、P233、P240、P241、P242、P243、P280、P264、P270 事故响应：P303＋P361＋P353、P370＋P378、P301＋P310、P321、P330 安全储存：P403＋P235、P405 废弃处置：P501	易燃液体，吞咽会中毒	
421	2,5-二甲基吡啶	2,5-二甲基氮杂苯	589-93-5		易燃液体,类别 3	H226	GHS02	警告	预防措施：P210、P233、P240、P241、P242、P243、P280 事故响应：P303＋P361＋P353、P370＋P378 安全储存：P403＋P235 废弃处置：P501	易燃液体	
422	2,6-二甲基吡啶	2,6-二甲基氮杂苯	108-48-5		易燃液体,类别 3	H226	GHS02	警告	预防措施：P210、P233、P240、P241、P242、P243、P280 事故响应：P303＋P361＋P353、P370＋P378 安全储存：P403＋P235 废弃处置：P501	易燃液体	
423	3,4-二甲基吡啶	3,4-二甲基氮杂苯	583-58-4		易燃液体,类别 3 急性毒性-经皮,类别 2	H226 H310	GHS02 GHS06	危险	预防措施：P210、P233、P240、P241、P242、P243、P280、P262、P264、P270 事故响应：P303＋P361＋P353、P370＋P378、P302＋P352、P310、P321、P361＋P364 安全储存：P403＋P235、P405 废弃处置：P501	易燃液体，皮肤接触会致命	
424	3,5-二甲基吡啶	3,5-二甲基氮杂苯	591-22-0		易燃液体,类别 3	H226	GHS02	警告	预防措施：P210、P233、P240、P241、P242、P243、P280 事故响应：P303＋P361＋P353、P370＋P378 安全储存：P403＋P235 废弃处置：P501	易燃液体	
425	*N*,*N*-二甲基苄胺	*N*-苄基二甲胺;苄基二甲胺	103-83-3	2619	易燃液体,类别 3 皮肤腐蚀/刺激,类别 1B 严重眼损伤/眼刺激,类别 1 危害水生环境-长期危害,类别 3	H226 H314 H318 H412	GHS02 GHS05	危险	预防措施：P210、P233、P240、P241、P242、P243、P280、P260、P264、P273 事故响应：P303＋P361＋P353、P370＋P378、P301＋P330＋P331、P304＋P340、P305＋P351＋P338、P310、P321、P363 安全储存：P403＋P235、P405 废弃处置：P501	易燃液体，可引起皮肤腐蚀	

续表

序号	品名	别名	CAS号	UN号	危险性类别	危险性说明代码	象形图代码	警示词	防范说明代码	风险提示	备注
426	N，N-二甲基丙胺		926-63-6	2266	易燃液体，类别2	H225	GHS02	危险	预防措施：P210、P233、P240、P241、P242、P243、P280 事故响应：P303+P361+P353、P370+P378 安全储存：P403+P235 废弃处置：P501	高度易燃液体	
427	N，N-二甲基丙醇胺	3-(二甲胺基)-1-丙醇	3179-63-3		易燃液体，类别3	H226	GHS02	警告	预防措施：P210、P233、P240、P241、P242、P243、P280 事故响应：P303+P361+P353、P370+P378 安全储存：P403+P235 废弃处置：P501	易燃液体	
428	2，2-二甲基丙酸甲酯	三甲基乙酸甲酯	598-98-1		易燃液体，类别2	H225	GHS02	危险	预防措施：P210、P233、P240、P241、P242、P243、P280 事故响应：P303+P361+P353、P370+P378 安全储存：P403+P235 废弃处置：P501	高度易燃液体	
429	2，2-二甲基丙烷	新戊烷	463-82-1	2044	易燃气体，类别1 加压气体 危害水生环境-急性危害，类别2 危害水生环境-长期危害，类别2	H220 H280或H281 H401 H411	GHS02 GHS04 GHS09	危险	预防措施：P210、P273 事故响应：P377、P381、P391 安全储存：P410+P403 废弃处置：P501	极易燃气体，内装加压气体：遇热可能爆炸	
430	1，3-二甲基丁胺	2-氨基-4-甲基戊烷	108-09-8	2379	易燃液体，类别2 急性毒性-经皮，类别3 皮肤腐蚀/刺激，类别1 严重眼损伤/眼刺激，类别1	H225 H311 H314 H318	GHS02 GHS05 GHS06	危险	预防措施：P210、P233、P240、P241、P242、P243、P280、P260、P264 事故响应：P303+P361+P353、P370+P378、P302+P352、P312、P321、P361+P364、P301+P330+P331、P304+P340、P305+P351+P338、P310、P363 安全储存：P403+P235、P405 废弃处置：P501	高度易燃液体，皮肤接触会中毒，可引起皮肤腐蚀	
431	1，3-二甲基丁醇乙酸酯	乙酸仲己酯；2-乙酸-4-甲基戊酯	108-84-9	1233	易燃液体，类别3 皮肤腐蚀/刺激，类别2 严重眼损伤/眼刺激，类别2B 特异性靶器官毒性—一次接触，类别3(呼吸道刺激)	H226 H315 H320 H335	GHS02 GHS07	警告	预防措施：P210、P233、P240、P241、P242、P243、P280、P264、P261、P271 事故响应：P303+P361+P353、P370+P378、P302+P352、P321、P332+P313、P362+P364、P305+P351+P338、P337+P313、P304+P340、P312 安全储存：P403+P235、P403+P233、P405 废弃处置：P501	易燃液体	

续表

序号	品名	别名	CAS号	UN号	危险性类别	危险性说明代码	象形图代码	警示词	防范说明代码	风险提示	备注
432	2,2-二甲基丁烷	新己烷	75-83-2	1208	易燃液体,类别 2 皮肤腐蚀/刺激,类别 2 特异性靶器官毒性-一次接触,类别 3(麻醉效应) 吸入危害,类别 1 危害水生环境-急性危害,类别 2 危害水生环境-长期危害,类别 2	H225 H315 H336 H304 H401 H411	GHS02 GHS07 GHS08 GHS09	危险	预防措施：P210、P233、P240、P241、P242、P243、P280、P264、P261、P271、P273 事故响应：P303＋P361＋P353、P370＋P378、P302＋P352、P321、P332＋P313、P362＋P364、P304＋P340、P312、P301＋P310、P331、P391 安全储存：P403＋P235、P403＋P233、P405 废弃处置：P501	高度易燃液体，禁止催吐	
433	2,3-二甲基丁烷	二异丙基	79-29-8	2457	易燃液体,类别 2 皮肤腐蚀/刺激,类别 2 特异性靶器官毒性-一次接触,类别 3(麻醉效应) 吸入危害,类别 1 危害水生环境-急性危害,类别 2 危害水生环境-长期危害,类别 2	H225 H315 H336 H304 H401 H411	GHS02 GHS07 GHS08 GHS09	危险	预防措施：P210、P233、P240、P241、P242、P243、P280、P264、P261、P271、P273 事故响应：P303＋P361＋P353、P370＋P378、P302＋P352、P321、P332＋P313、P362＋P364、P304＋P340、P312、P301＋P310、P331、P391 安全储存：P403＋P235、P403＋P233、P405 废弃处置：P501	高度易燃液体，禁止催吐	
434	*O*,*O*-二甲基-对硝基苯基磷酸酯	甲基对氧磷	950-35-6		急性毒性-经口,类别 1 危害水生环境-急性危害,类别 1 危害水生环境-长期危害,类别 1	H300 H400 H410	GHS06 GHS09	危险	预防措施：P264、P270、P273 事故响应：P301＋P310、P321、P330、P391 安全储存：P405 废弃处置：P501	吞咽致命	剧毒
435	二甲基二噁烷		25136-55-4	2707	易燃液体,类别 3＊	H226	GHS02	警告	预防措施：P210、P233、P240、P241、P242、P243、P280 事故响应：P303＋P361＋P353、P370＋P378 安全储存：P403＋P235 废弃处置：P501	易燃液体	
436	二甲基二氯硅烷	二氯二甲基硅烷	75-78-5	1162	易燃液体,类别 2 皮肤腐蚀/刺激,类别 2 严重眼损伤/眼刺激,类别 2 特异性靶器官毒性-一次接触,类别 3(呼吸道刺激)	H225 H315 H319 H335	GHS02 GHS07	危险	预防措施：P210、P233、P240、P241、P242、P243、P280、P264、P261、P271 事故响应：P303＋P361＋P353、P370＋P378、P302＋P352、P321、P332＋P313、P362＋P364、P305＋P351＋P338、P337＋P313、P304＋P340、P312 安全储存：P403＋P235、P403＋P233、P405 废弃处置：P501	高度易燃液体	
437	二甲基二乙氧基硅烷	二乙氧基二甲基硅烷	78-62-6	2380	易燃液体,类别 2 危害水生环境-急性危害,类别 2	H225 H401	GHS02	危险	预防措施：P210、P233、P240、P241、P242、P243、P280、P273 事故响应：P303＋P361＋P353、P370＋P378 安全储存：P403＋P235 废弃处置：P501	高度易燃液体	

续表

序号	品名	别名	CAS号	UN号	危险性类别	危险性说明代码	象形图代码	警示词	防范说明代码	风险提示	备注
438	2，5-二甲基呋喃	2，5-二甲基氧杂茂	625-86-5		易燃液体,类别2 危害水生环境-长期危害,类别3	H225 H412	GHS02	危险	预防措施：P210、P233、P240、P241、P242、P243、P280、P273 事故响应：P303+P361+P353、P370+P378 安全储存：P403+P235 废弃处置：P501	高度易燃液体	
439	2，2-二甲基庚烷		1071-26-7	1920	易燃液体,类别3 危害水生环境-急性危害,类别1 危害水生环境-长期危害,类别1	H226 H400 H410	GHS02 GHS09	警告	预防措施：P210、P233、P240、P241、P242、P243、P280、P273 事故响应：P303+P361+P353、P370+P378、P391 安全储存：P403+P235 废弃处置：P501	易燃液体	
440	2，3-二甲基庚烷		3074-71-3	1920	易燃液体,类别3 危害水生环境-急性危害,类别1 危害水生环境-长期危害,类别1	H226 H400 H410	GHS02 GHS09	警告	预防措施：P210、P233、P240、P241、P242、P243、P280、P273 事故响应：P303+P361+P353、P370+P378、P391 安全储存：P403+P235 废弃处置：P501	易燃液体	
441	2，4-二甲基庚烷		2213-23-2	1920	易燃液体,类别3 危害水生环境-急性危害,类别1 危害水生环境-长期危害,类别1	H226 H400 H410	GHS02 GHS09	警告	预防措施：P210、P233、P240、P241、P242、P243、P280、P273 事故响应：P303+P361+P353、P370+P378、P391 安全储存：P403+P235 废弃处置：P501	易燃液体	
442	2，5-二甲基庚烷		2216-30-0	1920	易燃液体,类别3 危害水生环境-急性危害,类别1 危害水生环境-长期危害,类别1	H226 H400 H410	GHS02 GHS09	警告	预防措施：P210、P233、P240、P241、P242、P243、P280、P273 事故响应：P303+P361+P353、P370+P378、P391 安全储存：P403+P235 废弃处置：P501	易燃液体	
443	3，3-二甲基庚烷		4032-86-4	1920	易燃液体,类别3 危害水生环境-急性危害,类别1 危害水生环境-长期危害,类别1	H226 H400 H410	GHS02 GHS09	警告	预防措施：P210、P233、P240、P241、P242、P243、P280、P273 事故响应：P303+P361+P353、P370+P378、P391 安全储存：P403+P235 废弃处置：P501	易燃液体	

续表

序号	品名	别名	CAS号	UN号	危险性类别	危险性说明代码	象形图代码	警示词	防范说明代码	风险提示	备注
444	3，4-二甲基庚烷		922-28-1	1920	易燃液体,类别 3 危害水生环境-急性危害,类别 1 危害水生环境-长期危害,类别 1	H226 H400 H410	GHS02 GHS09	警告	预防措施：P210、P233、P240、P241、P242、P243、P280、P273 事故响应：P303＋P361＋P353、P370＋P378、P391 安全储存：P403＋P235 废弃处置：P501	易燃液体	
445	3，5-二甲基庚烷		926-82-9	1920	易燃液体,类别 3 危害水生环境-急性危害,类别 1 危害水生环境-长期危害,类别 1	H226 H400 H410	GHS02 GHS09	警告	预防措施：P210、P233、P240、P241、P242、P243、P280、P273 事故响应：P303＋P361＋P353、P370＋P378、P391 安全储存：P403＋P235 废弃处置：P501	易燃液体	
446	4，4-二甲基庚烷		1068-19-5	1920	易燃液体,类别 3 危害水生环境-急性危害,类别 1 危害水生环境-长期危害,类别 1	H226 H400 H410	GHS02 GHS09	警告	预防措施：P210、P233、P240、P241、P242、P243、P280、P273 事故响应：P303＋P361＋P353、P370＋P378、P391 安全储存：P403＋P235 废弃处置：P501	易燃液体	
447	*N*,*N*-二甲基环己胺	二甲氨基环己烷	98-94-2	2264	易燃液体,类别 3 急性毒性-经皮,类别 3 急性毒性-吸入,类别 2 皮肤腐蚀/刺激,类别 1 严重眼损伤/眼刺激,类别 1 特异性靶器官毒性-一次接触,类别 1 特异性靶器官毒性-一次接触,类别 3(呼吸道刺激) 危害水生环境-急性危害,类别 1 危害水生环境-长期危害,类别 1	H226 H311 H330 H314 H318 H370 H335 H400 H410	GHS02 GHS05 GHS06 GHS08 GHS09	危险	预防措施：P210、P233、P240、P241、P242、P243、P280、P260、P271、P284、P264、P270、P261、P273 事故响应：P303＋P361＋P353、P370＋P378、P302＋P352、P312、P321、P361＋P364、P304＋P340、P310、P320、P301＋P330＋P331、P305＋P351＋P338、P363、P308＋P311、P391 安全储存：P403＋P235、P405、P233＋P403、P403＋P233 废弃处置：P501	易燃液体，皮肤接触会中毒，吸入致命，可引起皮肤腐蚀	
448	1,1-二甲基环己烷		590-66-9	2263	易燃液体,类别 2 危害水生环境-急性危害,类别 2 危害水生环境-长期危害,类别 2	H225 H401 H411	GHS02 GHS09	危险	预防措施：P210、P233、P240、P241、P242、P243、P280、P273 事故响应：P303＋P361＋P353、P370＋P378、P391 安全储存：P403＋P235 废弃处置：P501	高度易燃液体	

续表

序号	品名	别名	CAS号	UN号	危险性类别	危险性说明代码	象形图代码	警示词	防范说明代码	风险提示	备注
449	1,2-二甲基环己烷		583-57-3	2263	易燃液体,类别 2 危害水生环境-急性危害,类别 2 危害水生环境-长期危害,类别 2	H225 H401 H411	GHS02 GHS09	危险	预防措施:P210、P233、P240、P241、P242、P243、P280、P273 事故响应:P303+P361+P353、P370+P378、P391 安全储存:P403+P235 废弃处置:P501	高度易燃液体	
450	1,3-二甲基环己烷		591-21-9	2263	易燃液体,类别 2 危害水生环境-急性危害,类别 2 危害水生环境-长期危害,类别 2	H225 H401 H411	GHS02 GHS09	危险	预防措施:P210、P233、P240、P241、P242、P243、P280、P273 事故响应:P303+P361+P353、P370+P378、P391 安全储存:P403+P235 废弃处置:P501	高度易燃液体	
451	1,4-二甲基环己烷		589-90-2	2263	易燃液体,类别 2 皮肤腐蚀/刺激,类别 2 特异性靶器官毒性-一次接触,类别 3(麻醉效应) 吸入危害,类别 1 危害水生环境-急性危害,类别 2 危害水生环境-长期危害,类别 2	H225 H315 H336 H304 H401 H411	GHS02 GHS07 GHS08 GHS09	危险	预防措施:P210、P233、P240、P241、P242、P243、P280、P264、P261、P271、P273 事故响应:P303+P361+P353、P370+P378、P302+P352、P321、P332+P313、P362+P364、P304+P340、P312、P301+P310、P331、P391 安全储存:P403+P235、P403+P233、P405 废弃处置:P501	高度易燃液体,禁止催吐	
452	1,1-二甲基环戊烷		1638-26-2		易燃液体,类别 2	H225	GHS02	危险	预防措施:P210、P233、P240、P241、P242、P243、P280 事故响应:P303+P361+P353、P370+P378 安全储存:P403+P235 废弃处置:P501	高度易燃液体	
453	1,2-二甲基环戊烷		2452-99-5		易燃液体,类别 2	H225	GHS02	危险	预防措施:P210、P233、P240、P241、P242、P243、P280 事故响应:P303+P361+P353、P370+P378 安全储存:P403+P235 废弃处置:P501	高度易燃液体	
454	1,3-二甲基环戊烷		2453-00-1		易燃液体,类别 2	H225	GHS02	危险	预防措施:P210、P233、P240、P241、P242、P243、P280 事故响应:P303+P361+P353、P370+P378 安全储存:P403+P235 废弃处置:P501	高度易燃液体	

续表

序号	品名	别名	CAS号	UN号	危险性类别	危险性说明代码	象形图代码	警示词	防范说明代码	风险提示	备注
455	2，2-二甲基己烷		590-73-8	1262	易燃液体，类别2 皮肤腐蚀/刺激，类别2 特异性靶器官毒性-一次接触，类别3(麻醉效应) 吸入危害，类别1 危害水生环境-急性危害，类别1 危害水生环境-长期危害，类别1	H225 H315 H336 H304 H400 H410	GHS02 GHS07 GHS08 GHS09	危险	预防措施：P210、P233、P240、P241、P242、P243、P280、P264、P261、P271、P273 事故响应：P303＋P361＋P353、P370＋P378、P302＋P352、P321、P332＋P313、P362＋P364、P304＋P340、P312、P301＋P310、P331、P391 安全储存：P403＋P235、P403＋P233、P405 废弃处置：P501	高度易燃液体，禁止催吐	
456	2，3-二甲基己烷		584-94-1	1262	易燃液体，类别2 皮肤腐蚀/刺激，类别2 特异性靶器官毒性-一次接触，类别3(麻醉效应) 吸入危害，类别1 危害水生环境-急性危害，类别1 危害水生环境-长期危害，类别1	H225 H315 H336 H304 H400 H410	GHS02 GHS07 GHS08 GHS09	危险	预防措施：P210、P233、P240、P241、P242、P243、P280、P264、P261、P271、P273 事故响应：P303＋P361＋P353、P370＋P378、P302＋P352、P321、P332＋P313、P362＋P364、P304＋P340、P312、P301＋P310、P331、P391 安全储存：P403＋P235、P403＋P233、P405 废弃处置：P501	高度易燃液体，禁止催吐	
457	2，4-二甲基己烷		589-43-5	1262	易燃液体，类别2 皮肤腐蚀/刺激，类别2 特异性靶器官毒性-一次接触，类别3(麻醉效应) 吸入危害，类别1 危害水生环境-急性危害，类别1 危害水生环境-长期危害，类别1	H225 H315 H336 H304 H400 H410	GHS02 GHS07 GHS08 GHS09	危险	预防措施：P210、P233、P240、P241、P242、P243、P280、P264、P261、P271、P273 事故响应：P303＋P361＋P353、P370＋P378、P302＋P352、P321、P332＋P313、P362＋P364、P304＋P340、P312、P301＋P310、P331、P391 安全储存：P403＋P235、P403＋P233、P405 废弃处置：P501	高度易燃液体，禁止催吐	
458	3，3-二甲基己烷		563-16-6	1262	易燃液体，类别2 皮肤腐蚀/刺激，类别2 特异性靶器官毒性-一次接触，类别3(麻醉效应) 吸入危害，类别1 危害水生环境-急性危害，类别1 危害水生环境-长期危害，类别1	H225 H315 H336 H304 H400 H410	GHS02 GHS07 GHS08 GHS09	危险	预防措施：P210、P233、P240、P241、P242、P243、P280、P264、P261、P271、P273 事故响应：P303＋P361＋P353、P370＋P378、P302＋P352、P321、P332＋P313、P362＋P364、P304＋P340、P312、P301＋P310、P331、P391 安全储存：P403＋P235、P403＋P233、P405 废弃处置：P501	高度易燃液体，禁止催吐	
459	3，4-二甲基己烷		583-48-2	1262	易燃液体，类别2 皮肤腐蚀/刺激，类别2 特异性靶器官毒性-一次接触，类别3(麻醉效应) 吸入危害，类别1 危害水生环境-急性危害，类别1 危害水生环境-长期危害，类别1	H225 H315 H336 H304 H400 H410	GHS02 GHS07 GHS08 GHS09	危险	预防措施：P210、P233、P240、P241、P242、P243、P280、P264、P261、P271、P273 事故响应：P303＋P361＋P353、P370＋P378、P302＋P352、P321、P332＋P313、P362＋P364、P304＋P340、P312、P301＋P310、P331、P391 安全储存：P403＋P235、P403＋P233、P405 废弃处置：P501	高度易燃液体，禁止催吐	

续表

序号	品名	别名	CAS号	UN号	危险性类别	危险性说明代码	象形图代码	警示词	防范说明代码	风险提示	备注
460	*N*,*N*-二甲基甲酰胺	甲酰二甲胺	68-12-2	2265	易燃液体,类别 3 严重眼损伤/眼刺激,类别 2 生殖毒性,类别 1B	H226 H319 H360	GHS02 GHS07 GHS08	危险	预防措施：P210、P233、P240、P241、P242、P243、P280、P264、P201、P202 事故响应：P303＋P361＋P353、P370＋P378、P305＋P351＋P338、P337＋P313、P308＋P313 安全储存：P403＋P235、P405 废弃处置：P501	易燃液体	
461	1,1-二甲基肼	二甲基肼[不对称]；*N*，*N*-二甲基肼	57-14-7	1163	易燃液体,类别 2 急性毒性-经口,类别 3 急性毒性-经皮,类别 3 急性毒性-吸入,类别 2 皮肤腐蚀/刺激,类别 1B 严重眼损伤/眼刺激,类别 1 致癌性,类别 2 危害水生环境-急性危害,类别 2 危害水生环境-长期危害,类别 2	H225 H301 H311 H330 H314 H318 H351 H401 H411	GHS02 GHS05 GHS06 GHS08 GHS09	危险	预防措施：P210、P233、P240、P241、P242、P243、P280、P264、P270、P260、P271、P284、P201、P202、P273 事故响应：P303＋P361＋P353、P370＋P378、P301＋P310、P321、P302＋P352、P312、P361＋P364、P304＋P340、P320、P301＋P330＋P331、P305＋P351＋P338、P363、P308＋P313、P391 安全储存：P403＋P235、P405、P233＋P403 废弃处置：P501	高度易燃液体，吞咽会中毒，皮肤接触会中毒，吸入致命，可引起皮肤腐蚀	剧毒
462	1,2-二甲基肼	二甲基肼[对称]	540-73-8	2382	易燃液体,类别 3 急性毒性-经口,类别 3 急性毒性-经皮,类别 3 急性毒性-吸入,类别 2 致癌性,类别 1B 危害水生环境-急性危害,类别 2 危害水生环境-长期危害,类别 2	H226 H301 H311 H330 H350 H401 H411	GHS02 GHS06 GHS08 GHS09	危险	预防措施：P210、P233、P240、P241、P242、P243、P280、P264、P270、P260、P271、P284、P201、P202、P273 事故响应：P303＋P361＋P353、P370＋P378、P301＋P310、P321、P330、P302＋P352、P312、P361＋P364、P304＋P340、P320、P308＋P313、P391 安全储存：P403＋P235、P405、P233＋P403 废弃处置：P501	易燃液体，吞咽会中毒，皮肤接触会中毒，吸入致命，可能致癌	剧毒
463	*O*,*O*′-二甲基硫代磷酰氯	二甲基硫代磷酰氯	2524-03-0	2267	急性毒性-经皮,类别 3 急性毒性-吸入,类别 1 皮肤腐蚀/刺激,类别 2 严重眼损伤/眼刺激,类别 1 特异性靶器官毒性-一次接触,类别 2 特异性靶器官毒性-反复接触,类别 2 危害水生环境-长期危害,类别 3	H311 H330 H315 H318 H371 H373 H412	GHS05 GHS06 GHS08	危险	预防措施：P280、P260、P271、P284、P264、P270、P273 事故响应：P302＋P352、P312、P321、P361＋P364、P304＋P340、P310、P320、P332＋P313、P362＋P364、P305＋P351＋P338、P308＋P311、P314 安全储存：P405、P233＋P403 废弃处置：P501	皮肤接触会中毒，吸入致命，造成严重眼损伤	剧毒

续表

序号	品名	别名	CAS号	UN号	危险性类别	危险性说明代码	象形图代码	警示词	防范说明代码	风险提示	备注
464	二甲基氯乙缩醛		97-97-2		易燃液体,类别3	H226	GHS02	警告	预防措施：P210、P233、P240、P241、P242、P243、P280 事故响应：P303+P361+P353、P370+P378 安全储存：P403+P235 废弃处置：P501	易燃液体	
465	2,6-二甲基吗啉		141-91-3		易燃液体,类别3 急性毒性-经皮,类别3	H226 H311	GHS02 GHS06	危险	预防措施：P210、P233、P240、P241、P242、P243、P280 事故响应：P303+P361+P353、P370+P378、P302+P352、P312、P321、P361+P364 安全储存：P403+P235、P405 废弃处置：P501	易燃液体,皮肤接触会中毒	
466	二甲基镁		2999-74-8		自燃固体,类别1 遇水放出易燃气体的物质和混合物,类别1	H250 H260	GHS02	危险	预防措施：P210、P222、P280、P223、P231+P232 事故响应：P335+P334、P370+P378 安全储存：P422、P402+P404 废弃处置：P501	暴露在空气中自燃,遇水放出可自燃的易燃气体	
467	1,4-二甲基哌嗪		106-58-1		易燃液体,类别2	H225	GHS02	危险	预防措施：P210、P233、P240、P241、P242、P243、P280 事故响应：P303+P361+P353、P370+P378 安全储存：P403+P235 废弃处置：P501	高度易燃液体	
468	二甲基胂酸钠	卡可酸钠	124-65-2	1688	危害水生环境-长期危害,类别3	H412			预防措施：P273 事故响应： 安全储存： 废弃处置：P501		
469	2,3-二甲基戊醛		32749-94-3		易燃液体,类别3	H226	GHS02	警告	预防措施：P210、P233、P240、P241、P242、P243、P280 事故响应：P303+P361+P353、P370+P378 安全储存：P403+P235 废弃处置：P501	易燃液体	
470	2,2-二甲基戊烷		590-35-2	1206	易燃液体,类别2 皮肤腐蚀/刺激,类别2 特异性靶器官毒性-一次接触,类别3(麻醉效应) 吸入危害,类别1 危害水生环境-急性危害,类别1 危害水生环境-长期危害,类别1	H225 H315 H336 H304 H400 H410	GHS02 GHS07 GHS08 GHS09	危险	预防措施：P210、P233、P240、P241、P242、P243、P280、P264、P261、P271、P273 事故响应：P303+P361+P353、P370+P378、P302+P352、P321、P332+P313、P362+P364、P304+P340、P312、P301+P310、P331、P391 安全储存：P403+P235、P403+P233、P405 废弃处置：P501	高度易燃液体,禁止催吐	

续表

序号	品名	别名	CAS号	UN号	危险性类别	危险性说明代码	象形图代码	警示词	防范说明代码	风险提示	备注
471	2，3-二甲基戊烷		565-59-3	1206	易燃液体，类别 2 皮肤腐蚀/刺激，类别 2 特异性靶器官毒性-一次接触，类别 3（麻醉效应） 吸入危害，类别 1 危害水生环境-急性危害，类别 1 危害水生环境-长期危害，类别 1	H225 H315 H336 H304 H400 H410	GHS02 GHS07 GHS08 GHS09	危险	预防措施：P210、P233、P240、P241、P242、P243、P280、P264、P261、P271、P273 事故响应：P303＋P361＋P353、P370＋P378、P302＋P352、P321、P332＋P313、P362＋P364、P304＋P340、P312、P301＋P310、P331、P391 安全储存：P403＋P235、P403＋P233、P405 废弃处置：P501	高度易燃液体，禁止催吐	
472	2，4-二甲基戊烷	二异丙基甲烷	108-08-7	1206	易燃液体，类别 2 皮肤腐蚀/刺激，类别 2 特异性靶器官毒性-一次接触，类别 3（麻醉效应） 吸入危害，类别 1 危害水生环境-急性危害，类别 1 危害水生环境-长期危害，类别 1	H225 H315 H336 H304 H400 H410	GHS02 GHS07 GHS08 GHS09	危险	预防措施：P210、P233、P240、P241、P242、P243、P280、P264、P261、P271、P273 事故响应：P303＋P361＋P353、P370＋P378、P302＋P352、P321、P332＋P313、P362＋P364、P304＋P340、P312、P301＋P310、P331、P391 安全储存：P403＋P235、P403＋P233、P405 废弃处置：P501	高度易燃液体，禁止催吐	
473	3，3-二甲基戊烷	2，2-二乙基丙烷	562-49-2	1206	易燃液体，类别 2 皮肤腐蚀/刺激，类别 2 特异性靶器官毒性-一次接触，类别 3（麻醉效应） 吸入危害，类别 1 危害水生环境-急性危害，类别 1 危害水生环境-长期危害，类别 1	H225 H315 H336 H304 H400 H410	GHS02 GHS07 GHS08 GHS09	危险	预防措施：P210、P233、P240、P241、P242、P243、P280、P264、P261、P271、P273 事故响应：P303＋P361＋P353、P370＋P378、P302＋P352、P321、P332＋P313、P362＋P364、P304＋P340、P312、P301＋P310、P331、P391 安全储存：P403＋P235、P403＋P233、P405 废弃处置：P501	高度易燃液体，禁止催吐	
474	*N*，*N*-二甲基硒脲	二甲基硒脲[不对称]	5117-16-8		急性毒性-经口，类别 3＊ 急性毒性-吸入，类别 3＊ 特异性靶器官毒性-反复接触，类别 2 危害水生环境-急性危害，类别 1 危害水生环境-长期危害，类别 1	H301 H331 H373 H400 H410	GHS06 GHS08 GHS09	危险	预防措施：P264、P270、P261、P271、P260、P273 事故响应：P301＋P310、P321、P330、P304＋P340、P311、P314、P391 安全储存：P405、P233＋P403 废弃处置：P501	吞咽会中毒，吸入会中毒	
475	二甲基锌		544-97-8		自燃液体，类别 1 遇水放出易燃气体的物质和混合物，类别 1 皮肤腐蚀/刺激，类别 1B 严重眼损伤/眼刺激，类别 1 危害水生环境-急性危害，类别 1 危害水生环境-长期危害，类别 1	H250 H260 H314 H318 H400 H410	GHS02 GHS05 GHS09	危险	预防措施：P210、P222、P280、P223、P231＋P232、P260、P264、P273 事故响应：P302＋P334、P370＋P378、P335＋P334、P301＋P330＋P331、P303＋P361＋P353、P304＋P340、P305＋P351＋P338、P310、P321、P363、P391 安全储存：P422、P402＋P404、P405 废弃处置：P501	暴露在空气中自燃，遇水放出可自燃的易燃气体，可引起皮肤腐蚀	

续表

序号	品名	别名	CAS号	UN号	危险性类别	危险性说明代码	象形图代码	警示词	防范说明代码	风险提示	备注
476	N,N-二甲基乙醇胺	N,N-二甲基-2-羟基乙胺；2-二甲氨基乙醇	108-01-0	2051	易燃液体,类别 3 皮肤腐蚀/刺激,类别 1B 严重眼损伤/眼刺激,类别 1 特异性靶器官毒性—一次接触,类别 3(呼吸道刺激)	H226 H314 H318 H335	GHS02 GHS05 GHS07	危险	预防措施：P210、P233、P240、P241、P242、P243、P280、P260、P264、P261、P271 事故响应：P303＋P361＋P353、P370＋P378、P301＋P330＋P331、P304＋P340、P305＋P351＋P338、P310、P321、P363、P312 安全储存：P403＋P235、P405、P403＋P233 废弃处置：P501	易燃液体，可引起皮肤腐蚀	
477	二甲基乙二酮	双乙酰；丁二酮	431-03-8	2346	易燃液体,类别 2 皮肤腐蚀/刺激,类别 2 严重眼损伤/眼刺激,类别 1	H225 H315 H318	GHS02 GHS05	危险	预防措施：P210、P233、P240、P241、P242、P243、P280、P264 事故响应：P303＋P361＋P353、P370＋P378、P302＋P352、P321、P332＋P313、P362＋P364、P305＋P351＋P338、P310 安全储存：P403＋P235 废弃处置：P501	高度易燃液体，造成严重眼损伤	
478	N,N-二甲基异丙醇胺	1-(二甲胺基)-2-丙醇	108-16-7		易燃液体,类别 3 皮肤腐蚀/刺激,类别 1B 严重眼损伤/眼刺激,类别 1	H226 H314 H318	GHS02 GHS05	危险	预防措施：P210、P233、P240、P241、P242、P243、P280、P260、P264 事故响应：P303＋P361＋P353、P370＋P378、P301＋P330＋P331、P304＋P340、P305＋P351＋P338、P310、P321、P363 安全储存：P403＋P235、P405 废弃处置：P501	易燃液体，可引起皮肤腐蚀	
479	二甲醚	甲醚	115-10-6	1033	易燃气体,类别 1 加压气体	H220 H280 或 H281	GHS02 GHS04	危险	预防措施：P210 事故响应：P377、P381 安全储存：P410＋P403 废弃处置：	极易燃气体，内装加压气体：遇热可能爆炸	重点，重大
480	二甲胂酸	二甲次胂酸；二甲基胂酸；卡可地酸；卡可酸	75-60-5		急性毒性-经口,类别 3＊ 急性毒性-吸入,类别 3＊ 致癌性,类别 1A 危害水生环境-急性危害,类别 1 危害水生环境-长期危害,类别 1	H301 H331 H350 H400 H410	GHS06 GHS08 GHS09	危险	预防措施：P264、P270、P261、P271、P201、P202、P280、P273 事故响应：P301＋P310、P321、P330、P304＋P340、P311、P308＋P313、P391 安全储存：P405、P233＋P403 废弃处置：P501	吞咽会中毒，吸入会中毒，可能致癌	
481	马钱子碱		57-24-9	1692	急性毒性-经口,类别 2＊ 急性毒性-经皮,类别 1 危害水生环境-急性危害,类别 1 危害水生环境-长期危害,类别 1	H300 H310 H400 H410	GHS06 GHS09	危险	预防措施：P264、P270、P262、P280、P273 事故响应：P301＋P310、P321、P330、P302＋P352、P361＋P364、P391 安全储存：P405 废弃处置：P501	吞咽致命，皮肤接触会致命	剧毒

续表

序号	品名	别名	CAS号	UN号	危险性类别	危险性说明代码	象形图代码	警示词	防范说明代码	风险提示	备注
482	2,6-二甲氧基苯甲酰氯		1989-53-3		皮肤腐蚀/刺激,类别 1 严重眼损伤/眼刺激,类别 1	H314 H318	GHS05	危险	预防措施:P260、P264、P280 事故响应:P301+P330+P331、P303+P361+P353、P304+P340、P305+P351+P338、P310、P321、P363 安全储存:P405 废弃处置:P501	可引起皮肤腐蚀	
483	2,2-二甲氧基丙烷		77-76-9		易燃液体,类别 2	H225	GHS02	危险	预防措施:P210、P233、P240、P241、P242、P243、P280 事故响应:P303+P361+P353、P370+P378 安全储存:P403+P235 废弃处置:P501	高度易燃液体	
484	二甲氧基甲烷	二甲醇缩甲醛;甲缩醛;甲撑二甲醚	109-87-5	1234	易燃液体,类别 2 皮肤腐蚀/刺激,类别 2 严重眼损伤/眼刺激,类别 2A 特异性靶器官毒性-一次接触,类别 3(呼吸道刺激、麻醉效应)	H225 H315 H319 H335 H336	GHS02 GHS07	危险	预防措施:P210、P233、P240、P241、P242、P243、P280、P264、P261、P271 事故响应:P303+P361+P353、P370+P378、P302+P352、P321、P332+P313、P362+P364、P305+P351+P338、P337+P313、P304+P340、P312 安全储存:P403+P235、P403+P233、P405 废弃处置:P501	高度易燃液体	
485	3,3′-二甲氧基联苯胺	邻联二茴香胺;3,3′-二甲氧基-4,4′-二氨基联苯	119-90-4		致癌性,类别 2	H351	GHS08	警告	预防措施:P201、P202、P280 事故响应:P308+P313 安全储存:P405 废弃处置:P501		
486	二甲氧基马钱子碱	番木鳖碱	357-57-3	1570	急性毒性-经口,类别 2* 急性毒性-吸入,类别 2* 危害水生环境-长期危害,类别 3	H300 H330 H412	GHS06	危险	预防措施:P264、P270、P260、P271、P284、P273 事故响应:P301+P310、P321、P330、P304+P340、P320 安全储存:P405、P233+P403 废弃处置:P501	吞咽致命,吸入致命	剧毒
487	1,1-二甲氧基乙烷	二甲醇缩乙醛;乙醛缩二甲醇	534-15-6	2377	易燃液体,类别 2	H225	GHS02	危险	预防措施:P210、P233、P240、P241、P242、P243、P280 事故响应:P303+P361+P353、P370+P378 安全储存:P403+P235 废弃处置:P501	高度易燃液体	

续表

序号	品名	别名	CAS号	UN号	危险性类别	危险性说明代码	象形图代码	警示词	防范说明代码	风险提示	备注
488	1,2-二甲氧基乙烷	二甲基溶纤剂；乙二醇二甲醚	110-71-4	2252	易燃液体,类别 2 生殖毒性,类别 1B	H225 H360	GHS02 GHS08	危险	预防措施：P210、P233、P240、P241、P242、P243、P280、P201、P202 事故响应：P303＋P361＋P353、P370＋P378、P308＋P313 安全储存：P403＋P235、P405 废弃处置：P501	高度易燃液体	
489	二聚丙烯醛[稳定的]		100-73-2	2607	易燃液体,类别 3 皮肤腐蚀/刺激,类别 2	H226 H315	GHS02 GHS07	警告	预防措施：P210、P233、P240、P241、P242、P243、P280、P264 事故响应：P303＋P361＋P353、P370＋P378、P302＋P352、P321、P332＋P313、P362＋P364 安全储存：P403＋P235 废弃处置：P501	易燃液体	
490	二聚环戊二烯	双茂；双环戊二烯；4,7-亚甲基-3a,4,7,7a-四氢茚	77-73-6	2048	易燃液体,类别 2 皮肤腐蚀/刺激,类别 2 严重眼损伤/眼刺激,类别 2 特异性靶器官毒性-一次接触,类别 3(呼吸道刺激) 危害水生环境-急性危害,类别 2 危害水生环境-长期危害,类别 2	H225 H315 H319 H335 H401 H411	GHS02 GHS07 GHS09	危险	预防措施：P210、P233、P240、P241、P242、P243、P280、P264、P261、P271、P273 事故响应：P303＋P361＋P353、P370＋P378、P302＋P352、P321、P332＋P313、P362＋P364、P305＋P351＋P338、P337＋P313、P304＋P340、P312、P391 安全储存：P403＋P235、P403＋P233、P405 废弃处置：P501	高度易燃液体	
491	二硫代-4,4′-二氨基代二苯	4,4′-二氨基二苯基二硫醚二硫代对氨基苯	722-27-0		皮肤腐蚀/刺激,类别 2 严重眼损伤/眼刺激,类别 2 特异性靶器官毒性-一次接触,类别 3(呼吸道刺激)	H315 H319 H335	GHS07	警告	预防措施：P264、P280、P261、P271 事故响应：P302＋P352、P321、P332＋P313、P362＋P364、P305＋P351＋P338、P337＋P313、P304＋P340、P312 安全储存：P403＋P233、P405 废弃处置：P501		
492	二硫化二甲基	二甲二硫；二甲基二硫；甲基化二硫	624-92-0	2381	易燃液体,类别 2 急性毒性-经口,类别 3 急性毒性-吸入,类别 3 皮肤腐蚀/刺激,类别 2 严重眼损伤/眼刺激,类别 2B 生殖毒性,类别 2 特异性靶器官毒性-反复接触,类别 1 危害水生环境-急性危害,类别 2 危害水生环境-长期危害,类别 2	H225 H301 H331 H315 H320 H361 H372 H401 H411	GHS02 GHS06 GHS08 GHS09	危险	预防措施：P210、P233、P240、P241、P242、P243、P280、P264、P270、P261、P271、P201、P202、P260、P273 事故响应：P303＋P361＋P353、P370＋P378、P301＋P310、P321、P330、P304＋P340、P311、P302＋P352、P332＋P313、P362＋P364、P305＋P351＋P338、P337＋P313、P308＋P313、P314、P391 安全储存：P403＋P235、P405、P233＋P403 废弃处置：P501	高度易燃液体,吞咽会中毒,吸入会中毒	

续表

序号	品名	别名	CAS号	UN号	危险性类别	危险性说明代码	象形图代码	警示词	防范说明代码	风险提示	备注
493	二硫化钛		12039-13-3	3174	自热物质和混合物，类别 2	H252	GHS02	警告	预防措施：P235+P410、P280 事故响应： 安全储存：P407、P413、P420 废弃处置：	数量大时自热，可能燃烧	
494	二硫化碳		75-15-0	1131	易燃液体，类别 2 急性毒性-经口，类别 3 严重眼损伤/眼刺激，类别 2 皮肤腐蚀/刺激，类别 2 生殖毒性，类别 2 特异性靶器官毒性-反复接触，类别 1 危害水生环境-急性危害，类别 2	H225 H301 H319 H315 H361 H372 H401	GHS02 GHS06 GHS08	危险	预防措施：P210、P233、P240、P241、P242、P243、P280、P264、P270、P201、P202、P260、P273 事故响应：P303+P361+P353、P370+P378、P301+P310、P321、P330、P305+P351+P338、P337+P313、P302+P352、P332+P313、P362+P364、P308+P313、P314 安全储存：P403+P235、P405 废弃处置：P501	高度易燃液体，吞咽会中毒	重点，重大
495	二硫化硒		7488-56-4	2657	急性毒性-经口，类别 3* 急性毒性-吸入，类别 3* 特异性靶器官毒性-反复接触，类别 2 危害水生环境-急性危害，类别 1 危害水生环境-长期危害，类别 1	H301 H331 H373 H400 H410	GHS06 GHS08 GHS09	危险	预防措施：P264、P270、P261、P271、P260、P273 事故响应：P301+P310、P321、P330、P304+P340、P311、P314、P391 安全储存：P405、P233+P403 废弃处置：P501	吞咽会中毒，吸入会中毒	
496	2，3-二氯-1，4-萘醌	二氯萘醌	117-80-6		皮肤腐蚀/刺激，类别 2 严重眼损伤/眼刺激，类别 2 危害水生环境-急性危害，类别 1 危害水生环境-长期危害，类别 1	H315 H319 H400 H410	GHS07 GHS09	警告	预防措施：P264、P280、P273 事故响应：P302+P352、P321、P332+P313、P362+P364、P305+P351+P338、P337+P313、P391 安全储存： 废弃处置：P501		
497	1，1-二氯-1-硝基乙烷		594-72-9	2650	急性毒性-经口，类别 3* 急性毒性-经皮，类别 3* 急性毒性-吸入，类别 3*	H301 H311 H331	GHS06	危险	预防措施：P264、P270、P280、P261、P271 事故响应：P301+P310、P321、P330、P302+P352、P312、P361+P364、P304+P340、P311 安全储存：P405、P233+P403 废弃处置：P501	吞咽会中毒，皮肤接触会中毒，吸入会中毒	
498	1，3-二氯-2-丙醇	1，3-二氯异丙醇；1，3-二氯代甘油	96-23-1	2750	急性毒性-经口，类别 3*	H301	GHS06	危险	预防措施：P264、P270 事故响应：P301+P310、P321、P330 安全储存：P405 废弃处置：P501	吞咽会中毒	

续表

序号	品名	别名	CAS号	UN号	危险性类别	危险性说明代码	象形图代码	警示词	防范说明代码	风险提示	备注
499	1，3-二氯-2-丁烯		926-57-8		易燃液体,类别3 急性毒性-经口,类别3 急性毒性-吸入,类别3 皮肤腐蚀/刺激,类别1B 严重眼损伤/眼刺激,类别1 危害水生环境-急性危害,类别2 危害水生环境-长期危害,类别2	H226 H301 H331 H314 H318 H401 H411	GHS02 GHS05 GHS06 GHS09	危险	预防措施：P210、P233、P240、P241、P242、P243、P280、P264、P270、P261、P271、P260、P273 事故响应：P303＋P361＋P353、P370＋P378、P301＋P310、P321、P304＋P340、P311、P301＋P330＋P331、P305＋P351＋P338、P363、P391 安全储存：P403＋P235、P405、P233＋P403 废弃处置：P501	易燃液体，吞咽会中毒，吸入会中毒，可引起皮肤腐蚀	
500	1，4-二氯-2-丁烯		764-41-0		易燃液体,类别3 急性毒性-经口,类别3＊ 急性毒性-经皮,类别3＊ 急性毒性-吸入,类别2＊ 皮肤腐蚀/刺激,类别1B 严重眼损伤/眼刺激,类别1 特异性靶器官毒性-一次接触,类别3(呼吸道刺激) 危害水生环境-急性危害,类别1 危害水生环境-长期危害,类别1	H226 H301 H311 H330 H314 H318 H335 H400 H410	GHS02 GHS05 GHS06 GHS09	危险	预防措施：P210、P233、P240、P241、P242、P243、P280、P264、P270、P260、P271、P284、P261、P273 事故响应：P303＋P361＋P353、P370＋P378、P301＋P310、P321、P302＋P352、P312、P361＋P364、P304＋P340、P320、P301＋P330＋P331、P305＋P351＋P338、P363、P391 安全储存：P403＋P235、P405、P233＋P403、P403＋P233 废弃处置：P501	易燃液体，吞咽会中毒，皮肤接触会中毒，吸入致命，可引起皮肤腐蚀	
501	1,2-二氯苯	邻二氯苯	95-50-1	1591	急性毒性-吸入,类别3 皮肤腐蚀/刺激,类别2 严重眼损伤/眼刺激,类别2 特异性靶器官毒性-一次接触,类别3(呼吸道刺激) 危害水生环境-急性危害,类别1 危害水生环境-长期危害,类别1	H331 H315 H319 H335 H400 H410	GHS06 GHS09	危险	预防措施：P261、P271、P264、P280、P273 事故响应：P304＋P340、P311、P321、P302＋P352、P332＋P313、P362＋P364、P305＋P351＋P338、P337＋P313、P312、P391 安全储存：P233＋P403、P405、P403＋P233 废弃处置：P501	吸入会中毒	
502	1,3-二氯苯	间二氯苯	541-73-1		危害水生环境-急性危害,类别2 危害水生环境-长期危害,类别2	H401 H411	GHS09	警告	预防措施：P273 事故响应：P391 安全储存： 废弃处置：P501		
503	2,3-二氯苯胺		608-27-5	1590	急性毒性-经口,类别3 急性毒性-经皮,类别3 急性毒性-吸入,类别3 皮肤腐蚀/刺激,类别2 特异性靶器官毒性-反复接触,类别2 危害水生环境-急性危害,类别1 危害水生环境-长期危害,类别1	H301 H311 H331 H315 H373 H400 H410	GHS06 GHS08 GHS09	危险	预防措施：P264、P270、P280、P261、P271、P260、P273 事故响应：P301＋P310、P321、P330、P302＋P352、P312、P361＋P364、P304＋P340、P311、P332＋P313、P362＋P364、P314、P391 安全储存：P405、P233＋P403 废弃处置：P501	吞咽会中毒，皮肤接触会中毒，吸入会中毒	

续表

序号	品名	别名	CAS号	UN号	危险性类别	危险性说明代码	象形图代码	警示词	防范说明代码	风险提示	备注
504	2,4-二氯苯胺		554-00-7	3442	特异性靶器官毒性-反复接触,类别1 特异性靶器官毒性-一次接触,类别1 危害水生环境-急性危害,类别2 危害水生环境-长期危害,类别2	H372 H370 H401 H411	GHS08 GHS09	危险	预防措施:P260、P264、P270、P273 事故响应:P314、P308+P311、P321、P391 安全储存:P405 废弃处置:P501		
505	2,5-二氯苯胺		95-82-9	3442	严重眼损伤/眼刺激,类别1 皮肤致敏物,类别1 特异性靶器官毒性-一次接触,类别2 特异性靶器官毒性-反复接触,类别2 危害水生环境-急性危害,类别2 危害水生环境-长期危害,类别2	H318 H317 H371 H373 H401 H411	GHS05 GHS07 GHS08 GHS09	危险	预防措施: P280、P261、P272、P260、P264、P270、P273 事故响应:P305+P351+P338、P310、P302+P352、P321、P333+P313、P362+P364、P308+P311、P314、P391 安全储存:P405 废弃处置:P501	造成严重眼损伤,可能引起皮肤过敏	
506	2,6-二氯苯胺		608-31-1	3442	急性毒性-经口,类别3 急性毒性-经皮,类别3 急性毒性-吸入,类别3 危害水生环境-急性危害,类别1 危害水生环境-长期危害,类别1	H301 H311 H331 H400 H410	GHS06 GHS09	危险	预防措施:P264、P270、P280、P261、P271、P273 事故响应:P301+P310、P321、P330、P302+P352、P312、P361+P364、P304+P340、P311、P391 安全储存:P405、P233+P403 废弃处置:P501	吞咽会中毒,皮肤接触会中毒,吸入会中毒	
507	3,4-二氯苯胺		95-76-1	1590 (液态) 3442 (固态)	急性毒性-经口,类别3* 急性毒性-经皮,类别3* 急性毒性-吸入,类别3* 严重眼损伤/眼刺激,类别1 皮肤致敏物,类别1 危害水生环境-急性危害,类别1 危害水生环境-长期危害,类别1	H301 H311 H331 H318 H317 H400 H410	GHS05 GHS06 GHS09	危险	预防措施: P264、P270、P280、P261、P271、P272、P273 事故响应:P301+P310、P321、P330、P302+P352、P312、P361+P364、P304+P340、P311、P305+P351+P338、P333+P313、P362+P364、P391 安全储存:P405、P233+P403 废弃处置:P501	吞咽会中毒,皮肤接触会中毒,吸入会中毒,造成严重眼损伤,可能引起皮肤过敏	
508	3,5-二氯苯胺		626-43-7	1590 (液态) 3442 (固态)	急性毒性-经口,类别3 急性毒性-经皮,类别3 急性毒性-吸入,类别3 特异性靶器官毒性-一次接触,类别2 危害水生环境-急性危害,类别2 危害水生环境-长期危害,类别2	H301 H311 H331 H371 H401 H411	GHS06 GHS08 GHS09	危险	预防措施: P264、P270、P280、P261、P271、P260、P273 事故响应:P301+P310、P321、P330、P302+P352、P312、P361+P364、P304+P340、P308+P311、P391 安全储存:P405、P233+P403 废弃处置:P501	吞咽会中毒,皮肤接触会中毒,吸入会中毒	

续表

序号	品名	别名	CAS号	UN号	危险性类别	危险性说明代码	象形图代码	警示词	防范说明代码	风险提示	备注
509	二氯苯胺异构体混合物		27134-27-6		急性毒性-经口,类别 3 急性毒性-经皮,类别 3 急性毒性-吸入,类别 3 危害水生环境-急性危害,类别 1 危害水生环境-长期危害,类别 1	H301 H311 H331 H400 H410	GHS06 GHS09	危险	预防措施:P264、P270、P280、P261、P271、P273 事故响应:P301＋P310、P321、P330、P302＋P352、P312、P361＋P364、P304＋P340、P311、P391 安全储存:P405、P233＋P403 废弃处置:P501	吞咽会中毒,皮肤接触会中毒,吸入会中毒	
510	2,3-二氯苯酚	2,3-二氯酚	576-24-9		皮肤腐蚀/刺激,类别 2 严重眼损伤/眼刺激,类别 2 危害水生环境-急性危害,类别 2 危害水生环境-长期危害,类别 2	H315 H319 H401 H411	GHS07 GHS09	警告	预防措施:P264、P280、P273 事故响应:P302＋P352、P321、P332＋P313、P362＋P364、P305＋P351＋P338、P337＋P313、P391 安全储存: 废弃处置:P501		
511	2,4-二氯苯酚	2,4-二氯酚	120-83-2		急性毒性-经皮,类别 3 * 皮肤腐蚀/刺激,类别 1B 严重眼损伤/眼刺激,类别 1 危害水生环境-急性危害,类别 2 危害水生环境-长期危害,类别 2	H311 H314 H318 H401 H411	GHS05 GHS06 GHS09	危险	预防措施:P280、P260、P264、P273 事故响应:P302＋P352、P312、P321、P361＋P364、P301＋P330＋P331、P303＋P361＋P353、P304＋P340、P305＋P351＋P338、P310、P363、P391 安全储存:P405 废弃处置:P501	皮肤接触会中毒,可引起皮肤腐蚀	
512	2,5-二氯苯酚	2,5-二氯酚	583-78-8		皮肤腐蚀/刺激,类别 2 严重眼损伤/眼刺激,类别 2 危害水生环境-急性危害,类别 2 危害水生环境-长期危害,类别 2	H315 H319 H401 H411	GHS07 GHS09	警告	预防措施:P264、P280、P273 事故响应:P302＋P352、P321、P332＋P313、P362＋P364、P305＋P351＋P338、P337＋P313、P391 安全储存: 废弃处置:P501		
513	2,6-二氯苯酚	2,6-二氯酚	87-65-0		皮肤腐蚀/刺激,类别 2 严重眼损伤/眼刺激,类别 2 特异性靶器官毒性-一次接触,类别 2 危害水生环境-急性危害,类别 2 危害水生环境-长期危害,类别 2	H315 H319 H371 H401 H411	GHS07 GHS08 GHS09	警告	预防措施:P264、P280、P260、P270、P273 事故响应:P302＋P352、P321、P332＋P313、P362＋P364、P305＋P351＋P338、P337＋P313、P308＋P311、P391 安全储存:P405 废弃处置:P501		
514	3,4-二氯苯酚	3,4-二氯酚	95-77-2		特异性靶器官毒性-一次接触,类别 2 危害水生环境-急性危害,类别 2 危害水生环境-长期危害,类别 2	H371 H401 H411	GHS08 GHS09	警告	预防措施:P260、P264、P270、P273 事故响应:P308＋P311、P391 安全储存:P405 废弃处置:P501		

续表

序号	品名	别名	CAS号	UN号	危险性类别	危险性说明代码	象形图代码	警示词	防范说明代码	风险提示	备注
515	3,4-二氯苯基偶氮硫脲	3,4-二氯苯偶氮硫代氨基甲酰胺;灭鼠肼	5836-73-7		急性毒性-经口,类别 2 *	H300	GHS06	危险	预防措施:P264、P270 事故响应:P301+P310、P321、P330 安全储存:P405 废弃处置:P501	吞咽致命	
7516	二氯苯基三氯硅烷		27137-85-5	1766	皮肤腐蚀/刺激,类别 1 严重眼损伤/眼刺激,类别 1	H314 H318	GHS05	危险	预防措施:P260、P264、P280 事故响应:P301+P330+P331、P303+P361+P353、P304+P340、P305+P351+P338、P310、P321、P363 安全储存:P405 废弃处置:P501	可引起皮肤腐蚀	
517	2,4-二氯苯甲酰氯	2,4-二氯代氯化苯甲酰	89-75-8		皮肤腐蚀/刺激,类别 1 严重眼损伤/眼刺激,类别 1	H314 H318	GHS05	危险	预防措施:P260、P264、P280 事故响应:P301+P330+P331、P303+P361+P353、P304+P340、P305+P351+P338、P310、P321、P363 安全储存:P405 废弃处置:P501	可引起皮肤腐蚀	
518	2-(2,4-二氯苯氧基)丙酸	2,4-滴丙酸	120-36-5		皮肤腐蚀/刺激,类别 2 严重眼损伤/眼刺激,类别 1 危害水生环境-急性危害,类别 1 危害水生环境-长期危害,类别 1	H315 H318 H400 H410	GHS05 GHS09	危险	预防措施:P264、P280、P273 事故响应:P302+P352、P321、P332+P313、P362+P364、P305+P351+P338、P310、P391 安全储存: 废弃处置:P501	造成严重眼损伤	
519	3,4-二氯苄基氯	3,4-二氯氯化苄;氯化-3,4-二氯苄	102-47-6		危害水生环境-急性危害,类别 2 危害水生环境-长期危害,类别 2	H401 H411	GHS09	警告	预防措施:P273 事故响应:P391 安全储存: 废弃处置:P501		
520	1,1-二氯丙酮		513-88-2		易燃液体,类别 3 急性毒性-经口,类别 3	H226 H301	GHS02 GHS06	危险	预防措施:P210、P233、P240、P241、P242、P243、P280、P264、P270 事故响应:P303+P361+P353、P370+P378、P301+P310、P321、P330 安全储存:P403+P235、P405 废弃处置:P501	易燃液体,吞咽会中毒	
521	1,3-二氯丙酮	α,γ-二氯丙酮	534-07-6	2649	急性毒性-经口,类别 2 急性毒性-经皮,类别 2	H300 H310	GHS06	危险	预防措施:P264、P270、P262、P280 事故响应:P301+P310、P321、P330、P302+P352、P361+P364 安全储存:P405 废弃处置:P501	吞咽致命,皮肤接触会致命	

续表

序号	品名	别名	CAS号	UN号	危险性类别	危险性说明代码	象形图代码	警示词	防范说明代码	风险提示	备注
522	1,2-二氯丙烷	二氯化丙烯	78-87-5	1279	易燃液体,类别 2	H225	GHS02	危险	预防措施：P210、P233、P240、P241、P242、P243、P280 事故响应:P303+P361+P353、P370+P378 安全储存:P403+P235 废弃处置:P501	高度易燃液体	
523	1,3-二氯丙烷		142-28-9		易燃液体,类别 2 皮肤腐蚀/刺激,类别 2 危害水生环境-长期危害,类别 3	H225 H315 H412	GHS02 GHS07	危险	预防措施：P210、P233、P240、P241、P242、P243、P280、P264、P273 事故响应:P303+P361+P353、P370+P378、P302+P352、P321、P332+P313、P362+P364 安全储存:P403+P235 废弃处置:P501	高度易燃液体	
524	1,2-二氯丙烯	2-氯丙烯基氯	563-54-2	2047	易燃液体,类别 2	H225	GHS02	危险	预防措施：P210、P233、P240、P241、P242、P243、P280 事故响应:P303+P361+P353、P370+P378 安全储存:P403+P235 废弃处置:P501	高度易燃液体	
525	1,3-二氯丙烯		542-75-6	2047	易燃液体,类别 3 急性毒性-经口,类别 3* 急性毒性-经皮,类别 3* 皮肤腐蚀/刺激,类别 2 严重眼损伤/眼刺激,类别 2 皮肤致敏物,类别 1 特异性靶器官毒性-一次接触,类别 3(呼吸道刺激) 吸入危害,类别 1 危害水生环境-急性危害,类别 1 危害水生环境-长期危害,类别 1	H226 H301 H311 H315 H319 H317 H335 H304 H400 H410	GHS02 GHS06 GHS08 GHS09	危险	预防措施：P210、P233、P240、P241、P242、P243、P280、P264、P270、P261、P272、P271、P273 事故响应:P303+P361+P353、P370+P378、P301+P310、P321、P330、P302+P352、P312、P361+P364、P332+P313、P362+P364、P305+P351+P338、P337+P313、P333+P313、P304+P340、P331、P391 安全储存:P403+P235、P405、P403+P233 废弃处置:P501	易燃液体，吞咽会中毒，皮肤接触会中毒，可能引起皮肤过敏，禁止催吐	
526	2,3-二氯丙烯		78-88-6	2047	易燃液体,类别 2 皮肤腐蚀/刺激,类别 2 严重眼损伤/眼刺激,类别 1 生殖细胞致突变性,类别 2 特异性靶器官毒性-一次接触,类别 3(呼吸道刺激) 危害水生环境-长期危害,类别 3	H225 H315 H318 H341 H335 H412	GHS02 GHS05 GHS07 GHS08	危险	预防措施：P210、P233、P240、P241、P242、P243、P280、P264、P201、P202、P261、P271、P273 事故响应:P303+P361+P353、P370+P378、P302+P352、P321、P332+P313、P362+P364、P305+P351+P338、P310、P308+P313、P304+P340、P312 安全储存:P403+P235、P405、P403+P233 废弃处置:P501	高度易燃液体，造成严重眼损伤	

续表

序号	品名	别名	CAS号	UN号	危险性类别	危险性说明代码	象形图代码	警示词	防范说明代码	风险提示	备注
527	1,4-二氯丁烷		110-56-5		易燃液体,类别 3 危害水生环境-长期危害,类别 3	H226 H412	GHS02	警告	预防措施：P210、P233、P240、P241、P242、P243、P280、P273 事故响应:P303+P361+P353、P370+P378 安全储存:P403+P235 废弃处置:P501	易燃液体	
528	二氯二氟甲烷	R12	75-71-8	1028	加压气体 特异性靶器官毒性-反复接触,类别 1 危害臭氧层,类别 1	H280 或 H281 H372 H420	GHS04 GHS07 GHS08	危险	预防措施:P260、P264、P270 事故响应:P314 安全储存:P410+P403 废弃处置:P501	内装加压气体：遇热可能爆炸	
529	二氯二氟甲烷和二氟乙烷的共沸物[含二氯二氟甲烷约 74%]	R500		2602	易燃气体,类别 2 加压气体 特异性靶器官毒性-反复接触,类别 1 危害臭氧层,类别 1	H221 H280 或 H281 H372 H420	GHS04 GHS07 GHS08	危险	预防措施:P210、P260、P264、P270 事故响应:P377、P381、P314 安全储存:P410+P403 废弃处置:P501	易燃气体，内装加压气体：遇热可能爆炸	
530	1，2-二氯二乙醚	乙基-1,2-二氯乙醚	623-46-1		易燃液体,类别 3	H226	GHS02	警告	预防措施：P210、P233、P240、P241、P242、P243、P280 事故响应:P303+P361+P353、P370+P378 安全储存:P403+P235 废弃处置:P501	易燃液体	
531	2，2′-二氯二乙醚	对称二氯二乙醚	111-44-4	1916	易燃液体,类别 3 急性毒性-经口,类别 3 急性毒性-经皮,类别 3 急性毒性-吸入,类别 1 皮肤腐蚀/刺激,类别 2 严重眼损伤/眼刺激,类别 2B 特异性靶器官毒性-一次接触,类别 1 特异性靶器官毒性-一次接触,类别 3(麻醉效应)	H226 H301 H311 H330 H315 H320 H370 H336	GHS02 GHS06 GHS08	危险	预防措施：P210、P233、P240、P241、P242、P243、P280、P264、P270、P260、P271、P284、P261 事故响应:P303＋P361＋P353、P370＋P378、P301＋P310、P321、P330、P302＋P352、P312、P361＋P364、P304＋P340、P320、P332＋P313、P362+P364、P305＋P351＋P338、P337＋P313、P308+P311 安全储存:P403＋P235、P405、P233＋P403、P403+P233 废弃处置:P501	易燃液体，吞咽会中毒，皮肤接触会中毒，吸入致命	

续表

序号	品名	别名	CAS号	UN号	危险性类别	危险性说明代码	象形图代码	警示词	防范说明代码	风险提示	备注
532	二氯硅烷		4109-96-0	2189	易燃气体,类别1 加压气体 急性毒性-吸入,类别2 皮肤腐蚀/刺激,类别1 严重眼损伤/眼刺激,类别1 特异性靶器官毒性-一次接触,类别2	H220 H280或H281 H330 H314 H318 H371	GHS02 GHS04 GHS05 GHS06 GHS08	危险	预防措施：P210、P260、P271、P284、P264、P280、P270 事故响应：P377、P381、P304＋P340、P310、P320、P301＋P330＋P331、P303＋P361＋P353、P305＋P351＋P338、P321、P363、P308＋P311 安全储存：P410＋P403、P233＋P403、P405 废弃处置：P501	极易燃气体，内装加压气体：遇热可能爆炸，吸入致命，可引起皮肤腐蚀	
533	二氯化膦苯	苯基二氯磷；苯膦化二氯	644-97-3	2798	皮肤腐蚀/刺激,类别1 严重眼损伤/眼刺激,类别1 特异性靶器官毒性-一次接触,类别3(呼吸道刺激)	H314 H318 H335	GHS05 GHS07	危险	预防措施：P260、P264、P280、P261、P271 事故响应：P301＋P330＋P331、P303＋P361＋P353、P304＋P340、P305＋P351＋P338、P310、P321、P363、P312 安全储存：P405、P403＋P233 废弃处置：P501	可引起皮肤腐蚀	
534	二氯化硫		10545-99-0	1828	皮肤腐蚀/刺激,类别1B 严重眼损伤/眼刺激,类别1 特异性靶器官毒性-一次接触,类别3(呼吸道刺激) 危害水生环境-急性危害,类别1	H314 H318 H335 H400	GHS05 GHS07 GHS09	危险	预防措施：P260、P264、P280、P261、P271、P273 事故响应：P301＋P330＋P331、P303＋P361＋P353、P304＋P340、P305＋P351＋P338、P310、P321、P363、P312、P391 安全储存：P405、P403＋P233 废弃处置：P501	可引起皮肤腐蚀	
535	二氯化乙基铝	乙基二氯化铝	563-43-9		自燃液体,类别1 遇水放出易燃气体的物质和混合物,类别1 严重眼损伤/眼刺激,类别2 *	H250 H260 H319	GHS02 GHS07	危险	预防措施：P210、P222、P280、P223、P231＋P232、P264 事故响应：P302＋P334、P370＋P378、P335＋P334、P305＋P351＋P338、P337＋P313 安全储存：P422、P402＋P404 废弃处置：P501	暴露在空气中自燃，遇水放出可自燃的易燃气体	重大
536	2,4-二氯甲苯		95-73-8		皮肤腐蚀/刺激,类别2 危害水生环境-急性危害,类别2 危害水生环境-长期危害,类别2	H315 H401 H411	GHS07 GHS09	警告	预防措施：P264、P280、P273 事故响应：P302＋P352、P321、P332＋P313、P362＋P364、P391 安全储存： 废弃处置：P501		
537	2,5-二氯甲苯		19398-61-9		危害水生环境-急性危害,类别2 危害水生环境-长期危害,类别2	H401 H411	GHS09	警告	预防措施：P273 事故响应：P391 安全储存： 废弃处置：P501		

续表

序号	品名	别名	CAS号	UN号	危险性类别	危险性说明代码	象形图代码	警示词	防范说明代码	风险提示	备注
538	2,6-二氯甲苯		118-69-4		生殖毒性,类别2 危害水生环境-急性危害,类别2 危害水生环境-长期危害,类别2	H361 H401 H411	GHS08 GHS09	警告	预防措施:P201、P202、P280、P273 事故响应:P308+P313、P391 安全储存:P405 废弃处置:P501		
539	3,4-二氯甲苯		95-75-0		危害水生环境-急性危害,类别2 危害水生环境-长期危害,类别2	H401 H411	GHS09	警告	预防措施:P273 事故响应:P391 安全储存: 废弃处置:P501		
540	α,α-二氯甲苯	二氯化苄;二氯甲基苯;苄叉二氯	98-87-3	1886	致癌性,类别1B 急性毒性-吸入,类别3* 皮肤腐蚀/刺激,类别2 严重眼损伤/眼刺激,类别1 特异性靶器官毒性—一次接触,类别3(呼吸道刺激) 危害水生环境-长期危害,类别3	H350 H331 H315 H318 H335 H412	GHS05 GHS06 GHS08	危险	预防措施:P201、P202、P280、P261、P271、P264、P273 事故响应:P308+P313、P304+P340、P311、P321、P302+P352、P332+P313、P362+P364、P305+P351+P338、P310、P312 安全储存:P405、P233+P403、P403+P233 废弃处置:P501	可能致癌,吸入会中毒,造成严重眼损伤	
541	二氯甲烷	亚甲基氯;甲撑氯	75-09-2	1593	皮肤腐蚀/刺激,类别2 严重眼损伤/眼刺激,类别2A 致癌性,类别2 特异性靶器官毒性—一次接触,类别1 特异性靶器官毒性—一次接触,类别3(麻醉效应) 特异性靶器官毒性-反复接触,类别1	H315 H319 H351 H370 H336 H372	GHS07 GHS08	危险	预防措施:P264、P280、P201、P202、P260、P270、P261、P271 事故响应:P302+P352、P321、P332+P313、P362+P364、P305+P351+P338、P337+P313、P308+P313、P308+P311、P304+P340、P312、P314 安全储存:P405、P403+P233 废弃处置:P501		
542	3,3′-二氯联苯胺		91-94-1		致癌性,类别2 皮肤致敏物,类别1 危害水生环境-急性危害,类别1 危害水生环境-长期危害,类别1	H351 H317 H400 H410	GHS07 GHS08 GHS09	警告	预防措施:P201、P202、P280、P261、P272、P273 事故响应:P308+P313、P302+P352、P321、P333+P313、P362+P364、P391 安全储存:P405 废弃处置:P501	可能引起皮肤过敏	
543	二氯硫化碳	硫光气;硫代羰基氯	463-71-8	2474	急性毒性-吸入,类别3* 皮肤腐蚀/刺激,类别2 严重眼损伤/眼刺激,类别2 特异性靶器官毒性—一次接触,类别3(呼吸道刺激)	H331 H315 H319 H335	GHS06	危险	预防措施:P261、P271、P264、P280 事故响应:P304+P340、P311、P321、P302+P352、P332+P313、P362+P364、P305+P351+P338、P337+P313、P312 安全储存:P233+P403、P405、P403+P233 废弃处置:P501	吸入会中毒	

续表

序号	品名	别名	CAS 号	UN 号	危险性类别	危险性说明代码	象形图代码	警示词	防范说明代码	风险提示	备注
544	二氯醛基丙烯酸	粘氯酸;二氯代丁烯醛酸;糠氯酸	87-56-9		皮肤腐蚀/刺激,类别 1 严重眼损伤/眼刺激,类别 1 生殖细胞致突变性,类别 2 特异性靶器官毒性-一次接触,类别 2 危害水生环境-长期危害,类别 3	H314 H318 H341 H371 H412	GHS05 GHS08	危险	预防措施：P260、P264、P280、P201、P202、P270、P273 事故响应:P301+P330+P331、P303+P361+P353、P304+P340、P305+P351+P338、P310、P321、P363、P308+P313、P308+P311 安全储存:P405 废弃处置:P501	可引起皮肤腐蚀	
545	二氯四氟乙烷	R114	76-14-2	1958	加压气体 危害臭氧层,类别 1	H280 或 H281 H420	GHS04 GHS07	警告	预防措施： 事故响应： 安全储存:P410+P403 废弃处置：	内装加压气体：遇热可能爆炸	
546	1,5-二氯戊烷		628-76-2	1152	易燃液体,类别 3 危害水生环境-长期危害,类别 3	H226 H412	GHS02	警告	预防措施：P210、P233、P240、P241、P242、P243、P280、P273 事故响应:P303+P361+P353、P370+P378 安全储存:P403+P235 废弃处置:P501	易燃液体	
547	2，3-二氯硝基苯	1，2-二氯-3-硝基苯	3209-22-1		皮肤腐蚀/刺激,类别 2 特异性靶器官毒性-一次接触,类别 1 特异性靶器官毒性-反复接触,类别 2 危害水生环境-急性危害,类别 2 危害水生环境-长期危害,类别 2	H315 H370 H373 H401 H411	GHS07 GHS08 GHS09	危险	预防措施:P264、P280、P260、P270、P273 事故响应:P302+P352、P321、P332+P313、P362+P364、P308+P311、P314、P391 安全储存:P405 废弃处置:P501		
548	2，4-二氯硝基苯		611-06-3	1577(液态) 3441(固态)	急性毒性-经皮,类别 3 皮肤致敏物,类别 1 生殖毒性,类别 2 特异性靶器官毒性-反复接触,类别 2 危害水生环境-急性危害,类别 2 危害水生环境-长期危害,类别 2	H311 H317 H361 H373 H401 H411	GHS06 GHS08 GHS09	危险	预防措施：P280、P261、P272、P201、P202、P260、P273 事故响应:P302+P352、P312、P321、P361+P364、P333+P313、P362+P364、P308+P313、P314、P391 安全储存:P405 废弃处置:P501	皮肤接触会中毒,可能引起皮肤过敏	

续表

序号	品名	别名	CAS号	UN号	危险性类别	危险性说明代码	象形图代码	警示词	防范说明代码	风险提示	备注
549	2,5-二氯硝基苯	1,4-二氯-2-硝基苯	89-61-2		生殖毒性,类别 2 特异性靶器官毒性-一次接触,类别 1 特异性靶器官毒性-一次接触,类别 3(麻醉效应) 特异性靶器官毒性-反复接触,类别 1 危害水生环境-急性危害,类别 1 危害水生环境-长期危害,类别 1	H361 H370 H336 H372 H400 H410	GHS07 GHS08 GHS09	危险	预防措施：P201、P202、P280、P260、P264、P270、P261、P271、P273 事故响应：P308＋P313、P308＋P311、P321、P304＋P340、P312、P314、P391 安全储存：P405、P403＋P233 废弃处置：P501		
550	3,4-二氯硝基苯		99-54-7	1577(液态) 3441(固态)	生殖毒性,类别 2 特异性靶器官毒性-一次接触,类别 3(麻醉效应) 特异性靶器官毒性-反复接触,类别 1 危害水生环境-急性危害,类别 2 危害水生环境-长期危害,类别 2	H361 H336 H372 H401 H411	GHS07 GHS08 GHS09	危险	预防措施：P201、P202、P280、P261、P271、P260、P264、P270、P273 事故响应：P308＋P313、P304＋P340、P312、P314、P391 安全储存：P405、P403＋P233 废弃处置：P501		
551	二氯一氟甲烷	R21	75-43-4		加压气体 严重眼损伤/眼刺激,类别 2B 生殖毒性,类别 2 特异性靶器官毒性-一次接触,类别 3(麻醉效应) 特异性靶器官毒性-反复接触,类别 1 危害臭氧层,类别 1	H280 或 H281 H320 H361 H336 H372 H420	GHS04 GHS07 GHS08	危险	预防措施：P264、P201、P202、P280、P261、P271、P260、P270 事故响应：P305＋P351＋P338、P337＋P313、P308＋P313、P304＋P340、P312、P314 安全储存：P410＋P403、P405、P403＋P233 废弃处置：P501	内装加压气体：遇热可能爆炸	
552	二氯乙腈	氰化二氯甲烷	3018-12-0		易燃液体,类别 3 皮肤腐蚀/刺激,类别 1 严重眼损伤/眼刺激,类别 1	H226 H314 H318	GHS02 GHS05	危险	预防措施：P210、P233、P240、P241、P242、P243、P280、P260、P264 事故响应：P303＋P361＋P353、P370＋P378、P301＋P330＋P331、P304＋P340、P305＋P351＋P338、P310、P321、P363 安全储存：P403＋P235、P405 废弃处置：P501	易燃液体，可引起皮肤腐蚀	

续表

序号	品名	别名	CAS号	UN号	危险性类别	危险性说明代码	象形图代码	警示词	防范说明代码	风险提示	备注
553	二氯乙酸	二氯醋酸	79-43-6	1764	皮肤腐蚀/刺激,类别1A 严重眼损伤/眼刺激,类别1 危害水生环境-急性危害,类别1 致癌性,类别2	H314 H318 H400 H351	GHS05 GHS08 GHS09	危险	预防措施:P260、P264、P280、P273、P201、P202 事故响应:P301+P330+P331、P303+P361+P353、P304+P340、P305+P351+P338、P310、P321、P363、P391、P308+P313 安全储存:P405 废弃处置:P501	可引起皮肤腐蚀	
554	二氯乙酸甲酯	二氯醋酸甲酯	116-54-1	2299	急性毒性-吸入,类别3 皮肤腐蚀/刺激,类别2 严重眼损伤/眼刺激,类别2	H331 H315 H319	GHS06	危险	预防措施:P261、P271、P264、P280 事故响应:P304+P340、P311、P321、P302+P352、P332+P313、P362+P364、P305+P351+P338、P337+P313 安全储存:P233+P403、P405 废弃处置:P501	吸入会中毒	
555	二氯乙酸乙酯	二氯醋酸乙酯	535-15-9		严重眼损伤/眼刺激,类别2 特异性靶器官毒性-一次接触,类别3(呼吸道刺激)	H319 H335	GHS07	警告	预防措施:P264、P280、P261、P271 事故响应:P305+P351+P338、P337+P313、P304+P340、P312 安全储存:P403+P233、P405 废弃处置:P501		
556	1,1-二氯乙烷	乙叉二氯	75-34-3	2362	易燃液体,类别2 严重眼损伤/眼刺激,类别2 特异性靶器官毒性-一次接触,类别3(呼吸道刺激) 危害水生环境-长期危害,类别3	H225 H319 H335 H412	GHS02 GHS07	危险	预防措施:P210、P233、P240、P241、P242、P243、P280、P264、P261、P271、P273 事故响应:P303+P361+P353、P370+P378、P305+P351+P338、P337+P313、P304+P340、P312 安全储存:P403+P235、P403+P233、P405 废弃处置:P501	高度易燃液体	
557	1,2-二氯乙烷	乙撑二氯;亚乙基二氯;1,2-二氯化乙烯	107-06-2	1184	易燃液体,类别2 皮肤腐蚀/刺激,类别2 严重眼损伤/眼刺激,类别2 致癌性,类别2 特异性靶器官毒性-一次接触,类别3(呼吸道刺激)	H225 H315 H319 H351 H335	GHS02 GHS07 GHS08	危险	预防措施:P210、P233、P240、P241、P242、P243、P280、P264、P201、P202、P261、P271 事故响应:P303+P361+P353、P370+P378、P302+P352、P321、P332+P313、P362+P364、P305+P351+P338、P337+P313、P308+P313、P304+P340、P312 安全储存:P403+P235、P405、P403+P233 废弃处置:P501	高度易燃液体	

续表

序号	品名	别名	CAS号	UN号	危险性类别	危险性说明代码	象形图代码	警示词	防范说明代码	风险提示	备注
558	1,1-二氯乙烯	偏二氯乙烯;乙烯叉二氯	75-35-4	1303	易燃液体,类别1	H224	GHS02	危险	预防措施:P210、P233、P240、P241、P242、P243、P280 事故响应:P303+P361+P353、P370+P378 安全储存:P403+P235 废弃处置:P501	极易燃液体	
559	1,2-二氯乙烯	二氯化乙炔	540-59-0	1150	易燃液体,类别2 危害水生环境-长期危害,类别3	H225 H412	GHS02	危险	预防措施:P210、P233、P240、P241、P242、P243、P280、P273 事故响应:P303+P361+P353、P370+P378 安全储存:P403+P235 废弃处置:P501	高度易燃液体	
560	二氯乙酰氯		79-36-7	1765	皮肤腐蚀/刺激,类别1A 严重眼损伤/眼刺激,类别1 危害水生环境-急性危害,类别1	H314 H318 H400	GHS05 GHS09	危险	预防措施:P260、P264、P280、P273 事故响应:P301+P330+P331、P303+P361+P353、P304+P340、P305+P351+P338、P310、P321、P363、P391 安全储存:P405 废弃处置:P501	可引起皮肤腐蚀	
561	二氯异丙基醚	二氯异丙醚	108-60-1	2490	急性毒性-吸入,类别2 特异性靶器官毒性-一次接触,类别1 特异性靶器官毒性-一次接触,类别3(呼吸道刺激) 危害水生环境-长期危害,类别3	H330 H370 H335 H412	GHS06 GHS08	危险	预防措施:P260、P271、P284、P264、P270、P261、P273 事故响应:P304+P340、P310、P320、P308+P311、P321、P312 安全储存:P233+P403、P405、P403+P233 废弃处置:P501	吸入致命	
562	二氯异氰尿酸		2782-57-2	2465	氧化性固体,类别2 严重眼损伤/眼刺激,类别2 特异性靶器官毒性-一次接触,类别3(呼吸道刺激) 危害水生环境-急性危害,类别1 危害水生环境-长期危害,类别1	H272 H319 H335 H400 H410	GHS03 GHS07 GHS09	危险	预防措施:P210、P220、P221、P280、P264、P261、P271、P273 事故响应:P370+P378、P305+P351+P338、P337+P313、P304+P340、P312、P391 安全储存:P403+P233、P405 废弃处置:P501	可加剧燃烧,氧化剂	
563	1,4-二羟基-2-丁炔	1,4-丁炔二醇;丁炔二醇	110-65-6	2716	急性毒性-经口,类别3* 急性毒性-吸入,类别3* 皮肤腐蚀/刺激,类别1B 严重眼损伤/眼刺激,类别1 皮肤致敏物,类别1 特异性靶器官毒性-反复接触,类别2*	H301 H331 H314 H318 H317 H373	GHS05 GHS06 GHS08	危险	预防措施:P264、P270、P261、P271、P260、P280、P272 事故响应:P301+P310、P321、P304+P340、P311、P301+P330+P331、P303+P361+P353、P305+P351+P338、P363、P302+P352、P333+P313、P362+P364、P314 安全储存:P405、P233+P403 废弃处置:P501	吞咽会中毒,吸入会中毒,可引起皮肤腐蚀,可能引起皮肤过敏	

续表

序号	品名	别名	CAS号	UN号	危险性类别	危险性说明代码	象形图代码	警示词	防范说明代码	风险提示	备注
564	1,5-二羟基-4,8-二硝基蒽醌		128-91-6		易燃固体,类别 2	H228	GHS02	警告	预防措施:P210、P240、P241、P280 事故响应:P370+P378 安全储存: 废弃处置:	易燃固体	
565	3,4-二羟基-α-[(甲氨基)甲基]苄醇	肾上腺素;付肾碱;付肾素	51-43-4		急性毒性-经皮,类别 2	H310	GHS06	危险	预防措施:P262、P264、P270、P280 事故响应:P302+P352、P310、P321、P361+P364 安全储存:P405 废弃处置:P501	皮肤接触会致命	
566	2,2′-二羟基二乙胺	二乙醇胺	111-42-2		皮肤腐蚀/刺激,类别 2 严重眼损伤/眼刺激,类别 1 特异性靶器官毒性-反复接触,类别 2 * 危害水生环境-急性危害,类别 2 危害水生环境-长期危害,类别 3	H315 H318 H373 H401 H412	GHS05 GHS08	危险	预防措施:P264、P280、P260、P273 事故响应:P302+P352、P321、P332+P313、P362+P364、P305+P351+P338、P310、P314 安全储存: 废弃处置:P501	造成严重眼损伤	
567	3,6-二羟基邻苯二甲腈	2,3-二氰基对苯二酚	4733-50-0		皮肤腐蚀/刺激,类别 2 严重眼损伤/眼刺激,类别 2 特异性靶器官毒性-一次接触,类别 3(呼吸道刺激)	H315 H319 H335	GHS07	警告	预防措施:P264、P280、P261、P271 事故响应:P302+P352、P321、P332+P313、P362+P364、P305+P351+P338、P337+P313、P304+P340、P312 安全储存:P403+P233、P405 废弃处置:P501		
568	2,3-二氢-2,2-二甲基苯并呋喃-7-基-*N*-甲基氨基甲酸酯	克百威	1563-66-2		急性毒性-经口,类别 2 * 急性毒性-吸入,类别 2 * 危害水生环境-急性危害,类别 1 危害水生环境-长期危害,类别 1	H300 H330 H400 H410	GHS06 GHS09	危险	预防措施:P264、P270、P260、P271、P284、P273 事故响应:P301+P310、P321、P330、P304+P340、P320、P391 安全储存:P405、P233+P403 废弃处置:P501	吞咽致命,吸入致命	剧毒
569	2,3-二氢吡喃		25512-65-6	2376	易燃液体,类别 2	H225	GHS02	危险	预防措施:P210、P233、P240、P241、P242、P243、P280 事故响应:P303+P361+P353、P370+P378 安全储存:P403+P235 废弃处置:P501	高度易燃液体	
570	2,3-二氰-5,6-二氯氢醌		84-58-2		急性毒性-经口,类别 3	H301	GHS06	危险	预防措施:P264、P270 事故响应:P301+P310、P321、P330 安全储存:P405 废弃处置:P501	吞咽会中毒	

续表

序号	品名	别名	CAS号	UN号	危险性类别	危险性说明代码	象形图代码	警示词	防范说明代码	风险提示	备注
571	二肉豆蔻基过氧重碳酸酯[含量≤100%]		53220-22-7	3116	有机过氧化物，D型	H242	GHS02	危险	预防措施：P210、P220、P234、P280 事故响应： 安全储存：P235+P411、P410、P420 废弃处置：P501	加热可引起燃烧	
	二肉豆蔻基过氧重碳酸酯[含量≤42%，在水中稳定弥散]			3119	有机过氧化物，F型	H242	GHS02	警告	预防措施：P210、P220、P234、P280 事故响应： 安全储存：P235、P410、P411、P420 废弃处置：P501	加热可引起燃烧	
572	2，6-二噻-1，3，5，7-四氮三环-[3，3，1，1，3，7]癸烷-2，2，6，6-四氧化物	毒鼠强	80-12-6		急性毒性-经口，类别1 危害水生环境-急性危害，类别1 危害水生环境-长期危害，类别1	H300 H400 H410	GHS06 GHS09	危险	预防措施：P264、P270、P273 事故响应：P301+P310、P321、P330、P391 安全储存：P405 废弃处置：P501	吞咽致命	剧毒
573	二叔丁基过氧化物[52%＜含量≤100%]	过氧化二叔丁基	110-05-4	3107	有机过氧化物，E型	H242	GHS02	警告	预防措施：P210、P220、P234、P280 事故响应： 安全储存：P235、P410、P411、P420 废弃处置：P501	加热可引起燃烧	
	二叔丁基过氧化物[含量≤52%，含B型稀释剂②≥48%]			3109	有机过氧化物，F型	H242	GHS02	警告	预防措施：P210、P220、P234、P280 事故响应： 安全储存：P235、P410、P411、P420 废弃处置：P501	加热可引起燃烧	
574	二叔丁基过氧壬二酸酯[含量≤52%，含A型稀释剂①≥48%]		16580-06-6	3105	有机过氧化物，D型	H242	GHS02	危险	预防措施：P210、P220、P234、P280 事故响应： 安全储存：P235+P411、P410、P420 废弃处置：P501	加热可引起燃烧	
575	1，1-二叔戊过氧基环己烷[含量≤82%，含A型稀释剂①≥18%]		15667-10-4	3103	有机过氧化物，C型	H242	GHS02	危险	预防措施：P210、P220、P234、P280 事故响应： 安全储存：P235+P411、P410、P420 废弃处置：P501	加热可引起燃烧	
576	二-叔戊基过氧化物[含量≤100%]		10508-09-5	3107	有机过氧化物，E型	H242	GHS02	警告	预防措施：P210、P220、P234、P280 事故响应： 安全储存：P235、P410、P411、P420 废弃处置：P501	加热可引起燃烧	

续表

序号	品名	别名	CAS号	UN号	危险性类别	危险性说明代码	象形图代码	警示词	防范说明代码	风险提示	备注
577	二水合三氟化硼	三氟化硼水合物	13319-75-0	2851	急性毒性-吸入,类别2* 皮肤腐蚀/刺激,类别1A 严重眼损伤/眼刺激,类别1	H330 H314 H318	GHS05 GHS06	危险	预防措施:P260、P271、P284、P264、P280 事故响应:P304+P340、P310、P320、P301+P330+P331、P303+P361+P353、P305+P351+P338、P321、P363 安全储存:P233+P403、P405 废弃处置:P501	吸入致命,可引起皮肤腐蚀	
578	二戊基磷酸	酸式磷酸二戊酯	3138-42-9		皮肤腐蚀/刺激,类别1C 严重眼损伤/眼刺激,类别1	H314 H318	GHS05	危险	预防措施:P260、P264、P280 事故响应:P301+P330+P331、P303+P361+P353、P304+P340、P305+P351+P338、P310、P321、P363 安全储存:P405 废弃处置:P501	可引起皮肤腐蚀	
579	二烯丙基胺	二烯丙胺	124-02-7	2359	易燃液体,类别2 急性毒性-经皮,类别3 皮肤腐蚀/刺激,类别1 严重眼损伤/眼刺激,类别1 特异性靶器官毒性-一次接触,类别2 特异性靶器官毒性-一次接触,类别3(呼吸道刺激) 危害水生环境-急性危害,类别2 危害水生环境-长期危害,类别2	H225 H311 H314 H318 H371 H335 H401 H411	GHS02 GHS05 GHS06 GHS08 GHS09	危险	预防措施:P210、P233、P240、P241、P242、P243、P280、P260、P264、P270、P261、P271、P273 事故响应:P303+P361+P353、P370+P378、P302+P352、P312、P321、P361+P364、P301+P330+P331、P304+P340、P305+P351+P338、P310、P363、P308+P311、P391 安全储存:P403+P235、P405、P403+P233 废弃处置:P501	高度易燃液体,皮肤接触会中毒,可引起皮肤腐蚀	
580	二烯丙基代氰胺	*N*-氰基二烯丙基胺	538-08-9		急性毒性-经口,类别3	H301	GHS06	危险	预防措施:P264、P270 事故响应:P301+P310、P321、P330 安全储存:P405 废弃处置:P501	吞咽会中毒	
581	二烯丙基硫醚	硫化二烯丙基;烯丙基硫醚	592-88-1		易燃液体,类别3	H226	GHS02	警告	预防措施:P210、P233、P240、P241、P242、P243、P280 事故响应:P303+P361+P353、P370+P378 安全储存:P403+P235 废弃处置:P501	易燃液体	
582	二烯丙基醚	烯丙基醚	557-40-4	2360	易燃液体,类别2 急性毒性-经皮,类别3 严重眼损伤/眼刺激,类别2 特异性靶器官毒性-一次接触,类别3(麻醉效应)	H225 H311 H319 H336	GHS02 GHS06	危险	预防措施:P210、P233、P240、P241、P242、P243、P280、P264、P261、P271 事故响应:P303+P361+P353、P370+P378、P302+P352、P312、P321、P361+P364、P305+P351+P338、P337+P313、P304+P340 安全储存:P403+P235、P405、P403+P233 废弃处置:P501	高度易燃液体皮肤接触会中毒	

续表

序号	品名	别名	CAS号	UN号	危险性类别	危险性说明代码	象形图代码	警示词	防范说明代码	风险提示	备注
583	4,6-二硝基-2-氨基苯酚	苦氨酸;二硝基氨基苯酚	96-91-3		爆炸物,1.1项 危害水生环境-长期危害,类别3	H201 H412	GHS01	危险	预防措施:P210、P230、P240、P250、P280、P273 事故响应:P370+P380、P372、P373 安全储存:P401 废弃处置:P501	整体爆炸危险	
584	4,6-二硝基-2-氨基苯酚锆	苦氨酸锆	63868-82-6	0236	爆炸物,1.3项 特异性靶器官毒性-一次接触,类别3(呼吸道刺激)	H203 H335	GHS01 GHS07	危险	预防措施:P210、P230、P240、P250、P280、P261、P271 事故响应:P370+P380、P372、P373、P304+P340、P312 安全储存:P401、P403+P233、P405 废弃处置:P501	燃烧、爆轰或进射危险	
585	4,6-二硝基-2-氨基苯酚钠	苦氨酸钠	831-52-7	0235	爆炸物,1.3项	H203	GHS01	危险	预防措施:P210、P230、P240、P250、P280 事故响应:P370+P380、P372、P373 安全储存:P401 废弃处置:P501	燃烧、爆轰或进射危险	制爆
586	1,2-二硝基苯	邻二硝基苯	528-29-0	3443	急性毒性-经口,类别2* 急性毒性-经皮,类别1 急性毒性-吸入,类别2* 特异性靶器官毒性-反复接触,类别2* 危害水生环境-急性危害,类别1 危害水生环境-长期危害,类别1	H300 H310 H330 H373 H400 H410	GHS06 GHS08 GHS09	危险	预防措施:P264、P270、P262、P280、P260、P271、P284、P273 事故响应:P301+P310、P321、P330、P302+P352、P361+P364、P304+P340、P320、P314、P391 安全储存:P405、P233+P403 废弃处置:P501	吞咽致命,皮肤接触会致命,吸入致命	
587	1,3-二硝基苯	间二硝基苯	99-65-0	3443	急性毒性-经口,类别2* 急性毒性-经皮,类别1 急性毒性-吸入,类别2* 特异性靶器官毒性-反复接触,类别2* 危害水生环境-急性危害,类别1 危害水生环境-长期危害,类别1	H300 H310 H330 H373 H400 H410	GHS06 GHS08 GHS09	危险	预防措施:P264、P270、P262、P280、P260、P271、P284、P273 事故响应:P301+P310、P321、P330、P302+P352、P361+P364、P304+P340、P320、P314、P391 安全储存:P405、P233+P403 废弃处置:P501	吞咽致命,皮肤接触会致命,吸入致命	
588	1,4-二硝基苯	对二硝基苯	100-25-4	3443	急性毒性-经口,类别2* 急性毒性-经皮,类别1 急性毒性-吸入,类别2* 特异性靶器官毒性-反复接触,类别2* 危害水生环境-急性危害,类别1 危害水生环境-长期危害,类别1	H300 H310 H330 H373 H400 H410	GHS06 GHS08 GHS09	危险	预防措施:P264、P270、P262、P280、P260、P271、P284、P273 事故响应:P301+P310、P321、P330、P302+P352、P361+P364、P304+P340、P320、P314、P391 安全储存:P405、P233+P403 废弃处置:P501	吞咽致命,皮肤接触会致命,吸入致命	

续表

序号	品名	别名	CAS号	UN号	危险性类别	危险性说明代码	象形图代码	警示词	防范说明代码	风险提示	备注
589	2，4-二硝基苯胺		97-02-9	1596	急性毒性-经口，类别2* 急性毒性-经皮，类别1 急性毒性-吸入，类别2* 特异性靶器官毒性-反复接触，类别2* 危害水生环境-急性危害，类别2 危害水生环境-长期危害，类别2	H300 H310 H330 H373 H401 H411	GHS06 GHS08 GHS09	危险	预防措施：P264、P270、P262、P280、P260、P271、P284、P273 事故响应：P301＋P310、P321、P330、P302＋P352、P361＋P364、P304＋P340、P320、P314、P391 安全储存：P405、P233＋P403 废弃处置：P501	吞咽致命，皮肤接触会致命，吸入致命	
590	2，6-二硝基苯胺		606-22-4	1596	急性毒性-经口，类别2* 急性毒性-经皮，类别1 急性毒性-吸入，类别2* 特异性靶器官毒性-反复接触，类别2* 危害水生环境-急性危害，类别2 危害水生环境-长期危害，类别2	H300 H310 H330 H373 H401 H411	GHS06 GHS08 GHS09	危险	预防措施：P264、P270、P262、P280、P260、P271、P284、P273 事故响应：P301＋P310、P321、P330、P302＋P352、P361＋P364、P304＋P340、P320、P314、P391 安全储存：P405、P233＋P403 废弃处置：P501	吞咽致命，皮肤接触会致命，吸入致命	
591	3，5-二硝基苯胺		618-87-1	1596	急性毒性-经口，类别2* 急性毒性-经皮，类别1 急性毒性-吸入，类别2* 特异性靶器官毒性-反复接触，类别2* 危害水生环境-急性危害，类别2 危害水生环境-长期危害，类别2	H300 H310 H330 H373 H401 H411	GHS06 GHS08 GHS09	危险	预防措施：P264、P270、P262、P280、P260、P271、P284、P273 事故响应：P301＋P310、P321、P330、P302＋P352、P361＋P364、P304＋P340、P320、P314、P391 安全储存：P405、P233＋P403 废弃处置：P501	吞咽致命，皮肤接触会致命，吸入致命	
592	二硝基苯酚[干的或含水＜15%]		25550-58-7	0076	爆炸物，1.1项 急性毒性-经口，类别3* 急性毒性-经皮，类别3* 急性毒性-吸入，类别3* 特异性靶器官毒性-反复接触，类别2* 危害水生环境-急性危害，类别1 危害水生环境-长期危害，类别1	H201 H301 H311 H331 H373 H400 H410	GHS01 GHS06 GHS08 GHS09	危险	预防措施：P210、P230、P240、P250、P280、P264、P270、P261、P271、P260、P273 事故响应：P370＋P380、P372、P373、P301＋P310、P321、P330、P302＋P352、P312、P361＋P364、P304＋P340、P311、P314、P391 安全储存：P401、P405、P233＋P403 废弃处置：P501	整体爆炸危险，吞咽会中毒，皮肤接触会中毒，吸入会中毒	制爆
	二硝基苯酚溶液			1599	急性毒性-经口，类别3* 急性毒性-经皮，类别3* 急性毒性-吸入，类别3* 特异性靶器官毒性-反复接触，类别2* 危害水生环境-急性危害，类别1 危害水生环境-长期危害，类别1	H301 H311 H331 H373 H400 H410	GHS06 GHS08 GHS09	危险	预防措施：P264、P270、P280、P261、P271、P260、P273 事故响应：P301＋P310、P321、P330、P302＋P352、P312、P361＋P364、P304＋P340、P311、P314、P391 安全储存：P405、P233＋P403 废弃处置：P501	吞咽会中毒，皮肤接触会中毒，吸入会中毒	

续表

序号	品名	别名	CAS号	UN号	危险性类别	危险性说明代码	象形图代码	警示词	防范说明代码	风险提示	备注
593	2,4-二硝基苯酚[含水≥15%]	1-羟基-2,4-二硝基苯	51-28-5	1320	易燃固体,类别1 急性毒性-经口,类别3* 急性毒性-经皮,类别3* 急性毒性-吸入,类别3* 特异性靶器官毒性-反复接触,类别2* 危害水生环境-急性危害,类别1	H228 H301 H311 H331 H373 H400	GHS02 GHS06 GHS08 GHS09	危险	预防措施:P210、P240、P241、P280、P264、P270、P261、P271、P260、P273 事故响应:P370+P378、P301+P310、P321、P330、P302+P352、P312、P361+P364、P304+P340、P311、P314、P391 安全储存:P405、P233+P403 废弃处置:P501	易燃固体,吞咽会中毒,皮肤接触会中毒,吸入会中毒	制爆
594	2,5-二硝基苯酚[含水≥15%]		329-71-5	1320	易燃固体,类别1 急性毒性-经口,类别3* 急性毒性-经皮,类别3* 急性毒性-吸入,类别3* 特异性靶器官毒性-反复接触,类别2* 危害水生环境-急性危害,类别2 危害水生环境-长期危害,类别2	H228 H301 H311 H331 H373 H401 H411	GHS02 GHS06 GHS08 GHS09	危险	预防措施:P210、P240、P241、P280、P264、P270、P261、P271、P260、P273 事故响应:P370+P378、P301+P310、P321、P330、P302+P352、P312、P361+P364、P304+P340、P311、P314、P391 安全储存:P405、P233+P403 废弃处置:P501	易燃固体,吞咽会中毒,皮肤接触会中毒,吸入会中毒	制爆
595	2,6-二硝基苯酚[含水≥15%]		573-56-8	1320	易燃固体,类别1 急性毒性-经口,类别3* 急性毒性-经皮,类别3* 急性毒性-吸入,类别3* 特异性靶器官毒性-反复接触,类别2* 危害水生环境-急性危害,类别2 危害水生环境-长期危害,类别2	H228 H301 H311 H331 H373 H401 H411	GHS02 GHS06 GHS08 GHS09	危险	预防措施:P210、P240、P241、P280、P264、P270、P261、P271、P260、P273 事故响应:P370+P378、P301+P310、P321、P330、P302+P352、P312、P361+P364、P304+P340、P311、P314、P391 安全储存:P405、P233+P403 废弃处置:P501	易燃固体,吞咽会中毒,皮肤接触会中毒,吸入会中毒	制爆
596	二硝基苯酚碱金属盐[干的或含水<15%]	二硝基酚碱金属盐		0077	爆炸物,1.3项 急性毒性-经口,类别3* 急性毒性-经皮,类别3* 急性毒性-吸入,类别3* 特异性靶器官毒性-反复接触,类别2* 危害水生环境-急性危害,类别2 危害水生环境-长期危害,类别2	H203 H301 H311 H331 H373 H401 H411	GHS01 GHS06 GHS08 GHS09	危险	预防措施:P210、P230、P240、P250、P280、P264、P270、P261、P271、P260、P273 事故响应:P370+P380、P372、P373、P301+P310、P321、P330、P302+P352、P312、P361+P364、P304+P340、P311、P314、P391 安全储存:P401、P405、P233+P403 废弃处置:P501	燃烧、爆轰或迸射危险,吞咽会中毒,皮肤接触会中毒,吸入会中毒	制爆

续表

序号	品名	别名	CAS号	UN号	危险性类别	危险性说明代码	象形图代码	警示词	防范说明代码	风险提示	备注
597	2,4-二硝基苯酚钠		1011-73-0		爆炸物,1.3项 急性毒性-经口,类别3* 急性毒性-经皮,类别3* 急性毒性-吸入,类别3* 特异性靶器官毒性-反复接触,类别2* 危害水生环境-急性危害,类别2 危害水生环境-长期危害,类别2	H203 H301 H311 H331 H373 H401 H411	GHS01 GHS06 GHS08 GHS09	危险	预防措施:P210、P230、P240、P250、P280、P264、P270、P261、P271、P260、P273 事故响应:P370+P380、P372、P373、P301+P310、P321、P330、P302+P352、P312、P361+P364、P304+P340、P311、P314、P391 安全储存:P401、P405、P233+P403 废弃处置:P501	燃烧、爆轰或迸射危险,吞咽会中毒,皮肤接触会中毒,吸入会中毒	制爆
598	2,4-二硝基苯磺酰氯		1656-44-6		皮肤腐蚀/刺激,类别1 严重眼损伤/眼刺激,类别1	H314 H318	GHS05	危险	预防措施:P260、P264、P280 事故响应:P301+P330+P331、P303+P361+P353、P304+P340、P305+P351+P338、P310、P321、P363 安全储存:P405 废弃处置:P501	可引起皮肤腐蚀	
599	2,4-二硝基苯甲醚	2,4-二硝基茴香醚	119-27-7		易燃固体,类别1 急性毒性-经口,类别3	H228 H301	GHS02 GHS06	危险	预防措施:P210、P240、P241、P280、P264、P270 事故响应:P370+P378、P301+P310、P321、P330 安全储存:P405 废弃处置:P501	易燃固体,吞咽会中毒	
600	3,5-二硝基苯甲酰氯	3,5-二硝基氯化苯甲酰	99-33-2		易燃固体,类别2	H228	GHS02	警告	预防措施:P210、P240、P241、P280 事故响应:P370+P378 安全储存: 废弃处置:	易燃固体	
601	2,4-二硝基苯肼		119-26-6		易燃固体,类别1	H228	GHS02	危险	预防措施:P210、P240、P241、P280 事故响应:P370+P378 安全储存: 废弃处置:	易燃固体	
602	1,3-二硝基丙烷		6125-21-9		易燃液体,类别3	H226	GHS02	警告	预防措施:P210、P233、P240、P241、P242、P243、P280 事故响应:P303+P361+P353、P370+P378 安全储存:P403+P235 废弃处置:P501	易燃液体	
603	2,2-二硝基丙烷		595-49-3		易燃固体,类别1	H228	GHS02	危险	预防措施:P210、P240、P241、P280 事故响应:P370+P378 安全储存: 废弃处置:	易燃固体	

续表

序号	品名	别名	CAS号	UN号	危险性类别	危险性说明代码	象形图代码	警示词	防范说明代码	风险提示	备注
604	2,4-二硝基二苯胺		961-68-2		皮肤腐蚀/刺激,类别 2 严重眼损伤/眼刺激,类别 2 特异性靶器官毒性-一次接触,类别 3(呼吸道刺激)	H315 H319 H335	GHS07	警告	预防措施:P264、P280、P261、P271 事故响应:P302＋P352、P321、P332＋P313、P362＋P364、P305＋P351＋P338、P337＋P313、P304＋P340、P312 安全储存:P403＋P233、P405 废弃处置:P501		
605	3,4-二硝基二苯胺				皮肤腐蚀/刺激,类别 2 严重眼损伤/眼刺激,类别 2A 皮肤致敏物,类别 1 特异性靶器官毒性-一次接触,类别 3(呼吸道刺激)	H315 H319 H317 H335	GHS07	警告	预防措施:P264、P280、P261、P272、P271 事故响应:P302＋P352、P321、P332＋P313、P362＋P364、P305＋P351＋P338、P337＋P313、P333＋P313、P304＋P340、P312 安全储存:P403＋P233、P405 废弃处置:P501	可能引起皮肤过敏	
606	二硝基甘脲		55510-04-8	0489	爆炸物,1.1 项	H201	GHS01	危险	预防措施:P210、P230、P240、P250、P280 事故响应:P370＋P380、P372、P373 安全储存:P401 废弃处置:P501	整体爆炸危险	
607	2,4-二硝基甲苯		121-14-2	3454(固态) 1600(熔融)	急性毒性-经口,类别 3* 急性毒性-经皮,类别 3* 急性毒性-吸入,类别 3* 生殖细胞致突变性,类别 2 致癌性,类别 2 生殖毒性,类别 2 特异性靶器官毒性-反复接触,类别 2* 危害水生环境-急性危害,类别 1 危害水生环境-长期危害,类别 1	H301 H311 H331 H341 H351 H361 H373 H400 H410	GHS06 GHS08 GHS09	危险	预防措施:P264、P270、P280、P261、P271、P201、P202、P260、P273 事故响应:P301＋P310、P321、P330、P302＋P352、P312、P361＋P364、P304＋P340、P311、P308＋P313、P314、P391 安全储存:P405、P233＋P403 废弃处置:P501	吞咽会中毒,皮肤接触会中毒,吸入会中毒	制爆
608	2,6-二硝基甲苯		606-20-2	2038(液态) 3454(固态) 1600(熔融)	急性毒性-经口,类别 3* 急性毒性-经皮,类别 3* 急性毒性-吸入,类别 3* 生殖细胞致突变性,类别 2 致癌性,类别 2 生殖毒性,类别 2 特异性靶器官毒性-反复接触,类别 2* 危害水生环境-长期危害,类别 3	H301 H311 H331 H341 H351 H361 H373 H412	GHS06 GHS08	危险	预防措施:P264、P270、P280、P261、P271、P201、P202、P260、P273 事故响应:P301＋P310、P321、P330、P302＋P352、P312、P361＋P364、P304＋P340、P311、P308＋P313、P314 安全储存:P405、P233＋P403 废弃处置:P501	吞咽会中毒,皮肤接触会中毒,吸入会中毒	制爆

续表

序号	品名	别名	CAS号	UN号	危险性类别	危险性说明代码	象形图代码	警示词	防范说明代码	风险提示	备注
609	二硝基间苯二酚		519-44-8	0078(干的) 1322(湿的)	爆炸物,1.1项	H201	GHS01	危险	预防措施:P210、P230、P240、P250、P280 事故响应:P370+P380、P372、P373 安全储存:P401 废弃处置:P501	整体爆炸危险	制爆
610	二硝基联苯		38094-35-8		易燃固体,类别2	H228	GHS02	警告	预防措施:P210、P240、P241、P280 事故响应:P370+P378 安全储存: 废弃处置:	易燃固体	
611	二硝基邻甲酚铵			1843	急性毒性-经口,类别2* 急性毒性-经皮,类别1 急性毒性-吸入,类别2* 特异性靶器官毒性-反复接触,类别2* 危害水生环境-急性危害,类别1 危害水生环境-长期危害,类别1	H300 H310 H330 H373 H400 H410	GHS06 GHS08 GHS09	危险	预防措施:P264、P270、P262、P280、P260、P271、P284、P273 事故响应:P301+P310、P321、P330、P302+P352、P361+P364、P304+P340、P320、P314、P391 安全储存:P405、P233+P403 废弃处置:P501	吞咽致命,皮肤接触会致命,吸入致命	
612	二硝基邻甲酚钾		5787-96-2		急性毒性-经口,类别3* 急性毒性-经皮,类别3* 急性毒性-吸入,类别3* 特异性靶器官毒性-反复接触,类别2* 危害水生环境-急性危害,类别1 危害水生环境-长期危害,类别1	H301 H311 H331 H373 H400 H410	GHS06 GHS08 GHS09	危险	预防措施:P264、P270、P280、P261、P271、P260、P273 事故响应:P301+P310、P321、P330、P302+P352、P312、P361+P364、P304+P340、P311、P314、P391 安全储存:P405、P233+P403 废弃处置:P501	吞咽会中毒,皮肤接触会中毒,吸入会中毒	
613	4,6-二硝基邻甲苯酚钠		2312-76-7	0234	爆炸物,1.3项 急性毒性-经口,类别2 急性毒性-经皮,类别2 急性毒性-吸入,类别3* 特异性靶器官毒性-反复接触,类别2* 危害水生环境-急性危害,类别1 危害水生环境-长期危害,类别1	H203 H300 H310 H331 H373 H400 H410	GHS01 GHS06 GHS08 GHS09	危险	预防措施:P210、P230、P240、P250、P280、P264、P270、P262、P261、P271、P260、P273 事故响应:P370+P380、P372、P373、P301+P310、P321、P330、P302+P352、P361+P364、P304+P340、P311、P314、P391 安全储存:P401、P405、P233+P403 废弃处置:P501	燃烧、爆轰或迸射危险,吞咽致命,皮肤接触会致命,吸入会中毒	

续表

序号	品名	别名	CAS号	UN号	危险性类别	危险性说明代码	象形图代码	警示词	防范说明代码	风险提示	备注
614	二硝基邻甲苯酚钠			0234	爆炸物,1.3项 急性毒性-经口,类别3* 急性毒性-经皮,类别3* 急性毒性-吸入,类别3* 特异性靶器官毒性-反复接触,类别2* 危害水生环境-急性危害,类别1 危害水生环境-长期危害,类别1	H203 H301 H311 H331 H373 H400 H410	GHS01 GHS06 GHS08 GHS09	危险	预防措施:P210、P230、P240、P250、P280、P264、P270、P261、P271、P260、P273 事故响应:P370+P380、P372、P373、P301+P310、P321、P330、P302+P352、P312、P361+P364、P304+P340、P311、P314、P391 安全储存:P401、P405、P233+P403 废弃处置:P501	燃烧、爆轰或迸射危险,吞咽会中毒,皮肤接触会中毒,吸入会中毒	
615	2,4-二硝基氯化苄	2,4-二硝基苯代氯甲烷	610-57-1		易燃固体,类别2	H228	GHS02	警告	预防措施:P210、P240、P241、P280 事故响应:P370+P378 安全储存: 废弃处置:	易燃固体	
616	1,5-二硝基萘		605-71-0		易燃固体,类别1	H228	GHS02	危险	预防措施:P210、P240、P241、P280 事故响应:P370+P378 安全储存: 废弃处置:	易燃固体	制爆
617	1,8-二硝基萘		602-38-0		易燃固体,类别1	H228	GHS02	危险	预防措施:P210、P240、P241、P280 事故响应:P370+P378 安全储存: 废弃处置:	易燃固体	制爆
618	2,4-二硝基萘酚		605-69-6		危害水生环境-急性危害,类别1 危害水生环境-长期危害,类别1	H400 H410	GHS09	警告	预防措施:P273 事故响应:P391 安全储存: 废弃处置:P501		
619	2,4-二硝基萘酚钠	马汀氏黄;色淀黄	887-79-6		易燃固体,类别1	H228	GHS02	危险	预防措施:P210、P240、P241、P280 事故响应:P370+P378 安全储存: 废弃处置:	易燃固体	
620	2,7-二硝基芴		5405-53-8		易燃固体,类别2	H228	GHS02	警告	预防措施:P210、P240、P241、P280 事故响应:P370+P378 安全储存: 废弃处置:	易燃固体	
621	二硝基重氮苯酚[按质量含水或乙醇和水的混合物不低于40%]	重氮二硝基苯酚	4682-03-5	0074	爆炸物,1.1项	H201	GHS01	危险	预防措施:P210、P230、P240、P250、P280 事故响应:P370+P380、P372、P373 安全储存:P401 废弃处置:P501	整体爆炸危险	

续表

序号	品名	别名	CAS 号	UN 号	危险性类别	危险性说明代码	象形图代码	警示词	防范说明代码	风险提示	备注
622	1,2-二溴-3-丁酮		25109-57-3	2648	易燃液体,类别 3	H226	GHS02	警告	预防措施：P210、P233、P240、P241、P242、P243、P280 事故响应:P303+P361+P353、P370+P378 安全储存:P403+P235 废弃处置:P501	易燃液体	
623	3,5-二溴-4-羟基苄腈	溴苯腈	1689-84-5		急性毒性-经口,类别 3 * 急性毒性-吸入,类别 2 * 皮肤致敏物,类别 1 生殖毒性,类别 2 危害水生环境-急性危害,类别 1 危害水生环境-长期危害,类别 1	H301 H330 H317 H361 H400 H410	GHS06 GHS08 GHS09	危险	预防措施：P264、P270、P260、P271、P284、P261、P272、P280、P201、P202、P273 事故响应:P301＋P310、P321、P330、P304＋P340、P320、P302＋P352、P333＋P313、P362＋P364、P308+P313、P391 安全储存:P405、P233+P403 废弃处置:P501	吞咽会中毒,吸入致命,可能引起皮肤过敏	
624	1,2-二溴苯	邻二溴苯	583-53-9		皮肤腐蚀/刺激,类别 2 * 危害水生环境-急性危害,类别 2 危害水生环境-长期危害,类别 2	H315 H401 H411	GHS07 GHS09	警告	预防措施:P264、P280、P273 事故响应:P302＋P352、P321、P332＋P313、P362+P364、P391 安全储存: 废弃处置:P501		
625	2,4-二溴苯胺		615-57-6		急性毒性-经口,类别 3 皮肤腐蚀/刺激,类别 2 严重眼损伤/眼刺激,类别 2 特异性靶器官毒性-一次接触,类别 3(呼吸道刺激)	H301 H315 H319 H335	GHS06	危险	预防措施:P264、P270、P280、P261、P271 事故响应:P301＋P310、P321、P330、P302＋P352、P332＋P313、P362＋P364、P305＋P351＋P338、P337+P313、P304+P340、P312 安全储存:P405、P403+P233 废弃处置:P501	吞咽会中毒	
626	2,5-二溴苯胺		3638-73-1		急性毒性-经口,类别 3 皮肤腐蚀/刺激,类别 2 严重眼损伤/眼刺激,类别 2 特异性靶器官毒性-一次接触,类别 3(呼吸道刺激)	H301 H315 H319 H335	GHS06	危险	预防措施:P264、P270、P280、P261、P271 事故响应:P301＋P310、P321、P330、P302＋P352、P332＋P313、P362＋P364、P305＋P351＋P338、P337+P313、P304+P340、P312 安全储存:P405、P403+P233 废弃处置:P501	吞咽会中毒	
627	1,2-二溴丙烷		78-75-1		易燃液体,类别 3 危害水生环境-急性危害,类别 2 危害水生环境-长期危害,类别 2	H226 H401 H411	GHS02 GHS09	警告	预防措施：P210、P233、P240、P241、P242、P243、P280、P273 事故响应:P303＋P361＋P353、P370＋P378、P391 安全储存:P403+P235 废弃处置:P501	易燃液体	

续表

序号	品名	别名	CAS号	UN号	危险性类别	危险性说明代码	象形图代码	警示词	防范说明代码	风险提示	备注
628	二溴二氟甲烷	二氟二溴甲烷	75-61-6	1941	特异性靶器官毒性-一次接触,类别 2	H371	GHS08	警告	预防措施:P260、P264、P270 事故响应:P308+P311 安全储存:P405 废弃处置:P501		
629	二溴甲烷	二溴化亚甲基	74-95-3	2664	危害水生环境-长期危害,类别 3	H412			预防措施:P273 事故响应: 安全储存: 废弃处置:P501		
630	1,2-二溴乙烷	乙撑二溴;二溴化乙烯	106-93-4	1605	急性毒性-经口,类别 3 * 急性毒性-经皮,类别 3 * 急性毒性-吸入,类别 3 * 皮肤腐蚀/刺激,类别 2 严重眼损伤/眼刺激,类别 2 致癌性,类别 1B 特异性靶器官毒性-一次接触,类别 3(呼吸道刺激) 危害水生环境-急性危害,类别 2 危害水生环境-长期危害,类别 2	H301 H311 H331 H315 H319 H350 H335 H401 H411	GHS06 GHS08 GHS09	危险	预防措施:P264、P270、P280、P261、P271、P201、P202、P273 事故响应:P301+P310、P321、P330、P302+P352、P312、P361+P364、P304+P340、P311、P332+P313、P362+P364、P305+P351+P338、P337+P313、P308+P313、P391 安全储存:P405、P233+P403、P403+P233 废弃处置:P501	吞咽会中毒,皮肤接触会中毒,吸入会中毒,可能致癌	
631	二溴异丙烷				易燃液体,类别 3 特异性靶器官毒性-一次接触,类别 1 特异性靶器官毒性-反复接触,类别 2 危害水生环境-急性危害,类别 2 危害水生环境-长期危害,类别 2	H226 H370 H373 H401 H411	GHS02 GHS08 GHS09	危险	预防措施:P210、P233、P240、P241、P242、P243、P280、P260、P264、P270、P273 事故响应:P303+P361+P353、P370+P378、P308+P311、P321、P314、P391 安全储存:P403+P235、P405 废弃处置:P501	易燃液体	
632	*N*,*N*′-二亚硝基-*N*,*N*′-二甲基对苯二酰胺		133-55-1		自反应物质和混合物,C型	H242	GHS02	危险	预防措施:P210、P220、P234、P280 事故响应:P370+P378 安全储存:P403+P235、P411、P420 废弃处置:P501	加热可能起火	
633	二亚硝基苯		25550-55-4	0406	爆炸物,1.3 项	H203	GHS01	危险	预防措施:P210、P230、P240、P250、P280 事故响应:P370+P380、P372、P373 安全储存:P401 废弃处置:P501	燃烧、爆轰或迸射危险	
634	2,4-二亚硝基间苯二酚	1,3-二羟基-2,4-二亚硝基苯	118-02-5		易燃固体,类别 1	H228	GHS02	危险	预防措施:P210、P240、P241、P280 事故响应:P370+P378 安全储存: 废弃处置:	易燃固体	

续表

序号	品名	别名	CAS号	UN号	危险性类别	危险性说明代码	象形图代码	警示词	防范说明代码	风险提示	备注
635	*N*,*N*′-二亚硝基五亚甲基四胺[减敏的]	发泡剂H	101-25-7		自反应物质和混合物,C型	H242	GHS02	危险	预防措施:P210、P220、P234、P280 事故响应:P370+P378 安全储存:P403+P235、P411、P420 废弃处置:P501	加热可能起火	重点
636	二亚乙基三胺	二乙撑三胺	111-40-0	2079	皮肤腐蚀/刺激,类别1B 严重眼损伤/眼刺激,类别1 皮肤致敏物,类别1	H314 H318 H317	GHS05 GHS07	危险	预防措施:P260、P264、P280、P261、P272 事故响应:P301+P330+P331、P303+P361+P353、P304+P340、P305+P351+P338、P310、P321、P363、P302+P352、P333+P313、P362+P364 安全储存:P405 废弃处置:P501	可引起皮肤腐蚀,可能引起皮肤过敏	
637	二氧化氮		10102-44-0		氧化性气体,类别1 加压气体 急性毒性-吸入,类别2* 皮肤腐蚀/刺激,类别1B 严重眼损伤/眼刺激,类别1 特异性靶器官毒性—一次接触,类别3(呼吸道刺激)	H270 H280或H281 H330 H314 H318 H335	GHS03 GHS04 GHS05 GHS06	危险	预防措施:P220、P244、P260、P271、P284、P264、P280、P261 事故响应:P370+P376、P304+P340、P310、P320、P301+P330+P331、P303+P361+P353、P305+P351+P338、P321、P363、P312 安全储存:P410+P403、P233+P403、P405、P403+P233 废弃处置:P501	可引起燃烧或加剧燃烧,氧化剂,内装加压气体:遇热可能爆炸,吸入致命,可引起皮肤腐蚀	重大
638	二氧化丁二烯	双环氧乙烷	298-18-0		急性毒性-经口,类别3 急性毒性-经皮,类别2 急性毒性-吸入,类别2	H301 H310 H330	GHS06	危险	预防措施:P264、P270、P262、P280、P260、P271、P284 事故响应:P301+P310、P321、P330、P302+P352、P361+P364、P304+P340、P320 安全储存:P405、P233+P403 废弃处置:P501	吞咽会中毒,皮肤接触会致命,吸入致命	
639	二氧化硫	亚硫酸酐	7446-09-5	1079	加压气体 急性毒性-吸入,类别3 皮肤腐蚀/刺激,类别1B 严重眼损伤/眼刺激,类别1	H280或H281 H331 H314 H318	GHS04 GHS05 GHS06	危险	预防措施:P261、P271、P260、P264、P280 事故响应:P304+P340、P311、P321、P301+P330+P331、P303+P361+P353、P305+P351+P338、P310、P363 安全储存:P410+P403、P233+P403、P405 废弃处置:P501	内装加压气体:遇热可能爆炸,吸入会中毒,可引起皮肤腐蚀	重点,重大

续表

序号	品名	别名	CAS号	UN号	危险性类别	危险性说明代码	象形图代码	警示词	防范说明代码	风险提示	备注
640	二氧化氯		10049-04-4		氧化性气体,类别1 加压气体 急性毒性-吸入,类别2* 皮肤腐蚀/刺激,类别1B 严重眼损伤/眼刺激,类别1 特异性靶器官毒性-一次接触,类别3(呼吸道刺激) 危害水生环境-急性危害,类别1	H270 H280或 H281 H330 H314 H318 H335 H400	GHS03 GHS04 GHS05 GHS06 GHS09	危险	预防措施：P220、P244、P260、P271、P284、P264、P280、P261、P273 事故响应：P370+P376、P304+P340、P310、P320、P301+P330+P331、P303+P361+P353、P305+P351+P338、P321、P363、P312、P391 安全储存：P410+P403、P233+P403、P405、P403+P233 废弃处置：P501	可引起燃烧或加剧燃烧,氧化剂,内装加压气体:遇热可能爆炸,吸入致命,可引起皮肤腐蚀	
641	二氧化铅	过氧化铅	1309-60-0	1872	氧化性固体,类别3 皮肤腐蚀/刺激,类别2 严重眼损伤/眼刺激,类别2A 致癌性,类别1B 生殖毒性,类别1A 特异性靶器官毒性-一次接触,类别1 特异性靶器官毒性-反复接触,类别1	H272 H315 H319 H350 H360 H370 H372	GHS03 GHS07 GHS08	危险	预防措施：P210、P220、P221、P280、P264、P201、P202、P260、P270 事故响应：P370+P378、P302+P352、P321、P332+P313、P362+P364、P305+P351+P338、P337+P313、P308+P313、P308+P311、P314 安全储存：P405 废弃处置：P501	可加热燃烧,氧化剂,可能致癌	
642	二氧化碳[压缩的或液化的]	碳酸酐	124-38-9	1013; 2187 (冷冻液化)	加压气体 特异性靶器官毒性-一次接触,类别3(麻醉效应)	H280或 H281 H336	GHS04 GHS07	警告	预防措施：P261、P271 事故响应：P304+P340、P312 安全储存：P410+P403、P403+P233、P405 废弃处置：P501	内装加压气体:遇热可能爆炸	
643	二氧化碳和环氧乙烷混合物	二氧化碳和氧化乙烯混合物		1041	易燃气体,类别1 加压气体 生殖细胞致突变性,类别1B 致癌性,类别1A 特异性靶器官毒性-一次接触,类别3(呼吸道刺激)	H220 H280或 H281 H340 H350 H335	GHS02 GHS04 GHS07 GHS08	危险	预防措施：P210、P201、P202、P280、P261、P271 事故响应：P377、P381、P308+P313、P304+P340、P312 安全储存：P410+P403、P405、P403+P233 废弃处置：P501	极易燃气体,内装加压气体:遇热可能爆炸,可能致癌	
644	二氧化碳和氧气混合物				加压气体	H280或 H281	GHS04	警告	预防措施： 事故响应： 安全储存：P410+P403 废弃处置：	内装加压气体:遇热可能爆炸	

续表

序号	品名	别名	CAS号	UN号	危险性类别	危险性说明代码	象形图代码	警示词	防范说明代码	风险提示	备注
645	二氧化硒	亚硒酐	7446-08-4		急性毒性-经口,类别2 严重眼损伤/眼刺激,类别2 特异性靶器官毒性-一次接触,类别1 特异性靶器官毒性-反复接触,类别1 危害水生环境-急性危害,类别1 危害水生环境-长期危害,类别1	H300 H319 H370 H372 H400 H410	GHS06 GHS08 GHS09	危险	预防措施:P264、P270、P280、P260、P273 事故响应:P301＋P310、P321、P330、P305＋P351＋P338、P337＋P313、P308＋P311、P314、P391 安全储存:P405 废弃处置:P501	吞咽致命	
646	1,3-二氧戊环	二氧戊环;乙二醇缩甲醛	646-06-0	1166	易燃液体,类别2	H225	GHS02	危险	预防措施:P210、P233、P240、P241、P242、P243、P280 事故响应:P303＋P361＋P353、P370＋P378 安全储存:P403＋P235 废弃处置:P501	高度易燃液体	
647	1,4-二氧杂环己烷	二噁烷;1,4-二氧己环	123-91-1	1165	易燃液体,类别2 严重眼损伤/眼刺激,类别2 致癌性,类别2 特异性靶器官毒性-一次接触,类别3(呼吸道刺激)	H225 H319 H351 H335	GHS02 GHS07 GHS08	危险	预防措施:P210、P233、P240、P241、P242、P243、P280、P264、P201、P202、P261、P271 事故响应:P303＋P361＋P353、P370＋P378、P305＋P351＋P338、P337＋P313、P308＋P313、P304＋P340、P312 安全储存:P403＋P235、P405、P403＋P233 废弃处置:P501	高度易燃液体	
648	*S*-[2-(二乙氨基)乙基]-*O*,*O*-二乙基硫赶磷酸酯	胺吸磷	78-53-5		急性毒性-经口,类别1	H300	GHS06	危险	预防措施:P264、P270 事故响应:P301＋P310、P321、P330 安全储存:P405 废弃处置:P501	吞咽致命	剧毒
649	*N*-二乙氨基乙基氯	2-氯乙基二乙胺	100-35-6		急性毒性-经口,类别2 急性毒性-经皮,类别1	H300 H310	GHS06	危险	预防措施:P264、P270、P262、P280 事故响应:P301＋P310、P321、P330、P302＋P352、P361＋P364 安全储存:P405 废弃处置:P501	吞咽致命,皮肤接触会致命	剧毒
650	二乙胺		109-89-7	1154	易燃液体,类别2 皮肤腐蚀/刺激,类别1A 严重眼损伤/眼刺激,类别1 特异性靶器官毒性-一次接触,类别3(呼吸道刺激)	H225 H314 H318 H335	GHS02 GHS05 GHS07	危险	预防措施:P210、P233、P240、P241、P242、P243、P280、P260、P264、P261、P271 事故响应:P303＋P361＋P353、P370＋P378、P301＋P330＋P331、P304＋P340、P305＋P351＋P338、P310、P321、P363、P312 安全储存:P403＋P235、P405、P403＋P233 废弃处置:P501	高度易燃液体,可引起皮肤腐蚀	

续表

序号	品名	别名	CAS号	UN号	危险性类别	危险性说明代码	象形图代码	警示词	防范说明代码	风险提示	备注
651	二乙二醇二硝酸酯[含不挥发、不溶于水的减敏剂≥25%]	二甘醇二硝酸酯	693-21-0	0075	爆炸物,1.1项 急性毒性-经口,类别2* 急性毒性-经皮,类别1 急性毒性-吸入,类别2* 特异性靶器官毒性-反复接触,类别2* 危害水生环境-长期危害,类别3	H201 H300 H310 H330 H373 H412	GHS01 GHS06 GHS08	危险	预防措施：P210、P230、P240、P250、P280、P264、P270、P262、P260、P271、P284、P273 事故响应：P370＋P380、P372、P373、P301＋P310、P321、P330、P302＋P352、P361＋P364、P304＋P340、P320、P314 安全储存：P401、P405、P233＋P403 废弃处置：P501	整体爆炸危险，吞咽致命，皮肤接触会致命，吸入致命	
652	N,N-二乙基-1,3-丙二胺	N,N-二乙基-1,3-二氨基丙烷；3-二乙氨基丙胺	104-78-9	2684	易燃液体,类别3 皮肤腐蚀/刺激,类别1B 严重眼损伤/眼刺激,类别1 皮肤致敏物,类别1	H226 H314 H318 H317	GHS02 GHS05 GHS07	危险	预防措施：P210、P233、P240、P241、P242、P243、P280、P260、P264、P261、P272 事故响应：P303＋P361＋P353、P370＋P378、P301＋P330＋P331、P304＋P340、P305＋P351＋P338、P310、P321、P363、P302＋P352、P333＋P313、P362＋P364 安全储存：P403＋P235、P405 废弃处置：P501	易燃液体，可引起皮肤腐蚀，可能引起皮肤过敏	
653	N,N-二乙基-1-萘胺	N,N-二乙基-α-萘胺	84-95-7		危害水生环境-急性危害,类别2 危害水生环境-长期危害,类别2	H401 H411	GHS09	警告	预防措施：P273 事故响应：P391 安全储存： 废弃处置：P501		
654	O,O-二乙基-N-(1,3-二硫戊环-2-亚基)磷酰胺[含量>15%]	2-(二乙氧基磷酰亚氨基)-1,3-二硫戊环；硫环磷	947-02-4		急性毒性-经口,类别2* 急性毒性-经皮,类别1	H300 H310	GHS06	危险	预防措施：P264、P270、P262、P280 事故响应：P301＋P310、P321、P330、P302＋P352、P361＋P364 安全储存：P405 废弃处置：P501	吞咽致命，皮肤接触会致命	剧毒
655	O,O-二乙基-N-(4-甲基-1,3-二硫戊环-2-亚基)磷酰胺[含量>5%]	二乙基(4-甲基-1,3-二硫戊环-2-叉氨基)磷酸酯；地胺磷	950-10-7		急性毒性-经口,类别2* 急性毒性-经皮,类别1 危害水生环境-急性危害,类别2 危害水生环境-长期危害,类别2	H300 H310 H401 H411	GHS06 GHS09	危险	预防措施：P264、P270、P262、P280、P273 事故响应：P301＋P310、P321、P330、P302＋P352、P361＋P364、P391 安全储存：P405 废弃处置：P501	吞咽致命，皮肤接触会致命	剧毒
656	O,O-二乙基-N-1,3-二噻丁环-2-亚基磷酰胺	丁硫环磷	21548-32-3		急性毒性-经口,类别2* 急性毒性-经皮,类别1	H300 H310	GHS06	危险	预防措施：P264、P270、P262、P280 事故响应：P301＋P310、P321、P330、P302＋P352、P361＋P364 安全储存：P405 废弃处置：P501	吞咽致命，皮肤接触会致命	剧毒

续表

序号	品名	别名	CAS号	UN号	危险性类别	危险性说明代码	象形图代码	警示词	防范说明代码	风险提示	备注
657	O,O-二乙基-O-(2,2-二氯-1-β-氯乙氧基乙烯基)-磷酸酯	彼氧磷	67329-01-5		急性毒性-经口,类别2	H300	GHS06	危险	预防措施:P264、P270 事故响应:P301+P310、P321、P330 安全储存:P405 废弃处置:P501	吞咽致命	
658	O,O-二乙基-O-(2-乙硫基乙基)硫代磷酸酯与O,O-二乙基-S-(2-乙硫基乙基)硫代磷酸酯的混合物[含量>3%]	内吸磷	8065-48-3		急性毒性-经口,类别2* 急性毒性-经皮,类别1 危害水生环境-急性危害,类别1	H300 H310 H400	GHS06 GHS09	危险	预防措施:P264、P270、P262、P280、P273 事故响应:P301+P310、P321、P330、P302+P352、P361+P364、P391 安全储存:P405 废弃处置:P501	吞咽致命,皮肤接触会致命	剧毒
659	O,O-二乙基-O-(3-氯-4-甲基香豆素-7-基)硫代磷酸酯	蝇毒磷	56-72-4		急性毒性-经口,类别2* 危害水生环境-急性危害,类别1 危害水生环境-长期危害,类别1	H300 H400 H410	GHS06 GHS09	危险	预防措施:P264、P270、P273 事故响应:P301+P310、P321、P330、P391 安全储存:P405 废弃处置:P501	吞咽致命	
660	O,O-二乙基-O-(4-甲基香豆素基-7)硫代磷酸酯	扑杀磷	299-45-6		急性毒性-经口,类别2* 急性毒性-经皮,类别1 急性毒性-吸入,类别2* 危害水生环境-急性危害,类别1 危害水生环境-长期危害,类别1	H300 H310 H330 H400 H410	GHS06 GHS09	危险	预防措施:P264、P270、P262、P280、P260、P271、P284、P273 事故响应:P301+P310、P321、P330、P302+P352、P361+P364、P304+P340、P320、P391 安全储存:P405、P233+P403 废弃处置:P501	吞咽致命,皮肤接触会致命,吸入致命	剧毒
661	O,O-二乙基-O-(4-硝基苯基)磷酸酯	对氧磷	311-45-5		急性毒性-经口,类别1 急性毒性-经皮,类别1 危害水生环境-急性危害,类别1 危害水生环境-长期危害,类别1	H300 H310 H400 H410	GHS06 GHS09	危险	预防措施:P264、P270、P262、P280、P273 事故响应:P301+P310、P321、P330、P302+P352、P361+P364、P391 安全储存:P405 废弃处置:P501	吞咽致命,皮肤接触会致命	剧毒
662	O,O-二乙基-O-(4-硝基苯基)硫代磷酸酯[含量>4%]	对硫磷	56-38-2		急性毒性-经口,类别2* 急性毒性-经皮,类别3* 急性毒性-吸入,类别2* 特异性靶器官毒性-反复接触,类别1 危害水生环境-急性危害,类别1 危害水生环境-长期危害,类别1	H300 H311 H330 H372 H400 H410	GHS06 GHS08 GHS09	危险	预防措施:P264、P270、P280、P260、P271、P284、P273 事故响应:P301+P310、P321、P330、P302+P352、P312、P361+P364、P304+P340、P320、P314、P391 安全储存:P405、P233+P403 废弃处置:P501	吞咽致命,皮肤接触会中毒,吸入致命	剧毒

续表

序号	品名	别名	CAS号	UN号	危险性类别	危险性说明代码	象形图代码	警示词	防范说明代码	风险提示	备注
663	O,O-二乙基-O-(4-溴-2,5-二氯苯基)硫代磷酸酯	乙基溴硫磷	4824-78-6		急性毒性-经口,类别3* 危害水生环境-急性危害,类别1 危害水生环境-长期危害,类别1	H301 H400 H410	GHS06 GHS09	危险	预防措施:P264、P270、P273 事故响应:P301+P310、P321、P330、P391 安全储存:P405 废弃处置:P501	吞咽会中毒	
664	O,O-二乙基-O-(6-二乙胺次甲基-2,4-二氯)苯基硫代磷酰酯盐酸盐				急性毒性-经口,类别2	H300	GHS06	危险	预防措施:P264、P270 事故响应:P301+P310、P321、P330 安全储存:P405 废弃处置:P501	吞咽致命	
665	O,O-二乙基-O-[2-氯-1-(2,4-二氯苯基)乙烯基]磷酸酯[含量>20%]	2-氯-1-(2,4-二氯苯基)乙烯基二乙基磷酸酯;毒虫畏	470-90-6		急性毒性-经口,类别2* 急性毒性-经皮,类别3* 危害水生环境-急性危害,类别1 危害水生环境-长期危害,类别1	H300 H311 H400 H410	GHS06 GHS09	危险	预防措施:P264、P270、P280、P273 事故响应:P301+P310、P321、P330、P302+P352、P312、P361+P364、P391 安全储存:P405 废弃处置:P501	吞咽致命,皮肤接触会中毒	剧毒
666	O,O-二乙基-O-2,5-二氯-4-甲硫基苯基硫代磷酸酯	O-[2,5-二氯-4-(甲硫基)苯基]-O,O-二乙基硫代磷酸酯;虫螨磷	21923-23-9;60238-56-4		急性毒性-经口,类别3* 急性毒性-经皮,类别2* 危害水生环境-急性危害,类别1 危害水生环境-长期危害,类别1	H301 H310 H400 H410	GHS06 GHS09	危险	预防措施:P264、P270、P262、P280、P273 事故响应:P301+P310、P321、P330、P302+P352、P361+P364、P391 安全储存:P405 废弃处置:P501	吞咽会中毒,皮肤接触会致命	
667	O,O-二乙基-O-2-吡嗪基硫代磷酸酯[含量>5%]	虫线磷	297-97-2		急性毒性-经口,类别2* 急性毒性-经皮,类别1	H300 H310	GHS06	危险	预防措施:P264、P270、P262、P280 事故响应:P301+P310、P321、P330、P302+P352、P361+P364 安全储存:P405 废弃处置:P501	吞咽致命,皮肤接触会致命	剧毒
668	O,O-二乙基-O-喹噁啉-2-基硫代磷酸酯	喹硫磷	13593-03-8		急性毒性-经口,类别3* 急性毒性-经皮,类别3 危害水生环境-急性危害,类别1 危害水生环境-长期危害,类别1	H301 H311 H400 H410	GHS06 GHS09	危险	预防措施:P264、P270、P280、P273 事故响应:P301+P310、P321、P330、P302+P352、P312、P361+P364、P391 安全储存:P405 废弃处置:P501	吞咽会中毒,皮肤接触会中毒	
669	O,O-二乙基-S-(2,5-二氯苯硫基甲基)二硫代磷酸酯	芬硫磷	2275-14-1		急性毒性-经口,类别3* 急性毒性-经皮,类别3* 急性毒性-吸入,类别3* 危害水生环境-急性危害,类别1 危害水生环境-长期危害,类别1	H301 H311 H331 H400 H410	GHS06 GHS09	危险	预防措施:P264、P270、P280、P261、P271、P273 事故响应:P301+P310、P321、P330、P302+P352、P312、P361+P364、P304+P340、P311、P391 安全储存:P405、P233+P403 废弃处置:P501	吞咽会中毒,皮肤接触会中毒,吸入会中毒	

续表

序号	品名	别名	CAS号	UN号	危险性类别	危险性说明代码	象形图代码	警示词	防范说明代码	风险提示	备注
670	*O*,*O*-二乙基-*S*-(2-氯-1-酞酰亚氨基乙基)二硫代磷酸酯	氯亚胺硫磷	10311-84-9		急性毒性-经口,类别2* 急性毒性-经皮,类别3* 危害水生环境-急性危害,类别1 危害水生环境-长期危害,类别1	H300 H311 H400 H410	GHS06 GHS09	危险	预防措施:P264、P270、P280、P273 事故响应:P301+P310、P321、P330、P302+P352、P312、P361+P364、P391 安全储存:P405 废弃处置:P501	吞咽致命,皮肤接触会中毒	
671	*O*,*O*-二乙基-*S*-(2-乙基亚磺酰基乙基)二硫代磷酸酯	砜拌磷	2497-07-6		急性毒性-经口,类别2* 急性毒性-经皮,类别3* 危害水生环境-急性危害,类别1 危害水生环境-长期危害,类别1	H300 H311 H400 H410	GHS06 GHS09	危险	预防措施:P264、P270、P280、P273 事故响应:P301+P310、P321、P330、P302+P352、P312、P361+P364、P391 安全储存:P405 废弃处置:P501	吞咽致命,皮肤接触会中毒	
672	*O*,*O*-二乙基-*S*-(2-乙硫基乙基)二硫代磷酸酯[含量>15%]	乙拌磷	298-04-4		急性毒性-经口,类别2* 急性毒性-经皮,类别1 危害水生环境-急性危害,类别1 危害水生环境-长期危害,类别1	H300 H310 H400 H410	GHS06 GHS09	危险	预防措施:P264、P270、P262、P280、P273 事故响应:P301+P310、P321、P330、P302+P352、P361+P364、P391 安全储存:P405 废弃处置:P501	吞咽致命,皮肤接触会致命	剧毒
673	*O*,*O*-二乙基-*S*-(4-甲基亚磺酰基苯基)硫代磷酸酯[含量>4%]	丰索磷	115-90-2		急性毒性-经口,类别2* 急性毒性-经皮,类别1 危害水生环境-急性危害,类别1 危害水生环境-长期危害,类别1	H300 H310 H400 H410	GHS06 GHS09	危险	预防措施:P264、P270、P262、P280、P273 事故响应:P301+P310、P321、P330、P302+P352、P361+P364、P391 安全储存:P405 废弃处置:P501	吞咽致命,皮肤接触会致命	剧毒
674	*O*,*O*-二乙基-*S*-(4-氯苯硫基甲基)二硫代磷酸酯	三硫磷	786-19-6		急性毒性-经口,类别3* 急性毒性-经皮,类别3* 危害水生环境-急性危害,类别1 危害水生环境-长期危害,类别1	H301 H311 H400 H410	GHS06 GHS09	危险	预防措施:P264、P270、P280、P273 事故响应:P301+P310、P321、P330、P302+P352、P312、P361+P364、P391 安全储存:P405 废弃处置:P501	吞咽会中毒,皮肤接触会中毒	
675	*O*,*O*-二乙基-*S*-(对硝基苯基)硫代磷酸	硫代磷酸-*O*,*O*-二乙基-*S*-(4-硝基苯基)酯	3270-86-8		急性毒性-经口,类别1	H300	GHS06	危险	预防措施:P264、P270 事故响应:P301+P310、P321、P330 安全储存:P405 废弃处置:P501	吞咽致命	剧毒
676	*O*,*O*-二乙基-*S*-(乙硫基甲基)二硫代磷酸酯	甲拌磷	298-02-2		急性毒性-经口,类别2* 急性毒性-经皮,类别1 危害水生环境-急性危害,类别1 危害水生环境-长期危害,类别1	H300 H310 H400 H410	GHS06 GHS09	危险	预防措施:P264、P270、P262、P280、P273 事故响应:P301+P310、P321、P330、P302+P352、P361+P364、P391 安全储存:P405 废弃处置:P501	吞咽致命,皮肤接触会致命	剧毒

续表

序号	品名	别名	CAS号	UN号	危险性类别	危险性说明代码	象形图代码	警示词	防范说明代码	风险提示	备注
677	O,O-二乙基-S-(异丙基氨基甲酰甲基)二硫代磷酸酯[含量>15%]	发硫磷	2275-18-5		急性毒性-经口,类别2* 急性毒性-经皮,类别1 危害水生环境-长期危害,类别3	H300 H310 H412	GHS06	危险	预防措施:P264、P270、P262、P280、P273 事故响应:P301+P310、P321、P330、P302+P352、P361+P364 安全储存:P405 废弃处置:P501	吞咽致命,皮肤接触会致命	剧毒
678	O,O-二乙基-S-[N-(1-氰基-1-甲基乙基)氨基甲酰甲基]硫代磷酸酯	S-{2-[(1-氰基-1-甲基乙基)氨基]-2-氧代乙基}-O,O-二乙基硫代磷酸酯;果虫磷	3734-95-0		急性毒性-经口,类别2* 急性毒性-经皮,类别3*	H300 H311	GHS06	危险	预防措施:P264、P270、P280 事故响应:P301+P310、P321、P330、P302+P352、P312、P361+P364 安全储存:P405 废弃处置:P501	吞咽致命,皮肤接触会中毒	
679	O,O-二乙基-S-氯甲基二硫代磷酸酯[含量>15%]	氯甲硫磷	24934-91-6		急性毒性-经口,类别2* 急性毒性-经皮,类别1 危害水生环境-急性危害,类别1 危害水生环境-长期危害,类别1	H300 H310 H400 H410	GHS06 GHS09	危险	预防措施:P264、P270、P262、P280、P273 事故响应:P301+P310、P321、P330、P302+P352、P361+P364、P391 安全储存:P405 废弃处置:P501	吞咽致命,皮肤接触会致命	剧毒
680	O,O-二乙基-S-叔丁基硫甲基二硫代磷酸酯	特丁硫磷	13071-79-9		急性毒性-经口,类别2* 急性毒性-经皮,类别1 危害水生环境-急性危害,类别1 危害水生环境-长期危害,类别1	H300 H310 H400 H410	GHS06 GHS09	危险	预防措施:P264、P270、P262、P280、P273 事故响应:P301+P310、P321、P330、P302+P352、P361+P364、P391 安全储存:P405 废弃处置:P501	吞咽致命,皮肤接触会致命	剧毒
681	O,O-二乙基-S-乙基亚磺酰基甲基二硫代磷酸酯	甲拌磷亚砜	2588-03-6		急性毒性-经口,类别1	H300	GHS06	危险	预防措施:P264、P270 事故响应:P301+P310、P321、P330 安全储存:P405 废弃处置:P501	吞咽致命	
682	1-二乙基氨基-4-氨基戊烷	2-氨基-5-二乙基氨基戊烷;N′,N′-二乙基-1,4-戊二胺;2-氨基-5-二乙氨基戊烷	140-80-7	2946	皮肤腐蚀/刺激,类别1 严重眼损伤/眼刺激,类别1	H314 H318	GHS05	危险	预防措施:P260、P264、P280 事故响应:P301+P330+P331、P303+P361+P353、P304+P340、P305+P351+P338、P310、P321、P363 安全储存:P405 废弃处置:P501	可引起皮肤腐蚀	

续表

序号	品名	别名	CAS号	UN号	危险性类别	危险性说明代码	象形图代码	警示词	防范说明代码	风险提示	备注
683	二乙基氨基氰	氰化二乙胺	617-83-4		急性毒性-经口,类别 3 急性毒性-经皮,类别 3 急性毒性-吸入,类别 2 皮肤腐蚀/刺激,类别 2 严重眼损伤/眼刺激,类别 2 特异性靶器官毒性-一次接触,类别 3(呼吸道刺激)	H301 H311 H330 H315 H319 H335	GHS06	危险	预防措施：P264、P270、P280、P260、P271、P284、P261 事故响应：P301＋P310、P321、P330、P302＋P352、P312、P361＋P364、P304＋P340、P320、P332＋P313、P362＋P364、P305＋P351＋P338、P337＋P313 安全储存：P405、P233＋P403、P403＋P233 废弃处置：P501	吞咽会中毒，皮肤接触会中毒，吸入致命	
684	1,2-二乙基苯	邻二乙基苯	135-01-3	2049	易燃液体,类别 3 严重眼损伤/眼刺激,类别 2 特异性靶器官毒性-反复接触,类别 2 危害水生环境-长期危害,类别 3	H226 H319 H373 H412	GHS02 GHS07 GHS08	警告	预防措施：P210、P233、P240、P241、P242、P243、P280、P264、P260、P273 事故响应：P303＋P361＋P353、P370＋P378、P305＋P351＋P338、P337＋P313、P314 安全储存：P403＋P235 废弃处置：P501	易燃液体	
685	1,3-二乙基苯	间二乙基苯	141-93-5	2049	易燃液体,类别 3 严重眼损伤/眼刺激,类别 2 危害水生环境-急性危害,类别 2 危害水生环境-长期危害,类别 2	H226 H319 H401 H411	GHS02 GHS07 GHS09	警告	预防措施：P210、P233、P240、P241、P242、P243、P280、P264、P273 事故响应：P303＋P361＋P353、P370＋P378、P305＋P351＋P338、P337＋P313、P391 安全储存：P403＋P235 废弃处置：P501	易燃液体	
686	1,4-二乙基苯	对二乙基苯	105-05-5	2049	易燃液体,类别 3 皮肤腐蚀/刺激,类别 2 严重眼损伤/眼刺激,类别 2 危害水生环境-急性危害,类别 2 危害水生环境-长期危害,类别 2	H226 H315 H319 H401 H411	GHS02 GHS07 GHS09	警告	预防措施：P210、P233、P240、P241、P242、P243、P280、P264、P273 事故响应：P303＋P361＋P353、P370＋P378、P302＋P352、P321、P332＋P313、P362＋P364、P305＋P351＋P338、P337＋P313、P391 安全储存：P403＋P235 废弃处置：P501	易燃液体	
687	*N*,*N*-二乙基苯胺	二乙氨基苯	91-66-7	2432	急性毒性-经口,类别 3 * 急性毒性-经皮,类别 3 * 急性毒性-吸入,类别 3 * 特异性靶器官毒性-反复接触,类别 2 * 危害水生环境-急性危害,类别 2 危害水生环境-长期危害,类别 2	H301 H311 H331 H373 H401 H411	GHS06 GHS08 GHS09	危险	预防措施：P264、P270、P280、P261、P271、P260、P273 事故响应：P301＋P310、P321、P330、P302＋P352、P312、P361＋P364、P304＋P340、P311、P314、P391 安全储存：P405、P233＋P403 废弃处置：P501	吞咽会中毒，皮肤接触会中毒，吸入会中毒	

续表

序号	品名	别名	CAS号	UN号	危险性类别	危险性说明代码	象形图代码	警示词	防范说明代码	风险提示	备注
688	*N*-(2,6-二乙基苯基)-*N*-甲氧基甲基-氯乙酰胺	甲草胺	15972-60-8		皮肤致敏物,类别1 危害水生环境-急性危害,类别1 危害水生环境-长期危害,类别1	H317 H400 H410	GHS07 GHS09	警告	预防措施:P261、P272、P280、P273 事故响应:P302+P352、P321、P333+P313、P362+P364、P391 安全储存: 废弃处置:P501	可能引起皮肤过敏	
689	*N*,*N*-二乙基对甲苯胺	4-(二乙胺基)甲苯	613-48-9		皮肤腐蚀/刺激,类别2 严重眼损伤/眼刺激,类别2	H315 H319	GHS07	警告	预防措施:P264、P280 事故响应:P302+P352、P321、P332+P313、P362+P364、P305+P351+P338、P337+P313 安全储存: 废弃处置:		
690	*N*,*N*-二乙基二硫代氨基甲酸-2-氯烯丙基酯	菜草畏	95-06-7		危害水生环境-急性危害,类别1 危害水生环境-长期危害,类别1	H400 H410	GHS09	警告	预防措施:P273 事故响应:P391 安全储存: 废弃处置:P501		
691	二乙基二氯硅烷	二氯二乙基硅烷	1719-53-5	1767	易燃液体,类别2 皮肤腐蚀/刺激,类别1 严重眼损伤/眼刺激,类别1	H225 H314 H318	GHS02 GHS05	危险	预防措施:P210、P233、P240、P241、P242、P243、P280、P260、P264 事故响应:P303+P361+P353、P370+P378、P301+P330+P331、P304+P340、P305+P351+P338、P310、P321、P363 安全储存:P403+P235、P405 废弃处置:P501	高度易燃液体,可引起皮肤腐蚀	
692	二乙基汞	二乙汞	627-44-1		急性毒性-经口,类别2* 急性毒性-经皮,类别1 急性毒性-吸入,类别2* 特异性靶器官毒性-反复接触,类别2* 危害水生环境-急性危害,类别1 危害水生环境-长期危害,类别1	H300 H310 H330 H373 H400 H410	GHS06 GHS08 GHS09	危险	预防措施:P264、P270、P262、P280、P260、P271、P284、P273 事故响应:P301+P310、P321、P330、P302+P352、P361+P364、P304+P340、P320、P314、P391 安全储存:P405、P233+P403 废弃处置:P501	吞咽致命,皮肤接触会致命,吸入致命	剧毒
693	1,2-二乙基肼	二乙基肼[不对称]	1615-80-1		易燃液体,类别3 致癌性,类别2 生殖毒性,类别2	H226 H351 H361	GHS02 GHS08	警告	预防措施:P210、P233、P240、P241、P242、P243、P280、P201、P202 事故响应:P303+P361+P353、P370+P378、P308+P313 安全储存:P403+P235、P405 废弃处置:P501	易燃液体	

续表

序号	品名	别名	CAS号	UN号	危险性类别	危险性说明代码	象形图代码	警示词	防范说明代码	风险提示	备注
694	*N*,*N*-二乙基邻甲苯胺	2-(二乙胺基)甲苯	2728-04-3		皮肤腐蚀/刺激,类别 2 严重眼损伤/眼刺激,类别 2	H315 H319	GHS07	警告	预防措施:P264、P280 事故响应:P302＋P352、P321、P332＋P313、P362＋P364、P305＋P351＋P338、P337＋P313 安全储存: 废弃处置:		
695	*O*,*O*′-二乙基硫代磷酰氯	二乙基硫代磷酰氯	2524-04-1	2751	急性毒性-经皮,类别 3 急性毒性-吸入,类别 2 皮肤腐蚀/刺激,类别 1B 严重眼损伤/眼刺激,类别 1 危害水生环境-急性危害,类别 2 危害水生环境-长期危害,类别 2	H311 H330 H314 H318 H401 H411	GHS05 GHS06 GHS09	危险	预防措施:P280、P260、P271、P284、P264、P273 事故响应:P302＋P352、P312、P321、P361＋P364、P304＋P340、P310、P320、P301＋P330＋P331、P303＋P361＋P353、P305＋P351＋P338、P363、P391 安全储存:P405、P233＋P403 废弃处置:P501	皮肤接触会中毒,吸入致命,可引起皮肤腐蚀	
696	二乙基镁		557-18-6		自燃固体,类别 1 遇水放出易燃气体的物质和混合物,类别 1	H250 H260	GHS02	危险	预防措施:P210、P222、P280、P223、P231＋P232 事故响应:P335＋P334、P370＋P378 安全储存:P422、P402＋P404 废弃处置:P501	暴露在空气中自燃,遇水放出可自燃的易燃气体	
697	二乙基硒		627-53-2		易燃液体,类别 2 急性毒性-经口,类别 3 急性毒性-经皮,类别 3 特异性靶器官毒性-反复接触,类别 2 危害水生环境-急性危害,类别 1 危害水生环境-长期危害,类别 1	H225 H301 H311 H373 H400 H410	GHS02 GHS06 GHS08 GHS09	危险	预防措施:P210、P233、P240、P241、P242、P243、P280、P264、P270、P260、P273 事故响应:P303＋P361＋P353、P370＋P378、P301＋P310、P321、P330、P302＋P352、P312、P361＋P364、P314、P391 安全储存:P403＋P235、P405 废弃处置:P501	高度易燃液体,吞咽会中毒,皮肤接触会中毒	
698	二乙基锌		557-20-0		自燃液体,类别 1 遇水放出易燃气体的物质和混合物,类别 1 皮肤腐蚀/刺激,类别 1B 严重眼损伤/眼刺激,类别 1 危害水生环境-急性危害,类别 1 危害水生环境-长期危害,类别 1	H250 H260 H314 H318 H400 H410	GHS02 GHS05 GHS09	危险	预防措施:P210、P222、P280、P223、P231＋P232、P260、P264、P273 事故响应:P302＋P334、P370＋P378、P335＋P334、P301＋P330＋P331、P303＋P361＋P353、P304＋P340、P305＋P351＋P338、P310、P321、P363、P391 安全储存:P422、P402＋P404、P405 废弃处置:P501	暴露在空气中自燃,遇水放出可自燃的易燃气体,可引起皮肤腐蚀	

续表

序号	品名	别名	CAS号	UN号	危险性类别	危险性说明代码	象形图代码	警示词	防范说明代码	风险提示	备注
699	N,N-二乙基乙撑二胺	N,N-二乙基乙二胺	100-36-7	2685	易燃液体,类别 3 急性毒性-经皮,类别 3 皮肤腐蚀/刺激,类别 1 严重眼损伤/眼刺激,类别 1	H226 H311 H314 H318	GHS02 GHS05 GHS06	危险	预防措施：P210、P233、P240、P241、P242、P243、P280、P260、P264 事故响应：P303＋P361＋P353、P370＋P378、P302＋P352、P312、P321、P361＋P364、P301＋P330＋P331、P304＋P340、P305＋P351＋P338、P310、P363 安全储存：P403＋P235、P405 废弃处置：P501	易燃液体，皮肤接触会中毒，可引起皮肤腐蚀	
700	N,N-二乙基乙醇胺	2-(二乙胺基)乙醇	100-37-8	2686	易燃液体,类别 3 皮肤腐蚀/刺激,类别 1B 严重眼损伤/眼刺激,类别 1 特异性靶器官毒性-一次接触,类别 3(呼吸道刺激)	H226 H314 H318 H335	GHS02 GHS05 GHS07	危险	预防措施：P210、P233、P240、P241、P242、P243、P280、P260、P264、P261、P271 事故响应：P303＋P361＋P353、P370＋P378、P301＋P330＋P331、P304＋P340、P305＋P351＋P338、P310、P321、P363、P312 安全储存：P403＋P235、P405、P403＋P233 废弃处置：P501	易燃液体，可引起皮肤腐蚀	
701	二乙硫醚	硫代乙醚；二乙硫	352-93-2	2375	易燃液体,类别 2 皮肤腐蚀/刺激,类别 2 严重眼损伤/眼刺激,类别 2B	H225 H315 H320	GHS02 GHS07	危险	预防措施：P210、P233、P240、P241、P242、P243、P280、P264 事故响应：P303＋P361＋P353、P370＋P378、P302＋P352、P321、P332＋P313、P362＋P364、P305＋P351＋P338、P337＋P313 安全储存：P403＋P235 废弃处置：P501	高度易燃液体	
702	二乙烯基醚[稳定的]	乙烯基醚	109-93-3	1167	易燃液体,类别 1	H224	GHS02	危险	预防措施：P210、P233、P240、P241、P242、P243、P280 事故响应：P303＋P361＋P353、P370＋P378 安全储存：P403＋P235 废弃处置：P501	极易燃液体	
703	3,3-二乙氧基丙烯	丙烯醛二乙缩醛；二乙基缩醛丙烯醛	3054-95-3	2374	易燃液体,类别 2	H225	GHS02	危险	预防措施：P210、P233、P240、P241、P242、P243、P280 事故响应：P303＋P361＋P353、P370＋P378 安全储存：P403＋P235 废弃处置：P501	高度易燃液体	

续表

序号	品名	别名	CAS号	UN号	危险性类别	危险性说明代码	象形图代码	警示词	防范说明代码	风险提示	备注
704	二乙氧基甲烷	甲醛缩二乙醇；二乙醇缩甲醛	462-95-3	2373	易燃液体,类别 2 急性毒性-经皮,类别 3	H225 H311	GHS02 GHS06	危险	预防措施：P210、P233、P240、P241、P242、P243、P280 事故响应：P303＋P361＋P353、P370＋P378、P302＋P352、P312、P321、P361＋P364 安全储存：P403＋P235、P405 废弃处置：P501	高度易燃液体，皮肤接触会中毒	
705	1，1-二乙氧基乙烷	乙叉二乙基醚；二乙醇缩乙醛；乙缩醛	105-57-7	1088	易燃液体,类别 2 皮肤腐蚀/刺激,类别 2 严重眼损伤/眼刺激,类别 2	H225 H315 H319	GHS02 GHS07	危险	预防措施：P210、P233、P240、P241、P242、P243、P280、P264 事故响应：P303＋P361＋P353、P370＋P378、P302＋P352、P321、P332＋P313、P362＋P364、P305＋P351＋P338、P337＋P313 安全储存：P403＋P235 废弃处置：P501	高度易燃液体	
706	二异丙胺		108-18-9	1158	易燃液体,类别 2 皮肤腐蚀/刺激,类别 1B 严重眼损伤/眼刺激,类别 1 特异性靶器官毒性-一次接触,类别 3(呼吸道刺激)	H225 H314 H318 H335	GHS02 GHS05 GHS07	危险	预防措施：P210、P233、P240、P241、P242、P243、P280、P260、P264、P261、P271 事故响应：P303＋P361＋P353、P370＋P378、P301＋P330＋P331、P304＋P340、P305＋P351＋P338、P310、P321、P363、P312 安全储存：P403＋P235、P405、P403＋P233 废弃处置：P501	高度易燃液体，可引起皮肤腐蚀	
707	二异丙醇胺	2，2′-二羟基二丙胺	110-97-4		严重眼损伤/眼刺激,类别 2	H319	GHS07	警告	预防措施：P264、P280 事故响应：P305＋P351＋P338、P337＋P313 安全储存： 废弃处置：		
708	O，O-二异丙基-S-(2-苯磺酰胺基)乙基二硫代磷酸酯	S-2-苯磺酰基氨基乙基-O，O-二异丙基二硫代磷酸酯；地散磷	741-58-2		危害水生环境-急性危害,类别 1 危害水生环境-长期危害,类别 1	H400 H410	GHS09	警告	预防措施：P273 事故响应：P391 安全储存： 废弃处置：P501		
709	二异丙基二硫代磷酸锑				危害水生环境-急性危害,类别 2 危害水生环境-长期危害,类别 2	H401 H411	GHS09	警告	预防措施：P273 事故响应：P391 安全储存： 废弃处置：P501		

续表

序号	品名	别名	CAS号	UN号	危险性类别	危险性说明代码	象形图代码	警示词	防范说明代码	风险提示	备注
710	*N*,*N*-二异丙基乙胺	*N*-乙基二异丙胺	7087-68-5		易燃液体,类别 2 皮肤腐蚀/刺激,类别 1 严重眼损伤/眼刺激,类别 1	H225 H314 H318	GHS02 GHS05	危险	预防措施：P210、P233、P240、P241、P242、P243、P280、P260、P264 事故响应：P303＋P361＋P353、P370＋P378、P301＋P330＋P331、P304＋P340、P305＋P351＋P338、P310、P321、P363 安全储存：P403＋P235、P405 废弃处置：P501	高度易燃液体，可引起皮肤腐蚀	
711	*N*,*N*-二异丙基乙醇胺	*N*,*N*-二异丙氨基乙醇	96-80-0		皮肤腐蚀/刺激,类别 1 严重眼损伤/眼刺激,类别 1	H314 H318	GHS05	危险	预防措施：P260、P264、P280 事故响应：P301＋P330＋P331、P303＋P361＋P353、P304＋P340、P305＋P351＋P338、P310、P321、P363 安全储存：P405 废弃处置：P501	可引起皮肤腐蚀	
712	二异丁胺		110-96-3	2361	易燃液体,类别 3 急性毒性-经口,类别 3 急性毒性-经皮,类别 2 急性毒性-吸入,类别 1	H226 H301 H310 H330	GHS02 GHS06	危险	预防措施：P210、P233、P240、P241、P242、P243、P280、P264、P270、P262、P260、P271、P284 事故响应：P303＋P361＋P353、P370＋P378、P301＋P310、P321、P330、P302＋P352、P361＋P364、P304＋P340、P320 安全储存：P403＋P235、P405、P233＋P403 废弃处置：P501	易燃液体，吞咽会中毒，皮肤接触会致命，吸入致命	
713	二异丁基酮	2,6-二甲基-4-庚酮	108-83-8	1157	易燃液体,类别 3 特异性靶器官毒性—一次接触,类别 3(呼吸道刺激)	H226 H335	GHS02 GHS07	警告	预防措施：P210、P233、P240、P241、P242、P243、P280、P261、P271 事故响应：P303＋P361＋P353、P370＋P378、P304＋P340、P312 安全储存：P403＋P235、P403＋P233、P405 废弃处置：P501	易燃液体	
714	二异戊醚		544-01-4		易燃液体,类别 3 危害水生环境-急性危害,类别 2 危害水生环境-长期危害,类别 2	H226 H401 H411	GHS02 GHS09	警告	预防措施：P210、P233、P240、P241、P242、P243、P280、P273 事故响应：P303＋P361＋P353、P370＋P378、P391 安全储存：P403＋P235 废弃处置：P501	易燃液体	
715	二异辛基磷酸	酸式磷酸二异辛酯	27215-10-7	1902	皮肤腐蚀/刺激,类别 1 严重眼损伤/眼刺激,类别 1	H314 H318	GHS05	危险	预防措施：P260、P264、P280 事故响应：P301＋P330＋P331、P303＋P361＋P353、P304＋P340、P305＋P351＋P338、P310、P321、P363 安全储存：P405 废弃处置：P501	可引起皮肤腐蚀	

续表

序号	品名	别名	CAS号	UN号	危险性类别	危险性说明代码	象形图代码	警示词	防范说明代码	风险提示	备注
716	二正丙胺	二丙胺	142-84-7	2383	易燃液体,类别2 皮肤腐蚀/刺激,类别1A 严重眼损伤/眼刺激,类别1 特异性靶器官毒性-一次接触,类别3(呼吸道刺激)	H225 H314 H318 H335	GHS02 GHS05 GHS07	危险	预防措施：P210、P233、P240、P241、P242、P243、P280、P260、P264、P261、P271 事故响应：P303＋P361＋P353、P370＋P378、P301＋P330＋P331、P304＋P340、P305＋P351＋P338、P310、P321、P363、P312 安全储存：P403＋P235、P405、P403＋P233 废弃处置：P501	高度易燃液体,可引起皮肤腐蚀	
717	二正丙基过氧重碳酸酯[含量≤100%]		16066-38-9	3113	有机过氧化物,C型	H242	GHS02	危险	预防措施：P210、P220、P234、P280 事故响应： 安全储存：P235＋P411、P410、P420 废弃处置：P501		
	二正丙基过氧重碳酸酯[含量≤77%,含B型稀释剂②≥23%]			3113	有机过氧化物,C型	H242	GHS02	危险	预防措施：P210、P220、P234、P280 事故响应： 安全储存：P235＋P411、P410、P420 废弃处置：P501	加热可引起燃烧	
718	二正丁胺	二丁胺	111-92-2	2248	易燃液体,类别3 急性毒性-经皮,类别3 急性毒性-吸入,类别2 皮肤腐蚀/刺激,类别1A 严重眼损伤/眼刺激,类别1 特异性靶器官毒性-一次接触,类别1 危害水生环境-急性危害,类别2	H226 H311 H330 H314 H318 H370 H401	GHS02 GHS05 GHS06 GHS08	危险	预防措施：P210、P233、P240、P241、P242、P243、P280、P260、P271、P284、P264、P270、P273 事故响应：P303＋P361＋P353、P370＋P378、P302＋P352、P312、P321、P361＋P364、P304＋P340、P310、P320、P301＋P330＋P331、P305＋P351＋P338、P363、P308＋P311 安全储存：P403＋P235、P405、P233＋P403 废弃处置：P501	易燃液体,皮肤接触会中毒,吸入致命,可引起皮肤腐蚀	
719	*N*,*N*-二正丁基氨基乙醇	*N*,*N*-二正丁基乙醇胺；2-二丁氨基乙醇	102-81-8		皮肤腐蚀/刺激,类别1 严重眼损伤/眼刺激,类别1 特异性靶器官毒性-一次接触,类别2 特异性靶器官毒性-一次接触,类别3(呼吸道刺激) 特异性靶器官毒性-反复接触,类别2 危害水生环境-长期危害,类别3	H314 H318 H371 H335 H373 H412	GHS05 GHS08	危险	预防措施：P260、P264、P280、P270、P273 事故响应：P301＋P330＋P331、P303＋P361＋P353、P304＋P340、P305＋P351＋P338、P310、P321、P363、P308＋P311、P314 安全储存：P405 废弃处置：P501	可引起皮肤腐蚀	

续表

序号	品名	别名	CAS号	UN号	危险性类别	危险性说明代码	象形图代码	警示词	防范说明代码	风险提示	备注
720	二-正丁基过氧重碳酸酯[含量≤27%,含B型稀释剂②≥73%]		16215-49-9	3117	有机过氧化物,E型	H242	GHS02	警告	预防措施:P210、P220、P234、P280 事故响应: 安全储存:P235、P410、P411、P420 废弃处置:P501	加热可引起燃烧	
	二-正丁基过氧重碳酸酯[27%<含量≤52%,含B型稀释剂②≥48%]			3115	有机过氧化物,D型	H242	GHS02	危险	预防措施:P210、P220、P234、P280 事故响应: 安全储存:P235+P411、P410、P420 废弃处置:P501	加热可引起燃烧	
	二-正丁基过氧重碳酸酯[含量≤42%,在水(冷冻)中稳定弥散]			3118	有机过氧化物,E型	H242	GHS02	警告	预防措施:P210、P220、P234、P280 事故响应: 安全储存:P235、P410、P411、P420 废弃处置:P501	加热可引起燃烧	
721	二正戊胺	二戊胺	2050-92-2	2841	易燃液体,类别3 急性毒性-经口,类别3 急性毒性-经皮,类别3 皮肤腐蚀/刺激,类别1C 严重眼损伤/眼刺激,类别1	H226 H301 H311 H314 H318	GHS02 GHS05 GHS06	危险	预防措施:P210、P233、P240、P241、P242、P243、P280、P264、P270、P260 事故响应:P303+P361+P353、P370+P378、P301+P310、P321、P302+P352、P312、P361+P364、P301+P330+P331、P304+P340、P305+P351+P338、P363 安全储存:P403+P235、P405 废弃处置:P501	易燃液体,吞咽会中毒,皮肤接触会中毒,可引起皮肤腐蚀	
722	二仲丁胺		626-23-3		易燃液体,类别3 危害水生环境-急性危害,类别2	H226 H401	GHS02	警告	预防措施:P210、P233、P240、P241、P242、P243、P280、P273 事故响应:P303+P361+P353、P370+P378 安全储存:P403+P235 废弃处置:P501	易燃液体	
723	发烟硫酸	硫酸和三氧化硫的混合物;焦硫酸	8014-95-7	1831	皮肤腐蚀/刺激,类别1A 严重眼损伤/眼刺激,类别1 特异性靶器官毒性-一次接触,类别3(呼吸道刺激)	H314 H318 H335	GHS05 GHS07	危险	预防措施:P260、P264、P280、P261、P271 事故响应:P301+P330+P331、P303+P361+P353、P304+P340、P305+P351+P338、P310、P321、P363、P312 安全储存:P405、P403+P233 废弃处置:P501	可引起皮肤腐蚀	重大

续表

序号	品名	别名	CAS 号	UN 号	危险性类别	危险性说明代码	象形图代码	警示词	防范说明代码	风险提示	备注
724	发烟硝酸		52583-42-3	2032	氧化性液体,类别 1 皮肤腐蚀/刺激,类别 1 严重眼损伤/眼刺激,类别 1	H271 H314 H318	GHS03 GHS05	危险	预防措施：P210、P220、P221、P280、P283、P260、P264 事故响应:P306＋P360、P370＋P378、P371＋P380＋P375、P301＋P330＋P331、P303＋P361＋P353、P304＋P340、P305＋P351＋P338、P310、P321、P363 安全储存:P405 废弃处置:P501	可引起燃烧或爆炸,强氧化剂,可引起皮肤腐蚀	重大,制爆
725	钒酸铵钠		12055-09-3	2863	急性毒性-经口,类别 3 急性毒性-吸入,类别 3	H301 H331	GHS06	危险	预防措施:P264、P270、P261、P271 事故响应:P301＋P310、P321、P330、P304＋P340、P311 安全储存:P405、P233＋P403 废弃处置:P501	吞咽会中毒,吸入会中毒	
726	钒酸钾	钒酸三钾	14293-78-8		急性毒性-经口,类别 2 急性毒性-经皮,类别 1 急性毒性-吸入,类别 2	H300 H310 H330	GHS06	危险	预防措施：P264、P270、P262、P280、P260、P271、P284 事故响应:P301＋P310、P321、P330、P302＋P352、P361＋P364、P304＋P340、P320 安全储存:P405、P233＋P403 废弃处置:P501	吞咽致命,皮肤接触会致命,吸入致命	
727	放线菌素		1402-38-6		急性毒性-经口,类别 2*	H300	GHS06	危险	预防措施:P264、P270 事故响应:P301＋P310、P321、P330 安全储存:P405 废弃处置:P501	吞咽致命	
728	放线菌素 D		50-76-0		急性毒性-经口,类别 2	H300	GHS06	危险	预防措施:P264、P270 事故响应:P301＋P310、P321、P330 安全储存:P405 废弃处置:P501	吞咽致命	
729	呋喃	氧杂茂	110-00-9	2389	易燃液体,类别 1 皮肤腐蚀/刺激,类别 2 生殖细胞致突变性,类别 2 致癌性,类别 2 特异性靶器官毒性-反复接触,类别 2* 危害水生环境-长期危害,类别 3	H224 H315 H341 H351 H373 H412	GHS02 GHS07 GHS08	危险	预防措施：P210、P233、P240、P241、P242、P243、P280、P264、P201、P202、P260、P273 事故响应:P303＋P361＋P353、P370＋P378、P302＋P352、P321、P332＋P313、P362＋P364、P308＋P313、P314 安全储存:P403＋P235、P405 废弃处置:P501	极易燃液体	

续表

序号	品名	别名	CAS号	UN号	危险性类别	危险性说明代码	象形图代码	警示词	防范说明代码	风险提示	备注
730	2-呋喃甲醇	糠醇	98-00-0	2874	急性毒性-经口,类别 3 急性毒性-经皮,类别 3 急性毒性-吸入,类别 2 严重眼损伤/眼刺激,类别 2 特异性靶器官毒性-一次接触,类别 3(呼吸道刺激) 特异性靶器官毒性-反复接触,类别 2 *	H301 H311 H330 H319 H335 H373	GHS06 GHS08	危险	预防措施：P264、P270、P280、P260、P271、P284、P261 事故响应：P301＋P310、P321、P330、P302＋P352、P312、P361＋P364、P304＋P340、P320、P305＋P351＋P338、P337＋P313、P314 安全储存：P405、P233＋P403、P403＋P233 废弃处置：P501	吞咽会中毒，皮肤接触会中毒，吸入致命	
731	呋喃甲酰氯	氯化呋喃甲酰	527-69-5		皮肤腐蚀/刺激,类别 1 严重眼损伤/眼刺激,类别 1	H314 H318	GHS05	危险	预防措施：P260、P264、P280 事故响应：P301＋P330＋P331、P303＋P361＋P353、P304＋P340、P305＋P351＋P338、P310、P321、P363 安全储存：P405 废弃处置：P501	可引起皮肤腐蚀	
732	氟		7782-41-4	1045	氧化性气体,类别 1 加压气体 急性毒性-吸入,类别 2 * 皮肤腐蚀/刺激,类别 1A 严重眼损伤/眼刺激,类别 1	H270 H280 或 H281 H330 H314 H318	GHS03 GHS04 GHS05 GHS06	危险	预防措施：P220、P244、P260、P271、P284、P264、P280 事故响应：P370＋P376、P304＋P340、P310、P320、P301＋P330＋P331、P303＋P361＋P353、P305＋P351＋P338、P321、P363 安全储存：P410＋P403、P233＋P403、P405 废弃处置：P501	可引起燃烧或加剧燃烧，氧化剂，内装加压气体：遇热可能爆炸，吸入致命，可引起皮肤腐蚀	剧毒，重大
733	1-氟-2，4-二硝基苯	2，4-二硝基-1-氟苯	70-34-8		皮肤腐蚀/刺激,类别 2 皮肤致敏物,类别 1	H315 H317	GHS07	警告	预防措施：P264、P280、P261、P272 事故响应：P302＋P352、P321、P332＋P313、P362＋P364、P333＋P313 安全储存： 废弃处置：P501	可能引起皮肤过敏	
734	2-氟苯胺	邻氟苯胺；邻氨基氟化苯	348-54-9	2941	易燃液体,类别 3 皮肤腐蚀/刺激,类别 2 严重眼损伤/眼刺激,类别 2A 特异性靶器官毒性-一次接触,类别 3(呼吸道刺激) 危害水生环境-长期危害,类别 3	H226 H315 H319 H335 H412	GHS02 GHS07	警告	预防措施：P210、P233、P240、P241、P242、P243、P280、P264、P261、P271、P273 事故响应：P303＋P361＋P353、P370＋P378、P302＋P352、P321、P332＋P313、P362＋P364、P305＋P351＋P338、P337＋P313、P304＋P340、P312 安全储存：P403＋P235、P403＋P233、P405 废弃处置：P501	易燃液体	

续表

序号	品名	别名	CAS 号	UN 号	危险性类别	危险性说明代码	象形图代码	警示词	防范说明代码	风险提示	备注
735	3-氟苯胺	间氟苯胺;间氨基氟化苯	372-19-0	2941	皮肤腐蚀/刺激,类别 2 严重眼损伤/眼刺激,类别 2A 特异性靶器官毒性-一次接触,类别 3(呼吸道刺激) 危害水生环境-长期危害,类别 3	H315 H319 H335 H412	GHS07	警告	预防措施:P264、P280、P261、P271、P273 事故响应:P302+P352、P321、P332+P313、P362+P364、P305+P351+P338、P337+P313、P304+P340、P312 安全储存:P403+P233、P405 废弃处置:P501		
736	4-氟苯胺	对氟苯胺;对氨基氟化苯	371-40-4	2941	皮肤腐蚀/刺激,类别 2 严重眼损伤/眼刺激,类别 2A 特异性靶器官毒性-一次接触,类别 3(呼吸道刺激) 危害水生环境-长期危害,类别 3	H315 H319 H335 H412	GHS07	警告	预防措施:P264、P280、P261、P271、P273 事故响应:P302+P352、P321、P332+P313、P362+P364、P305+P351+P338、P337+P313、P304+P340、P312 安全储存:P403+P233、P405 废弃处置:P501		
737	氟代苯	氟苯	462-06-6	2387	易燃液体,类别 2 严重眼损伤/眼刺激,类别 2A 危害水生环境-急性危害,类别 2 危害水生环境-长期危害,类别 2	H225 H319 H401 H411	GHS02 GHS07 GHS09	危险	预防措施:P210、P233、P240、P241、P242、P243、P280、P264、P273 事故响应:P303+P361+P353、P370+P378、P305+P351+P338、P337+P313、P391 安全储存:P403+P235 废弃处置:P501	高度易燃液体	
738	氟代甲苯		25496-08-6	2388	易燃液体,类别 2	H225	GHS02	危险	预防措施:P210、P233、P240、P241、P242、P243、P280 事故响应:P303+P361+P353、P370+P378 安全储存:P403+P235 废弃处置:P501	高度易燃液体	
739	氟锆酸钾	氟化锆钾	16923-95-8		急性毒性-经口,类别 3 严重眼损伤/眼刺激,类别 1	H301 H318	GHS05 GHS06	危险	预防措施:P264、P270、P280 事故响应:P301+P310、P321、P330、P305+P351+P338 安全储存:P405 废弃处置:P501	吞咽会中毒,造成严重眼损伤	
740	氟硅酸	硅氟酸	16961-83-4	1778	皮肤腐蚀/刺激,类别 1B 严重眼损伤/眼刺激,类别 1	H314 H318	GHS05	危险	预防措施:P260、P264、P280 事故响应:P301+P330+P331、P303+P361+P353、P304+P340、P305+P351+P338、P310、P321、P363 安全储存:P405 废弃处置:P501	可引起皮肤腐蚀	

续表

序号	品名	别名	CAS号	UN号	危险性类别	危险性说明代码	象形图代码	警示词	防范说明代码	风险提示	备注
741	氟硅酸铵		1309-32-6	2854	急性毒性-经口,类别 3 急性毒性-经皮,类别 3 急性毒性-吸入,类别 3	H301 H311 H331	GHS06	危险	预防措施:P264、P270、P280、P261、P271 事故响应:P301 + P310、P321、P330、P302 + P352、P312、P361+P364、P304+P340、P311 安全储存:P405、P233+P403 废弃处置:P501	吞咽会中毒,皮肤接触会中毒,吸入会中毒	
742	氟硅酸钾		16871-90-2	2655	急性毒性-经口,类别 3 * 急性毒性-经皮,类别 3 * 急性毒性-吸入,类别 3 *	H301 H311 H331	GHS06	危险	预防措施:P264、P270、P280、P261、P271 事故响应:P301 + P310、P321、P330、P302 + P352、P312、P361+P364、P304+P340、P311 安全储存:P405、P233+P403 废弃处置:P501	吞咽会中毒,皮肤接触会中毒,吸入会中毒	
743	氟硅酸钠		16893-85-9	2674	急性毒性-经口,类别 3 * 急性毒性-经皮,类别 3 * 急性毒性-吸入,类别 3 *	H301 H311 H331	GHS06	危险	预防措施:P264、P270、P280、P261、P271 事故响应:P301 + P310、P321、P330、P302 + P352、P312、P361+P364、P304+P340、P311 安全储存:P405、P233+P403 废弃处置:P501	吞咽会中毒,皮肤接触会中毒,吸入会中毒	
744	氟化铵		12125-01-8	2505	急性毒性-经口,类别 3 * 急性毒性-经皮,类别 3 * 急性毒性-吸入,类别 3 *	H301 H311 H331	GHS06	危险	预防措施:P264、P270、P280、P261、P271 事故响应:P301 + P310、P321、P330、P302 + P352、P312、P361+P364、P304+P340、P311 安全储存:P405、P233+P403 废弃处置:P501	吞咽会中毒,皮肤接触会中毒,吸入会中毒	
745	氟化钡		7787-32-8		急性毒性-经口,类别 3 严重眼损伤/眼刺激,类别 2 生殖毒性,类别 2 特异性靶器官毒性-一次接触,类别 3(呼吸道刺激) 特异性靶器官毒性-反复接触,类别 1	H301 H319 H361 H335 H372	GHS06 GHS08	危险	预防措施:P264、P270、P280、P201、P202、P261、P271、P260 事故响应:P301 + P310、P321、P330、P305 + P351+P338、P337 + P313、P308 + P313、P304 + P340、P312、P314 安全储存:P405、P403+P233 废弃处置:P501	吞咽会中毒	
746	氟化锆		7783-64-4		皮肤腐蚀/刺激,类别 1 严重眼损伤/眼刺激,类别 1	H314 H318	GHS05	危险	预防措施:P260、P264、P280 事故响应:P301+P330+P331、P303+P361+P353、P304 + P340、P305 + P351 + P338、P310、P321、P363 安全储存:P405 废弃处置:P501	可引起皮肤腐蚀	

续表

序号	品名	别名	CAS号	UN号	危险性类别	危险性说明代码	象形图代码	警示词	防范说明代码	风险提示	备注
747	氟化镉		7790-79-6		急性毒性-经口,类别3* 急性毒性-吸入,类别2* 生殖细胞致突变性,类别1B 致癌性,类别1A 生殖毒性,类别1B 特异性靶器官毒性-反复接触,类别1 危害水生环境-急性危害,类别1 危害水生环境-长期危害,类别1	H301 H330 H340 H350 H360 H372 H400 H410	GHS06 GHS08 GHS09	危险	预防措施：P264、P270、P260、P271、P284、P201、P202、P280、P273 事故响应：P301＋P310、P321、P330、P304＋P340、P320、P308＋P313、P314、P391 安全储存：P405、P233＋P403 废弃处置：P501	吞咽会中毒，吸入致命，可能致癌	
748	氟化铬	三氟化铬	7788-97-8	1756	皮肤腐蚀/刺激,类别1 严重眼损伤/眼刺激,类别1	H314 H318	GHS05	危险	预防措施：P260、P264、P280 事故响应：P301＋P330＋P331、P303＋P361＋P353、P304＋P340、P305＋P351＋P338、P310、P321、P363 安全储存：P405 废弃处置：P501	可引起皮肤腐蚀	
749	氟化汞	二氟化汞	7783-39-3		急性毒性-经口,类别2* 急性毒性-经皮,类别1 急性毒性-吸入,类别2* 特异性靶器官毒性-反复接触,类别2* 危害水生环境-急性危害,类别1 危害水生环境-长期危害,类别1	H300 H310 H330 H373 H400 H410	GHS06 GHS08 GHS09	危险	预防措施：P264、P270、P262、P280、P260、P271、P284、P273 事故响应：P301＋P310、P321、P330、P302＋P352、P361＋P364、P304＋P340、P320、P314、P391 安全储存：P405、P233＋P403 废弃处置：P501	吞咽致命，皮肤接触会致命，吸入致命	
750	氟化钴	三氟化钴	10026-18-3		致癌性,类别2	H351	GHS08	警告	预防措施：P201、P202、P280 事故响应：P308＋P313 安全储存：P405 废弃处置：P501		
751	氟化钾		7789-23-3	1812	急性毒性-经口,类别3* 急性毒性-经皮,类别3* 急性毒性-吸入,类别3* 危害水生环境-急性危害,类别2	H301 H311 H331 H401	GHS06	危险	预防措施：P264、P270、P280、P261、P271、P273 事故响应：P301＋P310、P321、P330、P302＋P352、P312、P361＋P364、P304＋P340、P311 安全储存：P405、P233＋P403 废弃处置：P501	吞咽会中毒，皮肤接触会中毒，吸入会中毒	
752	氟化镧	三氟化镧	13709-38-1		皮肤腐蚀/刺激,类别2 严重眼损伤/眼刺激,类别2	H315 H319	GHS07	警告	预防措施：P264、P280 事故响应：P302＋P352、P321、P332＋P313、P362＋P364、P305＋P351＋P338、P337＋P313 安全储存： 废弃处置：		

续表

序号	品名	别名	CAS号	UN号	危险性类别	危险性说明代码	象形图代码	警示词	防范说明代码	风险提示	备注
753	氟化锂		7789-24-4		急性毒性-经口,类别 3	H301	GHS06	危险	预防措施:P264、P270 事故响应:P301+P310、P321、P330 安全储存:P405 废弃处置:P501	吞咽会中毒	
754	氟化钠		7681-49-4	1690	急性毒性-经口,类别 3* 皮肤腐蚀/刺激,类别 2 严重眼损伤/眼刺激,类别 2	H301 H315 H319	GHS06	危险	预防措施:P264、P270、P280 事故响应:P301+P310、P321、P330、P302+P352、P332+P313、P362+P364、P305+P351+P338、P337+P313 安全储存:P405 废弃处置:P501	吞咽会中毒	
755	氟化铅	二氟化铅	7783-46-2		严重眼损伤/眼刺激,类别 2 致癌性,类别 1B 生殖毒性,类别 1A 特异性靶器官毒性-一次接触,类别 1 特异性靶器官毒性-一次接触,类别 3(呼吸道刺激) 特异性靶器官毒性-反复接触,类别 1 危害水生环境-急性危害,类别 1 危害水生环境-长期危害,类别 1	H319 H350 H360 H370 H335 H372 H400 H410	GHS07 GHS08 GHS09	危险	预防措施:P264、P280、P201、P202、P260、P270、P261、P271、P273 事故响应:P305+P351+P338、P337+P313、P308+P313、P308+P311、P321、P304+P340、P312、P314、P391 安全储存:P405、P403+P233 废弃处置:P501	可能致癌	
756	氟化氢[无水]		7664-39-3	1052	急性毒性-经口,类别 2* 急性毒性-经皮,类别 1 急性毒性-吸入,类别 2* 皮肤腐蚀/刺激,类别 1A 严重眼损伤/眼刺激,类别 1	H300 H310 H330 H314 H318	GHS05 GHS06	危险	预防措施:P264、P270、P262、P280、P260、P271、P284 事故响应:P301+P310、P321、P302+P352、P361+P364、P304+P340、P320、P301+P330+P331、P303+P361+P353、P305+P351+P338、P363 安全储存:P405、P233+P403 废弃处置:P501	吞咽致命,皮肤接触会致命,吸入致命,可引起皮肤腐蚀	重点,重大
757	氟化氢铵	酸性氟化铵;二氟化氢铵	1341-49-7	1727	急性毒性-经口,类别 3* 皮肤腐蚀/刺激,类别 1B 严重眼损伤/眼刺激,类别 1	H301 H314 H318	GHS05 GHS06	危险	预防措施:P264、P270、P260、P280 事故响应:P301+P310、P321、P301+P330+P331、P303+P361+P353、P304+P340、P305+P351+P338、P363 安全储存:P405 废弃处置:P501	吞咽会中毒,可引起皮肤腐蚀	

续表

序号	品名	别名	CAS号	UN号	危险性类别	危险性说明代码	象形图代码	警示词	防范说明代码	风险提示	备注
758	氟化氢钾	酸性氟化钾；二氟化氢钾	7789-29-9	1811	急性毒性-经口，类别3* 皮肤腐蚀/刺激，类别1B 严重眼损伤/眼刺激，类别1	H301 H314 H318	GHS05 GHS06	危险	预防措施：P264、P270、P260、P280 事故响应：P301＋P310、P321、P301＋P330＋P331、P303＋P361＋P353、P304＋P340、P305＋P351＋P338、P363 安全储存：P405 废弃处置：P501	吞咽会中毒，可引起皮肤腐蚀	
759	氟化氢钠	酸性氟化钠；二氟化氢钠	1333-83-1	2439	急性毒性-经口，类别3* 皮肤腐蚀/刺激，类别1B 严重眼损伤/眼刺激，类别1	H301 H314 H318	GHS05 GHS06	危险	预防措施：P264、P270、P260、P280 事故响应：P301＋P310、P321、P301＋P330＋P331、P303＋P361＋P353、P304＋P340、P305＋P351＋P338、P363 安全储存：P405 废弃处置：P501	吞咽会中毒，可引起皮肤腐蚀	
760	氟化铷		13446-74-7		皮肤腐蚀/刺激，类别2 严重眼损伤/眼刺激，类别2	H315 H319	GHS07	警告	预防措施：P264、P280 事故响应：P302＋P352、P321、P332＋P313、P362＋P364、P305＋P351＋P338、P337＋P313 安全储存： 废弃处置：		
761	氟化铯		13400-13-0		急性毒性-经口，类别3 急性毒性-经皮，类别3 急性毒性-吸入，类别3 皮肤腐蚀/刺激，类别1 严重眼损伤/眼刺激，类别1	H301 H311 H331 H314 H318	GHS05 GHS06	危险	预防措施：P264、P270、P280、P261、P271、P260 事故响应：P301＋P310、P321、P302＋P352、P312、P361＋P364、P304＋P340、P311、P301＋P330＋P331、P303＋P361＋P353、P305＋P351＋P338、P363 安全储存：P405、P233＋P403 废弃处置：P501	吞咽会中毒，皮肤接触会中毒，吸入会中毒，可引起皮肤腐蚀	
762	氟化铜	二氟化铜	7789-19-7		严重眼损伤/眼刺激，类别2 特异性靶器官毒性-一次接触，类别3(呼吸道刺激) 特异性靶器官毒性-反复接触，类别1 危害水生环境-急性危害，类别1 危害水生环境-长期危害，类别1	H319 H335 H372 H400 H410	GHS07 GHS08 GHS09	危险	预防措施：P264、P280、P261、P271、P260、P270、P273 事故响应：P305＋P351＋P338、P337＋P313、P304＋P340、P312、P314、P391 安全储存：P403＋P233、P405 废弃处置：P501		

续表

序号	品名	别名	CAS号	UN号	危险性类别	危险性说明代码	象形图代码	警示词	防范说明代码	风险提示	备注
763	氟化锌		7783-49-5		严重眼损伤/眼刺激,类别 2B 特异性靶器官毒性-一次接触,类别 3(呼吸道刺激) 特异性靶器官毒性-反复接触,类别 1 危害水生环境-急性危害,类别 1 危害水生环境-长期危害,类别 1	H320 H335 H372 H400 H410	GHS07 GHS08 GHS09	危险	预防措施:P264、P261、P271、P260、P270、P273 事故响应:P305+P351+P338、P337+P313、P304+P340、P312、P314、P391 安全储存:P403+P233、P405 废弃处置:P501		
764	氟化亚钴	二氟化钴	10026-17-2		急性毒性-经口,类别 3 致癌性,类别 2	H301 H351	GHS06 GHS08	危险	预防措施:P264、P270、P201、P202、P280 事故响应:P301+P310、P321、P330、P308+P313 安全储存:P405 废弃处置:P501	吞咽会中毒	
765	氟磺酸		7789-21-1	1777	皮肤腐蚀/刺激,类别 1A 严重眼损伤/眼刺激,类别 1	H314 H318	GHS05	危险	预防措施:P260、P264、P280 事故响应:P301+P330+P331、P303+P361+P353、P304+P340、P305+P351+P338、P310、P321、P363 安全储存:P405 废弃处置:P501	可引起皮肤腐蚀	
766	2-氟甲苯	邻氟甲苯;邻甲基氟苯;2-甲基氟苯	95-52-3	2388	易燃液体,类别 2	H225	GHS02	危险	预防措施: P210、P233、P240、P241、P242、P243、P280 事故响应:P303+P361+P353、P370+P378 安全储存:P403+P235 废弃处置:P501	高度易燃液体	
767	3-氟甲苯	间氟甲苯;间甲基氟苯;3-甲基氟苯	352-70-5	2388	易燃液体,类别 2	H225	GHS02	危险	预防措施: P210、P233、P240、P241、P242、P243、P280 事故响应:P303+P361+P353、P370+P378 安全储存:P403+P235 废弃处置:P501	高度易燃液体	
768	4-氟甲苯	对氟甲苯;对甲基氟苯;4-甲基氟苯	352-32-9	2388	易燃液体,类别 2	H225	GHS02	危险	预防措施: P210、P233、P240、P241、P242、P243、P280 事故响应:P303+P361+P353、P370+P378 安全储存:P403+P235 废弃处置:P501	高度易燃液体	

续表

序号	品名	别名	CAS号	UN号	危险性类别	危险性说明代码	象形图代码	警示词	防范说明代码	风险提示	备注
769	氟甲烷	R41;甲基氟	593-53-3	2454	易燃气体,类别1 加压气体	H220 H280或 H281	GHS02 GHS04	危险	预防措施:P210 事故响应:P377、P381 安全储存:P410+P403 废弃处置:	极易燃气体,内装加压气体,遇热可能爆炸	
770	氟磷酸[无水]		13537-32-1	1776	皮肤腐蚀/刺激,类别1 严重眼损伤/眼刺激,类别1	H314 H318	GHS05	危险	预防措施:P260、P264、P280 事故响应:P301+P330+P331、P303+P361+P353、P304+P340、P305+P351+P338、P310、P321、P363 安全储存:P405 废弃处置:P501	可引起皮肤腐蚀	
771	氟硼酸		16872-11-0	1775	皮肤腐蚀/刺激,类别1B 严重眼损伤/眼刺激,类别1	H314 H318	GHS05	危险	预防措施:P260、P264、P280 事故响应:P301+P330+P331、P303+P361+P353、P304+P340、P305+P351+P338、P310、P321、P363 安全储存:P405 废弃处置:P501	可引起皮肤腐蚀	
772	氟硼酸-3-甲基-4-(吡咯烷-1-基)重氮苯		36422-95-4	3234	自反应物质和混合物,C型	H242	GHS02	危险	预防措施:P210、P220、P234、P280 事故响应:P370+P378 安全储存:P403+P235、P411、P420 废弃处置:P501	加热可能起火	
773	氟硼酸镉		14486-19-2		致癌性,类别1A 危害水生环境-急性危害,类别1 危害水生环境-长期危害,类别1	H350 H400 H410	GHS08 GHS09	危险	预防措施:P201、P202、P280、P273 事故响应:P308+P313、P391 安全储存:P405 废弃处置:P501	可能致癌	
774	氟硼酸铅		13814-96-5		致癌性,类别1B 生殖毒性,类别1A 特异性靶器官毒性-反复接触,类别2 危害水生环境-急性危害,类别1 危害水生环境-长期危害,类别1	H350 H360 H373 H400 H410	GHS08 GHS09	危险	预防措施:P201、P202、P280、P260、P273 事故响应:P308+P313、P314、P391 安全储存:P405 废弃处置:P501	可能致癌	
	氟硼酸铅溶液[含量>28%]				生殖毒性,类别1A 特异性靶器官毒性-反复接触,类别2 危害水生环境-急性危害,类别1 危害水生环境-长期危害,类别1	H360 H373 H400 H410	GHS08 GHS09	危险	预防措施:P201、P202、P280、P260、P273 事故响应:P308+P313、P314、P391 安全储存:P405 废弃处置:P501		

续表

序号	品名	别名	CAS号	UN号	危险性类别	危险性说明代码	象形图代码	警示词	防范说明代码	风险提示	备注
775	氟硼酸锌		13826-88-5		皮肤腐蚀/刺激,类别1 严重眼损伤/眼刺激,类别1	H314 H318	GHS05	危险	预防措施:P260、P264、P280 事故响应:P301+P330+P331、P303+P361+P353、P304+P340、P305+P351+P338、P310、P321、P363 安全储存:P405 废弃处置:P501	可引起皮肤腐蚀	
776	氟硼酸银		14104-20-2		皮肤腐蚀/刺激,类别1 严重眼损伤/眼刺激,类别1	H314 H318	GHS05	危险	预防措施:P260、P264、P280 事故响应:P301+P330+P331、P303+P361+P353、P304+P340、P305+P351+P338、P310、P321、P363 安全储存:P405 废弃处置:P501	可引起皮肤腐蚀	
777	氟铍酸铵	氟化铍铵	14874-86-3		急性毒性-经口,类别3 皮肤腐蚀/刺激,类别2 严重眼损伤/眼刺激,类别2 皮肤致敏物,类别1 致癌性,类别1A 特异性靶器官毒性-一次接触,类别3(呼吸道刺激) 特异性靶器官毒性-反复接触,类别1 危害水生环境-急性危害,类别2 危害水生环境-长期危害,类别2	H301 H315 H319 H317 H350 H335 H372 H401 H411	GHS06 GHS08 GHS09	危险	预防措施:P264、P270、P280、P261、P272、P201、P202、P271、P260、P273 事故响应:P301+P310、P321、P330、P302+P352、P332+P313、P362+P364、P305+P351+P338、P337+P313、P333+P313、P308+P313、P304+P340、P312、P314、P391 安全储存:P405、P403+P233 废弃处置:P501	吞咽会中毒,可能引起皮肤过敏,可能致癌	
778	氟铍酸钠		13871-27-7		急性毒性-经口,类别3* 急性毒性-吸入,类别2* 皮肤腐蚀/刺激,类别2 严重眼损伤/眼刺激,类别2 皮肤致敏物,类别1 致癌性,类别1A 特异性靶器官毒性-一次接触,类别3(呼吸道刺激) 特异性靶器官毒性-反复接触,类别1 危害水生环境-急性危害,类别2 危害水生环境-长期危害,类别2	H301 H330 H315 H319 H317 H350 H335 H372 H401 H411	GHS06 GHS08 GHS09	危险	预防措施:P264、P270、P260、P271、P284、P280、P261、P272、P201、P202、P273 事故响应:P301+P310、P321、P330、P304+P340、P320、P302+P352、P332+P313、P362+P364、P305+P351+P338、P337+P313、P333+P313、P308+P313、P312、P314、P391 安全储存:P405、P233+P403、P403+P233 废弃处置:P501	吞咽会中毒,吸入致命,可能引起皮肤过敏,可能致癌	

续表

序号	品名	别名	CAS号	UN号	危险性类别	危险性说明代码	象形图代码	警示词	防范说明代码	风险提示	备注
779	氟钽酸钾	钽氟酸钾；七氟化钽钾	16924-00-8		急性毒性-经口，类别3	H301	GHS06	危险	预防措施：P264、P270 事故响应：P301+P310、P321、P330 安全储存：P405 废弃处置：P501	吞咽会中毒	
780	氟乙酸	氟醋酸	144-49-0	2642	急性毒性-经口，类别2* 危害水生环境-急性危害，类别1	H300 H400	GHS06 GHS09	危险	预防措施：P264、P270、P273 事故响应：P301+P310、P321、P330、P391 安全储存：P405 废弃处置：P501	吞咽致命	剧毒
781	氟乙酸-2-苯酰肼	法尼林	2343-36-4		急性毒性-经口，类别2	H300	GHS06	危险	预防措施：P264、P270 事故响应：P301+P310、P321、P330 安全储存：P405 废弃处置：P501	吞咽致命	
782	氟乙酸钾	氟醋酸钾	23745-86-0	2628	急性毒性-经口，类别2 急性毒性-经皮，类别1 急性毒性-吸入，类别2 危害水生环境-急性危害，类别1	H300 H310 H330 H400	GHS06 GHS09	危险	预防措施：P264、P270、P262、P280、P260、P271、P284、P273 事故响应：P301+P310、P321、P330、P302+P352、P361+P364、P304+P340、P320、P391 安全储存：P405、P233+P403 废弃处置：P501	吞咽致命，皮肤接触会致命，吸入致命	
783	氟乙酸甲酯		453-18-9		易燃液体，类别3 急性毒性-经口，类别1 急性毒性-经皮，类别1 急性毒性-吸入，类别1	H226 H300 H310 H330	GHS02 GHS06	危险	预防措施：P210、P233、P240、P241、P242、P243、P280、P264、P270、P262、P260、P271、P284 事故响应：P303+P361+P353、P370+P378、P301+P310、P321、P330、P302+P352、P361+P364、P304+P340、P320 安全储存：P403+P235、P405、P233+P403 废弃处置：P501	易燃液体，吞咽致命，皮肤接触会致命，吸入致命	剧毒
784	氟乙酸钠	氟醋酸钠	62-74-8	2629	急性毒性-经口，类别2* 急性毒性-经皮，类别1 急性毒性-吸入，类别2* 危害水生环境-急性危害，类别1	H300 H310 H330 H400	GHS06 GHS09	危险	预防措施：P264、P270、P262、P280、P260、P271、P284、P273 事故响应：P301+P310、P321、P330、P302+P352、P361+P364、P304+P340、P320、P391 安全储存：P405、P233+P403 废弃处置：P501	吞咽致命，皮肤接触会致命，吸入致命	剧毒

续表

序号	品名	别名	CAS号	UN号	危险性类别	危险性说明代码	象形图代码	警示词	防范说明代码	风险提示	备注
785	氟乙酸乙酯	氟醋酸乙酯	459-72-3		易燃液体,类别3 急性毒性-经口,类别2	H226 H300	GHS02 GHS06	危险	预防措施：P210、P233、P240、P241、P242、P243、P280、P264、P270 事故响应：P303＋P361＋P353、P370＋P378、P301＋P310、P321、P330 安全储存：P403＋P235、P405 废弃处置：P501	易燃液体，吞咽致命	
786	氟乙烷	R161；乙基氟	353-36-6	2453	易燃气体,类别1 加压气体	H220 H280 或 H281	GHS02 GHS04	危险	预防措施：P210 事故响应：P377、P381 安全储存：P410＋P403 废弃处置：	极易燃气体，内装加压气体：遇热可能爆炸	
787	氟乙烯[稳定的]	乙烯基氟	75-02-5	1860	易燃气体,类别1 化学不稳定性气体,类别B 加压气体 生殖细胞致突变性,类别2 致癌性,类别1B 特异性靶器官毒性-一次接触,类别3(麻醉效应) 特异性靶器官毒性-反复接触,类别2	H220 H231 H280 或 H281 H341 H350 H336 H373	GHS02 GHS04 GHS07 GHS08	危险	预防措施：P210、P202、P201、P280、P261、P271、P260 事故响应：P377、P381、P308＋P313、P304＋P340、P312、P314 安全储存：P410＋P403、P405、P403＋P233 废弃处置：P501	极易燃气体，(不稳定)，内装加压气体：遇热可能爆炸，可能致癌	
788	氟乙酰胺		640-19-7		急性毒性-经口,类别2* 急性毒性-经皮,类别3*	H300 H311	GHS06	危险	预防措施：P264、P270、P280 事故响应：P301＋P310、P321、P330、P302＋P352、P312、P361＋P364 安全储存：P405 废弃处置：P501	吞咽致命，皮肤接触会中毒	剧毒
789	钙	金属钙	7440-70-2	1401	遇水放出易燃气体的物质和混合物,类别2	H261	GHS02	危险	预防措施：P223、P231＋P232、P280 事故响应：P335＋P334、P370＋P378 安全储存：P402＋P404 废弃处置：P501	遇水放出易燃气体	
	金属钙粉	钙粉	7440-70-2		自热物质和混合物,类别2 遇水放出易燃气体的物质和混合物,类别2	H252 H261	GHS02	危险	预防措施：P235＋P410、P280、P223、P231＋P232 事故响应：P335＋P334、P370＋P378 安全储存：P407、P413、P420、P402＋P404 废弃处置：P501	数量大时自热，可能燃烧，遇水放出易燃气体	

续表

序号	品名	别名	CAS号	UN号	危险性类别	危险性说明代码	象形图代码	警示词	防范说明代码	风险提示	备注
790	钙合金				遇水放出易燃气体的物质和混合物,类别2	H261	GHS02	危险	预防措施:P223、P231+P232、P280 事故响应:P335+P334、P370+P378 安全储存:P402+P404 废弃处置:P501	遇水放出易燃气体	
791	钙锰硅合金			2844	遇水放出易燃气体的物质和混合物,类别3	H261	GHS02	警告	预防措施:P231+P232、P280 事故响应:P370+P378 安全储存:P402+P404 废弃处置:P501	遇水放出易燃气体	
792	甘露糖醇六硝酸酯[湿的,按质量含水或乙醇和水的混合物不低于40%]	六硝基甘露醇	15825-70-4	0133	爆炸物,1.1项	H201	GHS01	危险	预防措施:P210、P230、P240、P250、P280 事故响应:P370+P380、P372、P373 安全储存:P401 废弃处置:P501	整体爆炸危险	
793	高碘酸	过碘酸;仲高碘酸	10450-60-9		氧化性固体,类别2 皮肤腐蚀/刺激,类别1 严重眼损伤/眼刺激,类别1	H272 H314 H318	GHS03 GHS05	危险	预防措施:P210、P220、P221、P280、P260、P264 事故响应:P370+P378、P301+P330+P331、P303+P361+P353、P304+P340、P305+P351+P338、P310、P321、P363 安全储存:P405 废弃处置:P501	可加剧燃烧,氧化剂,可引起皮肤腐蚀	
794	高碘酸铵	过碘酸铵	13446-11-2		氧化性固体,类别2	H272	GHS03	危险	预防措施:P210、P220、P221、P280 事故响应:P370+P378 安全储存: 废弃处置:P501	可加剧燃烧,氧化剂	
795	高碘酸钡	过碘酸钡	13718-58-6		氧化性固体,类别2	H272	GHS03	危险	预防措施:P210、P220、P221、P280 事故响应:P370+P378 安全储存: 废弃处置:P501	可加剧燃烧,氧化剂	
796	高碘酸钾	过碘酸钾	7790-21-8		氧化性固体,类别2	H272	GHS03	危险	预防措施:P210、P220、P221、P280 事故响应:P370+P378 安全储存: 废弃处置:P501	可加剧燃烧,氧化剂	

续表

序号	品名	别名	CAS号	UN号	危险性类别	危险性说明代码	象形图代码	警示词	防范说明代码	风险提示	备注
797	高碘酸钠	过碘酸钠	7790-28-5		氧化性固体,类别 2	H272	GHS03	危险	预防措施:P210、P220、P221、P280 事故响应:P370+P378 安全储存: 废弃处置:P501	可加剧燃烧,氧化剂	
798	高氯酸[浓度>72%]	过氯酸	7601-90-3		氧化性液体,类别 1 皮肤腐蚀/刺激,类别 1A 严重眼损伤/眼刺激,类别 1	H271 H314 H318	GHS03 GHS05	危险	预防措施:P210、P220、P221、P280、P283、P260、P264 事故响应:P306+P360、P370+P378、P371+P380+P375、P301+P330+P331、P303+P361+P353、P304+P340、P305+P351+P338、P310、P321、P363 安全储存:P405 废弃处置:P501	可引起燃烧或爆炸,强氧化剂,可引起皮肤腐蚀	制爆
	高氯酸[浓度50%~72%]			1873	氧化性液体,类别 1 皮肤腐蚀/刺激,类别 1A 严重眼损伤/眼刺激,类别 1	H271 H314 H318	GHS03 GHS05	危险	预防措施:P210、P220、P221、P280、P260、P264 事故响应:P370+P378、P301+P330+P331、P303+P361+P353、P304+P340、P305+P351+P338、P310、P321、P363 安全储存:P405 废弃处置:P501	可引起燃烧或爆炸,强氧化剂,可引起皮肤腐蚀	
	高氯酸[浓度≤50%]			1802	氧化性液体,类别 2 皮肤腐蚀/刺激,类别 1B 严重眼损伤/眼刺激,类别 1	H272 H314 H318	GHS03 GHS05	危险	预防措施:P210、P220、P221、P280、P283、P260、P264 事故响应:P306+P360、P370+P378、P371+P380+P375、P301+P330+P331、P303+P361+P353、P304+P340、P305+P351+P338、P310、P321、P363 安全储存:P405 废弃处置:P501	可加剧燃烧,氧化剂,可引起皮肤腐蚀	
799	高氯酸铵	过氯酸铵	7790-98-9	0402	爆炸物,1.1 项 氧化性固体,类别 1	H201 H271	GHS01 GHS03	危险	预防措施:P210、P230、P240、P250、P280、P220、P221、P283 事故响应:P370+P380、P372、P373、P306+P360、P370+P378、P371+P380+P375 安全储存:P401 废弃处置:P501	整体爆炸危险,可引起燃烧或爆炸,强氧化剂	重点,制爆

续表

序号	品名	别名	CAS号	UN号	危险性类别	危险性说明代码	象形图代码	警示词	防范说明代码	风险提示	备注
800	高氯酸钡	过氯酸钡	13465-95-7	1447	氧化性固体,类别 1	H271	GHS03	危险	预防措施:P210、P220、P221、P280、P283 事故响应:P306＋P360、P370＋P378、P371＋P380＋P375 安全储存: 废弃处置:P501	可引起燃烧或爆炸,强氧化剂	
801	高氯酸醋酐溶液	过氯酸醋酐溶液			氧化性液体,类别 3* 皮肤腐蚀/刺激,类别 1 严重眼损伤/眼刺激,类别 1	H272 H314 H318	GHS03 GHS05	危险	预防措施:P210、P220、P221、P280、P260、P264 事故响应:P370＋P378、P301＋P330＋P331、P303＋P361＋P353、P304＋P340、P305＋P351＋P338、P310、P321、P363 安全储存:P405 废弃处置:P501	可加剧燃烧,氧化剂,可引起皮肤腐蚀	
802	高氯酸钙	过氯酸钙	13477-36-6	1455	氧化性固体,类别 2	H272	GHS03	危险	预防措施:P210、P220、P221、P280 事故响应:P370＋P378 安全储存: 废弃处置:P501	可加剧燃烧,氧化剂	
803	高氯酸钾	过氯酸钾	7778-74-7	1489	氧化性固体,类别 1	H271	GHS03	危险	预防措施:P210、P220、P221、P280、P283 事故响应:P306＋P360、P370＋P378、P371＋P380＋P375 安全储存: 废弃处置:P501	可引起燃烧或爆炸,强氧化剂	制爆
804	高氯酸锂	过氯酸锂	7791-03-9		氧化性固体,类别 2	H272	GHS03	危险	预防措施:P210、P220、P221、P280 事故响应:P370＋P378 安全储存: 废弃处置:P501	可加剧燃烧,氧化剂	制爆
805	高氯酸镁	过氯酸镁	10034-81-8	1475	氧化性固体,类别 2	H272	GHS03	危险	预防措施:P210、P220、P221、P280 事故响应:P370＋P378 安全储存: 废弃处置:P501	可加剧燃烧,氧化剂	
806	高氯酸钠	过氯酸钠	7601-89-0	1502	氧化性固体,类别 1	H271	GHS03	危险	预防措施:P210、P220、P221、P280、P283 事故响应:P306＋P360、P370＋P378、P371＋P380＋P375 安全储存: 废弃处置:P501	可引起燃烧或爆炸,强氧化剂	制爆

续表

序号	品名	别名	CAS号	UN号	危险性类别	危险性说明代码	象形图代码	警示词	防范说明代码	风险提示	备注
807	高氯酸铅	过氯酸铅	13637-76-8	1470	氧化性固体,类别 2 生殖毒性,类别 1A 致癌性,类别 1B 特异性靶器官毒性-反复接触,类别 2 * 危害水生环境-急性危害,类别 1 危害水生环境-长期危害,类别 1	H272 H360 H350 H373 H400 H410	GHS03 GHS08 GHS09	危险	预防措施：P210、P220、P221、P280、P201、P202、P260、P273 事故响应：P370 + P378、P308 + P313、P314、P391 安全储存：P405 废弃处置：P501	可加剧燃烧，氧化剂，可能致癌	
808	高氯酸锶	过氯酸锶	13450-97-0	1508	氧化性固体,类别 2	H272	GHS03	危险	预防措施：P210、P220、P221、P280 事故响应：P370+P378 安全储存： 废弃处置：P501	可加剧燃烧，氧化剂	
809	高氯酸亚铁		13520-69-9		氧化性固体,类别 2	H272	GHS03	危险	预防措施：P210、P220、P221、P280 事故响应：P370+P378 安全储存： 废弃处置：P501	可加剧燃烧，氧化剂	
810	高氯酸银	过氯酸银	7783-93-9		氧化性固体,类别 2	H272	GHS03	危险	预防措施：P210、P220、P221、P280 事故响应：P370+P378 安全储存： 废弃处置：P501	可加剧燃烧，氧化剂	
811	高锰酸钡	过锰酸钡	7787-36-2	1448	氧化性固体,类别 2	H272	GHS03	危险	预防措施：P210、P220、P221、P280 事故响应：P370+P378 安全储存： 废弃处置：P501	可加剧燃烧，氧化剂	
812	高锰酸钙	过锰酸钙	10118-76-0	1456	氧化性固体,类别 2	H272	GHS03	危险	预防措施：P210、P220、P221、P280 事故响应：P370+P378 安全储存： 废弃处置：P501	可加剧燃烧，氧化剂	
813	高锰酸钾	过锰酸钾；灰锰氧	7722-64-7	1490	氧化性固体,类别 2 危害水生环境-急性危害,类别 1 危害水生环境-长期危害,类别 1	H272 H400 H410	GHS03 GHS09	危险	预防措施：P210、P220、P221、P280、P273 事故响应：P370+P378、P391 安全储存： 废弃处置：P501	可加剧燃烧，氧化剂	制毒，制爆

续表

序号	品名	别名	CAS号	UN号	危险性类别	危险性说明代码	象形图代码	警示词	防范说明代码	风险提示	备注
814	高锰酸钠	过锰酸钠	10101-50-5	1503	氧化性固体,类别 2 皮肤腐蚀/刺激,类别 1B 严重眼损伤/眼刺激,类别 1 危害水生环境-急性危害,类别 1 危害水生环境-长期危害,类别 1	H272 H314 H318 H400 H410	GHS03 GHS05 GHS09	危险	预防措施：P210、P220、P221、P280、P260、P264、P273 事故响应:P370＋P378、P301＋P330＋P331、P303＋P361＋P353、P304＋P340、P305＋P351＋P338、P310、P321、P363、P391 安全储存:P405 废弃处置:P501	可加剧燃烧,氧化剂,可引起皮肤腐蚀	制爆
815	高锰酸锌	过锰酸锌	23414-72-4	1515	氧化性固体,类别 2 特异性靶器官毒性-反复接触,类别 1 危害水生环境-急性危害,类别 1 危害水生环境-长期危害,类别 1	H272 H372 H400 H410	GHS03 GHS08 GHS09	危险	预防措施：P210、P220、P221、P280、P260、P264、P270、P273 事故响应:P370＋P378、P314、P391 安全储存: 废弃处置:P501	可加剧燃烧,氧化剂	
816	高锰酸银	过锰酸银	7783-98-4	2409	氧化性固体,类别 2	H272	GHS03	危险	预防措施:P210、P220、P221、P280 事故响应:P370＋P378 安全储存: 废弃处置:P501	可加剧燃烧,氧化剂	
817	镉[非发火的]		7440-43-9		急性毒性-吸入,类别 2 * 生殖细胞致突变性,类别 2 致癌性,类别 1A 生殖毒性,类别 2 特异性靶器官毒性-反复接触,类别 1 危害水生环境-急性危害,类别 1 危害水生环境-长期危害,类别 1	H330 H341 H350 H361 H372 H400 H410	GHS06 GHS08 GHS09	危险	预防措施：P260、P271、P284、P201、P202、P280、P264、P270、P273 事故响应：P304＋P340、P310、P320、P308＋P313、P314、P391 安全储存:P233＋P403、P405 废弃处置:P501	吸入致命,可能致癌	
818	铬硫酸			2240	皮肤腐蚀/刺激,类别 1 严重眼损伤/眼刺激,类别 1 危害水生环境-急性危害,类别 1 危害水生环境-长期危害,类别 1	H314 H318 H400 H410	GHS05 GHS09	危险	预防措施:P260、P264、P280、P273 事故响应:P301＋P330＋P331、P303＋P361＋P353、P304＋P340、P305＋P351＋P338、P310、P321、P363、P391 安全储存:P405 废弃处置:P501	可引起皮肤腐蚀	

续表

序号	品名	别名	CAS号	UN号	危险性类别	危险性说明代码	象形图代码	警示词	防范说明代码	风险提示	备注
819	铬酸钾		7789-00-6		严重眼损伤/眼刺激,类别 2 皮肤腐蚀/刺激,类别 2 皮肤致敏物,类别 1 生殖细胞致突变性,类别 1B 致癌性,类别 1A 特异性靶器官毒性-一次接触,类别 3(呼吸道刺激) 危害水生环境-急性危害,类别 1 危害水生环境-长期危害,类别 1	H319 H315 H317 H340 H350 H335 H400 H410	GHS07 GHS08 GHS09	危险	预防措施：P264、P280、P261、P272、P201、P202、P271、P273 事故响应：P305＋P351＋P338、P337＋P313、P302＋P352、P321、P332＋P313、P362＋P364、P333＋P313、P308＋P313、P304＋P340、P312、P391 安全储存：P405、P403＋P233 废弃处置：P501	可能引起皮肤过敏,可能致癌	
820	铬酸钠		7775-11-3		急性毒性-经口,类别 3* 急性毒性-吸入,类别 2* 皮肤腐蚀/刺激,类别 1B 严重眼损伤/眼刺激,类别 1 呼吸道致敏物,类别 1 皮肤致敏物,类别 1 生殖细胞致突变性,类别 1B 致癌性,类别 1A 生殖毒性,类别 1B 特异性靶器官毒性-反复接触,类别 1 危害水生环境-急性危害,类别 1 危害水生环境-长期危害,类别 1	H301 H330 H314 H318 H334 H317 H340 H350 H360 H372 H400 H410	GHS05 GHS06 GHS08 GHS09	危险	预防措施：P264、P270、P260、P271、P284、P280、P261、P272、P201、P202、P273 事故响应：P301＋P310、P321、P304＋P340、P320、P301＋P330＋P331、P303＋P361＋P353、P305＋P351＋P338、P363、P342＋P311、P302＋P352、P333＋P313、P362＋P364、P308＋P313、P314、P391 安全储存：P405、P233＋P403 废弃处置：P501	吞咽会中毒,吸入致命,可引起皮肤腐蚀,吸入可能导致过敏,可能引起皮肤过敏,可能致癌	
821	铬酸铵		14216-88-7		急性毒性-经口,类别 3* 急性毒性-吸入,类别 2* 皮肤腐蚀/刺激,类别 2 严重眼损伤/眼刺激,类别 2 皮肤致敏物,类别 1 致癌性,类别 1A 特异性靶器官毒性-一次接触,类别 3(呼吸道刺激) 特异性靶器官毒性-反复接触,类别 1 危害水生环境-急性危害,类别 1 危害水生环境-长期危害,类别 1	H301 H330 H315 H319 H317 H350 H335 H372 H400 H410	GHS06 GHS08 GHS09	危险	预防措施：P264、P270、P260、P271、P284、P280、P261、P272、P201、P202、P273 事故响应：P301＋P310、P321、P330、P304＋P340、P320、P302＋P352、P332＋P313、P362＋P364、P305＋P351＋P338、P337＋P313、P333＋P313、P308＋P313、P312、P314、P391 安全储存：P405、P233＋P403、P403＋P233 废弃处置：P501	吞咽会中毒,吸入致命,可能引起皮肤过敏,可能致癌	

续表

序号	品名	别名	CAS号	UN号	危险性类别	危险性说明代码	象形图代码	警示词	防范说明代码	风险提示	备注
822	铬酸铅		7758-97-6		致癌性,类别1A 生殖毒性,类别1A 特异性靶器官毒性-反复接触,类别2 危害水生环境-急性危害,类别1 危害水生环境-长期危害,类别1	H350 H360 H373 H400 H410	GHS08 GHS09	危险	预防措施:P201、P202、P280、P260、P273 事故响应:P308+P313、P314、P391 安全储存:P405 废弃处置:P501	可能致癌	
823	铬酸溶液		7738-94-5	1755	皮肤腐蚀/刺激,类别1 严重眼损伤/眼刺激,类别1 皮肤致敏物,类别1 致癌性,类别1A 危害水生环境-急性危害,类别1 危害水生环境-长期危害,类别1	H314 H318 H317 H350 H400 H410	GHS05 GHS07 GHS08 GHS09	危险	预防措施:P260、P264、P280、P261、P272、P201、P202、P273 事故响应:P301+P330+P331、P303+P361+P353、P304+P340、P305+P351+P338、P310、P321、P363、P302+P352、P333+P313、P362+P364、P308+P313、P391 安全储存:P405 废弃处置:P501	可引起皮肤腐蚀,可能引起皮肤过敏,可能致癌	
824	铬酸叔丁酯四氯化碳溶液		1189-85-1		危害水生环境-急性危害,类别1 危害水生环境-长期危害,类别1	H400 H410	GHS09	警告	预防措施:P273 事故响应:P391 安全储存: 废弃处置:P501		
825	庚二腈	1,5-二氰基戊烷	646-20-8		急性毒性-经口,类别3	H301	GHS06	危险	预防措施:P264、P270 事故响应:P301+P310、P321、P330 安全储存:P405 废弃处置:P501	吞咽会中毒	
826	庚腈	氰化正己烷	629-08-3		易燃液体,类别3 急性毒性-经口,类别3 急性毒性-经皮,类别3 急性毒性-吸入,类别3 皮肤腐蚀/刺激,类别2 严重眼损伤/眼刺激,类别2 特异性靶器官毒性-一次接触,类别3(呼吸道刺激)	H226 H301 H311 H331 H315 H319 H335	GHS02 GHS06	危险	预防措施:P210、P233、P240、P241、P242、P243、P280、P264、P270、P261、P271 事故响应:P303+P361+P353、P370+P378、P301+P310、P321、P330、P302+P352、P312、P361+P364、P304+P340、P311、P332+P313、P362+P364、P305+P351+P338、P337+P313 安全储存:P403+P235、P405、P233+P403、P403+P233 废弃处置:P501	易燃液体,吞咽会中毒,皮肤接触会中毒,吸入会中毒	

续表

序号	品名	别名	CAS号	UN号	危险性类别	危险性说明代码	象形图代码	警示词	防范说明代码	风险提示	备注
827	1-庚炔	正庚炔	628-71-7		易燃液体,类别2	H225	GHS02	危险	预防措施：P210、P233、P240、P241、P242、P243、P280 事故响应：P303+P361+P353、P370+P378 安全储存：P403+P235 废弃处置：P501	高度易燃液体	
828	庚酸	正庚酸	111-14-8		皮肤腐蚀/刺激,类别1B 严重眼损伤/眼刺激,类别1	H314 H318	GHS05	危险	预防措施：P260、P264、P280 事故响应：P301+P330+P331、P303+P361+P353、P304+P340、P305+P351+P338、P310、P321、P363 安全储存：P405 废弃处置：P501	可引起皮肤腐蚀	
829	2-庚酮	甲基戊基甲酮	110-43-0		易燃液体,类别3	H226	GHS02	警告	预防措施：P210、P233、P240、P241、P242、P243、P280 事故响应：P303+P361+P353、P370+P378 安全储存：P403+P235 废弃处置：P501	易燃液体	
830	3-庚酮	乙基正丁基甲酮	106-35-4		易燃液体,类别3 严重眼损伤/眼刺激,类别2	H226 H319	GHS02 GHS07	警告	预防措施：P210、P233、P240、P241、P242、P243、P280、P264 事故响应：P303+P361+P353、P370+P378、P305+P351+P338、P337+P313 安全储存：P403+P235 废弃处置：P501	易燃液体	
831	4-庚酮	乳酮；二丙基甲酮	123-19-3		易燃液体,类别3	H226	GHS02	警告	预防措施：P210、P233、P240、P241、P242、P243、P280 事故响应：P303+P361+P353、P370+P378 安全储存：P403+P235 废弃处置：P501	易燃液体	
832	1-庚烯	正庚烯；正戊基乙烯	592-76-7	2278	易燃液体,类别2 特异性靶器官毒性—一次接触,类别3(麻醉效应) 吸入危害,类别1	H225 H336 H304	GHS02 GHS07 GHS08	危险	预防措施：P210、P233、P240、P241、P242、P243、P280、P261、P271 事故响应：P303+P361+P353、P370+P378、P304+P340、P312、P301+P310、P331 安全储存：P403+P235、P403+P233、P405 废弃处置：P501	高度易燃液体,禁止催吐	

续表

序号	品名	别名	CAS号	UN号	危险性类别	危险性说明代码	象形图代码	警示词	防范说明代码	风险提示	备注
833	2-庚烯		592-77-8		易燃液体,类别 2	H225	GHS02	危险	预防措施：P210、P233、P240、P241、P242、P243、P280 事故响应:P303+P361+P353、P370+P378 安全储存:P403+P235 废弃处置:P501	高度易燃液体	
834	3-庚烯		592-78-9		易燃液体,类别 2	H225	GHS02	危险	预防措施：P210、P233、P240、P241、P242、P243、P280 事故响应:P303+P361+P353、P370+P378 安全储存:P403+P235 废弃处置:P501	高度易燃液体	
835	汞	水银	7439-97-6	2809	急性毒性-吸入,类别 2 * 生殖毒性,类别 1B 特异性靶器官毒性-反复接触,类别 1 危害水生环境-急性危害,类别 1 危害水生环境-长期危害,类别 1	H330 H360 H372 H400 H410	GHS06 GHS08 GHS09	危险	预防措施：P260、P271、P284、P201、P202、P280、P264、P270、P273 事故响应:P304 + P340、P310、P320、P308 + P313、P314、P391 安全储存:P233+P403、P405 废弃处置:P501	吸入致命	
836	挂-3-氯桥-6-氰基-2-降冰片酮-*O*-(甲基氨基甲酰基)肟	肟杀威	15271-41-7		急性毒性-经口,类别 2 * 急性毒性-经皮,类别 3 * 危害水生环境-急性危害,类别 2 危害水生环境-长期危害,类别 2	H300 H311 H401 H411	GHS06 GHS09	危险	预防措施:P264、P270、P280、P273 事故响应:P301 + P310、P321、P330、P302 + P352、P312、P361+P364、P391 安全储存:P405 废弃处置:P501	吞咽致命,皮肤接触会中毒	
837	硅粉[非晶形的]		7440-21-3	1346	易燃固体,类别 2 严重眼损伤/眼刺激,类别 2B	H228 H320	GHS02	警告	预防措施:P210、P240、P241、P280、P264 事故响应:P370 + P378、P305 + P351 + P338、P337+P313 安全储存: 废弃处置:	易燃固体	
838	硅钙	二硅化钙	12013-56-8		遇水放出易燃气体的物质和混合物,类别 2	H261	GHS02	危险	预防措施:P223、P231+P232、P280 事故响应:P335+P334、P370+P378 安全储存:P402+P404 废弃处置:P501	遇水放出易燃气体	
839	硅化钙		12013-55-7	1405	遇水放出易燃气体的物质和混合物,类别 2	H261	GHS02	危险	预防措施:P223、P231+P232、P280 事故响应:P335+P334、P370+P378 安全储存:P402+P404 废弃处置:P501	遇水放出易燃气体	

续表

序号	品名	别名	CAS号	UN号	危险性类别	危险性说明代码	象形图代码	警示词	防范说明代码	风险提示	备注
840	硅化镁		22831-39-6; 39404-03-0	2624	遇水放出易燃气体的物质和混合物,类别2	H261	GHS02	危险	预防措施:P223、P231+P232、P280 事故响应:P335+P334、P370+P378 安全储存:P402+P404 废弃处置:P501	遇水放出易燃气体	
841	硅锂		68848-64-6	1417	遇水放出易燃气体的物质和混合物,类别2	H261	GHS02	危险	预防措施:P223、P231+P232、P280 事故响应:P335+P334、P370+P378 安全储存:P402+P404 废弃处置:P501	遇水放出易燃气体	
842	硅铝		57485-31-1		遇水放出易燃气体的物质和混合物,类别3	H261	GHS02	警告	预防措施:P231+P232、P280 事故响应:P370+P378 安全储存:P402+P404 废弃处置:P501	遇水放出易燃气体	制爆
	硅铝粉[无涂层的]		57485-31-1	1398	遇水放出易燃气体的物质和混合物,类别3	H261	GHS02	警告	预防措施:P231+P232、P280 事故响应:P370+P378 安全储存:P402+P404 废弃处置:P501	遇水放出易燃气体	制爆
843	硅锰钙		12205-44-6	2844	遇水放出易燃气体的物质和混合物,类别3	H261	GHS02	警告	预防措施:P231+P232、P280 事故响应:P370+P378 安全储存:P402+P404 废弃处置:P501	遇水放出易燃气体	
844	硅酸铅		10099-76-0; 11120-22-2		致癌性,类别1B 生殖毒性,类别1A 特异性靶器官毒性-一次接触,类别1 特异性靶器官毒性-反复接触,类别1 危害水生环境-急性危害,类别1 危害水生环境-长期危害,类别1	H350 H360 H370 H372 H400 H410	GHS08 GHS09	危险	预防措施:P201、P202、P280、P260、P264、P270、P273 事故响应:P308+P313、P308+P311、P321、P314、P391 安全储存:P405 废弃处置:P501	可能致癌	
845	硅酸四乙酯	四乙氧基硅烷;正硅酸乙酯	78-10-4	1292	易燃液体,类别3 严重眼损伤/眼刺激,类别2 特异性靶器官毒性-一次接触,类别3(呼吸道刺激)	H226 H319 H335	GHS02 GHS07	警告	预防措施:P210、P233、P240、P241、P242、P243、P280、P264、P261、P271 事故响应:P303+P361+P353、P370+P378、P305+P351+P338、P337+P313、P304+P340、P312 安全储存:P403+P235、P403+P233、P405 废弃处置:P501	易燃液体	

续表

序号	品名	别名	CAS号	UN号	危险性类别	危险性说明代码	象形图代码	警示词	防范说明代码	风险提示	备注
846	硅铁锂		64082-35-5	2830	遇水放出易燃气体的物质和混合物,类别 2	H261	GHS02	危险	预防措施:P223、P231+P232、P280 事故响应:P335+P334、P370+P378 安全储存:P402+P404 废弃处置:P501	遇水放出易燃气体	
847	硅铁铝[粉末状的]		12003-41-7	1395	遇水放出易燃气体的物质和混合物,类别 2	H261	GHS02	危险	预防措施:P223、P231+P232、P280 事故响应:P335+P334、P370+P378 安全储存:P402+P404 废弃处置:P501	遇水放出易燃气体	
848	癸二酰氯	氯化癸二酰	111-19-3		皮肤腐蚀/刺激,类别 1 严重眼损伤/眼刺激,类别 1	H314 H318	GHS05	危险	预防措施:P260、P264、P280 事故响应:P301+P330+P331、P303+P361+P353、P304+P340、P305+P351+P338、P310、P321、P363 安全储存:P405 废弃处置:P501	可引起皮肤腐蚀	
849	癸硼烷	十硼烷;十硼氢	7702-41-9	1868	易燃固体,类别 1 急性毒性-经口,类别 3 急性毒性-经皮,类别 2 急性毒性-吸入,类别 1 严重眼损伤/眼刺激,类别 2B 特异性靶器官毒性-一次接触,类别 1 特异性靶器官毒性-一次接触,类别 3(呼吸道刺激、麻醉效应) 特异性靶器官毒性-反复接触,类别 1	H228 H301 H310 H330 H320 H370 H335 H336 H372	GHS02 GHS06 GHS08	危险	预防措施:P210、P240、P241、P280、P264、P270、P262、P260、P271、P284、P261 事故响应:P370+P378、P301+P310、P321、P330、P302+P352、P361+P364、P304+P340、P320、P305+P351+P338、P337+P313、P308+P311、P312、P314 安全储存:P405、P233+P403、P403+P233 废弃处置:P501	易燃固体,吞咽会中毒,皮肤接触会致命,吸入致命	剧毒
850	1-癸烯		872-05-9		易燃液体,类别 3 皮肤腐蚀/刺激,类别 2 严重眼损伤/眼刺激,类别 2B 吸入危害,类别 1 危害水生环境-急性危害,类别 1 危害水生环境-长期危害,类别 1	H226 H315 H320 H304 H400 H410	GHS02 GHS07 GHS08 GHS09	危险	预防措施:P210、P233、P240、P241、P242、P243、P280、P264、P273 事故响应:P303+P361+P353、P370+P378、P302+P352、P321、P332+P313、P362+P364、P305+P351+P338、P337+P313、P301+P310、P331、P391 安全储存:P403+P235、P405 废弃处置:P501	易燃液体,禁止催吐	

续表

序号	品名	别名	CAS号	UN号	危险性类别	危险性说明代码	象形图代码	警示词	防范说明代码	风险提示	备注
851	过二硫酸铵	高硫酸铵;过硫酸铵	7727-54-0	1444	氧化性固体,类别 3 皮肤腐蚀/刺激,类别 2 严重眼损伤/眼刺激,类别 2 呼吸道致敏物,类别 1 皮肤致敏物,类别 1 特异性靶器官毒性—一次接触,类别 3(呼吸道刺激)	H272 H315 H319 H334 H317 H335	GHS03 GHS07 GHS08	危险	预防措施: P210、P220、P221、P280、P264、P261、P284、P272、P271 事故响应:P370＋P378、P302＋P352、P321、P332＋P313、P362＋P364、P305＋P351＋P338、P337＋P313、P304＋P340、P342＋P311、P333＋P313、P312 安全储存:P403＋P233、P405 废弃处置:P501	可加热燃烧,氧化剂,吸入可能导致过敏,可能引起皮肤过敏	
852	过二硫酸钾	高硫酸钾;过硫酸钾	7727-21-1	1492	氧化性固体,类别 3 皮肤腐蚀/刺激,类别 2 严重眼损伤/眼刺激,类别 2 呼吸道致敏物,类别 1 皮肤致敏物,类别 1 特异性靶器官毒性—一次接触,类别 3(呼吸道刺激)	H272 H315 H319 H334 H317 H335	GHS03 GHS07 GHS08	危险	预防措施: P210、P220、P221、P280、P264、P261、P284、P272、P271 事故响应:P370＋P378、P302＋P352、P321、P332＋P313、P362＋P364、P305＋P351＋P338、P337＋P313、P304＋P340、P342＋P311、P333＋P313、P312 安全储存:P403＋P233、P405 废弃处置:P501	可加热燃烧,氧化剂,吸入可能导致过敏,可能引起皮肤过敏	
853	过二碳酸二-(2-乙基己)酯[77%＜含量≤100%]		16111-62-9	3113	有机过氧化物,C 型	H242	GHS02	危险	预防措施:P210、P220、P234、P280 事故响应: 安全储存:P235＋P411、P410、P420 废弃处置:P501	加热可引起燃烧	
	过二碳酸二-(2-乙基己)酯[含量≤52%,在水(冷冻)中稳定弥散]			3120	有机过氧化物,F 型	H242	GHS02	警告	预防措施:P210、P220、P234、P280 事故响应: 安全储存:P235、P410、P411、P420 废弃处置:P501	加热可引起燃烧	
	过二碳酸二-(2-乙基己)酯[含量≤62%,在水中稳定弥散]			3119	有机过氧化物,F 型	H242	GHS02	警告	预防措施:P210、P220、P234、P280 事故响应: 安全储存:P235、P410、P411、P420 废弃处置:P501	加热可引起燃烧	
	过二碳酸二-(2-乙基己)酯[含量≤77%,含 B 型稀释剂[②]≥23%]			3115	有机过氧化物,D 型	H242	GHS02	危险	预防措施:P210、P220、P234、P280 事故响应: 安全储存:P235＋P411、P410、P420 废弃处置:P501	加热可引起燃烧	

续表

序号	品名	别名	CAS号	UN号	危险性类别	危险性说明代码	象形图代码	警示词	防范说明代码	风险提示	备注
854	过二碳酸二-(2-乙氧乙)酯[含量≤52%,含B型稀释剂②≥48%]		52373-74-7	3115	有机过氧化物,D型	H242	GHS02	危险	预防措施:P210、P220、P234、P280 事故响应: 安全储存:P235+P411、P410、P420 废弃处置:P501	加热可引起燃烧	
855	过二碳酸二-(3-甲氧丁)酯[含量≤52%,含B型稀释剂②≥48%]		52238-68-3	3115	有机过氧化物,D型	H242	GHS02	危险	预防措施:P210、P220、P234、P280 事故响应: 安全储存:P235+P411、P410、P420 废弃处置:P501	加热可引起燃烧	
856	过二碳酸钠		3313-92-6		氧化性固体,类别3	H272	GHS03	警告	预防措施:P210、P220、P221、P280 事故响应:P370+P378 安全储存: 废弃处置:P501	可加热燃烧,氧化剂	
857	过二碳酸异丙仲丁酯、过二碳酸二仲丁酯和过二碳酸二异丙酯的混合物[过二碳酸异丙仲丁酯≤32%,15%≤过二碳酸二仲丁酯≤18%,12%≤过二碳酸二异丙酯≤15%,含A型稀释剂①≥38%]			3115	有机过氧化物,D型	H242	GHS02	危险	预防措施:P210、P220、P234、P280 事故响应: 安全储存:P235+P411、P410、P420 废弃处置:P501	加热可引起燃烧	
	过二碳酸异丙仲丁酯、过二碳酸二仲丁酯和过二碳酸二异丙酯的混合物[过二碳酸异丙仲丁酯≤52%,过二碳酸二仲丁酯≤28%,过二碳酸二异丙酯≤22%]			3111	有机过氧化物,B型	H241	GHS01 GHS02	危险	预防措施:P210、P220、P234、P280 事故响应: 安全储存:P235+P411、P410、P420 废弃处置:P501	加热可引起燃烧或爆炸	

续表

序号	品名	别名	CAS号	UN号	危险性类别	危险性说明代码	象形图代码	警示词	防范说明代码	风险提示	备注
858	过硫酸钠	过二硫酸钠；高硫酸钠	7775-27-1	1505	氧化性固体，类别 3 严重眼损伤/眼刺激，类别 2B 呼吸道致敏物，类别 1 皮肤致敏物，类别 1 特异性靶器官毒性-一次接触，类别 3(呼吸道刺激)	H272 H320 H334 H317 H335	GHS03 GHS07 GHS08	危险	预防措施：P210、P220、P221、P280、P264、P261、P284、P272、P271 事故响应：P370＋P378、P305＋P351＋P338、P337＋P313、P304＋P340、P342＋P311、P302＋P352、P321、P333＋P313、P362＋P364、P312 安全储存：P403＋P233、P405 废弃处置：P501	可加热燃烧，氧化剂，吸入可能导致过敏，可能引起皮肤过敏	
859	过氯酰氟	氟化过氯氧；氟化过氯酰	7616-94-6	3083	氧化性气体，类别 1 加压气体 急性毒性-吸入，类别 2 严重眼损伤/眼刺激，类别 2A	H270 H280 或 H281 H330 H319	GHS03 GHS04 GHS06	危险	预防措施：P220、P244、P260、P271、P284、P264、P280 事故响应：P370＋P376、P304＋P340、P310、P320、P305＋P351＋P338、P337＋P313 安全储存：P410＋P403、P233＋P403、P405 废弃处置：P501	可引起燃烧或加剧燃烧，氧化剂，内装加压气体：遇热可能爆炸，吸入致命	
860	过硼酸钠	高硼酸钠	15120-21-5； 7632-04-4； 11138-47-9		氧化性固体，类别 2 严重眼损伤/眼刺激，类别 1 生殖毒性，类别 1B 特异性靶器官毒性-一次接触，类别 3(呼吸道刺激)	H272 H318 H360 H335	GHS03 GHS05 GHS07 GHS08	危险	预防措施：P210、P220、P221、P280、P201、P202、P261、P271 事故响应：P370＋P378、P305＋P351＋P338、P310、P308＋P313、P304＋P340、P312 安全储存：P405、P403＋P233 废弃处置：P501	可加剧燃烧，氧化剂，造成严重眼损伤	
861	过新庚酸-1，1-二甲基-3-羟丁酯[含量≤52%，含A型稀释剂[①]≥48%]		110972-57-1	3117	有机过氧化物，E型	H242	GHS02	警告	预防措施：P210、P220、P234、P280 事故响应： 安全储存：P235、P410、P411、P420 废弃处置：P501	加热可引起燃烧	
862	过新庚酸枯酯[含量≤77%，含A型稀释剂[①]≥23%]		104852-44-0	3115	有机过氧化物，D型	H242	GHS02	危险	预防措施：P210、P220、P234、P280 事故响应： 安全储存：P235＋P411、P410、P420 废弃处置：P501	加热可引起燃烧	
863	过新癸酸叔己酯[含量≤71%，含A型稀释剂[①]≥29%]		26748-41-4	3115	有机过氧化物，D型	H242	GHS02	危险	预防措施：P210、P220、P234、P280 事故响应： 安全储存：P235＋P411、P410、P420 废弃处置：P501	加热可引起燃烧	

续表

序号	品名	别名	CAS号	UN号	危险性类别	危险性说明代码	象形图代码	警示词	防范说明代码	风险提示	备注
864	过氧-3,5,5-三甲基己酸叔丁酯[32%<含量≤100%]	叔丁基过氧化-3,5,5-三甲基己酸酯	13122-18-4	3105	有机过氧化物,D型	H242	GHS02	危险	预防措施:P210、P220、P234、P280 事故响应: 安全储存:P235+P411、P410、P420 废弃处置:P501	加热可引起燃烧	
	过氧-3,5,5-三甲基己酸叔丁酯[含量≤32%,含B型稀释剂②≥68%]			3109	有机过氧化物,F型	H242	GHS02	警告	预防措施:P210、P220、P234、P280 事故响应: 安全储存:P235、P410、P411、P420 废弃处置:P501	加热可引起燃烧	
	过氧-3,5,5-三甲基己酸叔丁酯[含量≤42%,惰性固体含量≥58%]			3106	有机过氧化物,D型	H242	GHS02	危险	预防措施:P210、P220、P234、P280 事故响应: 安全储存:P235+P411、P410、P420 废弃处置:P501	加热可引起燃烧	
865	过氧苯甲酸叔丁酯[77%<含量≤100%]		614-45-9	3103	有机过氧化物,C型 严重眼损伤/眼刺激,类别2B 危害水生环境-急性危害,类别1	H242 H320 H400	GHS02 GHS09	危险	预防措施:P210、P220、P234、P280、P264、P273 事故响应:P305+P351+P338、P337+P313、P391 安全储存:P235+P411、P410、P420 废弃处置:P501	加热可引起燃烧	重点
	过氧苯甲酸叔丁酯[52%<含量≤77%,含A型稀释剂①≥23%]			3105	有机过氧化物,D型 严重眼损伤/眼刺激,类别2B 危害水生环境-急性危害,类别1	H242 H320 H400	GHS02 GHS09	危险	预防措施:P210、P220、P234、P280、P264、P273 事故响应:P305+P351+P338、P337+P313、P391 安全储存:P235+P411、P410、P420 废弃处置:P501	加热可引起燃烧	
	过氧苯甲酸叔丁酯[含量≤52%,惰性固体含量≥48%]			3106	有机过氧化物,D型 严重眼损伤/眼刺激,类别2B 危害水生环境-急性危害,类别1	H242 H320 H400	GHS02 GHS09	危险	预防措施:P210、P220、P234、P280、P264、P273 事故响应:P305+P351+P338、P337+P313、P391 安全储存:P235+P411、P410、P420 废弃处置:P501	加热可引起燃烧	
866	过氧丁烯酸叔丁酯[含量≤77%,含A型稀释剂①≥23%]	过氧化叔丁基丁烯酸酯;过氧化巴豆酸叔丁酯	23474-91-1	3105	有机过氧化物,D型	H242	GHS02	危险	预防措施:P210、P220、P234、P280 事故响应: 安全储存:P235+P411、P410、P420 废弃处置:P501	加热可引起燃烧	

续表

序号	品名	别名	CAS号	UN号	危险性类别	危险性说明代码	象形图代码	警示词	防范说明代码	风险提示	备注
867	过氧化钡	二氧化钡	1304-29-6	1449	氧化性固体，类别 2	H272	GHS03	危险	预防措施：P210、P220、P221、P280 事故响应：P370＋P378 安全储存： 废弃处置：P501	可加剧燃烧，氧化剂	制爆
868	过氧化苯甲酸叔戊酯［含量≤100%］	叔戊基过氧苯甲酸酯	4511-39-1	3103	有机过氧化物，C型	H242	GHS02	危险	预防措施：P210、P220、P234、P280 事故响应： 安全储存：P235＋P411、P410、P420 废弃处置：P501	加热可引起燃烧	
869	过氧化丙酰［含量≤27%，含B型稀释剂②≥73%］	过氧化二丙酰	3248-28-0	3117	有机过氧化物，E型	H242	GHS02	警告	预防措施：P210、P220、P234、P280 事故响应： 安全储存：P235、P410、P411、P420 废弃处置：P501	加热可引起燃烧	
870	过氧化二-(2,4-二氯苯甲酰)［糊状物，含量≤52%］		133-14-2	3118	有机过氧化物，E型	H242	GHS02	警告	预防措施：P210、P220、P234、P280 事故响应： 安全储存：P235、P410、P411、P420 废弃处置：P501	加热可引起燃烧	
	过氧化二-(2,4-二氯苯甲酰)［含硅油糊状，含量≤52%］			3106	有机过氧化物，D型	H242	GHS02	危险	预防措施：P210、P220、P234、P280 事故响应： 安全储存：P235＋P411、P410、P420 废弃处置：P501	加热可引起燃烧	
	过氧化二-(2,4-二氯苯甲酰)［含量≤77%，含水≥23%］			3102	有机过氧化物，B型	H241	GHS01 GHS02	危险	预防措施：P210、P220、P234、P280 事故响应： 安全储存：P235＋P411、P410、P420 废弃处置：P501	加热可引起燃烧或爆炸	
871	过氧化-二-(3,5,5-三甲基-1,2-二氧戊环)［糊状物，含量≤52%］				有机过氧化物，D型	H242	GHS02	危险	预防措施：P210、P220、P234、P280 事故响应： 安全储存：P235＋P411、P410、P420 废弃处置：P501	加热可引起燃烧	

续表

序号	品名	别名	CAS号	UN号	危险性类别	危险性说明代码	象形图代码	警示词	防范说明代码	风险提示	备注
872	过氧化二(3-甲基苯甲酰)、过氧化(3-甲基苯甲酰)苯甲酰和过氧化二苯甲酰的混合物[过氧化二(3-甲基苯甲酰)≤20%，过氧化(3-甲基苯甲酰)苯甲酰≤18%，过氧化二苯甲酰≤4%，含B型稀释剂[②]≥58%]			3115	有机过氧化物，D型	H242	GHS02	危险	预防措施：P210、P220、P234、P280 事故响应： 安全储存：P235＋P411、P410、P420 废弃处置：P501	加热可引起燃烧	
873	过氧化二-(4-氯苯甲酰)[含量≤77%]		94-17-7	3102	有机过氧化物，B型	H241	GHS01 GHS02	危险	预防措施：P210、P220、P234、P280 事故响应： 安全储存：P235＋P411、P410、P420 废弃处置：P501	加热可引起燃烧或爆炸	
	过氧化二-(4-氯苯甲酰)[糊状物，含量≤52%]			3106	有机过氧化物，D型	H242	GHS02	危险	预防措施：P210、P220、P234、P280 事故响应： 安全储存：P235＋P411、P410、P420 废弃处置：P501	加热可引起燃烧	
874	过氧化二苯甲酰[51%＜含量≤100%，惰性固体含量≤48%]		94-36-0	3102	有机过氧化物，B型 严重眼损伤/眼刺激，类别2 皮肤致敏物，类别1 危害水生环境-急性危害，类别1	H241 H319 H317 H400	GHS01 GHS02 GHS07 GHS09	危险	预防措施：P210、P220、P234、P280、P264、P261、P272、P273 事故响应：P305＋P351＋P338、P337＋P313、P302＋P352、P321、P333＋P313、P362＋P364、P391 安全储存：P235＋P411、P410、P420 废弃处置：P501	加热可引起燃烧或爆炸，可能引起皮肤过敏	重点
	过氧化二苯甲酰[35%＜含量≤52%，惰性固体含量≥48%]			3106	有机过氧化物，D型 严重眼损伤/眼刺激，类别2 皮肤致敏物，类别1 危害水生环境-急性危害，类别1	H242 H319 H317 H400	GHS02 GHS07 GHS09	危险	预防措施：P210、P220、P234、P280、P264、P261、P272、P273 事故响应：P305＋P351＋P338、P337＋P313、P302＋P352、P321、P333＋P313、P362＋P364、P391 安全储存：P235＋P411、P410、P420 废弃处置：P501	加热可引起燃烧，可能引起皮肤过敏	

续表

序号	品名	别名	CAS号	UN号	危险性类别	危险性说明代码	象形图代码	警示词	防范说明代码	风险提示	备注
874	过氧化二苯甲酰[36%<含量≤42%,含A型稀释剂≥18%,含水≤40%]		94-36-0	3107	有机过氧化物,E型 严重眼损伤/眼刺激,类别2 皮肤致敏物,类别1 危害水生环境-急性危害,类别1	H242 H319 H317 H400	GHS02 GHS07 GHS09	警告	预防措施：P210、P220、P234、P280、P264、P261、P272、P273 事故响应：P305＋P351＋P338、P337＋P313、P302 ＋ P352、P321、P333 ＋ P313、P362 ＋ P364、P391 安全储存：P235、P410、P411、P420 废弃处置：P501	加热可引起燃烧,可能引起皮肤过敏	重点
	过氧化二苯甲酰[77%<含量≤94%,含水≥6%]			3102	有机过氧化物,E型 严重眼损伤/眼刺激,类别2 皮肤致敏物,类别1 危害水生环境-急性危害,类别1	H242 H319 H317 H400	GHS02 GHS07 GHS09	警告	预防措施：P210、P220、P234、P280、P264、P261、P272、P273 事故响应：P305＋P351＋P338、P337＋P313、P302 ＋ P352、P321、P333 ＋ P313、P362 ＋ P364、P391 安全储存：P235、P410、P411、P420 废弃处置：P501	加热可引起燃烧,可能引起皮肤过敏	
	过氧化二苯甲酰[含量≤42%,在水中稳定弥散]			3109	有机过氧化物,F型 严重眼损伤/眼刺激,类别2 皮肤致敏物,类别1 危害水生环境-急性危害,类别1	H242 H319 H317 H400	GHS02 GHS07 GHS09	警告	预防措施：P210、P220、P234、P280、P264、P261、P272、P273 事故响应：P305＋P351＋P338、P337＋P313、P302 ＋ P352、P321、P333 ＋ P313、P362 ＋ P364、P391 安全储存：P235、P410、P411、P420 废弃处置：P501	加热可引起燃烧,可能引起皮肤过敏	
	过氧化二苯甲酰[含量≤62%,惰性固体含量≥28%,含水≥10%]			3106	有机过氧化物,D型 严重眼损伤/眼刺激,类别2 皮肤致敏物,类别1 危害水生环境-急性危害,类别1	H242 H319 H317 H400	GHS02 GHS07 GHS09	危险	预防措施：P210、P220、P234、P280、P264、P261、P272、P273 事故响应：P305＋P351＋P338、P337＋P313、P302 ＋ P352、P321、P333 ＋ P313、P362 ＋ P364、P391 安全储存：P235＋P411、P410、P420 废弃处置：P501	加热可引起燃烧可能引起皮肤过敏	
	过氧化二苯甲酰[含量≤77%,含水≥23%]			3104	有机过氧化物,C型 严重眼损伤/眼刺激,类别2 皮肤致敏物,类别1 危害水生环境-急性危害,类别1	H242 H319 H317 H400	GHS02 GHS07 GHS09	危险	预防措施：P210、P220、P234、P280、P264、P261、P272、P273 事故响应：P305＋P351＋P338、P337＋P313、P302 ＋ P352、P321、P333 ＋ P313、P362 ＋ P364、P391 安全储存：P235＋P411、P410、P420 废弃处置：P501	加热可引起燃烧,可能引起皮肤过敏	

续表

序号	品名	别名	CAS号	UN号	危险性类别	危险性说明代码	象形图代码	警示词	防范说明代码	风险提示	备注
874	过氧化二苯甲酰[糊状物，52%＜含量≤62%]		94-36-0	3106	有机过氧化物，D型 严重眼损伤/眼刺激，类别2 皮肤致敏物，类别1 危害水生环境-急性危害，类别1	H242 H319 H317 H400	GHS02 GHS07 GHS09	危险	预防措施：P210、P220、P234、P280、P264、P261、P272、P273 事故响应：P305＋P351＋P338、P337＋P313、P302 ＋ P352、P321、P333 ＋ P313、P362 ＋ P364、P391 安全储存：P235＋P411、P410、P420 废弃处置：P501	加热可引起燃烧，可能引起皮肤过敏	重点
	过氧化二苯甲酰[糊状物，含量≤52%]			3108	有机过氧化物，E型 严重眼损伤/眼刺激，类别2 皮肤致敏物，类别1 危害水生环境-急性危害，类别1	H242 H319 H317 H400	GHS02 GHS07 GHS09	警告	预防措施：P210、P220、P234、P280、P264、P261、P272、P273 事故响应：P305＋P351＋P338、P337＋P313、P302 ＋ P352、P321、P333 ＋ P313、P362 ＋ P364、P391 安全储存：P235、P410、P411、P420 废弃处置：P501	加热可引起燃烧，可能引起皮肤过敏	
	过氧化二苯甲酰[糊状物，含量≤ 56.5%，含水≥15%]			3108	有机过氧化物，E型 严重眼损伤/眼刺激，类别2 皮肤致敏物，类别1 危害水生环境-急性危害，类别1	H242 H319 H317 H400	GHS02 GHS07 GHS09	警告	预防措施：P210、P220、P234、P280、P264、P261、P272、P273 事故响应：P305＋P351＋P338、P337＋P313、P302 ＋ P352、P321、P333 ＋ P313、P362 ＋ P364、P391 安全储存：P235、P410、P411、P420 废弃处置：P501	加热可引起燃烧，可能引起皮肤过敏	
	过氧化二苯甲酰[含量≤35%，含惰性固体≥65%]				严重眼损伤/眼刺激，类别2 皮肤致敏物，类别1 危害水生环境-急性危害，类别1	H319 H317 H400	GHS07 GHS09	警告	预防措施：P264、P280、P261、P272、P273 事故响应：P305＋P351＋P338、P337＋P313、P302 ＋ P352、P321、P333 ＋ P313、P362 ＋ P364、P391 安全储存： 废弃处置：P501	可能引起皮肤过敏	
875	过氧化二癸酰[含量≤100%]		762-12-9	3114	有机过氧化物，C型	H242	GHS02	危险	预防措施：P210、P220、P234、P280 事故响应： 安全储存：P235＋P411、P410、P420 废弃处置：P501	加热可引起燃烧	

续表

序号	品名	别名	CAS号	UN号	危险性类别	危险性说明代码	象形图代码	警示词	防范说明代码	风险提示	备注
876	过氧化二琥珀酸[72%＜含量≤100%]	过氧化双丁二酸;过氧化丁二酰	123-23-9	3102	有机过氧化物,B型	H241	GHS01 GHS02	危险	预防措施:P210、P220、P234、P280 事故响应: 安全储存:P235＋P411、P410、P420 废弃处置:P501	加热可引起燃烧或爆炸	
	过氧化二琥珀酸[含量≤72%]			3116	有机过氧化物,D型	H242	GHS02	危险	预防措施:P210、P220、P234、P280 事故响应: 安全储存:P235＋P411、P410、P420 废弃处置:P501	加热可引起燃烧	
877	2,2-过氧化二氢丙烷[含量≤27%,含惰性固体≥73%]		2614-76-8	3102	有机过氧化物,B型	H241	GHS01 GHS02	危险	预防措施:P210、P220、P234、P280 事故响应: 安全储存:P235＋P411、P410、P420 废弃处置:P501	加热可引起燃烧或爆炸	
878	过氧化二碳酸二(十八烷基)酯[含量≤87%,含有十八烷醇]	过氧化二(十八烷基)二碳酸酯;过氧化二碳酸二硬脂酰酯	52326-66-6		有机过氧化物,D型	H242	GHS02	危险	预防措施:P210、P220、P234、P280 事故响应: 安全储存:P235＋P411、P410、P420 废弃处置:P501	加热可引起燃烧	
879	过氧化二碳酸二苯甲酯[含量≤87%,含水]	过氧化苄基二碳酸酯	2144-45-8		有机过氧化物,C型	H242	GHS02	危险	预防措施:P210、P220、P234、P280 事故响应: 安全储存:P235＋P411、P410、P420 废弃处置:P501	加热可引起燃烧	
880	过氧化二碳酸二乙酯[在溶液中,含量≤27%]	过氧化二乙基二碳酸酯	14666-78-5		有机过氧化物,D型	H242	GHS02	危险	预防措施:P210、P220、P234、P280 事故响应: 安全储存:P235＋P411、P410、P420 废弃处置:P501	加热可引起燃烧	
881	过氧化二碳酸二异丙酯[52%＜含量≤100%]	过氧重碳酸二异丙酯	105-64-6	3112	有机过氧化物,B型 皮肤腐蚀/刺激,类别2 严重眼损伤/眼刺激,类别1	H241 H315 H318	GHS01 GHS02 GHS05	危险	预防措施:P210、P220、P234、P280、P264 事故响应:P302＋P352、P321、P332＋P313、P362＋P364、P305＋P351＋P338、P310 安全储存:P235＋P411、P410、P420 废弃处置:P501	加热可引起燃烧或爆炸,造成严重眼损伤	
	过氧化二碳酸二异丙酯[含量≤52%,含B型稀释剂≥48%]			3115	有机过氧化物,D型	H242	GHS02	危险	预防措施:P210、P220、P234、P280 事故响应: 安全储存:P235＋P411、P410、P420 废弃处置:P501	加热可引起燃烧	
	过氧化二碳酸二异丙酯[含量≤32%,含A型稀释剂[①]≥68%]			3115	有机过氧化物,D型	H242	GHS02	危险	预防措施:P210、P220、P234、P280 事故响应: 安全储存:P235＋P411、P410、P420 废弃处置:P501	加热可引起燃烧	

续表

序号	品名	别名	CAS号	UN号	危险性类别	危险性说明代码	象形图代码	警示词	防范说明代码	风险提示	备注
882	过氧化二乙酰[含量≤27%，含B型稀释剂②≥73%]		110-22-5	3115	有机过氧化物，D型 皮肤腐蚀/刺激，类别1 严重眼损伤/眼刺激，类别1	H242 H314 H318	GHS02 GHS05	危险	预防措施：P210、P220、P234、P280、P260、P264 事故响应：P301+P330+P331、P303+P361+P353、P304+P340、P305+P351+P338、P310、P321、P363 安全储存：P235+P411、P410、P420、P405 废弃处置：P501	加热可引起燃烧，可引起皮肤腐蚀	
883	过氧化二异丙苯[52%<含量≤100%]	二枯基过氧化物；硫化剂DCP	80-43-3	3110	有机过氧化物，F型 皮肤腐蚀/刺激，类别2 严重眼损伤/眼刺激，类别2 危害水生环境-急性危害，类别1 危害水生环境-长期危害，类别1	H242 H315 H319 H400 H410	GHS02 GHS07 GHS09	警告	预防措施：P210、P220、P234、P280、P264、P273 事故响应：P302+P352、P321、P332+P313、P362+P364、P305+P351+P338、P337+P313、P391 安全储存：P235、P410、P411、P420 废弃处置：P501	加热可引起燃烧	制爆
	过氧化二异丙苯[含量≤52%，含惰性固体≥48%]				皮肤腐蚀/刺激，类别2 严重眼损伤/眼刺激，类别2 危害水生环境-急性危害，类别1 危害水生环境-长期危害，类别1	H315 H319 H400 H410	GHS07 GHS09	警告	预防措施：P264、P280、P273 事故响应：P302+P352、P321、P332+P313、P362+P364、P305+P351+P338、P337+P313、P391 安全储存： 废弃处置：P501		
884	过氧化二异丁酰[含量≤32%，含B型稀释剂②≥68%]		3437-84-1	3115	有机过氧化物，D型	H242	GHS02	危险	预防措施：P210、P220、P234、P280 事故响应： 安全储存：P235+P411、P410、P420 废弃处置：P501	加热可引起燃烧	
	过氧化二异丁酰[32%<含量≤52%，含B型稀释剂②≥48%]			3111	有机过氧化物，B型	H241	GHS01 GHS02	危险	预防措施：P210、P220、P234、P280 事故响应： 安全储存：P235+P411、P410、P420 废弃处置：P501	加热可引起燃烧或爆炸	
885	过氧化二月桂酰[含量≤100%]		105-74-8	3106	有机过氧化物，D型	H242	GHS02	危险	预防措施：P210、P220、P234、P280 事故响应： 安全储存：P235+P411、P410、P420 废弃处置：P501	加热可引起燃烧	
	过氧化二月桂酰[含量≤42%，在水中稳定弥散]			3109	有机过氧化物，F型	H242	GHS02	警告	预防措施：P210、P220、P234、P280 事故响应： 安全储存：P235、P410、P411、P420 废弃处置：P501	加热可引起燃烧	

续表

序号	品名	别名	CAS号	UN号	危险性类别	危险性说明代码	象形图代码	警示词	防范说明代码	风险提示	备注
886	过氧化二正壬酰[含量≤100%]			3116	有机过氧化物,D型	H242	GHS02	危险	预防措施:P210、P220、P234、P280 事故响应: 安全储存:P235+P411、P410、P420 废弃处置:P501	加热可引起燃烧	
887	过氧化二正辛酰[含量≤100%]	过氧化正辛酰	762-16-3	3114	有机过氧化物,C型	H242	GHS02	危险	预防措施:P210、P220、P234、P280 事故响应: 安全储存:P235+P411、P410、P420 废弃处置:P501	加热可引起燃烧	
888	过氧化钙	二氧化钙	1305-79-9	1457	氧化性固体,类别2 严重眼损伤/眼刺激,类别1	H272 H318	GHS03 GHS05	危险	预防措施:P210、P220、P221、P280 事故响应:P370+P378、P305+P351+P338、P310 安全储存: 废弃处置:P501	可加剧燃烧,氧化剂,造成严重眼损伤	制爆
889	过氧化环己酮[含量≤72%,含A型稀释剂[①]≥28%]		78-18-2	3105	有机过氧化物,D型 皮肤腐蚀/刺激,类别1 严重眼损伤/眼刺激,类别1 特异性靶器官毒性-一次接触,类别3(呼吸道刺激)	H242 H314 H318 H335	GHS02 GHS05 GHS07	危险	预防措施:P210、P220、P234、P280、P260、P264、P261、P271 事故响应:P301+P330+P331、P303+P361+P353、P304+P340、P305+P351+P338、P310、P321、P363、P312 安全储存:P235+P411、P410、P420、P405、P403+P233 废弃处置:P501	加热可引起燃烧,可引起皮肤腐蚀	
	过氧化环己酮[含量≤91%,含水≥9%]			3014	有机过氧化物,C型 皮肤腐蚀/刺激,类别1 严重眼损伤/眼刺激,类别1 特异性靶器官毒性-一次接触,类别3(呼吸道刺激)	H242 H314 H318 H335	GHS02 GHS05 GHS07	危险	预防措施:P210、P220、P234、P280、P260、P264、P261、P271 事故响应:P301+P330+P331、P303+P361+P353、P304+P340、P305+P351+P338、P310、P321、P363、P312 安全储存:P235+P411、P410、P420、P405、P403+P233 废弃处置:P501	加热可引起燃烧,可引起皮肤腐蚀	
	过氧化环己酮[糊状物,含量≤72%]			3106	有机过氧化物,D型 皮肤腐蚀/刺激,类别1 严重眼损伤/眼刺激,类别1 特异性靶器官毒性-一次接触,类别3(呼吸道刺激)	H242 H314 H318 H335	GHS02 GHS05 GHS07	危险	预防措施:P210、P220、P234、P280、P260、P264、P261、P271 事故响应:P301+P330+P331、P303+P361+P353、P304+P340、P305+P351+P338、P310、P321、P363、P312 安全储存:P235+P411、P410、P420、P405、P403+P233 废弃处置:P501	加热可引起燃烧,可引起皮肤腐蚀	

续表

序号	品名	别名	CAS号	UN号	危险性类别	危险性说明代码	象形图代码	警示词	防范说明代码	风险提示	备注
890	过氧化甲基环己酮[含量≤67%,含B型稀释剂②≤33%]		11118-65-3	3115	有机过氧化物,D型	H242	GHS02	危险	预防措施:P210、P220、P234、P280 事故响应: 安全储存:P235+P411、P410、P420 废弃处置:P501	加热可引起燃烧	
891	过氧化甲基乙基酮[10%<有效氧含量≤10.7%,含A型稀释剂①≥48%]		1338-23-4	3101	有机过氧化物,B型 皮肤腐蚀/刺激,类别1 严重眼损伤/眼刺激,类别1 危害水生环境-急性危害,类别2	H241 H314 H318 H401	GHS01 GHS02 GHS05	危险	预防措施:P210、P220、P234、P280、P260、P264、P273 事故响应:P301+P330+P331、P303+P361+P353、P304+P340、P305+P351+P338、P310、P321、P363 安全储存:P235+P411、P410、P420、P405 废弃处置:P501	加热可引起燃烧或爆炸,可引起皮肤腐蚀	重点
	过氧化甲基乙基酮[有效氧含量≤10%,含A型稀释剂①≥55%]			3105	有机过氧化物,D型 皮肤腐蚀/刺激,类别2 严重眼损伤/眼刺激,类别2	H242 H315 H319	GHS02 GHS07	危险	预防措施:P210、P220、P234、P280、P264 事故响应:P302+P352、P321、P332+P313、P362+P364、P305+P351+P338、P337+P313 安全储存:P235+P411、P410、P420 废弃处置:P501	加热可引起燃烧	
	过氧化甲基乙基酮[有效氧含量≤8.2%,含A型稀释剂①≥60%]			3107	有机过氧化物,E型 皮肤腐蚀/刺激,类别2 严重眼损伤/眼刺激,类别2	H242 H315 H319	GHS02 GHS07	警告	预防措施:P210、P220、P234、P280、P264 事故响应:P302+P352、P321、P332+P313、P362+P364、P305+P351+P338、P337+P313 安全储存:P235、P410、P411、P420 废弃处置:P501	加热可引起燃烧	
892	过氧化甲基异丙酮[活性氧含量≤6.7%,含A型稀释剂①≥70%]		182893-11-4	3109	有机过氧化物,F型	H242	GHS02	警告	预防措施:P210、P220、P234、P280 事故响应: 安全储存:P235、P410、P411、P420 废弃处置:P501	加热可引起燃烧	
893	过氧化甲基异丁基酮[含量≤62%,含A型稀释剂①≥19%]		28056-59-9	3105	有机过氧化物,D型	H242	GHS02	危险	预防措施:P210、P220、P234、P280 事故响应: 安全储存:P235+P411、P410、P420 废弃处置:P501	加热可引起燃烧	

续表

序号	品名	别名	CAS号	UN号	危险性类别	危险性说明代码	象形图代码	警示词	防范说明代码	风险提示	备注
894	过氧化钾		17014-71-0	1491	氧化性固体,类别1 皮肤腐蚀/刺激,类别2 严重眼损伤/眼刺激,类别2A 特异性靶器官毒性-一次接触,类别3(呼吸道刺激)	H271 H315 H319 H335	GHS03 GHS07	危险	预防措施：P210、P220、P221、P280、P283、P264、P261、P271 事故响应:P306＋P360、P370＋P378、P371＋P380＋P375、P302＋P352、P321、P332＋P313、P362＋P364、P305＋P351＋P338、P337＋P313、P304＋P340、P312 安全储存:P403＋P233、P405 废弃处置:P501	可引起燃烧或爆炸,强氧化剂	重大、制爆
895	过氧化锂		12031-80-0	1472	氧化性液体,类别2	H272	GHS03	危险	预防措施:P210、P220、P221、P280 事故响应:P370＋P378 安全储存: 废弃处置:P501	可加剧燃烧,氧化剂	制爆
896	过氧化邻苯二甲酸叔丁酯	过氧化叔丁基邻苯二甲酸酯	15042-77-0		有机过氧化物,B型	H241	GHS01 GHS02	危险	预防措施:P210、P220、P234、P280 事故响应: 安全储存:P235＋P411、P410、P420 废弃处置:P501	加热可引起燃烧或爆炸	
897	过氧化镁	二氧化镁	1335-26-8	1476	氧化性液体,类别2	H272	GHS03	危险	预防措施:P210、P220、P221、P280 事故响应:P370＋P378 安全储存: 废弃处置:P501	可加剧燃烧,氧化剂	制爆
898	过氧化钠	双氧化钠;二氧化钠	1313-60-6	2547	氧化性固体,类别1 皮肤腐蚀/刺激,类别1A 严重眼损伤/眼刺激,类别1	H271 H314 H318	GHS03 GHS05	危险	预防措施：P210、P220、P221、P280、P283、P260、P264 事故响应:P306＋P360、P370＋P378、P371＋P380＋P375、P301＋P330＋P331、P303＋P361＋P353、P304＋P340、P305＋P351＋P338、P310、P321、P363 安全储存:P405 废弃处置:P501	可引起燃烧或爆炸,强氧化剂,可引起皮肤腐蚀	重大,制爆
899	过氧化脲	过氧化氢尿素;过氧化氢脲	124-43-6	1511	氧化性固体,类别3 皮肤腐蚀/刺激,类别1 严重眼损伤/眼刺激,类别1 特异性靶器官毒性-一次接触,类别3(呼吸道刺激)	H272 H314 H318 H335	GHS03 GHS05 GHS07	危险	预防措施：P210、P220、P221、P280、P260、P264、P261、P271 事故响应:P370＋P378、P301＋P330＋P331、P303＋P361＋P353、P304＋P340、P305＋P351＋P338、P310、P321、P363、P312 安全储存:P405、P403＋P233 废弃处置:P501	可加热燃烧,氧化剂,可引起皮肤腐蚀	制爆

续表

序号	品名	别名	CAS号	UN号	危险性类别	危险性说明代码	象形图代码	警示词	防范说明代码	风险提示	备注
900	过氧化氢苯甲酰	过苯甲酸	93-59-4		有机过氧化物,C型 皮肤腐蚀/刺激,类别1 严重眼损伤/眼刺激,类别1	H242 H314 H318	GHS02 GHS05	危险	预防措施:P210、P220、P234、P280、P260、P264 事故响应:P301+P330+P331、P303+P361+P353、P304+P340、P305+P351+P338、P310、P321、P363 安全储存:P235+P411、P410、P420、P405 废弃处置:P501	加热可引起燃烧,可引起皮肤腐蚀	制爆
901	过氧化氢对孟烷	过氧化氢孟烷	80-47-7		有机过氧化物,D型 皮肤腐蚀/刺激,类别1 严重眼损伤/眼刺激,类别1 特异性靶器官毒性-一次接触,类别3(呼吸道刺激)	H242 H314 H318 H335	GHS02 GHS05 GHS07	危险	预防措施:P210、P220、P234、P280、P260、P264、P261、P271 事故响应:P301+P330+P331、P303+P361+P353、P304+P340、P305+P351+P338、P310、P321、P363、P312 安全储存:P235+P411、P410、P420、P405、P403+P233 废弃处置:P501	加热可引起燃烧,可引起皮肤腐蚀	
902	过氧化氢二叔丁基异丙基苯[42%<含量≤100%,惰性固体含量≤57%]	二-(叔丁基过氧)异丙基苯	25155-25-3	3106	有机过氧化物,D型 严重眼损伤/眼刺激,类别2A	H242 H319	GHS02	危险	预防措施:P210、P220、P234、P280、P264 事故响应:P305+P351+P338、P337+P313 安全储存:P235+P411、P410、P420 废弃处置:P501	加热可引起燃烧	
	过氧化氢二叔丁基异丙基苯[含量≤42%,惰性固体含量≥58%]				严重眼损伤/眼刺激,类别2A	H319			预防措施:P264、P280 事故响应:P305+P351+P338、P337+P313 安全储存: 废弃处置:		

续表

序号	品名	别名	CAS号	UN号	危险性类别	危险性说明代码	象形图代码	警示词	防范说明代码	风险提示	备注
903	过氧化氢溶液[含量>8%]		7722-84-1	2984（8%≤含量<20%）；2014（20%≤含量<60%）；2015（含量≥60%）	(1)含量≥60% 氧化性液体，类别 1 皮肤腐蚀/刺激，类别 1A 严重眼损伤/眼刺激，类别 1 特异性靶器官毒性-一次接触，类别 3(呼吸道刺激) (2)20%≤含量<60% 氧化性液体，类别 2 皮肤腐蚀/刺激，类别 1A 严重眼损伤/眼刺激，类别 1 特异性靶器官毒性-一次接触，类别 3(呼吸道刺激) (3)8%≤含量<20% 氧化性液体，类别 3 皮肤腐蚀/刺激，类别 1A 严重眼损伤/眼刺激，类别 1 特异性靶器官毒性-一次接触，类别 3(呼吸道刺激)	(1) H271 H314 H318 H335 (2) H272 H314 H318 H335 (3) H272 H314 H318 H335	GHS03 GHS05 GHS07	危险	预防措施：P210、P220、P221、P280、P283、P260、P264、P261、P271 事故响应：P306＋P360、P370＋P378、P371＋P380＋P375、P301＋P330＋P331、P303＋P361＋P353、P304＋P340、P305＋P351＋P338、P310、P321、P363、P312 安全储存：P405、P403＋P233 废弃处置：P501	(1)可引起燃烧或爆炸，强氧化剂，可引起皮肤腐蚀 (2)可加剧燃烧，氧化剂，可引起皮肤腐蚀 (3)可加剧燃烧，氧化剂，可引起皮肤腐蚀	制爆
904	过氧化氢叔丁基[79%<含量≤90%，含水≥10%]	过氧化叔丁醇；过氧化氢第三丁基；叔丁基过氧化氢	75-91-2	3103	有机过氧化物，C 型 急性毒性-经皮，类别 3 急性毒性-吸入，类别 3 皮肤腐蚀/刺激，类别 1 严重眼损伤/眼刺激，类别 1 生殖细胞致突变性，类别 2 特异性靶器官毒性-一次接触，类别 2 特异性靶器官毒性-反复接触，类别 1 危害水生环境-急性危害，类别 2 危害水生环境-长期危害，类别 2	H242 H311 H331 H314 H318 H341 H371 H372 H401 H411	GHS02 GHS05 GHS06 GHS08 GHS09	危险	预防措施：P210、P220、P234、P280、P261、P271、P260、P264、P201、P202、P270、P273 事故响应：P302＋P352、P312、P321、P361＋P364、P304＋P340、P301＋P330＋P331、P303＋P361＋P353、P305＋P351＋P338、P310、P363、P308＋P313、P308＋P311、P314、P391 安全储存：P235＋P411、P410、P420、P405、P233＋P403 废弃处置：P501	加热可引起燃烧，皮肤接触会中毒，吸入会中毒，可引起皮肤腐蚀	

续表

序号	品名	别名	CAS号	UN号	危险性类别	危险性说明代码	象形图代码	警示词	防范说明代码	风险提示	备注
904	过氧化氢叔丁基[含量≤80%，含A型稀释剂①≥20%]		75-91-2	3105	有机过氧化物，D型 急性毒性-经皮，类别3 急性毒性-吸入，类别3 皮肤腐蚀/刺激，类别1 严重眼损伤/眼刺激，类别1 生殖细胞致突变性，类别2 特异性靶器官毒性-一次接触，类别3(呼吸道刺激) 危害水生环境-急性危害，类别2 危害水生环境-长期危害，类别2	H242 H311 H331 H314 H318 H341 H335 H401 H411	GHS02 GHS05 GHS06 GHS08 GHS09	危险	预防措施：P210、P220、P234、P280、P261、P271、P260、P264、P201、P202、P273 事故响应：P302＋P352、P312、P321、P361＋P364、P304＋P340、P311、P301＋P330＋P331、P303＋P361＋P353、P305＋P351＋P338、P310、P363、P308＋P313、P391 安全储存：P235＋P411、P410、P420、P405、P233＋P403、P403＋P233 废弃处置：P501	加热可引起燃烧，皮肤接触会中毒，吸入会中毒，可引起皮肤腐蚀	
	过氧化氢叔丁基[含量≤79%，含水>14%]			3107	有机过氧化物，E型 急性毒性-经皮，类别3 急性毒性-吸入，类别3 皮肤腐蚀/刺激，类别1 严重眼损伤/眼刺激，类别1 生殖细胞致突变性，类别2 特异性靶器官毒性-一次接触，类别2 特异性靶器官毒性-反复接触，类别1 危害水生环境-急性危害，类别2 危害水生环境-长期危害，类别2	H242 H311 H331 H314 H318 H341 H371 H372 H401 H411	GHS02 GHS05 GHS06 GHS08 GHS09	危险	预防措施：P210、P220、P234、P280、P261、P271、P260、P264、P201、P202、P270、P273 事故响应：P302＋P352、P312、P321、P361＋P364、P304＋P340、P301＋P330＋P331、P303＋P361＋P353、P305＋P351＋P338、P310、P363、P308＋P313、P308＋P311、P314、P391 安全储存：P235、P410、P411、P420、P405、P233＋P403 废弃处置：P501	加热可引起燃烧，皮肤接触会中毒，吸入会中毒，可引起皮肤腐蚀	
	过氧化氢叔丁基[含量≤72%，含水≥28%]			3109	有机过氧化物，F型 急性毒性-经皮，类别3 急性毒性-吸入，类别3 皮肤腐蚀/刺激，类别1 严重眼损伤/眼刺激，类别1 生殖细胞致突变性，类别2 特异性靶器官毒性-一次接触，类别2 特异性靶器官毒性-反复接触，类别1 危害水生环境-急性危害，类别2 危害水生环境-长期危害，类别2	H242 H311 H331 H314 H318 H341 H371 H372 H401 H411	GHS02 GHS05 GHS06 GHS08 GHS09	危险	预防措施：P210、P220、P234、P280、P261、P271、P260、P264、P201、P202、P270、P273 事故响应：P302＋P352、P312、P321、P361＋P364、P304＋P340、P301＋P330＋P331、P303＋P361＋P353、P305＋P351＋P338、P310、P363、P308＋P313、P308＋P311、P314、P391 安全储存：P235、P410、P411、P420、P405、P233＋P403 废弃处置：P501	加热可引起燃烧，皮肤接触会中毒，吸入会中毒，可引起皮肤腐蚀	

续表

序号	品名	别名	CAS号	UN号	危险性类别	危险性说明代码	象形图代码	警示词	防范说明代码	风险提示	备注
905	过氧化氢四氢化萘		771-29-9		有机过氧化物,D型 皮肤腐蚀/刺激,类别1B 严重眼损伤/眼刺激,类别1 特异性靶器官毒性-一次接触,类别3(呼吸道刺激) 危害水生环境-急性危害,类别1 危害水生环境-长期危害,类别1	H242 H314 H318 H335 H400 H410	GHS02 GHS05 GHS07 GHS09	危险	预防措施：P210、P220、P234、P280、P260、P264、P261、P271、P273 事故响应：P301+P330+P331、P303+P361+P353、P304+P340、P305+P351+P338、P310、P321、P363、P312、P391 安全储存：P235+P411、P410、P420、P405、P403+P233 废弃处置：P501	加热可引起燃烧，可引起皮肤腐蚀	
906	过氧化氢异丙苯[90%<含量≤98%,含A型稀释剂①≤10%]		80-15-9	3107	有机过氧化物,E型 急性毒性-吸入,类别3* 皮肤腐蚀/刺激,类别1B 严重眼损伤/眼刺激,类别1 特异性靶器官毒性-反复接触,类别2 危害水生环境-急性危害,类别2 危害水生环境-长期危害,类别2	H242 H331 H314 H318 H373 H401 H411	GHS02 GHS05 GHS06 GHS08 GHS09	危险	预防措施：P210、P220、P234、P280、P261、P271、P260、P264、P273 事故响应：P304+P340、P311、P321、P301+P330+P331、P303+P361+P353、P305+P351+P338、P310、P363、P314、P391 安全储存：P235、P410、P411、P420、P233+P403、P405 废弃处置：P501	加热可引起燃烧,吸入会中毒,可引起皮肤腐蚀	
	过氧化氢异丙苯[含量≤90%,含A型稀释剂①≥10%]			3109	有机过氧化物,F型 急性毒性-吸入,类别3* 皮肤腐蚀/刺激,类别1B 严重眼损伤/眼刺激,类别1 特异性靶器官毒性-反复接触,类别2 危害水生环境-急性危害,类别2 危害水生环境-长期危害,类别2	H242 H331 H314 H318 H373 H401 H411	GHS02 GHS05 GHS06 GHS08 GHS09	危险	预防措施：P210、P220、P234、P280、P261、P271、P260、P264、P273 事故响应：P304+P340、P311、P321、P301+P330+P331、P303+P361+P353、P305+P351+P338、P310、P363、P314、P391 安全储存：P235、P410、P411、P420、P233+P403、P405 废弃处置：P501	加热可引起燃烧,吸入会中毒,可引起皮肤腐蚀	
907	过氧化十八烷酰碳酸叔丁酯	叔丁基过氧化硬脂酰碳酸酯			有机过氧化物,D型	H242	GHS02	危险	预防措施：P210、P220、P234、P280 事故响应： 安全储存：P235+P411、P410、P420 废弃处置：P501	加热可引起燃烧	

续表

序号	品名	别名	CAS号	UN号	危险性类别	危险性说明代码	象形图代码	警示词	防范说明代码	风险提示	备注
908	过氧化叔丁基异丙基苯[42%<含量≤100%]	1,1-二甲基乙基-1-甲基-1-苯基乙基过氧化物	3457-61-2	3107	有机过氧化物,E型 皮肤腐蚀/刺激,类别2 危害水生环境-急性危害,类别2 危害水生环境-长期危害,类别2	H242 H315 H401 H411	GHS02 GHS07 GHS09	警告	预防措施:P210、P220、P234、P280、P264、P273 事故响应:P302+P352、P321、P332+P313、P362+P364、P391 安全储存:P235、P410、P411、P420 废弃处置:P501	加热可引起燃烧	
	过氧化叔丁基异丙基苯[含量≤52%,惰性固体含量≥48%]			3108	有机过氧化物,E型 皮肤腐蚀/刺激,类别2 危害水生环境-急性危害,类别2 危害水生环境-长期危害,类别2	H242 H315 H401 H411	GHS02 GHS07 GHS09	警告	预防措施:P210、P220、P234、P280、P264、P273 事故响应:P302+P352、P321、P332+P313、P362+P364、P391 安全储存:P235、P410、P411、P420 废弃处置:P501	加热可引起燃烧	
909	过氧化双丙酮醇[含量≤57%,含B型稀释剂②≥26%,含水≥8%]		54693-46-8	3115	有机过氧化物,D型	H242	GHS02	危险	预防措施:P210、P220、P234、P280 事故响应: 安全储存:P235+P411、P410、P420 废弃处置:P501	加热可引起燃烧	
910	过氧化锶	二氧化锶	1314-18-7	1509	氧化性固体,类别2	H272	GHS03	危险	预防措施:P210、P220、P221、P280 事故响应:P370+P378 安全储存: 废弃处置:P501	可加剧燃烧,氧化剂	制爆
911	过氧化碳酸钠水合物	过碳酸钠	15630-89-4	3378	氧化性固体,类别3 *	H272	GHS03	警告	预防措施:P210、P220、P221、P280 事故响应:P370+P378 安全储存: 废弃处置:P501	可加热燃烧,氧化剂	
912	过氧化锌	二氧化锌	1314-22-3	1516	氧化性固体,类别2	H272	GHS03	危险	预防措施:P210、P220、P221、P280 事故响应:P370+P378 安全储存: 废弃处置:P501	可加剧燃烧,氧化剂	制爆
913	过氧化新庚酸叔丁酯[含量≤42%,在水中稳定弥散]		26748-38-9	3117	有机过氧化物,E型	H242	GHS02	警告	预防措施:P210、P220、P234、P280 事故响应: 安全储存:P235、P410、P411、P420 废弃处置:P501	加热可引起燃烧	
	过氧化新庚酸叔丁酯[含量≤77%,含A型稀释剂①≥23%]			3115	有机过氧化物,D型	H242	GHS02	危险	预防措施:P210、P220、P234、P280 事故响应: 安全储存:P235+P411、P410、P420 废弃处置:P501	加热可引起燃烧	

续表

序号	品名	别名	CAS号	UN号	危险性类别	危险性说明代码	象形图代码	警示词	防范说明代码	风险提示	备注
914	1-(2-过氧化乙基己醇-1,3-二甲基丁基过氧化新戊酸酯[含量≤52%,含A型稀释剂[①]≥45%,含B型稀释剂[②]≥10%]		228415-62-1	3115	有机过氧化物,D型	H242	GHS02	危险	预防措施:P210、P220、P234、P280 事故响应: 安全储存:P235+P411、P410、P420 废弃处置:P501	加热可引起燃烧	
915	过氧化乙酰苯甲酰[在溶液中含量≤45%]	乙酰过氧化苯甲酰	644-31-5		皮肤腐蚀/刺激,类别1 严重眼损伤/眼刺激,类别1	H314 H318	GHS05	危险	预防措施:P260、P264、P280 事故响应:P301+P330+P331、P303+P361+P353、P304+P340、P305+P351+P338、P310、P321、P363 安全储存:P405 废弃处置:P501	可引起皮肤腐蚀	
916	过氧化乙酰丙酮[糊状物,含量≤32%,含溶剂≥44%,含水≥9%,带有惰性固体≥11%]		37187-22-7	3106	有机过氧化物,D型 严重眼损伤/眼刺激,类别1	H242 H318	GHS02 GHS05	危险	预防措施:P210、P220、P234、P280 事故响应:P305+P351+P338、P310 安全储存:P235+P411、P410、P420 废弃处置:P501	加热可引起燃烧,造成严重眼损伤	
	过氧化乙酰丙酮[在溶液中,含量≤42%,含水≥8%,含A型稀释剂[①]≥48%,含有效氧≤4.7%]			3105	有机过氧化物,D型 严重眼损伤/眼刺激,类别1	H242 H318	GHS02 GHS05	危险	预防措施:P210、P220、P234、P280 事故响应:P305+P351+P338、P310 安全储存:P235+P411、P410、P420 废弃处置:P501	加热可引起燃烧,造成严重眼损伤	
917	过氧化异丁基甲基甲酮[在溶液中,含量≤62%,含A型稀释剂[①]≥19%,含甲基异丁基酮]		37206-20-5	3105	有机过氧化物,D型	H242	GHS02	危险	预防措施:P210、P220、P234、P280 事故响应: 安全储存:P235+P411、P410、P420 废弃处置:P501	加热可引起燃烧	

续表

序号	品名	别名	CAS号	UN号	危险性类别	危险性说明代码	象形图代码	警示词	防范说明代码	风险提示	备注
918	过氧化月桂酸[含量≤100%]		2388-12-7	3118	有机过氧化物,E型	H242	GHS02	警告	预防措施:P210、P220、P234、P280 事故响应: 安全储存:P235、P410、P411、P420 废弃处置:P501	加热可引起燃烧	
919	过氧化二异壬酰[含量≤100%]	过氧化二-(3,5,5-三甲基)己酰	3851-87-4	3114	有机过氧化物,C型	H242	GHS02	危险	预防措施:P210、P220、P234、P280 事故响应: 安全储存:P235+P411、P410、P420 废弃处置:P501	加热可引起燃烧	
920	过氧新癸酸枯酯[含量≤52%,在水中稳定弥散]	过氧化新癸酸异丙基苯酯;过氧化异丙苯基新癸酸酯	26748-47-0	3119	有机过氧化物,F型	H242	GHS02	警告	预防措施:P210、P220、P234、P280 事故响应: 安全储存:P235、P410、P411、P420 废弃处置:P501	加热可引起燃烧	
	过氧新癸酸枯酯[含量≤77%,含B型稀释剂②≥23%]			3115	有机过氧化物,D型	H242	GHS02	危险	预防措施:P210、P220、P234、P280 事故响应: 安全储存:P235+P411、P410、P420 废弃处置:P501	加热可引起燃烧	
	过氧新癸酸枯酯[含量≤87%,含A型稀释剂①≥13%]			3115	有机过氧化物,D型	H242	GHS02	危险	预防措施:P210、P220、P234、P280 事故响应: 安全储存:P235+P411、P410、P420 废弃处置:P501	加热可引起燃烧	
921	过氧新戊酸枯酯[含量≤77%,含B型稀释剂②≥23%]		23383-59-7	3115	有机过氧化物,D型	H242	GHS02	危险	预防措施:P210、P220、P234、P280 事故响应: 安全储存:P235+P411、P410、P420 废弃处置:P501	加热可引起燃烧	
922	1,1,3,3-过氧新戊酸四甲叔丁酯[含量≤77%,含A型稀释剂①≥23%]		22288-41-1	3115	易燃液体,类别2 有机过氧化物,D型 皮肤腐蚀/刺激,类别2 严重眼损伤/眼刺激,类别1 危害水生环境-急性危害,类别2 危害水生环境-长期危害,类别2	H225 H242 H315 H318 H401 H411	GHS02 GHS05 GHS09	危险	预防措施:P210、P233、P240、P241、P242、P243、P280、P220、P234、P264、P273 事故响应:P303+P361+P353、P370+P378、P302+P352、P321、P332+P313、P362+P364、P305+P351+P338、P310、P391 安全储存:P403+P235、P235+P411、P410、P420 废弃处置:P501	高度易燃液体,加热可引起燃烧,造成严重眼损伤	

续表

序号	品名	别名	CAS号	UN号	危险性类别	危险性说明代码	象形图代码	警示词	防范说明代码	风险提示	备注
923	过氧异丙基碳酸叔丁酯[含量≤77%,含A型稀释剂①≥23%]		2372-21-6	3103	有机过氧化物,C型	H242	GHS02	危险	预防措施:P210、P220、P234、P280 事故响应: 安全储存:P235+P411、P410、P420 废弃处置:P501	加热可引起燃烧	
924	过氧重碳酸二环己酯[91%<含量≤100%]	过氧化二碳酸二环己酯	1561-49-5	3112	有机过氧化物,B型	H241	GHS01 GHS02	危险	预防措施:P210、P220、P234、P280 事故响应: 安全储存:P235+P411、P410、P420 废弃处置:P501	加热可引起燃烧或爆炸	
	过氧重碳酸二环己酯[含量≤42%,在水中稳定弥散]			3119	有机过氧化物,F型	H242	GHS02	警告	预防措施:P210、P220、P234、P280 事故响应: 安全储存:P235、P410、P411、P420 废弃处置:P501	加热可引起燃烧	
	过氧重碳酸二环己酯[含量≤91%]			3114	有机过氧化物,C型	H242	GHS02	危险	预防措施:P210、P220、P234、P280 事故响应: 安全储存:P235+P411、P410、P420 废弃处置:P501	加热可引起燃烧	
925	过氧重碳酸二仲丁酯[52%<含量<100%]	过氧化二碳酸二仲丁酯	19910-65-7	3113	有机过氧化物,C型	H242	GHS02	危险	预防措施:P210、P220、P234、P280 事故响应: 安全储存:P235+P411、P410、P420 废弃处置:P501	加热可引起燃烧	
	过氧重碳酸二仲丁酯[含量≤52%,含B型稀释剂②≥48%]			3115	有机过氧化物,D型	H242	GHS02	危险	预防措施:P210、P220、P234、P280 事故响应: 安全储存:P235+P411、P410、P420 废弃处置:P501	加热可引起燃烧	
926	过乙酸[含量≤16%,含水≥39%,含乙酸≥15%,含过氧化氢≤24%,含有稳定剂]	过醋酸;过氧乙酸;乙酰过氧化氢	79-21-0		有机过氧化物,F型 皮肤腐蚀/刺激,类别1A 严重眼损伤/眼刺激,类别1 特异性靶器官毒性-一次接触,类别3(呼吸道刺激) 危害水生环境-急性危害,类别1	H242 H314 H318 H335 H400	GHS02 GHS05 GHS07 GHS09	危险	预防措施:P210、P220、P234、P280、P260、P264、P261、P271、P273 事故响应:P301+P330+P331、P303+P361+P353、P304+P340、P305+P351+P338、P310、P321、P363、P312、P391 安全储存:P235、P410、P411、P420、P405、P403+P233 废弃处置:P501	加热可引起燃烧,可引起皮肤腐蚀	重点,制爆

续表

序号	品名	别名	CAS号	UN号	危险性类别	危险性说明代码	象形图代码	警示词	防范说明代码	风险提示	备注
926	过乙酸[含量≤43%,含水≥5%,含乙酸≥35%,含过氧化氢≤6%,含有稳定剂]	过醋酸;过氧乙酸;乙酰过氧化氢	79-21-0		易燃液体,类别3 有机过氧化物,D型 皮肤腐蚀/刺激,类别1A 严重眼损伤/眼刺激,类别1 特异性靶器官毒性-一次接触,类别3(呼吸道刺激) 危害水生环境-急性危害,类别1	H226 H242 H314 H318 H335 H400	GHS02 GHS05 GHS07 GHS09	危险	预防措施:P210、P233、P240、P241、P242、P243、P280、P220、P234、P260、P264、P261、P271、P273 事故响应:P303+P361+P353、P370+P378、P301+P330+P331、P304+P340、P305+P351+P338、P310、P321、P363、P312、P391 安全储存:P403+P235、P235+P411、P410、P420、P405、P403+P233 废弃处置:P501	易燃液体,加热可引起燃烧,可引起皮肤腐蚀	重点,制爆
	过乙酸叔丁酯[32%<含量≤52%,含A型稀释剂[①]≥48%]			3103	有机过氧化物,C型 急性毒性-吸入,类别3* 严重眼损伤/眼刺激,类别2 特异性靶器官毒性-一次接触,类别3(呼吸道刺激)	H242 H331 H319 H335	GHS02 GHS06	危险	预防措施:P210、P220、P234、P280、P261、P271、P264 事故响应:P304+P340、P311、P321、P305+P351+P338、P337+P313、P312 安全储存:P235+P411、P410、P420、P233+P403、P405、P403+P233 废弃处置:P501	加热可引起燃烧,吸入会中毒	
927	过乙酸叔丁酯[52%<含量≤77%,含A型稀释剂[①]≥23%]		107-71-1	3101	有机过氧化物,B型 急性毒性-吸入,类别3* 严重眼损伤/眼刺激,类别2 特异性靶器官毒性-一次接触,类别3(呼吸道刺激)	H241 H331 H319 H335	GHS01 GHS02 GHS06	危险	预防措施:P210、P220、P234、P280、P261、P271、P264 事故响应:P304+P340、P311、P321、P305+P351+P338、P337+P313、P312 安全储存:P235+P411、P410、P420、P233+P403、P405、P403+P233 废弃处置:P501	加热可引起燃烧或爆炸,吸入会中毒	
	过乙酸叔丁酯[含量≤32%,含B型稀释剂[②]≥68%]			3109	有机过氧化物,F型 急性毒性-吸入,类别3* 严重眼损伤/眼刺激,类别2 特异性靶器官毒性-一次接触,类别3(呼吸道刺激)	H242 H331 H319 H335	GHS02 GHS06	危险	预防措施:P210、P220、P234、P280、P261、P271、P264 事故响应:P304+P340、P311、P321、P305+P351+P338、P337+P313、P312 安全储存:P235、P410、P411、P420、P233+P403、P405、P403+P233 废弃处置:P501	加热可引起燃烧,吸入会中毒	
928	海葱糖甙	红海葱甙	507-60-8		急性毒性-经口,类别2*	H300	GHS06	危险	预防措施:P264、P270 事故响应:P301+P310、P321、P330 安全储存:P405 废弃处置:P501	吞咽致命	

续表

序号	品名	别名	CAS号	UN号	危险性类别	危险性说明代码	象形图代码	警示词	防范说明代码	风险提示	备注
929	氨[压缩的或液化的]		7440-59-7	1046（压缩）；1963（冷冻液化）	加压气体	H280 或 H281	GHS04	警告	预防措施： 事故响应： 安全储存：P410＋P403 废弃处置：	内装加压气体：遇热可能爆炸	
930	氨肥料[溶液，含游离氨＞35%]				急性毒性-吸入，类别 3 皮肤腐蚀/刺激，类别 1B 严重眼损伤/眼刺激，类别 1 危害水生环境-急性危害，类别 1	H331 H314 H318 H400	GHS05 GHS06 GHS09	危险	预防措施：P261、P271、P260、P264、P280、P273 事故响应：P304＋P340、P311、P321、P301＋P330＋P331、P303＋P361＋P353、P305＋P351＋P338、P310、P363、P391 安全储存：P233＋P403、P405 废弃处置：P501	吸入会中毒，可引起皮肤腐蚀	
931	核酸汞		12002-19-6	1639	急性毒性-经口，类别 2* 急性毒性-经皮，类别 1 急性毒性-吸入，类别 2* 特异性靶器官毒性-反复接触，类别 2* 危害水生环境-急性危害，类别 1 危害水生环境-长期危害，类别 1	H300 H310 H330 H373 H400 H410	GHS06 GHS08 GHS09	危险	预防措施：P264、P270、P262、P280、P260、P271、P284、P273 事故响应：P301＋P310、P321、P330、P302＋P352、P361＋P364、P304＋P340、P320、P314、P391 安全储存：P405、P233＋P403 废弃处置：P501	吞咽致命，皮肤接触会致命，吸入致命	
932	红磷	赤磷	7723-14-0	1338	易燃固体，类别 1 危害水生环境-长期危害，类别 3	H228 H412	GHS02	危险	预防措施：P210、P240、P241、P280、P273 事故响应：P370＋P378 安全储存： 废弃处置：P501	易燃固体	
933	苄胺	苯甲胺	100-46-9		皮肤腐蚀/刺激，类别 1B 严重眼损伤/眼刺激，类别 1	H314 H318	GHS05	危险	预防措施：P260、P264、P280 事故响应：P301＋P330＋P331、P303＋P361＋P353、P304＋P340、P305＋P351＋P338、P310、P321、P363 安全储存：P405 废弃处置：P501	可引起皮肤腐蚀	
934	花青甙	矢车菊甙	581-64-6		危害水生环境-急性危害，类别 1 危害水生环境-长期危害，类别 1	H400 H410	GHS09	警告	预防措施：P273 事故响应：P391 安全储存： 废弃处置：P501		

续表

序号	品名	别名	CAS号	UN号	危险性类别	危险性说明代码	象形图代码	警示词	防范说明代码	风险提示	备注
935	环丙基甲醇		2516-33-8		易燃液体,类别 3	H226	GHS02	警告	预防措施：P210、P233、P240、P241、P242、P243、P280 事故响应:P303+P361+P353、P370+P378 安全储存:P403+P235 废弃处置:P501	易燃液体	
936	环丙烷		75-19-4	1027	易燃气体,类别 1 加压气体	H220 H280 或 H281	GHS02 GHS04	危险	预防措施:P210 事故响应:P377、P381 安全储存:P410+P403 废弃处置:	极易燃气体,内装加压气体:遇热可能爆炸	
937	环丁烷		287-23-0	2601	易燃气体,类别 1 加压气体	H220 H280 或 H281	GHS02 GHS04	危险	预防措施:P210 事故响应:P377、P381 安全储存:P410+P403 废弃处置:	极易燃气体,内装加压气体:遇热可能爆炸	
938	1,3,5-环庚三烯	环庚三烯	544-25-2	2603	易燃液体,类别 2 急性毒性-经口,类别 3 急性毒性-经皮,类别 3 危害水生环境-长期危害,类别 3	H225 H301 H311 H412	GHS02 GHS06	危险	预防措施：P210、P233、P240、P241、P242、P243、P280、P264、P270、P273 事故响应:P303+P361+P353、P370+P378、P301+P310、P321、P330、P302+P352、P312、P361+P364 安全储存:P403+P235、P405 废弃处置:P501	高度易燃液体,吞咽会中毒,皮肤接触会中毒	
939	环庚酮	软木酮	502-42-1		易燃液体,类别 3	H226	GHS02	警告	预防措施：P210、P233、P240、P241、P242、P243、P280 事故响应:P303+P361+P353、P370+P378 安全储存:P403+P235 废弃处置:P501	易燃液体	
940	环庚烷		291-64-5	2241	易燃液体,类别 2 特异性靶器官毒性-一次接触,类别 3(麻醉效应)	H225 H336	GHS02 GHS07	危险	预防措施：P210、P233、P240、P241、P242、P243、P280、P261、P271 事故响应:P303+P361+P353、P370+P378、P304+P340、P312 安全储存:P403+P235、P403+P233、P405 废弃处置:P501	高度易燃液体	

续表

序号	品名	别名	CAS号	UN号	危险性类别	危险性说明代码	象形图代码	警示词	防范说明代码	风险提示	备注
941	环庚烯		628-92-2	2242	易燃液体,类别2 危害水生环境-长期危害,类别3	H225 H412	GHS02	危险	预防措施：P210、P233、P240、P241、P242、P243、P280、P273 事故响应：P303+P361+P353、P370+P378 安全储存：P403+P235 废弃处置：P501	高度易燃液体	
942	环己胺	六氢苯胺；氨基环己烷	108-91-8	2357	易燃液体,类别3 皮肤腐蚀/刺激,类别1B 严重眼损伤/眼刺激,类别1 生殖毒性,类别2	H226 H314 H318 H361	GHS02 GHS05 GHS08	危险	预防措施：P210、P233、P240、P241、P242、P243、P280、P260、P264、P201、P202 事故响应：P303+P361+P353、P370+P378、P301+P330+P331、P304+P340、P305+P351+P338、P310、P321、P363、P308+P313 安全储存：P403+P235、P405 废弃处置：P501	易燃液体，可引起皮肤腐蚀	
943	环己二胺	1,2-二氨基环己烷	694-83-7		皮肤腐蚀/刺激,类别1 严重眼损伤/眼刺激,类别1 特异性靶器官毒性—一次接触,类别3(呼吸道刺激)	H314 H318 H335	GHS05 GHS07	危险	预防措施：P260、P264、P280、P261、P271 事故响应：P301+P330+P331、P303+P361+P353、P304+P340、P305+P351+P338、P310、P321、P363、P312 安全储存：P405、P403+P233 废弃处置：P501	可引起皮肤腐蚀	
944	1,3-环己二烯	1,2-二氢苯	592-57-4		易燃液体,类别3 严重眼损伤/眼刺激,类别2B 特异性靶器官毒性—一次接触,类别3(呼吸道刺激)	H226 H320 H335	GHS02 GHS07	警告	预防措施：P210、P233、P240、P241、P242、P243、P280、P264、P261、P271 事故响应：P303+P361+P353、P370+P378、P305+P351+P338、P337+P313、P304+P340、P312 安全储存：P403+P235、P403+P233、P405 废弃处置：P501	易燃液体	
945	1,4-环己二烯	1,4-二氢苯	628-41-1		易燃液体,类别2	H225	GHS02	危险	预防措施：P210、P233、P240、P241、P242、P243、P280 事故响应：P303+P361+P353、P370+P378 安全储存：P403+P235 废弃处置：P501	高度易燃液体	
946	2-环己基丁烷	仲丁基环己烷	7058-01-7		易燃液体,类别3	H226	GHS02	警告	预防措施：P210、P233、P240、P241、P242、P243、P280 事故响应：P303+P361+P353、P370+P378 安全储存：P403+P235 废弃处置：P501	易燃液体	

续表

序号	品名	别名	CAS号	UN号	危险性类别	危险性说明代码	象形图代码	警示词	防范说明代码	风险提示	备注
947	N-环己基环己胺亚硝酸盐	二环己胺亚硝酸；亚硝酸二环己胺	3129-91-7		易燃固体,类别 2 急性毒性-经口,类别 3 特异性靶器官毒性—一次接触,类别 1	H228 H301 H370	GHS02 GHS06 GHS08	危险	预防措施：P210、P240、P241、P280、P264、P270、P260 事故响应：P370＋P378、P301＋P310、P321、P330、P308＋P311 安全储存：P405 废弃处置：P501	易燃固体，吞咽会中毒	
948	环己基硫醇		1569-69-3	3054	易燃液体,类别 3 皮肤腐蚀/刺激,类别 2	H226 H315	GHS02 GHS07	警告	预防措施：P210、P233、P240、P241、P242、P243、P280、P264 事故响应：P303＋P361＋P353、P370＋P378、P302＋P352、P321、P332＋P313、P362＋P364 安全储存：P403＋P235 废弃处置：P501	易燃液体	
949	环己基三氯硅烷		98-12-4	1763	皮肤腐蚀/刺激,类别 1 严重眼损伤/眼刺激,类别 1	H314 H318	GHS05	危险	预防措施：P260、P264、P280 事故响应：P301＋P330＋P331、P303＋P361＋P353、P304＋P340、P305＋P351＋P338、P310、P321、P363 安全储存：P405 废弃处置：P501	可引起皮肤腐蚀	
950	环己基异丁烷	异丁基环己烷	1678-98-4		易燃液体,类别 3	H226	GHS02	警告	预防措施：P210、P233、P240、P241、P242、P243、P280 事故响应：P303＋P361＋P353、P370＋P378 安全储存：P403＋P235 废弃处置：P501	易燃液体	
951	1-环己基正丁烷	正丁基环己烷	1678-93-9		易燃液体,类别 3	H226	GHS02	警告	预防措施：P210、P233、P240、P241、P242、P243、P280 事故响应：P303＋P361＋P353、P370＋P378 安全储存：P403＋P235 废弃处置：P501	易燃液体	
952	环己酮		108-94-1	1915	易燃液体,类别 3	H226	GHS02	警告	预防措施：P210、P233、P240、P241、P242、P243、P280 事故响应：P303＋P361＋P353、P370＋P378 安全储存：P403＋P235 废弃处置：P501	易燃液体	

续表

序号	品名	别名	CAS号	UN号	危险性类别	危险性说明代码	象形图代码	警示词	防范说明代码	风险提示	备注
953	环己烷	六氢化苯	110-82-7	1145	易燃液体,类别2 皮肤腐蚀/刺激,类别2 特异性靶器官毒性—一次接触,类别3(麻醉效应) 吸入危害,类别1 危害水生环境-急性危害,类别1	H225 H315 H336 H304 H400	GHS02 GHS07 GHS08 GHS09	危险	预防措施：P210、P233、P240、P241、P242、P243、P280、P264、P261、P271、P273 事故响应：P303＋P361＋P353、P370＋P378、P302＋P352、P321、P332＋P313、P362＋P364、P304＋P340、P312、P301＋P310、P331、P391 安全储存：P403＋P235、P403＋P233、P405 废弃处置：P501	高度易燃液体，禁止催吐	重大
954	环己烯	1,2,3,4-四氢化苯	110-83-8	2256	易燃液体,类别2 严重眼损伤/眼刺激,类别2 特异性靶器官毒性—一次接触,类别3(呼吸道刺激、麻醉效应) 吸入危害,类别1 危害水生环境-急性危害,类别2 危害水生环境-长期危害,类别2	H225 H319 H335 H336 H304 H401 H411	GHS02 GHS07 GHS08 GHS09	危险	预防措施：P210、P233、P240、P241、P242、P243、P280、P264、P261、P271、P273 事故响应：P303＋P361＋P353、P370＋P378、P305＋P351＋P338、P337＋P313、P304＋P340、P312、P301＋P310、P331、P391 安全储存：P403＋P235、P403＋P233、P405 废弃处置：P501	高度易燃液体，禁止催吐	
955	2-环己烯-1-酮	环己烯酮	930-68-7		急性毒性-经口,类别3 急性毒性-经皮,类别2 急性毒性-吸入,类别2	H301 H310 H330	GHS06	危险	预防措施：P264、P270、P262、P280、P260、P271、P284 事故响应：P301＋P310、P321、P330、P302＋P352、P361＋P364、P304＋P340、P320 安全储存：P405、P233＋P403 废弃处置：P501	吞咽会中毒，皮肤接触会致命，吸入致命	
956	环己烯基三氯硅烷		10137-69-6	1762	急性毒性-经皮,类别3 皮肤腐蚀/刺激,类别1 严重眼损伤/眼刺激,类别1	H311 H314 H318	GHS05 GHS06	危险	预防措施：P280、P260、P264 事故响应：P302＋P352、P312、P321、P361＋P364、P301＋P330＋P331、P303＋P361＋P353、P304＋P340、P305＋P351＋P338、P310、P363 安全储存：P405 废弃处置：P501	皮肤接触会中毒，可引起皮肤腐蚀	
957	环三亚甲基三硝胺[含水≥15%]	黑索金；旋风炸药	121-82-4	0072	爆炸物,1.1项 特异性靶器官毒性—一次接触,类别1 特异性靶器官毒性-反复接触,类别1	H201 H370 H372	GHS01 GHS08	危险	预防措施：P210、P230、P240、P250、P280、P260、P264、P270 事故响应：P370＋P380、P372、P373、P308＋P311、P321、P314 安全储存：P401、P405 废弃处置：P501	整体爆炸危险	

续表

序号	品名	别名	CAS号	UN号	危险性类别	危险性说明代码	象形图代码	警示词	防范说明代码	风险提示	备注
957	环三亚甲基三硝胺[减敏的]		121-82-4	0483	爆炸物,1.1项 急性毒性-经口,类别3 特异性靶器官毒性-一次接触,类别1 特异性靶器官毒性-反复接触,类别1	H201 H301 H370 H372	GHS01 GHS06 GHS08	危险	预防措施:P210、P230、P240、P250、P280、P264、P270、P260 事故响应:P370+P380、P372、P373、P301+P310、P321、P330、P308+P311、P314 安全储存:P401、P405 废弃处置:P501	整体爆炸危险,吞咽会中毒	
958	环三亚甲基三硝胺与环四亚甲基四硝胺混合物[含水≥15%或含减敏剂≥10%]	黑索金与奥克托金混合物		0391	爆炸物,1.1项 急性毒性-经口,类别3 特异性靶器官毒性-一次接触,类别1 特异性靶器官毒性-反复接触,类别1	H201 H301 H370 H372	GHS01 GHS06 GHS08	危险	预防措施:P210、P230、P240、P250、P280、P264、P270、P260 事故响应:P370+P380、P372、P373、P301+P310、P321、P330、P308+P311、P314 安全储存:P401、P405 废弃处置:P501	整体爆炸危险,吞咽会中毒	
959	环三亚甲基三硝胺与三硝基甲苯和铝粉混合物	黑索金与梯恩梯和铝粉混合炸药;黑索托纳尔		0393	爆炸物,1.1项 急性毒性-经口,类别3* 特异性靶器官毒性-一次接触,类别1 特异性靶器官毒性-反复接触,类别1 危害水生环境-长期危害,类别3*	H201 H301 H370 H372 H412	GHS01 GHS06 GHS08	危险	预防措施:P210、P230、P240、P250、P280、P264、P270、P260、P273 事故响应:P370+P380、P372、P373、P301+P310、P321、P330、P308+P311、P314 安全储存:P401、P405 废弃处置:P501	整体爆炸危险,吞咽会中毒	
960	环三亚甲基三硝胺与三硝基甲苯混合物[干的或含水<15%]	黑索雷特		0118	爆炸物,1.1项 急性毒性-经口,类别3* 特异性靶器官毒性-一次接触,类别1 特异性靶器官毒性-反复接触,类别1 危害水生环境-长期危害,类别3*	H201 H301 H370 H372 H412	GHS01 GHS06 GHS08	危险	预防措施:P210、P230、P240、P250、P280、P264、P270、P260、P273 事故响应:P370+P380、P372、P373、P301+P310、P321、P330、P308+P311、P314 安全储存:P401、P405 废弃处置:P501	整体爆炸危险,吞咽会中毒	
961	环四亚甲基四硝胺[含水≥15%]	奥克托今(HMX)	2691-41-0	0226	爆炸物,1.1项 急性毒性-经皮,类别3 特异性靶器官毒性-一次接触,类别1 特异性靶器官毒性-反复接触,类别2	H201 H311 H370 H373	GHS01 GHS06 GHS08	危险	预防措施:P210、P230、P240、P250、P280、P260、P264、P270 事故响应:P370+P380、P372、P373、P302+P352、P312、P321、P361+P364、P308+P311、P314 安全储存:P401、P405 废弃处置:P501	整体爆炸危险,皮肤接触会中毒	

续表

序号	品名	别名	CAS号	UN号	危险性类别	危险性说明代码	象形图代码	警示词	防范说明代码	风险提示	备注
961	环四亚甲基四硝胺[减敏的]		2691-41-0	0484	爆炸物,1.1项 急性毒性-经皮,类别3 特异性靶器官毒性-一次接触,类别1 特异性靶器官毒性-反复接触,类别2	H201 H311 H370 H373	GHS01 GHS06 GHS08	危险	预防措施：P210、P230、P240、P250、P280、P260、P264、P270 事故响应：P370＋P380、P372、P373、P302＋P352、P312、P321、P361＋P364、P308＋P311、P314 安全储存：P401、P405 废弃处置：P501	整体爆炸危险，皮肤接触会中毒	
962	环四亚甲基四硝胺与三硝基甲苯混合物[干的或含水<15%]	奥克托金与梯恩梯混合炸药；奥克雷特		0266	爆炸物,1.1项 急性毒性-经口,类别3* 急性毒性-经皮,类别3* 特异性靶器官毒性-反复接触,类别2 危害水生环境-长期危害,类别3*	H201 H301 H311 H373 H412	GHS01 GHS06 GHS08	危险	预防措施：P210、P230、P240、P250、P280、P264、P270、P260、P273 事故响应：P370＋P380、P372、P373、P301＋P310、P321、P330、P302＋P352、P312、P361＋P364、P314 安全储存：P401、P405 废弃处置：P501	整体爆炸危险，吞咽会中毒，皮肤接触会中毒	
963	环烷酸钴[粉状的]	萘酸钴	61789-51-3	2001	易燃固体,类别2 致癌性,类别2	H228 H351	GHS02 GHS08	警告	预防措施：P210、P240、P241、P280、P201、P202 事故响应：P370＋P378、P308＋P313 安全储存：P405 废弃处置：P501	易燃固体	
964	环烷酸锌	萘酸锌	12001-85-3		易燃固体,类别2 危害水生环境-急性危害,类别2 危害水生环境-长期危害,类别2	H228 H401 H411	GHS02 GHS09	警告	预防措施：P210、P240、P241、P280、P273 事故响应：P370＋P378、P391 安全储存： 废弃处置：P501	易燃固体	
965	环戊胺	氨基环戊烷	1003-03-8		易燃液体,类别2	H225	GHS02	危险	预防措施：P210、P233、P240、P241、P242、P243、P280 事故响应：P303＋P361＋P353、P370＋P378 安全储存：P403＋P235 废弃处置：P501	高度易燃液体	
966	环戊醇	羟基环戊烷	96-41-3	2244	易燃液体,类别3 急性毒性-经口,类别3 急性毒性-经皮,类别2 严重眼损伤/眼刺激,类别2 特异性靶器官毒性-反复接触,类别2	H226 H301 H310 H319 H373	GHS02 GHS06 GHS08	危险	预防措施：P210、P233、P240、P241、P242、P243、P280、P264、P270、P262、P260 事故响应：P303＋P361＋P353、P370＋P378、P301＋P310、P321、P330、P302＋P352、P361＋P364、P305＋P351＋P338、P337＋P313、P314 安全储存：P403＋P235、P405 废弃处置：P501	易燃液体，吞咽会中毒，皮肤接触会致命	

续表

序号	品名	别名	CAS号	UN号	危险性类别	危险性说明代码	象形图代码	警示词	防范说明代码	风险提示	备注
967	1,3-环戊二烯	环戊间二烯;环戊二烯	542-92-7		易燃液体,类别 2 急性毒性-经口,类别 3 急性毒性-经皮,类别 3 严重眼损伤/眼刺激,类别 2 特异性靶器官毒性-一次接触,类别 3(呼吸道刺激) 特异性靶器官毒性-反复接触,类别 2	H225 H301 H311 H319 H335 H373	GHS02 GHS06 GHS08	危险	预防措施：P210、P233、P240、P241、P242、P243、P280、P264、P270、P261、P271、P260 事故响应:P303＋P361＋P353、P370＋P378、P301＋P310、P321、P330、P302＋P352、P312、P361＋P364、P305＋P351＋P338、P337＋P313、P304＋P340、P314 安全储存:P403＋P235、P405、P403＋P233 废弃处置:P501	高度易燃液体,吞咽会中毒,皮肤接触会中毒	
968	环戊酮		120-92-3	2245	燃液体,类别 3 皮肤腐蚀/刺激,类别 2 严重眼损伤/眼刺激,类别 2	H226 H315 H319	GHS02 GHS07	警告	预防措施：P210、P233、P240、P241、P242、P243、P280、P264 事故响应:P303＋P361＋P353、P370＋P378、P302＋P352、P321、P332＋P313、P362＋P364、P305＋P351＋P338、P337＋P313 安全储存:P403＋P235 废弃处置:P501	易燃液体	
969	环戊烷		287-92-3	1146	易燃液体,类别 2 危害水生环境-长期危害,类别 3	H225 H412	GHS02	危险	预防措施：P210、P233、P240、P241、P242、P243、P280、P273 事故响应:P303＋P361＋P353、P370＋P378 安全储存:P403＋P235 废弃处置:P501	高度易燃液体	
970	环戊烯		142-29-0	2246	易燃液体,类别 2	H225	GHS02	危险	预防措施：P210、P233、P240、P241、P242、P243、P280 事故响应:P303＋P361＋P353、P370＋P378 安全储存:P403＋P235 废弃处置:P501	高度易燃液体	
971	1,3-环辛二烯		3806-59-5	2520	易燃液体,类别 3 危害水生环境-急性危害,类别 2 危害水生环境-长期危害,类别 2	H226 H401 H411	GHS02 GHS09	警告	预防措施：P210、P233、P240、P241、P242、P243、P280、P273 事故响应：P303＋P361＋P353、P370＋P378、P391 安全储存:P403＋P235 废弃处置:P501	易燃液体	

续表

序号	品名	别名	CAS号	UN号	危险性类别	危险性说明代码	象形图代码	警示词	防范说明代码	风险提示	备注
972	1,5-环辛二烯		111-78-4	2520	易燃液体,类别3 皮肤腐蚀/刺激,类别2 严重眼损伤/眼刺激,类别2 皮肤致敏物,类别1 特异性靶器官毒性—一次接触,类别3(麻醉效应) 特异性靶器官毒性-反复接触,类别2 危害水生环境-急性危害,类别1 危害水生环境-长期危害,类别1	H226 H315 H319 H317 H336 H373 H400 H410	GHS02 GHS07 GHS08 GHS09	警告	预防措施：P210、P233、P240、P241、P242、P243、P280、P264、P261、P272、P271、P260、P273 事故响应:P303＋P361＋P353、P370＋P378、P302＋P352、P321、P332＋P313、P362＋P364、P305＋P351＋P338、P337＋P313、P333＋P313、P304＋P340、P312、P314、P391 安全储存:P403＋P235、P403＋P233、P405 废弃处置:P501	易燃液体,可能引起皮肤过敏	
973	1,3,5,7-环辛四烯	环辛四烯	629-20-9	2358	易燃液体,类别2	H225	GHS02	危险	预防措施：P210、P233、P240、P241、P242、P243、P280 事故响应:P303＋P361＋P353、P370＋P378 安全储存:P403＋P235 废弃处置:P501	高度易燃液体	
974	环辛烷		292-64-8		易燃液体,类别3	H226	GHS02	警告	预防措施：P210、P233、P240、P241、P242、P243、P280 事故响应:P303＋P361＋P353、P370＋P378 安全储存:P403＋P235 废弃处置:P501	易燃液体	
975	环辛烯		931-87-3		易燃液体,类别3 危害水生环境-急性危害,类别1 危害水生环境-长期危害,类别1	H226 H400 H410	GHS02 GHS09	警告	预防措施：P210、P233、P240、P241、P242、P243、P280、P273 事故响应：P303＋P361＋P353、P370＋P378、P391 安全储存:P403＋P235 废弃处置:P501	易燃液体	

续表

序号	品名	别名	CAS号	UN号	危险性类别	危险性说明代码	象形图代码	警示词	防范说明代码	风险提示	备注
976	2,3-环氧-1-丙醛	缩水甘油醛	765-34-4	2622	易燃液体,类别3 急性毒性-经口,类别3 急性毒性-经皮,类别3 急性毒性-吸入,类别2 皮肤腐蚀/刺激,类别2 严重眼损伤/眼刺激,类别2A 生殖细胞致突变性,类别2 致癌性,类别2 特异性靶器官毒性-一次接触,类别3(呼吸道刺激) 特异性靶器官毒性-反复接触,类别1	H226 H301 H311 H330 H315 H319 H341 H351 H335 H372	GHS02 GHS06 GHS08	危险	预防措施：P210、P233、P240、P241、P242、P243、P280、P264、P270、P260、P271、P284、P201、P202、P261 事故响应：P303＋P361＋P353、P370＋P378、P301＋P310、P321、P330、P302＋P352、P312、P361＋P364、P304＋P340、P320、P332＋P313、P362＋P364、P305＋P351＋P338、P337＋P313、P308＋P313、P314 安全储存：P403＋P235、P405、P233＋P403、P403＋P233 废弃处置：P501	易燃液体，吞咽会中毒，皮肤接触会中毒，吸入致命	
977	1，2-环氧-3-乙氧基丙烷		4016-11-9	2752	易燃液体，类别3	H226	GHS02	警告	预防措施：P210、P233、P240、P241、P242、P243、P280 事故响应：P303＋P361＋P353、P370＋P378 安全储存：P403＋P235 废弃处置：P501	易燃液体	
978	2，3-环氧丙基苯基醚	双环氧丙基苯基醚	122-60-1		皮肤腐蚀/刺激，类别2 皮肤致敏物，类别1 生殖细胞致突变性，类别2 致癌性，类别2 特异性靶器官毒性-一次接触，类别3(呼吸道刺激) 危害水生环境-长期危害，类别3	H315 H317 H341 H351 H335 H412	GHS07 GHS08	警告	预防措施：P264、P280、P261、P272、P201、P202、P271、P273 事故响应：P302＋P352、P321、P332＋P313、P362＋P364、P333＋P313、P308＋P313、P304＋P340、P312 安全储存：P405、P403＋P233 废弃处置：P501	可能引起皮肤过敏	
979	1,2-环氧丙烷	氧化丙烯；甲基环氧乙烷	75-56-9	1280	易燃液体，类别1 皮肤腐蚀/刺激，类别2 严重眼损伤/眼刺激，类别2 生殖细胞致突变性，类别1B 致癌性，类别2 特异性靶器官毒性-一次接触，类别3(呼吸道刺激)	H224 H315 H319 H340 H351 H335	GHS02 GHS07 GHS08	危险	预防措施：P210、P233、P240、P241、P242、P243、P280、P264、P201、P202、P261、P271 事故响应：P303＋P361＋P353、P370＋P378、P302＋P352、P321、P332＋P313、P362＋P364、P305＋P351＋P338、P337＋P313、P308＋P313、P304＋P340、P312 安全储存：P403＋P235、P405、P403＋P233 废弃处置：P501	极易燃液体	重点，重大

续表

序号	品名	别名	CAS号	UN号	危险性类别	危险性说明代码	象形图代码	警示词	防范说明代码	风险提示	备注
980	1,2-环氧丁烷	氧化丁烯	106-88-7		易燃液体,类别 2 皮肤腐蚀/刺激,类别 2 严重眼损伤/眼刺激,类别 2 致癌性,类别 2 特异性靶器官毒性-一次接触,类别 3(呼吸道刺激) 危害水生环境-长期危害,类别 3	H225 H315 H319 H351 H335 H412	GHS02 GHS07 GHS08	危险	预防措施：P210、P233、P240、P241、P242、P243、P280、P264、P201、P202、P261、P271、P273 事故响应：P303＋P361＋P353、P370＋P378、P302＋P352、P321、P332＋P313、P362＋P364、P305＋P351＋P338、P337＋P313、P308＋P313、P304＋P340、P312 安全储存：P403＋P235、P405、P403＋P233 废弃处置：P501	高度易燃液体	
981	环氧乙烷	氧化乙烯	75-21-8	1040	易燃气体,类别 1 化学不稳定性气体,类别 A 加压气体 急性毒性-吸入,类别 3＊ 皮肤腐蚀/刺激,类别 2 严重眼损伤/眼刺激,类别 2 生殖细胞致突变性,类别 1B 致癌性,类别 1A 特异性靶器官毒性-一次接触,类别 3(呼吸道刺激)	H220 H230 H280 或 H281 H331 H315 H319 H340 H350 H335	GHS02 GHS04 GHS06 GHS08	危险	预防措施：P210、P202、P261、P271、P264、P280、P201 事故响应：P377、P381、P304＋P340、P311、P321、P302＋P352、P332＋P313、P362＋P364、P305＋P351＋P338、P337＋P313、P308＋P313、P312 安全储存：P410＋P403、P233＋P403、P405、P403＋P233 废弃处置：P501	极易燃气体，(不稳定)，内装加压气体：遇热可能爆炸，吸入会中毒，可能致癌，	重点，重大
982	环氧乙烷和氧化丙烯混合物[含环氧乙烷≤30%]	氧化乙烯和氧化丙烯混合物		2983	易燃液体,类别 1 急性毒性-经口,类别 3 急性毒性-经皮,类别 3 急性毒性-吸入,类别 3＊ 皮肤腐蚀/刺激,类别 2 严重眼损伤/眼刺激,类别 2 生殖细胞致突变性,类别 1B 致癌性,类别 1A 特异性靶器官毒性-一次接触,类别 3(呼吸道刺激)	H224 H301 H311 H331 H315 H319 H340 H350 H335	GHS02 GHS06 GHS08	危险	预防措施：P210、P233、P240、P241、P242、P243、P280、P264、P270、P261、P271、P201、P202 事故响应：P303＋P361＋P353、P370＋P378、P301＋P310、P321、P330、P302＋P352、P312、P361＋P364、P304＋P340、P311、P332＋P313、P362＋P364、P305＋P351＋P338、P337＋P313、P308＋P313 安全储存：P403＋P235、P405、P233＋P403、P403＋P233 废弃处置：P501	极易燃液体，吞咽会中毒，皮肤接触会中毒，吸入会中毒，可能致癌	
983	1,8-环氧对孟烷	桉叶油醇	470-82-6		易燃液体,类别 3	H226	GHS02	警告	预防措施：P210、P233、P240、P241、P242、P243、P280 事故响应：P303＋P361＋P353、P370＋P378 安全储存：P403＋P235 废弃处置：P501	易燃液体	

续表

序号	品名	别名	CAS号	UN号	危险性类别	危险性说明代码	象形图代码	警示词	防范说明代码	风险提示	备注
984	4,9-环氧,3-(2-羟基-2-甲基丁酸酯)15-(*S*)2-甲基丁酸酯,[3*β*(*S*),4*α*,7*α*,15*α*(*R*),16*β*]-瑟文-3,4,7,14,15,16,20-庚醇	杰莫灵	63951-45-1		急性毒性-经口,类别 2	H300	GHS06	危险	预防措施:P264、P270 事故响应:P301+P310、P321、P330 安全储存:P405 废弃处置:P501	吞咽致命	
985	黄原酸盐			3342	自热物质和混合物,类别 2	H252	GHS02	警告	预防措施:P235+P410、P280 事故响应: 安全储存:P407、P413、P420 废弃处置:	数量大时自热,可能燃烧	
986	磺胺苯汞	磺胺汞			急性毒性-经口,类别 2* 急性毒性-经皮,类别 1 急性毒性-吸入,类别 2* 特异性靶器官毒性-反复接触,类别 2* 危害水生环境-急性危害,类别 1 危害水生环境-长期危害,类别 1	H300 H310 H330 H373 H400 H410	GHS06 GHS08 GHS09	危险	预防措施:P264、P270、P262、P280、P260、P271、P284、P273 事故响应:P301+P310、P321、P330、P302+P352、P361+P364、P304+P340、P320、P314、P391 安全储存:P405、P233+P403 废弃处置:P501	吞咽致命,皮肤接触会致命,吸入致命	
987	磺化煤油				易燃液体,类别 3	H226	GHS02	警告	预防措施:P210、P233、P240、P241、P242、P243、P280 事故响应:P303+P361+P353、P370+P378 安全储存:P403+P235 废弃处置:P501	易燃液体	
988	混胺-02				易燃液体,类别 2	H225	GHS02	危险	预防措施:P210、P233、P240、P241、P242、P243、P280 事故响应:P303+P361+P353、P370+P378 安全储存:P403+P235 废弃处置:P501	高度易燃液体	
989	己醇钠		19779-06-7		皮肤腐蚀/刺激,类别 1B 严重眼损伤/眼刺激,类别 1	H314 H318	GHS05	危险	预防措施:P260、P264、P280 事故响应:P301+P330+P331、P303+P361+P353、P304+P340、P305+P351+P338、P310、P321、P363 安全储存:P405 废弃处置:P501	可引起皮肤腐蚀	

续表

序号	品名	别名	CAS号	UN号	危险性类别	危险性说明代码	象形图代码	警示词	防范说明代码	风险提示	备注
990	1,6-己二胺	1,6-二氨基己烷;己撑二胺	124-09-4		皮肤腐蚀/刺激,类别1B 严重眼损伤/眼刺激,类别1 特异性靶器官毒性—一次接触,类别3(呼吸道刺激)	H314 H318 H335	GHS05 GHS07	危险	预防措施:P260、P264、P280、P261、P271 事故响应:P301+P330+P331、P303+P361+P353、P304+P340、P305+P351+P338、P310、P321、P363、P312 安全储存:P405、P403+P233 废弃处置:P501	可引起皮肤腐蚀	
991	己二腈	1,4-二氰基丁烷;氰化四亚甲基	111-69-3	2205	急性毒性-经口,类别3 急性毒性-经皮,类别3 严重眼损伤/眼刺激,类别2B 特异性靶器官毒性—一次接触,类别1 特异性靶器官毒性-反复接触,类别2	H301 H311 H320 H370 H373	GHS06 GHS08	危险	预防措施:P264、P270、P280、P260 事故响应:P301+P310、P321、P330、P302+P352、P312、P361+P364、P305+P351+P338、P337+P313、P308+P311、P314 安全储存:P405 废弃处置:P501	吞咽会中毒,皮肤接触会中毒	
992	1,3-己二烯		592-48-3	2458	易燃液体,类别2	H225	GHS02	危险	预防措施:P210、P233、P240、P241、P242、P243、P280 事故响应:P303+P361+P353、P370+P378 安全储存:P403+P235 废弃处置:P501	高度易燃液体	
993	1,4-己二烯		592-45-0	2458	易燃液体,类别2	H225	GHS02	危险	预防措施:P210、P233、P240、P241、P242、P243、P280 事故响应:P303+P361+P353、P370+P378 安全储存:P403+P235 废弃处置:P501	高度易燃液体	
994	1,5-己二烯		592-42-7	2458	易燃液体,类别2	H225	GHS02	危险	预防措施:P210、P233、P240、P241、P242、P243、P280 事故响应:P303+P361+P353、P370+P378 安全储存:P403+P235 废弃处置:P501	高度易燃液体	
995	2,4-己二烯		592-46-1	2458	易燃液体,类别2	H225	GHS02	危险	预防措施:P210、P233、P240、P241、P242、P243、P280 事故响应:P303+P361+P353、P370+P378 安全储存:P403+P235 废弃处置:P501	高度易燃液体	

续表

序号	品名	别名	CAS号	UN号	危险性类别	危险性说明代码	象形图代码	警示词	防范说明代码	风险提示	备注
996	己二酰二氯	己二酰氯	111-50-2		皮肤腐蚀/刺激,类别1 严重眼损伤/眼刺激,类别1	H314 H318	GHS05	危险	预防措施:P260、P264、P280 事故响应:P301+P330+P331、P303+P361+P353、P304+P340、P305+P351+P338、P310、P321、P363 安全储存:P405 废弃处置:P501	可引起皮肤腐蚀	
997	己基三氯硅烷		928-65-4	1784	皮肤腐蚀/刺激,类别1 严重眼损伤/眼刺激,类别1	H314 H318	GHS05	危险	预防措施:P260、P264、P280 事故响应:P301+P330+P331、P303+P361+P353、P304+P340、P305+P351+P338、P310、P321、P363 安全储存:P405 废弃处置:P501	可引起皮肤腐蚀	
998	己腈	戊基氰;氰化正戊烷	628-73-9		易燃液体,类别3 皮肤腐蚀/刺激,类别2 严重眼损伤/眼刺激,类别2A 特异性靶器官毒性-一次接触,类别3(呼吸道刺激)	H226 H315 H319 H335	GHS02 GHS07	警告	预防措施:P210、P233、P240、P241、P242、P243、P280、P264、P261、P271 事故响应:P303+P361+P353、P370+P378、P302+P352、P321、P332+P313、P362+P364、P305+P351+P338、P337+P313、P304+P340、P312 安全储存:P403+P235、P403+P233、P405 废弃处置:P501	易燃液体	
999	己硫醇	巯基己烷	111-31-9		易燃液体,类别2 急性毒性-吸入,类别3 特异性靶器官毒性-一次接触,类别1	H225 H331 H370	GHS02 GHS06 GHS08	危险	预防措施:P210、P233、P240、P241、P242、P243、P280、P261、P271、P260、P264、P270 事故响应:P303+P361+P353、P370+P378、P304+P340、P321、P308+P311 安全储存:P403+P235、P233+P403、P405 废弃处置:P501	高度易燃液体,吸入会中毒	
1000	1-己炔		693-02-7		易燃液体,类别2	H225	GHS02	危险	预防措施:P210、P233、P240、P241、P242、P243、P280 事故响应:P303+P361+P353、P370+P378 安全储存:P403+P235 废弃处置:P501	高度易燃液体	

续表

序号	品名	别名	CAS号	UN号	危险性类别	危险性说明代码	象形图代码	警示词	防范说明代码	风险提示	备注
1001	2-己炔		764-35-2		易燃液体,类别 2	H225	GHS02	危险	预防措施：P210、P233、P240、P241、P242、P243、P280 事故响应:P303+P361+P353、P370+P378 安全储存:P403+P235 废弃处置:P501	高度易燃液体	
1002	3-己炔		928-49-4		易燃液体,类别 2	H225	GHS02	危险	预防措施：P210、P233、P240、P241、P242、P243、P280 事故响应:P303+P361+P353、P370+P378 安全储存:P403+P235 废弃处置:P501	高度易燃液体	
1003	己酸		142-62-1	2829	急性毒性-经皮,类别 3 皮肤腐蚀/刺激,类别 1 严重眼损伤/眼刺激,类别 1	H311 H314 H318	GHS05 GHS06	危险	预防措施:P280、P260、P264 事故响应:P302＋P352、P312、P321、P361＋P364、P301＋P330＋P331、P303＋P361＋P353、P304＋P340、P305＋P351＋P338、P310、P363 安全储存:P405 废弃处置:P501	皮肤接触会中毒，可引起皮肤腐蚀	
1004	2-己酮	甲基丁基甲酮	591-78-6		易燃液体,类别 3 生殖毒性,类别 2 特异性靶器官毒性-一次接触,类别 3(麻醉效应) 特异性靶器官毒性-反复接触,类别 1	H226 H361 H336 H372	GHS02 GHS07 GHS08	危险	预防措施：P210、P233、P240、P241、P242、P243、P280、P201、P202、P261、P271、P260、P264、P270 事故响应:P303＋P361＋P353、P370＋P378、P308＋P313、P304＋P340、P312、P314 安全储存:P403+P235、P405、P403+P233 废弃处置:P501	易燃液体	
1005	3-己酮	乙基丙基甲酮	589-38-8		易燃液体,类别 3	H226	GHS02	警告	预防措施：P210、P233、P240、P241、P242、P243、P280 事故响应:P303+P361+P353、P370+P378 安全储存:P403+P235 废弃处置:P501	易燃液体	
1006	1-己烯	丁基乙烯	592-41-6	2370	易燃液体,类别 2 特异性靶器官毒性-一次接触,类别 3(呼吸道刺激、麻醉效应) 吸入危害,类别 1 危害水生环境-急性危害,类别 2	H225 H335 H336 H304 H401	GHS02 GHS07 GHS08	危险	预防措施：P210、P233、P240、P241、P242、P243、P280、P261、P271、P273 事故响应:P303＋P361＋P353、P370＋P378、P304+P340、P312、P301+P310、P331 安全储存:P403+P235、P403+P233、P405 废弃处置:P501	高度易燃液体，禁止催吐	

续表

序号	品名	别名	CAS号	UN号	危险性类别	危险性说明代码	象形图代码	警示词	防范说明代码	风险提示	备注
1007	2-己烯		592-43-8		易燃液体,类别 2	H225	GHS02	危险	预防措施：P210、P233、P240、P241、P242、P243、P280 事故响应：P303＋P361＋P353、P370＋P378 安全储存：P403＋P235 废弃处置：P501	高度易燃液体	
1008	4-己烯-1-炔-3-醇		10138-60-0		急性毒性-经口,类别 2 急性毒性-经皮,类别 2	H300 H310	GHS06	危险	预防措施：P264、P270、P262、P280 事故响应：P301＋P310、P321、P330、P302＋P352、P361＋P364 安全储存：P405 废弃处置：P501	吞咽致命,皮肤接触会致命	剧毒
1009	5-己烯-2-酮	烯丙基丙酮	109-49-9		易燃液体,类别 3	H226	GHS02	警告	预防措施：P210、P233、P240、P241、P242、P243、P280 事故响应：P303＋P361＋P353、P370＋P378 安全储存：P403＋P235 废弃处置：P501	易燃液体	
1010	己酰氯	氯化己酰	142-61-0		易燃液体,类别 3 皮肤腐蚀/刺激,类别 1 严重眼损伤/眼刺激,类别 1	H226 H314 H318	GHS02 GHS05	危险	预防措施：P210、P233、P240、P241、P242、P243、P280、P260、P264 事故响应：P303＋P361＋P353、P370＋P378、P301＋P330＋P331、P304＋P340、P305＋P351＋P338、P310、P321、P363 安全储存：P403＋P235、P405 废弃处置：P501	易燃液体,可引起皮肤腐蚀	
1011	季戊四醇四硝酸酯[含蜡≥7%]	泰安；喷梯尔；P. E. T. N.	78-11-5	0411	爆炸物,1.1 项	H201	GHS01	危险	预防措施：P210、P230、P240、P250、P280 事故响应：P370＋P380、P372、P373 安全储存：P401 废弃处置：P501	整体爆炸危险	
	季戊四醇四硝酸酯[含水≥25%或含减敏剂≥15%]			0150	爆炸物,1.1 项	H201	GHS01	危险	预防措施：P210、P230、P240、P250、P280 事故响应：P370＋P380、P372、P373 安全储存：P401 废弃处置：P501	整体爆炸危险	
1012	季戊四醇四硝酸酯与三硝基甲苯混合物[干的或含水<15%]	泰安与梯恩梯混合炸药；彭托雷特		0151	爆炸物,1.1 项 特异性靶器官毒性-反复接触,类别 2* 危害水生环境-急性危害,类别 2 危害水生环境-长期危害,类别 2	H201 H373 H401 H411	GHS01 GHS08 GHS09	危险	预防措施：P210、P230、P240、P250、P280、P260、P273 事故响应：P370＋P380、P372、P373、P314、P391 安全储存：P401 废弃处置：P501	整体爆炸危险	

续表

序号	品名	别名	CAS号	UN号	危险性类别	危险性说明代码	象形图代码	警示词	防范说明代码	风险提示	备注
1013	镓	金属镓	7440-55-3	2803	皮肤腐蚀/刺激,类别1 严重眼损伤/眼刺激,类别1	H314 H318	GHS05	危险	预防措施:P260、P264、P280 事故响应:P301+P330+P331、P303+P361+P353、P304+P340、P305+P351+P338、P310、P321、P363 安全储存:P405 废弃处置:P501	可引起皮肤腐蚀	
1014	甲苯	甲基苯;苯基甲烷	108-88-3	1294	易燃液体,类别2 皮肤腐蚀/刺激,类别2 生殖毒性,类别2 特异性靶器官毒性-一次接触,类别3(麻醉效应) 特异性靶器官毒性-反复接触,类别2* 吸入危害,类别1 危害水生环境-急性危害,类别2 危害水生环境-长期危害,类别3	H225 H315 H361 H336 H373 H304 H401 H412	GHS02 GHS07 GHS08	危险	预防措施:P210、P233、P240、P241、P242、P243、P280、P264、P201、P202、P261、P271、P260、P273 事故响应:P303+P361+P353、P370+P378、P302+P352、P321、P332+P313、P362+P364、P308+P313、P304+P340、P312、P314、P301+P310、P331 安全储存:P403+P235、P405、P403+P233 废弃处置:P501	高度易燃液体,禁止催吐	重点,制毒,重大
1015	甲苯-2,4-二异氰酸酯	2,4-二异氰酸甲苯酯;2,4-TDI	584-84-9	2078	急性毒性-吸入,类别2* 皮肤腐蚀/刺激,类别2 严重眼损伤/眼刺激,类别2 呼吸道致敏物,类别1 皮肤致敏物,类别1 致癌性,类别2 特异性靶器官毒性-一次接触,类别3(呼吸道刺激) 危害水生环境-长期危害,类别3	H330 H315 H319 H334 H317 H351 H335 H412	GHS06 GHS08	危险	预防措施:P260、P271、P284、P264、P280、P261、P272、P201、P202、P273 事故响应:P304+P340、P310、P320、P302+P352、P321、P332+P313、P362+P364、P305+P351+P338、P337+P313、P342+P311、P333+P313、P308+P313、P312 安全储存:P233+P403、P405、P403+P233 废弃处置:P501	吸入致命,吸入可能导致过敏,可能引起皮肤过敏	重点
1016	甲苯-2,6-二异氰酸酯	2,6-二异氰酸甲苯酯;2,6-TDI	91-08-7	2078	急性毒性-吸入,类别2* 皮肤腐蚀/刺激,类别2 严重眼损伤/眼刺激,类别2 呼吸道致敏物,类别1 皮肤致敏物,类别1 致癌性,类别2 特异性靶器官毒性-一次接触,类别3(呼吸道刺激) 危害水生环境-长期危害,类别3	H330 H315 H319 H334 H317 H351 H335 H412	GHS06 GHS08	危险	预防措施:P260、P271、P284、P264、P280、P261、P272、P201、P202、P273 事故响应:P304+P340、P310、P320、P302+P352、P321、P332+P313、P362+P364、P305+P351+P338、P337+P313、P342+P311、P333+P313、P308+P313、P312 安全储存:P233+P403、P405、P403+P233 废弃处置:P501	吸入致命,吸入可能导致过敏,可能引起皮肤过敏	重点

续表

序号	品名	别名	CAS号	UN号	危险性类别	危险性说明代码	象形图代码	警示词	防范说明代码	风险提示	备注
1017	甲苯二异氰酸酯	二异氰酸甲苯酯;TDI	26471-62-5	2078	急性毒性-吸入,类别2* 皮肤腐蚀/刺激,类别2 严重眼损伤/眼刺激,类别2 呼吸道致敏物,类别1 皮肤致敏物,类别1 致癌性,类别2 特异性靶器官毒性-一次接触,类别3(呼吸道刺激) 危害水生环境-长期危害,类别3	H330 H315 H319 H334 H317 H351 H335 H412	GHS06 GHS08	危险	预防措施:P260、P271、P284、P264、P280、P261、P272、P201、P202、P273 事故响应:P304+P340、P310、P320、P302+P352、P321、P332+P313、P362+P364、P305+P351+P338、P337+P313、P342+P311、P333+P313、P308+P313、P312 安全储存:P233+P403、P405、P403+P233 废弃处置:P501	吸入致命,吸入可能导致过敏,可能引起皮肤过敏	重点,重大
1018	甲苯-3,4-二硫酚	3,4-二巯基甲苯	496-74-2		皮肤腐蚀/刺激,类别2 严重眼损伤/眼刺激,类别1	H315 H318	GHS05	危险	预防措施:P264、P280 事故响应:P302+P352、P321、P332+P313、P362+P364、P305+P351+P338、P310 安全储存: 废弃处置:	造成严重眼损伤	
1019	2-甲苯硫酚	邻甲苯硫酚;2-巯基甲苯	137-06-4		严重眼损伤/眼刺激,类别2	H319	GHS07	警告	预防措施:P264、P280 事故响应:P305+P351+P338、P337+P313 安全储存: 废弃处置:		
1020	3-甲苯硫酚	间甲苯硫酚;3-巯基甲苯	108-40-7		严重眼损伤/眼刺激,类别2	H319	GHS07	警告	预防措施:P264、P280 事故响应:P305+P351+P338、P337+P313 安全储存: 废弃处置:		
1021	4-甲苯硫酚	对甲苯硫酚;4-巯基甲苯	106-45-6		严重眼损伤/眼刺激,类别2	H319	GHS07	警告	预防措施:P264、P280 事故响应:P305+P351+P338、P337+P313 安全储存: 废弃处置:		
1022	甲醇	木醇;木精	67-56-1	1230	易燃液体,类别2 急性毒性-经口,类别3* 急性毒性-经皮,类别3* 急性毒性-吸入,类别3* 特异性靶器官毒性-一次接触,类别1	H225 H301 H311 H331 H370	GHS02 GHS06 GHS08	危险	预防措施:P210、P233、P240、P241、P242、P243、P280、P264、P270、P261、P271、P260 事故响应:P303+P361+P353、P370+P378、P301+P310、P321、P330、P302+P352、P312、P361+P364、P304+P340、P308+P311 安全储存:P403+P235、P405、P233+P403 废弃处置:P501	高度易燃液体,吞咽会中毒,皮肤接触会中毒,吸入会中毒	重点,重大

续表

序号	品名	别名	CAS号	UN号	危险性类别	危险性说明代码	象形图代码	警示词	防范说明代码	风险提示	备注
1023	甲醇钾		865-33-8		自热物质和混合物，类别1 皮肤腐蚀/刺激，类别1B 严重眼损伤/眼刺激，类别1	H251 H314 H318	GHS02 GHS05	危险	预防措施：P235+P410、P280、P260、P264 事故响应：P301+P330+P331、P303+P361+P353、P304+P340、P305+P351+P338、P310、P321、P363 安全储存：P407、P413、P420、P405 废弃处置：P501	自热，可能燃烧，可引起皮肤腐蚀	
1024	甲醇钠	甲氧基钠	124-41-4	1431	自热物质和混合物，类别1 皮肤腐蚀/刺激，类别1B 严重眼损伤/眼刺激，类别1	H251 H314 H318	GHS02 GHS05	危险	预防措施：P235+P410、P280、P260、P264 事故响应：P301+P330+P331、P303+P361+P353、P304+P340、P305+P351+P338、P310、P321、P363 安全储存：P407、P413、P420、P405 废弃处置：P501	自热，可能燃烧，可引起皮肤腐蚀	
1025	甲醇钠甲醇溶液	甲醇钠合甲醇			易燃液体，类别2 皮肤腐蚀/刺激，类别1B 严重眼损伤/眼刺激，类别1	H225 H314 H318	GHS02 GHS05	危险	预防措施：P210、P233、P240、P241、P242、P243、P280、P260、P264 事故响应：P303+P361+P353、P370+P378、P301+P330+P331、P304+P340、P305+P351+P338、P310、P321、P363 安全储存：P403+P235、P405 废弃处置：P501	高度易燃液体，可引起皮肤腐蚀	
1026	2-甲酚	1-羟基-2-甲苯；邻甲酚	95-48-7		急性毒性-经口，类别3* 急性毒性-经皮，类别3* 皮肤腐蚀/刺激，类别1B 严重眼损伤/眼刺激，类别1 危害水生环境-急性危害，类别2	H301 H311 H314 H318 H401	GHS05 GHS06	危险	预防措施：P264、P270、P280、P260、P273 事故响应：P301+P310、P321、P302+P352、P312、P361+P364、P301+P330+P331、P303+P361+P353、P304+P340、P305+P351+P338、P363 安全储存：P405 废弃处置：P501	吞咽会中毒，皮肤接触会中毒，可引起皮肤腐蚀	
1027	3-甲酚	1-羟基-3-甲苯；间甲酚	108-39-4		急性毒性-经口，类别3* 急性毒性-经皮，类别3* 皮肤腐蚀/刺激，类别1B 严重眼损伤/眼刺激，类别1 危害水生环境-急性危害，类别2	H301 H311 H314 H318 H401	GHS05 GHS06	危险	预防措施：P264、P270、P280、P260、P273 事故响应：P301+P310、P321、P302+P352、P312、P361+P364、P301+P330+P331、P303+P361+P353、P304+P340、P305+P351+P338、P363 安全储存：P405 废弃处置：P501	吞咽会中毒，皮肤接触会中毒，可引起皮肤腐蚀	

续表

序号	品名	别名	CAS号	UN号	危险性类别	危险性说明代码	象形图代码	警示词	防范说明代码	风险提示	备注
1028	4-甲酚	1-羟基-4-甲苯;对甲酚	106-44-5		急性毒性-经口,类别3* 急性毒性-经皮,类别3* 皮肤腐蚀/刺激,类别1B 严重眼损伤/眼刺激,类别1 危害水生环境-急性危害,类别2	H301 H311 H314 H318 H401	GHS05 GHS06	危险	预防措施:P264、P270、P280、P260、P273 事故响应:P301+P310、P321、P302+P352、P312、P361+P364、P301+P330+P331、P303+P361+P353、P304+P340、P305+P351+P338、P363 安全储存:P405 废弃处置:P501	吞咽会中毒,皮肤接触会中毒,可引起皮肤腐蚀	
1029	甲酚	甲苯基酸;克利沙酸;甲苯酚异构体混合物	1319-77-3		急性毒性-经口,类别3* 急性毒性-经皮,类别3* 皮肤腐蚀/刺激,类别1B 严重眼损伤/眼刺激,类别1 危害水生环境-急性危害,类别2	H301 H311 H314 H318 H401	GHS05 GHS06	危险	预防措施:P264、P270、P280、P260、P273 事故响应:P301+P310、P321、P302+P352、P312、P361+P364、P301+P330+P331、P303+P361+P353、P304+P340、P305+P351+P338、P363 安全储存:P405 废弃处置:P501	吞咽会中毒,皮肤接触会中毒,可引起皮肤腐蚀	
1030	甲硅烷	硅烷;四氢化硅	7803-62-5		易燃气体,类别1 加压气体 皮肤腐蚀/刺激,类别2 严重眼损伤/眼刺激,类别2A 特异性靶器官毒性-一次接触,类别3(呼吸道刺激) 特异性靶器官毒性-反复接触,类别2	H220 H280或H281 H315 H319 H335 H373	GHS02 GHS04 GHS07 GHS08	危险	预防措施:P210、P264、P280、P261、P271、P260 事故响应:P377、P381、P302+P352、P321、P332+P313、P362+P364、P305+P351+P338、P337+P313、P304+P340、P312、P314 安全储存:P410+P403、P403+P233、P405 废弃处置:P501	极易燃气体,内装加压气体:遇热可能爆炸	
1031	2-甲基-1,3-丁二烯[稳定的]	异戊间二烯;异戊二烯	78-79-5	1218	易燃液体,类别1 生殖细胞致突变性,类别2 致癌性,类别2 危害水生环境-急性危害,类别2 危害水生环境-长期危害,类别2	H224 H341 H351 H401 H411	GHS02 GHS08 GHS09	危险	预防措施:P210、P233、P240、P241、P242、P243、P280、P201、P202、P273 事故响应:P303+P361+P353、P370+P378、P308+P313、P391 安全储存:P403+P235、P405 废弃处置:P501	极易燃液体	
1032	6-甲基-1,4-二氮萘基-2,3-二硫代碳酸酯	6-甲基-1,3-二硫杂环戊烯并(4,5-*b*)喹喔啉-2-二酮	2439-01-2		严重眼损伤/眼刺激,类别2 皮肤致敏物,类别1 生殖毒性,类别2 特异性靶器官毒性-反复接触,类别2* 危害水生环境-急性危害,类别1 危害水生环境-长期危害,类别1	H319 H317 H361 H373 H400 H410	GHS07 GHS08 GHS09	警告	预防措施:P264、P280、P261、P272、P201、P202、P260、P273 事故响应:P305+P351+P338、P337+P313、P302+P352、P321、P333+P313、P362+P364、P308+P313、P314、P391 安全储存:P405 废弃处置:P501	可能引起皮肤过敏	

续表

序号	品名	别名	CAS号	UN号	危险性类别	危险性说明代码	象形图代码	警示词	防范说明代码	风险提示	备注
1033	2-甲基-1-丙醇	异丁醇	78-83-1	1212	易燃液体,类别 3 皮肤腐蚀/刺激,类别 2 严重眼损伤/眼刺激,类别 1 特异性靶器官毒性-一次接触,类别 3(呼吸道刺激、麻醉效应)	H226 H315 H318 H335 H336	GHS02 GHS05 GHS07	危险	预防措施：P210、P233、P240、P241、P242、P243、P280、P264、P261、P271 事故响应：P303＋P361＋P353、P370＋P378、P302＋P352、P321、P332＋P313、P362＋P364、P305＋P351＋P338、P310、P304＋P340、P312 安全储存：P403＋P235、P403＋P233、P405 废弃处置：P501	易燃液体，造成严重眼损伤	
1034	2-甲基-1-丙硫醇	异丁硫醇	513-44-0		易燃液体,类别 2 严重眼损伤/眼刺激,类别 2B 特异性靶器官毒性-一次接触,类别 3(呼吸道刺激)	H225 H320 H335	GHS02 GHS07	危险	预防措施：P210、P233、P240、P241、P242、P243、P280、P264、P261、P271 事故响应：P303＋P361＋P353、P370＋P378、P305＋P351＋P338、P337＋P313、P304＋P340、P312 安全储存：P403＋P235、P403＋P233、P405 废弃处置：P501	高度易燃液体	
1035	2-甲基-1-丁醇	活性戊醇；旋性戊醇	137-32-6		易燃液体,类别 3 特异性靶器官毒性-一次接触,类别 3(呼吸道刺激)	H226 H335	GHS02 GHS07	警告	预防措施：P210、P233、P240、P241、P242、P243、P280、P261、P271 事故响应：P303＋P361＋P353、P370＋P378、P304＋P340、P312 安全储存：P403＋P235、P403＋P233、P405 废弃处置：P501	易燃液体	
1036	3-甲基-1-丁醇	异戊醇	123-51-3		易燃液体,类别 3 严重眼损伤/眼刺激,类别 2A 特异性靶器官毒性-一次接触,类别 1 特异性靶器官毒性-一次接触,类别 3(呼吸道刺激、麻醉效应)	H226 H319 H370 H335 H336	GHS02 GHS07 GHS08	危险	预防措施：P210、P233、P240、P241、P242、P243、P280、P264、P260、P270、P261、P271 事故响应：P303＋P361＋P353、P370＋P378、P305＋P351＋P338、P337＋P313、P308＋P311、P321、P304＋P340、P312 安全储存：P403＋P235、P405、P403＋P233 废弃处置：P501	易燃液体	
1037	2-甲基-1-丁硫醇		1878-18-8		易燃液体,类别 2	H225	GHS02	危险	预防措施：P210、P233、P240、P241、P242、P243、P280 事故响应：P303＋P361＋P353、P370＋P378 安全储存：P403＋P235 废弃处置：P501	高度易燃液体	

续表

序号	品名	别名	CAS号	UN号	危险性类别	危险性说明代码	象形图代码	警示词	防范说明代码	风险提示	备注
1038	3-甲基-1-丁硫醇	异戊硫醇	541-31-1		易燃液体,类别 2 皮肤腐蚀/刺激,类别 2 严重眼损伤/眼刺激,类别 2 特异性靶器官毒性--一次接触,类别 3(呼吸道刺激)	H225 H315 H319 H335	GHS02 GHS07	危险	预防措施：P210、P233、P240、P241、P242、P243、P280、P261、P271 事故响应：P303＋P361＋P353、P370＋P378、P304＋P340、P312 安全储存：P403＋P235、P403＋P233、P405 废弃处置：P501	高度易燃液体	
1039	2-甲基-1-丁烯		563-46-2	2459	易燃液体,类别 1 吸入危害,类别 1 危害水生环境-长期危害,类别 3＊	H224 H304 H412	GHS02 GHS08	危险	预防措施：P210、P233、P240、P241、P242、P243、P280、P273 事故响应：P303＋P361＋P353、P370＋P378、P301＋P310、P331 安全储存：P403＋P235、P405 废弃处置：P501	极易燃液体，禁止催吐	
1040	3-甲基-1-丁烯	α-异戊烯；异丙基乙烯	563-45-1	2561	易燃液体,类别 1 危害水生环境-长期危害,类别 3＊	H224 H412	GHS02	危险	预防措施：P210、P233、P240、P241、P242、P243、P280、P273 事故响应：P303＋P361＋P353、P370＋P378 安全储存：P403＋P235 废弃处置：P501	极易燃液体	
1041	3-(1-甲基-2-四氢吡咯基)吡啶硫酸盐	硫酸化烟碱	65-30-5	3445	急性毒性-经口,类别 2 急性毒性-经皮,类别 1 皮肤腐蚀/刺激,类别 2 严重眼损伤/眼刺激,类别 2 生殖毒性,类别 2 特异性靶器官毒性--一次接触,类别 2 特异性靶器官毒性--一次接触,类别 3(呼吸道刺激) 危害水生环境-急性危害,类别 2 危害水生环境-长期危害,类别 2	H300 H310 H315 H319 H361 H371 H335 H401 H411	GHS06 GHS08 GHS09	危险	预防措施：P264、P270、P262、P280、P201、P202、P260、P261、P271、P273 事故响应：P301＋P310、P321、P330、P302＋P352、P361＋P364、P332＋P313、P362＋P364、P305＋P351＋P338、P337＋P313、P308＋P313、P308＋P311、P304＋P340、P312、P391 安全储存：P405、P403＋P233 废弃处置：P501	吞咽致命，皮肤接触会致命	剧毒
1042	4-甲基-1-环己烯		591-47-9		易燃液体,类别 2	H225	GHS02	危险	预防措施：P210、P233、P240、P241、P242、P243、P280 事故响应：P303＋P361＋P353、P370＋P378 安全储存：P403＋P235 废弃处置：P501	高度易燃液体	

续表

序号	品名	别名	CAS号	UN号	危险性类别	危险性说明代码	象形图代码	警示词	防范说明代码	风险提示	备注
1043	1-甲基-1-环戊烯		693-89-0		易燃液体,类别 2	H225	GHS02	危险	预防措施：P210、P233、P240、P241、P242、P243、P280 事故响应:P303＋P361＋P353、P370＋P378 安全储存:P403＋P235 废弃处置:P501	高度易燃液体	
1044	2-甲基-1-戊醇		105-30-6		易燃液体,类别 3	H226	GHS02	警告	预防措施：P210、P233、P240、P241、P242、P243、P280 事故响应:P303＋P361＋P353、P370＋P378 安全储存:P403＋P235 废弃处置:P501	易燃液体	
1045	3-甲基-1-戊炔-3-醇	2-乙炔-2-丁醇	77-75-8		易燃液体,类别 3 严重眼损伤/眼刺激,类别 1	H226 H318	GHS02 GHS05	危险	预防措施：P210、P233、P240、P241、P242、P243、P280 事故响应:P303＋P361＋P353、P370＋P378、P305＋P351＋P338、P310 安全储存:P403＋P235 废弃处置:P501	易燃液体,造成严重眼损伤	
1046	2-甲基-1-戊烯		763-29-1	2288	易燃液体,类别 2	H225	GHS02	危险	预防措施：P210、P233、P240、P241、P242、P243、P280 事故响应:P303＋P361＋P353、P370＋P378 安全储存:P403＋P235 废弃处置:P501	高度易燃液体	
1047	3-甲基-1-戊烯		760-20-3	2288	易燃液体,类别 2	H225	GHS02	危险	预防措施：P210、P233、P240、P241、P242、P243、P280 事故响应:P303＋P361＋P353、P370＋P378 安全储存:P403＋P235 废弃处置:P501	高度易燃液体	
1048	4-甲基-1-戊烯		691-37-2	2288	易燃液体,类别 2	H225	GHS02	危险	预防措施：P210、P233、P240、P241、P242、P243、P280 事故响应:P303＋P361＋P353、P370＋P378 安全储存:P403＋P235 废弃处置:P501	高度易燃液体	

续表

序号	品名	别名	CAS号	UN号	危险性类别	危险性说明代码	象形图代码	警示词	防范说明代码	风险提示	备注
1049	2-甲基-2-丙醇	叔丁醇;三甲基甲醇;特丁醇	75-65-0	1120	易燃液体,类别2 严重眼损伤/眼刺激,类别2 特异性靶器官毒性-一次接触,类别3(呼吸道刺激)	H225 H319 H335	GHS02 GHS07	危险	预防措施：P210、P233、P240、P241、P242、P243、P280、P264、P261、P271 事故响应:P303＋P361＋P353、P370＋P378、P305＋P351＋P338、P337＋P313、P304＋P340、P312 安全储存:P403＋P235、P403＋P233、P405 废弃处置:P501	高度易燃液体	
1050	2-甲基-2-丁醇	叔戊醇	75-85-4		易燃液体,类别2 皮肤腐蚀/刺激,类别2 特异性靶器官毒性-一次接触,类别3(呼吸道刺激)	H225 H315 H335	GHS02 GHS07	危险	预防措施：P210、P233、P240、P241、P242、P243、P280、P264、P261、P271 事故响应:P303＋P361＋P353、P370＋P378、P302＋P352、P321、P332＋P313、P362＋P364、P304＋P340、P312 安全储存:P403＋P235、P403＋P233、P405 废弃处置:P501	高度易燃液体	
1051	3-甲基-2-丁醇		598-75-4		易燃液体,类别2	H225	GHS02	危险	预防措施：P210、P233、P240、P241、P242、P243、P280 事故响应:P303＋P361＋P353、P370＋P378 安全储存:P403＋P235 废弃处置:P501	高度易燃液体	
1052	2-甲基-2-丁硫醇	叔戊硫醇;特戊硫醇	1679-09-0		易燃液体,类别2 严重眼损伤/眼刺激,类别2A 特异性靶器官毒性-一次接触,类别3(呼吸道刺激)	H225 H319 H335	GHS02 GHS07	危险	预防措施：P210、P233、P240、P241、P242、P243、P280、P264、P261、P271 事故响应:P303＋P361＋P353、P370＋P378、P305＋P351＋P338、P337＋P313、P304＋P340、P312 安全储存:P403＋P235、P403＋P233、P405 废弃处置:P501	高度易燃液体	
1053	3-甲基-2-丁酮	甲基异丙基甲酮	563-80-4	2397	易燃液体,类别2	H225	GHS02	危险	预防措施：P210、P233、P240、P241、P242、P243、P280 事故响应:P303＋P361＋P353、P370＋P378 安全储存:P403＋P235 废弃处置:P501	高度易燃液体	

续表

序号	品名	别名	CAS号	UN号	危险性类别	危险性说明代码	象形图代码	警示词	防范说明代码	风险提示	备注
1054	2-甲基-2-丁烯	β-异戊烯	513-35-9	2460	易燃液体,类别2 生殖细胞致突变性,类别2 特异性靶器官毒性-一次接触,类别3(麻醉效应) 危害水生环境-急性危害,类别2 危害水生环境-长期危害,类别2	H225 H341 H336 H401 H411	GHS02 GHS07 GHS08 GHS09	危险	预防措施：P210、P233、P240、P241、P242、P243、P280、P201、P202、P261、P271、P273 事故响应:P303＋P361＋P353、P370＋P378、P308＋P313、P304＋P340、P312、P391 安全储存:P403＋P235、P405、P403＋P233 废弃处置:P501	高度易燃液体	
1055	5-甲基-2-己酮		110-12-3	2302	易燃液体,类别3	H226	GHS02	警告	预防措施：P210、P233、P240、P241、P242、P243、P280 事故响应:P303＋P361＋P353、P370＋P378 安全储存:P403＋P235 废弃处置:P501	易燃液体	
1056	2-甲基-2-戊醇		590-36-3	2560	易燃液体,类别3	H226	GHS02	警告	预防措施：P210、P233、P240、P241、P242、P243、P280 事故响应:P303＋P361＋P353、P370＋P378 安全储存:P403＋P235 废弃处置:P501	易燃液体	
1057	4-甲基-2-戊醇	甲基异丁基甲醇	108-11-2	2053	易燃液体,类别3 特异性靶器官毒性-一次接触,类别3(呼吸道刺激)	H226 H335	GHS02 GHS07	警告	预防措施：P210、P233、P240、P241、P242、P243、P280、P261、P271 事故响应:P303＋P361＋P353、P370＋P378、P304＋P340、P312 安全储存:P403＋P235、P403＋P233、P405 废弃处置:P501	易燃液体	
1058	3-甲基-2-戊酮	甲基仲丁基甲酮	565-61-7		易燃液体,类别2	H225	GHS02	危险	预防措施：P210、P233、P240、P241、P242、P243、P280 事故响应:P303＋P361＋P353、P370＋P378 安全储存:P403＋P235 废弃处置:P501	高度易燃液体	
1059	4-甲基-2-戊酮	甲基异丁基酮;异己酮	108-10-1	1245	易燃液体,类别2 严重眼损伤/眼刺激,类别2 特异性靶器官毒性-一次接触,类别3(呼吸道刺激)	H225 H319 H335	GHS02 GHS07	危险	预防措施：P210、P233、P240、P241、P242、P243、P280、P264、P261、P271 事故响应:P303＋P361＋P353、P370＋P378、P305＋P351＋P338、P337＋P313、P304＋P340、P312 安全储存:P403＋P235、P403＋P233、P405 废弃处置:P501	高度易燃液体	

续表

序号	品名	别名	CAS号	UN号	危险性类别	危险性说明代码	象形图代码	警示词	防范说明代码	风险提示	备注
1060	2-甲基-2-戊烯		625-27-4	2288	易燃液体,类别 2	H225	GHS02	危险	预防措施：P210、P233、P240、P241、P242、P243、P280 事故响应:P303+P361+P353、P370+P378 安全储存:P403+P235 废弃处置:P501	高度易燃液体	
1061	3-甲基-2-戊烯		922-61-2	2288	易燃液体,类别 2	H225	GHS02	危险	预防措施：P210、P233、P240、P241、P242、P243、P280 事故响应:P303+P361+P353、P370+P378 安全储存:P403+P235 废弃处置:P501	高度易燃液体	
1062	4-甲基-2-戊烯		4461-48-7	2288	易燃液体,类别 2	H225	GHS02	危险	预防措施：P210、P233、P240、P241、P242、P243、P280 事故响应:P303+P361+P353、P370+P378 安全储存:P403+P235 废弃处置:P501	高度易燃液体	
1063	3-甲基-2-戊烯-4-炔醇		105-29-3		皮肤腐蚀/刺激,类别 1 严重眼损伤/眼刺激,类别 1	H314 H318	GHS05	危险	预防措施:P260、P264、P280 事故响应:P301+P330+P331、P303+P361+P353、P304+P340、P305+P351+P338、P310、P321、P363 安全储存:P405 废弃处置:P501	可引起皮肤腐蚀	
1064	1-甲基-3-丙基苯	3-丙基甲苯	1074-43-7		易燃液体,类别 3	H226	GHS02	警告	预防措施：P210、P233、P240、P241、P242、P243、P280 事故响应:P303+P361+P353、P370+P378 安全储存:P403+P235 废弃处置:P501	易燃液体	
1065	2-甲基-3-丁炔-2-醇		115-19-5		易燃液体,类别 3 严重眼损伤/眼刺激,类别 1	H226 H318	GHS02 GHS05	危险	预防措施：P210、P233、P240、P241、P242、P243、P280 事故响应:P303+P361+P353、P370+P378、P305+P351+P338、P310 安全储存:P403+P235 废弃处置:P501	易燃液体,造成严重眼损伤	

续表

序号	品名	别名	CAS号	UN号	危险性类别	危险性说明代码	象形图代码	警示词	防范说明代码	风险提示	备注
1066	2-甲基-3-戊醇		565-67-3		易燃液体,类别 3	H226	GHS02	警告	预防措施：P210、P233、P240、P241、P242、P243、P280 事故响应:P303+P361+P353、P370+P378 安全储存:P403+P235 废弃处置:P501	易燃液体	
1067	3-甲基-3-戊醇		77-74-7		易燃液体,类别 3	H226	GHS02	警告	预防措施：P210、P233、P240、P241、P242、P243、P280 事故响应:P303+P361+P353、P370+P378 安全储存:P403+P235 废弃处置:P501	易燃液体	
1068	2-甲基-3-戊酮	乙基异丙基甲酮	565-69-5		易燃液体,类别 2	H225	GHS02	危险	预防措施：P210、P233、P240、P241、P242、P243、P280 事故响应:P303+P361+P353、P370+P378 安全储存:P403+P235 废弃处置:P501	高度易燃液体	
1069	4-甲基-3-戊烯-2-酮	异丙叉丙酮;异亚丙基丙酮	141-79-7	1229	易燃液体,类别 3	H226	GHS02	警告	预防措施：P210、P233、P240、P241、P242、P243、P280 事故响应:P303+P361+P353、P370+P378 安全储存:P403+P235 废弃处置:P501	易燃液体	
1070	2-甲基-3-乙基戊烷		609-26-7		易燃液体,类别 2 皮肤腐蚀/刺激,类别 2 特异性靶器官毒性-一次接触,类别 3(麻醉效应) 吸入危害,类别 1 危害水生环境-急性危害,类别 1 危害水生环境-长期危害,类别 1	H225 H315 H336 H304 H400 H410	GHS02 GHS07 GHS08 GHS09	危险	预防措施：P210、P233、P240、P241、P242、P243、P280、P264、P261、P271、P273 事故响应:P303+P361+P353、P370+P378、P302+P352、P321、P332+P313、P362+P364、P304+P340、P312、P301+P310、P331、P391 安全储存:P403+P235、P403+P233、P405 废弃处置:P501	高度易燃液体,禁止催吐	
1071	2-甲基-4,6-二硝基酚	4,6-二硝基邻甲苯酚;二硝酚	534-52-1	1598	急性毒性-经口,类别 2* 急性毒性-经皮,类别 1 急性毒性-吸入,类别 2* 皮肤腐蚀/刺激,类别 2 严重眼损伤/眼刺激,类别 1 皮肤致敏物,类别 1 生殖细胞致突变性,类别 2 危害水生环境-急性危害,类别 1 危害水生环境-长期危害,类别 1	H300 H310 H330 H315 H318 H317 H341 H400 H410	GHS05 GHS06 GHS08 GHS09	危险	预防措施：P264、P270、P262、P280、P260、P271、P284、P261、P272、P201、P202、P273 事故响应:P301+P310、P321、P330、P302+P352、P361+P364、P304+P340、P320、P332+P313、P362+P364、P305+P351+P338、P333+P313、P308+P313、P391 安全储存:P405、P233+P403 废弃处置:P501	吞咽致命,皮肤接触会致命,吸入致命,造成严重眼损伤,可能引起皮肤过敏	剧毒

续表

序号	品名	别名	CAS号	UN号	危险性类别	危险性说明代码	象形图代码	警示词	防范说明代码	风险提示	备注
1072	1-甲基-4-丙基苯	4-丙基甲苯	1074-55-1		易燃液体，类别3	H226	GHS02	警告	预防措施：P210、P233、P240、P241、P242、P243、P280 事故响应：P303+P361+P353、P370+P378 安全储存：P403+P235 废弃处置：P501	易燃液体	
1073	2-甲基-5-乙基吡啶		104-90-5	2300	急性毒性-经皮，类别3 急性毒性-吸入，类别3	H311 H331	GHS06	危险	预防措施：P280、P261、P271 事故响应：P302+P352、P312、P321、P361+P364、P304+P340、P311 安全储存：P405、P233+P403 废弃处置：P501	皮肤接触会中毒，吸入会中毒	
1074	3-甲基-6-甲氧基苯胺	邻氨基对甲苯甲醚	120-71-8		致癌性，类别2	H351	GHS08	警告	预防措施：P201、P202、P280 事故响应：P308+P313 安全储存：P405 废弃处置：P501		
1075	*S*-甲基-*N*-[(甲基氨基甲酰基)-氧基]硫代乙酰胺酸酯	灭多威；*O*-甲基氨基甲酰酯-2-甲硫基乙醛肟	16752-77-5		急性毒性-经口，类别2* 危害水生环境-急性危害，类别1 危害水生环境-长期危害，类别1	H300 H400 H410	GHS06 GHS09	危险	预防措施：P264、P270、P273 事故响应：P301+P310、P321、P330、P391 安全储存：P405 废弃处置：P501	吞咽致命	
1076	*O*-甲基-*O*-(2-异丙氧基甲酰基苯基)硫代磷酰胺	水胺硫磷	24353-61-5		急性毒性-经口，类别2	H300	GHS06	危险	预防措施：P264、P270 事故响应：P301+P310、P321、P330 安全储存：P405 废弃处置：P501	吞咽致命	
1077	*O*-甲基-*O*-(4-溴-2,5-二氯苯基)苯基硫代磷酸酯	溴苯膦	21609-90-5		急性毒性-经口，类别2 急性毒性-经口，类别3 特异性靶器官毒性-一次接触，类别1 危害水生环境-急性危害，类别1 危害水生环境-长期危害，类别1	H300 H311 H370 H400 H410	GHS06 GHS08 GHS09	危险	预防措施：P264、P270、P280、P260、P273 事故响应：P301+P310、P321、P330、P302+P352、P312、P361+P364、P308+P311、P391 安全储存：P405 废弃处置：P501	吞咽致命，皮肤接触会中毒	
1078	*O*-甲基-*O*-[(2-异丙氧基甲酰)苯基]-*N*-异丙基硫代磷酰胺	甲基异柳磷	99675-03-3		急性毒性-经口，类别3 急性毒性-经皮，类别3 危害水生环境-急性危害，类别1	H301 H311 H400	GHS06 GHS09	危险	预防措施：P264、P270、P280、P273 事故响应：P301+P310、P321、P330、P302+P352、P312、P361+P364、P391 安全储存：P405 废弃处置：P501	吞咽会中毒，皮肤接触会中毒	

续表

序号	品名	别名	CAS号	UN号	危险性类别	危险性说明代码	象形图代码	警示词	防范说明代码	风险提示	备注
1079	*O*-甲基-*S*-甲基-硫代磷酰胺	甲胺磷	10265-92-6		急性毒性-经口,类别 2* 急性毒性-经皮,类别 3* 急性毒性-吸入,类别 2* 危害水生环境-急性危害,类别 1	H300 H311 H330 H400	GHS06 GHS09	危险	预防措施：P264、P270、P280、P260、P271、P284、P273 事故响应：P301＋P310、P321、P330、P302＋P352、P312、P361＋P364、P304＋P340、P320、P391 安全储存：P405、P233＋P403 废弃处置：P501	吞咽致命，皮肤接触会中毒，吸入致命	剧毒
1080	*O*-(甲基氨基甲酰基)-1-二甲氨基甲酰-1-甲硫基甲醛肟	杀线威	23135-22-0		急性毒性-经口,类别 2* 急性毒性-吸入,类别 2* 危害水生环境-急性危害,类别 2 危害水生环境-长期危害,类别 2	H300 H330 H401 H411	GHS06 GHS09	危险	预防措施：P264、P270、P260、P271、P284、P273 事故响应：P301＋P310、P321、P330、P304＋P340、P320、P391 安全储存：P405、P233＋P403 废弃处置：P501	吞咽致命，吸入致命	
1081	*O*-甲基氨基甲酰基-2-甲基-2-(甲硫基)丙醛肟	涕灭威	116-06-3		急性毒性-经口,类别 2* 急性毒性-经皮,类别 3* 急性毒性-吸入,类别 2* 危害水生环境-急性危害,类别 1 危害水生环境-长期危害,类别 1	H300 H311 H330 H400 H410	GHS06 GHS09	危险	预防措施：P264、P270、P280、P260、P271、P284、P273 事故响应：P301＋P310、P321、P330、P302＋P352、P312、P361＋P364、P304＋P340、P320、P391 安全储存：P405、P233＋P403 废弃处置：P501	吞咽致命，皮肤接触会中毒，吸入致命	剧毒
1082	*O*-甲基氨基甲酰基-3,3-二甲基-1-(甲硫基)丁醛肟	*O*-甲基氨基甲酰基-3,3-二甲基-1-(甲硫基)丁醛肟;久效威	39196-18-4		急性毒性-经口,类别 2* 急性毒性-经皮,类别 1 危害水生环境-急性危害,类别 1 危害水生环境-长期危害,类别 1	H300 H310 H400 H410	GHS06 GHS09	危险	预防措施：P264、P270、P262、P280、P273 事故响应：P301＋P310、P321、P330、P302＋P352、P361＋P364、P391 安全储存：P405 废弃处置：P501	吞咽致命，皮肤接触会致命	剧毒
1083	2-甲基苯胺	邻甲苯胺;2-氨基甲苯;邻氨基甲苯	95-53-4		急性毒性-经口,类别 3* 急性毒性-吸入,类别 3* 严重眼损伤/眼刺激,类别 2 致癌性,类别 1A 危害水生环境-急性危害,类别 1 危害水生环境-长期危害,类别 2	H301 H331 H319 H350 H400 H411	GHS06 GHS08 GHS09	危险	预防措施：P264、P270、P261、P271、P280、P201、P202、P273 事故响应：P301＋P310、P321、P330、P304＋P340、P311、P305＋P351＋P338、P337＋P313、P308＋P313、P391 安全储存：P405、P233＋P403 废弃处置：P501	吞咽会中毒，吸入会中毒，可能致癌	

续表

序号	品名	别名	CAS号	UN号	危险性类别	危险性说明代码	象形图代码	警示词	防范说明代码	风险提示	备注
1084	3-甲基苯胺	间甲苯胺；3-氨基甲苯；间氨基甲苯	108-44-1		急性毒性-经口,类别3* 急性毒性-经皮,类别3* 急性毒性-吸入,类别3* 特异性靶器官毒性-反复接触,类别2* 危害水生环境-急性危害,类别1 危害水生环境-长期危害,类别2	H301 H311 H331 H373 H400 H411	GHS06 GHS08 GHS09	危险	预防措施：P264、P270、P280、P261、P271、P260、P273 事故响应：P301＋P310、P321、P330、P302＋P352、P312、P361＋P364、P304＋P340、P311、P314、P391 安全储存：P405、P233＋P403 废弃处置：P501	吞咽会中毒，皮肤接触会中毒，吸入会中毒	
1085	4-甲基苯胺	对甲基苯胺；4-氨甲苯；对氨基甲苯	106-49-0	3451	急性毒性-经口,类别3* 急性毒性-经皮,类别3* 急性毒性-吸入,类别3* 严重眼损伤/眼刺激,类别2 皮肤致敏物,类别1 危害水生环境-急性危害,类别1	H301 H311 H331 H319 H317 H400	GHS06 GHS09	危险	预防措施：P264、P270、P280、P261、P271、P272、P273 事故响应：P301＋P310、P321、P330、P302＋P352、P312、P361＋P364、P304＋P340、P311、P305＋P351＋P338、P337＋P313、P333＋P313、P362＋P364、P391 安全储存：P405、P233＋P403 废弃处置：P501	吞咽会中毒，皮肤接触会中毒，吸入会中毒，可能引起皮肤过敏	
1086	*N*-甲基苯胺		100-61-8	2294	急性毒性-经口,类别3* 急性毒性-经皮,类别3* 急性毒性-吸入,类别3* 特异性靶器官毒性-反复接触,类别2* 危害水生环境-急性危害,类别1 危害水生环境-长期危害,类别1	H301 H311 H331 H373 H400 H410	GHS06 GHS08 GHS09	危险	预防措施：P264、P270、P280、P261、P271、P260、P273 事故响应：P301＋P310、P321、P330、P302＋P352、P312、P361＋P364、P304＋P340、P311、P314、P391 安全储存：P405、P233＋P403 废弃处置：P501	吞咽会中毒，皮肤接触会中毒，吸入会中毒	
1087	甲基苯基二氯硅烷		149-74-6	2437	皮肤腐蚀/刺激,类别1 严重眼损伤/眼刺激,类别1	H314 H318	GHS05	危险	预防措施：P260、P264、P280 事故响应：P301＋P330＋P331、P303＋P361＋P353、P304＋P340、P305＋P351＋P338、P310、P321、P363 安全储存：P405 废弃处置：P501	可引起皮肤腐蚀	
1088	α-甲基苯基甲醇	苯基甲基甲醇；α-甲基苄醇	98-85-1	2937	急性毒性-经口,类别3	H301	GHS06	危险	预防措施：P264、P270 事故响应：P301＋P310、P321、P330 安全储存：P405 废弃处置：P501	吞咽会中毒	

续表

序号	品名	别名	CAS号	UN号	危险性类别	危险性说明代码	象形图代码	警示词	防范说明代码	风险提示	备注
1089	2-甲基苯甲腈	邻甲苯基氰;邻甲基苯甲腈	529-19-1		皮肤腐蚀/刺激,类别 2 严重眼损伤/眼刺激,类别 2 特异性靶器官毒性-一次接触,类别 3(呼吸道刺激)	H315 H319 H335	GHS07	警告	预防措施:P264、P280、P261、P271 事故响应:P302＋P352、P321、P332＋P313、P362＋P364、P305＋P351＋P338、P337＋P313、P304＋P340、P312 安全储存:P403＋P233、P405 废弃处置:P501		
1090	3-甲基苯甲腈	间甲苯基氰;间甲基苯甲腈	620-22-4		皮肤腐蚀/刺激,类别 2 严重眼损伤/眼刺激,类别 2 特异性靶器官毒性-一次接触,类别 3(呼吸道刺激)	H315 H319 H335	GHS07	警告	预防措施:P264、P280、P261、P271 事故响应:P302＋P352、P321、P332＋P313、P362＋P364、P305＋P351＋P338、P337＋P313、P304＋P340、P312 安全储存:P403＋P233、P405 废弃处置:P501		
1091	4-甲基苯甲腈	对甲苯基氰;对甲基苯甲腈	104-85-8		皮肤腐蚀/刺激,类别 2 严重眼损伤/眼刺激,类别 2 特异性靶器官毒性-一次接触,类别 3(呼吸道刺激)	H315 H319 H335	GHS07	警告	预防措施:P264、P280、P261、P271 事故响应:P302＋P352、P321、P332＋P313、P362＋P364、P305＋P351＋P338、P337＋P313、P304＋P340、P312 安全储存:P403＋P233、P405 废弃处置:P501		
1092	4-甲基苯乙烯[稳定的]	对甲基苯乙烯	622-97-9		易燃液体,类别 3 危害水生环境-急性危害,类别 2	H226 H401	GHS02	警告	预防措施:P210、P233、P240、P241、P242、P243、P280、P273 事故响应:P303＋P361＋P353、P370＋P378 安全储存:P403＋P235 废弃处置:P501	易燃液体	
1093	2-甲基吡啶	α-皮考林	109-06-8	2313	易燃液体,类别 3 严重眼损伤/眼刺激,类别 2 特异性靶器官毒性-一次接触,类别 3(呼吸道刺激)	H226 H319 H335	GHS02 GHS07	警告	预防措施:P210、P233、P240、P241、P242、P243、P280、P264、P261、P271 事故响应:P303＋P361＋P353、P370＋P378、P305＋P351＋P338、P337＋P313、P304＋P340、P312 安全储存:P403＋P235、P403＋P233、P405 废弃处置:P501		

续表

序号	品名	别名	CAS号	UN号	危险性类别	危险性说明代码	象形图代码	警示词	防范说明代码	风险提示	备注
1094	3-甲基吡啶	β-皮考林	108-99-6		易燃液体,类别 3 急性毒性-经皮,类别 3 急性毒性-吸入,类别 3 皮肤腐蚀/刺激,类别 1 严重眼损伤/眼刺激,类别 1 特异性靶器官毒性-一次接触,类别 3(呼吸道刺激) 特异性靶器官毒性-反复接触,类别 1	H226 H311 H331 H314 H318 H335 H372	GHS02 GHS05 GHS06 GHS08	危险	预防措施：P210、P233、P240、P241、P242、P243、P280、P261、P271、P260、P264、P270 事故响应：P303＋P361＋P353、P370＋P378、P302＋P352、P312、P321、P361＋P364、P304＋P340、P311、P301＋P330＋P331、P305＋P351＋P338、P310、P363、P314 安全储存：P403＋P235、P405、P233＋P403、P403＋P233 废弃处置：P501	易燃液体，皮肤接触会中毒，吸入会中毒，可引起皮肤腐蚀	
1095	4-甲基吡啶	γ-皮考林	108-89-4		易燃液体,类别 3 急性毒性-经皮,类别 3 * 皮肤腐蚀/刺激,类别 2 严重眼损伤/眼刺激,类别 2 特异性靶器官毒性-一次接触,类别 3(呼吸道刺激)	H226 H311 H315 H319 H335	GHS02 GHS06	危险	预防措施：P210、P233、P240、P241、P242、P243、P280、P264、P261、P271 事故响应：P303＋P361＋P353、P370＋P378、P302＋P352、P312、P321、P361＋P364、P332＋P313、P362＋P364、P305＋P351＋P338、P337＋P313、P304＋P340 安全储存：P403＋P235、P405、P403＋P233 废弃处置：P501	易燃液体，皮肤接触会中毒	
1096	3-甲基吡唑-5-二乙基磷酸酯	吡唑磷	108-34-9		急性毒性-经口,类别 2 * 急性毒性-经皮,类别 1 急性毒性-吸入,类别 2 *	H300 H310 H330	GHS06	危险	预防措施：P264、P270、P262、P280、P260、P271、P284 事故响应：P301＋P310、P321、P330、P302＋P352、P361＋P364、P304＋P340、P320 安全储存：P405、P233＋P403 废弃处置：P501	吞咽致命，皮肤接触会致命，吸入致命	
1097	(S)-3-(1-甲基吡咯烷-2-基)吡啶	烟碱；尼古丁；1-甲基-2-(3-吡啶基)吡咯烷	54-11-5	1654	急性毒性-经口,类别 3 * 急性毒性-经皮,类别 1 危害水生环境-急性危害,类别 2 危害水生环境-长期危害,类别 2	H301 H310 H401 H411	GHS06 GHS09	危险	预防措施：P264、P270、P262、P280、P273 事故响应：P301＋P310、P321、P330、P302＋P352、P361＋P364、P391 安全储存：P405 废弃处置：P501	吞咽会中毒，皮肤接触会致命	剧毒
1098	甲基苄基溴	甲基溴化苄；α-溴代二甲苯	89-92-9	1701	急性毒性-吸入,类别 2 皮肤腐蚀/刺激,类别 2 严重眼损伤/眼刺激,类别 2	H330 H315 H319	GHS06	危险	预防措施：P260、P271、P284、P264、P280 事故响应：P304＋P340、P310、P320、P302＋P352、P321、P332＋P313、P362＋P364、P305＋P351＋P338、P337＋P313 安全储存：P233＋P403、P405 废弃处置：P501	吸入致命	

续表

序号	品名	别名	CAS 号	UN 号	危险性类别	危险性说明代码	象形图代码	警示词	防范说明代码	风险提示	备注
1099	甲基苄基亚硝胺	*N*-甲基-*N*-亚磷基苯甲胺	937-40-6		急性毒性-经口,类别 2	H300	GHS06	危险	预防措施:P264、P270 事故响应:P301+P310、P321、P330 安全储存:P405 废弃处置:P501	吞咽致命	
1100	甲基丙基醚	甲丙醚	557-17-5	2612	易燃液体,类别 2	H225	GHS02	危险	预防措施:P210、P233、P240、P241、P242、P243、P280 事故响应:P303+P361+P353、P370+P378 安全储存:P403+P235 废弃处置:P501	高度易燃液体	
1101	2-甲基丙烯腈[稳定的]	异丁烯腈	126-98-7	3079	易燃液体,类别 2 急性毒性-经口,类别 3 * 急性毒性-经皮,类别 3 * 急性毒性-吸入,类别 3 * 皮肤致敏物,类别 1	H225 H301 H311 H331 H317	GHS02 GHS06	危险	预防措施:P210、P233、P240、P241、P242、P243、P280、P264、P270、P261、P271、P272 事故响应:P303+P361+P353、P370+P378、P301+P310、P321、P330、P302+P352、P312、P361+P364、P304+P340、P311、P333+P313、P362+P364 安全储存:P403+P235、P405、P233+P403 废弃处置:P501	高度易燃液体,吞咽会中毒,皮肤接触会中毒,吸入会中毒,可能引起皮肤过敏	
1102	α-甲基丙烯醛	异丁烯醛	78-85-3	2396	易燃液体,类别 2 急性毒性-经口,类别 3 急性毒性-经皮,类别 3 急性毒性-吸入,类别 2 皮肤腐蚀/刺激,类别 1 严重眼损伤/眼刺激,类别 1 特异性靶器官毒性-一次接触,类别 3(呼吸道刺激)	H225 H301 H311 H330 H314 H318 H335	GHS02 GHS05 GHS06	危险	预防措施:P210、P233、P240、P241、P242、P243、P280、P264、P270、P260、P271、P284、P261 事故响应:P303+P361+P353、P370+P378、P301+P310、P321、P302+P352、P312、P361+P364、P304+P340、P320、P301+P330+P331、P305+P351+P338、P363 安全储存:P403+P235、P405、P233+P403、P403+P233 废弃处置:P501	高度易燃液体,吞咽会中毒,皮肤接触会中毒,吸入致命,可引起皮肤腐蚀	
1103	甲基丙烯酸[稳定的]	异丁烯酸	79-41-4	2531	皮肤腐蚀/刺激,类别 1A 严重眼损伤/眼刺激,类别 1 特异性靶器官毒性-一次接触,类别 3(呼吸道刺激)	H314 H318 H335	GHS05 GHS07	危险	预防措施:P260、P264、P280、P261、P271 事故响应:P301+P330+P331、P303+P361+P353、P304+P340、P305+P351+P338、P310、P321、P363、P312 安全储存:P405、P403+P233 废弃处置:P501	可引起皮肤腐蚀	

续表

序号	品名	别名	CAS号	UN号	危险性类别	危险性说明代码	象形图代码	警示词	防范说明代码	风险提示	备注
1104	甲基丙烯酸-2-二甲氨乙酯	二甲氨基乙基异丁烯酸酯	2867-47-2	2522	急性毒性-吸入,类别 2 皮肤腐蚀/刺激,类别 2 严重眼损伤/眼刺激,类别 2 皮肤致敏物,类别 1 危害水生环境-急性危害,类别 2	H330 H315 H319 H317 H401	GHS06 GHS09	危险	预防措施：P260、P271、P284、P264、P280、P261、P272、P273 事故响应：P304＋P340、P310、P320、P302＋P352、P321、P332＋P313、P362＋P364、P305＋P351＋P338、P337＋P313、P333＋P313 安全储存：P233＋P403、P405 废弃处置：P501	吸入致命，可能引起皮肤过敏	
1105	甲基丙烯酸甲酯[稳定的]	牙托水；有机玻璃单体；异丁烯酸甲酯	80-62-6		易燃液体,类别 2 皮肤腐蚀/刺激,类别 2 皮肤致敏物,类别 1 特异性靶器官毒性-一次接触,类别 3(呼吸道刺激)	H225 H315 H317 H335	GHS02 GHS07	危险	预防措施：P210、P233、P240、P241、P242、P243、P280、P264、P261、P272、P271 事故响应：P303＋P361＋P353、P370＋P378、P302＋P352、P321、P332＋P313、P362＋P364、P333＋P313、P304＋P340、P312 安全储存：P403＋P235、P403＋P233、P405 废弃处置：P501	高度易燃液体，可能引起皮肤过敏	
1106	甲基丙烯酸三硝基乙酯				爆炸物,1.1 项	H201	GHS01	危险	预防措施：P210、P230、P240、P250、P280 事故响应：P370＋P380、P372、P373 安全储存：P401 废弃处置：P501	整体爆炸危险	
1107	甲基丙烯酸烯丙酯	2-甲基-2-丙烯酸-2-丙烯基酯	96-05-9		易燃液体,类别 3 急性毒性-吸入,类别 3 * 危害水生环境-急性危害,类别 1	H226 H331 H400	GHS02 GHS06 GHS09	危险	预防措施：P210、P233、P240、P241、P242、P243、P280、P261、P271、P273 事故响应：P303＋P361＋P353、P370＋P378、P304＋P340、P311、P321、P391 安全储存：P403＋P235、P233＋P403、P405 废弃处置：P501	易燃液体，吸入会中毒	
1108	甲基丙烯酸乙酯[稳定的]	异丁烯酸乙酯	97-63-2	2277	易燃液体,类别 2 皮肤腐蚀/刺激,类别 2 严重眼损伤/眼刺激,类别 2 皮肤致敏物,类别 1 特异性靶器官毒性-一次接触,类别 3(呼吸道刺激)	H225 H315 H319 H317 H335	GHS02 GHS07	危险	预防措施：P210、P233、P240、P241、P242、P243、P280、P264、P261、P272、P271 事故响应：P303＋P361＋P353、P370＋P378、P302＋P352、P321、P332＋P313、P362＋P364、P305＋P351＋P338、P337＋P313、P333＋P313、P304＋P340、P312 安全储存：P403＋P235、P403＋P233、P405 废弃处置：P501	高度易燃液体，可能引起皮肤过敏	

续表

序号	品名	别名	CAS号	UN号	危险性类别	危险性说明代码	象形图代码	警示词	防范说明代码	风险提示	备注
1109	甲基丙烯酸异丁酯[稳定的]		97-86-9	2283	易燃液体,类别 3 皮肤腐蚀/刺激,类别 2 严重眼损伤/眼刺激,类别 2 皮肤致敏物,类别 1 特异性靶器官毒性-一次接触,类别 3(呼吸道刺激) 危害水生环境-急性危害,类别 1	H226 H315 H319 H317 H335 H400	GHS02 GHS07 GHS09	警告	预防措施：P210、P233、P240、P241、P242、P243、P280、P264、P261、P272、P271、P273 事故响应：P303＋P361＋P353、P370＋P378、P302＋P352、P321、P332＋P313、P362＋P364、P305＋P351＋P338、P337＋P313、P333＋P313、P304＋P340、P312、P391 安全储存：P403＋P235、P403＋P233、P405 废弃处置：P501	易燃液体，可能引起皮肤过敏	
1110	甲基丙烯酸正丁酯[稳定的]		97-88-1	2227	易燃液体,类别 3 皮肤腐蚀/刺激,类别 2 严重眼损伤/眼刺激,类别 2 皮肤致敏物,类别 1 特异性靶器官毒性-一次接触,类别 3(呼吸道刺激) 危害水生环境-急性危害,类别 2	H226 H315 H319 H317 H335 H401	GHS02 GHS07	警告	预防措施：P210、P233、P240、P241、P242、P243、P280、P264、P261、P272、P271、P273 事故响应：P303＋P361＋P353、P370＋P378、P302＋P352、P321、P332＋P313、P362＋P364、P305＋P351＋P338、P337＋P313、P333＋P313、P304＋P340、P312 安全储存：P403＋P235、P403＋P233、P405 废弃处置：P501	易燃液体，可能引起皮肤过敏	
1111	甲基狄戈辛		30685-43-9		急性毒性-经口,类别 2	H300	GHS06	危险	预防措施：P264、P270 事故响应：P301＋P310、P321、P330 安全储存：P405 废弃处置：P501	吞咽致命	
1112	3-(1-甲基丁基)苯基-*N*-甲基氨基甲酸酯和3-(1-乙基丙基)苯基-*N*-甲基氨基甲酸酯	合杀威	8065-36-9		急性毒性-经口,类别 3* 急性毒性-经皮,类别 3* 危害水生环境-急性危害,类别 1 危害水生环境-长期危害,类别 1	H301 H311 H400 H410	GHS06 GHS09	危险	预防措施：P264、P270、P280、P273 事故响应：P301＋P310、P321、P330、P302＋P352、P312、P361＋P364、P391 安全储存：P405 废弃处置：P501	吞咽会中毒，皮肤接触会中毒	
1113	3-甲基丁醛	异戊醛	590-86-3		易燃液体,类别 2 皮肤腐蚀/刺激,类别 2 严重眼损伤/眼刺激,类别 2 特异性靶器官毒性-一次接触,类别 3(呼吸道刺激) 危害水生环境-急性危害,类别 2	H225 H315 H319 H335 H401	GHS02 GHS07	危险	预防措施：P210、P233、P240、P241、P242、P243、P280、P264、P261、P271、P273 事故响应：P303＋P361＋P353、P370＋P378、P302＋P352、P321、P332＋P313、P362＋P364、P305＋P351＋P338、P337＋P313、P304＋P340、P312 安全储存：P403＋P235、P403＋P233、P405 废弃处置：P501	高度易燃液体	

续表

序号	品名	别名	CAS号	UN号	危险性类别	危险性说明代码	象形图代码	警示词	防范说明代码	风险提示	备注
1114	2-甲基丁烷	异戊烷	78-78-4	1265	易燃液体,类别1 特异性靶器官毒性-一次接触,类别3(麻醉效应) 吸入危害,类别1 危害水生环境-急性危害,类别2 危害水生环境-长期危害,类别2	H224 H336 H304 H401 H411	GHS02 GHS07 GHS08 GHS09	危险	预防措施：P210、P233、P240、P241、P242、P243、P280、P261、P271、P273 事故响应：P303＋P361＋P353、P370＋P378、P304＋P340、P312、P301＋P310、P331、P391 安全储存：P403＋P235、P403＋P233、P405 废弃处置：P501	极易燃液体，禁止催吐	
1115	甲基二氯硅烷	二氯甲基硅烷	75-54-7	1242	易燃液体,类别2 遇水放出易燃气体的物质和混合物,类别1 急性毒性-吸入,类别2 皮肤腐蚀/刺激,类别1 严重眼损伤/眼刺激,类别1 特异性靶器官毒性-一次接触,类别3(呼吸道刺激)	H225 H260 H330 H314 H318 H335	GHS02 GHS05 GHS06	危险	预防措施：P210、P233、P240、P241、P242、P243、P280、P223、P231＋P232、P260、P271、P284、P264、P261 事故响应：P303＋P361＋P353、P370＋P378、P335＋P334、P304＋P340、P310、P320、P301＋P330＋P331、P305＋P351＋P338、P321、P363、P312 安全储存：P403＋P235、P402＋P404、P233＋P403、P405、P403＋P233 废弃处置：P501	高度易燃液体，遇水放出可自燃的易燃气体，吸入致命，可引起皮肤腐蚀	
1116	2-甲基呋喃		534-22-5	2301	易燃液体,类别2 急性毒性-吸入,类别2	H225 H330	GHS02 GHS06	危险	预防措施：P210、P233、P240、P241、P242、P243、P280、P260、P271、P284 事故响应：P303＋P361＋P353、P370＋P378、P304＋P340、P310、P320 安全储存：P403＋P235、P233＋P403、P405 废弃处置：P501	高度易燃液体，吸入致命	
1117	2-甲基庚烷		592-27-8		易燃液体,类别2 皮肤腐蚀/刺激,类别2 特异性靶器官毒性-一次接触,类别3(麻醉效应) 吸入危害,类别1 危害水生环境-急性危害,类别1 危害水生环境-长期危害,类别1	H225 H315 H336 H304 H400 H410	GHS02 GHS07 GHS08 GHS09	危险	预防措施：P210、P233、P240、P241、P242、P243、P280、P264、P261、P271、P273 事故响应：P303＋P361＋P353、P370＋P378、P302＋P352、P321、P332＋P313、P362＋P364、P304＋P340、P312、P301＋P310、P331、P391 安全储存：P403＋P235、P403＋P233、P405 废弃处置：P501	高度易燃液体，禁止催吐	
1118	3-甲基庚烷		589-81-1		易燃液体,类别2 皮肤腐蚀/刺激,类别2 特异性靶器官毒性-一次接触,类别3(麻醉效应) 吸入危害,类别1 危害水生环境-急性危害,类别1 危害水生环境-长期危害,类别1	H225 H315 H336 H304 H400 H410	GHS02 GHS07 GHS08 GHS09	危险	预防措施：P210、P233、P240、P241、P242、P243、P280、P264、P261、P271、P273 事故响应：P303＋P361＋P353、P370＋P378、P302＋P352、P321、P332＋P313、P362＋P364、P304＋P340、P312、P301＋P310、P331、P391 安全储存：P403＋P235、P403＋P233、P405 废弃处置：P501	高度易燃液体，禁止催吐	

续表

序号	品名	别名	CAS号	UN号	危险性类别	危险性说明代码	象形图代码	警示词	防范说明代码	风险提示	备注
1119	4-甲基庚烷		589-53-7		易燃液体,类别 2 皮肤腐蚀/刺激,类别 2 特异性靶器官毒性—一次接触,类别 3(麻醉效应) 吸入危害,类别 1 危害水生环境-急性危害,类别 1 危害水生环境-长期危害,类别 1	H225 H315 H336 H304 H400 H410	GHS02 GHS07 GHS08 GHS09	危险	预防措施：P210、P233、P240、P241、P242、P243、P280、P264、P261、P271、P273 事故响应:P303＋P361＋P353、P370＋P378、P302＋P352、P321、P332＋P313、P362＋P364、P304＋P340、P312、P301＋P310、P331、P391 安全储存:P403＋P235、P403＋P233、P405 废弃处置:P501	高度易燃液体，禁止催吐	
1120	甲基环己醇	六氢甲酚	25639-42-3	2617	易燃液体,类别 3 皮肤腐蚀/刺激,类别 2 特异性靶器官毒性—一次接触,类别 3(麻醉效应)	H226 H315 H336	GHS02 GHS07	警告	预防措施：P210、P233、P240、P241、P242、P243、P280、P264、P261、P271 事故响应:P303＋P361＋P353、P370＋P378、P302＋P352、P321、P332＋P313、P362＋P364、P304＋P340、P312 安全储存:P403＋P235、P403＋P233、P405 废弃处置:P501	易燃液体	
1121	甲基环己酮		1331-22-2	2297	易燃液体,类别 3 皮肤腐蚀/刺激,类别 2 严重眼损伤/眼刺激,类别 2 特异性靶器官毒性—一次接触,类别 3(呼吸道刺激、麻醉效应)	H226 H315 H319 H335 H336	GHS02 GHS07	警告	预防措施：P210、P233、P240、P241、P242、P243、P280、P264、P261、P271 事故响应:P303＋P361＋P353、P370＋P378、P302＋P352、P321、P332＋P313、P362＋P364、P305＋P351＋P338、P337＋P313、P304＋P340、P312 安全储存:P403＋P235、P403＋P233、P405 废弃处置:P501	易燃液体	
1122	甲基环己烷	六氢化甲苯;环己基甲烷	108-87-2	2296	易燃液体,类别 2 皮肤腐蚀/刺激,类别 2 特异性靶器官毒性—一次接触,类别 3(麻醉效应) 吸入危害,类别 1 危害水生环境-急性危害,类别 2 危害水生环境-长期危害,类别 2	H225 H315 H336 H304 H401 H411	GHS02 GHS07 GHS08 GHS09	危险	预防措施：P210、P233、P240、P241、P242、P243、P280、P264、P261、P271、P273 事故响应:P303＋P361＋P353、P370＋P378、P302＋P352、P321、P332＋P313、P362＋P364、P304＋P340、P312、P301＋P310、P331、P391 安全储存:P403＋P235、P403＋P233、P405 废弃处置:P501	高度易燃液体，禁止催吐	

续表

序号	品名	别名	CAS号	UN号	危险性类别	危险性说明代码	象形图代码	警示词	防范说明代码	风险提示	备注
1123	甲基环戊二烯		26519-91-5		易燃液体，类别 3	H226	GHS02	警告	预防措施：P210、P233、P240、P241、P242、P243、P280 事故响应：P303＋P361＋P353、P370＋P378 安全储存：P403＋P235 废弃处置：P501	易燃液体	
1124	甲基环戊烷		96-37-7	2298	易燃液体，类别 2 吸入危害，类别 1	H225 H304	GHS02 GHS08	危险	预防措施：P210、P233、P240、P241、P242、P243、P280 事故响应：P303＋P361＋P353、P370＋P378、P301＋P310、P331 安全储存：P403＋P235、P405 废弃处置：P501	高度易燃液体，禁止催吐	
1125	甲基磺酸		75-75-2		皮肤腐蚀/刺激，类别 1B 严重眼损伤/眼刺激，类别 1	H314 H318	GHS05	危险	预防措施：P260、P264、P280 事故响应：P301＋P330＋P331、P303＋P361＋P353、P304＋P340、P305＋P351＋P338、P310、P321、P363 安全储存：P405 废弃处置：P501	可引起皮肤腐蚀	
1126	甲基磺酰氯	氯化硫酰甲烷；甲烷磺酰氯	124-63-0	3246	急性毒性-经口，类别 3 急性毒性-经皮，类别 3 急性毒性-吸入，类别 1 皮肤腐蚀/刺激，类别 1 严重眼损伤/眼刺激，类别 1 特异性靶器官毒性-一次接触，类别 1 危害水生环境-长期危害，类别 3	H301 H311 H330 H314 H318 H370 H412	GHS05 GHS06 GHS08	危险	预防措施：P264、P270、P280、P260、P271、P284、P273 事故响应：P301＋P310、P321、P302＋P352、P312、P361＋P364、P304＋P340、P320、P301＋P330＋P331、P303＋P361＋P353、P305＋P351＋P338、P363、P308＋P311 安全储存：P405、P233＋P403 废弃处置：P501	吞咽会中毒，皮肤接触会中毒，吸入致命，可引起皮肤腐蚀	剧毒
1127	3-甲基己烷		589-34-4		易燃液体，类别 2 皮肤腐蚀/刺激，类别 2 特异性靶器官毒性-一次接触，类别 3(麻醉效应) 吸入危害，类别 1 危害水生环境-急性危害，类别 1 危害水生环境-长期危害，类别 1	H225 H315 H336 H304 H400 H410	GHS02 GHS07 GHS08 GHS09	危险	预防措施：P210、P233、P240、P241、P242、P243、P280、P264、P261、P271、P273 事故响应：P303＋P361＋P353、P370＋P378、P302＋P352、P321、P332＋P313、P362＋P364、P304＋P340、P312、P301＋P310、P331、P391 安全储存：P403＋P235、P403＋P233、P405 废弃处置：P501	高度易燃液体，禁止催吐	

续表

序号	品名	别名	CAS号	UN号	危险性类别	危险性说明代码	象形图代码	警示词	防范说明代码	风险提示	备注
1128	甲基肼	一甲肼；甲基联氨	60-34-4	1244	易燃液体，类别1 急性毒性-经口，类别2 急性毒性-经皮，类别2 急性毒性-吸入，类别1 皮肤腐蚀/刺激，类别2 严重眼损伤/眼刺激，类别2A 生殖毒性，类别2 特异性靶器官毒性-一次接触，类别1 特异性靶器官毒性-反复接触，类别1 危害水生环境-急性危害，类别1 危害水生环境-长期危害，类别1	H224 H300 H310 H330 H315 H319 H361 H370 H372 H400 H410	GHS02 GHS06 GHS08 GHS09	危险	预防措施：P210、P233、P240、P241、P242、P243、P280、P264、P270、P262、P260、P271、P284、P201、P202、P273 事故响应：P303＋P361＋P353、P370＋P378、P301＋P310、P321、P330、P302＋P352、P361＋P364、P304＋P340、P320、P332＋P313、P362＋P364、P305＋P351＋P338、P337＋P313、P308＋P313、P308＋P311、P314、P391 安全储存：P403＋P235、P405、P233＋P403 废弃处置：P501	极易燃液体，吞咽致命，皮肤接触会致命，吸入致命	剧毒，重点
1129	2-甲基喹啉		91-63-4		皮肤腐蚀/刺激，类别2 严重眼损伤/眼刺激，类别2 特异性靶器官毒性-一次接触，类别3(呼吸道刺激)	H315 H319 H335	GHS07	警告	预防措施：P264、P280、P261、P271 事故响应：P302＋P352、P321、P332＋P313、P362＋P364、P305＋P351＋P338、P337＋P313、P304＋P340、P312 安全储存：P403＋P233、P405 废弃处置：P501		
1130	4-甲基喹啉		491-35-0		皮肤腐蚀/刺激，类别2 严重眼损伤/眼刺激，类别2 特异性靶器官毒性-一次接触，类别3(呼吸道刺激)	H315 H319 H335	GHS07	警告	预防措施：P264、P280、P261、P271 事故响应：P302＋P352、P321、P332＋P313、P362＋P364、P305＋P351＋P338、P337＋P313、P304＋P340、P312 安全储存：P403＋P233、P405 废弃处置：P501		
1131	6-甲基喹啉		91-62-3		皮肤腐蚀/刺激，类别2 严重眼损伤/眼刺激，类别2 特异性靶器官毒性-一次接触，类别3(呼吸道刺激)	H315 H319 H335	GHS07	警告	预防措施：P264、P280、P261、P271 事故响应：P302＋P352、P321、P332＋P313、P362＋P364、P305＋P351＋P338、P337＋P313、P304＋P340、P312 安全储存：P403＋P233、P405 废弃处置：P501		

续表

序号	品名	别名	CAS号	UN号	危险性类别	危险性说明代码	象形图代码	警示词	防范说明代码	风险提示	备注
1132	7-甲基喹啉		612-60-2		皮肤腐蚀/刺激,类别 2 严重眼损伤/眼刺激,类别 2 特异性靶器官毒性-一次接触,类别 3(呼吸道刺激)	H315 H319 H335	GHS07	警告	预防措施:P264、P280、P261、P271 事故响应:P302＋P352、P321、P332＋P313、P362＋P364、P305＋P351＋P338、P337＋P313、P304＋P340、P312 安全储存:P403＋P233、P405 废弃处置:P501		
1133	8-甲基喹啉		611-32-5		皮肤腐蚀/刺激,类别 2 严重眼损伤/眼刺激,类别 2 特异性靶器官毒性-一次接触,类别 3(呼吸道刺激)	H315 H319 H335	GHS07	警告	预防措施:P264、P280、P261、P271 事故响应:P302＋P352、P321、P332＋P313、P362＋P364、P305＋P351＋P338、P337＋P313、P304＋P340、P312 安全储存:P403＋P233、P405 废弃处置:P501		
1134	甲基氯硅烷	氯甲基硅烷	993-00-0	2534	易燃气体,类别 1 加压气体 皮肤腐蚀/刺激,类别 1A 严重眼损伤/眼刺激,类别 1	H220 H280 或 H281 H314 H318	GHS02 GHS04 GHS05	危险	预防措施:P210、P260、P264、P280 事故响应:P377、P381、P301＋P330＋P331、P303＋P361＋P353、P304＋P340、P305＋P351＋P338、P310、P321、P363 安全储存:P410＋P403、P405 废弃处置:P501	极易燃气体,内装加压气体:遇热可能爆炸,可引起皮肤腐蚀	
1135	*N*-甲基吗啉		109-02-4	2535	易燃液体,类别 2	H225	GHS02	危险	预防措施:P210、P233、P240、P241、P242、P243、P280 事故响应:P303＋P361＋P353、P370＋P378 安全储存:P403＋P235 废弃处置:P501	高度易燃液体	
1136	1-甲基萘	α-甲基萘	90-12-0		严重眼损伤/眼刺激,类别 2 特异性靶器官毒性-一次接触,类别 3(呼吸道刺激、麻醉效应) 特异性靶器官毒性-反复接触,类别 2 危害水生环境-急性危害,类别 2 危害水生环境-长期危害,类别 2	H319 H335 H336 H373 H401 H411	GHS07 GHS08 GHS09	警告	预防措施:P264、P280、P261、P271、P260、P273 事故响应:P305＋P351＋P338、P337＋P313、P304＋P340、P312、P314、P391 安全储存:P403＋P233、P405 废弃处置:P501		

续表

序号	品名	别名	CAS号	UN号	危险性类别	危险性说明代码	象形图代码	警示词	防范说明代码	风险提示	备注
1137	2-甲基萘	β-甲基萘	91-57-6		易燃固体,类别 2 严重眼损伤/眼刺激,类别 2 特异性靶器官毒性-一次接触,类别 3(呼吸道刺激、麻醉效应) 特异性靶器官毒性-反复接触,类别 2 危害水生环境-急性危害,类别 2 危害水生环境-长期危害,类别 2	H228 H319 H335 H336 H373 H401 H411	GHS02 GHS07 GHS08 GHS09	警告	预防措施：P210、P240、P241、P280、P264、P261、P271、P260、P273 事故响应：P370＋P378、P305＋P351＋P338、P337＋P313、P304＋P340、P312、P314、P391 安全储存：P403＋P233、P405 废弃处置：P501	易燃固体	
1138	2-甲基哌啶	2-甲基六氢吡啶	109-05-7		易燃液体,类别 2 皮肤腐蚀/刺激,类别 1 严重眼损伤/眼刺激,类别 1	H225 H314 H318	GHS02 GHS05	危险	预防措施：P210、P233、P240、P241、P242、P243、P280、P260、P264 事故响应：P303＋P361＋P353、P370＋P378、P301＋P330＋P331、P304＋P340、P305＋P351＋P338、P310、P321、P363 安全储存：P403＋P235、P405 废弃处置：P501	高度易燃液体,可引起皮肤腐蚀	
1139	3-甲基哌啶	3-甲基六氢吡啶	626-56-2		易燃液体,类别 2 皮肤腐蚀/刺激,类别 1 严重眼损伤/眼刺激,类别 1	H225 H314 H318	GHS02 GHS05	危险	预防措施：P210、P233、P240、P241、P242、P243、P280、P260、P264 事故响应：P303＋P361＋P353、P370＋P378、P301＋P330＋P331、P304＋P340、P305＋P351＋P338、P310、P321、P363 安全储存：P403＋P235、P405 废弃处置：P501	高度易燃液体,可引起皮肤腐蚀	
1140	4-甲基哌啶	4-甲基六氢吡啶	626-58-4		易燃液体,类别 2 皮肤腐蚀/刺激,类别 1 严重眼损伤/眼刺激,类别 1	H225 H314 H318	GHS02 GHS05	危险	预防措施：P210、P233、P240、P241、P242、P243、P280、P260、P264 事故响应：P303＋P361＋P353、P370＋P378、P301＋P330＋P331、P304＋P340、P305＋P351＋P338、P310、P321、P363 安全储存：P403＋P235、P405 废弃处置：P501	高度易燃液体,可引起皮肤腐蚀	
1141	N-甲基哌啶	N-甲基六氢吡啶;1-甲基哌啶	626-67-5		易燃液体,类别 2 皮肤腐蚀/刺激,类别 1 严重眼损伤/眼刺激,类别 1 危害水生环境-长期危害,类别 3	H225 H314 H318 H412	GHS02 GHS05	危险	预防措施：P210、P233、P240、P241、P242、P243、P280、P260、P264、P273 事故响应：P303＋P361＋P353、P370＋P378、P301＋P330＋P331、P304＋P340、P305＋P351＋P338、P310、P321、P363 安全储存：P403＋P235、P405 废弃处置：P501	高度易燃液体,可引起皮肤腐蚀	

续表

序号	品名	别名	CAS号	UN号	危险性类别	危险性说明代码	象形图代码	警示词	防范说明代码	风险提示	备注
1142	N-甲基全氟辛基磺酰胺		31506-32-8		生殖毒性,类别1B 生殖毒性,附加类别 特异性靶器官毒性-反复接触,类别1 危害水生环境-急性危害,类别2 危害水生环境-长期危害,类别2	H360 H362 H372 H401 H411	GHS08 GHS09	危险	预防措施：P201、P202、P280、P260、P263、P264、P270、P273 事故响应:P308+P313、P314、P391 安全储存:P405 废弃处置:P501		
1143	3-甲基噻吩	甲基硫茂	616-44-4		易燃液体,类别2 危害水生环境-长期危害,类别3	H225 H412	GHS02	危险	预防措施：P210、P233、P240、P241、P242、P243、P280、P273 事故响应:P303+P361+P353、P370+P378 安全储存:P403+P235 废弃处置:P501	高度易燃液体	
1144	甲基三氯硅烷	三氯甲基硅烷	75-79-6	1250	易燃液体,类别2 皮肤腐蚀/刺激,类别2 严重眼损伤/眼刺激,类别2 特异性靶器官毒性-一次接触,类别3(呼吸道刺激)	H225 H315 H319 H335	GHS02 GHS07	危险	预防措施：P210、P233、P240、P241、P242、P243、P280、P264、P261、P271 事故响应:P303+P361+P353、P370+P378、P302+P352、P321、P332+P313、P362+P364、P305+P351+P338、P337+P313、P304+P340、P312 安全储存:P403+P235、P403+P233、P405 废弃处置:P501	高度易燃液体	
1145	甲基三乙氧基硅烷	三乙氧基甲基硅烷	2031-67-6		易燃液体,类别3	H226	GHS02	警告	预防措施：P210、P233、P240、P241、P242、P243、P280 事故响应:P303+P361+P353、P370+P378 安全储存:P403+P235 废弃处置:P501	易燃液体	
1146	甲基胂酸锌	稻脚青	20324-26-9		急性毒性-经口,类别2 急性毒性-经皮,类别3 危害水生环境-急性危害,类别1 危害水生环境-长期危害,类别1	H300 H311 H400 H410	GHS06 GHS09	危险	预防措施:P264、P270、P280、P273 事故响应:P301+P310、P321、P330、P302+P352、P312、P361+P364、P391 安全储存:P405 废弃处置:P501	吞咽致命,皮肤接触会中毒	
1147	甲基叔丁基甲酮	3,3-二甲基-2-丁酮;1,1,1-三甲基丙酮;甲基特丁基酮	75-97-8		易燃液体,类别3 急性毒性-吸入,类别3	H226 H331	GHS02 GHS06	危险	预防措施：P210、P233、P240、P241、P242、P243、P280、P261、P271 事故响应:P303+P361+P353、P370+P378、P304+P340、P311、P321 安全储存:P403+P235、P233+P403、P405 废弃处置:P501	易燃液体,吸入会中毒	

续表

序号	品名	别名	CAS号	UN号	危险性类别	危险性说明代码	象形图代码	警示词	防范说明代码	风险提示	备注
1148	甲基叔丁基醚	2-甲氧基-2-甲基丙烷;MTBE	1634-04-4	2398	易燃液体,类别2 皮肤腐蚀/刺激,类别2	H225 H315	GHS02 GHS07	危险	预防措施：P210、P233、P240、P241、P242、P243、P280、P264 事故响应:P303＋P361＋P353、P370＋P378、P302＋P352、P321、P332＋P313、P362＋P364 安全储存:P403＋P235 废弃处置:P501	高度易燃液体	重点
1149	2-甲基四氢呋喃	四氢-2-甲基呋喃	96-47-9	2536	易燃液体,类别2 严重眼损伤/眼刺激,类别2B	H225 H320	GHS02	危险	预防措施：P210、P233、P240、P241、P242、P243、P280、P264 事故响应:P303＋P361＋P353、P370＋P378、P305＋P351＋P338、P337＋P313 安全储存:P403＋P235 废弃处置:P501	高度易燃液体	
1150	1-甲基戊醇	仲己醇;2-己醇	626-93-7	2282	易燃液体,类别3	H226	GHS02	警告	预防措施：P210、P233、P240、P241、P242、P243、P280 事故响应:P303＋P361＋P353、P370＋P378 安全储存:P403＋P235 废弃处置:P501	易燃液体	
1151	甲基戊二烯		54363-49-4	2461	易燃液体,类别2 皮肤腐蚀/刺激,类别2	H225 H315	GHS02 GHS07	危险	预防措施：P210、P233、P240、P241、P242、P243、P280、P264 事故响应:P303＋P361＋P353、P370＋P378、P302＋P352、P321、P332＋P313、P362＋P364 安全储存:P403＋P235 废弃处置:P501	高度易燃液体	
1152	4-甲基戊腈	异戊基氰;氰化异戊烷;异己腈	542-54-1		易燃液体,类别3 急性毒性-经口,类别3 急性毒性-经皮,类别3 急性毒性-吸入,类别2	H226 H301 H311 H330	GHS02 GHS06	危险	预防措施：P210、P233、P240、P241、P242、P243、P280、P264、P270、P260、P271、P284 事故响应:P303＋P361＋P353、P370＋P378、P301＋P310、P321、P330、P302＋P352、P312、P361＋P364、P304＋P340、P320 安全储存:P403＋P235、P405、P233＋P403 废弃处置:P501	易燃液体,吞咽会中毒,皮肤接触会中毒,吸入致命	

续表

序号	品名	别名	CAS号	UN号	危险性类别	危险性说明代码	象形图代码	警示词	防范说明代码	风险提示	备注
1153	2-甲基戊醛	α-甲基戊醛	123-15-9	2367	易燃液体,类别 2 危害水生环境-长期危害,类别 3	H225 H412	GHS02	危险	预防措施：P210、P233、P240、P241、P242、P243、P280、P273 事故响应：P303+P361+P353、P370+P378 安全储存：P403+P235 废弃处置：P501	高度易燃液体	
1154	2-甲基戊烷	异己烷	107-83-5		易燃液体,类别 2 皮肤腐蚀/刺激,类别 2 特异性靶器官毒性—一次接触,类别 3(麻醉效应) 吸入危害,类别 1 危害水生环境-急性危害,类别 2 危害水生环境-长期危害,类别 2	H225 H315 H336 H304 H401 H411	GHS02 GHS07 GHS08 GHS09	危险	预防措施：P210、P233、P240、P241、P242、P243、P280、P264、P261、P271、P273 事故响应：P303+P361+P353、P370+P378、P302+P352、P321、P332+P313、P362+P364、P304+P340、P312、P301+P310、P331、P391 安全储存：P403+P235、P403+P233、P405 废弃处置：P501	高度易燃液体,禁止催吐	
1155	3-甲基戊烷		96-14-0		易燃液体,类别 2 皮肤腐蚀/刺激,类别 2 特异性靶器官毒性—一次接触,类别 3(麻醉效应) 吸入危害,类别 1 危害水生环境-急性危害,类别 2 危害水生环境-长期危害,类别 2	H225 H315 H336 H304 H401 H411	GHS02 GHS07 GHS08 GHS09	危险	预防措施：P210、P233、P240、P241、P242、P243、P280、P264、P261、P271、P273 事故响应：P303+P361+P353、P370+P378、P302+P352、P321、P332+P313、P362+P364、P304+P340、P312、P301+P310、P331、P391 安全储存：P403+P235、P403+P233、P405 废弃处置：P501	高度易燃液体,禁止催吐	
1156	2-甲基烯丙醇	异丁烯醇	513-42-8	2614	易燃液体,类别 3	H226	GHS02	警告	预防措施：P210、P233、P240、P241、P242、P243、P280 事故响应：P303+P361+P353、P370+P378 安全储存：P403+P235 废弃处置：P501	易燃液体	
1157	甲基溴化镁[浸在乙醚中]		75-16-1	1928	易燃液体,类别 1 遇水放出易燃气体的物质和混合物,类别 1	H224 H260	GHS02	危险	预防措施：P210、P233、P240、P241、P242、P243、P280、P223、P231+P232 事故响应：P303+P361+P353、P370+P378、P335+P334 安全储存：P403+P235、P402+P404 废弃处置：P501	极易燃液体,遇水放出可自燃的易燃气体	
1158	甲基乙烯醚[稳定的]	乙烯基甲醚	107-25-5	1087	易燃气体,类别 1 化学不稳定性气体,类别 B 加压气体	H220 H231 H280 或 H281	GHS02 GHS04	危险	预防措施：P210、P202 事故响应：P377、P381 安全储存：P410+P403 废弃处置：	极易燃气体(不稳定),内装加压气体;遇热可能爆炸	

续表

序号	品名	别名	CAS号	UN号	危险性类别	危险性说明代码	象形图代码	警示词	防范说明代码	风险提示	备注
1159	2-甲基己烷		591-76-4		易燃液体,类别 2 皮肤腐蚀/刺激,类别 2 特异性靶器官毒性-一次接触,类别 3(麻醉效应) 吸入危害,类别 1 危害水生环境-急性危害,类别 1 危害水生环境-长期危害,类别 1	H225 H315 H336 H304 H400 H410	GHS02 GHS07 GHS08 GHS09	危险	预防措施：P210、P233、P240、P241、P242、P243、P280、P264、P261、P271、P273 事故响应:P303＋P361＋P353、P370＋P378、P302＋P352、P321、P332＋P313、P362＋P364、P304＋P340、P312、P301＋P310、P331、P391 安全储存:P403＋P235、P403＋P233、P405 废弃处置:P501	高度易燃液体,禁止催吐	
1160	甲基异丙基苯	伞花烃	99-87-6	2046	易燃液体,类别 3 特异性靶器官毒性-一次接触,类别 3(麻醉效应) 吸入危害,类别 1 危害水生环境-急性危害,类别 2 危害水生环境-长期危害,类别 2	H226 H336 H304 H401 H411	GHS02 GHS07 GHS08 GHS09	危险	预防措施：P210、P233、P240、P241、P242、P243、P280、P261、P271、P273 事故响应:P303＋P361＋P353、P370＋P378、P304＋P340、P312、P301＋P310、P331、P391 安全储存:P403＋P235、P403＋P233、P405 废弃处置:P501	易燃液体,禁止催吐	
1161	甲基异丙烯甲酮[稳定的]		814-78-8	1246	易燃液体,类别 2 急性毒性-经口,类别 3 急性毒性-经皮,类别 3 急性毒性-吸入,类别 1 皮肤腐蚀/刺激,类别 2 严重眼损伤/眼刺激,类别 1 特异性靶器官毒性-一次接触,类别 1 特异性靶器官毒性-反复接触,类别 1	H225 H301 H311 H330 H315 H318 H370 H372	GHS02 GHS05 GHS06 GHS08	危险	预防措施：P210、P233、P240、P241、P242、P243、P280、P264、P270、P260、P271、P284 事故响应:P303＋P361＋P353、P370＋P378、P301＋P310、P321、P330、P302＋P352、P312、P361＋P364、P304＋P340、P320、P332＋P313、P362＋P364、P305＋P351＋P338、P308＋P311、P314 安全储存:P403＋P235、P405、P233＋P403 废弃处置:P501	高度易燃液体,吞咽会中毒,皮肤接触会中毒,吸入致命,造成严重眼损伤	
1162	1-甲基异喹啉		1721-93-3		皮肤腐蚀/刺激,类别 2 严重眼损伤/眼刺激,类别 2A 特异性靶器官毒性-一次接触,类别 3(呼吸道刺激)	H315 H319 H335	GHS07	警告	预防措施:P264、P280、P261、P271 事故响应:P302＋P352、P321、P332＋P313、P362＋P364、P305＋P351＋P338、P337＋P313、P304＋P340、P312 安全储存:P403＋P233、P405 废弃处置:P501		
1163	3-甲基异喹啉		1125-80-0		皮肤腐蚀/刺激,类别 2 严重眼损伤/眼刺激,类别 2 特异性靶器官毒性-一次接触,类别 3(呼吸道刺激)	H315 H319 H335	GHS07	警告	预防措施:P264、P280、P261、P271 事故响应:P302＋P352、P321、P332＋P313、P362＋P364、P305＋P351＋P338、P337＋P313、P304＋P340、P312 安全储存:P403＋P233、P405 废弃处置:P501		

续表

序号	品名	别名	CAS号	UN号	危险性类别	危险性说明代码	象形图代码	警示词	防范说明代码	风险提示	备注
1164	4-甲基异喹啉		1196-39-0		皮肤腐蚀/刺激,类别 2 严重眼损伤/眼刺激,类别 2A 特异性靶器官毒性-一次接触,类别 3(呼吸道刺激)	H315 H319 H335	GHS07	警告	预防措施:P264、P280、P261、P271 事故响应:P302＋P352、P321、P332＋P313、P362＋P364、P305＋P351＋P338、P337＋P313、P304＋P340、P312 安全储存:P403＋P233、P405 废弃处置:P501		
1165	5-甲基异喹啉		62882-01-3		皮肤腐蚀/刺激,类别 2 严重眼损伤/眼刺激,类别 2A 特异性靶器官毒性-一次接触,类别 3(呼吸道刺激)	H315 H319 H335	GHS07	警告	预防措施:P264、P280、P261、P271 事故响应:P302＋P352、P321、P332＋P313、P362＋P364、P305＋P351＋P338、P337＋P313、P304＋P340、P312 安全储存:P403＋P233、P405 废弃处置:P501		
1166	6-甲基异喹啉		42398-73-2		皮肤腐蚀/刺激,类别 2 严重眼损伤/眼刺激,类别 2A 特异性靶器官毒性-一次接触,类别 3(呼吸道刺激)	H315 H319 H335	GHS07	警告	预防措施:P264、P280、P261、P271 事故响应:P302＋P352、P321、P332＋P313、P362＋P364、P305＋P351＋P338、P337＋P313、P304＋P340、P312 安全储存:P403＋P233、P405 废弃处置:P501		
1167	7-甲基异喹啉		54004-38-5		皮肤腐蚀/刺激,类别 2 严重眼损伤/眼刺激,类别 2A 特异性靶器官毒性-一次接触,类别 3(呼吸道刺激)	H315 H319 H335	GHS07	警告	预防措施:P264、P280、P261、P271 事故响应:P302＋P352、P321、P332＋P313、P362＋P364、P305＋P351＋P338、P337＋P313、P304＋P340、P312 安全储存:P403＋P233、P405 废弃处置:P501		
1168	8-甲基异喹啉		62882-00-2		皮肤腐蚀/刺激,类别 2 严重眼损伤/眼刺激,类别 2A 特异性靶器官毒性-一次接触,类别 3(呼吸道刺激)	H315 H319 H335	GHS07	警告	预防措施:P264、P280、P261、P271 事故响应:P302＋P352、P321、P332＋P313、P362＋P364、P305＋P351＋P338、P337＋P313、P304＋P340、P312 安全储存:P403＋P233、P405 废弃处置:P501		

续表

序号	品名	别名	CAS 号	UN 号	危险性类别	危险性说明代码	象形图代码	警示词	防范说明代码	风险提示	备注
1169	N-甲基正丁胺	N-甲基丁胺	110-68-9	2945	易燃液体,类别 2 急性毒性-经皮,类别 3 皮肤腐蚀/刺激,类别 1 严重眼损伤/眼刺激,类别 1	H225 H311 H314 H318	GHS02 GHS05 GHS06	危险	预防措施：P210、P233、P240、P241、P242、P243、P280、P260、P264 事故响应：P303＋P361＋P353、P370＋P378、P302＋P352、P312、P321、P361＋P364、P301＋P330＋P331、P304＋P340、P305＋P351＋P338、P310、P363 安全储存：P403＋P235、P405 废弃处置：P501	高度易燃液体，皮肤接触会中毒，可引起皮肤腐蚀	
1170	甲基正丁基醚	1-甲氧基丁烷；甲丁醚	628-28-4	2350	易燃液体,类别 2	H225	GHS02	危险	预防措施：P210、P233、P240、P241、P242、P243、P280 事故响应：P303＋P361＋P353、P370＋P378 安全储存：P403＋P235 废弃处置：P501	高度易燃液体	
1171	甲硫醇	巯基甲烷	74-93-1	1064	易燃气体,类别 1 加压气体 急性毒性-吸入,类别 3＊ 危害水生环境-急性危害,类别 1 危害水生环境-长期危害,类别 1	H220 H280 或 H281 H331 H400 H410	GHS02 GHS04 GHS06 GHS09	危险	预防措施：P210、P261、P271、P273 事故响应：P377、P381、P304＋P340、P311、P321、P391 安全储存：P410＋P403、P233＋P403、P405 废弃处置：P501	极易燃气体，内装加压气体：遇热可能爆炸，吸入会中毒	
1172	甲硫醚	二甲硫；二甲基硫醚	75-18-3	1164	易燃液体,类别 2 严重眼损伤/眼刺激,类别 2B	H225 H320	GHS02	危险	预防措施：P210、P233、P240、P241、P242、P243、P280、P264 事故响应：P303＋P361＋P353、P370＋P378、P305＋P351＋P338、P337＋P313 安全储存：P403＋P235 废弃处置：P501	高度易燃液体	
1173	甲醛溶液	福尔马林溶液	50-00-0	1198	急性毒性-经口,类别 3＊ 急性毒性-经皮,类别 3＊ 急性毒性-吸入,类别 3＊ 皮肤腐蚀/刺激,类别 1B 严重眼损伤/眼刺激,类别 1 皮肤致敏物,类别 1 生殖细胞致突变性,类别 2 致癌性,类别 1A 特异性靶器官毒性-一次接触,类别 3(呼吸道刺激) 危害水生环境-急性危害,类别 2	H301 H311 H331 H314 H318 H317 H341 H350 H335 H401	GHS05 GHS06 GHS08	危险	预防措施：P264、P270、P280、P261、P271、P260、P272、P201、P202、P273 事故响应：P301＋P310、P321、P302＋P352、P312、P361＋P364、P304＋P340、P311、P301＋P330＋P331、P303＋P361＋P353、P305＋P351＋P338、P363、P333＋P313、P362＋P364、P308＋P313 安全储存：P405、P233＋P403、P403＋P233 废弃处置：P501	吞咽会中毒，皮肤接触会中毒，吸入会中毒，可引起皮肤腐蚀，可能引起皮肤过敏，可能致癌	

续表

序号	品名	别名	CAS号	UN号	危险性类别	危险性说明代码	象形图代码	警示词	防范说明代码	风险提示	备注
1174	甲胂酸	甲基胂酸;甲次砷酸	56960-31-7		急性毒性-经口,类别3* 急性毒性-吸入,类别3* 危害水生环境-急性危害,类别1 危害水生环境-长期危害,类别1	H301 H331 H400 H410	GHS06 GHS09	危险	预防措施:P264、P270、P261、P271、P273 事故响应:P301+P310、P321、P330、P304+P340、P311、P391 安全储存:P405、P233+P403 废弃处置:P501	吞咽会中毒,吸入会中毒	
1175	甲酸	蚁酸	64-18-6		皮肤腐蚀/刺激,类别1A 严重眼损伤/眼刺激,类别1	H314 H318	GHS05	危险	预防措施:P260、P264、P280 事故响应:P301+P330+P331、P303+P361+P353、P304+P340、P305+P351+P338、P310、P321、P363 安全储存:P405 废弃处置:P501	可引起皮肤腐蚀	
1176	甲酸环己酯		4351-54-6		易燃液体,类别3	H226	GHS02	警告	预防措施:P210、P233、P240、P241、P242、P243、P280 事故响应:P303+P361+P353、P370+P378 安全储存:P403+P235 废弃处置:P501	易燃液体	
1177	甲酸甲酯		107-31-3	1243	易燃液体,类别1 严重眼损伤/眼刺激,类别2 特异性靶器官毒性-一次接触,类别3(呼吸道刺激)	H224 H319 H335	GHS02 GHS07	危险	预防措施:P210、P233、P240、P241、P242、P243、P280、P264、P261、P271 事故响应:P303+P361+P353、P370+P378、P305+P351+P338、P337+P313、P304+P340、P312 安全储存:P403+P235、P403+P233、P405 废弃处置:P501	极易燃液体	
1178	甲酸烯丙酯		1838-59-1	2336	易燃液体,类别2 急性毒性-经口,类别3	H225 H301	GHS02 GHS06	危险	预防措施:P210、P233、P240、P241、P242、P243、P280、P264、P270 事故响应:P303+P361+P353、P370+P378、P301+P310、P321、P330 安全储存:P403+P235、P405 废弃处置:P501	高度易燃液体,吞咽会中毒	
1179	甲酸亚铊	甲酸铊;蚁酸铊	992-98-3		急性毒性-经口,类别2* 急性毒性-吸入,类别2* 特异性靶器官毒性-反复接触,类别2* 危害水生环境-急性危害,类别2 危害水生环境-长期危害,类别2	H300 H330 H373 H401 H411	GHS06 GHS08 GHS09	危险	预防措施:P264、P270、P260、P271、P284、P273 事故响应:P301+P310、P321、P330、P304+P340、P320、P314、P391 安全储存:P405、P233+P403 废弃处置:P501	吞咽致命,吸入致命	

续表

序号	品名	别名	CAS号	UN号	危险性类别	危险性说明代码	象形图代码	警示词	防范说明代码	风险提示	备注
1180	甲酸乙酯		109-94-4	1190	易燃液体,类别2 严重眼损伤/眼刺激,类别2 特异性靶器官毒性—一次接触,类别3(呼吸道刺激)	H225 H319 H335	GHS02 GHS07	危险	预防措施：P210、P233、P240、P241、P242、P243、P280、P264、P261、P271 事故响应：P303＋P361＋P353、P370＋P378、P305＋P351＋P338、P337＋P313、P304＋P340、P312 安全储存：P403＋P235、P403＋P233、P405 废弃处置：P501	高度易燃液体	
1181	甲酸异丙酯		625-55-8	1281	易燃液体,类别2 严重眼损伤/眼刺激,类别2 特异性靶器官毒性—一次接触,类别3(呼吸道刺激、麻醉效应)	H225 H319 H335 H336	GHS02 GHS07	危险	预防措施：P210、P233、P240、P241、P242、P243、P280、P264、P261、P271 事故响应：P303＋P361＋P353、P370＋P378、P305＋P351＋P338、P337＋P313、P304＋P340、P312 安全储存：P403＋P235、P403＋P233、P405 废弃处置：P501	高度易燃液体	
1182	甲酸异丁酯		542-55-2	2393	易燃液体,类别2 严重眼损伤/眼刺激,类别2 特异性靶器官毒性—一次接触,类别3(呼吸道刺激)	H225 H319 H335	GHS02 GHS07	危险	预防措施：P210、P233、P240、P241、P242、P243、P280、P264、P261、P271 事故响应：P303＋P361＋P353、P370＋P378、P305＋P351＋P338、P337＋P313、P304＋P340、P312 安全储存：P403＋P235、P403＋P233、P405 废弃处置：P501	高度易燃液体	
1183	甲酸异戊酯		110-45-2		易燃液体,类别2 严重眼损伤/眼刺激,类别2 特异性靶器官毒性—一次接触,类别3(呼吸道刺激)	H225 H319 H335	GHS02 GHS07	危险	预防措施：P210、P233、P240、P241、P242、P243、P280、P264、P261、P271 事故响应：P303＋P361＋P353、P370＋P378、P305＋P351＋P338、P337＋P313、P304＋P340、P312 安全储存：P403＋P235、P403＋P233、P405 废弃处置：P501	高度易燃液体	
1184	甲酸正丙酯		110-74-7		易燃液体,类别2 严重眼损伤/眼刺激,类别2 特异性靶器官毒性—一次接触,类别3(呼吸道刺激、麻醉效应)	H225 H319 H335 H336	GHS02 GHS07	危险	预防措施：P210、P233、P240、P241、P242、P243、P280、P264、P261、P271 事故响应：P303＋P361＋P353、P370＋P378、P305＋P351＋P338、P337＋P313、P304＋P340、P312 安全储存：P403＋P235、P403＋P233、P405 废弃处置：P501	高度易燃液体	

续表

序号	品名	别名	CAS 号	UN 号	危险性类别	危险性说明代码	象形图代码	警示词	防范说明代码	风险提示	备注
1185	甲酸正丁酯		592-84-7		易燃液体,类别 2 严重眼损伤/眼刺激,类别 2 特异性靶器官毒性-一次接触,类别 3(呼吸道刺激)	H225 H319 H335	GHS02 GHS07	危险	预防措施：P210、P233、P240、P241、P242、P243、P280、P264、P261、P271 事故响应：P303＋P361＋P353、P370＋P378、P305＋P351＋P338、P337＋P313、P304＋P340、P312 安全储存：P403＋P235、P403＋P233、P405 废弃处置：P501	高度易燃液体	
1186	甲酸正己酯		629-33-4		易燃液体,类别 3	H226	GHS02	警告	预防措施：P210、P233、P240、P241、P242、P243、P280 事故响应：P303＋P361＋P353、P370＋P378 安全储存：P403＋P235 废弃处置：P501	易燃液体	
1187	甲酸正戊酯		638-49-3		易燃液体,类别 2 严重眼损伤/眼刺激,类别 2 特异性靶器官毒性-一次接触,类别 3(呼吸道刺激)	H225 H319 H335	GHS02 GHS07	危险	预防措施：P210、P233、P240、P241、P242、P243、P280、P264、P261、P271 事故响应：P303＋P361＋P353、P370＋P378、P305＋P351＋P338、P337＋P313、P304＋P340、P312 安全储存：P403＋P235、P403＋P233、P405 废弃处置：P501	高度易燃液体	
1188	甲烷		74-82-8		易燃气体,类别 1 加压气体	H220 H280 或 H281	GHS02 GHS04	危险	预防措施：P210 事故响应：P377、P381 安全储存：P410＋P403 废弃处置：	极易燃气体，内装加压气体：遇热可能爆炸	重点，重大
1189	甲烷磺酰氟	甲磺氟酰；甲基磺酰氟	558-25-8		急性毒性-经口,类别 1 急性毒性-吸入,类别 1 皮肤腐蚀/刺激,类别 1 严重眼损伤/眼刺激,类别 1 特异性靶器官毒性-一次接触,类别 1 特异性靶器官毒性-反复接触,类别 1	H300 H330 H314 H318 H370 H372	GHS05 GHS06 GHS08	危险	预防措施：P264、P270、P260、P271、P284、P280 事故响应：P301＋P310、P321、P304＋P340、P320、P301＋P330＋P331、P303＋P361＋P353、P305＋P351＋P338、P363、P308＋P311、P314 安全储存：P405、P233＋P403 废弃处置：P501	吞咽致命，吸入致命，可引起皮肤腐蚀	剧毒
1190	*N*-甲酰-2-硝甲基-1,3-全氢化噻嗪			3236	自反应物质和混合物,D 型	H242	GHS02	危险	预防措施：P210、P220、P234、P280 事故响应：P370＋P378 安全储存：P403＋P235、P411、P420 废弃处置：P501	加热可能起火	

续表

序号	品名	别名	CAS号	UN号	危险性类别	危险性说明代码	象形图代码	警示词	防范说明代码	风险提示	备注
1191	4-甲氧基-4-甲基-2-戊酮		107-70-0	2293	易燃液体,类别3	H226	GHS02	警告	预防措施：P210、P233、P240、P241、P242、P243、P280 事故响应:P303+P361+P353、P370+P378 安全储存:P403+P235 废弃处置:P501	易燃液体	
1192	2-甲氧基苯胺	邻甲氧基苯胺;邻氨基苯甲醚;邻茴香胺	90-04-0	2431	严重眼损伤/眼刺激,类别2B 生殖细胞致突变性,类别2 致癌性,类别2 特异性靶器官毒性-一次接触,类别2 特异性靶器官毒性-反复接触,类别2 危害水生环境-急性危害,类别2	H320 H341 H351 H371 H373 H401	GHS08	警告	预防措施：P264、P201、P202、P280、P260、P270、P273 事故响应:P305+P351+P338、P337+P313、P308+P313、P308+P311、P314 安全储存:P405 废弃处置:P501		
1193	3-甲氧基苯胺	间甲氧基苯胺;间氨基苯甲醚;间茴香胺	536-90-3	2431	生殖细胞致突变性,类别2 危害水生环境-急性危害,类别2 危害水生环境-长期危害,类别2	H341 H401 H411	GHS08 GHS09	警告	预防措施:P201、P202、P280、P273 事故响应:P308+P313、P391 安全储存:P405 废弃处置:P501		
1194	4-甲氧基苯胺	对氨基苯甲醚;对甲氧基苯胺;对茴香胺	104-94-9	2431	特异性靶器官毒性-一次接触,类别1 特异性靶器官毒性-反复接触,类别1 危害水生环境-急性危害,类别1	H370 H372 H400	GHS08 GHS09	危险	预防措施:P260、P264、P270、P273 事故响应:P308+P311、P321、P314、P391 安全储存:P405 废弃处置:P501		
1195	甲氧基苯甲酰氯	茴香酰氯	100-07-2	1729	皮肤腐蚀/刺激,类别1 严重眼损伤/眼刺激,类别1	H314 H318	GHS05	危险	预防措施:P260、P264、P280 事故响应:P301+P330+P331、P303+P361+P353、P304+P340、P305+P351+P338、P310、P321、P363 安全储存:P405 废弃处置:P501	可引起皮肤腐蚀	
1196	4-甲氧基二苯胺-4′-氯化重氮苯	凡拉明蓝盐B;安安蓝B色盐	101-69-9		皮肤致敏物,类别1	H317	GHS07	警告	预防措施:P261、P272、P280 事故响应:P302+P352、P321、P333+P313、P362+P364 安全储存: 废弃处置:P501	可能引起皮肤过敏	

续表

序号	品名	别名	CAS号	UN号	危险性类别	危险性说明代码	象形图代码	警示词	防范说明代码	风险提示	备注
1197	3-甲氧基乙酸丁酯	3-甲氧基丁基乙酸酯	4435-53-4		危害水生环境-急性危害,类别2	H401			预防措施:P273 事故响应: 安全储存: 废弃处置:P501		
1198	甲氧基乙酸甲酯		6290-49-9		易燃液体,类别3	H226	GHS02	警告	预防措施:P210、P233、P240、P241、P242、P243、P280 事故响应:P303+P361+P353、P370+P378 安全储存:P403+P235 废弃处置:P501	易燃液体	
1199	2-甲氧基乙酸乙酯	乙酸甲基溶纤剂;乙二醇甲醚乙酸酯;乙酸乙二醇甲醚	110-49-6	1189	易燃液体,类别3 生殖毒性,类别1B	H226 H360	GHS02 GHS08	危险	预防措施:P210、P233、P240、P241、P242、P243、P280、P201、P202 事故响应:P303+P361+P353、P370+P378、P308+P313 安全储存:P403+P235、P405 废弃处置:P501	易燃液体	
1200	甲氧基异氰酸甲酯	甲氧基甲基异氰酸酯	6427-21-0	2605	易燃液体,类别2 急性毒性-经口,类别3* 急性毒性-吸入,类别3* 严重眼损伤/眼刺激,类别2 特异性靶器官毒性—一次接触,类别3(呼吸道刺激)	H225 H301 H331 H319 H335	GHS02 GHS06	危险	预防措施:P210、P233、P240、P241、P242、P243、P280、P264、P270、P261、P271 事故响应:P303+P361+P353、P370+P378、P301+P310、P321、P330、P304+P340、P311、P305+P351+P338、P337+P313、P312 安全储存:P403+P235、P405、P233+P403、P403+P233 废弃处置:P501	高度易燃液体,吞咽会中毒,吸入会中毒	
1201	甲乙醚	乙甲醚;甲氧基乙烷	540-67-0	1039	易燃气体,类别1 加压气体	H220 H280或 H281	GHS02 GHS04	危险	预防措施:P210 事故响应:P377、P381 安全储存:P410+P403 废弃处置:	极易燃气体,内装加压气体:遇热可能爆炸	
1202	甲藻毒素(二盐酸盐)	石房蛤毒素(盐酸盐)	35523-89-8		急性毒性-经口,类别1	H300	GHS06	危险	预防措施:P264、P270 事故响应:P301+P310、P321、P330 安全储存:P405 废弃处置:P501	吞咽致命	剧毒

续表

序号	品名	别名	CAS号	UN号	危险性类别	危险性说明代码	象形图代码	警示词	防范说明代码	风险提示	备注
1203	钾	金属钾	7440-09-7	2257	遇水放出易燃气体的物质和混合物,类别1 皮肤腐蚀/刺激,类别1B 严重眼损伤/眼刺激,类别1	H260 H314 H318	GHS02 GHS05	危险	预防措施: P223、P231 + P232、P280、P260、P264 事故响应:P335＋P334、P370＋P378、P301＋P330＋P331、P303＋P361＋P353、P304＋P340、P305＋P351＋P338、P310、P321、P363 安全储存:P402＋P404、P405 废弃处置:P501	遇水放出可自燃的易燃气体,可引起皮肤腐蚀	重大,制爆
1204	钾汞齐		37340-23-1		遇水放出易燃气体的物质和混合物,类别1 危害水生环境-急性危害,类别1 危害水生环境-长期危害,类别1	H260 H400 H410	GHS02 GHS09	危险	预防措施:P223、P231＋P232、P280、P273 事故响应:P335＋P334、P370＋P378、P391 安全储存:P402＋P404 废弃处置:P501	遇水放出可自燃的易燃气体	
1205	钾合金			1420	遇水放出易燃气体的物质和混合物,类别1	H260	GHS02	危险	预防措施:P223、P231＋P232、P280 事故响应:P335＋P334、P370＋P378 安全储存:P402＋P404 废弃处置:P501	遇水放出可自燃的易燃气体	
1206	钾钠合金	钠钾合金	11135-81-2	1422	遇水放出易燃气体的物质和混合物,类别1 皮肤腐蚀/刺激,类别1 严重眼损伤/眼刺激,类别1	H260 H314 H318	GHS02 GHS05	危险	预防措施: P223、P231 + P232、P280、P260、P264 事故响应:P335＋P334、P370＋P378、P301＋P330＋P331、P303＋P361＋P353、P304＋P340、P305＋P351＋P338、P310、P321、P363 安全储存:P402＋P404、P405 废弃处置:P501	遇水放出可自燃的易燃气体,可引起皮肤腐蚀	
1207	间苯二甲酰氯	二氯化间苯二甲酰	99-63-8		急性毒性-吸入,类别3 皮肤腐蚀/刺激,类别1A 严重眼损伤/眼刺激,类别1	H331 H314 H318	GHS05 GHS06	危险	预防措施:P261、P271、P260、P264、P280 事故响应:P304＋P340、P311、P321、P301＋P330＋P331、P303＋P361＋P353、P305＋P351＋P338、P310、P363 安全储存:P233＋P403、P405 废弃处置:P501	吸入会中毒,可引起皮肤腐蚀	
1208	间苯三酚	1,3,5-三羟基苯;均苯三酚	108-73-6		皮肤腐蚀/刺激,类别2 严重眼损伤/眼刺激,类别2 特异性靶器官毒性—一次接触,类别3(呼吸道刺激)	H315 H319 H335	GHS07	警告	预防措施:P264、P280、P261、P271 事故响应:P302＋P352、P321、P332＋P313、P362＋P364、P305＋P351＋P338、P337＋P313、P304＋P340、P312 安全储存:P403＋P233、P405 废弃处置:P501		

续表

序号	品名	别名	CAS号	UN号	危险性类别	危险性说明代码	象形图代码	警示词	防范说明代码	风险提示	备注
1209	间硝基苯磺酸		98-47-5	2305	皮肤腐蚀/刺激,类别1 严重眼损伤/眼刺激,类别1	H314 H318	GHS05	危险	预防措施:P260、P264、P280 事故响应:P301+P330+P331、P303+P361+P353、P304+P340、P305+P351+P338、P310、P321、P363 安全储存:P405 废弃处置:P501	可引起皮肤腐蚀	
1210	间异丙基苯酚		618-45-1		皮肤腐蚀/刺激,类别1 严重眼损伤/眼刺激,类别1	H314 H318	GHS05	危险	预防措施:P260、P264、P280 事故响应:P301+P330+P331、P303+P361+P353、P304+P340、P305+P351+P338、P310、P321、P363 安全储存:P405 废弃处置:P501	可引起皮肤腐蚀	
1211	碱土金属汞齐			1392(液态) 3402(固态)	遇水放出易燃气体的物质和混合物,类别1 危害水生环境-急性危害,类别1 危害水生环境-长期危害,类别1	H260 H400 H410	GHS02 GHS09	危险	预防措施:P223、P231+P232、P280、P273 事故响应:P335+P334、P370+P378、P391 安全储存:P402+P404 废弃处置:P501	遇水放出可自燃的易燃气体	
1212	焦硫酸汞		1537199-53-3		急性毒性-经口,类别2* 急性毒性-经皮,类别1 急性毒性-吸入,类别2* 特异性靶器官毒性-反复接触,类别2* 危害水生环境-急性危害,类别1 危害水生环境-长期危害,类别1	H300 H310 H330 H373 H400 H410	GHS06 GHS08 GHS09	危险	预防措施:P264、P270、P262、P280、P260、P271、P284、P273 事故响应:P301+P310、P321、P330、P302+P352、P361+P364、P304+P340、P320、P314、P391 安全储存:P405、P233+P403 废弃处置:P501	吞咽致命,皮肤接触会致命,吸入致命	
1213	焦砷酸		13453-15-1		急性毒性-经口,类别3* 急性毒性-吸入,类别3* 致癌性,类别1A 危害水生环境-急性危害,类别1 危害水生环境-长期危害,类别1	H301 H331 H350 H400 H410	GHS06 GHS08 GHS09	危险	预防措施:P264、P270、P261、P271、P201、P202、P280、P273 事故响应:P301+P310、P321、P330、P304+P340、P311、P308+P313、P391 安全储存:P405、P233+P403 废弃处置:P501	吞咽会中毒,吸入会中毒,可能致癌	
1214	焦油酸				危害水生环境-长期危害,类别3*	H412			预防措施:P273 事故响应: 安全储存: 废弃处置:P501		

续表

序号	品名	别名	CAS号	UN号	危险性类别	危险性说明代码	象形图代码	警示词	防范说明代码	风险提示	备注
1215	金属锆		7440-67-7		易燃固体,类别2	H228	GHS02	警告	预防措施:P210、P240、P241、P280 事故响应:P370+P378 安全储存: 废弃处置:	易燃固体	制爆
	金属锆粉[干燥的]	锆粉			自燃固体,类别1 遇水放出易燃气体的物质和混合物,类别1	H250 H260	GHS02	危险	预防措施:P210、P222、P280、P223、P231+P232 事故响应:P335+P334、P370+P378 安全储存:P422、P402+P404 废弃处置:P501	暴露在空气中自燃,遇水放出可自燃的易燃气体	制爆
1216	金属铪粉	铪粉	7440-58-6	2545(干的);1326(湿的)	(1)干的: 自热物质和混合物,类别1 特异性靶器官毒性-反复接触,类别2 (2)湿的: 易燃固体,类别1 特异性靶器官毒性-反复接触,类别2	(1) H251 H373 (2) H228 H373	GHS02 GHS08	危险	预防措施:P235+P410、P280、P260、P210、P240、P241 事故响应:P314、P370+P378 安全储存:P407、P413、P420 废弃处置:P501	(1)自热,可能燃烧 (2)易燃固体	
1217	金属镧[浸在煤油中的]		7439-91-0		易燃液体,类别3* 遇水放出易燃气体的物质和混合物,类别3* 危害水生环境-急性危害,类别2 危害水生环境-长期危害,类别2	H226 H261 H401 H411	GHS02 GHS09	警告	预防措施:P210、P233、P240、P241、P242、P243、P280、P231+P232、P273 事故响应:P303+P361+P353、P370+P378、P391 安全储存:P403+P235、P402+P404 废弃处置:P501	易燃液体,遇水放出易燃气体	
1218	金属锰粉[含水≥25%]	锰粉	7439-96-5		易燃固体,类别2 严重眼损伤/眼刺激,类别2B 生殖毒性,类别1B 特异性靶器官毒性-一次接触,类别1 特异性靶器官毒性-反复接触,类别1	H228 H320 H360 H370 H372	GHS02 GHS08	危险	预防措施:P210、P240、P241、P280、P264、P201、P202、P260、P270 事故响应:P370+P378、P305+P351+P338、P337+P313、P308+P313、P308+P311、P321、P314 安全储存:P405 废弃处置:P501	易燃固体	

续表

序号	品名	别名	CAS号	UN号	危险性类别	危险性说明代码	象形图代码	警示词	防范说明代码	风险提示	备注
1219	金属钕[浸在煤油中的]		7440-00-8		易燃液体,类别3* 遇水放出易燃气体的物质和混合物,类别3* 危害水生环境-急性危害,类别2 危害水生环境-长期危害,类别2	H226 H261 H401 H411	GHS02 GHS09	警告	预防措施：P210、P233、P240、P241、P242、P243、P280、P231+P232、P273 事故响应：P303 + P361 + P353、P370 + P378、P391 安全储存：P403+P235、P402+P404 废弃处置：P501	易燃液体，遇水放出易燃气体	
1220	金属铷	铷	7440-17-7	1423	遇水放出易燃气体的物质和混合物,类别1	H260	GHS02	危险	预防措施：P223、P231+P232、P280 事故响应：P335+P334、P370+P378 安全储存：P402+P404 废弃处置：P501	遇水放出可自燃的易燃气体	
1221	金属铯	铯	7440-46-2	1407	遇水放出易燃气体的物质和混合物,类别1	H260	GHS02	危险	预防措施：P223、P231+P232、P280 事故响应：P335+P334、P370+P378 安全储存：P402+P404 废弃处置：P501	遇水放出可自燃的易燃气体	
1222	金属锶	锶	7440-24-6		自燃固体,类别1	H250	GHS02	危险	预防措施：P210、P222、P280 事故响应：P335+P334、P370+P378 安全储存：P422 废弃处置：	暴露在空气中自燃	
1223	金属钛粉[干的]		7440-32-6	2546	自燃固体,类别1	H250	GHS02	危险	预防措施：P210、P222、P280 事故响应：P335+P334、P370+P378 安全储存：P422 废弃处置：	暴露在空气中自燃	
	金属钛粉[含水不低于25%,机械方法生产的,粒径小于53μm;化学方法生产的,粒径小于840μm]			2878	易燃固体,类别1	H228	GHS02	危险	预防措施：P210、P240、P241、P280 事故响应：P370+P378 安全储存： 废弃处置：	易燃固体	

续表

序号	品名	别名	CAS号	UN号	危险性类别	危险性说明代码	象形图代码	警示词	防范说明代码	风险提示	备注
1224	精蒽		120-12-7		严重眼损伤/眼刺激,类别 2 皮肤致敏物,类别 1 特异性靶器官毒性-一次接触,类别 3(呼吸道刺激) 危害水生环境-急性危害,类别 1 危害水生环境-长期危害,类别 1	H319 H317 H335 H400 H410	GHS07 GHS09	警告	预防措施:P264、P280、P261、P272、P271、P273 事故响应:P305＋P351＋P338、P337＋P313、P302＋P352、P321、P333＋P313、P362＋P364、P304＋P340、P312、P391 安全储存:P403＋P233、P405 废弃处置:P501	可能引起皮肤过敏	
1225	肼水溶液[含肼≤64%]		302-01-2		易燃液体,类别 3 急性毒性-经口,类别 3＊ 急性毒性-经皮,类别 3＊ 急性毒性-吸入,类别 3＊ 皮肤腐蚀/刺激,类别 1B 严重眼损伤/眼刺激,类别 1 皮肤致敏物,类别 1 致癌性,类别 2 危害水生环境-急性危害,类别 1 危害水生环境-长期危害,类别 1	H226 H301 H311 H331 H314 H318 H317 H351 H400 H410	GHS02 GHS05 GHS06 GHS08 GHS09	危险	预防措施:P210、P233、P240、P241、P242、P243、P280、P264、P270、P261、P271、P260、P272、P201、P202、P273 事故响应:P303＋P361＋P353、P370＋P378、P301＋P310、P321、P302＋P352、P312、P361＋P364、P304＋P340、P311、P301＋P330＋P331、P305＋P351＋P338、P363、P333＋P313、P362＋P364、P308＋P313、P391 安全储存:P403＋P235、P405、P233＋P403 废弃处置:P501	易燃液体,吞咽会中毒,皮肤接触会中毒,吸入会中毒,可引起皮肤腐蚀,可能引起皮肤过敏	
1226	酒石酸化烟碱		65-31-6	1659	急性毒性-经口,类别 3 危害水生环境-急性危害,类别 2 危害水生环境-长期危害,类别 2	H301 H401 H411	GHS06 GHS09	危险	预防措施:P264、P270、P273 事故响应:P301＋P310、P321、P330、P391 安全储存:P405 废弃处置:P501	吞咽会中毒	
1227	酒石酸锑钾	吐酒石;酒石酸钾锑;酒石酸氧锑钾	28300-74-5	1551	急性毒性-经口,类别 3 生殖细胞致突变性,类别 2 特异性靶器官毒性-一次接触,类别 1 特异性靶器官毒性-反复接触,类别 1 危害水生环境-急性危害,类别 2 危害水生环境-长期危害,类别 2	H301 H341 H370 H372 H401 H411	GHS06 GHS08 GHS09	危险	预防措施:P264、P270、P201、P202、P280、P260、P273 事故响应:P301＋P310、P321、P330、P308＋P313、P308＋P311、P314、P391 安全储存:P405 废弃处置:P501	吞咽会中毒	
1228	聚苯乙烯珠体[可发性的]				易燃固体,类别 1	H228	GHS02	危险	预防措施:P210、P240、P241、P280 事故响应:P370＋P378 安全储存: 废弃处置:	易燃固体	

续表

序号	品名	别名	CAS 号	UN 号	危险性类别	危险性说明代码	象形图代码	警示词	防范说明代码	风险提示	备注
1229	聚醚聚过氧叔丁基碳酸酯[含量≤52%,含B型稀释剂[②]≥48%]			3107	有机过氧化物,E型	H242	GHS02	警告	预防措施:P210、P220、P234、P280 事故响应: 安全储存:P235、P410、P411、P420 废弃处置:P501	加热可引起燃烧	
1230	聚乙醛		9002-91-9	1332	易燃固体,类别 2 危害水生环境-长期危害,类别 3	H228 H412	GHS02	警告	预防措施:P210、P240、P241、P280、P273 事故响应:P370+P378 安全储存: 废弃处置:P501	易燃固体	
1231	聚乙烯聚胺	多乙烯多胺;多乙撑多胺	29320-38-5		皮肤腐蚀/刺激,类别 1 严重眼损伤/眼刺激,类别 1	H314 H318	GHS05	危险	预防措施:P260、P264、P280 事故响应:P301+P330+P331、P303+P361+P353、P304+P340、P305+P351+P338、P310、P321、P363 安全储存:P405 废弃处置:P501	可引起皮肤腐蚀	
1232	2-莰醇	冰片;龙脑	507-70-0	1312	易燃固体,类别 2 特异性靶器官毒性-一次接触,类别 2	H228 H371	GHS02 GHS08	警告	预防措施:P210、P240、P241、P280、P260、P264、P270 事故响应:P370+P378、P308+P311 安全储存:P405 废弃处置:P501	易燃固体	
1233	莰烯	樟脑萜;莰芬	79-92-5		易燃固体,类别 1 严重眼损伤/眼刺激,类别 2A 危害水生环境-急性危害,类别 2 危害水生环境-长期危害,类别 2	H228 H319 H401 H411	GHS02 GHS07 GHS09	危险	预防措施:P210、P240、P241、P280、P264、P273 事故响应:P370+P378、P305+P351+P338、P337+P313、P391 安全储存: 废弃处置:P501	易燃固体	
1234	糠胺	2-呋喃甲胺;麸胺	617-89-0	2526	易燃液体,类别 3 皮肤腐蚀/刺激,类别 1 严重眼损伤/眼刺激,类别 1	H226 H314 H318	GHS02 GHS05	危险	预防措施:P210、P233、P240、P241、P242、P243、P280、P260、P264 事故响应:P303+P361+P353、P370+P378、P301+P330+P331、P304+P340、P305+P351+P338、P310、P321、P363 安全储存:P403+P235、P405 废弃处置:P501	易燃液体,可引起皮肤腐蚀	

续表

序号	品名	别名	CAS号	UN号	危险性类别	危险性说明代码	象形图代码	警示词	防范说明代码	风险提示	备注
1235	糠醛	呋喃甲醛	98-01-1	1199	易燃液体,类别3 急性毒性-经口,类别3* 急性毒性-吸入,类别3* 皮肤腐蚀/刺激,类别2 严重眼损伤/眼刺激,类别2 特异性靶器官毒性-一次接触,类别3(呼吸道刺激)	H226 H301 H331 H315 H319 H335	GHS02 GHS06	危险	预防措施：P210、P233、P240、P241、P242、P243、P280、P264、P270、P261、P271 事故响应：P303＋P361＋P353、P370＋P378、P301＋P310、P321、P330、P304＋P340、P311、P302＋P352、P332＋P313、P362＋P364、P305＋P351＋P338、P337＋P313、P312 安全储存：P403＋P235、P405、P233＋P403、P403＋P233 废弃处置：P501	易燃液体，吞咽会中毒，吸入会中毒	
1236	抗霉素A		1397-94-0		急性毒性-经口,类别2 急性毒性-经皮,类别1 危害水生环境-急性危害,类别1	H300 H310 H400	GHS06 GHS09	危险	预防措施：P264、P270、P262、P280、P273 事故响应：P301＋P310、P321、P330、P302＋P352、P361＋P364、P391 安全储存：P405 废弃处置：P501	吞咽致命，皮肤接触会致命	剧毒
1237	氪[压缩的或液化的]		7439-90-9	1056(压缩)；1970(冷冻液化)	加压气体	H280或H281	GHS04	警告	预防措施： 事故响应： 安全储存：P410＋P403 废弃处置：	内装加压气体：遇热可能爆炸	
1238	喹啉	苯并吡啶；氮杂萘	91-22-5	2656	生殖细胞致突变性,类别2 急性毒性-经皮,类别3 严重眼损伤/眼刺激,类别2 皮肤腐蚀/刺激,类别2 危害水生环境-急性危害,类别2 危害水生环境-长期危害,类别2	H341 H311 H319 H315 H401 H411	GHS06 GHS08 GHS09	危险	预防措施：P201、P202、P280、P264、P273 事故响应：P308＋P313、P302＋P352、P312、P321、P361＋P364、P332＋P313、P362＋P364、P391 安全储存：P405 废弃处置：P501	皮肤接触会中毒	
1239	雷汞[湿的，按质量含水或乙醇和水的混合物不低于20%]	二雷酸汞；雷酸汞	628-86-4	0135	爆炸物,1.1项 急性毒性-经口,类别3* 急性毒性-经皮,类别3* 急性毒性-吸入,类别3* 特异性靶器官毒性-反复接触,类别2* 危害水生环境-急性危害,类别1 危害水生环境-长期危害,类别1	H201 H301 H311 H331 H373 H400 H410	GHS01 GHS06 GHS08 GHS09	危险	预防措施：P210、P230、P240、P250、P280、P264、P270、P261、P271、P260、P273 事故响应：P370＋P380、P372、P373、P301＋P310、P321、P330、P302＋P352、P312、P361＋P364、P304＋P340、P311、P314、P391 安全储存：P401、P405、P233＋P403 废弃处置：P501	整体爆炸危险，吞咽会中毒，皮肤接触会中毒，吸入会中毒	重大

续表

序号	品名	别名	CAS号	UN号	危险性类别	危险性说明代码	象形图代码	警示词	防范说明代码	风险提示	备注
1240	锂	金属锂	7439-93-2	1415	遇水放出易燃气体的物质和混合物,类别1 皮肤腐蚀/刺激,类别1B 严重眼损伤/眼刺激,类别1	H260 H314 H318	GHS02 GHS05	危险	预防措施：P223、P231＋P232、P280、P260、P264 事故响应:P335＋P334、P370＋P378、P301＋P330＋P331、P303＋P361＋P353、P304＋P340、P305＋P351＋P338、P310、P321、P363 安全储存:P402＋P404、P405 废弃处置:P501	遇水放出可自燃的易燃气体,可引起皮肤腐蚀	制爆
1241	连二亚硫酸钙		15512-36-4	1923	自热物质和混合物,类别1	H251	GHS02	危险	预防措施:P235＋P410、P280 事故响应: 安全储存:P407、P413、P420 废弃处置:	自热,可能燃烧	
1242	连二亚硫酸钾	低亚硫酸钾	14293-73-3	1929	自热物质和混合物,类别1	H251	GHS02	危险	预防措施:P235＋P410、P280 事故响应: 安全储存:P407、P413、P420 废弃处置:	自热,可能燃烧	
1243	连二亚硫酸钠	保险粉;低亚硫酸钠	7775-14-6	1384	自热物质和混合物,类别1	H251	GHS02	危险	预防措施:P235＋P410、P280 事故响应: 安全储存:P407、P413、P420 废弃处置:	自热,可能燃烧	
1244	连二亚硫酸锌	亚硫酸氢锌	7779-86-4	1931	危害水生环境-急性危害,类别1 危害水生环境-长期危害,类别1	H400 H410	GHS09	警告	预防措施:P273 事故响应:P391 安全储存: 废弃处置:P501		
1245	联苯		92-52-4		皮肤腐蚀/刺激,类别2 严重眼损伤/眼刺激,类别2 特异性靶器官毒性-一次接触,类别3(呼吸道刺激) 危害水生环境-急性危害,类别1 危害水生环境-长期危害,类别1	H315 H319 H335 H400 H410	GHS07 GHS09	警告	预防措施:P264、P280、P261、P271、P273 事故响应:P302＋P352、P321、P332＋P313、P362＋P364、P305＋P351＋P338、P337＋P313、P304＋P340、P312、P391 安全储存:P403＋P233、P405 废弃处置:P501		
1246	3-[(3-联苯-4-基)-1,2,3,4-四氢-1-萘基]-4-羟基香豆素	鼠得克	56073-07-5		急性毒性-经口,类别2* 特异性靶器官毒性-反复接触,类别1 危害水生环境-急性危害,类别1 危害水生环境-长期危害,类别1	H300 H372 H400 H410	GHS06 GHS08 GHS09	危险	预防措施:P264、P270、P260、P273 事故响应: P301 ＋ P310、P321、P330、P314、P391 安全储存:P405 废弃处置:P501	吞咽致命	

续表

序号	品名	别名	CAS号	UN号	危险性类别	危险性说明代码	象形图代码	警示词	防范说明代码	风险提示	备注
1247	联十六烷基过氧重碳酸酯[含量≤100%]	过氧化二(十六烷基)二碳酸酯	26322-14-5	3116	有机过氧化物,D型	H242	GHS02	危险	预防措施:P210、P220、P234、P280 事故响应: 安全储存:P235+P411、P410、P420 废弃处置:P501	加热可引起燃烧	
	联十六烷基过氧重碳酸酯[含量≤42%,在水中稳定弥散]			3119	有机过氧化物,F型	H242	GHS02	警告	预防措施:P210、P220、P234、P280 事故响应: 安全储存:P235、P410、P411、P420 废弃处置:P501	加热可引起燃烧	
1248	镰刀菌酮X		23255-69-8		急性毒性-经口,类别1	H300	GHS06	危险	预防措施:P264、P270 事故响应:P301+P310、P321、P330 安全储存:P405 废弃处置:P501	吞咽致命	剧毒
1249	邻氨基苯硫醇	2-氨基硫代苯酚;2-巯基胺;邻氨基苯硫酚苯	137-07-5		危害水生环境-急性危害,类别1 危害水生环境-长期危害,类别1	H400 H410	GHS09	警告	预防措施:P273 事故响应:P391 安全储存: 废弃处置:P501		
1250	邻苯二甲酸苯胺		50930-79-5		急性毒性-经口,类别3* 急性毒性-经皮,类别3* 急性毒性-吸入,类别3* 严重眼损伤/眼刺激,类别1 皮肤致敏物,类别1 生殖细胞致突变性,类别2 特异性靶器官毒性-反复接触,类别1 危害水生环境-急性危害,类别1	H301 H311 H331 H318 H317 H341 H372 H400	GHS05 GHS06 GHS08 GHS09	危险	预防措施:P264、P270、P280、P261、P271、P272、P201、P202、P260、P273 事故响应:P301+P310、P321、P330、P302+P352、P312、P361+P364、P304+P340、P311、P305+P351+P338、P333+P313、P362+P364、P308+P313、P314、P391 安全储存:P405、P233+P403 废弃处置:P501	吞咽会中毒,皮肤接触会中毒,吸入会中毒,造成严重眼损伤,可能引起皮肤过敏	
1251	邻苯二甲酸二异丁酯		84-69-5		生殖毒性,类别1B 危害水生环境-急性危害,类别1	H360 H400	GHS08 GHS09	危险	预防措施:P201、P202、P280、P273 事故响应:P308+P313、P391 安全储存:P405 废弃处置:P501		

续表

序号	品名	别名	CAS号	UN号	危险性类别	危险性说明代码	象形图代码	警示词	防范说明代码	风险提示	备注
1252	邻苯二甲酸酐[含马来酸酐大于0.05%]	苯酐;酞酐	85-44-9	2214	皮肤腐蚀/刺激,类别1 严重眼损伤/眼刺激,类别1 呼吸道致敏物,类别1 皮肤致敏物,类别1 特异性靶器官毒性-一次接触,类别3(呼吸道刺激)	H314 H318 H334 H317 H335	GHS05 GHS07 GHS08	危险	预防措施：P260、P264、P280、P261、P284、P272、P271 事故响应:P301+P330+P331、P303+P361+P353、P304+P340、P305+P351+P338、P310、P321、P363、P342+P311、P302+P352、P333+P313、P362+P364、P312 安全储存:P405、P403+P233 废弃处置:P501	可引起皮肤腐蚀,吸入可能导致过敏,可能引起皮肤过敏	
1253	邻苯二甲酰氯	二氯化邻苯二甲酰	88-95-9		皮肤腐蚀/刺激,类别1 严重眼损伤/眼刺激,类别1	H314 H318	GHS05	危险	预防措施:P260、P264、P280 事故响应:P301+P330+P331、P303+P361+P353、P304+P340、P305+P351+P338、P310、P321、P363 安全储存:P405 废弃处置:P501	可引起皮肤腐蚀	
1254	邻苯二甲酰亚胺	酞酰亚胺	85-41-6		皮肤腐蚀/刺激,类别2 严重眼损伤/眼刺激,类别2 特异性靶器官毒性-一次接触,类别3(呼吸道刺激)	H315 H319 H335	GHS07	警告	预防措施:P264、P280、P261、P271 事故响应:P302+P352、P321、P332+P313、P362+P364、P305+P351+P338、P337+P313、P304+P340、P312 安全储存:P403+P233、P405 废弃处置:P501		
1255	邻甲苯磺酰氯		133-59-5		皮肤腐蚀/刺激,类别1C 严重眼损伤/眼刺激,类别1	H314 H318	GHS05	危险	预防措施:P260、P264、P280 事故响应:P301+P330+P331、P303+P361+P353、P304+P340、P305+P351+P338、P310、P321、P363 安全储存:P405 废弃处置:P501	可引起皮肤腐蚀	
1256	邻硝基苯酚钾	邻硝基酚钾	824-38-4		特异性靶器官毒性-一次接触,类别2 特异性靶器官毒性-反复接触,类别2	H371 H373	GHS08	警告	预防措施:P260、P264、P270 事故响应:P308+P311、P314 安全储存:P405 废弃处置:P501		

续表

序号	品名	别名	CAS号	UN号	危险性类别	危险性说明代码	象形图代码	警示词	防范说明代码	风险提示	备注
1257	邻硝基苯磺酸		80-82-0	2305	皮肤腐蚀/刺激,类别 1B 严重眼损伤/眼刺激,类别 1	H314 H318	GHS05	危险	预防措施:P260、P264、P280 事故响应:P301+P330+P331、P303+P361+P353、P304+P340、P305+P351+P338、P310、P321、P363 安全储存:P405 废弃处置:P501	可引起皮肤腐蚀	
1258	邻硝基乙苯		612-22-6		危害水生环境-长期危害,类别 3	H412			预防措施:P273 事故响应: 安全储存: 废弃处置:P501		
1259	邻异丙基苯酚	邻异丙基酚	88-69-7		皮肤腐蚀/刺激,类别 1 严重眼损伤/眼刺激,类别 1 危害水生环境-急性危害,类别 2 危害水生环境-长期危害,类别 2	H314 H318 H401 H411	GHS05 GHS09	危险	预防措施:P260、P264、P280、P273 事故响应:P301+P330+P331、P303+P361+P353、P304+P340、P305+P351+P338、P310、P321、P363、P391 安全储存:P405 废弃处置:P501	可引起皮肤腐蚀	
1260	磷化钙	二磷化三钙	1305-99-3	1360	遇水放出易燃气体的物质和混合物,类别 1 急性毒性-经口,类别 2 危害水生环境-急性危害,类别 1	H260 H300 H400	GHS02 GHS06 GHS09	危险	预防措施:P223、P231+P232、P280、P264、P270、P273 事故响应:P335+P334、P370+P378、P301+P310、P321、P330、P391 安全储存:P402+P404、P405 废弃处置:P501	遇水放出可自燃的易燃气体,吞咽致命	
1261	磷化钾		20770-41-6	2012	遇水放出易燃气体的物质和混合物,类别 1 急性毒性-经口,类别 3* 急性毒性-经皮,类别 3* 急性毒性-吸入,类别 3* 危害水生环境-急性危害,类别 1	H260 H301 H311 H331 H400	GHS02 GHS06 GHS09	危险	预防措施:P223、P231+P232、P280、P264、P270、P261、P271、P273 事故响应:P335+P334、P370+P378、P301+P310、P321、P330、P302+P352、P312、P361+P364、P304+P340、P311、P391 安全储存:P402+P404、P405、P233+P403 废弃处置:P501	遇水放出可自燃的易燃气体,吞咽会中毒,皮肤接触会中毒,吸入会中毒	

续表

序号	品名	别名	CAS号	UN号	危险性类别	危险性说明代码	象形图代码	警示词	防范说明代码	风险提示	备注
1262	磷化铝		20859-73-8	1397	遇水放出易燃气体的物质和混合物,类别1 急性毒性-经口,类别2 急性毒性-经皮,类别3 急性毒性-吸入,类别1 危害水生环境-急性危害,类别1	H260 H300 H311 H330 H400	GHS02 GHS06 GHS09	危险	预防措施：P223、P231＋P232、P280、P264、P270、P260、P271、P284、P273 事故响应：P335＋P334、P370＋P378、P301＋P310、P321、P330、P302＋P352、P312、P361＋P364、P304＋P340、P320、P391 安全储存：P402＋P404、P405、P233＋P403 废弃处置：P501	遇水放出可自燃的易燃气体，吞咽致命，皮肤接触会中毒，吸入致命	
1263	磷化铝镁			1419	遇水放出易燃气体的物质和混合物,类别1 急性毒性-经皮,类别3* 急性毒性-吸入,类别3* 危害水生环境-急性危害,类别1	H260 H311 H331 H400	GHS02 GHS06 GHS09	危险	预防措施：P223、P231＋P232、P280、P261、P271、P273 事故响应：P335＋P334、P370＋P378、P302＋P352、P312、P321、P361＋P364、P304＋P340、P311、P391 安全储存：P402＋P404、P405、P233＋P403 废弃处置：P501	遇水放出可自燃的易燃气体，皮肤接触会中毒，吸入会中毒	
1264	磷化镁	二磷化三镁	12057-74-8	2011	遇水放出易燃气体的物质和混合物,类别1 急性毒性-经口,类别2 急性毒性-经皮,类别3 急性毒性-吸入,类别1 危害水生环境-急性危害,类别1	H260 H300 H311 H330 H400	GHS02 GHS06 GHS09	危险	预防措施：P223、P231＋P232、P280、P264、P270、P260、P271、P284、P273 事故响应：P335＋P334、P370＋P378、P301＋P310、P321、P330、P302＋P352、P312、P361＋P364、P304＋P340、P320、P391 安全储存：P402＋P404、P405、P233＋P403 废弃处置：P501	遇水放出可自燃的易燃气体，吞咽致命，皮肤接触会中毒，吸入致命	
1265	磷化钠		12058-85-4	1432	遇水放出易燃气体的物质和混合物,类别1 急性毒性-经口,类别3* 急性毒性-经皮,类别3* 急性毒性-吸入,类别3* 危害水生环境-急性危害,类别1	H260 H301 H311 H331 H400	GHS02 GHS06 GHS09	危险	预防措施：P223、P231＋P232、P280、P264、P270、P261、P271、P273 事故响应：P335＋P334、P370＋P378、P301＋P310、P321、P330、P302＋P352、P312、P361＋P364、P304＋P340、P311、P391 安全储存：P402＋P404、P405、P233＋P403 废弃处置：P501	遇水放出可自燃的易燃气体，吞咽会中毒，皮肤接触会中毒，吸入会中毒	
1266	磷化氢	磷化三氢；膦	7803-51-2	2199	易燃气体,类别1 加压气体 急性毒性-吸入,类别2* 皮肤腐蚀/刺激,类别1B 严重眼损伤/眼刺激,类别1 危害水生环境-急性危害,类别1	H220 H280或H281 H330 H314 H318 H400	GHS02 GHS04 GHS05 GHS06 GHS09	危险	预防措施：P210、P260、P271、P284、P264、P280、P273 事故响应：P377、P381、P304＋P340、P310、P320、P301＋P330＋P331、P303＋P361＋P353、P305＋P351＋P338、P321、P363、P391 安全储存：P410＋P403、P233＋P403、P405 废弃处置：P501	极易燃气体，内装加压气体：遇热可能爆炸，吸入致命，可引起皮肤腐蚀	剧毒，重点，重大

续表

序号	品名	别名	CAS号	UN号	危险性类别	危险性说明代码	象形图代码	警示词	防范说明代码	风险提示	备注
1267	磷化锶		12504-13-1	2013	遇水放出易燃气体的物质和混合物,类别1 急性毒性-经口,类别3* 急性毒性-经皮,类别3* 急性毒性-吸入,类别3* 危害水生环境-急性危害,类别1	H260 H301 H311 H331 H400	GHS02 GHS06 GHS09	危险	预防措施:P223、P231＋P232、P280、P264、P270、P261、P271、P273 事故响应:P335＋P334、P370＋P378、P301＋P310、P321、P330、P302＋P352、P312、P361＋P364、P304＋P340、P311、P391 安全储存:P402＋P404、P405、P233＋P403 废弃处置:P501	遇水放出可自燃的易燃气体,吞咽会中毒,皮肤接触会中毒,吸入会中毒	
1268	磷化锡		25324-56-5	1433	遇水放出易燃气体的物质和混合物,类别1 急性毒性-经口,类别3* 急性毒性-经皮,类别3* 急性毒性-吸入,类别3* 危害水生环境-急性危害,类别1 危害水生环境-长期危害,类别1	H260 H301 H311 H331 H400 H410	GHS02 GHS06 GHS09	危险	预防措施:P223、P231＋P232、P280、P264、P270、P261、P271、P273 事故响应:P335＋P334、P370＋P378、P301＋P310、P321、P330、P302＋P352、P312、P361＋P364、P304＋P340、P311、P391 安全储存:P402＋P404、P405、P233＋P403 废弃处置:P501	遇水放出可自燃的易燃气体,吞咽会中毒,皮肤接触会中毒,吸入会中毒	
1269	磷化锌		1314-84-7	1714	遇水放出易燃气体的物质和混合物,类别1 急性毒性-经口,类别2* 危害水生环境-急性危害,类别1 危害水生环境-长期危害,类别1	H260 H300 H400 H410	GHS02 GHS06 GHS09	危险	预防措施:P223、P231＋P232、P280、P264、P270、P273 事故响应:P335＋P334、P370＋P378、P301＋P310、P321、P330、P391 安全储存:P402＋P404、P405 废弃处置:P501	遇水放出可自燃的易燃气体,吞咽致命	
1270	磷酸二乙基汞	谷乐生;谷仁乐生;乌斯普龙汞制剂	2235-25-8		急性毒性-经口,类别2* 急性毒性-经皮,类别1 急性毒性-吸入,类别2* 特异性靶器官毒性-反复接触,类别2* 危害水生环境-急性危害,类别1 危害水生环境-长期危害,类别1	H300 H310 H330 H373 H400 H410	GHS06 GHS08 GHS09	危险	预防措施:P264、P270、P262、P280、P260、P271、P284、P273 事故响应:P301＋P310、P321、P330、P302＋P352、P361＋P364、P304＋P340、P320、P314、P391 安全储存:P405、P233＋P403 废弃处置:P501	吞咽致命,皮肤接触会致命,吸入致命	
1271	磷酸三甲苯酯	磷酸三甲酚酯;增塑剂TCP	1330-78-5	2574	生殖毒性,类别1B 特异性靶器官毒性-一次接触,类别1 特异性靶器官毒性-反复接触,类别1 危害水生环境-急性危害,类别1 危害水生环境-长期危害,类别1	H360 H370 H372 H400 H410	GHS08 GHS09	危险	预防措施:P201、P202、P280、P260、P264、P270、P273 事故响应:P308＋P313、P308＋P311、P321、P314、P391 安全储存:P405 废弃处置:P501		

续表

序号	品名	别名	CAS号	UN号	危险性类别	危险性说明代码	象形图代码	警示词	防范说明代码	风险提示	备注
1272	磷酸亚铊		13453-41-3		急性毒性-经口,类别2* 急性毒性-吸入,类别2* 特异性靶器官毒性-反复接触,类别2* 危害水生环境-急性危害,类别2 危害水生环境-长期危害,类别2	H300 H330 H373 H401 H411	GHS06 GHS08 GHS09	危险	预防措施:P264、P270、P260、P271、P284、P273 事故响应:P301+P310、P321、P330、P304+P340、P320、P314、P391 安全储存:P405、P233+P403 废弃处置:P501	吞咽致命,吸入致命	
1273	9-磷杂双环壬烷	环辛二烯膦		2940	自热物质和混合物,类别1	H251	GHS02	危险	预防措施:P235+P410、P280 事故响应: 安全储存:P407、P413、P420 废弃处置:	自热,可能燃烧	
1274	膦酸		10294-56-1		皮肤腐蚀/刺激,类别1A 严重眼损伤/眼刺激,类别1	H314 H318	GHS05	危险	预防措施:P260、P264、P280 事故响应:P301+P330+P331、P303+P361+P353、P304+P340、P305+P351+P338、P310、P321、P363 安全储存:P405 废弃处置:P501	可引起皮肤腐蚀	
1275	β,β′-硫代二丙腈		111-97-7		皮肤腐蚀/刺激,类别2 严重眼损伤/眼刺激,类别2 特异性靶器官毒性-一次接触,类别3(呼吸道刺激)	H315 H319 H335	GHS07	警告	预防措施:P264、P280、P261、P271 事故响应:P302+P352、P321、P332+P313、P362+P364、P305+P351+P338、P337+P313、P304+P340、P312 安全储存:P403+P233、P405 废弃处置:P501		
1276	2-硫代呋喃甲醇	糠硫醇	98-02-2		易燃液体,类别3	H226	GHS02	警告	预防措施:P210、P233、P240、P241、P242、P243、P280 事故响应:P303+P361+P353、P370+P378 安全储存:P403+P235 废弃处置:P501	易燃液体	
1277	硫代甲酰胺		115-08-2		易燃液体,类别2	H225	GHS02	危险	预防措施:P210、P233、P240、P241、P242、P243、P280 事故响应:P303+P361+P353、P370+P378 安全储存:P403+P235 废弃处置:P501	高度易燃液体	

续表

序号	品名	别名	CAS号	UN号	危险性类别	危险性说明代码	象形图代码	警示词	防范说明代码	风险提示	备注
1278	硫代磷酰氯	硫代氯化磷酰；三氯化硫磷；三氯硫磷	3982-91-0	1837	急性毒性-吸入,类别 1 皮肤腐蚀/刺激,类别 1 严重眼损伤/眼刺激,类别 1	H330 H314 H318	GHS05 GHS06	危险	预防措施:P260、P271、P284、P264、P280 事故响应:P304＋P340、P310、P320、P301＋P330＋P331、P303＋P361＋P353、P305＋P351＋P338、P321、P363 安全储存:P233＋P403、P405 废弃处置:P501	吸入致命，可引起皮肤腐蚀	剧毒
1279	硫代氯甲酸乙酯	氯硫代甲酸乙酯	2941-64-2	2826	易燃液体,类别 3 急性毒性-吸入,类别 2 皮肤腐蚀/刺激,类别 1 严重眼损伤/眼刺激,类别 1	H226 H330 H314 H318	GHS02 GHS05 GHS06	危险	预防措施：P210、P233、P240、P241、P242、P243、P280、P260、P271、P284、P264 事故响应:P303＋P361＋P353、P370＋P378、P304＋P340、P310、P320、P301＋P330＋P331、P305＋P351＋P338、P321、P363 安全储存:P403＋P235、P233＋P403、P405 废弃处置:P501	易燃液体，吸入致命，可引起皮肤腐蚀	
1280	4-硫代戊醛	甲基巯基丙醛	3268-49-3	2785	急性毒性-经皮,类别 3 急性毒性-吸入,类别 3 皮肤腐蚀/刺激,类别 2 严重眼损伤/眼刺激,类别 1 皮肤致敏物,类别 1 特异性靶器官毒性-一次接触,类别 2 特异性靶器官毒性-反复接触,类别 2 危害水生环境-急性危害,类别 1	H311 H331 H315 H318 H317 H371 H373 H400	GHS05 GHS06 GHS08 GHS09	危险	预防措施：P280、P261、P271、P264、P272、P260、P270、P273 事故响应:P302＋P352、P312、P321、P361＋P364、P304＋P340、P332＋P313、P362＋P364、P305＋P351＋P338、P310、P333＋P313、P308＋P311、P314、P391 安全储存:P405、P233＋P403 废弃处置:P501	皮肤接触会中毒，吸入会中毒，造成严重眼损伤，可能引起皮肤过敏	
1281	硫代乙酸	硫代醋酸	507-09-5	2436	易燃液体,类别 2 皮肤腐蚀/刺激,类别 1 严重眼损伤/眼刺激,类别 1 皮肤致敏物,类别 1	H225 H314 H318 H317	GHS02 GHS05 GHS07	危险	预防措施：P210、P233、P240、P241、P242、P243、P280、P260、P264、P261、P272 事故响应:P303＋P361＋P353、P370＋P378、P301＋P330＋P331、P304＋P340、P305＋P351＋P338、P310、P321、P363、P302＋P352、P333＋P313、P362＋P364 安全储存:P403＋P235、P405 废弃处置:P501	高度易燃液体，可引起皮肤腐蚀，可能引起皮肤过敏	

续表

序号	品名	别名	CAS号	UN号	危险性类别	危险性说明代码	象形图代码	警示词	防范说明代码	风险提示	备注
1282	硫代异氰酸甲酯	异硫氰酸甲酯；甲基芥子油	556-61-6	2477	易燃液体,类别 3 急性毒性-经口,类别 3 * 急性毒性-吸入,类别 3 * 皮肤腐蚀/刺激,类别 1B 严重眼损伤/眼刺激,类别 1 皮肤致敏物,类别 1 危害水生环境-急性危害,类别 1 危害水生环境-长期危害,类别 1	H226 H301 H331 H314 H318 H317 H400 H410	GHS02 GHS05 GHS06 GHS09	危险	预防措施：P210、P233、P240、P241、P242、P243、P280、P264、P270、P261、P271、P260、P272、P273 事故响应：P303＋P361＋P353、P370＋P378、P301＋P310、P321、P304＋P340、P311、P301＋P330＋P331、P305＋P351＋P338、P363、P302＋P352、P333＋P313、P362＋P364、P391 安全储存：P403＋P235、P405、P233＋P403 废弃处置：P501	易燃液体，吞咽会中毒，吸入会中毒，可引起皮肤腐蚀，可能引起皮肤过敏	
1283	硫化铵溶液			2683	易燃液体,类别 3 急性毒性-吸入,类别 3 皮肤腐蚀/刺激,类别 1 严重眼损伤/眼刺激,类别 1	H226 H331 H314 H318	GHS02 GHS05 GHS06	危险	预防措施：P210、P233、P240、P241、P242、P243、P280、P261、P271、P260、P264 事故响应：P303＋P361＋P353、P370＋P378、P304＋P340、P311、P321、P301＋P330＋P331、P305＋P351＋P338、P310、P363 安全储存：P403＋P235、P233＋P403、P405 废弃处置：P501	易燃液体，吸入会中毒，可引起皮肤腐蚀	
1284	硫化钡		21109-95-5		危害水生环境-急性危害,类别 1	H400	GHS09	警告	预防措施：P273 事故响应：P391 安全储存： 废弃处置：P501		
1285	硫化镉		1306-23-6		生殖细胞致突变性,类别 2 致癌性,类别 1A 生殖毒性,类别 2 特异性靶器官毒性-反复接触,类别 1	H341 H350 H361 H372	GHS08	危险	预防措施：P201、P202、P280、P260、P264、P270 事故响应：P308＋P313、P314 安全储存：P405 废弃处置：P501	可能致癌	
1286	硫化汞	朱砂	1344-48-5		急性毒性-经口,类别 2 急性毒性-经皮,类别 1 急性毒性-吸入,类别 2 特异性靶器官毒性-反复接触,类别 2 危害水生环境-急性危害,类别 1 危害水生环境-长期危害,类别 1	H300 H310 H330 H373 H400 H410	GHS06 GHS08 GHS09	危险	预防措施：P264、P270、P262、P280、P260、P271、P284、P273 事故响应：P301＋P310、P321、P330、P302＋P352、P361＋P364、P304＋P340、P320、P314、P391 安全储存：P405、P233＋P403 废弃处置：P501	吞咽致命，皮肤接触会致命，吸入致命	

续表

序号	品名	别名	CAS号	UN号	危险性类别	危险性说明代码	象形图代码	警示词	防范说明代码	风险提示	备注
1287	硫化钾	硫化二钾	1312-73-8	1382（无水或含结晶水＜30%）；1847（含结晶水≥30%）	(1)无水或含结晶水＜30%： 自热物质和混合物，类别1 皮肤腐蚀/刺激，类别1B 严重眼损伤/眼刺激，类别1 危害水生环境-急性危害，类别1 (2)含结晶水≥30%： 皮肤腐蚀/刺激，类别1B 严重眼损伤/眼刺激，类别1 危害水生环境-急性危害，类别1	(1) H251 H314 H318 H400 (2) H314 H318 H400	(1) GHS02 GHS05 GHS09 (2) GHS05 GHS09	危险	预防措施：P235＋P410、P280、P260、P264、P273 事故响应：P301＋P330＋P331、P303＋P361＋P353、P304＋P340、P305＋P351＋P338、P310、P321、P363、P391 安全储存：P407、P413、P420、P405 废弃处置：P501	(1)自热，可能燃烧，可引起皮肤腐蚀 (2)可引起皮肤腐蚀	
1288	硫化钠	臭碱	1313-82-2	1385（无水或含结晶水＜30%）；1849（含结晶水≥30%）	(1)无水或含结晶水＜30%： 自热物质和混合物，类别1 急性毒性-经皮，类别3* 皮肤腐蚀/刺激，类别1B 严重眼损伤/眼刺激，类别1 危害水生环境-急性危害，类别1 (2)含结晶水≥30%： 急性毒性-经皮，类别3* 皮肤腐蚀/刺激，类别1B 严重眼损伤/眼刺激，类别1 危害水生环境-急性危害，类别1	(1) H251 H311 H314 H318 H400 (2) H311 H314 H318 H400	(1) GHS02 GHS05 GHS06 GHS09 (2) GHS05 GHS06 GHS09	危险	预防措施：P235＋P410、P280、P260、P264、P273 事故响应：P302＋P352、P312、P321、P361＋P364、P301＋P330＋P331、P303＋P361＋P353、P304＋P340、P305＋P351＋P338、P310、P363、P391 安全储存：P407、P413、P420、P405 废弃处置：P501	(1)自热，可能燃烧，皮肤接触会中毒，可引起皮肤腐蚀 (2)皮肤接触会中毒，可引起皮肤腐蚀	
1289	硫化氢		7783-06-4	1053	易燃气体，类别1 加压气体 急性毒性-吸入，类别2* 危害水生环境-急性危害，类别1	H220 H280或 H281 H330 H400	GHS02 GHS04 GHS06 GHS09	危险	预防措施：P210、P260、P271、P284、P273 事故响应：P377、P381、P304＋P340、P310、P320、P391 安全储存：P410＋P403、P233＋P403、P405 废弃处置：P501	极易燃气体，内装加压气体：遇热可能爆炸，吸入致命	重点，重大
1290	硫磺	硫	7704-34-9	1350	易燃固体，类别2	H228	GHS02	警告	预防措施：P210、P240、P241、P280 事故响应：P370＋P378 安全储存： 废弃处置：	易燃固体	制爆
1291	硫脲	硫代尿素	62-56-6		生殖毒性，类别2 危害水生环境-急性危害，类别2 危害水生环境-长期危害，类别2	H361 H401 H411	GHS08 GHS09	警告	预防措施：P201、P202、P280、P273 事故响应：P308＋P313、P391 安全储存：P405 废弃处置：P501		

续表

序号	品名	别名	CAS号	UN号	危险性类别	危险性说明代码	象形图代码	警示词	防范说明代码	风险提示	备注
1292	硫氢化钙		12133-28-7		皮肤腐蚀/刺激,类别1B 严重眼损伤/眼刺激,类别1	H314 H318	GHS05	危险	预防措施:P260、P264、P280 事故响应:P301+P330+P331、P303+P361+P353、P304+P340、P305+P351+P338、P310、P321、P363 安全储存:P405 废弃处置:P501	可引起皮肤腐蚀	
1293	硫氢化钠	氢硫化钠	16721-80-5		自热物质和混合物,类别2 急性毒性-经口,类别3 皮肤腐蚀/刺激,类别1 严重眼损伤/眼刺激,类别1 特异性靶器官毒性-一次接触,类别2 特异性靶器官毒性-一次接触,类别3(呼吸道刺激) 危害水生环境-急性危害,类别1	H252 H301 H314 H318 H371 H335 H400	GHS02 GHS05 GHS06 GHS08 GHS09	危险	预防措施:P235+P410、P280、P264、P270、P260、P261、P271、P273 事故响应:P301+P310、P321、P301+P330+P331、P303+P361+P353、P304+P340、P305+P351+P338、P363、P308+P311、P312、P391 安全储存:P407、P413、P420、P405、P403+P233 废弃处置:P501	数量大时自热,可能燃烧,吞咽会中毒,可引起皮肤腐蚀	
1294	硫氰酸苄	硫氰化苄;硫氰酸苄酯	3012-37-1		严重眼损伤/眼刺激,类别2B 特异性靶器官毒性-一次接触,类别3(呼吸道刺激)	H320 H335	GHS07	警告	预防措施:P264、P261、P271 事故响应:P305+P351+P338、P337+P313、P304+P340、P312 安全储存:P403+P233、P405 废弃处置:P501		
1295	硫氰酸钙	硫氰化钙	2092-16-2		危害水生环境-长期危害,类别3	H412			预防措施:P273 事故响应: 安全储存: 废弃处置:P501		
1296	硫氰酸汞		592-85-8	1646	急性毒性-经口,类别2 急性毒性-经皮,类别3 严重眼损伤/眼刺激,类别2B 皮肤致敏物,类别1 生殖细胞致突变性,类别2 生殖毒性,类别2 特异性靶器官毒性-一次接触,类别1 特异性靶器官毒性-反复接触,类别1 危害水生环境-急性危害,类别1 危害水生环境-长期危害,类别1	H300 H311 H320 H317 H341 H361 H370 H372 H400 H410	GHS06 GHS08 GHS09	危险	预防措施:P264、P270、P280、P261、P272、P201、P202、P260、P273 事故响应:P301+P310、P321、P330、P302+P352、P312、P361+P364、P305+P351+P338、P337+P313、P333+P313、P362+P364、P308+P313、P308+P311、P314、P391 安全储存:P405 废弃处置:P501	吞咽致命,皮肤接触会中毒,可能引起皮肤过敏	

续表

序号	品名	别名	CAS号	UN号	危险性类别	危险性说明代码	象形图代码	警示词	防范说明代码	风险提示	备注
1297	硫氰酸汞铵		20564-21-0		急性毒性-经口,类别2* 急性毒性-经皮,类别1 急性毒性-吸入,类别2* 特异性靶器官毒性-反复接触,类别2* 危害水生环境-急性危害,类别1 危害水生环境-长期危害,类别1	H300 H310 H330 H373 H400 H410	GHS06 GHS08 GHS09	危险	预防措施：P264、P270、P262、P280、P260、P271、P284、P273 事故响应：P301＋P310、P321、P330、P302＋P352、P361＋P364、P304＋P340、P320、P314、P391 安全储存：P405、P233＋P403 废弃处置：P501	吞咽致命，皮肤接触会致命，吸入致命	
1298	硫氰酸汞钾		14099-12-8		急性毒性-经口,类别2* 急性毒性-经皮,类别1 急性毒性-吸入,类别2* 特异性靶器官毒性-反复接触,类别2* 危害水生环境-急性危害,类别1 危害水生环境-长期危害,类别1	H300 H310 H330 H373 H400 H410	GHS06 GHS08 GHS09	危险	预防措施：P264、P270、P262、P280、P260、P271、P284、P273 事故响应：P301＋P310、P321、P330、P302＋P352、P361＋P364、P304＋P340、P320、P314、P391 安全储存：P405、P233＋P403 废弃处置：P501	吞咽致命，皮肤接触会致命，吸入致命	
1299	硫氰酸甲酯		556-64-9		易燃液体,类别3 急性毒性-经口,类别3	H226 H301	GHS02 GHS06	危险	预防措施：P210、P233、P240、P241、P242、P243、P280、P264、P270 事故响应：P303＋P361＋P353、P370＋P378、P301＋P310、P321、P330 安全储存：P403＋P235、P405 废弃处置：P501	易燃液体，吞咽会中毒	
1300	硫氰酸乙酯		542-90-5		易燃液体,类别3	H226	GHS02	警告	预防措施：P210、P233、P240、P241、P242、P243、P280 事故响应：P303＋P361＋P353、P370＋P378 安全储存：P403＋P235 废弃处置：P501	易燃液体	
1301	硫氰酸异丙酯		625-59-2		易燃液体,类别2	H225	GHS02	危险	预防措施：P210、P233、P240、P241、P242、P243、P280 事故响应：P303＋P361＋P353、P370＋P378 安全储存：P403＋P235 废弃处置：P501	高度易燃液体	
1302	硫酸		7664-93-9		皮肤腐蚀/刺激,类别1A 严重眼损伤/眼刺激,类别1	H314 H318	GHS05	危险	预防措施：P260、P264、P280 事故响应：P301＋P330＋P331、P303＋P361＋P353、P304＋P340、P305＋P351＋P338、P310、P321、P363 安全储存：P405 废弃处置：P501	可引起皮肤腐蚀	制毒

续表

序号	品名	别名	CAS号	UN号	危险性类别	危险性说明代码	象形图代码	警示词	防范说明代码	风险提示	备注
1303	硫酸-2,4-二氨基甲苯	2,4-二氨基甲苯硫酸	65321-67-7		急性毒性-经口,类别3* 严重眼损伤/眼刺激,类别2A 皮肤致敏物,类别1 危害水生环境-急性危害,类别2 危害水生环境-长期危害,类别2	H301 H319 H317 H401 H411	GHS06 GHS09	危险	预防措施:P264、P270、P280、P261、P272、P273 事故响应:P301＋P310、P321、P330、P305＋P351＋P338、P337＋P313、P302＋P352、P333＋P313、P362＋P364、P391 安全储存:P405 废弃处置:P501	吞咽会中毒,可能引起皮肤过敏	
1304	硫酸-2,5-二氨基甲苯	2,5-二氨基甲苯硫酸	615-50-9		急性毒性-经口,类别3* 皮肤致敏物,类别1 危害水生环境-急性危害,类别2 危害水生环境-长期危害,类别2	H301 H317 H401 H411	GHS06 GHS09	危险	预防措施:P264、P270、P261、P272、P280、P273 事故响应:P301＋P310、P321、P330、P302＋P352、P333＋P313、P362＋P364、P391 安全储存:P405 废弃处置:P501	吞咽会中毒,可能引起皮肤过敏	
1305	硫酸-2,5-二乙氧基-4-(4-吗啉基)-重氮苯		32178-39-5	3226	自反应物质和混合物,D型	H242	GHS02	危险	预防措施:P210、P220、P234、P280 事故响应:P370＋P378 安全储存:P403＋P235、P411、P420 废弃处置:P501	加热可能起火	
1306	硫酸-4,4′-二氨基联苯	硫酸联苯胺;联苯胺硫酸	531-86-2		危害水生环境-急性危害,类别1 危害水生环境-长期危害,类别1	H400 H410	GHS09	警告	预防措施:P273 事故响应:P391 安全储存: 废弃处置:P501		
1307	硫酸-4-氨基-N,N-二甲基苯胺	N,N-二甲基对苯二胺硫酸;对氨基-N,N-二甲基苯胺硫酸	536-47-0		急性毒性-经口,类别3 急性毒性-经皮,类别3 急性毒性-吸入,类别3 皮肤腐蚀/刺激,类别2 严重眼损伤/眼刺激,类别2 特异性靶器官毒性-一次接触,类别3(呼吸道刺激)	H301 H311 H331 H315 H319 H335	GHS06	危险	预防措施:P264、P270、P280、P261、P271 事故响应:P301＋P310、P321、P330、P302＋P352、P312、P361＋P364、P304＋P340、P311、P332＋P313、P362＋P364、P305＋P351＋P338、P337＋P313 安全储存:P405、P233＋P403、P403＋P233 废弃处置:P501	吞咽会中毒,皮肤接触会中毒,吸入会中毒	
1308	硫酸苯胺		542-16-5		危害水生环境-急性危害,类别1	H400	GHS09	警告	预防措施:P273 事故响应:P391 安全储存: 废弃处置:P501		

续表

序号	品名	别名	CAS号	UN号	危险性类别	危险性说明代码	象形图代码	警示词	防范说明代码	风险提示	备注
1309	硫酸苯肼	苯肼硫酸	2545-79-1		急性毒性-经口,类别 3* 急性毒性-经皮,类别 3* 急性毒性-吸入,类别 3* 皮肤腐蚀/刺激,类别 2 严重眼损伤/眼刺激,类别 2 皮肤致敏物,类别 1 生殖细胞致突变性,类别 2 特异性靶器官毒性-反复接触,类别 1 危害水生环境-急性危害,类别 1	H301 H311 H331 H315 H319 H317 H341 H372 H400	GHS06 GHS08 GHS09	危险	预防措施：P264、P270、P280、P261、P271、P272、P201、P202、P260、P273 事故响应：P301＋P310、P321、P330、P302＋P352、P312、P361＋P364、P304＋P340、P311、P332＋P313、P362＋P364、P305＋P351＋P338、P337＋P313、P333＋P313、P308＋P313、P314、P391 安全储存：P405、P233＋P403 废弃处置：P501	吞咽会中毒，皮肤接触会中毒，吸入会中毒，可能引起皮肤过敏	
1310	硫酸对苯二胺	硫酸对二氨基苯	16245-77-5		危害水生环境-急性危害,类别 1 危害水生环境-长期危害,类别 1	H400 H410	GHS09	警告	预防措施：P273 事故响应：P391 安全储存： 废弃处置：P501		
1311	硫酸二甲酯	硫酸甲酯	77-78-1	1595	急性毒性-经口,类别 3* 急性毒性-吸入,类别 2* 皮肤腐蚀/刺激,类别 1B 严重眼损伤/眼刺激,类别 1 皮肤致敏物,类别 1 生殖细胞致突变性,类别 2 致癌性,类别 1B 特异性靶器官毒性-一次接触,类别 3(呼吸道刺激) 危害水生环境-急性危害,类别 2	H301 H330 H314 H318 H317 H341 H350 H335 H401	GHS05 GHS06 GHS08	危险	预防措施：P264、P270、P260、P271、P284、P280、P261、P272、P201、P202、P273 事故响应：P301＋P310、P321、P304＋P340、P320、P301＋P330＋P331、P303＋P361＋P353、P305＋P351＋P338、P363、P302＋P352、P333＋P313、P362＋P364、P308＋P313、P312 安全储存：P405、P233＋P403、P403＋P233 废弃处置：P501	吞咽会中毒，吸入致命，可引起皮肤腐蚀，可能引起皮肤过敏，可能致癌	重点
1312	硫酸二乙酯	硫酸乙酯	64-67-5	1594	急性毒性-经皮,类别 3 皮肤腐蚀/刺激,类别 1B 严重眼损伤/眼刺激,类别 1 生殖细胞致突变性,类别 1B 致癌性,类别 1B	H311 H314 H318 H340 H350	GHS05 GHS08	危险	预防措施：P280、P260、P264、P201、P202 事故响应：P302＋P352、P312、P321、P361＋P364、P301＋P330＋P331、P303＋P361＋P353、P304＋P340、P305＋P351＋P338、P310、P363、P308＋P313 安全储存：P405 废弃处置：P501	皮肤接触会中毒，可引起皮肤腐蚀，可能致癌	

续表

序号	品名	别名	CAS号	UN号	危险性类别	危险性说明代码	象形图代码	警示词	防范说明代码	风险提示	备注
1313	硫酸镉		10124-36-4		急性毒性-经口,类别3* 急性毒性-吸入,类别2* 生殖细胞致突变性,类别1B 致癌性,类别1A 生殖毒性,类别1B 特异性靶器官毒性-反复接触,类别1 危害水生环境-急性危害,类别1 危害水生环境-长期危害,类别1	H301 H330 H340 H350 H360 H372 H400 H410	GHS06 GHS08 GHS09	危险	预防措施：P264、P270、P260、P271、P284、P201、P202、P280、P273 事故响应：P301＋P310、P321、P330、P304＋P340、P320、P308＋P313、P314、P391 安全储存：P405、P233＋P403 废弃处置：P501	吞咽会中毒，吸入致命，可能致癌	
1314	硫酸汞	硫酸高汞	7783-35-9	1645	急性毒性-经口,类别3 急性毒性-经皮,类别3 皮肤致敏物,类别1 特异性靶器官毒性-一次接触,类别1 特异性靶器官毒性-反复接触,类别1 危害水生环境-急性危害,类别1 危害水生环境-长期危害,类别1	H301 H311 H317 H370 H372 H400 H410	GHS06 GHS08 GHS09	危险	预防措施：P264、P270、P280、P261、P272、P260、P273 事故响应：P301＋P310、P321、P330、P302＋P352、P312、P361＋P364、P333＋P313、P362＋P364、P308＋P311、P314、P391 安全储存：P405 废弃处置：P501	吞咽会中毒，皮肤接触会中毒，可能引起皮肤过敏	
1315	硫酸钴		10124-43-3		呼吸道致敏物,类别1 皮肤致敏物,类别1 生殖细胞致突变性,类别2 致癌性,类别2 生殖毒性,类别1B 危害水生环境-急性危害,类别1 危害水生环境-长期危害,类别1	H334 H317 H341 H351 H360 H400 H410	GHS08 GHS09	危险	预防措施：P261、P284、P272、P280、P201、P202、P273 事故响应：P304＋P340、P342＋P311、P302＋P352、P321、P333＋P313、P362＋P364、P308＋P313、P391 安全储存：P405 废弃处置：P501	吸入可能导致过敏，可能引起皮肤过敏	
1316	硫酸间苯二胺	硫酸间二氨基苯	541-70-8		急性毒性-经口,类别3* 急性毒性-经皮,类别3* 急性毒性-吸入,类别3* 严重眼损伤/眼刺激,类别2 危害水生环境-急性危害,类别1 危害水生环境-长期危害,类别1	H301 H311 H331 H319 H400 H410	GHS06 GHS09	危险	预防措施：P264、P270、P280、P261、P271、P273 事故响应：P301＋P310、P321、P330、P302＋P352、P312、P361＋P364、P304＋P340、P311、P305＋P351＋P338、P337＋P313、P391 安全储存：P405、P233＋P403 废弃处置：P501	吞咽会中毒，皮肤接触会中毒，吸入会中毒	
1317	硫酸马钱子碱	二甲氧基士的宁硫酸盐	4845-99-2		急性毒性-经口,类别2* 急性毒性-吸入,类别2* 危害水生环境-长期危害,类别3	H300 H330 H412	GHS06	危险	预防措施：P264、P270、P260、P271、P284、P273 事故响应：P301＋P310、P321、P330、P304＋P340、P320 安全储存：P405、P233＋P403 废弃处置：P501	吞咽致命 吸入致命	

续表

序号	品名	别名	CAS号	UN号	危险性类别	危险性说明代码	象形图代码	警示词	防范说明代码	风险提示	备注
1318	硫酸镍		7786-81-4		皮肤腐蚀/刺激,类别 2 呼吸道致敏物,类别 1 皮肤致敏物,类别 1 生殖细胞致突变性,类别 2 致癌性,类别 1A 生殖毒性,类别 1B 特异性靶器官毒性-反复接触,类别 1 危害水生环境-急性危害,类别 1 危害水生环境-长期危害,类别 1	H315 H334 H317 H341 H350 H360 H372 H400 H410	GHS08 GHS09	危险	预防措施：P264、P280、P261、P284、P272、P201、P202、P260、P270、P273 事故响应：P302＋P352、P321、P332＋P313、P362＋P364、P304＋P340、P342＋P311、P333＋P313、P308＋P313、P314、P391 安全储存：P405 废弃处置：P501	吸入可能导致过敏，可能引起皮肤过敏，可能致癌	
1319	硫酸铍		13510-49-1		急性毒性-经口,类别 3 急性毒性-吸入,类别 1 皮肤致敏物,类别 1 致癌性,类别 1A 生殖毒性,类别 2 特异性靶器官毒性-反复接触,类别 1 特异性靶器官毒性-一次接触,类别 1 危害水生环境-急性危害,类别 2 危害水生环境-长期危害,类别 2	H301 H330 H317 H350 H361 H372 H370 H401 H411	GHS06 GHS08 GHS09	危险	预防措施：P264、P270、P260、P271、P284、P261、P272、P280、P201、P202、P273 事故响应：P301＋P310、P321、P330、P304＋P340、P320、P302＋P352、P333＋P313、P362＋P364、P308＋P313、P314、P308＋P311、P391 安全储存：P405、P233＋P403 废弃处置：P501	吞咽会中毒，吸入致命，可能引起皮肤过敏，可能致癌	
1320	硫酸铍钾		53684-48-3		急性毒性-经口,类别 3* 急性毒性-吸入,类别 2* 皮肤腐蚀/刺激,类别 2 严重眼损伤/眼刺激,类别 2 皮肤致敏物,类别 1 致癌性,类别 1A 特异性靶器官毒性-一次接触,类别 3(呼吸道刺激) 特异性靶器官毒性-反复接触,类别 1 危害水生环境-急性危害,类别 2 危害水生环境-长期危害,类别 2	H301 H330 H315 H319 H317 H350 H335 H372 H401 H411	GHS06 GHS08 GHS09	危险	预防措施：P264、P270、P260、P271、P284、P280、P261、P272、P201、P202、P273 事故响应：P301＋P310、P321、P330、P304＋P340、P320、P302＋P352、P332＋P313、P362＋P364、P305＋P351＋P338、P337＋P313、P333＋P313、P308＋P313、P312、P314、P391 安全储存：P405、P233＋P403、P403＋P233 废弃处置：P501	吞咽会中毒，吸入致命，可能引起皮肤过敏，可能致癌	

续表

序号	品名	别名	CAS号	UN号	危险性类别	危险性说明代码	象形图代码	警示词	防范说明代码	风险提示	备注
1321	硫酸铅[含游离酸>3%]		7446-14-2	1794	皮肤腐蚀/刺激,类别1 严重眼损伤/眼刺激,类别1 致癌性,类别1B 生殖毒性,类别1A 特异性靶器官毒性-反复接触,类别2 危害水生环境-急性危害,类别1 危害水生环境-长期危害,类别1	H314 H318 H350 H360 H373 H400 H410	GHS05 GHS08 GHS09	危险	预防措施:P260、P264、P280、P201、P202、P273 事故响应:P301+P330+P331、P303+P361+P353、P304+P340、P305+P351+P338、P310、P321、P363、P308+P313、P314、P391 安全储存:P405 废弃处置:P501	可引起皮肤腐蚀,可能致癌	
1322	硫酸羟胺	硫酸胲	10039-54-0	2865	金属腐蚀物,类别1 皮肤腐蚀/刺激,类别2 严重眼损伤/眼刺激,类别2 皮肤致敏物,类别1 特异性靶器官毒性-反复接触,类别2* 危害水生环境-急性危害,类别1	H290 H315 H319 H317 H373 H400	GHS05 GHS07 GHS08 GHS09	警告	预防措施:P234、P264、P280、P261、P272、P260、P273 事故响应:P390、P302+P352、P321、P332+P313、P362+P364、P305+P351+P338、P337+P313、P333+P313、P314、P391 安全储存:P406 废弃处置:P501	可能腐蚀金属,可能引起皮肤过敏	
1323	硫酸氢-2-(N-乙羰基甲氨基)-4-(3,4-二甲基苯磺酰)重氮苯			3236	自反应物质和混合物,D型	H242	GHS02	危险	预防措施:P210、P220、P234、P280 事故响应:P370+P378 安全储存:P403+P235、P411、P420 废弃处置:P501	加热可能起火	
1324	硫酸氢铵	酸式硫酸铵	7803-63-6	2506	皮肤腐蚀/刺激,类别1 严重眼损伤/眼刺激,类别1	H314 H318	GHS05	危险	预防措施:P260、P264、P280 事故响应:P301+P330+P331、P303+P361+P353、P304+P340、P305+P351+P338、P310、P321、P363 安全储存:P405 废弃处置:P501	可引起皮肤腐蚀	
1325	硫酸氢钾	酸式硫酸钾	7646-93-7	2509	皮肤腐蚀/刺激,类别1B 严重眼损伤/眼刺激,类别1 特异性靶器官毒性-一次接触,类别3(呼吸道刺激)	H314 H318 H335	GHS05 GHS07	危险	预防措施:P260、P264、P280、P261、P271 事故响应:P301+P330+P331、P303+P361+P353、P304+P340、P305+P351+P338、P310、P321、P363、P312 安全储存:P405、P403+P233 废弃处置:P501	可引起皮肤腐蚀	

续表

序号	品名	别名	CAS号	UN号	危险性类别	危险性说明代码	象形图代码	警示词	防范说明代码	风险提示	备注
1326	硫酸氢钠	酸式硫酸钠	7681-38-1		严重眼损伤/眼刺激,类别 1	H318	GHS05	危险	预防措施:P280 事故响应:P305+P351+P338、P310 安全储存: 废弃处置:	造成严重眼损伤	
	硫酸氢钠溶液	酸式硫酸钠溶液		2837	严重眼损伤/眼刺激,类别 1	H318	GHS05	危险	预防措施:P280 事故响应:P305+P351+P338、P310 安全储存: 废弃处置:	造成严重眼损伤	
1327	硫酸三乙基锡		57-52-3		急性毒性-经口,类别 2* 急性毒性-经皮,类别 1 急性毒性-吸入,类别 2* 危害水生环境-急性危害,类别 1 危害水生环境-长期危害,类别 1	H300 H310 H330 H400 H410	GHS06 GHS09	危险	预防措施:P264、P270、P262、P280、P260、P271、P284、P273 事故响应:P301+P310、P321、P330、P302+P352、P361+P364、P304+P340、P320、P391 安全储存:P405、P233+P403 废弃处置:P501	吞咽致命,皮肤接触会致命,吸入致命	剧毒
1328	硫酸铊	硫酸亚铊	7446-18-6		急性毒性-经口,类别 2* 皮肤腐蚀/刺激,类别 2 特异性靶器官毒性-反复接触,类别 1 危害水生环境-急性危害,类别 2 危害水生环境-长期危害,类别 2	H300 H315 H372 H401 H411	GHS06 GHS08 GHS09	危险	预防措施:P264、P270、P280、P260、P273 事故响应:P301+P310、P321、P330、P302+P352、P332+P313、P362+P364、P314、P391 安全储存:P405 废弃处置:P501	吞咽致命	剧毒
1329	硫酸亚汞		7783-36-0	1645	急性毒性-经口,类别 3 危害水生环境-急性危害,类别 1 危害水生环境-长期危害,类别 1	H301 H400 H410	GHS06 GHS09	危险	预防措施:P264、P270、P273 事故响应:P301+P310、P321、P330、P391 安全储存:P405 废弃处置:P501	吞咽会中毒	
1330	硫酸氧钒	硫酸钒酰	27774-13-6	2931	急性毒性-经口,类别 3 皮肤腐蚀/刺激,类别 2 严重眼损伤/眼刺激,类别 2 危害水生环境-急性危害,类别 2 危害水生环境-长期危害,类别 2	H301 H315 H319 H401 H411	GHS06 GHS09	危险	预防措施:P264、P270、P280、P273 事故响应:P301+P310、P321、P330、P302+P352、P332+P313、P362+P364、P305+P351+P338、P337+P313、P391 安全储存:P405 废弃处置:P501	吞咽会中毒	

续表

序号	品名	别名	CAS号	UN号	危险性类别	危险性说明代码	象形图代码	警示词	防范说明代码	风险提示	备注
1331	硫酰氟	氟化磺酰	2699-79-8	2191	加压气体 急性毒性-吸入,类别 3 * 特异性靶器官毒性-反复接触,类别 2 * 危害水生环境-急性危害,类别 1	H280 或 H281 H331 H373 H400	GHS04 GHS06 GHS08 GHS09	危险	预防措施:P261、P271、P260、P273 事故响应:P304 + P340、P311、P321、P314、P391 安全储存:P410+P403、P233+P403、P405 废弃处置:P501	内装加压气体:遇热可能爆炸 吸入会中毒	
1332	六氟-2,3-二氯-2-丁烯	2,3-二氯六氟-2-丁烯	303-04-8		急性毒性-吸入,类别 1	H330	GHS06	危险	预防措施:P260、P271、P284 事故响应:P304+P340、P310、P320 安全储存:P233+P403、P405 废弃处置:P501	吸入致命	剧毒
1333	六氟丙酮	全氟丙酮	684-16-2	2420	加压气体 急性毒性-吸入,类别 2 皮肤腐蚀/刺激,类别 2 严重眼损伤/眼刺激,类别 2 生殖毒性,类别 2 特异性靶器官毒性-一次接触,类别 1 特异性靶器官毒性-反复接触,类别 1	H280 或 H281 H330 H315 H319 H361 H370 H372	GHS04 GHS06 GHS08	危险	预防措施:P260、P271、P284、P264、P280、P201、P202、P270 事故响应:P304 + P340、P310、P320、P302 + P352、P321、P332+P313、P362+P364、P305+P351+P338、P337+P313、P308+P313、P308+P311、P314 安全储存:P410+P403、P233+P403、P405 废弃处置:P501	内装加压气体:遇热可能爆炸,吸入致命	
1334	六氟丙酮水合物	全氟丙酮水合物;水合六氟丙酮	13098-39-0	3436(固态);2552(液态)	皮肤腐蚀/刺激,类别 2 严重眼损伤/眼刺激,类别 2 生殖毒性,类别 2 特异性靶器官毒性-一次接触,类别 1 特异性靶器官毒性-反复接触,类别 1	H315 H319 H361 H370 H372	GHS07 GHS08	危险	预防措施:P264、P280、P201、P202、P260、P270 事故响应:P302+P352、P321、P332+P313、P362+P364、P305+P351+P338、P337+P313、P308+P313、P308+P311、P314 安全储存:P405 废弃处置:P501		
1335	六氟丙烯	全氟丙烯	116-15-4	1858	加压气体 特异性靶器官毒性-一次接触,类别 1 特异性靶器官毒性-反复接触,类别 1	H280 或 H281 H370 H372	GHS04 GHS08	危险	预防措施:P260、P264、P270 事故响应:P308+P311、P321、P314 安全储存:P410+P403、P405 废弃处置:P501	内装加压气体:遇热可能爆炸	

续表

序号	品名	别名	CAS号	UN号	危险性类别	危险性说明代码	象形图代码	警示词	防范说明代码	风险提示	备注
1336	六氟硅酸镁	氟硅酸镁	16949-65-8	2853	急性毒性-经口，类别 3 *	H301	GHS06	危险	预防措施：P264、P270 事故响应：P301+P310、P321、P330 安全储存：P405 废弃处置：P501	吞咽会中毒	
1337	六氟合硅酸钡	氟硅酸钡	17125-80-3		急性毒性-经口，类别 3 严重眼损伤/眼刺激，类别 2 特异性靶器官毒性-一次接触，类别 3（呼吸道刺激） 特异性靶器官毒性-反复接触，类别 1	H301 H319 H335 H372	GHS06 GHS08	危险	预防措施：P264、P270、P280、P261、P271、P260 事故响应：P301＋P310、P321、P330、P305＋P351＋P338、P337＋P313、P304＋P340、P312、P314 安全储存：P405、P403＋P233 废弃处置：P501	吞咽会中毒	
1338	六氟合硅酸锌	氟硅酸锌	16871-71-9	2855	急性毒性-经口，类别 3 严重眼损伤/眼刺激，类别 2 特异性靶器官毒性-一次接触，类别 3（呼吸道刺激） 特异性靶器官毒性-反复接触，类别 1	H301 H319 H335 H372	GHS06 GHS08	危险	预防措施：P264、P270、P280、P261、P271、P260 事故响应：P301＋P310、P321、P330、P305＋P351＋P338、P337＋P313、P304＋P340、P312、P314 安全储存：P405、P403＋P233 废弃处置：P501	吞咽会中毒	
1339	六氟合磷氢酸［无水］	六氟代磷酸	16940-81-1	1782	皮肤腐蚀/刺激，类别 1 严重眼损伤/眼刺激，类别 1	H314 H318	GHS05	危险	预防措施：P260、P264、P280 事故响应：P301+P330+P331、P303+P361+P353、P304＋P340、P305＋P351＋P338、P310、P321、P363 安全储存：P405 废弃处置：P501	可引起皮肤腐蚀	
1340	六氟化碲		7783-80-4	2195	加压气体 急性毒性-吸入，类别 2	H280 或 H281 H330	GHS06	危险	预防措施：P260、P271、P284 事故响应：P304+P340、P310、P320 安全储存：P410+P403、P233+P403、P405 废弃处置：P501	内装加压气体：遇热可能爆炸，吸入致命	
1341	六氟化硫		2551-62-4	1080	加压气体 特异性靶器官毒性-一次接触，类别 3（麻醉效应）	H280 或 H281 H336	GHS04 GHS07	警告	预防措施：P261、P271 事故响应：P304+P340、P312 安全储存：P410+P403、P403+P233、P405 废弃处置：P501	内装加压气体：遇热可能爆炸	
1342	六氟化钨		7783-82-6	2196	加压气体 急性毒性-吸入，类别 2	H280 或 H281 H330	GHS04 GHS06	危险	预防措施：P260、P271、P284 事故响应：P304+P340、P310、P320 安全储存：P410+P403、P233+P403、P405 废弃处置：P501	内装加压气体：遇热可能爆炸，吸入致命	

续表

序号	品名	别名	CAS号	UN号	危险性类别	危险性说明代码	象形图代码	警示词	防范说明代码	风险提示	备注
1343	六氟化硒		7783-79-1	2194	加压气体 急性毒性-吸入,类别1 皮肤腐蚀/刺激,类别2 严重眼损伤/眼刺激,类别1 特异性靶器官毒性-一次接触,类别1 特异性靶器官毒性-反复接触,类别1	H280或H281 H330 H315 H318 H370 H372	GHS04 GHS05 GHS06 GHS08	危险	预防措施:P260、P271、P284、P264、P280、P270 事故响应:P304+P340、P310、P320、P302+P352、P321、P332+P313、P362+P364、P305+P351+P338、P308+P311、P314 安全储存:P410+P403、P233+P403、P405 废弃处置:P501	内装加压气体:遇热可能爆炸,吸入致命,造成严重眼损伤	
1344	六氟乙烷	R116;全氟乙烷	76-16-4	2193	加压气体	H280或H281	GHS04	警告	预防措施: 事故响应: 安全储存:P410+P403 废弃处置:	内装加压气体:遇热可能爆炸	
1345	3,3,6,6,9,9-六甲基-1,2,4,5-四氧环壬烷[含量52%～100%]		22397-33-7		有机过氧化物,B型	H241	GHS01 GHS02	危险	预防措施:P210、P220、P234、P280 事故响应: 安全储存:P235+P411、P410、P420 废弃处置:P501	加热可引起燃烧或爆炸	
	3,3,6,6,9,9-六甲基-1,2,4,5-四氧环壬烷[含量≤52%,含A型稀释剂[①]≥48%]				有机过氧化物,D型	H242	GHS02	危险	预防措施:P210、P220、P234、P280 事故响应: 安全储存:P235+P411、P410、P420 废弃处置:P501	加热可引起燃烧	
	3,3,6,6,9,9-六甲基-1,2,4,5-四氧环壬烷[含量≤52%,含B型稀释剂[②]≥48%]				有机过氧化物,D型	H242	GHS02	危险	预防措施:P210、P220、P234、P280 事故响应: 安全储存:P235+P411、P410、P420 废弃处置:P501	加热可引起燃烧	
1346	六甲基二硅醚	六甲基氧二硅烷	107-46-0		易燃液体,类别2 危害水生环境-急性危害,类别1 危害水生环境-长期危害,类别1	H225 H400 H410	GHS02 GHS09	危险	预防措施:P210、P233、P240、P241、P242、P243、P280、P273 事故响应:P303+P361+P353、P370+P378、P391 安全储存:P403+P235 废弃处置:P501	高度易燃液体	

续表

序号	品名	别名	CAS号	UN号	危险性类别	危险性说明代码	象形图代码	警示词	防范说明代码	风险提示	备注
1347	六甲基二硅烷		1450-14-2		易燃液体,类别 2	H225	GHS02	危险	预防措施：P210、P233、P240、P241、P242、P243、P280 事故响应:P303+P361+P353、P370+P378 安全储存:P403+P235 废弃处置:P501	高度易燃液体	
1348	六甲基二硅烷胺	六甲基二硅亚胺	999-97-3		易燃液体,类别 3 急性毒性-经皮,类别 3 急性毒性-吸入,类别 3 皮肤腐蚀/刺激,类别 1 严重眼损伤/眼刺激,类别 1 特异性靶器官毒性-一次接触,类别 1 特异性靶器官毒性-一次接触,类别 3(呼吸道刺激) 危害水生环境-长期危害,类别 3	H226 H311 H331 H314 H318 H370 H335 H412	GHS02 GHS05 GHS06 GHS08	危险	预防措施：P210、P233、P240、P241、P242、P243、P280、P261、P271、P260、P264、P270、P273 事故响应:P303+P361+P353、P370+P378、P302+P352、P312、P321、P361+P364、P304+P340、P301+P330+P331、P305+P351+P338、P310、P363、P308+P311 安全储存:P403+P235、P405、P233+P403、P403+P233 废弃处置:P501	易燃液体,皮肤接触会中毒,吸入会中毒,可引起皮肤腐蚀	
1349	六氢-3*a*,7*a*-二甲基-4,7-环氧异苯并呋喃-1,3-二酮	斑蝥素	56-25-7		急性毒性-经口,类别 2 急性毒性-吸入,类别 3 皮肤腐蚀/刺激,类别 2 特异性靶器官毒性-一次接触,类别 3(呼吸道刺激)	H300 H331 H315 H335	GHS06	危险	预防措施:P264、P270、P261、P271、P280 事故响应:P301+P310、P321、P330、P304+P340、P311、P302+P352、P332+P313、P362+P364 安全储存:P405、P233+P403 废弃处置:P501	吞咽致命,吸入会中毒	
1350	六氯-1,3-丁二烯	六氯丁二烯;全氯-1,3-丁二烯	87-68-3	2279	急性毒性-经口,类别 3 急性毒性-吸入,类别 1 皮肤致敏物,类别 1 生殖细胞致突变性,类别 2 生殖毒性,类别 2 特异性靶器官毒性-一次接触,类别 1 特异性靶器官毒性-反复接触,类别 1 危害水生环境-急性危害,类别 1 危害水生环境-长期危害,类别 1	H301 H330 H317 H341 H361 H370 H372 H400 H410	GHS06 GHS08 GHS09	危险	预防措施：P264、P270、P260、P271、P284、P261、P272、P280、P201、P202、P273 事故响应:P301+P310、P321、P330、P304+P340、P320、P302+P352、P333+P313、P362+P364、P308+P313、P308+P311、P314、P391 安全储存:P405、P233+P403 废弃处置:P501	吞咽会中毒,吸入致命,可能引起皮肤过敏	

续表

序号	品名	别名	CAS号	UN号	危险性类别	危险性说明代码	象形图代码	警示词	防范说明代码	风险提示	备注
1351	(1*R*,4*S*,4*aS*,5*R*,6*R*,7*S*,8*S*,8*aR*)-1,2,3,4,10,10-六氯-1,4,4*a*,5,6,7,8,8*a*-八氢-6,7-环氧-1,4,5,8-二亚甲基萘[含量2%~90%]	狄氏剂	60-57-1		急性毒性-经口,类别3* 急性毒性-经皮,类别1 特异性靶器官毒性-反复接触,类别1 危害水生环境-急性危害,类别1 危害水生环境-长期危害,类别1	H301 H310 H372 H400 H410	GHS06 GHS08 GHS09	危险	预防措施:P264、P270、P262、P280、P260、P273 事故响应:P301＋P310、P321、P330、P302＋P352、P361＋P364、P314、P391 安全储存:P405 废弃处置:P501	吞咽会中毒,皮肤接触会致命	剧毒
1352	(1*R*,4*S*,5*R*,8*S*)-1,2,3,4,10,10-六氯-1,4,4*a*,5,6,7,8,8*a*-八氢-6,7-环氧-1,4;5,8-二亚甲基萘[含量>5%]	异狄氏剂	72-20-8		急性毒性-经口,类别2* 急性毒性-经皮,类别3* 危害水生环境-急性危害,类别1 危害水生环境-长期危害,类别1	H300 H311 H400 H410	GHS06 GHS09	危险	预防措施:P264、P270、P280、P273 事故响应:P301＋P310、P321、P330、P302＋P352、P312、P361＋P364、P391 安全储存:P405 废弃处置:P501	吞咽致命,皮肤接触会中毒	剧毒
1353	1,2,3,4,10,10-六氯-1,4,4*a*,5,8,8*a*-六氢-1,4-挂-5,8-挂二亚甲基萘[含量>10%]	异艾氏剂	465-73-6		急性毒性-经口,类别2* 急性毒性-经皮,类别1 急性毒性-吸入,类别2* 危害水生环境-急性危害,类别1 危害水生环境-长期危害,类别1	H300 H310 H330 H400 H410	GHS06 GHS09	危险	预防措施:P264、P270、P262、P280、P260、P271、P284、P273 事故响应:P301＋P310、P321、P330、P302＋P352、P361＋P364、P304＋P340、P320、P391 安全储存:P405、P233＋P403 废弃处置:P501	吞咽致命,皮肤接触会致命,吸入致命	剧毒
1354	1,2,3,4,10,10-六氯-1,4,4*a*,5,8,8*a*-六氢-1,4:5,8-桥,挂-二甲撑萘[含量>75%]	六氯-六氢-二甲撑萘;艾氏剂	309-00-2		急性毒性-经口,类别2 急性毒性-经皮,类别3* 特异性靶器官毒性-反复接触,类别1 危害水生环境-急性危害,类别1 危害水生环境-长期危害,类别1	H300 H311 H372 H400 H410	GHS06 GHS08 GHS09	危险	预防措施:P264、P270、P280、P260、P273 事故响应:P301＋P310、P321、P330、P302＋P352、P312、P361＋P364、P314、P391 安全储存:P405 废弃处置:P501	吞咽致命,皮肤接触会中毒	剧毒
1355	(1,4,5,6,7,7-六氯-8,9,10-三降冰片-5-烯-2,3-亚基双亚甲基)亚硫酸酯	1,2,3,4,7,7-六氯双环[2,2,1]庚烯-(2)-双羟甲基-5,6-亚硫酸酯;硫丹	115-29-7		急性毒性-经口,类别2* 急性毒性-吸入,类别2* 危害水生环境-急性危害,类别1 危害水生环境-长期危害,类别1	H300 H330 H400 H410	GHS06 GHS09	危险	预防措施:P264、P270、P260、P271、P284、P273 事故响应:P301＋P310、P321、P330、P304＋P340、P320、P391 安全储存:P405、P233＋P403 废弃处置:P501	吞咽致命,吸入致命	

续表

序号	品名	别名	CAS号	UN号	危险性类别	危险性说明代码	象形图代码	警示词	防范说明代码	风险提示	备注
1356	六氯苯	六氯代苯;过氯苯;全氯代苯	118-74-1	2729	致癌性,类别 2 特异性靶器官毒性-反复接触,类别 1 危害水生环境-急性危害,类别 1 危害水生环境-长期危害,类别 1	H351 H372 H400 H410	GHS08 GHS09	危险	预防措施:P201、P202、P280、P260、P264、P270、P273 事故响应:P308+P313、P314、P391 安全储存:P405 废弃处置:P501		
1357	六氯丙酮		116-16-5	2661	危害水生环境-急性危害,类别 2 危害水生环境-长期危害,类别 2	H401 H411	GHS09	警告	预防措施:P273 事故响应:P391 安全储存: 废弃处置:P501		
1358	六氯环戊二烯	全氯环戊二烯	77-47-4	2646	急性毒性-经皮,类别 3* 急性毒性-吸入,类别 2* 皮肤腐蚀/刺激,类别 1B 严重眼损伤/眼刺激,类别 1 危害水生环境-急性危害,类别 1 危害水生环境-长期危害,类别 1	H311 H330 H314 H318 H400 H410	GHS05 GHS06 GHS09	危险	预防措施:P280、P260、P271、P284、P264、P273 事故响应:P302+P352、P312、P321、P361+P364、P304+P340、P310、P320、P301+P330+P331、P303+P361+P353、P305+P351+P338、P363、P391 安全储存:P405、P233+P403 废弃处置:P501	皮肤接触会中毒,吸入致命,可引起皮肤腐蚀	剧毒,重点
1359	α-六氯环己烷		319-84-6		急性毒性-经口,类别 3 急性毒性-经皮,类别 3 生殖毒性,类别 2 特异性靶器官毒性-反复接触,类别 2 危害水生环境-急性危害,类别 1 危害水生环境-长期危害,类别 1	H301 H311 H361 H373 H400 H410	GHS06 GHS08 GHS09	危险	预防措施:P264、P270、P280、P201、P202、P260、P273 事故响应:P301+P310、P321、P330、P302+P352、P312、P361+P364、P308+P313、P314、P391 安全储存:P405 废弃处置:P501	吞咽会中毒,皮肤接触会中毒	
1360	β-六氯环己烷		319-85-7		急性毒性-经口,类别 3 急性毒性-经皮,类别 3 生殖毒性,类别 2 特异性靶器官毒性-反复接触,类别 2 危害水生环境-急性危害,类别 1 危害水生环境-长期危害,类别 1	H301 H311 H361 H373 H400 H410	GHS06 GHS08 GHS09	危险	预防措施:P264、P270、P280、P201、P202、P260、P273 事故响应:P301+P310、P321、P330、P302+P352、P312、P361+P364、P308+P313、P314、P391 安全储存:P405 废弃处置:P501	吞咽会中毒,皮肤接触会中毒	
1361	γ-(1,2,4,5/3,6)-六氯环己烷	林丹	58-89-9		急性毒性-经口,类别 3* 生殖毒性,附加类别 特异性靶器官毒性-反复接触,类别 2* 危害水生环境-急性危害,类别 1 危害水生环境-长期危害,类别 1	H301 H362 H373 H400 H410	GHS06 GHS08 GHS09	危险	预防措施:P264、P270、P201、P260、P263、P273 事故响应:P301+P310、P321、P330、P308+P313、P314、P391 安全储存:P405 废弃处置:P501	吞咽会中毒	

续表

序号	品名	别名	CAS号	UN号	危险性类别	危险性说明代码	象形图代码	警示词	防范说明代码	风险提示	备注
1362	1,2,3,4,5,6-六氯环己烷	六氯化苯;六六六	608-73-1		急性毒性-经口,类别3 急性毒性-经皮,类别3 急性毒性-吸入,类别3 致癌性,类别2 生殖毒性,类别2 特异性靶器官毒性-一次接触,类别1 特异性靶器官毒性-反复接触,类别1 危害水生环境-急性危害,类别1 危害水生环境-长期危害,类别1	H301 H311 H331 H351 H361 H370 H372 H400 H410	GHS06 GHS08 GHS09	危险	预防措施：P264、P270、P280、P261、P271、P201、P202、P260、P273 事故响应：P301＋P310、P321、P330、P302＋P352、P312、P361＋P364、P304＋P340、P308＋P313、P308＋P311、P314、P391 安全储存：P405、P233＋P403 废弃处置：P501	吞咽会中毒，皮肤接触会中毒，吸入会中毒	
1363	六氯乙烷	全氯乙烷;六氯化碳	67-72-1		严重眼损伤/眼刺激,类别2B 致癌性,类别2 特异性靶器官毒性-反复接触,类别2 危害水生环境-急性危害,类别1 危害水生环境-长期危害,类别1	H320 H351 H373 H400 H410	GHS08 GHS09	警告	预防措施：P264、P201、P202、P280、P260、P273 事故响应：P305＋P351＋P338、P337＋P313、P308＋P313、P314、P391 安全储存：P405 废弃处置：P501		
1364	六硝基-1,2-二苯乙烯	六硝基芪	20062-22-0	0392	爆炸物,1.1项	H201	GHS01	危险	预防措施：P210、P230、P240、P250、P280 事故响应：P370＋P380、P372、P373 安全储存：P401 废弃处置：P501	整体爆炸危险	
1365	六硝基二苯胺	六硝炸药;二苦基胺	131-73-7	0079	爆炸物,1.1项 急性毒性-经口,类别2* 急性毒性-经皮,类别1 急性毒性-吸入,类别2* 特异性靶器官毒性-反复接触,类别2 危害水生环境-急性危害,类别2 危害水生环境-长期危害,类别2	H201 H300 H310 H330 H373 H401 H411	GHS01 GHS06 GHS08 GHS09	危险	预防措施：P210、P230、P240、P250、P280、P264、P270、P262、P260、P271、P284、P273 事故响应：P370＋P380、P372、P373、P301＋P310、P321、P330、P302＋P352、P361＋P364、P304＋P340、P320、P314、P391 安全储存：P401、P405、P233＋P403 废弃处置：P501	整体爆炸危险，吞咽致命，皮肤接触会致命，吸入致命	

续表

序号	品名	别名	CAS号	UN号	危险性类别	危险性说明代码	象形图代码	警示词	防范说明代码	风险提示	备注
1366	六硝基二苯胺铵盐	曙黄	2844-92-0		爆炸物,1.1项 急性毒性-经口,类别2* 急性毒性-经皮,类别1 急性毒性-吸入,类别2* 特异性靶器官毒性-反复接触,类别2 危害水生环境-急性危害,类别2 危害水生环境-长期危害,类别2	H201 H300 H310 H330 H373 H401 H411	GHS01 GHS06 GHS08 GHS09	危险	预防措施：P210、P230、P240、P250、P280、P264、P270、P262、P260、P271、P284、P273 事故响应：P370＋P380、P372、P373、P301＋P310、P321、P330、P302＋P352、P361＋P364、P304＋P340、P320、P314、P391 安全储存：P401、P405、P233＋P403 废弃处置：P501	整体爆炸危险，吞咽致命，皮肤接触会致命，吸入致命	
1367	六硝基二苯硫	二苦基硫	28930-30-5		爆炸物,1.1项	H201	GHS01	危险	预防措施：P210、P230、P240、P250、P280 事故响应：P370＋P380、P372、P373 安全储存：P401 废弃处置：P501	整体爆炸危险	
1368	六溴二苯醚		36483-60-0		严重眼损伤/眼刺激,类别2B 生殖毒性,类别1B	H320 H360	GHS08	危险	预防措施：P264、P201、P202、P280 事故响应：P305＋P351＋P338、P337＋P313、P308＋P313 安全储存：P405 废弃处置：P501		
1369	2,2′,4,4′,5,5′-六溴二苯醚		68631-49-2		生殖毒性,类别1B	H360	GHS08	危险	预防措施：P201、P202、P280 事故响应：P308＋P313 安全储存：P405 废弃处置：P501		
1370	2,2′,4,4′,5,6′-六溴二苯醚		207122-15-4		生殖毒性,类别1B	H360	GHS08	危险	预防措施：P201、P202、P280 事故响应：P308＋P313 安全储存：P405 废弃处置：P501		
1371	六溴环十二烷				生殖毒性,类别2 生殖毒性,附加类别 危害水生环境-急性危害,类别1 危害水生环境-长期危害,类别1	H361 H362 H400 H410	GHS08 GHS09	警告	预防措施：P201、P202、P280、P260、P263、P264、P270、P273 事故响应：P308＋P313、P391 安全储存：P405 废弃处置：P501		
1372	六溴联苯		36355-01-8		致癌性,类别1B 生殖毒性,类别2	H350 H361	GHS08	危险	预防措施：P201、P202、P280 事故响应：P308＋P313 安全储存：P405 废弃处置：P501	可能致癌	

续表

序号	品名	别名	CAS号	UN号	危险性类别	危险性说明代码	象形图代码	警示词	防范说明代码	风险提示	备注
1373	六亚甲基二异氰酸酯	六甲撑二异氰酸酯；1,6-二异氰酸己烷；己撑二异氰酸酯；1,6-己二异氰酸酯	822-06-0	2281	急性毒性-吸入，类别 3* 皮肤腐蚀/刺激，类别 2 严重眼损伤/眼刺激，类别 2 呼吸道致敏物，类别 1 皮肤致敏物，类别 1 特异性靶器官毒性-一次接触，类别 3(呼吸道刺激)	H331 H315 H319 H334 H317 H335	GHS06 GHS08	危险	预防措施：P261、P271、P264、P280、P284、P272 事故响应：P304 + P340、P321、P302 + P352、P332+P313、P362+P364、P305+P351+P338、P337+P313、P342+P311、P333+P313、P312 安全储存：P233+P403、P405、P403+P233 废弃处置：P501	吸入会中毒，吸入可能导致过敏，可能引起皮肤过敏	
1374	*N*,*N*-六亚甲基硫代氨基甲酸-*S*-乙酯	禾草敌	2212-67-1		皮肤致敏物，类别 1 生殖毒性，类别 2 特异性靶器官毒性-反复接触，类别 2* 危害水生环境-急性危害，类别 1 危害水生环境-长期危害，类别 1	H317 H361 H373 H400 H410	GHS07 GHS08 GHS09	警告	预防措施：P261、P272、P280、P201、P202、P260、P273 事故响应：P302 + P352、P321、P333 + P313、P362+P364、P308+P313、P314、P391 安全储存：P405 废弃处置：P501	可能引起皮肤过敏	
1375	六亚甲基四胺	六甲撑四胺；乌洛托品	100-97-0	1328	易燃固体，类别 2 皮肤致敏物，类别 1 危害水生环境-急性危害，类别 2	H228 H317 H401	GHS02 GHS07	警告	预防措施：P210、P240、P241、P280、P261、P272、P273 事故响应：P370 + P378、P302 + P352、P321、P333+P313、P362+P364 安全储存： 废弃处置：P501	易燃固体，可能引起皮肤过敏	制爆
1376	六亚甲基亚胺	高哌啶	111-49-9	2493	易燃液体，类别 2 急性毒性-经口，类别 2 急性毒性-吸入，类别 3 皮肤腐蚀/刺激，类别 1 严重眼损伤/眼刺激，类别 1 特异性靶器官毒性-一次接触，类别 2	H225 H300 H331 H314 H318 H371	GHS02 GHS05 GHS06 GHS08	危险	预防措施：P210、P233、P240、P241、P242、P243、P280、P264、P270、P261、P271、P260 事故响应：P303 + P361 + P353、P370 + P378、P301+P310、P321、P304+P340、P301+P330+P331、P305+P351+P338、P363、P308+P311 安全储存：P403+P235、P405、P233+P403 废弃处置：P501	高度易燃液体，吞咽致命，吸入会中毒，可引起皮肤腐蚀	
1377	铝粉		7429-90-5	1309(有涂层)；1396(无涂层)	(1)有涂层： 易燃固体，类别 1 (2)无涂层： 遇水放出易燃气体的物质和混合物，类别 2	(1) H228 (2) H261	GHS02	危险	预防措施：P210、P240、P241、P280、P223、P231+P232 事故响应：P370+P378、P335+P334 安全储存：P402+P404 废弃处置：P501	(1)易燃固体 (2)遇水放出易燃气体	制爆

续表

序号	品名	别名	CAS号	UN号	危险性类别	危险性说明代码	象形图代码	警示词	防范说明代码	风险提示	备注
1378	铝镍合金氢化催化剂				易燃固体,类别 2 致癌性,类别 2	H228 H351	GHS02 GHS08	警告	预防措施:P210、P240、P241、P280、P201、P202 事故响应:P370+P378、P308+P313 安全储存:P405 废弃处置:P501	易燃固体	
1379	铝酸钠[固体]		1302-42-7	2812	皮肤腐蚀/刺激,类别 1 严重眼损伤/眼刺激,类别 1	H314 H318	GHS05	危险	预防措施:P260、P264、P280 事故响应:P301+P330+P331、P303+P361+P353、P304+P340、P305+P351+P338、P310、P321、P363 安全储存:P405 废弃处置:P501	可引起皮肤腐蚀	
	铝酸钠[溶液]			1819	皮肤腐蚀/刺激,类别 1 严重眼损伤/眼刺激,类别 1	H314 H318	GHS05	危险	预防措施:P260、P264、P280 事故响应:P301+P330+P331、P303+P361+P353、P304+P340、P305+P351+P338、P310、P321、P363 安全储存:P405 废弃处置:P501	可引起皮肤腐蚀	
1380	铝铁熔剂				易燃固体,类别 2	H228	GHS02	警告	预防措施:P210、P240、P241、P280 事故响应:P370+P378 安全储存: 废弃处置:	易燃固体	
1381	氯	液氯;氯气	7782-50-5	1017	加压气体 急性毒性-吸入,类别 2 皮肤腐蚀/刺激,类别 2 严重眼损伤/眼刺激,类别 2 特异性靶器官毒性-一次接触,类别 3(呼吸道刺激) 危害水生环境-急性危害,类别 1	H280 或 H281 H330 H315 H319 H335 H400	GHS06 GHS09	危险	预防措施:P260、P271、P284、P264、P280、P261、P273 事故响应:P304+P340、P310、P320、P302+P352、P321、P332+P313、P362+P364、P305+P351+P338、P337+P313、P312、P391 安全储存:P410+P403、P233+P403、P405、P403+P233 废弃处置:P501	内装加压气体:遇热可能爆炸,吸入致命	剧毒,重点,重大
1382	1-氯-1,1-二氟乙烷	R142;二氟氯乙烷	75-68-3	2517	易燃气体,类别 1 加压气体 严重眼损伤/眼刺激,类别 2B 危害水生环境-长期危害,类别 3 危害臭氧层,类别 1	H220 H280 或 H281 H320 H412 H420	GHS02 GHS04 GHS07	危险	预防措施:P210、P264、P273 事故响应:P377、P381、P305+P351+P338、P337+P313 安全储存:P410+P403 废弃处置:P501	极易燃气体,内装加压气体:遇热可能爆炸	

续表

序号	品名	别名	CAS号	UN号	危险性类别	危险性说明代码	象形图代码	警示词	防范说明代码	风险提示	备注
1383	3-氯-1,2-丙二醇	α-氯代丙二醇；3-氯-1,2-二羟基丙烷；α-氯甘油；3-氯代丙二醇	96-24-2	2689	急性毒性-经口,类别3 急性毒性-吸入,类别2 严重眼损伤/眼刺激,类别2A 致癌性,类别2 生殖毒性,类别1B 特异性靶器官毒性-一次接触,类别1 特异性靶器官毒性-一次接触,类别3(呼吸道刺激) 特异性靶器官毒性-反复接触,类别1	H301 H330 H319 H351 H360 H370 H335 H372	GHS06 GHS08	危险	预防措施：P264、P270、P260、P271、P284、P280、P201、P202、P261 事故响应：P301＋P310、P321、P330、P304＋P340、P320、P305＋P351＋P338、P337＋P313、P308＋P313、P308＋P311、P312、P314 安全储存：P405、P233＋P403、P403＋P233 废弃处置：P501	吞咽会中毒，吸入致命	
1384	2-氯-1,3-丁二烯[稳定的]	氯丁二烯	126-99-8	1991	易燃液体,类别2 皮肤腐蚀/刺激,类别2 严重眼损伤/眼刺激,类别2 致癌性,类别2 特异性靶器官毒性-一次接触,类别3(呼吸道刺激) 特异性靶器官毒性-反复接触,类别2＊	H225 H315 H319 H351 H335 H373	GHS02 GHS07 GHS08	危险	预防措施：P210、P233、P240、P241、P242、P243、P280、P264、P201、P202、P261、P271、P260 事故响应：P303＋P361＋P353、P370＋P378、P302＋P352、P321、P332＋P313、P362＋P364、P305＋P351＋P338、P337＋P313、P308＋P313、P304＋P340、P312、P314 安全储存：P403＋P235、P405、P403＋P233 废弃处置：P501	高度易燃液体	
1385	2-氯-1-丙醇	2-氯-1-羟基丙烷	78-89-7	2611	易燃液体,类别3 急性毒性-经口,类别3 急性毒性-经皮,类别3 急性毒性-吸入,类别2	H226 H301 H311 H330	GHS02 GHS06	危险	预防措施：P210、P233、P240、P241、P242、P243、P280、P264、P270、P260、P271、P284 事故响应：P303＋P361＋P353、P370＋P378、P301＋P310、P321、P330、P302＋P352、P312、P361＋P364、P304＋P340、P320 安全储存：P403＋P235、P405、P233＋P403 废弃处置：P501	易燃液体，吞咽会中毒，皮肤接触会中毒，吸入致命	
1386	3-氯-1-丙醇	三亚甲基氯醇	627-30-5	2849	急性毒性-经口,类别3 皮肤腐蚀/刺激,类别2 严重眼损伤/眼刺激,类别2 特异性靶器官毒性-一次接触,类别3(呼吸道刺激)	H301 H315 H319 H335	GHS06	危险	预防措施：P264、P270、P280 事故响应：P301＋P310、P321、P330、P302＋P352、P332＋P313、P362＋P364、P305＋P351＋P338、P337＋P313 安全储存：P405 废弃处置：P501	吞咽会中毒	

续表

序号	品名	别名	CAS号	UN号	危险性类别	危险性说明代码	象形图代码	警示词	防范说明代码	风险提示	备注
1387	3-氯-1-丁烯		563-52-0		易燃液体,类别 2	H225	GHS02	危险	预防措施：P210、P233、P240、P241、P242、P243、P280 事故响应:P303+P361+P353、P370+P378 安全储存:P403+P235 废弃处置:P501	高度易燃液体	
1388	1-氯-1-硝基丙烷	1-硝基-1-氯丙烷	600-25-9		严重眼损伤/眼刺激,类别 2A 特异性靶器官毒性—一次接触,类别 2	H319 H371	GHS07 GHS08	警告	预防措施:P264、P280、P260、P270 事故响应:P305＋P351＋P338、P337＋P313、P308+P311 安全储存:P405 废弃处置:P501		
1389	2-氯-1-溴丙烷	1-溴-2-氯丙烷	3017-96-7		易燃液体,类别 3 急性毒性-吸入,类别 3	H226 H331	GHS02 GHS06	危险	预防措施：P210、P233、P240、P241、P242、P243、P280、P261、P271 事故响应:P303＋P361＋P353、P370＋P378、P304+P340、P311、P321 安全储存:P403+P235、P233+P403、P405 废弃处置:P501	易燃液体，吸入会中毒	
1390	1-氯-2，2，2-三氟乙烷	R133a	75-88-7	1983	加压气体 生殖毒性,类别 1B 特异性靶器官毒性—一次接触,类别 3(麻醉效应) 危害臭氧层,类别 1	H280 或 H281 H360 H336 H420	GHS04 GHS07 GHS08	危险	预防措施:P201、P202、P280、P261、P271 事故响应:P308+P313、P304+P340、P312 安全储存:P410+P403、P405、P403+P233 废弃处置:P501	内装加压气体：遇热可能爆炸	
1391	1-氯-2，3-环氧丙烷	环氧氯丙烷；3-氯-1,2-环氧丙烷	106-89-8	2023	易燃液体,类别 3 急性毒性-经口,类别 3＊ 急性毒性-经皮,类别 3＊ 急性毒性-吸入,类别 3＊ 皮肤腐蚀/刺激,类别 1B 严重眼损伤/眼刺激,类别 1 皮肤致敏物,类别 1 致癌性,类别 1B	H226 H301 H311 H331 H314 H318 H317 H350	GHS02 GHS05 GHS06 GHS08	危险	预防措施：P210、P233、P240、P241、P242、P243、P280、P264、P270、P261、P271、P260、P272、P201、P202 事故响应:P303＋P361＋P353、P370＋P378、P301＋P310、P321、P302＋P352、P312、P361＋P364、P304＋P340、P311、P301＋P330＋P331、P305+P351+P338、P363、P333＋P313、P362＋P364、P308+P313 安全储存:P403+P235、P405、P233+P403 废弃处置:P501	易燃液体，吞咽会中毒，皮肤接触会中毒，吸入会中毒，可引起皮肤腐蚀，可能引起皮肤过敏，可能致癌	重点，重大

续表

序号	品名	别名	CAS号	UN号	危险性类别	危险性说明代码	象形图代码	警示词	防范说明代码	风险提示	备注
1392	1-氯-2,4-二硝基苯	2,4-二硝基氯苯	97-00-7	3441	急性毒性-经皮,类别 2 皮肤腐蚀/刺激,类别 2 严重眼损伤/眼刺激,类别 1 皮肤致敏物,类别 1 生殖细胞致突变性,类别 2 特异性靶器官毒性-一次接触,类别 1 特异性靶器官毒性-一次接触,类别 3(呼吸道刺激) 特异性靶器官毒性-反复接触,类别 1 危害水生环境-急性危害,类别 1 危害水生环境-长期危害,类别 1	H310 H315 H318 H317 H341 H370 H335 H372 H400 H410	GHS05 GHS06 GHS08 GHS09	危险	预防措施：P262、P264、P270、P280、P261、P272、P201、P202、P260、P271、P273 事故响应：P302＋P352、P310、P321、P361＋P364、P332＋P313、P362＋P364、P305＋P351＋P338、P333＋P313、P308＋P313、P308＋P311、P304＋P340、P312、P314、P391 安全储存：P405、P403＋P233 废弃处置：P501	皮肤接触会致命,造成严重眼损伤,可能引起皮肤过敏	
1393	4-氯-2-氨基苯酚	2-氨基-4-氯苯酚;对氯邻氨基苯酚	95-85-2	2673	特异性靶器官毒性-反复接触,类别 2	H373	GHS08	警告	预防措施：P260 事故响应：P314 安全储存： 废弃处置：P501		
1394	1-氯-2-丙醇	氯异丙醇;丙氯仲醇	127-00-4		易燃液体,类别 3 急性毒性-经口,类别 3 急性毒性-经皮,类别 3 急性毒性-吸入,类别 2	H226 H301 H311 H330	GHS02 GHS06	危险	预防措施：P210、P233、P240、P241、P242、P243、P280、P264、P270、P260、P271、P284 事故响应：P303＋P361＋P353、P370＋P378、P301＋P310、P321、P330、P302＋P352、P312、P361＋P364、P304＋P340、P320 安全储存：P403＋P235、P405、P233＋P403 废弃处置：P501	易燃液体,吞咽会中毒,皮肤接触会中毒,吸入致命	
1395	1-氯-2-丁烯		591-97-9		易燃液体,类别 2	H225	GHS02	危险	预防措施：P210、P233、P240、P241、P242、P243、P280 事故响应：P303＋P361＋P353、P370＋P378 安全储存：P403＋P235 废弃处置：P501	高度易燃液体	
1396	5-氯-2-甲基苯胺	5-氯邻甲苯胺;2-氨基-4-氯甲苯	95-79-4	2239	危害水生环境-急性危害,类别 1 危害水生环境-长期危害,类别 1	H400 H410	GHS09	警告	预防措施：P273 事故响应：P391 安全储存： 废弃处置：P501		

续表

序号	品名	别名	CAS号	UN号	危险性类别	危险性说明代码	象形图代码	警示词	防范说明代码	风险提示	备注
1397	*N*-(4-氯-2-甲基苯基)-*N'*,*N'*-二甲基甲脒	杀虫脒	6164-98-3		急性毒性-经口,类别3 急性毒性,经皮,类别3 危害水生环境-急性危害,类别1 危害水生环境-长期危害,类别1	H301 H311 H400 H410	GHS06 GHS09	危险	预防措施:P264、P270、P280、P273 事故响应:P301＋P310、P321、P330、P302＋P352、P312、P361＋P364、P391 安全储存:P405 废弃处置:P501	吞咽会中毒,皮肤接触会中毒	
1398	3-氯-2-甲基丙烯	2-甲基-3-氯丙烯;甲基烯丙基氯;氯化异丁烯;1-氯-2-甲基-2-丙烯	563-47-3	2554	易燃液体,类别2 皮肤腐蚀/刺激,类别1B 严重眼损伤/眼刺激,类别1 皮肤致敏物,类别1 危害水生环境-急性危害,类别2 危害水生环境-长期危害,类别2	H225 H314 H318 H317 H401 H411	GHS02 GHS05 GHS07 GHS09	危险	预防措施:P210、P233、P240、P241、P242、P243、P280、P260、P264、P261、P272、P273 事故响应:P303＋P361＋P353、P370＋P378、P301＋P330＋P331、P304＋P340、P305＋P351＋P338、P310、P321、P363、P302＋P352、P333＋P313、P362＋P364、P391 安全储存:P403＋P235、P405 废弃处置:P501	高度易燃液体,可引起皮肤腐蚀,可能引起皮肤过敏	
1399	2-氯-2-甲基丁烷	叔戊基氯;氯代叔戊烷	594-36-5	1107	易燃液体,类别2	H225	GHS02	危险	预防措施:P210、P233、P240、P241、P242、P243、P280 事故响应:P303＋P361＋P353、P370＋P378 安全储存:P403＋P235 废弃处置:P501	高度易燃液体	
1400	5-氯-2-甲氧基苯胺	4-氯-2-氨基苯甲醚	95-03-4	2233	皮肤腐蚀/刺激,类别2 严重眼损伤/眼刺激,类别2 特异性靶器官毒性-一次接触,类别3(呼吸道刺激)	H315 H319 H335	GHS07	警告	预防措施:P264、P280 事故响应:P302＋P352、P321、P332＋P313、P362＋P364、P305＋P351＋P338、P337＋P313 安全储存: 废弃处置:		
1401	4-氯-2-硝基苯胺	对氯邻硝基苯胺	89-63-4	2237	特异性靶器官毒性-反复接触,类别2 危害水生环境-急性危害,类别2 危害水生环境-长期危害,类别2	H373 H401 H411	GHS08 GHS09	警告	预防措施:P260、P273 事故响应:P314、P391 安全储存: 废弃处置:P501		
1402	4-氯-2-硝基苯酚		89-64-5		皮肤腐蚀/刺激,类别2 严重眼损伤/眼刺激,类别2 特异性靶器官毒性-一次接触,类别3(呼吸道刺激)	H315 H319 H335	GHS07	警告	预防措施:P264、P280 事故响应:P302＋P352、P321、P332＋P313、P362＋P364、P305＋P351＋P338、P337＋P313 安全储存: 废弃处置:		

续表

序号	品名	别名	CAS号	UN号	危险性类别	危险性说明代码	象形图代码	警示词	防范说明代码	风险提示	备注
1403	4-氯-2-硝基苯酚钠盐		52106-89-5		皮肤腐蚀/刺激,类别2 严重眼损伤/眼刺激,类别2	H315 H319	GHS07	警告	预防措施:P264、P280 事故响应:P302＋P352、P321、P332＋P313、P362＋P364、P305＋P351＋P338、P337＋P313 安全储存: 废弃处置:		
1404	4-氯-2-硝基甲苯	对氯邻硝基甲苯	89-59-8	2433	危害水生环境-急性危害,类别2 危害水生环境-长期危害,类别2	H401 H411	GHS09	警告	预防措施:P273 事故响应:P391 安全储存: 废弃处置:P501		
1405	1-氯-2-溴丙烷	2-溴-1-氯丙烷	3017-95-6		急性毒性-吸入,类别3	H331	GHS06	危险	预防措施:P261、P271 事故响应:P304＋P340、P311、P321 安全储存:P233＋P403、P405 废弃处置:P501	吸入会中毒	
1406	1-氯-2-溴乙烷	1-溴-2-氯乙烷;氯乙基溴	107-04-0		急性毒性-经口,类别3	H301	GHS06	危险	预防措施:P264、P270 事故响应:P301＋P310、P321、P330 安全储存:P405 废弃处置:P501	吞咽会中毒	
1407	4-氯间甲酚	2-氯-5-羟基甲苯;4-氯-3-甲酚	59-50-7	3437	严重眼损伤/眼刺激,类别1 皮肤致敏物,类别1 危害水生环境-急性危害,类别1	H318 H317 H400	GHS05 GHS07 GHS09	危险	预防措施:P280、P261、P272、P273 事故响应:P305＋P351＋P338、P310、P302＋P352、P321、P333＋P313、P362＋P364、P391 安全储存: 废弃处置:P501	造成严重眼损伤,可能引起皮肤过敏	
1408	1-氯-3-甲基丁烷	异戊基氯;氯代异戊烷	107-84-6		易燃液体,类别2	H225	GHS02	危险	预防措施:P210、P233、P240、P241、P242、P243、P280 事故响应:P303＋P361＋P353、P370＋P378 安全储存:P403＋P235 废弃处置:P501	高度易燃液体	
1409	1-氯-3-溴丙烷	3-溴-1-氯丙烷	109-70-6	2688	易燃液体,类别3 急性毒性-吸入,类别3 特异性靶器官毒性-一次接触,类别2 特异性靶器官毒性-反复接触,类别2	H226 H331 H371 H373	GHS02 GHS06 GHS08	危险	预防措施:P210、P233、P240、P241、P242、P243、P280、P261、P271、P260、P264、P270 事故响应:P303＋P361＋P353、P370＋P378、P304＋P340、P321、P308＋P311、P314 安全储存:P403＋P235、P233＋P403、P405 废弃处置:P501	易燃液体,吸入会中毒	

续表

序号	品名	别名	CAS号	UN号	危险性类别	危险性说明代码	象形图代码	警示词	防范说明代码	风险提示	备注
1410	2-氯-4，5-二甲基苯基-N-甲基氨基甲酸酯	氯灭杀威	671-04-5		急性毒性-经口，类别 2	H300	GHS06	危险	预防措施：P264、P270 事故响应：P301+P310、P321、P330 安全储存：P405 废弃处置：P501	吞咽致命	
1411	2-氯-4-二甲氨基-6-甲基嘧啶	鼠立死	535-89-7		急性毒性-经口，类别 2 *	H300	GHS06	危险	预防措施：P264、P270 事故响应：P301+P310、P321、P330 安全储存：P405 废弃处置：P501	吞咽致命	
1412	3-氯-4-甲氧基苯胺	2-氯-4-氨基苯甲醚；邻氯对氨基苯甲醚	5345-54-0	2233	皮肤腐蚀/刺激，类别 2 严重眼损伤/眼刺激，类别 2 特异性靶器官毒性-一次接触，类别 3（呼吸道刺激）	H315 H319 H335	GHS07	警告	预防措施：P264、P280 事故响应：P302+P352、P321、P332+P313、P362+P364、P305+P351+P338、P337+P313 安全储存： 废弃处置：		
1413	2-氯-4-硝基苯胺	邻氯对硝基苯胺	121-87-9	2237	危害水生环境-急性危害，类别 2 危害水生环境-长期危害，类别 2	H401 H411	GHS09	警告	预防措施：P273 事故响应：P391 安全储存： 废弃处置：P501		
1414	氯苯	一氯化苯	108-90-7	1134	易燃液体，类别 3 危害水生环境-急性危害，类别 2 危害水生环境-长期危害，类别 2	H226 H401 H411	GHS02 GHS09	警告	预防措施：P210、P233、P240、P241、P242、P243、P280、P273 事故响应：P303+P361+P353、P370+P378、P391 安全储存：P403+P235 废弃处置：P501	易燃液体	重点
1415	2-氯苯胺	邻氯苯胺；邻氨基氯苯	95-51-2		急性毒性-经皮，类别 3 严重眼损伤/眼刺激，类别 2B 生殖细胞致突变性，类别 2 生殖毒性，类别 2 危害水生环境-急性危害，类别 1 危害水生环境-长期危害，类别 1	H311 H320 H341 H361 H400 H410	GHS06 GHS08 GHS09	危险	预防措施：P280、P264、P201、P202、P273 事故响应：P302+P352、P312、P321、P361+P364、P305+P351+P338、P337+P313、P308+P313、P391 安全储存：P405 废弃处置：P501	皮肤接触会中毒	
1416	3-氯苯胺	间氨基氯苯；间氯苯胺	108-42-9		急性毒性-经口，类别 3 急性毒性-经皮，类别 3 急性毒性-吸入，类别 3 严重眼损伤/眼刺激，类别 2 危害水生环境-急性危害，类别 1 危害水生环境-长期危害，类别 1	H301 H311 H331 H319 H400 H410	GHS06 GHS09	危险	预防措施：P264、P270、P280、P261、P271、P273 事故响应：P301+P310、P321、P330、P302+P352、P312、P361+P364、P304+P340、P311、P305+P351+P338、P337+P313、P391 安全储存：P405、P233+P403 废弃处置：P501	吞咽会中毒，皮肤接触会中毒，吸入会中毒	

续表

序号	品名	别名	CAS号	UN号	危险性类别	危险性说明代码	象形图代码	警示词	防范说明代码	风险提示	备注
1417	4-氯苯胺	对氯苯胺;对氨基氯苯	106-47-8		急性毒性-经口,类别3* 急性毒性-经皮,类别3* 急性毒性-吸入,类别3* 皮肤致敏物,类别1 致癌性,类别2 危害水生环境-急性危害,类别1 危害水生环境-长期危害,类别1	H301 H311 H331 H317 H351 H400 H410	GHS06 GHS08 GHS09	危险	预防措施:P264、P270、P280、P261、P271、P272、P201、P202、P273 事故响应:P301+P310、P321、P330、P302+P352、P312、P361+P364、P304+P340、P311、P333+P313、P362+P364、P308+P313、P391 安全储存:P405、P233+P403 废弃处置:P501	吞咽会中毒,皮肤接触会中毒,吸入会中毒,可能引起皮肤过敏	
1418	2-氯苯酚	2-羟基氯苯;2-氯-1-羟基苯;邻氯苯酚;邻羟基氯苯	95-57-8	2021(液态);2020(固态)	急性毒性-吸入,类别2 危害水生环境-急性危害,类别2 危害水生环境-长期危害,类别2	H330 H401 H411	GHS06 GHS09	危险	预防措施:P260、P271、P284、P273 事故响应:P304+P340、P310、P320、P391 安全储存:P233+P403、P405 废弃处置:P501	吸入致命	
1419	3-氯苯酚	3-羟基氯苯;3-氯-1-羟基苯;间氯苯酚;间羟基氯苯	108-43-0		危害水生环境-急性危害,类别2 危害水生环境-长期危害,类别2	H401 H411	GHS09	警告	预防措施:P273 事故响应:P391 安全储存: 废弃处置:P501		
1420	4-氯苯酚	4-羟基氯苯;4-氯-1-羟基苯;对氯苯酚;对羟基氯苯	106-48-9		急性毒性-经口,类别3 危害水生环境-急性危害,类别2 危害水生环境-长期危害,类别2	H301 H401 H411	GHS06 GHS09	危险	预防措施:P264、P270、P273 事故响应:P301+P310、P321、P330、P391 安全储存:P405 废弃处置:P501	吞咽会中毒	
1421	3-氯苯过氧甲酸[57%<含量≤86%,惰性固体含量≥14%]		937-14-4	3102	有机过氧化物,B型	H241	GHS01 GHS02	危险	预防措施:P210、P220、P234、P280 事故响应: 安全储存:P235+P411、P410、P420 废弃处置:P501	加热可引起燃烧或爆炸	
	3-氯苯过氧甲酸[含量≤57%,惰性固体含量≤3%,含水≥40%]			3106	有机过氧化物,D型	H242	GHS02	危险	预防措施:P210、P220、P234、P280 事故响应: 安全储存:P235+P411、P410、P420 废弃处置:P501	加热可引起燃烧	
	3-氯苯过氧甲酸[含量≤77%,惰性固体含量≥6%,含水≥17%]			3106	有机过氧化物,D型	H242	GHS02	危险	预防措施:P210、P220、P234、P280 事故响应: 安全储存:P235+P411、P410、P420 废弃处置:P501	加热可引起燃烧	

续表

序号	品名	别名	CAS号	UN号	危险性类别	危险性说明代码	象形图代码	警示词	防范说明代码	风险提示	备注
1422	2-[(*RS*)-2-(4-氯苯基)-2-苯基乙酰基]-2,3-二氢-1,3-茚二酮[含量>4%]	2-(苯基对氯苯基乙酰)茚满-1,3-二酮;氯鼠酮	3691-35-8		急性毒性-经口,类别2* 急性毒性-经皮,类别1 急性毒性-吸入,类别3* 特异性靶器官毒性-反复接触,类别1 危害水生环境-急性危害,类别1 危害水生环境-长期危害,类别1	H300 H310 H331 H372 H400 H410	GHS06 GHS08 GHS09	危险	预防措施:P264、P270、P262、P280、P261、P271、P260、P273 事故响应:P301+P310、P321、P330、P302+P352、P361+P364、P304+P340、P311、P314、P391 安全储存:P405、P233+P403 废弃处置:P501	吞咽致命,皮肤接触会致命,吸入会中毒	剧毒
1423	*N*-(3-氯苯基)氨基甲酸(4-氯丁炔-2-基)脂	燕麦灵	101-27-9		皮肤致敏物,类别1 危害水生环境-急性危害,类别1 危害水生环境-长期危害,类别1	H317 H400 H410	GHS07 GHS09	警告	预防措施:P261、P272、P280、P273 事故响应:P302+P352、P321、P333+P313、P362+P364、P391 安全储存: 废弃处置:P501	可能引起皮肤过敏	
1424	氯苯基三氯硅烷		26571-79-9	1753	皮肤腐蚀/刺激,类别1 严重眼损伤/眼刺激,类别1	H314 H318	GHS05	危险	预防措施:P260、P264、P280 事故响应:P301+P330+P331、P303+P361+P353、P304+P340、P305+P351+P338、P310、P321、P363 安全储存:P405 废弃处置:P501	可引起皮肤腐蚀	
1425	2-氯苯甲酰氯	邻氯苯甲酰氯;氯化邻氯苯甲酰	609-65-4		皮肤腐蚀/刺激,类别1 严重眼损伤/眼刺激,类别1	H314 H318	GHS05	危险	预防措施:P260、P264、P280 事故响应:P301+P330+P331、P303+P361+P353、P304+P340、P305+P351+P338、P310、P321、P363 安全储存:P405 废弃处置:P501	可引起皮肤腐蚀	
1426	4-氯苯甲酰氯	对氯苯甲酰氯;氯化对氯苯甲酰	122-01-0		皮肤腐蚀/刺激,类别1 严重眼损伤/眼刺激,类别1	H314 H318	GHS05	危险	预防措施:P260、P264、P280 事故响应:P301+P330+P331、P303+P361+P353、P304+P340、P305+P351+P338、P310、P321、P363 安全储存:P405 废弃处置:P501	可引起皮肤腐蚀	

续表

序号	品名	别名	CAS号	UN号	危险性类别	危险性说明代码	象形图代码	警示词	防范说明代码	风险提示	备注
1427	2-氯苯乙酮	氯乙酰苯;氯苯乙酮;苯基氯甲基甲酮;苯酰甲基氯;α-氯苯乙酮	532-27-4	1697	急性毒性-经口,类别 3 皮肤腐蚀/刺激,类别 2 严重眼损伤/眼刺激,类别 1 皮肤致敏物,类别 1 特异性靶器官毒性-一次接触,类别 2 特异性靶器官毒性-一次接触,类别 3(麻醉效应) 特异性靶器官毒性-反复接触,类别 1	H301 H315 H318 H317 H371 H336 H372	GHS05 GHS06 GHS08	危险	预防措施：P264、P270、P280、P261、P272、P260、P271 事故响应：P301＋P310、P321、P330、P302＋P352、P332＋P313、P362＋P364、P305＋P351＋P338、P333＋P313、P308＋P311、P304＋P340、P312、P314 安全储存：P405、P403＋P233 废弃处置：P501	吞咽会中毒，造成严重眼损伤，可能引起皮肤过敏	
1428	2-氯吡啶		109-09-1	2822	急性毒性-经口,类别 3 急性毒性-经皮,类别 2	H301 H310	GHS06	危险	预防措施：P264、P270、P262、P280 事故响应：P301＋P310、P321、P330、P302＋P352、P361＋P364 安全储存：P405 废弃处置：P501	吞咽会中毒，皮肤接触会致命	
1429	4-氯苄基氯	对氯苄基氯;对氯苯甲基氯	104-83-6	2235(液态);3427(固态)	皮肤致敏物,类别 1 特异性靶器官毒性-一次接触,类别 3(麻醉效应) 危害水生环境-急性危害,类别 2 危害水生环境-长期危害,类别 2	H317 H336 H401 H411	GHS07 GHS09	警告	预防措施：P261、P272、P280、P271、P273 事故响应：P302＋P352、P321、P333＋P313、P362＋P364、P304＋P340、P312、P391 安全储存：P403＋P233、P405 废弃处置：P501	可能引起皮肤过敏	
1430	3-氯丙腈	β-氯丙腈;氰化-β-氯乙烷	542-76-7		急性毒性-经口,类别 3 严重眼损伤/眼刺激,类别 2B 特异性靶器官毒性-一次接触,类别 1	H301 H320 H370	GHS06 GHS08	危险	预防措施：P264、P270、P260 事故响应：P301＋P310、P321、P330、P305＋P351＋P338、P337＋P313、P308＋P311 安全储存：P405 废弃处置：P501	吞咽会中毒	
1431	2-氯丙酸	2-氯代丙酸	598-78-7	2511	皮肤腐蚀/刺激,类别 1A 严重眼损伤/眼刺激,类别 1	H314 H318	GHS05	危险	预防措施：P260、P264、P280 事故响应：P301＋P330＋P331、P303＋P361＋P353、P304＋P340、P305＋P351＋P338、P310、P321、P363 安全储存：P405 废弃处置：P501	可引起皮肤腐蚀	

续表

序号	品名	别名	CAS号	UN号	危险性类别	危险性说明代码	象形图代码	警示词	防范说明代码	风险提示	备注
1432	3-氯丙酸	3-氯代丙酸	107-94-8		皮肤腐蚀/刺激,类别1 严重眼损伤/眼刺激,类别1	H314 H318	GHS05	危险	预防措施:P260、P264、P280 事故响应:P301+P330+P331、P303+P361+P353、P304+P340、P305+P351+P338、P310、P321、P363 安全储存:P405 废弃处置:P501	可引起皮肤腐蚀	
1433	2-氯丙酸甲酯		17639-93-9; 77287-29-7	2933	易燃液体,类别3	H226	GHS02	警告	预防措施:P210、P233、P240、P241、P242、P243、P280 事故响应:P303+P361+P353、P370+P378 安全储存:P403+P235 废弃处置:P501	易燃液体	
1434	2-氯丙酸乙酯		535-13-7	2935	易燃液体,类别3	H226	GHS02	警告	预防措施:P210、P233、P240、P241、P242、P243、P280 事故响应:P303+P361+P353、P370+P378 安全储存:P403+P235 废弃处置:P501	易燃液体	
1435	3-氯丙酸乙酯		623-71-2		易燃液体,类别3	H226	GHS02	警告	预防措施:P210、P233、P240、P241、P242、P243、P280 事故响应:P303+P361+P353、P370+P378 安全储存:P403+P235 废弃处置:P501	易燃液体	
1436	2-氯丙酸异丙酯		40058-87-5; 79435-04-4	2934	易燃液体,类别3	H226	GHS02	警告	预防措施:P210、P233、P240、P241、P242、P243、P280 事故响应:P303+P361+P353、P370+P378 安全储存:P403+P235 废弃处置:P501	易燃液体	
1437	1-氯丙烷	氯正丙烷;丙基氯	540-54-5	1278	易燃液体,类别2	H225	GHS02	危险	预防措施:P210、P233、P240、P241、P242、P243、P280 事故响应:P303+P361+P353、P370+P378 安全储存:P403+P235 废弃处置:P501	高度易燃液体	
1438	2-氯丙烷	氯异丙烷;异丙基氯	75-29-6	2356	易燃液体,类别2	H225	GHS02	危险	预防措施:P210、P233、P240、P241、P242、P243、P280 事故响应:P303+P361+P353、P370+P378 安全储存:P403+P235 废弃处置:P501	高度易燃液体	

续表

序号	品名	别名	CAS号	UN号	危险性类别	危险性说明代码	象形图代码	警示词	防范说明代码	风险提示	备注
1439	2-氯丙烯	异丙烯基氯	557-98-2	2456	易燃液体,类别1	H224	GHS02	危险	预防措施：P210、P233、P240、P241、P242、P243、P280 事故响应:P303+P361+P353、P370+P378 安全储存:P403+P235 废弃处置:P501	极易燃液体	
1440	3-氯丙烯	α-氯丙烯;烯丙基氯	107-05-1	1100	易燃液体,类别2 严重眼损伤/眼刺激,类别2 皮肤腐蚀/刺激,类别2 生殖细胞致突变性,类别2 特异性靶器官毒性-一次接触,类别3(呼吸道刺激) 特异性靶器官毒性-反复接触,类别2* 危害水生环境-急性危害,类别1	H225 H319 H315 H341 H335 H373 H400	GHS02 GHS07 GHS08 GHS09	危险	预防措施：P210、P233、P240、P241、P242、P243、P280、P264、P201、P202、P261、P271、P260、P273 事故响应:P303+P361+P353、P370+P378、P305+P351+P338、P337+P313、P302+P352、P321、P332+P313、P362+P364、P308+P313、P304+P340、P312、P314、P391 安全储存:P403+P235、P405、P403+P233 废弃处置:P501	高度易燃液体	
1441	氯铂酸		16941-12-1	2507	急性毒性-经口,类别3* 皮肤腐蚀/刺激,类别1B 严重眼损伤/眼刺激,类别1 呼吸道致敏物,类别1 皮肤致敏物,类别1	H301 H314 H318 H334 H317	GHS05 GHS06 GHS08	危险	预防措施：P264、P270、P260、P280、P261、P284、P272 事故响应:P301+P310、P321、P301+P330+P331、P303+P361+P353、P304+P340、P305+P351+P338、P363、P342+P311、P302+P352、P333+P313、P362+P364 安全储存:P405 废弃处置:P501	吞咽会中毒,可引起皮肤腐蚀,吸入可能导致过敏,可能引起皮肤过敏	
1442	氯代膦酸二乙酯	氯化磷酸二乙酯	814-49-3		急性毒性-经口,类别2 急性毒性-经皮,类别1	H300 H310	GHS06	危险	预防措施:P264、P270、P262、P280 事故响应:P301+P310、P321、P330、P302+P352、P361+P364 安全储存:P405 废弃处置:P501	吞咽致命,皮肤接触会致命	剧毒
1443	氯代叔丁烷	叔丁基氯;特丁基氯	507-20-0		易燃液体,类别2	H225	GHS02	危险	预防措施：P210、P233、P240、P241、P242、P243、P280 事故响应:P303+P361+P353、P370+P378 安全储存:P403+P235 废弃处置:P501	高度易燃液体	

续表

序号	品名	别名	CAS号	UN号	危险性类别	危险性说明代码	象形图代码	警示词	防范说明代码	风险提示	备注
1444	氯代异丁烷	异丁基氯	513-36-0		易燃液体,类别2	H225	GHS02	危险	预防措施：P210、P233、P240、P241、P242、P243、P280 事故响应：P303+P361+P353、P370+P378 安全储存：P403+P235 废弃处置：P501	高度易燃液体	
1445	氯代正己烷	氯代己烷；己基氯	544-10-5		易燃液体,类别3	H226	GHS02	警告	预防措施：P210、P233、P240、P241、P242、P243、P280 事故响应：P303+P361+P353、P370+P378 安全储存：P403+P235 废弃处置：P501	易燃液体	
1446	1-氯丁烷	正丁基氯；氯代正丁烷	109-69-3	1127	易燃液体,类别2	H225	GHS02	危险	预防措施：P210、P233、P240、P241、P242、P243、P280 事故响应：P303+P361+P353、P370+P378 安全储存：P403+P235 废弃处置：P501	高度易燃液体	
1447	2-氯丁烷	仲丁基氯；氯代仲丁烷	78-86-4		易燃液体,类别2	H225	GHS02	危险	预防措施：P210、P233、P240、P241、P242、P243、P280 事故响应：P303+P361+P353、P370+P378 安全储存：P403+P235 废弃处置：P501	高度易燃液体	
1448	氯锇酸铵	氯化锇铵	12125-08-5		皮肤腐蚀/刺激,类别2 严重眼损伤/眼刺激,类别2 特异性靶器官毒性—一次接触,类别3(呼吸道刺激)	H315 H319 H335	GHS07	警告	预防措施：P264、P280 事故响应：P302+P352、P321、P332+P313、P362+P364、P305+P351+P338、P337+P313 安全储存： 废弃处置：		
1449	氯二氟甲烷和氯五氟乙烷共沸物	R502		1973	加压气体 严重眼损伤/眼刺激,类别2B 生殖毒性,类别1B 特异性靶器官毒性—一次接触,类别3(麻醉效应) 危害臭氧层,类别1	H280或H281 H320 H360 H336 H420	GHS04 GHS07 GHS08	危险	预防措施：P264、P201、P202、P280、P261、P271 事故响应：P305+P351+P338、P337+P313、P308+P313、P304+P340、P312 安全储存：P410+P403、P405、P403+P233 废弃处置：P501	内装加压气体：遇热可能爆炸	

续表

序号	品名	别名	CAS号	UN号	危险性类别	危险性说明代码	象形图代码	警示词	防范说明代码	风险提示	备注
1450	氯二氟溴甲烷	R12B1；二氟氯溴甲烷；溴氯二氟甲烷；哈龙-1211	353-59-3	1974	加压气体 特异性靶器官毒性-一次接触，类别1 特异性靶器官毒性-一次接触，类别3(呼吸道刺激、麻醉效应) 危害臭氧层，类别1	H280或H281 H370 H335 H336 H420	GHS04 GHS07 GHS08	危险	预防措施：P260、P264、P270、P261、P271 事故响应：P308＋P311、P321、P304＋P340、P312 安全储存：P410＋P403、P405、P403＋P233 废弃处置：P501	内装加压气体：遇热可能爆炸	
1451	2-氯氟苯	邻氯氟苯；2-氟氯苯；邻氟氯苯	348-51-6		易燃液体，类别3	H226	GHS02	警告	预防措施：P210、P233、P240、P241、P242、P243、P280 事故响应：P303＋P361＋P353、P370＋P378 安全储存：P403＋P235 废弃处置：P501	易燃液体	
1452	3-氯氟苯	间氯氟苯；3-氟氯苯；间氟氯苯	625-98-9		易燃液体，类别2	H225	GHS02	危险	预防措施：P210、P233、P240、P241、P242、P243、P280 事故响应：P303＋P361＋P353、P370＋P378 安全储存：P403＋P235 废弃处置：P501	高度易燃液体	
1453	4-氯氟苯	对氯氟苯；4-氟氯苯；对氟氯苯	352-33-0		易燃液体，类别3	H226	GHS02	警告	预防措施：P210、P233、P240、P241、P242、P243、P280 事故响应：P303＋P361＋P353、P370＋P378 安全储存：P403＋P235 废弃处置：P501	易燃液体	
1454	2-氯汞苯酚		90-03-9		急性毒性-经口，类别2＊ 急性毒性-经皮，类别1 急性毒性-吸入，类别2＊ 特异性靶器官毒性-反复接触，类别2＊ 危害水生环境-急性危害，类别1 危害水生环境-长期危害，类别1	H300 H310 H330 H373 H400 H410	GHS06 GHS08 GHS09	危险	预防措施：P264、P270、P262、P280、P260、P271、P284、P273 事故响应：P301＋P310、P321、P330、P302＋P352、P361＋P364、P304＋P340、P320、P314、P391 安全储存：P405、P233＋P403 废弃处置：P501	吞咽致命，皮肤接触会致命，吸入致命	
1455	4-氯汞苯甲酸	对氯化汞苯甲酸	59-85-8		急性毒性-经口，类别2＊ 急性毒性-经皮，类别1 急性毒性-吸入，类别2＊ 特异性靶器官毒性-反复接触，类别2＊ 危害水生环境-急性危害，类别1 危害水生环境-长期危害，类别1	H300 H310 H330 H373 H400 H410	GHS06 GHS08 GHS09	危险	预防措施：P264、P270、P262、P280、P260、P271、P284、P273 事故响应：P301＋P310、P321、P330、P302＋P352、P361＋P364、P304＋P340、P320、P314、P391 安全储存：P405、P233＋P403 废弃处置：P501	吞咽致命，皮肤接触会致命，吸入致命	

续表

序号	品名	别名	CAS号	UN号	危险性类别	危险性说明代码	象形图代码	警示词	防范说明代码	风险提示	备注
1456	氯化铵汞	白降汞，氯化汞铵	10124-48-8	1630	急性毒性-经口,类别2* 急性毒性-经皮,类别1 急性毒性-吸入,类别2* 特异性靶器官毒性-反复接触,类别2* 危害水生环境-急性危害,类别1 危害水生环境-长期危害,类别1	H300 H310 H330 H373 H400 H410	GHS06 GHS08 GHS09	危险	预防措施：P264、P270、P262、P280、P260、P271、P284、P273 事故响应：P301＋P310、P321、P330、P302＋P352、P361＋P364、P304＋P340、P320、P314、P391 安全储存：P405、P233＋P403 废弃处置：P501	吞咽致命，皮肤接触会致命，吸入致命	
1457	氯化钡		10361-37-2	1564	急性毒性-经口,类别3*	H301	GHS06	危险	预防措施：P264、P270 事故响应：P301＋P310、P321、P330 安全储存：P405 废弃处置：P501	吞咽会中毒	
1458	氯化苯汞		100-56-1		急性毒性-经口,类别3 急性毒性-经皮,类别1 急性毒性-吸入,类别2* 特异性靶器官毒性-反复接触,类别2* 危害水生环境-急性危害,类别1 危害水生环境-长期危害,类别1	H301 H310 H330 H373 H400 H410	GHS06 GHS08 GHS09	危险	预防措施：P264、P270、P262、P280、P260、P271、P284、P273 事故响应：P301＋P310、P321、P330、P302＋P352、P361＋P364、P304＋P340、P320、P314、P391 安全储存：P405、P233＋P403 废弃处置：P501	吞咽会中毒，皮肤接触会致命，吸入致命	
1459	氯化苄	α-氯甲苯；苄基氯	100-44-7	1738	急性毒性-吸入,类别3* 皮肤腐蚀/刺激,类别2 严重眼损伤/眼刺激,类别1 致癌性,类别1B 特异性靶器官毒性-一次接触,类别3(呼吸道刺激) 特异性靶器官毒性-反复接触,类别2* 危害水生环境-急性危害,类别2	H331 H315 H318 H350 H335 H373 H401	GHS05 GHS06 GHS08	危险	预防措施：P261、P271、P264、P280、P201、P202、P260、P273 事故响应：P304＋P340、P311、P321、P302＋P352、P332＋P313、P362＋P364、P305＋P351＋P338、P310、P308＋P313、P312、P314 安全储存：P233＋P403、P405、P403＋P233 废弃处置：P501	吸入会中毒，造成严重眼损伤，可能致癌	
1460	氯化二硫酰	二硫酰氯；焦硫酰氯	7791-27-7	1817	皮肤腐蚀/刺激,类别1 严重眼损伤/眼刺激,类别1	H314 H318	GHS05	危险	预防措施：P260、P264、P280 事故响应：P301＋P330＋P331、P303＋P361＋P353、P304＋P340、P305＋P351＋P338、P310、P321、P363 安全储存：P405 废弃处置：P501	可引起皮肤腐蚀	

续表

序号	品名	别名	CAS号	UN号	危险性类别	危险性说明代码	象形图代码	警示词	防范说明代码	风险提示	备注
1461	氯化二烯丙托锡弗林		15180-03-7		急性毒性-经口,类别 2	H300	GHS06	危险	预防措施:P264、P270 事故响应:P301+P310、P321、P330 安全储存:P405 废弃处置:P501	吞咽致命	
1462	氯化二乙基铝		96-10-6		自燃液体,类别 1 遇水放出易燃气体的物质和混合物,类别 1 严重眼损伤/眼刺激,类别 2*	H250 H260 H319	GHS02 GHS07	危险	预防措施:P210、P222、P280、P223、P231+P232、P264 事故响应:P302+P334、P370+P378、P335+P334、P305+P351+P338、P337+P313 安全储存:P422、P402+P404 废弃处置:P501	暴露在空气中自燃,遇水放出可自燃的易燃气体	重大
1463	氯化镉		10108-64-2		急性毒性-经口,类别 3* 急性毒性-吸入,类别 2* 生殖细胞致突变性,类别 1B 致癌性,类别 1A 生殖毒性,类别 1B 特异性靶器官毒性-反复接触,类别 1 危害水生环境-急性危害,类别 1 危害水生环境-长期危害,类别 1	H301 H330 H340 H350 H360 H372 H400 H410	GHS06 GHS08 GHS09	危险	预防措施:P264、P270、P260、P271、P284、P201、P202、P280、P273 事故响应:P301+P310、P321、P330、P304+P340、P320、P308+P313、P314、P391 安全储存:P405、P233+P403 废弃处置:P501	吞咽会中毒,吸入致命,可能致癌	
1464	氯化汞	氯化高汞;二氯化汞;升汞	7487-94-7	1624	急性毒性-经口,类别 2* 皮肤腐蚀/刺激,类别 1B 严重眼损伤/眼刺激,类别 1 生殖细胞致突变性,类别 2 生殖毒性,类别 2 特异性靶器官毒性-反复接触,类别 1 危害水生环境-急性危害,类别 1 危害水生环境-长期危害,类别 1	H300 H314 H318 H341 H361 H372 H400 H410	GHS05 GHS06 GHS08 GHS09	危险	预防措施:P264、P270、P260、P280、P201、P202、P273 事故响应:P301+P310、P321、P301+P330+P331、P303+P361+P353、P304+P340、P305+P351+P338、P363、P308+P313、P314、P391 安全储存:P405 废弃处置:P501	吞咽致命,可引起皮肤腐蚀	剧毒
1465	氯化钴		7646-79-9		呼吸道致敏物,类别 1 皮肤致敏物,类别 1 生殖细胞致突变性,类别 2 致癌性,类别 2 生殖毒性,类别 1B 危害水生环境-急性危害,类别 1 危害水生环境-长期危害,类别 1	H334 H317 H341 H351 H360 H400 H410	GHS08 GHS09	危险	预防措施:P261、P284、P272、P280、P201、P202、P273 事故响应:P304+P340、P342+P311、P302+P352、P321、P333+P313、P362+P364、P308+P313、P391 安全储存:P405 废弃处置:P501	吸入可能导致过敏,可能引起皮肤过敏	

续表

序号	品名	别名	CAS号	UN号	危险性类别	危险性说明代码	象形图代码	警示词	防范说明代码	风险提示	备注
1466	氯化琥珀胆碱	司克林;氯琥珀胆碱;氯化琥珀酰胆碱	71-27-2		急性毒性-经口,类别 3	H301	GHS06	危险	预防措施:P264、P270 事故响应:P301+P310、P321、P330 安全储存:P405 废弃处置:P501	吞咽会中毒	
1467	氯化环戊烷		930-28-9		易燃液体,类别 2	H225	GHS02	危险	预防措施:P210、P233、P240、P241、P242、P243、P280 事故响应:P303+P361+P353、P370+P378 安全储存:P403+P235 废弃处置:P501	高度易燃液体	
1468	氯化甲基汞		115-09-3		急性毒性-经口,类别 2* 急性毒性-经皮,类别 1 急性毒性-吸入,类别 2* 致癌性,类别 2 特异性靶器官毒性-反复接触,类别 2* 危害水生环境-急性危害,类别 1 危害水生环境-长期危害,类别 1	H300 H310 H330 H351 H373 H400 H410	GHS06 GHS08 GHS09	危险	预防措施:P264、P270、P262、P280、P260、P271、P284、P201、P202、P273 事故响应:P301+P310、P321、P330、P302+P352、P361+P364、P304+P340、P320、P308+P313、P314、P391 安全储存:P405、P233+P403 废弃处置:P501	吞咽致命,皮肤接触会致命,吸入致命	
1469	氯化甲氧基乙基汞		123-88-6		急性毒性-经口,类别 2 皮肤腐蚀/刺激,类别 1B 严重眼损伤/眼刺激,类别 1 特异性靶器官毒性-反复接触,类别 1 危害水生环境-急性危害,类别 1 危害水生环境-长期危害,类别 1	H300 H314 H318 H372 H400 H410	GHS05 GHS06 GHS08 GHS09	危险	预防措施:P264、P270、P260、P280、P273 事故响应:P301+P310、P321、P301+P330+P331、P303+P361+P353、P304+P340、P305+P351+P338、P363、P314、P391 安全储存:P405 废弃处置:P501	吞咽致命,可引起皮肤腐蚀	
1470	氯化钾汞	氯化汞钾	20582-71-2		急性毒性-经口,类别 2* 急性毒性-经皮,类别 1 急性毒性-吸入,类别 2* 特异性靶器官毒性-反复接触,类别 2* 危害水生环境-急性危害,类别 1 危害水生环境-长期危害,类别 1	H300 H310 H330 H373 H400 H410	GHS06 GHS08 GHS09	危险	预防措施:P264、P270、P262、P280、P260、P271、P284、P273 事故响应:P301+P310、P321、P330、P302+P352、P361+P364、P304+P340、P320、P314、P391 安全储存:P405、P233+P403 废弃处置:P501	吞咽致命,皮肤接触会致命,吸入致命	
1471	4-氯化联苯	对氯化联苯;联苯基氯	2051-62-9		危害水生环境-急性危害,类别 1 危害水生环境-长期危害,类别 1	H400 H410	GHS09	警告	预防措施:P273 事故响应:P391 安全储存: 废弃处置:P501		

续表

序号	品名	别名	CAS号	UN号	危险性类别	危险性说明代码	象形图代码	警示词	防范说明代码	风险提示	备注
1472	1-氯化萘	α-氯化萘	90-13-1		皮肤腐蚀/刺激,类别 2 严重眼损伤/眼刺激,类别 2 特异性靶器官毒性-一次接触,类别 2 特异性靶器官毒性-反复接触,类别 2 危害水生环境-急性危害,类别 1 危害水生环境-长期危害,类别 1	H315 H319 H371 H373 H400 H410	GHS07 GHS08 GHS09	警告	预防措施:P264、P280、P260、P270、P273 事故响应:P302＋P352、P321、P332＋P313、P362＋P364、P305＋P351＋P338、P337＋P313、P308＋P311、P314、P391 安全储存:P405 废弃处置:P501		
1473	氯化镍	氯化亚镍	7718-54-9		急性毒性-经口,类别 3 * 急性毒性-吸入,类别 3 * 皮肤腐蚀/刺激,类别 2 呼吸道致敏物,类别 1 皮肤致敏物,类别 1 生殖细胞致突变性,类别 2 致癌性,类别 1A 生殖毒性,类别 1B 特异性靶器官毒性-反复接触,类别 1 危害水生环境-急性危害,类别 1 危害水生环境-长期危害,类别 1	H301 H331 H315 H334 H317 H341 H350 H360 H372 H400 H410	GHS06 GHS08 GHS09	危险	预防措施:P264、P270、P261、P271、P280、P284、P272、P201、P202、P260、P273 事故响应:P301＋P310、P321、P330、P304＋P340、P302＋P352、P332＋P313、P362＋P364、P342＋P311、P333＋P313、P308＋P313、P314、P391 安全储存:P405、P233＋P403 废弃处置:P501	吞咽会中毒,吸入会中毒,吸入可能导致过敏,可能引起皮肤过敏可能致癌	
1474	氯化铍		7787-47-5		急性毒性-经口,类别 3 急性毒性-吸入,类别 2 * 皮肤腐蚀/刺激,类别 1 严重眼损伤/眼刺激,类别 1 皮肤致敏物,类别 1 致癌性,类别 1A 特异性靶器官毒性-一次接触,类别 3(呼吸道刺激) 特异性靶器官毒性-反复接触,类别 1 危害水生环境-急性危害,类别 2 危害水生环境-长期危害,类别 2	H301 H330 H314 H318 H317 H350 H335 H372 H401 H411	GHS05 GHS06 GHS08 GHS09	危险	预防措施:P264、P270、P260、P271、P284、P280、P261、P272、P201、P202、P273 事故响应:P301＋P310、P321、P304＋P340、P320、P301＋P330＋P331、P303＋P361＋P353、P305＋P351＋P338、P363、P302＋P352、P333＋P313、P362＋P364、P308＋P313、P312、P314、P391 安全储存:P405、P233＋P403、P403＋P233 废弃处置:P501	吞咽会中毒,吸入致命,可引起皮肤腐蚀,可能引起皮肤过敏,可能致癌	

续表

序号	品名	别名	CAS号	UN号	危险性类别	危险性说明代码	象形图代码	警示词	防范说明代码	风险提示	备注
1475	氯化氢[无水]		7647-01-0	1050	加压气体 急性毒性-吸入,类别3* 皮肤腐蚀/刺激,类别1A 严重眼损伤/眼刺激,类别1 危害水生环境-急性危害,类别1	H280或H281 H331 H314 H318 H400	GHS04 GHS05 GHS06 GHS09	危险	预防措施:P261、P271、P260、P264、P280、P273 事故响应:P304+P340、P311、P321、P301+P330+P331、P303+P361+P353、P305+P351+P338、P310、P363、P391 安全储存:P410+P403、P233+P403、P405 废弃处置:P501	内装加压气体:遇热可能爆炸,吸入会中毒,可引起皮肤腐蚀	制毒,重大
1476	氯化氰	氰化氯;氯甲腈	506-77-4	1589	加压气体 急性毒性-吸入,类别1 皮肤腐蚀/刺激,类别1 严重眼损伤/眼刺激,类别1 特异性靶器官毒性-一次接触,类别2 特异性靶器官毒性-反复接触,类别1 危害水生环境-急性危害,类别1 危害水生环境-长期危害,类别1	H280或H281 H330 H314 H318 H371 H372 H400 H410	GHS04 GHS05 GHS06 GHS08 GHS09	危险	预防措施:P260、P271、P284、P264、P280、P270、P273 事故响应:P304+P340、P310、P320、P301+P330+P331、P303+P361+P353、P305+P351+P338、P321、P363、P308+P311、P314、P391 安全储存:P410+P403、P233+P403、P405 废弃处置:P501	内装加压气体:遇热可能爆炸,吸入致命,可引起皮肤腐蚀	剧毒
1477	氯化铜		7447-39-4	2802	急性毒性-经口,类别3 皮肤腐蚀/刺激,类别2 严重眼损伤/眼刺激,类别2 皮肤致敏物,类别1 生殖毒性,类别2 危害水生环境-急性危害,类别1 危害水生环境-长期危害,类别1	H301 H315 H319 H317 H361 H400 H410	GHS06 GHS08 GHS09	危险	预防措施:P264、P270、P280、P261、P272、P201、P202、P273 事故响应:P301+P310、P321、P330、P302+P352、P332+P313、P362+P364、P305+P351+P338、P337+P313、P333+P313、P308+P313、P391 安全储存:P405 废弃处置:P501	吞咽会中毒,可能引起皮肤过敏	
1478	α-氯化筒箭毒碱	氯化南美防己碱;氢氧化吐巴寇拉令碱;氯化箭毒块茎碱;氯化管箭毒碱	57-94-3		急性毒性-经口,类别2	H300	GHS06	危险	预防措施:P264、P270 事故响应:P301+P310、P321、P330 安全储存:P405 废弃处置:P501	吞咽致命	
1479	氯化硒	二氯化二硒	10025-68-0		急性毒性-经口,类别3* 急性毒性-吸入,类别3* 特异性靶器官毒性-反复接触,类别2 危害水生环境-急性危害,类别1 危害水生环境-长期危害,类别1	H301 H331 H373 H400 H410	GHS06 GHS08 GHS09	危险	预防措施:P264、P270、P261、P271、P260、P273 事故响应:P301+P310、P321、P330、P304+P340、P311、P314、P391 安全储存:P405、P233+P403 废弃处置:P501	吞咽会中毒,吸入会中毒	

续表

序号	品名	别名	CAS号	UN号	危险性类别	危险性说明代码	象形图代码	警示词	防范说明代码	风险提示	备注
1480	氯化锌		7646-85-7	2331	皮肤腐蚀/刺激,类别1B 严重眼损伤/眼刺激,类别1 特异性靶器官毒性-一次接触,类别3(呼吸道刺激) 危害水生环境-急性危害,类别1 危害水生环境-长期危害,类别1	H314 H318 H335 H400 H410	GHS05 GHS07 GHS09	危险	预防措施:P260、P264、P280、P261、P271、P273 事故响应:P301+P330+P331、P303+P361+P353、P304+P340、P305+P351+P338、P310、P321、P363、P312、P391 安全储存:P405、P403+P233 废弃处置:P501	可引起皮肤腐蚀	
	氯化锌溶液			1840	皮肤腐蚀/刺激,类别1B 严重眼损伤/眼刺激,类别1 危害水生环境-急性危害,类别1 危害水生环境-长期危害,类别1	H314 H318 H400 H410	GHS05 GHS09	危险	预防措施:P260、P264、P280、P273 事故响应:P301+P330+P331、P303+P361+P353、P304+P340、P305+P351+P338、P310、P321、P363、P391 安全储存:P405 废弃处置:P501	可引起皮肤腐蚀	
1481	氯化锌-2-(2-羟乙氧基)-1(吡咯烷-1-基)重氮苯			3236	自反应物质和混合物,D型	H242	GHS02	危险	预防措施:P210、P220、P234、P280 事故响应:P370+P378 安全储存:P403+P235、P411、P420 废弃处置:P501	加热可能起火	
1482	氯化锌-2-(*N*-氧羰基苯氨基)-3-甲氧基-4-(*N*-甲基环己氨基)重氮苯			3236	自反应物质和混合物,D型	H242	GHS02	危险	预防措施:P210、P220、P234、P280 事故响应:P370+P378 安全储存:P403+P235、P411、P420 废弃处置:P501	加热可能起火	
1483	氯化锌-2,5-二乙氧基-4-(4-甲苯磺酰)重氮苯			3236	自反应物质和混合物,D型	H242	GHS02	危险	预防措施:P210、P220、P234、P280 事故响应:P370+P378 安全储存:P403+P235、P411、P420 废弃处置:P501	加热可能起火	
1484	氯化锌-2,5-二乙氧基-4-苯璜酰重氮苯			3236	自反应物质和混合物,D型	H242	GHS02	危险	预防措施:P210、P220、P234、P280 事故响应:P370+P378 安全储存:P403+P235、P411、P420 废弃处置:P501	加热可能起火	
1485	氯化锌-2,5-二乙氧基-4-吗啉代重氮苯		26123-91-1	3236	自反应物质和混合物,D型	H242	GHS02	危险	预防措施:P210、P220、P234、P280 事故响应:P370+P378 安全储存:P403+P235、P411、P420 废弃处置:P501	加热可能起火	

续表

序号	品名	别名	CAS号	UN号	危险性类别	危险性说明代码	象形图代码	警示词	防范说明代码	风险提示	备注
1486	氯化锌-3-(2-羟乙氧基)-4(吡咯烷-1-基)重氮苯		105185-95-3	3236	自反应物质和混合物,D型	H242	GHS02	危险	预防措施:P210、P220、P234、P280 事故响应:P370+P378 安全储存:P403+P235、P411、P420 废弃处置:P501	加热可能起火	
1487	氯化锌-3-氯-4-二乙氨基重氮苯	晒图盐BG	15557-00-3	3236	自反应物质和混合物,D型	H242	GHS02	危险	预防措施:P210、P220、P234、P280 事故响应:P370+P378 安全储存:P403+P235、P411、P420 废弃处置:P501	加热可能起火	
1488	氯化锌-4-苄甲氨基-3-乙氧基重氮苯		4421-50-5	3236	自反应物质和混合物,D型	H242	GHS02	危险	预防措施:P210、P220、P234、P280 事故响应:P370+P378 安全储存:P403+P235、P411、P420 废弃处置:P501	加热可能起火	
1489	氯化锌-4-苄乙氨基-3-乙氧基重氮苯		21723-86-4	3236	自反应物质和混合物,D型	H242	GHS02	危险	预防措施:P210、P220、P234、P280 事故响应:P370+P378 安全储存:P403+P235、P411、P420 废弃处置:P501	加热可能起火	
1490	氯化锌-4-二丙氨基重氮苯		33864-17-4	3236	自反应物质和混合物,D型	H242	GHS02	危险	预防措施:P210、P220、P234、P280 事故响应:P370+P378 安全储存:P403+P235、P411、P420 废弃处置:P501	加热可能起火	
1491	氯化锌-4-二甲氧基-6-(2-二甲氨乙氧基)-2-重氮甲苯			3236	自反应物质和混合物,D型	H242	GHS02	危险	预防措施:P210、P220、P234、P280 事故响应:P370+P378 安全储存:P403+P235、P411、P420 废弃处置:P501	加热可能起火	
1492	氯化溴	溴化氯	13863-41-7	2901	氧化性气体,类别1 加压气体 皮肤腐蚀/刺激,类别1 严重眼损伤/眼刺激,类别1 危害水生环境-急性危害,类别1	H270 H280或H281 H314 H318 H400	GHS03 GHS04 GHS05 GHS09	危险	预防措施:P220、P244、P260、P264、P280、P273 事故响应:P370+P376、P301+P330+P331、P303+P361+P353、P304+P340、P305+P351+P338、P310、P321、P363、P391 安全储存:P410+P403、P405 废弃处置:P501	可引起燃烧或加剧燃烧,氧化剂,内装加压气体:遇热可能爆炸,可引起皮肤腐蚀	
1493	氯化亚砜	亚硫酰二氯;二氯氧化硫;亚硫酰氯	7719-09-7	1836	皮肤腐蚀/刺激,类别1A 严重眼损伤/眼刺激,类别1 特异性靶器官毒性-一次接触,类别3(呼吸道刺激)	H314 H318 H335	GHS05 GHS07	危险	预防措施:P260、P264、P280、P261、P271 事故响应:P301+P330+P331、P303+P361+P353、P304+P340、P305+P351+P338、P310、P321、P363、P312 安全储存:P405、P403+P233 废弃处置:P501	可引起皮肤腐蚀	

续表

序号	品名	别名	CAS号	UN号	危险性类别	危险性说明代码	象形图代码	警示词	防范说明代码	风险提示	备注
1494	氯化亚汞	甘汞	10112-91-1		皮肤腐蚀/刺激,类别2 严重眼损伤/眼刺激,类别2 特异性靶器官毒性-一次接触,类别3(呼吸道刺激) 危害水生环境-急性危害,类别1 危害水生环境-长期危害,类别1	H315 H319 H335 H400 H410	GHS07 GHS09	警告	预防措施:P264、P280、P261、P271、P273 事故响应:P302+P352、P321、P332+P313、P362+P364、P305+P351+P338、P337+P313、P304+P340、P312、P391 安全储存:P403+P233、P405 废弃处置:P501		
1495	氯化亚铊	一氯化铊;一氧化二铊	7791-12-0		急性毒性-经口,类别2* 急性毒性-吸入,类别2* 特异性靶器官毒性-反复接触,类别2* 危害水生环境-急性危害,类别1 危害水生环境-长期危害,类别1	H300 H330 H373 H400 H410	GHS06 GHS08 GHS09	危险	预防措施:P264、P270、P260、P271、P284、P273 事故响应:P301+P310、P321、P330、P304+P340、P320、P314、P391 安全储存:P405、P233+P403 废弃处置:P501	吞咽致命,吸入致命	
1496	氯化乙基汞		107-27-7		急性毒性-经口,类别2 急性毒性-经皮,类别2 急性毒性-吸入,类别3 危害水生环境-急性危害,类别1 危害水生环境-长期危害,类别1	H300 H310 H331 H400 H410	GHS06 GHS09	危险	预防措施:P264、P270、P262、P280、P261、P271、P273 事故响应:P301+P310、P321、P330、P302+P352、P361+P364、P304+P340、P311、P391 安全储存:P405、P233+P403 废弃处置:P501	吞咽致命,皮肤接触会致命,吸入会中毒	
1497	氯磺酸	氯化硫酸;氯硫酸	7790-94-5	1754	急性毒性-经口,类别2 皮肤腐蚀/刺激,类别1B 严重眼损伤/眼刺激,类别1 特异性靶器官毒性-一次接触,类别3(呼吸道刺激) 危害水生环境-急性危害,类别2	H300 H314 H318 H335 H401	GHS05 GHS06	危险	预防措施:P264、P270、P260、P280、P261、P271、P273 事故响应:P301+P310、P321、P301+P330+P331、P303+P361+P353、P304+P340、P305+P351+P338、P363、P312 安全储存:P405、P403+P233 废弃处置:P501	吞咽致命,可引起皮肤腐蚀	
1498	2-氯甲苯	邻氯甲苯	95-49-8	2238	易燃液体,类别3 危害水生环境-急性危害,类别2 危害水生环境-长期危害,类别2	H226 H401 H411	GHS02 GHS09	警告	预防措施:P210、P233、P240、P241、P242、P243、P280、P273 事故响应:P303+P361+P353、P370+P378、P391 安全储存:P403+P235 废弃处置:P501	易燃液体	
1499	3-氯甲苯	间氯甲苯	108-41-8	2238	易燃液体,类别3 危害水生环境-急性危害,类别2 危害水生环境-长期危害,类别2	H226 H401 H411	GHS02 GHS09	警告	预防措施:P210、P233、P240、P241、P242、P243、P280、P273 事故响应:P303+P361+P353、P370+P378、P391 安全储存:P403+P235 废弃处置:P501	易燃液体	

续表

序号	品名	别名	CAS号	UN号	危险性类别	危险性说明代码	象形图代码	警示词	防范说明代码	风险提示	备注
1500	4-氯甲苯	对氯甲苯	106-43-4	2238	易燃液体,类别3 危害水生环境-急性危害,类别2 危害水生环境-长期危害,类别2	H226 H401 H411	GHS02 GHS09	警告	预防措施：P210、P233、P240、P241、P242、P243、P280、P273 事故响应：P303＋P361＋P353、P370＋P378、P391 安全储存：P403＋P235 废弃处置：P501	易燃液体	
1501	氯甲苯胺异构体混合物			2239（固态）；3429（液态）	危害水生环境-急性危害,类别1 危害水生环境-长期危害,类别1	H400 H410	GHS09	警告	预防措施：P273 事故响应：P391 安全储存： 废弃处置：P501		
1502	氯甲基甲醚	甲基氯甲醚；氯二甲醚	107-30-2	1239	易燃液体,类别2 急性毒性-经口,类别1 致癌性,类别1A	H225 H300 H350	GHS02 GHS06 GHS08	危险	预防措施：P210、P233、P240、P241、P242、P243、P280、P264、P270、P201、P202 事故响应：P303＋P361＋P353、P370＋P378、P301＋P310、P321、P330、P308＋P313 安全储存：P403＋P235、P405 废弃处置：P501	高度易燃液体，吞咽致命，可能致癌	剧毒，重点
1503	氯甲基三甲基硅烷	三甲基氯甲硅烷	2344-80-1		易燃液体,类别2 皮肤腐蚀/刺激,类别2 严重眼损伤/眼刺激,类别2 特异性靶器官毒性-一次接触,类别3(呼吸道刺激)	H225 H315 H319 H335	GHS02 GHS07	危险	预防措施：P210、P233、P240、P241、P242、P243、P280、P264 事故响应：P303＋P361＋P353、P370＋P378、P302＋P352、P321、P332＋P313、P362＋P364、P305＋P351＋P338、P337＋P313 安全储存：P403＋P235 废弃处置：P501	高度易燃液体	
1504	氯甲基乙醚	氯甲基乙基醚	3188-13-4	2354	易燃液体,类别2 急性毒性-吸入,类别3 特异性靶器官毒性-一次接触,类别3(麻醉效应)	H225 H331 H336	GHS02 GHS06	危险	预防措施：P210、P233、P240、P241、P242、P243、P280、P261、P271 事故响应：P303＋P361＋P353、P370＋P378、P304＋P340、P311、P321、P312 安全储存：P403＋P235、P233＋P403、P405、P403＋P233 废弃处置：P501	高度易燃液体，吸入会中毒	
1505	氯甲酸-2-乙基己酯		24468-13-1	2748	急性毒性-吸入,类别1 皮肤腐蚀/刺激,类别2 皮肤致敏物,类别1 危害水生环境-急性危害,类别2	H330 H315 H317 H401	GHS06	危险	预防措施：P260、P271、P284、P264、P280、P261、P272、P273 事故响应：P304＋P340、P310、P320、P302＋P352、P321、P332＋P313、P362＋P364、P333＋P313 安全储存：P233＋P403、P405 废弃处置：P501	吸入致命，可能引起皮肤过敏	

续表

序号	品名	别名	CAS 号	UN 号	危险性类别	危险性说明代码	象形图代码	警示词	防范说明代码	风险提示	备注
1506	氯甲酸苯酯		1885-14-9	2746	急性毒性-吸入,类别 1 皮肤腐蚀/刺激,类别 1 严重眼损伤/眼刺激,类别 1	H330 H314 H318	GHS05 GHS06	危险	预防措施:P260、P271、P284、P264、P280 事故响应:P304＋P340、P310、P320、P301＋P330＋P331、P303＋P361＋P353、P305＋P351＋P338、P321、P363 安全储存:P233＋P403、P405 废弃处置:P501	吸入致命,可引起皮肤腐蚀	
1507	氯甲酸苄酯	苯甲氧基碳酰氯	501-53-1	1739	皮肤腐蚀/刺激,类别 1B 严重眼损伤/眼刺激,类别 1 特异性靶器官毒性—一次接触,类别 3(呼吸道刺激) 危害水生环境-急性危害,类别 1 危害水生环境-长期危害,类别 1	H314 H318 H335 H400 H410	GHS05 GHS07 GHS09	危险	预防措施:P260、P264、P280、P261、P271、P273 事故响应:P301＋P330＋P331、P303＋P361＋P353、P304＋P340、P305＋P351＋P338、P310、P321、P363、P312、P391 安全储存:P405、P403＋P233 废弃处置:P501	可引起皮肤腐蚀	
1508	氯甲酸环丁酯		81228-87-7	2744	易燃液体,类别 3 急性毒性-吸入,类别 3 皮肤腐蚀/刺激,类别 1 严重眼损伤/眼刺激,类别 1	H226 H331 H314 H318	GHS02 GHS05 GHS06	危险	预防措施:P210、P233、P240、P241、P242、P243、P280、P261、P271、P260、P264 事故响应:P303＋P361＋P353、P370＋P378、P304＋P340、P311、P321、P301＋P330＋P331、P305＋P351＋P338、P310、P363 安全储存:P403＋P235、P233＋P403、P405 废弃处置:P501	易燃液体,吸入会中毒,可引起皮肤腐蚀	
1509	氯甲酸甲酯	氯碳酸甲酯	79-22-1	1238	易燃液体,类别 2 急性毒性-吸入,类别 2 * 皮肤腐蚀/刺激,类别 1B 严重眼损伤/眼刺激,类别 1 危害水生环境-急性危害,类别 2	H225 H330 H314 H318 H401	GHS02 GHS05 GHS06	危险	预防措施:P210、P233、P240、P241、P242、P243、P280、P260、P271、P284、P264、P273 事故响应:P303＋P361＋P353、P370＋P378、P304＋P340、P310、P320、P301＋P330＋P331、P305＋P351＋P338、P321、P363 安全储存:P403＋P235、P233＋P403、P405 废弃处置:P501	高度易燃液体,吸入致命,可引起皮肤腐蚀	剧毒
1510	氯甲酸氯甲酯		22128-62-7	2745	急性毒性-吸入,类别 2 皮肤腐蚀/刺激,类别 1 严重眼损伤/眼刺激,类别 1	H330 H314 H318	GHS05 GHS06	危险	预防措施:P260、P271、P284、P264、P280 事故响应:P304＋P340、P310、P320、P301＋P330＋P331、P303＋P361＋P353、P305＋P351＋P338、P321、P363 安全储存:P233＋P403、P405 废弃处置:P501	吸入致命,可引起皮肤腐蚀	

续表

序号	品名	别名	CAS号	UN号	危险性类别	危险性说明代码	象形图代码	警示词	防范说明代码	风险提示	备注
1511	氯甲酸三氯甲酯	双光气	503-38-8		急性毒性-经口,类别2 急性毒性-吸入,类别2 皮肤腐蚀/刺激,类别1 严重眼损伤/眼刺激,类别1	H300 H330 H314 H318	GHS05 GHS06	危险	预防措施:P264、P270、P260、P271、P284、P280 事故响应:P301+P310、P321、P304+P340、P320、P301+P330+P331、P303+P361+P353、P305+P351+P338、P363 安全储存:P405、P233+P403 废弃处置:P501	吞咽致命,吸入致命,可引起皮肤腐蚀	重点
1512	氯甲酸烯丙基酯[稳定的]		2937-50-0	1722	易燃液体,类别3 急性毒性-经口,类别3 皮肤腐蚀/刺激,类别1 严重眼损伤/眼刺激,类别1	H226 H301 H314 H318	GHS02 GHS05 GHS06	危险	预防措施:P210、P233、P240、P241、P242、P243、P280、P264、P270、P260 事故响应:P303+P361+P353、P370+P378、P301+P310、P321、P301+P330+P331、P304+P340、P305+P351+P338、P363 安全储存:P403+P235、P405 废弃处置:P501	易燃液体,吞咽会中毒,可引起皮肤腐蚀	
1513	氯甲酸乙酯	氯碳酸乙酯	541-41-3	1182	易燃液体,类别2 急性毒性-吸入,类别2* 皮肤腐蚀/刺激,类别1B 严重眼损伤/眼刺激,类别1 危害水生环境-急性危害,类别2	H225 H330 H314 H318 H401	GHS02 GHS05 GHS06	危险	预防措施:P210、P233、P240、P241、P242、P243、P280、P260、P271、P284、P264、P273 事故响应:P303+P361+P353、P370+P378、P304+P340、P310、P320、P301+P330+P331、P305+P351+P338、P321、P363 安全储存:P403+P235、P233+P403、P405 废弃处置:P501	高度易燃液体,吸入致命,可引起皮肤腐蚀	剧毒
1514	氯甲酸异丙酯		108-23-6	2407	易燃液体,类别2 急性毒性-吸入,类别1 皮肤腐蚀/刺激,类别1 严重眼损伤/眼刺激,类别1 特异性靶器官毒性-一次接触,类别2	H225 H330 H314 H318 H371	GHS02 GHS05 GHS06 GHS08	危险	预防措施:P210、P233、P240、P241、P242、P243、P280、P260、P271、P284、P264、P270 事故响应:P303+P361+P353、P370+P378、P304+P340、P310、P320、P301+P330+P331、P305+P351+P338、P321、P363、P308+P311 安全储存:P403+P235、P233+P403、P405 废弃处置:P501	高度易燃液体,吸入致命,可引起皮肤腐蚀	
1515	氯甲酸异丁酯		543-27-1		易燃液体,类别3 急性毒性-吸入,类别3* 皮肤腐蚀/刺激,类别1 严重眼损伤/眼刺激,类别1	H226 H331 H314 H318	GHS02 GHS05 GHS06	危险	预防措施:P210、P233、P240、P241、P242、P243、P280、P261、P271、P260、P264 事故响应:P303+P361+P353、P370+P378、P304+P340、P311、P321、P301+P330+P331、P305+P351+P338、P310、P363 安全储存:P403+P235、P233+P403、P405 废弃处置:P501	易燃液体,吸入会中毒,可引起皮肤腐蚀	

续表

序号	品名	别名	CAS号	UN号	危险性类别	危险性说明代码	象形图代码	警示词	防范说明代码	风险提示	备注
1516	氯甲酸正丙酯	氯甲酸丙酯	109-61-5	2740	易燃液体,类别 2 急性毒性-吸入,类别 3* 皮肤腐蚀/刺激,类别 1B 严重眼损伤/眼刺激,类别 1 危害水生环境-急性危害,类别 2	H225 H331 H314 H318 H401	GHS02 GHS05 GHS06	危险	预防措施：P210、P233、P240、P241、P242、P243、P280、P261、P271、P260、P264、P273 事故响应:P303＋P361＋P353、P370＋P378、P304＋P340、P311、P321、P301＋P330＋P331、P305＋P351＋P338、P310、P363 安全储存:P403＋P235、P233＋P403、P405 废弃处置:P501	高度易燃液体，吸入会中毒，可引起皮肤腐蚀	
1517	氯甲酸正丁酯	氯甲酸丁酯	592-34-7	2743	易燃液体,类别 3 急性毒性-吸入,类别 3* 皮肤腐蚀/刺激,类别 1B 严重眼损伤/眼刺激,类别 1	H226 H331 H314 H318	GHS02 GHS05 GHS06	危险	预防措施：P210、P233、P240、P241、P242、P243、P280、P261、P271、P260、P264 事故响应:P303＋P361＋P353、P370＋P378、P304＋P340、P311、P321、P301＋P330＋P331、P305＋P351＋P338、P310、P363 安全储存:P403＋P235、P233＋P403、P405 废弃处置:P501	易燃液体，吸入会中毒，可引起皮肤腐蚀	
1518	氯甲酸仲丁酯		17462-58-7		易燃液体,类别 3 急性毒性-吸入,类别 3* 皮肤腐蚀/刺激,类别 1 严重眼损伤/眼刺激,类别 1	H226 H331 H314 H318	GHS02 GHS05 GHS06	危险	预防措施：P210、P233、P240、P241、P242、P243、P280、P261、P271、P260、P264 事故响应:P303＋P361＋P353、P370＋P378、P304＋P340、P311、P321、P301＋P330＋P331、P305＋P351＋P338、P310、P363 安全储存:P403＋P235、P233＋P403、P405 废弃处置:P501	易燃液体，吸入会中毒，可引起皮肤腐蚀	
1519	氯甲烷	R40;甲基氯;一氯甲烷	74-87-3	1063	易燃气体,类别 1 加压气体 特异性靶器官毒性-反复接触,类别 2*	H220 H280 或 H281 H373	GHS02 GHS04 GHS08	危险	预防措施:P210、P260 事故响应:P377、P381、P314 安全储存:P410＋P403 废弃处置:P501	极易燃气体，内装加压气体：遇热可能爆炸	重点
1520	氯甲烷和二氯甲烷混合物			1912	易燃气体,类别 1 加压气体 皮肤腐蚀/刺激,类别 2 严重眼损伤/眼刺激,类别 2A 致癌性,类别 2 特异性靶器官毒性-反复接触,类别 2*	H220 H280 或 H281 H315 H319 H351 H373	GHS02 GHS04 GHS07 GHS08	危险	预防措施:P210、P264、P280、P201、P202、P260 事故响应：P377、P381、P302＋P352、P321、P332＋P313、P362＋P364、P305＋P351＋P338、P337＋P313、P308＋P313、P314 安全储存:P410＋P403、P405 废弃处置:P501	极易燃气体，内装加压气体：遇热可能爆炸	

续表

序号	品名	别名	CAS号	UN号	危险性类别	危险性说明代码	象形图代码	警示词	防范说明代码	风险提示	备注
1521	2-氯间甲酚	2-氯-3-羟基甲苯	608-26-4	3437	危害水生环境-急性危害,类别2 危害水生环境-长期危害,类别2	H401 H411	GHS09	警告	预防措施:P273 事故响应:P391 安全储存: 废弃处置:P501		
1522	6-氯间甲酚	4-氯-5-羟基甲苯	615-74-7	3437	皮肤腐蚀/刺激,类别2 皮肤致敏物,类别1 危害水生环境-急性危害,类别2 危害水生环境-长期危害,类别2	H315 H317 H401 H411	GHS07 GHS09	警告	预防措施:P264、P280、P261、P272、P273 事故响应:P302+P352、P321、P332+P313、P362+P364、P333+P313、P391 安全储存: 废弃处置:P501	可能引起皮肤过敏	
1523	4-氯邻甲苯胺盐酸盐	盐酸-4-氯-2-甲苯胺	3165-93-3		急性毒性-经口,类别3* 急性毒性-经皮,类别3* 急性毒性-吸入,类别3* 生殖细胞致突变性,类别2 致癌性,类别1B 危害水生环境-急性危害,类别1 危害水生环境-长期危害,类别1	H301 H311 H331 H341 H350 H400 H410	GHS06 GHS08 GHS09	危险	预防措施:P264、P270、P280、P261、P271、P201、P202、P273 事故响应:P301+P310、P321、P330、P302+P352、P312、P361+P364、P304+P340、P311、P308+P313、P391 安全储存:P405、P233+P403 废弃处置:P501	吞咽会中毒,皮肤接触会中毒,吸入会中毒,可能致癌	
1524	*N*-(4-氯邻甲苯基)-*N*,*N*-二甲基甲脒盐酸盐	杀虫脒盐酸盐	19750-95-9		急性毒性-经口,类别3 危害水生环境-急性危害,类别1 危害水生环境-长期危害,类别1	H301 H400 H410	GHS06 GHS09	危险	预防措施:P264、P270、P273 事故响应:P301+P310、P321、P330、P391 安全储存:P405 废弃处置:P501	吞咽会中毒	
1525	2-氯三氟甲苯	邻氯三氟甲苯	88-16-4		危害水生环境-急性危害,类别2 危害水生环境-长期危害,类别2	H401 H411	GHS09	警告	预防措施:P273 事故响应:P391 安全储存: 废弃处置:P501		
1526	3-氯三氟甲苯	间氯三氟甲苯	98-15-7		易燃液体,类别3 危害水生环境-长期危害,类别3	H226 H412	GHS02	警告	预防措施:P210、P233、P240、P241、P242、P243、P280、P273 事故响应:P303+P361+P353、P370+P378 安全储存:P403+P235 废弃处置:P501	易燃液体	
1527	4-氯三氟甲苯	对氯三氟甲苯	98-56-6		易燃液体,类别3 危害水生环境-急性危害,类别2 危害水生环境-长期危害,类别2	H226 H401 H411	GHS02 GHS09	警告	预防措施:P210、P233、P240、P241、P242、P243、P280、P273 事故响应:P303+P361+P353、P370+P378、P391 安全储存:P403+P235 废弃处置:P501	易燃液体	

续表

序号	品名	别名	CAS 号	UN 号	危险性类别	危险性说明代码	象形图代码	警示词	防范说明代码	风险提示	备注
1528	氯三氟甲烷和三氟甲烷共沸物	R503		2599	加压气体 危害臭氧层,类别 1	H280 或 H281 H420	GHS04 GHS07	警告	预防措施: 事故响应: 安全储存:P410+P403 废弃处置:	内装加压气体:遇热可能爆炸	
1529	氯四氟乙烷	R124	63938-10-3	1021	加压气体 特异性靶器官毒性-一次接触,类别 3(麻醉效应) 危害臭氧层,类别 1	H280 或 H281 H336 H420	GHS04 GHS07	警告	预防措施:P261、P271 事故响应:P304+P340、P312 安全储存:P410+P403、P403+P233、P405 废弃处置:P501	内装加压气体:遇热可能爆炸	
1530	氯酸铵		10192-29-7		爆炸物,不稳定爆炸物	H200	GHS01	危险	预防措施:P201、P202、P280 事故响应:P372、P373、P380 安全储存:P401 废弃处置:P501	爆炸物,不稳定爆炸物	制爆
1531	氯酸钡		13477-00-4	1445	氧化性固体,类别 1 危害水生环境-急性危害,类别 2 危害水生环境-长期危害,类别 2	H271 H401 H411	GHS03 GHS09	危险	预防措施:P210、P220、P221、P280、P283、P273 事故响应:P306+P360、P370+P378、P371+P380+P375、P391 安全储存: 废弃处置:P501	可引起燃烧或爆炸,强氧化剂	
1532	氯酸钙		10137-74-3	1452	氧化性固体,类别 2	H272	GHS03	危险	预防措施:P210、P220、P221、P280 事故响应:P370+P378 安全储存: 废弃处置:P501	可加剧燃烧,氧化剂	
	氯酸钙溶液			2429	氧化性液体,类别 3 *	H272	GHS03	警告	预防措施:P210、P220、P221、P280 事故响应:P370+P378 安全储存: 废弃处置:P501	可加剧燃烧,氧化剂	
1533	氯酸钾		3811-04-9	1485	氧化性固体,类别 1 危害水生环境-急性危害,类别 2 危害水生环境-长期危害,类别 2	H271 H401 H411	GHS03 GHS09	危险	预防措施:P210、P220、P221、P280、P283、P273 事故响应:P306+P360、P370+P378、P371+P380+P375、P391 安全储存: 废弃处置:P501	可引起燃烧或爆炸,强氧化剂	重点,重大,制爆
	氯酸钾溶液			2427	氧化性液体,类别 3 * 危害水生环境-急性危害,类别 2 危害水生环境-长期危害,类别 2	H272 H401 H411	GHS03 GHS09	警告	预防措施:P210、P220、P221、P280、P273 事故响应:P370+P378、P391 安全储存: 废弃处置:P501	可加剧燃烧,氧化剂	

续表

序号	品名	别名	CAS号	UN号	危险性类别	危险性说明代码	象形图代码	警示词	防范说明代码	风险提示	备注
1534	氯酸镁		10326-21-3	2723	氧化性固体,类别 2	H272	GHS03	危险	预防措施:P210、P220、P221、P280 事故响应:P370+P378 安全储存: 废弃处置:P501	可加剧燃烧,氧化剂	
1535	氯酸钠		7775-09-9	1495	氧化性固体,类别 1 危害水生环境-急性危害,类别 2 危害水生环境-长期危害,类别 2	H271 H401 H411	GHS03 GHS09	危险	预防措施:P210、P220、P221、P280、P283、P273 事故响应:P306+P360、P370+P378、P371+P380+P375、P391 安全储存: 废弃处置:P501	可引起燃烧或爆炸,强氧化剂	重点,重大,制爆
	氯酸钠溶液			2428	氧化性液体,类别 3* 危害水生环境-急性危害,类别 2 危害水生环境-长期危害,类别 2	H272 H401 H411	GHS03 GHS09	警告	预防措施:P210、P220、P221、P280、P273 事故响应:P370+P378、P391 安全储存: 废弃处置:P501	可加剧燃烧,氧化剂	
1536	氯酸溶液[浓度≤10%]		7790-93-4	2626	氧化性液体,类别 2* 金属腐蚀物,类别 1	H272 H290	GHS03 GHS05	危险	预防措施:P210、P220、P221、P280、P234 事故响应:P370+P378、P390 安全储存:P406 废弃处置:P501	可加剧燃烧,氧化剂,可能腐蚀金属	
1537	氯酸铯		13763-67-2		氧化性固体,类别 2	H272	GHS03	危险	预防措施:P210、P220、P221、P280 事故响应:P370+P378 安全储存: 废弃处置:P501	可加剧燃烧,氧化剂	
1538	氯酸锶		7791-10-8	1506	氧化性固体,类别 2	H272	GHS03	危险	预防措施:P210、P220、P221、P280 事故响应:P370+P378 安全储存: 废弃处置:P501	可加剧燃烧,氧化剂	
1539	氯酸铊		13453-30-0	2573	氧化性固体,类别 2 急性毒性-经口,类别 2* 急性毒性-吸入,类别 2* 特异性靶器官毒性-反复接触,类别 2* 危害水生环境-急性危害,类别 2 危害水生环境-长期危害,类别 2	H272 H300 H330 H373 H401 H411	GHS03 GHS06 GHS08 GHS09	危险	预防措施:P210、P220、P221、P280、P264、P270、P260、P271、P284、P273 事故响应:P370+P378、P301+P310、P321、P330、P304+P340、P320、P314、P391 安全储存:P405、P233+P403 废弃处置:P501	可加剧燃烧,氧化剂,吞咽致命,吸入致命	
1540	氯酸铜		26506-47-8	2721	氧化性固体,类别 2	H272	GHS03	危险	预防措施:P210、P220、P221、P280 事故响应:P370+P378 安全储存: 废弃处置:P501	可加剧燃烧,氧化剂	

续表

序号	品名	别名	CAS号	UN号	危险性类别	危险性说明代码	象形图代码	警示词	防范说明代码	风险提示	备注
1541	氯酸锌		10361-95-2	1513	氧化性固体,类别 2 危害水生环境-急性危害,类别 1 危害水生环境-长期危害,类别 1	H272 H400 H410	GHS03 GHS09	危险	预防措施:P210、P220、P221、P280、P273 事故响应:P370+P378、P391 安全储存: 废弃处置:P501	可加剧燃烧,氧化剂	
1542	氯酸银		7783-92-8		氧化性固体,类别 2	H272	GHS03	危险	预防措施:P210、P220、P221、P280 事故响应:P370+P378 安全储存: 废弃处置:P501	可加剧燃烧,氧化剂	
1543	1-氯戊烷	氯代正戊烷	543-59-9	1107	易燃液体,类别 2	H225	GHS02	危险	预防措施:P210、P233、P240、P241、P242、P243、P280 事故响应:P303+P361+P353、P370+P378 安全储存:P403+P235 废弃处置:P501	高度易燃液体	
1544	2-氯硝基苯	邻氯硝基苯	88-73-3		急性毒性-经口,类别 3 急性毒性-经皮,类别 3 急性毒性-吸入,类别 3 严重眼损伤/眼刺激,类别 2B 特异性靶器官毒性-反复接触,类别 1 危害水生环境-长期危害,类别 3	H301 H311 H331 H320 H372 H412	GHS06 GHS08	危险	预防措施:P264、P270、P280、P261、P271、P260、P273 事故响应:P301+P310、P321、P330、P302+P352、P312、P361+P364、P304+P340、P311、P305+P351+P338、P337+P313、P314 安全储存:P405、P233+P403 废弃处置:P501	吞咽会中毒,皮肤接触会中毒,吸入会中毒	
1545	3-氯硝基苯	间氯硝基苯	121-73-3		危害水生环境-急性危害,类别 2 危害水生环境-长期危害,类别 2	H401 H411	GHS09	警告	预防措施:P273 事故响应:P391 安全储存: 废弃处置:P501		
1546	4-氯硝基苯	对氯硝基苯;1-氯-4-硝基苯	100-00-5		急性毒性-经口,类别 3* 急性毒性-经皮,类别 3* 急性毒性-吸入,类别 3* 生殖细胞致突变性,类别 2 特异性靶器官毒性-反复接触,类别 2* 危害水生环境-急性危害,类别 2 危害水生环境-长期危害,类别 2	H301 H311 H331 H341 H373 H401 H411	GHS06 GHS08 GHS09	危险	预防措施:P264、P270、P280、P261、P271、P201、P202、P260、P273 事故响应:P301+P310、P321、P330、P302+P352、P312、P361+P364、P304+P340、P311、P308+P313、P314、P391 安全储存:P405、P233+P403 废弃处置:P501	吞咽会中毒,皮肤接触会中毒,吸入会中毒	
1547	氯硝基苯异构体混合物	混合硝基氯化苯;冷母液	25167-93-5		急性毒性-经口,类别 3* 急性毒性-经皮,类别 3* 急性毒性-吸入,类别 3* 危害水生环境-长期危害,类别 3*	H301 H311 H331 H412	GHS06	危险	预防措施:P264、P270、P280、P261、P271、P273 事故响应:P301+P310、P321、P330、P302+P352、P312、P361+P364、P304+P340、P311 安全储存:P405、P233+P403 废弃处置:P501	吞咽会中毒,皮肤接触会中毒,吸入会中毒	

续表

序号	品名	别名	CAS号	UN号	危险性类别	危险性说明代码	象形图代码	警示词	防范说明代码	风险提示	备注
1548	氯溴甲烷	甲撑溴氯;溴氯甲烷	74-97-5	1887	皮肤腐蚀/刺激,类别2 特异性靶器官毒性-一次接触,类别3(麻醉效应)	H315 H336	GHS07	警告	预防措施:P264、P280、P261、P271 事故响应:P302＋P352、P321、P332＋P313、P362＋P364、P304＋P340、P312 安全储存:P403＋P233、P405 废弃处置:P501		
1549	2-氯乙醇	乙撑氯醇;氯乙醇	107-07-3	1135	急性毒性-经口,类别2* 急性毒性-经皮,类别1 急性毒性-吸入,类别2* 危害水生环境-急性危害,类别2	H300 H310 H330 H401	GHS06	危险	预防措施:P264、P270、P262、P280、P260、P271、P284、P273 事故响应:P301＋P310、P321、P330、P302＋P352、P361＋P364、P304＋P340、P320 安全储存:P405、P233＋P403 废弃处置:P501	吞咽致命,皮肤接触会致命,吸入致命	剧毒
1550	氯乙腈	氰化氯甲烷;氯甲基氰	107-14-2	2668	急性毒性-经口,类别3* 急性毒性-经皮,类别3* 急性毒性-吸入,类别3* 危害水生环境-急性危害,类别2 危害水生环境-长期危害,类别2	H301 H311 H331 H401 H411	GHS06 GHS09	危险	预防措施:P264、P270、P280、P261、P271、P273 事故响应:P301＋P310、P321、P330、P302＋P352、P312、P361＋P364、P304＋P340、P311、P391 安全储存:P405、P233＋P403 废弃处置:P501	吞咽会中毒,皮肤接触会中毒,吸入会中毒	
1551	氯乙酸	氯醋酸;一氯醋酸	79-11-8	1751	急性毒性-经口,类别3* 急性毒性-经皮,类别3* 急性毒性-吸入,类别2 皮肤腐蚀/刺激,类别1B 严重眼损伤/眼刺激,类别1 特异性靶器官毒性-一次接触,类别3(呼吸道刺激) 危害水生环境-急性危害,类别1	H301 H311 H330 H314 H318 H335 H400	GHS05 GHS06 GHS09	危险	预防措施:P264、P270、P280、P260、P271、P284、P261、P273 事故响应:P301＋P310、P321、P302＋P352、P312、P361＋P364、P304＋P340、P320、P301＋P330＋P331、P303＋P361＋P353、P305＋P351＋P338、P363、P391 安全储存:P405、P233＋P403、P403＋P233 废弃处置:P501	吞咽会中毒,皮肤接触会中毒,吸入致命,可引起皮肤腐蚀	
1552	氯乙酸丁酯	氯醋酸丁酯	590-02-3		急性毒性-经皮,类别2	H310	GHS06	危险	预防措施:P262、P264、P270、P280 事故响应:P302＋P352、P310、P321、P361＋P364 安全储存:P405 废弃处置:P501	皮肤接触会致命	
1553	氯乙酸酐	氯醋酸酐	541-88-8		急性毒性-经口,类别3* 急性毒性-经皮,类别3* 急性毒性-吸入,类别3* 皮肤腐蚀/刺激,类别1 严重眼损伤/眼刺激,类别1 危害水生环境-急性危害,类别1	H301 H311 H331 H314 H318 H400	GHS05 GHS06 GHS09	危险	预防措施:P264、P270、P280、P261、P271、P260、P273 事故响应:P301＋P310、P321、P302＋P352、P312、P361＋P364、P304＋P340、P311、P301＋P330＋P331、P303＋P361＋P353、P305＋P351＋P338、P363、P391 安全储存:P405、P233＋P403 废弃处置:P501	吞咽会中毒,皮肤接触会中毒,吸入会中毒,可引起皮肤腐蚀	

续表

序号	品名	别名	CAS号	UN号	危险性类别	危险性说明代码	象形图代码	警示词	防范说明代码	风险提示	备注
1554	氯乙酸甲酯	氯醋酸甲酯	96-34-4	2295	易燃液体,类别 3 急性毒性-经口,类别 3 * 急性毒性-吸入,类别 3 * 皮肤腐蚀/刺激,类别 2 严重眼损伤/眼刺激,类别 1 特异性靶器官毒性-一次接触,类别 3(呼吸道刺激) 危害水生环境-急性危害,类别 2	H226 H301 H331 H315 H318 H335 H401	GHS02 GHS05 GHS06	危险	预防措施：P210、P233、P240、P241、P242、P243、P280、P264、P270、P261、P271、P273 事故响应：P303＋P361＋P353、P370＋P378、P301＋P310、P321、P330、P304＋P340、P311、P302＋P352、P332＋P313、P362＋P364、P305＋P351＋P338、P312 安全储存：P403＋P235、P405、P233＋P403、P403＋P233 废弃处置：P501	易燃液体，吞咽会中毒，吸入会中毒，造成严重眼损伤	
1555	氯乙酸钠		3926-62-3	2659	急性毒性-经口,类别 3 * 皮肤腐蚀/刺激,类别 2 危害水生环境-急性危害,类别 1	H301 H315 H400	GHS06 GHS09	危险	预防措施：P264、P270、P280、P273 事故响应：P301＋P310、P321、P330、P302＋P352、P332＋P313、P362＋P364、P391 安全储存：P405 废弃处置：P501	吞咽会中毒	
1556	氯乙酸叔丁酯	氯醋酸叔丁酯	107-59-5		易燃液体,类别 3 急性毒性-吸入,类别 3 皮肤腐蚀/刺激,类别 1 严重眼损伤/眼刺激,类别 1	H226 H331 H314 H318	GHS02 GHS05 GHS06	危险	预防措施：P210、P233、P240、P241、P242、P243、P280、P261、P271、P260、P264 事故响应：P303＋P361＋P353、P370＋P378、P304＋P340、P311、P321、P301＋P330＋P331、P305＋P351＋P338、P310、P363 安全储存：P403＋P235、P233＋P403、P405 废弃处置：P501	易燃液体，吸入会中毒，可引起皮肤腐蚀	
1557	氯乙酸乙烯酯	氯醋酸乙烯酯；乙烯基氯乙酸酯	2549-51-1	2589	易燃液体,类别 3	H226	GHS02	警告	预防措施：P210、P233、P240、P241、P242、P243、P280 事故响应：P303＋P361＋P353、P370＋P378 安全储存：P403＋P235 废弃处置：P501	易燃液体	
1558	氯乙酸乙酯	氯醋酸乙酯	105-39-5	1181	急性毒性-经口,类别 3 急性毒性-经皮,类别 3 急性毒性-吸入,类别 3 危害水生环境-急性危害,类别 1	H301 H311 H331 H400	GHS06 GHS09	危险	预防措施：P264、P270、P280、P261、P271、P273 事故响应：P301＋P310、P321、P330、P302＋P352、P312、P361＋P364、P304＋P340、P311、P391 安全储存：P405、P233＋P403 废弃处置：P501	吞咽会中毒，皮肤接触会中毒，吸入会中毒	

续表

序号	品名	别名	CAS号	UN号	危险性类别	危险性说明代码	象形图代码	警示词	防范说明代码	风险提示	备注
1559	氯乙酸异丙酯	氯醋酸异丙酯	105-48-6	2947	易燃液体,类别3 急性毒性-经口,类别3* 皮肤腐蚀/刺激,类别2 严重眼损伤/眼刺激,类别2 特异性靶器官毒性-一次接触,类别3(呼吸道刺激)	H226 H301 H315 H319 H335	GHS02 GHS06	危险	预防措施:P210、P233、P240、P241、P242、P243、P280、P264、P270、P261、P271 事故响应:P303+P361+P353、P370+P378、P301+P310、P321、P330、P302+P352、P332+P313、P362+P364、P305+P351+P338、P337+P313、P304+P340、P312 安全储存:P403+P235、P405、P403+P233 废弃处置:P501	易燃液体,吞咽会中毒	
1560	氯乙烷	乙基氯	75-00-3	1037	易燃气体,类别1 加压气体 危害水生环境-长期危害,类别3	H220 H280或H281 H412	GHS02 GHS04	危险	预防措施:P210、P273 事故响应:P377、P381 安全储存:P410+P403 废弃处置:P501	极易燃气体,内装加压气体:遇热可能爆炸	
1561	氯乙烯[稳定的]	乙烯基氯	75-01-4	1086	易燃气体,类别1 化学不稳定性气体,类别B 加压气体 致癌性,类别1A	H220 H231 H280或H281 H350	GHS02 GHS04 GHS08	危险	预防措施:P210、P202、P201、P280 事故响应:P377、P381、P308+P313 安全储存:P410+P403、P405 废弃处置:P501	极易燃气体,(不稳定),内装加压气体:遇热可能爆炸,可能致癌	重点,重大
1562	2-氯乙酰-*N*-乙酰苯胺	邻氯乙酰-*N*-乙酰苯胺	93-70-9		危害水生环境-长期危害,类别3	H412			预防措施:P273 事故响应: 安全储存: 废弃处置:P501		
1563	氯乙酰氯	氯化氯乙酰	79-04-9	1752	急性毒性-经口,类别3* 急性毒性-经皮,类别3* 急性毒性-吸入,类别3* 皮肤腐蚀/刺激,类别1A 严重眼损伤/眼刺激,类别1 特异性靶器官毒性-反复接触,类别1 危害水生环境-急性危害,类别1	H301 H311 H331 H314 H318 H372 H400	GHS05 GHS06 GHS08 GHS09	危险	预防措施:P264、P270、P280、P261、P271、P260、P273 事故响应:P301+P310、P321、P302+P352、P312、P361+P364、P304+P340、P311、P301+P330+P331、P303+P361+P353、P305+P351+P338、P363、P314、P391 安全储存:P405、P233+P403 废弃处置:P501	吞咽会中毒,皮肤接触会中毒,吸入会中毒,可引起皮肤腐蚀	
1564	4-氯正丁酸乙酯		3153-36-4		皮肤腐蚀/刺激,类别2 严重眼损伤/眼刺激,类别2 特异性靶器官毒性-一次接触,类别3(呼吸道刺激)	H315 H319 H335	GHS07	警告	预防措施:P264、P280 事故响应:P302+P352、P321、P332+P313、P362+P364、P305+P351+P338、P337+P313 安全储存: 废弃处置:		

续表

序号	品名	别名	CAS号	UN号	危险性类别	危险性说明代码	象形图代码	警示词	防范说明代码	风险提示	备注
1565	马来酸酐	马来酐;失水苹果酸酐;顺丁烯二酸酐	108-31-6	2215	皮肤腐蚀/刺激,类别1B 严重眼损伤/眼刺激,类别1 呼吸道致敏物,类别1 皮肤致敏物,类别1	H314 H318 H334 H317	GHS05 GHS08	危险	预防措施:P260、P264、P280、P261、P284、P272 事故响应:P301+P330+P331、P303+P361+P353、P304+P340、P305+P351+P338、P310、P321、P363、P342+P311、P302+P352、P333+P313、P362+P364 安全储存:P405 废弃处置:P501	可引起皮肤腐蚀,吸入可能导致过敏,可能引起皮肤过敏	
1566	吗啉		110-91-8	2054	易燃液体,类别3 皮肤腐蚀/刺激,类别1B 严重眼损伤/眼刺激,类别1	H226 H314 H318	GHS02 GHS05	危险	预防措施:P210、P233、P240、P241、P242、P243、P280、P260、P264 事故响应:P303+P361+P353、P370+P378、P301+P330+P331、P304+P340、P305+P351+P338、P310、P321、P363 安全储存:P403+P235、P405 废弃处置:P501	易燃液体,可引起皮肤腐蚀	
1567	煤焦酚	杂酚;粗酚	65996-83-0		生殖细胞致突变性,类别1B	H340	GHS08	危险	预防措施:P201、P202、P280 事故响应:P308+P313 安全储存:P405 废弃处置:P501		
1568	煤焦沥青	焦油沥青;煤沥青;煤膏	65996-93-2		生殖细胞致突变性,类别1B 致癌性,类别1A 生殖毒性,类别1B 危害水生环境-急性危害,类别1 危害水生环境-长期危害,类别1	H340 H350 H360 H400 H410	GHS08 GHS09	危险	预防措施:P201、P202、P280、P273 事故响应:P308+P313、P391 安全储存:P405 废弃处置:P501	可能致癌	
1569	煤焦油		8007-45-2	1136	易燃液体,类别2 致癌性,类别1A 危害水生环境-急性危害,类别2 危害水生环境-长期危害,类别2	H225 H350 H401 H411	GHS02 GHS08 GHS09	危险	预防措施:P210、P233、P240、P241、P242、P243、P280、P201、P202、P273 事故响应:P303+P361+P353、P370+P378、P308+P313、P391 安全储存:P403+P235、P405 废弃处置:P501	高度易燃液体,可能致癌	
1570	煤气			1023	易燃气体,类别1 加压气体	H220 H280或H281	GHS02 GHS04	危险	预防措施:P210 事故响应:P377、P381 安全储存:P410+P403 废弃处置:	极易燃气体,内装加压气体:遇热可能爆炸	重大

续表

序号	品名	别名	CAS号	UN号	危险性类别	危险性说明代码	象形图代码	警示词	防范说明代码	风险提示	备注
1571	煤油	火油;直馏煤油	8008-20-6	1223	易燃液体,类别3* 吸入危害,类别1 危害水生环境-急性危害,类别2 危害水生环境-长期危害,类别2	H226 H304 H401 H411	GHS02 GHS08 GHS09	危险	预防措施:P210、P233、P240、P241、P242、P243、P280、P273 事故响应:P303+P361+P353、P370+P378、P301+P310、P331、P391 安全储存:P403+P235、P405 废弃处置:P501	易燃液体,禁止催吐	
1572	镁		7439-95-4	1418(粉末);1869(丸状、旋屑或带状)	(1)粉末: 遇水放出易燃气体的物质和混合物,类别2; 自热物质和混合物,类别1 (2)丸状、旋屑或带状: 易燃固体,类别2	(1) H261 H251 (2) H228	GHS02	(1)危险 (2)警告	预防措施:P235+P410、P280、P223、P231+P232、P210、P240、P241 事故响应:P335+P334、P370+P378 安全储存:P407、P413、P420、P402+P404 废弃处置:P501	(1)自热,可能燃烧,遇水放出易燃气体 (2)易燃固体	重大
1573	镁合金[片状、带状或条状,含镁>50%]			1869	易燃固体,类别2 遇水放出易燃气体的物质和混合物,类别2	H228 H261	GHS02	危险	预防措施:P210、P240、P241、P280、P223、P231+P232 事故响应:P370+P378、P335+P334 安全储存:P402+P404 废弃处置:P501	易燃固体,遇水放出易燃气体	
1574	镁铝粉			1418	遇水放出易燃气体的物质和混合物,类别2; 自热物质和混合物,类别1	H261 H251	GHS02	危险	预防措施:P223、P231+P232、P280、P235+P410 事故响应:P335+P334、P370+P378 安全储存:P402+P404、P407、P413、P420 废弃处置:P501	遇水放出易燃气体,自热,可能燃烧	制爆
1575	锰酸钾		10294-64-1		氧化性固体,类别2	H272	GHS03	危险	预防措施:P210、P220、P221、P280 事故响应:P370+P378 安全储存: 废弃处置:P501	可加剧燃烧,氧化剂	
1576	迷迭香油		8000-25-7		易燃液体,类别3	H226	GHS02	警告	预防措施:P210、P233、P240、P241、P242、P243、P280 事故响应:P303+P361+P353、P370+P378 安全储存:P403+P235 废弃处置:P501	易燃液体	
1577	米许合金[浸在煤油中的]				易燃液体,类别3* 遇水放出易燃气体的物质和混合物,类别3* 危害水生环境-急性危害,类别2 危害水生环境-长期危害,类别2	H226 H261 H401 H411	GHS02 GHS09	警告	预防措施:P210、P233、P240、P241、P242、P243、P280、P231+P232、P273 事故响应:P303+P361+P353、P370+P378、P391 安全储存:P403+P235、P402+P404 废弃处置:P501	易燃液体,遇水放出易燃气体	

续表

序号	品名	别名	CAS号	UN号	危险性类别	危险性说明代码	象形图代码	警示词	防范说明代码	风险提示	备注
1578	脒基亚硝氨基脒基叉肼[含水≥30%]				爆炸物,1.1项	H201	GHS01	危险	预防措施:P210、P230、P240、P250、P280 事故响应:P370+P380、P372、P373 安全储存:P401 废弃处置:P501	整体爆炸危险	
1579	脒基亚硝氨基脒基四氮烯[湿的,按质量含水或乙醇和水的混合物不低于30%]	四氮烯;特屈拉辛	109-27-3	0114	爆炸物,1.1项 危害水生环境-急性危害,类别1 危害水生环境-长期危害,类别1	H201 H400 H410	GHS01 GHS09	危险	预防措施:P210、P230、P240、P250、P280、P273 事故响应:P370+P380、P372、P373、P391 安全储存:P401 废弃处置:P501	整体爆炸危险	
1580	木防己苦毒素	苦毒浆果(木防己属)	124-87-8		急性毒性-经口,类别2 危害水生环境-急性危害,类别2 危害水生环境-长期危害,类别2	H300 H401 H411	GHS06 GHS09	危险	预防措施:P264、P270、P273 事故响应:P301+P310、P321、P330、P391 安全储存:P405 废弃处置:P501	吞咽致命	
1581	木馏油	木焦油	8021-39-4		皮肤腐蚀/刺激,类别1 严重眼损伤/眼刺激,类别1 皮肤致敏物,类别1 危害水生环境-长期危害,类别3	H314 H318 H317 H412	GHS05 GHS07	危险	预防措施:P260、P264、P280、P261、P272、P273 事故响应:P301+P330+P331、P303+P361+P353、P304+P340、P305+P351+P338、P310、P321、P363、P302+P352、P333+P313、P362+P364 安全储存:P405 废弃处置:P501	可引起皮肤腐蚀,可能引起皮肤过敏	
1582	钠	金属钠	7440-23-5	1428	遇水放出易燃气体的物质和混合物,类别1 皮肤腐蚀/刺激,类别1B 严重眼损伤/眼刺激,类别1	H260 H314 H318	GHS02 GHS05	危险	预防措施:P223、P231+P232、P280、P260、P264 事故响应:P335+P334、P370+P378、P301+P330+P331、P303+P361+P353、P304+P340、P305+P351+P338、P310、P321、P363 安全储存:P402+P404、P405 废弃处置:P501	遇水放出可自燃的易燃气体,可引起皮肤腐蚀	重大,制爆
1583	钠石灰[含氢氧化钠>4%]	碱石灰	8006-28-8	1907	皮肤腐蚀/刺激,类别1 严重眼损伤/眼刺激,类别1	H314 H318	GHS05	危险	预防措施:P260、P264、P280 事故响应:P301+P330+P331、P303+P361+P353、P304+P340、P305+P351+P338、P310、P321、P363 安全储存:P405 废弃处置:P501	可引起皮肤腐蚀	

续表

序号	品名	别名	CAS号	UN号	危险性类别	危险性说明代码	象形图代码	警示词	防范说明代码	风险提示	备注
1584	氖[压缩的或液化的]		7440-01-9	1065（压缩的） 1913（冷冻液化的）	加压气体	H280或H281	GHS04	警告	预防措施： 事故响应： 安全储存：P410＋P403 废弃处置：	内装加压气体：遇热可能爆炸	
1585	萘	粗萘；精萘；萘饼	91-20-3	1334	易燃固体，类别2 致癌性，类别2 危害水生环境-急性危害，类别1 危害水生环境-长期危害，类别1	H228 H351 H400 H410	GHS02 GHS08 GHS09	警告	预防措施：P210、P240、P241、P280、P201、P202、P273 事故响应：P370＋P378、P308＋P313、P391 安全储存：P405 废弃处置：P501	易燃固体	
1586	1-萘胺	α-萘胺；1-氨基萘	134-32-7	2077	急性毒性-经皮，类别3 危害水生环境-急性危害，类别2 危害水生环境-长期危害，类别2	H311 H401 H411	GHS06 GHS09	危险	预防措施：P280、P273 事故响应：P302＋P352、P312、P321、P361＋P364、P391 安全储存：P405 废弃处置：P501	皮肤接触会中毒	
1587	2-萘胺	β-萘胺；2-氨基萘	91-59-8	1650	致癌性，类别1A 危害水生环境-急性危害，类别2 危害水生环境-长期危害，类别2	H350 H401 H411	GHS08 GHS09	危险	预防措施：P201、P202、P280、P273 事故响应：P308＋P313、P391 安全储存：P405 废弃处置：P501	可能致癌	
1588	1，8-萘二甲酸酐	萘酐	81-84-5		易燃固体，类别2	H228	GHS02	警告	预防措施：P210、P240、P241、P280 事故响应：P370＋P378 安全储存： 废弃处置：	易燃固体	
1589	萘磺汞	双苯汞亚甲基二萘磺酸酯；汞加芬；双萘磺酸苯汞	14235-86-0		急性毒性-经口，类别2* 急性毒性-经皮，类别1 急性毒性-吸入，类别2* 特异性靶器官毒性-反复接触，类别2* 危害水生环境-急性危害，类别1 危害水生环境-长期危害，类别1	H300 H310 H330 H373 H400 H410	GHS06 GHS08 GHS09	危险	预防措施：P264、P270、P262、P280、P260、P271、P284、P273 事故响应：P301＋P310、P321、P330、P302＋P352、P361＋P364、P304＋P340、P320、P314、P391 安全储存：P405、P233＋P403 废弃处置：P501	吞咽致命，皮肤接触会致命，吸入致命	
1590	1-萘基硫脲	α-萘硫脲；安妥	86-88-4	1651	急性毒性-经口，类别2*	H300	GHS06	危险	预防措施：P264、P270 事故响应：P301＋P310、P321、P330 安全储存：P405 废弃处置：P501	吞咽致命	

续表

序号	品名	别名	CAS号	UN号	危险性类别	危险性说明代码	象形图代码	警示词	防范说明代码	风险提示	备注
1591	1-萘甲腈	萘甲腈；α-萘甲腈	86-53-3		皮肤腐蚀/刺激,类别 2 严重眼损伤/眼刺激,类别 2 特异性靶器官毒性-一次接触,类别 3(呼吸道刺激)	H315 H319 H335	GHS07	警告	预防措施:P264、P280 事故响应:P302＋P352、P321、P332＋P313、P362＋P364、P305＋P351＋P338、P337＋P313 安全储存: 废弃处置:		
1592	1-萘氧基二氯化膦		91270-74-5		皮肤腐蚀/刺激,类别 2	H315	GHS07	警告	预防措施:P264、P280 事故响应:P302＋P352、P321、P332＋P313、P362＋P364 安全储存: 废弃处置:		
1593	镍催化剂[干燥的]				自燃固体,类别 1 致癌性,类别 2	H250 H351	GHS02 GHS08	危险	预防措施:P210、P222、P280、P201、P202 事故响应:P335＋P334、P370＋P378、P308＋P313 安全储存:P422、P405 废弃处置:P501	暴露在空气中自燃	
1594	2,2′-偶氮-二-(2,4-二甲基-4-甲氧基戊腈)		15545-97-8	3236	自反应物质和混合物,D型	H242	GHS02	危险	预防措施:P210、P220、P234、P280 事故响应:P370＋P378 安全储存:P403＋P235、P411、P420 废弃处置:P501	加热可能起火	
1595	2,2′-偶氮-二-(2,4-二甲基戊腈)	偶氮二异庚腈	4419-11-8	3236	自反应物质和混合物,D型	H242	GHS02	危险	预防措施:P210、P220、P234、P280 事故响应:P370＋P378 安全储存:P403＋P235、P411、P420 废弃处置:P501	加热可能起火	重点
1596	2,2′-偶氮二-(2-甲基丙酸乙酯)		3879-07-0	3235	自反应物质和混合物,D型	H242	GHS02	危险	预防措施:P210、P220、P234、P280 事故响应:P370＋P378 安全储存:P403＋P235、P411、P420 废弃处置:P501	加热可能起火	
1597	2,2′-偶氮-二-(2-甲基丁腈)		13472-08-7		自反应物质和混合物,D型	H242	GHS02	危险	预防措施:P210、P220、P234、P280 事故响应:P370＋P378 安全储存:P403＋P235、P411、P420 废弃处置:P501	加热可能起火	
1598	1,1′-偶氮-二-(六氢苄腈)	1,1′-偶氮二(环己基甲腈)	2094-98-6		自反应物质和混合物,D型	H242	GHS02	危险	预防措施:P210、P220、P234、P280 事故响应:P370＋P378 安全储存:P403＋P235、P411、P420 废弃处置:P501	加热可能起火	

续表

序号	品名	别名	CAS号	UN号	危险性类别	危险性说明代码	象形图代码	警示词	防范说明代码	风险提示	备注
1599	偶氮二甲酰胺	发泡剂AC;二氮烯二甲酰胺	123-77-3	3242	易燃固体,类别1 呼吸道致敏物,类别1 皮肤致敏物,类别1 危害水生环境-长期危害,类别3	H228 H334 H317 H412	GHS02 GHS08	危险	预防措施:P210、P240、P241、P280、P261、P284、P272、P273 事故响应:P370+P378、P304+P340、P342+P311、P302+P352、P321、P333+P313、P362+P364 安全储存: 废弃处置:P501	易燃固体,吸入可能导致过敏,可能引起皮肤过敏	
1600	2,2′-偶氮二异丁腈	发泡剂N;ADIN;2-甲基丙腈	78-67-1		自反应物质和混合物,C型 危害水生环境-长期危害,类别3	H242 H412	GHS02	危险	预防措施:P210、P220、P234、P280、P273 事故响应:P370+P378 安全储存:P403+P235、P411、P420 废弃处置:P501	加热可能起火	重点
1601	哌啶	六氢吡啶;氮己环	110-89-4	2401	易燃液体,类别2 急性毒性-经皮,类别3* 急性毒性-吸入,类别3* 皮肤腐蚀/刺激,类别1B 严重眼损伤/眼刺激,类别1	H225 H311 H331 H314 H318	GHS02 GHS05 GHS06	危险	预防措施:P210、P233、P240、P241、P242、P243、P280、P261、P271、P260、P264 事故响应:P303+P361+P353、P370+P378、P302+P352、P312、P321、P361+P364、P304+P340、P311、P301+P330+P331、P305+P351+P338、P310、P363 安全储存:P403+P235、P405、P233+P403 废弃处置:P501	高度易燃液体,皮肤接触会中毒,吸入会中毒,可引起皮肤腐蚀	制毒
1602	哌嗪	对二氮己环	110-85-0	2579	皮肤腐蚀/刺激,类别1B 严重眼损伤/眼刺激,类别1 呼吸道致敏物,类别1 皮肤致敏物,类别1 生殖毒性,类别2	H314 H318 H334 H317 H361	GHS05 GHS08	危险	预防措施:P260、P264、P280、P261、P284、P272、P201、P202 事故响应:P301+P330+P331、P303+P361+P353、P304+P340、P305+P351+P338、P310、P321、P363、P342+P311、P302+P352、P333+P313、P362+P364、P308+P313 安全储存:P405 废弃处置:P501	可引起皮肤腐蚀,吸入可能导致过敏,可能引起皮肤过敏	
1603	α-蒎烯	α-松油萜	80-56-8	2368	易燃液体,类别3 皮肤腐蚀/刺激,类别2 皮肤致敏物,类别1 吸入危害,类别1 危害水生环境-急性危害,类别1 危害水生环境-长期危害,类别1	H226 H315 H317 H304 H400 H410	GHS02 GHS07 GHS08 GHS09	危险	预防措施:P210、P233、P240、P241、P242、P243、P280、P264、P261、P272、P273 事故响应:P303+P361+P353、P370+P378、P302+P352、P321、P332+P313、P362+P364、P333+P313、P301+P310、P331、P391 安全储存:P403+P235、P405 废弃处置:P501	易燃液体,可能引起皮肤过敏,禁止催吐	

续表

序号	品名	别名	CAS号	UN号	危险性类别	危险性说明代码	象形图代码	警示词	防范说明代码	风险提示	备注
1604	β-蒎烯		127-91-3		易燃液体，类别3 皮肤腐蚀/刺激，类别2 皮肤致敏物，类别1 吸入危害，类别1 危害水生环境-急性危害，类别1 危害水生环境-长期危害，类别1	H226 H315 H317 H304 H400 H410	GHS02 GHS07 GHS08 GHS09	危险	预防措施：P210、P233、P240、P241、P242、P243、P280、P264、P261、P272、P273 事故响应：P303＋P361＋P353、P370＋P378、P302＋P352、P321、P332＋P313、P362＋P364、P333＋P313、P301＋P310、P331、P391 安全储存：P403＋P235、P405 废弃处置：P501	易燃液体，可能引起皮肤过敏，禁止催吐	
1605	硼氢化钾	氢硼化钾	13762-51-1	1870	遇水放出易燃气体的物质和混合物，类别1 急性毒性-经口，类别3 急性毒性-经皮，类别3	H260 H301 H311	GHS02 GHS06	危险	预防措施：P223、P231＋P232、P280、P264、P270 事故响应：P335＋P334、P370＋P378、P301＋P310、P321、P330、P302＋P352、P312、P361＋P364 安全储存：P402＋P404、P405 废弃处置：P501	遇水放出可自燃的易燃气体，吞咽会中毒，皮肤接触会中毒	制爆
1606	硼氢化锂	氢硼化锂	16949-15-8	1413	遇水放出易燃气体的物质和混合物，类别1	H260	GHS02	危险	预防措施：P223、P231＋P232、P280 事故响应：P335＋P334、P370＋P378 安全储存：P402＋P404 废弃处置：P501	遇水放出可自燃的易燃气体	制爆
1607	硼氢化铝	氢硼化铝	16962-07-5	2870	自燃固体，类别1 遇水放出易燃气体的物质和混合物，类别1	H250 H260	GHS02	危险	预防措施：P210、P222、P280、P223、P231＋P232 事故响应：P335＋P334、P370＋P378 安全储存：P422、P402＋P404 废弃处置：P501	暴露在空气中自燃，遇水放出可自燃的易燃气体	
1608	硼氢化钠	氢硼化钠	16940-66-2	1426	遇水放出易燃气体的物质和混合物，类别1 急性毒性-经口，类别3 皮肤腐蚀/刺激，类别1C 严重眼损伤/眼刺激，类别1	H260 H301 H314 H318	GHS02 GHS05 GHS06	危险	预防措施：P223、P231＋P232、P280、P264、P270、P260 事故响应：P335＋P334、P370＋P378、P301＋P310、P321、P301＋P330＋P331、P303＋P361＋P353、P304＋P340、P305＋P351＋P338、P363 安全储存：P402＋P404、P405 废弃处置：P501	遇水放出可自燃的易燃气体，吞咽会中毒，可引起皮肤腐蚀	制爆
1609	硼酸		10043-35-3		生殖毒性，类别1B	H360	GHS08	危险	预防措施：P201、P202、P280 事故响应：P308＋P313 安全储存：P405 废弃处置：P501		

续表

序号	品名	别名	CAS号	UN号	危险性类别	危险性说明代码	象形图代码	警示词	防范说明代码	风险提示	备注
1610	硼酸三甲酯	三甲氧基硼烷	121-43-7	2416	易燃液体,类别3	H226	GHS02	警告	预防措施：P210、P233、P240、P241、P242、P243、P280 事故响应：P303+P361+P353、P370+P378 安全储存：P403+P235 废弃处置：P501	易燃液体	
1611	硼酸三乙酯	三乙氧基硼烷	150-46-9	2416	易燃液体,类别2	H225	GHS02	危险	预防措施：P210、P233、P240、P241、P242、P243、P280 事故响应：P303+P361+P353、P370+P378 安全储存：P403+P235 废弃处置：P501	高度易燃液体	
1612	硼酸三异丙酯	硼酸异丙酯	5419-55-6	2616	易燃液体,类别2	H225	GHS02	危险	预防措施：P210、P233、P240、P241、P242、P243、P280 事故响应：P303+P361+P353、P370+P378 安全储存：P403+P235 废弃处置：P501	高度易燃液体	
1613	铍粉		7440-41-7	1567	易燃固体,类别2 急性毒性-经口,类别3* 急性毒性-吸入,类别2* 皮肤腐蚀/刺激,类别2 严重眼损伤/眼刺激,类别2 皮肤致敏物,类别1 致癌性,类别1A 特异性靶器官毒性-一次接触,类别3(呼吸道刺激) 特异性靶器官毒性-反复接触,类别1	H228 H301 H330 H315 H319 H317 H350 H335 H372	GHS02 GHS06 GHS08	危险	预防措施：P264、P270、P260、P271、P284、P280、P261、P272、P201、P202 事故响应：P301+P310、P321、P330、P304+P340、P320、P302+P352、P332+P313、P362+P364、P305+P351+P338、P337+P313、P333+P313、P308+P313、P312、P314 安全储存：P405、P233+P403、P403+P233 废弃处置：P501	易燃固体,类别2,吞咽会中毒,吸入致命,可能引起皮肤过敏,可能致癌	
1614	偏钒酸铵		7803-55-6	2859	急性毒性-经口,类别3 急性毒性-吸入,类别1 皮肤腐蚀/刺激,类别2 严重眼损伤/眼刺激,类别2 特异性靶器官毒性-一次接触,类别3(呼吸道刺激) 危害水生环境-长期危害,类别3	H301 H330 H315 H319 H335 H412	GHS06	危险	预防措施：P264、P270、P260、P271、P284、P280、P261、P273 事故响应：P301+P310、P321、P330、P304+P340、P320、P302+P352、P332+P313、P362+P364、P305+P351+P338、P337+P313、P312 安全储存：P405、P233+P403、P403+P233 废弃处置：P501	吞咽会中毒,吸入致命	

续表

序号	品名	别名	CAS号	UN号	危险性类别	危险性说明代码	象形图代码	警示词	防范说明代码	风险提示	备注
1615	偏钒酸钾		13769-43-2	2864	急性毒性-经口,类别 2 皮肤腐蚀/刺激,类别 2 严重眼损伤/眼刺激,类别 2 特异性靶器官毒性-一次接触,类别 3(呼吸道刺激) 危害水生环境-长期危害,类别 3	H300 H315 H319 H335 H412	GHS06	危险	预防措施:P264、P270、P280、P261、P271、P273 事故响应:P301＋P310、P321、P330、P302＋P352、P332＋P313、P362＋P364、P305＋P351＋P338、P337＋P313、P304＋P340、P312 安全储存:P405、P403＋P233 废弃处置:P501	吞咽致命	
1616	偏高碘酸钾				氧化性固体,类别 2	H272	GHS03	危险	预防措施:P210、P220、P221、P280 事故响应:P370＋P378 安全储存: 废弃处置:P501	可加剧燃烧,氧化剂	
1617	偏高碘酸钠				氧化性固体,类别 2	H272	GHS03	危险	预防措施:P210、P220、P221、P280 事故响应:P370＋P378 安全储存: 废弃处置:P501	可加剧燃烧,氧化剂	
1618	偏硅酸钠	三氧硅酸二钠	6834-92-0		皮肤腐蚀/刺激,类别 1B 严重眼损伤/眼刺激,类别 1 特异性靶器官毒性-一次接触,类别 3(呼吸道刺激)	H314 H318 H335	GHS05 GHS07	危险	预防措施:P260、P264、P280、P261、P271 事故响应:P301＋P330＋P331、P303＋P361＋P353、P304＋P340、P305＋P351＋P338、P310、P321、P363、P312 安全储存:P405、P403＋P233 废弃处置:P501	可引起皮肤腐蚀	
1619	偏砷酸		10102-53-1		急性毒性-经口,类别 3＊ 急性毒性-吸入,类别 3＊ 致癌性,类别 1A 危害水生环境-急性危害,类别 1 危害水生环境-长期危害,类别 1	H301 H331 H350 H400 H410	GHS06 GHS08 GHS09	危险	预防措施:P264、P270、P261、P271、P201、P202、P280、P273 事故响应:P301＋P310、P321、P330、P304＋P340、P311、P308＋P313、P391 安全储存:P405、P233＋P403 废弃处置:P501	吞咽会中毒,吸入会中毒,可能致癌	
1620	偏砷酸钠		15120-17-9		急性毒性-经口,类别 3＊ 急性毒性-吸入,类别 3＊ 致癌性,类别 1A 危害水生环境-急性危害,类别 1 危害水生环境-长期危害,类别 1	H301 H331 H350 H400 H410	GHS06 GHS08 GHS09	危险	预防措施:P264、P270、P261、P271、P201、P202、P280、P273 事故响应:P301＋P310、P321、P330、P304＋P340、P311、P308＋P313、P391 安全储存:P405、P233＋P403 废弃处置:P501	吞咽会中毒,吸入会中毒,可能致癌	

续表

序号	品名	别名	CAS号	UN号	危险性类别	危险性说明代码	象形图代码	警示词	防范说明代码	风险提示	备注
1621	漂白粉			2208	氧化性固体,类别 2 皮肤腐蚀/刺激,类别 1B 严重眼损伤/眼刺激,类别 1 危害水生环境-急性危害,类别 1 危害水生环境-长期危害,类别 1	H272 H314 H318 H400 H410	GHS03 GHS05 GHS09	危险	预防措施：P210、P220、P221、P280、P260、P264、P273 事故响应：P370＋P378、P301＋P330＋P331、P303＋P361＋P353、P304＋P340、P305＋P351＋P338、P310、P321、P363、P391 安全储存：P405 废弃处置：P501	可加剧燃烧，氧化剂，可引起皮肤腐蚀	
1622	漂粉精[含有效氯＞39%]	高级晒粉		1748	氧化性固体,类别 2 皮肤腐蚀/刺激,类别 1B 严重眼损伤/眼刺激,类别 1 危害水生环境-急性危害,类别 1 危害水生环境-长期危害,类别 1	H272 H314 H318 H400 H410	GHS03 GHS05 GHS09	危险	预防措施：P210、P220、P221、P280、P260、P264、P273 事故响应：P370＋P378、P301＋P330＋P331、P303＋P361＋P353、P304＋P340、P305＋P351＋P338、P310、P321、P363、P391 安全储存：P405 废弃处置：P501	可加剧燃烧，氧化剂，可引起皮肤腐蚀	
1623	葡萄糖酸汞		63937-14-4	1637	急性毒性-经口,类别 2* 急性毒性-经皮,类别 1 急性毒性-吸入,类别 2* 特异性靶器官毒性-反复接触,类别 2* 危害水生环境-急性危害,类别 1 危害水生环境-长期危害,类别 1	H300 H310 H330 H373 H400 H410	GHS06 GHS08 GHS09	危险	预防措施：P264、P270、P262、P280、P260、P271、P284、P273 事故响应：P301＋P310、P321、P330、P302＋P352、P361＋P364、P304＋P340、P320、P314、P391 安全储存：P405、P233＋P403 废弃处置：P501	吞咽致命，皮肤接触会致命，吸入致命	
1624	七氟丁酸	全氟丁酸	375-22-4		皮肤腐蚀/刺激,类别 1 严重眼损伤/眼刺激,类别 1	H314 H318	GHS05	危险	预防措施：P260、P264、P280 事故响应：P301＋P330＋P331、P303＋P361＋P353、P304＋P340、P305＋P351＋P338、P310、P321、P363 安全储存：P405 废弃处置：P501	可引起皮肤腐蚀	
1625	七硫化四磷	七硫化磷	12037-82-0	1339	易燃固体,类别 1	H228	GHS02	危险	预防措施：P210、P240、P241、P280 事故响应：P370＋P378 安全储存： 废弃处置：	易燃固体	
1626	七溴二苯醚		68928-80-3		生殖毒性,类别 1B	H360	GHS08	危险	预防措施：P201、P202、P280 事故响应：P308＋P313 安全储存：P405 废弃处置：P501		

续表

序号	品名	别名	CAS号	UN号	危险性类别	危险性说明代码	象形图代码	警示词	防范说明代码	风险提示	备注
1627	2,2′,3,3′,4,5′,6′-七溴二苯醚		446255-22-7		生殖毒性,类别1B	H360	GHS08	危险	预防措施: 事故响应: 安全储存: 废弃处置:		
1628	2,2′,3,4,4′,5′,6-七溴二苯醚		207122-16-5		生殖毒性,类别1B	H360	GHS08	危险	预防措施:P201、P202、P280 事故响应:P308+P313 安全储存:P405 废弃处置:P501		
1629	1,4,5,6,7,8,8-七氯-3*a*,4,7,7*a*-四氢-4,7-亚甲基茚	七氯	76-44-8		急性毒性-经口,类别3* 急性毒性-经皮,类别3* 致癌性,类别2 特异性靶器官毒性-反复接触,类别2* 危害水生环境-急性危害,类别1 危害水生环境-长期危害,类别1	H301 H311 H351 H373 H400 H410	GHS06 GHS08 GHS09	危险	预防措施:P264、P270、P280、P201、P202、P260、P273 事故响应:P301+P310、P321、P330、P302+P352、P312、P361+P364、P308+P313、P314、P391 安全储存:P405 废弃处置:P501	吞咽会中毒,皮肤接触会中毒	
1630	汽油		86290-81-5	1203	易燃液体,类别2* 生殖细胞致突变性,类别1B 致癌性,类别2 吸入危害,类别1 危害水生环境-急性危害,类别2 危害水生环境-长期危害,类别2	H225 H340 H351 H304 H401 H411	GHS02 GHS08 GHS09	危险	预防措施:P210、P233、P240、P241、P242、P243、P280、P201、P202、P273 事故响应:P303+P361+P353、P370+P378、P308+P313、P301+P310、P331、P391 安全储存:P403+P235、P405 废弃处置:P501	高度易燃液体,禁止催吐	重点,重大
	乙醇汽油			3475	易燃液体,类别2* 生殖细胞致突变性,类别1B 致癌性,类别2 吸入危害,类别1 危害水生环境-急性危害,类别2 危害水生环境-长期危害,类别2	H225 H340 H351 H304 H401 H411	GHS02 GHS08 GHS09	危险	预防措施:P210、P233、P240、P241、P242、P243、P280、P201、P202、P273 事故响应:P303+P361+P353、P370+P378、P308+P313、P301+P310、P331、P391 安全储存:P403+P235、P405 废弃处置:P501	高度易燃液体,禁止催吐	重点
	甲醇汽油				易燃液体,类别2* 生殖细胞致突变性,类别1B 致癌性,类别2 特异性靶器官毒性-一次接触,类别1 吸入危害,类别1 危害水生环境-急性危害,类别2 危害水生环境-长期危害,类别2	H225 H340 H351 H370 H304 H401 H411	GHS02 GHS08 GHS09	危险	预防措施:P210、P233、P240、P241、P242、P243、P280、P201、P202、P260、P264、P270、P273 事故响应:P303+P361+P353、P370+P378、P308+P313、P308+P311、P321、P301+P310、P331、P391 安全储存:P403+P235、P405 废弃处置:P501	高度易燃液体,禁止催吐	重点

续表

序号	品名	别名	CAS号	UN号	危险性类别	危险性说明代码	象形图代码	警示词	防范说明代码	风险提示	备注
1631	铅汞齐				急性毒性-经口,类别2* 急性毒性-经皮,类别1 急性毒性-吸入,类别2* 特异性靶器官毒性-反复接触,类别2* 危害水生环境-急性危害,类别1 危害水生环境-长期危害,类别1	H300 H310 H330 H373 H400 H410	GHS06 GHS08 GHS09	危险	预防措施：P264、P270、P262、P280、P260、P271、P284、P273 事故响应：P301＋P310、P321、P330、P302＋P352、P361＋P364、P304＋P340、P320、P314、P391 安全储存：P405、P233＋P403 废弃处置：P501	吞咽致命，皮肤接触会致命，吸入致命	
1632	1-羟环丁-1-烯-3,4-二酮	半方形酸	31876-38-7		急性毒性-经口,类别2	H300	GHS06	危险	预防措施：P264、P270 事故响应：P301＋P310、P321、P330 安全储存：P405 废弃处置：P501	吞咽致命	
1633	3-羟基-1,1-二甲基丁基过氧新癸酸[含量≤52%,含A型稀释剂①≥48%]		95718-78-8	3117	有机过氧化物,E型	H242	GHS02	警告	预防措施：P210、P220、P234、P280 事故响应： 安全储存：P235、P410、P411、P420 废弃处置：P501	加热可引起燃烧	
	3-羟基-1,1-二甲基丁基过氧新癸酸[含量≤52%,在水中稳定弥散]			3119	有机过氧化物,F型	H242	GHS02	警告	预防措施：P210、P220、P234、P280 事故响应： 安全储存：P235、P410、P411、P420 废弃处置：P501	加热可引起燃烧	
	3-羟基-1,1-二甲基丁基过氧新癸酸[含量≤77%,含A型稀释剂①≥23%]			3115	有机过氧化物,D型	H242	GHS02	危险	预防措施：P210、P220、P234、P280 事故响应： 安全储存：P235＋P411、P410、P420 废弃处置：P501	加热可引起燃烧	
1634	*N*-3-[1-羟基-2-(甲氨基)乙基]苯基甲烷磺酰胺甲磺酸盐	酰胺福林-甲烷磺酸盐	1421-68-7		急性毒性-经口,类别2	H300	GHS06	危险	预防措施：P264、P270 事故响应：P301＋P310、P321、P330 安全储存：P405 废弃处置：P501	吞咽致命	
1635	3-羟基-2-丁酮	乙酰甲基甲醇	513-86-0	2621	易燃液体,类别3 皮肤腐蚀/刺激,类别2*	H226 H315	GHS02 GHS07	警告	预防措施：P210、P233、P240、P241、P242、P243、P280、P264 事故响应：P303＋P361＋P353、P370＋P378、P302＋P352、P321、P332＋P313、P362＋P364 安全储存：P403＋P235 废弃处置：P501	易燃液体	

续表

序号	品名	别名	CAS号	UN号	危险性类别	危险性说明代码	象形图代码	警示词	防范说明代码	风险提示	备注
1636	4-羟基-4-甲基-2-戊酮	双丙酮醇	123-42-2		易燃液体,类别2 严重眼损伤/眼刺激,类别2	H225 H319	GHS02 GHS07	危险	预防措施：P210、P233、P240、P241、P242、P243、P280、P264 事故响应：P303+P361+P353、P370+P378、P305+P351+P338、P337+P313 安全储存：P403+P235 废弃处置：P501	高度易燃液体	
1637	2-羟基丙腈	乳腈	78-97-7		急性毒性-经口,类别2 急性毒性-经皮,类别1 急性毒性-吸入,类别1 危害水生环境-急性危害,类别1	H300 H310 H330 H400	GHS06 GHS09	危险	预防措施：P264、P270、P262、P280、P260、P271、P284、P273 事故响应：P301+P310、P321、P330、P302+P352、P361+P364、P304+P340、P320、P391 安全储存：P405、P233+P403 废弃处置：P501	吞咽致命,皮肤接触会致命,吸入致命	剧毒
1638	2-羟基丙酸甲酯	乳酸甲酯	547-64-8		易燃液体,类别3 严重眼损伤/眼刺激,类别2 特异性靶器官毒性-一次接触,类别3(呼吸道刺激)	H226 H319 H335	GHS02 GHS07	警告	预防措施：P210、P233、P240、P241、P242、P243、P280、P264、P261、P271 事故响应：P303+P361+P353、P370+P378、P305+P351+P338、P337+P313、P304+P340、P312 安全储存：P403+P235、P403+P233、P405 废弃处置：P501	易燃液体	
1639	2-羟基丙酸乙酯	乳酸乙酯	97-64-3	1192	易燃液体,类别3 严重眼损伤/眼刺激,类别1 特异性靶器官毒性-一次接触,类别3(呼吸道刺激)	H226 H318 H335	GHS02 GHS05 GHS07	危险	预防措施：P210、P233、P240、P241、P242、P243、P280、P261、P271 事故响应：P303+P361+P353、P370+P378、P305+P351+P338、P310、P304+P340、P312 安全储存：P403+P235、P403+P233、P405 废弃处置：P501	易燃液体,造成严重眼损伤	
1640	3-羟基丁醛	3-丁醇醛;丁间醇醛	107-89-1	2839	急性毒性-经皮,类别2 严重眼损伤/眼刺激,类别2	H310 H319	GHS06	危险	预防措施：P262、P264、P270、P280 事故响应：P302+P352、P310、P321、P361+P364、P305+P351+P338、P337+P313 安全储存：P405 废弃处置：P501	皮肤接触会致命	

续表

序号	品名	别名	CAS号	UN号	危险性类别	危险性说明代码	象形图代码	警示词	防范说明代码	风险提示	备注
1641	羟基甲基汞		1184-57-2		急性毒性-经口,类别2* 急性毒性-经皮,类别1 急性毒性-吸入,类别2* 致癌性,类别2 特异性靶器官毒性-反复接触,类别2* 危害水生环境-急性危害,类别1 危害水生环境-长期危害,类别1	H300 H310 H330 H351 H373 H400 H410	GHS06 GHS08 GHS09	危险	预防措施：P264、P270、P262、P280、P260、P271、P284、P201、P202、P273 事故响应：P301＋P310、P321、P330、P302＋P352、P361＋P364、P304＋P340、P320、P308＋P313、P314、P391 安全储存：P405、P233＋P403 废弃处置：P501	吞咽致命，皮肤接触会致命，吸入致命	
1642	羟基乙腈	乙醇腈	107-16-4		急性毒性-经口,类别2 急性毒性-经皮,类别1	H300 H310	GHS06	危险	预防措施：P264、P270、P262、P280 事故响应：P301＋P310、P321、P330、P302＋P352、P361＋P364 安全储存：P405 废弃处置：P501	吞咽致命，皮肤接触会致命	剧毒
1643	羟基乙硫醚	α-乙硫基乙醇	110-77-0		严重眼损伤/眼刺激,类别1 危害水生环境-长期危害,类别3	H318 H412	GHS05	危险	预防措施：P280、P273 事故响应：P305＋P351＋P338、P310 安全储存： 废弃处置：P501	造成严重眼损伤	
1644	3-(2-羟基乙氧基)-4-吡咯烷基-1-苯重氮氯化锌盐				自反应物质和混合物,D型	H242	GHS02	危险	预防措施：P210、P220、P234、P280 事故响应：P370＋P378 安全储存：P403＋P235、P411、P420 废弃处置：P501	加热可能起火	
1645	2-羟基异丁酸乙酯	2-羟基-2-甲基丙酸乙酯	80-55-7		易燃液体,类别3	H226	GHS02	警告	预防措施：P210、P233、P240、P241、P242、P243、P280 事故响应：P303＋P361＋P353、P370＋P378 安全储存：P403＋P235 废弃处置：P501	易燃液体	
1646	羟间唑啉(盐酸盐)		2315-02-8		急性毒性-经口,类别1	H300	GHS06	危险	预防措施：P264、P270 事故响应：P301＋P310、P321、P330 安全储存：P405 废弃处置：P501	吞咽致命	剧毒
1647	*N*-(2-羟乙基)-*N*-甲基全氟辛基磺酰胺		24448-09-7		生殖毒性,类别1B 生殖毒性,附加类别 特异性靶器官毒性-反复接触,类别1 危害水生环境-急性危害,类别2 危害水生环境-长期危害,类别2	H360 H362 H372 H401 H411	GHS08 GHS09	危险	预防措施：P201、P202、P280、P260、P263、P264、P270、P273 事故响应：P308＋P313、P314、P391 安全储存：P405 废弃处置：P501		

续表

序号	品名	别名	CAS号	UN号	危险性类别	危险性说明代码	象形图代码	警示词	防范说明代码	风险提示	备注
1648	氢	氢气	1333-74-0	1049(压缩)；1966(冷冻液化)	易燃气体,类别1 加压气体	H220 H280或H281	GHS02 GHS04	危险	预防措施:P210 事故响应:P377、P381 安全储存:P410+P403 废弃处置:	极易燃气体,内装加压气体:遇热可能爆炸	重点,重大
1649	氢碘酸	碘化氢溶液	10034-85-2	1787	皮肤腐蚀/刺激,类别1B 严重眼损伤/眼刺激,类别1	H314 H318	GHS05	危险	预防措施:P260、P264、P280 事故响应:P301+P330+P331、P303+P361+P353、P304+P340、P305+P351+P338、P310、P321、P363 安全储存:P405 废弃处置:P501	可引起皮肤腐蚀	
1650	氢氟酸	氟化氢溶液	7664-39-3	1790	急性毒性-经口,类别2* 急性毒性-经皮,类别1 急性毒性-吸入,类别2* 皮肤腐蚀/刺激,类别1A 严重眼损伤/眼刺激,类别1	H300 H310 H330 H314 H318	GHS05 GHS06	危险	预防措施:P264、P270、P262、P280、P260、P271、P284 事故响应:P301+P310、P321、P302+P352、P361+P364、P304+P340、P320、P301+P330+P331、P303+P361+P353、P305+P351+P338、P363 安全储存:P405、P233+P403 废弃处置:P501	吞咽致命,皮肤接触会致命,吸入致命,可引起皮肤腐蚀	重点
1651	氢过氧化蒎烷[56%＜含量≤100%]		28324-52-9	3105	有机过氧化物,D型 皮肤腐蚀/刺激,类别1 严重眼损伤/眼刺激,类别1	H242 H314 H318	GHS02 GHS05	危险	预防措施:P210、P220、P234、P280、P260、P264 事故响应:P301+P330+P331、P303+P361+P353、P304+P340、P305+P351+P338、P310、P321、P363 安全储存:P235+P411、P410、P420、P405 废弃处置:P501	加热可引起燃烧,可引起皮肤腐蚀	
	氢过氧化蒎烷[含量≤56%,含A型稀释剂①≥44%]			3109	有机过氧化物,F型	H242	GHS02	警告	预防措施:P210、P220、P234、P280 事故响应: 安全储存:P235、P410、P411、P420 废弃处置:P501	加热可引起燃烧	
1652	氢化钡		13477-09-3		遇水放出易燃气体的物质和混合物,类别2	H261	GHS02	危险	预防措施:P223、P231+P232、P280 事故响应:P335+P334、P370+P378 安全储存:P402+P404 废弃处置:P501	遇水放出易燃气体	

续表

序号	品名	别名	CAS号	UN号	危险性类别	危险性说明代码	象形图代码	警示词	防范说明代码	风险提示	备注
1653	氢化钙		7789-78-8	1404	遇水放出易燃气体的物质和混合物,类别1	H260	GHS02	危险	预防措施:P223、P231+P232、P280 事故响应:P335+P334、P370+P378 安全储存:P402+P404 废弃处置:P501	遇水放出可自燃的易燃气体	
1654	氢化锆		7704-99-6	1437	易燃固体,类别1	H228	GHS02	危险	预防措施:P210、P240、P241、P280 事故响应:P370+P378 安全储存: 废弃处置:	易燃固体	
1655	氢化钾		7693-26-7		遇水放出易燃气体的物质和混合物,类别1	H260	GHS02	危险	预防措施:P223、P231+P232、P280 事故响应:P335+P334、P370+P378 安全储存:P402+P404 废弃处置:P501	遇水放出可自燃的易燃气体	
1656	氢化锂		7580-67-8	1414	遇水放出易燃气体的物质和混合物,类别1 急性毒性-经口,类别3 急性毒性-吸入,类别2 皮肤腐蚀/刺激,类别1 严重眼损伤/眼刺激,类别1 生殖毒性,类别1A 特异性靶器官毒性-一次接触,类别1	H260 H301 H330 H314 H318 H360 H370	GHS02 GHS05 GHS06 GHS08	危险	预防措施:P223、P231+P232、P280、P264、P270、P260、P271、P284、P201、P202 事故响应:P335+P334、P370+P378、P301+P310、P321、P304+P340、P320、P301+P330+P331、P303+P361+P353、P305+P351+P338、P363、P308+P313、P308+P311 安全储存:P402+P404、P405、P233+P403 废弃处置:P501	遇水放出可自燃的易燃气体,吞咽会中毒,吸入致命,可引起皮肤腐蚀	
1657	氢化铝		7784-21-6	2463	遇水放出易燃气体的物质和混合物,类别1	H260	GHS02	危险	预防措施:P223、P231+P232、P280 事故响应:P335+P334、P370+P378 安全储存:P402+P404 废弃处置:P501	遇水放出可自燃的易燃气体	
1658	氢化铝锂	四氢化铝锂	16853-85-3	1410	遇水放出易燃气体的物质和混合物,类别1 皮肤腐蚀/刺激,类别1A 严重眼损伤/眼刺激,类别1	H260 H314 H318	GHS02 GHS05	危险	预防措施:P223、P231+P232、P280、P260、P264 事故响应:P335+P334、P370+P378、P301+P330+P331、P303+P361+P353、P304+P340、P305+P351+P338、P310、P321、P363 安全储存:P402+P404、P405 废弃处置:P501	遇水放出可自燃的易燃气体,可引起皮肤腐蚀	
1659	氢化铝钠	四氢化铝钠	13770-96-2	2835	遇水放出易燃气体的物质和混合物,类别2	H261	GHS02	危险	预防措施:P223、P231+P232、P280 事故响应:P335+P334、P370+P378 安全储存:P402+P404 废弃处置:P501	遇水放出易燃气体	

续表

序号	品名	别名	CAS号	UN号	危险性类别	危险性说明代码	象形图代码	警示词	防范说明代码	风险提示	备注
1660	氢化镁	二氢化镁	7693-27-8	2010	遇水放出易燃气体的物质和混合物,类别1	H260	GHS02	危险	预防措施:P223、P231+P232、P280 事故响应:P335+P334、P370+P378 安全储存:P402+P404 废弃处置:P501	遇水放出可自燃的易燃气体	
1661	氢化钠		7646-69-7	1427	遇水放出易燃气体的物质和混合物,类别1	H260	GHS02	危险	预防措施:P223、P231+P232、P280 事故响应:P335+P334、P370+P378 安全储存:P402+P404 废弃处置:P501	遇水放出可自燃的易燃气体	
1662	氢化钛		7704-98-5	1871	易燃固体,类别1	H228	GHS02	危险	预防措施:P210、P240、P241、P280 事故响应:P370+P378 安全储存: 废弃处置:	易燃固体	
1663	氢气和甲烷混合物			2034	易燃气体,类别1 加压气体	H220 H280或 H281	GHS02 GHS04	危险	预防措施:P210 事故响应:P377、P381 安全储存:P410+P403 废弃处置:	极易燃气体,内装加压气体:遇热可能爆炸	重点,重大
1664	氢氰酸[含量≤20%]		74-90-8	1613	急性毒性-经口,类别2* 急性毒性-经皮,类别1 急性毒性-吸入,类别2* 危害水生环境-急性危害,类别1 危害水生环境-长期危害,类别1	H300 H310 H330 H400 H410	GHS06 GHS09	危险	预防措施:P264、P270、P262、P280、P260、P271、P284、P273 事故响应:P301+P310、P321、P330、P302+P352、P361+P364、P304+P340、P320、P391 安全储存:P405、P233+P403 废弃处置:P501	吞咽致命,皮肤接触会致命,吸入致命	重点
	氢氰酸蒸熏剂				急性毒性-经口,类别2* 急性毒性-经皮,类别1 急性毒性-吸入,类别2* 危害水生环境-急性危害,类别1 危害水生环境-长期危害,类别1	H300 H310 H330 H400 H410	GHS06 GHS09	危险	预防措施:P264、P270、P262、P280、P260、P271、P284、P273 事故响应:P301+P310、P321、P330、P302+P352、P361+P364、P304+P340、P320、P391 安全储存:P405、P233+P403 废弃处置:P501	吞咽致命,皮肤接触会致命,吸入致命	
1665	氢溴酸	溴化氢溶液	10035-10-6	1788	皮肤腐蚀/刺激,类别1A 严重眼损伤/眼刺激,类别1 特异性靶器官毒性-一次接触,类别3(呼吸道刺激)	H314 H318 H335	GHS05 GHS07	危险	预防措施:P260、P264、P280、P261、P271 事故响应:P301+P330+P331、P303+P361+P353、P304+P340、P305+P351+P338、P310、P321、P363、P312 安全储存:P405、P403+P233 废弃处置:P501	可引起皮肤腐蚀	

续表

序号	品名	别名	CAS号	UN号	危险性类别	危险性说明代码	象形图代码	警示词	防范说明代码	风险提示	备注
1666	氢氧化钡		17194-00-2		皮肤腐蚀/刺激,类别1 严重眼损伤/眼刺激,类别1 特异性靶器官毒性—一次接触,类别2 特异性靶器官毒性—一次接触,类别3(呼吸道刺激)	H314 H318 H371 H335	GHS05 GHS07 GHS08	危险	预防措施:P260、P264、P280、P270、P261、P271 事故响应:P301+P330+P331、P303+P361+P353、P304+P340、P305+P351+P338、P310、P321、P363、P308+P311、P312 安全储存:P405、P403+P233 废弃处置:P501	可引起皮肤腐蚀	
1667	氢氧化钾	苛性钾	1310-58-3	1813	皮肤腐蚀/刺激,类别1A 严重眼损伤/眼刺激,类别1	H314 H318	GHS05	危险	预防措施:P260、P264、P280 事故响应:P301+P330+P331、P303+P361+P353、P304+P340、P305+P351+P338、P310、P321、P363 安全储存:P405 废弃处置:P501	可引起皮肤腐蚀	
	氢氧化钾溶液[含量≥30%]			1814	皮肤腐蚀/刺激,类别1A 严重眼损伤/眼刺激,类别1	H314 H318	GHS05	危险	预防措施:P260、P264、P280 事故响应:P301+P330+P331、P303+P361+P353、P304+P340、P305+P351+P338、P310、P321、P363 安全储存:P405 废弃处置:P501	可引起皮肤腐蚀	
1668	氢氧化锂		1310-65-2	2680	急性毒性-吸入,类别3 皮肤腐蚀/刺激,类别1 严重眼损伤/眼刺激,类别1 生殖毒性,类别1A 特异性靶器官毒性—一次接触,类别1	H331 H314 H318 H360 H370	GHS05 GHS06 GHS08	危险	预防措施:P261、P271、P260、P264、P280、P201、P202、P270 事故响应:P304+P340、P321、P301+P330+P331、P303+P361+P353、P305+P351+P338、P310、P363、P308+P313、P308+P311 安全储存:P233+P403、P405 废弃处置:P501	吸入会中毒,可引起皮肤腐蚀	
	氢氧化锂溶液			2679	急性毒性-吸入,类别3 皮肤腐蚀/刺激,类别1 严重眼损伤/眼刺激,类别1 生殖毒性,类别1A	H331 H314 H318 H360	GHS05 GHS06 GHS08	危险	预防措施:P261、P271、P260、P264、P280、P201、P202 事故响应:P304+P340、P311、P321、P301+P330+P331、P303+P361+P353、P305+P351+P338、P310、P363、P308+P313 安全储存:P233+P403、P405 废弃处置:P501	吸入会中毒,可引起皮肤腐蚀	

续表

序号	品名	别名	CAS号	UN号	危险性类别	危险性说明代码	象形图代码	警示词	防范说明代码	风险提示	备注
1669	氢氧化钠	苛性钠;烧碱	1310-73-2	1823	皮肤腐蚀/刺激,类别1A 严重眼损伤/眼刺激,类别1	H314 H318	GHS05	危险	预防措施:P260、P264、P280 事故响应:P301+P330+P331、P303+P361+P353、P304+P340、P305+P351+P338、P310、P321、P363 安全储存:P405 废弃处置:P501	可引起皮肤腐蚀	
	氢氧化钠溶液[含量≥30%]			1824	皮肤腐蚀/刺激,类别1A 严重眼损伤/眼刺激,类别1	H314 H318	GHS05	危险	预防措施:P260、P264、P280 事故响应:P301+P330+P331、P303+P361+P353、P304+P340、P305+P351+P338、P310、P321、P363 安全储存:P405 废弃处置:P501	可引起皮肤腐蚀	
1670	氢氧化铍		13327-32-7		致癌性,类别1A 特异性靶器官毒性-反复接触,类别1	H350 H372	GHS08	危险	预防措施:P201、P202、P280、P260、P264、P270 事故响应:P308+P313、P314 安全储存:P405 废弃处置:P501	可能致癌	
1671	氢氧化铷		1310-82-3	2678	皮肤腐蚀/刺激,类别1 严重眼损伤/眼刺激,类别1	H314 H318	GHS05	危险	预防措施:P260、P264、P280 事故响应:P301+P330+P331、P303+P361+P353、P304+P340、P305+P351+P338、P310、P321、P363 安全储存:P405 废弃处置:P501	可引起皮肤腐蚀	
	氢氧化铷溶液		1310-82-3	2677	皮肤腐蚀/刺激,类别1 严重眼损伤/眼刺激,类别1	H314 H318	GHS05	危险	预防措施:P260、P264、P280 事故响应:P301+P330+P331、P303+P361+P353、P304+P340、P305+P351+P338、P310、P321、P363 安全储存:P405 废弃处置:P501	可引起皮肤腐蚀	
1672	氢氧化铯		21351-79-1	2682	急性毒性-吸入,类别1 皮肤腐蚀/刺激,类别1B 严重眼损伤/眼刺激,类别1 特异性靶器官毒性-一次接触,类别3(呼吸道刺激)	H330 H314 H318 H335	GHS05 GHS06	危险	预防措施:P260、P271、P284、P264、P280、P261 事故响应:P304+P340、P310、P320、P301+P330+P331、P303+P361+P353、P305+P351+P338、P321、P363、P312 安全储存:P233+P403、P405、P403+P233 废弃处置:P501	吸入致命,可引起皮肤腐蚀	

续表

序号	品名	别名	CAS号	UN号	危险性类别	危险性说明代码	象形图代码	警示词	防范说明代码	风险提示	备注
1672	氢氧化铯溶液		21351-79-1	2681	皮肤腐蚀/刺激,类别1B 严重眼损伤/眼刺激,类别1	H314 H318	GHS05	危险	预防措施:P260、P264、P280 事故响应:P301+P330+P331、P303+P361+P353、P304+P340、P305+P351+P338、P310、P321、P363 安全储存:P405 废弃处置:P501	可引起皮肤腐蚀	
1673	氢氧化铊		12026-78-7		急性毒性-经口,类别2* 急性毒性-吸入,类别2* 特异性靶器官毒性-反复接触,类别2* 危害水生环境-急性危害,类别2 危害水生环境-长期危害,类别2	H300 H330 H373 H401 H411	GHS06 GHS08 GHS09	危险	预防措施:P264、P270、P260、P271、P284、P273 事故响应:P301+P310、P321、P330、P304+P340、P320、P314、P391 安全储存:P405、P233+P403 废弃处置:P501	吞咽致命,吸入致命	
1674	柴油			1202	易燃液体,类别3	H226	GHS02	警告	预防措施:P210、P233、P240、P241、P242、P243、P280 事故响应:P303+P361+P353、P370+P378 安全储存:P403+P235 废弃处置:P501	易燃液体	
1675	氰	氰气	460-19-5	1026	易燃气体,类别1 加压气体 急性毒性-吸入,类别2 危害水生环境-急性危害,类别1 危害水生环境-长期危害,类别1	H220 H280或H281 H330 H400 H410	GHS02 GHS04 GHS06 GHS09	危险	预防措施:P210、P260、P271、P284、P273 事故响应:P377、P381、P304+P340、P310、P320、P391 安全储存:P410+P403、P233+P403、P405 废弃处置:P501	极易燃气体,内装加压气体:遇热可能爆炸,吸入致命	
1676	氰氨化钙[含碳化钙>0.1%]	石灰氮	156-62-7	1403	遇水放出易燃气体的物质和混合物,类别3 严重眼损伤/眼刺激,类别1 特异性靶器官毒性-一次接触,类别3(呼吸道刺激) 危害水生环境-急性危害,类别2	H261 H318 H335 H401	GHS02 GHS05 GHS07	危险	预防措施:P231+P232、P280、P261、P271、P273 事故响应:P370+P378、P305+P351+P338、P310、P304+P340、P312 安全储存:P402+P404、P403+P233、P405 废弃处置:P501	遇水放出易燃气体,造成严重眼损伤	
1677	氰胍甲汞	氰甲汞胍	502-39-6		急性毒性-经口,类别2 急性毒性-经皮,类别1 急性毒性-吸入,类别2* 特异性靶器官毒性-反复接触,类别2* 危害水生环境-急性危害,类别1 危害水生环境-长期危害,类别1	H300 H310 H330 H373 H400 H410	GHS06 GHS08 GHS09	危险	预防措施:P264、P270、P262、P280、P260、P271、P284、P273 事故响应:P301+P310、P321、P330、P302+P352、P361+P364、P304+P340、P320、P314、P391 安全储存:P405、P233+P403 废弃处置:P501	吞咽致命,皮肤接触会致命,吸入致命	剧毒

续表

序号	品名	别名	CAS号	UN号	危险性类别	危险性说明代码	象形图代码	警示词	防范说明代码	风险提示	备注
1678	氰化钡		542-62-1	1565	急性毒性-经口,类别2* 急性毒性-经皮,类别1 急性毒性-吸入,类别2* 危害水生环境-急性危害,类别1 危害水生环境-长期危害,类别1	H300 H310 H330 H400 H410	GHS06 GHS09	危险	预防措施:P264、P270、P262、P280、P260、P271、P284、P273 事故响应:P301+P310、P321、P330、P302+P352、P361+P364、P304+P340、P320、P391 安全储存:P405、P233+P403 废弃处置:P501	吞咽致命,皮肤接触会致命,吸入致命	
1679	氰化碘	碘化氰	506-78-5		急性毒性-经口,类别2* 急性毒性-经皮,类别1 急性毒性-吸入,类别2* 危害水生环境-急性危害,类别1 危害水生环境-长期危害,类别1	H300 H310 H330 H400 H410	GHS06 GHS09	危险	预防措施:P264、P270、P262、P280、P260、P271、P284、P273 事故响应:P301+P310、P321、P330、P302+P352、P361+P364、P304+P340、P320、P391 安全储存:P405、P233+P403 废弃处置:P501	吞咽致命,皮肤接触会致命,吸入致命	
1680	氰化钙		592-01-8	1575	急性毒性-经口,类别2* 危害水生环境-急性危害,类别1 危害水生环境-长期危害,类别1	H300 H400 H410	GHS06 GHS09	危险	预防措施:P264、P270、P273 事故响应:P301+P310、P321、P330、P391 安全储存:P405 废弃处置:P501	吞咽致命	
1681	氰化镉		542-83-6		急性毒性-经口,类别2* 急性毒性-经皮,类别1 急性毒性-吸入,类别2* 致癌性,类别1A 特异性靶器官毒性-反复接触,类别2* 危害水生环境-急性危害,类别1 危害水生环境-长期危害,类别1	H300 H310 H330 H350 H373 H400 H410	GHS06 GHS08 GHS09	危险	预防措施:P264、P270、P262、P280、P260、P271、P284、P201、P202、P273 事故响应:P301+P310、P321、P330、P302+P352、P361+P364、P304+P340、P320、P308+P313、P314、P391 安全储存:P405、P233+P403 废弃处置:P501	吞咽致命,皮肤接触会致命,吸入致命,可能致癌	剧毒
1682	氰化汞	氰化高汞;二氰化汞	592-04-1	1636	急性毒性-经口,类别2 严重眼损伤/眼刺激,类别2B 皮肤致敏物,类别1 生殖毒性,类别1B 特异性靶器官毒性-一次接触,类别1 特异性靶器官毒性-反复接触,类别1 危害水生环境-急性危害,类别1 危害水生环境-长期危害,类别1	H300 H320 H317 H360 H370 H372 H400 H410	GHS06 GHS08 GHS09	危险	预防措施:P264、P270、P261、P272、P280、P201、P202、P260、P273 事故响应:P301+P310、P321、P330、P305+P351+P338、P337+P313、P302+P352、P333+P313、P362+P364、P308+P313、P308+P311、P314、P391 安全储存:P405 废弃处置:P501	吞咽致命,可能引起皮肤过敏	

续表

序号	品名	别名	CAS号	UN号	危险性类别	危险性说明代码	象形图代码	警示词	防范说明代码	风险提示	备注
1683	氰化汞钾	汞氰化钾;氰化钾汞	591-89-9	1626	急性毒性-经口,类别2* 急性毒性-经皮,类别1 急性毒性-吸入,类别2* 特异性靶器官毒性-反复接触,类别2 危害水生环境-急性危害,类别1 危害水生环境-长期危害,类别1	H300 H310 H330 H373 H400 H410	GHS06 GHS08 GHS09	危险	预防措施:P264、P270、P262、P280、P260、P271、P284、P273 事故响应:P301+P310、P321、P330、P302+P352、P361+P364、P304+P340、P320、P314、P391 安全储存:P405、P233+P403 废弃处置:P501	吞咽致命,皮肤接触会致命,吸入致命	
1684	氰化钴(Ⅱ)		542-84-7		急性毒性-经口,类别2* 急性毒性-经皮,类别1 急性毒性-吸入,类别2* 致癌性,类别2 危害水生环境-急性危害,类别1 危害水生环境-长期危害,类别1	H300 H310 H330 H351 H400 H410	GHS06 GHS08 GHS09	危险	预防措施:P264、P270、P262、P280、P260、P271、P284、P201、P202、P273 事故响应:P301+P310、P321、P330、P302+P352、P361+P364、P304+P340、P320、P308+P313、P391 安全储存:P405、P233+P403 废弃处置:P501	吞咽致命,皮肤接触会致命,吸入致命	
1685	氰化钴(Ⅲ)		14965-99-2		急性毒性-经口,类别2 急性毒性-经皮,类别1 急性毒性-吸入,类别2 致癌性,类别2 生殖细胞致突变性,类别2 危害水生环境-急性危害,类别1 危害水生环境-长期危害,类别1	H300 H310 H330 H351 H341 H400 H410	GHS06 GHS08 GHS09	危险	预防措施:P264、P270、P262、P280、P260、P271、P284、P201、P202、P273 事故响应:P301+P310、P321、P330、P302+P352、P361+P364、P304+P340、P320、P308+P313、P391 安全储存:P405、P233+P403 废弃处置:P501	吞咽致命,皮肤接触会致命,吸入致命	
1686	氰化钾	山奈钾	151-50-8	1680	急性毒性-经口,类别2 急性毒性-经皮,类别1 严重眼损伤/眼刺激,类别2 特异性靶器官毒性-一次接触,类别2 特异性靶器官毒性-反复接触,类别1 危害水生环境-急性危害,类别1 危害水生环境-长期危害,类别1	H300 H310 H319 H371 H372 H400 H410	GHS06 GHS08 GHS09	危险	预防措施:P264、P270、P262、P280、P260、P273 事故响应:P301+P310、P321、P330、P302+P352、P361+P364、P305+P351+P338、P337+P313、P308+P311、P314、P391 安全储存:P405 废弃处置:P501	吞咽致命,皮肤接触会致命	剧毒
1687	氰化金		506-65-0		急性毒性-经口,类别2 急性毒性-经皮,类别1 急性毒性-吸入,类别2 危害水生环境-急性危害,类别1 危害水生环境-长期危害,类别1	H300 H310 H330 H400 H410	GHS06 GHS09	危险	预防措施:P264、P270、P262、P280、P260、P271、P284、P273 事故响应:P301+P310、P321、P330、P302+P352、P361+P364、P304+P340、P320、P391 安全储存:P405、P233+P403 废弃处置:P501	吞咽致命,皮肤接触会致命,吸入致命	

续表

序号	品名	别名	CAS号	UN号	危险性类别	危险性说明代码	象形图代码	警示词	防范说明代码	风险提示	备注
1688	氰化钠	山奈	143-33-9	1689	急性毒性-经口,类别 2 急性毒性-经皮,类别 1 严重眼损伤/眼刺激,类别 2 生殖毒性,类别 2 特异性靶器官毒性-反复接触,类别 1 危害水生环境-急性危害,类别 1 危害水生环境-长期危害,类别 1	H300 H310 H319 H361 H372 H400 H410	GHS06 GHS08 GHS09	危险	预防措施：P264、P270、P262、P280、P201、P202、P260、P273 事故响应：P301＋P310、P321、P330、P302＋P352、P361＋P364、P305＋P351＋P338、P337＋P313、P308＋P313、P314、P391 安全储存：P405 废弃处置：P501	吞咽致命，皮肤接触会致命	剧毒，重点
1689	氰化钠铜锌				急性毒性-经口,类别 2 急性毒性-经皮,类别 1 急性毒性-吸入,类别 2 危害水生环境-急性危害,类别 1 危害水生环境-长期危害,类别 1	H300 H310 H330 H400 H410	GHS06 GHS09	危险	预防措施：P264、P270、P262、P280、P260、P271、P284、P273 事故响应：P301＋P310、P321、P330、P302＋P352、P361＋P364、P304＋P340、P320、P391 安全储存：P405、P233＋P403 废弃处置：P501	吞咽致命，皮肤接触会致命，吸入致命	
1690	氰化镍	氰化亚镍	557-19-7	1653	急性毒性-经口,类别 3 * 呼吸道致敏物,类别 1 皮肤致敏物,类别 1 致癌性,类别 1A 特异性靶器官毒性-反复接触,类别 1 危害水生环境-急性危害,类别 1 危害水生环境-长期危害,类别 1	H301 H334 H317 H350 H372 H400 H410	GHS06 GHS08 GHS09	危险	预防措施：P264、P270、P261、P284、P272、P280、P201、P202、P260、P273 事故响应：P301＋P310、P321、P330、P304＋P340、P342＋P311、P302＋P352、P333＋P313、P362＋P364、P308＋P313、P314、P391 安全储存：P405 废弃处置：P501	吞咽会中毒，吸入可能导致过敏，可能引起皮肤过敏，可能致癌	
1691	氰化镍钾	氰化钾镍	14220-17-8		急性毒性-经口,类别 3 呼吸道致敏物,类别 1 皮肤致敏物,类别 1 致癌性,类别 1A 特异性靶器官毒性-一次接触,类别 3(呼吸道刺激) 特异性靶器官毒性-反复接触,类别 1 危害水生环境-长期危害,类别 3	H301 H334 H317 H350 H335 H372 H412	GHS06 GHS08	危险	预防措施：P264、P270、P261、P284、P272、P280、P201、P202、P271、P260、P273 事故响应：P301＋P310、P321、P330、P304＋P340、P342＋P311、P302＋P352、P333＋P313、P362＋P364、P308＋P313、P312、P314 安全储存：P405、P403＋P233 废弃处置：P501	吞咽会中毒，吸入可能导致过敏，可能引起皮肤过敏，可能致癌	
1692	氰化铅		592-05-2	1620	生殖细胞致突变性,类别 2 致癌性,类别 1B 生殖毒性,类别 1A 特异性靶器官毒性-反复接触,类别 1 危害水生环境-急性危害,类别 1 危害水生环境-长期危害,类别 1	H341 H350 H360 H372 H400 H410	GHS08 GHS09	危险	预防措施：P201、P202、P280、P260、P264、P270、P273 事故响应：P308＋P313、P314、P391 安全储存：P405 废弃处置：P501	可能致癌	

续表

序号	品名	别名	CAS号	UN号	危险性类别	危险性说明代码	象形图代码	警示词	防范说明代码	风险提示	备注
1693	氰化氢	无水氢氰酸	74-90-8	1051	易燃液体,类别1 急性毒性-吸入,类别2* 危害水生环境-急性危害,类别1 危害水生环境-长期危害,类别1	H224 H330 H400 H410	GHS02 GHS06 GHS09	危险	预防措施:P210、P233、P240、P241、P242、P243、P280、P260、P271、P284、P273 事故响应:P303+P361+P353、P370+P378、P304+P340、P310、P320、P391 安全储存:P403+P235、P233+P403、P405 废弃处置:P501	极易燃液体,吸入致命	剧毒,重点,重大
1694	氰化铈				急性毒性-经口,类别2* 急性毒性-经皮,类别1 急性毒性-吸入,类别2* 危害水生环境-急性危害,类别1 危害水生环境-长期危害,类别1	H300 H310 H330 H400 H410	GHS06 GHS09	危险	预防措施:P264、P270、P262、P280、P260、P271、P284、P273 事故响应:P301+P310、P321、P330、P302+P352、P361+P364、P304+P340、P320、P391 安全储存:P405、P233+P403 废弃处置:P501	吞咽致命,皮肤接触会致命,吸入致命	
1695	氰化铜	氰化高铜	14763-77-0	1587	急性毒性-经口,类别2* 急性毒性-经皮,类别1 急性毒性-吸入,类别2* 危害水生环境-急性危害,类别1 危害水生环境-长期危害,类别1	H300 H310 H330 H400 H410	GHS06 GHS09	危险	预防措施:P264、P270、P262、P280、P260、P271、P284、P273 事故响应:P301+P310、P321、P330、P302+P352、P361+P364、P304+P340、P320、P391 安全储存:P405、P233+P403 废弃处置:P501	吞咽致命,皮肤接触会致命,吸入致命	
1696	氰化锌		557-21-1	1713	急性毒性-经口,类别3 危害水生环境-急性危害,类别1 危害水生环境-长期危害,类别1	H301 H400 H410	GHS06 GHS09	危险	预防措施:P264、P270、P273 事故响应:P301+P310、P321、P330、P391 安全储存:P405 废弃处置:P501	吞咽会中毒	
1697	氰化溴	溴化氰	506-68-3	1889	急性毒性-经口,类别2 危害水生环境-急性危害,类别1 危害水生环境-长期危害,类别1	H300 H400 H410	GHS06 GHS09	危险	预防措施:P264、P270、P273 事故响应:P301+P310、P321、P330、P391 安全储存:P405 废弃处置:P501	吞咽致命	
1698	氰化金钾		14263-59-3		急性毒性-经口,类别2 急性毒性-经皮,类别1 急性毒性-吸入,类别2 危害水生环境-急性危害,类别1 危害水生环境-长期危害,类别1	H300 H310 H330 H400 H410	GHS06 GHS09	危险	预防措施:P264、P270、P262、P280、P260、P271、P284、P273 事故响应:P301+P310、P321、P330、P302+P352、P361+P364、P304+P340、P320、P391 安全储存:P405、P233+P403 废弃处置:P501	吞咽致命,皮肤接触会致命,吸入致命	

续表

序号	品名	别名	CAS 号	UN 号	危险性类别	危险性说明代码	象形图代码	警示词	防范说明代码	风险提示	备注
1699	氰化亚金钾		13967-50-5		急性毒性-经口,类别 2 皮肤致敏物,类别 1 特异性靶器官毒性-一次接触,类别 2 危害水生环境-急性危害,类别 1 危害水生环境-长期危害,类别 1	H300 H317 H371 H400 H410	GHS06 GHS08 GHS09	危险	预防措施：P264、P270、P261、P272、P280、P260、P273 事故响应：P301＋P310、P321、P330、P302＋P352、P333＋P313、P362＋P364、P308＋P311、P391 安全储存：P405 废弃处置：P501	吞咽致命,可能引起皮肤过敏	
1700	氰化亚铜		544-92-3		急性毒性-经口,类别 3* 皮肤致敏物,类别 1 特异性靶器官毒性-反复接触,类别 1 危害水生环境-急性危害,类别 1 危害水生环境-长期危害,类别 1	H301 H317 H372 H400 H410	GHS06 GHS08 GHS09	危险	预防措施：P264、P270、P261、P272、P280、P260、P273 事故响应：P301＋P310、P321、P330、P302＋P352、P333＋P313、P362＋P364、P314、P391 安全储存：P405 废弃处置：P501	吞咽会中毒,可能引起皮肤过敏	
1701	氰化亚铜三钾	氰化亚铜钾	13682-73-0	1679	急性毒性-经口,类别 3* 严重眼损伤/眼刺激,类别 2B 特异性靶器官毒性-一次接触,类别 1 特异性靶器官毒性-反复接触,类别 1 危害水生环境-急性危害,类别 1 危害水生环境-长期危害,类别 1	H301 H320 H370 H372 H400 H410	GHS06 GHS08 GHS09	危险	预防措施：P264、P270、P260、P273 事故响应：P301＋P310、P321、P330、P305＋P351＋P338、P337＋P313、P308＋P311、P314、P391 安全储存：P405 废弃处置：P501	吞咽会中毒	
1702	氰化亚铜三钠	紫铜盐；紫铜矾；氰化铜钠	14264-31-4	2316	急性毒性-经口,类别 3* 严重眼损伤/眼刺激,类别 2B 特异性靶器官毒性-一次接触,类别 1 特异性靶器官毒性-反复接触,类别 1 危害水生环境-急性危害,类别 1 危害水生环境-长期危害,类别 1	H301 H320 H370 H372 H400 H410	GHS06 GHS08 GHS09	危险	预防措施：P264、P270、P260、P273 事故响应：P301＋P310、P321、P330、P305＋P351＋P338、P337＋P313、P308＋P311、P314、P391 安全储存：P405 废弃处置：P501	吞咽会中毒	
	氰化亚铜三钠溶液		14264-31-4	2317	急性毒性-经口,类别 3* 严重眼损伤/眼刺激,类别 2B 特异性靶器官毒性-一次接触,类别 1 特异性靶器官毒性-反复接触,类别 1 危害水生环境-急性危害,类别 1 危害水生环境-长期危害,类别 1	H301 H320 H370 H372 H400 H410	GHS06 GHS08 GHS09	危险	预防措施：P264、P270、P260、P273 事故响应：P301＋P310、P321、P330、P305＋P351＋P338、P337＋P313、P308＋P311、P314、P391 安全储存：P405 废弃处置：P501	吞咽会中毒	

续表

序号	品名	别名	CAS号	UN号	危险性类别	危险性说明代码	象形图代码	警示词	防范说明代码	风险提示	备注
1703	氰化银		506-64-9	1684	急性毒性-经口,类别 3 严重眼损伤/眼刺激,类别 1 特异性靶器官毒性-反复接触,类别 2 危害水生环境-急性危害,类别 1 危害水生环境-长期危害,类别 1	H301 H318 H373 H400 H410	GHS05 GHS06 GHS08 GHS09	危险	预防措施:P264、P270、P280、P260、P273 事故响应:P301 + P310、P321、P330、P305 + P351+P338、P314、P391 安全储存:P405 废弃处置:P501	吞咽会中毒,造成严重眼损伤	
1704	氰化银钾	银氰化钾	506-61-6		急性毒性-经口,类别 2 急性毒性-经皮,类别 1 急性毒性-吸入,类别 2 * 危害水生环境-急性危害,类别 1 危害水生环境-长期危害,类别 1	H300 H310 H330 H400 H410	GHS06 GHS09	危险	预防措施: P264、P270、P262、P280、P260、P271、P284、P273 事故响应:P301 + P310、P321、P330、P302 + P352、P361+P364、P304+P340、P320、P391 安全储存:P405、P233+P403 废弃处置:P501	吞咽致命,皮肤接触会致命,吸入致命	剧毒
1705	(*RS*)-*α*-氰基-3-苯氧基苄基(*SR*)-3-(2,2-二氯乙烯基)-2,2-二甲基环丙烷羧酸酯	氯氰菊酯	52315-07-8		特异性靶器官毒性-一次接触,类别 3(呼吸道刺激) 危害水生环境-急性危害,类别 1 危害水生环境-长期危害,类别 1	H335 H400 H410	GHS07 GHS09	警告	预防措施:P261、P271、P273 事故响应:P304+P340、P312、P391 安全储存:P403+P233、P405 废弃处置:P501		
1706	4-氰基苯甲酸	对氰基苯甲酸	619-65-8		皮肤腐蚀/刺激,类别 2 严重眼损伤/眼刺激,类别 2 特异性靶器官毒性-一次接触,类别 3(呼吸道刺激)	H315 H319 H335	GHS07	警告	预防措施:P264、P280 事故响应:P302 + P352、P321、P332 + P313、P362+P364、P305+P351+P338、P337+P313 安全储存: 废弃处置:		
1707	氰基乙酸	氰基醋酸	372-09-8		皮肤腐蚀/刺激,类别 1B 严重眼损伤/眼刺激,类别 1	H314 H318	GHS05	危险	预防措施:P260、P264、P280 事故响应:P301+P330+P331、P303+P361+P353、P304 + P340、P305 + P351 + P338、P310、P321、P363 安全储存:P405 废弃处置:P501	可引起皮肤腐蚀	
1708	氰基乙酸乙酯	氰基醋酸乙酯;乙基氰基乙酸酯	105-56-6		皮肤腐蚀/刺激,类别 2 严重眼损伤/眼刺激,类别 2 特异性靶器官毒性-一次接触,类别 3(呼吸道刺激)	H315 H319 H335	GHS07	警告	预防措施:P264、P280 事故响应:P302 + P352、P321、P332 + P313、P362+P364、P305+P351+P338、P337+P313 安全储存: 废弃处置:		

续表

序号	品名	别名	CAS号	UN号	危险性类别	危险性说明代码	象形图代码	警示词	防范说明代码	风险提示	备注
1709	氰尿酰氯	三聚氰酰氯;三聚氯化氰	108-77-0	2670	急性毒性-吸入,类别2* 皮肤腐蚀/刺激,类别1B 严重眼损伤/眼刺激,类别1 皮肤致敏物,类别1 特异性靶器官毒性-一次接触,类别3(呼吸道刺激)	H330 H314 H318 H317 H335	GHS05 GHS06	危险	预防措施：P260、P271、P284、P264、P280、P261、P272 事故响应：P304＋P340、P310、P320、P301＋P330＋P331、P303＋P361＋P353、P305＋P351＋P338、P321、P363、P302＋P352、P333＋P313、P362＋P364、P312 安全储存：P233＋P403、P405、P403＋P233 废弃处置：P501	吸入致命，可引起皮肤腐蚀，可能引起皮肤过敏	
1710	氰熔体				急性毒性-经口,类别2* 危害水生环境-急性危害,类别1 危害水生环境-长期危害,类别1	H300 H400 H410	GHS06 GHS09	危险	预防措施：P264、P270、P273 事故响应：P301＋P310、P321、P330、P391 安全储存：P405 废弃处置：P501	吞咽致命	
1711	2-巯基丙酸	硫代乳酸	79-42-5	2936	急性毒性-经口,类别3 急性毒性-吸入,类别3 皮肤腐蚀/刺激,类别1 严重眼损伤/眼刺激,类别1	H301 H331 H314 H318	GHS05 GHS06	危险	预防措施：P264、P270、P261、P271、P260、P280 事故响应：P301＋P310、P321、P304＋P340、P311、P301＋P330＋P331、P303＋P361＋P353、P305＋P351＋P338、P363 安全储存：P405、P233＋P403 废弃处置：P501	吞咽会中毒，吸入会中毒，可引起皮肤腐蚀	
1712	5-巯基四唑并-1-乙酸			0448	爆炸物,1.4项	H204	GHS01	警告	预防措施：P210、P240、P250、P280 事故响应：P370＋P380、P372、P373、P374 安全储存：P401 废弃处置：P501	燃烧或迸射危险	
1713	2-巯基乙醇	硫代乙二醇;2-羟基-1-乙硫醇	60-24-2	2966	急性毒性-经口,类别3 急性毒性-经皮,类别2 皮肤腐蚀/刺激,类别2 严重眼损伤/眼刺激,类别2 特异性靶器官毒性-一次接触,类别2 特异性靶器官毒性-反复接触,类别2 危害水生环境-急性危害,类别1 危害水生环境-长期危害,类别1	H301 H310 H315 H319 H371 H373 H400 H410	GHS06 GHS08 GHS09	危险	预防措施：P264、P270、P262、P280、P260、P273 事故响应：P301＋P310、P321、P330、P302＋P352、P361＋P364、P332＋P313、P362＋P364、P305＋P351＋P338、P337＋P313、P308＋P311、P314、P391 安全储存：P405 废弃处置：P501	吞咽会中毒，皮肤接触会致命	

续表

序号	品名	别名	CAS号	UN号	危险性类别	危险性说明代码	象形图代码	警示词	防范说明代码	风险提示	备注
1714	巯基乙酸	氢硫基乙酸；硫代乙醇酸	68-11-1	1940	急性毒性-经口，类别 3* 急性毒性-经皮，类别 3* 急性毒性-吸入，类别 3* 皮肤腐蚀/刺激，类别 1B 严重眼损伤/眼刺激，类别 1	H301 H311 H331 H314 H318	GHS05 GHS06	危险	预防措施：P264、P270、P280、P261、P271、P260 事故响应：P301＋P310、P321、P302＋P352、P312、P361＋P364、P304＋P340、P311、P301＋P330＋P331、P303＋P361＋P353、P305＋P351＋P338、P363 安全储存：P405、P233＋P403 废弃处置：P501	吞咽会中毒，皮肤接触会中毒，吸入会中毒，可引起皮肤腐蚀	
1715	全氟辛基磺酸		1763-23-1		生殖毒性，类别 1B 生殖毒性，附加类别 特异性靶器官毒性-反复接触，类别 1 危害水生环境-急性危害，类别 2 危害水生环境-长期危害，类别 2	H360 H362 H372 H401 H411	GHS08 GHS09	危险	预防措施：P201、P202、P280、P260、P263、P264、P270、P273 事故响应：P308＋P313、P314、P391 安全储存：P405 废弃处置：P501		
1716	全氟辛基磺酸铵		29081-56-9		生殖毒性，类别 1B 生殖毒性，附加类别 特异性靶器官毒性-反复接触，类别 1 危害水生环境-急性危害，类别 2 危害水生环境-长期危害，类别 2	H360 H362 H372 H401 H411	GHS08 GHS09	危险	预防措施：P201、P202、P280、P260、P263、P264、P270、P273 事故响应：P308＋P313、P314、P391 安全储存：P405 废弃处置：P501		
1717	全氟辛基磺酸二癸二甲基铵		251099-16-8		生殖毒性，类别 1B 生殖毒性，附加类别 特异性靶器官毒性-反复接触，类别 1 危害水生环境-急性危害，类别 2 危害水生环境-长期危害，类别 2	H360 H362 H372 H401 H411	GHS08 GHS09	危险	预防措施：P201、P202、P280、P260、P263、P264、P270、P273 事故响应：P308＋P313、P314、P391 安全储存：P405 废弃处置：P501		
1718	全氟辛基磺酸二乙醇铵		70225-14-8		生殖毒性，类别 1B 生殖毒性，附加类别 特异性靶器官毒性-反复接触，类别 1 危害水生环境-急性危害，类别 2 危害水生环境-长期危害，类别 2	H360 H362 H372 H401 H411	GHS08 GHS09	危险	预防措施：P201、P202、P280、P260、P263、P264、P270、P273 事故响应：P308＋P313、P314、P391 安全储存：P405 废弃处置：P501		

续表

序号	品名	别名	CAS号	UN号	危险性类别	危险性说明代码	象形图代码	警示词	防范说明代码	风险提示	备注
1719	全氟辛基磺酸钾		2795-39-3		生殖毒性,类别1B 生殖毒性,附加类别 特异性靶器官毒性-反复接触,类别1 危害水生环境-急性危害,类别2 危害水生环境-长期危害,类别2	H360 H362 H372 H401 H411	GHS08 GHS09	危险	预防措施：P201、P202、P280、P260、P263、P264、P270、P273 事故响应:P308+P313、P314、P391 安全储存:P405 废弃处置:P501		
1720	全氟辛基磺酸锂		29457-72-5		生殖毒性,类别1B 生殖毒性,附加类别 特异性靶器官毒性-反复接触,类别1 危害水生环境-急性危害,类别2 危害水生环境-长期危害,类别2	H360 H362 H372 H401 H411	GHS08 GHS09	危险	预防措施：P201、P202、P280、P260、P263、P264、P270、P273 事故响应:P308+P313、P314、P391 安全储存:P405 废弃处置:P501		
1721	全氟辛基磺酸四乙基铵		56773-42-3		急性毒性-经口,类别3 生殖毒性,类别1B 生殖毒性,附加类别 特异性靶器官毒性-反复接触,类别1 危害水生环境-急性危害,类别2 危害水生环境-长期危害,类别2	H301 H360 H362 H372 H401 H411	GHS06 GHS08 GHS09	危险	预防措施：P264、P270、P201、P202、P280、P260、P263、P273 事故响应:P301＋P310、P321、P330、P308＋P313、P314、P391 安全储存:P405 废弃处置:P501	吞咽会中毒	
1722	全氟辛基磺酰氟		307-35-7		急性毒性-经口,类别3 生殖毒性,类别1B 生殖毒性,附加类别 特异性靶器官毒性-反复接触,类别1 危害水生环境-急性危害,类别2 危害水生环境-长期危害,类别2	H301 H360 H362 H372 H401 H411	GHS06 GHS08 GHS09	危险	预防措施：P264、P270、P201、P202、P280、P260、P263、P273 事故响应:P301＋P310、P321、P330、P308＋P313、P314、P391 安全储存:P405 废弃处置:P501	吞咽会中毒	
1723	全氯甲硫醇	三氯硫氯甲烷;过氯甲硫醇;四氯硫代碳酰	594-42-3	1670	急性毒性-经口,类别3 急性毒性-吸入,类别1 皮肤腐蚀/刺激,类别2 严重眼损伤/眼刺激,类别2A 特异性靶器官毒性-一次接触,类别1 特异性靶器官毒性-反复接触,类别1	H301 H330 H315 H319 H370 H372	GHS06 GHS08	危险	预防措施:P264、P270、P260、P271、P284、P280 事故响应:P301＋P310、P321、P330、P304＋P340、P320、P302＋P352、P332＋P313、P362＋P364、P305＋P351＋P338、P337＋P313、P308＋P311、P314 安全储存:P405、P233＋P403 废弃处置:P501	吞咽会中毒，吸入致命	剧毒

续表

序号	品名	别名	CAS号	UN号	危险性类别	危险性说明代码	象形图代码	警示词	防范说明代码	风险提示	备注
1724	全氯五环癸烷	灭蚁灵	2385-85-5		致癌性,类别 2 生殖毒性,类别 2 生殖毒性,附加类别 危害水生环境-急性危害,类别 1 危害水生环境-长期危害,类别 1	H351 H361 H362 H400 H410	GHS08 GHS09	警告	预防措施：P201、P202、P280、P260、P263、P264、P270、P273 事故响应：P308＋P313、P391 安全储存：P405 废弃处置：P501		
1725	壬基酚	壬基苯酚	25154-52-3		皮肤腐蚀/刺激,类别 1B 严重眼损伤/眼刺激,类别 1 生殖毒性,类别 2 危害水生环境-急性危害,类别 1 危害水生环境-长期危害,类别 1	H314 H318 H361 H400 H410	GHS05 GHS08 GHS09	危险	预防措施：P260、P264、P280、P201、P202、P273 事故响应：P301＋P330＋P331、P303＋P361＋P353、P304＋P340、P305＋P351＋P338、P310、P321、P363、P308＋P313、P391 安全储存：P405 废弃处置：P501	可引起皮肤腐蚀	
1726	壬基酚聚氧乙烯醚		9016-45-9		皮肤腐蚀/刺激,类别 2 严重眼损伤/眼刺激,类别 2A 生殖毒性,类别 2 特异性靶器官毒性-反复接触,类别 2 危害水生环境-急性危害,类别 1 危害水生环境-长期危害,类别 1	H315 H319 H361 H373 H400 H410	GHS07 GHS08 GHS09	警告	预防措施：P264、P280、P201、P202、P260、P273 事故响应：P302＋P352、P321、P332＋P313、P362＋P364、P305＋P351＋P338、P337＋P313、P308＋P313、P314、P391 安全储存：P405 废弃处置：P501		
1727	壬基三氯硅烷		5283-67-0	1799	皮肤腐蚀/刺激,类别 1 严重眼损伤/眼刺激,类别 1	H314 H318	GHS05	危险	预防措施：P260、P264、P280 事故响应：P301＋P330＋P331、P303＋P361＋P353、P304＋P340、P305＋P351＋P338、P310、P321、P363 安全储存：P405 废弃处置：P501	可引起皮肤腐蚀	
1728	壬烷及其异构体				易燃液体,类别 3 危害水生环境-急性危害,类别 1 危害水生环境-长期危害,类别 1	H226 H400 H410	GHS02 GHS09	警告	预防措施：P210、P233、P240、P241、P242、P243、P280、P273 事故响应：P303＋P361＋P353、P370＋P378、P391 安全储存：P403＋P235 废弃处置：P501	易燃液体	
1729	1-壬烯		124-11-8		易燃液体,类别 3 皮肤腐蚀/刺激,类别 2 严重眼损伤/眼刺激,类别 2 特异性靶器官毒性—一次接触,类别 3(麻醉效应) 吸入危害,类别 1	H226 H315 H319 H336 H304	GHS02 GHS07 GHS08	危险	预防措施：P210、P233、P240、P241、P242、P243、P280、P264、P261、P271 事故响应：P303＋P361＋P353、P370＋P378、P305＋P351＋P338、P337＋P313、P304＋P340、P312、P301＋P310、P331 安全储存：P403＋P235、P403＋P233、P405 废弃处置：P501	易燃液体，禁止催吐	

续表

序号	品名	别名	CAS 号	UN 号	危险性类别	危险性说明代码	象形图代码	警示词	防范说明代码	风险提示	备注
1730	2-壬烯		2216-38-8		易燃液体,类别 3	H226	GHS02	警告	预防措施：P210、P233、P240、P241、P242、P243、P280 事故响应：P303+P361+P353、P370+P378 安全储存：P403+P235 废弃处置：P501	易燃液体	
1731	3-壬烯		20063-92-7		易燃液体,类别 3	H226	GHS02	警告	预防措施：P210、P233、P240、P241、P242、P243、P280 事故响应：P303+P361+P353、P370+P378 安全储存：P403+P235 废弃处置：P501	易燃液体	
1732	4-壬烯		2198-23-4		易燃液体,类别 3	H226	GHS02	警告	预防措施：P210、P233、P240、P241、P242、P243、P280 事故响应：P303+P361+P353、P370+P378 安全储存：P403+P235 废弃处置：P501	易燃液体	
1733	溶剂苯				易燃液体,类别 2 皮肤腐蚀/刺激,类别 2 严重眼损伤/眼刺激,类别 2 生殖细胞致突变性,类别 1B 致癌性,类别 1A 特异性靶器官毒性-反复接触,类别 1 吸入危害,类别 1 危害水生环境-急性危害,类别 2 危害水生环境-长期危害,类别 3	H225 H315 H319 H340 H350 H372 H304 H401 H412	GHS02 GHS07 GHS08	危险	预防措施：P210、P233、P240、P241、P242、P243、P280、P264、P201、P202、P260、P270、P273 事故响应：P303+P361+P353、P370+P378、P302+P352、P321、P332+P313、P362+P364、P305+P351+P338、P337+P313、P308+P313、P314、P301+P310、P331 安全储存：P403+P235、P405 废弃处置：P501	高度易燃液体，可能致癌，禁止催吐	
1734	溶剂油[闭杯闪点≤60℃]				易燃液体,类别 2 * 生殖细胞致突变性,类别 1B 吸入危害,类别 1 危害水生环境-急性危害,类别 2 危害水生环境-长期危害,类别 2	H225 H340 H304 H401 H411	GHS02 GHS08 GHS09	危险	预防措施：P210、P233、P240、P241、P242、P243、P280、P201、P202、P273 事故响应：P303+P361+P353、P370+P378、P308+P313、P301+P310、P331、P391 安全储存：P403+P235、P405 废弃处置：P501	高度易燃液体，禁止催吐	

续表

序号	品名	别名	CAS号	UN号	危险性类别	危险性说明代码	象形图代码	警示词	防范说明代码	风险提示	备注
1735	乳酸苯汞三乙醇铵		23319-66-6		急性毒性-经口,类别2 急性毒性-经皮,类别1 急性毒性-吸入,类别2* 特异性靶器官毒性-反复接触,类别2* 危害水生环境-急性危害,类别1 危害水生环境-长期危害,类别1	H300 H310 H330 H373 H400 H410	GHS06 GHS08 GHS09	危险	预防措施：P264、P270、P262、P280、P260、P271、P284、P273 事故响应：P301＋P310、P321、P330、P302＋P352、P361＋P364、P304＋P340、P320、P314、P391 安全储存：P405、P233＋P403 废弃处置：P501	吞咽致命,皮肤接触会致命,吸入致命	剧毒
1736	乳酸锑		58164-88-8	1550	危害水生环境-急性危害,类别2 危害水生环境-长期危害,类别2	H401 H411	GHS09	警告	预防措施：P273 事故响应：P391 安全储存： 废弃处置：P501		
1737	乳香油		8016-36-2		易燃液体,类别3	H226	GHS02	警告	预防措施：P210、P233、P240、P241、P242、P243、P280 事故响应：P303＋P361＋P353、P370＋P378 安全储存：P403＋P235 废弃处置：P501	易燃液体	
1738	噻吩	硫杂茂；硫代呋喃	110-02-1	2414	易燃液体,类别2 皮肤腐蚀/刺激,类别2 特异性靶器官毒性-反复接触,类别2 危害水生环境-长期危害,类别3	H225 H315 H373 H412	GHS02 GHS07 GHS08	危险	预防措施：P210、P233、P240、P241、P242、P243、P280、P264、P260、P273 事故响应：P303＋P361＋P353、P370＋P378、P302＋P352、P321、P332＋P313、P362＋P364、P314 安全储存：P403＋P235 废弃处置：P501	高度易燃液体	
1739	三-(1-吖丙啶基)氧化膦	三吖啶基氧化膦	545-55-1	2501	急性毒性-经口,类别2 急性毒性-经皮,类别2	H300 H310	GHS06	危险	预防措施：P264、P270、P262、P280 事故响应：P301＋P310、P321、P330、P302＋P352、P361＋P364 安全储存：P405 废弃处置：P501	吞咽致命,皮肤接触会致命	
1740	三(2,3-二溴丙磷酸酯)磷酸盐		126-72-7		生殖细胞致突变性,类别2 致癌性,类别1B 生殖毒性,类别2 特异性靶器官毒性-反复接触,类别2 危害水生环境-急性危害,类别2 危害水生环境-长期危害,类别2	H341 H350 H361 H373 H401 H411	GHS08 GHS09	危险	预防措施：P201、P202、P280、P260、P273 事故响应：P308＋P313、P314、P391 安全储存：P405 废弃处置：P501	可能致癌	

续表

序号	品名	别名	CAS号	UN号	危险性类别	危险性说明代码	象形图代码	警示词	防范说明代码	风险提示	备注
1741	三(2-甲基氮丙啶)氧化磷	三(2-甲基氮杂环丙烯)氧化膦	57-39-6		急性毒性-经口,类别 3 急性毒性-经皮,类别 2	H301 H310	GHS06	危险	预防措施:P264、P270、P262、P280 事故响应:P301＋P310、P321、P330、P302＋P352、P361＋P364 安全储存:P405 废弃处置:P501	吞咽会中毒,皮肤接触会致命	
1742	三(环己基)-(1,2,4-三唑-1-基)锡	三唑锡	41083-11-8		急性毒性-经口,类别 3* 急性毒性-吸入,类别 2* 皮肤腐蚀/刺激,类别 2 严重眼损伤/眼刺激,类别 1 特异性靶器官毒性-一次接触,类别 3(呼吸道刺激) 危害水生环境-急性危害,类别 1 危害水生环境-长期危害,类别 1	H301 H330 H315 H318 H335 H400 H410	GHS05 GHS06 GHS09	危险	预防措施:P264、P270、P260、P271、P284、P280、P261、P273 事故响应:P301＋P310、P321、P330、P304＋P340、P320、P302＋P352、P332＋P313、P362＋P364、P305＋P351＋P338、P312、P391 安全储存:P405、P233＋P403、P403＋P233 废弃处置:P501	吞咽会中毒,吸入致命,造成严重眼损伤	
1743	三苯基磷		603-35-0		皮肤腐蚀/刺激,类别 2 严重眼损伤/眼刺激,类别 2 皮肤致敏物,类别 1 特异性靶器官毒性-一次接触,类别 3(呼吸道刺激) 特异性靶器官毒性-反复接触,类别 1	H315 H319 H317 H335 H372	GHS07 GHS08	危险	预防措施:P264、P280、P261、P272、P271、P260、P270 事故响应:P302＋P352、P321、P332＋P313、P362＋P364、P305＋P351＋P338、P337＋P313、P333＋P313、P304＋P340、P312、P314 安全储存:P403＋P233、P405 废弃处置:P501	可能引起皮肤过敏	
1744	三苯基氯硅烷		76-86-8		皮肤腐蚀/刺激,类别 1 严重眼损伤/眼刺激,类别 1	H314 H318	GHS05	危险	预防措施:P260、P264、P280 事故响应:P301＋P330＋P331、P303＋P361＋P353、P304＋P340、P305＋P351＋P338、P310、P321、P363 安全储存:P405 废弃处置:P501	可引起皮肤腐蚀	
1745	三苯基氢氧化锡	三苯基羟基锡	76-87-9		急性毒性-经口,类别 3* 急性毒性-经皮,类别 3* 急性毒性-吸入,类别 2* 皮肤腐蚀/刺激,类别 2 严重眼损伤/眼刺激,类别 1 生殖毒性,类别 2 特异性靶器官毒性-反复接触,类别 1 特异性靶器官毒性-一次接触,类别 3(呼吸道刺激) 危害水生环境-急性危害,类别 1 危害水生环境-长期危害,类别 1	H301 H311 H330 H315 H318 H361 H372 H335 H400 H410	GHS05 GHS06 GHS08 GHS09	危险	预防措施:P264、P270、P280、P260、P271、P284、P201、P202、P261、P273 事故响应:P301＋P310、P321、P330、P302＋P352、P312、P361＋P364、P304＋P340、P320、P332＋P313、P362＋P364、P305＋P351＋P338、P308＋P313、P314、P391 安全储存:P405、P233＋P403、P403＋P233 废弃处置:P501	吞咽会中毒,皮肤接触会中毒,吸入致命,造成严重眼损伤	

续表

序号	品名	别名	CAS号	UN号	危险性类别	危险性说明代码	象形图代码	警示词	防范说明代码	风险提示	备注
1746	三苯基乙酸锡		900-95-8		急性毒性-经口,类别 3* 急性毒性-经皮,类别 3* 急性毒性-吸入,类别 2* 皮肤腐蚀/刺激,类别 2 严重眼损伤/眼刺激,类别 1 生殖毒性,类别 2 特异性靶器官毒性-反复接触,类别 1 特异性靶器官毒性-一次接触,类别 3(呼吸道刺激) 危害水生环境-急性危害,类别 1 危害水生环境-长期危害,类别 1	H301 H311 H330 H315 H318 H361 H372 H335 H400 H410	GHS05 GHS06 GHS08 GHS09	危险	预防措施：P264、P270、P280、P260、P271、P284、P201、P202、P261、P273 事故响应：P301＋P310、P321、P330、P302＋P352、P312、P361＋P364、P304＋P340、P320、P332＋P313、P362＋P364、P305＋P351＋P338、P308＋P313、P314、P391 安全储存：P405、P233＋P403、P403＋P233 废弃处置：P501	吞咽会中毒，皮肤接触会中毒，吸入致命，造成严重眼损伤	
1747	三丙基铝		102-67-0		自燃液体,类别 1 遇水放出易燃气体的物质和混合物,类别 1	H250 H260	GHS02	危险	预防措施：P210、P222、P280、P223、P231＋P232 事故响应：P302＋P334、P370＋P378、P335＋P334 安全储存：P422、P402＋P404 废弃处置：P501	暴露在空气中自燃，遇水放出可自燃的易燃气体	重大
1748	三丙基氯化锡	氯丙锡；三丙锡氯	2279-76-7		急性毒性-经口,类别 3 特异性靶器官毒性-一次接触,类别 1 特异性靶器官毒性-一次接触,类别 3(呼吸道刺激) 特异性靶器官毒性-反复接触,类别 1 危害水生环境-急性危害,类别 1 危害水生环境-长期危害,类别 1	H301 H370 H335 H372 H400 H410	GHS06 GHS08 GHS09	危险	预防措施：P264、P270、P260、P261、P271、P273 事故响应：P301＋P310、P321、P330、P308＋P311、P304＋P340、P312、P314、P391 安全储存：P405、P403＋P233 废弃处置：P501	吞咽会中毒	
1749	三碘化砷	碘化亚砷	7784-45-4		急性毒性-经口,类别 3* 急性毒性-吸入,类别 3* 致癌性,类别 1A 危害水生环境-急性危害,类别 1 危害水生环境-长期危害,类别 1	H301 H331 H350 H400 H410	GHS06 GHS08 GHS09	危险	预防措施：P264、P270、P261、P271、P201、P202、P280、P273 事故响应：P301＋P310、P321、P330、P304＋P340、P311、P308＋P313、P391 安全储存：P405、P233＋P403 废弃处置：P501	吞咽会中毒，吸入会中毒，可能致癌	

续表

序号	品名	别名	CAS号	UN号	危险性类别	危险性说明代码	象形图代码	警示词	防范说明代码	风险提示	备注
1750	三碘化铊		13453-37-7		急性毒性-经口,类别2* 急性毒性-吸入,类别2* 特异性靶器官毒性-反复接触,类别2* 危害水生环境-急性危害,类别2 危害水生环境-长期危害,类别2	H300 H330 H373 H401 H411	GHS06 GHS08 GHS09	危险	预防措施:P264、P270、P260、P271、P284、P273 事故响应:P301+P310、P321、P330、P304+P340、P320、P314、P391 安全储存:P405、P233+P403 废弃处置:P501	吞咽致命,吸入致命	
1751	三碘化锑		64013-16-7		皮肤腐蚀/刺激,类别1 严重眼损伤/眼刺激,类别1 危害水生环境-急性危害,类别2 危害水生环境-长期危害,类别2	H314 H318 H401 H411	GHS05 GHS09	危险	预防措施:P260、P264、P280、P273 事故响应:P301+P330+P331、P303+P361+P353、P304+P340、P305+P351+P338、P310、P321、P363、P391 安全储存:P405 废弃处置:P501	可引起皮肤腐蚀	
1752	三碘甲烷	碘仿	75-47-8		严重眼损伤/眼刺激,类别2 特异性靶器官毒性-一次接触,类别3(麻醉效应) 危害水生环境-急性危害,类别2 危害水生环境-长期危害,类别2	H319 H336 H401 H411	GHS07 GHS09	警告	预防措施:P264、P280、P261、P271、P273 事故响应:P305+P351+P338、P337+P313、P304+P340、P312、P391 安全储存:P403+P233、P405 废弃处置:P501		
1753	三碘乙酸	三碘醋酸	594-68-3		皮肤腐蚀/刺激,类别1 严重眼损伤/眼刺激,类别1	H314 H318	GHS05	危险	预防措施:P260、P264、P280 事故响应:P301+P330+P331、P303+P361+P353、P304+P340、P305+P351+P338、P310、P321、P363 安全储存:P405 废弃处置:P501	可引起皮肤腐蚀	
1754	三丁基氟化锡		1983-10-4		急性毒性-吸入,类别2 严重眼损伤/眼刺激,类别2 特异性靶器官毒性-一次接触,类别1 特异性靶器官毒性-一次接触,类别3(呼吸道刺激) 特异性靶器官毒性-反复接触,类别1 危害水生环境-急性危害,类别1 危害水生环境-长期危害,类别1	H330 H319 H370 H335 H372 H400 H410	GHS06 GHS08 GHS09	危险	预防措施:P260、P271、P284、P264、P280、P270、P261、P273 事故响应:P304+P340、P310、P320、P305+P351+P338、P337+P313、P308+P311、P321、P312、P314、P391 安全储存:P233+P403、P405、P403+P233 废弃处置:P501	吸入致命	

续表

序号	品名	别名	CAS号	UN号	危险性类别	危险性说明代码	象形图代码	警示词	防范说明代码	风险提示	备注
1755	三丁基铝		1116-70-7		自燃液体,类别1 遇水放出易燃气体的物质和混合物,类别1 皮肤腐蚀/刺激,类别1B 严重眼损伤/眼刺激,类别1	H250 H260 H314 H318	GHS02 GHS05	危险	预防措施：P210、P222、P280、P223、P231＋P232、P260、P264 事故响应：P302＋P334、P370＋P378、P335＋P334、P301＋P330＋P331、P303＋P361＋P353、P304＋P340、P305＋P351＋P338、P310、P321、P363 安全储存：P422、P402＋P404、P405 废弃处置：P501	暴露在空气中自燃，遇水放出可自燃的易燃气体，可引起皮肤腐蚀	重大
1756	三丁基氯化锡		1461-22-9		急性毒性-经口,类别3 皮肤腐蚀/刺激,类别2 严重眼损伤/眼刺激,类别2A 特异性靶器官毒性一次接触,类别2 危害水生环境-急性危害,类别1 危害水生环境-长期危害,类别1	H301 H315 H319 H371 H400 H410	GHS06 GHS08 GHS09	危险	预防措施：P264、P270、P280、P260、P273 事故响应：P301＋P310、P321、P330、P302＋P352、P332＋P313、P362＋P364、P305＋P351＋P338、P337＋P313、P308＋P311、P391 安全储存：P405 废弃处置：P501	吞咽会中毒	
1757	三丁基硼		122-56-5	2845	自燃液体,类别1	H250	GHS02	危险	预防措施：P210、P222、P280 事故响应：P302＋P334、P370＋P378 安全储存：P422 废弃处置：	暴露在空气中自燃	
1758	三丁基氢化锡		688-73-3		易燃液体,类别3 急性毒性-经口,类别3＊ 皮肤腐蚀/刺激,类别2 严重眼损伤/眼刺激,类别2 特异性靶器官毒性-反复接触,类别1 危害水生环境-急性危害,类别1 危害水生环境-长期危害,类别1	H226 H301 H315 H319 H372 H400 H410	GHS02 GHS06 GHS08 GHS09	危险	预防措施：P210、P233、P240、P241、P242、P243、P280、P264、P270、P260、P273 事故响应：P303＋P361＋P353、P370＋P378、P301＋P310、P321、P330、P302＋P352、P332＋P313、P362＋P364、P305＋P351＋P338、P337＋P313、P314、P391 安全储存：P403＋P235、P405 废弃处置：P501	易燃液体，吞咽会中毒	
1759	*S,S,S*-三丁基三硫代磷酸酯	三硫代磷酸三丁酯;脱叶磷	78-48-8		急性毒性-经口,类别3 急性毒性-经皮,类别2 急性毒性-吸入,类别3 特异性靶器官毒性-反复接触,类别2 危害水生环境-急性危害,类别1 危害水生环境-长期危害,类别1	H301 H310 H331 H373 H400 H410	GHS06 GHS08 GHS09	危险	预防措施：P264、P270、P262、P280、P261、P271、P260、P273 事故响应：P301＋P310、P321、P330、P302＋P352、P361＋P364、P304＋P340、P311、P314、P391 安全储存：P405、P233＋P403 废弃处置：P501	吞咽会中毒，皮肤接触会致命，吸入会中毒	

续表

序号	品名	别名	CAS号	UN号	危险性类别	危险性说明代码	象形图代码	警示词	防范说明代码	风险提示	备注
1760	三丁基锡苯甲酸		4342-36-3		急性毒性-经口,类别3* 皮肤腐蚀/刺激,类别2 严重眼损伤/眼刺激,类别2 特异性靶器官毒性-反复接触,类别1 危害水生环境-急性危害,类别1 危害水生环境-长期危害,类别1	H301 H315 H319 H372 H400 H410	GHS06 GHS08 GHS09	危险	预防措施:P264、P270、P280、P260、P273 事故响应:P301+P310、P321、P330、P302+P352、P332+P313、P362+P364、P305+P351+P338、P337+P313、P314、P391 安全储存:P405 废弃处置:P501	吞咽会中毒	
1761	三丁基锡环烷酸		85409-17-2		急性毒性-经口,类别3 急性毒性-吸入,类别2 特异性靶器官毒性-一次接触,类别1 危害水生环境-急性危害,类别1 危害水生环境-长期危害,类别1	H301 H330 H370 H400 H410	GHS06 GHS08 GHS09	危险	预防措施:P264、P270、P260、P271、P284、P273 事故响应:P301+P310、P321、P330、P304+P340、P320、P308+P311、P391 安全储存:P405、P233+P403 废弃处置:P501	吞咽会中毒,吸入致命	
1762	三丁基锡亚油酸		24124-25-2		急性毒性-经口,类别3* 皮肤腐蚀/刺激,类别2 严重眼损伤/眼刺激,类别2 特异性靶器官毒性-反复接触,类别1 危害水生环境-急性危害,类别1 危害水生环境-长期危害,类别1	H301 H315 H319 H372 H400 H410	GHS06 GHS08 GHS09	危险	预防措施:P264、P270、P280、P260、P273 事故响应:P301+P310、P321、P330、P302+P352、P332+P313、P362+P364、P305+P351+P338、P337+P313、P314、P391 安全储存:P405 废弃处置:P501	吞咽会中毒	
1763	三丁基氧化锡		56-35-9		急性毒性-经口,类别3 急性毒性-经皮,类别3 急性毒性-吸入,类别2 皮肤腐蚀/刺激,类别2 严重眼损伤/眼刺激,类别2A 特异性靶器官毒性-一次接触,类别3(呼吸道刺激) 特异性靶器官毒性-反复接触,类别1 危害水生环境-急性危害,类别1 危害水生环境-长期危害,类别1	H301 H311 H330 H315 H319 H335 H372 H400 H410	GHS06 GHS08 GHS09	危险	预防措施:P264、P270、P280、P260、P271、P284、P261、P273 事故响应:P301+P310、P321、P330、P302+P352、P312、P361+P364、P304+P340、P320、P332+P313、P362+P364、P305+P351+P338、P337+P313、P314、P391 安全储存:P405、P233+P403、P403+P233 废弃处置:P501	吞咽会中毒,皮肤接触会中毒,吸入致命	
1764	三丁锡甲基丙烯酸		2155-70-6		急性毒性-经口,类别3 危害水生环境-急性危害,类别1 危害水生环境-长期危害,类别1	H301 H400 H410	GHS06 GHS09	危险	预防措施:P264、P270、P273 事故响应:P301+P310、P321、P330、P391 安全储存:P405 废弃处置:P501	吞咽会中毒	

续表

序号	品名	别名	CAS 号	UN 号	危险性类别	危险性说明代码	象形图代码	警示词	防范说明代码	风险提示	备注
1765	三氟丙酮		421-50-1		易燃液体,类别 1	H224	GHS02	危险	预防措施：P210、P233、P240、P241、P242、P243、P280 事故响应：P303+P361+P353、P370+P378 安全储存：P403+P235 废弃处置：P501	极易燃液体	
1766	三氟化铋		7787-61-3		皮肤腐蚀/刺激,类别 1 严重眼损伤/眼刺激,类别 1	H314 H318	GHS05	危险	预防措施：P260、P264、P280 事故响应：P301+P330+P331、P303+P361+P353、P304+P340、P305+P351+P338、P310、P321、P363 安全储存：P405 废弃处置：P501	可引起皮肤腐蚀	
1767	三氟化氮		7783-54-2	2451	氧化性气体,类别 1 加压气体 特异性靶器官毒性-反复接触,类别 2	H270 H280 或 H281 H373	GHS03 GHS04 GHS08	危险	预防措施：P220、P244、P260 事故响应：P370+P376、P314 安全储存：P410+P403 废弃处置：P501	可引起燃烧或加剧燃烧,氧化剂,内装加压气体：遇热可能爆炸	
1768	三氟化磷		7783-55-3		加压气体 急性毒性-吸入,类别 1 严重眼损伤/眼刺激,类别 2B 特异性靶器官毒性-一次接触,类别 3(呼吸道刺激) 特异性靶器官毒性-反复接触,类别 1	H280 或 H281 H330 H320 H335 H372	GHS04 GHS06 GHS08	危险	预防措施：P260、P271、P284、P264、P261、P270 事故响应：P304+P340、P310、P320、P305+P351+P338、P337+P313、P312、P314 安全储存：P410+P403、P233+P403、P405、P403+P233 废弃处置：P501	内装加压气体：遇热可能爆炸 吸入致命	
1769	三氟化氯		7790-91-2	1749	氧化性气体,类别 1 加压气体 急性毒性-吸入,类别 2 皮肤腐蚀/刺激,类别 1 严重眼损伤/眼刺激,类别 1 特异性靶器官毒性-一次接触,类别 1 特异性靶器官毒性-反复接触,类别 1	H270 H280 或 H281 H330 H314 H318 H370 H372	GHS03 GHS04 GHS05 GHS06 GHS08	危险	预防措施：P220、P244、P260、P271、P284、P264、P280、P270 事故响应：P370+P376、P304+P340、P310、P320、P301+P330+P331、P303+P361+P353、P305+P351+P338、P321、P363、P308+P311、P314 安全储存：P410+P403、P233+P403、P405 废弃处置：P501	可引起燃烧或加剧燃烧,氧化剂,内装加压气体：遇热可能爆炸,吸入致命,可引起皮肤腐蚀	

续表

序号	品名	别名	CAS号	UN号	危险性类别	危险性说明代码	象形图代码	警示词	防范说明代码	风险提示	备注
1770	三氟化硼	氟化硼	7637-07-2	1008	加压气体 急性毒性-吸入,类别2* 皮肤腐蚀/刺激,类别1A 严重眼损伤/眼刺激,类别1	H280或 H281 H330 H314 H318	GHS04 GHS05 GHS06	危险	预防措施:P260、P271、P284、P264、P280 事故响应:P304+P340、P310、P320、P301+P330+P331、P303+P361+P353、P305+P351+P338、P321、P363 安全储存:P410+P403、P233+P403、P405 废弃处置:P501	内装加压气体:遇热可能爆炸,吸入致命,可引起皮肤腐蚀	重点
1771	三氟化硼丙酸络合物			3420	皮肤腐蚀/刺激,类别1B 严重眼损伤/眼刺激,类别1	H314 H318	GHS05	危险	预防措施:P260、P264、P280 事故响应:P301+P330+P331、P303+P361+P353、P304+P340、P305+P351+P338、P310、P321、P363 安全储存:P405 废弃处置:P501	可引起皮肤腐蚀	
1772	三氟化硼甲醚络合物		353-42-4	2965	易燃液体,类别1 遇水放出易燃气体的物质和混合物,类别1 特异性靶器官毒性-反复接触,类别1	H224 H260 H372	GHS02 GHS08	危险	预防措施:P210、P233、P240、P241、P242、P243、P280、P223、P231+P232、P260、P264、P270 事故响应:P303+P361+P353、P370+P378、P335+P334、P314 安全储存:P403+P235、P402+P404 废弃处置:P501	极易燃液体,遇水放出可自燃的易燃气体	
1773	三氟化硼乙胺		75-23-0		皮肤腐蚀/刺激,类别1 严重眼损伤/眼刺激,类别1	H314 H318	GHS05	危险	预防措施:P260、P264、P280 事故响应:P301+P330+P331、P303+P361+P353、P304+P340、P305+P351+P338、P310、P321、P363 安全储存:P405 废弃处置:P501	可引起皮肤腐蚀	
1774	三氟化硼乙醚络合物		109-63-7		易燃液体,类别3 皮肤腐蚀/刺激,类别1 严重眼损伤/眼刺激,类别1 特异性靶器官毒性-反复接触,类别1	H226 H314 H318 H372	GHS02 GHS05 GHS08	危险	预防措施:P210、P233、P240、P241、P242、P243、P280、P260、P264、P270 事故响应:P303+P361+P353、P370+P378、P301+P330+P331、P304+P340、P305+P351+P338、P310、P321、P363、P314 安全储存:P403+P235、P405 废弃处置:P501	易燃液体,可引起皮肤腐蚀	

续表

序号	品名	别名	CAS号	UN号	危险性类别	危险性说明代码	象形图代码	警示词	防范说明代码	风险提示	备注
1775	三氟化硼乙酸酐	三氟化硼醋酸酐	591-00-4		皮肤腐蚀/刺激,类别1A 严重眼损伤/眼刺激,类别1	H314 H318	GHS05	危险	预防措施:P260、P264、P280 事故响应:P301+P330+P331、P303+P361+P353、P304+P340、P305+P351+P338、P310、P321、P363 安全储存:P405 废弃处置:P501	可引起皮肤腐蚀	
1776	三氟化硼乙酸络合物	乙酸三氟化硼	7578-36-1		皮肤腐蚀/刺激,类别1 严重眼损伤/眼刺激,类别1	H314 H318	GHS05	危险	预防措施:P260、P264、P280 事故响应:P301+P330+P331、P303+P361+P353、P304+P340、P305+P351+P338、P310、P321、P363 安全储存:P405 废弃处置:P501	可引起皮肤腐蚀	
1777	三氟化砷	氟化亚砷	7784-35-2	1556	严重眼损伤/眼刺激,类别2 致癌性,类别1A 生殖毒性,类别2 特异性靶器官毒性-一次接触,类别1 特异性靶器官毒性-反复接触,类别1 危害水生环境-急性危害,类别1 危害水生环境-长期危害,类别1	H319 H350 H361 H370 H372 H400 H410	GHS07 GHS08 GHS09	危险	预防措施:P264、P280、P201、P202、P260、P270、P273 事故响应:P305+P351+P338、P337+P313、P308+P313、P308+P311、P321、P314、P391 安全储存:P405 废弃处置:P501	可能致癌	
1778	三氟化锑	氟化亚锑	7783-56-4		急性毒性-经口,类别3* 急性毒性-经皮,类别3* 急性毒性-吸入,类别3* 危害水生环境-急性危害,类别2 危害水生环境-长期危害,类别2	H301 H311 H331 H401 H411	GHS06 GHS09	危险	预防措施:P264、P270、P280、P261、P271、P273 事故响应:P301+P310、P321、P330、P302+P352、P312、P361+P364、P304+P340、P311、P391 安全储存:P405、P233+P403 废弃处置:P501	吞咽会中毒,皮肤接触会中毒,吸入会中毒	
1779	三氟化溴		7787-71-5	1746	氧化性固体,类别1 急性毒性-经口,类别3* 急性毒性-经皮,类别3* 急性毒性-吸入,类别3* 皮肤腐蚀/刺激,类别1 严重眼损伤/眼刺激,类别1	H271 H301 H311 H331 H314 H318	GHS03 GHS05 GHS06	危险	预防措施:P210、P220、P221、P280、P283、P264、P270、P261、P271、P260 事故响应:P306+P360、P370+P378、P371+P380+P375、P301+P310、P321、P302+P352、P312、P361+P364、P304+P340、P311、P301+P330+P331、P303+P361+P353、P305+P351+P338、P363 安全储存:P405、P233+P403 废弃处置:P501	可引起燃烧或爆炸,强氧化剂,吞咽会中毒,皮肤接触会中毒,吸入会中毒,可引起皮肤腐蚀	

续表

序号	品名	别名	CAS号	UN号	危险性类别	危险性说明代码	象形图代码	警示词	防范说明代码	风险提示	备注
1780	三氟甲苯		98-08-8		易燃液体,类别2 危害水生环境-急性危害,类别2 危害水生环境-长期危害,类别2	H225 H401 H411	GHS02 GHS09	危险	预防措施：P210、P233、P240、P241、P242、P243、P280、P273 事故响应：P303＋P361＋P353、P370＋P378、P391 安全储存：P403＋P235 废弃处置：P501	高度易燃液体	
1781	(*RS*)-2-[4-(5-三氟甲基-2-吡啶氧基)苯氧基]丙酸丁酯	吡氟禾草灵丁酯	69806-50-4		生殖毒性,类别1B 危害水生环境-急性危害,类别1 危害水生环境-长期危害,类别1	H360 H400 H410	GHS08 GHS09	危险	预防措施：P201、P202、P280、P273 事故响应：P308＋P313、P391 安全储存：P405 废弃处置：P501		
1782	2-三氟甲基苯胺	2-氨基三氟甲苯	88-17-5	2942	急性毒性-吸入,类别3 危害水生环境-急性危害,类别2 危害水生环境-长期危害,类别2	H331 H401 H411	GHS06 GHS09	危险	预防措施：P261、P271、P273 事故响应：P304＋P340、P311、P321、P391 安全储存：P233＋P403、P405 废弃处置：P501	吸入会中毒	
1783	3-三氟甲基苯胺	3-氨基三氟甲苯；间三氟甲基苯胺	98-16-8	2948	急性毒性-吸入,类别2 皮肤腐蚀/刺激,类别2 严重眼损伤/眼刺激,类别1 危害水生环境-急性危害,类别2 危害水生环境-长期危害,类别2	H330 H315 H318 H401 H411	GHS05 GHS06 GHS09	危险	预防措施：P260、P271、P284、P264、P280、P273 事故响应：P304＋P340、P310、P320、P302＋P352、P321、P332＋P313、P362＋P364、P305＋P351＋P338、P391 安全储存：P233＋P403、P405 废弃处置：P501	吸入致命，造成严重眼损伤	
1784	三氟甲烷	R23；氟仿	75-46-7	1984	加压气体 特异性靶器官毒性-一次接触,类别3(麻醉效应)	H280或H281 H336	GHS04 GHS07	警告	预防措施：P261、P271 事故响应：P304＋P340、P312 安全储存：P410＋P403、P403＋P233、P405 废弃处置：P501	内装加压气体：遇热可能爆炸	
1785	三氟氯化甲苯	三氟甲基氯苯		2234	易燃液体,类别3 危害水生环境-长期危害,类别3	H226 H412	GHS02	警告	预防措施：P210、P233、P240、P241、P242、P243、P280、P273 事故响应：P303＋P361＋P353、P370＋P378 安全储存：P403＋P235 废弃处置：P501	易燃液体	
1786	三氟氯乙烯[稳定的]	R1113；氯三氟乙烯	79-38-9	1082	易燃气体,类别1 加压气体 急性毒性-吸入,类别3 特异性靶器官毒性-一次接触,类别2 特异性靶器官毒性-反复接触,类别2	H220 H280或H281 H331 H371 H373	GHS02 GHS04 GHS06 GHS08	危险	预防措施：P210、P261、P271、P260、P264、P270 事故响应：P377、P381、P304＋P340、P321、P308＋P311、P314 安全储存：P410＋P403、P233＋P403、P405 废弃处置：P501	极易燃气体，内装加压气体：遇热可能爆炸，吸入会中毒	

续表

序号	品名	别名	CAS号	UN号	危险性类别	危险性说明代码	象形图代码	警示词	防范说明代码	风险提示	备注
1787	三氟溴乙烯	溴三氟乙烯	598-73-2	2419	易燃气体,类别1 加压气体	H220 H280或 H281	GHS02 GHS04	危险	预防措施:P210 事故响应:P377、P381 安全储存:P410+P403 废弃处置:	极易燃气体,内装加压气体:遇热可能爆炸	
1788	2,2,2-三氟乙醇		75-89-8		易燃液体,类别3 急性毒性-经口,类别3 急性毒性-吸入,类别3 严重眼损伤/眼刺激,类别1 生殖毒性,类别1B 特异性靶器官毒性-反复接触,类别2	H226 H301 H331 H318 H360 H373	GHS02 GHS05 GHS06 GHS08	危险	预防措施:P210、P233、P240、P241、P242、P243、P280、P264、P270、P261、P271、P201、P202、P260 事故响应:P303+P361+P353、P370+P378、P301+P310、P321、P330、P304+P340、P311、P305+P351+P338、P308+P313、P314 安全储存:P403+P235、P405、P233+P403 废弃处置:P501	易燃液体,吞咽会中毒,吸入会中毒,造成严重眼损伤	
1789	三氟乙酸	三氟醋酸	76-05-1	2699	皮肤腐蚀/刺激,类别1A 严重眼损伤/眼刺激,类别1 危害水生环境-长期危害,类别3	H314 H318 H412	GHS05	危险	预防措施:P260、P264、P280、P273 事故响应:P301+P330+P331、P303+P361+P353、P304+P340、P305+P351+P338、P310、P321、P363 安全储存:P405 废弃处置:P501	可引起皮肤腐蚀	
1790	三氟乙酸酐	三氟醋酸酐	407-25-0		皮肤腐蚀/刺激,类别1 严重眼损伤/眼刺激,类别1 危害水生环境-长期危害,类别3	H314 H318 H412	GHS05	危险	预防措施:P260、P264、P280、P273 事故响应:P301+P330+P331、P303+P361+P353、P304+P340、P305+P351+P338、P310、P321、P363 安全储存:P405 废弃处置:P501	可引起皮肤腐蚀	
1791	三氟乙酸铬	三氟醋酸铬	16712-29-1		危害水生环境-急性危害,类别1 危害水生环境-长期危害,类别1	H400 H410	GHS09	警告	预防措施:P273 事故响应:P391 安全储存: 废弃处置:P501		
1792	三氟乙酸乙酯	三氟醋酸乙酯	383-63-1		易燃液体,类别2	H225	GHS02	危险	预防措施:P210、P233、P240、P241、P242、P243、P280 事故响应:P303+P361+P353、P370+P378 安全储存:P403+P235 废弃处置:P501	高度易燃液体	

续表

序号	品名	别名	CAS号	UN号	危险性类别	危险性说明代码	象形图代码	警示词	防范说明代码	风险提示	备注
1793	1,1,1-三氟乙烷	R143	420-46-2	2035	易燃气体,类别 1 加压气体	H220 H280 或 H281	GHS02 GHS04	危险	预防措施:P210 事故响应:P377、P381 安全储存:P410+P403 废弃处置:	极易燃气体,内装加压气体:遇热可能爆炸	
1794	三氟乙酰氯	氯化三氟乙酰	354-32-5	3057	急性毒性-吸入,类别 1 加压气体 皮肤腐蚀/刺激,类别 1 严重眼损伤/眼刺激,类别 1	H330 H280 或 H281 H314 H318	GHS04 GHS05 GHS06	危险	预防措施:P260、P271、P284、P264、P280 事故响应:P304+P340、P310、P320、P301+P330+P331、P303+P361+P353、P305+P351+P338、P321、P363 安全储存:P233+P403、P405、P410+P403 废弃处置:P501	吸入致命,内装加压气体:遇热可能爆炸,可引起皮肤腐蚀	
1795	三环己基氢氧化锡	三环锡	13121-70-5		急性毒性-经皮,类别 2 危害水生环境-急性危害,类别 1 危害水生环境-长期危害,类别 1	H310 H400 H410	GHS06 GHS09	危险	预防措施:P262、P264、P270、P280、P273 事故响应:P302+P352、P310、P321、P361+P364、P391 安全储存:P405 废弃处置:P501	皮肤接触会致命	
1796	三甲胺[无水]		75-50-3	1083	易燃气体,类别 1 加压气体 皮肤腐蚀/刺激,类别 2 严重眼损伤/眼刺激,类别 1 特异性靶器官毒性-一次接触,类别 3(呼吸道刺激)	H220 H280 或 H281 H315 H318 H335	GHS02 GHS04 GHS05 GHS07	危险	预防措施:P210、P264、P280、P261、P271 事故响应:P377、P381、P302+P352、P321、P332+P313、P362+P364、P305+P351+P338、P310、P304+P340、P312 安全储存:P410+P403、P403+P233、P405 废弃处置:P501	极易燃气体,内装加压气体:遇热可能爆炸,造成严重眼损伤	
	三甲胺溶液			1297	易燃液体,类别 3 * 皮肤腐蚀/刺激,类别 1B 严重眼损伤/眼刺激,类别 1 特异性靶器官毒性-一次接触,类别 3(呼吸道刺激)	H226 H314 H318 H335	GHS02 GHS05 GHS07	危险	预防措施:P210、P233、P240、P241、P242、P243、P280、P260、P264、P261、P271 事故响应:P303+P361+P353、P370+P378、P301+P330+P331、P304+P340、P305+P351+P338、P310、P321、P363、P312 安全储存:P403+P235、P405、P403+P233 废弃处置:P501	易燃液体,可引起皮肤腐蚀	
1797	2,4,4-三甲基-1-戊烯		107-39-1		易燃液体,类别 2 危害水生环境-急性危害,类别 2 危害水生环境-长期危害,类别 2	H225 H401 H411	GHS02 GHS09	危险	预防措施:P210、P233、P240、P241、P242、P243、P280、P273 事故响应:P303+P361+P353、P370+P378、P391 安全储存:P403+P235 废弃处置:P501	高度易燃液体	

续表

序号	品名	别名	CAS号	UN号	危险性类别	危险性说明代码	象形图代码	警示词	防范说明代码	风险提示	备注
1798	2,4,4-三甲基-2-戊烯		107-40-4	2050	易燃液体,类别2 特异性靶器官毒性-一次接触,类别3(麻醉效应) 吸入危害,类别1 危害水生环境-急性危害,类别2 危害水生环境-长期危害,类别2	H225 H336 H304 H401 H411	GHS02 GHS07 GHS08 GHS09	危险	预防措施：P210、P233、P240、P241、P242、P243、P280、P261、P271、P273 事故响应：P303＋P361＋P353、P370＋P378、P304＋P340、P312、P301＋P310、P331、P391 安全储存：P403＋P235、P403＋P233、P405 废弃处置：P501	高度易燃液体，禁止催吐	
1799	1,2,3-三甲基苯	连三甲基苯	526-73-8		易燃液体,类别3 特异性靶器官毒性-一次接触,类别3(呼吸道刺激) 危害水生环境-急性危害,类别2 危害水生环境-长期危害,类别2	H226 H335 H401 H411	GHS02 GHS07 GHS09	警告	预防措施：P210、P233、P240、P241、P242、P243、P280、P261、P271、P273 事故响应：P303＋P361＋P353、P370＋P378、P304＋P340、P312、P391 安全储存：P403＋P235、P403＋P233、P405 废弃处置：P501	易燃液体	
1800	1,2,4-三甲基苯	假枯烯	95-63-6		易燃液体,类别3 皮肤腐蚀/刺激,类别2 严重眼损伤/眼刺激,类别2 特异性靶器官毒性-一次接触,类别3(呼吸道刺激) 危害水生环境-急性危害,类别2 危害水生环境-长期危害,类别2	H226 H315 H319 H335 H401 H411	GHS02 GHS07 GHS09	警告	预防措施：P210、P233、P240、P241、P242、P243、P280、P264、P261、P271、P273 事故响应：P303＋P361＋P353、P370＋P378、P302＋P352、P321、P332＋P313、P362＋P364、P305＋P351＋P338、P337＋P313、P304＋P340、P312、P391 安全储存：P403＋P235、P403＋P233、P405 废弃处置：P501	易燃液体	
1801	1,3,5-三甲基苯	均三甲苯	108-67-8	2325	易燃液体,类别3 特异性靶器官毒性-一次接触,类别3(呼吸道刺激) 危害水生环境-急性危害,类别2 危害水生环境-长期危害,类别2	H226 H335 H401 H411	GHS02 GHS07 GHS09	警告	预防措施：P210、P233、P240、P241、P242、P243、P280、P261、P271、P273 事故响应：P303＋P361＋P353、P370＋P378、P304＋P340、P312、P391 安全储存：P403＋P235、P403＋P233、P405 废弃处置：P501	易燃液体	
1802	2,2,3-三甲基丁烷		464-06-2	1206	易燃液体,类别2 皮肤腐蚀/刺激,类别2 特异性靶器官毒性-一次接触,类别3(麻醉效应) 吸入危害,类别1 危害水生环境-急性危害,类别1 危害水生环境-长期危害,类别1	H225 H315 H336 H304 H400 H410	GHS02 GHS07 GHS08 GHS09	危险	预防措施：P210、P233、P240、P241、P242、P243、P280、P264、P261、P271、P273 事故响应：P303＋P361＋P353、P370＋P378、P302＋P352、P321、P332＋P313、P362＋P364、P304＋P340、P312、P301＋P310、P331、P391 安全储存：P403＋P235、P403＋P233、P405 废弃处置：P501	高度易燃液体，禁止催吐	

续表

序号	品名	别名	CAS号	UN号	危险性类别	危险性说明代码	象形图代码	警示词	防范说明代码	风险提示	备注
1803	三甲基环己胺		15901-42-5	2326	皮肤腐蚀/刺激,类别1 严重眼损伤/眼刺激,类别1	H314 H318	GHS05	危险	预防措施:P260、P264、P280 事故响应:P301+P330+P331、P303+P361+P353、P304+P340、P305+P351+P338、P310、P321、P363 安全储存:P405 废弃处置:P501	可引起皮肤腐蚀	
1804	3,3,5-三甲基己撑二胺	3,3,5-三甲基六亚甲基二胺	25620-58-0; 25513-64-8	2327	皮肤致敏物,类别1 皮肤腐蚀/刺激,类别1 严重眼损伤/眼刺激,类别1 危害水生环境-长期危害,类别3	H317 H314 H318 H412	GHS05 GHS07	危险	预防措施:P261、P272、P280、P260、P264、P273 事故响应:P302+P352、P321、P333+P313、P362+P364、P301+P330+P331、P303+P361+P353、P304+P340、P305+P351+P338、P310、P363 安全储存:P405 废弃处置:P501	可能引起皮肤过敏,可引起皮肤腐蚀	
1805	三甲基己基二异氰酸酯	二异氰酸三甲基六亚甲基酯	28679-16-5	2328	急性毒性-吸入,类别2 皮肤腐蚀/刺激,类别2 严重眼损伤/眼刺激,类别2	H330 H315 H319	GHS06	危险	预防措施:P260、P271、P284、P264、P280 事故响应:P304+P340、P310、P320、P302+P352、P321、P332+P313、P362+P364、P305+P351+P338、P337+P313 安全储存:P233+P403、P405 废弃处置:P501	吸入致命	
1806	2,2,4-三甲基己烷		16747-26-5	1262	易燃液体,类别2 危害水生环境-急性危害,类别1 危害水生环境-长期危害,类别1	H225 H400 H410	GHS02 GHS09	危险	预防措施:P210、P233、P240、P241、P242、P243、P280、P273 事故响应:P303+P361+P353、P370+P378、P391 安全储存:P403+P235 废弃处置:P501	高度易燃液体	
1807	2,2,5-三甲基己烷		3522-94-9	1262	易燃液体,类别2 危害水生环境-急性危害,类别1 危害水生环境-长期危害,类别1	H225 H400 H410	GHS02 GHS09	危险	预防措施:P210、P233、P240、P241、P242、P243、P280、P273 事故响应:P303+P361+P353、P370+P378、P391 安全储存:P403+P235 废弃处置:P501	高度易燃液体	
1808	三甲基铝		75-24-1		自燃液体,类别1 遇水放出易燃气体的物质和混合物,类别1	H250 H260	GHS02	危险	预防措施:P210、P222、P280、P223、P231+P232 事故响应:P302+P334、P370+P378、P335+P334 安全储存:P422、P402+P404 废弃处置:P501	暴露在空气中自燃,遇水放出可自燃的易燃气体	重大

续表

序号	品名	别名	CAS号	UN号	危险性类别	危险性说明代码	象形图代码	警示词	防范说明代码	风险提示	备注
1809	三甲基氯硅烷	氯化三甲基硅烷	75-77-4	1298	易燃液体,类别 2 急性毒性-经口,类别 3 急性毒性-吸入,类别 3 皮肤腐蚀/刺激,类别 1 严重眼损伤/眼刺激,类别 1 特异性靶器官毒性-一次接触,类别 2	H225 H301 H331 H314 H318 H371	GHS02 GHS05 GHS06 GHS08	危险	预防措施：P210、P233、P240、P241、P242、P243、P280、P264、P270、P261、P271、P260 事故响应：P303＋P361＋P353、P370＋P378、P301＋P310、P321、P304＋P340、P301＋P330＋P331、P305＋P351＋P338、P363、P308＋P311 安全储存：P403＋P235、P405、P233＋P403 废弃处置：P501	高度易燃液体，吞咽会中毒，吸入会中毒，可引起皮肤腐蚀	
1810	三甲基硼	甲基硼	593-90-8		易燃气体，类别 1 加压气体	H220 H280 或 H281	GHS02 GHS04	危险	预防措施：P210 事故响应：P377、P381 安全储存：P410＋P403 废弃处置：	极易燃气体，内装加压气体：遇热可能爆炸	
1811	2,4,4-三甲基戊基-2-过氧化苯氧基乙酸酯[在溶液中，含量≤37%]	2,4,4-三甲基戊基-2-过氧化苯氧基醋酸酯	59382-51-3		有机过氧化物，D型	H242	GHS02	危险	预防措施：P210、P220、P234、P280 事故响应： 安全储存：P235＋P411、P410、P420 废弃处置：P501	加热可引起燃烧	
1812	2,2,3-三甲基戊烷		564-02-3		易燃液体，类别 2 皮肤腐蚀/刺激，类别 2 特异性靶器官毒性-一次接触，类别 3(麻醉效应) 吸入危害，类别 1 危害水生环境-急性危害，类别 1 危害水生环境-长期危害，类别 1	H225 H315 H336 H304 H400 H410	GHS02 GHS07 GHS08 GHS09	危险	预防措施：P210、P233、P240、P241、P242、P243、P280、P264、P261、P271、P273 事故响应：P303＋P361＋P353、P370＋P378、P302＋P352、P321、P332＋P313、P362＋P364、P304＋P340、P312、P301＋P310、P331、P391 安全储存：P403＋P235、P403＋P233、P405 废弃处置：P501	高度易燃液体，禁止催吐	
1813	2,2,4-三甲基戊烷		540-84-1		易燃液体，类别 2 皮肤腐蚀/刺激，类别 2 特异性靶器官毒性-一次接触，类别 3(麻醉效应) 吸入危害，类别 1 危害水生环境-急性危害，类别 1 危害水生环境-长期危害，类别 1	H225 H315 H336 H304 H400 H410	GHS02 GHS07 GHS08 GHS09	危险	预防措施：P210、P233、P240、P241、P242、P243、P280、P264、P261、P271、P273 事故响应：P303＋P361＋P353、P370＋P378、P302＋P352、P321、P332＋P313、P362＋P364、P304＋P340、P312、P301＋P310、P331、P391 安全储存：P403＋P235、P403＋P233、P405 废弃处置：P501	高度易燃液体，禁止催吐	
1814	2,3,4-三甲基戊烷		565-75-3		易燃液体，类别 2 皮肤腐蚀/刺激，类别 2 特异性靶器官毒性-一次接触，类别 3(麻醉效应) 吸入危害，类别 1 危害水生环境-急性危害，类别 1 危害水生环境-长期危害，类别 1	H225 H315 H336 H304 H400 H410	GHS02 GHS07 GHS08 GHS09	危险	预防措施：P210、P233、P240、P241、P242、P243、P280、P264、P261、P271、P273 事故响应：P303＋P361＋P353、P370＋P378、P302＋P352、P321、P332＋P313、P362＋P364、P304＋P340、P312、P301＋P310、P331、P391 安全储存：P403＋P235、P403＋P233、P405 废弃处置：P501	高度易燃液体，禁止催吐	

续表

序号	品名	别名	CAS号	UN号	危险性类别	危险性说明代码	象形图代码	警示词	防范说明代码	风险提示	备注
1815	三甲基乙酰氯	三甲基氯乙酰；新戊酰氯	3282-30-2	2438	易燃液体，类别 2 急性毒性-吸入，类别 2 皮肤腐蚀/刺激，类别 1B 严重眼损伤/眼刺激，类别 1 特异性靶器官毒性-一次接触，类别 1	H225 H330 H314 H318 H370	GHS02 GHS05 GHS06 GHS08	危险	预防措施：P210、P233、P240、P241、P242、P243、P280、P260、P271、P284、P264、P270 事故响应：P303＋P361＋P353、P370＋P378、P304＋P340、P310、P320、P301＋P330＋P331、P305＋P351＋P338、P321、P363、P308＋P311 安全储存：P403＋P235、P233＋P403、P405 废弃处置：P501	高度易燃液体，吸入致命，可引起皮肤腐蚀	
1816	三甲基乙氧基硅烷	乙氧基三甲基硅烷	1825-62-3		易燃液体，类别 2 严重眼损伤/眼刺激，类别 2	H225 H319	GHS02 GHS07	危险	预防措施：P210、P233、P240、P241、P242、P243、P280、P264 事故响应：P303＋P361＋P353、P370＋P378、P305＋P351＋P338、P337＋P313 安全储存：P403＋P235 废弃处置：P501	高度易燃液体	
1817	三聚丙烯	三丙烯	13987-01-4	2057	易燃液体，类别 2	H225	GHS02	危险	预防措施：P210、P233、P240、P241、P242、P243、P280 事故响应：P303＋P361＋P353、P370＋P378 安全储存：P403＋P235 废弃处置：P501	高度易燃液体	
1818	三聚甲醛	三氧杂环己烷；三聚蚁醛；对称三噁烷	110-88-3		易燃固体，类别 1 生殖毒性，类别 2 特异性靶器官毒性-一次接触，类别 3(呼吸道刺激)	H228 H361 H335	GHS02 GHS07 GHS08	危险	预防措施：P210、P240、P241、P280、P201、P202、P261、P271 事故响应：P370＋P378、P308＋P313、P304＋P340、P312 安全储存：P405、P403＋P233 废弃处置：P501	易燃固体	
1819	三聚氰酸三烯丙酯		101-37-1		特异性靶器官毒性-一次接触，类别 2 特异性靶器官毒性-反复接触，类别 2 危害水生环境-急性危害，类别 2 危害水生环境-长期危害，类别 2	H371 H373 H401 H411	GHS08 GHS09	警告	预防措施：P260、P273 事故响应：P314、P391 安全储存： 废弃处置：P501		
1820	三聚乙醛	仲乙醛；三聚醋醛	123-63-7	1264	易燃液体，类别 3	H226	GHS02	警告	预防措施：P210、P233、P240、P241、P242、P243、P280 事故响应：P303＋P361＋P353、P370＋P378 安全储存：P403＋P235 废弃处置：P501	易燃液体	

续表

序号	品名	别名	CAS号	UN号	危险性类别	危险性说明代码	象形图代码	警示词	防范说明代码	风险提示	备注
1821	三聚异丁烯	三异丁烯	7756-94-7	2324	易燃液体,类别3	H226	GHS02	警告	预防措施：P210、P233、P240、P241、P242、P243、P280 事故响应：P303+P361+P353、P370+P378 安全储存：P403+P235 废弃处置：P501	易燃液体	
1822	三硫化二磷	三硫化磷	12165-69-4	1343	易燃固体,类别1 危害水生环境-急性危害,类别1	H228 H400	GHS02 GHS09	危险	预防措施：P210、P240、P241、P280、P273 事故响应：P370+P378、P391 安全储存： 废弃处置：P501	易燃固体	
1823	三硫化二锑	硫化亚锑	1345-04-6		严重眼损伤/眼刺激,类别2A 特异性靶器官毒性-反复接触,类别1 危害水生环境-急性危害,类别2 危害水生环境-长期危害,类别2	H319 H372 H401 H411	GHS07 GHS08 GHS09	危险	预防措施：P264、P280、P260、P270、P273 事故响应：P305+P351+P338、P337+P313、P314、P391 安全储存： 废弃处置：P501		
1824	三硫化四磷		1314-85-8	1341	易燃固体,类别2 遇水放出易燃气体的物质和混合物,类别1 危害水生环境-急性危害,类别1	H228 H260 H400	GHS02 GHS09	危险	预防措施：P210、P240、P241、P280、P223、P231+P232、P273 事故响应：P370+P378、P335+P334、P391 安全储存：P402+P404 废弃处置：P501	易燃固体，遇水放出可自燃的易燃气体	
1825	1,1,2-三氯-1,2,2-三氟乙烷	R113;1,2,2-三氯三氟乙烷	76-13-1		特异性靶器官毒性-一次接触,类别3(呼吸道刺激、麻醉效应) 特异性靶器官毒性-反复接触,类别1 危害水生环境-急性危害,类别2 危害水生环境-长期危害,类别2 危害臭氧层,类别1	H335 H336 H372 H401 H411 H420	GHS07 GHS08 GHS09	危险	预防措施：P261、P271、P260、P264、P270、P273 事故响应：P304+P340、P312、P314、P391 安全储存：P403+P233、P405 废弃处置：P501		
1826	2,3,4-三氯-1-丁烯	三氯丁烯	2431-50-7		急性毒性-吸入,类别3* 皮肤腐蚀/刺激,类别2 严重眼损伤/眼刺激,类别2 特异性靶器官毒性-一次接触,类别3(呼吸道刺激) 危害水生环境-急性危害,类别1 危害水生环境-长期危害,类别1	H331 H315 H319 H335 H400 H410	GHS06 GHS09	危险	预防措施：P261、P271、P264、P280、P273 事故响应：P304+P340、P311、P321、P302+P352、P332+P313、P362+P364、P305+P351+P338、P337+P313、P312、P391 安全储存：P233+P403、P405、P403+P233 废弃处置：P501	吸入会中毒	

续表

序号	品名	别名	CAS号	UN号	危险性类别	危险性说明代码	象形图代码	警示词	防范说明代码	风险提示	备注
1827	1,1,1-三氯-2,2-双(4-氯苯基)乙烷	滴滴涕	50-29-3		急性毒性-经口,类别3* 致癌性,类别2 特异性靶器官毒性-反复接触,类别1 危害水生环境-急性危害,类别1 危害水生环境-长期危害,类别1	H301 H351 H372 H400 H410	GHS06 GHS08 GHS09	危险	预防措施：P264、P270、P201、P202、P280、P260、P273 事故响应：P301＋P310、P321、P330、P308＋P313、P314、P391 安全储存：P405 废弃处置：P501	吞咽会中毒	
1828	2,4,5-三氯苯胺	1-氨基-2,4,5-三氯苯	636-30-6		急性毒性-经口,类别3 急性毒性-经皮,类别3 急性毒性-吸入,类别3 特异性靶器官毒性-反复接触,类别2 危害水生环境-急性危害,类别1 危害水生环境-长期危害,类别1	H301 H311 H331 H373 H400 H410	GHS06 GHS08 GHS09	危险	预防措施：P264、P270、P280、P261、P271、P260、P273 事故响应：P301＋P310、P321、P330、P302＋P352、P312、P361＋P364、P304＋P340、P311、P314、P391 安全储存：P405、P233＋P403 废弃处置：P501	吞咽会中毒,皮肤接触会中毒,吸入会中毒	
1829	2,4,6-三氯苯胺	1-氨基-2,4,6-三氯苯	634-93-5		危害水生环境-急性危害,类别1 危害水生环境-长期危害,类别1	H400 H410	GHS09	警告	预防措施：P273 事故响应：P391 安全储存： 废弃处置：P501		
1830	2,4,5-三氯苯酚	2,4,5-三氯酚	95-95-4		皮肤腐蚀/刺激,类别2 严重眼损伤/眼刺激,类别2 危害水生环境-急性危害,类别1 危害水生环境-长期危害,类别1	H315 H319 H400 H410	GHS07 GHS09	警告	预防措施：P264、P280、P273 事故响应：P302＋P352、P321、P332＋P313、P362＋P364、P305＋P351＋P338、P337＋P313、P391 安全储存： 废弃处置：P501		
1831	2,4,6-三氯苯酚	2,4,6-三氯酚	88-06-2		皮肤腐蚀/刺激,类别2 严重眼损伤/眼刺激,类别2 危害水生环境-急性危害,类别1 危害水生环境-长期危害,类别1	H315 H319 H400 H410	GHS07 GHS09	警告	预防措施：P264、P280、P273 事故响应：P302＋P352、P321、P332＋P313、P362＋P364、P305＋P351＋P338、P337＋P313、P391 安全储存： 废弃处置：P501		
1832	2-(2,4,5-三氯苯氧基)丙酸	2,4,5-涕丙酸	93-72-1		皮肤腐蚀/刺激,类别2 危害水生环境-急性危害,类别1 危害水生环境-长期危害,类别1	H315 H400 H410	GHS07 GHS09	警告	预防措施：P264、P280、P273 事故响应：P302＋P352、P321、P332＋P313、P362＋P364、P391 安全储存： 废弃处置：P501		

续表

序号	品名	别名	CAS号	UN号	危险性类别	危险性说明代码	象形图代码	警示词	防范说明代码	风险提示	备注
1833	2,4,5-三氯苯氧乙酸	2,4,5-涕	93-76-5		皮肤腐蚀/刺激,类别2 严重眼损伤/眼刺激,类别2 特异性靶器官毒性-一次接触,类别3(呼吸道刺激) 危害水生环境-急性危害,类别1 危害水生环境-长期危害,类别1	H315 H319 H335 H400 H410	GHS07 GHS09	警告	预防措施:P264、P280、P261、P271、P273 事故响应:P302＋P352、P321、P332＋P313、P362＋P364、P305＋P351＋P338、P337＋P313、P304＋P340、P312、P391 安全储存:P403＋P233、P405 废弃处置:P501		
1834	1,2,3-三氯丙烷		96-18-4		致癌性,类别1B 生殖毒性,类别1B 危害水生环境-长期危害,类别3	H350 H360 H412	GHS08	危险	预防措施:P201、P202、P280、P273 事故响应:P308＋P313 安全储存:P405 废弃处置:P501	可能致癌	
1835	1,2,3-三氯代苯	1,2,3-三氯苯	87-61-6	2321	严重眼损伤/眼刺激,类别2B 特异性靶器官毒性-一次接触,类别2 特异性靶器官毒性-一次接触,类别3(呼吸道刺激) 特异性靶器官毒性-反复接触,类别2 危害水生环境-急性危害,类别1 危害水生环境-长期危害,类别1	H320 H371 H335 H373 H400 H410	GHS07 GHS08 GHS09	警告	预防措施:P264、P260、P270、P261、P271、P273 事故响应:P305＋P351＋P338、P337＋P313、P308＋P311、P304＋P340、P312、P314、P391 安全储存:P405、P403＋P233 废弃处置:P501		
1836	1,2,4-三氯代苯	1,2,4-三氯苯	120-82-1	2321	皮肤腐蚀/刺激,类别2 危害水生环境-急性危害,类别1 危害水生环境-长期危害,类别1	H315 H400 H410	GHS07 GHS09	警告	预防措施:P264、P280、P273 事故响应:P302＋P352、P321、P332＋P313、P362＋P364、P391 安全储存: 废弃处置:P501		
1837	1,3,5-三氯代苯	1,3,5-三氯苯	108-70-3	2321	严重眼损伤/眼刺激,类别2B 特异性靶器官毒性-一次接触,类别3(呼吸道刺激) 特异性靶器官毒性-反复接触,类别2 危害水生环境-急性危害,类别1 危害水生环境-长期危害,类别1	H320 H335 H373 H400 H410	GHS07 GHS08 GHS09	警告	预防措施:P264、P261、P271、P260、P273 事故响应:P305＋P351＋P338、P337＋P313、P304＋P340、P312、P314、P391 安全储存:P403＋P233、P405 废弃处置:P501		

续表

序号	品名	别名	CAS号	UN号	危险性类别	危险性说明代码	象形图代码	警示词	防范说明代码	风险提示	备注
1838	三氯硅烷	硅仿；硅氯仿；三氯氢硅	10025-78-2	1295	自燃液体，类别1 皮肤腐蚀/刺激，类别1A 严重眼损伤/眼刺激，类别1 特异性靶器官毒性-一次接触，类别3(呼吸道刺激)	H250 H314 H318 H335	GHS02 GHS05 GHS07	危险	预防措施：P210、P222、P280、P260、P264、P261、P271 事故响应：P302＋P334、P370＋P378、P301＋P330＋P331、P303＋P361＋P353、P304＋P340、P305＋P351＋P338、P310、P321、P363、P312 安全储存：P422、P405、P403＋P233 废弃处置：P501	暴露在空气中自燃，可引起皮肤腐蚀	
1839	三氯化碘		865-44-1		皮肤腐蚀/刺激，类别1 严重眼损伤/眼刺激，类别1	H314 H318	GHS05	危险	预防措施：P260、P264、P280 事故响应：P301＋P330＋P331、P303＋P361＋P353、P304＋P340、P305＋P351＋P338、P310、P321、P363 安全储存：P405 废弃处置：P501	可引起皮肤腐蚀	
1840	三氯化钒		7718-98-1	2475	皮肤腐蚀/刺激，类别1 严重眼损伤/眼刺激，类别1	H314 H318	GHS05	危险	预防措施：P260、P264、P280 事故响应：P301＋P330＋P331、P303＋P361＋P353、P304＋P340、P305＋P351＋P338、P310、P321、P363 安全储存：P405 废弃处置：P501	可引起皮肤腐蚀	
1841	三氯化磷	氯化磷，氯化亚磷	7719-12-2	1809	急性毒性-经口，类别2* 急性毒性-吸入，类别2* 皮肤腐蚀/刺激，类别1A 严重眼损伤/眼刺激，类别1 特异性靶器官毒性-反复接触，类别2*	H300 H330 H314 H318 H373	GHS05 GHS06 GHS08	危险	预防措施：P264、P270、P260、P271、P284、P280 事故响应：P301＋P310、P321、P304＋P340、P320、P301＋P330＋P331、P303＋P361＋P353、P305＋P351＋P338、P363、P314 安全储存：P405、P233＋P403 废弃处置：P501	吞咽致命，吸入致命，可引起皮肤腐蚀	重点
1842	三氯化铝[无水]	氯化铝	7446-70-0	1726	皮肤腐蚀/刺激，类别1B 严重眼损伤/眼刺激，类别1 危害水生环境-急性危害，类别2	H314 H318 H401	GHS05	危险	预防措施：P260、P264、P280、P273 事故响应：P301＋P330＋P331、P303＋P361＋P353、P304＋P340、P305＋P351＋P338、P310、P321、P363 安全储存：P405 废弃处置：P501	可引起皮肤腐蚀	

续表

序号	品名	别名	CAS号	UN号	危险性类别	危险性说明代码	象形图代码	警示词	防范说明代码	风险提示	备注
1842	三氯化铝溶液	氯化铝溶液	7446-70-0	2581	皮肤腐蚀/刺激,类别1B 严重眼损伤/眼刺激,类别1 危害水生环境-急性危害,类别2	H314 H318 H401	GHS05	危险	预防措施:P260、P264、P280、P273 事故响应:P301+P330+P331、P303+P361+P353、P304+P340、P305+P351+P338、P310、P321、P363 安全储存:P405 废弃处置:P501	可引起皮肤腐蚀	
1843	三氯化钼		13478-18-7		皮肤腐蚀/刺激,类别1 严重眼损伤/眼刺激,类别1	H314 H318	GHS05	危险	预防措施:P260、P264、P280 事故响应:P301+P330+P331、P303+P361+P353、P304+P340、P305+P351+P338、P310、P321、P363 安全储存:P405 废弃处置:P501	可引起皮肤腐蚀	
1844	三氯化硼		10294-34-5	1741	加压气体 急性毒性-经口,类别2* 急性毒性-吸入,类别2* 皮肤腐蚀/刺激,类别1B 严重眼损伤/眼刺激,类别1	H280或 H281 H300 H330 H314 H318	GHS04 GHS05 GHS06	危险	预防措施:P264、P270、P260、P271、P284、P280 事故响应:P301+P310、P321、P304+P340、P320、P301+P330+P331、P303+P361+P353、P305+P351+P338、P363 安全储存:P410+P403、P405、P233+P403 废弃处置:P501	内装加压气体:遇热可能爆炸,吞咽致命,吸入致命,可引起皮肤腐蚀	
1845	三氯化三甲基二铝	三氯化三甲基铝	12542-85-7		自燃液体,类别1 遇水放出易燃气体的物质和混合物,类别1	H250 H260	GHS02	危险	预防措施:P210、P222、P280、P223、P231+P232 事故响应:P302+P334、P370+P378、P335+P334 安全储存:P422、P402+P404 废弃处置:P501	暴露在空气中自燃,遇水放出可自燃的易燃气体	重大
1846	三氯化三乙基二铝	三氯三乙基络铝	12075-68-2		自燃液体,类别1 遇水放出易燃气体的物质和混合物,类别1	H250 H260	GHS02	危险	预防措施:P210、P222、P280、P223、P231+P232 事故响应:P302+P334、P370+P378、P335+P334 安全储存:P422、P402+P404 废弃处置:P501	暴露在空气中自燃,遇水放出可自燃的易燃气体	重大

续表

序号	品名	别名	CAS号	UN号	危险性类别	危险性说明代码	象形图代码	警示词	防范说明代码	风险提示	备注
1847	三氯化砷	氯化亚砷	7784-34-1	1560	急性毒性-经口,类别 2 急性毒性-经皮,类别 2 皮肤腐蚀/刺激,类别 2 严重眼损伤/眼刺激,类别 2A 生殖细胞致突变性,类别 2 致癌性,类别 1A 生殖毒性,类别 2 特异性靶器官毒性-一次接触,类别 1 特异性靶器官毒性-反复接触,类别 1 危害水生环境-急性危害,类别 1 危害水生环境-长期危害,类别 1	H300 H310 H315 H319 H341 H350 H361 H370 H372 H400 H410	GHS06 GHS08 GHS09	危险	预防措施：P264、P270、P262、P280、P201、P202、P260、P273 事故响应：P301＋P310、P321、P330、P302＋P352、P361＋P364、P332＋P313、P362＋P364、P305＋P351＋P338、P337＋P313、P308＋P313、P308＋P311、P314、P391 安全储存：P405 废弃处置：P501	吞咽致命，皮肤接触会致命，可能致癌	
1848	三氯化钛	氯化亚钛	7705-07-9	2441	自燃固体,类别 1 皮肤腐蚀/刺激,类别 1 严重眼损伤/眼刺激,类别 1	H250 H314 H318	GHS02 GHS05	危险	预防措施：P210、P222、P280、P260、P264 事故响应：P335＋P334、P370＋P378、P301＋P330＋P331、P303＋P361＋P353、P304＋P340、P305＋P351＋P338、P310、P321、P363 安全储存：P422、P405 废弃处置：P501	暴露在空气中自燃，可引起皮肤腐蚀	
	三氯化钛溶液	氯化亚钛溶液			皮肤腐蚀/刺激,类别 1 严重眼损伤/眼刺激,类别 1	H314 H318	GHS05	危险	预防措施：P260、P264、P280 事故响应：P301＋P330＋P331、P303＋P361＋P353、P304＋P340、P305＋P351＋P338、P310、P321、P363 安全储存：P405 废弃处置：P501	可引起皮肤腐蚀	
	三氯化钛混合物			2869（非自燃）；2441（自燃）	(1)非自燃的： 皮肤腐蚀/刺激,类别 1 严重眼损伤/眼刺激,类别 1 (2)自燃的： 自燃固体,类别 1 皮肤腐蚀/刺激,类别 1 严重眼损伤/眼刺激,类别 1	(1) H314 H318 (2) H250 H314 H318	(1) GHS05 (2) GHS02 GHS05	危险	预防措施：P260、P264、P280、P210、P222 事故响应：P301＋P330＋P331、P303＋P361＋P353、P304＋P340、P305＋P351＋P338、P310、P321、P363、P335＋P334、P370＋P378 安全储存：P405、P422 废弃处置：P501	(1)可引起皮肤腐蚀 (2)暴露在空气中自燃，可引起皮肤腐蚀	

续表

序号	品名	别名	CAS号	UN号	危险性类别	危险性说明代码	象形图代码	警示词	防范说明代码	风险提示	备注
1849	三氯化锑		10025-91-9	1733	皮肤腐蚀/刺激,类别1B 严重眼损伤/眼刺激,类别1 特异性靶器官毒性-一次接触,类别3(呼吸道刺激) 危害水生环境-急性危害,类别2 危害水生环境-长期危害,类别2	H314 H318 H335 H401 H411	GHS05 GHS07 GHS09	危险	预防措施:P260、P264、P280、P261、P271、P273 事故响应:P301+P330+P331、P303+P361+P353、P304+P340、P305+P351+P338、P310、P321、P363、P312、P391 安全储存:P405、P403+P233 废弃处置:P501	可引起皮肤腐蚀	
1850	三氯化铁	氯化铁	7705-08-0	1773	皮肤腐蚀/刺激,类别1 严重眼损伤/眼刺激,类别1 特异性靶器官毒性-一次接触,类别2 特异性靶器官毒性-一次接触,类别3(呼吸道刺激)	H314 H318 H371 H335	GHS05 GHS08	危险	预防措施:P260、P264、P280、P270 事故响应:P301+P330+P331、P303+P361+P353、P304+P340、P305+P351+P338、P310、P321、P363、P308+P311 安全储存:P405 废弃处置:P501	可引起皮肤腐蚀	
	三氯化铁溶液	氯化铁溶液		2582	皮肤腐蚀/刺激,类别1 严重眼损伤/眼刺激,类别1 特异性靶器官毒性-一次接触,类别2	H314 H318 H371	GHS05 GHS08	危险	预防措施:P260、P264、P280、P270 事故响应:P301+P330+P331、P303+P361+P353、P304+P340、P305+P351+P338、P310、P321、P363、P308+P311 安全储存:P405 废弃处置:P501	可引起皮肤腐蚀	
1851	三氯甲苯	三氯化苄;苯基三氯甲烷;α,α,α-三氯甲苯	98-07-7	2226	急性毒性-吸入,类别3* 皮肤腐蚀/刺激,类别2 严重眼损伤/眼刺激,类别1 致癌性,类别1B 特异性靶器官毒性-一次接触,类别3(呼吸道刺激)	331 H315 H318 H350 H335	GHS05 GHS06 GHS08	危险	预防措施:P261、P271、P264、P280、P201、P202 事故响应:P304+P340、P311、P321、P302+P352、P332+P313、P362+P364、P305+P351+P338、P310、P308+P313、P312 安全储存:P233+P403、P405、P403+P233 废弃处置:P501	吸入会中毒,造成严重眼损伤,可能致癌	
1852	三氯甲烷	氯仿	67-66-3	1888	急性毒性-吸入,类别3 皮肤腐蚀/刺激,类别2 严重眼损伤/眼刺激,类别2 致癌性,类别2 生殖毒性,类别2 特异性靶器官毒性-反复接触,类别1	H331 H315 H319 H351 H361 H372	GHS06 GHS08	危险	预防措施:P261、P271、P264、P280、P201、P202、P260、P270 事故响应:P304+P340、P311、P321、P302+P352、P332+P313、P362+P364、P305+P351+P338、P337+P313、P308+P313、P314 安全储存:P233+P403、P405 废弃处置:P501	吸入会中毒	重点,制毒

续表

序号	品名	别名	CAS号	UN号	危险性类别	危险性说明代码	象形图代码	警示词	防范说明代码	风险提示	备注
1853	三氯三氟丙酮	1,1,3-三氯-1,3,3-三氟丙酮	79-52-7		急性毒性-经口,类别 3 急性毒性-经皮,类别 3 急性毒性-吸入,类别 3	H301 H311 H331	GHS06	危险	预防措施:P264、P270、P280、P261、P271 事故响应:P301+P310、P321、P330、P302+P352、P312、P361+P364、P304+P340、P311 安全储存:P405、P233+P403 废弃处置:P501	吞咽会中毒,皮肤接触会中毒,吸入会中毒	
1854	三氯硝基甲烷	氯化苦;硝基三氯甲烷	76-06-2	1580	急性毒性-吸入,类别 2* 皮肤腐蚀/刺激,类别 2 严重眼损伤/眼刺激,类别 2 特异性靶器官毒性-一次接触,类别 3(呼吸道刺激) 危害水生环境-急性危害,类别 1	H330 H315 H319 H335 H400	GHS06 GHS09	危险	预防措施:P260、P271、P284、P264、P280、P261、P273 事故响应:P304+P340、P310、P320、P302+P352、P321、P332+P313、P362+P364、P305+P351+P338、P337+P313、P312、P391 安全储存:P233+P403、P405、P403+P233 废弃处置:P501	吸入致命	剧毒
1855	1-三氯锌酸-4-二甲氨基重氮苯			3228	自反应物质和混合物,E型	H242	GHS02	警告	预防措施:P210、P220、P234、P280 事故响应:P370+P378 安全储存:P403+P235、P411、P420 废弃处置:P501	加热可能起火	
1856	1,2-*O*-[(1*R*)-2,2,2-三氯亚乙基]-α-D-呋喃葡糖	α-氯醛糖	15879-93-3		急性毒性-经口,类别 2	H300	GHS06	危险	预防措施:P264、P270 事故响应:P301+P310、P321、P330 安全储存:P405 废弃处置:P501	吞咽致命	
1857	三氯氧化钒	三氯化氧钒	7727-18-6	2443	急性毒性-经口,类别 3 皮肤腐蚀/刺激,类别 1 严重眼损伤/眼刺激,类别 1	H301 H314 H318	GHS05 GHS06	危险	预防措施:P264、P270、P260、P280 事故响应:P301+P310、P321、P301+P330+P331、P303+P361+P353、P304+P340、P305+P351+P338、P363 安全储存:P405 废弃处置:P501	吞咽会中毒,可引起皮肤腐蚀	
1858	三氯氧磷	氧氯化磷;氯化磷酰;磷酰氯;三氯化磷酰;磷酰三氯	10025-87-3	1810	急性毒性-吸入,类别 2* 皮肤腐蚀/刺激,类别 1A 严重眼损伤/眼刺激,类别 1 特异性靶器官毒性-反复接触,类别 1	H330 H314 H318 H372	GHS05 GHS06 GHS08	危险	预防措施:P260、P271、P284、P264、P280、P270 事故响应:P304+P340、P310、P320、P301+P330+P331、P303+P361+P353、P305+P351+P338、P321、P363、P314 安全储存:P233+P403、P405 废弃处置:P501	吸入致命,可引起皮肤腐蚀	

续表

序号	品名	别名	CAS号	UN号	危险性类别	危险性说明代码	象形图代码	警示词	防范说明代码	风险提示	备注
1859	三氯一氟甲烷	R11	75-69-4		生殖毒性,类别2 特异性靶器官毒性-一次接触,类别1 特异性靶器官毒性-一次接触,类别3(呼吸道刺激、麻醉效应) 危害臭氧层,类别1	H361 H370 H335 H336 H420	GHS07 GHS08	危险	预防措施：P201、P202、P280、P260、P264、P270、P261、P271 事故响应：P308＋P313、P308＋P311、P321、P304＋P340、P312 安全储存：P405、P403＋P233 废弃处置：P501		
1860	三氯乙腈	氰化三氯甲烷	545-06-2		急性毒性-经口,类别3* 急性毒性-经皮,类别3* 急性毒性-吸入,类别3* 危害水生环境-急性危害,类别2 危害水生环境-长期危害,类别2	H301 H311 H331 H401 H411	GHS06 GHS09	危险	预防措施：P264、P270、P280、P261、P271、P273 事故响应：P301＋P310、P321、P330、P302＋P352、P312、P361＋P364、P304＋P340、P311、P391 安全储存：P405、P233＋P403 废弃处置：P501	吞咽会中毒,皮肤接触会中毒,吸入会中毒	
1861	三氯乙醛[稳定的]	氯醛;氯油	75-87-6		急性毒性-吸入,类别1 严重眼损伤/眼刺激,类别2B 生殖细胞致突变性,类别1B 生殖毒性,类别2 特异性靶器官毒性-一次接触,类别1 特异性靶器官毒性-一次接触,类别3(麻醉效应)	H330 H320 H340 H361 H370 H336	GHS06 GHS08	危险	预防措施：P260、P271、P284、P264、P201、P202、P280、P270、P261 事故响应：P304＋P340、P310、P320、P305＋P351＋P338、P337＋P313、P308＋P313、P308＋P311、P321、P312 安全储存：P233＋P403、P405、P403＋P233 废弃处置：P501	吸入致命	
1862	三氯乙酸	三氯醋酸	76-03-9	1839	皮肤腐蚀/刺激,类别1A 严重眼损伤/眼刺激,类别1 特异性靶器官毒性-一次接触,类别3(呼吸道刺激) 危害水生环境-急性危害,类别1 危害水生环境-长期危害,类别1	H314 H318 H335 H400 H410	GHS05 GHS07 GHS09	危险	预防措施：P260、P264、P280、P261、P271、P273 事故响应：P301＋P330＋P331、P303＋P361＋P353、P304＋P340、P305＋P351＋P338、P310、P321、P363、P312、P391 安全储存：P405、P403＋P233 废弃处置：P501	可引起皮肤腐蚀	
1863	三氯乙酸甲酯	三氯醋酸甲酯	598-99-2	2533	急性毒性-经口,类别3	H301	GHS06	危险	预防措施：P264、P270 事故响应：P301＋P310、P321、P330 安全储存：P405 废弃处置：P501	吞咽会中毒	
1864	1,1,1-三氯乙烷	甲基氯仿	71-55-6	2831	危害臭氧层,类别1	H420	GHS07	警告	预防措施： 事故响应： 安全储存： 废弃处置：		

续表

序号	品名	别名	CAS号	UN号	危险性类别	危险性说明代码	象形图代码	警示词	防范说明代码	风险提示	备注
1865	1,1,2-三氯乙烷		79-00-5	2831	急性毒性-吸入,类别3 危害水生环境-长期危害,类别3	H331 H412	GHS06	危险	预防措施:P261、P271、P273 事故响应:P304+P340、P311、P321 安全储存:P233+P403、P405 废弃处置:P501	吸入会中毒	
1866	三氯乙烯		79-01-6	1710	皮肤腐蚀/刺激,类别2 严重眼损伤/眼刺激,类别2 生殖细胞致突变性,类别2 致癌性,类别1B 特异性靶器官毒性-一次接触,类别3(麻醉效应) 危害水生环境-长期危害,类别3	H315 H319 H341 H350 H336 H412	GHS07 GHS08	危险	预防措施:P264、P280、P201、P202、P261、P271、P273 事故响应:P302+P352、P321、P332+P313、P362+P364、P305+P351+P338、P337+P313、P308+P313、P304+P340、P312 安全储存:P405、P403+P233 废弃处置:P501	可能致癌	
1867	三氯乙酰氯		76-02-8	2442	急性毒性-吸入,类别1 皮肤腐蚀/刺激,类别1 严重眼损伤/眼刺激,类别1	H330 H314 H318	GHS05 GHS06	危险	预防措施:P260、P271、P284、P264、P280 事故响应:P304+P340、P310、P320、P301+P330+P331、P303+P361+P353、P305+P351+P338、P321、P363 安全储存:P233+P403、P405 废弃处置:P501	吸入致命,可引起皮肤腐蚀	
1868	三氯异氰脲酸		87-90-1	2468	氧化性固体,类别2 严重眼损伤/眼刺激,类别2 特异性靶器官毒性-一次接触,类别3(呼吸道刺激) 危害水生环境-急性危害,类别1 危害水生环境-长期危害,类别1	H272 H319 H335 H400 H410	GHS03 GHS07 GHS09	危险	预防措施:P210、P220、P221、P280、P264、P261、P271、P273 事故响应:P370+P378、P305+P351+P338、P337+P313、P304+P340、P312、P391 安全储存:P403+P233、P405 废弃处置:P501	可加剧燃烧,氧化剂	
1869	三烯丙基胺	三烯丙胺;三(2-丙烯基)胺	102-70-5	2610	易燃液体,类别3 急性毒性-吸入,类别3 皮肤腐蚀/刺激,类别1 严重眼损伤/眼刺激,类别1 特异性靶器官毒性-一次接触,类别3(呼吸道刺激)	H226 H331 H314 H318 H335	GHS02 GHS05 GHS06	危险	预防措施:P210、P233、P240、P241、P242、P243、P280、P261、P271、P260、P264 事故响应:P303+P361+P353、P370+P378、P304+P340、P311、P321、P301+P330+P331、P305+P351+P338、P310、P363、P312 安全储存:P403+P235、P233+P403、P405、P403+P233 废弃处置:P501	易燃液体,吸入会中毒M可引起皮肤腐蚀	

续表

序号	品名	别名	CAS号	UN号	危险性类别	危险性说明代码	象形图代码	警示词	防范说明代码	风险提示	备注
1870	1,3,5-三硝基苯	均三硝基苯	99-35-4	0214	爆炸物,1.1项 急性毒性-经口,类别2* 急性毒性-经皮,类别1 急性毒性-吸入,类别2* 特异性靶器官毒性-反复接触,类别2* 危害水生环境-急性危害,类别1 危害水生环境-长期危害,类别1	H201 H300 H310 H330 H373 H400 H410	GHS01 GHS06 GHS08 GHS09	危险	预防措施：P210、P230、P240、P250、P280、P264、P270、P262、P260、P271、P284、P273 事故响应：P370＋P380、P372、P373、P301＋P310、P321、P330、P302＋P352、P361＋P364、P304＋P340、P320、P314、P391 安全储存：P401、P405、P233＋P403 废弃处置：P501	整体爆炸危险，吞咽致命，皮肤接触会致命，吸入致命	
1871	2,4,6-三硝基苯胺	苦基胺	489-98-5	0153	爆炸物,1.1项	H201	GHS01	危险	预防措施：P210、P230、P240、P250、P280 事故响应：P370＋P380、P372、P373 安全储存：P401 废弃处置：P501	整体爆炸危险	
1872	2,4,6-三硝基苯酚	苦味酸	88-89-1	0154	爆炸物,1.1项 急性毒性-经口,类别3* 急性毒性-经皮,类别3* 急性毒性-吸入,类别3*	H201 H301 H311 H331	GHS01 GHS06	危险	预防措施：P210、P230、P240、P250、P280、P264、P270、P261、P271 事故响应：P370＋P380、P372、P373、P301＋P310、P321、P330、P302＋P352、P312、P361＋P364、P304＋P340、P311 安全储存：P401、P405、P233＋P403 废弃处置：P501	整体爆炸危险，吞咽会中毒，皮肤接触会中毒，吸入会中毒	
1873	2,4,6-三硝基苯酚铵[干的或含水＜10%]	苦味酸铵	131-74-8	0004	爆炸物,1.1项 皮肤腐蚀/刺激,类别2 严重眼损伤/眼刺激,类别2A 皮肤致敏物,类别1 危害水生环境-长期危害,类别3	H201 H315 H319 H317 H412	GHS01 GHS07	危险	预防措施：P210、P230、P240、P250、P280、P264、P261、P272、P273 事故响应：P370＋P380、P372、P373、P302＋P352、P321、P332＋P313、P362＋P364、P305＋P351＋P338、P337＋P313、P333＋P313 安全储存：P401 废弃处置：P501	整体爆炸危险，可能引起皮肤过敏	
	2,4,6-三硝基苯酚铵[含水≥10%]			1310	易燃固体,类别1 皮肤腐蚀/刺激,类别2 严重眼损伤/眼刺激,类别2A 皮肤致敏物,类别1 危害水生环境-长期危害,类别3	H228 H315 H319 H317 H412	GHS02 GHS07	危险	预防措施：P210、P240、P241、P280、P264、P261、P272、P273 事故响应：P370＋P378、P302＋P352、P321、P332＋P313、P362＋P364、P305＋P351＋P338、P337＋P313、P333＋P313 安全储存： 废弃处置：P501	易燃固体，可能引起皮肤过敏	

续表

序号	品名	别名	CAS号	UN号	危险性类别	危险性说明代码	象形图代码	警示词	防范说明代码	风险提示	备注
1874	2,4,6-三硝基苯酚钠	苦味酸钠	3324-58-1		爆炸物,1.1项	H201	GHS01	危险	预防措施:P210、P230、P240、P250、P280 事故响应:P370+P380、P372、P373 安全储存:P401 废弃处置:P501	整体爆炸危险	
1875	2,4,6-三硝基苯酚银[含水≥30%]	苦味酸银	146-84-9	1347	易燃固体,类别1	H228	GHS02	危险	预防措施:P210、P240、P241、P280 事故响应:P370+P378 安全储存: 废弃处置:	易燃固体	
1876	三硝基苯磺酸		2508-19-2	0386	爆炸物,1.1项	H201	GHS01	危险	预防措施:P210、P230、P240、P250、P280 事故响应:P370+P380、P372、P373 安全储存:P401 废弃处置:P501	整体爆炸危险	
1877	2,4,6-三硝基苯磺酸钠		5400-70-4		爆炸物,1.1项	H201	GHS01	危险	预防措施:P210、P230、P240、P250、P280 事故响应:P370+P380、P372、P373 安全储存:P401 废弃处置:P501	整体爆炸危险	
1878	三硝基苯甲醚	三硝基茴香醚	28653-16-9	0213	爆炸物,1.1项	H201	GHS01	危险	预防措施:P210、P230、P240、P250、P280 事故响应:P370+P380、P372、P373 安全储存:P401 废弃处置:P501	整体爆炸危险	重大
1879	2,4,6-三硝基苯甲酸	三硝基安息香酸	129-66-8	0215	爆炸物,1.1项	H201	GHS01	危险	预防措施:P210、P230、P240、P250、P280 事故响应:P370+P380、P372、P373 安全储存:P401 废弃处置:P501	整体爆炸危险	
1880	2,4,6-三硝基苯甲硝胺	特屈儿	479-45-8	0208	爆炸物,1.1项 急性毒性-经口,类别3* 急性毒性-经皮,类别3* 急性毒性-吸入,类别3* 特异性靶器官毒性-反复接触,类别2	H201 H301 H311 H331 H373	GHS01 GHS06 GHS08	危险	预防措施:P210、P230、P240、P250、P280、P264、P270、P261、P271、P260 事故响应:P370+P380、P372、P373、P301+P310、P321、P330、P302+P352、P312、P361+P364、P304+P340、P311、P314 安全储存:P401、P405、P233+P403 废弃处置:P501	整体爆炸危险,吞咽会中毒,皮肤接触会中毒,吸入会中毒	

续表

序号	品名	别名	CAS号	UN号	危险性类别	危险性说明代码	象形图代码	警示词	防范说明代码	风险提示	备注
1881	三硝基苯乙醚		4732-14-3	0218	爆炸物,1.1项	H201	GHS01	危险	预防措施:P210、P230、P240、P250、P280 事故响应:P370+P380、P372、P373 安全储存:P401 废弃处置:P501	整体爆炸危险	
1882	2,4,6-三硝基二甲苯	2,4,6-三硝基间二甲苯	632-92-8		爆炸物,1.1项 特异性靶器官毒性-反复接触,类别2*	H201 H373	GHS01 GHS08	危险	预防措施:P210、P230、P240、P250、P280、P260 事故响应:P370+P380、P372、P373、P314 安全储存:P401 废弃处置:P501	整体爆炸危险	
1883	2,4,6-三硝基甲苯	梯恩梯;TNT	118-96-7	0209	爆炸物,1.1项 急性毒性-经口,类别3* 急性毒性-经皮,类别3* 急性毒性-吸入,类别3* 特异性靶器官毒性-反复接触,类别2* 危害水生环境-急性危害,类别2 危害水生环境-长期危害,类别2	H201 H301 H311 H331 H373 H401 H411	GHS01 GHS06 GHS08 GHS09	危险	预防措施:P210、P230、P240、P250、P280、P264、P270、P261、P271、P260、P273 事故响应:P370+P380、P372、P373、P301+P310、P321、P330、P302+P352、P312、P361+P364、P304+P340、P311、P314、P391 安全储存:P401、P405、P233+P403 废弃处置:P501	整体爆炸危险,吞咽会中毒,皮肤接触会中毒,吸入会中毒	
1884	三硝基甲苯与六硝基-1,2-二苯乙烯混合物	三硝基甲苯与六硝基芪混合物		0388	爆炸物,1.1项 特异性靶器官毒性-反复接触,类别2* 危害水生环境-急性危害,类别2 危害水生环境-长期危害,类别2	H201 H373 H401 H411	GHS01 GHS08 GHS09	危险	预防措施:P210、P230、P240、P250、P280、P260、P273 事故响应:P370+P380、P372、P373、P314、P391 安全储存:P401 废弃处置:P501	整体爆炸危险	
1885	2,4,6-三硝基甲苯与铝混合物	特里托纳尔		0390	爆炸物,1.1项 特异性靶器官毒性-反复接触,类别2* 危害水生环境-急性危害,类别2 危害水生环境-长期危害,类别2	H201 H373 H401 H411	GHS01 GHS08 GHS09	危险	预防措施:P210、P230、P240、P250、P280、P260、P273 事故响应:P370+P380、P372、P373、P314、P391 安全储存:P401 废弃处置:P501	整体爆炸危险	
1886	三硝基甲苯与三硝基苯和六硝基-1,2-二苯乙烯混合物	三硝基甲苯与三硝基苯和六硝基芪混合物		0389	爆炸物,1.1项 急性毒性-经口,类别3* 特异性靶器官毒性-反复接触,类别2* 危害水生环境-急性危害,类别1 危害水生环境-长期危害,类别1	H201 H301 H373 H400 H410	GHS01 GHS06 GHS08 GHS09	危险	预防措施:P210、P230、P240、P250、P280、P264、P270、P260、P273 事故响应:P370+P380、P372、P373、P301+P310、P321、P330、P314、P391 安全储存:P401、P405 废弃处置:P501	整体爆炸危险,吞咽会中毒	

续表

序号	品名	别名	CAS号	UN号	危险性类别	危险性说明代码	象形图代码	警示词	防范说明代码	风险提示	备注
1887	三硝基甲苯与三硝基苯混合物			0388	爆炸物,1.1项 急性毒性-经口,类别3* 急性毒性-经皮,类别3* 急性毒性-吸入,类别3* 特异性靶器官毒性-反复接触,类别2* 危害水生环境-急性危害,类别1 危害水生环境-长期危害,类别1	H201 H301 H311 H331 H373 H400 H410	GHS01 GHS06 GHS08 GHS09	危险	预防措施：P210、P230、P240、P250、P280、P264、P270、P261、P271、P260、P273 事故响应：P370＋P380、P372、P373、P301＋P310、P321、P330、P302＋P352、P312、P361＋P364、P304＋P340、P311、P314、P391 安全储存：P401、P405、P233＋P403 废弃处置：P501	整体爆炸危险，吞咽会中毒，皮肤接触会中毒，吸入会中毒	
1888	三硝基甲苯与硝基萘混合物	梯萘炸药			爆炸物,1.1项 急性毒性-经口,类别3* 皮肤腐蚀/刺激,类别2 严重眼损伤/眼刺激,类别1 特异性靶器官毒性-反复接触,类别2 危害水生环境-急性危害,类别2 危害水生环境-长期危害,类别2	H201 H301 H315 H318 H373 H401 H411	GHS01 GHS05 GHS06 GHS08 GHS09	危险	预防措施：P210、P230、P240、P250、P280、P264、P270、P260、P273 事故响应：P370＋P380、P372、P373、P301＋P310、P321、P330、P302＋P352、P332＋P313、P362＋P364、P305＋P351＋P338、P314、P391 安全储存：P401、P405 废弃处置：P501	整体爆炸危险，吞咽会中毒，造成严重眼损伤	
1889	2,4,6-三硝基间苯二酚	收敛酸	82-71-3	0219	爆炸物,1.1项	H201	GHS01	危险	预防措施：P210、P230、P240、P250、P280 事故响应：P370＋P380、P372、P373 安全储存：P401 废弃处置：P501	整体爆炸危险	
1890	2,4,6-三硝基间苯二酚铅[湿的,按质量含水或乙醇和水的混合物不低于20%]	收敛酸铅	15245-44-0	0130	爆炸物,1.1项 生殖毒性,类别1A 特异性靶器官毒性-反复接触,类别2* 危害水生环境-急性危害,类别1 危害水生环境-长期危害,类别1	H201 H360 H373 H400 H410	GHS01 GHS08 GHS09	危险	预防措施：P210、P230、P240、P250、P280、P201、P202、P260、P273 事故响应：P370＋P380、P372、P373、P308＋P313、P314、P391 安全储存：P401、P405 废弃处置：P501	整体爆炸危险	
1891	三硝基间甲酚		602-99-3	0216	爆炸物,1.1项	H201	GHS01	危险	预防措施：P210、P230、P240、P250、P280 事故响应：P370＋P380、P372、P373 安全储存：P401 废弃处置：P501	整体爆炸危险	

续表

序号	品名	别名	CAS号	UN号	危险性类别	危险性说明代码	象形图代码	警示词	防范说明代码	风险提示	备注
1892	2,4,6-三硝基氯苯	苦基氯	88-88-0	0155	爆炸物,1.1项 急性毒性-经口,类别2* 急性毒性-经皮,类别1 急性毒性-吸入,类别2* 危害水生环境-急性危害,类别1 危害水生环境-长期危害,类别1	H201 H300 H310 H330 H400 H410	GHS01 GHS06 GHS09	危险	预防措施:P210、P230、P240、P250、P280、P264、P270、P262、P260、P271、P284、P273 事故响应:P370+P380、P372、P373、P301+P310、P321、P330、P302+P352、P361+P364、P304+P340、P320、P391 安全储存:P401、P405、P233+P403 废弃处置:P501	整体爆炸危险,吞咽致命,皮肤接触会致命,吸入致命	
1893	三硝基萘		55810-17-8	0217	爆炸物,1.1项	H201	GHS01	危险	预防措施:P210、P230、P240、P250、P280 事故响应:P370+P380、P372、P373 安全储存:P401 废弃处置:P501	整体爆炸危险	
1894	三硝基芴酮		129-79-3	0387	爆炸物,1.1项 严重眼损伤/眼刺激,类别2B	H201 H320	GHS01	危险	预防措施:P210、P230、P240、P250、P280、P264 事故响应:P370+P380、P372、P373、P305+P351+P338、P337+P313 安全储存:P401 废弃处置:P501	整体爆炸危险	
1895	2,4,6-三溴苯胺		147-82-0		急性毒性-经口,类别3 急性毒性-经皮,类别3 急性毒性-吸入,类别3	H301 H311 H331	GHS06	危险	预防措施:P264、P270、P280、P261、P271 事故响应:P301+P310、P321、P330、P302+P352、P312、P361+P364、P304+P340、P311 安全储存:P405、P233+P403 废弃处置:P501	吞咽会中毒,皮肤接触会中毒,吸入会中毒	
1896	三溴化碘		7789-58-4		皮肤腐蚀/刺激,类别1 严重眼损伤/眼刺激,类别1	H314 H318	GHS05	危险	预防措施:P260、P264、P280 事故响应:P301+P330+P331、P303+P361+P353、P304+P340、P305+P351+P338、P310、P321、P363 安全储存:P405 废弃处置:P501	可引起皮肤腐蚀	
1897	三溴化磷		7789-60-8	1808	皮肤腐蚀/刺激,类别1B 严重眼损伤/眼刺激,类别1 特异性靶器官毒性-一次接触,类别3(呼吸道刺激)	H314 H318 H335	GHS05 GHS07	危险	预防措施:P260、P264、P280、P261、P271 事故响应:P301+P330+P331、P303+P361+P353、P304+P340、P305+P351+P338、P310、P321、P363、P312 安全储存:P405、P403+P233 废弃处置:P501	可引起皮肤腐蚀	

续表

序号	品名	别名	CAS号	UN号	危险性类别	危险性说明代码	象形图代码	警示词	防范说明代码	风险提示	备注
1898	三溴化铝[无水]	溴化铝	7727-15-3	1725	皮肤腐蚀/刺激,类别1 严重眼损伤/眼刺激,类别1	H314 H318	GHS05	危险	预防措施:P260、P264、P280 事故响应:P301+P330+P331、P303+P361+P353、P304+P340、P305+P351+P338、P310、P321、P363 安全储存:P405 废弃处置:P501	可引起皮肤腐蚀	
	三溴化铝溶液	溴化铝溶液		2580	皮肤腐蚀/刺激,类别1 严重眼损伤/眼刺激,类别1	H314 H318	GHS05	危险	预防措施:P260、P264、P280 事故响应:P301+P330+P331、P303+P361+P353、P304+P340、P305+P351+P338、P310、P321、P363 安全储存:P405 废弃处置:P501	可引起皮肤腐蚀	
1899	三溴化硼		10294-33-4	2692	急性毒性-经口,类别2* 急性毒性-吸入,类别2* 皮肤腐蚀/刺激,类别1A 严重眼损伤/眼刺激,类别1	H300 H330 H314 H318	GHS05 GHS06	危险	预防措施:P264、P270、P260、P271、P284、P280 事故响应:P301+P310、P321、P304+P340、P320、P301+P330+P331、P303+P361+P353、P305+P351+P338、P363 安全储存:P405、P233+P403 废弃处置:P501	吞咽致命,吸入致命,可引起皮肤腐蚀	
1900	三溴化三甲基二铝	三溴化三甲基铝	12263-85-3		自燃液体,类别1 遇水放出易燃气体的物质和混合物,类别1	H250 H260	GHS02	危险	预防措施:P210、P222、P280、P223、P231+P232 事故响应:P302+P334、P370+P378、P335+P334 安全储存:P422、P402+P404 废弃处置:P501	暴露在空气中自燃,遇水放出可自燃的易燃气体	重大
1901	三溴化砷	溴化亚砷	7784-33-0	1555	急性毒性-经口,类别3* 急性毒性-吸入,类别3* 致癌性,类别1A 危害水生环境-急性危害,类别1 危害水生环境-长期危害,类别1	H301 H331 H350 H400 H410	GHS06 GHS08 GHS09	危险	预防措施:P264、P270、P261、P271、P201、P202、P280、P273 事故响应:P301+P310、P321、P330、P304+P340、P311、P308+P313、P391 安全储存:P405、P233+P403 废弃处置:P501	吞咽会中毒,吸入会中毒,可能致癌	
1902	三溴化锑		7789-61-9		皮肤腐蚀/刺激,类别1 严重眼损伤/眼刺激,类别1 危害水生环境-急性危害,类别2 危害水生环境-长期危害,类别2	H314 H318 H401 H411	GHS05 GHS09	危险	预防措施:P260、P264、P280、P273 事故响应:P301+P330+P331、P303+P361+P353、P304+P340、P305+P351+P338、P310、P321、P363、P391 安全储存:P405 废弃处置:P501	可引起皮肤腐蚀	

续表

序号	品名	别名	CAS号	UN号	危险性类别	危险性说明代码	象形图代码	警示词	防范说明代码	风险提示	备注
1903	三溴甲烷	溴仿	75-25-2	2515	急性毒性-吸入,类别3* 皮肤腐蚀/刺激,类别2 严重眼损伤/眼刺激,类别2 危害水生环境-急性危害,类别2 危害水生环境-长期危害,类别2	H331 H315 H319 H401 H411	GHS06 GHS09	危险	预防措施:P261、P271、P264、P280、P273 事故响应:P304+P340、P311、P321、P302+P352、P332+P313、P362+P364、P305+P351+P338、P337+P313、P391 安全储存:P233+P403、P405 废弃处置:P501	吸入会中毒	
1904	三溴乙醛	溴醛	115-17-3		急性毒性-经口,类别3	H301	GHS06	危险	预防措施:P264、P270 事故响应:P301+P310、P321、P330 安全储存:P405 废弃处置:P501	吞咽会中毒	
1905	三溴乙酸	三溴醋酸	75-96-7		皮肤腐蚀/刺激,类别1 严重眼损伤/眼刺激,类别1	H314 H318	GHS05	危险	预防措施:P260、P264、P280 事故响应:P301+P330+P331、P303+P361+P353、P304+P340、P305+P351+P338、P310、P321、P363 安全储存:P405 废弃处置:P501	可引起皮肤腐蚀	
1906	三溴乙烯		598-16-3		急性毒性-经口,类别3 危害水生环境-急性危害,类别2	H301 H401	GHS06	危险	预防措施:P264、P270、P273 事故响应:P301+P310、P321、P330 安全储存:P405 废弃处置:P501	吞咽会中毒	
1907	2,4,6-三亚乙基氨基-1,3,5-三嗪	曲他胺	51-18-3		急性毒性-经口,类别2	H300	GHS06	危险	预防措施:P264、P270 事故响应:P301+P310、P321、P330 安全储存:P405 废弃处置:P501	吞咽致命	
1908	三亚乙基四胺	二缩三乙二胺;三乙撑四胺	112-24-3	2259	皮肤腐蚀/刺激,类别1B 严重眼损伤/眼刺激,类别1 皮肤致敏物,类别1 危害水生环境-长期危害,类别3	H314 H318 H317 H412	GHS05 GHS07	危险	预防措施:P260、P264、P280、P261、P272、P273 事故响应:P301+P330+P331、P303+P361+P353、P304+P340、P305+P351+P338、P310、P321、P363、P302+P352、P333+P313、P362+P364 安全储存:P405 废弃处置:P501	可引起皮肤腐蚀,可能引起皮肤过敏	
1909	三氧化二氮	亚硝酐	10544-73-7	2421	氧化性气体,类别1 加压气体 急性毒性-吸入,类别2* 皮肤腐蚀/刺激,类别1B 严重眼损伤/眼刺激,类别1	H270 H280或H281 H330 H314 H318	GHS03 GHS04 GHS05 GHS06	危险	预防措施:P220、P244、P260、P271、P284、P264、P280 事故响应:P370+P376、P304+P340、P310、P320、P301+P330+P331、P303+P361+P353、P305+P351+P338、P321、P363 安全储存:P410+P403、P233+P403、P405 废弃处置:P501	可引起燃烧或加剧燃烧,氧化剂,内装加压气体:遇热可能爆炸,吸入致命,可引起皮肤腐蚀	

续表

序号	品名	别名	CAS号	UN号	危险性类别	危险性说明代码	象形图代码	警示词	防范说明代码	风险提示	备注
1910	三氧化二钒		1314-34-7		特异性靶器官毒性-一次接触,类别3(呼吸道刺激) 特异性靶器官毒性-反复接触,类别1	H335 H372	GHS07 GHS08	危险	预防措施:P261、P271、P260、P264、P270 事故响应:P304+P340、P312、P314 安全储存:P403+P233、P405 废弃处置:P501		
1911	三氧化二磷	亚磷酸酐	1314-24-5	2578	皮肤腐蚀/刺激,类别1A 严重眼损伤/眼刺激,类别1	H314 H318	GHS05	危险	预防措施:P260、P264、P280 事故响应:P301+P330+P331、P303+P361+P353、P304+P340、P305+P351+P338、P310、P321、P363 安全储存:P405 废弃处置:P501	可引起皮肤腐蚀	
1912	三氧化二砷	白砒;砒霜;亚砷酸酐	1327-53-3	1561	急性毒性-经口,类别2* 皮肤腐蚀/刺激,类别1B 严重眼损伤/眼刺激,类别1 致癌性,类别1A 危害水生环境-急性危害,类别1 危害水生环境-长期危害,类别1	H300 H314 H318 H350 H400 H410	GHS05 GHS06 GHS08 GHS09	危险	预防措施:P264、P270、P260、P280、P201、P202、P273 事故响应:P301+P310、P321、P301+P330+P331、P303+P361+P353、P304+P340、P305+P351+P338、P363、P308+P313、P391 安全储存:P405 废弃处置:P501	吞咽致命,可引起皮肤腐蚀 可能致癌	剧毒
1913	三氧化铬[无水]	铬酸酐	1333-82-0		氧化性固体,类别1 急性毒性-经口,类别3* 急性毒性-经皮,类别3* 急性毒性-吸入,类别2* 皮肤腐蚀/刺激,类别1A 严重眼损伤/眼刺激,类别1 呼吸道致敏物,类别1 皮肤致敏物,类别1 生殖细胞致突变性,类别1B 致癌性,类别1A 生殖毒性,类别2 特异性靶器官毒性-一次接触,类别3(呼吸道刺激) 特异性靶器官毒性-反复接触,类别1 危害水生环境-急性危害,类别1 危害水生环境-长期危害,类别1	H271 H301 H311 H330 H314 H318 H334 H317 H340 H350 H361 H335 H372 H400 H410	GHS03 GHS05 GHS06 GHS08 GHS09	危险	预防措施:P210、P220、P221、P280、P283、P264、P270、P260、P271、P284、P261、P272、P201、P202、P273 事故响应:P306+P360、P370+P378、P371+P380+P375、P301+P310、P321、P302+P352、P312、P361+P364、P304+P340、P320、P301+P330+P331、P303+P361+P353、P305+P351+P338、P363、P342+P311、P333+P313、P362+P364、P308+P313、P314、P391 安全储存:P405、P233+P403、P403+P233 废弃处置:P501	可引起燃烧或爆炸,强氧化剂,吞咽会中毒,皮肤接触会中毒,吸入致命,可引起皮肤腐蚀,吸入可能导致过敏,可能引起皮肤过敏,可能致癌	

续表

序号	品名	别名	CAS号	UN号	危险性类别	危险性说明代码	象形图代码	警示词	防范说明代码	风险提示	备注
1914	三氧化硫[稳定的]	硫酸酐	7446-11-9	1829	皮肤腐蚀/刺激,类别 1A 严重眼损伤/眼刺激,类别 1 特异性靶器官毒性—一次接触,类别 3(呼吸道刺激)	H314 H318 H335	GHS05 GHS07	危险	预防措施:P260、P264、P280、P261、P271 事故响应:P301+P330+P331、P303+P361+P353、P304+P340、P305+P351+P338、P310、P321、P363、P312 安全储存:P405、P403+P233 废弃处置:P501	可引起皮肤腐蚀	重点,重大
1915	三乙胺		121-44-8	1296	易燃液体,类别 2 皮肤腐蚀/刺激,类别 1A 严重眼损伤/眼刺激,类别 1 特异性靶器官毒性—一次接触,类别 3(呼吸道刺激)	H225 H314 H318 H335	GHS02 GHS05 GHS07	危险	预防措施:P210、P233、P240、P241、P242、P243、P280、P260、P264、P261、P271 事故响应:P303+P361+P353、P370+P378、P301+P330+P331、P304+P340、P305+P351+P338、P310、P321、P363、P312 安全储存:P403+P235、P405、P403+P233 废弃处置:P501	高度易燃液体,可引起皮肤腐蚀	
1916	3,6,9-三乙基-3,6,9-三甲基-1,4,7-三过氧壬烷[含量≤42%,含A型稀释剂①≥58%]		24748-23-0	3105	有机过氧化物,D型	H242	GHS02	危险	预防措施:P210、P220、P234、P280 事故响应: 安全储存:P235+P411、P410、P420 废弃处置:P501	加热可引起燃烧	
1917	三乙基铝		97-93-8		自燃液体,类别 1 遇水放出易燃气体的物质和混合物,类别 1 皮肤腐蚀/刺激,类别 1 严重眼损伤/眼刺激,类别 1	H250 H260 H314 H318	GHS02 GHS05	危险	预防措施:P210、P222、P280、P223、P231+P232、P260、P264 事故响应:P302+P334、P370+P378、P335+P334、P301+P330+P331、P303+P361+P353、P304+P340、P305+P351+P338、P310、P321、P363 安全储存:P422、P402+P404、P405 废弃处置:P501	暴露在空气中自燃,遇水放出可自燃的易燃气体,可引起皮肤腐蚀	重大
1918	三乙基硼		97-94-9		易燃液体,类别 2 自燃液体,类别 1 急性毒性-经口,类别 3 急性毒性-吸入,类别 3 皮肤腐蚀/刺激,类别 1 严重眼损伤/眼刺激,类别 1	H225 H250 H301 H331 H314 H318	GHS02 GHS05 GHS06	危险	预防措施:P210、P233、P240、P241、P242、P243、P280、P222、P264、P270、P261、P271、P260 事故响应:P303+P361+P353、P370+P378、P302+P334、P301+P310、P321、P304+P340、P311、P301+P330+P331、P305+P351+P338、P363 安全储存:P403+P235、P422、P405、P233+P403 废弃处置:P501	高度易燃液体,暴露在空气中自燃,吞咽会中毒,吸入会中毒,可引起皮肤腐蚀	

续表

序号	品名	别名	CAS号	UN号	危险性类别	危险性说明代码	象形图代码	警示词	防范说明代码	风险提示	备注
1919	三乙基砷酸酯		15606-95-8		急性毒性-经口,类别3* 急性毒性-吸入,类别3* 致癌性,类别1A 危害水生环境-急性危害,类别1 危害水生环境-长期危害,类别1	H301 H331 H350 H400 H410	GHS06 GHS08 GHS09	危险	预防措施：P264、P270、P261、P271、P201、P202、P280、P273 事故响应：P301＋P310、P321、P330、P304＋P340、P311、P308＋P313、P391 安全储存：P405、P233＋P403 废弃处置：P501	吞咽会中毒，吸入会中毒，可能致癌	
1920	三乙基锑		617-85-6		自燃液体,类别1 危害水生环境-急性危害,类别2 危害水生环境-长期危害,类别2	H250 H401 H411	GHS02 GHS09	危险	预防措施：P210、P222、P280、P273 事故响应：P302＋P334、P370＋P378、P391 安全储存：P422 废弃处置：P501	暴露在空气中自燃	
1921	三异丁基铝		100-99-2		自燃液体,类别1 遇水放出易燃气体的物质和混合物,类别1 皮肤腐蚀/刺激,类别2 严重眼损伤/眼刺激,类别1	H250 H260 H315 H318	GHS02 GHS05	危险	预防措施：P210、P222、P280、P223、P231＋P232、P264 事故响应：P302＋P334、P370＋P378、P335＋P334、P302＋P352、P321、P332＋P313、P362＋P364、P305＋P351＋P338、P310 安全储存：P422、P402＋P404 废弃处置：P501	暴露在空气中自燃，遇水放出可自燃的易燃气体，造成严重眼损伤	重大
1922	三正丙胺	*N*,*N*-二丙基-1-丙胺	102-69-2	2260	易燃液体,类别3 急性毒性-经口,类别3 急性毒性-经皮,类别3 急性毒性-吸入,类别3 皮肤腐蚀/刺激,类别1 严重眼损伤/眼刺激,类别1 危害水生环境-长期危害,类别3	H226 H301 H311 H331 H314 H318 H412	GHS02 GHS05 GHS06	危险	预防措施：P210、P233、P240、P241、P242、P243、P280、P264、P270、P261、P271、P260、P273 事故响应：P303＋P361＋P353、P370＋P378、P301＋P310、P321、P302＋P352、P312、P361＋P364、P304＋P340、P311、P301＋P330＋P331、P305＋P351＋P338、P363 安全储存：P403＋P235、P405、P233＋P403 废弃处置：P501	易燃液体，吞咽会中毒，皮肤接触会中毒，吸入会中毒，可引起皮肤腐蚀	
1923	三正丁胺	三丁胺	102-82-9	2542	急性毒性-经皮,类别2 急性毒性-吸入,类别1 皮肤腐蚀/刺激,类别2 严重眼损伤/眼刺激,类别2 特异性靶器官毒性-一次接触,类别3(呼吸道刺激) 特异性靶器官毒性-反复接触,类别2 危害水生环境-急性危害,类别2 危害水生环境-长期危害,类别2	H310 H330 H315 H319 H335 H373 H401 H411	GHS06 GHS08 GHS09	危险	预防措施：P262、P264、P270、P280、P260、P271、P284、P261、P273 事故响应：P302＋P352、P310、P321、P361＋P364、P304＋P340、P320、P332＋P313、P362＋P364、P305＋P351＋P338、P337＋P313、P312、P314、P391 安全储存：P405、P233＋P403、P403＋P233 废弃处置：P501	皮肤接触会致命，吸入致命	剧毒

续表

序号	品名	别名	CAS号	UN号	危险性类别	危险性说明代码	象形图代码	警示词	防范说明代码	风险提示	备注
1924	砷		7440-38-2	1558	急性毒性-经口,类别3* 急性毒性-吸入,类别3* 致癌性,类别1A 危害水生环境-急性危害,类别1 危害水生环境-长期危害,类别1	H301 H331 H350 H400 H410	GHS06 GHS08 GHS09	危险	预防措施：P264、P270、P261、P271、P201、P202、P280、P273 事故响应：P301＋P310、P321、P330、P304＋P340、P311、P308＋P313、P391 安全储存：P405、P233＋P403 废弃处置：P501	吞咽会中毒，吸入会中毒，可能致癌	
1925	砷化汞		749262-24-6		急性毒性-经口,类别2* 急性毒性-经皮,类别1 急性毒性-吸入,类别2* 致癌性,类别1A 特异性靶器官毒性-反复接触,类别2* 危害水生环境-急性危害,类别1 危害水生环境-长期危害,类别1	H300 H310 H330 H350 H373 H400 H410	GHS06 GHS08 GHS09	危险	预防措施：P264、P270、P262、P280、P260、P271、P284、P201、P202、P273 事故响应：P301＋P310、P321、P330、P302＋P352、P361＋P364、P304＋P340、P320、P308＋P313、P314、P391 安全储存：P405、P233＋P403 废弃处置：P501	吞咽致命，皮肤接触会致命，吸入致命，可能致癌	
1926	砷化镓		1303-00-0		致癌性,类别1A 特异性靶器官毒性-反复接触,类别1	H350 H372	GHS08	危险	预防措施：P201、P202、P280、P260、P264、P270 事故响应：P308＋P313、P314 安全储存：P405 废弃处置：P501	可能致癌	
1927	砷化氢	砷化三氢；胂	7784-42-1	2188	易燃气体,类别1 加压气体 急性毒性-吸入,类别2* 致癌性,类别1A 特异性靶器官毒性-反复接触,类别2* 危害水生环境-急性危害,类别1 危害水生环境-长期危害,类别1	H220 H280或H281 H330 H350 H373 H400 H410	GHS02 GHS04 GHS06 GHS08 GHS09	危险	预防措施：P210、P260、P271、P284、P201、P202、P280、P273 事故响应：P377、P381、P304＋P340、P310、P320、P308＋P313、P314、P391 安全储存：P410＋P403、P233＋P403、P405 废弃处置：P501	极易燃气体，内装加压气体：遇热可能爆炸，吸入致命，可能致癌	剧毒，重大
1928	砷化锌		12006-40-5		急性毒性-经口,类别3* 急性毒性-吸入,类别3* 致癌性,类别1A 危害水生环境-急性危害,类别1 危害水生环境-长期危害,类别1	H301 H331 H350 H400 H410	GHS06 GHS08 GHS09	危险	预防措施：P264、P270、P261、P271、P201、P202、P280、P273 事故响应：P301＋P310、P321、P330、P304＋P340、P311、P308＋P313、P391 安全储存：P405、P233＋P403 废弃处置：P501	吞咽会中毒，吸入会中毒，可能致癌	

续表

序号	品名	别名	CAS号	UN号	危险性类别	危险性说明代码	象形图代码	警示词	防范说明代码	风险提示	备注
1929	砷酸		7778-39-4		急性毒性-经口,类别 3* 急性毒性-吸入,类别 3* 致癌性,类别 1A 危害水生环境-急性危害,类别 1 危害水生环境-长期危害,类别 1	H301 H331 H350 H400 H410	GHS06 GHS08 GHS09	危险	预防措施：P264、P270、P261、P271、P201、P202、P280、P273 事故响应：P301＋P310、P321、P330、P304＋P340、P311、P308＋P313、P391 安全储存：P405、P233＋P403 废弃处置：P501	吞咽会中毒，吸入会中毒，可能致癌	
1930	砷酸铵		24719-13-9		急性毒性-经口,类别 3* 急性毒性-吸入,类别 3* 致癌性,类别 1A 危害水生环境-急性危害,类别 1 危害水生环境-长期危害,类别 1	H301 H331 H350 H400 H410	GHS06 GHS08 GHS09	危险	预防措施：P264、P270、P261、P271、P201、P202、P280、P273 事故响应：P301＋P310、P321、P330、P304＋P340、P311、P308＋P313、P391 安全储存：P405、P233＋P403 废弃处置：P501	吞咽会中毒，吸入会中毒，可能致癌	
1931	砷酸钡		13477-04-8		急性毒性-经口,类别 3* 急性毒性-吸入,类别 3* 致癌性,类别 1A 危害水生环境-急性危害,类别 1 危害水生环境-长期危害,类别 1	H301 H331 H350 H400 H410	GHS06 GHS08 GHS09	危险	预防措施：P264、P270、P261、P271、P201、P202、P280、P273 事故响应：P301＋P310、P321、P330、P304＋P340、P311、P308＋P313、P391 安全储存：P405、P233＋P403 废弃处置：P501	吞咽会中毒，吸入会中毒，可能致癌	
1932	砷酸二氢钾		7784-41-0		急性毒性-经口,类别 2 严重眼损伤/眼刺激,类别 2B 致癌性,类别 1A 生殖毒性,类别 2 特异性靶器官毒性-一次接触,类别 1 特异性靶器官毒性-反复接触,类别 1 危害水生环境-急性危害,类别 1 危害水生环境-长期危害,类别 1	H300 H320 H350 H361 H370 H372 H400 H410	GHS06 GHS08 GHS09	危险	预防措施：P264、P270、P280、P201、P202、P260、P273 事故响应：P301＋P310、P321、P330、P305＋P351＋P338、P337＋P313、P308＋P313、P308＋P311、P314、P391 安全储存：P405 废弃处置：P501	吞咽致命，可能致癌	
1933	砷酸二氢钠		10103-60-3		急性毒性-经口,类别 2 严重眼损伤/眼刺激,类别 2B 致癌性,类别 1A 生殖毒性,类别 2 特异性靶器官毒性-一次接触,类别 1 特异性靶器官毒性-反复接触,类别 1 危害水生环境-急性危害,类别 1 危害水生环境-长期危害,类别 1	H300 H320 H350 H361 H370 H372 H400 H410	GHS06 GHS08 GHS09	危险	预防措施：P264、P270、P280、P201、P202、P260、P273 事故响应：P301＋P310、P321、P330、P305＋P351＋P338、P337＋P313、P308＋P313、P308＋P311、P314、P391 安全储存：P405 废弃处置：P501	吞咽致命，可能致癌	

续表

序号	品名	别名	CAS号	UN号	危险性类别	危险性说明代码	象形图代码	警示词	防范说明代码	风险提示	备注
1934	砷酸钙	砷酸三钙	7778-44-1	1573	急性毒性-经口,类别 3 严重眼损伤/眼刺激,类别 2 致癌性,类别 1A 生殖毒性,类别 2 特异性靶器官毒性-一次接触,类别 1 特异性靶器官毒性-反复接触,类别 1 危害水生环境-急性危害,类别 1 危害水生环境-长期危害,类别 1	H301 H319 H350 H361 H370 H372 H400 H410	GHS06 GHS08 GHS09	危险	预防措施：P264、P270、P280、P201、P202、P260、P273 事故响应：P301＋P310、P321、P330、P305＋P351＋P338、P337＋P313、P308＋P313、P308＋P311、P314、P391 安全储存：P405 废弃处置：P501	吞咽会中毒，可能致癌	
1935	砷酸汞	砷酸氢汞	7784-37-4	1623	急性毒性-经口,类别 2* 急性毒性-经皮,类别 1 急性毒性-吸入,类别 2* 致癌性,类别 1A 特异性靶器官毒性-反复接触,类别 2* 危害水生环境-急性危害,类别 1 危害水生环境-长期危害,类别 1	H300 H310 H330 H350 H373 H400 H410	GHS06 GHS08 GHS09	危险	预防措施：P264、P270、P262、P280、P260、P271、P284、P201、P202、P273 事故响应：P301＋P310、P321、P330、P302＋P352、P361＋P364、P304＋P340、P320、P308＋P313、P314、P391 安全储存：P405、P233＋P403 废弃处置：P501	吞咽致命，皮肤接触会致命，吸入致命，可能致癌	
1936	砷酸钾		7784-41-0		急性毒性-经口,类别 2 皮肤腐蚀/刺激,类别 2 严重眼损伤/眼刺激,类别 2 致癌性,类别 1A 生殖毒性,类别 2 特异性靶器官毒性-一次接触,类别 1 特异性靶器官毒性-反复接触,类别 1 危害水生环境-急性危害,类别 1 危害水生环境-长期危害,类别 1	H300 H315 H319 H350 H361 H370 H372 H400 H410	GHS06 GHS08 GHS09	危险	预防措施：P264、P270、P280、P201、P202、P260、P273 事故响应：P301＋P310、P321、P330、P302＋P352、P332＋P313、P362＋P364、P305＋P351＋P338、P337＋P313、P308＋P313、P308＋P311、P314、P391 安全储存：P405 废弃处置：P501	吞咽致命，可能致癌	
1937	砷酸镁		10103-50-1	1622	急性毒性-经口,类别 3* 急性毒性-吸入,类别 3* 致癌性,类别 1A 危害水生环境-急性危害,类别 1 危害水生环境-长期危害,类别 1	H301 H331 H350 H400 H410	GHS06 GHS08 GHS09	危险	预防措施：P264、P270、P261、P271、P201、P202、P280、P273 事故响应：P301＋P310、P321、P330、P304＋P340、P311、P308＋P313、P391 安全储存：P405、P233＋P403 废弃处置：P501	吞咽会中毒，吸入会中毒，可能致癌	

续表

序号	品名	别名	CAS号	UN号	危险性类别	危险性说明代码	象形图代码	警示词	防范说明代码	风险提示	备注
1938	砷酸钠	砷酸三钠	13464-38-5	1685	急性毒性-经口,类别3 严重眼损伤/眼刺激,类别2 致癌性,类别1A 生殖毒性,类别2 特异性靶器官毒性-一次接触,类别1 特异性靶器官毒性-反复接触,类别1 危害水生环境-急性危害,类别1 危害水生环境-长期危害,类别1	H301 H319 H350 H361 H370 H372 H400 H410	GHS06 GHS08 GHS09	危险	预防措施：P264、P270、P280、P201、P202、P260、P273 事故响应：P301＋P310、P321、P330、P305＋P351＋P338、P337＋P313、P308＋P313、P308＋P311、P314、P391 安全储存：P405 废弃处置：P501	吞咽会中毒，可能致癌	
1939	砷酸铅		7645-25-2	1617	急性毒性-经口,类别3* 急性毒性-吸入,类别3* 致癌性,类别1A 生殖毒性,类别1A 特异性靶器官毒性-反复接触,类别2* 危害水生环境-急性危害,类别1 危害水生环境-长期危害,类别1	H301 H331 H350 H360 H373 H400 H410	GHS06 GHS08 GHS09	危险	预防措施：P264、P270、P261、P271、P201、P202、P280、P260、P273 事故响应：P301＋P310、P321、P330、P304＋P340、P311、P308＋P313、P314、P391 安全储存：P405、P233＋P403 废弃处置：P501	吞咽会中毒，吸入会中毒，可能致癌	
1940	砷酸氢二铵		7784-44-3		急性毒性-经口,类别3* 急性毒性-吸入,类别3* 致癌性,类别1A 危害水生环境-急性危害,类别1 危害水生环境-长期危害,类别1	H301 H331 H350 H400 H410	GHS06 GHS08 GHS09	危险	预防措施：P264、P270、P261、P271、P201、P202、P280、P273 事故响应：P301＋P310、P321、P330、P304＋P340、P311、P308＋P313、P391 安全储存：P405、P233＋P403 废弃处置：P501	吞咽会中毒，吸入会中毒，可能致癌	
1941	砷酸氢二钠		7778-43-0		急性毒性-经口,类别3* 急性毒性-吸入,类别3* 皮肤腐蚀/刺激,类别2 严重眼损伤/眼刺激,类别2 致癌性,类别1A 生殖毒性,类别2 特异性靶器官毒性-一次接触,类别1 特异性靶器官毒性-反复接触,类别1 危害水生环境-急性危害,类别1 危害水生环境-长期危害,类别1	H301 H331 H315 H319 H350 H361 H370 H372 H400 H410	GHS06 GHS08 GHS09	危险	预防措施：P264、P270、P261、P271、P280、P201、P202、P260、P273 事故响应：P301＋P310、P321、P330、P304＋P340、P302＋P352、P332＋P313、P362＋P364、P305＋P351＋P338、P337＋P313、P308＋P313、P308＋P311、P314、P391 安全储存：P405、P233＋P403 废弃处置：P501	吞咽会中毒，吸入会中毒，可能致癌	

续表

序号	品名	别名	CAS号	UN号	危险性类别	危险性说明代码	象形图代码	警示词	防范说明代码	风险提示	备注
1942	砷酸锑		28980-47-4	1546	急性毒性-经口,类别3* 急性毒性-吸入,类别3* 致癌性,类别1A 危害水生环境-急性危害,类别1 危害水生环境-长期危害,类别1	H301 H331 H350 H400 H410	GHS06 GHS08 GHS09	危险	预防措施：P264、P270、P261、P271、P201、P202、P280、P273 事故响应：P301＋P310、P321、P330、P304＋P340、P311、P308＋P313、P391 安全储存：P405、P233＋P403 废弃处置：P501	吞咽会中毒，吸入会中毒，可能致癌	
1943	砷酸铁		10102-49-5	1606	急性毒性-经口,类别3* 急性毒性-吸入,类别3* 严重眼损伤/眼刺激,类别2 致癌性,类别1A 生殖毒性,类别2 特异性靶器官毒性-一次接触,类别1 特异性靶器官毒性-反复接触,类别1 危害水生环境-急性危害,类别1 危害水生环境-长期危害,类别1	H301 H331 H319 H350 H361 H370 H372 H400 H410	GHS06 GHS08 GHS09	危险	预防措施：P264、P270、P261、P271、P280、P201、P202、P260、P273 事故响应：P301＋P310、P321、P330、P304＋P340、P305＋P351＋P338、P337＋P313、P308＋P313、P308＋P311、P314、P391 安全储存：P405、P233＋P403 废弃处置：P501	吞咽会中毒，吸入会中毒，可能致癌	
1944	砷酸铜		10103-61-4		急性毒性-经口,类别3* 急性毒性-吸入,类别3* 严重眼损伤/眼刺激,类别2 致癌性,类别1A 生殖毒性,类别2 特异性靶器官毒性-一次接触,类别1 特异性靶器官毒性-反复接触,类别1 危害水生环境-急性危害,类别1 危害水生环境-长期危害,类别1	H301 H331 H319 H350 H361 H370 H372 H400 H410	GHS06 GHS08 GHS09	危险	预防措施：P264、P270、P261、P271、P280、P201、P202、P260、P273 事故响应：P301＋P310、P321、P330、P304＋P340、P305＋P351＋P338、P337＋P313、P308＋P313、P308＋P311、P314、P391 安全储存：P405、P233＋P403 废弃处置：P501	吞咽会中毒，吸入会中毒，可能致癌	
1945	砷酸锌		1303-39-5	1712	急性毒性-经口,类别3* 急性毒性-吸入,类别3* 严重眼损伤/眼刺激,类别2 致癌性,类别1A 生殖毒性,类别2 特异性靶器官毒性-一次接触,类别1 特异性靶器官毒性-反复接触,类别1 危害水生环境-急性危害,类别1 危害水生环境-长期危害,类别1	H301 H331 H319 H350 H361 H370 H372 H400 H410	GHS06 GHS08 GHS09	危险	预防措施：P264、P270、P261、P271、P280、P201、P202、P260、P273 事故响应：P301＋P310、P321、P330、P304＋P340、P305＋P351＋P338、P337＋P313、P308＋P313、P308＋P311、P314、P391 安全储存：P405、P233＋P403 废弃处置：P501	吞咽会中毒，吸入会中毒，可能致癌	

续表

序号	品名	别名	CAS号	UN号	危险性类别	危险性说明代码	象形图代码	警示词	防范说明代码	风险提示	备注
1946	砷酸亚铁		10102-50-8	1608	急性毒性-经口,类别3* 急性毒性-吸入,类别3* 致癌性,类别1A 危害水生环境-急性危害,类别1 危害水生环境-长期危害,类别1	H301 H331 H350 H400 H410	GHS06 GHS08 GHS09	危险	预防措施：P264、P270、P261、P271、P201、P202、P280、P273 事故响应：P301＋P310、P321、P330、P304＋P340、P311、P308＋P313、P391 安全储存：P405、P233＋P403 废弃处置：P501	吞咽会中毒，吸入会中毒，可能致癌	
1947	砷酸银		13510-44-6		急性毒性-经口,类别3* 急性毒性-吸入,类别3* 致癌性,类别1A 危害水生环境-急性危害,类别1 危害水生环境-长期危害,类别1	H301 H331 H350 H400 H410	GHS06 GHS08 GHS09	危险	预防措施：P264、P270、P261、P271、P201、P202、P280、P273 事故响应：P301＋P310、P321、P330、P304＋P340、P311、P308＋P313、P391 安全储存：P405、P233＋P403 废弃处置：P501	吞咽会中毒，吸入会中毒，可能致癌	
1948	生漆	大漆			严重眼损伤/眼刺激,类别2B 皮肤致敏物,类别1 特异性靶器官毒性-一次接触,类别3(呼吸道刺激)	H320 H317 H335	GHS07	警告	预防措施：P264、P261、P272、P280、P271 事故响应：P305＋P351＋P338、P337＋P313、P302＋P352、P321、P333＋P313、P362＋P364、P304＋P340、P312 安全储存：P403＋P233、P405 废弃处置：P501	可能引起皮肤过敏	
1949	生松香	焦油松香;松脂			易燃固体,类别2	H228	GHS02	警告	预防措施：P210、P240、P241、P280 事故响应：P370＋P378 安全储存： 废弃处置：	易燃固体	
1950	十八烷基三氯硅烷		112-04-9	1800	皮肤腐蚀/刺激,类别1 严重眼损伤/眼刺激,类别1	H314 H318	GHS05	危险	预防措施：P260、P264、P280 事故响应：P301＋P330＋P331、P303＋P361＋P353、P304＋P340、P305＋P351＋P338、P310、P321、P363 安全储存：P405 废弃处置：P501	可引起皮肤腐蚀	
1951	十八烷基乙酰胺	十八烷醋酸酰胺			易燃固体,类别2	H228	GHS02	警告	预防措施：P210、P240、P241、P280 事故响应：P370＋P378 安全储存： 废弃处置：	易燃固体	
1952	十八烷酰氯	硬脂酰氯	112-76-5		皮肤腐蚀/刺激,类别2 皮肤致敏物,类别1	H315 H317	GHS07	警告	预防措施：P264、P280、P261、P272 事故响应：P302＋P352、P321、P332＋P313、P362＋P364、P333＋P313 安全储存： 废弃处置：P501	可能引起皮肤过敏	

续表

序号	品名	别名	CAS号	UN号	危险性类别	危险性说明代码	象形图代码	警示词	防范说明代码	风险提示	备注
1953	十二烷基硫醇	月桂硫醇；十二硫醇	112-55-0		皮肤腐蚀/刺激，类别1C 严重眼损伤/眼刺激，类别1 危害水生环境-急性危害，类别1 危害水生环境-长期危害，类别1	H314 H318 H400 H410	GHS05 GHS09	危险	预防措施：P260、P264、P280、P273 事故响应：P301＋P330＋P331、P303＋P361＋P353、P304＋P340、P305＋P351＋P338、P310、P321、P363、P391 安全储存：P405 废弃处置：P501	可引起皮肤腐蚀	
1954	十二烷基三氯硅烷		4484-72-4	1771	皮肤腐蚀/刺激，类别1 严重眼损伤/眼刺激，类别1	H314 H318	GHS05	危险	预防措施：P260、P264、P280 事故响应：P301＋P330＋P331、P303＋P361＋P353、P304＋P340、P305＋P351＋P338、P310、P321、P363 安全储存：P405 废弃处置：P501	可引起皮肤腐蚀	
1955	十二烷酰氯	月桂酰氯	112-16-3		皮肤腐蚀/刺激，类别1B 严重眼损伤/眼刺激，类别1	H314 H318	GHS05	危险	预防措施：P260、P264、P280 事故响应：P301＋P330＋P331、P303＋P361＋P353、P304＋P340、P305＋P351＋P338、P310、P321、P363 安全储存：P405 废弃处置：P501	可引起皮肤腐蚀	
1956	十六烷基三氯硅烷		5894-60-0	1781	皮肤腐蚀/刺激，类别1 严重眼损伤/眼刺激，类别1	H314 H318	GHS05	危险	预防措施：P260、P264、P280 事故响应：P301＋P330＋P331、P303＋P361＋P353、P304＋P340、P305＋P351＋P338、P310、P321、P363 安全储存：P405 废弃处置：P501	可引起皮肤腐蚀	
1957	十六烷酰氯	棕榈酰氯	112-67-4		皮肤腐蚀/刺激，类别2 皮肤致敏物，类别1	H315 H317	GHS07	警告	预防措施：P264、P280、P261、P272 事故响应：P302＋P352、P321、P332＋P313、P362＋P364、P333＋P313 安全储存： 废弃处置：P501	可能引起皮肤过敏	
1958	十氯酮	十氯代八氢-亚甲基-环丁异[cd]戊搭烯-2-酮；开蓬	143-50-0		急性毒性-经口，类别3* 急性毒性-经皮，类别3* 致癌性，类别2 危害水生环境-急性危害，类别1 危害水生环境-长期危害，类别1	H301 H311 H351 H400 H410	GHS06 GHS08 GHS09	危险	预防措施：P264、P270、P280、P201、P202、P273 事故响应：P301＋P310、P321、P330、P302＋P352、P312、P361＋P364、P308＋P313、P391 安全储存：P405 废弃处置：P501	吞咽会中毒，皮肤接触会中毒	

续表

序号	品名	别名	CAS号	UN号	危险性类别	危险性说明代码	象形图代码	警示词	防范说明代码	风险提示	备注
1959	1,1,2,2,3,3,4,4,5,5,6,6,7,7,8,8,8-十七氟-1-辛烷磺酸		45298-90-6		生殖毒性,类别1B 生殖毒性,附加类别 特异性靶器官毒性-反复接触,类别1 危害水生环境-急性危害,类别2 危害水生环境-长期危害,类别2	H360 H362 H372 H401 H411	GHS08 GHS09	危险	预防措施：P201、P202、P280、P260、P263、P264、P270、P273 事故响应：P308+P313、P314、P391 安全储存：P405 废弃处置：P501		
1960	十氢化萘	萘烷	91-17-8	1147	易燃液体,类别3 急性毒性-吸入,类别3 皮肤腐蚀/刺激,类别1C 严重眼损伤/眼刺激,类别1 吸入危害,类别1 危害水生环境-急性危害,类别2 危害水生环境-长期危害,类别2	H226 H331 H314 H318 H304 H401 H411	GHS02 GHS05 GHS06 GHS08 GHS09	危险	预防措施：P210、P233、P240、P241、P242、P243、P280、P261、P271、P260、P264、P273 事故响应：P303+P361+P353、P370+P378、P304+P340、P311、P321、P301+P330+P331、P305+P351+P338、P363、P301+P310、P391 安全储存：P403+P235、P233+P403、P405 废弃处置：P501	易燃液体，吸入会中毒，可引起皮肤腐蚀，禁止催吐	
1961	十四烷酰氯	肉豆蔻酰氯	112-64-1		皮肤腐蚀/刺激,类别1 严重眼损伤/眼刺激,类别1	H314 H318	GHS05	危险	预防措施：P260、P264、P280 事故响应：P301+P330+P331、P303+P361+P353、P304+P340、P305+P351+P338、P310、P321、P363 安全储存：P405 废弃处置：P501	可引起皮肤腐蚀	
1962	十溴联苯		13654-09-6		严重眼损伤/眼刺激,类别2B 致癌性,类别1B	H320 H350	GHS08	危险	预防措施：P264、P201、P202、P280 事故响应：P305+P351+P338、P337+P313、P308+P313 安全储存：P405 废弃处置：P501	可能致癌	
1963	石棉[含：阳起石石棉、铁石棉、透闪石石棉、直闪石石棉、青石棉]		1332-21-4	2590	生殖细胞致突变性,类别2 致癌性,类别1A 特异性靶器官毒性-反复接触,类别1	H341 H350 H372	GHS08	危险	预防措施：P201、P202、P280、P260、P264、P270 事故响应：P308+P313、P314 安全储存：P405 废弃处置：P501	可能致癌	
1964	石脑油		8030-30-6		易燃液体,类别2* 生殖细胞致突变性,类别1B 吸入危害,类别1 危害水生环境-急性危害,类别2 危害水生环境-长期危害,类别2	H225 H340 H304 H401 H411	GHS02 GHS08 GHS09	危险	预防措施：P210、P233、P240、P241、P242、P243、P280、P201、P202、P273 事故响应：P303+P361+P353、P370+P378、P308+P313、P301+P310、P331、P391 安全储存：P403+P235、P405 废弃处置：P501	高度易燃液体，禁止催吐	重点

续表

序号	品名	别名	CAS号	UN号	危险性类别	危险性说明代码	象形图代码	警示词	防范说明代码	风险提示	备注
1965	石油醚	石油精	8032-32-4		易燃液体,类别2* 生殖细胞致突变性,类别1B 吸入危害,类别1 危害水生环境-急性危害,类别2 危害水生环境-长期危害,类别2	H225 H340 H304 H401 H411	GHS02 GHS08 GHS09	危险	预防措施：P210、P233、P240、P241、P242、P243、P280、P201、P202、P273 事故响应：P303＋P361＋P353、P370＋P378、P308＋P313、P301＋P310、P331、P391 安全储存：P403＋P235、P405 废弃处置：P501	高度易燃液体，禁止催吐	
1966	石油气	原油气		1071	易燃气体,类别1 加压气体	H220 H280或 H281	GHS02 GHS04	危险	预防措施：P210 事故响应：P377、P381 安全储存：P410＋P403 废弃处置：	极易燃气体，内装加压气体：遇热可能爆炸	
1967	石油原油	原油	8002-05-9	1267	(1)闪点＜23℃和初沸点≤35℃： 易燃液体,类别1 (2)闪点＜23℃和初沸点＞35℃： 易燃液体,类别2 (3)23℃≤闪点≤60℃： 易燃液体,类别3	(1) H224 (2) H225 (3) H226	GHS02	(1) 危险 (2) 危险 (3) 警告	预防措施：P210、P233、P240、P241、P242、P243、P280 事故响应：P303＋P361＋P353、P370＋P378 安全储存：P403＋P235 废弃处置：P501	(1)极易燃液体 (2)高度易燃液体 (3)易燃液体	重点
1968	钟[粉、屑]		7440-45-1	3078	易燃固体,类别1 遇水放出易燃气体的物质和混合物,类别2 特异性靶器官毒性-一次接触,类别1 危害水生环境-急性危害,类别1 危害水生环境-长期危害,类别1	H228 H261 H370 H400 H410	GHS02 GHS08 GHS09	危险	预防措施：P210、P240、P241、P280、P223、P231＋P232、P260、P264、P270、P273 事故响应：P370＋P378、P335＋P334、P308＋P311、P321、P391 安全储存：P402＋P404、P405 废弃处置：P501	易燃固体，遇水放出易燃气体	
	金属钟[浸在煤油中的]				易燃液体,类别3 遇水放出易燃气体的物质和混合物,类别2 特异性靶器官毒性-一次接触,类别1 危害水生环境-急性危害,类别1 危害水生环境-长期危害,类别1	H226 H261 H370 H400 H410	GHS02 GHS08 GHS09	危险	预防措施：P210、P233、P240、P241、P242、P243、P280、P223、P231＋P232、P260、P264、P270、P273 事故响应：P303＋P361＋P353、P370＋P378、P335＋P334、P308＋P311、P321、P391 安全储存：P403＋P235、P402＋P404、P405 废弃处置：P501	易燃液体，遇水放出易燃气体	
1969	钟镁合金粉				遇水放出易燃气体的物质和混合物,类别2	H261	GHS02	危险	预防措施：P223、P231＋P232、P280 事故响应：P335＋P334、P370＋P378 安全储存：P402＋P404 废弃处置：P501	遇水放出易燃气体	

续表

序号	品名	别名	CAS号	UN号	危险性类别	危险性说明代码	象形图代码	警示词	防范说明代码	风险提示	备注
1970	叔丁胺	2-氨基-2-甲基丙烷;特丁胺	75-64-9		易燃液体,类别2 急性毒性-经口,类别3 急性毒性-吸入,类别3 皮肤腐蚀/刺激,类别1 严重眼损伤/眼刺激,类别1 危害水生环境-长期危害,类别3	H225 H301 H331 H314 H318 H412	GHS02 GHS05 GHS06	危险	预防措施:P210、P233、P240、P241、P242、P243、P280、P264、P270、P261、P271、P260、P273 事故响应:P303＋P361＋P353、P370＋P378、P301＋P310、P321、P304＋P340、P311、P301＋P330＋P331、P305＋P351＋P338、P363 安全储存:P403＋P235、P405、P233＋P403 废弃处置:P501	高度易燃液体,吞咽会中毒,吸入会中毒,可引起皮肤腐蚀	
1971	5-叔丁基-2,4,6-三硝基间二甲苯	二甲苯麝香;1-(1,1-二甲基乙基)-3,5-二甲基-2,4,6-三硝基苯	81-15-2	2956	易燃固体,类别2 危害水生环境-急性危害,类别1 危害水生环境-长期危害,类别1	H228 H400 H410	GHS02 GHS09	警告	预防措施:P210、P240、P241、P280、P273 事故响应:P370＋P378、P391 安全储存: 废弃处置:P501	易燃固体	
1972	叔丁基苯	叔丁苯	98-06-6		易燃液体,类别3 急性毒性-吸入,类别3 皮肤腐蚀/刺激,类别2 特异性靶器官毒性-一次接触,类别2 危害水生环境-长期危害,类别3	H226 H331 H315 H371 H412	GHS02 GHS06 GHS08	危险	预防措施:P210、P233、P240、P241、P242、P243、P280、P261、P271、P264、P260、P270、P273 事故响应:P303＋P361＋P353、P370＋P378、P304＋P340、P321、P302＋P352、P332＋P313、P362＋P364、P308＋P311 安全储存:P403＋P235、P233＋P403、P405 废弃处置:P501	易燃液体,吸入会中毒	
1973	2-叔丁基苯酚	邻叔丁基苯酚	88-18-6		皮肤腐蚀/刺激,类别1 严重眼损伤/眼刺激,类别1 特异性靶器官毒性-一次接触,类别2 危害水生环境-急性危害,类别2 危害水生环境-长期危害,类别2	H314 H318 H371 H401 H411	GHS05 GHS08 GHS09	危险	预防措施:P260、P264、P280、P270、P273 事故响应:P301＋P330＋P331、P303＋P361＋P353、P304＋P340、P305＋P351＋P338、P310、P321、P363、P308＋P311、P391 安全储存:P405 废弃处置:P501	可引起皮肤腐蚀	
1974	4-叔丁基苯酚	对叔丁基苯酚;对特丁基苯酚;4-羟基-1-叔丁基苯	98-54-4		皮肤腐蚀/刺激,类别2 严重眼损伤/眼刺激,类别1 生殖毒性,类别2 危害水生环境-急性危害,类别2 危害水生环境-长期危害,类别3	H315 H318 H361 H401 H412	GHS05 GHS08	危险	预防措施:P264、P280、P201、P202、P273 事故响应:P302＋P352、P321、P332＋P313、P362＋P364、P305＋P351＋P338、P310、P308＋P313 安全储存:P405 废弃处置:P501	造成严重眼损伤	
1975	叔丁基过氧-2-甲基苯甲酸酯[含量≤100%]		22313-62-8	3103	有机过氧化物,C型	H242	GHS02	危险	预防措施:P210、P220、P234、P280 事故响应: 安全储存:P235＋P411、P410、P420 废弃处置:P501	加热可引起燃烧	

续表

序号	品名	别名	CAS号	UN号	危险性类别	危险性说明代码	象形图代码	警示词	防范说明代码	风险提示	备注
1976	叔丁基过氧-2-乙基己酸酯[52%<含量≤100%]	过氧化-2-乙基己酸叔丁酯	3006-82-4	3113	有机过氧化物,C型	H242	GHS02	危险	预防措施:P210、P220、P234、P280 事故响应: 安全储存:P235+P411、P410、P420 废弃处置:P501	加热可引起燃烧	
	叔丁基过氧-2-乙基己酸酯[32%<含量≤52%,含B型稀释剂[②]≥48%]			3117	有机过氧化物,E型	H242	GHS02	警告	预防措施:P210、P220、P234、P280 事故响应: 安全储存:P235、P410、P411、P420 废弃处置:P501	加热可引起燃烧	
	叔丁基过氧-2-乙基己酸酯[含量≤32%,含B型稀释剂[②]≥68%]			3119	有机过氧化物,F型	H242	GHS02	警告	预防措施:P210、P220、P234、P280 事故响应: 安全储存:P235、P410、P411、P420 废弃处置:P501	加热可引起燃烧	
	叔丁基过氧-2-乙基己酸酯[含量≤52%,惰性固体含量≥48%]			3118	有机过氧化物,E型	H242	GHS02	警告	预防措施:P210、P220、P234、P280 事故响应: 安全储存:P235、P410、P411、P420 废弃处置:P501	加热可引起燃烧	
1977	叔丁基过氧-2-乙基己酸酯和2,2-二-(叔丁基过氧)丁烷的混合物[叔丁基过氧-2-乙基己酸酯≤12%,2,2-二-(叔丁基过氧)丁烷的混合物≤14%,含A型稀释剂[①]≥14%,含惰性固体≥60%]			3106	有机过氧化物,D型	H242	GHS02	危险	预防措施:P210、P220、P234、P280 事故响应: 安全储存:P235+P411、P410、P420 废弃处置:P501	加热可引起燃烧	

续表

序号	品名	别名	CAS号	UN号	危险性类别	危险性说明代码	象形图代码	警示词	防范说明代码	风险提示	备注
1977	叔丁基过氧-2-乙基己酸酯和2,2-二-(叔丁基过氧)丁烷的混合物[叔丁基过氧-2-乙基己酸酯≤31%,2,2-二-(叔丁基过氧)丁烷≤36%,含B型稀释剂②≥33%]			3115	有机过氧化物,D型	H242	GHS02	危险	预防措施:P210、P220、P234、P280 事故响应: 安全储存:P235+P411、P410、P420 废弃处置:P501	加热可引起燃烧	
1978	叔丁基过氧-2-乙基己碳酸酯[含量≤100%]		34443-12-4	3105	有机过氧化物,D型	H242	GHS02	危险	预防措施:P210、P220、P234、P280 事故响应: 安全储存:P235+P411、P410、P420 废弃处置:P501	加热可引起燃烧	
1979	叔丁基过氧丁基延胡索酸酯[含量≤52%,含A型稀释剂①≥48%]			3105	有机过氧化物,D型	H242	GHS02	危险	预防措施:P210、P220、P234、P280 事故响应: 安全储存:P235+P411、P410、P420 废弃处置:P501	加热可引起燃烧	
1980	叔丁基过氧二乙基乙酸酯[含量≤100%]	过氧化二乙基乙酸叔丁酯;过氧化叔丁基二乙基乙酸酯		3113	有机过氧化物,C型	H242	GHS02	危险	预防措施:P210、P220、P234、P280 事故响应: 安全储存:P235+P411、P410、P420 废弃处置:P501	加热可引起燃烧	
	叔丁基过氧新癸酸酯[77%<含量≤100%]			3115	有机过氧化物,D型	H242	GHS02	危险	预防措施:P210、P220、P234、P280 事故响应: 安全储存:P235+P411、P410、P420 废弃处置:P501	加热可引起燃烧	
1981	叔丁基过氧新癸酸酯[含量≤32%,含A型稀释剂①≥68%]	过氧化新癸酸叔丁酯	26748-41-4	3119	有机过氧化物,F型	H242	GHS02	警告	预防措施:P210、P220、P234、P280 事故响应: 安全储存:P235、P410、P411、P420 废弃处置:P501	加热可引起燃烧	
	叔丁基过氧新癸酸酯[含量≤42%,在水(冷冻)中稳定弥散]			3118	有机过氧化物,E型	H242	GHS02	警告	预防措施:P210、P220、P234、P280 事故响应: 安全储存:P235、P410、P411、P420 废弃处置:P501	加热可引起燃烧	

续表

序号	品名	别名	CAS号	UN号	危险性类别	危险性说明代码	象形图代码	警示词	防范说明代码	风险提示	备注
1981	叔丁基过氧新癸酸酯[含量≤52%,在水中稳定弥散]	过氧化新癸酸叔丁酯	26748-41-4	3119	有机过氧化物,F型	H242	GHS02	警告	预防措施:P210、P220、P234、P280 事故响应: 安全储存:P235、P410、P411、P420 废弃处置:P501		
	叔丁基过氧新癸酸酯[含量≤77%]			3115	有机过氧化物,D型	H242	GHS02	危险	预防措施:P210、P220、P234、P280 事故响应: 安全储存:P235+P411、P410、P420 废弃处置:P501	加热可引起燃烧	
1982	叔丁基过氧新戊酸酯[27%<含量≤67%,含B型稀释剂②≥33%]		927-07-1	3115	有机过氧化物,D型	H242	GHS02	危险	预防措施:P210、P220、P234、P280 事故响应: 安全储存:P235+P411、P410、P420 废弃处置:P501	加热可引起燃烧	
	叔丁基过氧新戊酸酯[67%<含量≤77%,含A型稀释剂①≥23%]			3113	有机过氧化物,C型	H242	GHS02	危险	预防措施:P210、P220、P234、P280 事故响应: 安全储存:P235+P411、P410、P420 废弃处置:P501	加热可引起燃烧	
	叔丁基过氧新戊酸酯[含量≤27%,含B型稀释剂②≥73%]			3119	有机过氧化物,F型	H242	GHS02	警告	预防措施:P210、P220、P234、P280 事故响应: 安全储存:P235、P410、P411、P420 废弃处置:P501	加热可引起燃烧	
1983	1-(2-叔丁基过氧异丙基)-3-异丙烯基苯[含量≤42%,惰性固体含量≥58%]		96319-55-0	3108	有机过氧化物,E型	H242	GHS02	警告	预防措施:P210、P220、P234、P280 事故响应: 安全储存:P235、P410、P411、P420 废弃处置:P501	加热可引起燃烧	
	1-(2-叔丁基过氧异丙基)-3-异丙烯基苯[含量≤77%,含A型稀释剂①≥23%]			3105	有机过氧化物,D型	H242	GHS02	危险	预防措施:P210、P220、P234、P280 事故响应: 安全储存:P235+P411、P410、P420 废弃处置:P501	加热可引起燃烧	

续表

序号	品名	别名	CAS号	UN号	危险性类别	危险性说明代码	象形图代码	警示词	防范说明代码	风险提示	备注
1984	叔丁基过氧异丁酸酯[52%<含量≤77%，含B型稀释剂②≥23%]	过氧化异丁酸叔丁酯	109-13-7	3111	有机过氧化物，B型	H241	GHS01 GHS02	危险	预防措施：P210、P220、P234、P280 事故响应： 安全储存：P235+P411、P410、P420 废弃处置：P501	加热可引起燃烧或爆炸	
	叔丁基过氧异丁酸酯[含量≤52%，含B型稀释剂②≥48%]			3115	有机过氧化物，D型	H242	GHS02	危险	预防措施：P210、P220、P234、P280 事故响应： 安全储存：P235+P411、P410、P420 废弃处置：P501	加热可引起燃烧	
1985	叔丁基过氧硬酯酰碳酸酯[含量≤100%]			3106	有机过氧化物，D型	H242	GHS02	危险	预防措施：P210、P220、P234、P280 事故响应： 安全储存：P235+P411、P410、P420 废弃处置：P501	加热可引起燃烧	
1986	叔丁基环己烷	环己基叔丁烷；特丁基环己烷	3178-22-1		易燃液体，类别3	H226	GHS02	警告	预防措施：P210、P233、P240、P241、P242、P243、P280 事故响应：P303+P361+P353、P370+P378 安全储存：P403+P235 废弃处置：P501	易燃液体	
1987	叔丁基硫醇	叔丁硫醇	75-66-1		易燃液体，类别2 严重眼损伤/眼刺激，类别2B 皮肤致敏物，类别1 特异性靶器官毒性-一次接触，类别3(麻醉效应) 危害水生环境-急性危害，类别2 危害水生环境-长期危害，类别2	H225 H320 H317 H336 H401 H411	GHS02 GHS07 GHS09	危险	预防措施：P210、P233、P240、P241、P242、P243、P280、P264、P261、P272、P271、P273 事故响应：P303+P361+P353、P370+P378、P305+P351+P338、P337+P313、P302+P352、P321、P333+P313、P362+P364、P304+P340、P312、P391 安全储存：P403+P235、P403+P233、P405 废弃处置：P501	高度易燃液体，可能引起皮肤过敏	
1988	叔戊基过氧-2-乙基己酸酯[含量≤100%]	过氧化-2-乙基己酸叔戊酯	686-31-7	3115	有机过氧化物，D型	H242	GHS02	危险	预防措施：P210、P220、P234、P280 事故响应： 安全储存：P235+P411、P410、P420 废弃处置：P501	加热可引起燃烧	
1989	叔戊基过氧化氢[含量≤88%，含A型稀释剂①≥6%，含水≥6%]		3425-61-4	3107	有机过氧化物，E型 危害水生环境-急性危害，类别2 危害水生环境-长期危害，类别2	H242 H401 H411	GHS02 GHS09	警告	预防措施：P210、P220、P234、P280、P273 事故响应：P391 安全储存：P235、P410、P411、P420 废弃处置：P501	加热可引起燃烧	

续表

序号	品名	别名	CAS号	UN号	危险性类别	危险性说明代码	象形图代码	警示词	防范说明代码	风险提示	备注
1990	叔戊基过氧戊酸酯[含量≤77%,含B型稀释剂②≥23%]	过氧化叔戊基新戊酸酯	29240-17-3	3113	有机过氧化物,C型	H242	GHS02	危险	预防措施:P210、P220、P234、P280 事故响应: 安全储存:P235+P411、P410、P420 废弃处置:P501	加热可引起燃烧	
1991	叔戊基过氧新癸酸酯[含量≤77%,含B型稀释剂②≥23%]	过氧化叔戊基新癸酸酯	68299-16-1	3115	有机过氧化物,D型	H242	GHS02	危险	预防措施:P210、P220、P234、P280 事故响应: 安全储存:P235+P411、P410、P420 废弃处置:P501	加热可引起燃烧	
1992	叔辛胺		107-45-9		易燃液体,类别2 皮肤腐蚀/刺激,类别1C 严重眼损伤/眼刺激,类别1 危害水生环境-长期危害,类别3	H225 H314 H318 H412	GHS02 GHS05	危险	预防措施:P210、P233、P240、P241、P242、P243、P280、P260、P264、P273 事故响应:P303+P361+P353、P370+P378、P301+P330+P331、P304+P340、P305+P351+P338、P310、P321、P363 安全储存:P403+P235、P405 废弃处置:P501	高度易燃液体,可引起皮肤腐蚀	
1993	树脂酸钙		9007-13-0	1313 1314 (熔凝)	易燃固体,类别2	H228	GHS02	警告	预防措施:P210、P240、P241、P280 事故响应:P370+P378 安全储存: 废弃处置:	易燃固体	
1994	树脂酸钴		68956-82-1	1318	易燃固体,类别2	H228	GHS02	警告	预防措施:P210、P240、P241、P280 事故响应:P370+P378 安全储存: 废弃处置:	易燃固体	
1995	树脂酸铝		61789-65-9	2715	易燃固体,类别2	H228	GHS02	警告	预防措施:P210、P240、P241、P280 事故响应:P370+P378 安全储存: 废弃处置:	易燃固体	
1996	树脂酸锰		9008-34-8	1330	易燃固体,类别2	H228	GHS02	警告	预防措施:P210、P240、P241、P280 事故响应:P370+P378 安全储存: 废弃处置:	易燃固体	
1997	树脂酸锌		9010-69-9	2714	易燃固体,类别2	H228	GHS02	警告	预防措施:P210、P240、P241、P280 事故响应:P370+P378 安全储存: 废弃处置:	易燃固体	

续表

序号	品名	别名	CAS号	UN号	危险性类别	危险性说明代码	象形图代码	警示词	防范说明代码	风险提示	备注
1998	双(1-甲基乙基)氟磷酸酯	二异丙基氟磷酸酯;丙氟磷	55-91-4		急性毒性-经口,类别1 急性毒性-吸入,类别2	H300 H330	GHS06	危险	预防措施:P264、P270、P260、P271、P284 事故响应:P301+P310、P321、P330、P304+P340、P320 安全储存:P405、P233+P403 废弃处置:P501	吞咽致命,吸入致命	剧毒
1999	双(2-氯乙基)甲胺	氮芥;双(氯乙基)甲胺	51-75-2		急性毒性-经口,类别2 急性毒性-经皮,类别1 急性毒性-吸入,类别1 皮肤腐蚀/刺激,类别1 严重眼损伤/眼刺激,类别1 生殖细胞致突变性,类别1B 致癌性,类别1B 特异性靶器官毒性-一次接触,类别2	H300 H310 H330 H314 H318 H340 H350 H371	GHS05 GHS06 GHS08	危险	预防措施:P264、P270、P262、P280、P260、P271、P284、P201、P202 事故响应:P301+P310、P321、P302+P352、P361+P364、P304+P340、P320、P301+P330+P331、P303+P361+P353、P305+P351+P338、P363、P308+P313、P308+P311 安全储存:P405、P233+P403 废弃处置:P501	吞咽致命,皮肤接触会致命,吸入致命,可引起皮肤腐蚀,可能致癌	剧毒
2000	5-[双(2-氯乙基)氨基]-2,4-(1*H*,3*H*)嘧啶二酮	尿嘧啶芳芥;嘧啶苯芥	66-75-1		急性毒性-经口,类别1	H300	GHS06	危险	预防措施:P264、P270 事故响应:P301+P310、P321、P330 安全储存:P405 废弃处置:P501	吞咽致命	剧毒
2001	2,2-双-[4,4-二(叔丁基过氧化)环己基]丙烷[含量≤42%,惰性固体含量≥58%]			3106	有机过氧化物,D型	H242	GHS02	危险	预防措施:P210、P220、P234、P280 事故响应: 安全储存:P235+P411、P410、P420 废弃处置:P501	加热可引起燃烧	
	2,2-双-[4,4-二(叔丁基过氧化)环己基]丙烷[含量≤22%,含B型稀释剂≥78%]			3107	有机过氧化物,E型	H242	GHS02	警告	预防措施:P210、P220、P234、P280 事故响应: 安全储存:P235、P410、P411、P420 废弃处置:P501	加热可引起燃烧	
2002	2,2-双(4-氯苯基)-2-羟基乙酸乙酯	4,4′-二氯二苯乙醇酸乙酯;乙酯杀螨醇	510-15-6		危害水生环境-急性危害,类别1 危害水生环境-长期危害,类别1	H400 H410	GHS09	警告	预防措施:P273 事故响应:P391 安全储存: 废弃处置:P501		

续表

序号	品名	别名	CAS号	UN号	危险性类别	危险性说明代码	象形图代码	警示词	防范说明代码	风险提示	备注
2003	*O*,*O*-双(4-氯苯基)*N*-(1-亚氨基)乙基硫代磷酸胺	毒鼠磷	4104-14-7		急性毒性-经口,类别2* 急性毒性-经皮,类别1 危害水生环境-急性危害,类别1 危害水生环境-长期危害,类别1	H300 H310 H400 H410	GHS06 GHS09	危险	预防措施:P264、P270、P262、P280、P273 事故响应:P301+P310、P321、P330、P302+P352、P361+P364、P391 安全储存:P405 废弃处置:P501	吞咽致命,皮肤接触会致命	剧毒
2004	双(*N*,*N*-二甲基甲硫酰)二硫化物	四甲基二硫代秋兰姆;四甲基硫代过氧化二碳酸二酰胺;福美双	137-26-8		皮肤腐蚀/刺激,类别2 严重眼损伤/眼刺激,类别2 皮肤致敏物,类别1 特异性靶器官毒性-反复接触,类别2* 危害水生环境-急性危害,类别1 危害水生环境-长期危害,类别1	H315 H319 H317 H373 H400 H410	GHS07 GHS08 GHS09	警告	预防措施:P264、P280、P261、P272、P260、P273 事故响应:P302+P352、P321、P332+P313、P362+P364、P305+P351+P338、P337+P313、P333+P313、P314、P391 安全储存: 废弃处置:P501	可能引起皮肤过敏	
2005	双(二甲胺基)磷酰氟[含量>2%]	甲氟磷	115-26-4		急性毒性-经口,类别2* 急性毒性-经皮,类别1	H300 H310	GHS06	危险	预防措施:P264、P270、P262、P280 事故响应:P301+P310、P321、P330、P302+P352、P361+P364 安全储存:P405 废弃处置:P501	吞咽致命,皮肤接触会致命	剧毒
2006	双(二甲基二硫代氨基甲酸)锌	福美锌	137-30-4		急性毒性-吸入,类别2* 严重眼损伤/眼刺激,类别1 皮肤致敏物,类别1 特异性靶器官毒性-一次接触,类别3(呼吸道刺激) 特异性靶器官毒性-反复接触,类别2* 危害水生环境-急性危害,类别1 危害水生环境-长期危害,类别1	H330 H318 H317 H335 H373 H400 H410	GHS05 GHS06 GHS08 GHS09	危险	预防措施:P260、P271、P284、P280、P261、P272、P273 事故响应:P304+P340、P310、P320、P305+P351+P338、P302+P352、P321、P333+P313、P362+P364、P312、P314、P391 安全储存:P233+P403、P405、P403+P233 废弃处置:P501	吸入致命,造成严重眼损伤,可能引起皮肤过敏	
2007	4,4-双-(过氧化叔丁基)戊酸正丁酯[52%<含量≤100%]	4,4-二(叔丁基过氧化)戊酸正丁酯	995-33-5	3103	有机过氧化物,C型	H242	GHS02	危险	预防措施:P210、P220、P234、P280 事故响应: 安全储存:P235+P411、P410、P420 废弃处置:P501	加热可引起燃烧	
	4,4-双-(过氧化叔丁基)戊酸正丁酯[含量≤52%,含惰性固体≥48%]			3108	有机过氧化物,E型	H242	GHS02	警告	预防措施:P210、P220、P234、P280 事故响应: 安全储存:P235、P410、P411、P420 废弃处置:P501	加热可引起燃烧	

续表

序号	品名	别名	CAS号	UN号	危险性类别	危险性说明代码	象形图代码	警示词	防范说明代码	风险提示	备注
2008	双过氧化壬二酸[含量≤27%，惰性固体含量≥73%]		1941-79-3		有机过氧化物，D型	H242	GHS02	危险	预防措施：P210、P220、P234、P280 事故响应： 安全储存：P235+P411、P410、P420 废弃处置：P501	加热可引起燃烧	
2009	双过氧化十二烷二酸[含量≤42%，含硫酸钠≥56%]		66280-55-5		有机过氧化物，D型	H242	GHS02	危险	预防措施：P210、P220、P234、P280 事故响应： 安全储存：P235+P411、P410、P420 废弃处置：P501	加热可引起燃烧	
2010	双戊烯	苎烯；二聚戊烯；1,8-萜二烯	138-86-3	2052	易燃液体，类别3 皮肤腐蚀/刺激，类别2 皮肤致敏物，类别1 危害水生环境-急性危害，类别1 危害水生环境-长期危害，类别1	H226 H315 H317 H400 H410	GHS02 GHS07 GHS09	警告	预防措施：P210、P233、P240、P241、P242、P243、P280、P264、P261、P272、P273 事故响应：P303+P361+P353、P370+P378、P302+P352、P321、P332+P313、P362+P364、P333+P313、P391 安全储存：P403+P235 废弃处置：P501	易燃液体，可能引起皮肤过敏	
2011	2,5-双(1-吖丙啶基)-3-(2-氨甲酰氧-1-甲氧乙基)-6-甲基-1,4-苯醌	卡巴醌	24279-91-2		急性毒性-经口，类别2	H300	GHS06	危险	预防措施：P264、P270 事故响应：P301+P310、P321、P330 安全储存：P405 废弃处置：P501	吞咽致命	
2012	水合肼[含肼≤64%]	水合联氨	10217-52-4		急性毒性-经口，类别3* 急性毒性-经皮，类别3* 急性毒性-吸入，类别3* 皮肤腐蚀/刺激，类别1B 严重眼损伤/眼刺激，类别1 皮肤致敏物，类别1 致癌性，类别2 危害水生环境-急性危害，类别1 危害水生环境-长期危害，类别1	H301 H311 H331 H314 H318 H317 H351 H400 H410	GHS05 GHS06 GHS08 GHS09	危险	预防措施：P264、P270、P280、P261、P271、P260、P272、P201、P202、P273 事故响应：P301+P310、P321、P302+P352、P312、P361+P364、P304+P340、P311、P301+P330+P331、P303+P361+P353、P305+P351+P338、P363、P333+P313、P362+P364、P308+P313、P391 安全储存：P405、P233+P403 废弃处置：P501	吞咽会中毒，皮肤接触会中毒，吸入会中毒，可引起皮肤腐蚀，可能引起皮肤过敏	制爆
2013	水杨醛	2-羟基苯甲醛；邻羟基苯甲醛	90-02-8		急性毒性-经皮，类别3 生殖毒性，类别2 特异性靶器官毒性-反复接触，类别2 危害水生环境-急性危害，类别2 危害水生环境-长期危害，类别3	H311 H361 H373 H401 H412	GHS06 GHS08	危险	预防措施：P280、P201、P202、P260、P273 事故响应：P302+P352、P312、P321、P361+P364、P308+P313、P314 安全储存：P405 废弃处置：P501	皮肤接触会中毒	

续表

序号	品名	别名	CAS号	UN号	危险性类别	危险性说明代码	象形图代码	警示词	防范说明代码	风险提示	备注
2014	水杨酸汞		5970-32-1	1644	急性毒性-经口,类别 2* 急性毒性-经皮,类别 1 急性毒性-吸入,类别 2* 特异性靶器官毒性-反复接触,类别 2* 危害水生环境-急性危害,类别 1 危害水生环境-长期危害,类别 1	H300 H310 H330 H373 H400 H410	GHS06 GHS08 GHS09	危险	预防措施：P264、P270、P262、P280、P260、P271、P284、P273 事故响应：P301＋P310、P321、P330、P302＋P352、P361＋P364、P304＋P340、P320、P314、P391 安全储存：P405、P233＋P403 废弃处置：P501	吞咽致命，皮肤接触会致命，吸入致命	
2015	水杨酸化烟碱		29790-52-1	1657	急性毒性-经口,类别 2* 急性毒性-经皮,类别 1 急性毒性-吸入,类别 2* 危害水生环境-急性危害,类别 2 危害水生环境-长期危害,类别 2	H300 H310 H330 H401 H411	GHS06 GHS09	危险	预防措施：P264、P270、P262、P280、P260、P271、P284、P273 事故响应：P301＋P310、P321、P330、P302＋P352、P361＋P364、P304＋P340、P320、P391 安全储存：P405、P233＋P403 废弃处置：P501	吞咽致命，皮肤接触会致命，吸入致命	
2016	丝裂霉素 C	自力霉素	50-07-7		急性毒性-经口,类别 2 致癌性,类别 2	H300 H351	GHS06 GHS08	危险	预防措施：P264、P270、P201、P202、P280 事故响应：P301＋P310、P321、P330、P308＋P313 安全储存：P405 废弃处置：P501	吞咽致命	
2017	四苯基锡		595-90-4		危害水生环境-急性危害,类别 1 危害水生环境-长期危害,类别 1	H400 H410	GHS09	警告	预防措施：P273 事故响应：P391 安全储存： 废弃处置：P501		
2018	四碘化锡		7790-47-8		皮肤腐蚀/刺激,类别 1 严重眼损伤/眼刺激,类别 1	H314 H318	GHS05	危险	预防措施：P260、P264、P280 事故响应：P301＋P330＋P331、P303＋P361＋P353、P304＋P340、P305＋P351＋P338、P310、P321、P363 安全储存：P405 废弃处置：P501	可引起皮肤腐蚀	
2019	四丁基氢氧化铵		2052-49-5		皮肤腐蚀/刺激,类别 1 严重眼损伤/眼刺激,类别 1	H314 H318	GHS05	危险	预防措施：P260、P264、P280 事故响应：P301＋P330＋P331、P303＋P361＋P353、P304＋P340、P305＋P351＋P338、P310、P321、P363 安全储存：P405 废弃处置：P501	可引起皮肤腐蚀	

续表

序号	品名	别名	CAS号	UN号	危险性类别	危险性说明代码	象形图代码	警示词	防范说明代码	风险提示	备注
2020	四丁基氢氧化磷		14518-69-5		皮肤腐蚀/刺激,类别1 严重眼损伤/眼刺激,类别1	H314 H318	GHS05	危险	预防措施:P260、P264、P280 事故响应:P301+P330+P331、P303+P361+P353、P304+P340、P305+P351+P338、P310、P321、P363 安全储存:P405 废弃处置:P501	可引起皮肤腐蚀	
2021	四丁基锡		1461-25-2		严重眼损伤/眼刺激,类别2B 生殖毒性,类别2 特异性靶器官毒性-一次接触,类别3(麻醉效应) 特异性靶器官毒性-反复接触,类别2 危害水生环境-急性危害,类别1 危害水生环境-长期危害,类别1	H320 H361 H336 H373 H400 H410	GHS07 GHS08 GHS09	警告	预防措施:P264、P201、P202、P280、P261、P271、P260、P273 事故响应:P305+P351+P338、P337+P313、P308+P313、P304+P340、P312、P314、P391 安全储存:P405、P403+P233 废弃处置:P501		
2022	四氟代肼	四氟肼	10036-47-2		氧化性气体,类别1 加压气体 急性毒性-吸入,类别2 危害水生环境-急性危害,类别1 危害水生环境-长期危害,类别1	H270 H280或H281 H330 H400 H410	GHS03 GHS04 GHS06 GHS09	危险	预防措施:P220、P244、P260、P271、P284、P273 事故响应:P370+P376、P304+P340、P310、P320、P391 安全储存:P410+P403、P233+P403、P405 废弃处置:P501	可引起燃烧或加剧燃烧,氧化剂,内装加压气体:遇热可能爆炸,吸入致命	
2023	四氟化硅	氟化硅	7783-61-1	1859	加压气体 急性毒性-吸入,类别3* 皮肤腐蚀/刺激,类别1 严重眼损伤/眼刺激,类别1	H280或H281 H331 H314 H318	GHS04 GHS05 GHS06	危险	预防措施:P261、P271、P260、P264、P280 事故响应:P304+P340、P311、P321、P301+P330+P331、P303+P361+P353、P305+P351+P338、P310、P363 安全储存:P410+P403、P233+P403、P405 废弃处置:P501	内装加压气体:遇热可能爆炸,吸入会中毒,可引起皮肤腐蚀	
2024	四氟化硫		7783-60-0	2418	加压气体 急性毒性-吸入,类别1 皮肤腐蚀/刺激,类别1 严重眼损伤/眼刺激,类别1 特异性靶器官毒性-一次接触,类别1 特异性靶器官毒性-一次接触,类别3(呼吸道刺激) 特异性靶器官毒性-反复接触,类别1	H280或H281 H330 H314 H318 H370 H335 H372	GHS04 GHS05 GHS06 GHS08	危险	预防措施:P260、P271、P284、P264、P280、P270、P261 事故响应:P304+P340、P310、P320、P301+P330+P331、P303+P361+P353、P305+P351+P338、P321、P363、P308+P311、P312、P314 安全储存:P410+P403、P233+P403、P405、P403+P233 废弃处置:P501	内装加压气体:遇热可能爆炸,吸入致命,可引起皮肤腐蚀	

续表

序号	品名	别名	CAS号	UN号	危险性类别	危险性说明代码	象形图代码	警示词	防范说明代码	风险提示	备注
2025	四氟化铅		7783-59-7		致癌性，类别1B 生殖毒性，类别1A 特异性靶器官毒性-反复接触，类别2* 危害水生环境-急性危害，类别1 危害水生环境-长期危害，类别1	H350 H360 H373 H400 H410	GHS08 GHS09	危险	预防措施：P201、P202、P280、P260、P273 事故响应：P308+P313、P314、P391 安全储存：P405 废弃处置：P501	可能致癌	
2026	四氟甲烷	R14	75-73-0	1982	加压气体 特异性靶器官毒性-一次接触，类别3(麻醉效应)	H280或H281 H336	GHS04 GHS07	警告	预防措施：P261、P271 事故响应：P304+P340、P312 安全储存：P410+P403、P403+P233、P405 废弃处置：P501	内装加压气体：遇热可能爆炸	
2027	四氟硼酸-2,5-二乙氧基-4-吗啉代重氮苯		4979-72-0	3236	自反应物质和混合物，D型	H242	GHS02	危险	预防措施：P210、P220、P234、P280 事故响应：P370+P378 安全储存：P403+P235、P411、P420 废弃处置：P501	加热可能起火	
2028	四氟乙烯[稳定的]		116-14-3	1081	易燃气体，类别1 化学不稳定性气体，类别B 加压气体 严重眼损伤/眼刺激，类别2B 致癌性，类别2 特异性靶器官毒性-一次接触，类别2 特异性靶器官毒性-反复接触，类别2	H220 H231 H280或H281 H320 H351 H371 H373	GHS02 GHS04 GHS08	危险	预防措施：P210、P202、P264、P201、P280、P260、P270 事故响应：P377、P381、P305+P351+P338、P337+P313、P308+P313、P308+P311、P314 安全储存：P410+P403、P405 废弃处置：P501	极易燃气体，(不稳定)，内装加压气体：遇热可能爆炸	
2029	1，2，4，5-四甲苯	均四甲苯	95-93-2		易燃固体，类别1	H228	GHS02	危险	预防措施：P210、P240、P241、P280 事故响应：P370+P378 安全储存： 废弃处置：	易燃固体	
2030	1，1，3，3-四甲基-1-丁硫醇	特辛硫醇；叔辛硫醇	141-59-3	3023	易燃液体，类别3 急性毒性-经口，类别3 急性毒性-吸入，类别2*	H226 H301 H330	GHS02 GHS06	危险	预防措施：P210、P233、P240、P241、P242、P243、P280、P264、P270、P260、P271、P284 事故响应：P303+P361+P353、P370+P378、P301+P310、P321、P330、P304+P340、P320 安全储存：P403+P235、P405、P233+P403 废弃处置：P501	易燃液体，吞咽会中毒，吸入致命	

续表

序号	品名	别名	CAS 号	UN 号	危险性类别	危险性说明代码	象形图代码	警示词	防范说明代码	风险提示	备注
2031	1,1,3,3-四甲基丁基过氧-2-乙基己酸酯[含量≤100%]	过氧化-2-乙基己酸-1,1,3,3-四甲基丁酯;过氧化-1,1,3,3-四甲基丁基-2-乙基乙酸酯;过氧化-2-乙基己酸叔辛酯	22288-43-3	3115	有机过氧化物,D型	H242	GHS02	危险	预防措施:P210、P220、P234、P280 事故响应: 安全储存:P235+P411、P410、P420 废弃处置:P501	加热可引起燃烧	
2032	1,1,3,3-四甲基丁基过氧新癸酸酯[含量≤52%,在水中稳定弥散]		51240-95-0	3119	有机过氧化物,F型	H242	GHS02	警告	预防措施:P210、P220、P234、P280 事故响应: 安全储存:P235、P410、P411、P420 废弃处置:P501	加热可引起燃烧	
	1,1,3,3-四甲基丁基过氧新癸酸酯[含量≤72%,含B型稀释剂②≥28%]			3115	有机过氧化物,D型	H242	GHS02	危险	预防措施:P210、P220、P234、P280 事故响应: 安全储存:P235+P411、P410、P420 废弃处置:P501	加热可引起燃烧	
2033	1,1,3,3-四甲基丁基氢过氧化物[含量≤100%]	过氧化氢叔辛基	5809-08-5	3105	有机过氧化物,D型	H242	GHS02	危险	预防措施:P210、P220、P234、P280 事故响应: 安全储存:P235+P411、P410、P420 废弃处置:P501	加热可引起燃烧	
2034	2,2,3′,3′-四甲基丁烷	六甲基乙烷;双叔丁基	594-82-1		易燃液体,类别 2 皮肤腐蚀/刺激,类别 2 特异性靶器官毒性-一次接触,类别 3(麻醉效应) 吸入危害,类别 1 危害水生环境-急性危害,类别 1 危害水生环境-长期危害,类别 1	H225 H315 H336 H304 H400 H410	GHS02 GHS07 GHS08 GHS09	危险	预防措施:P210、P233、P240、P241、P242、P243、P280、P264、P261、P271、P273 事故响应:P303+P361+P353、P370+P378、P302+P352、P321、P332+P313、P362+P364、P304+P340、P312、P301+P310、P331、P391 安全储存:P403+P235、P403+P233、P405 废弃处置:P501	高度易燃液体,禁止催吐	
2035	四甲基硅烷	四甲基硅	75-76-3	2749	易燃液体,类别 1	H224	GHS02	危险	预防措施:P210、P233、P240、P241、P242、P243、P280 事故响应:P303+P361+P353、P370+P378 安全储存:P403+P235 废弃处置:P501	极易燃液体	

续表

序号	品名	别名	CAS号	UN号	危险性类别	危险性说明代码	象形图代码	警示词	防范说明代码	风险提示	备注
2036	四甲基铅		75-74-1		易燃液体,类别 3 急性毒性-经口,类别 3 急性毒性-吸入,类别 2 特异性靶器官毒性-一次接触,类别 1 特异性靶器官毒性-反复接触,类别 1 危害水生环境-急性危害,类别 1 危害水生环境-长期危害,类别 1	H226 H301 H330 H370 H372 H400 H410	GHS02 GHS06 GHS08 GHS09	危险	预防措施：P210、P233、P240、P241、P242、P243、P280、P264、P270、P260、P271、P284、P273 事故响应：P303＋P361＋P353、P370＋P378、P301＋P310、P321、P330、P304＋P340、P320、P308＋P311、P314、P391 安全储存：P403＋P235、P405、P233＋P403 废弃处置：P501	易燃液体，吞咽会中毒，吸入致命	
2037	四甲基氢氧化铵		75-59-2	1835	急性毒性-经口,类别 2 急性毒性-经皮,类别 2 皮肤腐蚀/刺激,类别 1 严重眼损伤/眼刺激,类别 1 特异性靶器官毒性-一次接触,类别 1 特异性靶器官毒性-反复接触,类别 1 危害水生环境-急性危害,类别 2	H300 H310 H314 H318 H370 H372 H401	GHS05 GHS06 GHS08	危险	预防措施：P264、P270、P262、P280、P260、P273 事故响应：P301＋P310、P321、P302＋P352、P361＋P364、P301＋P330＋P331、P303＋P361＋P353、P304＋P340、P305＋P351＋P338、P363、P308＋P311、P314 安全储存：P405 废弃处置：P501	吞咽致命，皮肤接触会致命，可引起皮肤腐蚀	
2038	N,N,N′,N′-四甲基乙二胺	1,2-双(二甲基氨基)乙烷	110-18-9	2372	易燃液体,类别 2 皮肤腐蚀/刺激,类别 1B 严重眼损伤/眼刺激,类别 1	H225 H314 H318	GHS02 GHS05	危险	预防措施：P210、P233、P240、P241、P242、P243、P280、P260、P264 事故响应：P303＋P361＋P353、P370＋P378、P301＋P330＋P331、P304＋P340、P305＋P351＋P338、P310、P321、P363 安全储存：P403＋P235、P405 废弃处置：P501	高度易燃液体，可引起皮肤腐蚀	
2039	四聚丙烯	四丙烯	6842-15-5	2850	易燃液体,类别 3 危害水生环境-急性危害,类别 1 危害水生环境-长期危害,类别 1	H226 H400 H410	GHS02 GHS09	警告	预防措施：P210、P233、P240、P241、P242、P243、P280、P273 事故响应：P303＋P361＋P353、P370＋P378、P391 安全储存：P403＋P235 废弃处置：P501	易燃液体	
2040	四磷酸六乙酯	乙基四磷酸酯	757-58-4	1611	急性毒性-经口,类别 2	H300	GHS06	危险	预防措施：P264、P270 事故响应：P301＋P310、P321、P330 安全储存：P405 废弃处置：P501	吞咽致命	

续表

序号	品名	别名	CAS号	UN号	危险性类别	危险性说明代码	象形图代码	警示词	防范说明代码	风险提示	备注
2041	四磷酸六乙酯和压缩气体混合物			1612	加压气件 急性毒性-吸入,类别 3 *	H280 或 H281 H331	GHS04 GHS06	危险	预防措施:P261、P271 事故响应:P304+P340、P311、P321 安全储存:P410+P403、P233+P403、P405 废弃处置:P501	内装加压气体:遇热可能爆炸,吸入会中毒	
2042	2,3,4,6-四氯苯酚	2,3,4,6-四氯酚	58-90-2	2020	急性毒性-经口,类别 3 * 皮肤腐蚀/刺激,类别 2 严重眼损伤/眼刺激,类别 2 危害水生环境-急性危害,类别 1 危害水生环境-长期危害,类别 1	H301 H315 H319 H400 H410	GHS06 GHS09	危险	预防措施:P264、P270、P280、P273 事故响应:P301+P310、P321、P330、P302+P352、P332+P313、P362+P364、P305+P351+P338、P337+P313、P391 安全储存:P405 废弃处置:P501	吞咽会中毒	
2043	1,1,3,3-四氯丙酮	1,1,3,3-四氯-2-丙酮	632-21-3		急性毒性-经口,类别 3 急性毒性-经皮,类别 2	H301 H310	GHS06	危险	预防措施:P264、P270、P262、P280 事故响应:P301+P310、P321、P330、P302+P352、P361+P364 安全储存:P405 废弃处置:P501	吞咽会中毒,皮肤接触会致命	
2044	1,2,3,4-四氯代苯		634-66-2		生殖毒性,类别 1B 特异性靶器官毒性-一次接触,类别 2 特异性靶器官毒性-一次接触,类别 3(麻醉效应) 特异性靶器官毒性-反复接触,类别 2 危害水生环境-急性危害,类别 1 危害水生环境-长期危害,类别 1	H360 H371 H336 H373 H400 H410	GHS07 GHS08 GHS09	危险	预防措施:P201、P202、P280、P260、P264、P270、P261、P271、P273 事故响应:P308+P313、P308+P311、P304+P340、P312、P314、P391 安全储存:P405、P403+P233 废弃处置:P501		
2045	1,2,3,5-四氯代苯		634-90-2		危害水生环境-急性危害,类别 2 危害水生环境-长期危害,类别 2	H401 H411	GHS09	警告	预防措施:P273 事故响应:P391 安全储存: 废弃处置:P501		
2046	1,2,4,5-四氯代苯		95-94-3		生殖毒性,类别 2 生殖毒性,附加类别 特异性靶器官毒性-一次接触,类别 3(麻醉效应) 特异性靶器官毒性-反复接触,类别 1 危害水生环境-急性危害,类别 1 危害水生环境-长期危害,类别 1	H361 H362 H336 H372 H400 H410	GHS07 GHS08 GHS09	危险	预防措施:P201、P202、P280、P260、P263、P264、P270、P261、P271、P273 事故响应:P308+P313、P304+P340、P312、P314、P391 安全储存:P405、P403+P233 废弃处置:P501		

续表

序号	品名	别名	CAS号	UN号	危险性类别	危险性说明代码	象形图代码	警示词	防范说明代码	风险提示	备注
2047	2,3,7,8-四氯二苯并对二噁英	二噁英;2,3,7,8-TCDD;四氯二苯二噁英	1746-01-6		急性毒性-经口,类别1 急性毒性-经皮,类别1 皮肤腐蚀/刺激,类别2 严重眼损伤/眼刺激,类别2 生殖细胞致突变性,类别2 致癌性,类别1A 生殖毒性,类别1B 特异性靶器官毒性-一次接触,类别1 特异性靶器官毒性-反复接触,类别1 危害水生环境-急性危害,类别1 危害水生环境-长期危害,类别1	H300 H310 H315 H319 H341 H350 H360 H370 H372 H400 H410	GHS06 GHS08 GHS09	危险	预防措施:P264、P270、P262、P280、P201、P202、P260、P273 事故响应:P301+P310、P321、P330、P302+P352、P361+P364、P332+P313、P362+P364、P305+P351+P338、P337+P313、P308+P313、P308+P311、P314、P391 安全储存:P405 废弃处置:P501	吞咽致命,皮肤接触会致命,可能致癌	剧毒
2048	四氯化碲		10026-07-0		皮肤腐蚀/刺激,类别1 严重眼损伤/眼刺激,类别1	H314 H318	GHS05	危险	预防措施:P260、P264、P280 事故响应:P301+P330+P331、P303+P361+P353、P304+P340、P305+P351+P338、P310、P321、P363 安全储存:P405 废弃处置:P501	可引起皮肤腐蚀	
2049	四氯化钒		7632-51-1	2444	急性毒性-经口,类别3 皮肤腐蚀/刺激,类别1 严重眼损伤/眼刺激,类别1	H301 H314 H318	GHS05 GHS06	危险	预防措施:P264、P270、P260、P280 事故响应:P301+P310、P321、P301+P330+P331、P303+P361+P353、P304+P340、P305+P351+P338、P363 安全储存:P405 废弃处置:P501	吞咽会中毒,可引起皮肤腐蚀	
2050	四氯化锆		10026-11-6	2503	皮肤腐蚀/刺激,类别1C 严重眼损伤/眼刺激,类别1	H314 H318	GHS05	危险	预防措施:P260、P264、P280 事故响应:P301+P330+P331、P303+P361+P353、P304+P340、P305+P351+P338、P310、P321、P363 安全储存:P405 废弃处置:P501	可引起皮肤腐蚀	

续表

序号	品名	别名	CAS号	UN号	危险性类别	危险性说明代码	象形图代码	警示词	防范说明代码	风险提示	备注
2051	四氯化硅	氯化硅	10026-04-7	1818	皮肤腐蚀/刺激,类别 2 严重眼损伤/眼刺激,类别 2 特异性靶器官毒性-一次接触,类别 3(呼吸道刺激)	H315 H319 H335	GHS07	警告	预防措施:P264、P280、P261、P271 事故响应:P302＋P352、P321、P332＋P313、P362＋P364、P305＋P351＋P338、P337＋P313、P304＋P340、P312 安全储存:P403＋P233、P405 废弃处置:P501		
2052	四氯化硫		13451-08-6	1828	皮肤腐蚀/刺激,类别 1B 严重眼损伤/眼刺激,类别 1 特异性靶器官毒性-一次接触,类别 3(呼吸道刺激) 危害水生环境-急性危害,类别 1	H314 H318 H335 H400	GHS05 GHS07 GHS09	危险	预防措施:P260、P264、P280、P261、P271、P273 事故响应:P301＋P330＋P331、P303＋P361＋P353、P304＋P340、P305＋P351＋P338、P310、P321、P363、P312、P391 安全储存:P405、P403＋P233 废弃处置:P501	可引起皮肤腐蚀	
2053	1,2,3,4-四氯化萘	四氯化萘	1335-88-2		特异性靶器官毒性-反复接触,类别 1	H372	GHS08	危险	预防措施:P260、P264、P270 事故响应:P314 安全储存: 废弃处置:P501		
2054	四氯化铅		13463-30-4		致癌性,类别 1B 生殖毒性,类别 1A 特异性靶器官毒性-反复接触,类别 2* 危害水生环境-急性危害,类别 1 危害水生环境-长期危害,类别 1	H350 H360 H373 H400 H410	GHS08 GHS09	危险	预防措施:P201、P202、P280、P260、P273 事故响应:P308＋P313、P314、P391 安全储存:P405 废弃处置:P501	可能致癌	
2055	四氯化钛		7550-45-0	1888	皮肤腐蚀/刺激,类别 1B 严重眼损伤/眼刺激,类别 1	H314 H318	GHS05	危险	预防措施:P260、P264、P280 事故响应:P301＋P330＋P331、P303＋P361＋P353、P304＋P340、P305＋P351＋P338、P310、P321、P363 安全储存:P405 废弃处置:P501	可引起皮肤腐蚀	重点

续表

序号	品名	别名	CAS号	UN号	危险性类别	危险性说明代码	象形图代码	警示词	防范说明代码	风险提示	备注
2056	四氯化碳	四氯甲烷	56-23-5	1846	急性毒性-经口,类别3* 急性毒性-经皮,类别3* 急性毒性-吸入,类别3* 致癌性,类别2 特异性靶器官毒性-反复接触,类别1 危害水生环境-长期危害,类别3 危害臭氧层,类别1	H301 H311 H331 H351 H372 H412 H420	GHS06 GHS07 GHS08	危险	预防措施：P264、P270、P280、P261、P271、P201、P202、P260、P273 事故响应：P301＋P310、P321、P330、P302＋P352、P312、P361＋P364、P304＋P340、P311、P308＋P313、P314 安全储存：P405、P233＋P403 废弃处置：P501	吞咽会中毒，皮肤接触会中毒，吸入会中毒	
2057	四氯化硒		10026-03-6		急性毒性-经口,类别3* 急性毒性-吸入,类别3* 特异性靶器官毒性-反复接触,类别2 危害水生环境-急性危害,类别1 危害水生环境-长期危害,类别1	H301 H331 H373 H400 H410	GHS06 GHS08 GHS09	危险	预防措施：P264、P270、P261、P271、P260、P273 事故响应：P301＋P310、P321、P330、P304＋P340、P311、P314、P391 安全储存：P405、P233＋P403 废弃处置：P501	吞咽会中毒，吸入会中毒	
2058	四氯化锡[无水]	氯化锡	7646-78-8	1827	皮肤腐蚀/刺激,类别1B 严重眼损伤/眼刺激,类别1 特异性靶器官毒性-一次接触,类别3(呼吸道刺激) 危害水生环境-长期危害,类别3	H314 H318 H335 H412	GHS05 GHS07	危险	预防措施：P260、P264、P280、P261、P271、P273 事故响应：P301＋P330＋P331、P303＋P361＋P353、P304＋P340、P305＋P351＋P338、P310、P321、P363、P312 安全储存：P405、P403＋P233 废弃处置：P501	可引起皮肤腐蚀	
2059	四氯化锡五水合物		10026-06-9	2440	皮肤腐蚀/刺激,类别1 严重眼损伤/眼刺激,类别1 危害水生环境-长期危害,类别3	H314 H318 H412	GHS05	危险	预防措施：P260、P264、P280、P273 事故响应：P301＋P330＋P331、P303＋P361＋P353、P304＋P340、P305＋P351＋P338、P310、P321、P363 安全储存：P405 废弃处置：P501	可引起皮肤腐蚀	
2060	四氯化锗	氯化锗	10038-98-9		皮肤腐蚀/刺激,类别1 严重眼损伤/眼刺激,类别1	H314 H318	GHS05	危险	预防措施：P260、P264、P280 事故响应：P301＋P330＋P331、P303＋P361＋P353、P304＋P340、P305＋P351＋P338、P310、P321、P363 安全储存：P405 废弃处置：P501	可引起皮肤腐蚀	

续表

序号	品名	别名	CAS号	UN号	危险性类别	危险性说明代码	象形图代码	警示词	防范说明代码	风险提示	备注
2061	四氯邻苯二甲酸酐		117-08-8		严重眼损伤/眼刺激,类别1 呼吸道致敏物,类别1 皮肤致敏物,类别1 危害水生环境-急性危害,类别1 危害水生环境-长期危害,类别1	H318 H334 H317 H400 H410	GHS05 GHS08 GHS09	危险	预防措施:P280、P261、P284、P272、P273 事故响应:P305＋P351＋P338、P310、P304＋P340、P342＋P311、P302＋P352、P321、P333＋P313、P362＋P364、P391 安全储存: 废弃处置:P501	造成严重眼损伤,吸入可能导致过敏,可能引起皮肤过敏	
2062	四氯锌酸-2,5-二丁氧基-4-(4-吗啉基)-重氮苯(2∶1)		14726-58-0	3228	自反应物质和混合物,E型	H242	GHS02	警告	预防措施:P210、P220、P234、P280 事故响应:P370＋P378 安全储存:P403＋P235、P411、P420 废弃处置:P501	加热可能起火	
2063	1,1,2,2-四氯乙烷		79-34-5	1702	急性毒性-经皮,类别1 急性毒性-吸入,类别2* 危害水生环境-急性危害,类别2 危害水生环境-长期危害,类别2	H310 H330 H401 H411	GHS06 GHS09	危险	预防措施:P262、P264、P270、P280、P260、P271、P284、P273 事故响应:P302＋P352、P310、P321、P361＋P364、P304＋P340、P320、P391 安全储存:P405、P233＋P403 废弃处置:P501	皮肤接触会致命,吸入致命	
2064	四氯乙烯	全氯乙烯	127-18-4	1897	致癌性,类别1B 危害水生环境-急性危害,类别2 危害水生环境-长期危害,类别2	H350 H401 H411	GHS08 GHS09	危险	预防措施:P201、P202、P280、P273 事故响应:P308＋P313、P391 安全储存:P405 废弃处置:P501	可能致癌	
2065	*N*-四氯乙硫基四氢酞酰亚胺	敌菌丹	2425-06-1		皮肤致敏物,类别1 致癌性,类别1B 危害水生环境-急性危害,类别1 危害水生环境-长期危害,类别1	H317 H350 H400 H410	GHS07 GHS08 GHS09	危险	预防措施:P261、P272、P280、P201、P202、P273 事故响应:P302＋P352、P321、P333＋P313、P362＋P364、P308＋P313、P391 安全储存:P405 废弃处置:P501	可能引起皮肤过敏,可能致癌	
2066	5,6,7,8-四氢-1-萘胺	1-氨基-5,6,7,8-四氢萘	2217-41-6		皮肤腐蚀/刺激,类别2 严重眼损伤/眼刺激,类别2 特异性靶器官毒性-一次接触,类别3(呼吸道刺激)	H315 H319 H335	GHS07	警告	预防措施:P264、P280、P261、P271 事故响应:P302＋P352、P321、P332＋P313、P362＋P364、P305＋P351＋P338、P337＋P313、P304＋P340、P312 安全储存:P403＋P233、P405 废弃处置:P501		
2067	3-(1,2,3,4-四氢-1-萘基)-4-羟基香豆素	杀鼠醚	5836-29-3		急性毒性-经口,类别2* 急性毒性-经皮,类别1 特异性靶器官毒性-反复接触,类别1 危害水生环境-长期危害,类别3	H300 H310 H372 H412	GHS06 GHS08	危险	预防措施:P264、P270、P262、P280、P260、P273 事故响应:P301＋P310、P321、P330、P302＋P352、P361＋P364、P314 安全储存:P405 废弃处置:P501	吞咽致命,皮肤接触会致命	剧毒

续表

序号	品名	别名	CAS号	UN号	危险性类别	危险性说明代码	象形图代码	警示词	防范说明代码	风险提示	备注
2068	1,2,5,6-四氢吡啶		694-05-3	2410	易燃液体,类别2	H225	GHS02	危险	预防措施：P210、P233、P240、P241、P242、P243、P280 事故响应：P303+P361+P353、P370+P378 安全储存：P403+P235 废弃处置：P501	高度易燃液体	
2069	四氢吡咯	吡咯烷;四氢氮杂茂	123-75-1	1922	易燃液体,类别2 急性毒性-经口,类别3 急性毒性-吸入,类别2 皮肤腐蚀/刺激,类别1 严重眼损伤/眼刺激,类别1 特异性靶器官毒性—一次接触,类别1	H225 H301 H330 H314 H318 H370	GHS02 GHS05 GHS06 GHS08	危险	预防措施：P210、P233、P240、P241、P242、P243、P280、P264、P270、P260、P271、P284 事故响应：P303+P361+P353、P370+P378、P301+P310、P321、P304+P340、P320、P301+P330+P331、P305+P351+P338、P363、P308+P311 安全储存：P403+P235、P405、P233+P403 废弃处置：P501	高度易燃液体，吞咽会中毒，吸入致命，可引起皮肤腐蚀	
2070	四氢吡喃	氧己环	142-68-7		易燃液体,类别2	H225	GHS02	危险	预防措施：P210、P233、P240、P241、P242、P243、P280 事故响应：P303+P361+P353、P370+P378 安全储存：P403+P235 废弃处置：P501	高度易燃液体	
2071	四氢呋喃	氧杂环戊烷	109-99-9	2056	易燃液体,类别2 严重眼损伤/眼刺激,类别2 致癌性,类别2 特异性靶器官毒性—一次接触,类别3(呼吸道刺激)	H225 H319 H351 H335	GHS02 GHS07 GHS08	危险	预防措施：P210、P233、P240、P241、P242、P243、P280、P264、P201、P202、P261、P271 事故响应：P303+P361+P353、P370+P378、P305+P351+P338、P337+P313、P308+P313、P304+P340、P312 安全储存：P403+P235、P405、P403+P233 废弃处置：P501	高度易燃液体	
2072	1,2,3,6-四氢化苯甲醛		100-50-5	2498	易燃液体,类别3 皮肤腐蚀/刺激,类别2*	H226 H315	GHS02 GHS07	警告	预防措施：P210、P233、P240、P241、P242、P243、P280、P264 事故响应：P303+P361+P353、P370+P378、P302+P352、P321、P332+P313、P362+P364 安全储存：P403+P235 废弃处置：P501	易燃液体	
2073	四氢糠胺		4795-29-3	2943	易燃液体,类别3	H226	GHS02	警告	预防措施：P210、P233、P240、P241、P242、P243、P280 事故响应：P303+P361+P353、P370+P378 安全储存：P403+P235 废弃处置：P501	易燃液体	

续表

序号	品名	别名	CAS号	UN号	危险性类别	危险性说明代码	象形图代码	警示词	防范说明代码	风险提示	备注
2074	四氢邻苯二甲酸酐[含马来酐>0.05%]	四氢酞酐	2426-02-0	2698	皮肤腐蚀/刺激,类别1 严重眼损伤/眼刺激,类别1 呼吸道致敏物,类别1 皮肤致敏物,类别1 危害水生环境-长期危害,类别3	H314 H318 H334 H317 H412	GHS05 GHS08	危险	预防措施：P260、P264、P280、P261、P284、P272、P273 事故响应：P301+P330+P331、P303+P361+P353、P304+P340、P305+P351+P338、P310、P321、P363、P342+P311、P302+P352、P333+P313、P362+P364 安全储存：P405 废弃处置：P501	可引起皮肤腐蚀，吸入可能导致过敏，可能引起皮肤过敏	
2075	四氢噻吩	四甲撑硫；四氢硫杂茂	110-01-0	2412	易燃液体,类别2 皮肤腐蚀/刺激,类别2 严重眼损伤/眼刺激,类别2 危害水生环境-长期危害,类别3	H225 H315 H319 H412	GHS02 GHS07	危险	预防措施：P210、P233、P240、P241、P242、P243、P280、P264、P273 事故响应：P303+P361+P353、P370+P378、P302+P352、P321、P332+P313、P362+P364、P305+P351+P338、P337+P313 安全储存：P403+P235 废弃处置：P501	高度易燃液体	
2076	四氰基代乙烯	四氰代乙烯	670-54-2		急性毒性-经口,类别1	H300	GHS06	危险	预防措施：P264、P270 事故响应：P301+P310、P321、P330 安全储存：P405 废弃处置：P501	吞咽致命	
2077	2,3,4,6-四硝基苯胺		3698-54-2	0207	爆炸物,1.1项	H201	GHS01	危险	预防措施：P210、P230、P240、P250、P280 事故响应：P370+P380、P372、P373 安全储存：P401 废弃处置：P501	整体爆炸危险	
2078	四硝基甲烷		509-14-8	1510	氧化性液体,类别1 急性毒性-经口,类别3 急性毒性-吸入,类别1 严重眼损伤/眼刺激,类别2A 致癌性,类别2 特异性靶器官毒性-一次接触,类别3(呼吸道刺激) 特异性靶器官毒性-反复接触,类别1	H271 H301 H330 H319 H351 H335 H372	GHS03 GHS06 GHS08	危险	预防措施：P210、P220、P221、P280、P283、P264、P270、P260、P271、P284、P201、P202、P261 事故响应：P306+P360、P370+P378、P371+P380+P375、P301+P310、P321、P330、P304+P340、P320、P305+P351+P338、P337+P313、P308+P313、P312、P314 安全储存：P405、P233+P403、P403+P233 废弃处置：P501	可引起燃烧或爆炸，强氧化剂，吞咽会中毒，吸入致命	剧毒
2079	四硝基萘		28995-89-3		爆炸物,1.1项	H201	GHS01	危险	预防措施：P210、P230、P240、P250、P280 事故响应：P370+P380、P372、P373 安全储存：P401 废弃处置：P501	整体爆炸危险	

续表

序号	品名	别名	CAS号	UN号	危险性类别	危险性说明代码	象形图代码	警示词	防范说明代码	风险提示	备注
2080	四硝基萘胺				爆炸物,1.1项	H201	GHS01	危险	预防措施:P210、P230、P240、P250、P280 事故响应:P370+P380、P372、P373 安全储存:P401 废弃处置:P501	整体爆炸危险	
2081	四溴二苯醚		40088-47-9		生殖毒性,类别1B	H360	GHS08	危险	预防措施:P201、P202、P280 事故响应:P308+P313 安全储存:P405 废弃处置:P501		
2082	四溴化硒		7789-65-3		急性毒性-经口,类别3* 急性毒性-吸入,类别3* 特异性靶器官毒性-反复接触,类别2 危害水生环境-急性危害,类别1 危害水生环境-长期危害,类别1	H301 H331 H373 H400 H410	GHS06 GHS08 GHS09	危险	预防措施:P264、P270、P261、P271、P260、P273 事故响应:P301+P310、P321、P330、P304+P340、P311、P314、P391 安全储存:P405、P233+P403 废弃处置:P501	吞咽会中毒,吸入会中毒	
2083	四溴化锡		7789-67-5		皮肤腐蚀/刺激,类别1 严重眼损伤/眼刺激,类别1	H314 H318	GHS05	危险	预防措施:P260、P264、P280 事故响应:P301+P330+P331、P303+P361+P353、P304+P340、P305+P351+P338、P310、P321、P363 安全储存:P405 废弃处置:P501	可引起皮肤腐蚀	
2084	四溴甲烷	四溴化碳	558-13-4	2516	皮肤腐蚀/刺激,类别2 严重眼损伤/眼刺激,类别1 特异性靶器官毒性-一次接触,类别1 特异性靶器官毒性-一次接触,类别3(麻醉效应) 特异性靶器官毒性-反复接触,类别1	H315 H318 H370 H336 H372	GHS05 GHS07 GHS08	危险	预防措施:P264、P280、P260、P270、P261、P271 事故响应:P302+P352、P321、P332+P313、P362+P364、P305+P351+P338、P310、P308+P311、P304+P340、P312、P314 安全储存:P405、P403+P233 废弃处置:P501	造成严重眼损伤	
2085	1,1,2,2-四溴乙烷		79-27-6	2504	急性毒性-吸入,类别2* 严重眼损伤/眼刺激,类别2 危害水生环境-长期危害,类别3	H330 H319 H412	GHS06	危险	预防措施:P260、P271、P284、P264、P280、P273 事故响应:P304+P340、P310、P320、P305+P351+P338、P337+P313 安全储存:P233+P403、P405 废弃处置:P501	吸入致命	

续表

序号	品名	别名	CAS号	UN号	危险性类别	危险性说明代码	象形图代码	警示词	防范说明代码	风险提示	备注
2086	四亚乙基五胺	三缩四乙二胺；四乙撑五胺	112-57-2	2320	皮肤腐蚀/刺激，类别1B 严重眼损伤/眼刺激，类别1 皮肤致敏物，类别1 危害水生环境-急性危害，类别2 危害水生环境-长期危害，类别2	H314 H318 H317 H401 H411	GHS05 GHS07 GHS09	危险	预防措施：P260、P264、P280、P261、P272、P273 事故响应：P301＋P330＋P331、P303＋P361＋P353、P304＋P340、P305＋P351＋P338、P310、P321、P363、P302＋P352、P333＋P313、P362＋P364、P391 安全储存：P405 废弃处置：P501	可引起皮肤腐蚀，可能引起皮肤过敏	
2087	四氧化锇	锇酸酐	20816-12-0	2471	急性毒性-经口，类别2* 急性毒性-经皮，类别1 急性毒性-吸入，类别2* 皮肤腐蚀/刺激，类别1B 严重眼损伤/眼刺激，类别1	H300 H310 H330 H314 H318	GHS05 GHS06	危险	预防措施：P264、P270、P262、P280、P260、P271、P284 事故响应：P301＋P310、P321、P302＋P352、P361＋P364、P304＋P340、P320、P301＋P330＋P331、P303＋P361＋P353、P305＋P351＋P338、P363 安全储存：P405、P233＋P403 废弃处置：P501	吞咽致命，皮肤接触会致命，吸入致命，可引起皮肤腐蚀	剧毒
2088	四氧化二氮		10544-72-6	1067	氧化性气体，类别1 加压气体 急性毒性-吸入，类别2* 皮肤腐蚀/刺激，类别1B 严重眼损伤/眼刺激，类别1 特异性靶器官毒性-一次接触，类别3(呼吸道刺激)	H270 H280或 H281 H330 H314 H318 H335	GHS03 GHS04 GHS05 GHS06	危险	预防措施：P220、P244、P260、P271、P284、P264、P280、P261 事故响应：P370＋P376、P304＋P340、P310、P320、P301＋P330＋P331、P303＋P361＋P353、P305＋P351＋P338、P321、P363、P312 安全储存：P410＋P403、P233＋P403、P405、P403＋P233 废弃处置：P501	可引起燃烧或加剧燃烧，氧化剂，内装加压气体：遇热可能爆炸，吸入致命，可引起皮肤腐蚀	
2089	四氧化三铅	红丹；铅丹；铅橙	1314-41-6		致癌性，类别1B 生殖毒性，类别1A 特异性靶器官毒性-一次接触，类别1 特异性靶器官毒性-反复接触，类别1 危害水生环境-急性危害，类别1 危害水生环境-长期危害，类别1	H350 H360 H370 H372 H400 H410	GHS08 GHS09	危险	预防措施：P201、P202、P280、P260、P264、P270、P273 事故响应：P308＋P313、P308＋P311、P321、P314、P391 安全储存：P405 废弃处置：P501	可能致癌	
2090	*O*,*O*,*O*′,*O*′-四乙基-*S*，*S*′-亚甲基双(二硫代磷酸酯)	乙硫磷	563-12-2		急性毒性-经口，类别3* 危害水生环境-急性危害，类别1 危害水生环境-长期危害，类别1	H301 H400 H410	GHS06 GHS09	危险	预防措施：P264、P270、P273 事故响应：P301＋P310、P321、P330、P391 安全储存：P405 废弃处置：P501	吞咽会中毒	

续表

序号	品名	别名	CAS号	UN号	危险性类别	危险性说明代码	象形图代码	警示词	防范说明代码	风险提示	备注
2091	O,O,O',O'-四乙基二硫代焦磷酸酯	治螟磷	3689-24-5		急性毒性-经口,类别2* 急性毒性-经皮,类别1 危害水生环境-急性危害,类别1 危害水生环境-长期危害,类别1	H300 H310 H400 H410	GHS06 GHS09	危险	预防措施:P264、P270、P262、P280、P273 事故响应:P301+P310、P321、P330、P302+P352、P361+P364、P391 安全储存:P405 废弃处置:P501	吞咽致命,皮肤接触会致命	剧毒
2092	四乙基焦磷酸酯	特普	107-49-3		急性毒性-经口,类别2* 急性毒性-经皮,类别1 危害水生环境-急性危害,类别1	H300 H310 H400	GHS06 GHS09	危险	预防措施:P264、P270、P262、P280、P273 事故响应:P301+P310、P321、P330、P302+P352、P361+P364、P391 安全储存:P405 废弃处置:P501	吞咽致命,皮肤接触会致命	剧毒
2093	四乙基铅	发动机燃料抗爆混合物	78-00-2		急性毒性-经口,类别2 急性毒性-经皮,类别3 急性毒性-吸入,类别1 生殖毒性,类别2 特异性靶器官毒性-一次接触,类别1 特异性靶器官毒性-反复接触,类别1 危害水生环境-急性危害,类别1 危害水生环境-长期危害,类别1	H300 H311 H330 H361 H370 H372 H400 H410	GHS06 GHS08 GHS09	危险	预防措施:P264、P270、P280、P260、P271、P284、P201、P202、P273 事故响应:P301+P310、P321、P330、P302+P352、P312、P361+P364、P304+P340、P320、P308+P313、P308+P311、P314、P391 安全储存:P405、P233+P403 废弃处置:P501	吞咽致命,皮肤接触会中毒,吸入致命	剧毒
2094	四乙基氢氧化铵		77-98-5		皮肤腐蚀/刺激,类别1 严重眼损伤/眼刺激,类别1	H314 H318	GHS05	危险	预防措施:P260、P264、P280 事故响应:P301+P330+P331、P303+P361+P353、P304+P340、P305+P351+P338、P310、P321、P363 安全储存:P405 废弃处置:P501	可引起皮肤腐蚀	
2095	四乙基锡	四乙锡	597-64-8		易燃液体,类别3 急性毒性-经口,类别2 急性毒性-吸入,类别2* 危害水生环境-急性危害,类别1 危害水生环境-长期危害,类别1	H226 H300 H330 H400 H410	GHS02 GHS06 GHS09	危险	预防措施:P210、P233、P240、P241、P242、P243、P280、P264、P270、P260、P271、P284、P273 事故响应:P303+P361+P353、P370+P378、P301+P310、P321、P330、P304+P340、P320、P391 安全储存:P403+P235、P405、P233+P403 废弃处置:P501	易燃液体,吞咽致命,吸入致命	

续表

序号	品名	别名	CAS号	UN号	危险性类别	危险性说明代码	象形图代码	警示词	防范说明代码	风险提示	备注
2096	四唑并-1-乙酸	四唑乙酸；四氮杂茂-1-乙酸	21732-17-2	0407	爆炸物，1.4项	H204	GHS01	警告	预防措施：P210、P240、P250、P280 事故响应：P370＋P380、P372、P373、P374 安全储存：P401 废弃处置：P501	燃烧或迸射危险	
2097	松焦油		8011-48-1		危害水生环境-长期危害，类别3*	H412			预防措施：P273 事故响应： 安全储存： 废弃处置：P501		
2098	松节油		8006-64-2	1299	易燃液体，类别3 皮肤腐蚀/刺激，类别2 严重眼损伤/眼刺激，类别2 皮肤致敏物，类别1 吸入危害，类别1 危害水生环境-急性危害，类别2 危害水生环境-长期危害，类别2	H226 H315 H319 H317 H304 H401 H411	GHS02 GHS07 GHS08 GHS09	危险	预防措施：P210、P233、P240、P241、P242、P243、P280、P264、P261、P272、P273 事故响应：P303＋P361＋P353、P370＋P378、P302＋P352、P321、P332＋P313、P362＋P364、P305＋P351＋P338、P337＋P313、P333＋P313、P301＋P310、P331、P391 安全储存：P403＋P235、P405 废弃处置：P501	易燃液体，可能引起皮肤过敏，禁止催吐	
2099	松节油混合萜	松脂萜；芸香烯	1335-76-8		易燃液体，类别3	H226	GHS02	警告	预防措施：P210、P233、P240、P241、P242、P243、P280 事故响应：P303＋P361＋P353、P370＋P378 安全储存：P403＋P235 废弃处置：P501	易燃液体	
2100	松油		8002-09-3	1272	易燃液体，类别3 危害水生环境-长期危害，类别3	H226 H412	GHS02	警告	预防措施：P210、P233、P240、P241、P242、P243、P280、P273 事故响应：P303＋P361＋P353、P370＋P378 安全储存：P403＋P235 废弃处置：P501	易燃液体	
2101	松油精	松香油	8002-16-2	1286	易燃液体，类别2	H225	GHS02	危险	预防措施：P210、P233、P240、P241、P242、P243、P280 事故响应：P303＋P361＋P353、P370＋P378 安全储存：P403＋P235 废弃处置：P501	高度易燃液体	

续表

序号	品名	别名	CAS号	UN号	危险性类别	危险性说明代码	象形图代码	警示词	防范说明代码	风险提示	备注
2102	酸式硫酸三乙基锡		57875-67-9		急性毒性-经口,类别2* 急性毒性-经皮,类别1 急性毒性-吸入,类别2* 危害水生环境-急性危害,类别1 危害水生环境-长期危害,类别1	H300 H310 H330 H400 H410	GHS06 GHS09	危险	预防措施：P264、P270、P262、P280、P260、P271、P284、P273 事故响应：P301＋P310、P321、P330、P302＋P352、P361＋P364、P304＋P340、P320、P391 安全储存：P405、P233＋P403 废弃处置：P501	吞咽致命，皮肤接触会致命，吸入致命	
2103	铊	金属铊	7440-28-0		急性毒性-经口,类别2* 急性毒性-吸入,类别2* 特异性靶器官毒性-反复接触,类别2*	H300 H330 H373	GHS06 GHS08	危险	预防措施：P264、P270、P260、P271、P284 事故响应：P301＋P310、P321、P330、P304＋P340、P320、P314 安全储存：P405、P233＋P403 废弃处置：P501	吞咽致命，吸入致命	
2104	钛酸四乙酯	钛酸乙酯；四乙氧基钛	3087-36-3		易燃液体,类别3	H226	GHS02	警告	预防措施：P210、P233、P240、P241、P242、P243、P280 事故响应：P303＋P361＋P353、P370＋P378 安全储存：P403＋P235 废弃处置：P501	易燃液体	
2105	钛酸四异丙酯	钛酸异丙酯	546-68-9		易燃液体,类别3 严重眼损伤/眼刺激,类别2A	H226 H319	GHS02 GHS07	警告	预防措施：P210、P233、P240、P241、P242、P243、P280、P264 事故响应：P303＋P361＋P353、P370＋P378、P305＋P351＋P338、P337＋P313 安全储存：P403＋P235 废弃处置：P501	易燃液体	
2106	钛酸四正丙酯	钛酸正丙酯	3087-37-4	2413	易燃液体,类别3	H226	GHS02	警告	预防措施：P210、P233、P240、P241、P242、P243、P280 事故响应：P303＋P361＋P353、P370＋P378 安全储存：P403＋P235 废弃处置：P501	易燃液体	
2107	碳化钙	电石	75-20-7	1402	遇水放出易燃气体的物质和混合物,类别1	H260	GHS02	危险	预防措施：P223、P231＋P232、P280 事故响应：P335＋P334、P370＋P378 安全储存：P402＋P404 废弃处置：P501	遇水放出可自燃的易燃气体	重大
2108	碳化铝		1299-86-1	1394	遇水放出易燃气体的物质和混合物,类别2	H261	GHS02	危险	预防措施：P223、P231＋P232、P280 事故响应：P335＋P334、P370＋P378 安全储存：P402＋P404 废弃处置：P501	遇水放出易燃气体	

续表

序号	品名	别名	CAS号	UN号	危险性类别	危险性说明代码	象形图代码	警示词	防范说明代码	风险提示	备注
2109	碳酸二丙酯	碳酸丙酯	623-96-1		易燃液体,类别3	H226	GHS02	警告	预防措施：P210、P233、P240、P241、P242、P243、P280 事故响应：P303+P361+P353、P370+P378 安全储存：P403+P235 废弃处置：P501	易燃液体	
2110	碳酸二甲酯		616-38-6	1161	易燃液体,类别2	H225	GHS02	危险	预防措施：P210、P233、P240、P241、P242、P243、P280 事故响应：P303+P361+P353、P370+P378 安全储存：P403+P235 废弃处置：P501	高度易燃液体	
2111	碳酸二乙酯	碳酸乙酯	105-58-8	2366	易燃液体,类别3	H226	GHS02	警告	预防措施：P210、P233、P240、P241、P242、P243、P280 事故响应：P303+P361+P353、P370+P378 安全储存：P403+P235 废弃处置：P501	易燃液体	
2112	碳酸铍		13106-47-3		急性毒性-经口,类别3* 急性毒性-吸入,类别2* 皮肤腐蚀/刺激,类别2 严重眼损伤/眼刺激,类别2 皮肤致敏物,类别1 致癌性,类别1A 特异性靶器官毒性-一次接触,类别3(呼吸道刺激) 特异性靶器官毒性-反复接触,类别1 危害水生环境-急性危害,类别2 危害水生环境-长期危害,类别2	H301 H330 H315 H319 H317 H350 H335 H372 H401 H411	GHS06 GHS08 GHS09	危险	预防措施：P264、P270、P260、P271、P284、P280、P261、P272、P201、P202、P273 事故响应：P301+P310、P321、P330、P304+P340、P320、P302+P352、P332+P313、P362+P364、P305+P351+P338、P337+P313、P333+P313、P308+P313、P312、P314、P391 安全储存：P405、P233+P403、P403+P233 废弃处置：P501	吞咽会中毒,吸入致命,可能引起皮肤过敏,可能致癌	
2113	碳酸亚铊	碳酸铊	6533-73-9		急性毒性-经口,类别2 急性毒性-经皮,类别2 特异性靶器官毒性-反复接触,类别2* 危害水生环境-急性危害,类别2 危害水生环境-长期危害,类别2	H300 H310 H373 H401 H411	GHS06 GHS08 GHS09	危险	预防措施：P264、P270、P262、P280、P260、P273 事故响应：P301+P310、P321、P330、P302+P352、P361+P364、P314、P391 安全储存：P405 废弃处置：P501	吞咽致命,皮肤接触会致命	

续表

序号	品名	别名	CAS号	UN号	危险性类别	危险性说明代码	象形图代码	警示词	防范说明代码	风险提示	备注
2114	碳酸乙丁酯		30714-78-4		易燃液体,类别3	H226	GHS02	警告	预防措施：P210、P233、P240、P241、P242、P243、P280 事故响应：P303+P361+P353、P370+P378 安全储存：P403+P235 废弃处置：P501	易燃液体	
2115	碳酰氯	光气	75-44-5	1076	加压气体 急性毒性-吸入,类别1 皮肤腐蚀/刺激,类别1B 严重眼损伤/眼刺激,类别1	H280或H281 H330 H314 H318	GHS04 GHS05 GHS06	危险	预防措施：P260、P271、P284、P264、P280 事故响应：P304+P340、P310、P320、P301+P330+P331、P303+P361+P353、P305+P351+P338、P321、P363 安全储存：P410+P403、P233+P403、P405 废弃处置：P501	内装加压气体：遇热可能爆炸，吸入致命，可引起皮肤腐蚀	剧毒，重点，重大
2116	羰基氟	碳酰氟；氟化碳酰	353-50-4	2417	加压气体 急性毒性-吸入,类别2 皮肤腐蚀/刺激,类别2 严重眼损伤/眼刺激,类别2 特异性靶器官毒性-一次接触,类别1	H280或H281 H330 H315 H319 H370	GHS04 GHS06 GHS08	危险	预防措施：P260、P271、P284、P264、P280、P270 事故响应：P304+P340、P310、P320、P302+P352、P321、P332+P313、P362+P364、P305+P351+P338、P337+P313、P308+P311 安全储存：P410+P403、P233+P403、P405 废弃处置：P501	内装加压气体：遇热可能爆炸，吸入致命	
2117	羰基硫	硫化碳酰	463-58-1	2204	易燃气体,类别1 加压气体 急性毒性-吸入,类别3	H220 H280或H281 H331	GHS02 GHS04 GHS06	危险	预防措施：P210、P261、P271 事故响应：P377、P381、P304+P340、P311、P321 安全储存：P410+P403、P233+P403、P405 废弃处置：P501	极易燃气体，内装加压气体：遇热可能爆炸，吸入会中毒	
2118	羰基镍	四羰基镍；四碳酰镍	13463-39-3	1259	易燃液体,类别2 急性毒性-吸入,类别2* 致癌性,类别1A 生殖毒性,类别1B 危害水生环境-急性危害,类别1 危害水生环境-长期危害,类别1	H225 H330 H350 H360 H400 H410	GHS02 GHS06 GHS08 GHS09	危险	预防措施：P210、P233、P240、P241、P242、P243、P280、P260、P271、P284、P201、P202、P273 事故响应：P303+P361+P353、P370+P378、P304+P340、P310、P320、P308+P313、P391 安全储存：P403+P235、P233+P403、P405 废弃处置：P501	高度易燃液体，吸入致命，可能致癌	剧毒
2119	2-特丁基-4,6-二硝基酚	2-(1,1-二甲基乙基)-4,6-二硝酚；特乐酚	1420-07-1		急性毒性-经口,类别2* 急性毒性-经皮,类别3* 生殖毒性,类别1B 危害水生环境-急性危害,类别1 危害水生环境-长期危害,类别1	H300 H311 H360 H400 H410	GHS06 GHS08 GHS09	危险	预防措施：P264、P270、P280、P201、P202、P273 事故响应：P301+P310、P321、P330、P302+P352、P312、P361+P364、P308+P313、P391 安全储存：P405 废弃处置：P501	吞咽致命，皮肤接触会中毒	

续表

序号	品名	别名	CAS 号	UN 号	危险性类别	危险性说明代码	象形图代码	警示词	防范说明代码	风险提示	备注
2120	2-特戊酰-2,3-二氢-1,3-茚二酮	鼠完	83-26-1		急性毒性-经口,类别 3* 特异性靶器官毒性-反复接触,类别 1 危害水生环境-急性危害,类别 1 危害水生环境-长期危害,类别 1	H301 H372 H400 H410	GHS06 GHS08 GHS09	危险	预防措施:P264、P270、P260、P273 事故响应:P301 + P310、P321、P330、P314、P391 安全储存:P405 废弃处置:P501	吞咽会中毒	
2121	锑粉		7440-36-0	2871	特异性靶器官毒性-反复接触,类别 2	H373	GHS08	警告	预防措施:P260 事故响应:P314 安全储存: 废弃处置:P501		制爆
2122	锑化氢	三氢化锑;锑化三氢;睇	7803-52-3	2676	易燃气体,类别 1 加压气体 急性毒性-吸入,类别 3	H220 H280 或 H281 H331	GHS02 GHS04 GHS06	危险	预防措施:P210、P261、P271 事故响应:P377、P381、P304 + P340、P311、P321 安全储存:P410+P403、P233+P403、P405 废弃处置:P501	极易燃气体,内装加压气体:遇热可能爆炸,吸入会中毒	重大
2123	天然气[富含甲烷的]	沼气	8006-14-2	1971	易燃气体,类别 1 加压气体	H220 H280 或 H281	GHS02 GHS04	危险	预防措施:P210 事故响应:P377、P381 安全储存:P410+P403 废弃处置:	极易燃气体,内装加压气体:遇热可能爆炸	重点,重大
2124	萜品油烯	异松油烯	586-62-9	2541	易燃液体,类别 3 吸入危害,类别 1 危害水生环境-急性危害,类别 1 危害水生环境-长期危害,类别 1	H226 H304 H400 H410	GHS02 GHS08 GHS09	危险	预防措施:P210、P233、P240、P241、P242、P243、P280、P273 事故响应:P303+P361+P353、P370+P378、P301+P310、P331、P391 安全储存:P403+P235、P405 废弃处置:P501	易燃液体,禁止催吐	
2125	萜烃		63394-00-3	2319	易燃液体,类别 3	H226	GHS02	警告	预防措施:P210、P233、P240、P241、P242、P243、P280 事故响应:P303+P361+P353、P370+P378 安全储存:P403+P235 废弃处置:P501	易燃液体	
2126	铁铈齐	铈铁合金	69523-06-4	1323	易燃固体,类别 1	H228	GHS02	危险	预防措施:P210、P240、P241、P280 事故响应:P370+P378 安全储存: 废弃处置:	易燃固体	

续表

序号	品名	别名	CAS号	UN号	危险性类别	危险性说明代码	象形图代码	警示词	防范说明代码	风险提示	备注
2127	铜钙合金				遇水放出易燃气体的物质和混合物,类别2	H261	GHS02	危险	预防措施:P223、P231+P232、P280 事故响应:P335+P334、P370+P378 安全储存:P402+P404 废弃处置:P501	遇水放出易燃气体	
2128	铜乙二胺溶液		13426-91-0	1761	急性毒性-吸入,类别3 皮肤腐蚀/刺激,类别1 严重眼损伤/眼刺激,类别1	H331 H314 H318	GHS05 GHS06	危险	预防措施:P261、P271、P260、P264、P280 事故响应:P304+P340、P311、P321、P301+P330+P331、P303+P361+P353、P305+P351+P338、P310、P363 安全储存:P233+P403、P405 废弃处置:P501	吸入会中毒,可引起皮肤腐蚀	
2129	土荆芥油	藜油;除蛔油	8006-99-3		急性毒性-经口,类别3 急性毒性-经皮,类别3	H301 H311	GHS06	危险	预防措施:P264、P270、P280 事故响应:P301+P310、P321、P330、P302+P352、P312、P361+P364 安全储存:P405 废弃处置:P501	吞咽会中毒,皮肤接触会中毒	
2130	烷基、芳基或甲苯磺酸[含游离硫酸]				皮肤腐蚀/刺激,类别1 严重眼损伤/眼刺激,类别1	H314 H318	GHS05	危险	预防措施:P260、P264、P280 事故响应:P301+P330+P331、P303+P361+P353、P304+P340、P305+P351+P338、P310、P321、P363 安全储存:P405 废弃处置:P501	可引起皮肤腐蚀	
2131	烷基锂				自燃液体,类别1 遇水放出易燃气体的物质和混合物,类别1	H250 H260	GHS02	危险	预防措施:P210、P222、P280、P223、P231+P232 事故响应:P302+P334、P370+P378、P335+P334 安全储存:P422、P402+P404 废弃处置:P501	暴露在空气中自燃,遇水放出可自燃的易燃气体	
2132	烷基铝氢化物				自燃液体,类别1 遇水放出易燃气体的物质和混合物,类别1	H250 H260	GHS02	危险	预防措施:P210、P222、P280、P223、P231+P232 事故响应:P302+P334、P370+P378、P335+P334 安全储存:P422、P402+P404 废弃处置:P501	暴露在空气中自燃,遇水放出可自燃的易燃气体	重大

续表

序号	品名	别名	CAS号	UN号	危险性类别	危险性说明代码	象形图代码	警示词	防范说明代码	风险提示	备注
2133	乌头碱	附子精	302-27-2		急性毒性-经口,类别2* 急性毒性-吸入,类别2*	H300 H330	GHS06	危险	预防措施:P264、P270、P260、P271、P284 事故响应:P301+P310、P321、P330、P304+P340、P320 安全储存:P405、P233+P403 废弃处置:P501	吞咽致命,吸入致命	剧毒
2134	无水肼[含肼>64%]	无水联胺	302-01-2		易燃液体,类别3 急性毒性-经口,类别3* 急性毒性-经皮,类别3* 急性毒性-吸入,类别3* 皮肤腐蚀/刺激,类别1B 严重眼损伤/眼刺激,类别1 皮肤致敏物,类别1 致癌性,类别2 危害水生环境-急性危害,类别1 危害水生环境-长期危害,类别1	H226 H301 H311 H331 H314 H318 H317 H351 H400 H410	GHS02 GHS05 GHS06 GHS08 GHS09	危险	预防措施:P210、P233、P240、P241、P242、P243、P280、P264、P270、P261、P271、P260、P272、P201、P202、P273 事故响应:P303+P361+P353、P370+P378、P301+P310、P321、P302+P352、P312、P361+P364、P304+P340、P311、P301+P330+P331、P305+P351+P338、P363、P333+P313、P362+P364、P308+P313、P391 安全储存:P403+P235、P405、P233+P403 废弃处置:P501	易燃液体,吞咽会中毒,皮肤接触会中毒,吸入会中毒,可引起皮肤腐蚀,可能引起皮肤过敏	
2135	五氟化铋		7787-62-4		氧化性固体,类别3 皮肤腐蚀/刺激,类别1 严重眼损伤/眼刺激,类别1	H272 H314 H318	GHS03 GHS05	危险	预防措施:P210、P220、P221、P280、P260、P264 事故响应:P370+P378、P301+P330+P331、P303+P361+P353、P304+P340、P305+P351+P338、P310、P321、P363 安全储存:P405 废弃处置:P501	可加热燃烧,氧化剂,可引起皮肤腐蚀	
2136	五氟化碘		7783-66-6	2495	氧化性固体,类别1 急性毒性-经口,类别3 急性毒性-经皮,类别2 急性毒性-吸入,类别2 皮肤腐蚀/刺激,类别1 严重眼损伤/眼刺激,类别1	H271 H301 H310 H330 H314 H318	GHS03 GHS05 GHS06	危险	预防措施:P210、P220、P221、P280、P283、P264、P270、P262、P260、P271、P284 事故响应:P306+P360、P370+P378、P371+P380+P375、P301+P310、P321、P302+P352、P361+P364、P304+P340、P320、P301+P330+P331、P303+P361+P353、P305+P351+P338、P363 安全储存:P405、P233+P403 废弃处置:P501	可引起燃烧或爆炸,强氧化剂,吞咽会中毒,皮肤接触会致命,吸入致命,可引起皮肤腐蚀	

续表

序号	品名	别名	CAS号	UN号	危险性类别	危险性说明代码	象形图代码	警示词	防范说明代码	风险提示	备注
2137	五氟化磷		7647-19-0	2198	加压气体 急性毒性-吸入,类别3 皮肤腐蚀/刺激,类别1 严重眼损伤/眼刺激,类别1	H280或H281 H331 H314 H318	GHS04 GHS05 GHS06	危险	预防措施:P261、P271、P260、P264、P280 事故响应:P304+P340、P311、P321、P301+P330+P331、P303+P361+P353、P305+P351+P338、P310、P363 安全储存:P410+P403、P233+P403、P405 废弃处置:P501	内装加压气体:遇热可能爆炸,吸入会中毒,可引起皮肤腐蚀	
2138	五氟化氯		13637-63-3	2548	加压气体 氧化性气体,类别1 急性毒性-吸入,类别1 皮肤腐蚀/刺激,类别1 严重眼损伤/眼刺激,类别1	H280或H281 H270 H330 H314 H318	GHS03 GHS04 GHS05 GHS06	危险	预防措施:P220、P244、P260、P271、P284、P264、P280 事故响应:P370+P376、P304+P340、P310、P320、P301+P330+P331、P303+P361+P353、P305+P351+P338、P321、P363 安全储存:P410+P403、P233+P403、P405 废弃处置:P501	内装加压气体:遇热可能爆炸,可引起燃烧或加剧燃烧,氧化剂,吸入致命,可引起皮肤腐蚀	剧毒
2139	五氟化锑		7783-70-2	1732	急性毒性-吸入,类别1 皮肤腐蚀/刺激,类别1 严重眼损伤/眼刺激,类别1 特异性靶器官毒性-一次接触,类别2 特异性靶器官毒性-反复接触,类别1 危害水生环境-急性危害,类别2 危害水生环境-长期危害,类别2	H330 H314 H318 H371 H372 H401 H411	GHS05 GHS06 GHS08 GHS09	危险	预防措施:P260、P271、P284、P264、P280、P270、P273 事故响应:P304+P340、P310、P320、P301+P330+P331、P303+P361+P353、P305+P351+P338、P321、P363、P308+P311、P314、P391 安全储存:P233+P403、P405 废弃处置:P501	吸入致命,可引起皮肤腐蚀	
2140	五氟化溴		7789-30-2	1745	氧化性液体,类别1 急性毒性-吸入,类别1 皮肤腐蚀/刺激,类别1 严重眼损伤/眼刺激,类别1 特异性靶器官毒性-一次接触,类别1 特异性靶器官毒性-反复接触,类别2	H271 H330 H314 H318 H370 H373	GHS03 GHS05 GHS06 GHS08	危险	预防措施:P210、P220、P221、P280、P283、P260、P271、P284、P264、P270 事故响应:P306+P360、P370+P378、P371+P380+P375、P304+P340、P310、P320、P301+P330+P331、P303+P361+P353、P305+P351+P338、P321、P363、P308+P311、P314 安全储存:P233+P403、P405 废弃处置:P501	可引起燃烧或爆炸,强氧化剂,吸入致命,可引起皮肤腐蚀	

续表

序号	品名	别名	CAS号	UN号	危险性类别	危险性说明代码	象形图代码	警示词	防范说明代码	风险提示	备注
2141	五甲基庚烷		30586-18-6	2286	易燃液体,类别3	H226	GHS02	警告	预防措施：P210、P233、P240、P241、P242、P243、P280 事故响应:P303+P361+P353、P370+P378 安全储存:P403+P235 废弃处置:P501	易燃液体	
2142	五硫化二磷	五硫化磷	1314-80-3		易燃固体,类别1 遇水放出易燃气体的物质和混合物,类别1 危害水生环境-急性危害,类别1	H228 H260 H400	GHS02 GHS09	危险	预防措施:P210、P240、P241、P280、P223、P231+P232、P273 事故响应:P370+P378、P335+P334、P391 安全储存:P402+P404 废弃处置:P501	易燃固体,遇水放出可自燃的易燃气体	
2143	五氯苯		608-93-5		易燃固体,类别1 危害水生环境-急性危害,类别1 危害水生环境-长期危害,类别1	H228 H400 H410	GHS02 GHS09	危险	预防措施:P210、P240、P241、P280、P273 事故响应:P370+P378、P391 安全储存: 废弃处置:P501	易燃固体	
2144	五氯苯酚	五氯酚	87-86-5	3155	急性毒性-经口,类别3* 急性毒性-经皮,类别3* 急性毒性-吸入,类别2* 皮肤腐蚀/刺激,类别2 严重眼损伤/眼刺激,类别2 致癌性,类别2 特异性靶器官毒性-一次接触,类别3(呼吸道刺激) 危害水生环境-急性危害,类别1 危害水生环境-长期危害,类别1	H301 H311 H330 H315 H319 H351 H335 H400 H410	GHS06 GHS08 GHS09	危险	预防措施：P264、P270、P280、P260、P271、P284、P201、P202、P261、P273 事故响应:P301 + P310、P321、P330、P302 + P352、P312、P361 + P364、P304 + P340、P320、P332+P313、P362+P364、P305+P351+P338、P337+P313、P308+P313、P391 安全储存:P405、P233+P403、P403+P233 废弃处置:P501	吞咽会中毒,皮肤接触会中毒,吸入致命	剧毒
2145	五氯苯酚苯基汞				急性毒性-经口,类别2* 急性毒性-经皮,类别1 急性毒性-吸入,类别2* 特异性靶器官毒性-反复接触,类别2* 危害水生环境-急性危害,类别1 危害水生环境-长期危害,类别1	H300 H310 H330 H373 H400 H410	GHS06 GHS08 GHS09	危险	预防措施：P264、P270、P262、P280、P260、P271、P284、P273 事故响应:P301 + P310、P321、P330、P302 + P352、P361 + P364、P304 + P340、P320、P314、P391 安全储存:P405、P233+P403 废弃处置:P501	吞咽致命,皮肤接触会致命,吸入致命	

续表

序号	品名	别名	CAS号	UN号	危险性类别	危险性说明代码	象形图代码	警示词	防范说明代码	风险提示	备注
2146	五氯苯酚汞				急性毒性-经口,类别 2* 急性毒性-经皮,类别 1 急性毒性-吸入,类别 2* 特异性靶器官毒性-反复接触,类别 2* 危害水生环境-急性危害,类别 1 危害水生环境-长期危害,类别 1	H300 H310 H330 H373 H400 H410	GHS06 GHS08 GHS09	危险	预防措施：P264、P270、P262、P280、P260、P271、P284、P273 事故响应：P301＋P310、P321、P330、P302＋P352、P361＋P364、P304＋P340、P320、P314、P391 安全储存：P405、P233＋P403 废弃处置：P501	吞咽致命，皮肤接触会致命，吸入致命	
2147	2,3,4,7,8-五氯二苯并呋喃	2,3,4,7,8-PC-DF	57117-31-4		急性毒性-经口,类别 1 急性毒性-经皮,类别 1 生殖细胞致突变性,类别 2 致癌性,类别 1A 生殖毒性,类别 1B 特异性靶器官毒性-一次接触,类别 1 特异性靶器官毒性-反复接触,类别 1 危害水生环境-急性危害,类别 1 危害水生环境-长期危害,类别 1	H300 H310 H341 H350 H360 H370 H372 H400 H410	GHS06 GHS08 GHS09	危险	预防措施：P264、P270、P262、P280、P201、P202、P260、P273 事故响应：P301＋P310、P321、P330、P302＋P352、P361＋P364、P308＋P313、P308＋P311、P314、P391 安全储存：P405 废弃处置：P501	吞咽致命，皮肤接触会致命，可能致癌	剧毒
2148	五氯酚钠		131-52-2	2567	急性毒性-经口,类别 3* 急性毒性-经皮,类别 3* 急性毒性-吸入,类别 2* 皮肤腐蚀/刺激,类别 2 严重眼损伤/眼刺激,类别 2 特异性靶器官毒性-一次接触,类别 3(呼吸道刺激) 危害水生环境-急性危害,类别 1 危害水生环境-长期危害,类别 1	H301 H311 H330 H315 H319 H335 H400 H410	GHS06 GHS09	危险	预防措施：P264、P270、P280、P260、P271、P284、P261、P273 事故响应：P301＋P310、P321、P330、P302＋P352、P312、P361＋P364、P304＋P340、P320、P332＋P313、P362＋P364、P305＋P351＋P338、P337＋P313、P391 安全储存：P405、P233＋P403、P403＋P233 废弃处置：P501	吞咽会中毒，皮肤接触会中毒，吸入致命	
2149	五氯化磷		10026-13-8	1806	急性毒性-吸入,类别 2* 皮肤腐蚀/刺激,类别 1B 严重眼损伤/眼刺激,类别 1 特异性靶器官毒性-反复接触,类别 2*	H330 H314 H318 H373	GHS05 GHS06 GHS08	危险	预防措施：P260、P271、P284、P264、P280 事故响应：P304＋P340、P310、P320、P301＋P330＋P331、P303＋P361＋P353、P305＋P351＋P338、P321、P363、P314 安全储存：P233＋P403、P405 废弃处置：P501	吸入致命，可引起皮肤腐蚀	

续表

序号	品名	别名	CAS号	UN号	危险性类别	危险性说明代码	象形图代码	警示词	防范说明代码	风险提示	备注
2150	五氯化钼		10241-05-1	2508	皮肤腐蚀/刺激,类别1 严重眼损伤/眼刺激,类别1	H314 H318	GHS05	危险	预防措施:P260、P264、P280 事故响应:P301+P330+P331、P303+P361+P353、P304+P340、P305+P351+P338、P310、P321、P363 安全储存:P405 废弃处置:P501	可引起皮肤腐蚀	
2151	五氯化铌		10026-12-7		皮肤腐蚀/刺激,类别1 严重眼损伤/眼刺激,类别1	H314 H318	GHS05	危险	预防措施:P260、P264、P280 事故响应:P301+P330+P331、P303+P361+P353、P304+P340、P305+P351+P338、P310、P321、P363 安全储存:P405 废弃处置:P501	可引起皮肤腐蚀	
2152	五氯化钽		7721-01-9		皮肤腐蚀/刺激,类别1 严重眼损伤/眼刺激,类别1	H314 H318	GHS05	危险	预防措施:P260、P264、P280 事故响应:P301+P330+P331、P303+P361+P353、P304+P340、P305+P351+P338、P310、P321、P363 安全储存:P405 废弃处置:P501	可引起皮肤腐蚀	
2153	五氯化锑	过氯化锑;氯化锑	7647-18-9	1730	急性毒性-吸入,类别1 皮肤腐蚀/刺激,类别1B 严重眼损伤/眼刺激,类别1 特异性靶器官毒性-一次接触,类别3(呼吸道刺激) 危害水生环境-急性危害,类别2 危害水生环境-长期危害,类别2	H330 H314 H318 H335 H401 H411	GHS05 GHS06 GHS09	危险	预防措施:P260、P271、P284、P264、P280、P261、P273 事故响应:P304+P340、P310、P320、P301+P330+P331、P303+P361+P353、P305+P351+P338、P321、P363、P312、P391 安全储存:P233+P403、P405、P403+P233 废弃处置:P501	吸入致命,可引起皮肤腐蚀	剧毒
2154	五氯硝基苯	硝基五氯苯	82-68-8		皮肤致敏物,类别1 危害水生环境-急性危害,类别1 危害水生环境-长期危害,类别1	H317 H400 H410	GHS07 GHS09	警告	预防措施:P261、P272、P280、P273 事故响应:P302+P352、P321、P333+P313、P362+P364、P391 安全储存: 废弃处置:P501	可能引起皮肤过敏	
2155	五氯乙烷		76-01-7	1669	特异性靶器官毒性-反复接触,类别1 危害水生环境-急性危害,类别2 危害水生环境-长期危害,类别2	H372 H401 H411	GHS08 GHS09	危险	预防措施:P260、P264、P270、P273 事故响应:P314、P391 安全储存: 废弃处置:P501		

续表

序号	品名	别名	CAS号	UN号	危险性类别	危险性说明代码	象形图代码	警示词	防范说明代码	风险提示	备注
2156	五氰金酸四钾		68133-87-9		急性毒性-经口,类别 2 皮肤致敏物,类别 1 特异性靶器官毒性-一次接触,类别 2 危害水生环境-急性危害,类别 1 危害水生环境-长期危害,类别 1	H300 H317 H371 H400 H410	GHS06 GHS08 GHS09	危险	预防措施：P264、P270、P261、P272、P280、P260、P273 事故响应：P301＋P310、P321、P330、P302＋P352、P333＋P313、P362＋P364、P308＋P311、P391 安全储存：P405 废弃处置：P501	吞咽致命，可能引起皮肤过敏	
2157	五羰基铁	羰基铁	13463-40-6	1994	易燃液体,类别 2 急性毒性-经口,类别 2 急性毒性-经皮,类别 2 急性毒性-吸入,类别 1 特异性靶器官毒性-一次接触,类别 1 特异性靶器官毒性-反复接触,类别 2	H225 H300 H310 H330 H370 H373	GHS02 GHS06 GHS08	危险	预防措施：P210、P233、P240、P241、P242、P243、P280、P264、P270、P262、P260、P271、P284 事故响应：P303＋P361＋P353、P370＋P378、P301＋P310、P321、P330、P302＋P352、P361＋P364、P304＋P340、P320、P308＋P311、P314 安全储存：P403＋P235、P405、P233＋P403 废弃处置：P501	高度易燃液体，吞咽致命，皮肤接触会致命，吸入致命	剧毒
2158	五溴二苯醚		32534-81-9		生殖毒性,附加类别 特异性靶器官毒性-反复接触,类别 2＊ 危害水生环境-急性危害,类别 1 危害水生环境-长期危害,类别 1	H362 H373 H400 H410	GHS08 GHS09	警告	预防措施：P201、P260、P263、P264、P270、P273 事故响应：P308＋P313、P314、P391 安全储存： 废弃处置：P501		
2159	五溴化磷		7789-69-7	2691	皮肤腐蚀/刺激,类别 1 严重眼损伤/眼刺激,类别 1	H314 H318	GHS05	危险	预防措施：P260、P264、P280 事故响应：P301＋P330＋P331、P303＋P361＋P353、P304＋P340、P305＋P351＋P338、P310、P321、P363 安全储存：P405 废弃处置：P501	可引起皮肤腐蚀	
2160	五氧化二碘	碘酐	12029-98-0		氧化性固体,类别 2 皮肤腐蚀/刺激,类别 1 严重眼损伤/眼刺激,类别 1	H272 H314 H318	GHS03 GHS05	危险	预防措施：P210、P220、P221、P280、P260、P264 事故响应：P370＋P378、P301＋P330＋P331、P303＋P361＋P353、P304＋P340、P305＋P351＋P338、P310、P321、P363 安全储存：P405 废弃处置：P501	可加剧燃烧，氧化剂，可引起皮肤腐蚀	

续表

序号	品名	别名	CAS 号	UN 号	危险性类别	危险性说明代码	象形图代码	警示词	防范说明代码	风险提示	备注
2161	五氧化二钒	钒酸酐	1314-62-1	2862	急性毒性-经口,类别 2 生殖细胞致突变性,类别 2 致癌性,类别 2 生殖毒性,类别 2 特异性靶器官毒性-反复接触,类别 1 特异性靶器官毒性-一次接触,类别 3(呼吸道刺激) 危害水生环境-急性危害,类别 2 危害水生环境-长期危害,类别 2	H300 H341 H351 H361 H372 H335 H401 H411	GHS06 GHS08 GHS09	危险	预防措施：P264、P270、P201、P202、P280、P260、P261、P271、P273 事故响应：P301＋P310、P321、P330、P308＋P313、P314、P304＋P340、P312、P391 安全储存：P405、P403＋P233 废弃处置：P501	吞咽致命	
2162	五氧化二磷	磷酸酐	1314-56-3	1807	皮肤腐蚀/刺激,类别 1A 严重眼损伤/眼刺激,类别 1	H314 H318	GHS05	危险	预防措施：P260、P264、P280 事故响应：P301＋P330＋P331、P303＋P361＋P353、P304＋P340、P305＋P351＋P338、P310、P321、P363 安全储存：P405 废弃处置：P501	可引起皮肤腐蚀	
2163	五氧化二砷	砷酸酐;五氧化砷;氧化砷	1303-28-2	1559	急性毒性-经口,类别 2 急性毒性-吸入,类别 3 * 致癌性,类别 1A 危害水生环境-急性危害,类别 1 危害水生环境-长期危害,类别 1	H300 H331 H350 H400 H410	GHS06 GHS08 GHS09	危险	预防措施：P264、P270、P261、P271、P201、P202、P280、P273 事故响应：P301＋P310、P321、P330、P304＋P340、P311、P308＋P313、P391 安全储存：P405、P233＋P403 废弃处置：P501	吞咽致命，吸入会中毒，可能致癌	剧毒
2164	五氧化二锑	锑酸酐	1314-60-9		危害水生环境-急性危害,类别 2 危害水生环境-长期危害,类别 2	H401 H411	GHS09	警告	预防措施：P273 事故响应：P391 安全储存： 废弃处置：P501		
2165	1-戊醇	正戊醇	71-41-0	2705	易燃液体,类别 3 皮肤腐蚀/刺激,类别 2 特异性靶器官毒性-一次接触,类别 3(呼吸道刺激)	H226 H315 H335	GHS02 GHS07	警告	预防措施：P210、P233、P240、P241、P242、P243、P280、P264、P261、P271 事故响应：P303＋P361＋P353、P370＋P378、P302＋P352、P321、P332＋P313、P362＋P364、P304＋P340、P312 安全储存：P403＋P235、P403＋P233、P405 废弃处置：P501	易燃液体	

续表

序号	品名	别名	CAS号	UN号	危险性类别	危险性说明代码	象形图代码	警示词	防范说明代码	风险提示	备注
2166	2-戊醇	仲戊醇	6032-29-7	1105	易燃液体,类别 3 皮肤腐蚀/刺激,类别 2 特异性靶器官毒性-一次接触,类别 3(呼吸道刺激)	H226 H315 H335	GHS02 GHS07	警告	预防措施：P210、P233、P240、P241、P242、P243、P280、P264、P261、P271 事故响应：P303＋P361＋P353、P370＋P378、P302＋P352、P321、P332＋P313、P362＋P364、P304＋P340、P312 安全储存：P403＋P235、P403＋P233、P405 废弃处置：P501	易燃液体	
2167	1,5-戊二胺	1,5-二氨基戊烷；五亚甲基二胺；尸毒素	462-94-2		急性毒性-经口,类别 3	H301	GHS06	危险	预防措施：P264、P270 事故响应：P301＋P310、P321、P330 安全储存：P405 废弃处置：P501	吞咽会中毒	
2168	戊二腈	1,3-二氰基丙烷	544-13-8		急性毒性-经口,类别 3 皮肤腐蚀/刺激,类别 2 严重眼损伤/眼刺激,类别 2A 特异性靶器官毒性-一次接触,类别 3(呼吸道刺激)	H301 H315 H319 H335	GHS06	危险	预防措施：P264、P270、P280、P261、P271 事故响应：P301＋P310、P321、P330、P302＋P352、P332＋P313、P362＋P364、P305＋P351＋P338、P337＋P313、P304＋P340、P312 安全储存：P405、P403＋P233 废弃处置：P501	吞咽会中毒	
2169	戊二醛	1,5-戊二醛	111-30-8		急性毒性-经口,类别 3 * 急性毒性-吸入,类别 3 * 皮肤腐蚀/刺激,类别 1B 严重眼损伤/眼刺激,类别 1 呼吸道致敏物,类别 1 皮肤致敏物,类别 1 特异性靶器官毒性-一次接触,类别 3(呼吸道刺激) 危害水生环境-急性危害,类别 1	H301 H331 H314 H318 H334 H317 H335 H400	GHS05 GHS06 GHS08 GHS09	危险	预防措施：P264、P270、P261、P271、P260、P280、P284、P272、P273 事故响应：P301＋P310、P321、P304＋P340、P301＋P330＋P331、P303＋P361＋P353、P305＋P351＋P338、P363、P342＋P311、P302＋P352、P333＋P313、P362＋P364、P312、P391 安全储存：P405、P233＋P403、P403＋P233 废弃处置：P501	吞咽会中毒，吸入会中毒，可引起皮肤腐蚀，吸入可能导致过敏，可能引起皮肤过敏	
2170	2,4-戊二酮	乙酰丙酮	123-54-6	2310	易燃液体,类别 3	H226	GHS02	警告	预防措施：P210、P233、P240、P241、P242、P243、P280 事故响应：P303＋P361＋P353、P370＋P378 安全储存：P403＋P235 废弃处置：P501	易燃液体	

续表

序号	品名	别名	CAS号	UN号	危险性类别	危险性说明代码	象形图代码	警示词	防范说明代码	风险提示	备注
2171	1,3-戊二烯[稳定的]		504-60-9		易燃液体,类别2 皮肤腐蚀/刺激,类别2 特异性靶器官毒性-一次接触,类别3(呼吸道刺激) 吸入危害,类别1	H225 H315 H335 H304	GHS02 GHS07 GHS08	危险	预防措施：P210、P233、P240、P241、P242、P243、P280、P264、P261、P271 事故响应：P303＋P361＋P353、P370＋P378、P302＋P352、P321、P332＋P313、P362＋P364、P304＋P340、P312、P301＋P310、P331 安全储存：P403＋P235、P403＋P233、P405 废弃处置：P501	高度易燃液体，禁止催吐	
2172	1,4-戊二烯[稳定的]		591-93-5		易燃液体,类别1	H224	GHS02	危险	预防措施：P210、P233、P240、P241、P242、P243、P280 事故响应：P303＋P361＋P353、P370＋P378 安全储存：P403＋P235 废弃处置：P501	极易燃液体	
2173	戊基三氯硅烷		107-72-2	1728	急性毒性-经皮,类别3 皮肤腐蚀/刺激,类别1 严重眼损伤/眼刺激,类别1	H311 H314 H318	GHS05 GHS06	危险	预防措施：P280、P260、P264 事故响应：P302＋P352、P312、P321、P361＋P364、P301＋P330＋P331、P303＋P361＋P353、P304＋P340、P305＋P351＋P338、P310、P363 安全储存：P405 废弃处置：P501	皮肤接触会中毒，可引起皮肤腐蚀	
2174	戊腈	丁基氰；氰化丁烷	110-59-8		易燃液体,类别3	H226	GHS02	警告	预防措施：P210、P233、P240、P241、P242、P243、P280 事故响应：P303＋P361＋P353、P370＋P378 安全储存：P403＋P235 废弃处置：P501	易燃液体	
2175	1-戊硫醇	正戊硫醇	110-66-7	1111	易燃液体,类别2 急性毒性-吸入,类别3 皮肤腐蚀/刺激,类别2 严重眼损伤/眼刺激,类别2 皮肤致敏物,类别1 特异性靶器官毒性-一次接触,类别3(呼吸道刺激)	H225 H331 H315 H319 H317 H335	GHS02 GHS06	危险	预防措施：P210、P233、P240、P241、P242、P243、P280、P261、P271、P264、P272 事故响应：P303＋P361＋P353、P370＋P378、P304＋P340、P311、P321、P302＋P352、P332＋P313、P362＋P364、P305＋P351＋P338、P337＋P313、P333＋P313、P312 安全储存：P403＋P235、P233＋P403、P405、P403＋P233 废弃处置：P501	高度易燃液体，吸入会中毒，可能引起皮肤过敏	

续表

序号	品名	别名	CAS号	UN号	危险性类别	危险性说明代码	象形图代码	警示词	防范说明代码	风险提示	备注
2176	戊硫醇异构体混合物			1111	易燃液体,类别 2 急性毒性-吸入,类别 3 皮肤腐蚀/刺激,类别 2 严重眼损伤/眼刺激,类别 2 皮肤致敏物,类别 1 特异性靶器官毒性-一次接触,类别 3(呼吸道刺激)	H225 H331 H315 H319 H317 H335	GHS02 GHS06	危险	预防措施：P210、P233、P240、P241、P242、P243、P280、P261、P271、P264、P272 事故响应:P303＋P361＋P353、P370＋P378、P304＋P340、P311、P321、P302＋P352、P332＋P313、P362＋P364、P305＋P351＋P338、P337＋P313、P333＋P313、P312 安全储存:P403＋P235、P233＋P403、P405、P403＋P233 废弃处置:P501	高度易燃液体，吸入会中毒，可能引起皮肤过敏	
2177	戊硼烷	五硼烷	19624-22-7	1380	自燃液体,类别 1 急性毒性-吸入,类别 1 皮肤腐蚀/刺激,类别 2 严重眼损伤/眼刺激,类别 1 特异性靶器官毒性-一次接触,类别 1 特异性靶器官毒性-一次接触,类别 3(呼吸道刺激、麻醉效应) 特异性靶器官毒性-反复接触,类别 1	H250 H330 H315 H318 H370 H335 H336 H372	GHS02 GHS05 GHS06 GHS08	危险	预防措施：P210、P222、P280、P260、P271、P284、P264、P270、P261 事故响应:P302＋P334、P370＋P378、P304＋P340、P310、P320、P302＋P352、P321、P332＋P313、P362＋P364、P305＋P351＋P338、P308＋P311、P312、P314 安全储存:P422、P233＋P403、P405、P403＋P233 废弃处置:P501	暴露在空气中自燃，吸入致命，造成严重眼损伤	剧毒，重大
2178	1-戊醛	正戊醛	110-62-3	2058	易燃液体,类别 2 皮肤腐蚀/刺激,类别 2 严重眼损伤/眼刺激,类别 2A 特异性靶器官毒性-一次接触,类别 3(呼吸道刺激)	H225 H315 H319 H335	GHS02 GHS07	危险	预防措施：P210、P233、P240、P241、P242、P243、P280、P264、P261、P271 事故响应:P303＋P361＋P353、P370＋P378、P302＋P352、P321、P332＋P313、P362＋P364、P305＋P351＋P338、P337＋P313、P304＋P340、P312 安全储存:P403＋P235、P403＋P233、P405 废弃处置:P501	高度易燃液体	
2179	1-戊炔	丙基乙炔	627-19-0		易燃液体,类别 2	H225	GHS02	危险	预防措施：P210、P233、P240、P241、P242、P243、P280 事故响应:P303＋P361＋P353、P370＋P378 安全储存:P403＋P235 废弃处置:P501	高度易燃液体	

续表

序号	品名	别名	CAS 号	UN 号	危险性类别	危险性说明代码	象形图代码	警示词	防范说明代码	风险提示	备注
2180	2-戊酮	甲基丙基甲酮	107-87-9	1249	易燃液体,类别 2 急性毒性-吸入,类别 3 严重眼损伤/眼刺激,类别 2 特异性靶器官毒性-一次接触,类别 3(呼吸道刺激、麻醉效应)	H225 H331 H319 H335 H336	GHS02 GHS06	危险	预防措施：P210、P233、P240、P241、P242、P243、P280、P261、P271、P264 事故响应:P303＋P361＋P353、P370＋P378、P304＋P340、P311、P321、P305＋P351＋P338、P337＋P313、P312 安全储存:P403＋P235、P233＋P403、P405、P403＋P233 废弃处置:P501	高度易燃液体，吸入会中毒	
2181	3-戊酮	二乙基酮	96-22-0	1156	易燃液体,类别 2 特异性靶器官毒性-一次接触,类别 3(呼吸道刺激、麻醉效应)	H225 H335 H336	GHS02 GHS07	危险	预防措施：P210、P233、P240、P241、P242、P243、P280、P261、P271 事故响应:P303＋P361＋P353、P370＋P378、P304＋P340、P312 安全储存:P403＋P235、P403＋P233、P405 废弃处置:P501	高度易燃液体	
2182	1-戊烯		109-67-1	1108	易燃液体,类别 1 特异性靶器官毒性-一次接触,类别 3(麻醉效应) 吸入危害,类别 1 危害水生环境-长期危害,类别 3	H224 H336 H304 H412	GHS02 GHS07 GHS08	危险	预防措施：P210、P233、P240、P241、P242、P243、P280、P261、P271、P273 事故响应:P303＋P361＋P353、P370＋P378、P304＋P340、P312、P301＋P310、P331 安全储存:P403＋P235、P403＋P233、P405 废弃处置:P501	极易燃液体，禁止催吐	
2183	2-戊烯		109-68-2		易燃液体,类别 2 危害水生环境-长期危害,类别 3	H225 H412	GHS02	危险	预防措施：P210、P233、P240、P241、P242、P243、P280、P273 事故响应:P303＋P361＋P353、P370＋P378 安全储存:P403＋P235 废弃处置:P501	高度易燃液体	
2184	1-戊烯-3-酮	乙烯乙基甲酮	1629-58-9		易燃液体,类别 2	H225	GHS02	危险	预防措施：P210、P233、P240、P241、P242、P243、P280 事故响应:P303＋P361＋P353、P370＋P378 安全储存:P403＋P235 废弃处置:P501	高度易燃液体	

续表

序号	品名	别名	CAS号	UN号	危险性类别	危险性说明代码	象形图代码	警示词	防范说明代码	风险提示	备注
2185	戊酰氯		638-29-9	2502	易燃液体,类别 2 皮肤腐蚀/刺激,类别 1 严重眼损伤/眼刺激,类别 1	H225 H314 H318	GHS02 GHS05	危险	预防措施：P210、P233、P240、P241、P242、P243、P280、P260、P264 事故响应:P303＋P361＋P353、P370＋P378、P301＋P330＋P331、P304＋P340、P305＋P351＋P338、P310、P321、P363 安全储存:P403＋P235、P405 废弃处置:P501	高度易燃液体,可引起皮肤腐蚀	
2186	烯丙基三氯硅烷[稳定的]		107-37-9	1724	易燃液体,类别 3 皮肤腐蚀/刺激,类别 1 严重眼损伤/眼刺激,类别 1	H226 H314 H318	GHS02 GHS05	危险	预防措施：P210、P233、P240、P241、P242、P243、P280、P260、P264 事故响应:P303＋P361＋P353、P370＋P378、P301＋P330＋P331、P304＋P340、P305＋P351＋P338、P310、P321、P363 安全储存:P403＋P235、P405 废弃处置:P501	易燃液体,可引起皮肤腐蚀	
2187	烯丙基缩水甘油醚		106-92-3	2219	易燃液体,类别 3 皮肤腐蚀/刺激,类别 2 严重眼损伤/眼刺激,类别 1 皮肤致敏物,类别 1 生殖细胞致突变性,类别 2 生殖毒性,类别 2 特异性靶器官毒性-一次接触,类别 3(呼吸道刺激) 危害水生环境-长期危害,类别 3	H226 H315 H318 H317 H341 H361 H335 H412	GHS02 GHS05 GHS07 GHS08	危险	预防措施：P210、P233、P240、P241、P242、P243、P280、P264、P261、P272、P201、P202、P271、P273 事故响应:P303＋P361＋P353、P370＋P378、P302＋P352、P321、P332＋P313、P362＋P364、P305＋P351＋P338、P310、P333＋P313、P308＋P313、P304＋P340、P312 安全储存:P403＋P235、P405、P403＋P233 废弃处置:P501	易燃液体,造成严重眼损伤,可能引起皮肤过敏	
2188	硒		7782-49-2		急性毒性-经口,类别 3＊ 急性毒性-吸入,类别 3＊ 特异性靶器官毒性-反复接触,类别 2＊	H301 H331 H373	GHS06 GHS08	危险	预防措施:P264、P270、P261、P271、P260 事故响应:P301＋P310、P321、P330、P304＋P340、P311、P314 安全储存:P405、P233＋P403 废弃处置:P501	吞咽会中毒,吸入会中毒	
2189	硒化镉		1306-24-7		急性毒性-经口,类别 3＊ 急性毒性-吸入,类别 3＊ 致癌性,类别 1A 特异性靶器官毒性-反复接触,类别 2 危害水生环境-急性危害,类别 1 危害水生环境-长期危害,类别 1	H301 H331 H350 H373 H400 H410	GHS06 GHS08 GHS09	危险	预防措施：P264、P270、P261、P271、P201、P202、P280、P260、P273 事故响应:P301＋P310、P321、P330、P304＋P340、P311、P308＋P313、P314、P391 安全储存:P405、P233＋P403 废弃处置:P501	吞咽会中毒,吸入会中毒,可能致癌	

续表

序号	品名	别名	CAS号	UN号	危险性类别	危险性说明代码	象形图代码	警示词	防范说明代码	风险提示	备注
2190	硒化铅		12069-00-0		致癌性,类别1B 生殖毒性,类别1A 特异性靶器官毒性-反复接触,类别2 危害水生环境-急性危害,类别1 危害水生环境-长期危害,类别1	H350 H360 H373 H400 H410	GHS08 GHS09	危险	预防措施:P201、P202、P280、P260、P273 事故响应:P308+P313、P314、P391 安全储存:P405 废弃处置:P501	可能致癌	
2191	硒化氢[无水]		7783-07-5	2202	易燃气体,类别1 加压气体 急性毒性-吸入,类别3 严重眼损伤/眼刺激,类别2 特异性靶器官毒性-反复接触,类别1 危害水生环境-急性危害,类别1 危害水生环境-长期危害,类别1	H220 H280或H281 H331 H319 H372 H400 H410	GHS02 GHS04 GHS06 GHS08 GHS09	危险	预防措施:P210、P261、P271、P264、P280、P260、P270、P273 事故响应:P377、P381、P304+P340、P311、P321、P305+P351+P338、P337+P313、P314、P391 安全储存:P410+P403、P233+P403、P405 废弃处置:P501	极易燃气体,内装加压气体:遇热可能爆炸,吸入会中毒	重大
2192	硒化铁		1310-32-3		急性毒性-经口,类别3* 急性毒性-吸入,类别3* 特异性靶器官毒性-反复接触,类别2 危害水生环境-急性危害,类别1 危害水生环境-长期危害,类别1	H301 H331 H373 H400 H410	GHS06 GHS08 GHS09	危险	预防措施:P264、P270、P261、P271、P260、P273 事故响应:P301+P310、P321、P330、P304+P340、P311、P314、P391 安全储存:P405、P233+P403 废弃处置:P501	吞咽会中毒,吸入会中毒	
2193	硒化锌		1315-09-9		急性毒性-经口,类别3* 急性毒性-吸入,类别3* 特异性靶器官毒性-反复接触,类别2 危害水生环境-急性危害,类别1 危害水生环境-长期危害,类别1	H301 H331 H373 H400 H410	GHS06 GHS08 GHS09	危险	预防措施:P264、P270、P261、P271、P260、P273 事故响应:P301+P310、P321、P330、P304+P340、P311、P314、P391 安全储存:P405、P233+P403 废弃处置:P501	吞咽会中毒,吸入会中毒	
2194	硒脲		630-10-4		急性毒性-经口,类别2 急性毒性-吸入,类别3* 特异性靶器官毒性-反复接触,类别2 危害水生环境-急性危害,类别1 危害水生环境-长期危害,类别1	H300 H331 H373 H400 H410	GHS06 GHS08 GHS09	危险	预防措施:P264、P270、P261、P271、P260、P273 事故响应:P301+P310、P321、P330、P304+P340、P311、P314、P391 安全储存:P405、P233+P403 废弃处置:P501	吞咽致命,吸入会中毒	

续表

序号	品名	别名	CAS号	UN号	危险性类别	危险性说明代码	象形图代码	警示词	防范说明代码	风险提示	备注
2195	硒酸		7783-08-6	1905	皮肤腐蚀/刺激,类别1 严重眼损伤/眼刺激,类别1 特异性靶器官毒性-一次接触,类别1 危害水生环境-急性危害,类别1 危害水生环境-长期危害,类别1	H314 H318 H370 H400 H410	GHS05 GHS08 GHS09	危险	预防措施:P260、P264、P280、P270、P273 事故响应:P301+P330+P331、P303+P361+P353、P304+P340、P305+P351+P338、P310、P321、P363、P308+P311、P391 安全储存:P405 废弃处置:P501	可引起皮肤腐蚀	
2196	硒酸钡		7787-41-9	2630	急性毒性-经口,类别3* 急性毒性-吸入,类别3* 特异性靶器官毒性-反复接触,类别2 危害水生环境-急性危害,类别1 危害水生环境-长期危害,类别1	H301 H331 H373 H400 H410	GHS06 GHS08 GHS09	危险	预防措施:P264、P270、P261、P271、P260、P273 事故响应:P301+P310、P321、P330、P304+P340、P311、P314、P391 安全储存:P405、P233+P403 废弃处置:P501	吞咽会中毒,吸入会中毒	
2197	硒酸钾		7790-59-2	2630	急性毒性-经口,类别3* 急性毒性-吸入,类别3* 特异性靶器官毒性-反复接触,类别2 危害水生环境-急性危害,类别1 危害水生环境-长期危害,类别1	H301 H331 H373 H400 H410	GHS06 GHS08 GHS09	危险	预防措施:P264、P270、P261、P271、P260、P273 事故响应:P301+P310、P321、P330、P304+P340、P311、P314、P391 安全储存:P405、P233+P403 废弃处置:P501	吞咽会中毒,吸入会中毒	
2198	硒酸钠		13410-01-0	2630	急性毒性-经口,类别1 急性毒性-吸入,类别3* 特异性靶器官毒性-反复接触,类别2 危害水生环境-急性危害,类别1 危害水生环境-长期危害,类别1	H300 H331 H373 H400 H410	GHS06 GHS08 GHS09	危险	预防措施:P264、P270、P261、P271、P260、P273 事故响应:P301+P310、P321、P330、P304+P340、P311、P314、P391 安全储存:P405、P233+P403 废弃处置:P501	吞咽致命,吸入会中毒	剧毒
2199	硒酸铜	硒酸高铜	15123-69-0	2630	急性毒性-经口,类别3* 急性毒性-吸入,类别3* 特异性靶器官毒性-反复接触,类别2 危害水生环境-急性危害,类别1 危害水生环境-长期危害,类别1	H301 H331 H373 H400 H410	GHS06 GHS08 GHS09	危险	预防措施:P264、P270、P261、P271、P260、P273 事故响应:P301+P310、P321、P330、P304+P340、P311、P314、P391 安全储存:P405、P233+P403 废弃处置:P501	吞咽会中毒,吸入会中毒	

续表

序号	品名	别名	CAS号	UN号	危险性类别	危险性说明代码	象形图代码	警示词	防范说明代码	风险提示	备注
2200	氙[压缩的或液化的]		7440-63-3	2036（压缩的） 2591（冷冻液化的）	加压气体	H280或 H281	GHS04	警告	预防措施： 事故响应： 安全储存：P410+P403 废弃处置：	内装加压气体：遇热可能爆炸	
2201	硝铵炸药	铵梯炸药			爆炸物，1.1项	H201	GHS01	危险	预防措施：P210、P230、P240、P250、P280 事故响应：P370+P380、P372、P373 安全储存：P401 废弃处置：P501	整体爆炸危险	
2202	硝化甘油[按质量含有不低于40%不挥发、不溶于水的减敏剂]	硝化丙三醇；甘油三硝酸酯	55-63-0	0143	爆炸物，1.1项 皮肤致敏物，类别1 生殖毒性，类别2 特异性靶器官毒性-一次接触，类别1 特异性靶器官毒性-反复接触，类别1 危害水生环境-急性危害，类别2 危害水生环境-长期危害，类别2	H201 H317 H361 H370 H372 H401 H411	GHS01 GHS07 GHS08 GHS09	危险	预防措施：P210、P230、P240、P250、P280、P261、P272、P201、P202、P260、P264、P270、P273 事故响应：P370+P380、P372、P373、P302+P352、P321、P333+P313、P362+P364、P308+P313、P308+P311、P314、P391 安全储存：P401、P405 废弃处置：P501	整体爆炸危险，可能引起皮肤过敏	重点，重大
2203	硝化甘油乙醇溶液[含硝化甘油≤10%]	硝化丙三醇乙醇溶液；甘油三硝酸酯乙醇溶液		1204（硝化甘油≤1%）； 0144（1<硝化甘油≤10%）	（1）硝化甘油≤1%： 易燃液体，类别2 （2）1%<硝化甘油≤10%： 爆炸物，1.1项 皮肤致敏物，类别1 生殖毒性，类别2 危害水生环境-长期危害，类别3	（1）H225 （2）H201 H317 H361 H412	（1） GHS02 （2） GHS01 GHS07 GHS08	危险	预防措施：P210、P233、P240、P241、P242、P243、P280、P230、P250、P261、P272、P201、P202、P273 事故响应：P303+P361+P353、P370+P378、P370+P380、P372、P373、P302+P352、P321、P333+P313、P362+P364、P308+P313 安全储存：P403+P235、P401、P405 废弃处置：P501	（1）高度易燃液体 （2）整体爆炸危险，可能引起皮肤过敏	

续表

序号	品名	别名	CAS号	UN号	危险性类别	危险性说明代码	象形图代码	警示词	防范说明代码	风险提示	备注
2204	硝化淀粉		9056-38-6	0146（干的，或湿的，按质量含水低于20%）；1337（湿的，按质量含不水低于20%）	(1)干的，或湿的，按质量含水低于20%： 爆炸物，1.1项 (2)湿的，按质量含不水低于20%： 易燃固体，类别1	(1)H201 (2)H228	(1) GHS01 (2) GHS02	危险	预防措施：P210、P230、P240、P250、P280 事故响应：P370+P380、P372、P373 安全储存：P401 废弃处置：P501	整体爆炸危险	
2205	硝化二乙醇胺火药				爆炸物，1.3项	H203	GHS01	危险	预防措施：P210、P230、P240、P250、P280 事故响应：P370+P380、P372、P373 安全储存：P401 废弃处置：P501	燃烧、爆轰或迸射危险	
2206	硝化沥青				易燃固体，类别1	H228	GHS02	危险	预防措施：P210、P240、P241、P280 事故响应：P370+P378 安全储存： 废弃处置：	易燃固体	
2207	硝化酸混合物	硝化混合酸	51602-38-1	1796	皮肤腐蚀/刺激，类别1 严重眼损伤/眼刺激，类别1	H314 H318	GHS05	危险	预防措施：P260、P264、P280 事故响应：P301+P330+P331、P303+P361+P353、P304+P340、P305+P351+P338、P310、P321、P363 安全储存：P405 废弃处置：P501	可引起皮肤腐蚀	
2208	硝化纤维素[干的或含水（或乙醇）<25%]	硝化棉	9004-70-0	0340	爆炸物，1.1项	H201	GHS01	危险	预防措施：P210、P230、P240、P250、P280 事故响应：P370+P380、P372、P373 安全储存：P401 废弃处置：P501	整体爆炸危险	重点，重大，制爆
	硝化纤维素[含氮≤12.6%，含乙醇≥25%]			2556	易燃固体，类别1	H228	GHS02	危险	预防措施：P210、P240、P241、P280 事故响应：P370+P378 安全储存： 废弃处置：	易燃固体	

续表

序号	品名	别名	CAS 号	UN 号	危险性类别	危险性说明代码	象形图代码	警示词	防范说明代码	风险提示	备注
2208	硝化纤维素[含氮≤12.6%]		9004-70-0	2557	易燃固体,类别 1	H228	GHS02	危险	预防措施:P210、P240、P241、P280 事故响应:P370+P378 安全储存: 废弃处置:	易燃固体	
	硝化纤维素[含水≥25%]			2555	易燃固体,类别 1	H228	GHS02	危险	预防措施:P210、P240、P241、P280 事故响应:P370+P378 安全储存: 废弃处置:	易燃固体	
	硝化纤维素[含乙醇≥25%]			0342	爆炸物,1.3 项	H203	GHS01	危险	预防措施:P210、P230、P240、P250、P280 事故响应:P370+P380、P372、P373 安全储存:P401 废弃处置:P501	燃烧、爆轰或迸射危险	
	硝化纤维素[未改型的,或增塑的,含增塑剂<18%]			0341	爆炸物,1.1 项	H201	GHS01	危险	预防措施:P210、P230、P240、P250、P280 事故响应:P370+P380、P372、P373 安全储存:P401 废弃处置:P501	整体爆炸危险	
	硝化纤维素溶液[含氮量≤12.6%,含硝化纤维素≤55%]	硝化棉溶液		2059	易燃液体,类别 2	H225	GHS02	危险	预防措施:P210、P233、P240、P241、P242、P243、P280 事故响应:P303+P361+P353、P370+P378 安全储存:P403+P235 废弃处置:P501	高度易燃液体	
2209	硝化纤维塑料[板、片、棒、管、卷等状,不包括碎屑]	赛璐珞	8050-88-2	2000	易燃固体,类别 2	H228	GHS02	警告	预防措施:P210、P240、P241、P280 事故响应:P370+P378 安全储存: 废弃处置:	易燃固体	
	硝化纤维塑料碎屑	赛璐珞碎屑		2002	自热物质和混合物,类别 2	H252	GHS02	警告	预防措施:P235+P410、P280 事故响应: 安全储存:P407、P413、P420 废弃处置:	数量大时自热,可能燃烧	
2210	3-硝基-1,2-二甲苯	1,2-二甲基-3-硝基苯;3-硝基邻二甲苯	83-41-0		危害水生环境-急性危害,类别 2 危害水生环境-长期危害,类别 2	H401 H411	GHS09	警告	预防措施:P273 事故响应:P391 安全储存: 废弃处置:P501		

续表

序号	品名	别名	CAS号	UN号	危险性类别	危险性说明代码	象形图代码	警示词	防范说明代码	风险提示	备注
2211	4-硝基-1,2-二甲苯	1,2-二甲基-4-硝基苯;4-硝基邻二甲苯;4,5-二甲基硝基苯	99-51-4		危害水生环境-长期危害,类别3	H412			预防措施:P273 事故响应: 安全储存: 废弃处置:P501		
2212	2-硝基-1,3-二甲苯	1,3-二甲基-2-硝基苯;2-硝基间二甲苯	81-20-9		危害水生环境-急性危害,类别2 危害水生环境-长期危害,类别2	H401 H411	GHS09	警告	预防措施:P273 事故响应:P391 安全储存: 废弃处置:P501		
2213	4-硝基-1,3-二甲苯	1,3-二甲基-4-硝基苯;4-硝基间二甲苯;2,4-二甲基硝基苯;对硝基间二甲苯	89-87-2	1665(液态);3447(固态)	危害水生环境-急性危害,类别2 危害水生环境-长期危害,类别2	H401 H411	GHS09	警告	预防措施:P273 事故响应:P391 安全储存: 废弃处置:P501		
2214	5-硝基-1,3-二甲苯	1,3-二甲基-5-硝基苯;5-硝基间二甲苯;3,5-二甲基硝基苯	99-12-7	3447	急性毒性-经口,类别3 急性毒性-经皮,类别3 急性毒性-吸入,类别3 特异性靶器官毒性-反复接触,类别2 危害水生环境-急性危害,类别2 危害水生环境-长期危害,类别2	H301 H311 H331 H373 H401 H411	GHS06 GHS08 GHS09	危险	预防措施:P264、P270、P280、P261、P271、P260、P273 事故响应:P301+P310、P321、P330、P302+P352、P312、P361+P364、P304+P340、P311、P314、P391 安全储存:P405、P233+P403 废弃处置:P501	吞咽会中毒,皮肤接触会中毒,吸入会中毒	
2215	4-硝基-2-氨基苯酚	2-氨基-4-硝基苯酚;邻氨基对硝基苯酚;对硝基邻氨基苯酚	99-57-0		皮肤腐蚀/刺激,类别2 严重眼损伤/眼刺激,类别2 特异性靶器官毒性-一次接触,类别3(呼吸道刺激)	H315 H319 H335	GHS07	警告	预防措施:P264、P280、P261、P271 事故响应:P302+P352、P321、P332+P313、P362+P364、P305+P351+P338、P337+P313、P304+P340、P312 安全储存:P403+P233、P405 废弃处置:P501		
2216	5-硝基-2-氨基苯酚	2-氨基-5-硝基苯酚	121-88-0		皮肤腐蚀/刺激,类别2 严重眼损伤/眼刺激,类别2 特异性靶器官毒性-一次接触,类别3(呼吸道刺激)	H315 H319 H335	GHS07	警告	预防措施:P264、P280、P261、P271 事故响应:P302+P352、P321、P332+P313、P362+P364、P305+P351+P338、P337+P313、P304+P340、P312 安全储存:P403+P233、P405 废弃处置:P501		

续表

序号	品名	别名	CAS号	UN号	危险性类别	危险性说明代码	象形图代码	警示词	防范说明代码	风险提示	备注
2217	4-硝基-2-甲苯胺	对硝基邻甲苯胺	99-52-5		急性毒性-经口，类别3* 急性毒性-经皮，类别3* 急性毒性-吸入，类别3* 特异性靶器官毒性-反复接触，类别2* 危害水生环境-急性危害，类别2 危害水生环境-长期危害，类别2	H301 H311 H331 H373 H401 H411	GHS06 GHS08 GHS09	危险	预防措施：P264、P270、P280、P261、P271、P260、P273 事故响应：P301＋P310、P321、P330、P302＋P352、P312、P361＋P364、P304＋P340、P311、P314、P391 安全储存：P405、P233＋P403 废弃处置：P501	吞咽会中毒，皮肤接触会中毒，吸入会中毒	
2218	4-硝基-2-甲氧基苯胺	5-硝基-2-氨基苯甲醚；对硝基邻甲氧基苯胺	97-52-9		致癌性，类别2 特异性靶器官毒性-一次接触，类别2 特异性靶器官毒性-反复接触，类别2 危害水生环境-急性危害，类别2 危害水生环境-长期危害，类别2	H351 H371 H373 H401 H411	GHS08 GHS09	警告	预防措施：P201、P202、P280、P260、P264、P270、P273 事故响应：P308＋P313、P308＋P311、P314、P391 安全储存：P405 废弃处置：P501		
2219	2-硝基-4-甲苯胺	邻硝基对甲苯胺	89-62-3		急性毒性-经口，类别3* 急性毒性-经皮，类别3* 急性毒性-吸入，类别3* 特异性靶器官毒性-反复接触，类别2* 危害水生环境-急性危害，类别2 危害水生环境-长期危害，类别2	H301 H311 H331 H373 H401 H411	GHS06 GHS08 GHS09	危险	预防措施：P264、P270、P280、P261、P271、P260、P273 事故响应：P301＋P310、P321、P330、P302＋P352、P312、P361＋P364、P304＋P340、P311、P314、P391 安全储存：P405、P233＋P403 废弃处置：P501	吞咽会中毒，皮肤接触会中毒，吸入会中毒	
2220	3-硝基-4-甲苯胺	间硝基对甲苯胺	119-32-4		急性毒性-经口，类别3 急性毒性-经皮，类别3 急性毒性-吸入，类别3 特异性靶器官毒性-反复接触，类别2* 危害水生环境-急性危害，类别2 危害水生环境-长期危害，类别2	H301 H311 H331 H373 H401 H411	GHS06 GHS08 GHS09	危险	预防措施：P264、P270、P280、P261、P271、P260、P273 事故响应：P301＋P310、P321、P330、P302＋P352、P312、P361＋P364、P304＋P340、P311、P314、P391 安全储存：P405、P233＋P403 废弃处置：P501	吞咽会中毒，皮肤接触会中毒，吸入会中毒	
2221	2-硝基-4-甲苯酚	4-甲基-2-硝基苯酚	119-33-5		皮肤腐蚀/刺激，类别2 严重眼损伤/眼刺激，类别2 特异性靶器官毒性-一次接触，类别3(呼吸道刺激)	H315 H319 H335	GHS07	警告	预防措施：P264、P280、P261、P271 事故响应：P302＋P352、P321、P332＋P313、P362＋P364、P305＋P351＋P338、P337＋P313、P304＋P340、P312 安全储存：P403＋P233、P405 废弃处置：P501		

续表

序号	品名	别名	CAS 号	UN 号	危险性类别	危险性说明代码	象形图代码	警示词	防范说明代码	风险提示	备注
2222	2-硝基-4-甲氧基苯胺	枣红色基 GP	96-96-8		急性毒性-经口,类别 2* 急性毒性-经皮,类别 1 急性毒性-吸入,类别 2* 特异性靶器官毒性-反复接触,类别 2* 危害水生环境-长期危害,类别 3	H300 H310 H330 H373 H412	GHS06 GHS08	危险	预防措施：P264、P270、P262、P280、P260、P271、P284、P273 事故响应：P301＋P310、P321、P330、P302＋P352、P361＋P364、P304＋P340、P320、P314 安全储存：P405、P233＋P403 废弃处置：P501	吞咽致命，皮肤接触会致命，吸入致命	剧毒
2223	3-硝基-4-氯三氟甲苯	2-氯-5-三氟甲基硝基苯	121-17-5	2307	严重眼损伤/眼刺激,类别 2B 危害水生环境-急性危害,类别 1 危害水生环境-长期危害,类别 1	H320 H400 H410	GHS09	警告	预防措施：P264、P273 事故响应：P305＋P351＋P338、P337＋P313、P391 安全储存： 废弃处置：P501		
2224	3-硝基-4-羟基苯胂酸	4-羟基-3-硝基苯胂酸	121-19-7		急性毒性-经口,类别 3* 急性毒性-吸入,类别 3* 危害水生环境-急性危害,类别 1 危害水生环境-长期危害,类别 1	H301 H331 H400 H410	GHS06 GHS09	危险	预防措施：P264、P270、P261、P271、P273 事故响应：P301＋P310、P321、P330、P304＋P340、P311、P391 安全储存：P405、P233＋P403 废弃处置：P501	吞咽会中毒，吸入会中毒	
2225	3-硝基-*N*，*N*-二甲基苯胺	*N*，*N*-二甲基间硝基苯胺；间硝基二甲苯胺	619-31-8		皮肤腐蚀/刺激,类别 2 严重眼损伤/眼刺激,类别 2	H315 H319	GHS07	警告	预防措施：P264、P280 事故响应：P302＋P352、P321、P332＋P313、P362＋P364、P305＋P351＋P338、P337＋P313 安全储存： 废弃处置：		
2226	4-硝基-*N*，*N*-二甲基苯胺	*N*，*N*-二甲基对硝基苯胺；对硝基二甲苯胺	100-23-2		皮肤腐蚀/刺激,类别 2 严重眼损伤/眼刺激,类别 2	H315 H319	GHS07	警告	预防措施：P264、P280 事故响应：P302＋P352、P321、P332＋P313、P362＋P364、P305＋P351＋P338、P337＋P313 安全储存： 废弃处置：		
2227	4-硝基-*N*，*N*-二乙基苯胺	*N*，*N*-二乙基对硝基苯胺；对硝基二乙基苯胺	2216-15-1		急性毒性-经口,类别 3	H301	GHS06	危险	预防措施：P264、P270 事故响应：P301＋P310、P321、P330 安全储存：P405 废弃处置：P501	吞咽会中毒	

续表

序号	品名	别名	CAS号	UN号	危险性类别	危险性说明代码	象形图代码	警示词	防范说明代码	风险提示	备注
2228	硝基苯		98-95-3	1662	急性毒性-经口,类别3 急性毒性-经皮,类别3 急性毒性-吸入,类别3 致癌性,类别2 生殖毒性,类别1B 特异性靶器官毒性-反复接触,类别1 危害水生环境-急性危害,类别2 危害水生环境-长期危害,类别2	H301 H311 H331 H351 H360 H372 H401 H411	GHS06 GHS08 GHS09	危险	预防措施：P264、P270、P280、P261、P271、P201、P202、P260、P273 事故响应：P301＋P310、P321、P330、P302＋P352、P312、P361＋P364、P304＋P340、P311、P308＋P313、P314、P391 安全储存：P405、P233＋P403 废弃处置：P501	吞咽会中毒，皮肤接触会中毒，吸入会中毒	重点
2229	2-硝基苯胺	邻硝基苯胺；1-氨基-2-硝基苯	88-74-4	1661	急性毒性-经口,类别3 * 急性毒性-经皮,类别3 * 急性毒性-吸入,类别3 * 特异性靶器官毒性-反复接触,类别2 * 危害水生环境-长期危害,类别3	H301 H311 H331 H373 H412	GHS06 GHS08	危险	预防措施：P264、P270、P280、P261、P271、P260、P273 事故响应：P301＋P310、P321、P330、P302＋P352、P312、P361＋P364、P304＋P340、P311、P314 安全储存：P405、P233＋P403 废弃处置：P501	吞咽会中毒，皮肤接触会中毒，吸入会中毒	
2230	3-硝基苯胺	间硝基苯胺；1-氨基-3-硝基苯	99-09-2	1661	急性毒性-经口,类别3 * 急性毒性-经皮,类别3 * 急性毒性-吸入,类别3 * 特异性靶器官毒性-反复接触,类别2 * 危害水生环境-长期危害,类别3	H301 H311 H331 H373 H412	GHS06 GHS08	危险	预防措施：P264、P270、P280、P261、P271、P260、P273 事故响应：P301＋P310、P321、P330、P302＋P352、P312、P361＋P364、P304＋P340、P311、P314 安全储存：P405、P233＋P403 废弃处置：P501	吞咽会中毒，皮肤接触会中毒，吸入会中毒	
2231	4-硝基苯胺	对硝基苯胺；1-氨基-4-硝基苯	100-01-6	1661	急性毒性-经口,类别3 * 急性毒性-经皮,类别3 * 急性毒性-吸入,类别3 * 特异性靶器官毒性-反复接触,类别2 * 危害水生环境-长期危害,类别3	H301 H311 H331 H373 H412	GHS06 GHS08	危险	预防措施：P264、P270、P280、P261、P271、P260、P273 事故响应：P301＋P310、P321、P330、P302＋P352、P312、P361＋P364、P304＋P340、P311、P314 安全储存：P405、P233＋P403 废弃处置：P501	吞咽会中毒，皮肤接触会中毒，吸入会中毒	
2232	5-硝基苯并三唑	硝基连三氮杂茚	2338-12-7	0385	爆炸物,1.1项	H201	GHS01	危险	预防措施：P210、P230、P240、P250、P280 事故响应：P370＋P380、P372、P373 安全储存：P401 废弃处置：P501	整体爆炸危险	

续表

序号	品名	别名	CAS 号	UN 号	危险性类别	危险性说明代码	象形图代码	警示词	防范说明代码	风险提示	备注
2233	2-硝基苯酚	邻硝基苯酚	88-75-5	1663	急性毒性-经口，类别 3 危害水生环境-急性危害，类别 2	H301 H401	GHS06	危险	预防措施：P264、P270、P273 事故响应：P301＋P310、P321、P330 安全储存：P405 废弃处置：P501	吞咽会中毒	
2234	3-硝基苯酚	间硝基苯酚	554-84-7	1663	危害水生环境-急性危害，类别 2	H401			预防措施：P273 事故响应： 安全储存： 废弃处置：P501		
2235	4-硝基苯酚	对硝基苯酚	100-02-7	1663	急性毒性-经口，类别 3 特异性靶器官毒性-反复接触，类别 2* 危害水生环境-急性危害，类别 2	H301 H373 H401	GHS06 GHS08	危险	预防措施：P264、P270、P260、P273 事故响应：P301＋P310、P321、P330、P314 安全储存：P405 废弃处置：P501	吞咽会中毒	
2236	2-硝基苯磺酰氯	邻硝基苯磺酰氯	1694-92-4		皮肤腐蚀/刺激，类别 1 严重眼损伤/眼刺激，类别 1	H314 H318	GHS05	危险	预防措施：P260、P264、P280 事故响应：P301＋P330＋P331、P303＋P361＋P353、P304＋P340、P305＋P351＋P338、P310、P321、P363 安全储存：P405 废弃处置：P501	可引起皮肤腐蚀	
2237	3-硝基苯磺酰氯	间硝基苯磺酰氯	121-51-7		皮肤腐蚀/刺激，类别 1 严重眼损伤/眼刺激，类别 1	H314 H318	GHS05	危险	预防措施：P260、P264、P280 事故响应：P301＋P330＋P331、P303＋P361＋P353、P304＋P340、P305＋P351＋P338、P310、P321、P363 安全储存：P405 废弃处置：P501	可引起皮肤腐蚀	
2238	4-硝基苯磺酰氯	对硝基苯磺酰氯	98-74-8		皮肤腐蚀/刺激，类别 1 严重眼损伤/眼刺激，类别 1	H314 H318	GHS05	危险	预防措施：P260、P264、P280 事故响应：P301＋P330＋P331、P303＋P361＋P353、P304＋P340、P305＋P351＋P338、P310、P321、P363 安全储存：P405 废弃处置：P501	可引起皮肤腐蚀	
2239	2-硝基苯甲醚	邻硝基苯甲醚；邻硝基茴香醚；邻甲氧基硝基苯	91-23-6	2730（液态）；3458（固态）	致癌性，类别 2 危险水生环境-长期危害，类别 3	H351 H412	GHS08	警告	预防措施：P201、P202、P280、P273 事故响应：P308＋P313 安全储存：P405 废弃处置：P501		

续表

序号	品名	别名	CAS号	UN号	危险性类别	危险性说明代码	象形图代码	警示词	防范说明代码	风险提示	备注
2240	3-硝基苯甲醚	间硝基苯甲醚；间硝基茴香醚；间甲氧基硝基苯	555-03-3	3458	危害水生环境-长期危害，类别3	H412			预防措施：P273 事故响应： 安全储存： 废弃处置：P501		
2241	4-硝基苯甲醚	对硝基苯甲醚；对硝基茴香醚；对甲氧基硝基苯	100-17-4	3458	危害水生环境-长期危害，类别3	H412			预防措施：P273 事故响应： 安全储存： 废弃处置：P501		
2242	4-硝基苯甲酰胺	对硝基苯甲酰胺	619-80-7		急性毒性-经口，类别3 急性毒性-经皮，类别3 急性毒性-吸入，类别3	H301 H311 H331	GHS06	危险	预防措施：P264、P270、P280、P261、P271 事故响应：P301＋P310、P321、P330、P302＋P352、P312、P361＋P364、P304＋P340、P311 安全储存：P405、P233＋P403 废弃处置：P501	吞咽会中毒，皮肤接触会中毒，吸入会中毒	
2243	2-硝基苯甲酰氯	邻硝基苯甲酰氯	610-14-0		皮肤腐蚀/刺激，类别1 严重眼损伤/眼刺激，类别1	H314 H318	GHS05	危险	预防措施：P260、P264、P280 事故响应：P301＋P330＋P331、P303＋P361＋P353、P304＋P340、P305＋P351＋P338、P310、P321、P363 安全储存：P405 废弃处置：P501	可引起皮肤腐蚀	
2244	3-硝基苯甲酰氯	间硝基苯甲酰氯	121-90-4		急性毒性-经皮，类别3 皮肤腐蚀/刺激，类别1 严重眼损伤/眼刺激，类别1	H311 H314 H318	GHS05 GHS06	危险	预防措施：P280、P260、P264 事故响应：P302＋P352、P312、P321、P361＋P364、P301＋P330＋P331、P303＋P361＋P353、P304＋P340、P305＋P351＋P338、P310、P363 安全储存：P405 废弃处置：P501	皮肤接触会中毒，可引起皮肤腐蚀	
2245	4-硝基苯甲酰氯	对硝基苯甲酰氯	122-04-3		皮肤腐蚀/刺激，类别1 严重眼损伤/眼刺激，类别1	H314 H318	GHS05	危险	预防措施：P260、P264、P280 事故响应：P301＋P330＋P331、P303＋P361＋P353、P304＋P340、P305＋P351＋P338、P310、P321、P363 安全储存：P405 废弃处置：P501	可引起皮肤腐蚀	

续表

序号	品名	别名	CAS 号	UN 号	危险性类别	危险性说明代码	象形图代码	警示词	防范说明代码	风险提示	备注
2246	2-硝基苯肼	邻硝基苯肼	3034-19-3		易燃固体,类别 2 皮肤腐蚀/刺激,类别 2 严重眼损伤/眼刺激,类别 2 特异性靶器官毒性-一次接触,类别 3(呼吸道刺激)	H228 H315 H319 H335	GHS02 GHS07	警告	预防措施: P210、P240、P241、P280、P264、P261、P271 事故响应:P370＋P378、P302＋P352、P321、P332＋P313、P362＋P364、P305＋P351＋P338、P337＋P313、P304＋P340、P312 安全储存:P403＋P233、P405 废弃处置:P501	易燃固体	
2247	4-硝基苯肼	对硝基苯肼	100-16-3		易燃固体,类别 2 皮肤腐蚀/刺激,类别 2 严重眼损伤/眼刺激,类别 2 特异性靶器官毒性-一次接触,类别 3(呼吸道刺激)	H228 H315 H319 H335	GHS02 GHS07	警告	预防措施: P210、P240、P241、P280、P264、P261、P271 事故响应:P370＋P378、P302＋P352、P321、P332＋P313、P362＋P364、P305＋P351＋P338、P337＋P313、P304＋P340、P312 安全储存:P403＋P233、P405 废弃处置:P501	易燃固体	
2248	2-硝基苯胂酸	邻硝基苯胂酸	5410-29-7		急性毒性-经口,类别 3* 急性毒性-吸入,类别 3* 危害水生环境-急性危害,类别 1 危害水生环境-长期危害,类别 1	H301 H331 H400 H410	GHS06 GHS09	危险	预防措施:P264、P270、P261、P271、P273 事故响应:P301＋P310、P321、P330、P304＋P340、P311、P391 安全储存:P405、P233＋P403 废弃处置:P501	吞咽会中毒,吸入会中毒	
2249	3-硝基苯胂酸	间硝基苯胂酸	618-07-5		急性毒性-经口,类别 3* 急性毒性-吸入,类别 3* 危害水生环境-急性危害,类别 1 危害水生环境-长期危害,类别 1	H301 H331 H400 H410	GHS06 GHS09	危险	预防措施:P264、P270、P261、P271、P273 事故响应:P301＋P310、P321、P330、P304＋P340、P311、P391 安全储存:P405、P233＋P403 废弃处置:P501	吞咽会中毒,吸入会中毒	
2250	4-硝基苯胂酸	对硝基苯胂酸	98-72-6		急性毒性-经口,类别 3* 急性毒性-吸入,类别 3* 危害水生环境-急性危害,类别 1 危害水生环境-长期危害,类别 1	H301 H331 H400 H410	GHS06 GHS09	危险	预防措施:P264、P270、P261、P271、P273 事故响应:P301＋P310、P321、P330、P304＋P340、P311、P391 安全储存:P405、P233＋P403 废弃处置:P501	吞咽会中毒,吸入会中毒	
2251	4-硝基苯乙腈	对硝基苯乙腈;对硝基苄基氰;对硝基氰化苄	555-21-5		急性毒性-经口,类别 3 皮肤腐蚀/刺激,类别 2 严重眼损伤/眼刺激,类别 2 特异性靶器官毒性-一次接触,类别 3(呼吸道刺激)	H301 H315 H319 H335	GHS06	危险	预防措施:P264、P270、P280、P261、P271 事故响应:P301＋P310、P321、P330、P302＋P352、P332＋P313、P362＋P364、P305＋P351＋P338、P337＋P313、P304＋P340、P312 安全储存:P405、P403＋P233 废弃处置:P501	吞咽会中毒	

续表

序号	品名	别名	CAS号	UN号	危险性类别	危险性说明代码	象形图代码	警示词	防范说明代码	风险提示	备注
2252	2-硝基苯乙醚	邻硝基苯乙醚；邻乙氧基硝基苯	610-67-3		危害水生环境-急性危害，类别2 危害水生环境-长期危害，类别2	H401 H411	GHS09	警告	预防措施：P273 事故响应：P391 安全储存： 废弃处置：P501		
2253	4-硝基苯乙醚	对硝基苯乙醚；对乙氧基硝基苯	100-29-8		危害水生环境-急性危害，类别2 危害水生环境-长期危害，类别2	H401 H411	GHS09	警告	预防措施：P273 事故响应：P391 安全储存： 废弃处置：P501		
2254	3-硝基吡啶		2530-26-9		易燃固体，类别2 急性毒性-经口，类别3 皮肤腐蚀/刺激，类别2 严重眼损伤/眼刺激，类别2 特异性靶器官毒性-一次接触，类别3(呼吸道刺激)	H228 H301 H315 H319 H335	GHS02 GHS06	危险	预防措施：P210、P240、P241、P280、P264、P270、P261、P271 事故响应：P370＋P378、P301＋P310、P321、P330、P302＋P352、P332＋P313、P362＋P364、P305＋P351＋P338、P337＋P313、P304＋P340、P312 安全储存：P405、P403＋P233 废弃处置：P501	易燃固体，吞咽会中毒	
2255	1-硝基丙烷		108-03-2		易燃液体，类别3	H226	GHS02	警告	预防措施：P210、P233、P240、P241、P242、P243、P280 事故响应：P303＋P361＋P353、P370＋P378 安全储存：P403＋P235 废弃处置：P501	易燃液体	
2256	2-硝基丙烷		79-46-9		易燃液体，类别3 致癌性，类别2	H226 H351	GHS02 GHS08	警告	预防措施：P210、P233、P240、P241、P242、P243、P280、P201、P202 事故响应：P303＋P361＋P353、P370＋P378、P308＋P313 安全储存：P403＋P235、P405 废弃处置：P501	易燃液体	
2257	2-硝基碘苯	2-碘硝基苯；邻硝基碘苯；邻碘硝基苯	609-73-4		急性毒性-经口，类别3 急性毒性-经皮，类别3 急性毒性-吸入，类别3 皮肤腐蚀/刺激，类别2 严重眼损伤/眼刺激，类别2 特异性靶器官毒性-一次接触，类别3(呼吸道刺激)	H301 H311 H331 H315 H319 H335	GHS06	危险	预防措施：P264、P270、P280、P261、P271 事故响应：P301＋P310、P321、P330、P302＋P352、P312、P361＋P364、P304＋P340、P311、P332＋P313、P362＋P364、P305＋P351＋P338、P337＋P313 安全储存：P405、P233＋P403、P403＋P233 废弃处置：P501	吞咽会中毒，皮肤接触会中毒，吸入会中毒	

续表

序号	品名	别名	CAS号	UN号	危险性类别	危险性说明代码	象形图代码	警示词	防范说明代码	风险提示	备注
2258	3-硝基碘苯	3-碘硝基苯;间硝基碘苯;间碘硝基苯	645-00-1		急性毒性-经口,类别3 急性毒性-经皮,类别3 急性毒性-吸入,类别3 皮肤腐蚀/刺激,类别2 严重眼损伤/眼刺激,类别2 特异性靶器官毒性—一次接触,类别3(呼吸道刺激)	H301 H311 H331 H315 H319 H335	GHS06	危险	预防措施:P264、P270、P280、P261、P271 事故响应:P301+P310、P321、P330、P302+P352、P312、P361+P364、P304+P340、P311、P332+P313、P362+P364、P305+P351+P338、P337+P313 安全储存:P405、P233+P403、P403+P233 废弃处置:P501	吞咽会中毒,皮肤接触会中毒,吸入会中毒	
2259	4-硝基碘苯	4-碘硝基苯;对硝基碘苯;对碘硝基苯	636-98-6		急性毒性-经口,类别3 急性毒性-经皮,类别3 急性毒性-吸入,类别3 皮肤腐蚀/刺激,类别2 严重眼损伤/眼刺激,类别2 特异性靶器官毒性—一次接触,类别3(呼吸道刺激)	H301 H311 H331 H315 H319 H335	GHS06	危险	预防措施:P264、P270、P280、P261、P271 事故响应:P301+P310、P321、P330、P302+P352、P312、P361+P364、P304+P340、P311、P332+P313、P362+P364、P305+P351+P338、P337+P313 安全储存:P405、P233+P403、P403+P233 废弃处置:P501	吞咽会中毒,皮肤接触会中毒,吸入会中毒	
2260	1-硝基丁烷		627-05-4		易燃液体,类别3	H226	GHS02	警告	预防措施:P210、P233、P240、P241、P242、P243、P280 事故响应:P303+P361+P353、P370+P378 安全储存:P403+P235 废弃处置:P501	易燃液体	
2261	2-硝基丁烷		600-24-8		易燃液体,类别3	H226	GHS02	警告	预防措施:P210、P233、P240、P241、P242、P243、P280 事故响应:P303+P361+P353、P370+P378 安全储存:P403+P235 废弃处置:P501	易燃液体	
2262	硝基苊		602-87-9		易燃固体,类别2 致癌性,类别2	H228 H351	GHS02 GHS08	警告	预防措施:P210、P240、P241、P280、P201、P202 事故响应:P370+P378、P308+P313 安全储存:P405 废弃处置:P501	易燃固体	
2263	硝基胍	橄苦岩	556-88-7	0282	爆炸物,1.1项 严重眼损伤/眼刺激,类别2	H201 H319	GHS01 GHS07	危险	预防措施:P210、P230、P240、P250、P280、P264 事故响应:P370+P380、P372、P373、P305+P351+P338、P337+P313 安全储存:P401 废弃处置:P501	整体爆炸危险	重点

续表

序号	品名	别名	CAS号	UN号	危险性类别	危险性说明代码	象形图代码	警示词	防范说明代码	风险提示	备注
2264	2-硝基甲苯	邻硝基甲苯	88-72-2		生殖细胞致突变性,类别 1B 生殖毒性,类别 2 危害水生环境-急性危害,类别 2 危害水生环境-长期危害,类别 2	H340 H361 H401 H411	GHS08 GHS09	危险	预防措施:P201、P202、P280、P273 事故响应:P308+P313、P391 安全储存:P405 废弃处置:P501		
2265	3-硝基甲苯	间硝基甲苯	99-08-1		严重眼损伤/眼刺激,类别 2B 生殖毒性,类别 2 特异性靶器官毒性-一次接触,类别 2 特异性靶器官毒性-反复接触,类别 2 危害水生环境-急性危害,类别 2 危害水生环境-长期危害,类别 2	H320 H361 H371 H373 H401 H411	GHS08 GHS09	警告	预防措施: P264、P201、P202、P280、P260、P270、P273 事故响应:P305+P351+P338、P337+P313、P308+P313、P308+P311、P314、P391 安全储存:P405 废弃处置:P501		
2266	4-硝基甲苯	对硝基甲苯	99-99-0		急性毒性-经口,类别 3* 急性毒性-经皮,类别 3* 急性毒性-吸入,类别 3* 特异性靶器官毒性-反复接触,类别 2* 危害水生环境-急性危害,类别 2 危害水生环境-长期危害,类别 2	H301 H311 H331 H373 H401 H411	GHS06 GHS08 GHS09	危险	预防措施: P264、P270、P280、P261、P271、P260、P273 事故响应:P301+P310、P321、P330、P302+P352、P312、P361+P364、P304+P340、P311、P314、P391 安全储存:P405、P233+P403 废弃处置:P501	吞咽会中毒,皮肤接触会中毒,吸入会中毒	
2267	硝基甲烷		75-52-5	1261	易燃液体,类别 3 致癌性,类别 2	H226 H351	GHS02 GHS08	警告	预防措施: P210、P233、P240、P241、P242、P243、P280、P201、P202 事故响应:P303+P361+P353、P370+P378、P308+P313 安全储存:P403+P235、P405 废弃处置:P501	易燃液体	制爆
2268	2-硝基联苯	邻硝基联苯	86-00-0		易燃固体,类别 2	H228	GHS02	警告	预防措施:P210、P240、P241、P280 事故响应:P370+P378 安全储存: 废弃处置:	易燃固体	
2269	4-硝基联苯	对硝基联苯	92-93-3		易燃固体,类别 2 危害水生环境-急性危害,类别 2 危害水生环境-长期危害,类别 2	H228 H401 H411	GHS02 GHS09	警告	预防措施:P210、P240、P241、P280、P273 事故响应:P370+P378、P391 安全储存: 废弃处置:P501	易燃固体	

续表

序号	品名	别名	CAS号	UN号	危险性类别	危险性说明代码	象形图代码	警示词	防范说明代码	风险提示	备注
2270	2-硝基氯化苄	邻硝基苄基氯；邻硝基氯化苄；邻硝基苯氯甲烷	612-23-7	3457	皮肤腐蚀/刺激，类别1 严重眼损伤/眼刺激，类别1 危害水生环境-急性危害，类别1 危害水生环境-长期危害，类别1	H314 H318 H400 H410	GHS05 GHS09	危险	预防措施：P260、P264、P280、P273 事故响应：P301+P330+P331、P303+P361+P353、P304+P340、P305+P351+P338、P310、P321、P363、P391 安全储存：P405 废弃处置：P501	可引起皮肤腐蚀	
2271	3-硝基氯化苄	间硝基苯氯甲烷；间硝基苄基氯；间硝基氯化苄	619-23-8	3457	皮肤腐蚀/刺激，类别1 严重眼损伤/眼刺激，类别1 危害水生环境-急性危害，类别1 危害水生环境-长期危害，类别1	H314 H318 H400 H410	GHS05 GHS09	危险	预防措施：P260、P264、P280、P273 事故响应：P301+P330+P331、P303+P361+P353、P304+P340、P305+P351+P338、P310、P321、P363、P391 安全储存：P405 废弃处置：P501	可引起皮肤腐蚀	
2272	4-硝基氯化苄	对硝基氯化苄；对硝基苄基氯；对硝基苯氯甲烷	100-14-1	3457	皮肤腐蚀/刺激，类别1 严重眼损伤/眼刺激，类别1 危害水生环境-急性危害，类别1 危害水生环境-长期危害，类别1	H314 H318 H400 H410	GHS05 GHS09	危险	预防措施：P260、P264、P280、P273 事故响应：P301+P330+P331、P303+P361+P353、P304+P340、P305+P351+P338、P310、P321、P363、P391 安全储存：P405 废弃处置：P501	可引起皮肤腐蚀	
2273	硝基马钱子碱	卡可西灵	561-20-6		急性毒性-经口，类别2 急性毒性-经皮，类别2 急性毒性-吸入，类别2	H300 H310 H330	GHS06	危险	预防措施：P264、P270、P262、P280、P260、P271、P284 事故响应：P301+P310、P321、P330、P302+P352、P361+P364、P304+P340、P320 安全储存：P405、P233+P403 废弃处置：P501	吞咽致命，皮肤接触会致命，吸入致命	
2274	2-硝基萘		581-89-5		易燃固体，类别2 危害水生环境-急性危害，类别2 危害水生环境-长期危害，类别2	H228 H401 H411	GHS02 GHS09	警告	预防措施：P210、P240、P241、P280、P273 事故响应：P370+P378、P391 安全储存： 废弃处置：P501	易燃固体	
2275	1-硝基萘		86-57-7	2538	易燃固体，类别2 急性毒性-经口，类别3 皮肤腐蚀/刺激，类别2 危害水生环境-急性危害，类别2 危害水生环境-长期危害，类别2	H228 H301 H315 H401 H411	GHS02 GHS06 GHS09	危险	预防措施：P210、P240、P241、P280、P264、P270、P273 事故响应：P370+P378、P301+P310、P321、P330、P302+P352、P332+P313、P362+P364、P391 安全储存：P405 废弃处置：P501	易燃固体，吞咽会中毒	

续表

序号	品名	别名	CAS号	UN号	危险性类别	危险性说明代码	象形图代码	警示词	防范说明代码	风险提示	备注
2276	硝基脲		556-89-8	0147	爆炸物,1.1项	H201	GHS01	危险	预防措施:P210、P230、P240、P250、P280 事故响应:P370+P380、P372、P373 安全储存:P401 废弃处置:P501	整体爆炸危险	
2277	硝基三氟甲苯			2306(液态);3431(固态)	急性毒性-吸入,类别2 危害水生环境-长期危害,类别3	H330 H412	GHS06	危险	预防措施:P260、P271、P284、P273 事故响应:P304+P340、P310、P320 安全储存:P233+P403、P405 废弃处置:P501	吸入致命	
2278	硝基三唑酮	NTO	932-64-9	0490	爆炸物,1.1项	H201	GHS01	危险	预防措施:P210、P230、P240、P250、P280 事故响应:P370+P380、P372、P373 安全储存:P401 废弃处置:P501	整体爆炸危险	
2279	2-硝基溴苯	邻硝基溴苯;邻溴硝基苯	577-19-5	3459	危害水生环境-长期危害,类别3	H412			预防措施:P273 事故响应: 安全储存: 废弃处置:P501		
2280	3-硝基溴苯	间硝基溴苯;间溴硝基苯	585-79-5	3459	危害水生环境-长期危害,类别3	H412			预防措施:P273 事故响应: 安全储存: 废弃处置:P501		
2281	4-硝基溴苯	对硝基溴苯;对溴硝基苯	586-78-7	3459	危害水生环境-长期危害,类别3	H412			预防措施:P273 事故响应: 安全储存: 废弃处置:P501		
2282	4-硝基溴化苄	对硝基溴化苄;对硝基苯溴甲烷;对硝基苄基溴	100-11-8		皮肤腐蚀/刺激,类别1 严重眼损伤/眼刺激,类别1	H314 H318	GHS05	危险	预防措施:P260、P264、P280 事故响应:P301+P330+P331、P303+P361+P353、P304+P340、P305+P351+P338、P310、P321、P363 安全储存:P405 废弃处置:P501	可引起皮肤腐蚀	
2283	硝基盐酸	王水	8007-56-5	1798	皮肤腐蚀/刺激,类别1 严重眼损伤/眼刺激,类别1 危害水生环境-急性危害,类别2	H314 H318 H401	GHS05	危险	预防措施:P260、P264、P280、P273 事故响应:P301+P330+P331、P303+P361+P353、P304+P340、P305+P351+P338、P310、P321、P363 安全储存:P405 废弃处置:P501	可引起皮肤腐蚀	

续表

序号	品名	别名	CAS号	UN号	危险性类别	危险性说明代码	象形图代码	警示词	防范说明代码	风险提示	备注
2284	硝基乙烷		79-24-3	2842	易燃液体,类别3	H226	GHS02	警告	预防措施：P210、P233、P240、P241、P242、P243、P280 事故响应：P303+P361+P353、P370+P378 安全储存：P403+P235 废弃处置：P501	易燃液体	制爆
2285	硝酸		7697-37-2		氧化性液体,类别3 皮肤腐蚀/刺激,类别1A 严重眼损伤/眼刺激,类别1	H272 H314 H318	GHS03 GHS05	危险	预防措施：P210、P220、P221、P280、P260、P264 事故响应：P370+P378、P301+P330+P331、P303+P361+P353、P304+P340、P305+P351+P338、P310、P321、P363 安全储存：P405 废弃处置：P501	可加剧燃烧，氧化剂，可引起皮肤腐蚀	重大，制爆
2286	硝酸铵[含可燃物>0.2%，包括以碳计算的任何有机物，但不包括任何其他添加剂]		6484-52-2	0222	爆炸物，1.1项 特异性靶器官毒性-一次接触，类别1 特异性靶器官毒性-反复接触，类别1	H201 H370 H372	GHS01 GHS08	危险	预防措施：P210、P230、P240、P250、P280、P260、P264、P270 事故响应：P370+P380、P372、P373、P308+P311、P321、P314 安全储存：P401、P405 废弃处置：P501	整体爆炸危险	重点，重大
	硝酸铵[含可燃物≤0.2%]			1942	氧化性固体，类别3 特异性靶器官毒性-一次接触，类别1 特异性靶器官毒性-反复接触，类别1	H272 H370 H372	GHS03 GHS08	危险	预防措施：P210、P220、P221、P280、P260、P264、P270 事故响应：P370+P378、P308+P311、P321、P314 安全储存：P405 废弃处置：P501	可加热燃烧，氧化剂	重大
2287	硝酸铵肥料[比硝酸铵(含可燃物>0.2%，包括以碳计算的任何有机物，但不包括任何其他添加剂)更易爆炸]				爆炸物，1.1项 特异性靶器官毒性-一次接触，类别1 特异性靶器官毒性-反复接触，类别1	H201 H370 H372	GHS01 GHS08	危险	预防措施：P210、P230、P240、P250、P280、P260、P264、P270 事故响应：P370+P380、P372、P373、P308+P311、P321、P314 安全储存：P401、P405 废弃处置：P501	整体爆炸危险	重点，重大
	硝酸铵肥料[含可燃物≤0.4%]				氧化性固体，类别3 特异性靶器官毒性-一次接触，类别1 特异性靶器官毒性-反复接触，类别1	H272 H370 H372	GHS03 GHS08	危险	预防措施：P210、P220、P221、P280、P260、P264、P270 事故响应：P370+P378、P308+P311、P321、P314 安全储存：P405 废弃处置：P501	可加热燃烧，氧化剂	重大

续表

序号	品名	别名	CAS号	UN号	危险性类别	危险性说明代码	象形图代码	警示词	防范说明代码	风险提示	备注
2288	硝酸钡		10022-31-8	1446	氧化性固体,类别 2 严重眼损伤/眼刺激,类别 2A 特异性靶器官毒性-一次接触,类别 1	H272 H319 H370	GHS03 GHS07 GHS08	危险	预防措施：P210、P220、P221、P280、P264、P260、P270 事故响应:P370＋P378、P305＋P351＋P338、P337＋P313、P308＋P311、P321 安全储存:P405 废弃处置:P501	可加剧燃烧，氧化剂	制爆
2289	硝酸苯胺		542-15-4		急性毒性-经口,类别 3 * 急性毒性-经皮,类别 3 * 急性毒性-吸入,类别 3 * 严重眼损伤/眼刺激,类别 1 皮肤致敏物,类别 1 生殖细胞致突变性,类别 2 特异性靶器官毒性-反复接触,类别 1 危害水生环境-急性危害,类别 1	H301 H311 H331 H318 H317 H341 H372 H400	GHS05 GHS06 GHS08 GHS09	危险	预防措施：P264、P270、P280、P261、P271、P272、P201、P202、P260、P273 事故响应:P301＋P310、P321、P330、P302＋P352、P312、P361＋P364、P304＋P340、P311、P305＋P351＋P338、P333＋P313、P362＋P364、P308＋P313、P314、P391 安全储存:P405、P233＋P403 废弃处置:P501	吞咽会中毒，皮肤接触会中毒，吸入会中毒，造成严重眼损伤，可能引起皮肤过敏	
2290	硝酸苯汞		55-68-5	1895	急性毒性-经口,类别 3 * 皮肤腐蚀/刺激,类别 1B 严重眼损伤/眼刺激,类别 1 特异性靶器官毒性-反复接触,类别 1 危害水生环境-急性危害,类别 1 危害水生环境-长期危害,类别 1	H301 H314 H318 H372 H400 H410	GHS05 GHS06 GHS08 GHS09	危险	预防措施:P264、P270、P260、P280、P273 事故响应:P301＋P310、P321、P301＋P330＋P331、P303＋P361＋P353、P304＋P340、P305＋P351＋P338、P363、P314、P391 安全储存:P405 废弃处置:P501	吞咽会中毒，可引起皮肤腐蚀	
2291	硝酸铋		10361-44-1		氧化性固体,类别 2 特异性靶器官毒性-一次接触,类别 1 特异性靶器官毒性-反复接触,类别 1	H272 H370 H372	GHS03 GHS08	危险	预防措施：P210、P220、P221、P280、P260、P264、P270 事故响应：P370 ＋ P378、P308 ＋ P311、P321、P314 安全储存:P405 废弃处置:P501	可加剧燃烧，氧化剂	
2292	硝酸镝		10143-38-1		氧化性固体,类别 2	H272	GHS03	危险	预防措施:P210、P220、P221、P280 事故响应:P370＋P378 安全储存: 废弃处置:P501	可加剧燃烧，氧化剂	

续表

序号	品名	别名	CAS号	UN号	危险性类别	危险性说明代码	象形图代码	警示词	防范说明代码	风险提示	备注
2293	硝酸铒		10168-80-6		氧化性固体,类别2	H272	GHS03	危险	预防措施:P210、P220、P221、P280 事故响应:P370+P378 安全储存: 废弃处置:P501	可加剧燃烧,氧化剂	
2294	硝酸钙		10124-37-5	1454	氧化性固体,类别3 特异性靶器官毒性-一次接触,类别1 特异性靶器官毒性-反复接触,类别1	H272 H370 H372	GHS03 GHS08	危险	预防措施:P210、P220、P221、P280、P260、P264、P270 事故响应:P370+P378、P308+P311、P321、P314 安全储存:P405 废弃处置:P501	可加热燃烧,氧化剂	制爆
2295	硝酸锆		13746-89-9	2728	氧化性固体,类别3	H272	GHS03	警告	预防措施:P210、P220、P221、P280 事故响应:P370+P378 安全储存: 废弃处置:P501	可加热燃烧,氧化剂	
2296	硝酸镉		10325-94-7		氧化性固体,类别3 急性毒性-经口,类别3 生殖细胞致突变性,类别2 致癌性,类别1A 生殖毒性,类别2 特异性靶器官毒性-一次接触,类别1 特异性靶器官毒性-反复接触,类别1 危害水生环境-急性危害,类别1 危害水生环境-长期危害,类别1	H272 H301 H341 H350 H361 H370 H372 H400 H410	GHS03 GHS06 GHS08 GHS09	危险	预防措施:P210、P220、P221、P280、P264、P270、P201、P202、P260、P273 事故响应:P370+P378、P301+P310、P321、P330、P308+P313、P308+P311、P314、P391 安全储存:P405 废弃处置:P501	可加热燃烧,氧化剂,吞咽会中毒,可能致癌	
2297	硝酸铬		13548-38-4	2720	氧化性固体,类别3 危害水生环境-急性危害,类别2 危害水生环境-长期危害,类别2	H272 H401 H411	GHS03 GHS09	警告	预防措施:P210、P220、P221、P280、P273 事故响应:P370+P378、P391 安全储存: 废弃处置:P501	可加热燃烧,氧化剂	
2298	硝酸汞	硝酸高汞	10045-94-0	1625	急性毒性-经皮,类别2 急性毒性-经口,类别2 皮肤腐蚀/刺激,类别1 严重眼损伤/眼刺激,类别1 皮肤致敏物,类别1 生殖细胞致突变性,类别2 生殖毒性,类别2 特异性靶器官毒性-一次接触,类别1 特异性靶器官毒性-反复接触,类别1 危害水生环境-急性危害,类别1 危害水生环境-长期危害,类别1	H310 H300 H314 H318 H317 H341 H361 H370 H372 H400 H410	GHS05 GHS06 GHS08 GHS09	危险	预防措施:P262、P264、P270、P280、P260、P261、P272、P201、P202、P273 事故响应:P302+P352、P321、P361+P364、P301+P310、P301+P330+P331、P303+P361+P353、P304+P340、P305+P351+P338、P363、P333+P313、P362+P364、P308+P313、P308+P311、P314、P391 安全储存:P405 废弃处置:P501	皮肤接触会致命,吞咽致命,可引起皮肤腐蚀,可能引起皮肤过敏	

续表

序号	品名	别名	CAS号	UN号	危险性类别	危险性说明代码	象形图代码	警示词	防范说明代码	风险提示	备注
2299	硝酸钴	硝酸亚钴	10141-05-6		氧化性固体,类别 3 呼吸道致敏物,类别 1 皮肤致敏物,类别 1 生殖细胞致突变性,类别 2 生殖毒性,类别 1B 危害水生环境-急性危害,类别 1 危害水生环境-长期危害,类别 1	H272 H334 H317 H341 H360 H400 H410	GHS03 GHS08 GHS09	危险	预防措施：P210、P220、P221、P280、P261、P284、P272、P201、P202、P273 事故响应:P370＋P378、P304＋P340、P342＋P311、P302＋P352、P321、P333＋P313、P362＋P364、P308＋P313、P391 安全储存:P405 废弃处置:P501	可加热燃烧，氧化剂，吸入可能导致过敏，可能引起皮肤过敏	
2300	硝酸胍	硝酸亚氨脲	506-93-4	1467	氧化性固体,类别 3 严重眼损伤/眼刺激,类别 2A	H272 H319	GHS03 GHS07	警告	预防措施:P210、P220、P221、P280、P264 事故响应:P370＋P378、P305＋P351＋P338、P337＋P313 安全储存: 废弃处置:P501	可加热燃烧，氧化剂	重点，制爆
2301	硝酸镓		13494-90-1		氧化性固体,类别 3	H272	GHS03	警告	预防措施:P210、P220、P221、P280 事故响应:P370＋P378 安全储存: 废弃处置:P501	可加热燃烧，氧化剂	
2302	硝酸甲胺		22113-87-7		皮肤腐蚀/刺激,类别 1 严重眼损伤/眼刺激,类别 1	H314 H318	GHS05	危险	预防措施:P260、P264、P280 事故响应:P301＋P330＋P331、P303＋P361＋P353、P304＋P340、P305＋P351＋P338、P310、P321、P363 安全储存:P405 废弃处置:P501	可引起皮肤腐蚀	
2303	硝酸钾		7757-79-1	1486	氧化性固体,类别 3 生殖毒性,类别 2 特异性靶器官毒性-一次接触,类别 1 特异性靶器官毒性-反复接触,类别 1	H272 H361 H370 H372	GHS03 GHS08	危险	预防措施：P210、P220、P221、P280、P201、P202、P260、P264、P270 事故响应:P370＋P378、P308＋P313、P308＋P311、P321、P314 安全储存:P405 废弃处置:P501	可加热燃烧，氧化剂	制爆
2304	硝酸镧		10099-59-9		氧化性固体,类别 2	H272	GHS03	危险	预防措施:P210、P220、P221、P280 事故响应:P370＋P378 安全储存: 废弃处置:P501	可加剧燃烧，氧化剂	

续表

序号	品名	别名	CAS号	UN号	危险性类别	危险性说明代码	象形图代码	警示词	防范说明代码	风险提示	备注
2305	硝酸铑		10139-58-9		氧化性固体,类别 3	H272	GHS03	警告	预防措施:P210、P220、P221、P280 事故响应:P370+P378 安全储存: 废弃处置:P501	可加热燃烧,氧化剂	
2306	硝酸锂		7790-69-4	2722	氧化性固体,类别 3 生殖毒性,类别 1A	H272 H360	GHS03 GHS08	危险	预防措施:P210、P220、P221、P280、P201、P202 事故响应:P370+P378、P308+P313 安全储存:P405 废弃处置:P501	可加热燃烧,氧化剂	
2307	硝酸镥		10099-67-9		氧化性固体,类别 2	H272	GHS03	危险	预防措施:P210、P220、P221、P280 事故响应:P370+P378 安全储存: 废弃处置:P501	可加剧燃烧,氧化剂	
2308	硝酸铝		7784-27-2	1438	氧化性固体,类别 3	H272	GHS03	警告	预防措施:P210、P220、P221、P280 事故响应:P370+P378 安全储存: 废弃处置:P501	可加热燃烧,氧化剂	
2309	硝酸镁		10377-60-3	1474	氧化性固体,类别 3 严重眼损伤/眼刺激,类别 2 特异性靶器官毒性-一次接触,类别 1 特异性靶器官毒性-反复接触,类别 1	H272 H319 H370 H372	GHS03 GHS07 GHS08	危险	预防措施:P210、P220、P221、P280、P264、P260、P270 事故响应:P370+P378、P305+P351+P338、P337+P313、P308+P311、P321、P314 安全储存:P405 废弃处置:P501	可加热燃烧,氧化剂	制爆
2310	硝酸锰	硝酸亚锰	20694-39-7	2724	氧化性固体,类别 3	H272	GHS03	警告	预防措施:P210、P220、P221、P280 事故响应:P370+P378 安全储存: 废弃处置:P501	可加热燃烧,氧化剂	
2311	硝酸钠		7631-99-4	1498	氧化性固体,类别 3 严重眼损伤/眼刺激,类别 2B 生殖细胞致突变性,类别 2 特异性靶器官毒性-一次接触,类别 1 特异性靶器官毒性-反复接触,类别 1	H272 H320 H341 H370 H372	GHS03 GHS08	危险	预防措施:P210、P220、P221、P280、P264、P201、P202、P260、P270 事故响应:P370+P378、P305+P351+P338、P337+P313、P308+P313、P308+P311、P321、P314 安全储存:P405 废弃处置:P501	可加热燃烧,氧化剂	制爆

续表

序号	品名	别名	CAS号	UN号	危险性类别	危险性说明代码	象形图代码	警示词	防范说明代码	风险提示	备注
2312	硝酸脲		124-47-0	0220	爆炸物，1.1项 严重眼损伤/眼刺激，类别2B 特异性靶器官毒性-一次接触，类别3(呼吸道刺激)	H201 H320 H335	GHS01 GHS07	危险	预防措施：P210、P230、P240、P250、P280、P264、P261、P271 事故响应：P370＋P380、P372、P373、P305＋P351＋P338、P337＋P313、P304＋P340、P312 安全储存：P401、P403＋P233、P405 废弃处置：P501	整体爆炸危险	
2313	硝酸镍	二硝酸镍	13138-45-9	2725	氧化性固体，类别2 严重眼损伤/眼刺激，类别1 皮肤腐蚀/刺激，类别2 皮肤致敏物，类别1 生殖细胞致突变性，类别2 致癌性，类别1A 生殖毒性，类别1B 特异性靶器官毒性-反复接触，类别1 危害水生环境-急性危害，类别1 危害水生环境-长期危害，类别1	H272 H318 H315 H317 H341 H350 H360 H372 H400 H410	GHS03 GHS05 GHS07 GHS08 GHS09	危险	预防措施：P210、P220、P221、P280、P264、P261、P272、P201、P202、P260、P270、P273 事故响应：P370＋P378、P305＋P351＋P338、P310、P302＋P352、P321、P332＋P313、P362＋P364、P333＋P313、P308＋P313、P314、P391 安全储存：P405 废弃处置：P501	可加剧燃烧，氧化剂，造成严重眼损伤，可能引起皮肤过敏，可能致癌	制爆
2314	硝酸镍铵	四氨硝酸镍			氧化性固体，类别3 致癌性，类别1A	H272 H350	GHS03 GHS08	危险	预防措施：P210、P220、P221、P280、P201、P202 事故响应：P370＋P378、P308＋P313 安全储存：P405 废弃处置：P501	可加热燃烧，氧化剂，可能致癌	
2315	硝酸钕		16454-60-7		氧化性固体，类别2	H272	GHS03	危险	预防措施：P210、P220、P221、P280 事故响应：P370＋P378 安全储存： 废弃处置：P501	可加剧燃烧，氧化剂	
2316	硝酸钕镨	硝酸镨钕	134191-62-1	1465	氧化性固体，类别2	H272	GHS03	危险	预防措施：P210、P220、P221、P280 事故响应：P370＋P378 安全储存： 废弃处置：P501	可加剧燃烧，氧化剂	
2317	硝酸铍		13597-99-4	2464	氧化性固体，类别2 急性毒性-经口，类别3* 急性毒性-吸入，类别2* 皮肤腐蚀/刺激，类别2 严重眼损伤/眼刺激，类别2 皮肤致敏物，类别1 致癌性，类别1A 特异性靶器官毒性-一次接触，类别3(呼吸道刺激) 特异性靶器官毒性-反复接触，类别1 危害水生环境-急性危害，类别2 危害水生环境-长期危害，类别2	H272 H301 H330 H315 H319 H317 H350 H335 H372 H401 H411	GHS03 GHS06 GHS08 GHS09	危险	预防措施：P210、P220、P221、P280、P264、P270、P260、P271、P284、P261、P272、P201、P202、P273 事故响应：P370＋P378、P301＋P310、P321、P330、P304＋P340、P320、P302＋P352、P332＋P313、P362＋P364、P305＋P351＋P338、P337＋P313、P333＋P313、P308＋P313、P312、P314、P391 安全储存：P405、P233＋P403、P403＋P233 废弃处置：P501	可加剧燃烧，氧化剂，吞咽会中毒，吸入致命，可能引起皮肤过敏，可能致癌	

续表

序号	品名	别名	CAS号	UN号	危险性类别	危险性说明代码	象形图代码	警示词	防范说明代码	风险提示	备注
2318	硝酸镨		10361-80-5		氧化性固体,类别 2	H272	GHS03	危险	预防措施:P210、P220、P221、P280 事故响应:P370+P378 安全储存: 废弃处置:P501	可加剧燃烧,氧化剂	
2319	硝酸铅		10099-74-8	1469	氧化性固体,类别 2 皮肤腐蚀/刺激,类别 2 严重眼损伤/眼刺激,类别 2 生殖细胞致突变性,类别 2 致癌性,类别 1B 生殖毒性,类别 1A 特异性靶器官毒性-一次接触,类别 1 特异性靶器官毒性-反复接触,类别 1 危害水生环境-急性危害,类别 1 危害水生环境-长期危害,类别 1	H272 H315 H319 H341 H350 H360 H370 H372 H400 H410	GHS03 GHS07 GHS08 GHS09	危险	预防措施:P210、P220、P221、P280、P264、P201、P202、P260、P270、P273 事故响应:P370+P378、P302+P352、P321、P332+P313、P362+P364、P305+P351+P338、P337+P313、P308+P313、P308+P311、P314、P391 安全储存:P405 废弃处置:P501	可加剧燃烧,氧化剂,可能致癌	制爆
2320	硝酸羟胺		13465-08-2		爆炸物,1.1 项 急性毒性-经皮,类别 3 皮肤腐蚀/刺激,类别 2 严重眼损伤/眼刺激,类别 2 皮肤致敏物,类别 1 特异性靶器官毒性-反复接触,类别 2* 危害水生环境-急性危害,类别 1	H201 H311 H315 H319 H317 H373 H400	GHS01 GHS06 GHS08 GHS09	危险	预防措施:P210、P230、P240、P250、P280、P264、P261、P272、P260、P273 事故响应:P370+P380、P372、P373、P302+P352、P312、P321、P361+P364、P332+P313、P362+P364、P305+P351+P338、P337+P313、P333+P313、P314、P391 安全储存:P401、P405 废弃处置:P501	整体爆炸危险,皮肤接触会中毒,可能引起皮肤过敏,	
2321	硝酸铯		7789-18-6	1451	氧化性固体,类别 3	H272	GHS03	警告	预防措施:P210、P220、P221、P280 事故响应:P370+P378 安全储存: 废弃处置:P501	可加热燃烧,氧化剂	制爆
2322	硝酸钐		13759-83-6		氧化性固体,类别 2	H272	GHS03	危险	预防措施:P210、P220、P221、P280 事故响应:P370+P378 安全储存: 废弃处置:P501	可加剧燃烧,氧化剂	

续表

序号	品名	别名	CAS号	UN号	危险性类别	危险性说明代码	象形图代码	警示词	防范说明代码	风险提示	备注
2323	硝酸铈	硝酸亚铈	10108-73-3		氧化性固体,类别2	H272	GHS03	危险	预防措施:P210、P220、P221、P280 事故响应:P370+P378 安全储存: 废弃处置:P501	可加剧燃烧,氧化剂	
2324	硝酸铈铵		16774-21-3		氧化性固体,类别2	H272	GHS03	危险	预防措施:P210、P220、P221、P280 事故响应:P370+P378 安全储存: 废弃处置:P501	可加剧燃烧,氧化剂	
2325	硝酸铈钾				氧化性固体,类别2	H272	GHS03	危险	预防措施:P210、P220、P221、P280 事故响应:P370+P378 安全储存: 废弃处置:P501	可加剧燃烧,氧化剂	
2326	硝酸铈钠				氧化性固体,类别2	H272	GHS03	危险	预防措施:P210、P220、P221、P280 事故响应:P370+P378 安全储存: 废弃处置:P501	可加剧燃烧,氧化剂	
2327	硝酸锶		10042-76-9	1507	氧化性固体,类别3 皮肤腐蚀/刺激,类别2 严重眼损伤/眼刺激,类别2B	H272 H315 H320	GHS03 GHS07	警告	预防措施:P210、P220、P221、P280、P264 事故响应:P370+P378、P302+P352、P321、P332+P313、P362+P364、P305+P351+P338、P337+P313 安全储存: 废弃处置:P501	可加热燃烧,氧化剂	制爆
2328	硝酸铊	硝酸亚铊	10102-45-1	2727	氧化性固体,类别2 急性毒性-经口,类别2 皮肤腐蚀/刺激,类别1 严重眼损伤/眼刺激,类别1 特异性靶器官毒性-一次接触,类别1 特异性靶器官毒性-反复接触,类别1 危害水生环境-急性危害,类别2 危害水生环境-长期危害,类别2	H272 H300 H314 H318 H370 H372 H401 H411	GHS03 GHS05 GHS06 GHS08 GHS09	危险	预防措施:P210、P220、P221、P280、P264、P270、P260、P273 事故响应:P370+P378、P301+P310、P321、P301+P330+P331、P303+P361+P353、P304+P340、P305+P351+P338、P363、P308+P311、P314、P391 安全储存:P405 废弃处置:P501	可加剧燃烧,氧化剂,吞咽致命,可引起皮肤腐蚀	

续表

序号	品名	别名	CAS号	UN号	危险性类别	危险性说明代码	象形图代码	警示词	防范说明代码	风险提示	备注
2329	硝酸铁	硝酸高铁	10421-48-4	1466	氧化性固体,类别 3	H272	GHS03	警告	预防措施:P210、P220、P221、P280 事故响应:P370+P378 安全储存: 废弃处置:P501	可加热燃烧,氧化剂	
2330	硝酸铜		10031-43-3		氧化性固体,类别 2 危害水生环境-急性危害,类别 1 危害水生环境-长期危害,类别 1	H272 H400 H410	GHS03 GHS09	危险	预防措施:P210、P220、P221、P280、P273 事故响应:P370+P378、P391 安全储存: 废弃处置:P501	可加剧燃烧,氧化剂	
2331	硝酸锌		7779-88-6	1514	氧化性固体,类别 2 皮肤腐蚀/刺激,类别 2 严重眼损伤/眼刺激,类别 2B 特异性靶器官毒性-一次接触,类别 3(呼吸道刺激) 危害水生环境-急性危害,类别 1 危害水生环境-长期危害,类别 1	H272 H315 H320 H335 H400 H410	GHS03 GHS07 GHS09	危险	预防措施:P210、P220、P221、P280、P264、P261、P271、P273 事故响应:P370+P378、P302+P352、P321、P332+P313、P362+P364、P305+P351+P338、P337+P313、P304+P340、P312、P391 安全储存:P403+P233、P405 废弃处置:P501	可加剧燃烧,氧化剂	制爆
2332	硝酸亚汞		7782-86-7		急性毒性-经口,类别 2 急性毒性-经皮,类别 1 急性毒性-吸入,类别 2 特异性靶器官毒性-反复接触,类别 2 危害水生环境-急性危害,类别 1 危害水生环境-长期危害,类别 1	H300 H310 H330 H373 H400 H410	GHS06 GHS08 GHS09	危险	预防措施:P264、P270、P262、P280、P260、P271、P284、P273 事故响应:P301+P310、P321、P330、P302+P352、P361+P364、P304+P340、P320、P314、P391 安全储存:P405、P233+P403 废弃处置:P501	吞咽致命,皮肤接触会致命,吸入致命	
2333	硝酸氧锆	硝酸锆酰	13826-66-9		氧化性固体,类别 3	H272	GHS03	警告	预防措施:P210、P220、P221、P280 事故响应:P370+P378 安全储存: 废弃处置:P501	可加热燃烧,氧化剂	
2334	硝酸乙酯醇溶液				易燃液体,类别 2	H225	GHS02	危险	预防措施:P210、P233、P240、P241、P242、P243、P280 事故响应:P303+P361+P353、P370+P378 安全储存:P403+P235 废弃处置:P501	高度易燃液体	

续表

序号	品名	别名	CAS号	UN号	危险性类别	危险性说明代码	象形图代码	警示词	防范说明代码	风险提示	备注
2335	硝酸钇		13494-98-9		氧化性固体,类别2	H272	GHS03	危险	预防措施:P210、P220、P221、P280 事故响应:P370+P378 安全储存: 废弃处置:P501	可加剧燃烧,氧化剂	
2336	硝酸异丙酯		1712-64-7	1222	易燃液体,类别2	H225	GHS02	危险	预防措施:P210、P233、P240、P241、P242、P243、P280 事故响应:P303+P361+P353、P370+P378 安全储存:P403+P235 废弃处置:P501	高度易燃液体	
2337	硝酸异戊酯		543-87-3		易燃液体,类别3	H226	GHS02	警告	预防措施:P210、P233、P240、P241、P242、P243、P280 事故响应:P303+P361+P353、P370+P378 安全储存:P403+P235 废弃处置:P501	易燃液体	
2338	硝酸镱		35725-34-9; 13768-67-7		氧化性固体,类别2	H272	GHS03	危险	预防措施:P210、P220、P221、P280 事故响应:P370+P378 安全储存: 废弃处置:P501	可加剧燃烧,氧化剂	
2339	硝酸铟		13770-61-1		氧化性固体,类别3	H272	GHS03	警告	预防措施:P210、P220、P221、P280 事故响应:P370+P378 安全储存: 废弃处置:P501	可加热燃烧,氧化剂	
2340	硝酸银		7761-88-8	1943	氧化性固体,类别2 皮肤腐蚀/刺激,类别1B 严重眼损伤/眼刺激,类别1 危害水生环境-急性危害,类别1 危害水生环境-长期危害,类别1	H272 H314 H318 H400 H410	GHS03 GHS05 GHS09	危险	预防措施:P210、P220、P221、P280、P260、P264、P273 事故响应:P370+P378、P301+P330+P331、P303+P361+P353、P304+P340、P305+P351+P338、P310、P321、P363、P391 安全储存:P405 废弃处置:P501	可加剧燃烧,氧化剂,可引起皮肤腐蚀	制爆
2341	硝酸正丙酯		627-13-4	1865	易燃液体,类别2 特异性靶器官毒性—一次接触,类别1	H225 H370	GHS02 GHS08	危险	预防措施:P210、P233、P240、P241、P242、P243、P280、P260、P264、P270 事故响应:P303+P361+P353、P370+P378、P308+P311、P321 安全储存:P403+P235、P405 废弃处置:P501	高度易燃液体	

续表

序号	品名	别名	CAS号	UN号	危险性类别	危险性说明代码	象形图代码	警示词	防范说明代码	风险提示	备注
2342	硝酸正丁酯		928-45-0		易燃液体,类别 3	H226	GHS02	警告	预防措施：P210、P233、P240、P241、P242、P243、P280 事故响应：P303＋P361＋P353、P370＋P378 安全储存：P403＋P235 废弃处置：P501	易燃液体	
2343	硝酸正戊酯		1002-16-0	1112	易燃液体,类别 3	H226	GHS02	警告	预防措施：P210、P233、P240、P241、P242、P243、P280 事故响应：P303＋P361＋P353、P370＋P378 安全储存：P403＋P235 废弃处置：P501	易燃液体	
2344	硝酸重氮苯		619-97-6		爆炸物,1.1 项	H201	GHS01	危险	预防措施：P210、P230、P240、P250、P280 事故响应：P370＋P380、P372、P373 安全储存：P401 废弃处置：P501	整体爆炸危险	
2345	辛二腈	1,6-二氰基戊烷	629-40-3		急性毒性-经口,类别 3	H301	GHS06	危险	预防措施：P264、P270 事故响应：P301＋P310、P321、P330 安全储存：P405 废弃处置：P501	吞咽会中毒	
2346	辛二烯		3710-30-3	2309	易燃液体,类别 2 严重眼损伤/眼刺激,类别 2B	H225 H320	GHS02	危险	预防措施：P210、P233、P240、P241、P242、P243、P280、P264 事故响应：P303＋P361＋P353、P370＋P378、P305＋P351＋P338、P337＋P313 安全储存：P403＋P235 废弃处置：P501	高度易燃液体	
2347	辛基苯酚		27193-28-8		皮肤腐蚀/刺激,类别 1 严重眼损伤/眼刺激,类别 1 危害水生环境-急性危害,类别 1 危害水生环境-长期危害,类别 1	H314 H318 H400 H410	GHS05 GHS09	危险	预防措施：P260、P264、P280、P273 事故响应：P301＋P330＋P331、P303＋P361＋P353、P304＋P340、P305＋P351＋P338、P310、P321、P363、P391 安全储存：P405 废弃处置：P501	可引起皮肤腐蚀	
2348	辛基三氯硅烷		5283-66-9	1801	皮肤腐蚀/刺激,类别 1 严重眼损伤/眼刺激,类别 1	H314 H318	GHS05	危险	预防措施：P260、P264、P280 事故响应：P301＋P330＋P331、P303＋P361＋P353、P304＋P340、P305＋P351＋P338、P310、P321、P363 安全储存：P405 废弃处置：P501	可引起皮肤腐蚀	

续表

序号	品名	别名	CAS号	UN号	危险性类别	危险性说明代码	象形图代码	警示词	防范说明代码	风险提示	备注
2349	1-辛炔		629-05-0		易燃液体,类别 2	H225	GHS02	危险	预防措施：P210、P233、P240、P241、P242、P243、P280 事故响应:P303＋P361＋P353、P370＋P378 安全储存:P403＋P235 废弃处置:P501	高度易燃液体	
2350	2-辛炔		2809-67-8		易燃液体,类别 2	H225	GHS02	危险	预防措施：P210、P233、P240、P241、P242、P243、P280 事故响应:P303＋P361＋P353、P370＋P378 安全储存:P403＋P235 废弃处置:P501	高度易燃液体	
2351	3-辛炔		15232-76-5		易燃液体,类别 2	H225	GHS02	危险	预防措施：P210、P233、P240、P241、P242、P243、P280 事故响应:P303＋P361＋P353、P370＋P378 安全储存:P403＋P235 废弃处置:P501	高度易燃液体	
2352	4-辛炔		1942-45-6		易燃液体,类别 2	H225	GHS02	危险	预防措施：P210、P233、P240、P241、P242、P243、P280 事故响应:P303＋P361＋P353、P370＋P378 安全储存:P403＋P235 废弃处置:P501	高度易燃液体	
2353	辛酸亚锡	含锡稳定剂	301-10-0		严重眼损伤/眼刺激,类别 1 皮肤致敏物,类别 1 生殖毒性,类别 2 危害水生环境-急性危害,类别 2 危害水生环境-长期危害,类别 2	H318 H317 H361 H401 H411	GHS05 GHS07 GHS08 GHS09	危险	预防措施:P280、P261、P272、P201、P202、P273 事故响应:P305＋P351＋P338、P310、P302＋P352、P321、P333＋P313、P362＋P364、P308＋P313、P391 安全储存:P405 废弃处置:P501	造成严重眼损伤,可能引起皮肤过敏	
2354	3-辛酮	乙基戊基酮;乙戊酮	106-68-3	2271	易燃液体,类别 3 皮肤腐蚀/刺激,类别 2	H226 H315	GHS02 GHS07	警告	预防措施：P210、P233、P240、P241、P242、P243、P280、P264 事故响应:P303＋P361＋P353、P370＋P378、P302＋P352、P321、P332＋P313、P362＋P364 安全储存:P403＋P235 废弃处置:P501	易燃液体	
2355	1-辛烯		111-66-0		易燃液体,类别 2 严重眼损伤/眼刺激,类别 2 特异性靶器官毒性-一次接触,类别 3(麻醉效应) 吸入危害,类别 1 危害水生环境-急性危害,类别 2 危害水生环境-长期危害,类别 2	H225 H319 H336 H304 H401 H411	GHS02 GHS07 GHS08 GHS09	危险	预防措施：P210、P233、P240、P241、P242、P243、P280、P264、P261、P271、P273 事故响应:P303＋P361＋P353、P370＋P378、P305＋P351＋P338、P337＋P313、P304＋P340、P312、P301＋P310、P331、P391 安全储存:P403＋P235、P403＋P233、P405 废弃处置:P501	高度易燃液体,禁止催吐	

续表

序号	品名	别名	CAS 号	UN 号	危险性类别	危险性说明代码	象形图代码	警示词	防范说明代码	风险提示	备注
2356	2-辛烯		111-67-1		易燃液体,类别 2 严重眼损伤/眼刺激,类别 2 特异性靶器官毒性—一次接触,类别 3(麻醉效应) 吸入危害,类别 1 危害水生环境-急性危害,类别 2 危害水生环境-长期危害,类别 2	H225 H319 H336 H304 H401 H411	GHS02 GHS07 GHS08 GHS09	危险	预防措施：P210、P233、P240、P241、P242、P243、P280、P264、P261、P271、P273 事故响应：P303＋P361＋P353、P370＋P378、P305＋P351＋P338、P337＋P313、P304＋P340、P312、P301＋P310、P331、P391 安全储存：P403＋P235、P403＋P233、P405 废弃处置：P501	高度易燃液体，禁止催吐	
2357	辛酰氯		111-64-8		急性毒性-吸入,类别 2 皮肤腐蚀/刺激,类别 2 严重眼损伤/眼刺激,类别 1 皮肤致敏物,类别 1	H330 H315 H318 H317	GHS05 GHS06	危险	预防措施：P260、P271、P284、P264、P280、P261、P272 事故响应：P304＋P340、P310、P320、P302＋P352、P321、P332＋P313、P362＋P364、P305＋P351＋P338、P333＋P313 安全储存：P233＋P403、P405 废弃处置：P501	吸入致命，造成严重眼损伤，可能引起皮肤过敏	
2358	锌尘		7440-66-6	1436	自热物质和混合物,类别 1 遇水放出易燃气体的物质和混合物,类别 1 危害水生环境-急性危害,类别 1 危害水生环境-长期危害,类别 1	H251 H260 H400 H410	GHS02 GHS09	危险	预防措施：P235＋P410、P280、P223、P231＋P232、P273 事故响应：P335＋P334、P370＋P378、P391 安全储存：P407、P413、P420、P402＋P404 废弃处置：P501	自热，可能燃烧，遇水放出可自燃的易燃气体	制爆
	锌粉			1436	自热物质和混合物,类别 1 遇水放出易燃气体的物质和混合物,类别 1 危害水生环境-急性危害,类别 1 危害水生环境-长期危害,类别 1	H251 H260 H400 H410	GHS02 GHS09	危险	预防措施：P235＋P410、P280、P223、P231＋P232、P273 事故响应：P335＋P334、P370＋P378、P391 安全储存：P407、P413、P420、P402＋P404 废弃处置：P501	自热，可能燃烧，遇水放出可自燃的易燃气体	制爆
	锌灰			1435	遇水放出易燃气体的物质和混合物,类别 3	H261	GHS02	警告	预防措施：P231＋P232、P280 事故响应：P370＋P378 安全储存：P402＋P404 废弃处置：P501	遇水放出易燃气体	制爆
2359	锌汞齐	锌汞合金			危害水生环境-急性危害,类别 1 危害水生环境-长期危害,类别 1	H400 H410	GHS09	警告	预防措施：P273 事故响应：P391 安全储存： 废弃处置：P501		

续表

序号	品名	别名	CAS号	UN号	危险性类别	危险性说明代码	象形图代码	警示词	防范说明代码	风险提示	备注
2360	D型2-重氮-1-萘酚磺酸酯混合物			3226	自反应物质和混合物,D型	H242	GHS02	危险	预防措施:P210、P220、P234、P280 事故响应:P370+P378 安全储存:P403+P235、P411、P420 废弃处置:P501	加热可能起火	
2361	溴	溴素	7726-95-6	1744	急性毒性-吸入,类别2* 皮肤腐蚀/刺激,类别1A 严重眼损伤/眼刺激,类别1 危害水生环境-急性危害,类别1	H330 H314 H318 H400	GHS05 GHS06 GHS09	危险	预防措施:P260、P271、P284、P264、P280、P273 事故响应:P304+P340、P310、P320、P301+P330+P331、P303+P361+P353、P305+P351+P338、P321、P363、P391 安全储存:P233+P403、P405 废弃处置:P501	吸入致命,可引起皮肤腐蚀	重大
	溴水[含溴≥3.5%]			1744	皮肤腐蚀/刺激,类别1 严重眼损伤/眼刺激,类别1 危害水生环境-急性危害,类别2	H314 H318 H401	GHS05	危险	预防措施:P260、P264、P280、P273 事故响应:P301+P330+P331、P303+P361+P353、P304+P340、P305+P351+P338、P310、P321、P363 安全储存:P405 废弃处置:P501	可引起皮肤腐蚀	
2362	3-溴-1,2-二甲基苯	间溴邻二甲苯;2,3-二甲基溴化苯	576-23-8		急性毒性-吸入,类别3 皮肤腐蚀/刺激,类别2 严重眼损伤/眼刺激,类别2 特异性靶器官毒性--次接触,类别3(呼吸道刺激)	H331 H315 H319 H335	GHS06	危险	预防措施:P261、P271、P264、P280 事故响应:P304+P340、P311、P321、P302+P352、P332+P313、P362+P364、P305+P351+P338、P337+P313、P312 安全储存:P233+P403、P405、P403+P233 废弃处置:P501	吸入会中毒	
2363	4-溴-1,2-二甲基苯	对溴邻二甲苯;3,4-二甲基溴	583-71-1		急性毒性-吸入,类别3 皮肤腐蚀/刺激,类别2 严重眼损伤/眼刺激,类别2 特异性靶器官毒性--次接触,类别3(呼吸道刺激)	H331 H315 H319 H335	GHS06	危险	预防措施:P261、P271、P264、P280 事故响应:P304+P340、P311、P321、P302+P352、P332+P313、P362+P364、P305+P351+P338、P337+P313、P312 安全储存:P233+P403、P405、P403+P233 废弃处置:P501	吸入会中毒	
2364	3-溴-1,2-环氧丙烷	环氧溴丙烷;溴甲基环氧乙烷;表溴醇	3132-64-7	2558	易燃液体,类别3 急性毒性-经口,类别3 急性毒性-经皮,类别3	H226 H301 H311	GHS02 GHS06	危险	预防措施:P210、P233、P240、P241、P242、P243、P280、P264、P270 事故响应:P303+P361+P353、P370+P378、P301+P310、P321、P330、P302+P352、P312、P361+P364 安全储存:P403+P235、P405 废弃处置:P501	易燃液体,吞咽会中毒,皮肤接触会中毒	重大

续表

序号	品名	别名	CAS 号	UN 号	危险性类别	危险性说明代码	象形图代码	警示词	防范说明代码	风险提示	备注
2365	3-溴-1-丙烯	3-溴丙烯;烯丙基溴	106-95-6	1099	易燃液体,类别 2 急性毒性-经口,类别 3 急性毒性-吸入,类别 3 皮肤腐蚀/刺激,类别 1 严重眼损伤/眼刺激,类别 1 特异性靶器官毒性—一次接触,类别 3(呼吸道刺激)	H225 H301 H331 H314 H318 H335	GHS02 GHS05 GHS06	危险	预防措施：P210、P233、P240、P241、P242、P243、P280、P264、P270、P261、P271、P260 事故响应：P303＋P361＋P353、P370＋P378、P301＋P310、P321、P304＋P340、P311、P301＋P330＋P331、P305＋P351＋P338、P363、P312 安全储存：P403＋P235、P405、P233＋P403、P403＋P233 废弃处置：P501	高度易燃液体，吞咽会中毒，吸入会中毒，可引起皮肤腐蚀	
2366	1-溴-2，4-二硝基苯	3，4-二硝基溴化苯;1,3-二硝基-4-溴化苯;2，4-二硝基溴化苯	584-48-5		皮肤腐蚀/刺激,类别 2 严重眼损伤/眼刺激,类别 2 皮肤致敏物,类别 1	H315 H319 H317	GHS07	警告	预防措施：P264、P280、P261、P272 事故响应：P302＋P352、P321、P332＋P313、P362＋P364、P305＋P351＋P338、P337＋P313、P333＋P313 安全储存： 废弃处置：P501	可能引起皮肤过敏	
2367	2-溴-2-甲基丙酸乙酯	2-溴异丁酸乙酯	600-00-0		易燃液体,类别 3 严重眼损伤/眼刺激,类别 1 皮肤致敏物,类别 1	H226 H318 H317	GHS02 GHS05 GHS07	危险	预防措施：P210、P233、P240、P241、P242、P243、P280、P261、P272 事故响应：P303＋P361＋P353、P370＋P378、P305＋P351＋P338、P310、P302＋P352、P321、P333＋P313、P362＋P364 安全储存：P403＋P235 废弃处置：P501	易燃液体，造成严重眼损伤，可能引起皮肤过敏	
2368	1-溴-2-甲基丙烷	异丁基溴;溴代异丁烷	78-77-3	2342	易燃液体,类别 2	H225	GHS02	危险	预防措施：P210、P233、P240、P241、P242、P243、P280 事故响应：P303＋P361＋P353、P370＋P378 安全储存：P403＋P235 废弃处置：P501	高度易燃液体	
2369	2-溴-2-甲基丙烷	叔丁基溴;特丁基溴;溴代叔丁烷	507-19-7		易燃液体,类别 2 皮肤腐蚀/刺激,类别 1 严重眼损伤/眼刺激,类别 1	H225 H314 H318	GHS02 GHS05	危险	预防措施：P210、P233、P240、P241、P242、P243、P280、P260、P264 事故响应：P303＋P361＋P353、P370＋P378、P301＋P330＋P331、P304＋P340、P305＋P351＋P338、P310、P321、P363 安全储存：P403＋P235、P405 废弃处置：P501	高度易燃液体，可引起皮肤腐蚀	

续表

序号	品名	别名	CAS号	UN号	危险性类别	危险性说明代码	象形图代码	警示词	防范说明代码	风险提示	备注
2370	4-溴-2-氯氟苯		60811-21-4		皮肤腐蚀/刺激,类别2 危害水生环境-急性危害,类别1 危害水生环境-长期危害,类别1	H315 H400 H410	GHS07 GHS09	警告	预防措施:P264、P280、P273 事故响应:P302+P352、P321、P332+P313、P362+P364、P391 安全储存: 废弃处置:P501		
2371	1-溴-3-甲基丁烷	异戊基溴;溴代异戊烷	107-82-4	2341	易燃液体,类别3	H226	GHS02	警告	预防措施:P210、P233、P240、P241、P242、P243、P280 事故响应:P303+P361+P353、P370+P378 安全储存:P403+P235 废弃处置:P501	易燃液体	
2372	溴苯		108-86-1	2514	易燃液体,类别3 皮肤腐蚀/刺激,类别2 危害水生环境-急性危害,类别2 危害水生环境-长期危害,类别2	H226 H315 H401 H411	GHS02 GHS07 GHS09	警告	预防措施:P210、P233、P240、P241、P242、P243、P280、P264、P273 事故响应:P303+P361+P353、P370+P378、P302+P352、P321、P332+P313、P362+P364、P391 安全储存:P403+P235 废弃处置:P501	易燃液体	
2373	2-溴苯胺	邻溴苯胺;邻氨基溴化苯	615-36-1		危害水生环境-急性危害,类别2 危害水生环境-长期危害,类别2	H401 H411	GHS09	警告	预防措施:P273 事故响应:P391 安全储存: 废弃处置:P501		
2374	3-溴苯胺	间溴苯胺;间氨基溴化苯	591-19-5		危害水生环境-长期危害,类别3 *	H412			预防措施:P273 事故响应: 安全储存: 废弃处置:P501		
2375	4-溴苯胺	对溴苯胺;对氨基溴化苯	106-40-1		危害水生环境-长期危害,类别3	H412			预防措施:P273 事故响应: 安全储存: 废弃处置:P501		
2376	2-溴苯酚	邻溴苯酚	95-56-7		易燃液体,类别3 特异性靶器官毒性-一次接触,类别2 特异性靶器官毒性-反复接触,类别2 危害水生环境-急性危害,类别1 危害水生环境-长期危害,类别1	H226 H371 H373 H400 H410	GHS02 GHS08 GHS09	警告	预防措施:P210、P233、P240、P241、P242、P243、P280、P260、P264、P270、P273 事故响应:P303+P361+P353、P370+P378、P308+P311、P314、P391 安全储存:P403+P235、P405 废弃处置:P501	易燃液体	

续表

序号	品名	别名	CAS号	UN号	危险性类别	危险性说明代码	象形图代码	警示词	防范说明代码	风险提示	备注
2377	3-溴苯酚	间溴苯酚	591-20-8		危害水生环境-急性危害,类别2 危害水生环境-长期危害,类别2	H401 H411	GHS09	警告	预防措施:P273 事故响应:P391 安全储存: 废弃处置:P501		
2378	4-溴苯酚	对溴苯酚	106-41-2		生殖毒性,类别2 危害水生环境-急性危害,类别2 危害水生环境-长期危害,类别2	H361 H401 H411	GHS08 GHS09	警告	预防措施:P201、P202、P280、P273 事故响应:P308+P313、P391 安全储存:P405 废弃处置:P501		
2379	4-溴苯磺酰氯		98-58-8		皮肤腐蚀/刺激,类别1 严重眼损伤/眼刺激,类别1	H314 H318	GHS05	危险	预防措施:P260、P264、P280 事故响应:P301+P330+P331、P303+P361+P353、P304+P340、P305+P351+P338、P310、P321、P363 安全储存:P405 废弃处置:P501	可引起皮肤腐蚀	
2380	4-溴苯甲醚	对溴苯甲醚;对溴茴香醚	104-92-7		皮肤腐蚀/刺激,类别2	H315	GHS07	警告	预防措施:P264、P280 事故响应:P302+P352、P321、P332+P313、P362+P364 安全储存: 废弃处置:		
2381	2-溴苯甲酰氯	邻溴苯甲酰氯	7154-66-7		皮肤腐蚀/刺激,类别1 严重眼损伤/眼刺激,类别1	H314 H318	GHS05	危险	预防措施:P260、P264、P280 事故响应:P301+P330+P331、P303+P361+P353、P304+P340、P305+P351+P338、P310、P321、P363 安全储存:P405 废弃处置:P501	可引起皮肤腐蚀	
2382	4-溴苯甲酰氯	对溴苯甲酰氯;氯化对溴代苯甲酰	586-75-4		皮肤腐蚀/刺激,类别1 严重眼损伤/眼刺激,类别1	H314 H318	GHS05	危险	预防措施:P260、P264、P280 事故响应:P301+P330+P331、P303+P361+P353、P304+P340、P305+P351+P338、P310、P321、P363 安全储存:P405 废弃处置:P501	可引起皮肤腐蚀	

续表

序号	品名	别名	CAS号	UN号	危险性类别	危险性说明代码	象形图代码	警示词	防范说明代码	风险提示	备注
2383	溴苯乙腈	溴苄基腈	5798-79-8	1694（液态）；3449（固态）	皮肤腐蚀/刺激，类别 2 严重眼损伤/眼刺激，类别 2 特异性靶器官毒性-一次接触，类别 3（呼吸道刺激）	H315 H319 H335	GHS07	警告	预防措施：P264、P280、P261、P271 事故响应：P302＋P352、P321、P332＋P313、P362＋P364、P305＋P351＋P338、P337＋P313、P304＋P340、P312 安全储存：P403＋P233、P405 废弃处置：P501		
2384	4-溴苯乙酰基溴	对溴苯乙酰基溴	99-73-0		皮肤腐蚀/刺激，类别 1 严重眼损伤/眼刺激，类别 1	H314 H318	GHS05	危险	预防措施：P260、P264、P280 事故响应：P301＋P330＋P331、P303＋P361＋P353、P304＋P340、P305＋P351＋P338、P310、P321、P363 安全储存：P405 废弃处置：P501	可引起皮肤腐蚀	
2385	3-溴丙腈	β-溴丙腈；溴乙基氰	2417-90-5		急性毒性-经口，类别 3 急性毒性-经皮，类别 3 急性毒性-吸入，类别 3 皮肤腐蚀/刺激，类别 2 严重眼损伤/眼刺激，类别 2 特异性靶器官毒性-一次接触，类别 3（呼吸道刺激）	H301 H311 H331 H315 H319 H335	GHS06	危险	预防措施：P264、P270、P280、P261、P271 事故响应：P301＋P310、P321、P330、P302＋P352、P312、P361＋P364、P304＋P340、P311、P332＋P313、P362＋P364、P305＋P351＋P338、P337＋P313 安全储存：P405、P233＋P403、P403＋P233 废弃处置：P501	吞咽会中毒，皮肤接触会中毒，吸入会中毒	
2386	3-溴丙炔		106-96-7	2345	易燃液体，类别 2 急性毒性-经口，类别 3 皮肤腐蚀/刺激，类别 2 严重眼损伤/眼刺激，类别 2 特异性靶器官毒性-一次接触，类别 3（呼吸道刺激）	H225 H301 H315 H319 H335	GHS02 GHS06	危险	预防措施：P210、P233、P240、P241、P242、P243、P280、P264、P270 事故响应：P303＋P361＋P353、P370＋P378、P301＋P310、P321、P330、P302＋P352、P332＋P313、P362＋P364、P305＋P351＋P338、P337＋P313 安全储存：P403＋P235、P405 废弃处置：P501	高度易燃液体，吞咽会中毒	
2387	2-溴丙酸	α-溴丙酸	598-72-1		急性毒性-经口，类别 3	H301	GHS06	危险	预防措施：P264、P270 事故响应：P301＋P310、P321、P330 安全储存：P405 废弃处置：P501	吞咽会中毒	

续表

序号	品名	别名	CAS号	UN号	危险性类别	危险性说明代码	象形图代码	警示词	防范说明代码	风险提示	备注
2388	3-溴丙酸	β-溴丙酸	590-92-1		皮肤腐蚀/刺激,类别 1 严重眼损伤/眼刺激,类别 1	H314 H318	GHS05	危险	预防措施:P260、P264、P280 事故响应:P301+P330+P331、P303+P361+P353、P304+P340、P305+P351+P338、P310、P321、P363 安全储存:P405 废弃处置:P501	可引起皮肤腐蚀	
2389	溴丙酮		598-31-2	1569	易燃液体,类别 2 急性毒性-吸入,类别 1 皮肤腐蚀/刺激,类别 2 严重眼损伤/眼刺激,类别 2 特异性靶器官毒性-一次接触,类别 3(呼吸道刺激)	H225 H330 H315 H319 H335	GHS02 GHS06	危险	预防措施:P210、P233、P240、P241、P242、P243、P280、P260、P271、P284、P264、P261 事故响应:P303+P361+P353、P370+P378、P304+P340、P310、P320、P302+P352、P321、P332+P313、P362+P364、P305+P351+P338、P337+P313、P312 安全储存:P403+P235、P233+P403、P405、P403+P233 废弃处置:P501	高度易燃液体,吸入致命	
2390	1-溴丙烷	正丙基溴;溴代正丙烷	106-94-5		易燃液体,类别 2 皮肤腐蚀/刺激,类别 2 严重眼损伤/眼刺激,类别 2 生殖毒性,类别 1B 特异性靶器官毒性-一次接触,类别 3(呼吸道刺激、麻醉效应)* 特异性靶器官毒性-反复接触,类别 2*	H225 H315 H319 H360 H335 H336 H373	GHS02 GHS07 GHS08	危险	预防措施:P210、P233、P240、P241、P242、P243、P280、P264、P201、P202、P261、P271、P260 事故响应:P303+P361+P353、P370+P378、P302+P352、P321、P332+P313、P362+P364、P305+P351+P338、P337+P313、P308+P313、P304+P340、P312、P314 安全储存:P403+P235、P405、P403+P233 废弃处置:P501	高度易燃液体	
2391	2-溴丙烷	异丙基溴;溴代异丙烷	75-26-3		易燃液体,类别 2 生殖毒性,类别 1A 特异性靶器官毒性-反复接触,类别 2*	H225 H360 H373	GHS02 GHS08	危险	预防措施:P210、P233、P240、P241、P242、P243、P280、P201、P202、P260 事故响应:P303+P361+P353、P370+P378、P308+P313、P314 安全储存:P403+P235、P405 废弃处置:P501	高度易燃液体	
2392	2-溴丙酰溴	溴化-2-溴丙酰	563-76-8		皮肤腐蚀/刺激,类别 1 严重眼损伤/眼刺激,类别 1	H314 H318	GHS05	危险	预防措施:P260、P264、P280 事故响应:P301+P330+P331、P303+P361+P353、P304+P340、P305+P351+P338、P310、P321、P363 安全储存:P405 废弃处置:P501	可引起皮肤腐蚀	

续表

序号	品名	别名	CAS号	UN号	危险性类别	危险性说明代码	象形图代码	警示词	防范说明代码	风险提示	备注
2393	3-溴丙酰溴	溴化-3-溴丙酰	7623-16-7		皮肤腐蚀/刺激,类别1 严重眼损伤/眼刺激,类别1	H314 H318	GHS05	危险	预防措施:P260、P264、P280 事故响应:P301+P330+P331、P303+P361+P353、P304+P340、P305+P351+P338、P310、P321、P363 安全储存:P405 废弃处置:P501	可引起皮肤腐蚀	
2394	溴代环戊烷	环戊基溴	137-43-9		易燃液体,类别3	H226	GHS02	警告	预防措施: P210、P233、P240、P241、P242、P243、P280 事故响应:P303+P361+P353、P370+P378 安全储存:P403+P235 废弃处置:P501	易燃液体	
2395	溴代正戊烷	正戊基溴	110-53-2		易燃液体,类别3	H226	GHS02	警告	预防措施: P210、P233、P240、P241、P242、P243、P280 事故响应:P303+P361+P353、P370+P378 安全储存:P403+P235 废弃处置:P501	易燃液体	
2396	1-溴丁烷	正丁基溴;溴代正丁烷	109-65-9	1126	易燃液体,类别2	H225	GHS02	危险	预防措施: P210、P233、P240、P241、P242、P243、P280 事故响应:P303+P361+P353、P370+P378 安全储存:P403+P235 废弃处置:P501	高度易燃液体	
2397	2-溴丁烷	仲丁基溴;溴代仲丁烷	78-76-2	2339	易燃液体,类别2 特异性靶器官毒性—一次接触,类别3(麻醉效应)	H225 H336	GHS02 GHS07	危险	预防措施: P210、P233、P240、P241、P242、P243、P280、P261、P271 事故响应:P303+P361+P353、P370+P378、P304+P340、P312 安全储存:P403+P235、P403+P233、P405 废弃处置:P501	高度易燃液体	
2398	溴化苄	α-溴甲苯;苄基溴	100-39-0	1737	皮肤腐蚀/刺激,类别2 严重眼损伤/眼刺激,类别2 特异性靶器官毒性—一次接触,类别3(呼吸道刺激)	H315 H319 H335	GHS07	警告	预防措施:P264、P280、P261、P271 事故响应:P302+P352、P321、P332+P313、P362+P364、P305+P351+P338、P337+P313、P304+P340、P312 安全储存:P403+P233、P405 废弃处置:P501		

续表

序号	品名	别名	CAS号	UN号	危险性类别	危险性说明代码	象形图代码	警示词	防范说明代码	风险提示	备注
2399	溴化丙酰	丙酰溴	598-22-1		易燃液体,类别3	H226	GHS02	警告	预防措施：P210、P233、P240、P241、P242、P243、P280 事故响应：P303+P361+P353、P370+P378 安全储存：P403+P235 废弃处置：P501	易燃液体	
2400	溴化汞	二溴化汞;溴化高汞	7789-47-1	1634	急性毒性-经口,类别2 急性毒性-经皮,类别2 皮肤腐蚀/刺激,类别2 严重眼损伤/眼刺激,类别1 皮肤致敏物,类别1 危害水生环境-急性危害,类别1 危害水生环境-长期危害,类别1	H300 H310 H315 H318 H317 H400 H410	GHS05 GHS06 GHS09	危险	预防措施：P264、P270、P262、P280、P261、P272、P273 事故响应：P301+P310、P321、P330、P302+P352、P361+P364、P332+P313、P362+P364、P305+P351+P338、P333+P313、P391 安全储存：P405 废弃处置：P501	吞咽致命,皮肤接触会致命,造成严重眼损伤,可能引起皮肤过敏	
2401	溴化氢		10035-10-6	1048	加压气体 皮肤腐蚀/刺激,类别1A 严重眼损伤/眼刺激,类别1 特异性靶器官毒性—一次接触,类别3(呼吸道刺激)	H280或H281 H314 H318 H335	GHS04 GHS05 GHS07	危险	预防措施：P260、P264、P280、P261、P271 事故响应：P301+P330+P331、P303+P361+P353、P304+P340、P305+P351+P338、P310、P321、P363、P312 安全储存：P410+P403、P405、P403+P233 废弃处置：P501	内装加压气体：遇热可能爆炸,可引起皮肤腐蚀	
2402	溴化氢乙酸溶液	溴化氢醋酸溶液			皮肤腐蚀/刺激,类别1 严重眼损伤/眼刺激,类别1	H314 H318	GHS05	危险	预防措施：P260、P264、P280 事故响应：P301+P330+P331、P303+P361+P353、P304+P340、P305+P351+P338、P310、P321、P363 安全储存：P405 废弃处置：P501	可引起皮肤腐蚀	
2403	溴化硒		7789-52-8		急性毒性-经口,类别3* 急性毒性-吸入,类别3* 特异性靶器官毒性-反复接触,类别2 危害水生环境-急性危害,类别1 危害水生环境-长期危害,类别1	H301 H331 H373 H400 H410	GHS06 GHS08 GHS09	危险	预防措施：P264、P270、P261、P271、P260、P273 事故响应：P301+P310、P321、P330、P304+P340、P311、P314、P391 安全储存：P405、P233+P403 废弃处置：P501	吞咽会中毒,吸入会中毒	

续表

序号	品名	别名	CAS号	UN号	危险性类别	危险性说明代码	象形图代码	警示词	防范说明代码	风险提示	备注
2404	溴化亚汞	一溴化汞	10031-18-2	1634	急性毒性-经口,类别2* 急性毒性-经皮,类别1 急性毒性-吸入,类别2* 特异性靶器官毒性-反复接触,类别2* 危害水生环境-急性危害,类别1 危害水生环境-长期危害,类别1	H300 H310 H330 H373 H400 H410	GHS06 GHS08 GHS09	危险	预防措施：P264、P270、P262、P280、P260、P271、P284、P273 事故响应：P301＋P310、P321、P330、P302＋P352、P361＋P364、P304＋P340、P320、P314、P391 安全储存：P405、P233＋P403 废弃处置：P501	吞咽致命，皮肤接触会致命，吸入致命	
2405	溴化亚铊	一溴化铊	7789-40-4		急性毒性-经口,类别2* 急性毒性-吸入,类别2* 特异性靶器官毒性-反复接触,类别2* 危害水生环境-急性危害,类别2 危害水生环境-长期危害,类别2	H300 H330 H373 H401 H411	GHS06 GHS08 GHS09	危险	预防措施：P264、P270、P260、P271、P284、P273 事故响应：P301＋P310、P321、P330、P304＋P340、P320、P314、P391 安全储存：P405、P233＋P403 废弃处置：P501	吞咽致命，吸入致命	
2406	溴化乙酰	乙酰溴	506-96-7	1716	皮肤腐蚀/刺激,类别1 严重眼损伤/眼刺激,类别1 特异性靶器官毒性-一次接触,类别3(呼吸道刺激) 危害水生环境-长期危害,类别3	H314 H318 H335 H412	GHS05 GHS07	危险	预防措施：P260、P264、P280、P261、P271、P273 事故响应：P301＋P330＋P331、P303＋P361＋P353、P304＋P340、P305＋P351＋P338、P310、P321、P363、P312 安全储存：P405、P403＋P233 废弃处置：P501	可引起皮肤腐蚀	
2407	溴己烷	己基溴	111-25-1		易燃液体,类别3 危害水生环境-急性危害,类别2 危害水生环境-长期危害,类别2	H226 H401 H411	GHS02 GHS09	警告	预防措施：P210、P233、P240、P241、P242、P243、P280、P273 事故响应：P303＋P361＋P353、P370＋P378、P391 安全储存：P403＋P235 废弃处置：P501	易燃液体	
2408	2-溴甲苯	邻溴甲苯；邻甲基溴苯；2-甲基溴苯	95-46-5		皮肤腐蚀/刺激,类别2 严重眼损伤/眼刺激,类别2 特异性靶器官毒性-一次接触,类别3(呼吸道刺激)	H315 H319 H335	GHS07	警告	预防措施：P264、P280、P261、P271 事故响应：P302＋P352、P321、P332＋P313、P362＋P364、P305＋P351＋P338、P337＋P313、P304＋P340、P312 安全储存：P403＋P233、P405 废弃处置：P501		
2409	3-溴甲苯	间溴甲苯；间甲基溴苯；3-甲基溴苯	591-17-3		易燃液体,类别3	H226	GHS02	警告	预防措施：P210、P233、P240、P241、P242、P243、P280 事故响应：P303＋P361＋P353、P370＋P378 安全储存：P403＋P235 废弃处置：P501	易燃液体	

续表

序号	品名	别名	CAS 号	UN 号	危险性类别	危险性说明代码	象形图代码	警示词	防范说明代码	风险提示	备注
2410	4-溴甲苯	对溴甲苯；对甲基溴苯；4-甲基溴苯	106-38-7		皮肤腐蚀/刺激,类别 2	H315	GHS07	警告	预防措施:P264、P280 事故响应:P302＋P352、P321、P332＋P313、P362＋P364 安全储存: 废弃处置:		
2411	溴甲烷	甲基溴	74-83-9	1062	加压气体 急性毒性-经口,类别 3＊ 急性毒性-吸入,类别 3＊ 皮肤腐蚀/刺激,类别 2 严重眼损伤/眼刺激,类别 2 生殖细胞致突变性,类别 2 特异性靶器官毒性-一次接触,类别 3(呼吸道刺激) 特异性靶器官毒性-反复接触,类别 2＊ 危害水生环境-急性危害,类别 1 危害臭氧层,类别 1	H280 或 H281 H301 H331 H315 H319 H341 H335 H373 H400 H420	GHS04 GHS06 GHS07 GHS08 GHS09	危险	预防措施：P264、P270、P261、P271、P280、P201、P202、P260、P273 事故响应:P301＋P310、P321、P330、P304＋P340、P311、P302＋P352、P332＋P313、P362＋P364、P305＋P351＋P338、P337＋P313、P308＋P313、P312、P314、P391 安全储存:P410＋P403、P405、P233＋P403、P403＋P233 废弃处置:P501	内装加压气体：遇热可能爆炸，吞咽会中毒，吸入会中毒	重大
2412	溴甲烷和二溴乙烷液体混合物			1647	急性毒性-经口,类别 3＊ 急性毒性-吸入,类别 3＊ 皮肤腐蚀/刺激,类别 2 严重眼损伤/眼刺激,类别 2 生殖细胞致突变性,类别 2 致癌性,类别 1B 特异性靶器官毒性-一次接触,类别 3(呼吸道刺激) 危害水生环境-急性危害,类别 2＊ 危害水生环境-长期危害,类别 2＊ 危害臭氧层,类别 1	H301 H331 H315 H319 H341 H350 H335 H401 H411 H420	GHS06 GHS07 GHS08 GHS09	危险	预防措施：P264、P270、P261、P271、P280、P201、P202、P273 事故响应:P301＋P310、P321、P330、P304＋P340、P311、P302＋P352、P332＋P313、P362＋P364、P305＋P351＋P338、P337＋P313、P308＋P313、P312、P391 安全储存:P405、P233＋P403、P403＋P233 废弃处置:P501	吞咽会中毒，吸入会中毒，可能致癌	
2413	3-[3-(4′-溴联苯-4-基)-1,2,3,4-四氢-1-萘基]-4-羟基香豆素	溴鼠灵	56073-10-0		急性毒性-经口,类别 2＊ 急性毒性-经皮,类别 1 特异性靶器官毒性-反复接触,类别 1 危害水生环境-急性危害,类别 1 危害水生环境-长期危害,类别 1	H300 H310 H372 H400 H410	GHS06 GHS08 GHS09	危险	预防措施:P264、P270、P262、P280、P260、P273 事故响应:P301＋P310、P321、P330、P302＋P352、P361＋P364、P314、P391 安全储存:P405 废弃处置:P501	吞咽致命，皮肤接触会致命	剧毒

续表

序号	品名	别名	CAS号	UN号	危险性类别	危险性说明代码	象形图代码	警示词	防范说明代码	风险提示	备注
2414	3-[3-(4-溴联苯-4-基)-3-羟基-1-苯丙基]-4-羟基香豆素	溴敌隆	28772-56-7		急性毒性-经口,类别1 急性毒性-经皮,类别1 急性毒性-吸入,类别1 特异性靶器官毒性-反复接触,类别1 危害水生环境-急性危害,类别2 危害水生环境-长期危害,类别2	H300 H310 H330 H372 H401 H411	GHS06 GHS08 GHS09	危险	预防措施：P264、P270、P262、P280、P260、P271、P284、P273 事故响应：P301＋P310、P321、P330、P302＋P352、P361＋P364、P304＋P340、P320、P314、P391 安全储存：P405、P233＋P403 废弃处置：P501	吞咽致命，皮肤接触会致命，吸入致命	剧毒
2415	溴三氟甲烷	R13B1；三氟溴甲烷	75-63-8	1009	加压气体 严重眼损伤/眼刺激,类别2 特异性靶器官毒性-一次接触,类别3(麻醉效应) 危害臭氧层,类别1	H280或H281 H319 H336 H420	GHS04 GHS07	警告	预防措施：P264、P280、P261、P271 事故响应：P305＋P351＋P338、P337＋P313、P304＋P340、P312 安全储存：P410＋P403、P403＋P233、P405 废弃处置：P501	内装加压气体：遇热可能爆炸	
2416	溴酸		7789-31-3		皮肤腐蚀/刺激,类别1 严重眼损伤/眼刺激,类别1	H314 H318	GHS05	危险	预防措施：P260、P264、P280 事故响应：P301＋P330＋P331、P303＋P361＋P353、P304＋P340、P305＋P351＋P338、P310、P321、P363 安全储存：P405 废弃处置：P501	可引起皮肤腐蚀	
2417	溴酸钡		13967-90-3	2719	氧化性固体,类别2	H272	GHS03	危险	预防措施：P210、P220、P221、P280 事故响应：P370＋P378 安全储存： 废弃处置：P501	可加剧燃烧，氧化剂	
2418	溴酸镉		14518-94-6		氧化性固体,类别2 致癌性,类别1A 危害水生环境-急性危害,类别1 危害水生环境-长期危害,类别1	H272 H350 H400 H410	GHS03 GHS08 GHS09	危险	预防措施：P210、P220、P221、P280、P201、P202、P273 事故响应：P370＋P378、P308＋P313、P391 安全储存：P405 废弃处置：P501	可加剧燃烧，氧化剂，可能致癌	
2419	溴酸钾		7758-01-2	1484	氧化性固体,类别1 急性毒性-经口,类别3 * 致癌性,类别2	H271 H301 H351	GHS03 GHS06 GHS08	危险	预防措施：P210、P220、P221、P280、P283、P264、P270、P201、P202 事故响应：P306＋P360、P370＋P378、P371＋P380＋P375、P301＋P310、P321、P330、P308＋P313 安全储存：P405 废弃处置：P501	可引起燃烧或爆炸，强氧化剂，吞咽会中毒	

续表

序号	品名	别名	CAS号	UN号	危险性类别	危险性说明代码	象形图代码	警示词	防范说明代码	风险提示	备注
2420	溴酸镁		7789-36-8	1473	氧化性固体,类别2	H272	GHS03	危险	预防措施:P210、P220、P221、P280 事故响应:P370+P378 安全储存: 废弃处置:P501	可加剧燃烧,氧化剂	
2421	溴酸钠		7789-38-0	1494	氧化性固体,类别2 皮肤腐蚀/刺激,类别2 严重眼损伤/眼刺激,类别2 特异性靶器官毒性-一次接触,类别3(呼吸道刺激)	H272 H315 H319 H335	GHS03 GHS07	危险	预防措施:P210、P220、P221、P280、P264、P261、P271 事故响应:P370+P378、P302+P352、P321、P332+P313、P362+P364、P305+P351+P338、P337+P313、P304+P340、P312 安全储存:P403+P233、P405 废弃处置:P501	可加剧燃烧,氧化剂	
2422	溴酸铅		34018-28-5		氧化性固体,类别2 致癌性,类别1B 生殖毒性,类别1A 特异性靶器官毒性-反复接触,类别2* 危害水生环境-急性危害,类别1 危害水生环境-长期危害,类别1	H272 H350 H360 H373 H400 H410	GHS03 GHS08 GHS09	危险	预防措施:P210、P220、P221、P280、P201、P202、P260、P273 事故响应:P370+P378、P308+P313、P314、P391 安全储存:P405 废弃处置:P501	可加剧燃烧,氧化剂,可能致癌	
2423	溴酸锶		14519-18-7		氧化性固体,类别2	H272	GHS03	危险	预防措施:P210、P220、P221、P280 事故响应:P370+P378 安全储存: 废弃处置:P501	可加剧燃烧,氧化剂	
2424	溴酸锌		14519-07-4	2469	氧化性固体,类别2 危害水生环境-急性危害,类别1 危害水生环境-长期危害,类别1	H272 H400 H410	GHS03 GHS09	危险	预防措施:P210、P220、P221、P280、P273 事故响应:P370+P378、P391 安全储存: 废弃处置:P501	可加剧燃烧,氧化剂	
2425	溴酸银		7783-89-3		氧化性固体,类别2	H272	GHS03	危险	预防措施:P210、P220、P221、P280 事故响应:P370+P378 安全储存: 废弃处置:P501	可加剧燃烧,氧化剂	
2426	2-溴戊烷	仲戊基溴;溴代仲戊烷	107-81-3	2343	易燃液体,类别2	H225	GHS02	危险	预防措施:P210、P233、P240、P241、P242、P243、P280 事故响应:P303+P361+P353、P370+P378 安全储存:P403+P235 废弃处置:P501	高度易燃液体	

续表

序号	品名	别名	CAS号	UN号	危险性类别	危险性说明代码	象形图代码	警示词	防范说明代码	风险提示	备注
2427	2-溴乙醇		540-51-2		易燃液体,类别 3	H226	GHS02	警告	预防措施：P210、P233、P240、P241、P242、P243、P280 事故响应:P303+P361+P353、P370+P378 安全储存:P403+P235 废弃处置:P501	易燃液体	
2428	2-溴乙基乙醚		592-55-2	2340	易燃液体,类别 2	H225	GHS02	危险	预防措施：P210、P233、P240、P241、P242、P243、P280 事故响应:P303+P361+P353、P370+P378 安全储存:P403+P235 废弃处置:P501	高度易燃液体	
2429	溴乙酸	溴醋酸	79-08-3	1938	急性毒性-经口,类别 3* 急性毒性-经皮,类别 3* 急性毒性-吸入,类别 3* 皮肤腐蚀/刺激,类别 1A 严重眼损伤/眼刺激,类别 1 皮肤致敏物,类别 1 危害水生环境-急性危害,类别 1	H301 H311 H331 H314 H318 H317 H400	GHS05 GHS06 GHS09	危险	预防措施：P264、P270、P280、P261、P271、P260、P272、P273 事故响应:P301＋P310、P321、P302＋P352、P312、P361＋P364、P304＋P340、P311、P301＋P330＋P331、P303＋P361＋P353、P305＋P351＋P338、P363、P333＋P313、P362＋P364、P391 安全储存:P405、P233＋P403 废弃处置:P501	吞咽会中毒,皮肤接触会中毒,吸入会中毒,可引起皮肤腐蚀,可能引起皮肤过敏	
2430	溴乙酸甲酯	溴醋酸甲酯	96-32-2	2643	急性毒性-经皮,类别 3 皮肤腐蚀/刺激,类别 2	H311 H315	GHS06	危险	预防措施:P280、P264 事故响应:P302＋P352、P312、P321、P361＋P364、P332＋P313、P362＋P364 安全储存:P405 废弃处置:P501	皮肤接触会中毒	
2431	溴乙酸叔丁酯	溴醋酸叔丁酯	5292-43-3		易燃液体,类别 3	H226	GHS02	警告	预防措施：P210、P233、P240、P241、P242、P243、P280 事故响应:P303+P361+P353、P370+P378 安全储存:P403+P235 废弃处置:P501	易燃液体	
2432	溴乙酸乙酯	溴醋酸乙酯	105-36-2	1603	急性毒性-经口,类别 2* 急性毒性-经皮,类别 1 急性毒性-吸入,类别 2*	H300 H310 H330	GHS06	危险	预防措施：P264、P270、P262、P280、P260、P271、P284 事故响应:P301＋P310、P321、P330、P302＋P352、P361＋P364、P304＋P340、P320 安全储存:P405、P233＋P403 废弃处置:P501	吞咽致命,皮肤接触会致命,吸入致命	

续表

序号	品名	别名	CAS号	UN号	危险性类别	危险性说明代码	象形图代码	警示词	防范说明代码	风险提示	备注
2433	溴乙酸异丙酯	溴醋酸异丙酯	29921-57-1		皮肤腐蚀/刺激,类别1 严重眼损伤/眼刺激,类别1	H314 H318	GHS05	危险	预防措施:P260、P264、P280 事故响应:P301+P330+P331、P303+P361+P353、P304+P340、P305+P351+P338、P310、P321、P363 安全储存:P405 废弃处置:P501	可引起皮肤腐蚀	
2434	溴乙酸正丙酯	溴醋酸正丙酯	35223-80-4		皮肤腐蚀/刺激,类别1 严重眼损伤/眼刺激,类别1	H314 H318	GHS05	危险	预防措施:P260、P264、P280 事故响应:P301+P330+P331、P303+P361+P353、P304+P340、P305+P351+P338、P310、P321、P363 安全储存:P405 废弃处置:P501	可引起皮肤腐蚀	
2435	溴乙烷	乙基溴;溴代乙烷	74-96-4	1891	易燃液体,类别2	H225	GHS02	危险	预防措施:P210、P233、P240、P241、P242、P243、P280 事故响应:P303+P361+P353、P370+P378 安全储存:P403+P235 废弃处置:P501	高度易燃液体	
2436	溴乙烯[稳定的]	乙烯基溴	593-60-2	1085	易燃气体,类别1 化学不稳定性气体,类别B 加压气体 致癌性,类别1B	H220 H231 H280或 H281 H350	GHS02 GHS04 GHS08	危险	预防措施:P210、P202、P201、P280 事故响应:P377、P381、P308+P313 安全储存:P410+P403、P405 废弃处置:P501	极易燃气体(不稳定),内装加压气体:遇热可能爆炸,可能致癌	
2437	溴乙酰苯	苯甲酰甲基溴	70-11-1	2645	急性毒性-经口,类别3 急性毒性-经皮,类别3 急性毒性-吸入,类别3 皮肤腐蚀/刺激,类别1 严重眼损伤/眼刺激,类别1	H301 H311 H331 H314 H318	GHS05 GHS06	危险	预防措施:P264、P270、P280、P261、P271、P260 事故响应:P301+P310、P321、P302+P352、P312、P361+P364、P304+P340、P311、P301+P330+P331、P303+P361+P353、P305+P351+P338、P363 安全储存:P405、P233+P403 废弃处置:P501	吞咽会中毒,皮肤接触会中毒,吸入会中毒,可引起皮肤腐蚀	
2438	溴乙酰溴	溴化溴乙酰	598-21-0	2513	皮肤腐蚀/刺激,类别1 严重眼损伤/眼刺激,类别1	H314 H318	GHS05	危险	预防措施:P260、P264、P280 事故响应:P301+P330+P331、P303+P361+P353、P304+P340、P305+P351+P338、P310、P321、P363 安全储存:P405 废弃处置:P501	可引起皮肤腐蚀	

续表

序号	品名	别名	CAS号	UN号	危险性类别	危险性说明代码	象形图代码	警示词	防范说明代码	风险提示	备注
2439	β,β'-亚氨基二丙腈	双(β-氰基乙基)胺	111-94-4		皮肤腐蚀/刺激,类别2 严重眼损伤/眼刺激,类别2 特异性靶器官毒性-一次接触,类别3(呼吸道刺激)	H315 H319 H335	GHS07	警告	预防措施:P264、P280、P261、P271 事故响应:P302+P352、P321、P332+P313、P362+P364、P305+P351+P338、P337+P313、P304+P340、P312 安全储存:P403+P233、P405 废弃处置:P501		
2440	亚氨基二亚苯	咔唑;9-氮杂芴	86-74-8		易燃固体,类别2 危害水生环境-急性危害,类别2 危害水生环境-长期危害,类别2	H228 H401 H411	GHS02 GHS09	警告	预防措施:P210、P240、P241、P280、P273 事故响应:P370+P378、P391 安全储存: 废弃处置:P501	易燃固体	
2441	亚胺乙汞	埃米	2597-93-5		急性毒性-经口,类别3 急性毒性-经皮,类别1 急性毒性-吸入,类别2* 特异性靶器官毒性-反复接触,类别2* 危害水生环境-急性危害,类别1 危害水生环境-长期危害,类别1	H301 H310 H330 H373 H400 H410	GHS06 GHS08 GHS09	危险	预防措施:P264、P270、P262、P280、P260、P271、P284、P273 事故响应:P301+P310、P321、P330、P302+P352、P361+P364、P304+P340、P320、P314、P391 安全储存:P405、P233+P403 废弃处置:P501	吞咽会中毒,皮肤接触会致命,吸入致命	
2442	亚碲酸钠		10102-20-2		急性毒性-经口,类别3	H301	GHS06	危险	预防措施:P264、P270 事故响应:P301+P310、P321、P330 安全储存:P405 废弃处置:P501	吞咽会中毒	
2443	4,4'-亚甲基双苯胺	亚甲基二苯胺;4,4'-二氨基二苯基甲烷;防老剂MDA	101-77-9	2651	皮肤致敏物,类别1 生殖细胞致突变性,类别2 致癌性,类别2 特异性靶器官毒性-一次接触,类别1 特异性靶器官毒性-反复接触,类别2* 危害水生环境-急性危害,类别2 危害水生环境-长期危害,类别2	H317 H341 H351 H370 H373 H401 H411	GHS07 GHS08 GHS09	危险	预防措施:P261、P272、P280、P201、P202、P260、P264、P270、P273 事故响应:P302+P352、P321、P333+P313、P362+P364、P308+P313、P308+P311、P314、P391 安全储存:P405 废弃处置:P501	可能引起皮肤过敏	

续表

序号	品名	别名	CAS号	UN号	危险性类别	危险性说明代码	象形图代码	警示词	防范说明代码	风险提示	备注
2444	亚磷酸		13598-36-2	2834	皮肤腐蚀/刺激,类别1A 严重眼损伤/眼刺激,类别1	H314 H318	GHS05	危险	预防措施:P260、P264、P280 事故响应:P301+P330+P331、P303+P361+P353、P304+P340、P305+P351+P338、P310、P321、P363 安全储存:P405 废弃处置:P501	可引起皮肤腐蚀	
2445	亚磷酸二丁酯		1809-19-4		易燃液体,类别3	H226	GHS02	警告	预防措施:P210、P233、P240、P241、P242、P243、P280 事故响应:P303+P361+P353、P370+P378 安全储存:P403+P235 废弃处置:P501	易燃液体	
2446	亚磷酸二氢铅	二盐基亚磷酸铅	1344-40-7; 12141-20-7		易燃固体,类别1 致癌性,类别1B 生殖毒性,类别1A 特异性靶器官毒性-反复接触,类别2 危害水生环境-急性危害,类别1 危害水生环境-长期危害,类别1	H228 H350 H360 H373 H400 H410	GHS02 GHS08 GHS09	危险	预防措施:P210、P240、P241、P280、P201、P202、P260、P273 事故响应:P370+P378、P308+P313、P314、P391 安全储存:P405 废弃处置:P501	易燃固体,可能致癌	
2447	亚磷酸三苯酯		101-02-0		皮肤腐蚀/刺激,类别2 严重眼损伤/眼刺激,类别2 危害水生环境-急性危害,类别1 危害水生环境-长期危害,类别1	H315 H319 H400 H410	GHS07 GHS09	警告	预防措施:P264、P280、P273 事故响应:P302+P352、P321、P332+P313、P362+P364、P305+P351+P338、P337+P313、P391 安全储存: 废弃处置:P501		
2448	亚磷酸三甲酯	三甲氧基磷	121-45-9	2329	易燃液体,类别3 皮肤腐蚀/刺激,类别2 严重眼损伤/眼刺激,类别2A 特异性靶器官毒性—一次接触,类别3(呼吸道刺激) 特异性靶器官毒性-反复接触,类别2	H226 H315 H319 H335 H373	GHS02 GHS07 GHS08	警告	预防措施:P210、P233、P240、P241、P242、P243、P280、P264、P261、P271、P260 事故响应:P303+P361+P353、P370+P378、P302+P352、P321、P332+P313、P362+P364、P305+P351+P338、P337+P313、P304+P340、P312、P314 安全储存:P403+P235、P403+P233、P405 废弃处置:P501	易燃液体	

续表

序号	品名	别名	CAS号	UN号	危险性类别	危险性说明代码	象形图代码	警示词	防范说明代码	风险提示	备注
2449	亚磷酸三乙酯		122-52-1	2323	易燃液体,类别 3 严重眼损伤/眼刺激,类别 2B 皮肤致敏物,类别 1 生殖毒性,类别 2 特异性靶器官毒性—一次接触,类别 2	H226 H320 H317 H361 H371	GHS02 GHS07 GHS08	警告	预防措施：P210、P233、P240、P241、P242、P243、P280、P264、P261、P272、P201、P202、P260、P270 事故响应：P303＋P361＋P353、P370＋P378、P305＋P351＋P338、P337＋P313、P302＋P352、P321、P333＋P313、P362＋P364、P308＋P313、P308＋P311 安全储存：P403＋P235、P405 废弃处置：P501	易燃液体，可能引起皮肤过敏	
2450	亚硫酸		7782-99-2	1833	皮肤腐蚀/刺激,类别 1 严重眼损伤/眼刺激,类别 1	H314 H318	GHS05	危险	预防措施：P260、P264、P280 事故响应：P301＋P330＋P331、P303＋P361＋P353、P304＋P340、P305＋P351＋P338、P310、P321、P363 安全储存：P405 废弃处置：P501	可引起皮肤腐蚀	
2451	亚硫酸氢铵	酸式亚硫酸铵	10192-30-0		皮肤腐蚀/刺激,类别 2 严重眼损伤/眼刺激,类别 2	H315 H319	GHS07	警告	预防措施：P264、P280 事故响应：P302＋P352、P321、P332＋P313、P362＋P364、P305＋P351＋P338、P337＋P313 安全储存： 废弃处置：		
2452	亚硫酸氢钙	酸式亚硫酸钙	13780-03-5		皮肤腐蚀/刺激,类别 2 严重眼损伤/眼刺激,类别 2	H315 H319	GHS07	警告	预防措施：P264、P280 事故响应：P302＋P352、P321、P332＋P313、P362＋P364、P305＋P351＋P338、P337＋P313 安全储存： 废弃处置：		
2453	亚硫酸氢钾	酸式亚硫酸钾	7773-03-7		皮肤腐蚀/刺激,类别 2 严重眼损伤/眼刺激,类别 2	H315 H319	GHS07	警告	预防措施：P264、P280 事故响应：P302＋P352、P321、P332＋P313、P362＋P364、P305＋P351＋P338、P337＋P313 安全储存： 废弃处置：		
2454	亚硫酸氢镁	酸式亚硫酸镁	13774-25-9		皮肤腐蚀/刺激,类别 2 严重眼损伤/眼刺激,类别 2	H315 H319	GHS07	警告	预防措施：P264、P280 事故响应：P302＋P352、P321、P332＋P313、P362＋P364、P305＋P351＋P338、P337＋P313 安全储存： 废弃处置：		

续表

序号	品名	别名	CAS号	UN号	危险性类别	危险性说明代码	象形图代码	警示词	防范说明代码	风险提示	备注
2455	亚硫酸氢钠	酸式亚硫酸钠	7631-90-5		皮肤腐蚀/刺激,类别2 严重眼损伤/眼刺激,类别2	H315 H319	GHS07	警告	预防措施:P264、P280 事故响应:P302+P352、P321、P332+P313、P362+P364、P305+P351+P338、P337+P313 安全储存: 废弃处置:		
2456	亚硫酸氢锌	酸式亚硫酸锌	15457-98-4		皮肤腐蚀/刺激,类别2 严重眼损伤/眼刺激,类别2	H315 H319	GHS07	警告	预防措施:P264、P280 事故响应:P302+P352、P321、P332+P313、P362+P364、P305+P351+P338、P337+P313 安全储存: 废弃处置:		
2457	亚氯酸钙		14674-72-7	1453	氧化性固体,类别2	H272	GHS03	危险	预防措施:P210、P220、P221、P280 事故响应:P370+P378 安全储存: 废弃处置:P501	可加剧燃烧,氧化剂	
2458	亚氯酸钠		7758-19-2	1496	氧化性固体,类别2 急性毒性-经口,类别3 急性毒性-经皮,类别2 急性毒性-吸入,类别2 皮肤腐蚀/刺激,类别2 严重眼损伤/眼刺激,类别2 生殖细胞致突变性,类别2 特异性靶器官毒性-一次接触,类别2 特异性靶器官毒性-反复接触,类别2 危害水生环境-急性危害,类别1	H272 H301 H310 H330 H315 H319 H341 H371 H373 H400	GHS03 GHS06 GHS08 GHS09	危险	预防措施:P210、P220、P221、P280、P264、P270、P262、P260、P271、P284、P201、P202、P273 事故响应:P370+P378、P301+P310、P321、P330、P302+P352、P361+P364、P304+P340、P320、P332+P313、P362+P364、P305+P351+P338、P337+P313、P308+P313、P308+P311、P314、P391 安全储存:P405、P233+P403 废弃处置:P501	可加剧燃烧,氧化剂,吞咽会中毒,皮肤接触会致命,吸入致命	
	亚氯酸钠溶液[含有效氯>5%]			1908	急性毒性-经口,类别3 急性毒性-经皮,类别2 急性毒性-吸入,类别2 皮肤腐蚀/刺激,类别1 严重眼损伤/眼刺激,类别1 特异性靶器官毒性-一次接触,类别2 特异性靶器官毒性-反复接触,类别2 危害水生环境-急性危害,类别1	H301 H310 H330 H314 H318 H371 H373 H400	GHS05 GHS06 GHS08 GHS09	危险	预防措施:P264、P270、P262、P280、P260、P271、P284、P273 事故响应:P301+P310、P321、P302+P352、P361+P364、P304+P340、P320、P301+P330+P331、P303+P361+P353、P305+P351+P338、P363、P308+P311、P314、P391 安全储存:P405、P233+P403 废弃处置:P501	吞咽会中毒,皮肤接触会致命,吸入致命,可引起皮肤腐蚀	

续表

序号	品名	别名	CAS号	UN号	危险性类别	危险性说明代码	象形图代码	警示词	防范说明代码	风险提示	备注
2459	亚砷酸钡		125687-68-5		急性毒性-经口,类别3* 急性毒性-吸入,类别3* 致癌性,类别1A 危害水生环境-急性危害,类别1 危害水生环境-长期危害,类别1	H301 H331 H350 H400 H410	GHS06 GHS08 GHS09	危险	预防措施：P264、P270、P261、P271、P201、P202、P280、P273 事故响应：P301＋P310、P321、P330、P304＋P340、P311、P308＋P313、P391 安全储存：P405、P233＋P403 废弃处置：P501	吞咽会中毒，吸入会中毒，可能致癌	
2460	亚砷酸钙	亚砒酸钙	27152-57-4		急性毒性-经口,类别1 严重眼损伤/眼刺激,类别2 致癌性,类别1A 生殖毒性,类别2 特异性靶器官毒性-一次接触,类别1 特异性靶器官毒性-反复接触,类别1 危害水生环境-急性危害,类别1 危害水生环境-长期危害,类别1	H300 H319 H350 H361 H370 H372 H400 H410	GHS06 GHS08 GHS09	危险	预防措施：P264、P270、P280、P201、P202、P260、P273 事故响应：P301＋P310、P321、P330、P305＋P351＋P338、P337＋P313、P308＋P313、P308＋P311、P314、P391 安全储存：P405 废弃处置：P501	吞咽致命，可能致癌	剧毒
2461	亚砷酸钾	偏亚砷酸钾	10124-50-2	1678	急性毒性-经口,类别2 急性毒性-经皮,类别2 严重眼损伤/眼刺激,类别2 生殖细胞致突变性,类别2 致癌性,类别1A 生殖毒性,类别2 特异性靶器官毒性-一次接触,类别1 特异性靶器官毒性-反复接触,类别1 危害水生环境-急性危害,类别1 危害水生环境-长期危害,类别1	H300 H310 H319 H341 H350 H361 H370 H372 H400 H410	GHS06 GHS08 GHS09	危险	预防措施：P264、P270、P262、P280、P201、P202、P260、P273 事故响应：P301＋P310、P321、P330、P302＋P352、P361＋P364、P305＋P351＋P338、P337＋P313、P308＋P313、P308＋P311、P314、P391 安全储存：P405 废弃处置：P501	吞咽致命，皮肤接触会致命，可能致癌	

续表

序号	品名	别名	CAS号	UN号	危险性类别	危险性说明代码	象形图代码	警示词	防范说明代码	风险提示	备注
2462	亚砷酸钠	偏亚砷酸钠	7784-46-5	2027	急性毒性-经口,类别2 急性毒性-经皮,类别2 严重眼损伤/眼刺激,类别2 生殖细胞致突变性,类别2 致癌性,类别1A 生殖毒性,类别2 特异性靶器官毒性-一次接触,类别1 特异性靶器官毒性-反复接触,类别1 危害水生环境-急性危害,类别1 危害水生环境-长期危害,类别1	H300 H310 H319 H341 H350 H361 H370 H372 H400 H410	GHS06 GHS08 GHS09	危险	预防措施：P264、P270、P262、P280、P201、P202、P260、P273 事故响应：P301＋P310、P321、P330、P302＋P352、P361＋P364、P305＋P351＋P338、P337＋P313、P308＋P313、P308＋P311、P314、P391 安全储存：P405 废弃处置：P501	吞咽致命，皮肤接触会致命，可能致癌	
	亚砷酸钠水溶液			1686	急性毒性-经口,类别2 急性毒性-经皮,类别2 严重眼损伤/眼刺激,类别2 生殖细胞致突变性,类别2 致癌性,类别1A 生殖毒性,类别2 特异性靶器官毒性-一次接触,类别1 特异性靶器官毒性-反复接触,类别1 危害水生环境-急性危害,类别1 危害水生环境-长期危害,类别1	H300 H310 H319 H341 H350 H361 H370 H372 H400 H410	GHS06 GHS08 GHS09	危险	预防措施：P264、P270、P262、P280、P201、P202、P260、P273 事故响应：P301＋P310、P321、P330、P302＋P352、P361＋P364、P305＋P351＋P338、P337＋P313、P308＋P313、P308＋P311、P314、P391 安全储存：P405 废弃处置：P501	吞咽致命，皮肤接触会致命，可能致癌	
2463	亚砷酸铅		10031-13-7	1618	急性毒性-经口,类别3* 急性毒性-吸入,类别3* 严重眼损伤/眼刺激,类别2 致癌性,类别1A 生殖毒性,类别2 特异性靶器官毒性-一次接触,类别1 特异性靶器官毒性-反复接触,类别1 危害水生环境-急性危害,类别1 危害水生环境-长期危害,类别1	H301 H331 H319 H350 H361 H370 H372 H400 H410	GHS06 GHS08 GHS09	危险	预防措施：P264、P270、P261、P271、P280、P201、P202、P260、P273 事故响应：P301＋P310、P321、P330、P304＋P340、P305＋P351＋P338、P337＋P313、P308＋P313、P308＋P311、P314、P391 安全储存：P405、P233＋P403 废弃处置：P501	吞咽会中毒，吸入会中毒，可能致癌	

续表

序号	品名	别名	CAS 号	UN 号	危险性类别	危险性说明代码	象形图代码	警示词	防范说明代码	风险提示	备注
2464	亚砷酸锶	原亚砷酸锶	91724-16-2	1691	急性毒性-经口,类别 3* 急性毒性-吸入,类别 3* 致癌性,类别 1A 危害水生环境-急性危害,类别 1 危害水生环境-长期危害,类别 1	H301 H331 H350 H400 H410	GHS06 GHS08 GHS09	危险	预防措施：P264、P270、P261、P271、P201、P202、P280、P273 事故响应：P301＋P310、P321、P330、P304＋P340、P311、P308＋P313、P391 安全储存：P405、P233＋P403 废弃处置：P501	吞咽会中毒,吸入会中毒,可能致癌	
2465	亚砷酸锑				急性毒性-经口,类别 3* 急性毒性-吸入,类别 3* 致癌性,类别 1A 危害水生环境-急性危害,类别 1 危害水生环境-长期危害,类别 1	H301 H331 H350 H400 H410	GHS06 GHS08 GHS09	危险	预防措施：P264、P270、P261、P271、P201、P202、P280、P273 事故响应：P301＋P310、P321、P330、P304＋P340、P311、P308＋P313、P391 安全储存：P405、P233＋P403 废弃处置：P501	吞咽会中毒,吸入会中毒,可能致癌	
2466	亚砷酸铁		63989-69-5	1607	急性毒性-经口,类别 3* 急性毒性-吸入,类别 3* 致癌性,类别 1A 危害水生环境-急性危害,类别 1 危害水生环境-长期危害,类别 1	H301 H331 H350 H400 H410	GHS06 GHS08 GHS09	危险	预防措施：P264、P270、P261、P271、P201、P202、P280、P273 事故响应：P301＋P310、P321、P330、P304＋P340、P311、P308＋P313、P391 安全储存：P405、P233＋P403 废弃处置：P501	吞咽会中毒,吸入会中毒,可能致癌	
2467	亚砷酸铜	亚砷酸氢铜	10290-12-7	1586	急性毒性-经口,类别 3* 急性毒性-吸入,类别 3* 致癌性,类别 1A 危害水生环境-急性危害,类别 1 危害水生环境-长期危害,类别 1	H301 H331 H350 H400 H410	GHS06 GHS08 GHS09	危险	预防措施：P264、P270、P261、P271、P201、P202、P280、P273 事故响应：P301＋P310、P321、P330、P304＋P340、P311、P308＋P313、P391 安全储存：P405、P233＋P403 废弃处置：P501	吞咽会中毒,吸入会中毒,可能致癌	
2468	亚砷酸锌		10326-24-6	1712	急性毒性-经口,类别 3* 急性毒性-吸入,类别 3* 致癌性,类别 1A 危害水生环境-急性危害,类别 1 危害水生环境-长期危害,类别 1	H301 H331 H350 H400 H410	GHS06 GHS08 GHS09	危险	预防措施：P264、P270、P261、P271、P201、P202、P280、P273 事故响应：P301＋P310、P321、P330、P304＋P340、P311、P308＋P313、P391 安全储存：P405、P233＋P403 废弃处置：P501	吞咽会中毒,吸入会中毒,可能致癌	

续表

序号	品名	别名	CAS号	UN号	危险性类别	危险性说明代码	象形图代码	警示词	防范说明代码	风险提示	备注
2469	亚砷酸银	原亚砷酸银	7784-08-9	1683	急性毒性-经口,类别3* 急性毒性-吸入,类别3* 致癌性,类别1A 危害水生环境-急性危害,类别1 危害水生环境-长期危害,类别1	H301 H331 H350 H400 H410	GHS06 GHS08 GHS09	危险	预防措施：P264、P270、P261、P271、P201、P202、P280、P273 事故响应:P301＋P310、P321、P330、P304＋P340、P311、P308＋P313、P391 安全储存:P405、P233＋P403 废弃处置:P501	吞咽会中毒,吸入会中毒,可能致癌	
2470	亚硒酸		7783-00-8		急性毒性-经口,类别3 急性毒性-吸入,类别3 皮肤腐蚀/刺激,类别1 严重眼损伤/眼刺激,类别1 特异性靶器官毒性-反复接触,类别1 危害水生环境-急性危害,类别1 危害水生环境-长期危害,类别1	H301 H331 H314 H318 H372 H400 H410	GHS05 GHS06 GHS08 GHS09	危险	预防措施：P264、P270、P261、P271、P260、P280、P273 事故响应:P301＋P310、P321、P304＋P340、P311、P301＋P330＋P331、P303＋P361＋P353、P305＋P351＋P338、P363、P314、P391 安全储存:P405、P233＋P403 废弃处置:P501	吞咽会中毒,吸入会中毒,可引起皮肤腐蚀	
2471	亚硒酸钡		13718-59-7		严重眼损伤/眼刺激,类别2 特异性靶器官毒性—一次接触,类别3(呼吸道刺激) 危害水生环境-急性危害,类别1 危害水生环境-长期危害,类别1	H319 H335 H400 H410	GHS07 GHS09	警告	预防措施:P264、P280、P261、P271、P273 事故响应:P305＋P351＋P338、P337＋P313、P304＋P340、P312、P391 安全储存:P403＋P233、P405 废弃处置:P501		
2472	亚硒酸钙		13780-18-2		急性毒性-经口,类别3* 急性毒性-吸入,类别3* 特异性靶器官毒性-反复接触,类别2 危害水生环境-急性危害,类别1 危害水生环境-长期危害,类别1	H301 H331 H373 H400 H410	GHS06 GHS08 GHS09	危险	预防措施:P264、P270、P261、P271、P260、P273 事故响应:P301＋P310、P321、P330、P304＋P340、P311、P314、P391 安全储存:P405、P233＋P403 废弃处置:P501	吞咽会中毒,吸入会中毒	
2473	亚硒酸钾		10431-47-7		急性毒性-经口,类别3* 急性毒性-吸入,类别3* 特异性靶器官毒性-反复接触,类别2 危害水生环境-急性危害,类别1 危害水生环境-长期危害,类别1	H301 H331 H373 H400 H410	GHS06 GHS08 GHS09	危险	预防措施:P264、P270、P261、P271、P260、P273 事故响应:P301＋P310、P321、P330、P304＋P340、P311、P314、P391 安全储存:P405、P233＋P403 废弃处置:P501	吞咽会中毒,吸入会中毒	

续表

序号	品名	别名	CAS号	UN号	危险性类别	危险性说明代码	象形图代码	警示词	防范说明代码	风险提示	备注
2474	亚硒酸铝		20960-77-4		急性毒性-经口,类别3* 急性毒性-吸入,类别3* 特异性靶器官毒性-反复接触,类别2 危害水生环境-急性危害,类别1 危害水生环境-长期危害,类别1	H301 H331 H373 H400 H410	GHS06 GHS08 GHS09	危险	预防措施:P264、P270、P261、P271、P260、P273 事故响应:P301＋P310、P321、P330、P304＋P340、P311、P314、P391 安全储存:P405、P233＋P403 废弃处置:P501	吞咽会中毒,吸入会中毒	
2475	亚硒酸镁		15593-61-0		急性毒性-经口,类别3* 急性毒性-吸入,类别3* 特异性靶器官毒性-反复接触,类别2 危害水生环境-急性危害,类别1 危害水生环境-长期危害,类别1	H301 H331 H373 H400 H410	GHS06 GHS08 GHS09	危险	预防措施:P264、P270、P261、P271、P260、P273 事故响应:P301＋P310、P321、P330、P304＋P340、P311、P314、P391 安全储存:P405、P233＋P403 废弃处置:P501	吞咽会中毒,吸入会中毒	
2476	亚硒酸钠	亚硒酸二钠	10102-18-8		急性毒性-经口,类别2* 急性毒性-吸入,类别3* 皮肤致敏物,类别1 危害水生环境-急性危害,类别2 危害水生环境-长期危害,类别2	H300 H331 H317 H401 H411	GHS06 GHS09	危险	预防措施:P264、P270、P261、P271、P272、P280、P273 事故响应:P301＋P310、P321、P330、P304＋P340、P311、P302＋P352、P333＋P313、P362＋P364、P391 安全储存:P405、P233＋P403 废弃处置:P501	吞咽致命,吸入会中毒,可能引起皮肤过敏	
2477	亚硒酸氢钠	重亚硒酸钠	7782-82-3		急性毒性-经口,类别1 急性毒性-吸入,类别3* 特异性靶器官毒性-反复接触,类别2 危害水生环境-急性危害,类别1 危害水生环境-长期危害,类别1	H300 H331 H373 H400 H410	GHS06 GHS08 GHS09	危险	预防措施:P264、P270、P261、P271、P260、P273 事故响应:P301＋P310、P321、P330、P304＋P340、P311、P314、P391 安全储存:P405、P233＋P403 废弃处置:P501	吞咽致命,吸入会中毒	剧毒
2478	亚硒酸铈		15586-47-7		急性毒性-经口,类别3* 急性毒性-吸入,类别3* 特异性靶器官毒性-反复接触,类别2 危害水生环境-急性危害,类别1 危害水生环境-长期危害,类别1	H301 H331 H373 H400 H410	GHS06 GHS08 GHS09	危险	预防措施:P264、P270、P261、P271、P260、P273 事故响应:P301＋P310、P321、P330、P304＋P340、P311、P314、P391 安全储存:P405、P233＋P403 废弃处置:P501	吞咽会中毒,吸入会中毒	

续表

序号	品名	别名	CAS号	UN号	危险性类别	危险性说明代码	象形图代码	警示词	防范说明代码	风险提示	备注
2479	亚硒酸铜		15168-20-4		急性毒性-经口,类别3* 急性毒性-吸入,类别3* 特异性靶器官毒性-反复接触,类别2 危害水生环境-急性危害,类别1 危害水生环境-长期危害,类别1	H301 H331 H373 H400 H410	GHS06 GHS08 GHS09	危险	预防措施:P264、P270、P261、P271、P260、P273 事故响应:P301+P310、P321、P330、P304+P340、P311、P314、P391 安全储存:P405、P233+P403 废弃处置:P501	吞咽会中毒,吸入会中毒	
2480	亚硒酸银		28041-84-1		急性毒性-经口,类别3* 急性毒性-吸入,类别3* 特异性靶器官毒性-反复接触,类别2 危害水生环境-急性危害,类别1 危害水生环境-长期危害,类别1	H301 H331 H373 H400 H410	GHS06 GHS08 GHS09	危险	预防措施:P264、P270、P261、P271、P260、P273 事故响应:P301+P310、P321、P330、P304+P340、P311、P314、P391 安全储存:P405、P233+P403 废弃处置:P501	吞咽会中毒,吸入会中毒	
2481	4-亚硝基-*N*,*N*-二甲基苯胺	对亚硝基二甲基苯胺;*N*,*N*-二甲基-4-亚硝基苯胺	138-89-6	1369	自热物质和混合物,类别1 皮肤腐蚀/刺激,类别2	H251 H315	GHS02 GHS07	危险	预防措施:P235+P410、P280、P264 事故响应:P302+P352、P321、P332+P313、P362+P364 安全储存:P407、P413、P420 废弃处置:	自热,可能燃烧	
2482	4-亚硝基-*N*,*N*-二乙基苯胺	对亚硝基二乙基苯胺;*N*,*N*-二乙基-4-亚硝基苯胺	120-22-9		自热物质和混合物,类别1	H251	GHS02	危险	预防措施:P235+P410、P280 事故响应: 安全储存:P407、P413、P420 废弃处置:	自热,可能燃烧	
2483	4-亚硝基苯酚	对亚硝基苯酚	104-91-6		易燃固体,类别1 严重眼损伤/眼刺激,类别1 生殖细胞致突变性,类别2 危害水生环境-急性危害,类别2 危害水生环境-长期危害,类别2	H228 H318 H341 H401 H411	GHS02 GHS05 GHS08 GHS09	危险	预防措施:P210、P240、P241、P280、P201、P202、P273 事故响应:P370+P378、P305+P351+P338、P310、P308+P313、P391 安全储存:P405 废弃处置:P501	易燃固体,造成严重眼损伤	
2484	*N*-亚硝基二苯胺	二苯亚硝胺	86-30-6		皮肤腐蚀/刺激,类别2 严重眼损伤/眼刺激,类别2B 特异性靶器官毒性-一次接触,类别2 特异性靶器官毒性-反复接触,类别2 危害水生环境-急性危害,类别2 危害水生环境-长期危害,类别2	H315 H320 H371 H373 H401 H411	GHS07 GHS08 GHS09	警告	预防措施:P264、P280、P260、P270、P273 事故响应:P302+P352、P321、P332+P313、P362+P364、P305+P351+P338、P337+P313、P308+P311、P314、P391 安全储存:P405 废弃处置:P501		

续表

序号	品名	别名	CAS号	UN号	危险性类别	危险性说明代码	象形图代码	警示词	防范说明代码	风险提示	备注
2485	*N*-亚硝基二甲胺	二甲基亚硝胺	62-75-9		急性毒性-经口,类别3* 急性毒性-吸入,类别2* 致癌性,类别1B 特异性靶器官毒性-反复接触,类别1 危害水生环境-急性危害,类别2 危害水生环境-长期危害,类别2	H301 H330 H350 H372 H401 H411	GHS06 GHS08 GHS09	危险	预防措施：P264、P270、P260、P271、P284、P201、P202、P280、P273 事故响应：P301＋P310、P321、P330、P304＋P340、P320、P308＋P313、P314、P391 安全储存：P405、P233＋P403 废弃处置：P501	吞咽会中毒，吸入致命，可能致癌	
2486	亚硝基硫酸	亚硝酰硫酸	7782-78-7	2308	皮肤腐蚀/刺激,类别1A 严重眼损伤/眼刺激,类别1	H314 H318	GHS05	危险	预防措施：P260、P264、P280 事故响应：P301＋P330＋P331、P303＋P361＋P353、P304＋P340、P305＋P351＋P338、P310、P321、P363 安全储存：P405 废弃处置：P501	可引起皮肤腐蚀	
2487	亚硝酸铵		13446-48-5		氧化性固体,类别2	H272	GHS03	危险	预防措施：P210、P220、P221、P280 事故响应：P370＋P378 安全储存： 废弃处置：P501	可加剧燃烧，氧化剂	
2488	亚硝酸钡		13465-94-6		氧化性固体,类别3	H272	GHS03	警告	预防措施：P210、P220、P221、P280 事故响应：P370＋P378 安全储存： 废弃处置：P501	可加热燃烧，氧化剂	
2489	亚硝酸钙		13780-06-8		氧化性固体,类别3	H272	GHS03	警告	预防措施：P210、P220、P221、P280 事故响应：P370＋P378 安全储存： 废弃处置：P501	可加热燃烧，氧化剂	
2490	亚硝酸甲酯		624-91-9	2455	易燃气体,类别2 加压气体 急性毒性-吸入,类别2 特异性靶器官毒性-一次接触,类别1	H221 H280或H281 H330 H370	GHS04 GHS06 GHS08	危险	预防措施：P210、P260、P271、P284、P264、P270 事故响应：P377、P381、P304＋P340、P310、P320、P308＋P311、P321 安全储存：P410＋P403、P233＋P403、P405 废弃处置：P501	易燃气体，内装加压气体：遇热可能爆炸，吸入致命	

续表

序号	品名	别名	CAS号	UN号	危险性类别	危险性说明代码	象形图代码	警示词	防范说明代码	风险提示	备注
2491	亚硝酸钾		7758-09-0	1488	氧化性固体,类别 2 急性毒性-经口,类别 3 * 危害水生环境-急性危害,类别 1	H272 H301 H400	GHS03 GHS06 GHS09	危险	预防措施：P210、P220、P221、P280、P264、P270、P273 事故响应：P370＋P378、P301＋P310、P321、P330、P391 安全储存：P405 废弃处置：P501	可加剧燃烧，氧化剂，吞咽会中毒	
2492	亚硝酸钠		7632-00-0	1500	氧化性固体,类别 3 急性毒性-经口,类别 3 * 危害水生环境-急性危害,类别 1	H272 H301 H400	GHS03 GHS06 GHS09	危险	预防措施：P210、P220、P221、P280、P264、P270、P273 事故响应：P370＋P378、P301＋P310、P321、P330、P391 安全储存：P405 废弃处置：P501	可加热燃烧，氧化剂，吞咽会中毒	
2493	亚硝酸镍		17861-62-0	2726	氧化性固体,类别 3 致癌性,类别 1A 危害水生环境-急性危害,类别 1 危害水生环境-长期危害,类别 1	H272 H350 H400 H410	GHS03 GHS08 GHS09	危险	预防措施：P210、P220、P221、P280、P201、P202、P273 事故响应：P370＋P378、P308＋P313、P391 安全储存：P405 废弃处置：P501	可加热燃烧，氧化剂，可能致癌	
2494	亚硝酸锌铵		63885-01-8	1512	氧化性固体,类别 2	H272	GHS03	危险	预防措施：P210、P220、P221、P280 事故响应：P370＋P378 安全储存： 废弃处置：P501	可加剧燃烧，氧化剂	
2495	亚硝酸乙酯		109-95-5		易燃气体,类别 1 加压气体 急性毒性-吸入,类别 2	H220 H280 或 H281 H330	GHS02 GHS04 GHS06	危险	预防措施：P210、P260、P271、P284 事故响应：P377、P381、P304＋P340、P310、P320 安全储存：P410＋P403、P233＋P403、P405 废弃处置：P501	极易燃气体，内装加压气体：遇热可能爆炸，吸入致命	
2496	亚硝酸乙酯醇溶液			1194	易燃液体,类别 1 急性毒性-吸入,类别 2	H224 H330	GHS02 GHS06	危险	预防措施：P210、P233、P240、P241、P242、P243、P280、P260、P271、P284 事故响应：P303＋P361＋P353、P370＋P378、P304＋P340、P310、P320 安全储存：P403＋P235、P233＋P403、P405 废弃处置：P501	极易燃液体，吸入致命	

续表

序号	品名	别名	CAS号	UN号	危险性类别	危险性说明代码	象形图代码	警示词	防范说明代码	风险提示	备注
2497	亚硝酸异丙酯		541-42-4		易燃液体,类别 2 急性毒性-吸入,类别 2 特异性靶器官毒性—一次接触,类别 1	H225 H330 H370	GHS02 GHS06 GHS08	危险	预防措施:P210、P233、P240、P241、P242、P243、P280、P260、P271、P284、P264、P270 事故响应:P303+P361+P353、P370+P378、P304+P340、P310、P320、P308+P311、P321 安全储存:P403+P235、P233+P403、P405 废弃处置:P501	高度易燃液体,吸入致命	
2498	亚硝酸异丁酯		542-56-3	2351	易燃液体,类别 2 生殖细胞致突变性,类别 2	H225 H341	GHS02 GHS08	危险	预防措施:P210、P233、P240、P241、P242、P243、P280、P201、P202 事故响应:P303+P361+P353、P370+P378、P308+P313 安全储存:P403+P235、P405 废弃处置:P501	高度易燃液体	
2499	亚硝酸异戊酯		110-46-3		易燃液体,类别 2	H225	GHS02	危险	预防措施:P210、P233、P240、P241、P242、P243、P280 事故响应:P303+P361+P353、P370+P378 安全储存:P403+P235 废弃处置:P501	高度易燃液体	
2500	亚硝酸正丙酯		543-67-9		易燃液体,类别 2 急性毒性-吸入,类别 2	H225 H330	GHS02 GHS06	危险	预防措施:P210、P233、P240、P241、P242、P243、P280、P260、P271、P284 事故响应:P303+P361+P353、P370+P378、P304+P340、P310、P320 安全储存:P403+P235、P233+P403、P405 废弃处置:P501	高度易燃液体,吸入致命	
2501	亚硝酸正丁酯	亚硝酸丁酯	544-16-1	2351	易燃液体,类别 2 急性毒性-经口,类别 3 * 急性毒性-吸入,类别 3 *	H225 H301 H331	GHS02 GHS06	危险	预防措施:P210、P233、P240、P241、P242、P243、P280、P264、P270、P261、P271 事故响应:P303+P361+P353、P370+P378、P301+P310、P321、P330、P304+P340、P311 安全储存:P403+P235、P405、P233+P403 废弃处置:P501	高度易燃液体,吞咽会中毒,吸入会中毒	
2502	亚硝酸正戊酯	亚硝酸戊酯	463-04-7	1113	易燃液体,类别 2	H225	GHS02	危险	预防措施:P210、P233、P240、P241、P242、P243、P280 事故响应:P303+P361+P353、P370+P378 安全储存:P403+P235 废弃处置:P501	高度易燃液体	

续表

序号	品名	别名	CAS号	UN号	危险性类别	危险性说明代码	象形图代码	警示词	防范说明代码	风险提示	备注
2503	亚硝酰氯	氯化亚硝酰	2696-92-6	1069	加压气体 急性毒性-吸入,类别3* 皮肤腐蚀/刺激,类别1 严重眼损伤/眼刺激,类别1	H280或H281 H331 H314 H318	GHS04 GHS05 GHS06	危险	预防措施:P261、P271、P260、P264、P280 事故响应:P304+P340、P311、P321、P301+P330+P331、P303+P361+P353、P305+P351+P338、P310、P363 安全储存:P410+P403、P233+P403、P405 废弃处置:P501	内装加压气体:遇热可能爆炸,吸入会中毒,可引起皮肤腐蚀	
2504	1,2-亚乙基双二硫代氨基甲酸二钠	代森钠	142-59-6		皮肤致敏物,类别1 特异性靶器官毒性-一次接触,类别3(呼吸道刺激) 危害水生环境-急性危害,类别1 危害水生环境-长期危害,类别1	H317 H335 H400 H410	GHS07 GHS09	警告	预防措施:P261、P272、P280、P271、P273 事故响应:P302+P352、P321、P333+P313、P362+P364、P304+P340、P312、P391 安全储存:P403+P233、P405 废弃处置:P501	可能引起皮肤过敏	
2505	氩[压缩的或液化的]		7440-37-1	1006(压缩的);1951(冷冻液化)	加压气体	H280或H281	GHS04	警告	预防措施: 事故响应: 安全储存:P410+P403 废弃处置:	内装加压气体:遇热可能爆炸	
2506	烟碱氯化氢	烟碱盐酸盐	2820-51-1	1656	急性毒性-经口,类别2* 急性毒性-经皮,类别1 急性毒性-吸入,类别2* 危害水生环境-急性危害,类别2 危害水生环境-长期危害,类别2	H300 H310 H330 H401 H411	GHS06 GHS09	危险	预防措施:P264、P270、P262、P280、P260、P271、P284、P273 事故响应:P301+P310、P321、P330、P302+P352、P361+P364、P304+P340、P320、P391 安全储存:P405、P233+P403 废弃处置:P501	吞咽致命,皮肤接触会致命,吸入致命	
2507	盐酸	氢氯酸	7647-01-0		皮肤腐蚀/刺激,类别1B 严重眼损伤/眼刺激,类别1 特异性靶器官毒性-一次接触,类别3(呼吸道刺激) 危害水生环境-急性危害,类别2	H314 H318 H335 H401	GHS05 GHS07	危险	预防措施:P260、P264、P280、P261、P271、P273 事故响应:P301+P330+P331、P303+P361+P353、P304+P340、P305+P351+P338、P310、P321、P363、P312 安全储存:P405、P403+P233 废弃处置:P501	可引起皮肤腐蚀	制毒
2508	盐酸-1-萘胺	α-萘胺盐酸	552-46-5		危害水生环境-急性危害,类别2 危害水生环境-长期危害,类别2	H401 H411	GHS09	警告	预防措施:P273 事故响应:P391 安全储存: 废弃处置:P501		

续表

序号	品名	别名	CAS 号	UN 号	危险性类别	危险性说明代码	象形图代码	警示词	防范说明代码	风险提示	备注
2509	盐酸-1-萘乙二胺	α-萘乙二胺盐酸	1465-25-4		皮肤腐蚀/刺激,类别 2 严重眼损伤/眼刺激,类别 2 特异性靶器官毒性-一次接触,类别 3(呼吸道刺激)	H315 H319 H335	GHS07	警告	预防措施:P264、P280、P261、P271 事故响应:P302＋P352、P321、P332＋P313、P362＋P364、P305＋P351＋P338、P337＋P313、P304＋P340、P312 安全储存:P403＋P233、P405 废弃处置:P501		
2510	盐酸-2-氨基酚	盐酸邻氨基酚	51-19-4		皮肤腐蚀/刺激,类别 2 严重眼损伤/眼刺激,类别 2 特异性靶器官毒性-一次接触,类别 3(呼吸道刺激)	H315 H319 H335	GHS07	警告	预防措施:P264、P280、P261、P271 事故响应:P302＋P352、P321、P332＋P313、P362＋P364、P305＋P351＋P338、P337＋P313、P304＋P340、P312 安全储存:P403＋P233、P405 废弃处置:P501		
2511	盐酸-2-萘胺	β-萘胺盐酸	612-52-2		危害水生环境-急性危害,类别 2 危害水生环境-长期危害,类别 2	H401 H411	GHS09	警告	预防措施:P273 事故响应:P391 安全储存: 废弃处置:P501		
2512	盐酸-3,3′-二氨基联苯胺	3,3′-二氨基联苯胺盐酸;3,4,3′,4′-四氨基联苯盐酸;硒试剂	7411-49-6		危害水生环境-急性危害,类别 1 危害水生环境-长期危害,类别 1	H400 H410	GHS09	警告	预防措施:P273 事故响应:P391 安全储存: 废弃处置:P501		
2513	盐酸-3,3′-二甲基-4,4′-二氨基联苯	邻二氨基二甲基联苯盐酸;3,3′-二甲基联苯胺盐酸	612-82-8		特异性靶器官毒性-一次接触,类别 3(呼吸道刺激) 特异性靶器官毒性-反复接触,类别 1 危害水生环境-急性危害,类别 2 危害水生环境-长期危害,类别 2	H335 H372 H401 H411	GHS07 GHS08 GHS09	危险	预防措施:P261、P271、P260、P264、P270、P273 事故响应:P304＋P340、P312、P314、P391 安全储存:P403＋P233、P405 废弃处置:P501		
2514	盐酸-3,3′-二甲氧基-4,4′-二氨基联苯	邻联二茴香胺盐酸;3,3′-二甲氧基联苯胺盐酸	20325-40-0		皮肤腐蚀/刺激,类别 1A 严重眼损伤/眼刺激,类别 1 致癌性,类别 1B	H314 H318 H350	GHS05 GHS08	危险	预防措施:P260、P264、P280、P201、P202 事故响应:P301＋P330＋P331、P303＋P361＋P353、P304＋P340、P305＋P351＋P338、P310、P321、P363、P308＋P313 安全储存:P405 废弃处置:P501	可引起皮肤腐蚀,可能致癌	

续表

序号	品名	别名	CAS号	UN号	危险性类别	危险性说明代码	象形图代码	警示词	防范说明代码	风险提示	备注
2515	盐酸-3,3′-二氯联苯胺	3,3′-二氯联苯胺盐酸	612-83-9		严重眼损伤/眼刺激,类别1 生殖细胞致突变性,类别2 致癌性,类别2 特异性靶器官毒性—一次接触,类别3(呼吸道刺激) 危害水生环境-急性危害,类别1 危害水生环境-长期危害,类别1	H318 H341 H351 H335 H400 H410	GHS05 GHS07 GHS08 GHS09	危险	预防措施:P280、P201、P202、P261、P271、P273 事故响应:P305+P351+P338、P310、P308+P313、P304+P340、P312、P391 安全储存:P405、P403+P233 废弃处置:P501	造成严重眼损伤	
2516	盐酸-3-氯苯胺	盐酸间氯苯胺;橙色基GC	141-85-5		急性毒性-经口,类别3 急性毒性-经皮,类别3 急性毒性-吸入,类别3 皮肤腐蚀/刺激,类别2 严重眼损伤/眼刺激,类别2 特异性靶器官毒性—一次接触,类别3(呼吸道刺激)	H301 H311 H331 H315 H319 H335	GHS06	危险	预防措施:P264、P270、P280、P261、P271 事故响应:P301+P310、P321、P330、P302+P352、P312、P361+P364、P304+P340、P311、P332+P313、P362+P364、P305+P351+P338、P337+P313 安全储存:P405、P233+P403、P403+P233 废弃处置:P501	吞咽会中毒,皮肤接触会中毒,吸入会中毒	
2517	盐酸-4,4′-二氨基联苯	盐酸联苯胺;联苯胺盐酸	531-85-1		危害水生环境-急性危害,类别1 危害水生环境-长期危害,类别1	H400 H410	GHS09	警告	预防措施:P273 事故响应:P391 安全储存: 废弃处置:P501		
2518	盐酸-4-氨基-*N*,*N*-二乙基苯胺	*N*,*N*-二乙基对苯二胺盐酸;对氨基-*N*,*N*-二乙基苯胺盐酸	16713-15-8		急性毒性-经口,类别3 急性毒性-经皮,类别3 急性毒性-吸入,类别3	H301 H311 H331	GHS06	危险	预防措施:P264、P270、P280、P261、P271 事故响应:P301+P310、P321、P330、P302+P352、P312、P361+P364、P304+P340、P311 安全储存:P405、P233+P403 废弃处置:P501	吞咽会中毒,皮肤接触会中毒,吸入会中毒	
2519	盐酸-4-氨基酚	盐酸对氨基酚	51-78-5		皮肤腐蚀/刺激,类别2 严重眼损伤/眼刺激,类别2 皮肤致敏物,类别1 特异性靶器官毒性—一次接触,类别3(呼吸道刺激)	H315 H319 H317 H335	GHS07	警告	预防措施:P264、P280、P261、P272、P271 事故响应:P302+P352、P321、P332+P313、P362+P364、P305+P351+P338、P337+P313、P333+P313、P304+P340、P312 安全储存:P403+P233、P405 废弃处置:P501	可能引起皮肤过敏	
2520	盐酸-4-甲苯胺	对甲苯胺盐酸盐;盐酸-4-甲苯胺	540-23-8		急性毒性-经口,类别3* 急性毒性-经皮,类别3* 急性毒性-吸入,类别3* 严重眼损伤/眼刺激,类别2 皮肤致敏物,类别1 危害水生环境-急性危害,类别1	H301 H311 H331 H319 H317 H400	GHS06 GHS09	危险	预防措施:P264、P270、P280、P261、P271、P272、P273 事故响应:P301+P310、P321、P330、P302+P352、P312、P361+P364、P304+P340、P311、P305+P351+P338、P337+P313、P333+P313、P362+P364、P391 安全储存:P405、P233+P403 废弃处置:P501	吞咽会中毒,皮肤接触会中毒,吸入会中毒,可能引起皮肤过敏	

续表

序号	品名	别名	CAS号	UN号	危险性类别	危险性说明代码	象形图代码	警示词	防范说明代码	风险提示	备注
2521	盐酸苯胺	苯胺盐酸盐	142-04-1	1548	皮肤腐蚀/刺激,类别 2 严重眼损伤/眼刺激,类别 2 生殖细胞致突变性,类别 2 特异性靶器官毒性-一次接触,类别 2 特异性靶器官毒性-反复接触,类别 2 危害水生环境-急性危害,类别 1	H315 H319 H341 H371 H373 H400	GHS07 GHS08 GHS09	警告	预防措施：P264、P280、P201、P202、P260、P270、P273 事故响应：P302 + P352、P321、P332 + P313、P362+P364、P305+P351+P338、P337+P313、P308+P313、P308+P311、P314、P391 安全储存：P405 废弃处置：P501		
2522	盐酸苯肼	苯肼盐酸	27140-08-5		急性毒性-经口,类别 3* 急性毒性-经皮,类别 3* 急性毒性-吸入,类别 3* 皮肤腐蚀/刺激,类别 2 严重眼损伤/眼刺激,类别 2 皮肤致敏物,类别 1 生殖细胞致突变性,类别 2 特异性靶器官毒性-反复接触,类别 1 危害水生环境-急性危害,类别 1	H301 H311 H331 H315 H319 H317 H341 H372 H400	GHS06 GHS08 GHS09	危险	预防措施：P264、P270、P280、P261、P271、P272、P201、P202、P260、P273 事故响应：P301 + P310、P321、P330、P302 + P352、P312、P361 + P364、P304 + P340、P311、P332+P313、P362+P364、P305+P351+P338、P337 + P313、P333 + P313、P308 + P313、P314、P391 安全储存：P405、P233+P403 废弃处置：P501	吞咽会中毒，皮肤接触会中毒，吸入会中毒，可能引起皮肤过敏	
2523	盐酸邻苯二胺	邻苯二胺二盐酸盐;盐酸邻二氨基苯	615-28-1		急性毒性-经口,类别 3* 严重眼损伤/眼刺激,类别 2 皮肤致敏物,类别 1 生殖细胞致突变性,类别 2 危害水生环境-急性危害,类别 1 危害水生环境-长期危害,类别 1	H301 H319 H317 H341 H400 H410	GHS06 GHS08 GHS09	危险	预防措施：P264、P270、P280、P261、P272、P201、P202、P273 事故响应：P301 + P310、P321、P330、P305 + P351+P338、P337+P313、P302+P352、P333+P313、P362+P364、P308+P313、P391 安全储存：P405 废弃处置：P501	吞咽会中毒，可能引起皮肤过敏	
2524	盐酸间苯二胺	间苯二胺二盐酸盐;盐酸间二氨基苯	541-69-5		急性毒性-经口,类别 3* 急性毒性-经皮,类别 3* 急性毒性-吸入,类别 3* 严重眼损伤/眼刺激,类别 2 皮肤致敏物,类别 1 生殖细胞致突变性,类别 2 危害水生环境-急性危害,类别 1 危害水生环境-长期危害,类别 1	H301 H311 H331 H319 H317 H341 H400 H410	GHS06 GHS08 GHS09	危险	预防措施：P264、P270、P280、P261、P271、P272、P201、P202、P273 事故响应：P301 + P310、P321、P330、P302 + P352、P312、P361 + P364、P304 + P340、P311、P305+P351+P338、P337+P313、P333+P313、P362+P364、P308+P313、P391 安全储存：P405、P233+P403 废弃处置：P501	吞咽会中毒，皮肤接触会中毒，吸入会中毒，可能引起皮肤过敏	

续表

序号	品名	别名	CAS号	UN号	危险性类别	危险性说明代码	象形图代码	警示词	防范说明代码	风险提示	备注
2525	盐酸对苯二胺	对苯二胺二盐酸盐;盐酸对二氨基苯	624-18-0		急性毒性-经口,类别3* 急性毒性-经皮,类别3* 急性毒性-吸入,类别3* 严重眼损伤/眼刺激,类别2 皮肤致敏物,类别1 危害水生环境-急性危害,类别1 危害水生环境-长期危害,类别1	H301 H311 H331 H319 H317 H400 H410	GHS06 GHS09	危险	预防措施:P264、P270、P280、P261、P271、P272、P273 事故响应:P301+P310、P321、P330、P302+P352、P312、P361+P364、P304+P340、P311、P305+P351+P338、P337+P313、P333+P313、P362+P364、P391 安全储存:P405、P233+P403 废弃处置:P501	吞咽会中毒,皮肤接触会中毒,吸入会中毒,可能引起皮肤过敏	
2526	盐酸马钱子碱	二甲氧基士的宁盐酸盐	5786-96-9		急性毒性-经口,类别2* 急性毒性-吸入,类别2* 危害水生环境-长期危害,类别3	H300 H330 H412	GHS06	危险	预防措施:P264、P270、P260、P271、P284、P273 事故响应:P301+P310、P321、P330、P304+P340、P320 安全储存:P405、P233+P403 废弃处置:P501	吞咽致命,吸入致命	
2527	盐酸吐根碱	盐酸依米丁	316-42-7		急性毒性-经口,类别1	H300	GHS06	危险	预防措施:P264、P270 事故响应:P301+P310、P321、P330 安全储存:P405 废弃处置:P501	吞咽致命	剧毒
2528	氧[压缩的或液化的]		7782-44-7	1072(压缩的) 1073(冷冻液化的)	氧化性气体,类别1 加压气体	H270 H280或H281	GHS03 GHS04	危险	预防措施:P220、P244 事故响应:P370+P376 安全储存:P410+P403 废弃处置:	可引起燃烧或加剧燃烧,氧化剂,内装加压气体:遇热可能爆炸	
2529	氧化钡	一氧化钡	1304-28-5	1884	严重眼损伤/眼刺激,类别2B 特异性靶器官毒性-一次接触,类别3(呼吸道刺激) 特异性靶器官毒性-反复接触,类别1	H320 H335 H372	GHS07 GHS08	危险	预防措施:P264、P261、P271、P260、P270 事故响应:P305+P351+P338、P337+P313、P304+P340、P312、P314 安全储存:P403+P233、P405 废弃处置:P501		
2530	氧化苯乙烯	环氧乙基苯	96-09-3		严重眼损伤/眼刺激,类别2 致癌性,类别1B 危害水生环境-急性危害,类别2	H319 H350 H401	GHS07 GHS08	危险	预防措施:P264、P280、P201、P202、P273 事故响应:P305+P351+P338、P337+P313、P308+P313 安全储存:P405 废弃处置:P501	可能致癌	

续表

序号	品名	别名	CAS号	UN号	危险性类别	危险性说明代码	象形图代码	警示词	防范说明代码	风险提示	备注
2531	β，β'-氧化二丙腈	2，2'-二氰二乙基醚；3，3'-氧化二丙腈；双（2-氰乙基）醚	1656-48-0		皮肤腐蚀/刺激，类别 2 严重眼损伤/眼刺激，类别 2 特异性靶器官毒性-一次接触，类别 3（呼吸道刺激）	H315 H319 H335	GHS07	警告	预防措施：P264、P280、P261、P271 事故响应：P302＋P352、P321、P332＋P313、P362＋P364、P305＋P351＋P338、P337＋P313、P304＋P340、P312 安全储存：P403＋P233、P405 废弃处置：P501		
2532	氧化镉[非发火的]		1306-19-0		急性毒性-吸入，类别 2＊ 生殖细胞致突变性，类别 2 致癌性，类别 1A 生殖毒性，类别 2 特异性靶器官毒性-反复接触，类别 1 危害水生环境-急性危害，类别 1 危害水生环境-长期危害，类别 1	H330 H341 H350 H361 H372 H400 H410	GHS06 GHS08 GHS09	危险	预防措施：P260、P271、P284、P201、P202、P280、P264、P270、P273 事故响应：P304＋P340、P310、P320、P308＋P313、P314、P391 安全储存：P233＋P403、P405 废弃处置：P501	吸入致命，可能致癌	
2533	氧化汞	一氧化汞；黄降汞；红降汞	21908-53-2	1641	急性毒性-经口，类别 2 急性毒性-经皮，类别 2 皮肤腐蚀/刺激，类别 2 严重眼损伤/眼刺激，类别 2 皮肤致敏物，类别 1 生殖毒性，类别 1B 特异性靶器官毒性-一次接触，类别 1 特异性靶器官毒性-一次接触，类别 3（呼吸道刺激） 特异性靶器官毒性-反复接触，类别 2 危害水生环境-急性危害，类别 1 危害水生环境-长期危害，类别 1	H300 H310 H315 H319 H317 H360 H370 H335 H373 H400 H410	GHS06 GHS08 GHS09	危险	预防措施：P264、P270、P262、P280、P261、P272、P201、P202、P260、P271、P273 事故响应：P301＋P310、P321、P330、P302＋P352、P361＋P364、P332＋P313、P362＋P364、P305＋P351＋P338、P337＋P313、P333＋P313、P308＋P313、P308＋P311、P304＋P340、P312、P314、P391 安全储存：P405、P403＋P233 废弃处置：P501	吞咽致命，皮肤接触会致命，可能引起皮肤过敏	剧毒
2534	氧化环己烯		286-20-4		易燃液体，类别 3 急性毒性-经皮，类别 3	H226 H311	GHS02 GHS06	危险	预防措施：P210、P233、P240、P241、P242、P243、P280 事故响应：P303＋P361＋P353、P370＋P378、P302＋P352、P312、P321、P361＋P364 安全储存：P403＋P235、P405 废弃处置：P501	易燃液体，皮肤接触会中毒	

续表

序号	品名	别名	CAS号	UN号	危险性类别	危险性说明代码	象形图代码	警示词	防范说明代码	风险提示	备注
2535	氧化钾		12136-45-7	2033	皮肤腐蚀/刺激,类别1 严重眼损伤/眼刺激,类别1	H314 H318	GHS05	危险	预防措施:P260、P264、P280 事故响应:P301+P330+P331、P303+P361+P353、P304+P340、P305+P351+P338、P310、P321、P363 安全储存:P405 废弃处置:P501	可引起皮肤腐蚀	
2536	氧化钠		1313-59-3	1825	皮肤腐蚀/刺激,类别1 严重眼损伤/眼刺激,类别1	H314 H318	GHS05	危险	预防措施:P260、P264、P280 事故响应:P301+P330+P331、P303+P361+P353、P304+P340、P305+P351+P338、P310、P321、P363 安全储存:P405 废弃处置:P501	可引起皮肤腐蚀	
2537	氧化铍		1304-56-9		急性毒性-经口,类别3* 急性毒性-吸入,类别2* 皮肤腐蚀/刺激,类别2 严重眼损伤/眼刺激,类别2 皮肤致敏物,类别1 致癌性,类别1A 特异性靶器官毒性-一次接触,类别3(呼吸道刺激) 特异性靶器官毒性-反复接触,类别1	H301 H330 H315 H319 H317 H350 H335 H372	GHS06 GHS08	危险	预防措施:P264、P270、P260、P271、P284、P280、P261、P272、P201、P202 事故响应:P301+P310、P321、P330、P304+P340、P320、P302+P352、P332+P313、P362+P364、P305+P351+P338、P337+P313、P333+P313、P308+P313、P312、P314 安全储存:P405、P233+P403、P403+P233 废弃处置:P501	吞咽会中毒,吸入致命,可能引起皮肤过敏,可能致癌	
2538	氧化铊	三氧化二铊	1314-32-5		急性毒性-经口,类别2 急性毒性-吸入,类别2* 特异性靶器官毒性-反复接触,类别2* 危害水生环境-急性危害,类别2 危害水生环境-长期危害,类别2	H300 H330 H373 H401 H411	GHS06 GHS08 GHS09	危险	预防措施:P264、P270、P260、P271、P284、P273 事故响应:P301+P310、P321、P330、P304+P340、P320、P314、P391 安全储存:P405、P233+P403 废弃处置:P501	吞咽致命,吸入致命	

续表

序号	品名	别名	CAS号	UN号	危险性类别	危险性说明代码	象形图代码	警示词	防范说明代码	风险提示	备注
2539	氧化亚汞	黑降汞	15829-53-5		皮肤腐蚀/刺激,类别2 严重眼损伤/眼刺激,类别2B 皮肤致敏物,类别1 生殖细胞致突变性,类别2 生殖毒性,类别2 特异性靶器官毒性-一次接触,类别1 特异性靶器官毒性-反复接触,类别1 危害水生环境-急性危害,类别1 危害水生环境-长期危害,类别1	H315 H320 H317 H341 H361 H370 H372 H400 H410	GHS07 GHS08 GHS09	危险	预防措施：P264、P280、P261、P272、P201、P202、P260、P270、P273 事故响应：P302＋P352、P321、P332＋P313、P362＋P364、P305＋P351＋P338、P337＋P313、P333＋P313、P308＋P313、P308＋P311、P314、P391 安全储存:P405 废弃处置:P501	可能引起皮肤过敏	
2540	氧化亚铊	一氧化二铊	1314-12-1		急性毒性-经口,类别2 急性毒性-吸入,类别2* 特异性靶器官毒性-反复接触,类别2* 危害水生环境-急性危害,类别2 危害水生环境-长期危害,类别2	H300 H330 H373 H401 H411	GHS06 GHS08 GHS09	危险	预防措施:P264、P270、P260、P271、P284、P273 事故响应:P301＋P310、P321、P330、P304＋P340、P320、P314、P391 安全储存:P405、P233＋P403 废弃处置:P501	吞咽致命,吸入致命	
2541	氧化银		20667-12-3		氧化性固体,类别2 严重眼损伤/眼刺激,类别1	H272 H318	GHS03 GHS05	危险	预防措施:P210、P220、P221、P280 事故响应：P370＋P378、P305＋P351＋P338、P310 安全储存: 废弃处置:P501	可加剧燃烧,氧化剂,造成严重眼损伤	
2542	氧氯化铬	氯化铬酰;二氯氧化铬;铬酰氯	14977-61-8	1758	氧化性液体,类别1 皮肤腐蚀/刺激,类别1A 严重眼损伤/眼刺激,类别1 皮肤致敏物,类别1 生殖细胞致突变性,类别1B 致癌性,类别1A 特异性靶器官毒性-一次接触,类别3(呼吸道刺激) 危害水生环境-急性危害,类别1 危害水生环境-长期危害,类别1	H271 H314 H318 H317 H340 H350 H335 H400 H410	GHS03 GHS05 GHS07 GHS08 GHS09	危险	预防措施：P210、P220、P221、P280、P283、P260、P264、P261、P272、P201、P202、P271、P273 事故响应:P306＋P360、P370＋P378、P371＋P380＋P375、P301＋P330＋P331、P303＋P361＋P353、P304＋P340、P305＋P351＋P338、P310、P321、P363、P302＋P352、P333＋P313、P362＋P364、P308＋P313、P312、P391 安全储存:P405、P403＋P233 废弃处置:P501	可引起燃烧或爆炸,强氧化剂,可引起皮肤腐蚀,可能引起皮肤过敏,可能致癌	

续表

序号	品名	别名	CAS号	UN号	危险性类别	危险性说明代码	象形图代码	警示词	防范说明代码	风险提示	备注
2543	氧氯化硫	硫酰氯；二氯硫酰；磺酰氯	7791-25-5	1834	皮肤腐蚀/刺激，类别1B 严重眼损伤/眼刺激，类别1 特异性靶器官毒性-一次接触，类别3(呼吸道刺激) 危害水生环境-急性危害，类别2	H314 H318 H335 H401	GHS05 GHS07	危险	预防措施：P260、P264、P280、P261、P271、P273 事故响应：P301+P330+P331、P303+P361+P353、P304+P340、P305+P351+P338、P310、P321、P363、P312 安全储存：P405、P403+P233 废弃处置：P501	可引起皮肤腐蚀	
2544	氧氯化硒	氯化亚硒酰；二氯氧化硒	7791-23-3	2879	急性毒性-经口，类别3* 急性毒性-吸入，类别3* 特异性靶器官毒性-反复接触，类别2 危害水生环境-急性危害，类别1 危害水生环境-长期危害，类别1	H301 H331 H373 H400 H410	GHS06 GHS08 GHS09	危险	预防措施：P264、P270、P261、P271、P260、P273 事故响应：P301+P310、P321、P330、P304+P340、P311、P314、P391 安全储存：P405、P233+P403 废弃处置：P501	吞咽会中毒，吸入会中毒	
2545	氧氰化汞[减敏的]	氰氧化汞	1335-31-5	1642	急性毒性-经口，类别3* 急性毒性-经皮，类别3* 急性毒性-吸入，类别3* 特异性靶器官毒性-反复接触，类别2 危害水生环境-急性危害，类别1 危害水生环境-长期危害，类别1	H301 H311 H331 H373 H400 H410	GHS06 GHS08 GHS09	危险	预防措施：P264、P270、P280、P261、P271、P260、P273 事故响应：P301+P310、P321、P330、P302+P352、P312、P361+P364、P304+P340、P311、P314、P391 安全储存：P405、P233+P403 废弃处置：P501	吞咽会中毒，皮肤接触会中毒，吸入会中毒	
2546	氧溴化磷	溴化磷酰；磷酰溴；三溴氧化磷	7789-59-5		皮肤腐蚀/刺激，类别1 严重眼损伤/眼刺激，类别1	H314 H318	GHS05	危险	预防措施：P260、P264、P280 事故响应：P301+P330+P331、P303+P361+P353、P304+P340、P305+P351+P338、P310、P321、P363 安全储存：P405 废弃处置：P501	可引起皮肤腐蚀	
2547	腰果壳油	脱羧腰果壳液	8007-24-7		皮肤腐蚀/刺激，类别2 严重眼损伤/眼刺激，类别2 皮肤致敏物，类别1 特异性靶器官毒性-一次接触，类别3(呼吸道刺激)	H315 H319 H317 H335	GHS07	警告	预防措施：P264、P280、P261、P272、P271 事故响应：P302+P352、P321、P332+P313、P362+P364、P305+P351+P338、P337+P313、P333+P313、P304+P340、P312 安全储存：P403+P233、P405 废弃处置：P501	可能引起皮肤过敏	

续表

序号	品名	别名	CAS号	UN号	危险性类别	危险性说明代码	象形图代码	警示词	防范说明代码	风险提示	备注
2548	液化石油气	石油气[液化的]	68476-85-7		易燃气体,类别1 加压气体 生殖细胞致突变性,类别1B	H220 H280或H281 H340	GHS02 GHS04 GHS08	危险	预防措施:P210、P201、P202、P280 事故响应:P377、P381、P308+P313 安全储存:P410+P403、P405 废弃处置:P501	极易燃气体,内装加压气体:遇热可能爆炸	重点,重大
2549	一氟乙酸对溴苯胺		351-05-3		急性毒性-经口,类别2 急性毒性-经皮,类别1	H300 H310	GHS06	危险	预防措施:P264、P270、P262、P280 事故响应:P301+P310、P321、P330、P302+P352、P361+P364 安全储存:P405 废弃处置:P501	吞咽致命,皮肤接触会致命	剧毒
2550	一甲胺[无水]	氨基甲烷;甲胺	74-89-5	1061	易燃气体,类别1 加压气体 皮肤腐蚀/刺激,类别2 严重眼损伤/眼刺激,类别1 特异性靶器官毒性-一次接触,类别3(呼吸道刺激)	H220 H280或H281 H315 H318 H335	GHS02 GHS04 GHS05 GHS07	危险	预防措施:P210、P264、P280、P261、P271 事故响应:P377、P381、P302+P352、P321、P332+P313、P362+P364、P305+P351+P338、P310、P304+P340、P312 安全储存:P410+P403、P403+P233、P405 废弃处置:P501	极易燃气体,内装加压气体:遇热可能爆炸,造成严重眼损伤	重点,重大,制爆
	一甲胺溶液	氨基甲烷溶液;甲胺溶液		1235	易燃液体,类别1 皮肤腐蚀/刺激,类别1B 严重眼损伤/眼刺激,类别1 特异性靶器官毒性-一次接触,类别3(呼吸道刺激)	H224 H314 H318 H335	GHS02 GHS05 GHS07	危险	预防措施:P210、P233、P240、P241、P242、P243、P280、P260、P264、P261、P271 事故响应:P303+P361+P353、P370+P378、P301+P330+P331、P304+P340、P305+P351+P338、P310、P321、P363、P312 安全储存:P403+P235、P405、P403+P233 废弃处置:P501	极易燃液体,可引起皮肤腐蚀	重点,重大,制爆
2551	一氯丙酮	氯丙酮;氯化丙酮	78-95-5	1695	易燃液体,类别2 急性毒性-经口,类别3 急性毒性-经皮,类别2 急性毒性-吸入,类别2 皮肤腐蚀/刺激,类别1 严重眼损伤/眼刺激,类别1 特异性靶器官毒性-一次接触,类别1 危害水生环境-急性危害,类别1 危害水生环境-长期危害,类别1	H225 H301 H310 H330 H314 H318 H370 H400 H410	GHS02 GHS05 GHS06 GHS08 GHS09	危险	预防措施:P210、P233、P240、P241、P242、P243、P280、P264、P270、P262、P260、P271、P284、P273 事故响应:P303+P361+P353、P370+P378、P301+P310、P321、P302+P352、P361+P364、P304+P340、P320、P301+P330+P331、P305+P351+P338、P363、P308+P311、P391 安全储存:P403+P235、P405、P233+P403 废弃处置:P501	高度易燃液体,吞咽会中毒,皮肤接触会致命,吸入致命,可引起皮肤腐蚀	

续表

序号	品名	别名	CAS号	UN号	危险性类别	危险性说明代码	象形图代码	警示词	防范说明代码	风险提示	备注
2552	一氯二氟甲烷	R22；二氟一氯甲烷；氯二氟甲烷	75-45-6	1018	加压气体 严重眼损伤/眼刺激，类别2B 生殖毒性，类别1B 特异性靶器官毒性-一次接触，类别3(麻醉效应) 危害臭氧层，类别1	H280或H281 H320 H360 H336 H420	GHS04 GHS07 GHS08	危险	预防措施：P264、P201、P202、P280、P261、P271 事故响应：P305＋P351＋P338、P337＋P313、P308＋P313、P304＋P340、P312 安全储存：P410＋P403、P405、P403＋P233 废弃处置：P501	内装加压气体：遇热可能爆炸	
2553	一氯化碘		7790-99-0	1792	急性毒性-经口，类别2 急性毒性-经皮，类别3 皮肤腐蚀/刺激，类别1A 严重眼损伤/眼刺激，类别1 特异性靶器官毒性-一次接触，类别3(呼吸道刺激)	H300 H311 H314 H318 H335	GHS05 GHS06	危险	预防措施：P264、P270、P280、P260、P261、P271 事故响应：P301＋P310、P321、P302＋P352、P312、P361＋P364、P301＋P330＋P331、P303＋P361＋P353、P304＋P340、P305＋P351＋P338、P363 安全储存：P405、P403＋P233 废弃处置：P501	吞咽致命，皮肤接触会中毒，可引起皮肤腐蚀	
2554	一氯化硫	氯化硫	10025-67-9	1828	急性毒性-经口，类别3* 皮肤腐蚀/刺激，类别1A 严重眼损伤/眼刺激，类别1 特异性靶器官毒性-一次接触，类别3(呼吸道刺激) 危害水生环境-急性危害，类别1	H301 H314 H318 H335 H400	GHS05 GHS06 GHS09	危险	预防措施：P264、P270、P260、P280、P261、P271、P273 事故响应：P301＋P310、P321、P301＋P330＋P331、P303＋P361＋P353、P304＋P340、P305＋P351＋P338、P363、P312、P391 安全储存：P405、P403＋P233 废弃处置：P501	吞咽会中毒，可引起皮肤腐蚀	重大
2555	一氯三氟甲烷	R13	75-72-9	1022	加压气体 危害臭氧层，类别1	H280或H281 H420	GHS04 GHS07	警告	预防措施： 事故响应： 安全储存：P410＋P403 废弃处置：	内装加压气体：遇热可能爆炸	
2556	一氯五氟乙烷	R115	76-15-3	1020	加压气体 危害臭氧层，类别1	H280或H281 H420	GHS04 GHS07	警告	预防措施： 事故响应： 安全储存：P410＋P403 废弃处置：	内装加压气体：遇热可能爆炸	
2557	一氯乙醛	氯乙醛；2-氯乙醛	107-20-0	2232	急性毒性-经口，类别3* 急性毒性-经皮，类别3* 急性毒性-吸入，类别2* 皮肤腐蚀/刺激，类别1B 严重眼损伤/眼刺激，类别1 特异性靶器官毒性-一次接触，类别3(呼吸道刺激) 危害水生环境-急性危害，类别1	H301 H311 H330 H314 H318 H335 H400	GHS05 GHS06 GHS09	危险	预防措施：P264、P270、P280、P260、P271、P284、P261、P273 事故响应：P301＋P310、P321、P302＋P352、P312、P361＋P364、P304＋P340、P320、P301＋P330＋P331、P303＋P361＋P353、P305＋P351＋P338、P363、P391 安全储存：P405、P233＋P403、P403＋P233 废弃处置：P501	吞咽会中毒，皮肤接触会中毒，吸入致命，可引起皮肤腐蚀	

续表

序号	品名	别名	CAS号	UN号	危险性类别	危险性说明代码	象形图代码	警示词	防范说明代码	风险提示	备注
2558	一溴化碘		7789-33-5		皮肤腐蚀/刺激,类别1 严重眼损伤/眼刺激,类别1	H314 H318	GHS05	危险	预防措施:P260、P264、P280 事故响应:P301+P330+P331、P303+P361+P353、P304+P340、P305+P351+P338、P310、P321、P363 安全储存:P405 废弃处置:P501	可引起皮肤腐蚀	
2559	一氧化氮		10102-43-9	1660	氧化性气体,类别1 加压气体 急性毒性-吸入,类别3 皮肤腐蚀/刺激,类别1 严重眼损伤/眼刺激,类别1 特异性靶器官毒性-一次接触,类别1	H270 H280或 H281 H331 H314 H318 H370	GHS03 GHS04 GHS05 GHS06 GHS08	危险	预防措施:P220、P244、P261、P271、P260、P264、P280、P270 事故响应:P370+P376、P304+P340、P321、P301+P330+P331、P303+P361+P353、P305+P351+P338、P310、P363、P308+P311 安全储存:P410+P403、P233+P403、P405 废弃处置:P501	可引起燃烧或加剧燃烧,氧化剂,内装加压气体:遇热可能爆炸,吸入会中毒,可引起皮肤腐蚀	
2560	一氧化氮和四氧化二氮混合物			1975	氧化性气体,类别1 加压气体 急性毒性-吸入,类别3* 皮肤腐蚀/刺激,类别1 严重眼损伤/眼刺激,类别1	H270 H280或 H281 H331 H314 H318	GHS03 GHS04 GHS05 GHS06	危险	预防措施:P220、P244、P261、P271、P260、P264、P280 事故响应:P370+P376、P304+P340、P311、P321、P301+P330+P331、P303+P361+P353、P305+P351+P338、P310、P363 安全储存:P410+P403、P233+P403、P405 废弃处置:P501	可引起燃烧或加剧燃烧,氧化剂,内装加压气体:遇热可能爆炸,吸入会中毒,可引起皮肤腐蚀	
2561	一氧化二氮[压缩的或液化的]	氧化亚氮;笑气	10024-97-2	1070	氧化性气体,类别1 加压气体 生殖毒性,类别1A 特异性靶器官毒性-一次接触,类别3(麻醉效应) 特异性靶器官毒性-反复接触,类别1	H270 H280或 H281 H360 H336 H372	GHS03 GHS04 GHS07 GHS08	危险	预防措施:P220、P244、P201、P202、P280、P261、P271、P260、P264、P270 事故响应:P370+P376、P308+P313、P304+P340、P312、P314 安全储存:P410+P403、P405、P403+P233 废弃处置:P501	可引起燃烧或加剧燃烧,氧化剂,内装加压气体:遇热可能爆炸	
2562	一氧化铅	氧化铅;黄丹	1317-36-8		生殖细胞致突变性,类别2 致癌性,类别1B 生殖毒性,类别1A 特异性靶器官毒性-反复接触,类别2	H341 H350 H360 H373	GHS08	危险	预防措施:P201、P202、P280、P260 事故响应:P308+P313、P314 安全储存:P405 废弃处置:P501	可能致癌	

续表

序号	品名	别名	CAS号	UN号	危险性类别	危险性说明代码	象形图代码	警示词	防范说明代码	风险提示	备注
2563	一氧化碳		630-08-0	1016	易燃气体,类别 1 加压气体 急性毒性-吸入,类别 3 * 生殖毒性,类别 1A 特异性靶器官毒性-反复接触,类别 1	H220 H280 或 H281 H331 H360 H372	GHS02 GHS04 GHS06 GHS08	危险	预防措施: P210、P261、P271、P201、P202、P280、P260、P264、P270 事故响应: P377、P381、P304 + P340、P311、P321、P308+P313、P314 安全储存:P410+P403、P233+P403、P405 废弃处置:P501	极易燃气体,内装加压气体:遇热可能爆炸,吸入会中毒	重点
2564	一氧化碳和氢气混合物	水煤气			易燃气体,类别 1 加压气体 急性毒性-吸入,类别 3 * 生殖毒性,类别 1A 特异性靶器官毒性-反复接触,类别 1	H220 H280 或 H281 H331 H360 H372	GHS02 GHS04 GHS06 GHS08	危险	预防措施: P210、P261、P271、P201、P202、P280、P260、P264、P270 事故响应: P377、P381、P304 + P340、P311、P321、P308+P313、P314 安全储存:P410+P403、P233+P403、P405 废弃处置:P501	极易燃气体,内装加压气体:遇热可能爆炸,吸入会中毒	重大
2565	乙胺	氨基乙烷	75-04-7	1036	易燃气体,类别 1 加压气体 严重眼损伤/眼刺激,类别 2 特异性靶器官毒性-一次接触,类别 3(呼吸道刺激)	H220 H280 或 H281 H319 H335	GHS02 GHS04 GHS07	危险	预防措施:P210、P264、P280、P261、P271 事故响应:P377、P381、P305 + P351 + P338、P337+P313、P304+P340、P312 安全储存:P410+P403、P403+P233、P405 废弃处置:P501	极易燃气体,内装加压气体:遇热可能爆炸	
	乙胺水溶液[浓度 50%~70%]	氨基乙烷水溶液		2270	易燃液体,类别 2 皮肤腐蚀/刺激,类别 1 严重眼损伤/眼刺激,类别 1 特异性靶器官毒性-一次接触,类别 3(呼吸道刺激)	H225 H314 H318 H335	GHS02 GHS05 GHS07	危险	预防措施: P210、P233、P240、P241、P242、P243、P280、P260、P264、P261、P271 事故响应:P303 + P361 + P353、P370 + P378、P301+P330+P331、P304+P340、P305+P351+P338、P310、P321、P363、P312 安全储存:P403+P235、P405、P403+P233 废弃处置:P501	高度易燃液体,可引起皮肤腐蚀	
2566	乙苯	乙基苯	100-41-4	1175	易燃液体,类别 2 致癌性,类别 2 特异性靶器官毒性-反复接触,类别 2 吸入危害,类别 1 危害水生环境-急性危害,类别 2	H225 H351 H373 H304 H401	GHS02 GHS08	危险	预防措施: P210、P233、P240、P241、P242、P243、P280、P201、P202、P260、P273 事故响应:P303 + P361 + P353、P370 + P378、P308+P313、P314、P301+P310、P331 安全储存:P403+P235、P405 废弃处置:P501	高度易燃液体,禁止催吐	

续表

序号	品名	别名	CAS号	UN号	危险性类别	危险性说明代码	象形图代码	警示词	防范说明代码	风险提示	备注
2567	乙撑亚胺	吖丙啶；1-氮杂环丙烷；氮丙啶	151-56-4	1185	易燃液体，类别2 急性毒性-经口，类别2* 急性毒性-经皮，类别1 急性毒性-吸入，类别2* 皮肤腐蚀/刺激，类别1B 严重眼损伤/眼刺激，类别1 生殖细胞致突变性，类别1B 致癌性，类别2 危害水生环境-急性危害，类别2 危害水生环境-长期危害，类别2	H225 H300 H310 H330 H314 H318 H340 H351 H401 H411	GHS02 GHS05 GHS06 GHS08 GHS09	危险	预防措施：P210、P233、P240、P241、P242、P243、P280、P264、P270、P262、P260、P271、P284、P201、P202、P273 事故响应：P303＋P361＋P353、P370＋P378、P301＋P310、P321、P302＋P352、P361＋P364、P304＋P340、P320、P301＋P330＋P331、P305＋P351＋P338、P363、P308＋P313、P391 安全储存：P403＋P235、P405、P233＋P403 废弃处置：P501	高度易燃液体，吞咽致命，皮肤接触会致命，吸入致命，可引起皮肤腐蚀	剧毒，重大
	乙撑亚胺[稳定的]	吖丙啶；1-氮杂环丙烷；氮丙啶		1185	易燃液体，类别2 急性毒性-经口，类别2* 急性毒性-经皮，类别1 急性毒性-吸入，类别2* 皮肤腐蚀/刺激，类别1B 严重眼损伤/眼刺激，类别1 生殖细胞致突变性，类别1B 致癌性，类别2 危害水生环境-急性危害，类别2 危害水生环境-长期危害，类别2	H225 H300 H310 H330 H314 H318 H340 H351 H401 H411	GHS02 GHS05 GHS06 GHS08 GHS09	危险	预防措施：P210、P233、P240、P241、P242、P243、P280、P264、P270、P262、P260、P271、P284、P201、P202、P273 事故响应：P303＋P361＋P353、P370＋P378、P301＋P310、P321、P302＋P352、P361＋P364、P304＋P340、P320、P301＋P330＋P331、P305＋P351＋P338、P363、P308＋P313、P391 安全储存：P403＋P235、P405、P233＋P403 废弃处置：P501	高度易燃液体，吞咽致命，皮肤接触会致命，吸入致命，可引起皮肤腐蚀	
2568	乙醇[无水]	无水酒精	64-17-5	1170	易燃液体，类别2	H225	GHS02	危险	预防措施：P210、P233、P240、P241、P242、P243、P280 事故响应：P303＋P361＋P353、P370＋P378 安全储存：P403＋P235 废弃处置：P501	高度易燃液体	重大
2569	乙醇钾		917-58-8		自热物质和混合物，类别1 皮肤腐蚀/刺激，类别1B 严重眼损伤/眼刺激，类别1	H251 H314 H318	GHS02 GHS05	危险	预防措施：P235＋P410、P280、P260、P264 事故响应：P301＋P330＋P331、P303＋P361＋P353、P304＋P340、P305＋P351＋P338、P310、P321、P363 安全储存：P407、P413、P420、P405 废弃处置：P501	自热，可能燃烧，可引起皮肤腐蚀	

续表

序号	品名	别名	CAS号	UN号	危险性类别	危险性说明代码	象形图代码	警示词	防范说明代码	风险提示	备注
2570	乙醇钠	乙氧基钠	141-52-6		自热物质和混合物,类别 1 皮肤腐蚀/刺激,类别 1B 严重眼损伤/眼刺激,类别 1	H251 H314 H318	GHS02 GHS05	危险	预防措施:P235+P410、P280、P260、P264 事故响应:P301+P330+P331、P303+P361+P353、P304+P340、P305+P351+P338、P310、P321、P363 安全储存:P407、P413、P420、P405 废弃处置:P501	自热,可能燃烧,可引起皮肤腐蚀	
2571	乙醇钠乙醇溶液	乙醇钠合乙醇			易燃液体,类别 2 皮肤腐蚀/刺激,类别 1 严重眼损伤/眼刺激,类别 1	H225 H314 H318	GHS02 GHS05	危险	预防措施:P210、P233、P240、P241、P242、P243、P280、P260、P264 事故响应:P303+P361+P353、P370+P378、P301+P330+P331、P304+P340、P305+P351+P338、P310、P321、P363 安全储存:P403+P235、P405 废弃处置:P501	高度易燃液体,可引起皮肤腐蚀	
2572	1,2-乙二胺	1,2-二氨基乙烷;乙撑二胺	107-15-3	1604	易燃液体,类别 3 皮肤腐蚀/刺激,类别 1B 严重眼损伤/眼刺激,类别 1 呼吸道致敏物,类别 1 皮肤致敏物,类别 1 危害水生环境-急性危害,类别 2 危害水生环境-长期危害,类别 3	H226 H314 H318 H334 H317 H401 H412	GHS02 GHS05 GHS08	危险	预防措施:P210、P233、P240、P241、P242、P243、P280、P260、P264、P261、P284、P272、P273 事故响应:P303+P361+P353、P370+P378、P301+P330+P331、P304+P340、P305+P351+P338、P310、P321、P363、P342+P311、P302+P352、P333+P313、P362+P364 安全储存:P403+P235、P405 废弃处置:P501	易燃液体,可引起皮肤腐蚀,吸入可能导致过敏,可能引起皮肤过敏	制爆
2573	乙二醇单甲醚	2-甲氧基乙醇;甲基溶纤剂	109-86-4	1188	易燃液体,类别 3 生殖毒性,类别 1B	H226 H360	GHS02 GHS08	危险	预防措施:P210、P233、P240、P241、P242、P243、P280、P201、P202 事故响应:P303+P361+P353、P370+P378、P308+P313 安全储存:P403+P235、P405 废弃处置:P501	易燃液体	
2574	乙二醇二乙醚	1,2-二乙氧基乙烷;二乙基溶纤剂	629-14-1	1153	易燃液体,类别 2 严重眼损伤/眼刺激,类别 2 生殖毒性,类别 1A	H225 H319 H360	GHS02 GHS07 GHS08	危险	预防措施:P210、P233、P240、P241、P242、P243、P280、P264、P201、P202 事故响应:P303+P361+P353、P370+P378、P305+P351+P338、P337+P313、P308+P313 安全储存:P403+P235、P405 废弃处置:P501	高度易燃液体	

续表

序号	品名	别名	CAS号	UN号	危险性类别	危险性说明代码	象形图代码	警示词	防范说明代码	风险提示	备注
2575	乙二醇乙醚	2-乙氧基乙醇；乙基溶纤剂	110-80-5	1171	易燃液体，类别3 急性毒性-吸入，类别3 生殖毒性，类别1B	H226 H331 H360	GHS02 GHS06 GHS08	危险	预防措施：P210、P233、P240、P241、P242、P243、P280、P261、P271、P201、P202 事故响应：P303＋P361＋P353、P370＋P378、P304＋P340、P311、P321、P308＋P313 安全储存：P403＋P235、P233＋P403、P405 废弃处置：P501	易燃液体，吸入会中毒	
2576	乙二醇异丙醚	2-异丙氧基乙醇	109-59-1		易燃液体，类别3 严重眼损伤/眼刺激，类别2	H226 H319	GHS02 GHS07	警告	预防措施：P210、P233、P240、P241、P242、P243、P280、P264 事故响应：P303＋P361＋P353、P370＋P378、P305＋P351＋P338、P337＋P313 安全储存：P403＋P235 废弃处置：P501	易燃液体	
2577	乙二酸二丁酯	草酸二丁酯；草酸丁酯	2050-60-4		皮肤腐蚀/刺激，类别2 严重眼损伤/眼刺激，类别1 皮肤致敏物，类别1 特异性靶器官毒性—一次接触，类别3(呼吸道刺激)	H315 H318 H317 H335	GHS05 GHS07	危险	预防措施：P264、P280、P261、P272、P271 事故响应：P302＋P352、P321、P332＋P313、P362＋P364、P305＋P351＋P338、P310、P333＋P313、P304＋P340、P312 安全储存：P403＋P233、P405 废弃处置：P501	造成严重眼损伤，可能引起皮肤过敏，	
2578	乙二酸二甲酯	草酸二甲酯；草酸甲酯	553-90-2		皮肤腐蚀/刺激，类别2 严重眼损伤/眼刺激，类别1	H315 H318	GHS05	危险	预防措施：P264、P280 事故响应：P302＋P352、P321、P332＋P313、P362＋P364、P305＋P351＋P338、P310 安全储存： 废弃处置：	造成严重眼损伤	
2579	乙二酸二乙酯	草酸二乙酯；草酸乙酯	95-92-1	2525	严重眼损伤/眼刺激，类别2	H319	GHS07	警告	预防措施：P264、P280 事故响应：P305＋P351＋P338、P337＋P313 安全储存： 废弃处置：		
2580	乙二酰氯	氯化乙二酰；草酰氯	79-37-8		急性毒性-吸入，类别3 皮肤腐蚀/刺激，类别1 严重眼损伤/眼刺激，类别1	H331 H314 H318	GHS05 GHS06	危险	预防措施：P261、P271、P260、P264、P280 事故响应：P304＋P340、P311、P321、P301＋P330＋P331、P303＋P361＋P353、P305＋P351＋P338、P310、P363 安全储存：P233＋P403、P405 废弃处置：P501	吸入会中毒，可引起皮肤腐蚀	

续表

序号	品名	别名	CAS号	UN号	危险性类别	危险性说明代码	象形图代码	警示词	防范说明代码	风险提示	备注
2581	乙汞硫水杨酸钠盐	硫柳汞钠	54-64-8		急性毒性-经口,类别2 急性毒性-经皮,类别1 急性毒性-吸入,类别2 特异性靶器官毒性-反复接触,类别2 危害水生环境-急性危害,类别1 危害水生环境-长期危害,类别1	H300 H310 H330 H373 H400 H410	GHS06 GHS08 GHS09	危险	预防措施：P264、P270、P262、P280、P260、P271、P284、P273 事故响应：P301＋P310、P321、P330、P302＋P352、P361＋P364、P304＋P340、P320、P314、P391 安全储存：P405、P233＋P403 废弃处置：P501	吞咽致命，皮肤接触会致命，吸入致命	
2582	2-乙基-1-丁醇	2-乙基丁醇	97-95-0	2275	易燃液体,类别3	H226	GHS02	警告	预防措施：P210、P233、P240、P241、P242、P243、P280 事故响应：P303＋P361＋P353、P370＋P378 安全储存：P403＋P235 废弃处置：P501	易燃液体	
2583	2-乙基-1-丁烯		760-21-4		易燃液体,类别2	H225	GHS02	危险	预防措施：P210、P233、P240、P241、P242、P243、P280 事故响应：P303＋P361＋P353、P370＋P378 安全储存：P403＋P235 废弃处置：P501	高度易燃液体	
2584	*N*-乙基-1-萘胺	*N*-乙基-α-萘胺	118-44-5		危害水生环境-急性危害,类别1 危害水生环境-长期危害,类别1	H400 H410	GHS09	警告	预防措施：P273 事故响应：P391 安全储存： 废弃处置：P501		
2585	*N*-(2-乙基-6-甲基苯基)-*N*-乙氧基甲基-氯乙酰胺	乙草胺	34256-82-1		皮肤腐蚀/刺激,类别2 皮肤致敏物,类别1 特异性靶器官毒性-一次接触,类别3(呼吸道刺激) 危害水生环境-急性危害,类别1 危害水生环境-长期危害,类别1	H315 H317 H335 H400 H410	GHS07 GHS09	警告	预防措施：P264、P280、P261、P272、P271、P273 事故响应：P302＋P352、P321、P332＋P313、P362＋P364、P333＋P313、P304＋P340、P312、P391 安全储存：P403＋P233、P405 废弃处置：P501	可能引起皮肤过敏	
2586	*N*-乙基-*N*-(2-羟乙基)全氟辛基磺酰胺		1691-99-2		生殖毒性,类别1B 生殖毒性,附加类别 特异性靶器官毒性-反复接触,类别1 危害水生环境-急性危害,类别2 危害水生环境-长期危害,类别2	H360 H362 H372 H401 H411	GHS08 GHS09	危险	预防措施：P201、P202、P280、P260、P263、P264、P270、P273 事故响应：P308＋P313、P314、P391 安全储存：P405 废弃处置：P501		

续表

序号	品名	别名	CAS号	UN号	危险性类别	危险性说明代码	象形图代码	警示词	防范说明代码	风险提示	备注
2587	O-乙基-O-(3-甲基-4-甲硫基)苯基-N-异丙氨基磷酸酯	苯线磷	22224-92-6		急性毒性-经口,类别2 急性毒性-经皮,类别2 急性毒性-吸入,类别2 严重眼损伤/眼刺激,类别2 危害水生环境-急性危害,类别1 危害水生环境-长期危害,类别1	H300 H310 H330 H319 H400 H410	GHS06 GHS09	危险	预防措施：P264、P270、P262、P280、P260、P271、P284、P273 事故响应：P301+P310、P321、P330、P302+P352、P361+P364、P304+P340、P320、P305+P351+P338、P337+P313、P391 安全储存：P405、P233+P403 废弃处置：P501	吞咽致命，皮肤接触会致命，吸入致命	
2588	O-乙基-O-(4-硝基苯基)苯基硫代膦酸酯[含量>15%]	苯硫膦	2104-64-5		急性毒性-经口,类别2* 急性毒性-经皮,类别1 危害水生环境-急性危害,类别1 危害水生环境-长期危害,类别1	H300 H310 H400 H410	GHS06 GHS09	危险	预防措施：P264、P270、P262、P280、P273 事故响应：P301+P310、P321、P330、P302+P352、P361+P364、P391 安全储存：P405 废弃处置：P501	吞咽致命，皮肤接触会致命	剧毒
2589	O-乙基-O-[(2-异丙氧基酰基)苯基]-N-异丙基硫代磷酰胺	异柳磷	25311-71-1		急性毒性-经口,类别3* 急性毒性-经皮,类别3* 危害水生环境-急性危害,类别1 危害水生环境-长期危害,类别1	H301 H311 H400 H410	GHS06 GHS09	危险	预防措施：P264、P270、P280、P273 事故响应：P301+P310、P321、P330、P302+P352、P312、P361+P364、P391 安全储存：P405 废弃处置：P501	吞咽会中毒，皮肤接触会中毒	
2590	O-乙基-O-2,4,5-三氯苯基-乙基硫代膦酸酯	O-乙基-O-2,4,5-三氯苯基-乙基硫代膦酸酯；毒壤膦	327-98-0		急性毒性-经口,类别2* 急性毒性-经皮,类别3* 危害水生环境-急性危害,类别1 危害水生环境-长期危害,类别1	H300 H311 H400 H410	GHS06 GHS09	危险	预防措施：P264、P270、P280、P273 事故响应：P301+P310、P321、P330、P302+P352、P312、P361+P364、P391 安全储存：P405 废弃处置：P501	吞咽致命，皮肤接触会中毒	
2591	O-乙基-S,S-二苯基二硫代磷酸酯	敌瘟磷	17109-49-8		急性毒性-经口,类别3* 急性毒性-吸入,类别3* 皮肤致敏物,类别1 危害水生环境-急性危害,类别1 危害水生环境-长期危害,类别1	H301 H331 H317 H400 H410	GHS06 GHS09	危险	预防措施：P264、P270、P261、P271、P272、P280、P273 事故响应：P301+P310、P321、P330、P304+P340、P311、P302+P352、P333+P313、P362+P364、P391 安全储存：P405、P233+P403 废弃处置：P501	吞咽会中毒，吸入会中毒，可能引起皮肤过敏	
2592	O-乙基-S,S-二丙基二硫代磷酸酯	灭线磷	13194-48-4		急性毒性-经口,类别3* 急性毒性-经皮,类别1 急性毒性-吸入,类别2* 皮肤致敏物,类别1 危害水生环境-急性危害,类别1 危害水生环境-长期危害,类别1	H301 H310 H330 H317 H400 H410	GHS06 GHS09	危险	预防措施：P264、P270、P262、P280、P260、P271、P284、P261、P272、P273 事故响应：P301+P310、P321、P330、P302+P352、P361+P364、P304+P340、P320、P333+P313、P362+P364、P391 安全储存：P405、P233+P403 废弃处置：P501	吞咽会中毒，皮肤接触会致命，吸入致命，可能引起皮肤过敏	

续表

序号	品名	别名	CAS号	UN号	危险性类别	危险性说明代码	象形图代码	警示词	防范说明代码	风险提示	备注
2593	O-乙基-S-苯基乙基二硫代膦酸酯[含量>6%]	地虫硫膦	944-22-9		急性毒性-经口,类别2* 急性毒性-经皮,类别1 危害水生环境-急性危害,类别1 危害水生环境-长期危害,类别1	H300 H310 H400 H410	GHS06 GHS09	危险	预防措施:P264、P270、P262、P280、P273 事故响应:P301+P310、P321、P330、P302+P352、P361+P364、P391 安全储存:P405 废弃处置:P501	吞咽致命,皮肤接触会致命	剧毒
2594	2-乙基苯胺	邻乙基苯胺;邻氨基乙苯	578-54-1	2273	危害水生环境-急性危害,类别2 危害水生环境-长期危害,类别2	H401 H411	GHS09	警告	预防措施:P273 事故响应:P391 安全储存: 废弃处置:P501		
2595	N-乙基苯胺		103-69-5	2272	急性毒性-经口,类别3* 急性毒性-经皮,类别3* 急性毒性-吸入,类别3* 特异性靶器官毒性-反复接触,类别2* 危害水生环境-急性危害,类别2 危害水生环境-长期危害,类别2	H301 H311 H331 H373 H401 H411	GHS06 GHS08 GHS09	危险	预防措施:P264、P270、P280、P261、P271、P260、P273 事故响应:P301+P310、P321、P330、P302+P352、P312、P361+P364、P304+P340、P311、P314、P391 安全储存:P405、P233+P403 废弃处置:P501	吞咽会中毒,皮肤接触会中毒,吸入会中毒	
2596	乙基苯基二氯硅烷		1125-27-5	2435	皮肤腐蚀/刺激,类别1 严重眼损伤/眼刺激,类别1	H314 H318	GHS05	危险	预防措施:P260、P264、P280 事故响应:P301+P330+P331、P303+P361+P353、P304+P340、P305+P351+P338、P310、P321、P363 安全储存:P405 废弃处置:P501	可引起皮肤腐蚀	
2597	2-乙基吡啶		100-71-0		易燃液体,类别3	H226	GHS02	警告	预防措施:P210、P233、P240、P241、P242、P243、P280 事故响应:P303+P361+P353、P370+P378 安全储存:P403+P235 废弃处置:P501	易燃液体	
2598	3-乙基吡啶		536-78-7		易燃液体,类别3	H226	GHS02	警告	预防措施:P210、P233、P240、P241、P242、P243、P280 事故响应:P303+P361+P353、P370+P378 安全储存:P403+P235 废弃处置:P501	易燃液体	

续表

序号	品名	别名	CAS号	UN号	危险性类别	危险性说明代码	象形图代码	警示词	防范说明代码	风险提示	备注
2599	4-乙基吡啶		536-75-4		易燃液体,类别 3	H226	GHS02	警告	预防措施：P210、P233、P240、P241、P242、P243、P280 事故响应：P303+P361+P353、P370+P378 安全储存：P403+P235 废弃处置：P501	易燃液体	
2600	乙基丙基醚	乙丙醚	628-32-0	2615	易燃液体,类别 2	H225	GHS02	危险	预防措施：P210、P233、P240、P241、P242、P243、P280 事故响应：P303+P361+P353、P370+P378 安全储存：P403+P235 废弃处置：P501	高度易燃液体	
2601	1-乙基丁醇	3-己醇	623-37-0		易燃液体,类别 3	H226	GHS02	警告	预防措施：P210、P233、P240、P241、P242、P243、P280 事故响应：P303+P361+P353、P370+P378 安全储存：P403+P235 废弃处置：P501	易燃液体	
2602	2-乙基丁醛	二乙基乙醛	97-96-1	1178	易燃液体,类别 2	H225	GHS02	危险	预防措施：P210、P233、P240、P241、P242、P243、P280 事故响应：P303+P361+P353、P370+P378 安全储存：P403+P235 废弃处置：P501	高度易燃液体	
2603	*N*-乙基对甲苯胺	乙氨基对甲苯	622-57-1	2754	危害水生环境-长期危害,类别 3	H412			预防措施：P273 事故响应： 安全储存： 废弃处置：P501		
2604	乙基二氯硅烷		1789-58-8	1183	易燃液体,类别 2 遇水放出易燃气体的物质和混合物,类别 1 急性毒性-经口,类别 3 皮肤腐蚀/刺激,类别 1 严重眼损伤/眼刺激,类别 1 特异性靶器官毒性-一次接触,类别 2	H225 H260 H301 H314 H318 H371	GHS02 GHS05 GHS06 GHS08	危险	预防措施：P210、P233、P240、P241、P242、P243、P280、P223、P231+P232、P264、P270、P260 事故响应：P303+P361+P353、P370+P378、P335+P334、P301+P310、P321、P301+P330+P331、P304+P340、P305+P351+P338、P363、P308+P311 安全储存：P403+P235、P402+P404、P405 废弃处置：P501	高度易燃液体,遇水放出可自燃的易燃气体,吞咽会中毒,可引起皮肤腐蚀	

续表

序号	品名	别名	CAS号	UN号	危险性类别	危险性说明代码	象形图代码	警示词	防范说明代码	风险提示	备注
2605	乙基二氯胂	二氯化乙基胂	598-14-1	1892	急性毒性-经口,类别3* 急性毒性-吸入,类别3* 危害水生环境-急性危害,类别1 危害水生环境-长期危害,类别1	H301 H331 H400 H410	GHS06 GHS09	危险	预防措施:P264、P270、P261、P271、P273 事故响应:P301+P310、P321、P330、P304+P340、P311、P391 安全储存:P405、P233+P403 废弃处置:P501	吞咽会中毒,吸入会中毒	
2606	乙基环己烷		1678-91-7		易燃液体,类别2 吸入危害,类别1 危害水生环境-急性危害,类别1 危害水生环境-长期危害,类别1	H225 H304 H400 H410	GHS02 GHS08 GHS09	危险	预防措施:P210、P233、P240、P241、P242、P243、P280、P273 事故响应:P303+P361+P353、P370+P378、P301+P310、P331、P391 安全储存:P403+P235、P405 废弃处置:P501	高度易燃液体,禁止催吐	
2607	乙基环戊烷		1640-89-7		易燃液体,类别2	H225	GHS02	危险	预防措施:P210、P233、P240、P241、P242、P243、P280 事故响应:P303+P361+P353、P370+P378 安全储存:P403+P235 废弃处置:P501	高度易燃液体	
2608	2-乙基己胺	3-(氨基甲基)庚烷	104-75-6	2276	易燃液体,类别3 急性毒性-经皮,类别3 急性毒性-吸入,类别3 皮肤腐蚀/刺激,类别1 严重眼损伤/眼刺激,类别1	H226 H311 H331 H314 H318	GHS02 GHS05 GHS06	危险	预防措施:P210、P233、P240、P241、P242、P243、P280、P261、P271、P260、P264 事故响应:P303+P361+P353、P370+P378、P302+P352、P312、P321、P361+P364、P304+P340、P311、P301+P330+P331、P305+P351+P338、P310、P363 安全储存:P403+P235、P405、P233+P403 废弃处置:P501	易燃液体,皮肤接触会中毒,吸入会中毒,可引起皮肤腐蚀	
2609	乙基己醛		123-05-7	1191	易燃液体,类别3 皮肤致敏物,类别1 生殖毒性,类别2 危害水生环境-急性危害,类别2	H226 H317 H361 H401	GHS02 GHS07 GHS08	警告	预防措施:P210、P233、P240、P241、P242、P243、P280、P261、P272、P201、P202、P273 事故响应:P303+P361+P353、P370+P378、P302+P352、P321、P333+P313、P362+P364、P308+P313 安全储存:P403+P235、P405 废弃处置:P501	易燃液体,可能引起皮肤过敏	

续表

序号	品名	别名	CAS号	UN号	危险性类别	危险性说明代码	象形图代码	警示词	防范说明代码	风险提示	备注
2610	3-乙基己烷		619-99-8		易燃液体,类别 2 皮肤腐蚀/刺激,类别 2 特异性靶器官毒性-一次接触,类别 3(麻醉效应) 吸入危害,类别 1 危害水生环境-急性危害,类别 1 危害水生环境-长期危害,类别 1	H225 H315 H336 H304 H400 H410	GHS02 GHS07 GHS08 GHS09	危险	预防措施：P210、P233、P240、P241、P242、P243、P280、P264、P261、P271、P273 事故响应：P303＋P361＋P353、P370＋P378、P302＋P352、P321、P332＋P313、P362＋P364、P304＋P340、P312、P301＋P310、P331、P391 安全储存：P403＋P235、P403＋P233、P405 废弃处置：P501	高度易燃液体，禁止催吐	
2611	*N*-乙基间甲苯胺	乙氨基间甲苯	102-27-2	2754	危害水生环境-长期危害,类别 3	H412			预防措施：P273 事故响应： 安全储存： 废弃处置：P501		
2612	乙基硫酸	酸式硫酸乙酯	540-82-9	2571	皮肤腐蚀/刺激,类别 1 严重眼损伤/眼刺激,类别 1	H314 H318	GHS05	危险	预防措施：P260、P264、P280 事故响应：P301＋P330＋P331、P303＋P361＋P353、P304＋P340、P305＋P351＋P338、P310、P321、P363 安全储存：P405 废弃处置：P501	可引起皮肤腐蚀	
2613	*N*-乙基吗啉	*N*-乙基四氢-1,4-噁嗪	100-74-3		易燃液体,类别 3 严重眼损伤/眼刺激,类别 2B 生殖毒性,类别 2 特异性靶器官毒性-一次接触,类别 3(呼吸道刺激) 特异性靶器官毒性-反复接触,类别 2	H226 H320 H361 H335 H373	GHS02 GHS07 GHS08	警告	预防措施：P210、P233、P240、P241、P242、P243、P280、P264、P201、P202、P261、P271、P260 事故响应：P303＋P361＋P353、P370＋P378、P305＋P351＋P338、P337＋P313、P308＋P313、P304＋P340、P312、P314 安全储存：P403＋P235、P405、P403＋P233 废弃处置：P501	易燃液体	
2614	*N*-乙基哌啶	*N*-乙基六氢吡啶;1-乙基哌啶	766-09-6	2386	易燃液体,类别 2 皮肤腐蚀/刺激,类别 1 严重眼损伤/眼刺激,类别 1	H225 H314 H318	GHS02 GHS05	危险	预防措施：P210、P233、P240、P241、P242、P243、P280、P260、P264 事故响应：P303＋P361＋P353、P370＋P378、P301＋P330＋P331、P304＋P340、P305＋P351＋P338、P310、P321、P363 安全储存：P403＋P235、P405 废弃处置：P501	高度易燃液体，可引起皮肤腐蚀	

续表

序号	品名	别名	CAS号	UN号	危险性类别	危险性说明代码	象形图代码	警示词	防范说明代码	风险提示	备注
2615	*N*-乙基全氟辛基磺酰胺		4151-50-2		生殖毒性,类别1B 生殖毒性,附加类别 特异性靶器官毒性-反复接触,类别1 危害水生环境-急性危害,类别2 危害水生环境-长期危害,类别2	H360 H362 H372 H401 H411	GHS08 GHS09	危险	预防措施：P201、P202、P280、P260、P263、P264、P270、P273 事故响应:P308+P313、P314、P391 安全储存:P405 废弃处置:P501		
2616	乙基三氯硅烷	三氯乙基硅烷	115-21-9	1196	易燃液体,类别2 皮肤腐蚀/刺激,类别1 严重眼损伤/眼刺激,类别1	H225 H314 H318	GHS02 GHS05	危险	预防措施：P210、P233、P240、P241、P242、P243、P280、P260、P264 事故响应:P303+P361+P353、P370+P378、P301+P330+P331、P304+P340、P305+P351+P338、P310、P321、P363 安全储存:P403+P235、P405 废弃处置:P501	高度易燃液体,可引起皮肤腐蚀	
2617	乙基三乙氧基硅烷	三乙氧基乙基硅烷	78-07-9		易燃液体,类别3	H226	GHS02	警告	预防措施：P210、P233、P240、P241、P242、P243、P280 事故响应:P303+P361+P353、P370+P378 安全储存:P403+P235 废弃处置:P501	易燃液体	
2618	3-乙基戊烷		617-78-7		易燃液体,类别2 皮肤腐蚀/刺激,类别2 特异性靶器官毒性-一次接触,类别3(麻醉效应) 吸入危害,类别1 危害水生环境-急性危害,类别1 危害水生环境-长期危害,类别1	H225 H315 H336 H304 H400 H410	GHS02 GHS07 GHS08 GHS09	危险	预防措施：P210、P233、P240、P241、P242、P243、P280、P264、P261、P271、P273 事故响应:P303+P361+P353、P370+P378、P302+P352、P321、P332+P313、P362+P364、P304+P340、P312、P301+P310、P331、P391 安全储存:P403+P235、P403+P233、P405 废弃处置:P501	高度易燃液体,禁止催吐	
2619	乙基烯丙基醚	烯丙基乙基醚	557-31-3	2335	易燃液体,类别2 急性毒性-经口,类别3* 急性毒性-经皮,类别3* 急性毒性-吸入,类别3* 特异性靶器官毒性-一次接触,类别3(麻醉效应)	H225 H301 H311 H331 H336	GHS02 GHS06	危险	预防措施：P210、P233、P240、P241、P242、P243、P280、P264、P270、P261、P271 事故响应:P303+P361+P353、P370+P378、P301+P310、P321、P330、P302+P352、P312、P361+P364、P304+P340、P311 安全储存:P403+P235、P405、P233+P403、P403+P233 废弃处置:P501	高度易燃液体,吞咽会中毒,皮肤接触会中毒,吸入会中毒	

续表

序号	品名	别名	CAS号	UN号	危险性类别	危险性说明代码	象形图代码	警示词	防范说明代码	风险提示	备注
2620	S-乙基亚磺酰甲基-O，O-二异丙基二硫代磷酸酯	丰丙磷	5827-05-4		急性毒性-经口，类别3* 急性毒性-经皮，类别1 危害水生环境-急性危害，类别1 危害水生环境-长期危害，类别1	H301 H310 H400 H410	GHS06 GHS09	危险	预防措施：P264、P270、P262、P280、P273 事故响应：P301＋P310、P321、P330、P302＋P352、P361＋P364、P391 安全储存：P405 废弃处置：P501	吞咽会中毒，皮肤接触会致命	
2621	乙基正丁基醚	乙氧基丁烷；乙丁醚	628-81-9	1179	易燃液体，类别2	H225	GHS02	危险	预防措施：P210、P233、P240、P241、P242、P243、P280 事故响应：P303＋P361＋P353、P370＋P378 安全储存：P403＋P235 废弃处置：P501	高度易燃液体	
2622	乙腈	甲基氰	75-05-8	1648	易燃液体，类别2 严重眼损伤/眼刺激，类别2	H225 H319	GHS02 GHS07	危险	预防措施：P210、P233、P240、P241、P242、P243、P280、P264 事故响应：P303＋P361＋P353、P370＋P378、P305＋P351＋P338、P337＋P313 安全储存：P403＋P235 废弃处置：P501	高度易燃液体	
2623	乙硫醇	氢硫基乙烷；巯基乙烷	75-08-1	2363	易燃液体，类别2 危害水生环境-急性危害，类别1 危害水生环境-长期危害，类别1	H225 H400 H410	GHS02 GHS09	危险	预防措施：P210、P233、P240、P241、P242、P243、P280、P273 事故响应：P303＋P361＋P353、P370＋P378、P391 安全储存：P403＋P235 废弃处置：P501	高度易燃液体	
2624	2-乙硫基苄基N-甲基氨基甲酸酯	乙硫苯威	29973-13-5		急性毒性-经口，类别3 危害水生环境-急性危害，类别1 危害水生环境-长期危害，类别1	H301 H400 H410	GHS06 GHS09	危险	预防措施：P264、P270、P273 事故响应：P301＋P310、P321、P330、P391 安全储存：P405 废弃处置：P501	吞咽会中毒	
2625	乙醚	二乙基醚	60-29-7	1155	易燃液体，类别1 特异性靶器官毒性-一次接触，类别3（麻醉效应）	H224 H336	GHS02 GHS07	危险	预防措施：P210、P233、P240、P241、P242、P243、P280、P261、P271 事故响应：P303＋P361＋P353、P370＋P378、P304＋P340、P312 安全储存：P403＋P235、P403＋P233、P405 废弃处置：P501	极易燃液体	重点，制毒，重大

续表

序号	品名	别名	CAS号	UN号	危险性类别	危险性说明代码	象形图代码	警示词	防范说明代码	风险提示	备注
2626	乙硼烷	二硼烷	19287-45-7	1911	易燃气体,类别1 加压气体 急性毒性-吸入,类别1 皮肤腐蚀/刺激,类别1 严重眼损伤/眼刺激,类别1 特异性靶器官毒性-一次接触,类别1 特异性靶器官毒性-反复接触,类别1	H220 H280或 H281 H330 H314 H318 H370 H372	GHS02 GHS04 GHS05 GHS06 GHS08	危险	预防措施:P210、P260、P271、P284、P264、P280、P270 事故响应:P377、P381、P304+P340、P310、P320、P301+P330+P331、P303+P361+P353、P305+P351+P338、P321、P363、P308+P311、P314 安全储存:P410+P403、P233+P403、P405 废弃处置:P501	极易燃气体,内装加压气体:遇热可能爆炸,吸入致命,可引起皮肤腐蚀	剧毒
2627	乙醛		75-07-0	1089	易燃液体,类别1 严重眼损伤/眼刺激,类别2 致癌性,类别2 特异性靶器官毒性-一次接触,类别3(呼吸道刺激)	H224 H319 H351 H335	GHS02 GHS07 GHS08	危险	预防措施:P210、P233、P240、P241、P242、P243、P280、P264、P201、P202、P261、P271 事故响应:P303+P361+P353、P370+P378、P305+P351+P338、P337+P313、P308+P313、P304+P340、P312 安全储存:P403+P235、P405、P403+P233 废弃处置:P501	极易燃液体	重点
2628	乙醛肟	亚乙基羟胺;亚乙基胺	107-29-9	2332	易燃液体,类别3 急性毒性-经皮,类别3 急性毒性-吸入,类别3	H226 H311 H331	GHS02 GHS06	危险	预防措施:P210、P233、P240、P241、P242、P243、P280、P261、P271 事故响应:P303+P361+P353、P370+P378、P302+P352、P312、P321、P361+P364、P304+P340、P311 安全储存:P403+P235、P405、P233+P403 废弃处置:P501	易燃液体,皮肤接触会中毒,吸入会中毒	
2629	乙炔	电石气	74-86-2	1001(溶解乙炔) 3374(无溶剂)	易燃气体,类别1 化学不稳定性气体,类别A 加压气体	H220 H230 H280或 H281	GHS02 GHS04	危险	预防措施:P210、P202 事故响应:P377、P381 安全储存:P410+P403 废弃处置:	极易燃气体(不稳定),内装加压气体:遇热可能爆炸	重点,重大

续表

序号	品名	别名	CAS号	UN号	危险性类别	危险性说明代码	象形图代码	警示词	防范说明代码	风险提示	备注
2630	乙酸[含量>80%]	醋酸	64-19-7	2789	易燃液体,类别3 皮肤腐蚀/刺激,类别1A 严重眼损伤/眼刺激,类别1	H226 H314 H318	GHS02 GHS05	危险	预防措施：P210、P233、P240、P241、P242、P243、P280、P260、P264 事故响应：P303＋P361＋P353、P370＋P378、P301＋P330＋P331、P304＋P340、P305＋P351＋P338、P310、P321、P363 安全储存：P403＋P235、P405 废弃处置：P501	易燃液体，可引起皮肤腐蚀	
	乙酸溶液[10%<含量≤80%]	醋酸溶液		2790	(1)乙酸溶液(10%<含量≤25%)： 皮肤腐蚀/刺激,类别2 严重眼损伤/眼刺激,类别2 (2)乙酸溶液(25%<含量≤80%)： 皮肤腐蚀/刺激,类别1 严重眼损伤/眼刺激,类别1	(1)H315 H319 (2)H314 H318	(1) GHS07 (2) GHS05	(1)警告 (2)危险	预防措施：P264、P280、P260 事故响应：P302＋P352、P321、P332＋P313、P362＋P364、P305＋P351＋P338、P337＋P313、P301＋P330＋P331、P303＋P361＋P353、P304＋P340、P310、P363 安全储存：P405 废弃处置：P501	(1)(2)可引起皮肤腐蚀	
2631	乙酸钡	醋酸钡	543-80-6		特异性靶器官毒性-一次接触,类别1	H370	GHS08	危险	预防措施：P260、P264、P270 事故响应：P308＋P311、P321 安全储存：P405 废弃处置：P501		
2632	乙酸苯胺	醋酸苯胺	542-14-3		急性毒性-经口,类别3* 急性毒性-经皮,类别3* 急性毒性-吸入,类别3* 严重眼损伤/眼刺激,类别1 皮肤致敏物,类别1 生殖细胞致突变性,类别2 特异性靶器官毒性-反复接触,类别1 危害水生环境-急性危害,类别1	H301 H311 H331 H318 H317 H341 H372 H400	GHS05 GHS06 GHS08 GHS09	危险	预防措施：P264、P270、P280、P261、P271、P272、P201、P202、P260、P273 事故响应：P301＋P310、P321、P330、P302＋P352、P312、P361＋P364、P304＋P340、P311、P305＋P351＋P338、P333＋P313、P362＋P364、P308＋P313、P314、P391 安全储存：P405、P233＋P403 废弃处置：P501	吞咽会中毒，皮肤接触会中毒，吸入会中毒，造成严重眼损伤，可能引起皮肤过敏	
2633	乙酸苯汞		62-38-4	1674	急性毒性-经口,类别3* 皮肤腐蚀/刺激,类别1B 严重眼损伤/眼刺激,类别1 特异性靶器官毒性-反复接触,类别1 危害水生环境-急性危害,类别1 危害水生环境-长期危害,类别1	H301 H314 H318 H372 H400 H410	GHS05 GHS06 GHS08 GHS09	危险	预防措施：P264、P270、P260、P280、P273 事故响应：P301＋P310、P321、P301＋P330＋P331、P303＋P361＋P353、P304＋P340、P305＋P351＋P338、P363、P314、P391 安全储存：P405 废弃处置：P501	吞咽会中毒，可引起皮肤腐蚀	

续表

序号	品名	别名	CAS号	UN号	危险性类别	危险性说明代码	象形图代码	警示词	防范说明代码	风险提示	备注
2634	乙酸酐	醋酸酐	108-24-7	1715	易燃液体,类别 3 皮肤腐蚀/刺激,类别 1B 严重眼损伤/眼刺激,类别 1 特异性靶器官毒性-一次接触,类别 3(呼吸道刺激)	H226 H314 H318 H335	GHS02 GHS05 GHS07	危险	预防措施：P210、P233、P240、P241、P242、P243、P280、P260、P264、P261、P271 事故响应:P303＋P361＋P353、P370＋P378、P301＋P330＋P331、P304＋P340、P305＋P351＋P338、P310、P321、P363、P312 安全储存:P403＋P235、P405、P403＋P233 废弃处置:P501	易燃液体,可引起皮肤腐蚀	制毒
2635	乙酸汞	乙酸高汞；醋酸汞	1600-27-7		急性毒性-经口,类别 2 急性毒性-经皮,类别 3 皮肤腐蚀/刺激,类别 1 严重眼损伤/眼刺激,类别 1 皮肤致敏物,类别 1 生殖细胞致突变性,类别 2 生殖毒性,类别 2 特异性靶器官毒性-一次接触,类别 2 特异性靶器官毒性-反复接触,类别 1 危害水生环境-急性危害,类别 1 危害水生环境-长期危害,类别 1	H300 H311 H314 H318 H317 H341 H361 H371 H372 H400 H410	GHS05 GHS06 GHS08 GHS09	危险	预防措施：P264、P270、P280、P260、P261、P272、P201、P202、P273 事故响应:P301＋P310、P321、P302＋P352、P312、P361＋P364、P301＋P330＋P331、P303＋P361＋P353、P304＋P340、P305＋P351＋P338、P363、P333＋P313、P362＋P364、P308＋P313、P308＋P311、P314、P391 安全储存:P405 废弃处置:P501	吞咽致命,皮肤接触会中毒,可引起皮肤腐蚀,可能引起皮肤过敏	剧毒
2636	乙酸环己酯	醋酸环己酯	622-45-7	2243	易燃液体,类别 3 严重眼损伤/眼刺激,类别 2B 特异性靶器官毒性-一次接触,类别 2 特异性靶器官毒性-一次接触,类别 3(呼吸道刺激)	H226 H320 H371 H335	GHS02 GHS07 GHS08	警告	预防措施：P210、P233、P240、P241、P242、P243、P280、P264、P260、P270、P261、P271 事故响应:P303＋P361＋P353、P370＋P378、P305＋P351＋P338、P337＋P313、P308＋P311、P304＋P340、P312 安全储存:P403＋P235、P405、P403＋P233 废弃处置:P501	易燃液体	
2637	乙酸甲氧基乙基汞	醋酸甲氧基乙基汞	151-38-2		急性毒性-经口,类别 2* 急性毒性-经皮,类别 1 急性毒性-吸入,类别 2* 特异性靶器官毒性-反复接触,类别 2* 危害水生环境-急性危害,类别 1 危害水生环境-长期危害,类别 1	H300 H310 H330 H373 H400 H410	GHS06 GHS08 GHS09	危险	预防措施：P264、P270、P262、P280、P260、P271、P284、P273 事故响应:P301＋P310、P321、P330、P302＋P352、P361＋P364、P304＋P340、P320、P314、P391 安全储存:P405、P233＋P403 废弃处置:P501	吞咽致命,皮肤接触会致命,吸入致命	剧毒

续表

序号	品名	别名	CAS号	UN号	危险性类别	危险性说明代码	象形图代码	警示词	防范说明代码	风险提示	备注
2638	乙酸甲酯	醋酸甲酯	79-20-9	1231	易燃液体,类别 2 严重眼损伤/眼刺激,类别 2 特异性靶器官毒性-一次接触,类别 3(麻醉效应)	H225 H319 H336	GHS02 GHS07	危险	预防措施：P210、P233、P240、P241、P242、P243、P280、P264、P261、P271 事故响应：P303＋P361＋P353、P370＋P378、P305＋P351＋P338、P337＋P313、P304＋P340、P312 安全储存：P403＋P235、P403＋P233、P405 废弃处置：P501	高度易燃液体	
2639	乙酸间甲酚酯	醋酸间甲酚酯	122-46-3		皮肤腐蚀/刺激,类别 2 严重眼损伤/眼刺激,类别 2A	H315 H319	GHS07	警告	预防措施：P264、P280 事故响应：P302＋P352、P321、P332＋P313、P362＋P364、P305＋P351＋P338、P337＋P313 安全储存： 废弃处置：		
2640	乙酸铍	醋酸铍	543-81-7		急性毒性-经口,类别 3＊ 急性毒性-吸入,类别 2＊ 皮肤腐蚀/刺激,类别 2 严重眼损伤/眼刺激,类别 2 皮肤致敏物,类别 1 致癌性,类别 1A 特异性靶器官毒性-一次接触,类别 3(呼吸道刺激) 特异性靶器官毒性-反复接触,类别 1 危害水生环境-急性危害,类别 2 危害水生环境-长期危害,类别 2	H301 H330 H315 H319 H317 H350 H335 H372 H401 H411	GHS06 GHS08 GHS09	危险	预防措施：P264、P270、P260、P271、P284、P280、P261、P272、P201、P202、P273 事故响应：P301＋P310、P321、P330、P304＋P340、P320、P302＋P352、P332＋P313、P362＋P364、P305＋P351＋P338、P337＋P313、P333＋P313、P308＋P313、P312、P314、P391 安全储存：P405、P233＋P403、P403＋P233 废弃处置：P501	吞咽会中毒，吸入致命，可能引起皮肤过敏，可能致癌	
2641	乙酸铅	醋酸铅	301-04-2	1616	生殖毒性,类别 1A 特异性靶器官毒性-反复接触,类别 2＊ 危害水生环境-急性危害,类别 1 危害水生环境-长期危害,类别 1	H360 H373 H400 H410	GHS08 GHS09	危险	预防措施：P201、P202、P280、P260、P273 事故响应：P308＋P313、P314、P391 安全储存：P405 废弃处置：P501		
2642	乙酸三甲基锡	醋酸三甲基锡	1118-14-5		急性毒性-经口,类别 2 急性毒性-经皮,类别 1 急性毒性-吸入,类别 2＊ 危害水生环境-急性危害,类别 1 危害水生环境-长期危害,类别 1	H300 H310 H330 H400 H410	GHS06 GHS09	危险	预防措施：P264、P270、P262、P280、P260、P271、P284、P273 事故响应：P301＋P310、P321、P330、P302＋P352、P361＋P364、P304＋P340、P320、P391 安全储存：P405、P233＋P403 废弃处置：P501	吞咽致命，皮肤接触会致命，吸入致命	剧毒

续表

序号	品名	别名	CAS 号	UN 号	危险性类别	危险性说明代码	象形图代码	警示词	防范说明代码	风险提示	备注
2643	乙酸三乙基锡	三乙基乙酸锡	1907-13-7		急性毒性-经口,类别 1 急性毒性-经皮,类别 1 急性毒性-吸入,类别 2 * 危害水生环境-急性危害,类别 1 危害水生环境-长期危害,类别 1	H300 H310 H330 H400 H410	GHS06 GHS09	危险	预防措施：P264、P270、P262、P280、P260、P271、P284、P273 事故响应:P301＋P310、P321、P330、P302＋P352、P361＋P364、P304＋P340、P320、P391 安全储存:P405、P233＋P403 废弃处置:P501	吞咽致命,皮肤接触会致命,吸入致命	剧毒
2644	乙酸叔丁酯	醋酸叔丁酯	540-88-5	1123	易燃液体,类别 2	H225	GHS02	危险	预防措施：P210、P233、P240、P241、P242、P243、P280 事故响应:P303＋P361＋P353、P370＋P378 安全储存:P403＋P235 废弃处置:P501	高度易燃液体	
2645	乙酸烯丙酯	醋酸烯丙酯	591-87-7	2333	易燃液体,类别 2 急性毒性-经口,类别 3 急性毒性-吸入,类别 2 皮肤腐蚀/刺激,类别 2 严重眼损伤/眼刺激,类别 2A 特异性靶器官毒性-反复接触,类别 2	H225 H301 H330 H315 H319 H373	GHS02 GHS06 GHS08	危险	预防措施：P210、P233、P240、P241、P242、P243、P280、P264、P270、P260、P271、P284 事故响应:P303＋P361＋P353、P370＋P378、P301＋P310、P321、P330、P304＋P340、P320、P302＋P352、P332＋P313、P362＋P364、P305＋P351＋P338、P337＋P313、P314 安全储存:P403＋P235、P405、P233＋P403 废弃处置:P501	高度易燃液体,吞咽会中毒,吸入致命	
2646	乙酸亚汞		631-60-7		急性毒性-经口,类别 3 急性毒性-经皮,类别 3 皮肤致敏物,类别 1 生殖细胞致突变性,类别 2 生殖毒性,类别 2 特异性靶器官毒性-一次接触,类别 1 特异性靶器官毒性-反复接触,类别 1 危害水生环境-急性危害,类别 1 危害水生环境-长期危害,类别 1	H301 H311 H317 H341 H361 H370 H372 H400 H410	GHS06 GHS08 GHS09	危险	预防措施：P264、P270、P280、P261、P272、P201、P202、P260、P273 事故响应:P301＋P310、P321、P330、P302＋P352、P312、P361＋P364、P333＋P313、P362＋P364、P308＋P313、P308＋P311、P314、P391 安全储存:P405 废弃处置:P501	吞咽会中毒,皮肤接触会中毒,可能引起皮肤过敏	

续表

序号	品名	别名	CAS号	UN号	危险性类别	危险性说明代码	象形图代码	警示词	防范说明代码	风险提示	备注
2647	乙酸亚铊	乙酸铊;醋酸铊	563-68-8		急性毒性-经口,类别 2 生殖毒性,类别 2 特异性靶器官毒性-一次接触,类别 1 特异性靶器官毒性-反复接触,类别 1 危害水生环境-急性危害,类别 2 危害水生环境-长期危害,类别 2	H300 H361 H370 H372 H401 H411	GHS06 GHS08 GHS09	危险	预防措施:P264、P270、P201、P202、P280、P260、P273 事故响应:P301+P310、P321、P330、P308+P313、P308+P311、P314、P391 安全储存:P405 废弃处置:P501	吞咽致命	
2648	乙酸乙二醇乙醚	乙酸乙基溶纤剂;乙二醇乙醚乙酸酯;2-乙氧基乙酸乙酯	111-15-9	1172	易燃液体,类别 3 生殖毒性,类别 1B	H226 H360	GHS02 GHS08	危险	预防措施:P210、P233、P240、P241、P242、P243、P280、P201、P202 事故响应:P303+P361+P353、P370+P378、P308+P313 安全储存:P403+P235、P405 废弃处置:P501	易燃液体	
2649	乙酸乙基丁酯	醋酸乙基丁酯;乙基丁基乙酸酯	10031-87-5	1177	易燃液体,类别 3	H226	GHS02	警告	预防措施:P210、P233、P240、P241、P242、P243、P280 事故响应:P303+P361+P353、P370+P378 安全储存:P403+P235 废弃处置:P501	易燃液体	
2650	乙酸乙烯酯[稳定的]	乙烯基乙酸酯;醋酸乙烯酯	108-05-4	1301	易燃液体,类别 2 致癌性,类别 2 特异性靶器官毒性-一次接触,类别 3(呼吸道刺激) 危害水生环境-长期危害,类别 3	H225 H351 H335 H412	GHS02 GHS07 GHS08	危险	预防措施:P210、P233、P240、P241、P242、P243、P280、P201、P202、P261、P271、P273 事故响应:P303+P361+P353、P370+P378、P308+P313、P304+P340、P312 安全储存:P403+P235、P405、P403+P233 废弃处置:P501	高度易燃液体	重点
2651	乙酸乙酯	醋酸乙酯	141-78-6	1173	易燃液体,类别 2 严重眼损伤/眼刺激,类别 2 特异性靶器官毒性-一次接触,类别 3(麻醉效应)	H225 H319 H336	GHS02 GHS07	危险	预防措施:P210、P233、P240、P241、P242、P243、P280、P264、P261、P271 事故响应:P303+P361+P353、P370+P378、P305+P351+P338、P337+P313、P304+P340、P312 安全储存:P403+P235、P403+P233、P405 废弃处置:P501	高度易燃液体	重点,重大

续表

序号	品名	别名	CAS号	UN号	危险性类别	危险性说明代码	象形图代码	警示词	防范说明代码	风险提示	备注
2652	乙酸异丙烯酯	醋酸异丙烯酯	108-22-5	2403	易燃液体,类别 2 严重眼损伤/眼刺激,类别 2A 特异性靶器官毒性—一次接触,类别 3(麻醉效应)	H225 H319 H336	GHS02 GHS07	危险	预防措施：P210、P233、P240、P241、P242、P243、P280、P264、P261、P271 事故响应：P303＋P361＋P353、P370＋P378、P305＋P351＋P338、P337＋P313、P304＋P340、P312 安全储存：P403＋P235、P403＋P233、P405 废弃处置：P501	高度易燃液体	
2653	乙酸异丙酯	醋酸异丙酯	108-21-4	1220	易燃液体,类别 2 严重眼损伤/眼刺激,类别 2 特异性靶器官毒性—一次接触,类别 3(麻醉效应)	H225 H319 H336	GHS02 GHS07	危险	预防措施：P210、P233、P240、P241、P242、P243、P280、P264、P261、P271 事故响应：P303＋P361＋P353、P370＋P378、P305＋P351＋P338、P337＋P313、P304＋P340、P312 安全储存：P403＋P235、P403＋P233、P405 废弃处置：P501	高度易燃液体	
2654	乙酸异丁酯	醋酸异丁酯	110-19-0	1213	易燃液体,类别 2	H225	GHS02	危险	预防措施：P210、P233、P240、P241、P242、P243、P280 事故响应：P303＋P361＋P353、P370＋P378 安全储存：P403＋P235 废弃处置：P501	高度易燃液体	
2655	乙酸异戊酯	醋酸异戊酯	123-92-2	1104	易燃液体,类别 3	H226	GHS02	警告	预防措施：P210、P233、P240、P241、P242、P243、P280 事故响应：P303＋P361＋P353、P370＋P378 安全储存：P403＋P235 废弃处置：P501	易燃液体	
2656	乙酸正丙酯	醋酸正丙酯	109-60-4	1276	易燃液体,类别 2 严重眼损伤/眼刺激,类别 2 特异性靶器官毒性—一次接触,类别 3(麻醉效应)	H225 H319 H336	GHS02 GHS07	危险	预防措施：P210、P233、P240、P241、P242、P243、P280、P264、P261、P271 事故响应：P303＋P361＋P353、P370＋P378、P305＋P351＋P338、P337＋P313、P304＋P340、P312 安全储存：P403＋P235、P403＋P233、P405 废弃处置：P501	高度易燃液体	

续表

序号	品名	别名	CAS号	UN号	危险性类别	危险性说明代码	象形图代码	警示词	防范说明代码	风险提示	备注
2657	乙酸正丁酯	醋酸正丁酯	123-86-4	1123	易燃液体,类别3 特异性靶器官毒性-一次接触,类别3(麻醉效应)	H226 H336	GHS02 GHS07	警告	预防措施：P210、P233、P240、P241、P242、P243、P280、P261、P271 事故响应：P303＋P361＋P353、P370＋P378、P304＋P340、P312 安全储存：P403＋P235、P403＋P233、P405 废弃处置：P501	易燃液体	
2658	乙酸正己酯	醋酸正己酯	142-92-7		易燃液体,类别3 皮肤腐蚀/刺激,类别2 严重眼损伤/眼刺激,类别2B 特异性靶器官毒性-一次接触,类别3(呼吸道刺激)	H226 H315 H320 H335	GHS02 GHS07	警告	预防措施：P210、P233、P240、P241、P242、P243、P280、P264、P261、P271 事故响应：P303＋P361＋P353、P370＋P378、P302＋P352、P321、P332＋P313、P362＋P364、P305＋P351＋P338、P337＋P313、P304＋P340、P312 安全储存：P403＋P235、P403＋P233、P405 废弃处置：P501	易燃液体	
2659	乙酸正戊酯	醋酸正戊酯	628-63-7	1104	易燃液体,类别3	H226	GHS02	警告	预防措施：P210、P233、P240、P241、P242、P243、P280 事故响应：P303＋P361＋P353、P370＋P378 安全储存：P403＋P235 废弃处置：P501	易燃液体	
2660	乙酸仲丁酯	醋酸仲丁酯	105-46-4	1123	易燃液体,类别2	H225	GHS02	危险	预防措施：P210、P233、P240、P241、P242、P243、P280 事故响应：P303＋P361＋P353、P370＋P378 安全储存：P403＋P235 废弃处置：P501	高度易燃液体	
2661	乙烷		74-84-0	1035	易燃气体,类别1 加压气体	H220 H280或 H281	GHS02 GHS04	危险	预防措施：P210 事故响应：P377、P381 安全储存：P410＋P403 废弃处置：	极易燃气体，内装加压气体：遇热可能爆炸	重点
2662	乙烯		74-85-1	1962	易燃气体,类别1 加压气体 特异性靶器官毒性-一次接触,类别3(麻醉效应)	H220 H280或 H281 H336	GHS02 GHS04 GHS07	危险	预防措施：P210、P261、P271 事故响应：P377、P381、P304＋P340、P312 安全储存：P410＋P403、P403＋P233、P405 废弃处置：P501	极易燃气体，内装加压气体：遇热可能爆炸	重点，重大

续表

序号	品名	别名	CAS号	UN号	危险性类别	危险性说明代码	象形图代码	警示词	防范说明代码	风险提示	备注
2663	乙烯（2-氯乙基)醚	(2-氯乙基)乙烯醚	110-75-8		易燃液体,类别 2 急性毒性-经口,类别 3 严重眼损伤/眼刺激,类别 2B	H225 H301 H320	GHS02 GHS06	危险	预防措施：P210、P233、P240、P241、P242、P243、P280、P264、P270 事故响应:P303＋P361＋P353、P370＋P378、P301＋P310、P321、P330、P305＋P351＋P338、P337＋P313 安全储存:P403＋P235、P405 废弃处置:P501	高度易燃液体，吞咽会中毒	
2664	4-乙烯-1-环己烯	4-乙烯基环己烯	100-40-3		易燃液体,类别 2 皮肤腐蚀/刺激,类别 2 严重眼损伤/眼刺激,类别 1 致癌性,类别 2 生殖毒性,类别 2 特异性靶器官毒性-反复接触,类别 1 危害水生环境-急性危害,类别 2 危害水生环境-长期危害,类别 2	H225 H315 H318 H351 H361 H372 H401 H411	GHS02 GHS05 GHS08 GHS09	危险	预防措施：P210、P233、P240、P241、P242、P243、P280、P264、P201、P202、P260、P270、P273 事故响应:P303＋P361＋P353、P370＋P378、P302＋P352、P321、P332＋P313、P362＋P364、P305＋P351＋P338、P310、P308＋P313、P314、P391 安全储存:P403＋P235、P405 废弃处置:P501	高度易燃液体，造成严重眼损伤	
2665	乙烯砜	二乙烯砜	77-77-0		急性毒性-经口,类别 2 急性毒性-经皮,类别 1	H300 H310	GHS06	危险	预防措施:P264、P270、P262、P280 事故响应:P301＋P310、P321、P330、P302＋P352、P361＋P364 安全储存:P405 废弃处置:P501	吞咽致命，皮肤接触会致命	剧毒
2666	2-乙烯基吡啶		100-69-6	3073	易燃液体,类别 3 急性毒性-经口,类别 3 急性毒性-经皮,类别 2 皮肤腐蚀/刺激,类别 2 严重眼损伤/眼刺激,类别 2A 皮肤致敏物,类别 1 特异性靶器官毒性-一次接触,类别 1 特异性靶器官毒性-一次接触,类别 3(呼吸道刺激) 特异性靶器官毒性-反复接触,类别 2 危害水生环境-急性危害,类别 2 危害水生环境-长期危害,类别 2	H226 H301 H310 H315 H319 H317 H370 H335 H373 H401 H411	GHS02 GHS06 GHS08 GHS09	危险	预防措施：P210、P233、P240、P241、P242、P243、P280、P264、P270、P262、P261、P272、P260、P271、P273 事故响应:P303＋P361＋P353、P370＋P378、P301＋P310、P321、P330、P302＋P352、P361＋P364、P332＋P313、P362＋P364、P305＋P351＋P338、P337＋P313、P333＋P313、P308＋P311、P304＋P340、P312、P314、P391 安全储存:P403＋P235、P405、P403＋P233 废弃处置:P501	易燃液体，吞咽会中毒，皮肤接触会致命，可能引起皮肤过敏	

续表

序号	品名	别名	CAS号	UN号	危险性类别	危险性说明代码	象形图代码	警示词	防范说明代码	风险提示	备注
2667	4-乙烯基吡啶		100-43-6	3073	易燃液体,类别3 急性毒性-经口,类别3 急性毒性-吸入,类别1 皮肤腐蚀/刺激,类别2 严重眼损伤/眼刺激,类别2A 皮肤致敏物,类别1 特异性靶器官毒性-一次接触,类别3(呼吸道刺激) 危害水生环境-急性危害,类别1 危害水生环境-长期危害,类别1	H226 H301 H330 H315 H319 H317 H335 H400 H410	GHS02 GHS06 GHS09	危险	预防措施：P210、P233、P240、P241、P242、P243、P280、P264、P270、P260、P271、P284、P261、P272、P273 事故响应：P303＋P361＋P353、P370＋P378、P301＋P310、P321、P330、P304＋P340、P320、P302＋P352、P332＋P313、P362＋P364、P305＋P351＋P338、P337＋P313、P333＋P313、P312、P391 安全储存：P403＋P235、P405、P233＋P403、P403＋P233 废弃处置：P501	易燃液体，吞咽会中毒，吸入致命，可能引起皮肤过敏	
2668	乙烯基甲苯异构体混合物[稳定的]		25013-15-4	2618	易燃液体,类别3 皮肤腐蚀/刺激,类别2 严重眼损伤/眼刺激,类别2A 生殖细胞致突变性,类别2 特异性靶器官毒性-一次接触,类别3(呼吸道刺激、麻醉效应) 特异性靶器官毒性-反复接触,类别1 危害水生环境-长期危害,类别3	H226 H315 H319 H341 H335 H336 H372 H412	GHS02 GHS07 GHS08	危险	预防措施：P210、P233、P240、P241、P242、P243、P280、P264、P201、P202、P261、P271、P260、P270、P273 事故响应：P303＋P361＋P353、P370＋P378、P302＋P352、P321、P332＋P313、P362＋P364、P305＋P351＋P338、P337＋P313、P308＋P313、P304＋P340、P312、P314 安全储存：P403＋P235、P405、P403＋P233 废弃处置：P501	易燃液体	
2669	4-乙烯基间二甲苯	2,4-二甲基苯乙烯	1195-32-0		皮肤腐蚀/刺激,类别2 严重眼损伤/眼刺激,类别2 特异性靶器官毒性-一次接触,类别3(呼吸道刺激)	H315 H319 H335	GHS07	警告	预防措施：P264、P280、P261、P271 事故响应：P302＋P352、P321、P332＋P313、P362＋P364、P305＋P351＋P338、P337＋P313、P304＋P340、P312 安全储存：P403＋P233、P405 废弃处置：P501		
2670	乙烯基三氯硅烷[稳定的]	三氯乙烯硅烷	75-94-5	1305	易燃液体,类别2 急性毒性-经口,类别3 急性毒性-经皮,类别3 急性毒性-吸入,类别3 皮肤腐蚀/刺激,类别1 严重眼损伤/眼刺激,类别1 特异性靶器官毒性-一次接触,类别3(呼吸道刺激)	H225 H301 H311 H331 H314 H318 H335	GHS02 GHS05 GHS06	危险	预防措施：P210、P233、P240、P241、P242、P243、P280、P264、P270、P261、P271、P260 事故响应：P303＋P361＋P353、P370＋P378、P301＋P310、P321、P302＋P352、P312、P361＋P364、P304＋P340、P311、P301＋P330＋P331、P305＋P351＋P338、P363 安全储存：P403＋P235、P405、P233＋P403、P403＋P233 废弃处置：P501	高度易燃液体，吞咽会中毒，皮肤接触会中毒，吸入会中毒，可引起皮肤腐蚀	

续表

序号	品名	别名	CAS号	UN号	危险性类别	危险性说明代码	象形图代码	警示词	防范说明代码	风险提示	备注
2671	*N*-乙烯基乙撑亚胺	*N*-乙烯基氮丙环	5628-99-9		急性毒性-经口,类别1 急性毒性-经皮,类别1 急性毒性-吸入,类别1	H300 H310 H330	GHS06	危险	预防措施：P264、P270、P262、P280、P260、P271、P284 事故响应：P301＋P310、P321、P330、P302＋P352、P361＋P364、P304＋P340、P320 安全储存：P405、P233＋P403 废弃处置：P501	吞咽致命，皮肤接触会致命，吸入致命	剧毒
2672	乙烯基乙醚[稳定的]	乙基乙烯醚；乙氧基乙烯	109-92-2	1302	易燃液体,类别1 特异性靶器官毒性-一次接触,类别3(麻醉效应)	H224 H336	GHS02 GHS07	危险	预防措施：P210、P233、P240、P241、P242、P243、P280、P261、P271 事故响应：P303＋P361＋P353、P370＋P378、P304＋P340、P312 安全储存：P403＋P235、P403＋P233、P405 废弃处置：P501	极易燃液体	
2673	乙烯基乙酸异丁酯		24342-03-8		易燃液体,类别3	H226	GHS02	警告	预防措施：P210、P233、P240、P241、P242、P243、P280 事故响应：P303＋P361＋P353、P370＋P378 安全储存：P403＋P235 废弃处置：P501	易燃液体	
2674	乙烯三乙氧基硅烷	三乙氧基乙烯硅烷	78-08-0		易燃液体,类别3	H226	GHS02	警告	预防措施：P210、P233、P240、P241、P242、P243、P280 事故响应：P303＋P361＋P353、P370＋P378 安全储存：P403＋P235 废弃处置：P501	易燃液体	
2675	*N*-乙酰对苯二胺	对氨基苯乙酰胺；对乙酰氨基苯胺	122-80-5		严重眼损伤/眼刺激,类别2 呼吸道致敏物,类别1 皮肤致敏物,类别1	H319 H334 H317	GHS08	危险	预防措施：P264、P280、P261、P284、P272 事故响应：P305＋P351＋P338、P337＋P313、P304＋P340、P342＋P311、P302＋P352、P321、P333＋P313、P362＋P364 安全储存： 废弃处置：P501	吸入可能导致过敏，可能引起皮肤过敏	
2676	乙酰过氧化磺酰环己烷[含量≤32%,含B型稀释剂[②]≥68%]	过氧化乙酰磺酰环己烷	3179-56-4	3115	有机过氧化物,D型	H242	GHS02	危险	预防措施：P210、P220、P234、P280 事故响应： 安全储存：P235＋P411、P410、P420 废弃处置：P501	加热可引起燃烧	
	乙酰过氧化磺酰环己烷[含量≤82%,含水≥12%]	过氧化乙酰磺酰环己烷	3179-56-4	3112	有机过氧化物,B型	H241	GHS01 GHS02	危险	预防措施：P210、P220、P234、P280 事故响应： 安全储存：P235＋P411、P410、P420 废弃处置：P501	加热可引起燃烧或爆炸	

续表

序号	品名	别名	CAS号	UN号	危险性类别	危险性说明代码	象形图代码	警示词	防范说明代码	风险提示	备注
2677	乙酰基乙烯酮[稳定的]	双烯酮；二乙烯酮	674-82-8	2521	易燃液体,类别3 急性毒性-吸入,类别2	H226 H330	GHS02 GHS06	危险	预防措施：P210、P233、P240、P241、P242、P243、P280、P260、P271、P284 事故响应：P303＋P361＋P353、P370＋P378、P304＋P340、P310、P320 安全储存：P403＋P235、P233＋P403、P405 废弃处置：P501	易燃液体，吸入致命	
2678	3-(α-乙酰甲基苄基)-4-羟基香豆素	杀鼠灵	81-81-2		生殖毒性,类别1A 特异性靶器官毒性-反复接触,类别1 危害水生环境-长期危害,类别3	H360 H372 H412	GHS08	危险	预防措施：P201、P202、P280、P260、P264、P270、P273 事故响应：P308＋P313、P314 安全储存：P405 废弃处置：P501		
2679	乙酰氯	氯化乙酰	75-36-5	1717	易燃液体,类别2 皮肤腐蚀/刺激,类别1B 严重眼损伤/眼刺激,类别1	H225 H314 H318	GHS02 GHS05	危险	预防措施：P210、P233、P240、P241、P242、P243、P280、P260、P264 事故响应：P303＋P361＋P353、P370＋P378、P301＋P330＋P331、P304＋P340、P305＋P351＋P338、P310、P321、P363 安全储存：P403＋P235、P405 废弃处置：P501	高度易燃液体，可引起皮肤腐蚀	
2680	乙酰替硫脲	1-乙酰硫脲	591-08-2		急性毒性-经口,类别2	H300	GHS06	危险	预防措施：P264、P270 事故响应：P301＋P310、P321、P330 安全储存：P405 废弃处置：P501	吞咽致命	
2681	乙酰亚砷酸铜	巴黎绿；祖母绿；醋酸亚砷酸铜；翡翠绿；帝绿；苔绿；维也纳绿；草地绿；翠绿	12002-03-8	1585	急性毒性-经口,类别2 严重眼损伤/眼刺激,类别2 致癌性,类别1A 生殖毒性,类别2 特异性靶器官毒性-一次接触,类别1 特异性靶器官毒性-反复接触,类别1 危害水生环境-急性危害,类别1 危害水生环境-长期危害,类别1	H300 H319 H350 H361 H370 H372 H400 H410	GHS06 GHS08 GHS09	危险	预防措施：P264、P270、P280、P201、P202、P260、P273 事故响应：P301＋P310、P321、P330、P305＋P351＋P338、P337＋P313、P308＋P313、P308＋P311、P314、P391 安全储存：P405 废弃处置：P501	吞咽致命，可能致癌	

续表

序号	品名	别名	CAS号	UN号	危险性类别	危险性说明代码	象形图代码	警示词	防范说明代码	风险提示	备注
2682	2-乙氧基苯胺	邻氨基苯乙醚;邻乙氧基苯胺	94-70-2	2311	急性毒性-经口,类别3* 急性毒性-经皮,类别3* 急性毒性-吸入,类别3* 特异性靶器官毒性-反复接触,类别2*	H301 H311 H331 H373	GHS06 GHS08	危险	预防措施:P264、P270、P280、P261、P271、P260 事故响应:P301+P310、P321、P330、P302+P352、P312、P361+P364、P304+P340、P311、P314 安全储存:P405、P233+P403 废弃处置:P501	吞咽会中毒,皮肤接触会中毒,吸入会中毒,	
2683	3-乙氧基苯胺	间乙氧基苯胺;间氨基苯乙醚	621-33-0	2311	急性毒性-经口,类别3 急性毒性-经皮,类别3 急性毒性-吸入,类别3 特异性靶器官毒性-反复接触,类别2	H301 H311 H331 H373	GHS06 GHS08	危险	预防措施:P264、P270、P280、P261、P271、P260 事故响应:P301+P310、P321、P330、P302+P352、P312、P361+P364、P304+P340、P311、P314 安全储存:P405、P233+P403 废弃处置:P501	吞咽会中毒,皮肤接触会中毒,吸入会中毒	
2684	4-乙氧基苯胺	对乙氧基苯胺;对氨基苯乙醚	156-43-4	2311	急性毒性-吸入,类别3 严重眼损伤/眼刺激,类别2 皮肤致敏物,类别1 生殖细胞致突变性,类别2 危害水生环境-急性危害,类别2	H331 H319 H317 H341 H401	GHS06 GHS08	危险	预防措施:P261、P271、P264、P280、P272、P201、P202、P273 事故响应:P304+P340、P311、P321、P305+P351+P338、P337+P313、P302+P352、P333+P313、P362+P364、P308+P313 安全储存:P233+P403、P405 废弃处置:P501	吸入会中毒,可能引起皮肤过敏	
2685	1-异丙基-3-甲基吡唑-5-基 *N*,*N*-二甲基氨基甲酸酯[含量>20%]	异索威	119-38-0		急性毒性-经口,类别2* 急性毒性-经皮,类别1	H300 H310	GHS06	危险	预防措施:P264、P270、P262、P280 事故响应:P301+P310、P321、P330、P302+P352、P361+P364 安全储存:P405 废弃处置:P501	吞咽致命,皮肤接触会致命	剧毒
2686	3-异丙基-5-甲基苯基 *N*-甲基氨基甲酸酯	猛杀威	2631-37-0		急性毒性-经口,类别3* 危害水生环境-急性危害,类别1 危害水生环境-长期危害,类别1	H301 H400 H410	GHS06 GHS09	危险	预防措施:P264、P270、P273 事故响应:P301+P310、P321、P330、P391 安全储存:P405 废弃处置:P501	吞咽会中毒	
2687	*N*-异丙基-*N*-苯基-氯乙酰胺	毒草胺	1918-16-7		严重眼损伤/眼刺激,类别2 皮肤致敏物,类别1 危害水生环境-急性危害,类别1 危害水生环境-长期危害,类别1	H319 H317 H400 H410	GHS07 GHS09	警告	预防措施:P264、P280、P261、P272、P273 事故响应:P305+P351+P338、P337+P313、P302+P352、P321、P333+P313、P362+P364、P391 安全储存: 废弃处置:P501	可能引起皮肤过敏	

续表

序号	品名	别名	CAS 号	UN 号	危险性类别	危险性说明代码	象形图代码	警示词	防范说明代码	风险提示	备注
2688	异丙基苯	枯烯;异丙苯	98-82-8	1918	易燃液体,类别 3 特异性靶器官毒性-一次接触,类别 3(呼吸道刺激) 吸入危害,类别 1 危害水生环境-急性危害,类别 2 危害水生环境-长期危害,类别 2	H226 H335 H304 H401 H411	GHS02 GHS07 GHS08 GHS09	危险	预防措施：P210、P233、P240、P241、P242、P243、P280、P261、P271、P273 事故响应：P303＋P361＋P353、P370＋P378、P304＋P340、P312、P301＋P310、P331、P391 安全储存：P403＋P235、P403＋P233、P405 废弃处置：P501	易燃液体，禁止催吐	
2689	3-异丙基苯基-N-氨基甲酸甲酯	间异丙威	64-00-6		急性毒性-经口,类别 3 急性毒性-经皮,类别 1 急性毒性-吸入,类别 3 危害水生环境-急性危害,类别 1	H301 H310 H331 H400	GHS06 GHS09	危险	预防措施：P264、P270、P262、P280、P261、P271、P273 事故响应：P301＋P310、P321、P330、P302＋P352、P361＋P364、P304＋P340、P311、P391 安全储存：P405、P233＋P403 废弃处置：P501	吞咽会中毒，皮肤接触会致命，吸入会中毒	
2690	异丙基异丙苯基氢过氧化物[含量≤72%，含A型稀释剂[①]≥28%]	过氧化氢二异丙苯	26762-93-6	3109	有机过氧化物,F 型 皮肤腐蚀/刺激,类别 1 严重眼损伤/眼刺激,类别 1	H242 H314 H318	GHS02 GHS05	危险	预防措施：P210、P220、P234、P280、P260、P264 事故响应：P301＋P330＋P331、P303＋P361＋P353、P304＋P340、P305＋P351＋P338、P310、P321、P363 安全储存：P235、P410、P411、P420、P405 废弃处置：P501	加热可引起燃烧，可引起皮肤腐蚀	
2691	异丙硫醇	硫代异丙醇;2-巯基丙烷	75-33-2	2402	易燃液体,类别 2 严重眼损伤/眼刺激,类别 2B 皮肤致敏物,类别 1 特异性靶器官毒性-一次接触,类别 3(麻醉效应) 危害水生环境-急性危害,类别 1 危害水生环境-长期危害,类别 1	H225 H320 H317 H336 H400 H410	GHS02 GHS07 GHS09	危险	预防措施：P210、P233、P240、P241、P242、P243、P280、P264、P261、P272、P271、P273 事故响应：P303＋P361＋P353、P370＋P378、P305＋P351＋P338、P337＋P313、P302＋P352、P321、P333＋P313、P362＋P364、P304＋P340、P312、P391 安全储存：P403＋P235、P403＋P233、P405 废弃处置：P501	高度易燃液体，可能引起皮肤过敏	
2692	异丙醚	二异丙基醚	108-20-3	1159	易燃液体,类别 2 特异性靶器官毒性-一次接触,类别 3(麻醉效应) 危害水生环境-长期危害,类别 3	H225 H336 H412	GHS02 GHS07	危险	预防措施：P210、P233、P240、P241、P242、P243、P280、P261、P271、P273 事故响应：P303＋P361＋P353、P370＋P378、P304＋P340、P312 安全储存：P403＋P235、P403＋P233、P405 废弃处置：P501	高度易燃液体	

续表

序号	品名	别名	CAS号	UN号	危险性类别	危险性说明代码	象形图代码	警示词	防范说明代码	风险提示	备注
2693	异丙烯基乙炔		78-80-8		易燃液体,类别1	H224	GHS02	危险	预防措施：P210、P233、P240、P241、P242、P243、P280 事故响应:P303+P361+P353、P370+P378 安全储存:P403+P235 废弃处置:P501	极易燃液体	
2694	异丁胺	1-氨基-2-甲基丙烷	78-81-9	1214	易燃液体,类别2 急性毒性-经口,类别3 皮肤腐蚀/刺激,类别1 严重眼损伤/眼刺激,类别1 特异性靶器官毒性-一次接触,类别3(呼吸道刺激)	H225 H301 H314 H318 H335	GHS02 GHS05 GHS06	危险	预防措施：P210、P233、P240、P241、P242、P243、P280、P264、P270、P260、P261、P271 事故响应:P303+P361+P353、P370+P378、P301+P310、P321、P301+P330+P331、P304+P340、P305+P351+P338、P363、P312 安全储存:P403+P235、P405、P403+P233 废弃处置:P501	高度易燃液体，吞咽会中毒，可引起皮肤腐蚀	
2695	异丁基苯	异丁苯	538-93-2		易燃液体,类别3 皮肤腐蚀/刺激,类别2 危害水生环境-急性危害,类别1 危害水生环境-长期危害,类别1	H226 H315 H400 H410	GHS02 GHS07 GHS09	警告	预防措施：P210、P233、P240、P241、P242、P243、P280、P264、P273 事故响应:P303+P361+P353、P370+P378、P302+P352、P321、P332+P313、P362+P364、P391 安全储存:P403+P235 废弃处置:P501	易燃液体	
2696	异丁基环戊烷		3788-32-7		易燃液体,类别2	H225	GHS02	危险	预防措施：P210、P233、P240、P241、P242、P243、P280 事故响应:P303+P361+P353、P370+P378 安全储存:P403+P235 废弃处置:P501	高度易燃液体	
2697	异丁基乙烯基醚[稳定的]	乙烯基异丁醚；异丁氧基乙烯	109-53-5	1304	易燃液体,类别2 皮肤腐蚀/刺激,类别2	H225 H315	GHS02 GHS07	危险	预防措施：P210、P233、P240、P241、P242、P243、P280、P264 事故响应:P303+P361+P353、P370+P378、P302+P352、P321、P332+P313、P362+P364 安全储存:P403+P235 废弃处置:P501	高度易燃液体	

续表

序号	品名	别名	CAS号	UN号	危险性类别	危险性说明代码	象形图代码	警示词	防范说明代码	风险提示	备注
2698	异丁腈	异丙基氰	78-82-0	2284	易燃液体,类别2 急性毒性-经口,类别3 急性毒性-经皮,类别2 急性毒性-吸入,类别3 严重眼损伤/眼刺激,类别2 特异性靶器官毒性-一次接触,类别2 特异性靶器官毒性-一次接触,类别3(呼吸道刺激)	H225 H301 H310 H331 H319 H371 H335	GHS02 GHS06 GHS08	危险	预防措施：P210、P233、P240、P241、P242、P243、P280、P264、P270、P262、P261、P271、P260 事故响应：P303＋P361＋P353、P370＋P378、P301＋P310、P321、P330、P302＋P352、P361＋P364、P304＋P340、P305＋P351＋P338、P337＋P313、P308＋P311、P312 安全储存：P403＋P235、P405、P233＋P403、P403＋P233 废弃处置：P501	高度易燃液体，吞咽会中毒，皮肤接触会致命，吸入会中毒	
2699	异丁醛	2-甲基丙醛	78-84-2	2045	易燃液体,类别2 生殖细胞致突变性,类别2 特异性靶器官毒性-一次接触,类别3(呼吸道刺激)	H225 H341 H335	GHS02 GHS07 GHS08	危险	预防措施：P210、P233、P240、P241、P242、P243、P280、P201、P202、P261、P271 事故响应：P303＋P361＋P353、P370＋P378、P308＋P313、P304＋P340、P312 安全储存：P403＋P235、P405、P403＋P233 废弃处置：P501	高度易燃液体	
2700	异丁酸	2-甲基丙酸	79-31-2	2529	易燃液体,类别3 皮肤腐蚀/刺激,类别1 严重眼损伤/眼刺激,类别1	H226 H314 H318	GHS02 GHS05	危险	预防措施：P210、P233、P240、P241、P242、P243、P280、P260、P264 事故响应：P303＋P361＋P353、P370＋P378、P301＋P330＋P331、P304＋P340、P305＋P351＋P338、P310、P321、P363 安全储存：P403＋P235、P405 废弃处置：P501	易燃液体，可引起皮肤腐蚀	
2701	异丁酸酐	异丁酐	97-72-3		易燃液体,类别3 皮肤腐蚀/刺激,类别1 严重眼损伤/眼刺激,类别1 特异性靶器官毒性-一次接触,类别3(呼吸道刺激)	H226 H314 H318 H335	GHS02 GHS05 GHS07	危险	预防措施：P210、P233、P240、P241、P242、P243、P280、P260、P264、P261、P271 事故响应：P303＋P361＋P353、P370＋P378、P301＋P330＋P331、P304＋P340、P305＋P351＋P338、P310、P321、P363、P312 安全储存：P403＋P235、P405、P403＋P233 废弃处置：P501	易燃液体，可引起皮肤腐蚀	
2702	异丁酸甲酯		547-63-7		易燃液体,类别2	H225	GHS02	危险	预防措施：P210、P233、P240、P241、P242、P243、P280 事故响应：P303＋P361＋P353、P370＋P378 安全储存：P403＋P235 废弃处置：P501	高度易燃液体	

续表

序号	品名	别名	CAS号	UN号	危险性类别	危险性说明代码	象形图代码	警示词	防范说明代码	风险提示	备注
2703	异丁酸乙酯		97-62-1	2385	易燃液体,类别 2 皮肤腐蚀/刺激,类别 2	H225 H315	GHS02 GHS07	危险	预防措施：P210、P233、P240、P241、P242、P243、P280、P264 事故响应:P303＋P361＋P353、P370＋P378、P302＋P352、P321、P332＋P313、P362＋P364 安全储存:P403＋P235 废弃处置:P501	高度易燃液体	
2704	异丁酸异丙酯		617-50-5	2406	易燃液体,类别 2	H225	GHS02	危险	预防措施：P210、P233、P240、P241、P242、P243、P280 事故响应:P303＋P361＋P353、P370＋P378 安全储存:P403＋P235 废弃处置:P501	高度易燃液体	
2705	异丁酸异丁酯		97-85-8	2528	易燃液体,类别 3 特异性靶器官毒性—一次接触,类别 3(麻醉效应)	H226 H336	GHS02 GHS07	警告	预防措施：P210、P233、P240、P241、P242、P243、P280、P261、P271 事故响应:P303＋P361＋P353、P370＋P378、P304＋P340、P312 安全储存:P403＋P235、P403＋P233、P405 废弃处置:P501	易燃液体	
2706	异丁酸正丙酯		644-49-5		易燃液体,类别 3	H226	GHS02	警告	预防措施：P210、P233、P240、P241、P242、P243、P280 事故响应:P303＋P361＋P353、P370＋P378 安全储存:P403＋P235 废弃处置:P501	易燃液体	
2707	异丁烷	2-甲基丙烷	75-28-5	1969	易燃气体,类别 1 加压气体	H220 H280 或 H281	GHS02 GHS04	危险	预防措施:P210 事故响应:P377、P381 安全储存:P410＋P403 废弃处置:	极易燃气体,内装加压气体:遇热可能爆炸	
2708	异丁烯	2-甲基丙烯	115-11-7	1055	易燃气体,类别 1 加压气体	H220 H280 或 H281	GHS02 GHS04	危险	预防措施:P210 事故响应:P377、P381 安全储存:P410＋P403 废弃处置:	极易燃气体,内装加压气体:遇热可能爆炸	

续表

序号	品名	别名	CAS号	UN号	危险性类别	危险性说明代码	象形图代码	警示词	防范说明代码	风险提示	备注
2709	异丁酰氯	氯化异丁酰	79-30-1	2395	易燃液体,类别2 皮肤腐蚀/刺激,类别1A 严重眼损伤/眼刺激,类别1	H225 H314 H318	GHS02 GHS05	危险	预防措施：P210、P233、P240、P241、P242、P243、P280、P260、P264 事故响应：P303＋P361＋P353、P370＋P378、P301＋P330＋P331、P304＋P340、P305＋P351＋P338、P310、P321、P363 安全储存：P403＋P235、P405 废弃处置：P501	高度易燃液体，可引起皮肤腐蚀	
2710	异佛尔酮二异氰酸酯		4098-71-9	2290	急性毒性-吸入,类别3＊ 皮肤腐蚀/刺激,类别2 严重眼损伤/眼刺激,类别2 呼吸道致敏物,类别1 皮肤致敏物,类别1 特异性靶器官毒性-一次接触,类别3(呼吸道刺激) 危害水生环境-急性危害,类别2 危害水生环境-长期危害,类别2	H331 H315 H319 H334 H317 H335 H401 H411	GHS06 GHS08 GHS09	危险	预防措施：P261、P271、P264、P280、P284、P272、P273 事故响应：P304＋P340、P321、P302＋P352、P332＋P313、P362＋P364、P305＋P351＋P338、P337＋P313、P342＋P311、P333＋P313、P312、P391 安全储存：P233＋P403、P405、P403＋P233 废弃处置：P501	吸入会中毒，吸入可能导致过敏，可能引起皮肤过敏	
2711	异庚烯		68975-47-3	2287	易燃液体,类别2	H225	GHS02	危险	预防措施：P210、P233、P240、P241、P242、P243、P280 事故响应：P303＋P361＋P353、P370＋P378 安全储存：P403＋P235 废弃处置：P501	高度易燃液体	
2712	异己烯		27236-46-0	2288	易燃液体,类别2	H225	GHS02	危险	预防措施：P210、P233、P240、P241、P242、P243、P280 事故响应：P303＋P361＋P353、P370＋P378 安全储存：P403＋P235 废弃处置：P501	高度易燃液体	
2713	异硫氰酸-1-萘酯		551-06-4		急性毒性-经口,类别3	H301	GHS06	危险	预防措施：P264、P270 事故响应：P301＋P310、P321、P330 安全储存：P405 废弃处置：P501	吞咽会中毒	
2714	异硫氰酸苯酯	苯基芥子油	103-72-0		急性毒性-经口,类别3 皮肤腐蚀/刺激,类别1 严重眼损伤/眼刺激,类别1 危害水生环境-急性危害,类别1 危害水生环境-长期危害,类别1	H301 H314 H318 H400 H410	GHS05 GHS06 GHS09	危险	预防措施：P264、P270、P260、P280、P273 事故响应：P301＋P310、P321、P301＋P330＋P331、P303＋P361＋P353、P304＋P340、P305＋P351＋P338、P363、P391 安全储存：P405 废弃处置：P501	吞咽会中毒，可引起皮肤腐蚀	

续表

序号	品名	别名	CAS号	UN号	危险性类别	危险性说明代码	象形图代码	警示词	防范说明代码	风险提示	备注
2715	异硫氰酸烯丙酯	人造芥子油;烯丙基异硫氰酸酯;烯丙基芥子油	57-06-7	1545	易燃液体,类别 3 急性毒性-经口,类别 3 急性毒性-经皮,类别 2 皮肤腐蚀/刺激,类别 2 皮肤致敏物,类别 1 生殖毒性,类别 2 特异性靶器官毒性-一次接触,类别 2 特异性靶器官毒性-反复接触,类别 2 危害水生环境-急性危害,类别 1 危害水生环境-长期危害,类别 1	H226 H301 H310 H315 H317 H361 H371 H373 H400 H410	GHS02 GHS06 GHS08 GHS09	危险	预防措施:P210、P233、P240、P241、P242、P243、P280、P264、P270、P262、P261、P272、P201、P202、P260、P273 事故响应:P303+P361+P353、P370+P378、P301+P310、P321、P330、P302+P352、P361+P364、P332+P313、P362+P364、P333+P313、P308+P313、P308+P311、P314、P391 安全储存:P403+P235、P405 废弃处置:P501	易燃液体,吞咽会中毒,皮肤接触会致命,可能引起皮肤过敏	
2716	异氰基乙酸乙酯		2999-46-4		皮肤腐蚀/刺激,类别 2 严重眼损伤/眼刺激,类别 2 特异性靶器官毒性-一次接触,类别 3(呼吸道刺激)	H315 H319 H335	GHS07	警告	预防措施:P264、P280、P261、P271 事故响应:P302+P352、P321、P332+P313、P362+P364、P305+P351+P338、P337+P313、P304+P340、P312 安全储存:P403+P233、P405 废弃处置:P501		
2717	异氰酸-3-氯-4-甲苯酯	3-氯-4-甲基苯基异氰酸酯	28479-22-3	2236	易燃液体,类别 3 急性毒性-吸入,类别 2 皮肤腐蚀/刺激,类别 1B 严重眼损伤/眼刺激,类别 1 特异性靶器官毒性-一次接触,类别 3(呼吸道刺激)	H226 H330 H314 H318 H335	GHS02 GHS05 GHS06	危险	预防措施:P210、P233、P240、P241、P242、P243、P280、P260、P271、P284、P264、P261 事故响应:P303+P361+P353、P370+P378、P304+P340、P310、P320、P301+P330+P331、P305+P351+P338、P321、P363、P312 安全储存:P403+P235、P233+P403、P405、P403+P233 废弃处置:P501	易燃液体,吸入致命,可引起皮肤腐蚀	
2718	异氰酸苯酯	苯基异氰酸酯	103-71-9	2487	易燃液体,类别 3 急性毒性-吸入,类别 1 皮肤腐蚀/刺激,类别 1 严重眼损伤/眼刺激,类别 1 呼吸道致敏物,类别 1 皮肤致敏物,类别 1	H226 H330 H314 H318 H334 H317	GHS02 GHS05 GHS06 GHS08	危险	预防措施:P210、P233、P240、P241、P242、P243、P280、P260、P271、P284、P264、P261、P272 事故响应:P303+P361+P353、P370+P378、P304+P340、P310、P320、P301+P330+P331、P305+P351+P338、P321、P363、P342+P311、P302+P352、P333+P313、P362+P364 安全储存:P403+P235、P233+P403、P405 废弃处置:P501	易燃液体,吸入致命,可引起皮肤腐蚀,吸入可能导致过敏,可能引起皮肤过敏	剧毒

续表

序号	品名	别名	CAS号	UN号	危险性类别	危险性说明代码	象形图代码	警示词	防范说明代码	风险提示	备注
2719	异氰酸对硝基苯酯	对硝基苯异氰酸酯;异氰酸-4硝基苯酯	100-28-7		皮肤腐蚀/刺激,类别2 严重眼损伤/眼刺激,类别2 特异性靶器官毒性-一次接触,类别3(呼吸道刺激)	H315 H319 H335	GHS07	警告	预防措施:P264、P280、P261、P271 事故响应:P302+P352、P321、P332+P313、P362+P364、P305+P351+P338、P337+P313、P304+P340、P312 安全储存:P403+P233、P405 废弃处置:P501		
2720	异氰酸对溴苯酯	4-溴异氰酸苯酯	2493-02-9		皮肤腐蚀/刺激,类别2 严重眼损伤/眼刺激,类别2 特异性靶器官毒性-一次接触,类别3(呼吸道刺激)	H315 H319 H335	GHS07	警告	预防措施:P264、P280、P261、P271 事故响应:P302+P352、P321、P332+P313、P362+P364、P305+P351+P338、P337+P313、P304+P340、P312 安全储存:P403+P233、P405 废弃处置:P501		
2721	异氰酸二氯苯酯	3,4-二氯苯基异氰酸酯	102-36-3	2250	急性毒性-经口,类别3 严重眼损伤/眼刺激,类别1 特异性靶器官毒性-一次接触,类别3(呼吸道刺激)	H301 H318 H335	GHS05 GHS06	危险	预防措施:P264、P270、P280、P261、P271 事故响应:P301+P310、P321、P330、P305+P351+P338、P304+P340、P312 安全储存:P405、P403+P233 废弃处置:P501	吞咽会中毒,造成严重眼损伤	
2722	异氰酸环己酯	环己基异氰酸酯	3173-53-3	2488	易燃液体,类别3 急性毒性-吸入,类别2* 皮肤腐蚀/刺激,类别1 严重眼损伤/眼刺激,类别1	H226 H330 H314 H318	GHS02 GHS05 GHS06	危险	预防措施:P210、P233、P240、P241、P242、P243、P280、P260、P271、P284、P264 事故响应:P303+P361+P353、P370+P378、P304+P340、P310、P320、P301+P330+P331、P305+P351+P338、P321、P363 安全储存:P403+P235、P233+P403、P405 废弃处置:P501	易燃液体,吸入致命,可引起皮肤腐蚀	
2723	异氰酸甲酯	甲基异氰酸酯	624-83-9	2480	易燃液体,类别2 急性毒性-经口,类别3* 急性毒性-经皮,类别3* 急性毒性-吸入,类别2* 皮肤腐蚀/刺激,类别2 严重眼损伤/眼刺激,类别1 呼吸道致敏物,类别1 皮肤致敏物,类别1 生殖毒性,类别2 特异性靶器官毒性-一次接触,类别3(呼吸道刺激)	H225 H301 H311 H330 H315 H318 H334 H317 H361 H335	GHS02 GHS05 GHS06 GHS08	危险	预防措施:P210、P233、P240、P241、P242、P243、P280、P264、P270、P260、P271、P284、P261、P272、P201、P202 事故响应:P303+P361+P353、P370+P378、P301+P310、P321、P330、P302+P352、P312、P361+P364、P304+P340、P320、P332+P313、P362+P364、P305+P351+P338、P342+P311、P333+P313、P308+P313 安全储存:P403+P235、P405、P233+P403、P403+P233 废弃处置:P501	高度易燃液体,吞咽会中毒,皮肤接触会中毒,吸入致命,造成严重眼损伤,吸入可能导致过敏,可能引起皮肤过敏	剧毒,重点,重大

续表

序号	品名	别名	CAS号	UN号	危险性类别	危险性说明代码	象形图代码	警示词	防范说明代码	风险提示	备注
2724	异氰酸三氟甲苯酯	三氟甲苯异氰酸酯	329-01-1	2285	易燃液体,类别3 急性毒性-吸入,类别2 * 呼吸道致敏物,类别1 危害水生环境-急性危害,类别2 危害水生环境-长期危害,类别2	H226 H330 H334 H401 H411	GHS02 GHS06 GHS08 GHS09	危险	预防措施：P210、P233、P240、P241、P242、P243、P280、P260、P271、P284、P261、P273 事故响应：P303＋P361＋P353、P370＋P378、P304＋P340、P310、P320、P342＋P311、P391 安全储存：P403＋P235、P233＋P403、P405 废弃处置：P501	易燃液体，吸入致命，吸入可能导致过敏	
2725	异氰酸十八酯	十八异氰酸酯	112-96-9		危害水生环境-长期危害,类别3	H412			预防措施：P273 事故响应： 安全储存： 废弃处置：P501		
2726	异氰酸叔丁酯		1609-86-5	2484	易燃液体,类别2 急性毒性-吸入,类别1	H225 H330	GHS02 GHS06	危险	预防措施：P210、P233、P240、P241、P242、P243、P280、P260、P271、P284 事故响应：P303＋P361＋P353、P370＋P378、P304＋P340、P310、P320 安全储存：P403＋P235、P233＋P403、P405 废弃处置：P501	高度易燃液体，吸入致命	
2727	异氰酸乙酯	乙基异氰酸酯	109-90-0	2481	易燃液体,类别2 急性毒性-经口,类别3 皮肤腐蚀/刺激,类别1 严重眼损伤/眼刺激,类别1	H225 H301 H314 H318	GHS02 GHS05 GHS06	危险	预防措施：P210、P233、P240、P241、P242、P243、P280、P264、P270、P260 事故响应：P303＋P361＋P353、P370＋P378、P301＋P310、P321、P301＋P330＋P331、P304＋P340、P305＋P351＋P338、P363 安全储存：P403＋P235、P405 废弃处置：P501	高度易燃液体，吞咽会中毒，可引起皮肤腐蚀	
2728	异氰酸异丙酯		1795-48-8	2483	易燃液体,类别2 急性毒性-经口,类别3 急性毒性-吸入,类别1 皮肤腐蚀/刺激,类别1 严重眼损伤/眼刺激,类别1	H225 H301 H330 H314 H318	GHS02 GHS05 GHS06	危险	预防措施：P210、P233、P240、P241、P242、P243、P280、P264、P270、P260、P271、P284 事故响应：P303＋P361＋P353、P370＋P378、P301＋P310、P321、P304＋P340、P320、P301＋P330＋P331、P305＋P351＋P338、P363 安全储存：P403＋P235、P405、P233＋P403 废弃处置：P501	高度易燃液体，吞咽会中毒，吸入致命，可引起皮肤腐蚀	
2729	异氰酸异丁酯		1873-29-6	2486	易燃液体,类别2 急性毒性-吸入,类别1	H225 H330	GHS02 GHS06	危险	预防措施：P210、P233、P240、P241、P242、P243、P280、P260、P271、P284 事故响应：P303＋P361＋P353、P370＋P378、P304＋P340、P310、P320 安全储存：P403＋P235、P233＋P403、P405 废弃处置：P501	高度易燃液体，吸入致命	

续表

序号	品名	别名	CAS号	UN号	危险性类别	危险性说明代码	象形图代码	警示词	防范说明代码	风险提示	备注
2730	异氰酸正丙酯		110-78-1	2482	易燃液体,类别3 急性毒性-吸入,类别1	H226 H330	GHS02 GHS06	危险	预防措施：P210、P233、P240、P241、P242、P243、P280、P260、P271、P284 事故响应：P303＋P361＋P353、P370＋P378、P304＋P340、P310、P320 安全储存：P403＋P235、P233＋P403、P405 废弃处置：P501	易燃液体，吸入致命	
2731	异氰酸正丁酯		111-36-4	2485	易燃液体,类别2 急性毒性-吸入,类别1 皮肤腐蚀/刺激,类别1 严重眼损伤/眼刺激,类别1 皮肤致敏物,类别1 特异性靶器官毒性-一次接触,类别1	H225 H330 H314 H318 H317 H370	GHS02 GHS05 GHS06 GHS08	危险	预防措施：P210、P233、P240、P241、P242、P243、P280、P260、P271、P284、P264、P261、P272、P270 事故响应：P303＋P361＋P353、P370＋P378、P304＋P340、P310、P320、P301＋P330＋P331、P305＋P351＋P338、P321、P363、P302＋P352、P333＋P313、P362＋P364、P308＋P311 安全储存：P403＋P235、P233＋P403、P405 废弃处置：P501	高度易燃液体，吸入致命，可引起皮肤腐蚀，可能引起皮肤过敏	
2732	异山梨醇二硝酸酯混合物[含乳糖、淀粉或磷酸≥60%]	混合异山梨醇二硝酸酯		2907	易燃固体,类别1	H228	GHS02	危险	预防措施：P210、P240、P241、P280 事故响应：P370＋P378 安全储存： 废弃处置：	易燃固体	
2733	异戊胺	1-氨基-3-甲基丁烷	107-85-7		易燃液体,类别2 皮肤腐蚀/刺激,类别1 严重眼损伤/眼刺激,类别1	H225 H314 H318	GHS02 GHS05	危险	预防措施：P210、P233、P240、P241、P242、P243、P280、P260、P264 事故响应：P303＋P361＋P353、P370＋P378、P301＋P330＋P331、P304＋P340、P305＋P351＋P338、P310、P321、P363 安全储存：P403＋P235、P405 废弃处置：P501	高度易燃液体，可引起皮肤腐蚀	
2734	异戊醇钠	异戊氧基钠	19533-24-5		皮肤腐蚀/刺激,类别1B 严重眼损伤/眼刺激,类别1	H314 H318	GHS05	危险	预防措施：P260、P264、P280 事故响应：P301＋P330＋P331、P303＋P361＋P353、P304＋P340、P305＋P351＋P338、P310、P321、P363 安全储存：P405 废弃处置：P501	可引起皮肤腐蚀	

续表

序号	品名	别名	CAS号	UN号	危险性类别	危险性说明代码	象形图代码	警示词	防范说明代码	风险提示	备注
2735	异戊腈	氰化异丁烷	625-28-5		易燃液体,类别3	H226	GHS02	警告	预防措施：P210、P233、P240、P241、P242、P243、P280 事故响应：P303+P361+P353、P370+P378 安全储存：P403+P235 废弃处置：P501	易燃液体	
2736	异戊酸甲酯		556-24-1	2400	易燃液体,类别2	H225	GHS02	危险	预防措施：P210、P233、P240、P241、P242、P243、P280 事故响应：P303+P361+P353、P370+P378 安全储存：P403+P235 废弃处置：P501	高度易燃液体	
2737	异戊酸乙酯		108-64-5		易燃液体,类别3	H226	GHS02	警告	预防措施：P210、P233、P240、P241、P242、P243、P280 事故响应：P303+P361+P353、P370+P378 安全储存：P403+P235 废弃处置：P501	易燃液体	
2738	异戊酸异丙酯		32665-23-9		易燃液体,类别3	H226	GHS02	警告	预防措施：P210、P233、P240、P241、P242、P243、P280 事故响应：P303+P361+P353、P370+P378 安全储存：P403+P235 废弃处置：P501	易燃液体	
2739	异戊酰氯		108-12-3		易燃液体,类别2 皮肤腐蚀/刺激,类别1 严重眼损伤/眼刺激,类别1	H225 H314 H318	GHS02 GHS05	危险	预防措施：P210、P233、P240、P241、P242、P243、P280、P260、P264 事故响应：P303+P361+P353、P370+P378、P301+P330+P331、P304+P340、P305+P351+P338、P310、P321、P363 安全储存：P403+P235、P405 废弃处置：P501	高度易燃液体,可引起皮肤腐蚀	
2740	异辛烷		26635-64-3	1262	易燃液体,类别2 皮肤腐蚀/刺激,类别2 特异性靶器官毒性-一次接触,类别3(麻醉效应) 吸入危害,类别1 危害水生环境-急性危害,类别1 危害水生环境-长期危害,类别1	H225 H315 H336 H304 H400 H410	GHS02 GHS07 GHS08 GHS09	危险	预防措施：P210、P233、P240、P241、P242、P243、P280、P264、P261、P271、P273 事故响应：P303+P361+P353、P370+P378、P302+P352、P321、P332+P313、P362+P364、P304+P340、P312、P301+P310、P331、P391 安全储存：P403+P235、P403+P233、P405 废弃处置：P501	高度易燃液体,禁止催吐	

续表

序号	品名	别名	CAS号	UN号	危险性类别	危险性说明代码	象形图代码	警示词	防范说明代码	风险提示	备注
2741	异辛烯		5026-76-6	1216	易燃液体,类别2 危害水生环境-急性危害,类别2 危害水生环境-长期危害,类别2	H225 H401 H411	GHS02 GHS09	危险	预防措施：P210、P233、P240、P241、P242、P243、P280、P273 事故响应：P303＋P361＋P353、P370＋P378、P391 安全储存：P403＋P235 废弃处置：P501	高度易燃液体	
2742	萤蒽		206-44-0		危害水生环境-急性危害,类别1 危害水生环境-长期危害,类别1	H400 H410	GHS09	警告	预防措施：P273 事故响应：P391 安全储存： 废弃处置：P501		
2743	油酸汞		1191-80-6	1640	急性毒性-经口,类别2* 急性毒性-经皮,类别1 急性毒性-吸入,类别2* 特异性靶器官毒性-反复接触,类别2* 危害水生环境-急性危害,类别1 危害水生环境-长期危害,类别1	H300 H310 H330 H373 H400 H410	GHS06 GHS08 GHS09	危险	预防措施：P264、P270、P262、P280、P260、P271、P284、P273 事故响应：P301＋P310、P321、P330、P302＋P352、P361＋P364、P304＋P340、P320、P314、P391 安全储存：P405、P233＋P403 废弃处置：P501	吞咽致命,皮肤接触会致命,吸入致命	
2744	淤渣硫酸			1906	皮肤腐蚀/刺激,类别1 严重眼损伤/眼刺激,类别1	H314 H318	GHS05	危险	预防措施：P260、P264、P280 事故响应：P301＋P330＋P331、P303＋P361＋P353、P304＋P340、P305＋P351＋P338、P310、P321、P363 安全储存：P405 废弃处置：P501	可引起皮肤腐蚀	
2745	原丙酸三乙酯	原丙酸乙酯;1,1,1-三乙氧基丙烷	115-80-0		易燃液体,类别3	H226	GHS02	警告	预防措施：P210、P233、P240、P241、P242、P243、P280 事故响应：P303＋P361＋P353、P370＋P378 安全储存：P403＋P235 废弃处置：P501	易燃液体	
2746	原甲酸三甲酯	原甲酸甲酯;三甲氧基甲烷	149-73-5		易燃液体,类别2 严重眼损伤/眼刺激,类别2	H225 H319	GHS02 GHS07	危险	预防措施：P210、P233、P240、P241、P242、P243、P280、P264 事故响应：P303＋P361＋P353、P370＋P378、P305＋P351＋P338、P337＋P313 安全储存：P403＋P235 废弃处置：P501	高度易燃液体	

续表

序号	品名	别名	CAS号	UN号	危险性类别	危险性说明代码	象形图代码	警示词	防范说明代码	风险提示	备注
2747	原甲酸三乙酯	三乙氧基甲烷；原甲酸乙酯	122-51-0	2524	易燃液体，类别 3	H226	GHS02	警告	预防措施：P210、P233、P240、P241、P242、P243、P280 事故响应：P303+P361+P353、P370+P378 安全储存：P403+P235 废弃处置：P501	易燃液体	
2748	原乙酸三甲酯	1，1，1-三甲氧基乙烷	1445-45-0		易燃液体，类别 2	H225	GHS02	危险	预防措施：P210、P233、P240、P241、P242、P243、P280 事故响应：P303+P361+P353、P370+P378 安全储存：P403+P235 废弃处置：P501	高度易燃液体	
2749	月桂酸三丁基锡		3090-36-6		急性毒性-经口，类别 3 特异性靶器官毒性-一次接触，类别 2 危害水生环境-急性危害，类别 1 危害水生环境-长期危害，类别 1	H301 H371 H400 H410	GHS06 GHS08 GHS09	危险	预防措施：P264、P270、P260、P273 事故响应：P301＋P310、P321、P330、P308＋P311、P391 安全储存：P405 废弃处置：P501	吞咽会中毒	
2750	杂戊醇	杂醇油	8013-75-0	1201	易燃液体，类别 2	H225	GHS02	危险	预防措施：P210、P233、P240、P241、P242、P243、P280 事故响应：P303+P361+P353、P370+P378 安全储存：P403+P235 废弃处置：P501	高度易燃液体	
2751	樟脑油	樟木油	8008-51-3	1130	易燃液体，类别 3	H226	GHS02	警告	预防措施：P210、P233、P240、P241、P242、P243、P280 事故响应：P303+P361+P353、P370+P378 安全储存：P403+P235 废弃处置：P501	易燃液体	
2752	锗烷	四氢化锗	7782-65-2	2192	易燃气体，类别 1 加压气体 急性毒性-吸入，类别 1 皮肤腐蚀/刺激，类别 2 严重眼损伤/眼刺激，类别 2 特异性靶器官毒性-一次接触，类别 1 特异性靶器官毒性-一次接触，类别 3（呼吸道刺激、麻醉效应）	H220 H280 或 H281 H330 H315 H319 H370 H335 H336	GHS02 GHS04 GHS06 GHS08	危险	预防措施：P210、P260、P271、P284、P264、P280、P270、P261 事故响应：P377、P381、P304＋P340、P310、P320、P302＋P352、P321、P332＋P313、P362＋P364、P305＋P351＋P338、P337＋P313、P308＋P311、P312 安全储存：P410＋P403、P233＋P403、P405、P403＋P233 废弃处置：P501	极易燃气体，内装加压气体：遇热可能爆炸，吸入致命	

续表

序号	品名	别名	CAS号	UN号	危险性类别	危险性说明代码	象形图代码	警示词	防范说明代码	风险提示	备注
2753	赭曲毒素	棕曲霉毒素	37203-43-3		急性毒性-经口,类别 2	H300	GHS06	危险	预防措施:P264、P270 事故响应:P301+P310、P321、P330 安全储存:P405 废弃处置:P501	吞咽致命	
2754	赭曲毒素 A	棕曲霉毒素 A	303-47-9		急性毒性-经口,类别 2 致癌性,类别 2	H300 H351	GHS06 GHS08	危险	预防措施:P264、P270、P201、P202、P280 事故响应:P301+P310、P321、P330、P308+P313 安全储存:P405 废弃处置:P501	吞咽致命	
2755	正丙苯	丙苯;丙基苯	103-65-1	2364	易燃液体,类别 3 特异性靶器官毒性-一次接触,类别 3(麻醉效应) 吸入危害,类别 1 危害水生环境-急性危害,类别 2 危害水生环境-长期危害,类别 2	H226 H336 H304 H401 H411	GHS02 GHS07 GHS08 GHS09	危险	预防措施:P210、P233、P240、P241、P242、P243、P280、P261、P271、P273 事故响应:P303+P361+P353、P370+P378、P304+P340、P312、P301+P310、P331、P391 安全储存:P403+P235、P403+P233、P405 废弃处置:P501	易燃液体,禁止催吐	
2756	正丙基环戊烷		2040-96-2		易燃液体,类别 2	H225	GHS02	危险	预防措施:P210、P233、P240、P241、P242、P243、P280 事故响应:P303+P361+P353、P370+P378 安全储存:P403+P235 废弃处置:P501	高度易燃液体	
2757	正丙硫醇	1-巯基丙烷;硫代正丙醇	107-03-9	2402	易燃液体,类别 2 严重眼损伤/眼刺激,类别 2 特异性靶器官毒性-一次接触,类别 3(呼吸道刺激) 危害水生环境-急性危害,类别 1 危害水生环境-长期危害,类别 1	H225 H319 H335 H400 H410	GHS02 GHS07 GHS09	危险	预防措施:P210、P233、P240、P241、P242、P243、P280、P264、P261、P271、P273 事故响应:P303+P361+P353、P370+P378、P305+P351+P338、P337+P313、P304+P340、P312、P391 安全储存:P403+P235、P403+P233、P405 废弃处置:P501	高度易燃液体	
2758	正丙醚	二正丙醚	111-43-3	2384	易燃液体,类别 2 特异性靶器官毒性-一次接触,类别 3(麻醉效应)	H225 H336	GHS02 GHS07	危险	预防措施:P210、P233、P240、P241、P242、P243、P280、P261、P271 事故响应:P303+P361+P353、P370+P378、P304+P340、P312 安全储存:P403+P235、P403+P233、P405 废弃处置:P501	高度易燃液体	

续表

序号	品名	别名	CAS号	UN号	危险性类别	危险性说明代码	象形图代码	警示词	防范说明代码	风险提示	备注
2759	正丁胺	1-氨基丁烷	109-73-9	1125	易燃液体,类别 2 皮肤腐蚀/刺激,类别 1A 严重眼损伤/眼刺激,类别 1 特异性靶器官毒性-一次接触,类别 3(呼吸道刺激)	H225 H314 H318 H335	GHS02 GHS05 GHS07	危险	预防措施：P210、P233、P240、P241、P242、P243、P280、P260、P264、P261、P271 事故响应：P303＋P361＋P353、P370＋P378、P301＋P330＋P331、P304＋P340、P305＋P351＋P338、P310、P321、P363、P312 安全储存：P403＋P235、P405、P403＋P233 废弃处置：P501	高度易燃液体，可引起皮肤腐蚀	
2760	*N*-(1-正丁氨基甲酰基-2-苯并咪唑基)氨基甲酸甲酯	苯菌灵	17804-35-2		皮肤腐蚀/刺激,类别 2 皮肤致敏物,类别 1 生殖细胞致突变性,类别 1B 生殖毒性,类别 1B 特异性靶器官毒性-一次接触,类别 3(呼吸道刺激) 危害水生环境-急性危害,类别 1 危害水生环境-长期危害,类别 1	H315 H317 H340 H360 H335 H400 H410	GHS07 GHS08 GHS09	危险	预防措施：P264、P280、P261、P272、P201、P202、P271、P273 事故响应：P302＋P352、P321、P332＋P313、P362＋P364、P333＋P313、P308＋P313、P304＋P340、P312、P391 安全储存：P405、P403＋P233 废弃处置：P501	可能引起皮肤过敏	
2761	正丁醇		71-36-3	1120	易燃液体,类别 3 皮肤腐蚀/刺激,类别 2 严重眼损伤/眼刺激,类别 1 特异性靶器官毒性-一次接触,类别 3(呼吸道刺激、麻醉效应)	H226 H315 H318 H335 H336	GHS02 GHS05 GHS07	危险	预防措施：P210、P233、P240、P241、P242、P243、P280、P264、P261、P271 事故响应：P303＋P361＋P353、P370＋P378、P302＋P352、P321、P332＋P313、P362＋P364、P305＋P351＋P338、P310、P304＋P340、P312 安全储存：P403＋P235、P403＋P233、P405 废弃处置：P501	易燃液体，造成严重眼损伤	
2762	正丁基苯		104-51-8	2709	易燃液体,类别 3 危害水生环境-急性危害,类别 1 危害水生环境-长期危害,类别 1	H226 H400 H410	GHS02 GHS09	警告	预防措施：P210、P233、P240、P241、P242、P243、P280、P273 事故响应：P303＋P361＋P353、P370＋P378、P391 安全储存：P403＋P235 废弃处置：P501	易燃液体	
2763	*N*-正丁基苯胺		1126-78-9	2738	急性毒性-吸入,类别 3 皮肤腐蚀/刺激,类别 2 严重眼损伤/眼刺激,类别 2 特异性靶器官毒性-一次接触,类别 3(呼吸道刺激)	H331 H315 H319 H335	GHS06	危险	预防措施：P261、P271、P264、P280 事故响应：P304＋P340、P311、P321、P302＋P352、P332＋P313、P362＋P364、P305＋P351＋P338、P337＋P313、P312 安全储存：P233＋P403、P405、P403＋P233 废弃处置：P501	吸入会中毒	

续表

序号	品名	别名	CAS号	UN号	危险性类别	危险性说明代码	象形图代码	警示词	防范说明代码	风险提示	备注
2764	正丁基环戊烷		2040-95-1		易燃液体,类别 2	H225	GHS02	危险	预防措施：P210、P233、P240、P241、P242、P243、P280 事故响应：P303+P361+P353、P370+P378 安全储存：P403+P235 废弃处置：P501	高度易燃液体	
2765	*N*-正丁基咪唑	*N*-正丁基-1,3-二氮杂茂	4316-42-1	2690	急性毒性-经口,类别 3 急性毒性-经皮,类别 3 急性毒性-吸入,类别 2 皮肤腐蚀/刺激,类别 2 严重眼损伤/眼刺激,类别 1 特异性靶器官毒性-一次接触,类别 3(呼吸道刺激)	H301 H311 H330 H315 H318 H335	GHS05 GHS06	危险	预防措施：P264、P270、P280、P260、P271、P284、P261 事故响应：P301+P310、P321、P330、P302+P352、P312、P361+P364、P304+P340、P320、P332+P313、P362+P364、P305+P351+P338 安全储存：P405、P233+P403、P403+P233 废弃处置：P501	吞咽会中毒,皮肤接触会中毒,吸入致命,造成严重眼损伤	
2766	正丁基乙烯基醚[稳定的]	正丁氧基乙烯;乙烯正丁醚	111-34-2	2352	易燃液体,类别 2 严重眼损伤/眼刺激,类别 2 危害水生环境-长期危害,类别 3	H225 H319 H412	GHS02 GHS07	危险	预防措施：P210、P233、P240、P241、P242、P243、P280、P264、P273 事故响应：P303+P361+P353、P370+P378、P305+P351+P338、P337+P313 安全储存：P403+P235 废弃处置：P501	高度易燃液体	
2767	正丁腈	丙基氰	109-74-0	2411	易燃液体,类别 2 急性毒性-经口,类别 3* 急性毒性-经皮,类别 3* 急性毒性-吸入,类别 2	H225 H301 H311 H330	GHS02 GHS06	危险	预防措施：P210、P233、P240、P241、P242、P243、P280、P264、P270、P260、P271、P284 事故响应：P303+P361+P353、P370+P378、P301+P310、P321、P330、P302+P352、P312、P361+P364、P304+P340、P320 安全储存：P403+P235、P405、P233+P403 废弃处置：P501	高度易燃液体,吞咽会中毒,皮肤接触会中毒,吸入致命	
2768	正丁硫醇	1-硫代丁醇	109-79-5	2347	易燃液体,类别 2 严重眼损伤/眼刺激,类别 2B 生殖毒性,类别 2 特异性靶器官毒性-一次接触,类别 2 特异性靶器官毒性-一次接触,类别 3(呼吸道刺激、麻醉效应)	H225 H320 H361 H371 H335 H336	GHS02 GHS07 GHS08	危险	预防措施：P210、P233、P240、P241、P242、P243、P280、P264、P201、P202、P260、P270、P261、P271 事故响应：P303+P361+P353、P370+P378、P305+P351+P338、P337+P313、P308+P313、P308+P311、P304+P340、P312 安全储存：P403+P235、P405、P403+P233 废弃处置：P501	高度易燃液体	

续表

序号	品名	别名	CAS号	UN号	危险性类别	危险性说明代码	象形图代码	警示词	防范说明代码	风险提示	备注
2769	正丁醚	氧化二丁烷；二丁醚	142-96-1	1149	易燃液体,类别 3 皮肤腐蚀/刺激,类别 2 严重眼损伤/眼刺激,类别 2 特异性靶器官毒性-一次接触,类别 3(呼吸道刺激) 危害水生环境-长期危害,类别 3	H226 H315 H319 H335 H412	GHS02 GHS07	警告	预防措施：P210、P233、P240、P241、P242、P243、P280、P264、P261、P271、P273 事故响应：P303＋P361＋P353、P370＋P378、P302＋P352、P321、P332＋P313、P362＋P364、P305＋P351＋P338、P337＋P313、P304＋P340、P312 安全储存：P403＋P235、P403＋P233、P405 废弃处置：P501	易燃液体	
2770	正丁醛		123-72-8	1129	易燃液体,类别 2	H225	GHS02	危险	预防措施：P210、P233、P240、P241、P242、P243、P280 事故响应：P303＋P361＋P353、P370＋P378 安全储存：P403＋P235 废弃处置：P501	高度易燃液体	
2771	正丁酸	丁酸	107-92-6	2820	皮肤腐蚀/刺激,类别 1B 严重眼损伤/眼刺激,类别 1	H314 H318	GHS05	危险	预防措施：P260、P264、P280 事故响应：P301＋P330＋P331、P303＋P361＋P353、P304＋P340、P305＋P351＋P338、P310、P321、P363 安全储存：P405 废弃处置：P501	可引起皮肤腐蚀	
2772	正丁酸甲酯		623-42-7	1237	易燃液体,类别 2	H225	GHS02	危险	预防措施：P210、P233、P240、P241、P242、P243、P280 事故响应：P303＋P361＋P353、P370＋P378 安全储存：P403＋P235 废弃处置：P501	高度易燃液体	
2773	正丁酸乙烯酯[稳定的]	乙烯基丁酸酯	123-20-6	2838	易燃液体,类别 2	H225	GHS02	危险	预防措施：P210、P233、P240、P241、P242、P243、P280 事故响应：P303＋P361＋P353、P370＋P378 安全储存：P403＋P235 废弃处置：P501	高度易燃液体	
2774	正丁酸乙酯		105-54-4	1180	易燃液体,类别 3 皮肤腐蚀/刺激,类别 2 特异性靶器官毒性-一次接触,类别 3(呼吸道刺激)	H226 H315 H335	GHS02 GHS07	警告	预防措施：P210、P233、P240、P241、P242、P243、P280、P264、P261、P271 事故响应：P303＋P361＋P353、P370＋P378、P302＋P352、P321、P332＋P313、P362＋P364、P304＋P340、P312 安全储存：P403＋P235、P403＋P233、P405 废弃处置：P501	易燃液体	

续表

序号	品名	别名	CAS 号	UN 号	危险性类别	危险性说明代码	象形图代码	警示词	防范说明代码	风险提示	备注
2775	正丁酸异丙酯		638-11-9	2405	易燃液体,类别 3	H226	GHS02	警告	预防措施：P210、P233、P240、P241、P242、P243、P280 事故响应:P303+P361+P353、P370+P378 安全储存:P403+P235 废弃处置:P501	易燃液体	
2776	正丁酸正丙酯		105-66-8		易燃液体,类别 3	H226	GHS02	警告	预防措施：P210、P233、P240、P241、P242、P243、P280 事故响应:P303+P361+P353、P370+P378 安全储存:P403+P235 废弃处置:P501	易燃液体	
2777	正丁酸正丁酯	丁酸正丁酯	109-21-7		易燃液体,类别 3	H226	GHS02	警告	预防措施：P210、P233、P240、P241、P242、P243、P280 事故响应:P303+P361+P353、P370+P378 安全储存:P403+P235 废弃处置:P501	易燃液体	
2778	正丁烷	丁烷	106-97-8	1011	易燃气体,类别 1 加压气体	H220 H280 或 H281	GHS02 GHS04	危险	预防措施:P210 事故响应:P377、P381 安全储存:P410+P403 废弃处置:	极易燃气体,内装加压气体:遇热可能爆炸	
2779	正丁酰氯	氯化丁酰	141-75-3	2353	易燃液体,类别 2 皮肤腐蚀/刺激,类别 1B 严重眼损伤/眼刺激,类别 1	H225 H314 H318	GHS02 GHS05	危险	预防措施：P210、P233、P240、P241、P242、P243、P280、P260、P264 事故响应:P303＋P361＋P353、P370＋P378、P301＋P330＋P331、P304＋P340、P305＋P351＋P338、P310、P321、P363 安全储存:P403+P235、P405 废弃处置:P501	高度易燃液体,可引起皮肤腐蚀	
2780	正庚胺	氨基庚烷	111-68-2		易燃液体,类别 3 危害水生环境-急性危害,类别 2	H226 H401	GHS02	警告	预防措施：P210、P233、P240、P241、P242、P243、P280、P273 事故响应:P303+P361+P353、P370+P378 安全储存:P403+P235 废弃处置:P501	易燃液体	

续表

序号	品名	别名	CAS号	UN号	危险性类别	危险性说明代码	象形图代码	警示词	防范说明代码	风险提示	备注
2781	正庚醛		111-71-7	3056	易燃液体,类别3 皮肤腐蚀/刺激,类别2 严重眼损伤/眼刺激,类别2B 特异性靶器官毒性-一次接触,类别3(呼吸道刺激) 危害水生环境-急性危害,类别2	H226 H315 H320 H335 H401	GHS02 GHS07	警告	预防措施：P210、P233、P240、P241、P242、P243、P280、P264、P261、P271、P273 事故响应：P303＋P361＋P353、P370＋P378、P302＋P352、P321、P332＋P313、P362＋P364、P305＋P351＋P338、P337＋P313、P304＋P340、P312 安全储存：P403＋P235、P403＋P233、P405 废弃处置：P501	易燃液体	
2782	正庚烷	庚烷	142-82-5	1206	易燃液体,类别2 皮肤腐蚀/刺激,类别2 特异性靶器官毒性-一次接触,类别3(麻醉效应) 吸入危害,类别1 危害水生环境-急性危害,类别1 危害水生环境-长期危害,类别1	H225 H315 H336 H304 H400 H410	GHS02 GHS07 GHS08 GHS09	危险	预防措施：P210、P233、P240、P241、P242、P243、P280、P264、P261、P271、P273 事故响应：P303＋P361＋P353、P370＋P378、P302＋P352、P321、P332＋P313、P362＋P364、P304＋P340、P312、P301＋P310、P331、P391 安全储存：P403＋P235、P403＋P233、P405 废弃处置：P501	高度易燃液体,禁止催吐	
2783	正硅酸甲酯	四甲氧基硅烷;硅酸四甲酯;原硅酸甲酯	681-84-5	2606	易燃液体,类别2 急性毒性-吸入,类别1 严重眼损伤/眼刺激,类别1 特异性靶器官毒性-一次接触,类别2 特异性靶器官毒性-反复接触,类别1	H225 H330 H318 H371 H372	GHS02 GHS05 GHS06 GHS08	危险	预防措施：P210、P233、P240、P241、P242、P243、P280、P260、P271、P284、P264、P270 事故响应：P303＋P361＋P353、P370＋P378、P304＋P340、P310、P320、P305＋P351＋P338、P308＋P311、P314 安全储存：P403＋P235、P233＋P403、P405 废弃处置：P501	高度易燃液体,吸入致命,造成严重眼损伤	
2784	正癸烷		124-18-5	2247	易燃液体,类别3 危害水生环境-急性危害,类别1 危害水生环境-长期危害,类别1	H226 H400 H410	GHS02 GHS09	警告	预防措施：P210、P233、P240、P241、P242、P243、P280、P273 事故响应：P303＋P361＋P353、P370＋P378、P391 安全储存：P403＋P235 废弃处置：P501	易燃液体	
2785	正己胺	1-氨基己烷	111-26-2		易燃液体,类别3 急性毒性-经皮,类别3 皮肤腐蚀/刺激,类别2 * 严重眼损伤/眼刺激,类别1 危害水生环境-急性危害,类别2	H226 H311 H315 H318 H401	GHS02 GHS05 GHS06	危险	预防措施：P210、P233、P240、P241、P242、P243、P280、P264、P273 事故响应：P303＋P361＋P353、P370＋P378、P302＋P352、P312、P321、P361＋P364、P332＋P313、P362＋P364、P305＋P351＋P338、P310 安全储存：P403＋P235、P405 废弃处置：P501	易燃液体,皮肤接触会中毒,造成严重眼损伤	

续表

序号	品名	别名	CAS号	UN号	危险性类别	危险性说明代码	象形图代码	警示词	防范说明代码	风险提示	备注
2786	正己醛		66-25-1	1207	易燃液体,类别3 皮肤腐蚀/刺激,类别2* 严重眼损伤/眼刺激,类别2A 特异性靶器官毒性-一次接触,类别3(呼吸道刺激)	H226 H315 H319 H335	GHS02 GHS07	警告	预防措施:P210、P233、P240、P241、P242、P243、P280、P264、P261、P271 事故响应:P303+P361+P353、P370+P378、P302+P352、P321、P332+P313、P362+P364、P305+P351+P338、P337+P313、P304+P340、P312 安全储存:P403+P235、P403+P233、P405 废弃处置:P501	易燃液体	
2787	正己酸甲酯		106-70-7		易燃液体,类别3	H226	GHS02	警告	预防措施:P210、P233、P240、P241、P242、P243、P280 事故响应:P303+P361+P353、P370+P378 安全储存:P403+P235 废弃处置:P501	易燃液体	
2788	正己酸乙酯		123-66-0		易燃液体,类别3 危害水生环境-急性危害,类别2	H226 H401	GHS02	警告	预防措施:P210、P233、P240、P241、P242、P243、P280、P273 事故响应:P303+P361+P353、P370+P378 安全储存:P403+P235 废弃处置:P501	易燃液体	
2789	正己烷	己烷	110-54-3	1208	易燃液体,类别2 皮肤腐蚀/刺激,类别2 生殖毒性,类别2 特异性靶器官毒性-一次接触,类别3(麻醉效应) 特异性靶器官毒性-反复接触,类别2* 吸入危害,类别1 危害水生环境-急性危害,类别2 危害水生环境-长期危害,类别2	H225 H315 H361 H336 H373 H304 H401 H411	GHS02 GHS07 GHS08 GHS09	危险	预防措施:P210、P233、P240、P241、P242、P243、P280、P264、P201、P202、P261、P271、P260、P273 事故响应:P303+P361+P353、P370+P378、P302+P352、P321、P332+P313、P362+P364、P308+P313、P304+P340、P312、P314、P301+P310、P331、P391 安全储存:P403+P235、P405、P403+P233 废弃处置:P501	高度易燃液体,禁止催吐	重大
2790	正磷酸	磷酸	7664-38-2	1805	皮肤腐蚀/刺激,类别1B 严重眼损伤/眼刺激,类别1	H314 H318	GHS05	危险	预防措施:P260、P264、P280 事故响应:P301+P330+P331、P303+P361+P353、P304+P340、P305+P351+P338、P310、P321、P363 安全储存:P405 废弃处置:P501	可引起皮肤腐蚀	

续表

序号	品名	别名	CAS号	UN号	危险性类别	危险性说明代码	象形图代码	警示词	防范说明代码	风险提示	备注
2791	正戊胺	1-氨基戊烷	110-58-7	1106	易燃液体,类别2 皮肤腐蚀/刺激,类别1 严重眼损伤/眼刺激,类别1	H225 H314 H318	GHS02 GHS05	危险	预防措施：P210、P233、P240、P241、P242、P243、P280、P260、P264 事故响应:P303＋P361＋P353、P370＋P378、P301＋P330＋P331、P304＋P340、P305＋P351＋P338、P310、P321、P363 安全储存:P403＋P235、P405 废弃处置:P501	高度易燃液体,可引起皮肤腐蚀	
2792	正戊酸	戊酸	109-52-4		皮肤腐蚀/刺激,类别1B 严重眼损伤/眼刺激,类别1 危害水生环境-长期危害,类别3	H314 H318 H412	GHS05	危险	预防措施:P260、P264、P280、P273 事故响应:P301＋P330＋P331、P303＋P361＋P353、P304＋P340、P305＋P351＋P338、P310、P321、P363 安全储存:P405 废弃处置:P501	可引起皮肤腐蚀	
2793	正戊酸甲酯		624-24-8		易燃液体,类别2	H225	GHS02	危险	预防措施：P210、P233、P240、P241、P242、P243、P280 事故响应:P303＋P361＋P353、P370＋P378 安全储存:P403＋P235 废弃处置:P501	高度易燃液体	
2794	正戊酸乙酯		539-82-2		易燃液体,类别3	H226	GHS02	警告	预防措施：P210、P233、P240、P241、P242、P243、P280 事故响应:P303＋P361＋P353、P370＋P378 安全储存:P403＋P235 废弃处置:P501	易燃液体	
2795	正戊酸正丙酯		141-06-0		易燃液体,类别3	H226	GHS02	警告	预防措施：P210、P233、P240、P241、P242、P243、P280 事故响应:P303＋P361＋P353、P370＋P378 安全储存:P403＋P235 废弃处置:P501	易燃液体	
2796	正戊烷	戊烷	109-66-0	1265	易燃液体,类别2 特异性靶器官毒性-一次接触,类别3(麻醉效应) 吸入危害,类别1 危害水生环境-急性危害,类别2	H225 H336 H304 H401	GHS02 GHS07 GHS08	危险	预防措施：P210、P233、P240、P241、P242、P243、P280、P261、P271、P273 事故响应:P303＋P361＋P353、P370＋P378、P304＋P340、P312、P301＋P310、P331 安全储存:P403＋P235、P403＋P233、P405 废弃处置:P501	高度易燃液体,禁止催吐	

续表

序号	品名	别名	CAS号	UN号	危险性类别	危险性说明代码	象形图代码	警示词	防范说明代码	风险提示	备注
2797	正辛腈	庚基氰	124-12-9		皮肤腐蚀/刺激,类别2 严重眼损伤/眼刺激,类别2 特异性靶器官毒性-一次接触,类别3(呼吸道刺激)	H315 H319 H335	GHS07	警告	预防措施:P264、P280、P261、P271 事故响应:P302+P352、P321、P332+P313、P362+P364、P305+P351+P338、P337+P313、P304+P340、P312 安全储存:P403+P233、P405 废弃处置:P501		
2798	正辛硫醇	巯基辛烷	111-88-6		易燃液体,类别3 严重眼损伤/眼刺激,类别2 皮肤致敏物,类别1 特异性靶器官毒性-一次接触,类别2 特异性靶器官毒性-一次接触,类别3(麻醉效应) 特异性靶器官毒性-反复接触,类别2 危害水生环境-急性危害,类别1 危害水生环境-长期危害,类别1	H226 H319 H317 H371 H336 H373 H400 H410	GHS02 GHS07 GHS08 GHS09	警告	预防措施:P210、P233、P240、P241、P242、P243、P280、P264、P261、P272、P260、P270、P271、P273 事故响应:P303+P361+P353、P370+P378、P305+P351+P338、P337+P313、P302+P352、P321、P333+P313、P362+P364、P308+P311、P304+P340、P312、P314、P391 安全储存:P403+P235、P405、P403+P233 废弃处置:P501	易燃液体,可能引起皮肤过敏	
2799	正辛烷		111-65-9	1262	易燃液体,类别2 皮肤腐蚀/刺激,类别2 特异性靶器官毒性-一次接触,类别3(麻醉效应) 吸入危害,类别1 危害水生环境-急性危害,类别1 危害水生环境-长期危害,类别1	H225 H315 H336 H304 H400 H410	GHS02 GHS07 GHS08 GHS09	危险	预防措施:P210、P233、P240、P241、P242、P243、P280、P264、P261、P271、P273 事故响应:P303+P361+P353、P370+P378、P302+P352、P321、P332+P313、P362+P364、P304+P340、P312、P301+P310、P331、P391 安全储存:P403+P235、P403+P233、P405 废弃处置:P501	高度易燃液体,禁止催吐	
2800	支链-4-壬基酚		84852-15-3		皮肤腐蚀/刺激,类别1B 严重眼损伤/眼刺激,类别1 生殖毒性,类别2 危害水生环境-急性危害,类别1 危害水生环境-长期危害,类别1	H314 H318 H361 H400 H410	GHS05 GHS08 GHS09	危险	预防措施:P260、P264、P280、P201、P202、P273 事故响应:P301+P330+P331、P303+P361+P353、P304+P340、P305+P351+P338、P310、P321、P363、P308+P313、P391 安全储存:P405 废弃处置:P501	可引起皮肤腐蚀	

续表

序号	品名	别名	CAS号	UN号	危险性类别	危险性说明代码	象形图代码	警示词	防范说明代码	风险提示	备注
2801	仲丁胺	2-氨基丁烷	13952-84-6		易燃液体,类别2 皮肤腐蚀/刺激,类别1A 严重眼损伤/眼刺激,类别1 危害水生环境-急性危害,类别1	H225 H314 H318 H400	GHS02 GHS05 GHS09	危险	预防措施：P210、P233、P240、P241、P242、P243、P280、P260、P264、P273 事故响应:P303＋P361＋P353、P370＋P378、P301＋P330＋P331、P304＋P340、P305＋P351＋P338、P310、P321、P363、P391 安全储存:P403＋P235、P405 废弃处置:P501	高度易燃液体,可引起皮肤腐蚀	
2802	2-仲丁基-4,6-二硝基苯基-3-甲基丁-2-烯酸酯	乐杀螨	485-31-4		急性毒性-经口,类别3 急性毒性-经皮,类别3 生殖毒性,类别1B 危害水生环境-急性危害,类别1 危害水生环境-长期危害,类别1	H301 H311 H360 H400 H410	GHS08 GHS09	危险	预防措施:P264、P270、P280、P201、P202、P273 事故响应:P301＋P310、P321、P330、P302＋P352、P312、P361＋P364、P308＋P313、P391 安全储存:P405 废弃处置:P501	吞咽会中毒,皮肤接触会中毒	
2803	2-仲丁基-4,6-二硝基酚	二硝基仲丁基苯酚;4,6-二硝基-2-仲丁基苯酚;地乐酚	88-85-7		急性毒性-经口,类别3* 急性毒性-经皮,类别3* 严重眼损伤/眼刺激,类别2 生殖毒性,类别1B 危害水生环境-急性危害,类别1 危害水生环境-长期危害,类别1	H301 H311 H319 H360 H400 H410	GHS06 GHS08 GHS09	危险	预防措施:P264、P270、P280、P201、P202、P273 事故响应:P301＋P310、P321、P330、P302＋P352、P312、P361＋P364、P305＋P351＋P338、P337＋P313、P308＋P313、P391 安全储存:P405 废弃处置:P501	吞咽会中毒,皮肤接触会中毒	
2804	仲丁基苯	仲丁苯	135-98-8		易燃液体,类别3 危害水生环境-长期危害,类别3*	H226 H412	GHS02	警告	预防措施：P210、P233、P240、P241、P242、P243、P280、P273 事故响应:P303＋P361＋P353、P370＋P378 安全储存:P403＋P235 废弃处置:P501	易燃液体	
2805	仲高碘酸钾	仲过碘酸钾;一缩原高碘酸钾	14691-87-3		氧化性固体,类别2	H272	GHS03	危险	预防措施:P210、P220、P221、P280 事故响应:P370＋P378 安全储存: 废弃处置:P501	可加剧燃烧,氧化剂	
2806	仲高碘酸钠	仲过碘酸钠;一缩原高碘酸钠	13940-38-0		氧化性固体,类别2	H272	GHS03	危险	预防措施:P210、P220、P221、P280 事故响应:P370＋P378 安全储存: 废弃处置:P501	可加剧燃烧,氧化剂	

续表

序号	品名	别名	CAS 号	UN 号	危险性类别	危险性说明代码	象形图代码	警示词	防范说明代码	风险提示	备注
2807	仲戊胺	1-甲基丁胺	625-30-9		易燃液体,类别 3 皮肤腐蚀/刺激,类别 1 严重眼损伤/眼刺激,类别 1	H226 H314 H318	GHS02 GHS05	危险	预防措施：P210、P233、P240、P241、P242、P243、P280、P260、P264 事故响应：P303＋P361＋P353、P370＋P378、P301＋P330＋P331、P304＋P340、P305＋P351＋P338、P310、P321、P363 安全储存：P403＋P235、P405 废弃处置：P501	易燃液体，可引起皮肤腐蚀	
2808	2-重氮-1-萘酚-4-磺酸钠		64173-96-2		自反应物质和混合物，D 型	H242	GHS02	危险	预防措施：P210、P220、P234、P280 事故响应：P370＋P378 安全储存：P403＋P235、P411、P420 废弃处置：P501	加热可能起火	
2809	2-重氮-1-萘酚-5-磺酸钠		2657-00-3		自反应物质和混合物，D 型	H242	GHS02	危险	预防措施：P210、P220、P234、P280 事故响应：P370＋P378 安全储存：P403＋P235、P411、P420 废弃处置：P501	加热可能起火	
2810	2-重氮-1-萘酚-4-磺酰氯		36451-09-9		自反应物质和混合物，B 型	H241	GHS01 GHS02	危险	预防措施：P210、P220、P234、P280 事故响应：P370＋P378、P370＋P380＋P375 安全储存：P403＋P235、P411、P420 废弃处置：P501	加热可能起火或爆炸	
2811	2-重氮-1-萘酚-5-磺酰氯		3770-97-6		自反应物质和混合物，B 型	H241	GHS01 GHS02	危险	预防措施：P210、P220、P234、P280 事故响应：P370＋P378、P370＋P380＋P375 安全储存：P403＋P235、P411、P420 废弃处置：P501	加热可能起火或爆炸	
2812	重氮氨基苯	三氮二苯；苯氨基重氮苯	136-35-6		易燃固体，类别 1	H228	GHS02	危险	预防措施：P210、P240、P241、P280 事故响应：P370＋P378 安全储存： 废弃处置：	易燃固体	
2813	重氮甲烷		334-88-3		易燃气体，类别 1 加压气体 致癌性，类别 1B	H220 H280 或 H281 H350	GHS02 GHS04 GHS08	危险	预防措施：P210、P201、P202、P280 事故响应：P377、P381、P308＋P313 安全储存：P410＋P403、P405 废弃处置：P501	极易燃气体，内装加压气体：遇热可能爆炸，可能致癌	

续表

序号	品名	别名	CAS号	UN号	危险性类别	危险性说明代码	象形图代码	警示词	防范说明代码	风险提示	备注
2814	重氮乙酸乙酯	重氮醋酸乙酯	623-73-4		易燃液体,类别 3	H226	GHS02	警告	预防措施：P210、P233、P240、P241、P242、P243、P280 事故响应：P303＋P361＋P353、P370＋P378 安全储存：P403＋P235 废弃处置：P501	易燃液体	
2815	重铬酸铵	红矾铵	7789-09-5	1439	氧化性固体,类别 2 * 急性毒性-经口,类别 3 * 急性毒性-吸入,类别 2 * 皮肤腐蚀/刺激,类别 1B 严重眼损伤/眼刺激,类别 1 呼吸道致敏物,类别 1 皮肤致敏物,类别 1 生殖细胞致突变性,类别 1B 致癌性,类别 1A 生殖毒性,类别 1B 特异性靶器官毒性-一次接触,类别 3(呼吸道刺激) 特异性靶器官毒性-反复接触,类别 1 危害水生环境-急性危害,类别 1 危害水生环境-长期危害,类别 1	H272 H301 H330 H314 H318 H334 H317 H340 H350 H360 H335 H372 H400 H410	GHS03 GHS05 GHS06 GHS08 GHS09	危险	预防措施：P210、P220、P221、P280、P264、P270、P260、P271、P284、P261、P272、P201、P202、P273 事故响应：P370＋P378、P301＋P310、P321、P304＋P340、P320、P301＋P330＋P331、P303＋P361＋P353、P305＋P351＋P338、P363、P342＋P311、P302＋P352、P333＋P313、P362＋P364、P308＋P313、P312、P314、P391 安全储存：P405、P233＋P403、P403＋P233 废弃处置：P501	可加剧燃烧，氧化剂，吞咽会中毒，吸入致命，可引起皮肤腐蚀，吸入可能导致过敏，可能引起皮肤过敏，可能致癌	制爆
2816	重铬酸钡		13477-01-5		氧化性固体,类别 2 皮肤致敏物,类别 1 致癌性,类别 1A 危害水生环境-急性危害,类别 1 危害水生环境-长期危害,类别 1	H272 H317 H350 H400 H410	GHS03 GHS07 GHS08 GHS09	危险	预防措施：P210、P220、P221、P280、P261、P272、P201、P202、P273 事故响应：P370＋P378、P302＋P352、P321、P333＋P313、P362＋P364、P308＋P313、P391 安全储存：P405 废弃处置：P501	可加剧燃烧，氧化剂，可能引起皮肤过敏，可能致癌	

续表

序号	品名	别名	CAS 号	UN 号	危险性类别	危险性说明代码	象形图代码	警示词	防范说明代码	风险提示	备注
2817	重铬酸钾	红矾钾	7778-50-9		氧化性固体,类别 2 急性毒性-经口,类别 3 * 急性毒性-吸入,类别 2 * 皮肤腐蚀/刺激,类别 1B 严重眼损伤/眼刺激,类别 1 呼吸道致敏物,类别 1 皮肤致敏物,类别 1 生殖细胞致突变性,类别 1B 致癌性,类别 1A 生殖毒性,类别 1B 特异性靶器官毒性-一次接触,类别 3(呼吸道刺激) 特异性靶器官毒性-反复接触,类别 1 危害水生环境-急性危害,类别 1 危害水生环境-长期危害,类别 1	H272 H301 H330 H314 H318 H334 H317 H340 H350 H360 H335 H372 H400 H410	GHS03 GHS05 GHS06 GHS08 GHS09	危险	预防措施：P210、P220、P221、P280、P264、P270、P260、P271、P284、P261、P272、P201、P202、P273 事故响应：P370＋P378、P301＋P310、P321、P304＋P340、P320、P301＋P330＋P331、P303＋P361＋P353、P305＋P351＋P338、P363、P342＋P311、P302＋P352、P333＋P313、P362＋P364、P308＋P313、P312、P314、P391 安全储存：P405、P233＋P403、P403＋P233 废弃处置：P501	可加剧燃烧，氧化剂，吞咽会中毒，吸入致命，可引起皮肤腐蚀，吸入可能导致过敏，可能引起皮肤过敏，可能致癌	制爆
2818	重铬酸锂		13843-81-7		氧化性固体,类别 2 皮肤致敏物,类别 1 致癌性,类别 1A 危害水生环境-急性危害,类别 1 危害水生环境-长期危害,类别 1	H272 H317 H350 H400 H410	GHS03 GHS07 GHS08 GHS09	危险	预防措施：P210、P220、P221、P280、P261、P272、P201、P202、P273 事故响应：P370＋P378、P302＋P352、P321、P333＋P313、P362＋P364、P308＋P313、P391 安全储存：P405 废弃处置：P501	可加剧燃烧，氧化剂，可能引起皮肤过敏，可能致癌	制爆
2819	重铬酸铝				氧化性固体,类别 2 皮肤致敏物,类别 1 致癌性,类别 1A 危害水生环境-急性危害,类别 1 危害水生环境-长期危害,类别 1	H272 H317 H350 H400 H410	GHS03 GHS07 GHS08 GHS09	危险	预防措施：P210、P220、P221、P280、P261、P272、P201、P202、P273 事故响应：P370＋P378、P302＋P352、P321、P333＋P313、P362＋P364、P308＋P313、P391 安全储存：P405 废弃处置：P501	可加剧燃烧，氧化剂，可能引起皮肤过敏，可能致癌	

续表

序号	品名	别名	CAS号	UN号	危险性类别	危险性说明代码	象形图代码	警示词	防范说明代码	风险提示	备注
2820	重铬酸钠	红矾钠	10588-01-9		氧化性固体,类别2 急性毒性-经口,类别3* 急性毒性-吸入,类别2* 皮肤腐蚀/刺激,类别1B 严重眼损伤/眼刺激,类别1 呼吸道致敏物,类别1 皮肤致敏物,类别1 生殖细胞致突变性,类别1B 致癌性,类别1A 生殖毒性,类别1B 特异性靶器官毒性-反复接触,类别1 危害水生环境-急性危害,类别1 危害水生环境-长期危害,类别1	H272 H301 H330 H314 H318 H334 H317 H340 H350 H360 H372 H400 H410	GHS03 GHS05 GHS06 GHS08 GHS09	危险	预防措施：P210、P220、P221、P280、P264、P270、P260、P271、P284、P261、P272、P201、P202、P273 事故响应：P370＋P378、P301＋P310、P321、P304＋P340、P320、P301＋P330＋P331、P303＋P361＋P353、P305＋P351＋P338、P363、P342＋P311、P302＋P352、P333＋P313、P362＋P364、P308＋P313、P314、P391 安全储存：P405、P233＋P403 废弃处置：P501	可加剧燃烧，氧化剂，吞咽会中毒，吸入致命，可引起皮肤腐蚀，吸入可能导致过敏，可能引起皮肤过敏，可能致癌	制爆
2821	重铬酸铯		13530-67-1		氧化性固体,类别2 皮肤致敏物,类别1 致癌性,类别1A 危害水生环境-急性危害,类别1 危害水生环境-长期危害,类别1	H272 H317 H350 H400 H410	GHS03 GHS07 GHS08 GHS09	危险	预防措施：P210、P220、P221、P280、P261、P272、P201、P202、P273 事故响应：P370＋P378、P302＋P352、P321、P333＋P313、P362＋P364、P308＋P313、P391 安全储存：P405 废弃处置：P501	可加剧燃烧，氧化剂，可能引起皮肤过敏，可能致癌	
2822	重铬酸铜		13675-47-3		氧化性固体,类别2 皮肤致敏物,类别1 致癌性,类别1A 危害水生环境-急性危害,类别1 危害水生环境-长期危害,类别1	H272 H317 H350 H400 H410	GHS03 GHS07 GHS08 GHS09	危险	预防措施：P210、P220、P221、P280、P261、P272、P201、P202、P273 事故响应：P370＋P378、P302＋P352、P321、P333＋P313、P362＋P364、P308＋P313、P391 安全储存：P405 废弃处置：P501	可加剧燃烧，氧化剂，可能引起皮肤过敏，可能致癌	
2823	重铬酸锌		14018-95-2		氧化性固体,类别2 皮肤致敏物,类别1 致癌性,类别1A 危害水生环境-急性危害,类别1 危害水生环境-长期危害,类别1	H272 H317 H350 H400 H410	GHS03 GHS07 GHS08 GHS09	危险	预防措施：P210、P220、P221、P280、P261、P272、P201、P202、P273 事故响应：P370＋P378、P302＋P352、P321、P333＋P313、P362＋P364、P308＋P313、P391 安全储存：P405 废弃处置：P501	可加剧燃烧，氧化剂，可能引起皮肤过敏，可能致癌	

续表

序号	品名	别名	CAS号	UN号	危险性类别	危险性说明代码	象形图代码	警示词	防范说明代码	风险提示	备注
2824	重铬酸银		7784-02-3		氧化性固体,类别 2 皮肤致敏物,类别 1 致癌性,类别 1A 危害水生环境-急性危害,类别 1 危害水生环境-长期危害,类别 1	H272 H317 H350 H400 H410	GHS03 GHS07 GHS08 GHS09	危险	预防措施: P210、P220、P221、P280、P261、P272、P201、P202、P273 事故响应:P370＋P378、P302＋P352、P321、P333＋P313、P362＋P364、P308＋P313、P391 安全储存:P405 废弃处置:P501	可加剧燃烧,氧化剂,可能引起皮肤过敏,可能致癌	
2825	重质苯				易燃液体,类别 2 皮肤腐蚀/刺激,类别 2 严重眼损伤/眼刺激,类别 2 生殖细胞致突变性,类别 1B 致癌性,类别 1A 特异性靶器官毒性-反复接触,类别 1 吸入危害,类别 1 危害水生环境-急性危害,类别 2 危害水生环境-长期危害,类别 3	H225 H315 H319 H340 H350 H372 H304 H401 H412	GHS02 GHS07 GHS08	危险	预防措施: P210、P233、P240、P241、P242、P243、P280、P264、P201、P202、P260、P270、P273 事故响应:P303＋P361＋P353、P370＋P378、P302＋P352、P321、P332＋P313、P362＋P364、P305＋P351＋P338、P337＋P313、P308＋P313、P314、P301＋P310、P331 安全储存:P403＋P235、P405 废弃处置:P501	高度易燃液体,可能致癌,禁止催吐	
2826	D-苎烯		5989-27-5		易燃液体,类别 3 皮肤腐蚀/刺激,类别 2 皮肤致敏物,类别 1 危害水生环境-急性危害,类别 1 危害水生环境-长期危害,类别 1	H226 H315 H317 H400 H410	GHS02 GHS07 GHS09	警告	预防措施: P210、P233、P240、P241、P242、P243、P280、P264、P261、P272、P273 事故响应:P303＋P361＋P353、P370＋P378、P302＋P352、P321、P332＋P313、P362＋P364、P333＋P313、P391 安全储存:P403＋P235 废弃处置:P501	易燃液体,可能引起皮肤过敏	
2827	左旋溶肉瘤素	左旋苯丙氨酸氮芥;米尔法兰	148-82-3		急性毒性-经口,类别 2 致癌性,类别 1A	H300 H350	GHS06 GHS08	危险	预防措施:P264、P270、P201、P202、P280 事故响应:P301＋P310、P321、P330、P308＋P313 安全储存:P405 废弃处置:P501	吞咽致命,可能致癌	

续表

序号	品名	别名	CAS号	UN号	危险性类别	危险性说明代码	象形图代码	警示词	防范说明代码	风险提示	备注
2828③	含易燃溶剂的合成树脂、油漆、辅助材料、涂料等制品[闭杯闪点≤60℃]				(1)闪点<23℃和初沸点≤35℃：易燃液体，类别1 (2)闪点<23℃和初沸点>35℃：易燃液体，类别2 (3)23℃≤闪点≤60℃：易燃液体，类别3	(1)H224 (2)H225 (3)H226	GHS02	(1)危险 (2)危险 (3)警告	预防措施：P210、P233、P240、P241、P242、P243、P280 事故响应：P303+P361+P353、P370+P378 安全储存：P403+P235 废弃处置：P501	(1)极易燃液体 (2)高度易燃液体 (3)易燃液体	
	常见物质如下：										
	1. 氨基树脂涂料	氨基树脂漆									
	2. 丙烯酸酯类树脂涂料	丙烯酸酯类树脂漆									
	3. 醇酸树脂涂料	醇酸树脂漆									
	4. 酚醛树脂涂料	酚醛树脂漆									
	5. 过氯乙烯树脂涂料	过氯乙烯树脂漆									
	6. 环氧树脂涂料	环氧树脂漆									
	7. 聚氨酯树脂涂料	聚氨酯树脂漆									
	8. 聚酯树脂涂料	聚酯树脂漆									
	9. 沥青涂料	沥青漆									
	10. 天然树脂涂料	天然树脂漆									
	11. 烯类树脂涂料	烯类树脂漆									
	12. 橡胶涂料	橡胶漆									
	13. 硝基涂料	硝基漆									
	14. 油脂涂料	油脂漆									
	15. 元素有机涂料	元素有机漆									

续表

序号	品名	别名	CAS号	UN号	危险性类别	危险性说明代码	象形图代码	警示词	防范说明代码	风险提示	备注
	16. 纤维素涂料	纤维素漆									
	17. 氨基树脂类胶粘剂										
	18. 丙烯酸酯聚合物类胶粘剂										
	19. 不饱和聚酯类胶粘剂										
	20. 酚醛复合结构型胶粘剂										
	21. 酚醛树脂类胶粘剂										
	22. 呋喃树脂类胶粘剂										
	23. 环氧复合结构型胶粘剂										
	24. 环氧树脂类胶粘剂										
	25. 聚氨酯类胶粘剂										
2828③	26. 聚苯并咪唑胶粘剂										
	27. 聚苯并噻唑胶粘剂										
	28. 聚苯乙烯类胶粘剂										
	29. 聚醚类胶粘剂										
	30. 聚烯烃类胶粘剂										
	31. 聚酰胺类胶粘剂										
	32. 聚酰亚胺胶粘剂										
	33. 聚酯类胶粘剂										
	34. 氯丁胶粘剂										
	35. 乙烯基树脂类胶粘剂										
	36. 有机硅类胶粘剂										

续表

序号	品名	别名	CAS号	UN号	危险性类别	危险性说明代码	象形图代码	警示词	防范说明代码	风险提示	备注
	37. 氨基树脂										
	38. 苯代三聚氰胺甲醛树脂										
	39. 不饱和聚酯树脂										
	40. 不干性醇酸树脂										
	41. 潮气固化型聚氨基甲酸酯树脂										
	42. 醇酸树脂										
	43. 酚醛树脂										
	44. 丁醇改性酚醛树脂										
	45. 干性醇酸树脂										
2828③	46. 硅钢片树脂										
	47. 环氧树脂										
	48. 聚氨基甲酸酯树脂										
	49. 甲醇改性三羟甲基三聚氰胺甲醛树脂										
	50. 聚氨酯树脂										
	51. 三聚氰胺甲醛树脂										
	52. 三聚氰胺树脂										
	53. 无油醇酸树脂										
	54. 有机硅树脂										

续表

序号	品名	别名	CAS号	UN号	危险性类别	危险性说明代码	象形图代码	警示词	防范说明代码	风险提示	备注
	55. 凹版油墨										
	56. 平版油墨										
	57. 特种油墨										
	58. 凸版油墨	凸印油墨									
	59. 网孔版油墨										
	60. 苯乙酸乙醇溶液										
	61. 醇基液体燃料										
	62. 碘酒										
	63. 分离焦油										
	64. 合成香料										
	65. 红磷溶液										
	66. 环庚亚胺二甲苯溶剂										
2828[3]	67. 环化橡胶二甲苯溶液										
	68. 环氧腻子										
	69. 7110 甲聚氨酯固化剂										
	70. 环氧漆固化剂										
	71. 卡尔费休试剂										
	72. 快干助焊剂										
	73. 磷化液										
	74. 偶氮紫苯溶液										
	75. 皮革顶层涂饰剂	鞋用光亮剂									
	76. 皮革光滑剂										
	77. 皮革光亮剂										

续表

序号	品名	别名	CAS号	UN号	危险性类别	危险性说明代码	象形图代码	警示词	防范说明代码	风险提示	备注
2828[③]	78. 溶剂稀释型防锈油										
	79. 涂料用稀释剂										
	80. 脱漆剂										
	81. 洗油	亮光油；亮油；上光油									
	82. 显影液										
	83. 香蕉水	天那水									
	84. 硝基腻子										
	85. 硝基漆防潮剂										
	86. 烟用香精										
	87. 乙醇溶液［按体积含乙醇大于24%］	酒精溶液									
	88. 硬脂酰氯化铬	防水剂CR									

① A型稀释剂是指与有机过氧化物相容、沸点不低于150℃的有机液体。A型稀释剂可用来对所有有机过氧化物进行退敏。

② B型稀释剂是指与有机过氧化物相容、沸点低于150℃但不低于60℃、闪点不低于5℃的有机液体。B型稀释剂可用来对所有有机过氧化物进行退敏，但沸点必须至少比50kg包件的自加速分解温度高60℃。

③ 闪点高于35℃，但不超过60℃的液体如果在持续燃烧性试验中得到否定结果，则可将其视为非易燃液体，不作为易燃液体管理。

附录 1　化学品安全技术说明书样例

产品名称：苯　　　　　　　　　　　　按照 GB/T 16483、GB/T 17519 编制
修订日期：2012 年 2 月 19 日　　　　SDS 编号：×××××-×××
最初编制日期：2001 年 11 月 20 日　　版本：2.1

第 1 部分　化学品及企业标识

化学品中文名：苯

化学品英文名：benzene

企业名称：××××××公司

企业地址：××省××市××区××路××号

邮　　编：××××××　　　　　　　**传真：**×××-×××××××××

联系电话：×××-×××××××××；×××-×××××××××

电子邮件地址：×××××@×××.com

企业应急电话：×××-×××××××××（24h）；国家化学事故应急咨询专线（已签委托协议）：0532-83889090（24h）

产品推荐及限制用途：是染料、塑料、合成橡胶、合成树脂、合成纤维、合成药物和农药的重要原料。用作溶剂。

第 2 部分　危险性概述

紧急情况概述：无色液体，有芳香气味。易燃液体和蒸气。其蒸气能与空气形成爆炸性混合物。重度中毒出现意识障碍、呼吸循环衰竭、猝死。可发生心室纤颤。损害造血系统。可致白血病

GHS 危险性类别

易燃液体　类别 2

皮肤腐蚀/刺激　类别 2

严重眼睛损伤/眼睛刺激性　类别 2

致癌性　类别 1A

生殖细胞突变性　类别 1B

特异性靶器官系统毒性-一次接触　类别 3

特异性靶器官系统毒性-反复接触　类别 1

吸入危害　类别 1

对水环境危害-急性　类别 2

对水环境危害-慢性　类别 3

标签要素

象形图：

警示词：危险

危险性说明：易燃液体和蒸气，引起皮肤刺激，引起严重眼睛刺激，可致癌，可引起遗传性缺陷，可能引起昏睡或眩晕，长期或反复接触引起器官损伤，吞咽并进入呼吸道可能致命，对水生生物有毒，对水生生物有害并且有长期持续影响。

防范说明

- 预防措施：

——在得到专门指导后操作。在未了解所有安全措施之前，且勿操作。

——远离热源、火花、明火、热表面。使用不产生火花的工具作业。

——采取防止静电措施，容器和接收设备接地、连接。

——使用防爆型电器、通风、照明及其他设备。

——保持容器密闭。

——仅在室外或通风良好处操作。

——避免吸入蒸气（或雾）。

——戴防护手套和防护眼镜。

——空气中浓度超标时戴呼吸防护器具。

——妊娠、哺乳期间避免接触。

——作业场所不得进食、饮水、吸烟。

——操作后彻底清洗身体接触部位。污染的工作服不得带出工作场所。

——应避免释放到环境中。

• 事故响应：

——如食入，立即就医。禁止催吐。

——如吸入，立即将患者转移至空气新鲜处，休息，保持有利于呼吸的体位。就医。

——眼接触后应该用水清洗若干分钟，注意充分清洗。如戴隐形眼镜并可方便取出，应将其取出，继续清洗。就医。

——皮肤（或头发）接触，立即脱去所有被污染的衣着，用大量肥皂水和水冲洗。如发生皮肤刺激，就医。受污染的衣着在重新穿用前应彻底清洗。

——收集泄漏物。

——发生火灾时，使用雾状水、干粉、泡沫或二氧化碳灭火。

• 安全储存：

——在阴凉、通风良好处储存。

——上锁保管。

• 废弃处置：

——本品或其容器采用焚烧法处置。

物理和化学危险：易燃液体和蒸气。其蒸气与空气混合，能形成爆炸性混合物。遇明火、高热能引起燃烧爆炸。与强氧化剂能发生强烈反应。流速过快，容易产生和积聚静电。其蒸气比空气重，能在较低处扩散到相当远的地方，遇火源会着火回燃。

健康危害

急性中毒：短期内吸入大量苯蒸气引起急性中毒。轻者出现头晕、头痛、恶心、呕吐、黏膜刺激症状，伴有轻度意识障碍。重度中毒出现中、重度意识障碍或呼吸循环衰竭、猝死。可发生心室纤颤。

慢性中毒：长期接触可引起慢性中毒。可有头晕、头痛、乏力、失眠、记忆力减退；造血系统改变有白细胞减少（计数低于 4×10^9/L）、血小板减少，重者出现再生障碍性贫血；并有易感染和（或）出血倾向。少数病例在慢性中毒后可发生白血病（以急性粒细胞性为多见）。

皮肤损害有脱脂、干燥、皲裂、皮炎。

环境危害：对水生生物有毒，有长期持续影响。

第 3 部分　成分/组成信息

组分	浓度或浓度范围	CAS No.
苯	99（质量分数，%）	71-43-2

第 4 部分　急救措施

急救

吸入：迅速脱离现场至空气新鲜处。保持呼吸道通畅。如呼吸困难，给输氧。呼吸心跳停止，立即进行心肺复苏术。立即就医。

皮肤接触：脱去污染的衣着，用肥皂水和清水彻底冲洗皮肤。如有不适感，就医。

眼睛接触：分开眼睑，用流动清水或生理盐水冲洗。如有不适感，就医。

食入：漱口，饮水，禁止催吐。就医。

对保护施救者的忠告：进入事故现场应佩戴携气式呼吸防护器。

对医生的特别提示：急性中毒可用葡萄糖醛酸内酯；忌用肾上腺素，以免发生心室纤颤。

第 5 部分　消防措施

灭火剂：

用水雾、干粉、泡沫或二氧化碳灭火剂灭火。

避免使用直流水灭火，直流水可能导致可燃性液体的飞溅，使火势扩散。

特别危险性：

易燃液体和蒸气。燃烧会产生一氧化碳、二氧化碳、醛类和酮类等有毒气体。

在火场中，容器内压增大有开裂和爆炸的危险。

灭火注意事项及防护措施：

消防人员须佩戴携气式呼吸器，穿全身消防服，在上风向灭火。

尽可能将容器从火场移至空旷处。

喷水保持火场容器冷却，直至灭火结束。

处在火场中的容器若已变色或从安全泄压装置中发出声音，必须马上撤离。

隔离事故现场，禁止无关人员进入。

收容和处理消防水，防止污染环境。

第 6 部分　泄漏应急处理

作业人员防护措施、防护装备和应急处置程序：

建议应急处理人员戴携气式呼吸器，穿防静电服，戴橡胶耐油手套。

禁止接触或跨越泄漏物。

作业时使用的所有设备应接地。

尽可能切断泄漏源。

消除所有点火源。

根据液体流动和蒸气扩散的影响区域划定警戒区，无关人员从侧风、上风向撤离至安全区。

环境保护措施：收容泄漏物，避免污染环境。防止泄漏物进入下水道、地表水和地下水。

泄漏化学品的收容、清除方法及所使用的处置材料

小量泄漏：尽可能将泄漏液体收集在可密闭的容器中。用沙土、活性炭或其他惰性材料吸收，并转移至安全场所。禁止冲入下水道。

大量泄漏：构筑围堤或挖坑收容。封闭排水管道。用泡沫覆盖，抑制蒸发。用防爆泵转移至槽车或专用收集器内，回收或运至废物处理场所处置。

第 7 部分　操作处置与储存

操作注意事项：

操作人员应经过专门培训，严格遵守操作规程。

操作处置应在具备局部通风或全面通风换气设施的场所进行。

避免眼和皮肤的接触，避免吸入蒸气。个体防护措施参见第 8 部分。

远离火种、热源，工作场所严禁吸烟。

使用防爆型的通风系统和设备。

灌装时应控制流速，且有接地装置，防止静电积聚。

避免与氧化剂等禁配物接触（禁配物参见第 10 部分）。

搬运时要轻装轻卸，防止包装及容器损坏。

倒空的容器可能残留有害物。

使用后洗手，禁止在工作场所进饮食。

配备相应品种和数量的消防器材及泄漏应急处理设备。

储存注意事项：

储存于阴凉、通风的库房。

库温不宜超过37℃。

应与氧化剂、食用化学品分开存放，切忌混储（禁配物参见第10部分）。

保持容器密封。

远离火种、热源。

库房必须安装避雷设备。

排风系统应设有导除静电的接地装置。

采用防爆型照明、通风设施。

禁止使用易产生火花的设备和工具。

储区应备有泄漏应急处理设备和合适的收容材料。

第8部分　接触控制/个体防护

职业接触限值：

组分名称	标准来源	类 型	标准值	备 注
苯	GBZ 2.1—2007	PC-TWA	6mg/m³	皮①，G1②
		PC-STEL	10mg/m³	

① 皮——通过完整的皮肤吸收引起全身效应。

② G1——IARC致癌性分类：确认人类致癌物。

生物限值：

组分名称	标准来源	生物监测指标	生物限值	采样时间
苯	ACGIH(2009)	尿中*S*-苯巯基尿酸	25μg/g(肌酐)	班末
		尿中*t*,*t*-黏糠酸	500μg/g(肌酐)	

监测方法：

工作场所空气有毒物质测定方法：GB/T 160.42——溶剂解析-气相色谱法、热解析-气相色谱法、无泵型采样-气相色谱法。

生物监测检验方法：ACGIH——尿中*t*,*t*-黏糠酸——高效液相色谱法；尿中*S*-苯巯基尿酸——气相色谱/质谱法。

工程控制：

本品属高毒物品，作业场所应与其他作业场所分开。

密闭操作，防止蒸气泄漏到工作场所空气中。

加强通风，保持空气中的浓度低于职业接触限值。

设置自动报警装置和事故通风设施。

设置应急撤离通道和必要的泻险区。

设置红色区域警示线、警示标识和中文警示说明，并设置通讯报警系统。

提供安全淋浴和洗眼设备。

个体防护装备：

呼吸系统防护：空气中浓度超标时，佩戴过滤式防毒面具（半面罩）。紧急事态抢救或撤离时，应该佩戴携气式呼吸器。

手防护：戴橡胶耐油手套。

眼睛防护：戴化学安全防护眼镜。

皮肤和身体防护：穿防毒物渗透工作服。

第9部分　理化特性

外观与性状：无色透明液体，有强烈芳香味。

pH值：无资料　　**临界温度(℃)：**288.9

熔点(℃)：5.5　　**临界压力(MPa)：**4.92

沸点(℃)：80　　**自燃温度(℃)：**498

闪点(℃)：－11(闭杯)
分解温度(℃)：无资料
爆炸上限[%(体积分数)]：8.0
燃烧热(kJ/mol)：3264.4
爆炸下限[%(体积分数)]：1.2
蒸发速率：5.1[乙酸(正)丁酯＝1]
饱和蒸气压(kPa)：10(20℃)
易燃性(固体、气体)：不适用
相对密度(水＝1)：0.88
黏度(mPa·s)：0.604(25℃)
相对蒸气密度(空气＝1)：2.7
气味阈值(mg/m³)：15(4.68ppm)
辛醇/水分配系数(log*P*)：2.13
溶解性：不溶于水，溶于醇、醚、丙酮等多数有机溶剂。

第10部分　稳定性和反应性

稳定性：在正常环境温度下储存和使用，本品稳定。

危险反应：与强氧化剂等禁配物接触，有发生火灾和爆炸的危险。

避免接触的条件：静电放电、热等。

禁配物：氯、硝酸、过氧化氢、过氧化钠、过氧化钾、三氧化铬、高锰酸、臭氧、二氟化二氧、六氟化铀、液氧、过（二）硫酸、过一硫酸、乙硼烷、高氯酸盐（如高氯酸银）、高氯酸硝酰盐、卤间化合物等。

危险的分解产物：无资料。

第11部分　毒理学信息

急性毒性：

大鼠经口 LD_{50} 范围为810～10016mg/kg。大鼠使用数量较大试验的结果显示经口 LD_{50} 大于2000mg/kg[1]。

兔经皮 LD_{50}：≥8200mg/kg[2]。

大鼠吸入 LC_{50}：44.6mg/L（4h）[3]。

皮肤刺激或腐蚀：

兔标准德瑞兹试验：20mg（24h），中度皮肤刺激[4]。

兔皮肤刺激试验：0.5mL（未稀释，4h），中度皮肤刺激[5]。

眼睛刺激或腐蚀：

兔眼内滴入1～2滴未稀释液苯，引起结膜中度刺激和角膜一过性轻度损伤[2,3]。

呼吸或皮肤过敏：

未见苯对皮肤和呼吸系统有致敏作用的报道[1,2]。从苯的化学结构分析，本品不可能引起与呼吸道和皮肤过敏有关的免疫性改变[1]。

生殖细胞突变性：

体内研究显示，苯对哺乳动物和人有明显的体细胞致突变作用。有关生殖细胞致突变的显性死试验没有得出明确的结论。根据苯对精原细胞的遗传效应的阳性数据及其毒物代谢动力学特点，苯有到达性腺并导致生殖细胞发生突变的潜在能力[1]。

致癌性：

苯所致白血病已列入《职业病目录》，属职业性肿瘤。

IARC对本品的致癌性分类：G1——确认人类致癌物[6]。

生殖毒性：

动物实验结果显示，苯在对母体产生毒性的剂量下出现胚胎毒性[7,8]。

特异性靶器官系统毒性　一次接触：

大鼠经口和小鼠吸入苯后出现麻醉作用；吸入麻醉作用的阈值约为13000mg/m³[3]。

人吸入高浓度或口服大剂量苯引起急性中毒，表现为中枢神经系统抑制，甚至死亡。急性中毒的原因主要是工业事故或为追求欣快感而故意吸入含苯产品引起。除非发生死亡，接触停止后中枢神经系统的抑制症状可逆[2,3]。

特异性靶器官系统毒性　反复接触：

大鼠吸入最低中毒浓度（TCLo）：300ppm（每天6h，共13周，间断），白细胞减少[4]。

小鼠吸入最低中毒浓度（TCLo）：300ppm（每天6h，共13周，间断），出现贫血和血小板减少[4]。

人反复或长期接触苯主要对骨髓造血系统产生抑制作用，出现血小板减少、白细胞减少、再生障碍性贫血，甚至发生白血病。这些毒效应取决于接触剂量、时间以及受影响干细胞的发育阶段[3]。

一项对 32 名苯中毒者的研究显示，患者吸入接触苯的时间为 4 个月到 15 年，接触浓度为 480～2100mg/m^3（150～650ppm），出现伴有再生不良、过度增生或幼红细胞骨髓象的各类血细胞减少。其中 8 名有血小板减少，导致出血和感染[3]。

吸入危害：

液苯直接吸入肺部，可立即在肺组织接触部位引起水肿和出血[1]。

第 12 部分　生态学信息[1]

生态毒性：

鱼类急性毒性试验（OECD 203）：虹鳟（*Oncorhynchus mykis*）LC_{50}：5.3mg/L（96h）。

使用流水式试验系统，对苯浓度进行实时监测。

溞类 24hEC_{50}急性活动抑制试验（OECD 202）：大型溞（*Daphnia magna*）EC_{50}：10mg/L（48h）。

藻类生长抑制试验（OECD 201）：羊角月牙藻（*Selenastrum capricornutum*）ErC_{50}：100mg/L（72h）。使用密闭系统。

鱼类早期生活阶段毒性试验（OECD 210）：呆鲦鱼（*Pimephales promelas*）NOEC：0.8mg/L（32d）。

持久性和降解性：

非生物降解：苯不会水解，不易直接光解。在大气中，与羟基自由基反应降解的半衰期为 13.4d。

生物降解性：呼吸计量法试验（OECD 301F），28 天后降解率 82%～100%（满足 10d 的观察期）。试验表明，苯易快速生物降解

生物富集或生物积累性：

生物富集因子（BCF）：大西洋鲱（*Clupea harrengus*）为 11；高体雅罗鱼（*Leuciscus idus*）<10。众多鱼类试验表明苯的生物富集性很低。

土壤中的迁移性：

有氧条件下被土壤和有机物吸附，厌氧条件下转化为苯酚；根据 K_{oc}值估算，苯易挥发。因此，苯在土壤中有很强的迁移性。

第 13 部分　废弃处置

废弃化学品：

尽可能回收利用。如果不能回收利用，采用焚烧方法进行处置。

不得采用排放到下水道的方式废弃处置本品。

污染包装物：

将容器返还生产商或按照国家和地方法规处置。

废弃注意事项：

废弃处置前应参阅国家和地方有关法规。

处置人员的安全防范措施参见第 8 部分。

第 14 部分　运输信息

联合国危险货物编号（UN 号）：1114

联合国运输名称：苯

联合国危险性分类：3

包装类别：Ⅱ

包装标志：易燃液体

包装方法：小开口钢桶；螺纹口玻璃瓶、铁盖压口玻璃瓶、塑料瓶或金属桶（罐）外普通木箱。

海洋污染物（是/否）：否

运输注意事项：

本品铁路运输时限使用企业自备钢制罐车装运，装运前需报有关部门批准。

铁路运输时应严格按照铁道部《危险货物运输规则》中的危险货物配装表进行配装。

运输车辆应配备相应品种和数量的消防器材及泄漏应急处理设备。

严禁与氧化剂、食用化学品等混装混运。

装运该物品的车辆排气管必须配备阻火装置。

使用槽（罐）车运输时应有接地链，槽内可设孔隔板以减少震荡产生静电。

禁止使用易产生火花的机械设备和工具装卸。

夏季最好早晚运输。

运输途中应防曝晒、雨淋，防高温。

中途停留时应远离火种、热源、高温区。

公路运输时要按规定路线行驶，勿在居民区和人口稠密区停留。

铁路运输时要禁止溜放。

第15部分 法规信息

下列法律、法规、规章和标准，对该化学品的管理作了相应的规定。

中华人民共和国职业病防治法：

职业病危害因素分类目录：列入。可能导致的职业病：苯中毒、苯所致白血病。

职业病目录：苯中毒，苯所致白血病。

危险化学品安全管理条例：

危险化学品目录：列入

危险化学品重大危险源监督管理暂行规定

GB 18218《危险化学品重大危险源辨识》：类别：易燃液体，临界量（*t*）：50

国家安全监管总局关于公布首批重点监管的危险化学品名录的通知——附件：首批重点监管的危险化学品名录：列入

危险化学品环境管理登记办法（试行）

使用有毒物品作业场所劳动保护条例：

高毒物品目录：列入。

新化学物质环境管理办法：

中国现有化学物质名录：列入。

第16部分 其他信息

编写和修订信息：

与第一版相比，本修订版SDS对下述部分的内容进行了修订：

第2部分——危险性概述，增加了GHS危险性分类和标签要素。

第9部分——理化特性，增加了黏度数据。

第11部分——毒理学信息。

第12部分——生态学信息。

参考文献：

[1] European Union Risk Assessment Report—BENZENE (Final version of 2008)

[2] AUSTRALIA. National Industrial Chemicals Notification and Assessment Schem (NICNAS), Priority Existing Chemical Assessment Report No. 21—Benzene

[3] International Programme on Chemical Safety (IPCS). Environmental Health Criteria (ECH) 150—Benzene, 1993

[4] Symyx Technologies. Registry of Toxic Effects of Chemical Substances (RTECS), http://ccinfoweb.ccohs.ca/rtecs/search.html

[5] Canadian Centre for Occupational Health and Safety (CCOHS). CHEMINFO database, http://ccinfoweb.ccohs.ca/cheminfo/search.html

[6] International Agency for Research on Cancer (IARC). Summaries & Evaluations BENZENE VOL.: 29 (1982) (p. 93)

[7] National Toxicology Program (NTP) Technical Report Series No. 289. Toxicology and Carcinogenesis Studies of Benzene in F344/N Rats and B6C3F1 Mice (Gavage Studies), 1986

[8] Agency for Toxic Substances and Disease Registry (ATSDR). Toxicological Profile for Benzene, 2007

缩略语和首字母缩写：

PC-TWA：时间加权平均容许浓度（Permissible Concentration-Time Weighted Average），指以时间为权数规定的8h工作日、40h工作周的平均容许接触浓度。

PC-STEL：短时间接触容许浓度（Permissible Concentration-Short Term Exposure Limit），指在遵守PC-TWA前提下

允许短时间（15min）接触的浓度。

IARC：国际癌症研究机构（International Agency for Research on Cancer）。

ACGIH：美国政府工业卫生学家会议（American Conference of Governmental Industrial Hygienists）。

免责声明：

本SDS的信息仅适用于所指定的产品，除非特别指明，对于本产品与其他物质的混合物等情况不适用。本SDS只为那些受过适当专业训练的该产品的使用人员提供产品使用安全方面的资料。本SDS的使用者，在特殊的使用条件下必须对该SDS的适用性作出独立判断。在特殊的使用场合下，由于使用本SDS所导致的伤害，本SDS的编写者将不负任何责任。

附录 2　危险类别与标签信息对应表

本对应表概述了 GHS28 类 95 个危险类别对应的标签信息，包括象形图、警示词、危险性说明。同时标注了 GHS 危险类别与危险货物的对应关系，可作为工具手册使用。象形图下 GHS 栏指化学品的图形标志，TDG 栏指危险货物的运输图形标志。

化学品危险性分为 28 类，即物理危险（16 类）、健康危害（10 类）和环境危害（2 类）。

物理危险包括：爆炸物、易燃气体、气溶胶、氧化性气体、加压气体、易燃液体、易燃固体、自反应物质和混合物、自燃液体、自燃固体、自热物质和混合物、遇水放出易燃气体的物质和混合物、氧化性液体、氧化性固体、有机过氧化物、金属腐蚀物等 16 类。物理危险类别与标签信息详见附表 2-1。

健康危害包括：急性毒性、皮肤腐蚀/刺激、严重眼损伤/眼刺激、呼吸道或皮肤致敏、生殖细胞致突变性、致癌性、生殖毒性、特异性靶器官毒性--一次接触、特异性靶器官毒性-反复接触、吸入危害等 10 类。健康危害类别与标签信息详见附表 2-2。

环境危害包括：危害水生环境、危害臭氧层等 2 类。环境危害类别与标签信息详见附表 2-3。

附表 2-1　物理危险类别与标签信息

分类		标签			
危险种类	危险类别	象形图		警示词	危险性说明
		GHS	TDG		
爆炸物	不稳定爆炸物		不得运输	危险	H200 不稳定爆炸物
	第 1.1 项			危险	H201 爆炸物；整体爆炸危险
	第 1.2 项			危险	H202 爆炸物；严重迸射危险
	第 1.3 项			危险	H203 爆炸物；燃烧、爆轰或迸射危险
	第 1.4 项			警告	H204 燃烧或迸射危险

续表

分类		标签			
危险种类	危险类别	象形图		警示词	危险性说明
		GHS	TDG		
爆炸物	第1.5项	无		危险	H205 遇火可能整体爆炸
	第1.6项	无		无	无危险性说明
易燃气体（包括化学不稳定性气体）	1			危险	H220 极易燃气体
	2	无	不要求	警告	H221 易燃气体
	A（化学不稳定性气体）	无	不要求	无	补充危险性说明：H230 无空气也可能迅速反应
	B（化学不稳定性气体）	无	不要求	无	补充危险性说明：H231 在升高的大气压和/或温度无空气也可能迅速反应
气溶胶	1			危险	H222 极易燃气溶胶 H229 带压力容器：如受热可能爆裂
	2			警告	H223 易燃气溶胶 H229 带压力容器：如受热可能爆裂
	3	无		警告	H229 带压力容器：如受热可能爆裂
氧化性气体	1			危险	H270 可引起燃烧或加剧燃烧；氧化剂

续表

分类		标签			
危险种类	危险类别	象形图 GHS	象形图 TDG	警示词	危险性说明
加压气体	压缩气体			警告	H280 内装加压气体；遇热可能爆炸
	液化气体			警告	H280 内装加压气体；遇热可能爆炸
	冷冻液化气体			警告	H281 内装冷冻气体；可造成低温灼伤或损伤
	溶解气体			警告	H280 内装加压气体；遇热可能爆炸
易燃液体	1			危险	H224 极易燃液体和蒸气
	2			危险	H225 高度易燃液体和蒸气
	3			警告	H226 易燃液体和蒸气
	4	无	不要求	警告	H227 可燃液体

续表

分类		标签			
危险种类	危险类别	象形图 GHS	象形图 TDG	警示词	危险性说明
易燃固体	1			危险	H228 易燃固体
	2			警告	H228 易燃固体
自反应物质和混合物	A 型	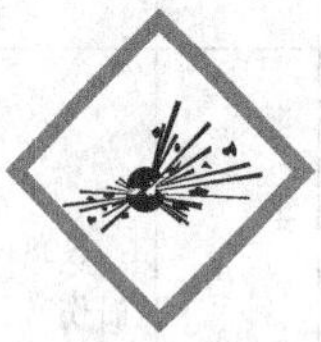	（可能不允许运输）	危险	H240 加热可能爆炸
	B 型			危险	H241 加热可能起火或爆炸
	C 型和 D 型			危险	H242 加热可能起火
	E 型和 F 型			警告	H242 加热可能起火
	G 型	无	不要求	无	无危险说明
自燃液体：发火液体	1			危险	H250 暴露在空气中自燃

续表

分类		标签			
危险种类	危险类别	象形图 GHS	象形图 TDG	警示词	危险性说明
自燃固体：发火固体	1			危险	H250 暴露在空气中自燃
自热物质和混合物	1			危险	H251 自热；可能燃烧
	2			警告	H252 数量大时自热；可能燃烧
遇水放出易燃气体的物质和混合物	1			危险	H260 遇水放出可自燃的易燃气体
	2			危险	H261 遇水放出易燃气体
	3			警告	H261 遇水放出易燃气体
氧化性液体	1			危险	H271 可引起燃烧或爆炸；强氧化剂
	2			危险	H272 可加剧燃烧；氧化剂
	3			警告	H272 可加剧燃烧；氧化剂

续表

分类		标签			
危险种类	危险类别	象形图 GHS	象形图 TDG	警示词	危险性说明
氧化性固体	1			危险	H271 可引起燃烧或爆炸;强氧化剂
	2			危险	H272 可加剧燃烧;氧化剂
	3			警告	H272 可加剧燃烧;氧化剂
有机过氧化物	A 型		(有可能不允许运输)	危险	H240 加热可引起爆炸
	B 型	 	 	危险	H241 加热可引起燃烧或爆炸
	C 型和 D 型			危险	H242 加热可引起燃烧
	E 型和 F 型			警告	H242 加热可引起燃烧
	G 型	无	不要求	无	无危险说明

续表

分类		标签			
危险种类	危险类别	象形图		警示词	危险性说明
		GHS	TDG		
金属腐蚀物	1			警告	H290 可能腐蚀金属

附表 2-2　健康危害类别与标签信息

分类			标签			
危险种类	危险类别		象形图		警示词	危险性说明
			GHS	TDG		
急性毒性	1	经口			危险	H300 吞咽致命
		经皮				H310 皮肤接触会致命
		吸入				H330 吸入致命
	2	经口			危险	H300 吞咽致命
		经皮				H310 皮肤接触会致命
		吸入				H330 吸入致命
	3	经口			危险	H301 吞咽会中毒
		经皮				H311 皮肤接触会中毒
		吸入				H331 吸入会中毒
	4	经口		不要求	警告	H302 吞咽有害
		经皮				H312 皮肤接触有害
		吸入				H332 吸入有害
	5	经口	无	不要求	警告	H303 吞咽可能有害
		经皮				H313 皮肤接触可能有害
		吸入				H333 吸入可能有害
皮肤腐蚀/刺激	1				危险	H314 造成严重的皮肤灼伤和眼损伤
	2			不要求	警告	H315 造成皮肤刺激
	3		无	不要求	警告	H316 造成轻微皮肤刺激

续表

分类		标签			
危险种类	危险类别	象形图		警示词	危险性说明
		GHS	TDG		
严重眼损伤/眼刺激	1		不要求	危险	H318 造成严重眼损伤
	2/2A		不要求	警告	H319 造成严重眼刺激
	2B	无	不要求	警告	H320 造成眼刺激
呼吸道致敏物	1		不要求	危险	H334 吸入可能导致过敏或哮喘症状或呼吸困难
	1A		不要求	危险	H334 吸入可能导致过敏或哮喘症状或呼吸困难
	1B		不要求	危险	H334 吸入可能导致过敏或哮喘症状或呼吸困难
皮肤致敏物	1		不要求	警告	H317 可能导致皮肤过敏反应
	1A		不要求	警告	H317 可能导致皮肤过敏反应
	1B		不要求	警告	H317 可能导致皮肤过敏反应

续表

分类		标签			
危险种类	危险类别	象形图 GHS	象形图 TDG	警示词	危险性说明
生殖细胞致突变性	1(1A 和 1B 子类)		不要求	危险	H340 可造成遗传性缺陷(如果最终证明没有其他接触途径会产生这一危害时,应说明其接触途径)
	2		不要求	警告	H341 怀疑可造成遗传性缺陷(如果最终证明没有其他接触途径会产生这一危害时,应说明其接触途径)
致癌性	1(1A 和 1B 子类)		不要求	危险	H350 可能致癌(如果最终证明没有其他接触途径会产生这一危害时,应说明其接触途径)
	2		不要求	警告	H351 怀疑致癌(如果最终证明没有其他接触途径会产生这一危害时,应说明其接触途径)
生殖毒性	1(1A 和 1B 子类)		不要求	危险	H360 可能对生育力或胎儿造成伤害(如果已知,说明特异性效应;如果确证无其他接触途径引起危害,说明接触途径)
	2		不要求	警告	H361 怀疑对生育力或胎儿造成伤害(如果已知,说明特异性效应;如果确证无其他接触途径引起危害,说明接触途径)
	附加类别	无	不要求	无	H362 可能对母乳喂养的儿童造成伤害
特异性靶器官毒性-一次接触	1		不要求	危险	H370 对器官造成损害(如果知道,说明所受损的器官)(如果可确证无其他接触途径引起危害,说明接触途径)
	2		不要求	警告	H371 可能对器官造成损害(如果知道,说明所受损的器官)(如果可确证无其他接触途径引起危害,说明接触途径)
	3		不要求	警告	呼吸道刺激:H335 可能引起呼吸道刺激或麻醉效应:H336 可能引起昏昏欲睡或眩晕

续表

分类		标签			
危险种类	危险类别	象形图		警示词	危险性说明
		GHS	TDG		
特异性靶器官毒性-反复接触	1		不要求	危险	H372 长时间或反复接触(如果可确证无其他接触途径引起该危害,说明接触途径)对器官造成损伤(如果已经知道,说明所受损害的器官)
	2		不要求	警告	H373 长时间或反复接触(如果可确证无其他接触途径引起该危害,说明接触途径)可能对器官造成损伤(如果已经知道,说明所受损害的器官)
吸入危害	1		不要求	危险	H304 吞咽及进入呼吸道可能致命
	2		不要求	警告	H305 吞咽及进入呼吸道可能有害

附表 2-3 环境危害类别与标准信息

分类		标签			
危险种类	危险类别	象形图		警示词	危险性说明
		GHS	TDG		
危害水生环境	急性危害 1			警告	H400 对水生生物毒性极大
	急性危害 2	无	不要求	无	H401 对水生生物有毒
	急性危害 3	无	不要求	无	H402 对水生生物有害
	长期危害 1			警告	H410 对水生生物毒性极大并具有长期持续影响
	长期危害 2			无	H411 对水生生物有毒并具有长期持续影响

续表

分类		标签			
危险种类	危险类别	象形图		警示词	危险性说明
		GHS	TDG		
危害水生环境	长期危害 3	无	不要求	无	H412 对水生生物有害并具有长期持续影响
	长期危害 4	无	不要求	无	H413 可能对水生生物造成长期持续有害影响
危害臭氧层	1		不要求	警告	H420 破坏高层大气中的臭氧，危害公共健康和环境

附录3　危险类别与危险货物分类对应表

附表3-1概述了GHS危险类别与危险货物分类的对应关系，危险货物分类栏中，“(　)”内的数字表示危险货物次危险性，“Ⅰ、Ⅱ、Ⅲ”是按照联合国包装类别给危险货物划定的包装类别号码。

附表3-1　危险类别与危险货物分类对应表

危险种类	危险类别	危险货物分类
爆炸物	不稳定爆炸物	该类物质不被受理运输
	1.1项	1.1
	1.2项	1.2
	1.3项	1.3
	1.4项	1.4
易燃气体	类别1(化学不稳定气体A、B)	2.1或2.3(2.1)
	类别2	在标准大气压20℃下与空气混合可燃，除上述类别中的气体之外，被分类为2.2或2.3类的气体
气溶胶	类别1	2　UN1950
氧化性气体	类别1	2.2(5.1)或2.3(5.1)
加压气体	压缩气体	危险货物中还没有关于压力下气体的详细分类
	液化气体	
	冷冻液化气体	
	溶解气体	
易燃液体	类别1	3　Ⅰ
	类别2	3　Ⅱ
	类别3	3　Ⅲ
易燃固体	类别1	4.1　Ⅱ
	类别2	4.1　Ⅲ
自反应物质和混合物	A型	该类物质不被受理运输
	B型	4.1　UN3221，3222，3231，3232
	C型	4.1　UN3223，3224，3233，3234
	D型	4.1　UN3225，3226，3235，3236
	E型	4.1　UN3227，3228，3237，3238
自燃液体	类别1	4.2　Ⅰ　(液体)
自燃固体	类别1	4.2　Ⅰ　(固体)
自热物质和混合物	类别1	4.2　Ⅱ
	类别2	4.2　Ⅲ
遇水放出易燃气体的物质和混合物	类别1	4.3　Ⅰ，4.2(4.3)
	类别2	4.3　Ⅱ
	类别3	4.3　Ⅲ
氧化性液体	类别1	5.1　Ⅰ
	类别2	5.1　Ⅱ
	类别3	5.1　Ⅲ

续表

危险种类	危险类别	危险货物分类
氧化性固体	类别1	5.1　Ⅰ
	类别2	5.1　Ⅱ
	类别3	5.1　Ⅲ
有机过氧化物	A型	该类物质不被受理运输
	B型	5.2　UN3101，3102，3111，3112
	C型	5.2　UN3103，3104，3113，3114
	D型	5.2　UN3105，3106，3115，3116
	E型	5.2　UN3107，3108，3117，3118
	F型	5.2　UN3109，3110，3119，3120
金属腐蚀物	类别1	8　Ⅲ
急性毒性	类别1	6.1　Ⅰ
	类别2	6.1　Ⅱ
	类别3	6.1　Ⅲ
皮肤腐蚀	类别1A	8　Ⅰ
	类别1B	8　Ⅱ
	类别1C	8　Ⅲ

附录 4　象形图与代码

象形图包括爆炸弹、火焰、圆圈上方火焰、高压气瓶、腐蚀、骷髅和交叉骨、感叹号、健康危害、环境，共 9 个图形。

象形图代码由三个英文字母、两个阿拉伯数字组成。前三位用字母“GHS”表示，后两位依次用数字 01 至 09 表示。例如，GHS01 表示爆炸弹。每个象形图的代码见附表 4-1。

附表 4-1　象形图与代码

象形图	 爆炸弹	 火焰	 圆圈上方火焰
代码	GHS01	GHS02	GHS03
象形图 符号名称	 高压气瓶	 腐蚀	 骷髅和交叉骨
代码	GHS04	GHS05	GHS06
象形图 符号名称	 感叹号	 健康危害	 环境
代码	GHS07	GHS08	GHS09

附录5　危险性说明与代码

危险性说明包括物理危险、健康危害、环境危害三部分，分别用规范的汉字短语表述，对应于化学品的每个种类或类别。

危险性说明代码由一个英文字母和三阿拉伯个数字组成。第一位用字母“H”表示危险性说明，第二位用数字2、3、4分别表示物理危险、健康危害、环境危害，最后两位用两个数字表示对应于物质或混合物的固有属性危害。例如，爆炸性（代码H200～H210）、易燃性（代码H220～H230）。危险性说明与代码参见附表5-1～附表5-3。

附表5-1　物理危险的危险性说明短语与代码表

代码	危险性说明短语	危险分类	危险类别
H200	不稳定爆炸物	爆炸物	不稳定爆炸物
H201	爆炸物;整体爆炸危险	爆炸物	1.1项
H202	爆炸物;严重迸射危险	爆炸物	1.2项
H203	爆炸物;燃烧、爆轰或迸射危险	爆炸物	1.3项
H204	燃烧或迸射危险	爆炸物	1.4项
H220	极易燃气体	易燃气体	1
H221	易燃气体	易燃气体	2
H222	极易燃气溶胶	气溶胶	1
H223	易燃气溶胶	气溶胶	2
H224	极易燃液体和蒸气	易燃液体	1
H225	高度易燃液体和蒸气	易燃液体	2
H226	易燃液体和蒸气	易燃液体	3
H228	易燃固体	易燃固体	1、2
H229	带压力容器:如受热可能爆裂	气溶胶	1、2、3
H230	无空气也可能迅速反应	易燃气体-化学不稳定性气体	A
H231	在升压的大气压和/或温度,无空气也可能迅速反应	易燃气体-化学不稳定性气体	B
H240	加热可能爆炸	自反应物质和混合物;有机过氧化物	A型
H241	加热可能起火或爆炸	自反应物质和混合物;有机过氧化物	B型
H242	加热可能起火	自反应物质和混合物;有机过氧化物	C、D、E、F型
H250	暴露在空气中自燃	发火液体;发火固体	1
H251	自热;可能燃烧	自热物质和混合物	1
H252	数量大时自热;可能燃烧	自热物质和混合物	2
H260	遇水放出可自燃的易燃气体	遇水放出易燃气体的物质和混合物	1
H261	遇水放出易燃气体	遇水放出易燃气体的物质和混合物	2、3
H270	可引起燃烧或加剧燃烧;氧化剂	氧化性气体	1
H271	可引起燃烧或爆炸;强氧化剂	氧化性液体;氧化性固体	1
H272	可能加剧燃烧;氧化剂	氧化性液体;氧化性固体	2、3
H280	内装加压气体;遇热可能爆炸	加压气体	压缩气体、液化气体、溶解气体
H281	内装冷冻气体;可能造成低温灼伤或损伤	加压气体	冷冻液化气体
H290	可能腐蚀金属	金属腐蚀剂	1

附表 5-2 健康危害的危险性说明短语与代码表

代码	危险性说明短语	危险分类	危险类别
H300	吞咽致命	急性毒性-经口	1、2
H301	吞咽会中毒	急性毒性-经口	3
H304	吞咽及进入呼吸道可能致命	吸入危害	1
H310	皮肤接触致命	急性毒性-经皮	1、2
H311	皮肤接触会中毒	急性毒性-经皮	3
H314	造成严重皮肤灼伤和眼损伤	皮肤腐蚀/刺激	1A、1B、1C
H315	造成皮肤刺激	皮肤腐蚀/刺激	2
H317	可能导致皮肤过敏反应	皮肤致敏物	1、1A、1B
H318	造成严重眼损伤	严重眼损伤/眼刺激	1
H319	造成严重眼刺激	严重眼损伤/眼刺激	2A
H320	造成眼刺激	严重眼损伤/眼刺激	2B
H330	吸入致命	急性毒性-吸入	1、2
H331	吸入会中毒	急性毒性-吸入	3
H334	吸入可能导致过敏或哮喘症状或呼吸困难	呼吸道致敏物	1、1A、1B
H335	可能引起呼吸道刺激	特异性靶器官毒性-一次接触:呼吸道刺激	3
H336	可能引起昏昏欲睡或眩晕	特异性靶器官毒性-一次接触:麻醉效应	3
H340	可能造成遗传性缺陷	生殖细胞致突变性	1A、1B
H341	怀疑可造成遗传性缺陷	生殖细胞致突变性	2
H350	可能致癌	致癌性	1A、1B
H351	怀疑致癌	致癌性	2
H360	可能对生育能力或胎儿造成伤害	生殖毒性	1A、1B
H361	怀疑对生育能力或胎儿造成伤害	生殖毒性	2
H362	可能对母乳喂养的儿童造成伤害	生殖毒性-影响哺乳或通过哺乳产生影响	附加类别
H370	对器官造成损害	特异性靶器官毒性-一次接触	1
H371	可能对器官造成损害	特异性靶器官毒性-一次接触	2
H372	长时间或反复接触对器官造成伤害	特异性靶器官毒性-反复接触	1
H373	长时间或反复接触可能对器官造成伤害	特异性靶器官毒性-反复接触	2

附表 5-3 环境危害的危险性说明短语与代码表

代码	危险性说明短语	危险分类	危险类别
H400	对水生生物毒性极大	危害水生环境-急性危害	1
H401	对水生生物有毒	危害水生环境-急性危害	2
H410	对水生生物毒性极大并具有长期持续影响	危害水生环境-长期危害	1
H411	对水生生物有毒并具有长期持续影响	危害水生环境-长期危害	2
H412	对水生生物有害并具有长期持续影响	危害水生环境-长期危害	3
H420	破坏高层大气中的臭氧,危害公共健康和环境	危害臭氧层	1

附录 6　防范说明与代码

防范说明是指说明建议采取措施以最大限度地减少或防止因接触某种危险物质或因对它存储或搬运不当而产生不利效应的短语。防范说明包括一般措施、预防措施、事故响应、安全储存、废弃处置五部分，分别用规范的汉字短语表述，对应于化学品的每个种类或类别。

防范说明代码由一个英文字母和三个阿拉伯数字组成。第一位用字母“P”表示防范说明，第二位用数字1、2、3、4、5分别表示一般措施、预防措施、事故响应、安全储存、废弃处置。例如，一般措施(代码P101-P103)。防范说明与代码参见附表6-1～附表6-5。

附表 6-1　一般措施防范说明短语与代码表

代码	防范说明短语	危险种类	危险类别	使用条件
P101	如需求医:随手携带产品容器或标签	酌情		消费品
P102	儿童不得接触	酌情		消费品
P103	使用前请读标签	酌情		消费品

附表 6-2　预防措施防范说明短语与代码表

代码	防范说明短语	危险种类	危险类别	使用条件
P201	使用前取得专用说明	爆炸物	不稳定爆炸物	
		生殖细胞致突变性	1A、1B、2	
		致癌性	1A、1B、2	
		生殖毒性	1A、1B、2	
		生殖毒性-影响哺乳或通过哺乳产生影响	附加类别	
P202	在阅读并明了所有安全措施前切勿搬动	爆炸物	不稳定爆炸物	
		生殖细胞致突变性	1A、1B、2	
		致癌性	1A、1B、2	
		生殖毒性	1A、1B、2	
		易燃气体(包括化学性质不稳定的气体)	A、B	
P210	远离热源/火花/明火/热表面。禁止吸烟	爆炸物	1.1、1.2、1.3、1.4、1.5项	生产商/供应商或主管部门列明适用的点火源
		易燃气体	1、2	
		气溶胶	1、2、3	
		易燃液体	1、2、3	
		易燃固体	1、2	
		自反应物质和混合物	A、B、C、D、E、F型	
		自燃液体	1	
		自燃固体	1	
		有机过氧化物	A、B、C、D、E、F型	
		易燃液体	4	规定远离火焰和热表面
		氧化性液体	1、2、3	规定远离热源
		氧化性固体	1、2、3	
P211	切勿喷洒在明火或其他点火源上	气溶胶	1、2	

续表

代码	防范说明短语	危险种类	危险类别	使用条件
P220	避开/贮存处远离服装/……/可燃材料	氧化性气体	1	…….生产商/供应商或主管部门列明其他不相容材料
		自反应物质和混合物	A、B、C、D、E、F 型	
		氧化性液体	2、3	
		氧化性固体	2、3	
		有机过氧化物	A、B、C、D、E、F 型	
		氧化性液体	1	规定远离衣服和其他不相容材料
		氧化性固体	1	
P221	采取一切防范措施，避免与可燃物/……混合	氧化性液体	1、2、3	…….生产商/供应商或主管部门列明其他不相容材料
		氧化性固体	1、2、3	
P222	不得与空气接触	自燃液体	1	
		自燃固体	1	
P223	不得与水接触	遇水放出易燃气体的物质和混合物	1、2	
P230	用……保持湿润	爆炸物	1.1、1.2、1.3、1.5 项	……生产商/供应商或主管部门列明其他适当材料。 如果干燥会增加爆炸危险，制造或操作程序要求干燥者除外（例子：硝化纤维）
P231	在惰性气体中操作	遇水放出易燃气体的物质和混合物	1、2、3	
P232	防潮	遇水放出易燃气体的物质和混合物	1、2、3	
P233	保持容器密闭	易燃液体	1、2、3	
		急性毒性-吸入	1、2、3	如果产品极易挥发，可造成周围空气危险
		特异性靶器官毒性-一次接触：呼吸道刺激	3	
		特异性靶器官毒性-一次接触：麻醉效应	3	
P234	只能在原容器中存放	自反应物质和混合物	A、B、C、D、E、F 型	
		有机过氧化物	A、B、C、D、E、F 型	
		金属腐蚀物	1	
P235	保持低温	易燃液体	1、2、3、4	
		自反应物质和混合物	A、B、C、D、E、F 型	
		自热物质和混合物	1、2	
		有机过氧化物	A、B、C、D、E、F 型	
P240	容器和装载设备接地/等势联接	爆炸物	1.1、1.2、1.3、1.4、1.5 项	如果爆炸物对静电敏感
		易燃液体	1、2、3	如果静电敏感材料准备用于再填装 如果产品极易挥发，可造成周围空气危险
		易燃固体	1、2	如果静电敏感材料准备用于再填装
P241	使用防爆的电气/通风/照明/……/设备	易燃液体	1、2、3	……生产商/供应商或主管部门列明其他设备
		易燃固体	1、2	……生产商/供应商或主管部门列明其他设备。 如会产生粉尘
P242	只能使用不产生火花的工具	易燃液体	1、2、3	

续表

代码	防范说明短语	危险种类	危险类别	使用条件
P243	采取防止静电放电的措施	易燃液体	1、2、3	
P244	阀门及紧固装置不得带有油脂或油剂	氧化气体	1	
P250	不得研磨/冲击/……/摩擦	爆炸物	1.1、1.2、1.3、1.4、1.5项	……生产商/供应商或主管部门列明不得采用的野蛮装卸行为
P251	切勿穿孔或焚烧，即使不再使用	气溶胶	1、2、3	
P260	不要吸入粉尘/烟/气体/烟雾/蒸气/喷雾	急性毒性-吸入	1、2	生产商/供应商或主管部门列明适用的条件
		特异性靶器官毒性-一次接触	1、2	
		特异性靶器官毒性-反复接触	1、2	
		皮肤腐蚀/刺激	1A、1B、1C	规定不要吸入粉尘或烟雾 如果使用中会出现可吸入的粉尘或烟雾颗粒
		生殖毒性-影响哺乳或通过哺乳产生影响	附加类别	
P261	避免吸入粉尘/烟/气体/烟雾/蒸气/喷雾	急性毒性-吸入	3、4	生产商/供应商或主管部门列明适用的条件。 如标签上已显示 P260，可以省略
		呼吸致敏	1、1A、1B	
		皮肤致敏	1、1A、1B	
		特异性靶器官毒性-一次接触；呼吸道刺激	3	
		特异性靶器官毒性-一次接触；麻醉效应	3	
P262	严防进入眼中、接触皮肤或衣服	急性毒性一经皮	1、2	
P263	怀孕/哺乳期间避免接触	生殖毒性-影响哺乳或通过哺乳产生影响	附加类别	
P264	作业后彻底清洗 ……	急性毒性-经口	1、2、3、4	……生产商/供应商或主管部门列明作业后需清洗的身体部位
		急性毒性-经皮	1、2	
		皮肤腐蚀/刺激	1A、1B、1C	
		皮肤刺激	2	
		严重眼损伤/眼刺激	2A、2B	
		生殖毒性-影响哺乳或通过哺乳产生影响	附加类别	
		特异性靶器官毒性-一次接触	1、2	
		特异性靶器官毒性-反复接触	1	
P270	使用本产品时不要进食、饮水或吸烟	急性毒性-经口	1、2、3、4	
		急性毒性-经皮	1、2	
		生殖毒性-影响哺乳或通过哺乳产生影响	附加类别	
		特异性靶器官毒性-一次接触	1、2	
		特异性靶器官毒性-反复接触	1	
P271	只能在室外或通风良好之处使用	急性毒性-吸入	1、2、3、4	
		特异性靶器官毒性-一次接触；呼吸道刺激	3	
		特异性靶器官毒性-一次接触；呼吸道刺激	3	
		特异性靶器官毒性-一次接触；麻醉效应	3	

续表

代码	防范说明短语	危险种类	危险类别	使用条件
P272	受沾染的工作服不得带出工作场地	皮肤致敏	1、1A、1B	
P273	避免释放到环境中	危害水生环境-急性危害	1、2、3	如非其预定用途
		危害水生环境-长期危害	1、2、3、4	
P280	戴防护手套/穿防护服/戴防护眼罩/戴防护面具	爆炸物	不稳定爆炸物和1.1、1.2、1.3、1.4、1.5项	规定使用的防护面具 生产商/供应商或主管部门列明设备类型
		易燃液体	1、2、3、4	规定使用的防护手套和防护眼罩/防护面具 生产商/供应商或主管部门列明设备类型
		易燃固体	1、2	
		自反应物质和混合物	A、B、C、D、E、F型	
		自燃液体	1	
		自燃固体	1	
		自热物质和混合物	1、2	
		遇水放出易燃气体的物质和混合物	1、2、3	
		氧化性液体	1、2、3	
		氧化性固体	1、2、3	
		有机过氧化物	A、B、C、D、E、F型	
		急性毒性-经皮	1、2、3、4	规定使用的防护手套/防护服 生产商/供应商或主管部门列明设备类型
		皮肤腐蚀/刺激	1A、1B、1C	规定使用的防护手套/防护服防护眼罩/防护面具 生产商/供应商或主管部门列明设备类型
		皮肤刺激	2	规定使用的防护手套 生产商/供应商或主管部门列明设备类型
		皮肤致敏	1、1A、1B	
		严重眼损伤/眼刺激	1	规定使用的防护眼罩/防护面具 生产商/供应商或主管部门列明设备类型
		严重眼损伤/眼刺激	2A	
		生殖细胞致突变性	1A、1B、2	
		致癌性	1A、1B、2	
		生殖毒性	1A、1B、2	
P282	戴防寒手套/防护面具/防护眼罩	加压气体	冷冻液化气体	
P283	穿防火/阻燃服装	氧化性液体	1	
		氧化性固体	1	
P284	[在通风不足的情况下]戴呼吸防护装置	急性毒性-吸入	1、2	生产商/供应商或主管部门列明设备 如果提供使用该化学品的补充信息，说明何种通风为安全使用之充分条件，可将有关文字放在方括号中
		呼吸致敏	1、1A、1B	
P231+P232	在惰性气体中操作。防潮	遇水放出易燃气体的物质和混合物	1、2、3	
P235+P410	保持低温。防日光照射	自热物质和混合物	1、2	

附表 6-3 事故响应防范说明短语与代码表

代码	防范说明短语	危险种类	危险类别	使用条件
P301	如误吞咽	急性毒性-经口	1、2、3、4	
		皮肤腐蚀/刺激	1A、1B、1C	
		吸入危害	1、2	
P302	如皮肤沾染	自燃液体	1	
		急性毒性-经皮	1、2、3、4	
		皮肤刺激	2	
		皮肤致敏	1、1A、1B	
P303	如皮肤(或头发)沾染	易燃液体	1、2、3	
		皮肤腐蚀/刺激	1A、1B、1C	
P304	如误吸入	急性毒性-吸入	1、2、3、4、5	
		皮肤腐蚀/刺激	1A、1B、1C	
		呼吸致敏	1、1A、1B	
		特异性靶器官毒性-一次接触;呼吸道刺激	3	
		特异性靶器官毒性-一次接触;麻醉效应	3	
P305	如进入眼睛	皮肤腐蚀/刺激	1A、1B、1C	
		严重眼损伤/眼刺激	1	
		严重眼损伤/眼刺激	2A、2B	
P306	如沾染衣服	氧化性液体	1	
		氧化性固体	1	
P308	如接触到或有疑虑	生殖细胞致突变性	1A、1B、2	
		致癌性	1A、1B、2	
		生殖毒性	1A、1B、2	
		生殖毒性-影响哺乳或通过哺乳产生影响	附加类别	
		特异性靶器官毒性-一次接触	1、2	
P310	立即呼叫急救中心/医生/……	急性毒性-经口	1、2、3	……制造商/供应商或主管部门列明适当的急诊机构/人员
		急性毒性-经皮	1、2	
		急性毒性-吸入	1、2	
		皮肤腐蚀/刺激	1A、1B、1C	
		严重眼损伤/眼刺激	1	
		吸入危害	1、2	
P311	呼叫急救中心/医生/……	急性毒性-吸入	3	……制造商/供应商或主管部门列明适当的急诊机构/人员
		呼吸敏化	1、1A、1B	
		特异性靶器官毒性-一次接触	1、2	
P312	如感觉不适,呼叫急救中心/医生/……	急性毒性-经口	4	
		急性毒性-经口	5	……制造商/供应商或主管部门列明适当的急诊机构/人员
		急性毒性-经皮	3、4、5	
		急性毒性-吸入	4	
		急性毒性-吸入	5	
		特异性靶器官毒性-一次接触;呼吸道刺激	3	
		特异性靶器官毒性-一次接触;麻醉效应	3	

续表

代码	防范说明短语	危险种类	危险类别	使用条件
P313	求医/就诊	皮肤刺激	2、3	
		严重眼损伤/眼刺激	2A、2B	
		皮肤致敏	1、1A、1B	
		生殖细胞致突变性	1A、1B、2	
		致癌性	1A、1B、2	
		生殖毒性	1A、1B、2	
		生殖毒性-影响哺乳或通过哺乳产生影响	附加类别	
P314	如感觉不适，须求医/就诊	特异性靶器官毒性-反复接触	1、2	
P315	立即求医/就诊	加压气体	冷冻液化气体	
P320	紧急具体治疗（见本标签上的 ……）	急性毒性-吸入	1、2	……参看附加急救指示。如需立即施用解毒药
P321	具体治疗（见本标签上的 ……）	急性毒性-经口	1、2、3	……参看附加急救指示。如需立即施用解毒药
		急性毒性-经皮	1、2、3、4	……参看附加急救指示。如需立即使用特殊的清洁剂等
		急性毒性-吸入	3	……参看附件急救指示。如需立即采取特别措施
		皮肤腐蚀/刺激	1A、1B、1C	……参看附加急救指示。生产商/供应商或主管部门可酌情列明一种清洗剂
		皮肤刺激	2	
		皮肤致敏	1、1A、1B	
		特异性靶器官毒性-一次接触	1	……参看附加急救指示。如需立即采取特别措施
P330	漱口	急性毒性-经口	1、2、3、4	
		皮肤腐蚀/刺激	1A、1B、1C	
P331	不得诱导呕吐	皮肤腐蚀/刺激	1A、1B、1C	
		吸入危害	1、2	
P332	如发生皮肤刺激	皮肤刺激	2、3	
P333	如发生皮肤刺激或皮疹：	皮肤致敏	1、1A、1B	
P334	浸入冷水中/用湿绷带包扎	自燃液体	1	
		自燃固体	1	
		遇水放出易燃气体的物质和混合物	1、2	
P335	掸掉皮肤上的细小颗粒	自燃固体	1	
		遇水放出易燃气体的物质和混合物	1、2	
P336	用微温水化解冻伤部位。不要搓擦患处	加压气体	冷冻液化气体	
P337	如眼刺激持续	严重眼损伤/眼刺激	2A、2B	
P338	如戴隐形眼镜并可方便地取出，取出隐形眼镜。继续冲洗	皮肤腐蚀/刺激	1A、1B、1C	
		严重眼损伤/眼刺激	1	
		严重眼损伤/眼刺激	2A、2B	
P340	将人转移到空气新鲜处，保持呼吸舒适体位	急性毒性-吸入	1、2、3、4	
		皮肤腐蚀/刺激	1A、1B、1C	
		呼吸致敏	1、1A、1B	
		特异性靶器官毒性-一次接触；呼吸道刺激	3	
		特异性靶器官毒性-一次接触；麻醉效应	3	

续表

代码	防范说明短语	危险种类	危险类别	使用条件
P342	如有呼吸系统病症	呼吸致敏	1、1A、1B	
P351	用水小心冲洗几分钟	皮肤腐蚀/刺激	1A、1B、1C	
		严重眼损伤/眼刺激	1	
		严重眼损伤/眼刺激	2A、2B	
P352	用水充分清洗/……	急性毒性-经皮	1、2、3、4	……在显然不适宜用水的情况下，制造商/供应商或主管部门可酌情列明一种清洗剂，或在特殊情况下建议使用一种替代清洗剂
		皮肤刺激	2	
		皮肤致敏	1、1A、1B	
P353	用水清洗皮肤/淋浴	易燃液体	1、2、3	
		皮肤腐蚀/刺激	1A、1B、1C	
P360	立即用水充分冲洗沾染的衣服和皮肤，然后脱掉衣服	氧化性液体	1	
		氧化性固体	1	
P361	立即脱掉所有沾染的衣服	易燃液体	1、2、3	
		急性毒性-经皮	1、2、3	
		皮肤腐蚀/刺激	1A、1B、1C	
P362	脱掉沾染的衣服	急性毒性-经皮	4	
		皮肤刺激	2	
		皮肤致敏	1、1A、1B	
P363	沾染的衣服清洗后方可重新使用	皮肤腐蚀/刺激	1A、1B、1C	
P364	清洗后方可重新使用	急性毒性-经皮	1、2、3、4	
		皮肤刺激	2	
		皮肤致敏	1、1A、1B	
P370	火灾时	爆炸物	1.1、1.2、1.3、1.4、1.5 项	
		氧化性气体	1	
		易燃液体	1、2、3、4	
		易燃固体	1、2	
		自反应物质和混合物	A、B、C、D、E、F 型	
		自燃液体	1	
		自燃固体	1	
		遇水放出易燃气体的物质和混合物	1、2、3	
		氧化性液体	1、2、3	
		氧化性固体	1、2、3	
P371	在发生大火和大量泄漏的情况下	氧化性液体	1	
		氧化性固体	1	
P372	火灾时可能爆炸	爆炸物	不稳定爆炸物和 1.1、1.2、1.3、1.4、1.5 项	如果爆炸物是 1.4S 弹药及其组件时除外
P373	火烧到爆炸物时切勿救火	爆炸物	不稳定爆炸物和 1.1、1.2、1.3、1.4、1.5 项	
P374	采取正常防范措施从适当距离救火	爆炸物	1.4 项	如果爆炸物是 1.4S 弹药及其组件
P375	因有爆炸危险，须远距离救火	自反应物质和混合物	A、B 型	
		氧化性液体	1	
		氧化性固体	1	

续表

代码	防范说明短语	危险种类	危险类别	使用条件
P376	如能保证安全，可设法堵塞泄漏	氧化性气体	1	
P377	漏气着火：除非漏气能够安全地制止，否则不要灭火	易燃气体	1、2	
P378	使用……灭火	易燃液体	1、2、3、4	……生产商/供应商或主管部门列明适当的媒介 如水可能增加危险
		易燃固体	1、2	
		自反应物质和混合物	A、B、C、D、E、F 型	
		自燃液体	1	
		自燃固体	1	
		遇水放出易燃气体的物质和混合物	1、2、3	
		氧化性液体	1、2、3	
		氧化性固体	1、2、3	
P380	撤离现场	爆炸物	不稳定爆炸物	
		爆炸物	1.1、1.2、1.3、1.4、1.5 项	
		自反应物质和混合物	A、B 型	
		氧化性液体	1	
		氧化性固体	1	
P381	除去一切点火源，如果这么做没有危险	易燃气体	1、2	
P390	吸收溢出物，防止材料损坏	金属腐蚀物质和混合物	1	
P391	收集溢出物	危害水生环境-急性危害	1	
		危害水生环境-长期危害	1、2	
P301＋P310	如误吞咽：立即呼叫急救中心/医生/……	急性毒性-经口	1、2、3	……制造商/供应商或主管部门列明适当的急诊机构
		吸入危害	1、2	
P301＋P312	如误吞咽：如感觉不适，呼叫急救中心/医生/……	急性毒性-经口	4	……制造商/供应商或主管部门列明适当的急诊机构
P301＋P330＋P331	如误吞咽：漱口。不要诱导呕吐	皮肤腐蚀/刺激	1A、1B、1C	
P302＋P334	如皮肤沾染：浸入冷水中/用湿绷带包扎	自燃液体	1	
P302＋P352	如皮肤沾染：用水充分清洗	急性毒性-经皮	1、2、3、4	在显然不适宜用水的情况下，……制造商/供应商或主管部门可酌情规定使用的一种清洗剂，或在特殊情况下建议使用一种替代清洗剂
		皮肤刺激	2	
		皮肤致敏	1、1A、1B	
P303＋P361＋P353	如皮肤(或头发)沾染：立即脱掉所有沾染的衣服。用水清洗皮肤/淋浴	易燃液体	1、2、3	
		皮肤腐蚀/刺激	1A、1B、1C	
P304＋P312	如误吸入：如感觉不适，呼叫急救中心/医生……	急性毒性-吸入	5	……制造商/供应商或主管部门列明适当的急诊机构
P304＋P340	如误吸入：将人转移到空气新鲜处，保持呼吸舒适体位	急性毒性-吸入	1、2、3、4	
		皮肤腐蚀/刺激	1A、1B、1C	
		呼吸致敏	1、1A、1B	
		特异性靶器官毒性-一次接触；呼吸道刺激	3	
		特异性靶器官毒性-一次接触；麻醉效应	3	

续表

代码	防范说明短语	危险种类	危险类别	使用条件
P305+P351+P338	如进入眼睛:用水小心冲洗几分钟。如戴隐形眼镜并可方便地取出,取出隐形眼镜。继续冲洗	皮肤腐蚀/刺激	1A、1B、1C	
		严重眼损伤/眼刺激	1	
		严重眼损伤/眼刺激	2A、2B	
P306+P360	如沾染衣服:立即用水充分冲洗沾染的衣服和皮肤,然后脱掉衣服	氧化性液体	1	
		氧化性固体	1	
P308+P311	如接触到:呼叫急救中心/医生……	特异性靶器官毒性-一次接触	1、2	……制造商/供应商或主管部门列明适当的急诊机构
P308+P313	如接触到或有疑虑:求医/就诊	生殖细胞致突变性	1A、1B、2	
		致癌性	1A、1B、2	
		生殖毒性	1A、1B、2	
		生殖毒性-影响哺乳或通过哺乳产生影响	附加类别	
P332+P313	如发生皮肤刺激:求医/就诊	皮肤刺激	2、3	若标签上已显示P333+P313,可以省略
P333+P313	如发生皮肤刺激或皮疹:求医/就诊	皮肤致敏	1、1A、1B	
P335+P334	掸掉皮肤上的细小颗粒。浸入冷水中/用湿绷带包扎	自燃固体	1	
		遇水放出易燃气体的物质和混合物	1、2	
P337+P313	如仍觉眼刺激:求医/就诊	严重眼损伤/眼刺激	2A、2B	
P342+P311	如有呼吸系统病症:呼叫急救中心/医生	呼吸致敏	1、1A、1B	……制造商/供应商或主管部门列明适当的急诊机构
P361+P364	立即脱掉所有沾染的衣服,清洗后方可重新使用	急性毒性-经皮	1、2、3	
P362+P364	脱掉沾染的衣服,清洗后方可重新使用	急性毒性-经皮	4	
		皮肤刺激	2	
		皮肤致敏	1、1A、1B	
P370+P376	火灾时:如能保证安全,可设法堵塞泄漏	氧化性气体	1	
P370+P378	火灾时:使用 …… 灭火	易燃液体	1、2、3、4	……生产商/供应商或主管部门列明适当的媒介 如水可能增加危险
		易燃固体	1、2	
		自反应物质和混合物	A、B、C、D、E、F型	
		自燃液体	1	
		自燃固体	1	
		遇水放出易燃气体的物质和混合物	1、2、3	
		氧化性液体	1、2、3	
		氧化性固体	1、2、3	
P370+P380	火灾时:撤离现场	爆炸物	1.1、1.2、1.3、1.4、1.5项	
P370+P380+P375	火灾时:撤离现场。因有爆炸危险,须远距离救火	自反应物质和混合物	A、B型	
P371+P380+P375	在发生大火和大量泄漏:撤离现场。因有爆炸危险,须远距离救火	氧化性液体	1	
		氧化性固体	1	

附表 6-4 安全储存防范说明短语与代码表

代码	防范说明短语	危险种类	危险类别	使用条件
P401	贮存 ……	爆炸物	不稳定爆炸物和 1.1、1.2、1.3、1.4、1.5 项	…….按照地方/区域/国家/国际规章(待规定)
P402	存放于干燥处	遇水放出易燃气体的物质和混合物	1、2、3	
P403	存放在通风良好的地方	易燃气体	1、2	
		氧化性气体	1	
		加压气体	压缩气体	
			液化气体	
			冷冻液化气体	
			溶解气体	
		易燃液体	1、2、3、4	
		自反应物质和混合物	A、B、C、D、E、F 型	
		急性毒性-吸入	1、2、3	如果产品极易挥发,可造成周围空气危险
		特异性靶器官毒性-一次接触;呼吸道刺激	3	
		特异性靶器官毒性-一次接触;麻醉效应	3	
P404	存放于密闭的容器中	遇水放出易燃气体的物质和混合物	1、2、3	
P405	存放处须加锁	急性毒性-经口	1、2、3	
		急性毒性-经皮	1、2、3	
		急性毒性-吸入	1、2、3	
		皮肤腐蚀/刺激	1A、1B、1C	
		生殖细胞致突变性	1A、1B、2	
		致癌性	1A、1B、2	
		生殖毒性	1A、1B、2	
		特异性靶器官毒性-一次接触	1、2	
		特异性靶器官毒性-一次接触;呼吸道刺激	3	
		特异性靶器官毒性-一次接触;麻醉效应	3	
		吸入危害	1、2	
P406	贮存于抗腐蚀/……带抗腐蚀衬里的容器中	金属腐蚀物质和混合物	1	…….生产商/供应商或主管部门列明其他相容材料
P407	垛/托盘之间应留有空隙	自热物质和混合物	1、2	
P410	防日晒	气溶胶	1、2、3	-根据联合国《关于危险货物运输的建议书-规章范本》中的包装规范 P200,装在可运输的气瓶中的气体,可省略使用条件,除非气体将(缓慢)分解或聚合,或主管部门另有规定
		加压气体	压缩气体	
			液化气体	
			溶解气体	
		自热物质和混合物	1、2	
		有机过氧化物	A、B、C、D、E、F 型	
P41	贮存温度不超过……℃/……℉	自反应物质和混合物	A、B、C、D、E、F 型	……生产商/供应商或主管部门列明温度
		有机过氧化物	A、B、C、D、E、F 型	
P412	不可暴露在超过 50℃/122℉的温度下	气溶胶	1、2、3	
P413	贮存散货质量大于……千克 / ……磅,温度不得超过……℃/……℉	自热物质和混合物	1、2	……生产商/供应商或主管部门列明质量和温度

续表

代码	防范说明短语	危险种类	危险类别	使用条件
P420	远离其他材料存放	自反应物质和混合物	A、B、C、D、E、F 型	
		自热物质和混合物	1、2	
		有机过氧化物	A、B、C、D、E、F 型	
P422	内装物存放于……	自燃液体	1	……生产商/供应商或主管部门列明适当的液体或惰性气体
		自燃固体	1	
P402+P404	存放于干燥处。存放于密闭的容器中	遇水放出易燃气体的物质和混合物	1、2、3	
P403+P233	存放在通风良好的地方。保持容器密闭	急性毒性-吸入	1、2、3	
		特异性靶器官毒性-一次接触；呼吸道刺激	3	如果产品易挥发，可造成周围空气危险
		特异性靶器官毒性-一次接触；麻醉效应	3	
P403+P235	存放在通风良好的地方。保持低温	易燃液体	1、2、3、4	
		自反应物质和混合物	A、B、C、D、E、F 型	
P410+P403	防日晒。存放在通风良好的地方	加压气体	压缩气体	-根据联合国《关于危险货物运输的建议书-规章范本》中的包装规范 P200，装在可运输的气瓶中的气体，可省略使用条件，除非气体将（缓慢）分解或聚合，或主管部门另有规定
			液化气体	
			溶解气体	
P410+P412	防日晒。不可暴露在超过 50℃/ 122℉的温度下	气溶胶	1、2、3	
P411+P235	贮存温度不得超过……℃/……℉。保持低温	有机过氧化物	A、B、C、D、E、F 型	……生产商/供应商或主管部门列明温度

附表 6-5　废弃处置防范说明短语与代码表

代码	防范说明短语	危险种类	危险类别	使用条件
P501	处置内装物/容器…….	爆炸物	不稳定爆炸物和 1.1、1.2、1.3、1.4、1.5 项	……按照地方/区域/国家/国际规章(待规定)
		易燃液体	1、2、3、4	
		自反应物质和混合物	A、B、C、D、E、F 型	
		遇水放出易燃气体的物质和混合物	1、2、3	
		氧化性液体	1、2、3	
		氧化性固体	1、2、3	
		有机过氧化物	A、B、C、D、E、F 型	
		急性毒性-经口	1、2、3、4	
		急性毒性-经皮	1、2、3、4	
		急性毒性-吸入	1、2	
		皮肤腐蚀/刺激	1A、1B、1C	
		呼吸致敏	1、1A、1B	
		皮肤致敏	1、1A、1B	
		生殖细胞致突变性	1A、1B、2	
		致癌性	1A、1B、2	
		生殖毒性	1A、1B、2	
		特异性靶器官毒性-一次接触	1、2	

续表

代码	防范说明短语	危险种类	危险类别	使用条件
P501	处置内装物/容器…….	特异性靶器官毒性-一次接触;呼吸道刺激	3	……按照地方/区域/国家/国际规章(待规定)
		特异性靶器官毒性-一次接触;麻醉效应	3	
		特异性靶器官毒性-反复接触	1、2	
		吸入危害	1、2	
		危害水生环境-急性危害	1、2、3	
		危害水生环境-长期危害	1、2、3、4	
P502	回收和循环使用情况,请征询制造商/供应商	危害臭氧层	1	

附录7 危险化学品目录（2015版）[1] 说明

（安全监管总局、工业和信息化部、公安部、环境保护部、交通运输部、农业部、
国家卫生计生委、质检总局、铁路局、民航局，
2015年第5号，2015年2月27日）

一、危险化学品的定义和确定原则

定义：具有毒害、腐蚀、爆炸、燃烧、助燃等性质，对人体、设施、环境具有危害的剧毒化学品和其他化学品。

确定原则：危险化学品的品种依据化学品分类和标签国家标准，从下列危险和危害特性类别中确定：

1. 物理危险

爆炸物：不稳定爆炸物、1.1、1.2、1.3、1.4。

易燃气体：类别1、类别2、化学不稳定性气体类别A、化学不稳定性气体类别B。

气溶胶（又称气雾剂）：类别1。

氧化性气体：类别1。

加压气体：压缩气体、液化气体、冷冻液化气体、溶解气体。

易燃液体：类别1、类别2、类别3。

易燃固体：类别1、类别2。

自反应物质和混合物：A型、B型、C型、D型、E型。

自燃液体：类别1。

自燃固体：类别1。

自热物质和混合物：类别1、类别2。

遇水放出易燃气体的物质和混合物：类别1、类别2、类别3。

氧化性液体：类别1、类别2、类别3。

氧化性固体：类别1、类别2、类别3。

有机过氧化物：A型、B型、C型、D型、E型、F型。

金属腐蚀物：类别1。

2. 健康危害

急性毒性：类别1、类别2、类别3。

皮肤腐蚀/刺激：类别1A、类别1B、类别1C、类别2。

严重眼损伤/眼刺激：类别1、类别2A、类别2B。

呼吸道或皮肤致敏：呼吸道致敏物1A、呼吸道致敏物1B、皮肤致敏物1A、皮肤致敏物1B。

生殖细胞致突变性：类别1A、类别1B、类别2。

致癌性：类别1A、类别1B、类别2。

生殖毒性：类别1A、类别1B、类别2、附加类别。

特异性靶器官毒性-一次接触：类别1、类别2、类别3。

特异性靶器官毒性-反复接触：类别1、类别2。

吸入危害：类别1。

3. 环境危害

[1]《危险化学品名录（2002版）》、《剧毒化学品目录（2002年版）》同时废止。

危害水生环境-急性危害：类别1、类别2；危害水生环境-长期危害：类别1、类别2、类别3。

危害臭氧层：类别1。

二、剧毒化学品的定义和判定界限

定义：具有剧烈急性毒性危害的化学品，包括人工合成的化学品及其混合物和天然毒素，还包括具有急性毒性易造成公共安全危害的化学品。

剧烈急性毒性判定界限：急性毒性类别1，即满足下列条件之一：大鼠实验，经口 $LD_{50}\leqslant 5mg/kg$，经皮 $LD_{50}\leqslant 50mg/kg$，吸入（4h）$LC_{50}\leqslant 100ml/m^3$（气体）或0.5mg/L（蒸气）或0.05mg/L（尘、雾）。经皮 LD_{50} 的实验数据，也可使用兔实验数据。

三、《危险化学品目录》各栏目的含义

（一）“序号”是指《危险化学品目录》中化学品的顺序号。

（二）“品名”是指根据《化学命名原则》（1980）确定的名称。

（三）“别名”是指除“品名”以外的其他名称，包括通用名、俗名等。

（四）“CAS号”是指美国化学文摘社对化学品的唯一登记号。

（五）“备注”是对剧毒化学品的特别注明。

四、其他事项

（一）《危险化学品目录》按“品名”汉字的汉语拼音排序。

（二）《危险化学品目录》中除列明的条目外，无机盐类同时包括无水和含有结晶水的化合物。

（三）序号2828是类属条目，《危险化学品目录》中除列明的条目外，符合相应条件的，属于危险化学品。

（四）《危险化学品目录》中除混合物之外无含量说明的条目，是指该条目的工业产品或者纯度高于工业产品的化学品，用作农药用途时，是指其原药。

（五）《危险化学品目录》中的农药条目结合其物理危险性、健康危害、环境危害及农药管理情况综合确定。

附录8 《危险化学品目录（2015版）》解读

（安全监管总局监督管理三司，2015年3月31日）

《危险化学品目录》（以下简称《目录》）是落实《危险化学品安全管理条例》（以下简称《条例》）的重要基础性文件，是企业落实危险化学品安全管理主体责任，以及相关部门实施监督管理的重要依据。根据《条例》规定，近日，国家安全监管总局会同国务院工业和信息化、公安、环境保护、卫生、质量监督检验检疫、交通运输、铁路、民用航空、农业主管部门制定了《目录（2015版）》，于2015年5月1日起实施，《危险化学品名录》（2002版）、《剧毒化学品目录》（2002年版）同时予以废止。

一、制定背景

2003年3月，根据《条例》（国务院令第344号），原国家安全监管局发布公告《危险化学品名录》（2002版）（原国家安全生产监督管理局公告2003年第1号），包括危险化学品条目3823个。2003年6月，国家安全监管总局、公安部、国家环境保护总局、卫生部、国家质量监督检验检疫总局、铁道部、交通部和中国民用航空总局联合发布公告《剧毒化学品目录》（2002年版）（原国家安全生产监督管理局等8部门公告2003年第2号），包括剧毒化学品条目335个。

根据联合国《全球化学品统一分类和标签制度》（以下简称GHS），我国制定了化学品危险性分类和标签规范系列标准，确立了化学品危险性28类的分类体系。由于《危险化学品名录》（2002版）主要采用爆炸品、易燃液体等8类危险化学品的分类体系，与现行化学品危险性28类的分类体系有巨大差异。现行《条例》（国务院令第591号）调整了危险化学品的定义，规定“危险化学品，是指具有毒害、腐蚀、爆炸、燃烧、助燃等性质，对人体、设施、环境具有危害的剧毒化学品和其他化学品”。同时，《剧毒化学品目录》（2002年版）列入的品种偏多，不符合剧毒化学品管理的实际情况，有必要进行调整。

二、制定过程

2011年7月21日，《目录》首次制修订工作会议在国家安全监管总局召开。国家安全监管总局、工业和信息化部、公安部、环境保护部、交通运输部、铁道部、农业部、卫生部、质检总局、民航局10个领导小组成员单位的有关司局负责人和专家出席会议。会议讨论通过了《目录制修订办法》，成立了《目录》制修订工作领导小组和专家组，并在国家安全监管总局化学品登记中心设立《目录》制修订工作组，承担目录制修订的具体工作。

2011年7月以来，国家安全监管总局先后组织召开多次《目录》制修订工作会议及专题会议，就《目录》有关问题进行反复研究讨论。期间，《目录》制修订专家组和工作组做了大量的基础性工作，深入研究了国内外有关危险化学品的资料，尤其是GHS和联合国危险货物运输建议书，以及欧盟、日本和新西兰等化学品危险性分类的相关内容，对《目录》栏目的构成，纳入目录的危险化学品类别范围及其危险性信息、数据源，剧毒化学品的判定界限及选取办法，增加或删除的化学品条目等进行了反复研究论证，形成了《目录（征求意见稿）》，经过《目录》领导小组成员10部门同意，于2013年9月26日向社会公开征求意见。

《目录（征求意见稿）》发布后，收到社会各界大量反馈意见，国家安全监管总局组织召开多次《目录》制修订工作会议和专题会议，详细研究讨论各条意见，经过反复研究、协商和修改完善，书面征求10部门意见后，于2015年2月27日联合公告《目录（2015版）》。

三、制定原则

《目录》的制定原则是在与现行管理相衔接、平稳过渡的基础上，逐步与国际接轨。

根据化学品分类和标签系列国家标准，从化学品28类95个危险类别中，选取了其中危险性较大的81个类别作为危险化学品的确定原则（见附表8-1）。

附表 8-1

危险和危害种类		类别						
物理危险	爆炸物	不稳定爆炸物	1.1	1.2	1.3	1.4	1.5	1.6
	易燃气体	1	2	A(化学不稳定性气体)	B(化学不稳定性气体)			
	气溶胶	1	2	3				
	氧化性气体	1						
	加压气体	压缩气体	液化气体	冷冻液化气体	溶解气体			
	易燃液体	1	2	3	4			
	易燃固体	1	2					
	自反应物质和混合物	A	B	C	D	E	F	G
	自热物质和混合物	1	2					
	自燃液体	1						
	自燃固体	1						
	遇水放出易燃气体的物质和混合物	1	2	3				
	金属腐蚀物	1						
	氧化性液体	1	2	3				
	氧化性固体	1	2	3				
	有机过氧化物	A	B	C	D	E	F	G
健康危害	急性毒性	1	2	3	4	5		
	皮肤腐蚀/刺激	1A	1B	1C	2	3		
	严重眼损伤/眼刺激	1	2A	2B				
	呼吸道或皮肤致敏	呼吸道致敏物 1A	呼吸道致敏物 1B	皮肤致敏物 1A	皮肤致敏物 1B			
	生殖细胞致突变性	1A	1B	2				
	致癌性	1A	1B	2				
	生殖毒性	1A	1B	2	附加类别(哺乳效应)			
	特异性靶器官毒性-一次接触	1	2	3				
	特异性靶器官毒性-反复接触	1	2					
	吸入危害	1	2					
环境危害	危害水生环境	急性 1	急性 2	急性 3	长期 1	长期 2	长期 3	长期 4
	危害臭氧层	1						

注：深色背景的是作为危险化学品的确定原则类别。

根据确定原则，对《危险化学品名录》(2002 版) 和《剧毒化学品目录》(2002 年版) 中的化学品条目逐一研究，除有充分理由不宜保留且通过专家论证、10 部门同意的化学品外，其余化学品均纳入《目录》。

根据联合国危险货物运输建议书、鹿特丹公约等国际公约、欧盟等有关化学品危险性分类目录，以及国内危险化学品管理的实际需要，提出新增化学品条目，经专家论证、10 部门同意后纳入《目录》。

四、《目录》与《危险化学品名录》(2002 版) 对比情况

(一) 增加的危险化学品

1. 已列入《鹿特丹公约》和《斯德哥尔摩公约》中的化学品条目 40 个，例如短链氯化石蜡 (C10-13)、多氯三联苯等。

2. 已列入《中国严格限制进出口的有毒化学品目录》和《危险化学品使用量的数量标准 (2013 版)》中的化学品条目 29 个，例如硫化汞、三光气等。

3. 参照《联合国危险货物运输的建议书规章范本》和欧盟化学品等危险性分类目录，根据化学品的危险性及国内生产情况，增加化学品条目 123 个，例如二硫化钛、二氧化氮等。

4. 根据近年来多发的刑事案件情况，为满足公共安全管理需要，经有关部门提出，并经过 10 部门同意增加氯化琥珀胆碱、氟乙酸甲酯。

（二）合并调整或者删除的化学品

1. 将《危险化学品名录》（2002 版）中 10 个类属条目合并为 1 个类属条目，即将“含一级易燃溶剂的合成树脂［−18℃≤闪点<23℃］”、“含二级易燃溶剂的合成树脂”、“含一级易燃溶剂的油漆、辅助材料及涂料”、“含二级易燃溶剂的油漆、辅助材料及涂料”、“含苯或甲苯的制品”、“含丙酮的制品”、“含乙醇或乙醚的制品”、“含一级易燃溶剂的胶粘剂［−18℃≤闪点<23℃］”、“含一级易燃溶剂的其他制品”、“含二级易燃溶剂的其他制品”及其所含 288 个具体化学品条目合并为序号“2828”条目。只要符合条件的均属于危险化学品。

2. 将部分相同 CAS 号的条目合并 1 个条目。

3. 删除了《危险化学品名录》（2002 版）中的军事毒剂、物品等 10 个。例如，二（2-氯乙基）硫醚、铝导线焊接药包。

4. 其他删除的化学品条目情况，不符合危险化学品确定原则的、成分不明的，以及国内没有登记的农药等 400 多个化学品条目，例如火补胶、保米磷等。

五、剧毒化学品变化情况

（一）定义

具有剧烈急性毒性危害的化学品，包括人工合成的化学品及其混合物和天然毒素，还包括具有急性毒性易造成公共安全危害的化学品。

定义中主要增加了“具有急性毒性易造成公共安全危害的化学品”。对于某些不满足剧烈急性毒性判定界限，但是根据有关部门提出的易造成公共安全危害的，同时具有较高急性毒性（符合急性毒性，类别 2）的化学品，经过 10 部门同意后纳入剧毒化学品管理。

（二）剧烈急性毒性判定界限

剧烈急性毒性判定界限：急性毒性类别 1，即满足下列条件之一：大鼠实验，经口 $LD_{50}\leqslant5mg/kg$，经皮 $LD_{50}\leqslant50mg/kg$，吸入（4h）$LC_{50}\leqslant100ml/m^3$（气体）或 0.5mg/L（蒸气）或 0.05mg/L（尘、雾）。经皮 LD_{50} 的实验数据，也可使用兔实验数据。

判定界限与《剧毒化学品目录》（2002 年版）对比发生了较大变化（见附表 8-2）。

附表 8-2 剧烈毒性判定界限变化对比表

项目	《目录（2015 版）》	《剧毒化学品目录》（2002 年版）
经口	$LD_{50}\leqslant5mg/kg$	$LD_{50}\leqslant50mg/kg$
经皮	$LD_{50}\leqslant50mg/kg$	$LD_{50}\leqslant200mg/kg$
吸入	(4h)$LC_{50}\leqslant100ml/m^3$(气体)或 0.5mg/L(蒸气)或 0.05mg/L(尘、雾)	(4h)$LC_{50}\leqslant500ppm$(气体)或 2mg/L(蒸气)或 0.5mg/L(尘、雾)
对应的危险类别	急性毒性，类别 1	急性毒性，类别 1 和类别 2

（三）变化情况

《目录（2015 版）》含有剧毒化学品条目 148 种，比《剧毒化学品目录》（2002 年版）减少了 187 种。

1. 《剧毒化学品目录》（2002 年版）中的 140 种化学品继续作为剧毒化学品管理，有 160 种列入《目录》作为危险化学品管理，35 种未列入《目录》（其中农药 28 种、军事毒剂 7 种）。

2. 新增了 4 种剧毒化学品，分别是一氟乙酸对溴苯胺、2,3,4,7,8-五氯二苯并呋喃、2-硝基-4-甲氧基苯胺、氟乙酸甲酯。

3. 《危险化学品名录》（2002 版）中 4 个化学品条目作为剧毒化学品管理，分别是氯化氰、三正丁胺、亚砷酸钙、1-(对氯苯基)-2,8,9-三氧-5-氮-1-硅双环(3,3,3)十二烷（毒鼠硅）。

六、其他有关事项说明

1. 随着新化学品的不断出现，以及人们对化学品危险性认识的提高，按照《条例》第三条的有关规定，10部门适时对《目录》进行调整，不断补充和完善。未列入《目录（2015版）》的化学品并不表明其不符合危险化学品确定原则。未列入《目录（2015版）》但经鉴定分类属于危险化学品的，按照国家有关规定进行管理。

2. 为了便于对危险化学品实行统一管理，由10部门共同研究制定，协商一致后确定。同时将《剧毒化学品目录》合并入《目录（2015版）》，确保了剧毒化学品与危险化学品之间管理的协调性。

我国对危险化学品的管理实行目录管理制度，列入《目录》的危险化学品将依据国家的有关法律法规采取行政许可等手段进行重点管理。对于混合物和未列入《目录》的危险化学品，为了全面掌握我国境内危险化学品的危险特性，我国实行危险化学品登记制度和鉴别分类制度，企业应该根据《化学品物理危险性鉴定与分类管理办法》（国家安全监管总局60号令）及其他相关规定进行鉴定分类，如果经鉴定分类属于危险化学品的，应该根据《危险化学品登记管理办法》（国家安全监管总局令第53号）进行危险化学品登记，从源头上全面掌握化学品的危险性，保证危险化学品的安全使用。通过目录管理与鉴别分类等管理方式的结合，形成对危险化学品安全管理的全覆盖。

附录 9　关于印发危险化学品目录（2015 版）实施指南（试行）的通知

（国家安全监管总局办公厅，安监总厅管三〔2015〕80 号）

各省、自治区、直辖市及新疆生产建设兵团安全生产监督管理局：

为有效实施《危险化学品目录（2015 版）》（国家安全监管总局等 10 部门公告 2015 年第 5 号），国家安全监管总局组织编制了《危险化学品目录（2015 版）实施指南（试行）》（请自行从国家安全监管总局网站下载），现印发给你们，请遵照执行。在实施过程中，如遇到问题，请及时反馈国家安全监管总局监管三司（联系人及电话：陆旭，010-64463239〈带传真〉）。

安全监管总局办公厅
2015 年 8 月 19 日

危险化学品目录（2015 版）实施指南（试行）

一、《危险化学品目录（2015 版）》（以下简称《目录》）所列化学品是指达到国家、行业、地方和企业的产品标准的危险化学品（国家明令禁止生产、经营、使用的化学品除外）。

二、工业产品的 CAS 号与《目录》所列危险化学品 CAS 号相同时（不论其中文名称是否一致），即可认为是同一危险化学品。

三、企业将《目录》中同一品名的危险化学品在改变物质状态后进行销售的，应取得危险化学品经营许可证。

四、对生产、经营柴油的企业（每批次柴油的闭杯闪点均大于 60℃的除外）按危险化学品企业进行管理。

五、主要成分均为列入《目录》的危险化学品，并且主要成分质量比或体积比之和不小于 70％的混合物（经鉴定不属于危险化学品确定原则的除外），可视其为危险化学品并按危险化学品进行管理，安全监管部门在办理相关安全行政许可时，应注明混合物的商品名称及其主要成分含量。

六、对于主要成分均为列入《目录》的危险化学品，并且主要成分质量比或体积比之和小于 70％的混合物或危险特性尚未确定的化学品，生产或进口企业应根据《化学品物理危险性鉴定与分类管理办法》（国家安全监管总局令第 60 号）及其他相关规定进行鉴定分类，经过鉴定分类属于危险化学品确定原则的，应根据《危险化学品登记管理办法》（国家安全监管总局令第 53 号）进行危险化学品登记，但不需要办理相关安全行政许可手续。

七、化学品只要满足《目录》中序号第 2828 项闪点判定标准即属于第 2828 项危险化学品。为方便查阅，危险化学品分类信息表中列举部分品名。其列举的涂料、油漆产品以成膜物为基础确定。例如，条目“酚醛树脂漆（涂料）”，是指以酚醛树脂、改性酚醛树脂等为成膜物的各种油漆涂料。各油漆涂料对应的成膜物详见国家标准《涂料产品分类和命名》（GB/T 2705—2003）。胶粘剂以粘料为基础确定。例如，条目“酚醛树脂类胶粘剂”，是指以酚醛树脂、间苯二酚甲醛树脂等为粘料的各种胶粘剂。各胶粘剂对应的粘料详见国家标准《胶粘剂分类》（GB/T 13553—1996）。

八、危险化学品分类信息表（见附件）是各级安全监管部门判定危险化学品危险特性的重要依据。

各级安全监管部门可根据《指南》中列出的各种危险化学品分类信息，有针对性的指导企业按照其所涉及的危险化学品危险特性采取有效防范措施，加强安全生产工作。

九、危险化学品生产和进口企业要依据危险化学品分类信息表列出的各种危险化学品分类信息，按照《化学品分类和标签规范》系列标准（GB 30000.2—2013～GB 30000.29—2013）及《化学品安全标签编写规定》（GB 15258—2009）等国家标准规范要求，科学准确地确定本企业化学品的危险性说明、警示词、象形图和防范说明，编制或更新化学品安全技术说明书、安全标签等危险化学品登记信息，做好化学品危害告知和信息传递工作。

十、危险化学品在运输时，应当符合交通运输、铁路、民航等部门的相关规定。

十一、按照《危险化学品安全管理条例》第三条的有关规定，随着新化学品的不断出现、化学品危险性鉴别分类工作的深入开展，以及人们对化学品物理等危险性认识的提高，国家安全监管总局等10部门将适时对《目录》进行调整，国家安全监管总局也将会适时对危险化学品分类信息表进行补充和完善。

附件：危险化学品分类信息表（略）

附录 10 《危险化学品目录》中剧毒化学品名单（148 条）

序号	品名	别名	英文名	CAS 号	UN 号	《目录》中序号
1	5-氨基-3-苯基-1-[双(*N*,*N*-二甲基氨基氧膦基)]-1,2,4-三唑[含量>20%]	威菌磷	5-amino-3-phenyl-1, 2, 4-triazol-1-yl-*N*, *N*, *N*′, *N*′-tetramethylphosphonic diamide (more than 20%); triamiphos; wepsyn	1031-47-6		4
2	3-氨基丙烯	烯丙胺	3-aminopropene; allylamine	107-11-9	2334	20
3	八氟异丁烯	全氟异丁烯;1,1,3,3,3-五氟-2-(三氟甲基)-1-丙烯	octafluoroisobutylene; perfluoroisob-utylene; 1, 1, 3, 3, 3-pentafluoro-2-(trifluoromethyl)-1-propene	382-21-8		40
4	八甲基焦磷酰胺	八甲磷	schradan; octamethylpyrophosphoramide; octamethyl	152-16-9		41
5	1,3,4,5,6,7,8,8-八氯-1,3,3*a*,4,7,7*a*-六氢-4,7-甲撑异苯并呋喃[含量>1%]	八氯六氢亚甲基苯并呋喃;碳氯灵	1,3,4,5,6,7,8,8-octachloro-1,3,3a,4,7,7a-hexahydro-4, 7-methanoisobenzofuran (more than 1%); isobenzan; telodrin	297-78-9		42
6	苯基硫醇	苯硫酚;巯基苯;硫代苯酚	phenyl mercaptan; benzenethiol; mercaptobenzene; thiophenol	108-98-5	2337	71
7	苯胂化二氯	二氯化苯胂;二氯苯胂	phenyl dichloroarsine; dichlorophenylarsine; FDA	696-28-6		88
8	1-(3-吡啶甲基)-3-(4-硝基苯基)脲	1-(4-硝基苯基)-3-(3-吡啶基甲基)脲;灭鼠优	1-(4-nitrophenyl)-3-(3-pyridyl methyl) urea)	53558-25-1		99
9	丙腈	乙基氰	propionitrile; ethyl cyanide	107-12-0	2404	121
10	2-丙炔-1-醇	丙炔醇;炔丙醇	prop-2-yn-1-ol; propargyl alcohol; acetylene carbinol	107-19-7		123
11	丙酮氰醇	丙酮合氰化氢;2-羟基异丁腈;氰丙醇	acetone cyanohydrin; 2-hydroxy-2-methylpropionitrile; 2-cyanopropan-2-ol; acetone cyanohydrin; 2-hydroxyisobutyronitrile; 2-methyllactonitrile	75-86-5	1541	138
12	2-丙烯-1-醇	烯丙醇;蒜醇;乙烯甲醇	2-propen-1-ol; allyl alcohol; vinylcarbinol	107-18-6	1098	141
13	丙烯亚胺	2-甲基氮丙啶;2-甲基乙撑亚胺;丙撑亚胺	propyleneimine; 2-methylaziridine	75-55-8	1921	155
14	叠氮化钠	三氮化钠	sodium azide	26628-22-8	1687	217
15	3-丁烯-2-酮	甲基乙烯基酮;丁烯酮	3-buten-2-one; methyl vinylketone	78-94-4	1251	241
16	2-(二苯基乙酰基)-2,3-二氢-1,3-茚二酮	2-(2,2-二苯基乙酰基)-1,3-茚满二酮;敌鼠	2-diphenylacetylindan-1,3-dione; 2 - (2,2 - diphenyl-acetyl) -1,3 - indanedione; diphacinone	82-66-6		321
17	1,3-二氟丙-2-醇(Ⅰ)与1-氯-3-氟丙-2-醇(Ⅱ)的混合物	鼠甘伏;甘氟	1,3 - difluoro-propan-2 - ol (Ⅰ) and 1 - chloro-3 - fluoro-propan-2 - ol (Ⅱ) mixture; gliftor	8065-71-2		339
18	二氟化氧	一氧化二氟	oxygen difluoride; fluorine monoxide	7783-41-7	2190	340
19	*O*-*O*-二甲基-*O*-(2-甲氧甲酰基-1-甲基)乙烯基磷酸酯[含量>5%]	甲基-3-[(二甲氧基磷酰基)氧代]-2-丁烯酸酯;速灭磷	2-methoxycarbonyl-1-methylvinyl dimethyl phosphate (more than 5%); methyl-3 - [(dimethoxy-phosphoryl) oxy] -2 - crotonate; mevinphos	7786-34-7		367

续表

序号	品名	别名	英文名	CAS号	UN号	《目录》中序号
20	二甲基-4-(甲基硫代)苯基磷酸酯	甲硫磷	dimethyl 4-(methylthio)phenyl phosphate	3254-63-5		385
21	(*E*)-*O*,*O*-二甲基-*O*-[1-甲基-2-(二甲基氨基甲酰)乙烯基]磷酸酯[含量>25%]	3-二甲氧基磷氧基-N,N-二甲基异丁烯酰胺;百治磷	(*E*)-2-dimethylcarbamoyl-1-methylvinyl dimethyl phosphate(more than 25%);3-dimethoxy phosphinyloxy-*N*,*N*-dimethylisocrotonamide;dicrotophos;bidrin	141-66-2		393
22	*O*,*O*-二甲基-*O*-[1-甲基-2-(甲基氨基甲酰)乙烯基]磷酸酯[含量>0.5%]	久效磷	dimethyl-1-methyl-2-(methylcarba-moyl)vinyl phosphate(more than 0.5%);monocrotophos	6923-22-4		394
23	*N*,*N*-二甲基氨基乙腈	2-(二甲氨基)乙腈	*N*,*N*-dimethylaminoacetonitrile;2-dimethylaminoacetonitrile	926-64-7	2378	410
24	*O*,*O*-二甲基-对硝基苯基磷酸酯	甲基对氧磷	*O*, *O*-dimetyl-*O*-*p*-nitrphenylphosphate;methyl paraoxon	950-35-6		434
25	1,1-二甲基肼	二甲基肼[不对称];*N*,*N*-二甲基肼	1,1-dimethylhydrazine;dimethylhydrazine,unsymmetrical;N,N-dimethylhydrazine	57-14-7	1163	461
26	1,2-二甲基肼	二甲基肼[对称]	1,2-dimethylhydrazine;dimethylhydrazine,symmetrical;hydrazomethane	540-73-8	2382	462
27	*O*,*O'*-二甲基硫代磷酰氯	二甲基硫代磷酰氯	*O*,*O'*-dimethyl thiophosphoryl chloride;dimethyl thiophosphoryl chloride	2524-03-0	2267	463
28	二甲双胍	双甲胍;马钱子碱	strychnine;certox	57-24-9	1692	481
29	二甲氧基马钱子碱	番木鳖碱	2,3-dimethoxystrychnine;brucine;brucine alkaloid	357-57-3	1570	486
30	2,3-二氢-2,2-二甲基苯并呋喃-7-基-*N*-甲基氨基甲酸酯	克百威	2,3-dihydro-2,2-dimethylbenzofuran-7-yl-*N*-methylcarbamate;furadan;carbofuran	1563-66-2		568
31	2,6-二噻-1,3,5,7-四氮三环-[3,3,1,1,3,7]癸烷-2,2,6,6-四氧化物	毒鼠强	2,6-dithia-1,3,5,7-tetrazatricyclo-[3,3,1,1,3,7]decane-2,2,6,6-tetraoxide;tetramethylenedisulphotetramine;NSC 172824	1980-12-6		572
32	*S*-[2-(二乙氨基)乙基]-*O*,*O*-二乙基硫赶磷酸酯	胺吸磷	*S*-[2-(diethylamino)ethyl]*O*,*O*-diethylphosphorothioate;amiton;metramac	78-53-5		648
33	*N*-二乙氨基乙基氯	2-氯乙基二乙胺	*N*-diethylaminoethyl chloride;*N*-(2-chloroethyl)diethylamine	100-35-6		649
34	*O*,*O*-二乙基-N-(1,3-二硫戊环-2-亚基)磷酰胺[含量>15%]	2-(二乙氧基磷酰亚氨基)-1,3-二硫戊环;硫环磷	diethyl 1,3-dithiolan-2-ylidenephosphoramidate(more than 15%);phosfolan;cyolane	947-02-4		654
35	*O*,*O*-二乙基-N-(4-甲基-1,3-二硫戊环-2-亚基)磷酰胺[含量>5%]	二乙基(4-甲基-1,3-二硫戊环-2-叉氨基)磷酸酯;地胺磷	diethyl 4-methyl-1,3-dithiolan-2-ylidenephosphoramidate(more than 5%);mephosfolan;cytrolane	950-10-7		655
36	*O*,*O*-二乙基-N-1,3-二噻丁环-2-亚基磷酰胺	丁硫环磷	diethyl 1,3-dithietan-2-ylidenephosphoramidate;fosthietan	21548-32-3		656
37	*O*,*O*-二乙基-*O*-(2-乙硫基乙基)硫代磷酸酯与*O*,*O*-二乙基-*S*-(2-乙硫基乙基)硫代磷酸酯的混合物[含量>3%]	内吸磷	*O*,*O*-diethyl-*O*-(2-ethylthioethyl) phosphorothioate and *O*,*O*-diethyl-*S*-(2-ethylthio-ethyl) thio ester mixture(more than 3%);demeton	8065-48-3		658
38	*O*,*O*-二乙基-*O*-(4-甲基香豆素基-7)硫代磷酸酯	扑杀磷	*O*,*O*-diethyl *O*-(4-methylcoumarin-7-yl) phosphorothioate;potasan	299-45-6		660
39	*O*,*O*-二乙基-*O*-(4-硝基苯基)磷酸酯	对氧磷	*O*,*O*-diethyl-*O*-(4-nitrophenyl)phosphate;paraoxon	311-45-5		661
40	*O*,*O*-二乙基-*O*-(4-硝基苯基)硫代磷酸酯[含量>4%]	对硫磷	*O*,*O*-diethyl *O*-4-nitrophenyl phosphorothioate(more than 4%);parathion;ethyl parathion;thiophos	56-38-2		662

续表

序号	品名	别名	英文名	CAS 号	UN 号	《目录》中序号
41	*O*,*O*-二乙基-*O*-[2-氯-1-(2,4-二氯苯基)乙烯基]磷酸酯[含量>20%]	2-氯-1-(2,4-二氯苯基)乙烯基二乙基磷酸酯;毒虫畏	2-chloro-1-(2,4 dichlorophenyl) vinyl diethyl phosphate (more than20%); chlofenvinphos; vinylphate;SD-7859	470-90-6		665
42	*O*,*O*-二乙基-*O*-2-吡嗪基硫代磷酸酯[含量>5%]	虫线磷	*O*,*O*-diethyl *O*-pyrazin-2-yl phosphorothioate (more than 5%);thionazin;zinophos,nemafos	297-97-2		667
43	*O*,*O*-二乙基-*S*-(2-乙硫基乙基)二硫代磷酸酯[含量>15%]	乙拌磷	*O*,*O*-diethyl 2-ethylthioethyl phosphorodithioate (more than 15%); disulfoton; dithiodemeton	298-04-4		672
44	*O*,*O*-二乙基-*S*-(4-甲基亚磺酰基苯基)硫代磷酸酯[含量>4%]	丰索磷	*O*,*O*-diethyl *O*-4-methylsulfinylphenyl phosphorothioate(more than 4%);fensulfothion	115-90-2		673
45	*O*,*O*-二乙基-*S*-(对硝基苯基)硫代磷酸	硫代磷酸-*O*,*O*-二乙基-*S*-(4-硝基苯基)酯	*O*,*O*-diethyl-*S*-(*p*-nitrophenyl) phosphate; parathion *S*,*S*-phenyl paathion; phosphorothioic acid,*O*,*O*-diethyl-*S*-(4-nitrophenyl) ester	3270-86-8		675
46	*O*,*O*-二乙基-*S*-(乙硫基甲基)二硫代磷酸酯	甲拌磷	*O*,*O*-diethyl ethylthiomethyl phosphorodithioate;phorate;cyanamid-3911	298-02-2		676
47	*O*,*O*-二乙基-*S*-(异丙基氨基甲酰甲基)二硫代磷酸酯[含量>15%]	发硫磷	*O*,*O*-diethyl isopropylcarbamoylmethyl phosphorodithioate(more than 15%);prothoate	2275-18-5		677
48	*O*,*O*-二乙基-*S*-氯甲基二硫代磷酸酯[含量>15%]	氯甲硫磷	*S*-chloromethyl *O*,*O*-diethyl phosphorodithioate(more than 15%);chlormephos	24934-91-6		679
49	*O*,*O*-二乙基-*S*-叔丁基硫甲基二硫代磷酸酯	特丁硫磷	*S*-*tert*-butylthiomethyl *O*,*O*-diethylphosphorodithioate;terbufos	13071-79-9		680
50	二乙基汞	二乙汞	diethylmercury	627-44-1		692
51	氟		fluorine	7782-41-4	1045	732
52	氟乙酸	氟醋酸	fluoroacetic acid;fluoroethanoic acid	144-49-0	2642	780
53	氟乙酸钠	氟醋酸钠	sodium fluoroacetate;fluoroacetic acid sodium salt	62-74-8	2629	784
54	氟乙酰胺		fluoroacetamide	640-19-7		788
55	癸硼烷	十硼烷;十硼氢	decaborane;boron hydride	17702-41-9	1868	849
56	4-己烯-1-炔-3-醇		4-hexen-1-yn-3-ol	10138-60-0		1008
57	3-(1-甲基-2-四氢吡咯基)吡啶硫酸盐	硫酸化烟碱	3-(1-methyl-2-tetrahydro-pyrrolyl) pyridine sulfate;nicotine sulfate	65-30-5	3445	1041
58	2-甲基-4,6-二硝基酚	4,6-二硝基邻甲苯酚;二硝酚	2-methyl 4,6- dinitrophenol; 4,6-dinitro-o-cresol;2,4-dinitro-o-cresol;dinurania;DNOC	534-52-1	1598	1071
59	*O*-甲基-*S*-甲基-硫代磷酰胺	甲胺磷	*O*,*S*-dimethyl phosphoramidothioate; tamaron; methamidophos; monitor; tomaron; tammaron	10265-92-6		1079
60	*O*-甲基氨基甲酰基-2-甲基-2-(甲硫基)丙醛肟	涕灭威	2-methyl-2-(methylthio) propanal-*O*-(*N*-methylcarbamoyl) oxime; ambush; temilk; aldicarb	116-06-3		1081
61	*O*-甲基氨基甲酰基-3,3-二甲基-1-(甲硫基)丁醛肟	*O*-甲基氨基甲酰基-3,3-二甲基-1-(甲硫基)丁醛肟;久效威	3,3-dimethyl-1-(methylthio)butanone-*O*-(*N*-methylcarbamoyl)oxime;thiofanox;dacamox	39196-18-4		1082
62	(S)-3-(1-甲基吡咯烷-2-基)吡啶	烟碱;尼古丁;1-甲基-2-(3-吡啶基)吡咯烷	3-(N-methyl-2-pyrrolidinyl) pyridine; nicotinamide;nicotine;1-metyl-2(3-pyridyl)pyrrolidine	1954-11-5	1654	1097
63	甲基磺酰氯	氯化硫酰甲烷;甲烷磺酰氯	methane sulfonyl chloride; mesyl chloride; methylsulfonyl chloride	124-63-0	3246	1126

续表

序号	品名	别名	英文名	CAS号	UN号	《目录》中序号
64	甲基肼	一甲肼;甲基联氨	methyl hydrazine	60-34-4	1244	1128
65	甲烷磺酰氟	甲磺氟酰;甲基磺酰氟	methanesulfonyl fluoride; MSF; fumette; mesyl fluoride	558-25-8		1189
66	甲藻毒素(二盐酸盐)	石房蛤毒素(盐酸盐)	saxidomus giganteus poison; saxitoxin	35523-89-8		1202
67	抗霉素A		antimycin A; antipiricullin; virosin	1397-94-0		1236
68	镰刀菌酮X		fusarenon-X	23255-69-8		1248
69	磷化氢	磷化三氢;膦	phosphine; trihydrogen phosphide	7803-51-2	2199	1266
70	硫代磷酰氯	硫代氯化磷酰;三氯化硫磷;三氯硫磷	thiophosphoryl chloride; phosphorothioic trichloride; phosphorous sulfochloride; phosphorus (V) thiochloride	3982-91-0	1837	1278
71	硫酸三乙基锡		triethyltin sulfate; triaethylzinnsulfat	57-52-3		1327
72	硫酸铊	硫酸亚铊	dithallium sulphate; thallic sulphate; thallium (Ⅰ) sulfate	7446-18-6		1328
73	六氟-2,3-二氯-2-丁烯	2,3-二氯六氟-2-丁烯	hexafluoro-2, 3-dichloro-2-butylene; 2, 3-dichlorohexafluoro-2-butylene	303-04-8		1332
74	(1*R*,4*S*,4*aS*,5*R*,6*R*,7*S*,8*S*,8*aR*)-1,2,3,4,10,10-六氯-1,4,4*a*,5,6,7,8,8*a*-八氢-6,7-环氧-1,4,5,8-二亚甲基萘[含量2%~90%]	狄氏剂	dieldrin (not less than 2% but not more than 90%); compund 497	60-57-1		1351
75	(1*R*,4*S*,5*R*,8*S*)-1,2,3,4,10,10-六氯-1,4,4*a*,5,6,7,8,8*a*-八氢-6,7-环氧-1,4;5,8-二亚甲基萘[含量>5%]	异狄氏剂	1,2,3,4,10,10-hexachloro-6,7-epoxy-1,4,4*a*,5,6,7,8,8*a*-octahydro-1,4:5,8-dimethanonaphthalene (more than 5%); endrin	72-20-8		1352
76	1,2,3,4,10,10-六氯-1,4,4a,5,8,8*a*-六氢-1,4-挂-5,8-挂二亚甲基萘[含量>10%]	异艾氏剂	(1*α*,4*α*,4*aβ*,5*β*,8*β*,8*aβ*)-1,2,3,4,10,10-hexachloro-1,4,4*a*,5,8,8*a*-hexahydro-1,4;5,8-dimethanonaphfthalenee (more than 10%); isodrin	465-73-6		1353
77	1,2,3,4,10,10-六氯-1,4,4*a*,5,8,8*a*-六氢-1,4:5,8-桥,挂-二甲撑萘[含量>75%]	六氯-六氢-二甲撑萘;艾氏剂	1,4:5,8-dimethanonaphthalene,1,2,3,4,10,10-hexachloro-1,4,4*a*,5,8,8*a*-hexahydro- (more than 75%); hexachlorohexahydro-endo-exo-dimethanonaphthalene; aldrin	309-00-2		1354
78	六氯环戊二烯	全氯环戊二烯	hexachlorocyclopentadiene; perchlorocyclopentadiene	77-47-4	2646	1358
79	氯	液氯;氯气	chlorine; liquid chlorine	7782-50-5	1017	1381
80	2-[(*RS*)-2-(4-氯苯基)-2-苯基乙酰基]-2,3-二氢-1,3-茚二酮[含量>4%]	2-(苯基对氯苯基乙酰)茚满-1,3-二酮;氯鼠酮	2-(2-(4-chlorophenyl)phenylacetyl)indan-1,3-dione (more than 4%); chlorophacinone	3691-35-8		1422
81	氯代膦酸二乙酯	氯化磷酸二乙酯	chlorophosphoric acid, diethyl ester; diethyl chlorophosphate; diethylchlorfosfat	814-49-3		1442
82	氯化汞	氯化高汞;二氯化汞;升汞	mercuric chloride; mercury perchloride; mercury dichloride; mercurybichloride; corrosive sublimate	7487-94-7	1624	1464
83	氯甲基甲醚	甲基氯甲醚;氯二甲醚	chlormethyl methyl ether; methyl chloromethyl ether; chlorodimethyl ether	107-30-2	1239	1502
84	氯甲酸甲酯	氯碳酸甲酯	methyl chloroformate; methyl chlorocarbonate	79-22-1	1238	1509
85	氯甲酸乙酯	氯碳酸乙酯	ethyl chloroformate; ethyl chlorocarbonate	541-41-3	1182	1513

续表

序号	品名	别名	英文名	CAS 号	UN 号	《目录》中序号
86	2-氯乙醇	乙撑氯醇;氯乙醇	2-chloroethanol; ethylene chlorohydrin; 2-chloroethyl alcohol; glycol chlorohydrin; β-chloroethyl alcohol	107-07-3	1135	1549
87	2-羟基丙腈	乳腈	2-hydroxypropionitrile; lactonitrile; acetocyanohydrin; aktonitril	78-97-7		1637
88	羟基乙腈	乙醇腈	2-hydroxyacetonitrile; glycolonitrile; cyanomethanol	107-16-4		1642
89	羟间唑啉(盐酸盐)		oxymetazoline hydrochloride; afrazine; neonabel	2315-2-8		1646
90	氰胍甲汞	氰甲汞胍	methylmercuric cyanoguanidine; panogen; morsodren	502-39-6		1677
91	氰化镉		cadmium cyanide	542-83-6		1681
92	氰化钾	山奈钾	potassuim cyanide	151-50-8	1680	1686
93	氰化钠	山奈	sodium cyanide	143-33-9	1689	1688
94	氰化氢	无水氢氰酸	hydrogen cyanide; hydrocyanic acid; hydrocyanic acid, anhydrous	74-90-8	1051	1693
95	氰化银钾	银氰化钾	potassium silver cyanide; potassium cyanoargenate	506-61-6		1704
96	全氯甲硫醇	三氯硫氯甲烷;过氯甲硫醇;四氯硫代碳酰	perchloromethyl mercaptan ; trichloromethyl sulfur chloride	594-42-3	1670	1723
97	乳酸苯汞三乙醇铵		phenylmercuric triethanolammonium lactate; puraturf	23319-66-6		1735
98	三氯硝基甲烷	氯化苦;硝基三氯甲烷	trichloronitromethane; aquinite; nitrotrichloromethane; chloropicrin	1976-6-2	1580	1854
99	三氧化二砷	白砒;砒霜;亚砷酸酐	diarsenic trioxide; arsenic trioxide; white arsenic; arsenous acid anhydride; arsenic sesquioxide	1327-53-3	1561	1912
100	砷化氢	砷化三氢;胂	arsenic hydride; arsenic trihydride; arsine	7784-42-1	2188	1927
101	双(1-甲基乙基)氟磷酸酯	二异丙基氟磷酸酯;丙氟磷	bis(1-methylethyl) phosphorofluoridate; diisopropyl fluorophosphate; DFP; diisopropyl phosphorofluoridate	55-91-4		1998
102	双(2-氯乙基)甲胺	氮芥;双(氯乙基)甲胺	bis-(2-chloroethyl) methylamine; nitrogen mustard	51-75-2		1999
103	5-[(双(2-氯乙基)氨基]-2,4-(1*H*,3*H*)嘧啶二酮	尿嘧啶芳芥;嘧啶苯芥	5-(bis(2-chloroethyl) amino)-2,4(1*H*,3*H*) pyrimidinedione; uramustine; uracil mustard	66-75-1		2000
104	*O*,*O*-双(4-氯苯基)*N*-(1-亚氨基)乙基硫代磷酸胺	毒鼠磷	*O*,*O*-bis(4-chlorophenyl) *N*-acetimidoylphosphoramidothioate; phosacetim	4104-14-7		2003
105	双(二甲胺基)磷酰氟[含量>2%]	甲氟磷	tetramethylphosphorodiamidic fluoride (more than 2%); dimefox	115-26-4		2005
106	2,3,7,8-四氯二苯并对二噁英	二噁英;2,3,7,8-TCDD;四氯二苯二噁英	2,3,7,8-tetrachlorodibenzo-1,4-dioxin; TCDD; 2,3,7,8-etrachlorodibenzo-para-dioxin	1746-01-6		2047
107	3-(1,2,3,4-四氢-1-萘基)-4-羟基香豆素	杀鼠醚	4-hydroxy-3-(1,2,3,4-tetrahydro-1-naphthyl) coumarin; racumin; coumatetralyl	5836-29-3		2067
108	四硝基甲烷		tetranitromethane	509-14-8	1510	2078
109	四氧化锇	锇酸酐	osmium tetraoxide; osmic acid; osmic acid anhydride	20816-12-0	2471	2087
110	*O*,*O*,*O*′,*O*′-四乙基二硫代焦磷酸酯	治螟磷	*O*,*O*,*O*,*O*-tetraethyl dithiopyrophosphate; thiotepp; dithione; sulfotep	3689-24-5		2091

续表

序号	品名	别名	英文名	CAS号	UN号	《目录》中序号
111	四乙基焦磷酸酯	特普	tetraethyl pyrophosphate;TEPP	107-49-3		2092
112	四乙基铅	发动机燃料抗爆混合物	tetraethyl lead	78-00-2		2093
113	碳酰氯	光气	carbonyl chloride;phosgene	75-44-5	1076	2115
114	羰基镍	四羰基镍;四碳酰镍	nickel carbonyl; tetracarbonylnickel; nickel tetracarbonyl	13463-39-3	1259	2118
115	乌头碱	附子精	aconitine	302-27-2		2133
116	五氟化氯		chlorine pentafluoride	13637-63-3	2548	2138
117	五氯苯酚	五氯酚	pentachlorophenol	87-86-5	3155	2144
118	五氯化锑	过氯化锑;氯化锑	antimony pentachloride; antimony perchloride;antimony(v)chloride	7647-18-9	1730	2153
119	五羰基铁	羰基铁	iron pentacarbonyl	13463-40-6	1994	2157
120	五氧化二砷	砷酸酐;五氧化砷;氧化砷	diarsenic pentaoxide;arsenicanhydride;arsenic pentoxide;arsenic oxide;arsenic anhydride	1303-28-2	1559	2163
121	戊硼烷	五硼烷	pentaborane	19624-22-7	1380	2177
122	硒酸钠		sodium selenate	13410-01-0	2630	2198
123	3-[3-(4′-溴联苯-4-基)-1,2,3,4-四氢-1-萘基]-4-羟基香豆素	溴鼠灵	4-hydroxy-3-(3-(4′-bromo-4-biphenylyl)-1,2,3,4-tetrahydro-1-naphthyl) coumarin; brodifacoum;brodifacoum;talon;klerat;volid	56073-10-0		2413
124	3-[3-(4-溴联苯-4-基)-3-羟基-1-苯丙基]-4-羟基香豆素	溴敌隆	3-[3-(4′-bromo[1,1′-biphenyl]-4-yl)-3-hydroxy-1-phenylpropyl]-4-hydroxy-2-benzopyrone;bromadiolone;contrac;maki	28772-56-7		2414
125	亚硒酸氢钠	重亚硒酸钠	sodium biselenite;sodium hydrogen selenite	7782-82-3		2477
126	盐酸吐根碱	盐酸依米丁	emetine,dihydrochloride;amebicide;purum	316-42-7		2527
127	氧化汞	一氧化汞;黄降汞;红降汞	mercury(Ⅱ)oxide;mercury monoxide	21908-53-2	1641	2533
128	乙撑亚胺	吖丙啶;1-氮杂环丙烷;氮丙啶	ethyleneimine; aziridine; aziridine; dimethyleneimine	151-56-4	1185	2567
129	*O*-乙基-*O*-(4-硝基苯基)苯基硫代膦酸酯[含量>15%]	苯硫膦	*O*-ethyl-*O*-(4-nitrophenyl)phenyl phosphonothioate(more than 15%);phosphine thiophenol;EPN	2104-64-5		2588
130	*O*-乙基-*S*-苯基乙基二硫代膦酸酯[含量>6%]	地虫硫膦	*O*-ethyl phenyl ethylphosphonodithioate(more than 6%);dyfonate;fonofos	944-22-9		2593
131	乙硼烷	二硼烷	diborane	19287-45-7	1911	2626
132	乙酸汞	乙酸高汞;醋酸汞	mercury(Ⅱ)acetate	1600-27-7		2635
133	乙酸甲氧基乙基汞	醋酸甲氧基乙基汞	methoxyethyl mercury acetate;acetato(2-methoxyethyl)mercury	151-38-2		2637
134	乙酸三甲基锡	醋酸三甲基锡	trimethyltin acetate; trimethylstannium acetate	1118-14-5		2642
135	乙酸三乙基锡	三乙基乙酸锡	acetoxytrietlyl stannane;triethyltin acetate	1907-13-7		2643
136	乙烯砜	二乙烯砜	vinyl sulfone;divinyl sulfone	77-77-0		2665
137	*N*-乙烯基乙撑亚胺	*N*-乙烯基氮丙环	*N*-vinylethyleneimine;*N*-vinylaziridine	5628-99-9		2671
138	1-异丙基-3-甲基吡唑-5-基*N*,*N*-二甲基氨基甲酸酯[含量>20%]	异索威	1-isopropyl-3-methylpyrazol-5-yldimethylcarbamate (more than 20%);isolan;primin powder	119-38-0		2685
139	异氰酸苯酯	苯基异氰酸酯	isocyanic acid phenyl ester; phenylcarbimide; carbanil	103-71-9	2487	2718

续表

序号	品名	别名	英文名	CAS 号	UN 号	《目录》中序号
140	异氰酸甲酯	甲基异氰酸酯	isocyanatomethane; methyl isocyanate	624-83-9	2480	2723
141①	1-(对氯苯基)-2,8,9-三氧-5-氮-1-硅双环(3,3,3)十二烷	毒鼠硅;氯硅宁;硅灭鼠	2,8,9-trioxa-5-aza-1-silabicyclo[3,3,3]undecane,1-(4-chlorophenyl)-; Silatrane	29025-67-0		258
142①	氟乙酸甲酯		methyl fluoroacetate	453-18-9		783
143①	氯化氰	氰化氯;氯甲腈	cyanogen chloride	506-77-4	1589	1476
144①	三正丁胺	三丁胺	tributylamine	102-82-9	2542	1923
145①	2,3,4,7,8-五氯二苯并呋喃	2,3,4,7,8-PCDF	2,3,4,7,8-pentachlorodibenzofuran; 2,3,4,7,8-PCDF	57117-31-4		2147
146①	2-硝基-4-甲氧基苯胺	枣红色基 GP	2-nitro-*p*-anisidine; 4-methoxy-2-nitroaniline	96-96-8		2222
147①	亚砷酸钙	亚砒酸钙	calcium arsenite	27152-57-4		2460
148①	一氟乙酸对溴苯胺		monofluoroaceto-*p*-bromo-anilide	351-05-3		2549

① 表示新增的剧毒化学品。

CAS 号索引